D1620230

DAS KRAFTRAD

TECHNIK – PFLEGE – REPARATUREN

Reprint von 1937

Impressum

HEEL Verlag GmbH
Gut Pottscheidt
53639 Königswinter
Telefon 0 22 23 / 92 30-0
Telefax 0 22 23 / 92 30 26
Mail: info@heel-verlag.de
Internet: www.heel-verlag.de

3. Auflage 2017

Originalausgabe Richard Carl Schmidt & Co. Berlin W 62
2. Auflage 1937

Der Verlag weist ausdrücklich darauf hin, dass der Inhalt des Reprints das technische Wissen und die Gesetzeslage auf dem damals gültigen Stand der Zeit darstellt.

Satz und Gestaltung:
Ralf Kolmsee,
F5 Mediengestaltung
Königswinter

Printed in Czech Republic

ISBN: 978-3-86852-307-2

Kurt Mair

DAS KRAFTRAD

TECHNIK – PFLEGE – REPARATUREN

Ein Handbuch für den Kraftfahrer, für den Kundendienst, für Ingenieure, Autoschlosser, Monteure und Motorsport-Unterricht

Zweite verbesserte Auflage

Mit 645 Abbildungen im Text, einem alphabetischen Sachregister und einer Schmierungstabelle für über 180 verschiedene Kraftradmarken

Reprint von 1937

HEEL

Vorwort zur zweiten Auflage.

Die letzten Jahre haben der deutschen Kraftverkehrswirtschaft einen früher nicht für möglich gehaltenen Aufschwung gebracht. Die planvollen Maßnahmen der Reichsregierung, die erzielte Besserung der allgemeinen Wirtschaftslage, nicht zuletzt aber auch die Wandlung in der Stimmung weiter Volkskreise gegenüber dem Kraftfahrzeug haben uns auf den Weg gebracht, den Vorsprung anderer Nationen immer mehr aufzuholen.

Als erstes und bisher einziges Land der Erde hat das Deutsche Reich eine Zulassungsziffer von weit über einer Million Krafträdern erreicht. In kaum einem anderen Land spielt das Kraftrad eine solche Rolle als bei uns. Hunderttausenden ist es ein unentbehrliches Verkehrsmittel geworden, ein wichtiger Behelf zur Ausübung des bürgerlichen Berufes.

Hunderttausende sind es aber auch, die das Kraftrad um des Sportes willen benutzen und als liebevoll gepflegtes Mittel, Raum und Zeit zu überwinden und die Schönheiten der Heimat immer wieder aufs neue zu entdecken.

Dazu kommen die Gemeinschaften, in denen harter Sport im schwierigen Gelände getrieben wird. So hat das NSKK. in einer ohne Beispiel dastehenden Organisation den Kraftradsport zur Erzielung strenger Manneszucht, treuer Kameradschaft und vollendeten fachtechnischen Könnens eingesetzt, die Wehrmacht bedient sich des Kraftrades in den verschiedensten Verwendungsgebieten und hat trotz der kurzen Zeit ihres freien Bestandes vielfältige Zeugnisse abgelegt von der meisterlichen Beherrschung dieser wendigen Fahrzeuge, und der DDAC. bietet als der geeinte nationale Klub auf breiter Grundlage die Möglichkeit zu gemeinsamer sportlicher Betätigung unter erprobter fachkundiger Führung.

Diesen mit der Heranbildung eines tüchtigen Nachwuchses befaßten Dienststellen und Organisationen soll das vorliegende Buch in seiner Neuauflage ebenso dienen wie dem einzelnen Fahrer, der sich mit den technischen Einzelheiten seines Fahrzeuges sowie mit den fahrtechnischen und sonstigen Fragen des Kraftradfahrens näher beschäftigen will.

Die konstruktiven Wege der Kraftradbauer sind in den letzten Jahren weit auseinandergegangen. Bei der Behandlung dieses großen Gebietes kam es mir nicht darauf an, einzelne Marken zu besprechen, sondern die verschiedenartigen Gesichtspunkte, ihr Für und Wider, herauszuarbeiten, um damit dem Leser die Bildung eines eigenen Urteiles ebenso zu ermöglichen wie bei vorkommenden Arbeiten das rasche Erfassen dessen, worauf es bei der einzelnen Bauweise ankommt. Daß hierbei in allen Fällen in weitestgehendem Maße praktische Beispiele der verschiedensten Marken herangezogen wurden, ist selbstverständlich, denn das Buch ist für die Praxis geschrieben.

Die Grundlage für jedes fahrtechnische Können ist eine langjährige Fahrpraxis. Wie wichtig eine solche ist und wie sehr ausgedehnte Fahrten in schwierigem Gelände die technischen und fahrtechnischen Kenntnisse zu erweitern vermögen, lernte ich im Zusammenhang mit meinen Expeditionen durch die Balkanländer und durch Nordafrika beurteilen. Es wurde daher auch ein entsprechender Teil des Buches den Fragen der Fahrpraxis gewidmet.

Der Verfasser.

Inhaltsverzeichnis.

II. Hauptstück.

IV. Hauptstück.

V. Hauptstück.

I. Hauptstück.

Abschnitt 1.

Der Motor.

a) Allgemeines vom Explosionsmotor.

Da die Kraftquelle bei jedem Kraftfahrzeug zweifelsohne den wichtigsten Teil darstellt, wollen wir uns vor allem mit dem Motor des Kraftrades beschäftigen.

Die verschiedenen Gattungen der Kraftradmotoren lassen sich nach verschiedenen Gesichtspunkten einteilen, so z. B. als „Zweitaktmotoren — Viertaktmotoren", „wassergekühlte — luftgekühlte — ölgekühlte Motoren", „Einzylinder — Zweizylinder — Vierzylinder", usw. Wir selbst wollen die Einteilung nach der Arbeitsweise vorziehen und vorerst trennen zwischen „Zweitaktern" und „Viertaktern".

Wenn auch die Kenntnis der Grundbegriffe der Motortechnik bei jedem Leser vorausgesetzt wird, so sei doch der Vollständigkeit halber noch folgendes gesagt: Unter einem „Takt" wird eine halbe Umdrehung der Kurbelwelle und demgemäß entweder die Aufwärtsbewegung oder die Abwärtsbewegung des Kolbens im Zylinder verstanden. Statt der Bezeichnung „Takt" wird vielfach der Ausdruck „Hub" oder „Periode" gewählt. Die Bezeichnung „Viertaktmotor" besagt, daß auf je 4 Takte 1 Arbeitstakt entfällt, während bei einem „Zweitaktmotor" auf je 2 Takte sich 1 Arbeitstakt verteilt. Als Arbeitstakt bezeichnet man hierbei jenen, bei welchem Arbeit geleistet wird, und zwar beim Explosionsmotor durch die Expansion der entzündeten Gase.

Die Arbeitsweise eines Viertaktmotors ist folgende:

1. Takt: Ansaugen des Gases vom Vergaser durch Abwärtsbewegung des Kolbens;
2. Takt: Zusammenpressen des angesaugten Gases durch Aufwärtsbewegung des Kolbens;

3. Takt: Explosion der zusammengepreßten Gase, dadurch Abwärtsschleudern des Kolbens, also Arbeitsleistung;
4. Takt: Ausstoßen der verbrannten Gase durch Aufwärtsbewegung des Kolbens.

Abb. 1. Das erste Motorrad,
ein Erzeugnis der Daimler-Motorengesellschaft aus dem Jahre 1885. Das Fahrzeug besitzt infolge der beiden verschieden abgesetzten Riemenscheiben zwei Geschwindigkeiten. Da infolge der Anordnung der Steuerung ein Balancieren des Fahrzeugs so gut wie unmöglich ist, sind zwei seitlich angeordnete Stützräder vorgesehen.

An den vierten Takt schließt sich wieder der erste und so fort. Da jeder Takt eine halbe Umdrehung der Kurbelwelle darstellt, entfällt also auf je zwei Umdrehungen je eine Explosion. Um trotz dieser geringen Folge von Arbeitstakten einen einigermaßen gleichmäßigen Gang zu erzielen, muß der Motor und ganz besonders der Einzylindermotor, mit einer beträchtlichen Schwungmasse ausgestattet sein, die in den meisten Fällen im Kurbelgehäuse untergebracht ist und bei schweren Krafträdern bis zu 30 kg wiegt.

Das Einlassen und Auslassen der Gase erfolgt beim Viertaktmotor durch entsprechende Ventile. Aus der vorstehenden Auf-

Abb. 2. Das erste Motorrad.

Deutlich sichtbar ist die „Kupplung“ in Form einer Riemenspannrolle, welche durch Drahtzug und Hebel vom Fahrer betätigt werden kann. Der Antrieb des Hinterrades erfolgt durch ein „untersetztes“ Zahnrad, wie es z. B. bei den Wanderer-Motorrädern am Getriebe — allerdings in etwas geänderter Ausführung — heute noch vorhanden ist.

zählung der verschiedenen Takte ergibt sich folgende Tätigkeit der Ventile:

Takt:	Einlaßventil:	Auslaßventil:
1. (Ansaugen)	offen	geschlossen
2. (Verdichten)	geschlossen	geschlossen
3. (Arbeitstakt)	geschlossen	geschlossen
4. (Auspufftakt)	geschlossen	offen
1. (Ansaugen)	offen	geschlossen

Das Einlaßventil gibt die Verbindung des Zylinderraumes mit dem Vergaser, das Auslaßventil mit dem Auspuffrohr frei. Die Entzündung des Gasgemisches erfolgt durch den Funken an der Zündkerze, und zwar zur Wende vom zweiten zum dritten Takt.

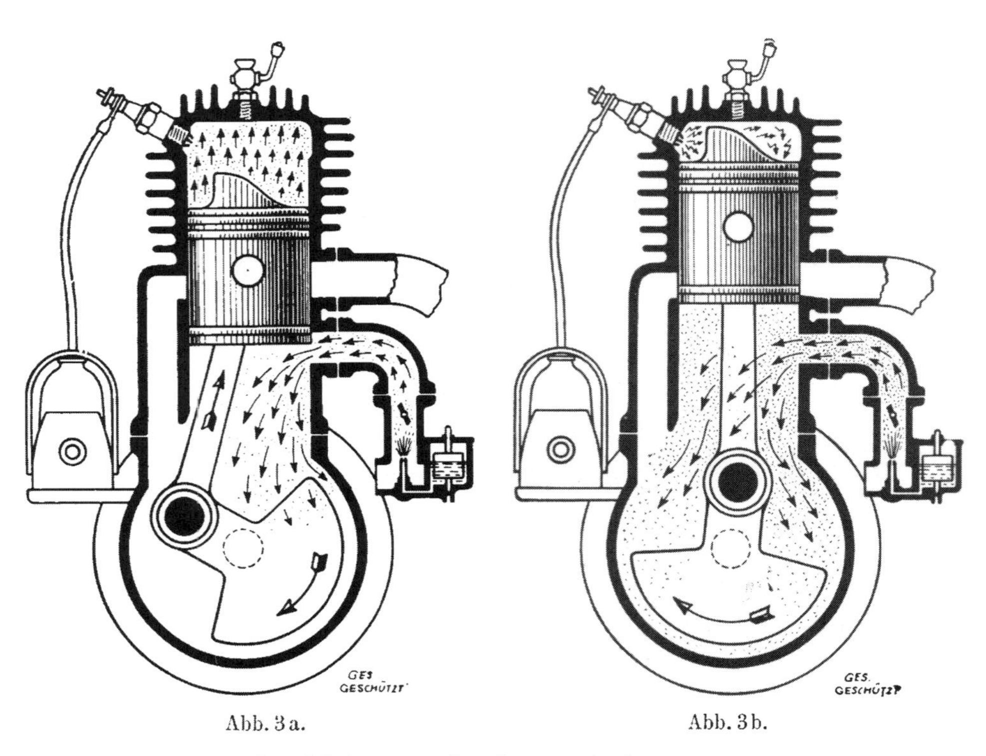

Abb. 3a. Abb. 3b.

Die Wirkungsweise des Zweitaktmotors.

Abb. 3a. Rechts der Vergaser mit der Ansaugleitung, darüber das Auspuffrohr, links der Überströmkanal. Der Kolben bewegt sich nach oben, dadurch wird das Gemisch über dem Kolben komprimiert. Unter dem Kolben entsteht ein Unterdruck, so daß bei Freigabe des Einlaßschlitzes frisches Gemisch vom Vergaser her einströmt.

Abb. 3b. Zündung des Gemisches über dem Kolben, gleichzeitig Einströmen des Gemisches vom Vergaser in den Raum unter dem Kolben. Durch die Explosion des Gemisches über dem Kolben wird der Kolben nach unten geschleudert. Dadurch wird das Gemisch im Kurbelgehäuse verdichtet.

Die Zweitaktmotoren werden vielfach als ventillose Motoren bezeichnet, weil bei ihnen das Ein- und Auslassen der Gase durch die Freigabe von entsprechenden Schlitzen im Zylinder durch den hin und her gleitenden Kolben geregelt wird.

Neben der in Abbildung 3 wiedergegebenen schematischen und zeichnerischen Darstellung der Vorgänge im Zweitaktmotor wird am besten folgende Zusammenstellung zum Verständnis beitragen:

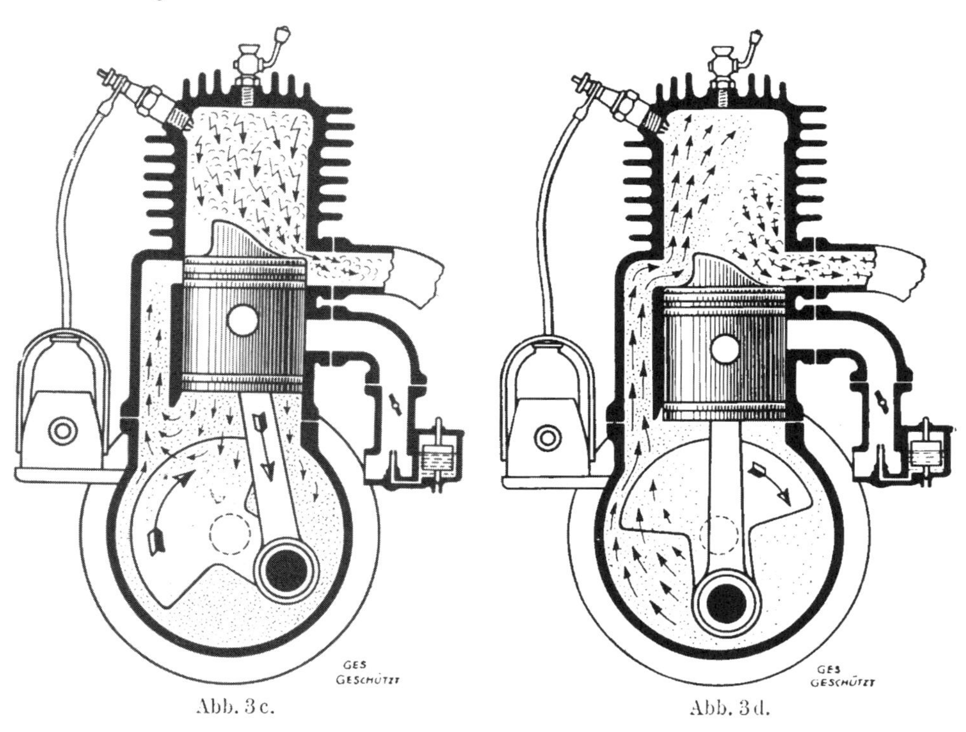

Abb. 3c. Abb. 3d.

Die Wirkungsweise des Zweitaktmotors.

Abb. 3c. Vor Erreichung des unteren Totpunktes gibt der Kolben den Auslaßschlitz frei, so daß die verbrannten Gase ausströmen können.

Abb. 3d. In seiner untersten Stellung gibt der Kolben auch die Öffnung des Überströmkanals frei, so daß das im Kurbelgehäuse zusammengepreßte Gemisch in den Raum über dem Kolben (in den Zylinder) überströmen kann. Dieses unter Druck einströmende frische Gemisch stößt gleichzeitig auch den Rest des im Zylinder befindlichen verbrannten Gemisches aus. Zur Vermeidung einer Vermischung des frischen Gemisches mit dem verbrannten besitzt der Kolben eine entsprechende Nase, welche für den Kolben des Zweitaktmotors typisch ist. Bei der folgenden Aufwärtsbewegung des Kolbens erfolgt wieder die Komprimierung über dem Kolben und das Ansaugen unter dem Kolben, wie dies die Abb. 3a und die folgenden zeigen.

1. Takt, Aufwärtsgehen des Kolbens:
   Ansaugen des Gases in das Kurbelgehäuse, also unter den Kolben;

2. Takt, Abwärtsgehen des Kolbens:
Zusammenpressen des Gases unter dem Kolben; im Tiefpunkte des Kolbens: Überströmen des Gases in den Raum über dem Kolben;

1. Takt, Aufwärtsgehen des Kolbens:
Zusammenpressen des Gases über dem Kolben, gleichzeitiges Ansaugen von Frischgas unter dem Kolben; im Höhepunkt des Kolbens: Explosion des Gases im Zylinder;

2. Takt, Abwärtsgehen des Kolbens:
Arkeitstakt, gleichzeitiges Zusammenpressen des Gases unter dem Kolben; im Tiefpunkt: Überströmen des zusammengedrückten Gases in den Raum über dem Kolben und dadurch Hinausstoßen der verbrannten Gase;

1. Takt, Aufwärtsgehen des Kolbens:
Zusammenpressen des Gases über dem Kolben, gleichzeitig Ansaugen unter dem Kolben im Höhepunkt Explosion des Gases.

So kompliziert die Wirkungsweise eines Zweitaktmotors beim ersten Studium aussehen mag, so einfach ist die Ausführung des Zweitaktmotors und seine gesamte Bedienung. Während die Abbildung 4 das Schema eines Viertaktmotors wiedergegeben hat, ersieht man aus der Abbildung 3 die Konstruktion eines Zweitaktmotors. Aus letzterer Abbildung ist die Tätigkeit des Zweitaktmotors bei einigem Nachdenken ersichtlich.

Trotz dieser Einfachheit konnte sich der Zweitaktmotor bei schweren Maschinen bis jetzt nicht durchsetzen. Während man noch vor drei Jahren der Meinung war, der Zweitakter sei der Motor der Zukunft und berufen, den Viertakter vollständig zu verdrängen, hat sich diese Ansicht bis heute nicht bewahrheitet. Trotzdem muß anerkannt werden, daß sich der Zweitakter bei allen leichteren und mittelschweren Maschinen ganz ausgezeichnet bewährt hat und durch seine Einfachheit der Konstruktion und Bedienung ganz besonders für das Gebrauchsrad eignet. Vorbildlich in dieser Hinsicht sind die weltbekannten „D.K.W.“-Räder, die sich in einer Reihe von großangelegten Wettbewerben bemerkenswerte Lorbeeren geholt haben. Die guten Erfahrungen mit dieser Maschine haben die D.K.W.-Werke auch veranlaßt, zu Beginn des Jahres 1927 die vorbildlich konstruierte 500 ccm-Zweizylinder-Zweitaktmaschine herauszubringen. Von den ausländischen Zweitaktmotoren verdient hauptsächlich der englische „Villiers“-Motor Erwähnung, der von einer Spezialfabrik hergestellt und von einer großen Zahl von Kraftradfabriken des In- und Auslandes eingebaut wird, ferner der von den österreichischen Puchwerken in Graz hergestellte Puch-Motor, der wiederholt in internationalen Wettbewerben sehr gut abgeschnitten hat und in einem Block mit einem gemeinsamen Explosionsraum zwei Bohrungen besitzt, in welchen zwei Kolben sich bewegen, von denen der eine dem anderen etwas voreilt.

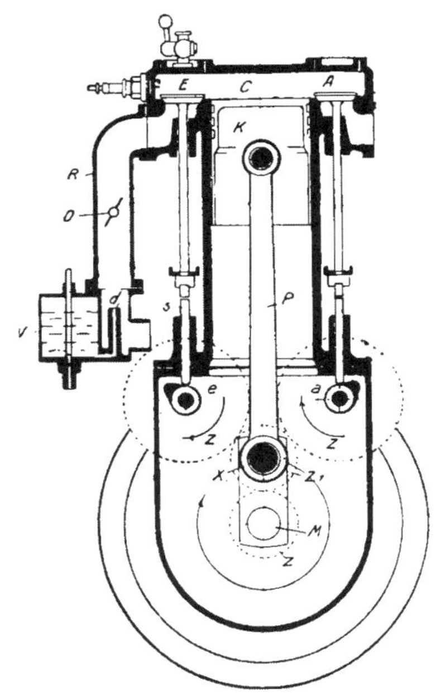

Abb. 4. Die Wirkungsweise des Viertaktmotors.

C Explosionsraum, K Kolben, P Pleuelstange, X Kurbelzapfen, M Kurbelwelle, Z Zahnräder, Z_1 Zwischenzahnrad, e Nockenrad für die Betätigung des Einlaß-, a des Auslaßventiles, s Stössel, E Einlaß-, A Auslaßventil, R Ansaugrohr, D Drosselklappe, V Vergaser, d Düse.

Die größte Verbreitung dürfte der Zweitaktmotor in Deutschland besitzen, wo eine Reihe von Fabriken sich diesem Motortyp zugewandt hat und meist sehr bemerkenswerte Konstruktionen herausbrachte.

Wenn aber trotz alledem der Zweitakter keine besonders große Verbreitung gefunden hat, so ist dies auf verschiedene Umstände zurückzuführen: durch die gegenüber dem Viertaktmotor genau doppelt so oft erfolgenden Explosionen steigert sich auch die Erhitzung des Zylinders ganz bedeutend. Es ist daher eine bekannte Tatsache, daß Zweitaktmotoren besonders in bergigem Gelände viel früher heiß werden als Viertaktmotoren. Andererseits lassen wieder die Leistungen von Zweitaktern bei Zylindertemperaturen, bei welchen der Viertaktmotor noch vollkommen normal arbeitet, schon ganz bedeutend nach, was wieder besonders bei Steigungen wesentlich ins Gewicht fällt. Da weiterhin beim Zweitakter die verbrannten Gase nicht wie beim Viertakter durch die Aufwärtsbewegung des Kolbens aus dem Zylinder ausgestoßen, sondern durch den Eintritt der Frischgase verdrängt werden, ist eine gewisse Mischung der Frischgase mit den verbrannten Gasen nicht ganz zu vermeiden, wenngleich durch eine entsprechende Ausbildung des Kolbens viel erreicht wurde.

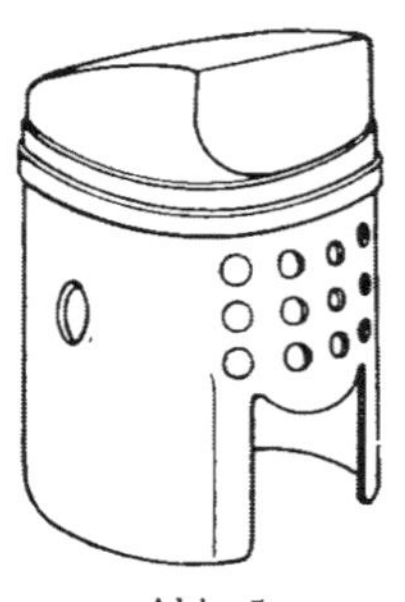

Abb. 5. Kolben eines Zweitaktmotors.

Um ein Vermischen der Frischgase mit dem Rest der verbrannten Gase zu verhindern, wird dem Zweitaktkolben eine stufenförmige Ausbildung des Bodens gegeben.

Die Abbildung 5 zeigt die Ausgestaltung eines solchen Kolbens, wie dieselbe auch aus den Abbildungen 3a—3d ersichtlich ist.

Allen diesen Nachteilen steht, wie bereits erwähnt, der unschätzbare Vorteil größter Einfachheit gegenüber, so daß der Zweitakter sicherlich für das leichte und mittelschwere Gebrauchsfahrzeug geradezu den Idealmotor darstellt.

Da aber immerhin der Viertaktmotor zahlenmäßig dem Zweitaktmotor bei weitem überlegen ist, wird im folgenden vorerst der Viertaktmotor behandelt.

b) Der Viertaktmotor.

Bei sämtlichen Krafträdern ist die Luftkühlung weitaus vorherrschend. Es wird daher vorerst von den anderen Kühlmöglichkeiten abgesehen und auch in bezug auf die Zahl der Zylinder zunächst der Einzylindermotor den Betrachtungen zugrunde gelegt.

Allerdings muß einem großen Teil unserer Industrie bezüglich der Luftkühlung gesagt werden, daß sie in dieser Hinsicht noch viel gutzumachen hat. Gerade führende deutsche Kraftradfabriken haben der Kühlung der Motoren ihr Augenmerk so wenig zugewendet, daß dieselbe zwar bei Fahrten in der Ebene genügt, im Gebirge sich aber als vollkommen unzureichend erweist. Ein erhöhter Öl- und Benzinverbrauch, schließlich aber das Absterben des Motors in der Steigung sind die Folgen derartiger Fehlkonstruktionen. In einem unverständlichen Konservativismus haben solche Fabriken bis in die letzten Jahre an diesen mangelhaften Konstruktionen zum ständigen Ärger aller jener Abnehmer, die in die Lage kamen, bergiges Gelände zu befahren, festgehalten. In bezug auf die Kühlung der Motoren kann man sehr viel von den ausländischen Erzeugnissen lernen. Wenn man die Kühllamellen einer englischen Maschine genauer ansieht, so wird man staunen über deren Zahl und große Breite. Der Engländer hat eben schon sehr früh erkannt, daß von einer guten Kühlung des Motors die Leistung und der Verbrauch in ganz wesentlichem Maße beeinflußt werden, und hat diese Erkenntnis weitgehendst praktisch verwertet. Den Kraftfahrern gereicht es zum Troste, daß in letzter Zeit auch die inländischen Fabriken eine bessere Kühlung ihrer Motoren herbeizuführen wußten.

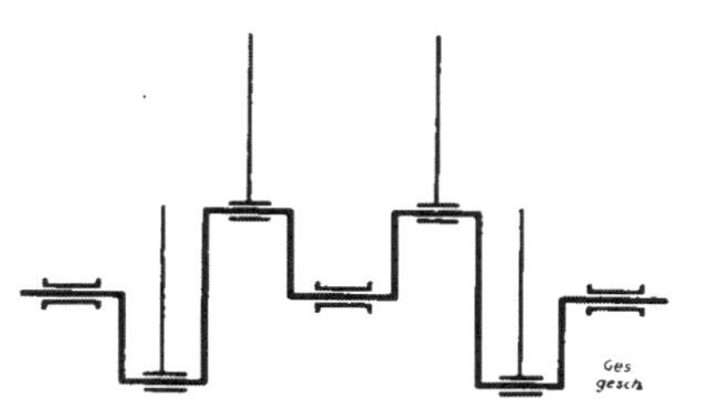

Abb. 6. Kurbelwelle eines Vierzylindermotors.
Drei Hauptlager.

Zur technischen Ausbildung des Motors übergehend, müssen wir vor allem feststellen, daß der Ein- und Zweizylindermotor des Kraftrades gegenüber dem Automobilmotor, der in der Regel doch wenigstens vier Zylinder aufweist, den großen Vorteil besitzt, daß sich insbesondere bei der Lagerung der Kurbelwelle und Pleuelstange Kugel- und Rollenlager verwenden lassen. Abgesehen von kostspieligen Spezialkonstruktionen ist die Verwendung von Rollen- und Kugellagern an den vielfach gekröpften Kurbelwellen der Automobilmotoren nicht möglich. Die Abbildung 6 zeigt die Kurbelwelle eines Vierzylinder-Automobilmotors. Aus dieser Abbildung kann ersehen werden, daß das Aufschieben von Rollen- und Kugellagern, welche im allgemeinen eine ungeteilte Lauffläche voraussetzen, nicht ohne weiteres möglich ist, weil sich die Kurbelwelle eines Automobilmotors nicht ohne weiteres mehrteilig ausführen läßt. Aus diesem Grunde kommen für den Vierzylindermotor in der Regel nur sogenannte Gleitlager in Betracht, welche meist aus Weißmetall bestehen, das in Messingschalen eingegossen ist. Auf die Ausführung dieser Lager und die Zusammensetzung des gewöhnlich verwendeten Lagermetalls komme ich noch weiter unten zu sprechen.

Beim Einzylinder- sowie auch beim Zweizylindermotor läßt sich hingegen die Kurbelwelle ohne Schwierigkeit mehrteilig ausführen, so daß die Möglichkeit gegeben ist, Kugel- und Rollenlager zu verwenden. Unsere Abbildungen 7 u. 8 zeigen eine derartige Kurbelwelle eines Einzylindermotors. In den

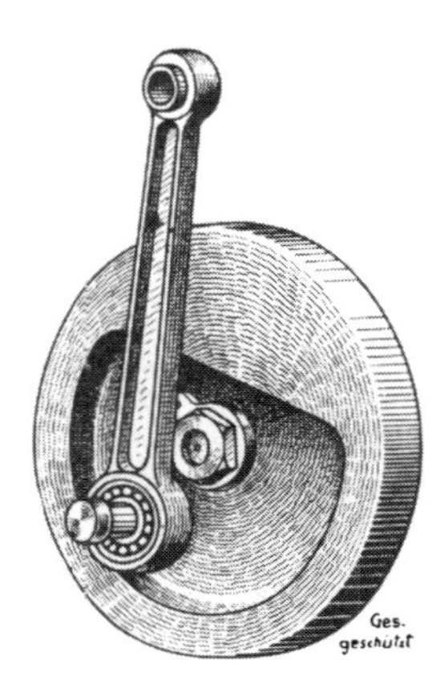

Abb. 7.
Schwungmasse mit Pleuelstange eines Einzylindermotors.
Die Kurbelwelle ist gleichzeitig als zweiteilige Schwungmasse ausgebildet. Deutlich sichtbar ist das in einem Stück gegossene Gegengewicht.

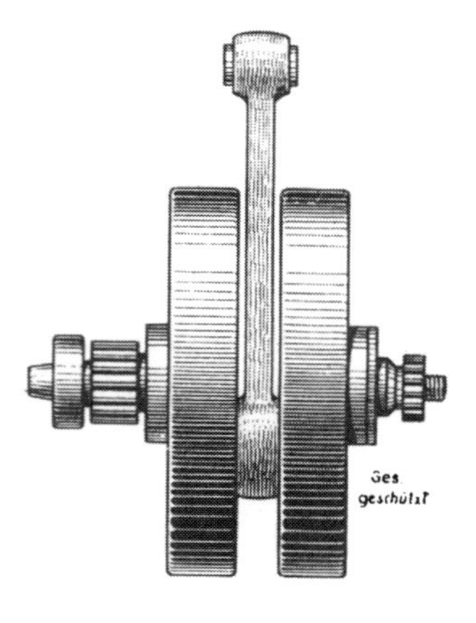

Abb. 8.
Kurbelwelle, komplett.
Durch das Zusammenbauen der beiden Schwungmassenhälften, welche durch den Kurbelzapfen verbunden werden, entsteht die Kurbelwelle. Links zwischen zwei Rollenlagern das breite Zahnrad für den Antrieb zum Getriebe sichtbar, rechts das Zahnrad für die Ventilsteuerung und den Magnetantrieb.

meisten Fällen wird, wie dies auch aus den Abbildungen hervorgeht, die Kurbelwelle mit der Schwungmasse derart in Verbindung gebracht, daß letztere zweiteilig ausgeführt und im Kurbelgehäuse untergebracht wird. Der Kurbelzapfen verbindet die beiden Teile der Schwungmasse. Es ist aus der Abbildung zu ersehen, daß sich bei dieser Ausbildung der Kurbelwelle ohne weiteres Kugel- und Rollenlager nicht nur bei der Lagerung der Kurbelwelle, sondern auch beim Pleuellager verwenden lassen. Die Verwendung von Kugel- und Rollenlagern ist beim Kraftradmotor gegenüber demjenigen des Automobils deswegen bedeutend wichtiger, weil die Temperaturen des Motors bei der in erster Linie zur Anwendung kommenden Luftkühlung bedeutend höhere sind, ferner der Motor eines Kraftrades viel plötzlicher beansprucht wird als der des Automobils. Diese Umstände haben Gleitlager als beim Kraftrad nicht vorteilhaft erscheinen lassen oder bedingen wenigstens eine übergroße Dimensionierung derselben. Letztere Forderung stößt auf Schwierigkeiten, da kein anderes Fahrzeug so sehr im Raume beengt ist wie das Kraftrad. Dazu kommt noch, daß die Beanspruchung der Lager bei einem 4-Zylindermotor viel gleichmäßiger und verteilter ist als bei dem für das Kraftrad meist verwendeten Ein- und Zweizylindermotor. Tatsächlich verwenden alle größeren Kraftradfabriken seit mehreren Jahren fast ausschließlich Rollen- und Kugellager. Die Abbildung 9 zeigt eine derartige Ausführung im Prinzip, während die Abbildungen 10 u. 11 sowie 12 vollständige Ausführungen zeigen. In Abbildung 9 ist auf der Kettenseite ein doppelreihiges Kugellager vorgesehen, in Abbildung 11 auch für die Motorwelle beiderseits je ein Rollenlager. Bei dem in Abbildung 12 dargestellten Motor sind beide Hauptlager als doppelreihige Kugellager ausgebildet. Bezüglich

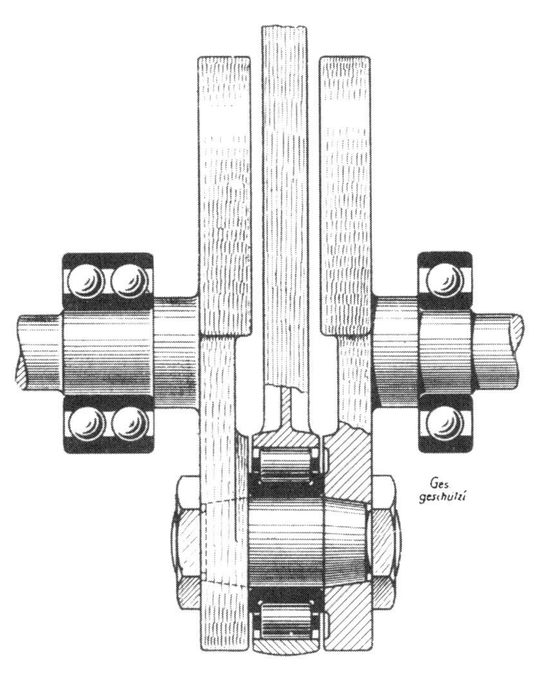

Abb. 9. Rollen- und Kugellager.
Die Pleuelstange läuft auf einem Rollenlager, für die Kurbelwelle sind Kugellager vorgesehen, und zwar auf der Antriebsseite ein zweireihiges, auf der anderen ein einreihiges. Es ist deutlich sichtbar, daß durch den beiderseits verschraubten Kurbelzapfen die beiden Schwungscheibenhälften zusammengehalten werden.

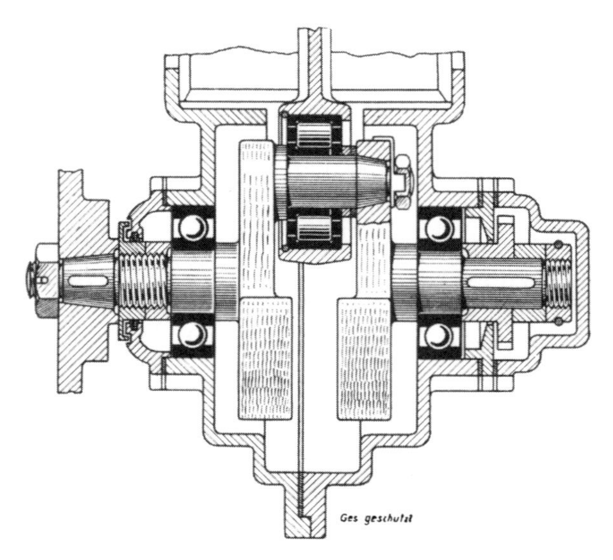

Abb. 10. Rollen- und Kugellager.

Während die Abb. 9 das Prinzip der **Verwendung** von **Wälzlagern andeutet,** stellt obige Abbildung die praktische Ausführung dar. Am **Pleuellager** ein **Rollenlager,** die Kurbelwelle beiderseits auf einem einreihigen Kugellager.

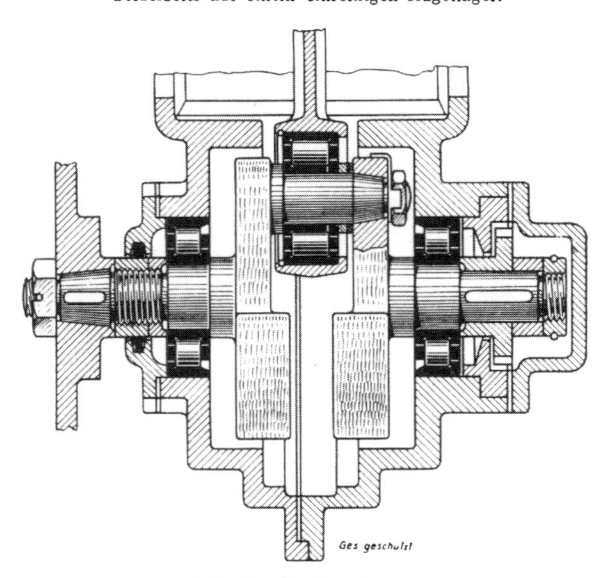

Abb. 11. Rollenlager.

Rollenlager finden nicht nur für das Pleuellager Anwendung, sondern, wie aus obiger Abbildung entnommen werden kann, auch für die Lagerung der Kurbelwelle selbst.

der Kugellager ist zu ersehen, daß es sich natürlich nicht um solche Kugellager handelt, wie sie bei den Fahrrädern in Verwendung stehen (Konuslager), sondern um sogenannte Ringlager.

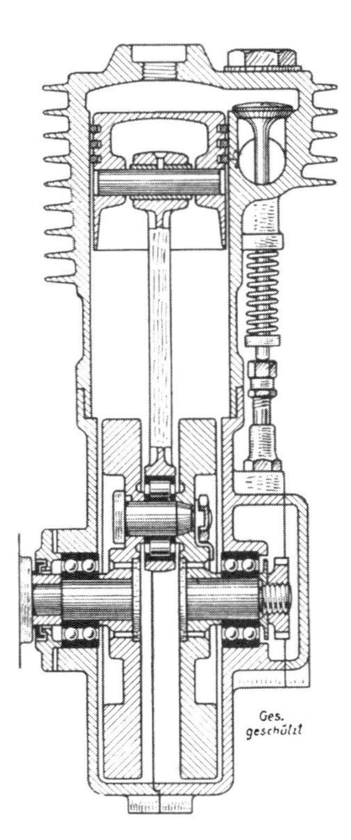

Abb. 12.
Schnitt durch einen Motor

Bei dem hier dargestellten Motor ist ein Rollenlager für die Pleuelstange und je ein doppelreihiges Kugellager für die Kurbelwelle vorgesehen.

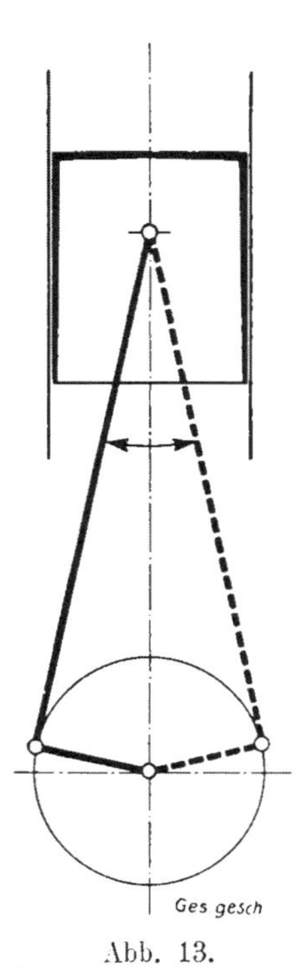

Abb. 13.
Die Drehbewegung der Pleuelstange.

Während sich die Pleuelstange um den Kurbelzapfen infolge der drehenden Bewegung der Kurbelwelle rundum dreht, besitzt sie zum Kolben, also um den Kolbenbolzen, nur in einem geringen Winkel eine Bewegung.

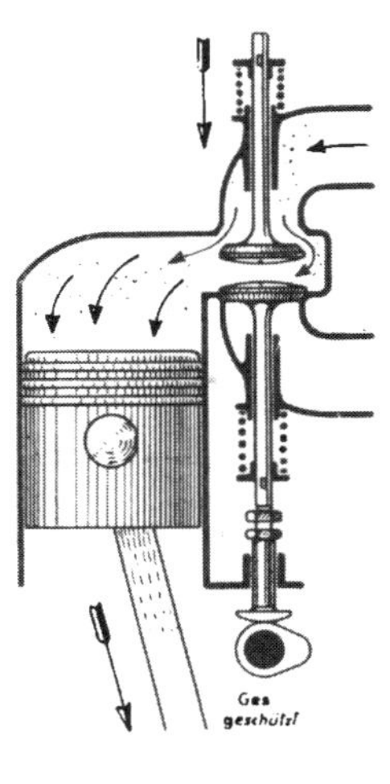

Abb. 14.
Automatisches Einlaßventil.

Obige Einrichtung findet sich noch vereinzelt bei Motoren alter Bauart. Das automatische (also nichtgesteuerte) Einlaßventil öffnet sich während der Abwärtsbewegung des Kolbens im Ansaugtakte infolge des im Zylinder entstehenden Unterdruckes und wird am Ende dieses Taktes durch die Ventilfeder wieder geschlossen. Das Auslaßventil ist gesteuert.

Während das Pleuellager (Lagerung der Pleuelstange um den Kurbelzapfen) meist als Rollenlager ausgebildet ist, ist das Kolbenbolzenlager (oberes Pleuellager) ausnahmslos ein „Buchsenlager". Dieser Umstand findet nicht nur in gewissen Konstruktionsschwierigkeiten seinen Grund (beschränkter Raum), sondern auch darin, daß die Drehbewegung der Pleuelstange gegenüber dem Kolben nur eine verhältnismäßig geringe ist. Die Abbildung 13 veranschaulicht dies in deutlicher Weise.

Neben der entsprechenden Durchbildung der Lager muß selbstverständlich das größte Augenmerk der Konstruktion des Kolbens, der Pleuelstange und der Ventile zugewendet werden.

Abb. 15. Der stehende Einzylindermotor.

Der weitaus größte Teil aller Motorräder ist mit stehenden Einzylindermotoren ausgestattet. Das Bild zeigt einen solchen Motor mit seitlich angeordneten Ventilen („SV"). Man beachte die Anordnung des Magnetzünders hinter dem Zylinder.

Bei den ersten Motoren war lediglich das Auslaßventil gesteuert, während das Einlaßventil automatisch arbeitete. Diese Ausführungsart wird besser als durch lange Worte durch die Abbildung 14 erläutert. Da aber der Druck der Feder erst bei einem genügenden Unterdruck im Zylinder (erzeugt durch die Abwärtsbewegung des Kolbens) überwunden wird, öffnet sich das automatische Ventil bestenfalls erst nach einem Drittel des Ansaugtaktes. Die Wirtschaftlichkeit der automatischen Ventile ist daher eine verhältnismäßig geringe, weshalb schon früh dazu übergegangen wurde, beide Ventile, also auch das Einlaßventil, zwangsläufig zu ,,steuern".

Heute werden bei allen Viertaktmotoren beide Ventile durch sogenannte Nocken gesteuert, das heißt gehoben, während sie sich unter dem Drucke der Ventilfeder wieder schließen. Da jedoch nur auf je zwei Umdrehungen der Kurbelwelle ein Ansaug- bzw. Auspufftakt entfällt, dreht sich die Nockenwelle nur halb so rasch wie die Kurbelwelle. Dies wird durch einfache Zahnradübersetzung erreicht. Die Abbildung 4 läßt die diesbezügliche Anordnung erkennen. Um eine Abnützung des Ventilstössels und seitliches Zwängen desselben zu vermeiden, sind bei den meisten Motoren zwischen die Nocke und den Ventilstössel sogenannte Rollenhebel gelegt, wie solche die Abbildung 16 zeigt.

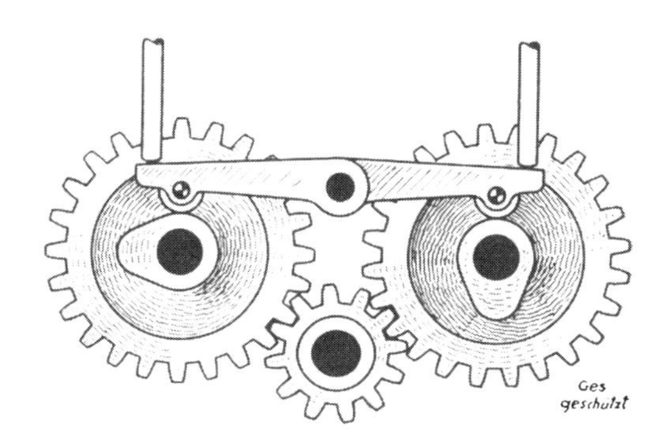

Abb. 16. Nockenräder und Rollenhebel.
Häufig sind die Rollenhebel um einen gemeinsamen Zapfen gelagert.

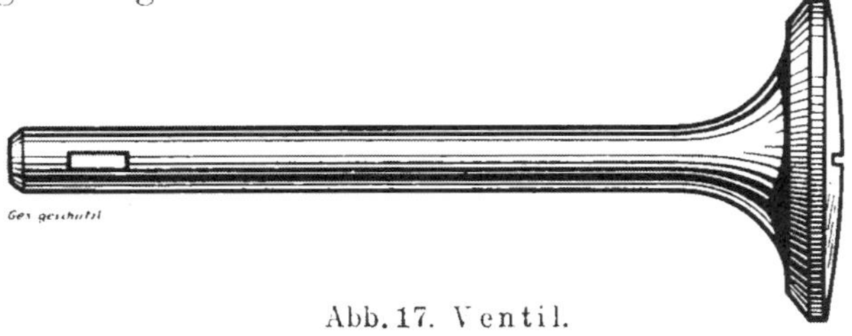

Abb. 17. Ventil.
Ventilteller (nicht zu verwechseln mit dem „Federteller" des Ventils) und Ventilschaft. Im Ventilteller der Schlitz zum Einschleifen des Ventils, im Schaft die Bohrung zum Durchstecken des Ventilkeils.

Die Ventile selbst sind als sogenannte Kegelventile ausgebildet und haben einen „Ventilsitz" in Form eines schmalen Streifens. Die Abbildung 17 zeigt ein Ventil in etwa einem Viertel der natürlichen Größe. Der Ventilschaft bewegt sich nicht direkt in einer Bohrung des Zylinders, sondern in einer sogenannten „Ventilführungsbuchse", die in den Zylinder eingesetzt ist.

Diese Ausführung ermöglicht bei Abnützung der Ventilführung eine einfache Auswechslung derselben. Um ein Drehen des Ventils — besonders für das „Einschleifen" — zu gestatten, besitzen die Ventile an der Oberseite einen Schlitz zum Angriff mit dem Schraubenzieher.

Zwischen dem Ventilschaft und den Nocken bzw. Rollenhebeln befinden sich die sogenannten Ventilstössel. Diese werden einerseits von den Nocken gehoben und heben andererseits wieder das Ventil. Sie bewegen sich in entsprechenden Führungshülsen, welche im Kurbelgehäuse eingesetzt sind. Um ein genaues Einstellen der Ventile zu ermöglichen, besitzen die Stössel Einstellschrauben, auf deren flachen Oberflächen die Ventilschäfte aufstehen und die durch eine Gegenmutter in ihrer Lage festgehalten werden. Es ist demnach eine Verlängerung und eine Verkürzung des Ventilstössels jederzeit und ohne irgendeine Demontage auf einfache Weise möglich. Um ein Ausbuchten der Stösselmutter durch die lange Verwendung des Motors zu verhindern, sind meistenteils Stössel und Ventil absichtlich ein wenig desaxiiert. Die Abbildung 18 zeigt eine komplette Ventileinrichtung.

In bezug auf die Anordnung der Ventile erübrigt es sich noch, die Befestigung der Ventilfeder zu beschreiben. Dieselbe hat, wie bereits erwähnt, die Aufgabe, das Ventil zurückzuziehen und jeweils nach Freigabe durch die Nocke wieder zu schließen. Während die Feder sich einerseits gegen die tellerartig ausgebildete Ventilführungsbuchse stemmt, drückt sie andererseits auf den Ventilteller, der in den meisten Fällen durch einen Vorsteckstift am Ventilschaft befestigt ist. Die Abbildung 19 zeigt die Anbringung der Ventilfeder und die Befestigung mittels Ventilkeil, während besonders bei obengesteuerten Mo-

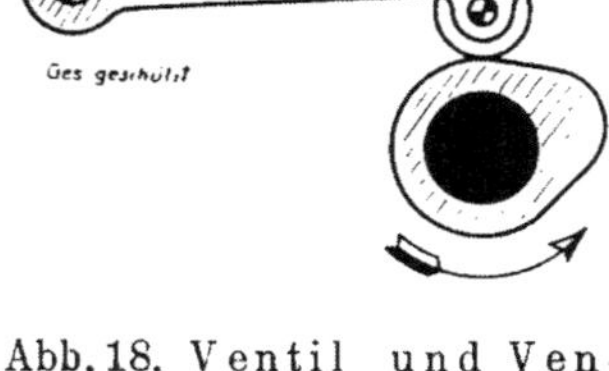

Abb. 18. Ventil und Ventilsteuerung.

Nocke, Rollenhebel, Ventilstößel mit Stößelschraube und Gegenmutter, Ventil. Die Ventilfeder ist der Einfachheit halber weggelassen worden.

toren nicht selten der Ventilteller durch einen zweiteilig ausgeführten Keilkegel nach Abbildung 20 festgehalten wird.

Die bisherigen Abhandlungen haben sich in der Hauptsache auf die sogenannten „untengesteuerten" oder „seitlichen" Ventile (Seitenventile, gekürzt: „SV.") bezogen. In neuerer Zeit haben jedoch die Motoren mit obengesteuerten Ventilen ganz bedeutend an Verbreitung zugenommen. Für die vielfache Ver-

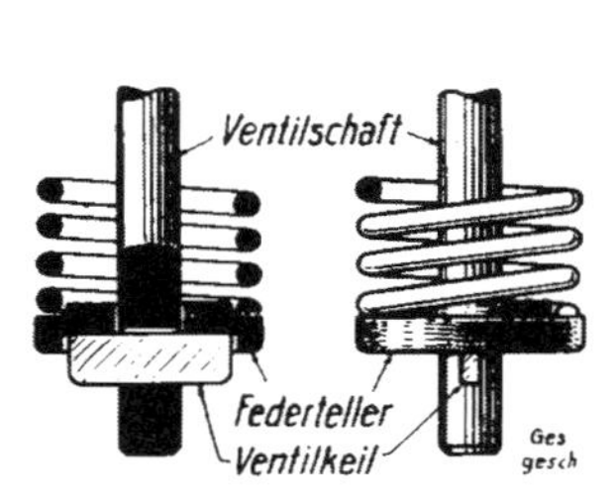

Abb. 19. Ventilfeder u. Befestigung.

Die Ventilfeder ruht auf dem Federteller, welcher ein seitliches Abgleiten der Feder durch einen entsprechenden Absatz verhindert. Der Federteller wird durch den Ventilkeil in seiner Lage festgehalten. Da auch der Ventilkeil durch eine entsprechende Ausbildung des Federtellers am Verrutschen verhindert wird, kann er nur nach Heben des Federtellers entfernt werden.

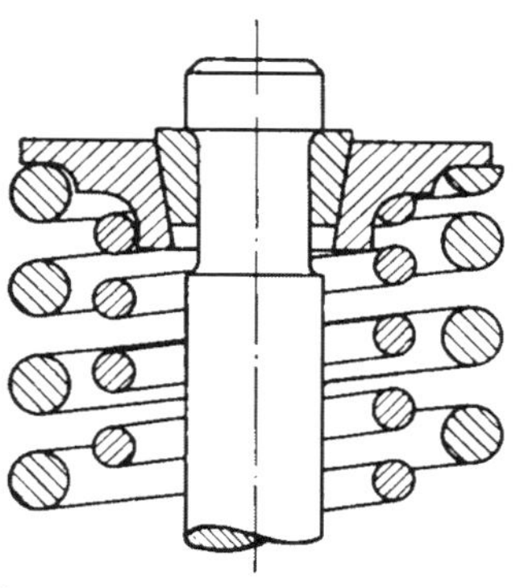

Abb. 20. Federteller mit Keilkegelbefestigung.

Bei obengesteuerten Ventilen (Hängeventilen) wird vielfach an Stelle des Ventilkeiles der aus zwei gleichen Teilen bestehende Keilkegel verwendet. Derselbe liegt in einer Nut des Ventilschaftes und wird durch die konische Bohrung des Federtellers zusammengehalten. Der Keilkegel besitzt gegenüber dem Ventilkeil den Vorteil einer Raumersparnis.

wendung der obengesteuerten Ventile waren folgende Erwägungen und deren Bestätigung in der Praxis maßgebend:

Es ist für eine rationelle Kraftausbeutung erforderlich, daß die Frischgase möglichst direkt in den Verbrennungsraum gelangen, daß andererseits die überaus heißen, verbrannten Gase ohne lange Umschweife aus dem Zylinder gelangen können. Letztere Forderung ist insbesondere auch vom Standpunkte einer guten Kühlung in hervorragendem Maße an den luftgekühlten Motor zu stellen, da den verbrannten Gasen tunlichst die Möglichkeit genommen werden muß, ihre Wärme an den Zylinder

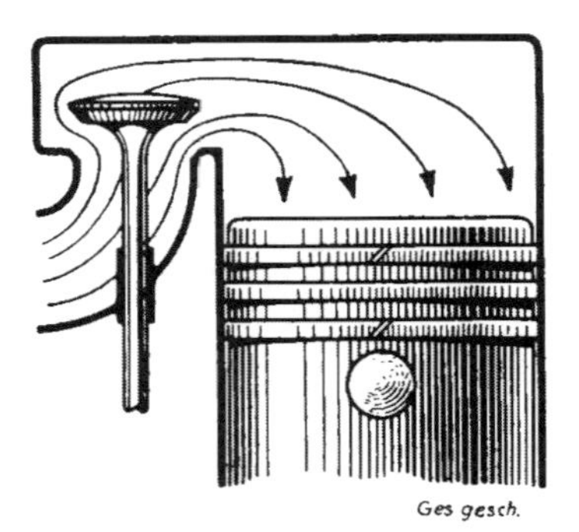

Abb. 21. Die Gasbewegung im untengesteuerten Motor.

Im untengesteuerten Motor haben beim Ansaugen bzw. Auspuffen die Gase mehrfache Winkel und Krümmungen zu passieren, wodurch die Leistung des Motors vermindert wird.

abzugeben. Die Abbildung 21 zeigt einen Motor mit untengesteuerten Ventilen und gehobenem Einlaßventil. Man sieht aus dieser Abbildung sofort, daß die Gase mehrfache Windungen durchmachen müssen, um in den Zylinder zu gelangen. In dem Streben, ein rasches Ein- und Austreten der Gase zu ermöglichen, hat man vorerst bei Rennmaschinen, später auch bei Maschinen für sportliche und touristische Zwecke, die Ventile direkt in dem Zylinderkopf hängend angeordnet. Die Abbildung 22 zeigt solche von oben gesteuerten Ventile, die auch ,,kopfgesteuert" und ,,hängend" genannt werden. Die Abbildung läßt auch ohne weiteres erkennen, daß die Gase direkt in den Verbrennungsraum einströmen bzw. denselben ungehindert und auf dem kürzesten Wege verlassen können.

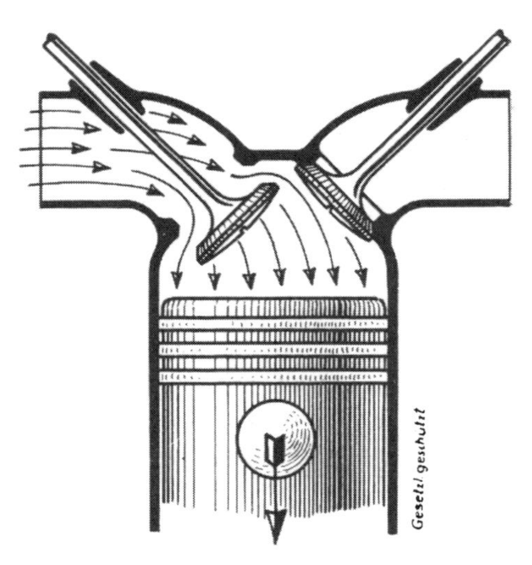

Abb. 22. Die Gasbewegung im obengesteuerten Motor.

Der größte Vorteil des Motors mit obengesteuerten Ventilen liegt darin, daß die Gase möglichst geradlinig in den Zylinder angesaugt bzw. in gleicher Weise aus dem Motor ausgestoßen werden können.

Die praktische Verwendung von hängenden Ventilen hat sich jedoch nicht so einfach gestaltet, als dies aus den vorstehenden Ausführungen hervorzugehen scheint. Vor allem ist es notwendig geworden, den Zylinder zweiteilig auszuführen und zwar derart, daß der sogenannte Zylinderkopf vom eigentlichen Zylinder abgenommen werden kann. Die Abbildung 23 stellt einen abgenommenen Zylinderkopf dar, bei welchem die Ventile deutlich sichtbar sind. Daß die Möglichkeit des Abnehmens des Zylinderkopfes das Entrußen des Motors und das Ventileinschleifen wesentlich erleichtert, liegt auf der Hand. Weiter mußten für die Steuerung der Ventile eigene Hebel und Stoßstangen in Anwendung gebracht werden, um die nach aufwärts wirkende Kraft der Nocken und Ventilstössel zur Abwärtsbewegung der Ventile verwenden zu können. Zu diesem Behufe wurden über den Zylinderkopf sogenannte „Schwinghebel“ angeordnet, deren Lagerung erst durch die Herstellung wirklich

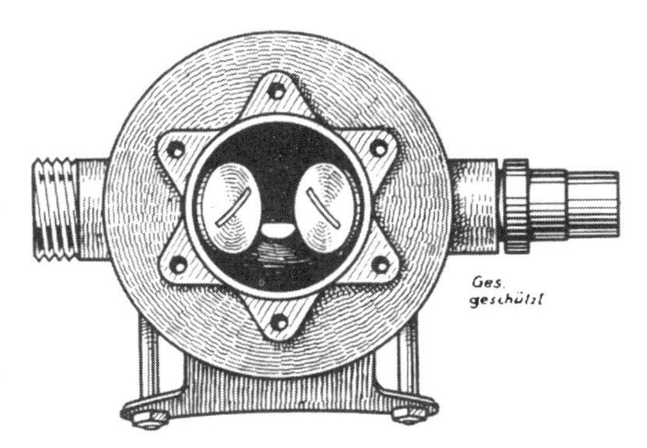

Abb. 23. Der Zylinderkopf eines obengesteuerten Motors.
Deutlich sichtbar sind die beiden Ventile, rechts der Ansaugstutzen, links der Gewindestutzen zur Befestigung des Auspuffrohres.

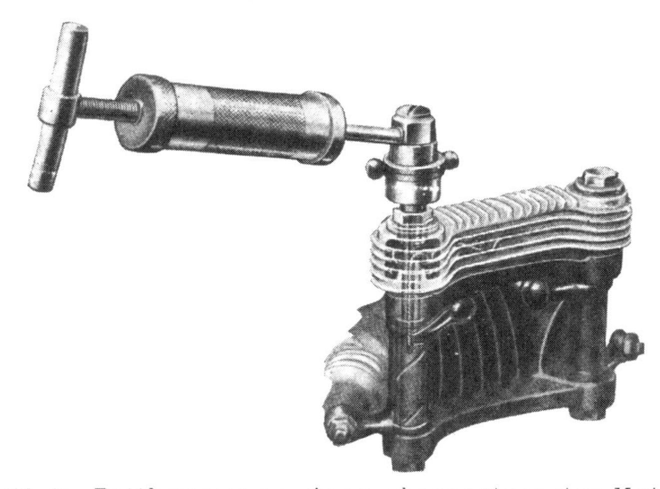

Abb. 24. Fettkammer an einem obengesteuerten Motor.
Die Schmierung der Schwinghebel ist eine der größten Schwierigkeiten des obengesteuerten Motors. Die englischen Douglaswerke haben über dem Kopf der liegenden Zylinder je eine mit Kühlrippen versehene eigene Kammer für das Schmierfett vorgesehen. Die Kammer wird mittels der Fettpresse nachgefüllt.

brauchbarer Rollenlager oder spezialkonstruierter Kugellager einwandfrei gelöst wurde. Die Ausbildung dieser Lager brachte wegen der bedeutenden Erhitzung derselben wesentliche Schwierigkeiten mit sich, auch die besten Schmiermittel wurden rasch dünnflüssig und tropften ab. Durch die praktischen Erfahrungen der letzten Jahre sind die verschiedenen Fabriken jedoch zu einer Reihe von mehr oder weniger günstigen Lösungen dieser Frage gekommen. Interessehalber sei in Abbildung 24 den Lesern die von den englischen Douglaswerken verwendete Ausführung gezeigt, bei welcher eine eigene mit Kühlrippen versehene Kammer für Schmiermittel vorgesehen ist, welche mittels Fettpresse aufgefüllt wird.

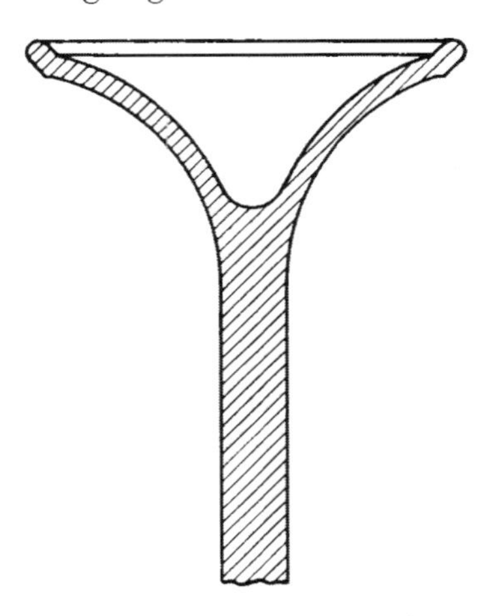

Abb. 25. „Tulpenventil." Zur Verminderung des Gewichtes der hin- und herbewegten Motorenteile wird auch das Gewicht der Ventile durch entsprechende Ausbildung verringert. Derartige Ventile kommen ausschließlich nur für obengesteuerte Motoren in Betracht.

Die größte Schwierigkeit der obengesteuerten Ventile schien jedoch darin zu liegen, daß die großen Vorteile derselben durch die Vergrößerung der hin- und hergehenden Massen und durch den damit bedingten größeren Kraftverlust teilweise wieder aufgehoben werden. Diesem Nachteil sind die Konstrukteure jedoch durch zweckmäßige Ausführung der Ventile, der Schwinghebel und Ventilstössel, sowie die Verwendung von Leichtmetall zur Herstellung der Schwinghebel und Stoßstangen wirksam entgegengetreten. Eine Reihe bekannter Fabriken verwendet besonders leichte Ventile, die vom Ventilteller her ausgebohrt und hohl sind, wie dies die Abbildung 25 zeigt. Aus der Abbildung 26 ist die Einrichtung der obengesteuerten Ventile zu ersehen.

Bezüglich der Kolben des Motors sei bemerkt, daß die Kenntnis der äußeren Beschaffenheit des Kolbens vorausgesetzt wird. Trotzdem sei an dieser Stelle der Vollständigkeit halber folgendes angeführt:

Die meisten Kolben tragen drei Kolbenringe. Diese Ringe federn auseinander, liegen in Nuten des Kolbens und drücken gegen die Zylinderwandung. Sie haben die Aufgabe, das sogenannte „Durchblasen" zwischen der Zylinderwand und dem Kolben zu verhindern. Die Kolbenteile zwischen den einzelnen Ringen werden „Stege" genannt. In bezug auf die Kolben-

Abb. 26. Obengesteuerter Motor, mit dem Getriebe zu einem Block vereinigt.

Das hier abgebildete Aggregat stellt die Kraftquelle des N. S. U.-Sportmotorrades, 250 ccm, dar. Die Anordnung des Ventilsteuerungsmechanismus ist deutlich sichtbar, desgleichen die Schaltvorrichtung und der Kickstarter.

ringe sind in den letzten Jahren ganz bedeutende Fortschritte gemacht worden. Insbesondere wurden die Enden der Kolbenringe derart ausgebildet, daß sie ineinandergreifen und auch an dieser Stelle ein Durchstreifen der Luft erschwert wird (Abbildung 27).

Neben den Kolbenringen gelangen nicht selten auch sogenannte Ölabstreifringe zur Verwendung. Diese liegen meist in einer Nut am unteren Ende des Kolbens und sollen nach Möglichkeit verhindern, daß Öl in den Explosionsraum gelangt,

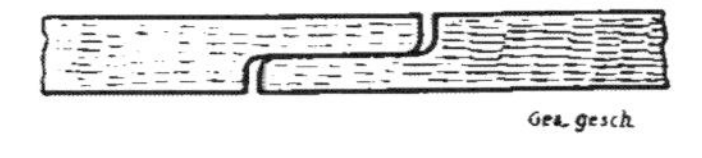

Abb. 27. Gebräuchliche Ausführung der Kolbenringe.

Durch eine einfache Überlappung der Enden des Kolbenringes wird der Durchtritt des explodierenden Gases möglichst vermieden.

verbrennt und dadurch verloren geht. Um trotzdem eine gewisse Schmierung der Kolbenringe zu fördern, weisen manche Kolben Bohrungen auf, die sich häufig zwischen Ölabstreifring und Kolbenringen befinden. Die Abbildung 28 zeigt einen derartigen Kolben im Schnitt mit drei Kolbenringen und einem Ölabstreifring.

Interessant ist, daß verschiedene Fabriken zur besseren Schmierung der Zylinderwände und zur Verringerung der Reibung den unteren Teil der Kolben seitlich etwas abflachen oder, wie dies die Abbildung 29 erkennen läßt, den Kolben mit schräg verlaufenden Nuten versehen.

Nicht ganz einfach gestaltet sich die Befestigung des Kolbenbolzens in dem Kolben. Wenn man sich vor Augen hält, daß der Kolbenbolzen den in der Minute ein- bis zweitausendmal auftretenden Explosionen standzuhalten bzw. die dabei auftretenden Kräfte auf die Pleuelstange zu übertragen hat, so wird man verstehen, daß der Ausbildung des Kolbenbolzens ganz besonderes Augenmerk zugewendet werden muß. Der Kolbenbolzen selbst ist aus einem massiven Stück allerbesten Stahles ausgedreht und zur Verringerung des Gewichtes durchbohrt. Er läßt sich von der Seite her in die entsprechende Bohrung des Kolbens einschieben. Wichtig ist, zuverlässig zu verhindern, daß der Kolbenbolzen sich verschiebt, aus dem Kolben herausragt und am Zylinder reibt. Ich hatte einmal Gelegenheit, in einer

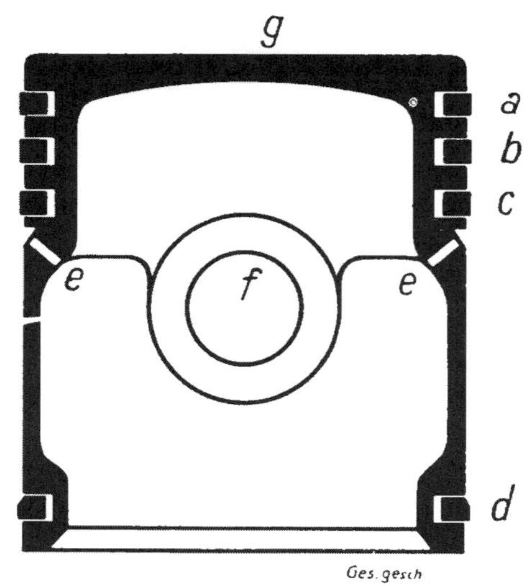

Abb. 28. Kolben im Schnitt.

Deutlich sichtbar sind die Kolbenringe a, b und c, der Ölabstreifring d, die Schmierlöcher e; g Kolbenboden, f Bohrung für den Kolbenbolzen.

Werkstätte den Motor eines Sportkameraden zu sehen, bei welchem sich der Kolbenbolzen, der sonst mit einer Stellschraube in seiner Lage festgehalten wurde, durch Lösen dieser Schraube seitlich verschoben und am Zylinder auf beiden Seiten eine etwa 2 mm tiefe Rinne gegraben hat. Schließlich hat sich der Kolbenbolzen festgefressen, wodurch der Kolben und die Pleuelstange vollkommen zertrümmert wurden. In dieser Hinsicht bietet jene Konstruktion die beste Sicherheit, bei welcher ein Reiben des Kolbens an den Zylinderwänden durch zwei auf beiden Seiten beigelegte Pilze verhindert wird. Die Abbildung 30 zeigt eine derartige Ausführung. Die pilzförmigen Beilagen sind aus Messing oder Leichtmetall hergestellt. Da diese Pilze ohne besondere Befestigung beigelegt werden, ist beim Auseinandernehmen des Motors besonders darauf zu achten, daß dieselben nicht in das Kurbelgehäuse fallen, woselbst sie nach Wiederinbetriebsetzung des Motors ganz bedeutenden Schaden anrichten können.

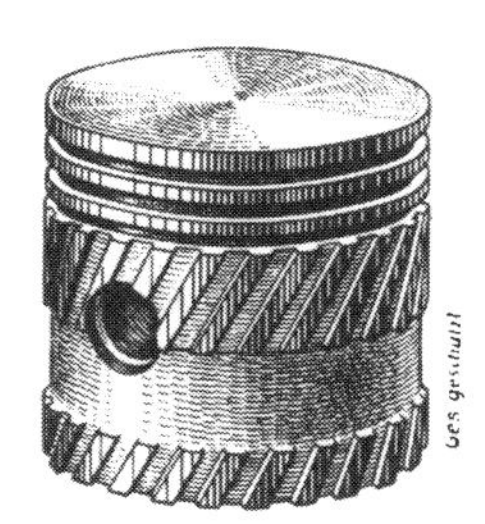

Abb. 29. Kolben mit Schmiernuten.

Um die Reibung des Kolbens an der Zylinderwandung möglichst zu verringern und den Zutritt des Öles zu begünstigen, ist der Kolben, der in dieser Form von den englischen Rudge-Werken verwendet wurde, mit entsprechenden Nuten versehen.

Bei Graugußkolben wurden auch häufig Fixierschrauben verwendet, die den Bolzen an einem Verschieben hindern. Diesbezüglich gibt die Abbildung 31 Aufklärung. Zum vollständigen Motor gehört schließlich noch der Vergaser, der Magnetzünder, der Antrieb zu demselben und die Zündkerze. Der Übersichtlichkeit halber werden diese Teile in eigenen Abschnitten eine Behandlung erfahren.

Abb. 30. Kolben im Schnitt mit Kolbenbolzen und Bolzensicherungen.

Um ein seitliches Verschieben des Bolzens zu vermeiden, werden beim Leichtmetallkolben, bei welchem die Verwendung von Sicherungsschrauben nicht ratsam ist, zu beiden Seiten des Bolzens pilzförmige Beilagen beigelegt, welche meist aus Messing hergestellt sind.

Von ausschlaggebender Bedeutung für die Entwicklung des Kraftrades war es, daß es im Zuge der ganzen Verbesserungen gelungen ist, die Tourenzahl des Motors wesentlich zu erhöhen. Die folgenden Abschnitte sind daher der Behandlung der diesbezüglichen Probleme und den Konstruktionsmöglichkeiten gewidmet, wobei die Überzeugung maßgebend war, daß der schnellaufende Motor der Motor der Zukunft ist und sicher jeder Kraftfahrer für diesbezügliche Erörterungen das größte Interesse besitzen wird. In diesem Abschnitte war es erforderlich, von dem Grundsatze, der den Verfasser bei der Zusammenstellung der übrigen Teile dieses Buches leitete, abzuweichen und in die theoretische Behandlung verschiedener Einzelheiten einzugehen. Es wird zum technischen Verständnis des Lesers und zur Kenntnis des modernen Motors beitragen, wenn besonders dieser Abschnitt einem Studium unterzogen wird.

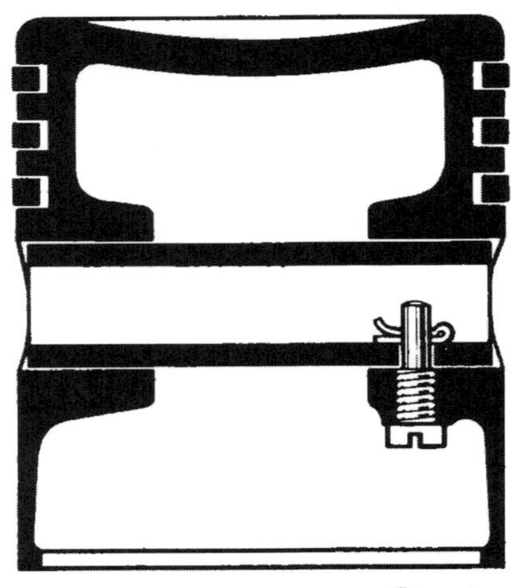

Abb. 31. Bolzensicherung.
Beim Graugußkolben erfolgt die Sicherung des Kolbenbolzens vielfach durch eine gesicherte Schraube. Gelegentlich werden auch zu beiden Seiten des Bolzens Federringe, welche in entsprechenden Ausnehmungen des Kolbens liegen, beigelegt.

c) Der schnellaufende Explosionsmotor.

Das Bestreben eines jeden Konstrukteurs von Kraftmaschinen muß es sein, möglichst hohe Leistung zu erzielen. Dies gilt ganz besonders bezüglich des Motors eines Kraftrades, da bei diesem Größe und Gewicht nicht über eine Höchstgrenze vergrößert werden können, während andererseits die Anforderungen in bezug auf Leistung und insbesondere Spitzenleistung von Tag zu Tag steigen. So führt die gestellte Aufgabe in schnurgerader Linie zum Hochleistungsmotor. Die verschiedensten Wettfahrten und Rennen waren die Erprobungen auf diesem

Wege. Wenn auch Wettfahrten an und für sich für den gewöhnlichen Fahrer nicht allzuviel Interesse in sich schließen, so wirkt sich doch das Ergebnis der Wettfahrten dergestalt aus, daß die Erfahrungen des Rennens auch für die gewöhnlichen Tourenmaschinen und nichtrennmäßigen Modelle verwertet werden. War z. B. beim Auto im Jahre 1923/24 die Vierradbremse eine Auszeichnung des ausgesprochenen Rennwagens, so sah man sie im Jahre 1925 bereits an allen Sportwagen, während sie in den folgenden Jahren von fast allen Fabriken auch an den gewöhnlichen Serienfahrzeugen verwendet wurde. Ähnlich ging es mit den obengesteuerten Ventilen der Krafträder, die heute schon vielfach auch für gewöhnliche Tourenmodelle Verwendung finden.

Für die Erreichung des Zieles, Hochleistungsmotoren zu bauen, war nichts näherliegend, als die Umlaufzahl zu erhöhen. Wenn auch aus Gründen, die noch näher behandelt werden, die Kraftleistung bei doppelter Tourenzahl nicht die doppelte ist, ist doch einleuchtend, daß zweitausend Explosionen in der Minute mehr leisten als tausend in derselben Zeit. Die Entwicklung richtet sich also nicht auf eine Vergrößerung des Zylinderinhaltes, welche zwangsläufig eine Erhöhung des Gewichtes, einen Mehrverbrauch an Brennstoff und die Einteilung in eine höhere Steuerklasse mit sich bringen würde, sondern auf eine Erhöhung der Umlaufzahl.

In bezug auf Hochleistung sei vorausgeschickt, daß 2—2,8 PS Bremsleistung je 100 cm^2 Hubvolumen heute keineswegs mehr als „Rennleistungen" bezeichnet werden müssen, diese vielmehr zwischen 3 und 5 PS liegen.

Im nachfolgenden seien jene Voraussetzungen behandelt, deren Erfüllung den Bau von erstklassigen Schnelläufern ermöglicht hat. Bemerkt muß jedoch werden, daß die Entwicklung gerade auf diesem Gebiete des Motorenbaues noch in keiner Weise abgeschlossen ist und sicherlich noch umwälzende Neuerungen zu erwarten sind.

Hauptbedingungen für Motoren mit hoher Drehzahl sind:

1) ein möglichst hoher Kompressionsgrad;
2) ein möglichst geringes Gewicht der hin und her gehenden Massen;

3) eine geringe Gasgeschwindigkeit am Ventil und zugleich ein geringer Ventilhub; vollständige Gasfüllung des Zylinders;
4) eine richtige Zündeinstellung bei jeder Tourenzahl; kurzer Zündfunke;
5) ein großer thermischer Wirkungsgrad;
6) eine möglichste Ausgeglichenheit der hin- und hergehenden sowie der umlaufenden Teile sowohl in statischer als auch in dynamischer Hinsicht;
7) eine ausreichende Kühlung (große Kühlrippen, entsprechende Wasserkühlung, kräftige Ölkühlung);
8) eine möglichste Verringerung der Reibung an den Lagerstellen.

1) Hohe Kompression.

Während der Verdichtungsdruck in der „Geburtszeit" des Explosionsmotors verhältnismäßig sehr gering war und 4 kg/cm² (Atmosphären) selten überschritten hat, ist der Explosionsraum im Verhältnis zum Hubvolumen bei den heutigen Motoren ein bedeutend geringerer geworden, so daß Motoren mit einem theoretischen Verdichtungsdruck (am Ende des Verdichtungshubes) mit 8 bis 10 kg/cm² keine Seltenheit mehr darstellen.

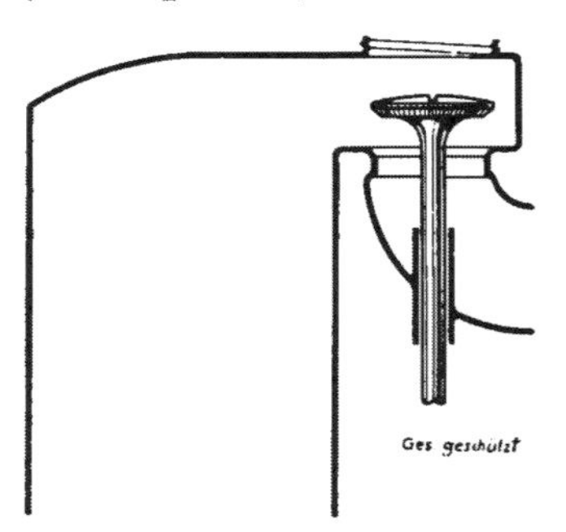

Abb. 32. Die Höhe der Ventilkammer.
Der Hub des Ventiles bedingt die Dimensionierung der Ventilkammern.

Diese Verkleinerung des Explosionsraumes (des Raumes über dem Kolben in seiner höchsten Stellung) ist anfänglich auf verschiedene Schwierigkeiten gestoßen. Bei seitlich gesteuerten Ventilen ergibt sich die sogenannte „Ventilkammer", deren Inhalt nicht unter ein bestimmtes Maß verringert werden kann, da unter allen Umständen ein entsprechender Raum für das Heben der Ventile vorhanden sein muß (Abbildung 32).

Eine wirklich ausreichende Verkleinerung des Explosionsraumes war daher erst mit der Einführung der oben gesteuerten

Ventile möglich. Bei oben gesteuerten Ventilen erübrigt sich eine Ventilkammer, die Ventile hängen im Zylinderkopf, dessen innere Form vorteilhaft halbkugelig ausgebildet wird.

Die Erhöhung der Verdichtung des Benzingemisches durch Verkleinerung des Explosionsraumes hat jedoch auch, ganz abgesehen von der Mehrbeanspruchung der Lager, gewisse Grenzen, die vor allem darin zu suchen sind, daß bei zu hohen Kompressionsgraden Selbstzündungen des Benzingemisches auftreten.

Andererseits muß man auch sagen, daß die erreichten Verdichtungsgrade den derzeitigen Ansprüchen durchaus genügen. Durch die Entzündung des an und für sich schon zusammengepreßten Gasgemisches ergeben sich Explosionsdrücke von 30 kg pro cm² und mehr.

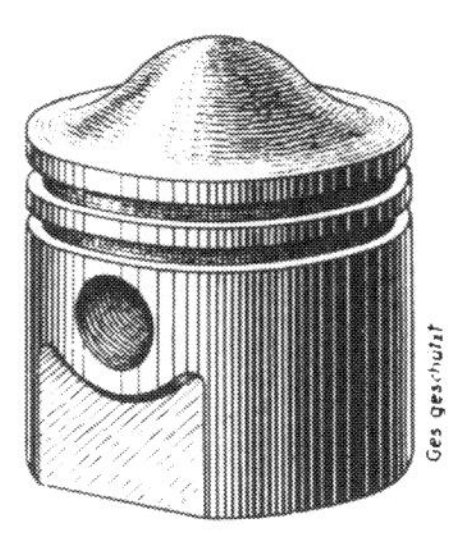

Abb. 33.
Rennkolben.
Zur Erhöhung der Kompression und zur Erzielung besonderer Leistungen werden Kolben verwendet, welche einen entsprechenden Fortsatz tragen, der in den Explosionsraum ragt. Durch seitliche Ausnehmungen wird an Gewicht gespart.

Bei Maschinen, bei welchen für Rennzwecke ein noch höherer Verdichtungsdruck verwendet wird, kann der gewöhnliche Kraftstoff (Benzin), der bei etwa 6 Atmosphären Verdichtung von selbst explodiert, nicht verwendet werden. In den meisten Fällen kommt der für Rennen hervorragend geeignete Kraftstoff „Discol" in Anwendung. Die hohe Verdichtung wird durch eine Abschrägung des Kolbenbodens ermöglicht (Abbildung 33), so daß der Kolben außerordentlich tief in den Zylinder hineingeschoben werden kann.

Jedenfalls ist es wohl verständlich, daß für Sportmaschinen ausschließlich nur der obengesteuerte Motor in Betracht kommt. Der hierbei verwendete, bereits erwähnte halbkugelige Explosionsraum hat sich am besten bewährt, er weist die kleinste Oberfläche auf, so daß den Gasen die geringste Wärmemenge entnommen wird (thermischer Wirkungsgrad), die Anbringungsmöglichkeit für die Zündkerze ist eine überaus günstige, da sie möglichst zentral und von allen Stellen des Explosionsraumes gleich weit entfernt angebracht werden kann (kurze Zündstrecke, gleichmäßige Explosion), ein Vorteil, der bei untengesteuerten Motoren nie erreicht werden kann. Die Gaszuführung ist beim obengesteuerten Motor ebenfalls sehr günstig und kann möglichst geradlinig gehalten werden. Solcherart wird ein rasches Austreten der heißen Verbrennungsgase ohne allzu große Wärmeabgabe an den Zylinder ermöglicht. Auch der Eintritt der Gase wird sehr begünstigt. Es ist leicht einzusehen, daß dem raschen Eintreten der Frischgase das besondere Augenmerk des Konstrukteurs zugewendet werden muß. Würde der Weg für den Eintritt der Frischgase winkelförmig geführt werden, so würde bei der hohen Tourenzahl und der unglaublichen Kürze des Ansaugtaktes keine vollständige Füllung des Zylinderraumes sich ergeben und der Wirkungsgrad des Motors bei steigender Umlaufzahl ganz bedeutend sinken.

Eine kurze Berechnung zeigt, mit welchen Zeiträumen hier gerechnet werden muß: Ein Motor mit 3600 Umdrehungen benötigt je Umdrehung $^1/_{3600}$ Minute oder $^1/_{60}$ Sekunde. Da sich eine Umdrehung aus zwei Takten zusammensetzt, das Ansaugen nicht während einer Umdrehung, sondern nur während eines Taktes erfolgt, ergibt sich eine Ansaugzeit von nur $^1/_{120}$ Sekunde, während zwischen den Ansaugtakten 3 Takte, das ist also $^3/_{120} = {}^1/_{40}$ Sekunde liegen. Eine Umlaufzahl von 3600 in der Minute stellt aber keineswegs eine Seltenheit dar. Ein Rennmotor mit Leichtmetallkolben und von guter, moderner Bauart kommt bei voller Umlaufzahl auf 6000 und noch mehr Umdrehungen.

Da auch für das Ausstoßen der verbrannten Gase nur die gleiche Zeitspanne zur Verfügung steht wie für das Ansaugen, ist das obengesteuerte Ventil auch für eine vollständige Entleerung des Zylinders vor der Füllung mit Frischgas sehr von Vorteil. Eine Mischung des frischen Gases mit den restlichen Teilen des verbrannten und noch sehr heißen Gases beeinträchtigt sehr die Wirtschaftlichkeit des Motors.

Auch in dieser Hinsicht stellt sich ein Motor mit kleinem Explosionsraum günstiger als ein solcher mit großem, da bei letzterem eine größere Menge von verbranntem Gas in dem Raum über dem Kolben oder in der Ventilkammer verbleibt, als bei Motoren mit kleinem Explosionsraum.

In Betracht zu ziehen ist des weiteren der Umstand, daß sich die Ölkohle erfahrungsgemäß am stärksten in den Ventilkammern bildet. Die Bildung von Ölkohle, die nur etwa $^1/_{50}$

der Wärmeleitfähigkeit des Eisens besitzt, beeinflußt den thermischen Wirkungsgrad sehr ungünstig.

Zur Ermöglichung eines tatsächlichen hohen Verdichtungsgrades ist es erforderlich, eine vollkommene Abdichtung allerorts zu erzielen. In dieser Hinsicht wurde das besondere Augenmerk den Kolbenringen zugewendet. Bei Leichtmetallkolben ist die Aufgabe, die den Kolbenringen zufällt, eine bedeutend größere als bei gewöhnlichen Graugußkolben. Erstere besitzen einen größeren Ausdehnungskoeffizienten als das Material des Zylinders, müssen also von vornherein kleiner dimensioniert sein als Graugußkolben. Dieser Umstand führt dazu, daß diesen Kolben im Zylinder ein bedeutendes Spiel gegeben wird.

Abb. 34. Kolbenring mit schiefem Schnitt.

Kolbenringe in dieser Ausbildung haben den Vorteil, daß ein Abbrechen von irgendwelchen Fortsätzen nicht möglich ist, jedoch auch den Nachteil, daß sie keinen guten Schutz gegen das Durchstreichen der expandierenden Gase bieten. Dieser Nachteil wiegt jedoch bei stark beanspruchten Motoren den erwähnten Vorteil nicht auf.

Mancher Kraftradfahrer wird vielleicht erschrecken, wenn er seinen Motor auseinandernimmt und so viel Spiel zwischen Kolben und Zylinderwandung findet, da er an ein genaues Passen aus der Zeit der Graugußkolben gewöhnt ist. In dieser Hinsicht braucht man sich aber nicht zu sorgen und wird vollkommene Beruhigung erlangen, sobald man Gelegenheit erhält, einen fabrikneuen Motor zu zerlegen und auch bei diesem ein erhebliches Spiel vorzufinden.

Um nun trotz dieses großen Spieles bei jeder Temperatur ein möglichst vollständiges Abdichten zu erzielen, ist es erforderlich, die Kolbenringe besonders auszubilden. In dieser Hinsicht haben sich verschiedene Ausbildungen der Kolbenringe ergeben.

Man ist in den meisten Fällen von dem einfachen schiefen Schnitt, wie ihn Abbildung 34 zeigt, abgegangen und hat durch ein Überlappen das Durchblasen zu verhindern gesucht. Eine der gebräuchlichsten Ausführungsarten gab Abbildung 27 wieder.

Bei einem Motor mit Leichtmetallkolben steigt schon nach kurzem Laufen des Motors, das heißt nach Erhitzung und Ausdehnung des Kolbens, die „Kompression" und damit die Leistung des Motors ganz bedeutend. Diese Tatsache muß z. B. bei Rennveranstaltungen dadurch Berücksichtigung finden, daß die Maschinen schon einige Zeit vor dem Start angetreten werden.

Eine andere Frage ist die Angelegenheit der Zündkerze. Während etwa noch vor zwei bis drei Jahren die Zündkerze durchaus auf der Höhe des damaligen Moterenbaues war und allen Anforderungen Genüge zu leisten vermochte, hat sich, wie wir gesehen haben, die Entwicklung mit raschen Schritten einer Erhöhung des Kompressionsdruckes zugewendet. Die Zündkerzentechnik hat längere Zeit mit dieser Entwicklung nicht gleichen Schritt halten können. Jeder Fahrer von überkomprimierten Motoren weiß ein Lied von den vielfachen Schäden, die an den Zündkerzen auftraten, zu singen. Inzwischen haben sich sämtliche Zündkerzenfabriken bemüht, ihre Erzeugnisse den neuen Errungenschaften im Motorenbau anzupassen und insbesondere den Ansprüchen, die bei Rennen an die Zündkerzen gestellt werden, zu genügen. Übrigens ist auch hier wieder ein Fall gegeben, in welchem jeder Kraftfahrer unbewußt aus den Rennveranstaltungen und den Ergebnissen, die bei diesen zutage treten, nicht unwesentlichen Nutzen zieht.

Für die Kühlung der Zündkerze bei untengesteuertem Motor ist es von Vorteil, falls dieselbe in einem Ventildeckel eingeschraubt ist, diesen zur Förderung der Wärmeableitung aus Kupfer oder Messing herzustellen.

2) Möglichst geringes Gewicht der hin und her gehenden Massen.

An hin und her gehenden Massen sind beim Kraftradmotor vorhanden:

der Kolben mit den Kolbenringen und Kolbenbolzen,
die Pleuelstange,
die Ventile mit dem Ventilteller und einem Teil der Ventilfeder, sowie
die Ventilstößel.

Daß der Kolben heutzutage auch für Tourenfahrzeuge größtenteils aus Leichtmetall hergestellt wird, haben wir schon in unseren allgemeinen Betrachtungen festgestellt. Das Leichtmetall weist gegenüber dem bisher verwendeten Grauguß nicht nur den Vorteil des geringeren Gewichtes, sondern auch des größeren Wärmestrahlungsvermögens auf. Als Material für den Leichtmetallkolben wird Aluminium, Elektron, Duralumin oder eine sonstige Legierung verwendet.

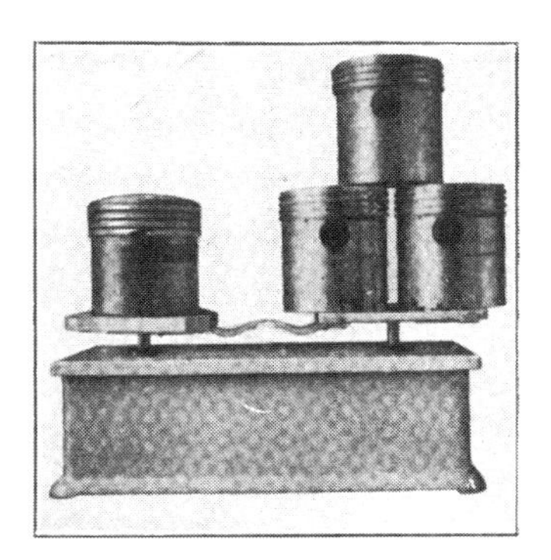

Abb. 35. Gewichtsverhältnis des Graugußkolbens zum Elektronkolben.

Die Abbildung 35 gibt ein anschauliches Bild von der Gewichtsersparnis durch Verwendung von Leichtmetallkolben. Auch durch eine entsprechende Ausbildung der Kolben, Abbildung 36, kann Material und damit Gewicht gespart werden.

Bei Leichtmetallkolben werden meist sogenannte „schwimmende" Kolbenbolzen verwendet, die direkt im Kolbenmetall gelagert sind. Bei diesen Konstruktionen muß der Flächendruck des Kolbenbolzens auf die Auflagefläche im Kolben genau berechnet und durch allfälliges Vergrößern des Durchmessers des Kolbenbolzens und damit der Auflagefläche ein bestimmter Maximaldruck eingehalten werden. Der Flächendruck soll auch bei höchsten Explosionsdrücken 200 kg pro cm² nicht übersteigen. Das seitliche Verschieben des Kolbenbolzens wird meist durch die Beigabe von Messingpilzen verhindert.

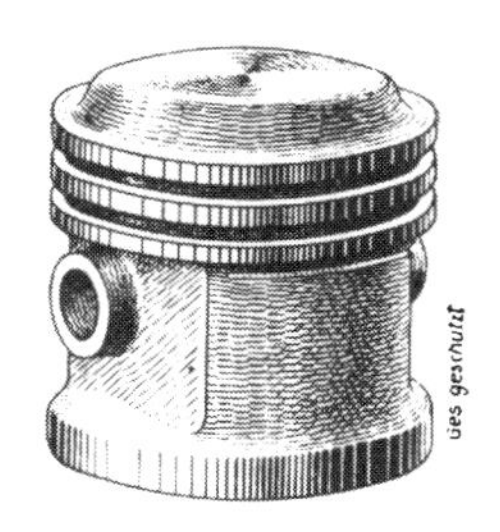

Abb. 36. Leichtmetallkolben. Kolben der englischen New-Imperial-Maschine in besonders leichter Ausführung.

Schwimmende Kolbenbolzen haben den großen Vorteil, daß sie sich einfach mit einem Durchschlag oder sonstigen Instrument seitlich herausschlagen lassen, ohne daß es notwendig wird, eine Schraube oder Sicherung zu lösen. Dieser Vorteil der schwimmenden Kolbenbolzen kommt wieder ganz besonders für das Kraftrad in Betracht, bei dem nur ein beschränkter Raum für die Unterbringung des Motors zur Verfügnng steht. Bei schweren Maschinen ist es häufig nicht möglich, die Zylinder einfach abzunehmen, da sie sich im Rahmen nicht genügend hochheben lassen, um über den Kolben abgezogen zu werden. In diesen Fällen wird bei der Demontage des Zylinders nach Heben desselben der Kolbenbolzen entfernt und der Kolben etwas in den Zylinder gedrückt. Nach dieser Vorbereitung ist ein Herausnehmen des Zylinders aus dem Rahmen ohne weiteres möglich. Beim Aufsetzen der Zylinder ist selbstverständlich der gleiche Vorgang in umgekehrter Weise einzuhalten.

Die hervorragenden thermischen Eigenschaften, welche Leichtmetallkolben aufweisen, wurden bereits kurz gestreift. Sie beruhen in erster Linie auf der besseren Reflexionskraft des Aluminiums. Die aus Grauguß hergestellten Kolben besitzen eine um ungefähr 35 % erhöhte Wärmeaufnahmefähigkeit gegenüber Leichtmetallkolben, wozu noch kommt, daß die Ableitfähigkeit beim Gußeisen bedeutend geringer ist als beim Leichtmetall. Diese Eigenschaften bringen es im Verein mit der bedeutenden Gewichtsersparnis mit sich, daß Motoren mit Leichtmetallkolben gegenüber solchen mit Graugußkolben etwa 20 bis 25 % Mehrleistung aufweisen, 10 bis 15 % Brennstoff und etwa 30 bis 35 % Öl ersparen. Daß besonders diese Tatsache die Verwendung des Motors mit Leichtmetallkolben über die Sportmaschinen hinaus auf einen Großteil der Tourenfahrzeuge bewirkt hat, ist ganz selbstverständlich. Jedenfalls hätte der hochtourige Motor nie jene rasche Verbreitung gefunden, wenn es nicht gelungen wäre, durchaus zuverlässige Leichtmetallkolben herzustellen. Die einzelnen Nachteile, welche Leichtmetallkolben bei ihrer erstmaligen Benützung ergeben haben, zu beseitigen, ist bald gelungen. Das „Ticken“ des Kolbens im Zylinder, besonders so lange der Motor noch nicht erhitzt ist, wurde ebenso wie der sich aus dem großen Spiel ergebende Mehrverbrauch an Öl sehr vorteilhaft durch die Anbringung von Ölabstreifringen hintangehalten. Die Ölabstreifringe unterscheiden sich von den gewöhnlichen Kolbenringen da-

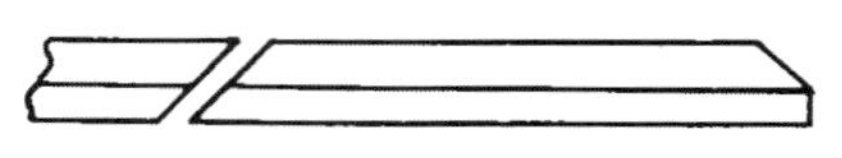

Abb. 37. Der Ölabstreifring.

Die Abschrägung des Ölabstreifringes muß stets oben liegen, damit das Öl bei der Aufwärtsbewegung des Kolbens passieren kann, bei der Abwärtsbewegung jedoch schaberartig mit nach unten genommen wird.

durch, daß eine Kante abgeschrägt ist, wie dies Abbildung 37 zeigt. Der Ölabstreifring ist so in die entsprechende Nut des Kolbens einzusetzen, daß die Abschrägung nach oben zu liegen kommt, also wohl Öl nach abwärts, nicht aber nach aufwärts über den Kolben gelangen läßt. Dieser Umstand ist beim Zusammensetzen des Motors ganz besonders zu beachten.

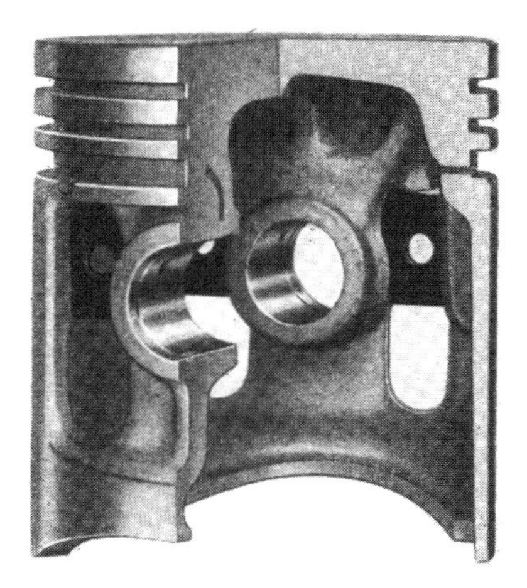

Abb. 37a. Rechts ein Nelson-Bohnalite-Kolben mit Invarstahleinlage, links ein „Röhrenkolben" (Elektronmetall, Cannstatt).

Das Gewicht des fertigen Leichtmetallkolbens liegt ungefähr 20 bis 35 % unter dem Gewicht des Graugußkolbens. Der frühere Unterschied zwischen Rennkolben und Gebrauchskolben hat sich mit Rücksicht auf die höhere Beanspruchung des Rennmotors weitgehend ausgeglichen. Zu der bedeutenden Gewichtsersparnis des Leichtmetallkolbens tritt noch der wesentlich bessere thermische Wirkungsgrad als nennenswerter Vorzug hinzu.

Das Aluminium wird sowohl mit Kupfer als auch mit Silizium legiert. Die Kolben aus der Aluminium-Silizium-Gruppe haben den Vorzug, daß der Ausdehnungskoeffizient näher an jenen des Graugußzylinders liegt, so daß die Geräuschbildung durch ein zu großes Spiel wesentlich herabgesetzt werden kann.

Zur Beseitigung der Differenz in der Ausdehnung zwischen dem Aluminiumkolben und dem Graugußzylinder werden seit einigen Jahren auch bei den Krafträdern die sogenannten Invar-Kolben („Nelson-Bohnalite-Kolben") verwendet, die sich schon in vielen Millionen Stücken im Automobilbau außerordentlich bewährt haben. Das Prinzip dieser Kolben beruht darauf, daß ein Teil des Kolbenschaftes durch einen Blechstreifen aus Invar gebildet wird, der in der Ausdehnung hinter dem Grauguß des Zylinders zurückbleibt. Dadurch wird die Mehrausdehnung des aus Aluminium bestehenden übrigen Teils des Kolbens ausgeglichen, so daß Invar-Kolben sehr genau passend eingebaut werden können; Abb. 37a.

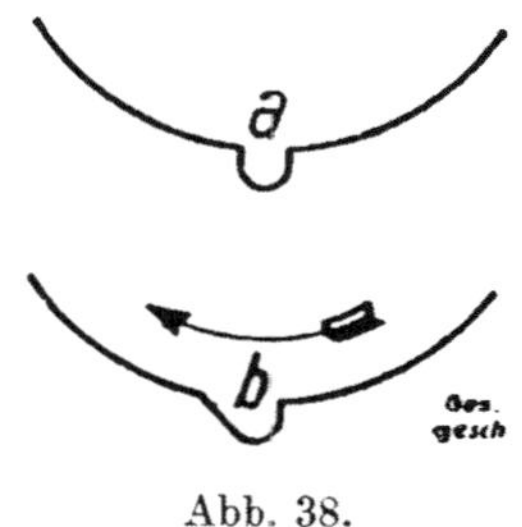

Abb. 38.
Schmiernuten.
Die Gleitlager werden mit entsprechenden Schmiernuten versehen. Die Ausführung nach „a" ist falsch, jene nach „b" richtig.

Neben der Verwendung von verschiedenen Aluminium-Legierungen wird auch Elektron für die Herstellung von Kraftradkolben verwendet, in letzter Zeit jedoch nur mehr für Sonderzwecke. Bei diesem Material handelt es sich um technisch verwendbar gemachtes Magnesium unter Hinzufügung von Legierungszusätzen bis zu etwa 10 %; hauptsächlich wird Kupfer zugesetzt. Das spezifische Gewicht des Elektrons beträgt etwa 1,8 und liegt damit etwa um 60 % unter den für Kolben verwendeten Aluminiumlegierungen. Elektron ist in Spänen selbstentzündlich, also feuergefährlich!

Ein weiteres Kolbenmaterial ist das Duralumin, fälschlich vielfach als Duraluminium bezeichnet. Es besitzt ein spezifisches Gewicht von 2,8, der Schmelzpunkt liegt bei 650° C. Wie alle Aluminiumlegierungen, besitzt das Duralumin an sich keine besonders günstigen Laufeigenschaften, es neigt vielmehr zum sogenannten Fressen, so daß dieser Eigenschaft durch besondere Ausbildung des Kolbens und durch sorgfältigstes Einhalten des vorgeschriebenen Einbauspiels vorgebeugt werden muß. Mit Rücksicht auf den Umstand, daß durch Erhitzung die Festigkeit des Duralumins beeinträchtigt wird, wird dieses Material besonders für die Herstellung von leichten Pleuelstangen verwendet.

Ein wesentlicher Mangel der anfänglichen Konstruktionen von Leichtmetallkolben bestand darin, daß die Stege zwischen den Kolbenringen rasch Beschädigungen unterworfen waren. Auch heute noch kommt es gelegentlich vor, daß die Kolbenringnuten im Leichtmetallkolben sich ausschlagen oder daß überhaupt einzelne Stücke der Stege ausbrechen. Man beugt diesen Beschädigungen dadurch vor, daß man bei Ausweitungen der Ringnuten rechtzeitig etwas breitere Kolbenringe einsetzt, wobei die Ringnut sorgfältig auf das genaue Maß aufgedreht werden muß. Dem hier zur Rede stehenden Nachteil des Leichtmetallkolbens wurde von verschiedenen Herstellern dadurch vorgebeugt, daß Kolben mit eigenen Ringträgern aus Grauguß hergestellt werden. Der gesamte Kolben ist aus Aluminium hergestellt, doch ist um den Kolbenboden herum ein Ring aus Nickelgrauguß eingegossen, in den die Nuten für die Kolbenringe eingedreht sind.

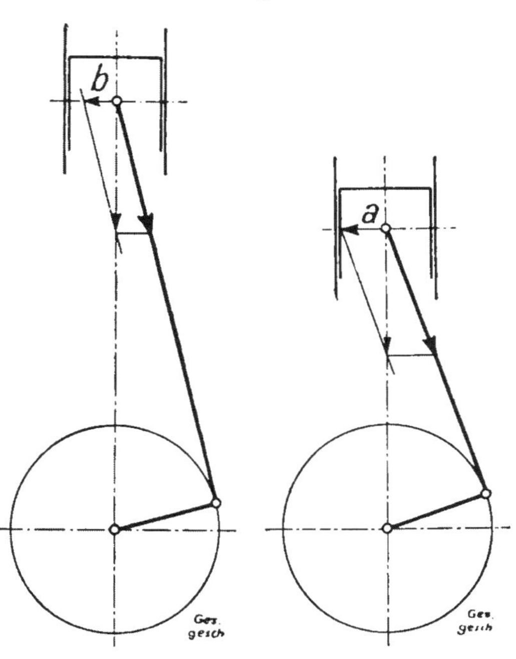

Abb. 39. Die Auswirkung verschieden langer Pleuelstangen.

Gleichzeitig mit der Verringerung des Gewichts des Kolbens war es auch das Bestreben der Konstrukteure, das Gewicht der Pleuelstange zu verkleinern. Wenn auch nicht die gesamte Masse der Pleuelstange sich in hin- und hergehender Bewegung befindet, sondern etwa ein Drittel derselben mit dem Kurbelzapfen rotiert, so bleiben doch noch immer etwa zwei Drittel der Masse übrig, die sich in pendelnder Bewegung befinden und nicht geringe Kräfte verbrauchen. Da sich dieser Kraftverbrauch mit dem Quadrate der Geschwindigkeit steigert, spielt ganz besonders bei hochtourigen Motoren die Frage der Verringerung des Gewichtes der Pleuelstange eine große Rolle, ja, war sogar vielfach die Voraussetzung für eine weitere Erhöhung der Tourenzahl.

Die Pleuelstange wird gewöhnlich in I-Form, seltener in +-Form, gelegentlich auch als Rohr, hergestellt. Um das Gewicht zu verkleinern, ist man zu einer möglichst geringen Dimensionierung des Pleuelstangenquerschnittes geschritten, und man hat bei Verwendung allerersten Materials für Rennmotoren tatsächlich Pleuelstangen hergestellt, die sich in beträchtlicher Weise um ihre eigene Längsachse verdrehen lassen.

Die Abmessungen der Pleuelstange werden vom Konstrukteur natürlich nicht „dem Gefühle nach" festgelegt, sondern genau berechnet.

Das Pleuelauge wird meistens als Buchsenlager mit einer Buchse aus Spezialbronzelegierung ausgeführt. Eine oder zwei Bohrungen durch das Pleuelauge als auch durch die Buchse erleichtern den Zutritt von Öl zum Lager. Dieser wird auch dadurch gefördert, daß die Pleuelstange im Kolben nach rechts und nach links je 2 bis 3 mm Spiel aufweist, um ein Zwängen bei kleinen Differenzen zu vermeiden. Des weiteren sind in der Kolbenbolzenbuchse auch Schmiernuten angebracht. Bei Verwendung von Duraluminpleuelstangen wird auch nicht selten eine direkte Lagerung des Kolbenbolzens in Duralumin verwendet.

Die Lagerung der Pleuelstange auf dem Kurbelzapfen erfolgt beim Kraftradmotor überwiegend mittels Rollen- oder Walzenlager. Der Konstrukteur des Kraftradmotors ist gegenüber dem des Kraftwagenmotors insofern im Vorteil, als sich beim Kraftradmotor meist auf sehr einfache Weise eine geteilte Kurbelwelle verwenden läßt. Auch ist es bei der Verwendung von Rollenlagern nicht notwendig, das Pleuellager geteilt auszuführen. Im Pleuelkopf wird ein innen auf Hochglanz polierter Ring eingesetzt, der die äußere Lagerung der Rollen bildet. Bei der Verwendung von Kugellagern wird das komplette Radiallager (Querlager) in die Öffnung der Pleuelstange eingesetzt.

Bei einzelnen Krafträdern, insbesondere bei solchen mit Vierzylindermotoren, gelangt ebenso wie beim Kraftwagen das gewöhnliche Weißmetallager zur Anwendung. Der Pleuelkopf wird in diesem Falle geteilt ausgeführt, besitzt Messingbuchsen und eine eingegossene Gleitfläche aus Weißmetall, auch „Lagermetall" genannt. Letzteres besteht meistens aus 80% Zink, 8% Kupfer und 12% Antimon und ist praktisch bleifrei. Verschiedentlich werden auch Bronzelager verwendet, die nicht mit Weißmetall ausgegossen sind. Diese Lager weisen zwar einen etwas höheren Reibungskoeffizienten auf, besitzen jedoch andererseits den Vorteil, wesentlich widerstandsfähiger zu sein als das Weißmetallager. Ganz besonders für hochbeanspruchte Sport- und Rennmaschinen kommt daher das Bronzelager immer in Betracht.

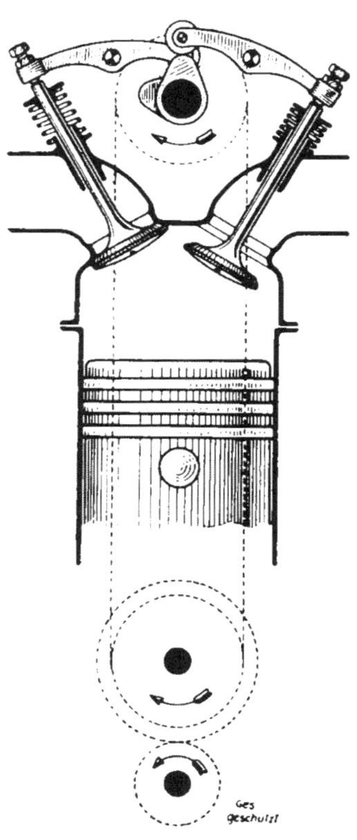

Abb. 40. Nockenwelle über dem Zylinderkopf.

Um das Ventilbetätigungsgestänge wegfallen lassen zu können, wurden Motoren konstruiert, bei welchen die Nockenwelle über dem Zylinder liegt, so daß durch die Nocken unter Zwischenschaltung der Schwinghebel, welche gleichzeitig als Rollenhebel ausgebildet sind, die Ventile direkt betätigt werden.

Wichtig ist bei den Gleitlagern die Anbringung der Schmiernut, die sowohl dem Ölzutritt als auch der Ablagerung kleinster Metallteile dient. Um die Ölhaut zwischen den Metallteilen nicht zu zerreißen, dürfen die Schmiernuten nicht scharfkantig sein. Sie werden keilförmig abgeschrägt, wie dies Abbildung 38 zeigt. Außerdem dürfen die Ölnuten nicht bis an den Rand des Lagers durchgezogen werden, damit sich kein Ölverlust und damit keine unnötige Druckverminderung ergibt.

Für den Aufbau des Motors von wesentlicher Bedeutung ist des weiteren auch die Länge der Pleuelstange. Das Mindestmaß derselben ergibt sich aus dem Kurbelradius, aus dem Umfang der Schwungmasse und aus der Höhe des Kolbens, da der Kolben auch in seiner untersten Stellung immer noch einen gewissen Abstand von der Schwungmasse aufweisen muß. Im allgemeinen ist die Pleuelstange mindestens dreimal so lang, als dem Kurbelradius entspricht. Abbildung 39 zeigt des weiteren, daß von der Länge der Pleuelstange der seitliche Druck abhängig ist, den der Kolben beim Arbeitstakt auf den Zylinder ausübt. Motoren mit kurzer Pleuelstange neigen daher zu einem rascheren ovalen Auslaufen des Zylinders als solche mit längerer Pleuelstange.

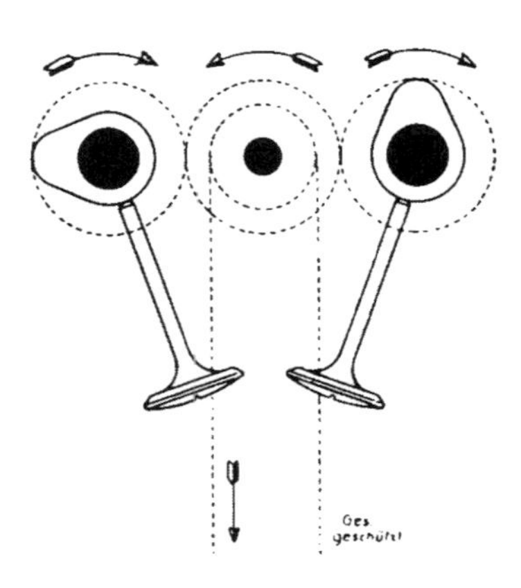

Abb. 41. Ventilbetätigung durch zwei obenliegende Nockenräder.

Das Bestreben zur Verringerung der hin- und hergehenden Massen erstreckt sich des weiteren selbstverständlich auch auf die Ventile, die Ventilstößel und Ventilteller sowie die Ventilfedern.

Die Ventile werden außerordentlich flach gehalten, weisen einen Ventilsitz von meist 30° auf und werden gelegentlich auch hohl ausgeführt in der Form sogenannter Tulpenventile. Wesentliche Gewichtsersparnisse lassen sich durch die Verzichtleistung auf den Rollenhebel zwischen Nocke und Ventilstößel erzielen. Zu diesem Zweck wird die Rolle entweder unmittelbar am Ventilstößel befestigt oder dieser unten in Form eines flachen Schuhs ausgebildet.

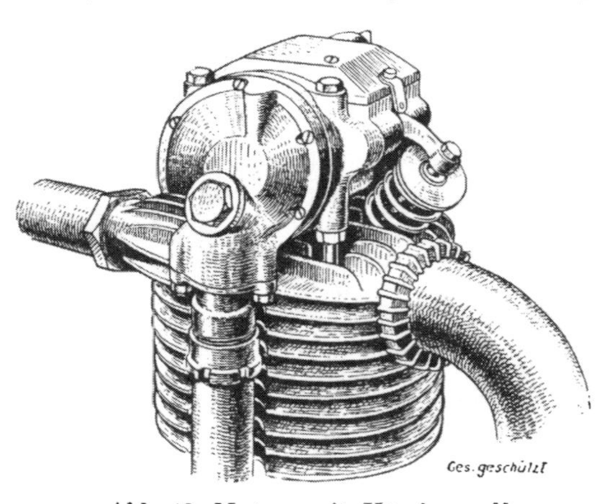

Abb. 42. Motor mit Königswelle.

Der hier abgebildete Motor weist gekapselte Welle, Zahnräder und Nocken, jedoch offenliegende Ventile auf.

Der größte Fortschritt wurde bezüglich der Art der Ventilbetätigung erzielt. Wie bereits an anderer Stelle hervorgehoben wurde, besitzen die im Zylinderkopf hängend angeordneten Ventile verschiedene Vorteile gegenüber den stehenden Ventilen. Die hängende Anordnung der Ventile bedingt jedoch einen großen maschinellen Aufwand für die Betätigung der Ventile und bei der Verwendung von Stoßstangen auch ein erhebliches Gewicht der hin- und hergehenden Massen. Aus diesen Gründen verlegt man bei Motoren, bei welchen es auf Höchstleistungen ankommt, die Nockenwelle über den Zylinderkopf, so daß die Ventile direkt bzw. unter Zwischenschaltung von einfachen Schwinghebeln betätigt werden. Die Ventilstößel und die langen Stoßstangen kommen damit in Fortfall. Eine derartige Anordnung zeigt Abbildung 40. Im Gegensatz zu der hier gezeigten Ausführung steht jene von Abbildung 41, bei der zwei getrennte Nockenwellen über dem Zylinderkopf angeordnet sind, die die Ventile unmittelbar betätigen, so daß nicht einmal Schwinghebel erforderlich sind.

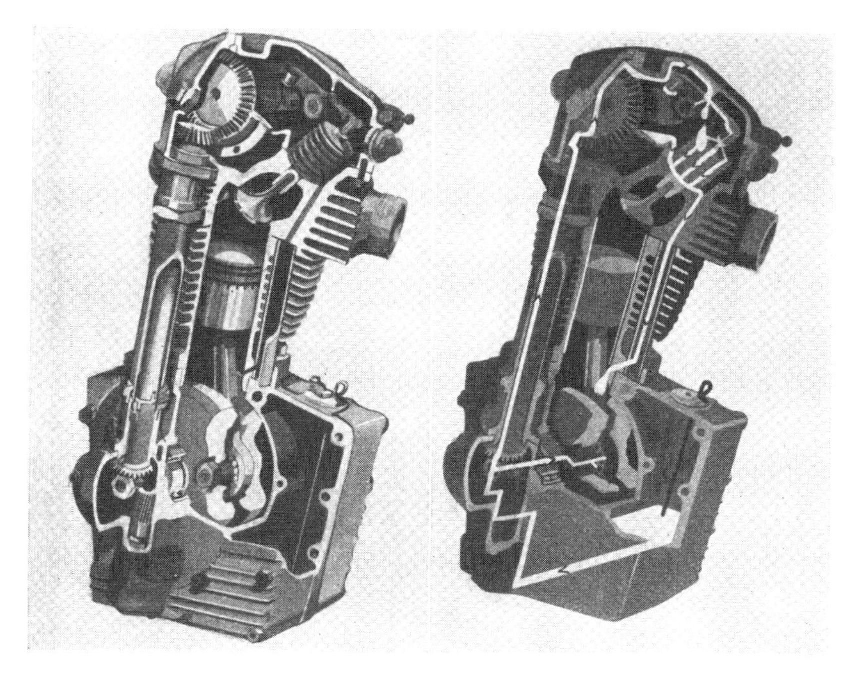

Abb. 43. Ein deutscher Königswellenmotor (Standard) im Schnitt (links), sowie der Schmierkreislauf (rechts).

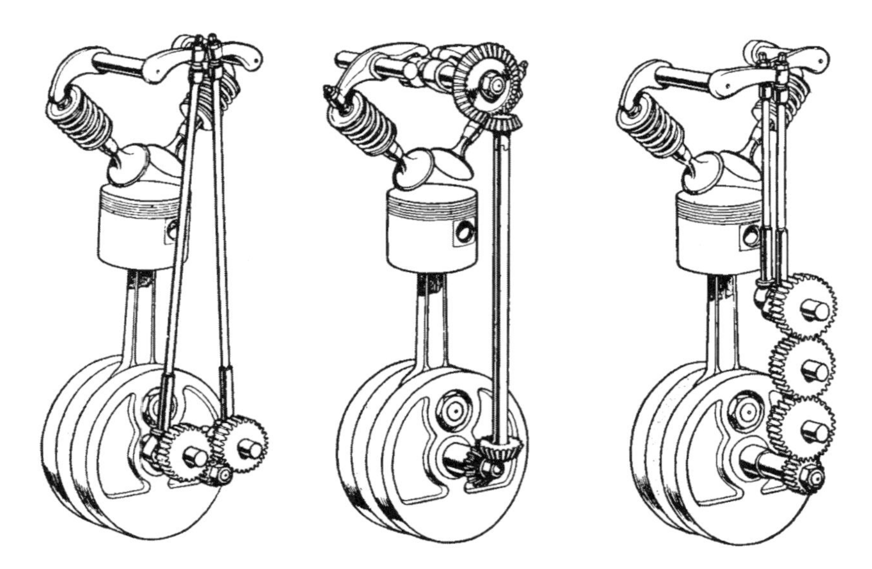

Abb. 44. Betätigung der hängenden Ventile.
Links durch lange Stoßstangen, Mitte durch obenliegende Nockenwelle, rechts durch hochliegende Nockenwelle mittels kurzer Stoßstangen.

Abb. 45. Eine Spitzenleistung deutschen Kraftradbaues.
Motor mit kurzen Stoßstangen. Glatte Außenflächen. Die Haarnadelfedern in die Kapselung eingezogen.

Nicht ganz einfach ist der Antrieb der über dem Zylinderkopf liegenden Nockenwellen. Hierfür gibt es grundsätzlich drei verschiedene Ausführungsformen: den Kettenantrieb, den Zahnradantrieb und den Königswellenantrieb. Alle drei Ausführungen finden sich in der Praxis. Bei uns in Deutschland bevorzugt man den Königswellenantrieb.

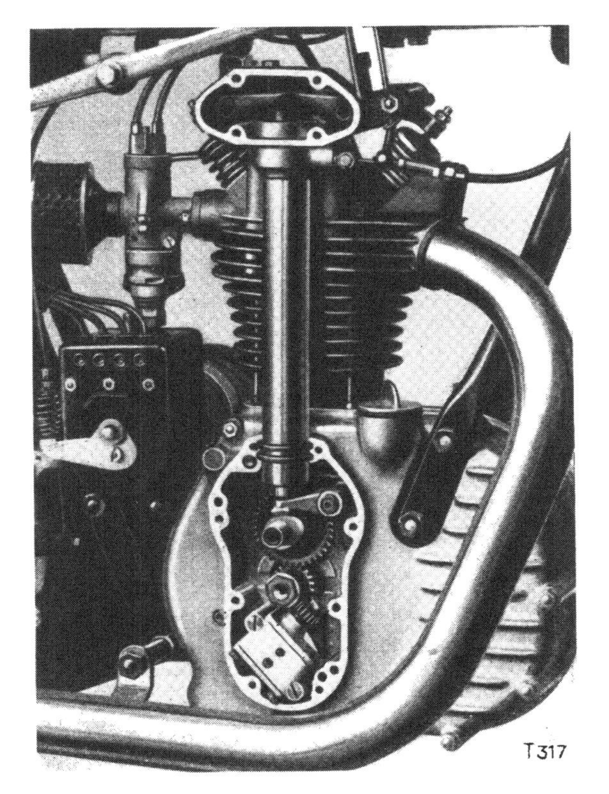

Abb. 46. Ein deutscher Stoßstangenmotor (NSU.). Stoßstangen und innere Arme der Schwinghebel gekapselt, Ventile, Ventilfedern und äußere Schwinghebelarme freiliegend.

Beim Königswellenantrieb steht neben dem Zylinder in einer Verschalung eine Welle, die unten über Winkelzahnräder von der Kurbelwelle angetrieben wird und oben in gleicher Weise die Nockenwelle antreibt. Beim Kettenantrieb liegt in einem geschlossenen Gehäuse eine Rollenkette, für deren ständige Nachspannung eine seitlich gegen die Kette drückende, entsprechend gedämpfte Feder sorgt. Beim Zahnradantrieb liegen in einem Gehäuse übereinander mehrere Stirnzahnräder, so daß der Antrieb von der Kurbelwelle zur Nockenwelle über mehrere Zwischenzahnräder erfolgt. Die Abbildungen 42, 43 und 51 zeigen verschiedene Ausführungsformen von Königswellenmotoren.

Von besonderer Wichtigkeit ist selbstverständlich in allen Fällen die Schmierung der bei derartigen Motoren stets vorhandenen zahlreichen bewegten Teilen. In fast allen Fällen sind eigene Öl-

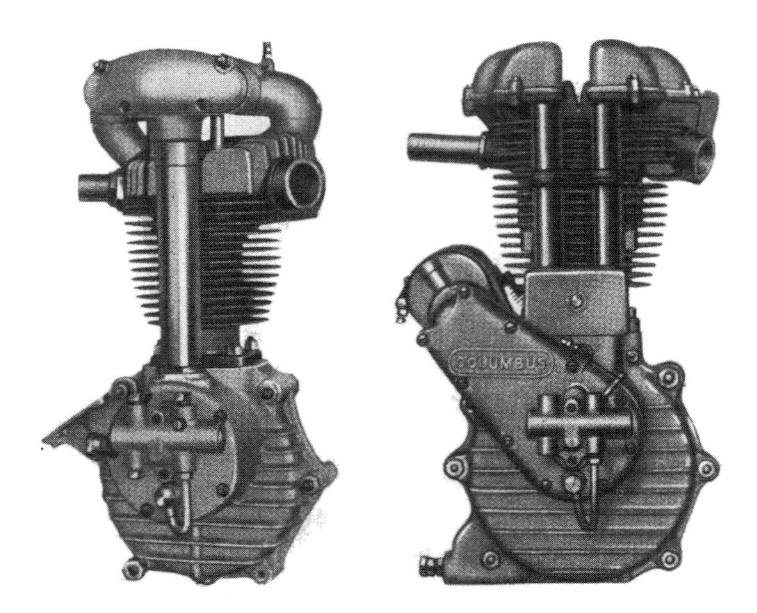

Abb. 47. Zwei verschiedene Wege zur Kapselung der Ventilbetätigung (Columbus-Motor).
Links gesonderte Kapselung der Ventile, Federn und Schwinghebel; rechts Einbeziehung dieser Teile in den Zylinderkopf.

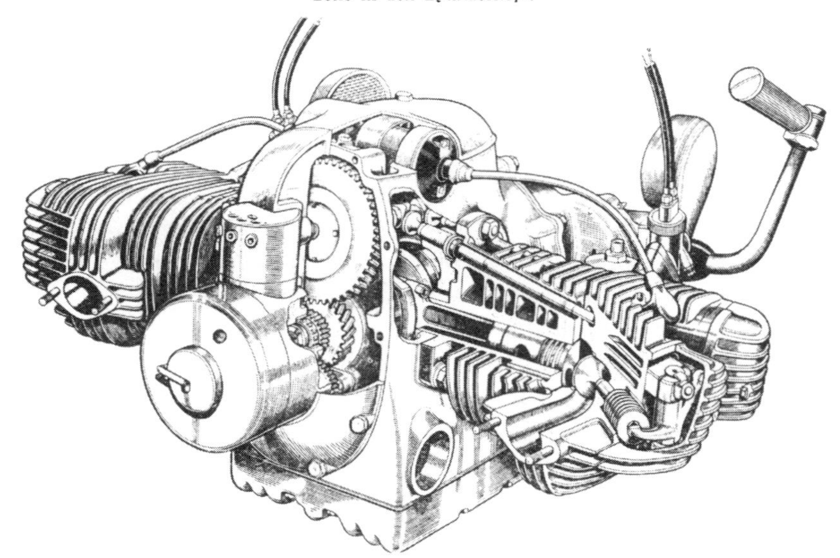

Abb. 48a. Gekapselter liegender Zweizylindermotor (Zündapp).
Die einzelnen Schwinghebel und Ventile sind durch gesonderte Deckel zugänglich.

leitungen vorhanden, durch die von der Ölpumpe aus ständig Öl den einzelnen bewegten Teilen zugeführt wird. Abbildung 43 zeigt den Schmierkreislauf eines Königswellenmotors.

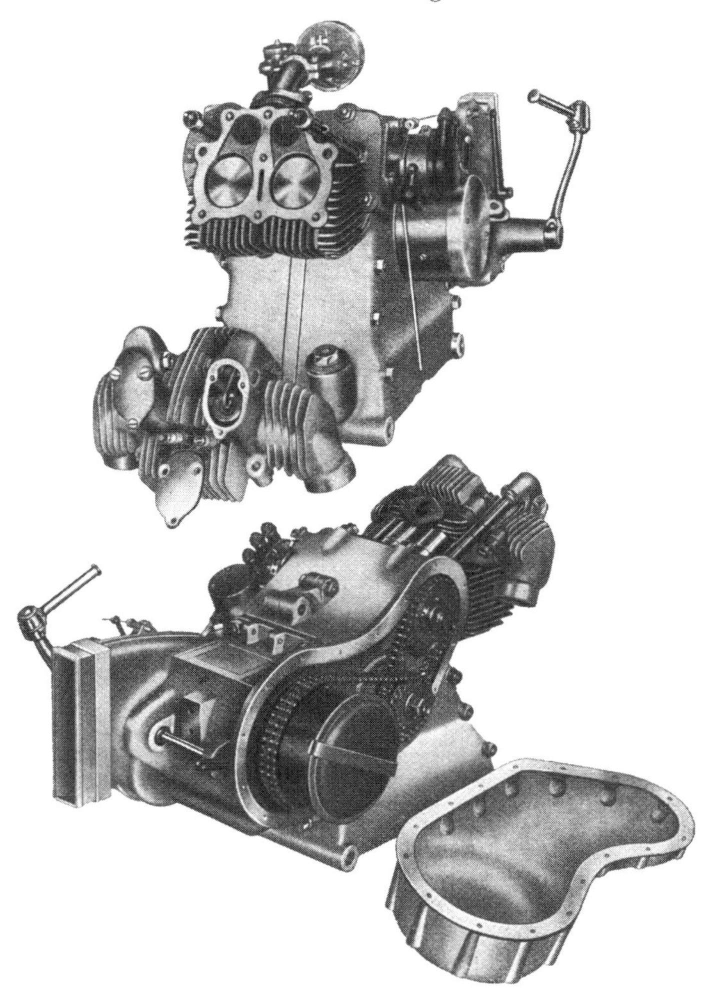

Abb. 48 b. Gekapselter Zweizylindermotor mit nebeneinanderstehenden Zylindern und gegengesteuerten Ventilen (Viktoria).

Ein anderer Weg zur Verringerung der hin- und hergehenden Massen wurde darin gefunden, daß man die Nockenwelle zwar nicht unmittelbar über den Zylinderkopf legt, wohl aber wesentlich höher anordnet, als dies üblich ist. Man gelangt dadurch zur sogenannten „hochliegenden Nockenwelle"; der Vorteil dieser Anordnung liegt darin, daß die Stoßstangen wesentlich kürzer sind als bei der gewöhnlichen Anordnung, während andererseits das Nockenrad doch noch in dem Zahnradgehäuse des Motorgehäuses, das zu diesem Zweck neben dem Zylinder etwas hoch-

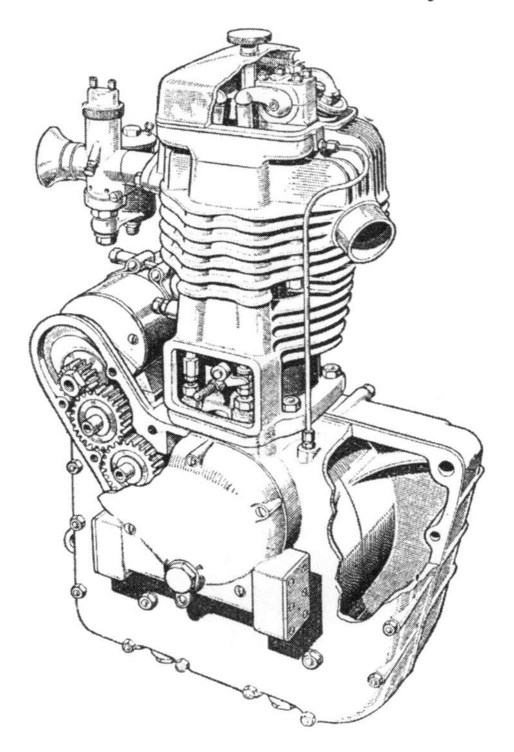

Abb. 49. Englischer Stoßstangenmotor.
Man beachte, daß die Verschalung der Stoßstangen ein Stück mit dem Zylinder bildet.

gezogen wird, untergebracht werden kann, so daß die durch die Wärmeausdehnung besonders schwierigen Antriebsverhältnisse der über dem Zylinderkopf liegenden Nockenwelle wegfallen; Abb. 44.

Von allergrößter Bedeutung für die Dauerhaftigkeit des Motors ist die weitgehende Kapselung aller beweglichen Teile. Dadurch wird auch der Maschinenlärm bedeutend herabgesetzt. Offene Stoßstangen sind heute selten; dieselben wurden fast durchwegs in Schutzrohre gelegt. Wird ein gemeinsames Schutzrohr verwendet, so ergibt sich ein äußeres Bild, das dem des Königswellenmotors ähnelt; Abbildung 50.

Vielfach wird noch der äußere Arm des Schwinghebels und das Ventil selbst freigelassen, wie man dies aus den Abbildungen 42 und 46 ersehen kann. Diese Ausführung ist einfacher, daher billiger; außerdem wird besonders hinsichtlich des Auspuffventils

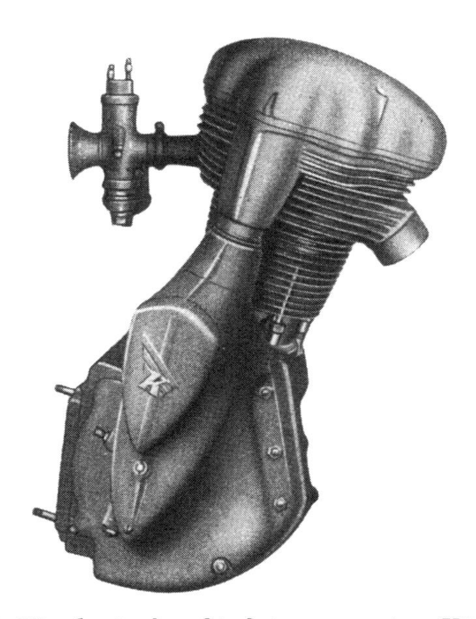

Abb. 50. Ein deutscher Stoßstangenmotor (Küchen).
Man beachte die glatten Außenformen. Unter dem mit „K“ bezeichneten Deckel liegt der Unterbrecher.

geltend gemacht, daß die Kühlung durch den Fahrwind von Bedeutung ist.

Immer mehr setzt sich aber die vollkommene Kapselung des gesamten Ventilmechanismus und der Ventile selbst durch. Abbildung 47 läßt die zwei Wege erkennen, die hierfür zur Verfügung stehen: einerseits können die Teile des Ventilmechanismus gesondert eingekapselt werden, so daß über dem Zylinderkopf sozusagen ein eigenes Gerüst entsteht, andererseits kann der Zylinderkopf in seinem oberen Teil selbst wannenförmig ausgebildet werden, so daß unter Verwendung eines Deckels ein mit

Abb. 51. BMW.-Kompressor-Rennmaschine.
Auch bei Rennmaschinen ist ein organischer Aufbau und eine weitgehende Kapselung möglich.

dem Zylinder eine äußere Einheit bildendes Gehäuse entsteht, in dem die Ventile und alle Teile der Ventilbetätigung untergebracht sind. Ein Ölstrom sorgt für beste Schmierung und auch gleichzeitig für die Kühlung. Es verdient besondere Erwähnung, daß im Gegensatz zur offenen Ausführung hier auch der Ventilschaft und die Ventilführungen selbsttätig geschmiert werden. Unsere deutschen Kraftradmotoren, wie sie in den Abbildungen 43, 45, 47, 48a, 48b, 50 und 51 wiedergegeben sind, sind Musterbeispiele für eine sorgfältige Kapselung des Ventilmechanismus und für eine vollendete äußere Formgebung. Abbildung 49 zeigt eine englische Ausführung, bei der die Stoßstangenrohre mit dem Zylinder in einem Stück gegossen werden.

Außerordentlich interessant sind die verschiedenen Typen des Küchen-Motors, der von der Maschinenbau-Gesellschaft Heilbronn hergestellt wird. Diese Firma erzeugt neben dem vollkommen gekapselten Stoßstangenmotor (Abbildung 50) einen Motor, bei dem eine neben dem Zylinder stehende senkrechte Welle an ihrem oberen Ende eine Nocke trägt, die über Rollen- und Winkelhebel drei im Zylinderkopf angeordnete Hängeventile betätigt. Die Einzelheiten dieses Motors sind aus den Abbildungen 52, 53, 54 und 55 zu ersehen.

3. Gasgeschwindigkeit, Ventilhub, Füllungsgrad.

Es ist naheliegend, daß eine geringe Gasgeschwindigkeit beim Füllen und Entleeren des Zylinderraumes angestrebt werden muß. Bei hoher Gasgeschwindigkeit ist die Füllung ungenügend, beim Ausstoßen der Gase verbleiben Reste im Zylinder.

Die Gasgeschwindigkeit wird durch Vergrößerung der Durchtrittsöffnung bei den Ventilen vermindert. Das Naheliegendste wäre daher die Herstellung von besonders großen Ventilen. Die Erfahrung hat jedoch gezeigt, daß sich die Ventile mit zu großem Durchmesser bei hohen Temperaturen, wie sie besonders am Auslaßventil auftreten, verziehen und infolgedessen nicht mehr genügend dichten. Bei höherer Umlaufzahl, bei der der Wirkungsgrad an und für sich fällt, bedeutet eine Undichtheit der Ventile eine weitere, wesentliche Herabminderung der Wirtschaftlichkeit. Die Nutzanwendung dieser Erkenntnis war: zwei kleine Ventile sind besser als ein großes.

In der Tat werden verschiedene Motoren gebaut, die mehr als zwei Ventile aufweisen. Es gibt sowohl vierventilige Motoren, bei denen zwei Einlaß- und zwei Auspuff-Ventile vorhanden sind, wie auch Motoren mit drei Ventilen. Ein großes und zwei kleine Ventile lassen sich, wie Abbildung 55 zeigt, im Zylinderkopf besonders günstig unterbringen. Bezüglich des Hubes des Ventiles widerstreitet das Bestreben zur Freigabe einer möglichst großen Zutrittsöffnung mit dem Nachteil, die Masse der Ventile über einen zu großen Weg und daher sehr rasch bewegen zu müssen. Es ist ohnedies bereits ein außerordentlich hoher Federdruck erforderlich, um die Ventile stets wieder rasch auf ihren Sitz zurückzubringen.

Man verwendet in letzter Zeit immer mehr statt der Schraubenfeder die sogenannte Haarnadelfeder. Die Haarnadelfeder hat den Vorzug, daß nur ein kleiner Teil der Feder in Bewegung versetzt werden muß und daß sie daher nicht zum Flattern neigt, was besonders bei hoher Drehzahl von Vorteil ist.

Außerordentlich hoch ist die Beanspruchung der Ventile. Bei einem Ventildurchmesser von 30 mm und einem Explosionsdruck von beispielsweise 50 Atm. ergibt sich ein Druck von 350 kg. Am Ende des Arbeitstaktes besteht immer noch ein Druck von etwa 5 bis 7 Atmosphären. Gegen diesen Druck muß das Ventil durch die Nocke angehoben werden. Bei einer Breite der Nocke von 7 mm und einer Auflagefläche des

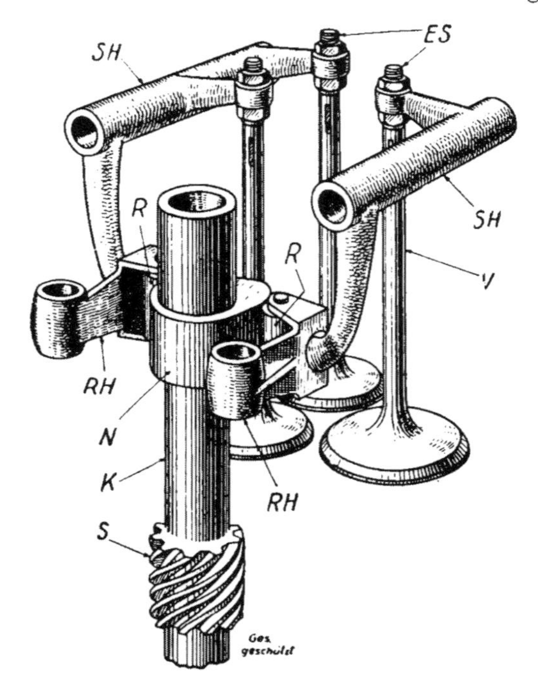

Abb. 52. Ventilbeorderung bei einem K-Motor.

Die Königswelle trägt unter Vermeidung oberer Kegelräder die Nocke N. Diese Nocke betätigt die Rollen R und dadurch die Rollenhebel RH. Auf den Rollenhebeln ruht der eine Arm der beiden winkelförmigen Schwinghebel SH, deren andere Arme mittels der Einstellschrauben ES, welche durch Gegenmuttern fixiert werden, die Ventile (V) bewegen. Wie die Abb. 53, 54 und 55 zeigen, läuft der gesamte Mechanismus gekapselt in einem ständigen Ölbad. Die Ölpumpe liegt in diesem Gehäuse und wird durch die Schnecke S angetrieben. Da das Öl durch das die Königswelle umschließende Rohr in das Kurbelgehäuse fließt, erübrigen sich sämtliche Rohrleitungen. Das Schauglas ist am Zylinderkopf befestigt und in Abb. 54 zu sehen.

Stößels oder der Rolle auf der Nocke von $7 \times 0{,}15$ mm $= 0{,}01$ cm^2 ergibt sich ein Flächendruck von etwa 4250 kg/cm^2. Da jedoch die Nockenwelle beim Heben des Ventils nicht nur den im Zylinder vorhandenen Gegendruck zu überwinden hat, sondern auch noch die Kraft der Ventilfedern und die Trägheit der Masse, so erhöht sich der Flächendruck um ein Beträchtliches. Solche

Berechnungen sind zur Festsetzung der Größe der Lagerung der Nockenwelle erforderlich.

Abb. 54. Der K-Motor.

Ansicht von der Steuerseite. Beachtenswert die geschützte und zweckmäßige Anbringung des Magnetzünders. Unterbrecher leicht zugänglich. Ölschauglas am oberen Teil des die Königswelle umschließenden Rohres sichtbar.

Um ein rasches Schließen zu begünstigen, sind bei Sport- und Rennmaschinen die Stoßstangen nach Abb. 57 meist gesondert abgefedert. Eine überaus interessante Konstruktion zeigen die Abb. 58 und 59, aus welchen zu entnehmen ist, daß der Konstrukteur nicht nur das Öffnen, sondern auch das Schließen der Ventile zwangsläufig gestaltet und auf die Wirkung von Ventilfedern vollständig verzichtet.

Abb. 53. Der K-Motor.

Ansicht von der Vergaserseite. Der aus Aluminium hergestellte oberste Teil des Motors (auf dem Bilde hell) ist lediglich der Deckel zum Zylinderkopf, nicht dieser selbst. Vergaser und die links sichtbare Zündkerze sind am eigentlichen Zylinderkopf montiert. Der mit Kühlrippen versehene Aluminiumdeckel umschließt den gesamten Ventilsteuermechanismus, so daß sich derselbe in einem ständigen Ölbad befindet.

Eine weitere Forderung, die an Motoren mit hoher Umlaufzahl gestellt werden muß, ist eine ausreichende Füllung des Zylinders mit Gas. Es hat sich bei einer Erhöhung der Umlaufzahl ein ganz bedeutender Abfall des Wirkungsgrades ergeben, und zwar deswegen, weil in der außerordentlich kurzen Zeit von 1/150—1/200 sec. für den Ansaugtakt eine ausreichende Füllung des Zylinders sehr schwer möglich ist. Wenn auch die Vermeidung aller unnützen Krümmungen in der Ansaugleitung sowie die Verwendung von obengesteuerten Ventilen schon eine wesentliche Besserung gebracht haben, waren diese Verbesserungen doch nicht in der Lage, über den bestehenden Mangel vollständig hinwegzuhelfen. Die deutsche Daimler-Motorengesellschaft war es, die als eine der ersten über den Mangel hinweggeholfen hat, indem sie ihren Mercedeswagen mit einem Gebläse (Kompressor) ausgestattet hat. Das Wesen desselben liegt darin, daß das frische Gas nicht vom Motor angesaugt, sondern im Augenblick des Öffnens des Einlaßventiles unter Druck in den Zylinder gepreßt wird. Das gewöhnliche Ansaugen des Gases erfolgt, wie ja bekannt, durch den Unterdruck, der im Zylinder durch die Abwärtsbewegung des Kolbens entsteht und während der ganzen Ansaugperiode anhält. Wenn man diesen Unterdruck am Ende des Ansaugtaktes mit 0,75 kg/cm² annimmt, so ergibt sich bei einem 500 cm³-Motor nur eine tatsächliche Füllung mit 375 cm³ Gas. Legt man nun bei der Verwendung eines Gebläses nur einen Druck von 1,5 kg/cm² zugrunde (der tatsächliche Druck liegt bedeutend höher), so ergibt sich eine Füllung von 750 cm³. Es ist klar, daß diese Füllung mehr zu leisten imstande ist, als jene von 375 cm³. Es ist des weiteren selbstverständlich, daß dieser erhöhte Füllungsgrad bei der gesamten Bauart des Motors zu berücksichtigen ist (Abmessung der Lager usw.).

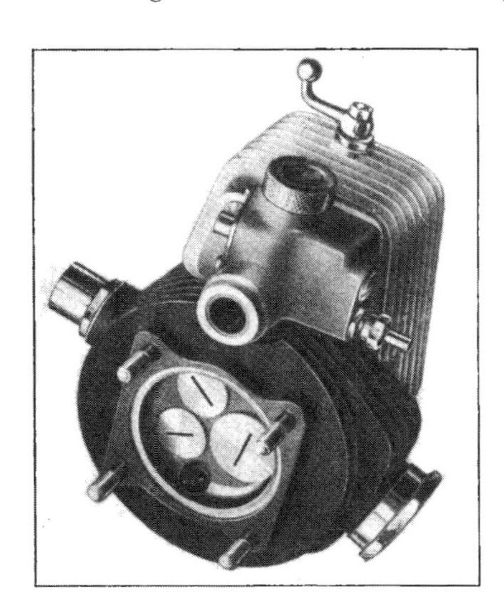

Abb. 55. Zylinderkopf des K-Motors mit Deckel.

1 großes Auslaßventil, 2 kleine Einlaßventile. Am Rande die Zündkerze. Vorne die Ölpumpe mit Schauglas und Anschluß des vom Öltank kommenden Rohres.

Die Verwendung von Gebläseeinrichtungen war beim Kraftrade bisher auf Spezialmaschinen beschränkt, die besonders im Flachrennen stets sehr gut abgeschnitten haben. In dieser Hin-

Abb. 56. Motor mit zwei Auspuffrohren.

Obwohl der hier abgebildete Motor nur ein Einlaß- und ein Auslaßventil besitzt, ist er doch, um einen raschen Abzug der verbrannten Gase zu ermöglichen, mit zwei Auspuffrohren versehen.

sicht wird insbesondere auf die deutsche ,,Victoria" verwiesen. Bei langen Bergstrecken ist allerdings meist eine ganz bedeutende Erhitzung der mit Gebläse ausgerüsteten Motoren festzustellen.

Zweifelsohne wird sich in bezug auf das Gebläse die Erfahrung der Rennveranstaltungen über kurz oder lang auf gewöhnliche Tourenmaschine auswirken. Allerdings wird auch bei der Tourenmaschine das Gebläse nicht ständig im Betrieb sein. Es wird ebenso wie beim Kraftwagen eine Einrichtung vorzusehen sein, welche das Ein- und Auskuppeln des Gebläses ermöglicht. Bei Steigungen oder zur Erzielung von besonders hohen Geschwindigkeiten wird das Gebläse vom Fahrer in Tätigkeit gesetzt. Die Elastizität des Motors wird auf diese Weise gewinnen, das Fahren wird genußreicher und die Notwendigkeit des Schaltens geringer. Für den Tourenfahrer mögen diese Ausführungen heute noch eine Zukunftsmusik sein, der Fachmann dürfte jedoch dieser Feststellung seine Zustimmung geben. Es sind versuchsweise heute schon ganz einfache und leicht zu verwendende Gebläsevorrichtungen bei Krafträdern in Verwendung.

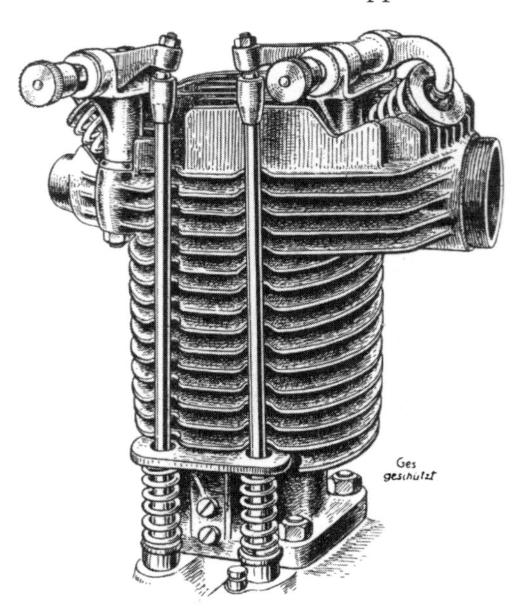

Abb. 57. Rückholfedern für die Stoßstangen.

Um ein rasches Schließen der Ventile zu erzielen und die Kraft der Ventilfedern ausschließlich nur für das Schließen der Ventile freizuhalten, werden bei Sportmotoren meistens an den Stoßstangen gesonderte Federn angebracht, welche die Stoßstangen, Stößel und Rollenhebel zurückbewegen.

Auch diese Neuerung wird, ebenso wie verschiedene andere, die sich zur Zeit noch im Stadium des Versuches befinden, zur Verbreitung des Kraftradsportes sicherlich beitragen.

Die Abbildungen 60 und 61 geben ein anschauliches Bild der Gebläseeinrichtungen des bekannten „Victoria-Kompressor-Motorrades". Es ist deutlich der zwischen Zylinder und Vergaser in die Ansaugleitung eingeschaltete Kompressor und der Antrieb desselben von der Motorwelle zu sehen.

4) Richtige Einstellung der Zündung.

Die richtige Einstellung des Zündmomentes beeinflußt die Leistung des Motors ganz wesentlich. Sowohl Nachzündung als auch übermäßige Vorzündung bringen einen bedeutenden Leistungsabfall mit sich, überhitzen den Motor und vergeuden Kraftstoff. Wenn auch diese Tatsachen allen Kraftfahrern aus der Praxis bekannt sind, so wissen doch viele nicht, weshalb eine jeweils verschiedene Zündeinstellung erforderlich ist. Rein theoretisch genommen müßte der richtigste Augenblick für die Zündung jener sein, in welchem der Kolben durch die Drehung der Kurbelwelle seinen Höchstpunkt (oberen Totpunkt) erreicht hat und demnach mit der Abwärtsbewegung beginnt. Erfolgt die Zündung des Gasgemisches erst später, so geht der entsprechende Teil des Arbeitstaktes für die Kraftleistung verloren, das Gasgemisch wird nicht genügend ausgenützt. Um trotzdem die gleiche Leistung aus dem Motor herauszuholen, muß mehr Gas gegeben werden, als dies bei der richtigen Zündeinstellung erforderlich ist: der Motor wird übermäßig heiß und Kraftstoff wird vergeudet. Zündung nach dem Höhepunkt des Kolbens kommt auf Grund dieses Umstandes im allgemeinen nicht in Betracht, es sei denn zur Erreichung einer ungewöhnlich niedrigen Umdrehungszahl.

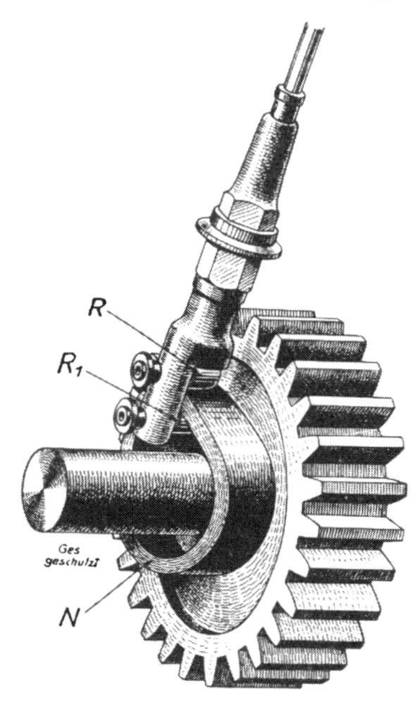

Abb. 58. Eine Spezialausführung f. d. Ventilsteuerung.

Beim gewöhnlichen Ventil, sei es nun stehend oder hängend angeordnet, erfolgt lediglich das Öffnen zwangsläufig, während das Schließen unter dem Drucke der Feder vor sich geht. Bei der obenstehend dargestellten Ausführung wird das Gestänge mit dem Ventil auch zurückgezogen, also nicht nur gehoben, so daß sich eine gesonderte Ventilfeder erübrigt. Eine Anwendung dieser Ausführung bei einer Serienmaschine ist noch nicht bekanntgeworden.

Praktisch fällt nun der Moment der Zündung nicht genau zusammen mit dem Moment der Explosion des gesamten Gasgemisches. Aus der Explosionsgeschwindigkeit läßt sich berechnen, um wie viele Tausendstel Sekunden später die von der Zündkerze meistentfernten Gaspartikel explodieren als jene, welche die Zündkerze umgeben. Bei geringer Drehzahl ist diese kurze Zeitspanne ziemlich belanglos. Nehmen wir aber 3600 Umdrehungen in der Minute an, so können wir leicht berechnen, daß für einen Arbeitstakt nur $^1/_{120}$ sec. zur Verfügung steht. Wenn wir nun — um eine beliebige Zahl zu wählen — annehmen, daß die Explosion des gesamten Gasgemisches $^1/_{1200}$ sec. in Anspruch nimmt und der Zündfunke im Augenblick des höchsten Punktes überspringt, so geht tatsächlich $^1/_{10}$ des Arbeitstaktes verloren, das heißt, derselbe beginnt erst nach einer Kurbeldrehung von 18^0 vom Totpunkte abwärts. Bei Verdopplung der Drehungszahl wächst auch der Verlust auf das Doppelte.

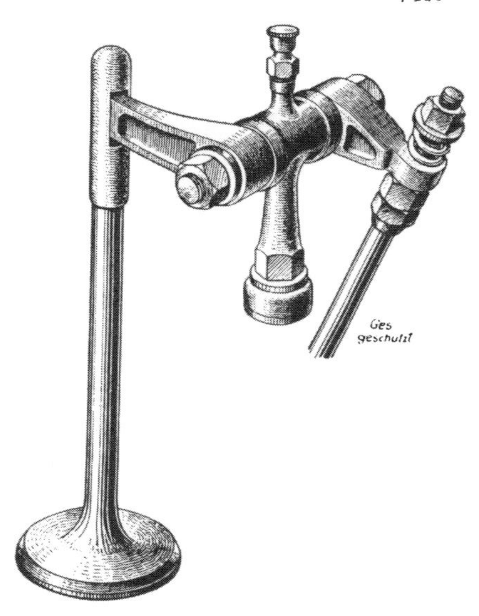

Abb. 59. Ventilbeorderung, bei welcher auch das Schließen zwangsläufig erfolgt.

Die hier dargestellte Ausführung ist der zweite Teil der in Abb. 58 dargestellten und dortselbst beschriebenen Ventilbeorderung.

Aus diesen Erwägungen ergibt sich nun die einfache Forderung, den Zündfunken der jeweiligen Tourenzahl angemessen schon vor Erreichung des Totpunktes überspringen zu lassen: Vorzündung.

Der aufmerksame Leser wird aus diesen Ausführungen bereits festgestellt haben, daß es infolge des ständigen Wechsels der Drehzahl nicht möglich ist, ein für allemal die Zündung fest einzustellen. Würde z. B. bei geringer Drehzahl die gleiche Vorzündung gegeben werden, wie eine solche bei hoher Umlaufzahl erforderlich ist, so würde die Explosion des Gasgemisches tatsächlich vor der Erreichung des Totpunktes stattfinden und das Bestreben haben, den Kolben zurückzuschleudern. Wenn auch letzteres durch die kinetische Energie der rotierenden Masse des Schwungrades verhindert wird, so tritt doch eine hemmende Wirkung ein, welche ein Klopfen des Motors und eine rasche Zerstörung der Lager bewirkt.

Zur Erreichung einer Höchstleistung ist demnach eine genaue Einstellung der Zündung dringend erforderlich: es muß erreicht werden, daß die Explosion des gesamten Gemisches ohne Rücksicht auf die Tourenzahl im Totpunkt erfolgt. Mit der prak-

Abb. 60. Victoria-Motor mit Kompressor.

Der Kompressor, von der Motorachse angetrieben, saugt das Gemisch vom Vergaser an und preßt es im Augenblick des Öffnens des Einlaßventiles unter Druck in den Zylinder, so daß der Motor einen besseren Füllungsgrad und damit auch einen höheren Kompressionsdruck erhält. Der Kompressor liegt über dem Kurbelgehäuse. Der Carter ist mit großen Kühlrippen versehen, um eine genügende Kühlung des Öles herbeizuführen. Es ist deutlich sichtbar, daß der Vergaser nicht an der Ansaugleitung des Motors, sondern am Kompressor sitzt.

tischen Verwendung der Einstellvorrichtung werden wir uns noch an einer anderen Stelle dieses Buches befassen.

Bemerkt sei noch, daß bei Kraftwagen fast allgemein automatische Einstellvorrichtungen durch Zentrifugalregulierung vorgesehen sind. Beim Kraftrade wäre es einerseits schwer, den für diese Einrichtung erforderlichen Raum zur Verfügung zu halten, andererseits ist beim Kraftrad die individuelle Einstellung des Zündmoments vorzuziehen.

Weiter ist ein kurzer, möglichst heißer Zündfunke notwendig, um eine „träge“ Entzündung des Gemisches zu vermeiden. Wechselt man einen schlecht arbeitenden Magnetzünder gegen einen neuen Apparat, der einen kräftigen, heißen Funken gibt, um, so wird man eine wesentliche Leistungssteigerung feststellen können. Dieser Hinweis ist ganz besonders von Sportfahrern zu berücksichtigen.

Abb. 61. Victoria-Motor mit Kompressor (Gebläse).
Das Bild läßt die Gesamtordnung dieses Fahrzeuges, das sich dem Rahmenbau nach von der serienmäßigen Maschine fast nicht unterscheidet, erkennen. Die Auspuffgase werden in geraden Röhren abgeführt.

5) Der thermische Wirkungsgrad.

Neben dem mechanischen ist bei einer Wärmekraftmaschine naturgemäß der thermische Wirkungsgrad von besonderer Bedeutung. Einerseits gilt es, einen möglichst großen Teil der bei der Explosion auftretenden Wärme zur Kraftleistung zu verwerten, andererseits soll die Aufspeicherung großer Wärmemengen vermieden werden.

Es ist wichtig, daß der Explosionsraum ein möglichst geringes Flächenausmaß besitzt, um den Gasen so wenig wie möglich Wärme zu entziehen. Auch in dieser Hinsicht hat sich der halbkugelige Explosionsraum am besten bewährt. Seine besonderen Vorteile haben wir bereits bei der Behandlung der Anordnung der Ventile erwähnt.

Um nun andererseits eine möglichst geringe Explosionsendtemperatur zu erzielen, ist es notwendig, den Motor langhübig auszubilden, das heißt, mit der Länge des Hubes möglichst nicht unter die Größe der Bohrung herunterzugehen. Die Zylinderwände, die stets mit den größten Kühlrippen versehen sind, kühlen das expandierende Gas, wodurch das Auslaßventil geschont und ein Überhitzen des Motors verhindert wird. Die Vorteile eines langen Hubes haben es mit sich gebracht, daß bei Sportmaschinen das Verhältnis Hub : Bohrung = 1,3 : 1 oder ähnlich gewählt wird.

Wichtig für den thermischen Wirkungsgrad ist auch ein rasches und möglichst geradliniges Auslassen der verbrannten Gase. Der diesbezügliche Vorteil der obengesteuerten Ventile ist bereits erwähnt worden.

Der thermische Wirkungsgrad wird des weiteren ganz bedeutend beeinflußt durch das Material des Kolbens. Die geringe Wärmeaufnahme bzw. richtiger gesagt, das Wärmestrahlungsvermögen des Leichtmetallkolbens haben demselben neben der Verringerung des Gewichts der hin und her gehenden Massen auch in wärmetechnischer Hinsicht den Vorzug gegenüber dem Graugußkolben gegeben. Der thermische Vorteil des Leichtmetallkolbens hat jedoch zur Voraussetzung, daß derselbe nicht mit einer Schicht von Ölkohle überkrustet ist. Eine stets gleichmäßige, ausreichende, aber nicht übermäßige Ölung wird ein vorzeitiges Entstehen von Ölkohle verhindern. Die Entfernung der vorhandenen Ölkohle wird dem Motor durch die Erhöhung des thermischen Wirkungsgrades eine Mehrleistung geben. Diese Ausführungen werden es manchem Fahrer klarmachen, weshalb die Motorleistung durch das alleinige Entrußen des Motors schon so stark gesteigert wird.

Leichtmetall wird des weiteren wegen seiner großen Wärmeleitfähigkeit in letzter Zeit auch nicht selten zur Herstellung des abnehmbaren Zylinderkopfes verwendet. Die praktische Erprobung hat durchaus zufriedenstellende Ergebnisse gezeigt. Manche Fabriken sind auch dazu übergegangen, den Zylinder selbst aus Aluminium herzustellen. Solche Aluminiumzylinder sind mit einer eingepaßten Stahlbuchse („Zylinderbuchse“) versehen.

6) Statische und dynamische Ausgeglichenheit.

Ist schon bei einem gewöhnlichen Motor eine gewisse Ausgeglichenheit dringend erforderlich und Voraussetzung für einen günstigen Gang des Motors, so wird eine bestmöglichste Ausgeglichenheit bei hochtourigen Motoren zu einer unbedingten Notwendigkeit. Infolge der hohen Drehzahl treten so starke Zentrifugalkräfte auf, daß die Lager denselben nicht standhalten könnten, wenn nicht entsprechende Gegengewichte angebracht wären. Für den Laien mag es bei der ersten Betrachtung des Gegenstandes leicht erscheinen, durch Anbringung von Gegengewichten alle auftretenden Kräfte aufzuheben. In Wirklichkeit ist es aber ganz besonders beim Kraftradmotor, dessen Drehzahlen starken Veränderungen ausgesetzt sind, praktisch überhaupt nicht möglich, eine vollkommene Ausgeglichenheit zu erzielen. Um die auftretenden Schwierigkeiten verstehen zu lernen, sei folgendes gesagt:

Bei stillstehender Kurbelwelle das Gleichgewicht zu erzielen, ist naturgemäß leicht. Es läßt sich gegenüber dem Kurbelzapfen ein Gegengewicht anbringen, so daß sich die Kurbelwelle im steten Gleichgewicht (indifferentes Gleichgewicht) befindet. Aber auch nach Befestigung der Pleuelstange und des Kolbens an dem Kurbelzapfen wird sich das Gleichgewicht noch leicht herstellen lassen, wie dies Abbildung 62 zeigt. Sobald nun aber die Kurbelwelle in Drehung versetzt wird, ergibt sich ein wesentlich anderes Bild. Die Zentrifugalkraft, die durch die Bewegung der einen Hälfte der Kurbel entsteht, soll durch die gleiche Kraft, die durch die Mitbewegung des auf der anderen Seite liegenden Gegengewichts entsteht, aufgehoben werden. Während nun zur Erzielung des Gleichgewichtszustandes in der Ruhelage dem Gegengewicht nicht nur die Kurbel mit dem Kurbelzapfen entgegenstehen, sondern auch die ganze Pleuelstange, der Kolben und der Kolbenbolzen, kommen letztere während der Drehung für die Ausgeglichenheit hinsichtlich der Zentrifugalkraft überhaupt nicht in Betracht. Zentrifugalkräfte, die durch die gleiche Kraft des Gegengewichts aufgehoben werden sollen, werden durch die Drehung von der Kurbel und des Kurbelzapfens, dann aber auch durch die Mitbewegung der Pleuellager und eines Teiles der Pleuelstange — etwa eines Drittels, während man annehmen kann, daß sich die restlichen zwei Drittel nicht in drehender, sondern in hin und her gehender Bewegung befinden — erzeugt. Für den Konstrukteur kann nun allerdings weder die vollkommene Ausgeglichenheit bei stillstehendem Motor, noch jene bei voller Umlaufzahl in Frage kommen. Er wird sich bemühen müssen, nach Möglichkeit ein Mittel zu finden, das allen Anforderungen gerecht wird. Tatsächlich ist die vollkommene Ausgeglichenheit, oder sagen wir richtiger: die bestmöglichste Ausgeglichenheit bei jedem Motor nur bei einer ganz genau feststehenden Umlaufzahl vorhanden, der sogenannten „kritischen Tourenzahl", welche sicherlich jedem Kraftfahrer, der seine Maschine genau kennt und beobachtet, bekannt ist. Nur bei einer bestimmten Drehzahl läuft der Motor tatsächlich ruhig und gleichmäßig. Bei geringerer oder höherer Umlaufzahl verdanken wir der Schwungmasse die Absorbierung eines Großteiles der vakanten Kräfte.

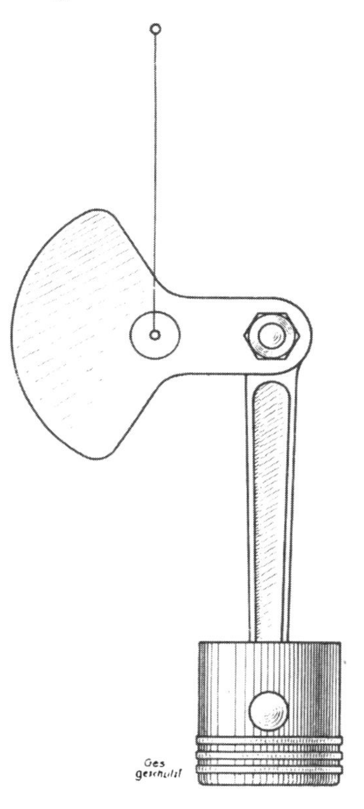

Abb. 62. Herstellung des Gleichgewichtes bei stehendem Motor.

Die Herstellung eines vollkommenen Gleichgewichtes bei Stillstand des Motors ist nach der dargestellten Art sehr leicht. Die Schwierigkeit liegt jedoch darin, daß sich während des Betriebes ein Teil der Organe in hin- und hergehender, ein Teil in umlaufender Bewegung befindet.

Das wirkliche Ausgleichen der hin- und her gehenden Massen (Kolben, Kolbenbolzen, zwei Drittel der Pleuelstange) kann nur durch andere, stets entgegengesetzt bewegte hin und her gehende Massen bewirkt werden. In dieser Hinsicht bilden Motoren mit gegenüberliegenden (um 180° versetzten) Zylindern eine geradezu ideale Lösung, da dieselben tatsächlich am ruhigsten und gleichmäßigsten laufen. Wir finden daher bei solchen Motoren bedeutend geringere Schwungmassen als bei Einzylindermaschinen und V-förmigen Zweizylindern.

Bei der Besprechung des Massenausgleichs sei noch auf eine sehr wichtige praktische Frage eingegangen, die für alle jene Fahrer in Betracht kommt, deren Fahrzeuge aus einem früheren Erzeugungsjahr stammen: Ist beim Einbau von Leichtmetallkolben an Stelle von bisherigen Graugußkolben das Gegengewicht zu verringern, wenn ja, in welchem Ausmaße?

Wenn vorerst das statische Gleichgewicht ins Auge gefaßt wird, so wird man zu dem Ergebnis gelangen, daß das Gleichgewicht um die volle Gewichtsdifferenz zwischen dem alten und dem neuen Kolben zu verringern sein wird. Wenn hingegen, unter Außerachtlassung aller anderen Gesichtspunkte, allein die dynamische Ausgeglichenheit betrachtet wird, so kommt man zu dem Schluß, daß durch die Hin- und Herbewegung des Kolbens keine Zentrifugalkräfte auf die Kurbelwelle ausgeübt werden, daß also solche auch bisher durch das Gegengewicht nicht aufgehoben wurden. Von diesem Gesichtspunkte aus ergibt sich, daß trotz Verringerung des Gewichts des Kolbens das Gegengewicht an der Kurbelwelle nicht zu verringern ist. Um einen Ausgleich zwischen den Erfordernissen des statischen und dynamischen Gleichgewichts herbeizuführen, wird ein Mittelweg in der Weise zu finden sein, daß das Gegengewicht bei der Verwendung von Leichtmetallkolben um ein Geringes erleichtert wird, etwa nur im Ausmaße von einem Viertel bis zu einem Drittel des Gewichtsunterschieds zwischen dem alten und neuen Kolben.

Diese Gewichtsdifferenz wird am besten durch eine oder mehrere Bohrungen im Gegengewicht hergestellt. Die Schwungmasse wird nicht von der Peripherie, sondern von einer Seitenfläche angebohrt. Sorgfältige Fabriken legen großes Gewicht auf die möglichste Ausgeglichenheit ihrer Motoren und stellen daher die Gewichtsverhältnisse in jedem einzelnen Falle genau richtig. Wurden zu diesem Zwecke auf der Seite des Kurbelzapfens Bohrungen hergestellt, so werden beim Einbau von Leichtmetallkolben nicht weitere Bohrungen im Gegengewicht vorgenommen, sondern erstere ausgefüllt. Zu diesem Behufe wird in die Bohrung ein Gewinde geschnitten und ein Bolzen eingeschraubt, der durch eine Anzahl von Verkörnungen hinreichend gesichert werden muß.

Bei Zweizylindermotoren mit gegenüberliegenden Zylindern entfällt beim Austausch der Kolben jedwede Regulierung.

7) Kühlung.

Es wurde schon in den einleitenden Worten darauf hingewiesen, welche Nachteile eine schlechte Kühlung des Motors mit sich bringt. Es ist nicht zuviel gesagt, wenn behauptet wird, daß schon sehr vielen Kraftradfahrern der Motorsport verleidet wurde, einzig und allein infolge der schlechten Kühlung ihrer Maschine. Es ist daher kein Wunder, daß sich in letzter Zeit alle Fabriken bemühten, gut gekühlte Motoren auf den Markt zu bringen. Die am weitesten verbreitete Kühlung ist zweifelsohne die Luftkühlung, die auch den Vorteil großer Einfachheit, Billigkeit und geringen Gewichts besitzt. Der Motor wird einfach mit einer entsprechenden Anzahl möglichst breiter Kühlrippen besetzt, die die Wärme ableiten und an die vorbeistreichende Luft abgeben.

Der Kühlung bedürfen hauptsächlich die Zylinderwände, während eine übermäßige Kühlung des Zylinderkopfes in Rücksichtnahme auf den thermischen Wirkungsgrad zu vermeiden ist. Die Anbringung von Kühlrippen am ersten Teile des Auspuffrohres sieht man leider nur sehr vereinzelt. Bei Nachtfahrten im gebirgigen Gelände wird wohl schon jeder Fahrer das Glühen des Auspuffrohres beobachtet haben. Daß dasselbe an den Zylinder Wärme abgibt, ist klar. Verschiedene englische Fabriken verwenden daher zwischen Zylinder und Auspuffrohr ein kurzes Rohrstück, das reichlich mit Kühlrippen versehen ist. Zumindest sollte die zur Befestigung des Auspuffrohres am Zylinder verwendete Überwurfmutter mit Kühlrippen ausgestattet sein.

Neben der Luftkühlung kommt noch die Wasserkühlung und die Ölkühlung in Betracht.

Die Wasserkühlung, die bei den Kraftwagenmotoren so gut wie ausschließlich in Verwendung kommt, findet man beim Kraftrade nur vereinzelt, in Deutschland jedoch anscheinend öfters als im Auslande. Für ersteren Umstand ist vor allem maßgebend, daß die Wasserkühlung eine bedeutende Gewichtserschwernis bedeutet sowie auch Anlaß zu Störungen bieten kann, für letzteren, daß die deutschen Motorradkonstrukteure in den letzten Jahren sich bemüht haben, eigene Wege zu gehen.

Der beim Kraftwagen bewährte Bienenkorbkühler ist für das Kraftrad im allgemeinen deswegen nicht geeignet, weil er den starken Stößen, die beim Kraftrade beständig auftreten, nicht gewachsen erscheint und Beschädigungen nicht ohne weiteres behoben werden können. Es werden daher nicht selten beim Kraftrade Röhrchenkühler oder Lamellenkühler verwendet. Die bekannte englische Skottmaschine (mit zwei nebeneinanderstehenden Zylindern) verwendet jedoch ebenso wie einzelne deutsche Fabriken den gebräuchlichen Autokühler. Die Wasserkühlung hat den großen Vorteil, größere Temperaturschwankungen zu vermeiden und ermöglicht es, längere Zeit mit Höchstleistung zu fahren, während sich in solchen Fällen luftgekühlte Motoren leicht überhitzen.

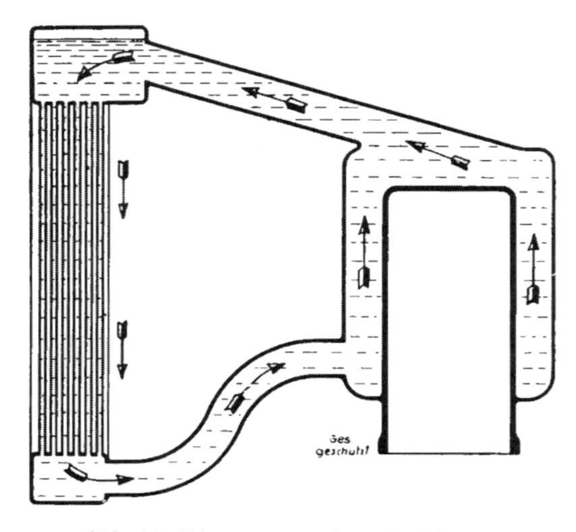

Abb. 63. Thermosyphonkühlung.
Das warme Wasser steigt von selbst auf und strömt dem Kühler zu, woselbst sich das Wasser abkühlt und wieder dem Wassermantel des Motors zufließt. Eine eigene Wasserpumpe zur Bewirkung dieses Kreislaufes ist demnach nicht erforderlich.

Der selbständige Kreislauf des Wassers wird als Thermosyphon bezeichnet. Durch die Erhitzung im Zylindermantel steigt das Wasser in demselben empor, wird durch eine obere Verbindungsleitung dem Kühler zugeführt, erkaltet in demselben, sinkt daher nach abwärts und strömt dem Zylinder durch ein unteres Verbindungsrohr wieder zu. Abbildung 63 zeigt einen solchen Wasserkreislauf. Wasserpumpen zur Beschleunigung des Kreislaufes finden zwar im Kraftwagenbau sehr häufig, bei Krafträdern jedoch nach Wissen des Verfassers nicht Verwendung.

Auf zwei Erscheinungen der Wasserkühlung sei besonders hingewiesen: die Bildung von Kesselstein im Kühler, dem Zylindermantel und den Verbindungsrohren sowie das Einfrieren des Wassers im Winter. Gegen beide gibt es leicht verwendbare Mittel. Das Einfrieren des Wassers wird durch einen Zusatz von Glyzerin oder Alkohol verhindert, während zur Lösung des Kesselsteines dem Kühlwasser eines der vielen, in allen Autohandlungen erhältlichen Mittel beigemengt werden kann. Nach der Verwendung eines solchen Mittels ist entsprechend nachzuspülen, um die aufgelösten Teile aus der Leitung zu entfernen. Der Empfehlung mancher Fabriken, ständig Kesselstein-lösende-Chemikalien dem Kühlwasser zuzusetzen, soll nicht entsprochen werden, da nur zu leicht durch längeren Gebrauch eine Beschädigung des Zylinders, des Kühlers oder der Verbindungsrohre möglich ist.

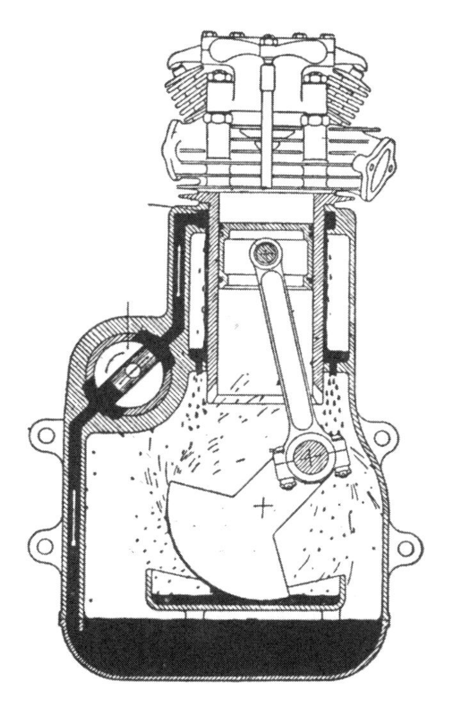

Abb. 64. Der Ölumlauf eines ölgekühlten Motors.
Das gleiche Öl, das zur Kühlung der Zylinderwandungen verwendet wird, dient auch zur Schmierung.

Das Kühlwasser muß mit der Zeit erneuert oder ergänzt werden, da trotz der besten Abdichtung immerhin ein gewisser Prozentsatz verlorengeht oder verdampft. Unter gar keinen Umständen darf man sich jedoch verleiten lassen, kaltes Wasser nachzugießen, solange der Motor heiß ist. Ein Sprung im Zylinder oder im Wassermantel kann nur zu leicht die sofortige Folge sein. Das gleiche gilt selbstverständlich auch für den Fall, daß das Kühlwasser zu kochen beginnt und man gerne kaltes Wasser nachgießen würde. Hat man es eilig, so mische man wenigstens das kalte Wasser mit dem abgelassenen heißen Wasser und fülle diese warme Mischung ein.

Abschließend ist über die Wasserkühlung zu sagen, daß sie im allgemeinen nur bei Spezialmaschinen geringerer Stärke Verwendung findet und hauptsächlich für Bergfahrten und für Rennveranstaltungen auf Bergstrecken in Betracht kommt.

Die „Ölkühlung" wurde meines Wissens erstmalig beim englischen Bradshawmotor verwendet. Das Öl dient gleichzeitig zur Kühlung und Schmierung. Es wird daher diese Kühlungsmöglichkeit des näheren im Abschnitt „Schmierung" behandelt werden.

Genau genommen kann natürlich bei einem Kraftrade nicht von einer „Luftkühlung", „Wasserkühlung" oder „Ölkühlung" gesprochen werden, sondern nur von einer „direkten" oder „indirekten" Luftkühlung, da das Wasser bzw. das Öl nur die

Abb. 65. Kraftrad mit ölgekühltem Motor.
Lediglich der abnehmbare Zylinderkopf, in dem die Ventile hängend angeordnet sind, weist Kühlrippen auf; der eigentliche Zylinder hingegen ist mit einem Mantel umgeben, in welchem das Öl zirkuliert.

Wärme fortleitet und schließlich doch an die Luft abgibt. Wenn trotzdem eine „Öl-" oder „Wasserkühlung" verwendet wird, so ist dies auf den Vorteil zurückzuführen, daß das Öl bzw. das Wasser sozusagen einen Wärmespeicher darstellt, plötzliche Erhitzungen absorbiert und auf diese Weise eine annähernd gleichmäßige Temperatur des Motors gewährleistet.

Wenn auch wenige deutsche Fabriken ölgekühlte Motoren herstellen, so verwenden doch verschiedene inländische Werke Bradshawmotoren zum Einbau in ihre Krafträder. Deshalb sei kurz bereits an dieser Stelle folgendes über ölgekühlte Motoren gesagt:

Der ölgekühlte Motor besitzt keine Kühlrippen am Zylinder. Derselbe ist von einem Mantel umschlossen. Zwischen diesem und dem Zylinder rieselt das Öl herunter, das von einer Ölpumpe beständig aus dem Motorgehäuse (aus dem als Ölbehälter ausgebildeten, unteren Teil des Kurbelgehäuses) nachgepumpt wird. Das erhitzte Öl rinnt von den Zylinderwänden ab und zurück in das Kurbelgehäuse, woselbst es sich infolge der verhältnismäßig großen Masse (2—4 l) wieder abkühlt. Außerdem ist das Kurbelgehäuse mit Kühlrippen versehen. Das gleiche Öl dient auch zur Schmierung des Motors, wie dies aus Abbildung 64 hervorgeht.

Die ölgekühlten Motoren sind auf Grund verschiedener konstruktiver Gesichtspunkte stets obengesteuert. Der Zylinderkopf ist mit Kühlrippen für die gewöhnliche Luftkühlung versehen. Man kann daher von einer kombinierten Öl- und Luftkühlung, richtiger: von einer kombinierten direkten und indirekten Kühlung, sprechen. Abbildung 65 zeigt das äußere eines ölgekühlten Motors.

8) Geringe Reibung in den Lagerstellen.

Schließlich ist es auch erforderlich, eine möglichste Herabsetzung der in den Lagerstellen auftretenden Reibung anzustreben. Zu diesem Behufe werden fast ausschließlich nur Kugel-, Rollen- und Walzenlager verwendet, über welche Näheres auf Seite 346 nachgelesen werden kann.

Die Lager des schnellaufenden Motors müssen peinlichst genau in Ordnung gehalten werden, da bereits beim geringsten Spiel sehr schädliche Vibrationserscheinungen auftreten können.

Als Beispiel einer zweckmäßigen Pleuellagerung ist in Abbildung 66 die Lagerung der Pleuelstange mit einem zweireihigen Rollenlager gezeigt.

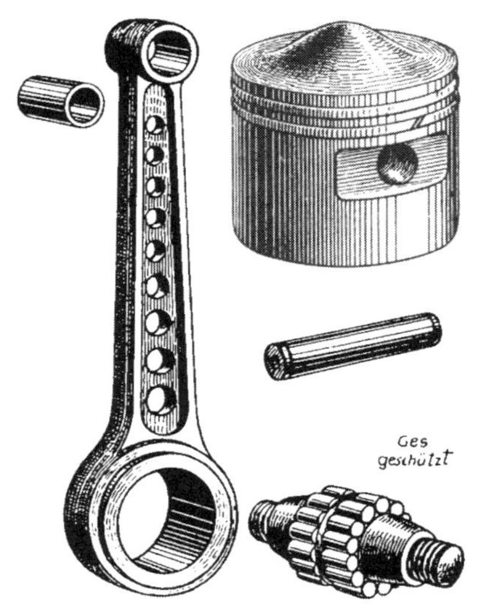

Abb. 66. Pleuelstange, Kurbelzapfen, Rollenlager, Kolben, Kolbenbolzen und Kolbenbolzenbüchse.

Die Pleuelstange ist bei verschiedenen Maschinen nach der abgebildeten Art mehrfach durchbohrt, um das Gewicht der pendelnden Massen zu verringern.

d) Der Einzylindermotor.

In bezug auf die Zahl der Zylinder findet man am häufigsten den Einzylindermotor. Die verhältnismäßig preiswerte Herstellungsmöglichkeit und einfache Handhabung haben ihm im Verein mit einer in den meisten Fällen ausreichenden Kraftleistung die größte Beliebtheit verschafft.

Abb. 67. Liegender Einzylindermotor.
Zylinder abgenommen, Motor, Getriebe und Kupplung in einem Block vereinigt.

Der Zylinder wird teils stehend, teils liegend, zum Teile auch schief in den Rahmen eingebaut. Die stehende Bauart ist überwiegend. Bei Motoren mit liegendem Zylinder ist ganz besonderes Augenmerk der Schmierung zuzuwenden. Am besten eignet sich in dieser Hinsicht die Umlaufschmierung. Ein Motor mit einem liegenden Zylinder ist in den Abbildungen 67 und 68 dargestellt, In Abbildung 69 ist ein Motorrad mit stehendem Einzylindermotor von 500 ccm OHV abgebildet.

Der Einzylindermotor ist leicht zu bedienen und zu warten. Die Reinigung ist einfach und beansprucht nur kurze Zeit. Der

Zylinder kann nach Demontage des Vergasers und des Auspuffrohres meist durch das Lösen von vier Muttern abgehoben werden. Im allgemeinen sind nur zwei Ventile zum Einschleifen vorhanden, nur Sportmaschinen weisen gelegentlich drei oder vier Ventile auf, die jedoch in einem gesonderten, abnehmbaren Kopfe hängen.

Der Kraftstoffverbrauch des Einzylindermotors ist ein verhältnismäßig sehr geringer, liegt jedenfalls in annehmbaren Grenzen. Motoren mit 350 cm³ Zylinderinhalt und mit gut einreguliertem Vergaser dürfen nicht mehr als 2½—3 l Benzin für 100 km benötigen. Einzylindermotoren werden, abgesehen von

Abb. 68. Motorrad mit liegendem Einzylindermotor.

geringen Abweichungen, in folgenden Stärken hergestellt: 175, 220, 250, 300, 350, 500, 550, 600 und 650 cm³. Einzylindermotoren mit einem Zylinderinhalt von mehr als 650 cm³ sind außerordentlich selten.

Besonders Sportmaschinen werden mit Einzylindermotoren ausgestattet, da sich bei ihnen der Mechanismus für obengesteuerte Ventile sehr leicht und einfach anbringen läßt. Auch für Motoren mit besonders langem Hub wird die einzylindrige Ausführung vorgezogen.

Für den Beiwagenbetrieb kommen Einzylindermaschinen nur für die Ebene (und hügeliges Gelände) in Betracht. Für größere Gebirgsfahrten, besonders bei der Mitnahme von Gepäck, ist die Verwendung eines Beiwagens an Einzylindermaschinen nicht empfehlenswert, wenngleich es heute eine Reihe von sehr kräftigen Modellen derartiger Maschinen gibt. Soll trotzdem ein Beiwagen an einer Einzylindermaschine Verwendung finden, so ist eine kleinere Übersetzung zu wählen und nur ein leichter Beiwagen anzuschaffen. Jedenfalls ist es wichtig, bei Verwendung eines Beiwagens den Einzylindermotor stets auf genügender Tourenzahl zu halten und gegebenenfalls rechtzeitig auf den kleineren Gang umzuschalten.

Abb. 69.
Motorrad mit stehendem, kopfgesteuertem Einzylindermotor.
Der Ventilsteuermechanismus ist durch eine Aluminiumkappe vollkommen gekapselt und im Ölbad laufend.

e) Der Zweizylindermotor.

Da aus einer Reihe von gewichtigen Gründen nur selten Zylinder mit mehr als 600 cm³ Inhalt hergestellt werden und ein Bedürfnis nach stärkeren Maschinen besteht, war es naheliegend, Motoren mit mehreren Zylindern zu bauen. Tatsächlich sehen wir auch schon bei alten Krafträdern Zweizylindermotoren verwendet. Dieser Umstand ist allerdings auch darauf zurückzuführen, daß bei der relativ geringen Leistung der anfänglichen Explosionsmotoren in den meisten Fällen ein Zylinder allein zur Fortbewegung nicht ausgereicht hätte.

Mehrzylindrige Motoren haben den Vorteil, einen viel ausgeglicheneren Gang aufzuweisen als Einzylindermotoren, da bei gleichbleibender Umlaufzahl auf die gleiche Zeit und daher auch auf die gleiche Wegstrecke doppelt so viele Explosionen entfallen, als bei einem Einzylindermotor. Da also die Wegstrecke, die bei sonst gleichen Verhältnissen auf eine Explosion entfällt, beim Zweizylindermotor nur halb so groß ist wie beim Einzylindermotor, eignet sich ersterer ganz besonders für das Fahren mit Beiwagen, da gerade bei diesem ein gleichmäßiger Gang angestrebt werden muß. Für Solofahrten kommen Zweizylindermotoren nur in Betracht, wenn besonders hohe Leistungen, hervorragend im Gebirge, verlangt werden. Im übrigen ist es für den Solofahrer sportlich schöner und bietet mehr Genuß, mit einem Einzylindermotor zu fahren, zumal sich dessen Lauf und Zustand durch das Gehör des Fahrers besser überprüfen läßt,

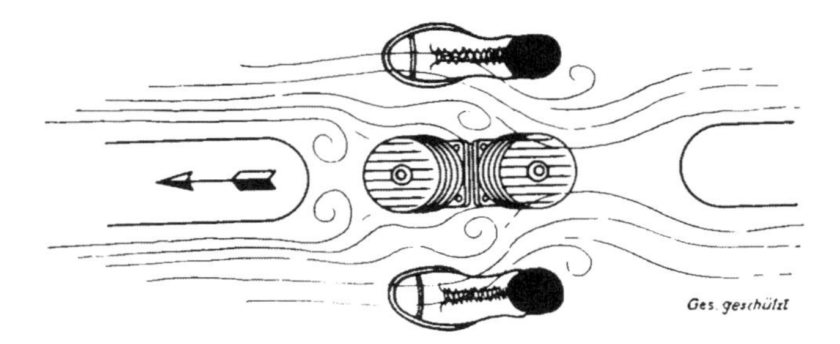

Abb. 70. Die Luftwirbelwirkung.
Während der Fahrt entstehen insbesondere durch das Vorderrad und dessen Schutzblech sowie durch die Füße des Fahrers Luftwirbel, welche in erster Linie der Kühlung des hinteren Zylinders zugute kommen.

als beim mehrzylindrigen Motor. Da der Zweizylindermotor doppelt soviel Zündkerzen, doppelt soviel Kolben und Kolbenringe und doppelt so viele Ventile besitzt, ist der Betrieb immerhin nicht unbeträchtlich teurer gegenüber dem eines Einzylindermotors. Vorteilhaft ist bei mehrzylindrigen Motoren, daß die normale Umlaufzahl infolge der doppelten (oder vierfachen) Zahl der Explosionen niedriger gewählt werden kann als beim Einzylindermotor. Die niedrige Drehzahl bringt naturgemäß eine Verringerung der Abnützung der einzelnen Konstruktionsteile des Motors mit sich.

Nach diesen allgemeinen Betrachtungen wollen wir uns der Bauart der Zweizylindermotoren zuwenden. Die Einteilung der Zweizylindermotoren erfolgt am besten nach der Lage der Zylinder zueinander. In dieser Hinsicht sind zu erwähnen: Motoren mit V-förmig angeordneten Zylindern, Motoren mit gegenüberliegenden Zylindern (um 180° gegeneinander versetzt), von diesen wieder solche in der Längsrichtung des Rades liegende und solche, welche quer zur Fahrtrichtung eingebaut sind, schließlich auch nebeneinander stehende Zylinder. Die größte Verbreitung weisen die Motoren mit V-förmig angeordneten Zylindern auf, da diese Bauart die größte Ähnlichkeit mit Einzylindermotoren besitzt und daher von Fabriken, welche auch Einzylindermotoren erzeugen, aus erzeugungstechnischen Rücksichten bevorzugt wird. Überdies weist diese Bauart auch sonstige Vorteile auf: die Unterbringungsmöglichkeit für groß bemessene Zylinder, möglichster Schutz derselben, eine kurze Ansaugleitung von einem zwischen den beiden Zylindern liegenden Vergaser. Bezüglich der Kühlung des V-förmigen Motors wird man im ersten Augenblick die Meinung hegen, daß der rückwärtige Zylinder heißer wird als der vordere, da ja der rückwärtige Zylinder die vom vorderen Zylinder vorgewärmte Luft zur Kühlung erhält. In Wirklichkeit verhält es sich aber meist umgekehrt, da der Luftstrom durch das bei schweren Zweizylindermaschinen meist sehr breit bemessene Kotblech des Vorderrades abgelenkt wird, so daß der vordere Zylinder sozusagen in einem Windschatten liegt. Durch die Füße des Fahrers entsteht auch andererseits ein Luftwirbel und eine Trichterwirkung, die dem rückwärtigen Zylinder zugute kommt. Die Abbildung 70 veranschaulicht deutlich diese Tatsache.

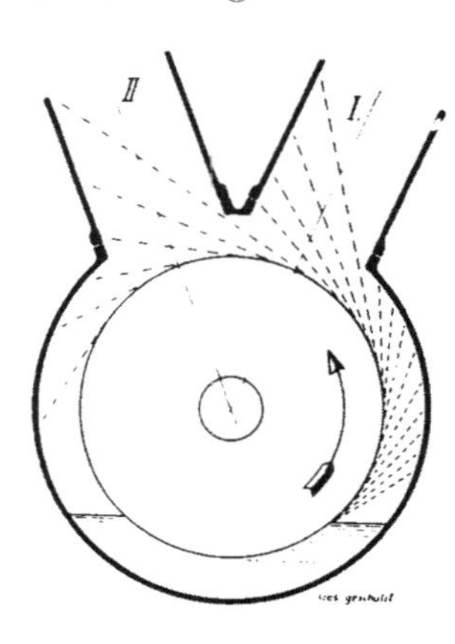

Abb. 71. Die Schmierung der beiden Zylinder.

Die Schmierung der Zylinderwandungen und des Kolbens erfolgt in der Weise, daß das Öl, welches an den Schwungmassen der Kurbelwelle haften bleibt, infolge der hohen Umdrehungszahl in die Zylinder geschleudert wird. Es ist hierbei klar, daß der Zylinder I mehr Öl bekommen muß als der Zylinder II. Der Motor ist von der linken Fahrzeugseite aus gesehen.

Besonderes Augenmerk ist bei der Konstruktion von Zweizylindermotoren der gleichmäßigen Schmierung beider Zylinder zuzuwenden. Die Schmierung der Zylinderwände erfolgt ja bekanntlich durch das Aufspritzen von Öl. Die Kurbelwelle taucht bei jeder Umdrehung in das Ölbad, die Zentrifugalkraft schleudert das Öl nach allen Richtungen, somit auch in die Zylinder. Da nun im Sinne der Drehrichtung der rückwärtige Zylinder dem Ölbad näher liegt als der vordere (Abbildung 71), erhält auch ersterer mehr Öl. Um trotzdem eine gleichmäßige Schmierung der Zylinder zu erzielen, wird die Durchtrittsöffnung zum rückwärtigen Zylinder gegenüber der des vorderen verkleinert und zwar derart, daß sich, wie dies die Abbildung 72 veranschaulicht, die Pleuelstange des rückwärtigen Zylinders nur in einem Schlitz bewegt, während beim vorderen Zylinder eine kreisrunde Öffnung im Ausmaße des Zylinderdurchmessers vorgesehen ist. Bedauerlich ist, daß manche Konstrukteure auf einen wirklich richtigen Ölungsausgleich zu wenig Wert legen. Nur eine durchgreifende Erprobung und langjährige Erfahrung können in dieser Hinsicht zu einem Ziele führen. Theoretische Berechnung muß man in diesem Punkte als nutzlos betrachten. Jedenfalls ist es Tatsache, daß bei den meisten Motoren der rückwärtige Zylinder mehr Öl erhält als der vordere, ein Umstand, der von den Konstrukteuren geduldet wird in der Annahme, daß der vordere Zylinder besser gekühlt sei als der rückwärtige. Dies ist aber, wie wir bereits festgestellt haben, nicht der Fall. Im allgemeinen kann man, wenn ein Zylinder aussetzt und auf eine verölte Kerze zu schließen ist, getrost zuerst die Kerze des rückwärtigen Zylinders herausschrauben.

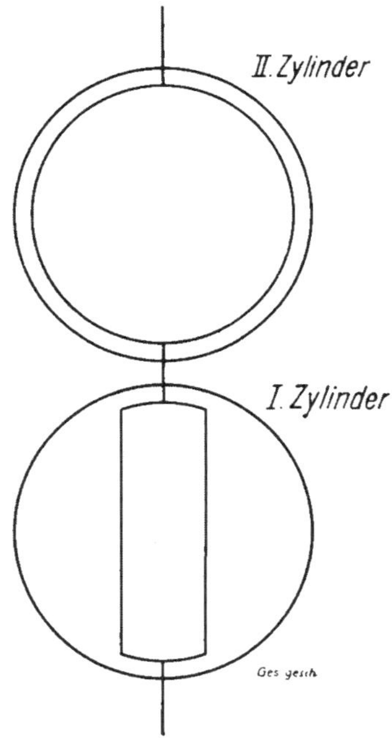

Abb. 72.
Durchtrittsöffnungen des Kurbelgehäuses.

Um die nach Abb. 72 bedingte ungleichmäßige Schmierung der beiden Zylinder eines Zweizylindermotors zu vermeiden, werden die beiden Durchtrittsöffnungen, auf welchen die Zylinder aufmontiert sind, verschieden groß gehalten.

Ein Nachteil der V-förmigen Motoren liegt darin, daß die Explosionsfolge nicht eine regelmäßige, sondern rhythmische ist.

Nimmt man an, daß die Verstellung der beiden Zylinder 50° beträgt, so erfolgt die Explosion des ersten Zylinders nach 310° Umdrehung gegenüber der Explosion des zweiten Zylinders, die Explosion in diesem nach einer Umdrehung von 410° gegenüber der im ersten Zylinder. Bei langsamer und mittlerer Tourenzahl ist man sogar in der Lage, durch das Gehör diese Differenz festzustellen. Um trotzdem einen vollkommen gleichmäßigen Gang zu erzielen, muß der V-förmige Motor mit besonders kräftigen Schwungmassen ausgestattet sein. Die Ungleichförmigkeit der Explosionen ist aus Abbildung 73 ohne weiteres zu ersehen.

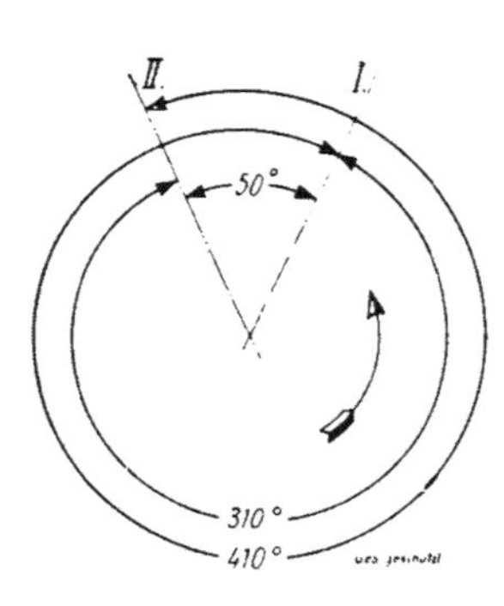

Abb. 73. Ungleichmäßige Explosionsfolge bei V-Motoren.
Bei einem Zweizylindermotor, dessen Zylinder in einem Winkel von 50° zueinander stehen, erfolgt die Explosionsfolge, wie sich dies aus der Abbildung ergibt, jeweils nach Kurbeldrehungen von 310°, 410°, 310° usw., da sich beide Pleuelstangen um einen gemeinsamen Kurbelzapfen bewegen.

Hervorgehoben sei, daß beim Zweizylindermotor in V-Form der rückwärtige Zylinder als „Erster“ und der vordere Zylinder als „Zweiter“ bezeichnet wird. Dies hat seine Ursache in der gegen die Uhrzeigerbewegung gerichteten Drehrichtung. Besitzer von Zweizylindermotoren müssen sich diese von der allgemeinen Anschauung abweichende Bezeichnung einprägen, da die Kerze des hinteren Zylinders mit jener Schleifkohle des Magneten zu verbinden ist, welche die Bezeichnung „1“ aufweist, während der vordere Zylinder mit „2“ zu verbinden ist. Auf die Unkenntnis dieser Bezeichnung ist schon manches verzweifelte und erfolglose Ausprobieren des Motors nach neueingezogenen Zündkabeln zurückzuführen gewesen. Auch bei Nachbestellungen und Ersatzteilebezeichnungen ist auf eine richtige Bezeichnung zu sehen.

Bezüglich der V-förmigen Motoren muß noch gesagt werden, daß sich die beiden Pleuelstangen um eine gemeinsame Kurbel bewegen. Die Kurbelwelle wird daher ebenso wie beim Einzylindermotor geteilt ausgeführt, die beiden Kurbelhälften werden meist als Schwungscheiben ausgebildet. Schwungscheiben von zusammen 25—30 kg Gewicht stellen bei schweren Zweizylindermotoren keine Seltenheit dar und bieten bedeutende Vorteile. Wichtig ist es, bei derart schweren Schwungmassen beim Anziehen der Bremse unbedingt auszukuppeln, da anderenfalls das Getriebe und die Übertragungsorgane (Ketten) durch die Schwungkraft der schweren Masse zu sehr beansprucht werden würden und allenfalls Schaden nehmen könnten.

Die geteilte Ausführung der Kurbelwelle ermöglicht beim V-Motor die Verwendung von Rollenlagern am Kurbelzapfen. Selbst-

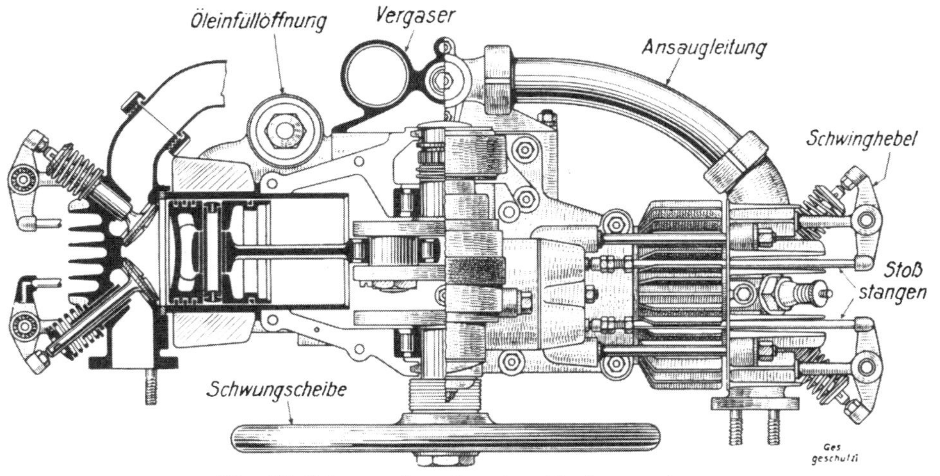

Abb. 74. Liegender Zweizylindermotor.

Der Victoria-Motor; obengesteuerte Ventile. Kugellager der Schwinghebel, Rollenlager des Pleuellagers und der beiden Hauptlager deutlich sichtbar; Kolben mit drei Kolbenringen und einem Ölabstreifring. Die Kolbenlaufbahn aus Grauguß ragt in das Aluminiumgehäuse hinein. Die Pleuel müssen sehr kurz gehalten sein, um den Motor im Rahmen unterbringen zu können.

verständlich läuft jede der beiden Pleuelstangen auf eigenen Walzen, die durch einen Ring oder eine Scheibe voneinander getrennt sind.

Was den Ausgleich der pendelnden Massen und die Gleichmäßigkeit der Explosionsfolge anbelangt, stellen die Motoren mit gegenüberliegenden Zylindern eine geradezu ideale Lösung dar, weshalb sich auch bekannte Fabriken des In- und Auslandes dieser Bauart zugewendet haben (BMW., Viktoria, Douglas). Die Gleichmäßigkeit des Ganges des Motors mit gegenüberliegenden Zylindern kommt der eines gewöhnlichen Vierzylindermotors fast gleich. Dazu kommt noch, daß auch die

Erschütterung, die die Explosionen mit sich bringen, sich bei liegenden Zylindern dem Fahrzeuge nur in sehr geringem Maße übertragen und daher Fahrer wie Maschine geschont werden.

Die Abbildung 74 zeigt den liegenden Victoria-Zweizylindermotor. Da die Hälfte im Schnitt dargestellt ist, lassen sich alle Einzelheiten, insbesondere die Anordnung der Ventile usw. genau erkennen. In Abbildung 75 ist die Kurbelwelle mit den beiden Pleuelstangen und Kolben der engl. „Douglas" dargestellt. Abbildung 76 zeigt einen liegenden, wassergekühlten Zweitakt-Zweizylindermotor („Maurer").

Um den bei Zweizylindermaschinen mit um 180° verstellten Zylindern auftretenden Massenausgleich verstehen zu können,

Abb. 75. Die Kurbelwelle eines Gegenlauf-Zweizylindermotors.
Die Kolben weisen Bohrungen auf, um einen besseren Ölzutritt zu den Zylinderwänden zu ermöglichen. Die Schwungmasse der meisten Motoren mit zwei gegenüberliegenden Zylindern liegen außerhalb des Kurbelgehäuses, die Kurbel weist lediglich die erforderlichen Gegengewichte auf, die aus der Abbildung leicht zu ersehen sind.

wird hervorgehoben, daß sich bei solchen Motoren die beiden Pleuelstangen nicht um einen gemeinsamen Kurbelzapfen bewegen, sondern vielmehr beide Kolben genau im gleichen Augenblicke den oberen wie den unteren Totpunkt erreichen. Der im oberen Totpunkte durch die Bewegung des einen Kolbens auftretende Zug von der Motormitte weg wird durch einen gleich starken Zug des anderen Kolbens vollständig aufgehoben. Auch die Explosionsfolge ist eine vollkommen gleichmäßige. Im Augenblick der Explosion im ersten Zylinder beginnt der Kolben des zweiten Zylinders die Ansaugperiode, so daß nach einer Umdrehung von 360° im zweiten Zylinder die Explosion stattfindet, während welcher der erste Zylinder die Auspuffperiode beendigt hat und den Ansaugtakt beginnt. Nach weiteren 360° Umdrehung erfolgt daher die Explosion wieder im ersten Zylinder usf.

Als Nachteil hat sich bei liegenden Zylindern ergeben, daß eine gleichmäßige Ölung beider Zylinder auf gewisse Schwierigkeiten stößt. Der schon beim V-förmigen Motor aufgetretene Umstand, daß der erste Zylinder mehr Öl erhält als der zweite, tritt naturgemäß beim Motor mit liegenden Zylindern noch in verstärktem Maße auf, es ist jedoch gelungen, dieser Schwierigkeit in zufriedenstellender Weise durch die Regulierung der

Abb. 76. Wassergekühlter Zweizylinder-Zweitaktmotor.
Zwei außenliegende Schwungmassen.

Durchtrittsöffnungen Herr zu werden. Der von vielen Fahrern gefürchtete Nachteil, die Zylinder würden sich unter dem Schwergewicht der Kolben und Pleuelstange oval auslaufen, besteht in der Praxis bei der Güte des verwendeten Materials so gut wie nicht. Die Notwendigkeit des Ausschleifens der Zylinder nach 40—50000 km kann schließlich als Nachteil kaum gewertet werden und wird auch bei anderen Motoren nach derartigen Strecken beachtet werden müssen.

Bei den Motoren mit um 180° verstellten Zylindern tritt des weiteren die Frage auf, in welcher Richtung der Motor einzubauen sei. Während bei den meisten Motorrädern die Achse des Motors parallel liegt zur Achse des Hinderrades, haben z. B. die Bayerischen Motorenwerke ihren bekannten Zweizylindertyp mit querliegenden Zylindern herausgebracht, bei welchem die Achse des Motors in der Längsrichtung des Fahrzeuges liegt. In einem solchen Falle erfolgt die Kraftübertragung vom Motor zum Getriebe nicht durch eine Kette, sondern direkt durch eine Welle, die vom Getriebe zum Hinterrad vorteilhaft durch eine Kardanwelle an Stelle der Kette verläuft. Das Getriebe ist mit dem Motor zu einem gemeinsamen Block vereinigt, in welchem auch die in Öl laufende Kupplung untergebracht ist.

Motoren mit quer zur Fahrtrichtung liegenden Zylindern weisen verschiedene Vorteile auf: außerordentlich günstige und gleichmäßige Kühlung beider Zylinder, einfachste Zugänglichkeit aller Teile, leichtes Abmontieren des Zylinderkopfes und des Zylinders, bequemes Ventileinschleifen usw. Selbstverständlich müssen die seitlich herausragenden Zylinder entsprechend vor Beschädigung geschützt werden, was besonders bei Zylindern mit oben gesteuerten Ventilen notwendig ist. Stark ausgebildete Fußbretter und geeignete Schutzkappen können diesen Anforderungen entsprechen.

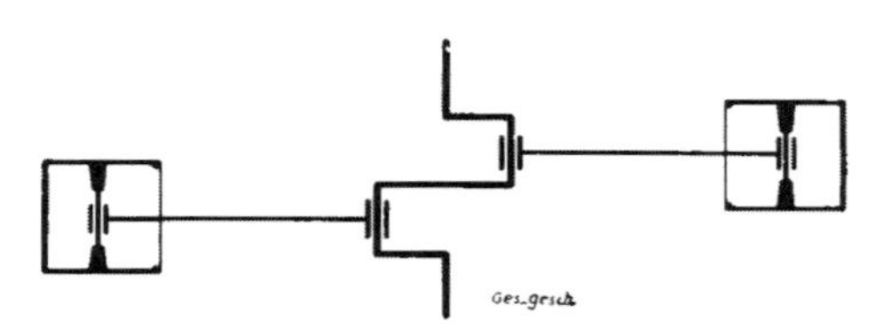

Abb. 77. Schema eines Motors mit 2 gegenüberliegenden Zylindern.

Es ist deutlich zu ersehen, daß die beiden Zylinder gegeneinander „desaxiiert“ sind, da sich die beiden Pleuel um getrennte Kurbeln bewegen müssen.

Während die Zylinderachsen der V-Motoren in den meisten Fällen in einer Ebene liegen und sich in einem Punkt (der meist auf der Mittellinie der Kurbelwelle liegt) schneiden, sind die Zylinder der Motoren mit gegenlaufenden Kolben gegeneinander versetzt, wie dies die Abbildung 77 in einfacher, aber deutlicher Weise zeigt.

Der Vollständigkeit halber müssen von den Zweizylindermaschinen noch jene Erwähnung finden, bei welchen die beiden Zylinder nebeneinander Platz finden. In bezug auf die Kühlung und Ölung bietet diese Bauart zweifelsohne die größten Vorteile, denen allerdings bei gesonderter Ausführung beider Zylinder erhebliche Nachteile gegenüberstehen, vor allem dadurch, daß das Fahrzeug mit zwei nebeneinander stehenden Zylindern unförmig und eine lange Welle erforderlich wird, welche in Herstellung und Gebrauch sehr unvorteilhaft ist. Als erwähnenswertes Beispiel von Motoren mit zwei nebeneinanderstehenden Zylindern ist die englische „Scott" mit Wasserkühlung zu nennen, die sich durch ihren Bau von den gewöhnlichen Krafträdern grundsätzlich unterscheidet.

Die Zschopauer Motorenwerke verwenden für die 500 ccm-Zweitaktmaschine ebenfalls die Bauart mit zwei nebeneinander

Abb. 78. Zweitakt-Zweizylindermotor.
Die beiden Zylinder sind in einem Block, nebeneinanderstehend, gegossen. Die Explosionsfolge ist demnach die gleiche wie jene eines Vierzylinder-Viertaktmotors.

stehenden Zylindern, gießen jedoch die beiden Zylinder in einem Stück, in einem Zylinderblock, welcher quer zur Fahrtrichtung in den Rahmen eingebaut ist, wodurch einerseits eine gute Kühlung gewährleistet wird, während andererseits infolge der Vereinigung beider Zylinder in einem gemeinsamen Block eine übermäßige Breite vermieden wurde (Abbildung 78).

Abschließend ist noch in bezug auf sämtliche Typen der Zweizylindermotoren zu sagen, daß sich selbstverständlich auch Zweizylindermotoren mit obengesteuerten Ventilen herstellen lassen, ja man ist sogar vielfach darangegangen „Super-Sportmaschinen" mit je vier Ventilen in jedem Zylinder herzustellen (z. B. 1000 ccm

Abb. 79. Eine schwere englische Maschine.

Die Engländer bauen vielfach schwere, überaus starke „Kanonen" als niedrige, schnelle Sportmaschinen. Die Abbildung zeigt ein Versuchsmodell der Brough Superior mit einem Vierzylindermotor, welcher aus zwei V-förmigen Zylinderpaaren gebildet wird.

Abb. 80. Zweizylindermotor mit obengesteuerten Ventilen.

Wanderer-Blockmotor.

„British Anzani", weiter ist eine derartige „Kanone" die „Brough-Superior S. S. 100", die „Zenith-Jap" 1000 cm^3, „Conventry-Eagle" 1000 cm^3 usw.). Unsere Abbildung 79 zeigt eine solche schwere und starke Maschine. Übrigens sind auch die Wandererwerke dazu übergegangen ihre 5,4 PS.-Maschine achtventilig herzustellen (Abbildung 80).

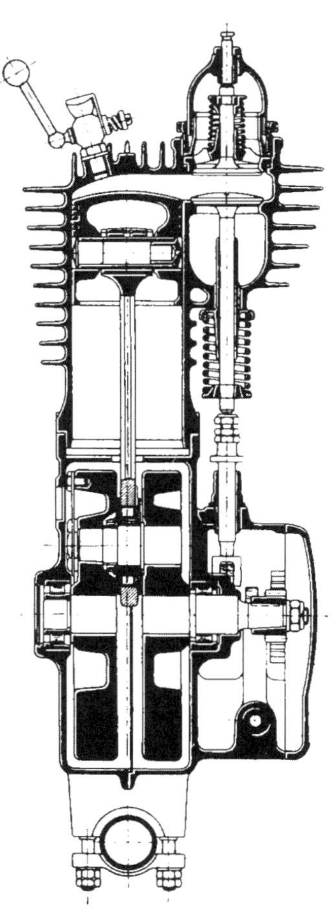

Abb. 81. Gemischtgesteuerte Ventile.

Ein Ventil von oben, ein Ventil von unten gesteuert. Im Grunde genommen sind beide Ventile „Seitenventile". Der Vorteil dieser Anordnung liegt in der Verringerung des toten Raumes der Ventilkammer, während andrerseits auch bei einem Ventilbruch des obengesteuerten Ventiles dasselbe niemals in den Zylinder fallen kann, was einer der größten Nachteile des obengesteuerten Motors ist.

Häufig findet man Zweizylindermotoren mit gemischtgesteuerten Ventilen, und zwar mit einem Ventil von unten und einem Ventil von oben gesteuert. Um Krümmungen der Auspuffleitung zu vermeiden und eine tunlichst geradlinige Gasführung zu ermöglichen, wird meist das Einlaßventil von oben gesteuert, wenngleich in wärmetechnischer Hinsicht das hängende Ventil für den Auspuff vorzuziehen wäre. Als gemischtgesteuerte Maschinen sind insbesondere die deutschen „NSU" und die amerikanische „Harley-Davidson" bekannt (Abbildung 81). Gegen gemischtgesteuerte Ventile hegt allem Anscheine nach der Engländer eine gewisse Abneigung. Tatsächlich ist dem Verfasser kein englisches Kraftrad mit einem oben- und einem untengesteuerten Ventil bekannt.

Abschließend muß der Zweizylindermaschine zugebilligt werden, daß sie die für den angestrengten Beiwagenbetrieb bestgeeignete Maschine ist und — bei entsprechender Ausführung — jedenfalls allen Ansprüchen Genüge leisten kann. Auch die besten Einzylinder- und Vierzylindermotoren werden nicht in der Lage sein, einen guten Zweizylindermotor wirklich zu verdrängen.

f) Der Vierzylindermotor.

Krafträder mit Vierzylindermotoren sind nicht, wie vielfach angenommen wird, ein amerikanisches Spezifikum. Neben anderen Fabriken bauten auch die bekannten belgischen FN.-Werke (belgische Waffenfabrik, „Fabrique nationale") geraume Zeit luftgekühlte Vierzylindermotoren, die sich auch bei schweren Erprobungen sehr gut bewährt haben.

Es steht außer jedem Zweifel, daß die Verwendung von Vierzylindermotoren ganz besonders beim Kraftrad sehr viel Ansprechendes für sich hat: die nur vom Zweizylinder-Zweitaktmotor erreichte Gleichmäßigkeit und Ausgeglichenheit des Ganges, eine große Beschleunigungsfähigkeit und eine von anderen Motoren nicht erreichte Elastizität. Tatsächlich ist es beispielsweise mit einem Vierzylindermotorrad mit Beiwagen möglich, auf der Straße umzudrehen, bei eingeschaltetem großen Gang und ohne die Kupplung auszurücken. Die vielfach gegen Vierzylindermotoren erhobenen Einwendungen, daß sie viel zuviel Benzin und Öl verbrauchen, trifft nicht zu. Ihr Verbrauch ist nicht wesentlich größer als von Motoren mit gleichem Zylinderinhalt bei geringerer Zylinderzahl. Wenn man von verschiedenen Seiten den Vierzylinder-Kraftradmotoren Unersättlichkeit im Kraftstoffverbrauch anlastet, so ist dies darauf zurückzuführen, daß man das Urteil fast stets auf die bekannten amerikanischen Marken stützt und man bisher in Amerika ganz allgemein bei der Konstruktion der Motoren und der Vergaser auf geringen Kraftstoffverbrauch nicht hingearbeitet hat. Man hat es demnach nicht mit einem großen Kraftstoffverbrauch der Vierzylindermotoren, sondern der amerikanischen Motoren zu tun. Das Vorhandensein von doppelt soviel Ventilen und Kolben als bei einer gewöhnlichen Zweizylindermaschine ist kein besonderer Nachteil der Vierzylindermotoren, wenn der Fahrer seine Aufmerksamkeit in genügendem Maße der Schmierung des Motores zuwendet. Um die Überwachung der Schmierung bei Vierzylindermotoren zu erleichtern, verschiedene derselben mit Öldruckmessern ausgestattet. Ganz besonders bei den Vierzylinder-Reihenmotoren, die fast durchwegs Weißmetallager aufweisen, ist dies sehr wichtig.

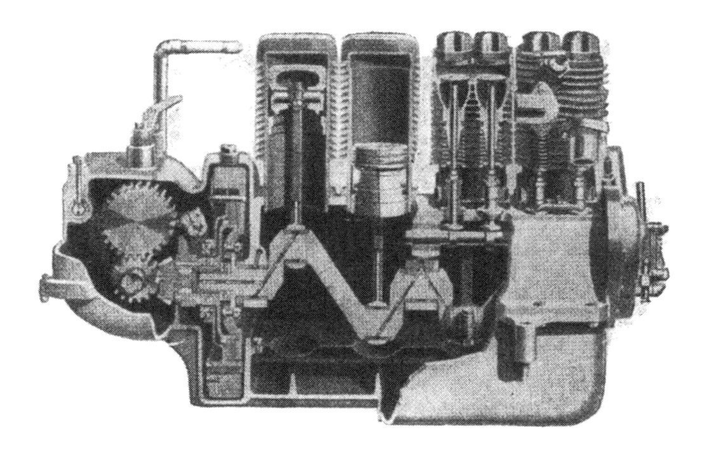

Abb. 82. Schnitt durch einen Vierzylinder-Reihenmotor eines Kraftrades.

Es gibt zur Zeit Vierzylindermotoren sehr verschiedener Ausführung. Vor allem kennen wir von früher her den Reihenmotor, der sich von dem gewöhnlichen Vierzylinder-Automobilmotor nur dadurch unterscheidet, daß er einzeln gegossene Zylinder mit Kühlrippen aufweist. Im übrigen entspricht seine Bauart vollkommen jener des Kraftwagenmotors, wie dies Abbildung 82 erkennen läßt.

Der Reihenmotor ist naturgemäß sehr lang, und es war für den Konstrukteur naheliegend, zur Erzielung einer kürzeren

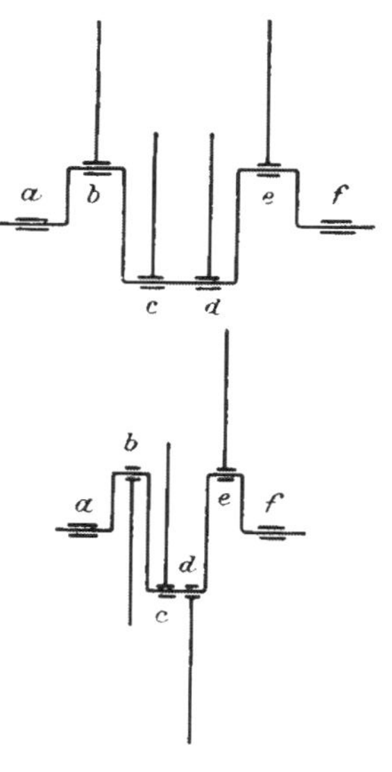

Abb. 83. Vergleich zwischen den Kurbelwellen verschiedener Vierzylindermotoren.

Oben Welle für vier stehende Zylinder, unten für paarweise liegende Zylinder a und f: Hauptlager; b, c, d und e: Pleuellager.

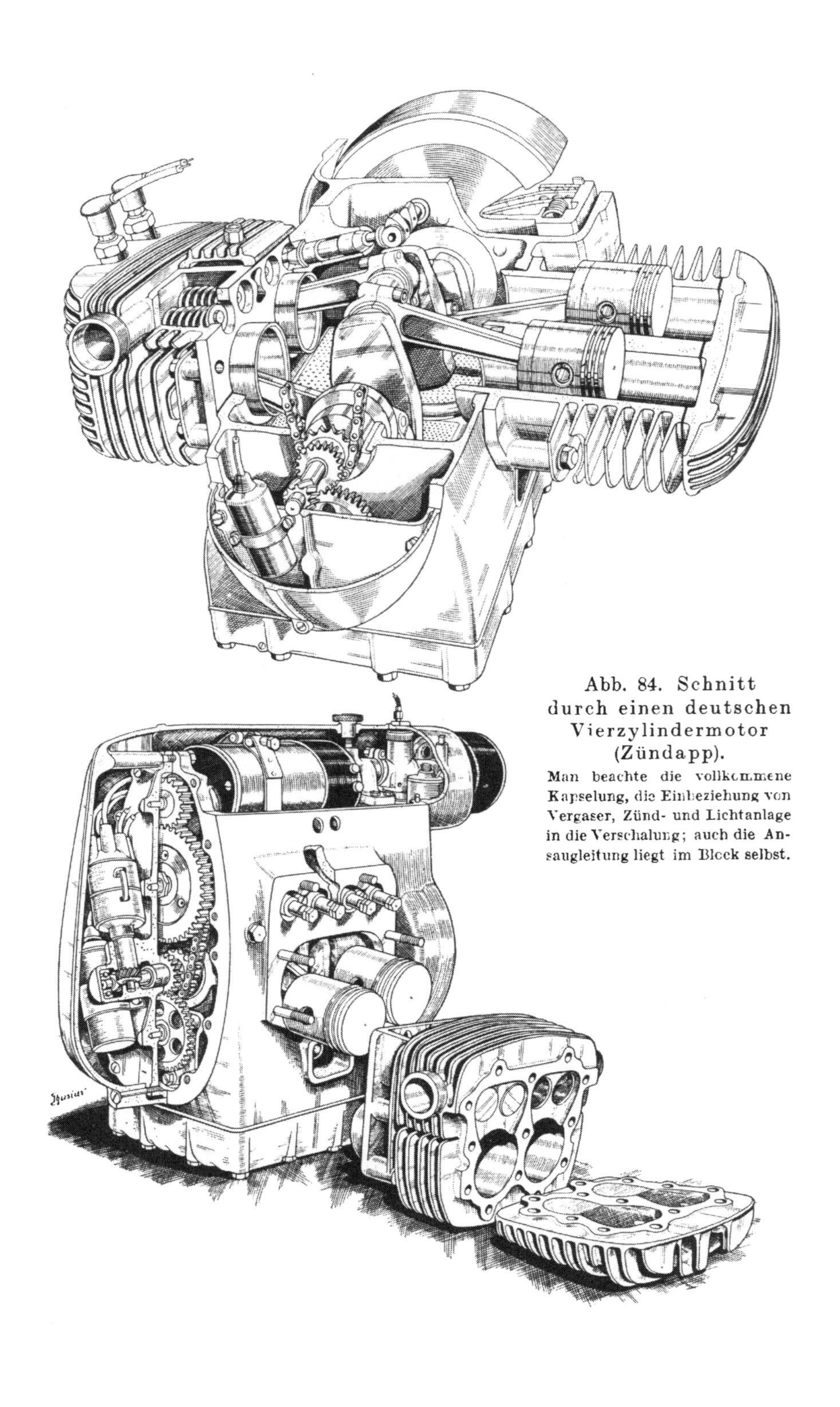

Abb. 84. Schnitt durch einen deutschen Vierzylindermotor (Zündapp).

Man beachte die vollkommene Kapselung, die Einbeziehung von Vergaser, Zünd- und Lichtanlage in die Verschalung; auch die Ansaugleitung liegt im Block selbst.

Bauweise, die den beschränkten Raumverhältnissen des Kraftrades mehr Rechnung trägt, die Zylinder paarweise in einem Winkel oder überhaupt gegenüberliegend anzuordnen. Abbildung 83 zeigt in dieser Hinsicht die bedeutende Ersparnis an Raum und gleichzeitig auch die verschiedenen Ausführungen der Kurbelwelle bei diesen beiden unterschiedlichen Motorgattungen. Da bei dem Vierzylinder-Reihenmotor die Kurbelwelle außerdem noch meist ein Mittellager aufweist, wie dies Abbildung 82 dartut, ist der Unterschied des Raumbedarfs noch größer, als sich aus Abbildung 83 erkennen läßt.

Abb. 85. Vierzylindermotor in stumpfer V-Form (Puch).
Die Zylinderpaare liegen nicht waagrecht, sondern in stumpfem Winkel; dadurch größere Bodenfreiheit dieser Heeresmaschine.

Abbildung 84 zeigt die Einzelheiten eines bewährten deutschen Vierzylindermotors mit liegenden Zylindern. Der Aufbau entspricht ganz der in Deutschland mit großem Erfolg entwickelten Konstruktion liegender gegenläufiger Zweizylindermotoren. Auf die Einzelheiten des abgebildeten liegenden Vierzylindermotors sei ganz besonders hingewiesen, da es sich um ein konstruktives Prachtstück handelt, das allerdings im Verkaufspreis nicht gerade niedrig steht und daher nicht jene Verbreitung finden konnte, die es seiner Konstruktion nach verdient.

Eine andere Ausführung eines liegenden Vierzylindermotors zeigt Abbildung 85. Es handelt sich hierbei um den Puch-Motor. Durch die Lage der Zylinder in einem stumpfen Winkel wurde geringere Breite und größere Bodenfreiheit erzielt, was besonders angestrebt wurde, da dieses Kraftrad mit besonderer Bedachtnahme auf den österreichischen Heeresbedarf entwickelt wurde und daher auch für schwieriges Gelände geeignet sein soll.

Die Schmierung der zahlreichen Lager des Vierzylindermotors erfolgt unter Druck durch in die Kurbelwelle gebohrte Schmierkanäle, also in ähnlicher Weise, wie dies sich auch bei den modernen Einzylindermotoren in den letzten Jahren immer mehr durchgesetzt hat.

Des Interesses wegen will ich in diesem Abschnitt auch einige Bilder eines alten deutschen Vierzylindermotorrads wiedergeben, dessen Konstruktion und Herstellung schon eine Reihe von Jahren zurückliegt. Bei diesem Motorrad sind verschiedene bemerkenswerte und berechtigte Gesichtspunkte verwirklicht, weshalb auch nach dem „Aussterben" dieser Marke und Type noch gewisse Betrachtungen am Platze sind. Es handelt sich um einen ölgekühlten Vierzylinder-Reihenmotor mit einer vollkommen verschalten Blockkonstruktion. In einer für die damalige Zeit sehr fortschrittlichen Ausführung wurden in dem geteilten Leichtmetall-Motorgehäuse Stahlbuchsen als Zylinderaufflächen verwendet. Diese Stahlbuchsen waren unmittelbar vom Ölstrom umflossen. Das Öl diente sowohl der Schmierung wie der Kühlung des Motors. Das ganze äußere Gehäuse des Motors war reichlich mit Kühlrippen versehen, um eine rasche Kühlung des Öles zu erzielen. Die Ventile waren hängend angeordnet, sie wurden durch eine obenliegende Nockenwelle direkt betätigt. Der Antrieb der Nockenwelle erfolgte durch mehrere Stirnzahnräder. Wie man aus Abbildung 87 ersehen kann, bildete der Motorblock einen Teil des Rahmens, ja überhaupt den Hauptteil des Gerüstes, während von einem Rahmen im üblichen Sinn überhaupt nicht gesprochen werden konnte. Der Motor wies einen Hubraum von 750 ccm auf.

Die Vierzylindermotoren haben den großen Vorzug eines außerordentlich gleichmäßigen Laufes; sie ergeben daher einen Fahrkomfort, wie er in gleicher Weise mit einem Ein- oder Zwei-

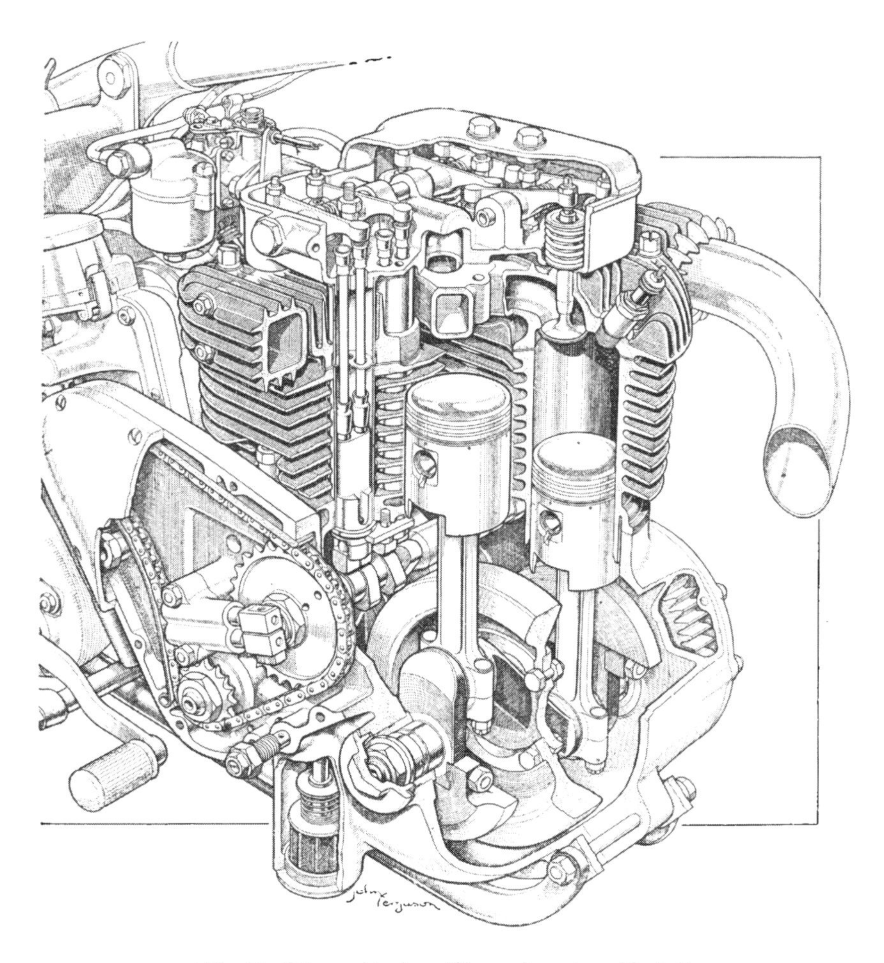

Abb. 86. Vierzylinder-Viereckmotor (Ariel).
Vier Zylinder in zwei paarweise stehenden Blöcken mit gemeinsamem Zylinderkopf. Ventile hängend, durch acht lange Stoßstangen betätigt. Zwei Kurbelwellen, durch Stirnzahnräder verbunden.

zylindermotor niemals erreicht werden kann. Infolge der rascheren Explosionsfolge ist es möglich, die Geschwindigkeit bei eingeschaltetem großem Gang sehr weit herabzudrosseln, so daß das

Abb. 87. Vierzylindermotorrad.

Windhoffmotor mit Ölkühlung. Das reichlich mit Kühlrippen versehene Motorgehäuse bildet einen Teil des Rahmens. Ventile hängend, durch eine über den Zylindern angeordnete Nockenwelle gesteuert. Fußbretter als Werkzeugkasten ausgebildet. Kardanantrieb. Auswechselbare Räder mit Ausfallachsen.

Fahren mit dem Vierzylindermotor besonders elastisch ist. Nur diese hervorragenden fahrtechnischen Vorzüge des Vierzylindermotors rechtfertigen sein Bestehen trotz seines höheren Herstellungspreises.

Übrigens werden in letzter Zeit zahlreiche Rennmaschinen vierzylindrig ausgeführt, weil die Unterteilung des Hubraumes auf mehrere Zylinder eine Verkleinerung der Einzelteile und damit die Möglichkeit zu deren stärkerer Ausführung in sich schließt, was indirekt wieder eine Erhöhung der Drehzahl und damit eine Leistungssteigerung ermöglicht.

g) Der Zweitaktmotor.

Es wurde bereits bei den allgemeinen Betrachtungen auf Seite 4 u. ff. das Grundsätzliche über den Bau von Zweitaktmotoren gesagt, ebenso wurde der Unterschied zwischen dem Zweitaktmotor und dem Viertaktmotor entsprechend hervorgehoben. An dieser Stelle handelt es sich nunmehr darum, auf die besonderen konstruktiven Einzelheiten, die für die Entwicklung von Zweitaktmotoren grundlegend waren, hinzuweisen.

Das Hauptproblem des Zweitaktes bildet die Steuerung der ein- und austretenden Gase durch die Oberkante des Kolbens unter Wegfall der Ventile und der zur Betätigung der Ventile beim Viertakter erforderlichen Einrichtungen. Das Benzin-Luft-Gemisch wird nicht über dem Kolben durch die Abwärtsbewegung des Kolbens, sondern vielmehr unter demselben durch die Aufwärtsbewegung des Kolbens angesaugt. Das angesaugte Gas wird durch den abwärtsgehenden Kolben vorverdichtet. Der Übertritt des Gases in den Verbrennungsraum des Zylinders oberhalb des Kolbens erfolgt, während sich der Kolben in der unteren Totpunktstellung befindet.

Damit ist bereits ein wesentlicher Unterschied gegenüber dem Viertaktmotor aufgezeigt: beim Viertaktmotor steht für den Eintritt der Frischgase in den Zylinder ein voller Takt, also die Zeit einer halben Kurbelwellenumdrehung, zur Verfügung, beim Zweitaktmotor hingegen nur Bruchteile von dieser Zeit, während welcher der Kolben sich in seiner untersten Stellung befindet.

Des weiteren treten im Gegensatz zum Viertaktmotor die Frischgase nicht in einen von den verbrannten Gasen gereinigten Zylinder ein, sondern es fällt den unter Druck eintretenden Frischgasen die Aufgabe zu, selbst die verbrannten Gase aus dem Zylinder auszustoßen. Um dies zu erreichen, ist ein genau geregelter Strömungsverlauf erforderlich. Da sich die Einlaßschlitze und Auslaßschlitze im Zylinder gegenüberliegen, würde das eingetretene Frischgas beim gegenüberliegenden Auslaßschlitz austreten und nur zu einem geringen Teil, außerdem vermischt mit den verbrannten Gasen, im Zylinder bleiben. Dies wird nun dadurch verhindert, daß der Kolben eine Nase besitzt, die die eintretenden Frischgase im Zylinder nach hinauf ableitet. Während also die austretenden Gase durch ihren Restdruck zu den Auslaßschlitzen ausströmen, strömen die unter höherem Druck eintretenden Frischgase längs der einen Seite der Zylinderwand im Zylinder nach oben. Im Zylinderkopf werden die Gase sodann wieder nach abwärts gewendet, so daß sie den restlichen Teil der verbrannten Gase von oben herunter zu den Auslaßschlitzen herausdrücken.

Mit dieser Ausführung des Zweitaktmotors hat man sich durch viele Jahre zufrieden gegeben, und es schien, daß diese, wenn wir von Sonderkonstruktionen absehen, auf die wir noch zu sprechen kommen werden, auch für die Zukunft das Feld allein beherrschen würden. Der hauptsächlichste und fast einzige Nachteil der geschilderten Ausführung des Zweitakters liegt in dem hohen Gewicht des Nasenkolbens, in der unsymmetrischen Gewichtsverteilung desselben und schließlich in der Tatsache, daß der Kolben durch die besondere Formgebung seines Bodens stark zu Verrußungen neigt, was gerade beim Zweitakter besonders unangenehm ist.

Im Jahre 1934 kamen als erste Fabriken der Welt DKW. und Zündapp mit Zweitaktmotoren heraus, bei denen unter Ver-

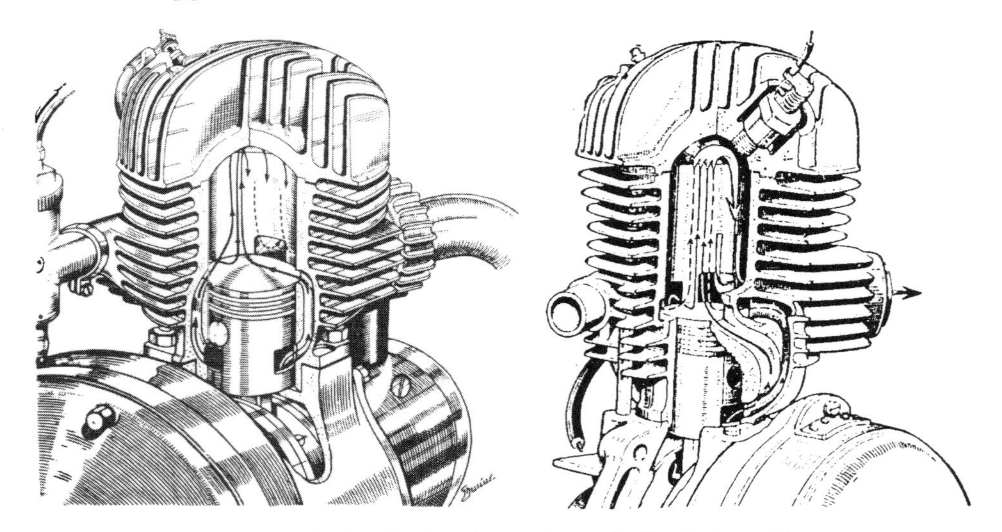

Abb. 88 und 89. Zweitakterbauweise mit Umkehrspülung.
Kolben ohne Ablenknase. Umkehr- bzw. Dreistromspülung. Man verfolge genau den angedeuteten Strömungsverlauf der eintretenden Frischgase. Links Zündapp, rechts Triumph.

wendung nur eines einzigen Kolbens je Zylinder doch eine flache Ausbildung des Kolbenbodens ermöglicht worden war. Durch eine äußerst sinnreiche Anordnung der Überströmkanäle und durch eine Aufteilung des Frischgasstroms auf mehrere Kanäle wurde erreicht, daß sich die eintretenden Frischgase selbst gegen den Zylinderkopf zu aufrichteten. Zu diesem Zweck wurden die Frischgasströme gegeneinander gerichtet, so daß die Resultante unmittelbar nach aufwärts führt.

Diese Umkehr- bzw. Dreistromspülung hat sich über Erwarten gut bewährt. An sich ist es beinahe unglaubwürdig, daß auf so einfache Weise ein geregelter Strömungsverlauf erzielt und die Vermischung der Frischgase mit den verbrannten Gasen verhindert werden kann. Die Praxis hat jedoch ergeben, daß nicht nur die bereits erwähnten Nachteile des Nasenkolbens beseitigt, sondern auch noch höhere Leistungen und bessere Wirtschaftlichkeit erzielt worden waren. Dieses Ergebnis hat denn auch die berühmte englische Zweitakterfabrik Villiers dazu veranlaßt, ein Jahr darauf eine im Prinzip ähnliche Konstruktion herauszubringen, bei der die Frischgase in der Mitte des Zylinders sich aufrichten und dann von oben herunter nach vier Seiten die verbrannten Gase auspressen. Auch weitere deutsche Fabriken haben sich die erzielten guten Erfahrungen zunutze gemacht und haben auf der gleichen Grundlage neue Konstruktionen geschaffen. Die Abbildungen 88 und 89 zeigen zwei Ausführungen von Zweitaktern mit nasenlosen Kolben.

Ein weiteres Kernproblem des Zweitakters liegt in der Frage des gegenseitigen Verhältnisses von Öffnen und Schließen der Einlaß- und der Auslaßschlitze. Das Richtigste wäre es, am Ende des Abwärtsgehens des Kolbens zuerst die Auslaßschlitze zu öffnen und die verbrannten Gase austreten zu lassen, hierauf die Einlaßschlitze zu öffnen und kurz darauf die Auslaßschlitze wieder abzuschließen und sodann erst zum Schluß wieder die Einlaßschlitze zu schließen. Da jedoch das Öffnen und Schließen sowohl der Einlaß- wie auch der Auslaßschlitze durch die Oberkante des Kolbens erfolgt, kann das Schließen beim Aufwärtsgehen des Kolbens nur in der umgekehrten Reihenfolge vor sich gehen, wie vorher das Öffnen dieser Schlitze. Abbildung 90 unterstützt die diesbezüglichen Betrachtungen. Eine andere Reihenfolge ließe sich nur durch die Verwendung von Ventilen erzielen, aber gerade diese will man sich ja durch den Zweitakter ersparen.

Wenn wir uns an Hand der Abbildung 90 den Vorgang im gewöhnlichen Zweitakter vergegenwärtigen, so ergibt sich folgendes: Zuerst werden beim letzten Stück des Abwärtsganges des Kolbens die Auslaßschlitze A geöffnet. Dadurch können die noch unter Spannung befindlichen verbrannten Gase zu entweichen beginnen. Nach einem weiteren Weg von wenigen Millimetern, der in unvorstellbar kurzer Zeit zurückgelegt wird, werden die Überströmschlitze E freigegeben. Da durch die Abwärtsbewegung des Kolbens im Kurbelgehäuse das dorthin angesaugte Frischgas zusammengepreßt wurde, strömt es unter Druck durch den Überströmkanal in den Zylinderraum. Immerhin sind aber wegen der Kürze der Zeit die verbrannten Gase noch nicht restlos entwichen, so daß sie noch einen gewissen Druck aufweisen. Die Anordnung muß nun so getroffen sein, daß der Druck der eintretenden Frischgase höher ist als der Restdruck der austretenden Gase. Tatsächlich ergeben sich aber bei zu hohen Drehzahlen gewisse Rückstauungen, was dann zu dem bekannten Abfallen der Leistung des Zweitakters führt.

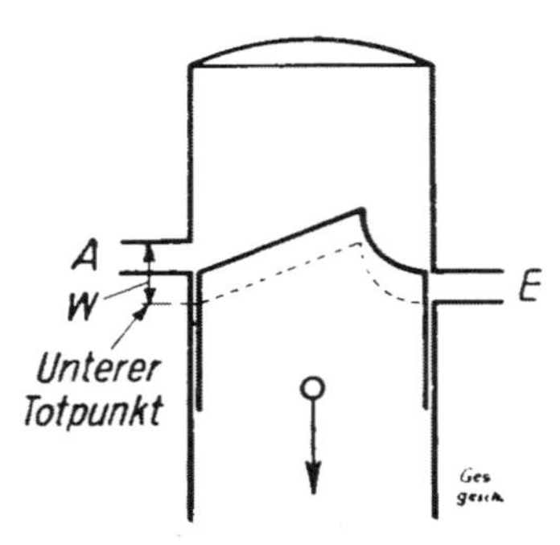

Abb. 90. Betrachtungen zum Zweitaktmotor.
Es ist anzustreben, daß einerseits der Auslaßschlitz A vor dem Schlitz des Überströmkanals E geöffnet wird, andererseits wieder der Überströmkanal nach dem Auslaßschlitz geschlossen wird. Mit einem Kolben läßt sich diese wichtige Forderung nicht erfüllen.

Während nun der Kolben seinen unteren Totpunkt erreicht hat und sich wieder aufwärts bewegt, hat das Einströmen der Frischgase das Ende gefunden, wie auch die verbrannten Gase zum größten Teil ausgestoßen wurden. Nun wird aber infolge der für den Beginn des Strömungsverlaufes erforderlichen Lage der Ein- und Auslaßschlitze zuerst der Überströmkanal geschlossen, während die Auslaßschlitze noch etwas geöffnet bleiben. Dieser Nachteil liegt im System des einkolbigen ventillosen Zweitakters begründet, weil der Kolben vom unteren Totpunkt bis zum Abschließen des Auslaßschlitzes den Weg zurücklegen muß.

Abbildung 91 gibt einen Zweitaktmotor wieder, der in einem gemeinsamen Zylinder mit einem gemeinsamen Verbrennungsraum zwei Kolben verwendet. Der Zylinderraum besitzt daher eine Ω-förmige Gestalt. Durch diese Konstruktion wird der Vermischung der Frischgase mit den verbrannten Gasen dadurch vorgebeugt, daß nicht eine sogenannte Umkehrspülung erfolgt, sondern eine Gleichstromspülung, indem die eintretenden Frischgase die auf

Abb. 91. Der Garelli-Motor.

Dieser Motor besitzt bei einem gemeinsamen Explosionsraum zwei Zylinderbohrungen und zwei Kolben, welche sich gemeinsam miteinander auf und ab bewegen, jedoch nicht, wie beim Puch-Motor, gegeneinander eine Voreilung besitzen.

der anderen Seite des Ω-förmigen Verbrennungsraumes, also jenseits der Trennwand zwischen den beiden Zylinderbohrungen, austretenden verbrannten Gase vor sich hertreiben.

Dieser Ausführung ähnlich, dem ganzen Wesen nach aber doch

grundsätzlich anders ist der Puch-Motor gestaltet. Auch dieser Motor weist in einem gemeinsamen Zylinder zwei Bohrungen und zwei Kolben auf, die oben durch einen gemeinsamen Explosionsraum verbunden sind. Im Gegensatz zu dem gezeigten italienischen Vorbild bewegen sich hier aber die Kolben nicht ständig auf gleicher Höhe, sondern mit einer gegenseitigen Voreilung. Diese wird dadurch erzielt, daß die Kurbelwelle quer zur senkrechten Längsfläche des Zylinders liegt und daß die Kolben trotzdem durch eine gemeinsame Pleuelstange betätigt werden. Die Abbildung 92 zeigt das Verhalten der beiden Kolben bei der Drehung der Kurbelwelle.

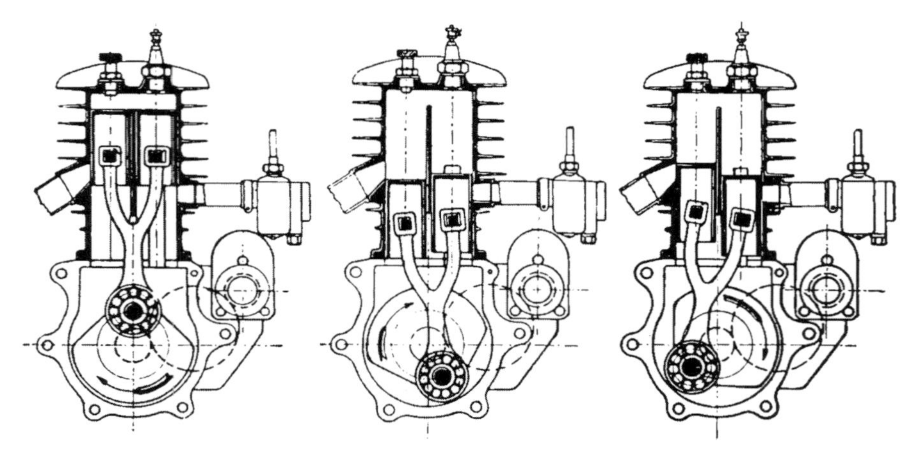

Abb. 92. Der Puch-Motor.

Dieser interessante Motor besitzt zwei Kolben an einer gabelförmigen, gemeinsamen Pleuelstange, sowie einen gemeinsamen Explosionsraum. Durch die Gabelausführung der Pleuelstange ergibt sich, wie dies deutlich aus der zweiten und dritten Zeichnung zu ersehen ist, eine gewisse Voreilung des linken gegenüber dem rechten Kolben, so daß die Auslaßöffnung tatsächlich vor der Öffnung des Überströmkanals geöffnet und auch geschlossen wird. Die eintretenden Frischgase füllen vorerst die rechte und sodann von oben herunter die linke Zylinderbohrung, so daß eine Vermischung der verbrannten Gase mit den Frischgasen wirksam vermieden wird.

Die geniale Konstruktion des Puch-Motors ermöglicht es nun tatsächlich, die oben als ideal aufgezeigten Öffnungs- und Schließzeiten zu erzielen, da der Kolben mit der Voreilung zuerst die Auslaßschlitze freigibt, worauf der nacheilende Kolben erst den Einlaßschlitz öffnet; dem folgt sodann das Schließen des Auslaßschlitzes durch den voreilenden Kolben und erst zum Schluß das Schließen des Einlaßschlitzes durch den nacheilenden Kolben.

Bei den meisten Konstruktionen von Zweitaktmotoren müssen die Kolbenringe gegen Verdrehungen gesichert werden, damit sich nicht die Enden der Kolbenringe in den in der Zylinderwandung befindlichen Ein- und Auslaßöffnungen verfangen. Eine Ausführungsform für derartige Sicherungen der Kolbenringe zeigt Abbildung 93.

Entsprechend dem Umstand, daß Zweitaktmotoren die doppelte Explosionsfolge besitzen als Viertaktmotoren, muß auf die Kühlung besondere Sorgfalt aufgewendet werden. Zweitaktmotoren weisen durchwegs besonders große Kühlrippen auf. Zum Teil besitzen sie eine zusätzliche Luftkühlung durch einen in das Schwungrad eingebauten Ventilator, der nach Art eines Gebläses durch einen besonderen Luftkanal dem Zylinder auch bei langsamer Fahrt genügend Kühlluft zuführt.

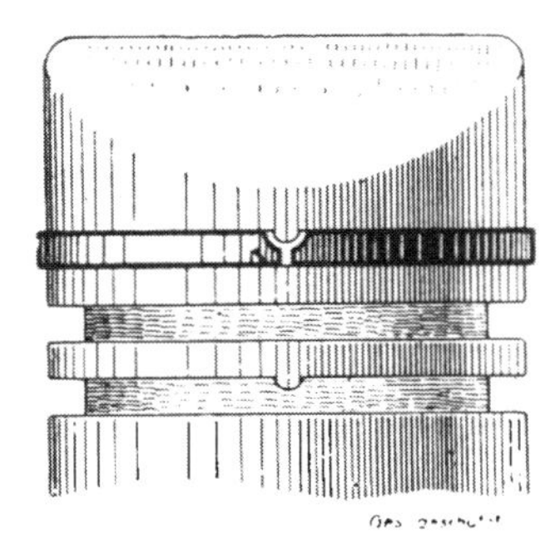

Abb. 93. Kolbenring eines Zweitaktmotors.

Um ein Verfangen der Kolbenringenden in den Zylinderschlitzen des Zweitaktmotors zu verhindern, werden meist Vorrichtungen vorgesehen, welche ein Verdrehen der Kolbenringe verhindern.

Für die Leistungsfähigkeit des Zweitakters ist eine gute Abdichtung von ausschlaggebender Bedeutung. Im Gegensatz zum Viertakter muß mit Rücksicht darauf, daß der Zweitakter die Frischgase in das Kurbelgehäuse einsaugt und in diesem vorkomprimiert, auch das Kurbelgehäuse vollkommen dicht sein. Dies betrifft die Schnittflächen des Gehäuses, die Auflagefläche des Zylinders auf dem Kurbelgehäuse und insbesondere auch die Kurbelwellenlager. Hierauf sei ganz besonders hingewiesen, da die schlechte Leistung eines Zweitakters häufig auf Undichtigkeiten im Kurbelgehäuse zurückzuführen ist.

Gelegentlich erfolgt die Zuführung des Frischgases in den Verbrennungsraum durch eine eigene Ladepumpe, also durch einen gesonderten Zylinder, in dem das Ansaugen und Vorverdichten des Frischgases erzielt wird. Wenn sie annähernd den gleichen Hubraum besitzt wie der Arbeitszylinder, dann spricht man nur vom „Aufladen". Weist hingegen der Ladezylinder einen größeren Hubraum auf als der Arbeitszylinder, dann entsteht eine ausgesprochene Kompressorwirkung, und man spricht von einem „Überladen".

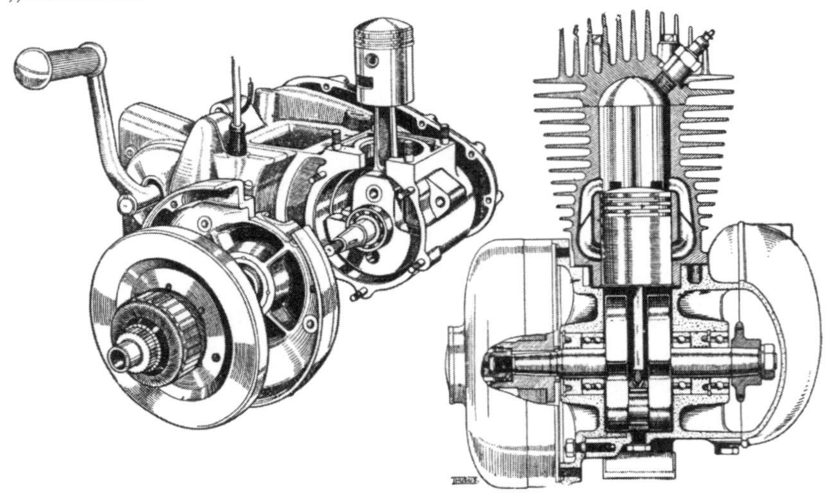

Abb. 94. Zweitakter-Blockmotor (Triumph).

Neuartige Teilung des Kurbelgehäuses, die den Ausbau aller Motorteile ohne Herausnahme des Blocks aus dem Rahmen ermöglicht. Auf der Kurbelwelle fliegend der Anker der Lichtmaschine sowie der Unterbrechernocken.

In Abbildung 95 wird den Lesern noch eine interessante Sonderausführung, die sich einige Zeit in England behauptet hat, gezeigt. Bei diesem Motor wird ein Stufenkolben verwendet, so daß in das Kurbelgehäuse eine größere Frischgasmenge eingesaugt wird, als dem Hubraum des Zylinders entspricht. Diese Ausführung gleicht im wesentlichen einer Überladepumpe.

Schließlich sei noch darauf hingewiesen, daß der Zweitakter zur Entlüftung ein eigenes Dekompressionsventil besitzen muß, während beim Viertakter durch den Dekompressor einfach das Auslaßventil angehoben wird. Früher hat man die Verbindung vom Dekompressionsventil (Entlüftungsventil) häufig ins Freie geführt; hierbei wurde jedoch Öl durch die Öffnung ausgespritzt, wodurch die Kleider des Fahrers verschmutzt werden. Heute führt man durchwegs vom Entlüftungsventil einen in den Zylinder eingebohrten Kanal zum Ansatz des Auspuffrohres, so daß beim Anheben des Entlüfters die ausgeblasene Luft durch dieses ausstreichen kann. Dies führt allerdings dazu, daß bei den Zweitaktmotoren das Auspuffrohr oftmals verölt ist, wodurch sich dann Ölkohle bildet. Man muß also das Auspuffrohr des öfteren reinigen.

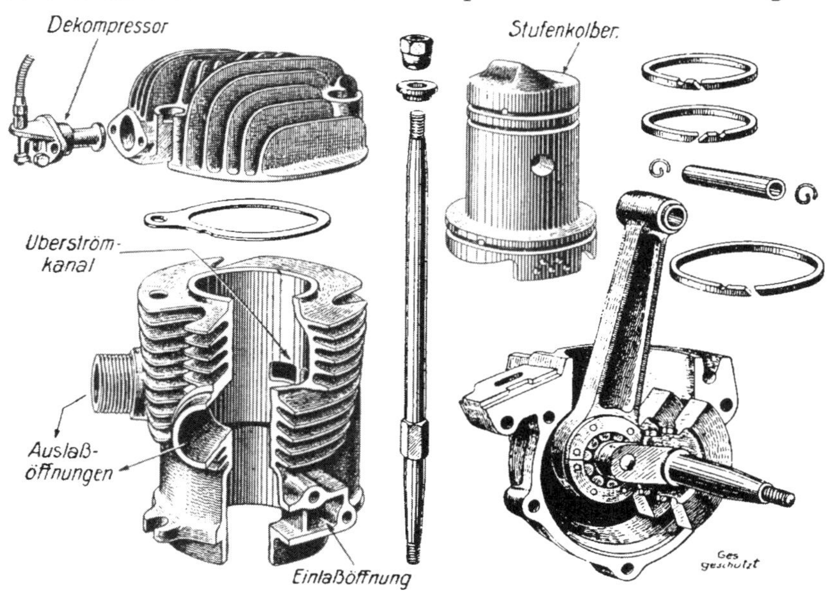

Abb. 95. Zweitaktmotoren mit Stufenkolben.
Der interessante englische Dunelt-Motor. Der untere Teil des Kolbens besitzt einen größeren Durchmesser als der obere. Dadurch wird mehr Gasgemisch im Kurbelgehäuse angesaugt, als der Motor (über dem Kolben) Hubvolumen besitzt. Die Wirkung ist demnach etwa die gleiche wie bei Verwendung eines „Kompressors".

Auch bezüglich der Verwendung des Entlüfters beim Zweitakter sei auf eine Besonderheit hingewiesen: wenn man beim Viertakter das Auslaßventil anhebt, dann kommt es gar nicht zum Ansaugen von Frischgas, so daß auch bei geöffnetem Gashebel ein Benzinverbrauch nicht eintritt. Anders beim Zweitakter. Hier wird durch den Kolben in das Kurbelgehäuse Frischgas angesaugt, gleichgültig, ob es dann über dem Kolben beim nächsten Takt durch den Entlüfter entweichen kann. Man muß daher beim Zweitakter bei längerer Benützung des Entlüfters — beispiels-

Abb. 96. Zweitaktmotor (DKW.).
Motor-Getriebe-Block. Elektrischer Anlasser. Leichtmetallzylinderkopf, abnehmbar.

weise bei der Abwärtsfahrt — stets auch den Gashebel schließen, um nicht Kraftstoff zu verprassen.

h) Hubraum und Pferdekräfte.

Die Verschiedenartigkeit der Motoren erfordert ihre eindeutige Bezeichnung. Sie stützt sich in erster Linie auf den Hubraum (Hubvolumen) des Zylinders. In den letzten Jahren ist man immer mehr dazu übergegangen, die Motorstärke einfach in Kubikzentimetern anzugeben, wobei dann noch weitere Merkmale hinsichtlich der Motorkonstruktion angeführt werden. In früheren Jahren jedoch wurden die Motoren meist durch die Angabe von Pferdestärken gekennzeichnet, wobei die Zahl der PS in ein feststehendes Verhältnis zum Hubraum gebracht wurde, so daß diese hinsichtlich des wesentlichsten Punktes, bezüglich der Bremsleistung, vollkommen nichtssagend sind.

Die alte jedoch noch vielfach gebräuchliche Bezeichnung ist im allgemeinen folgende:

175 ccm	Zylinderinhalt	Viertaktmotor	$1^1/_2$ PS
175 ,,	,,	Zweitaktmotor	2 PS
200 ,,	,,	Viertaktmotor	2 PS
250 ,,	,,	,,	$2^1/_4$ PS
300 ,,	,,	,,	$2^1/_2$ PS
350 ,,	,,	,,	$2^3/_4$ PS
500	,,	,,	$3^1/_2$ PS
600 ,,	,,	,,	$4^1/_4$ PS
750 ,,	,,	,,	6 PS
1000 ,,	,,	,,	8 PS
1200 ,,	,,	,,	10 PS

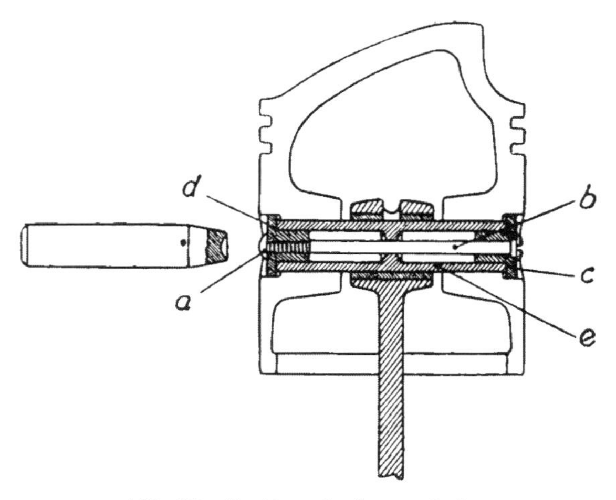

Abb. 97. Kolbenbolzensicherung.

Besonders beim Zweitaktmotor ist eine zuverlässige Sicherung des Kolbenbolzens gegen Verschieben wichtig, damit sich derselbe nicht etwa in einem Zylinderschlitz verfängt, was in den meisten Fällen den Ruin des Motors bedeuten würde. Die von DKW verwendete Bolzensicherung ist aus obiger Zeichnung leicht zu ersehen. a Nietkopf, b Schraube zum Festhalten der beiden seitlichen Pilzbeilagen, deren Durchmesser etwas größer ist als jener des Kolbenbolzens, c und d pilzförmige Beilagen, e Kolbenbolzen.

Kleine Abweichungen von dem Zylinderinhalt bleiben bei diesem Schema unberücksichtigt. Nach der neuen englischen Formel, die nur für Viertaktmotore Anwendung findet, werden die Motoren wie folgt bezeichnet:

175	ccm Zylinderinhalt	1,75	HP
200	,, ,,	2	HP
250	,, ,,	2,5	HP
300	,, ,,	3	HP
350	,, ,,	3,5	HP
500	,, ,,	5	HP
600	,, ,,	6	HP
750	,, ,,	7,5	HP
1000	,, ,,	10	HP
1200	,,	12	HP

Bei dieser Relation werden Abweichungen von den vorstehend angegebenen Zylinderinhalten genau berücksichtigt. Ein Motor mit 495 ccm Inhalt wird demnach von der englischen Fabrik mit 4,95 HP bezeichnet.

Alle diese Bezeichnungen geben aber in Wirklichkeit nicht das geringste Bild über die wirklichen Verhältnisse. Man ist daher mancherseits dazu übergegangen, neben der Steuer-PS-Bezeichnung auch noch die tatsächlichen Bremspferdekräfte anzugeben, z. B. bei einer untengesteuerten 500 ccm Maschine 1,9/16 PS oder bei einem obengesteuerten 1000 ccm Motor 3,8/34 PS. Aber auch diese Bezeichnung hat Nachteile, denn einerseits wirkt sie verwirrend, andererseits verleitet sie den Fabrikanten dazu, unwahre Angaben über die tatsächliche Leistung des Motors zu machen, worunter der Glaube an die „Brems-PS" leidet.

Auf Grund dieser Umstände sind eine große Zahl von Fabriken dazu übergegangen, ihre Motoren ausschließlich nur nach dem Hubvolumen zu bezeichnen. Dieses berechnet sich aus Hub und Bohrung für jeden Zylinder nach der Formel

$$\text{vol} = \frac{\pi}{4} \cdot d^2 \cdot h$$

wobei d die Bohrung, h den Hub bedeutet und π mit 3,14 bzw. $\frac{\pi}{4}$ mit 0,7854 eingesetzt werden kann.

Die Angabe der Kubikzentimeter ist tatsächlich der Angabe der PS vorzuziehen, wenn noch nähere Umstände, wie insbesondere: „obengesteuert", „untengesteuert", beigesetzt werden.

Die Engländer bezeichnen obengesteuerte Ventile mit „overhead valve“ und kürzen dies mit „OHV“. Diese Bezeichnung hat auch der Kürze wegen bei uns sehr rasch Eingang gefunden, wenngleich nicht einzusehen ist, warum wir nicht eine deutsche Bezeichnung und Kürzung verwenden sollen. Die Verdeutschung von OHV mit „**o**ben **h**ängende **V**entile“ ist sehr mangelhaft und kann die englische Abkunft der Kürzung „OHV“ nicht aus der Welt schaffen.

Für den Kenner des Kraftradmotors kommt, wie bereits gesagt, ausschließlich nur die Angabe der Kubikzentimeter, der Ventilsteuerung und sonstiger Umstände in Betracht, die geeignet sind, die Leistung, des Motors zu beeinflußen z. B. Leichtmetallkolben, Kompressionsverhältnis oder dergleichen. Im allgemeinen dürfte genügen: „500-ccm-Tourenmaschine“ oder „500-ccm-Sportmachine“ oder „500-ccm-Rennmaschine“. Es ist bekannt, daß gewöhnlich Tourenmaschinen, wenige Fälle ausgenommen, untengesteuerte Ventile besitzen, keineswegs überkomprimiert und nicht zu hoch übersetzt sind. Die Sportmaschinen besitzen im allgemeinen obengesteuerte Ventile, auf alle Fälle Leichtmetallkolben, sind höher komprimiert als die Tourenmaschinen und, falls sie sich bei einzelnen Fabrikaten nicht durch obengesteuerte Ventile von den Tourenmaschinen unterscheiden, meist langhübiger als diese. Die Rennmaschine, abgesehen von Zweitaktmotoren, ist selbstverständlich obengesteuert, in letzter Zeit auch häufig mit Königswelle ausgestattet, besitzt Spezialrennkolben, weist eine Kompression auf, die die der Sportmaschine noch um ein beträchtliches übersteigt und ist auch durch den Wegfall vieler Zubehörteile als Rennmaschine sofort erkenntlich.

Da vorstehende Angaben für die Berechnung der Steuer und Abgaben aus naheliegenden Gründen keine Berücksichtigung finden, wurde eine eigene „Steuerformel“ geschaffen, die allerdings den heutigen Verhältnissen auch nicht mehr entspricht. Die Berechnung der Steuer-PS eines Kraftrades erfolgt in der gleichen Weise wie bei den Kraftwagen, lediglich nach dem Hubvolumen und der Zahl der Zylinder nach folgender Formel, welche für Deutschland und Österreich gilt:

a) bei Viertaktmotoren $PS_{St} = 0{,}3 \cdot i \cdot d^2 \cdot h$

b) bei Zweitaktmotoren $PS_{St} = 0{,}45 \cdot i \cdot d^2 \cdot h$

Das Steueramt bewertet demnach den Zweitaktmotor bei gleichbleibendem Zylinderinhalt um 50 % höher als den Viertaktmotor.

In beiden Formeln bezeichnet d die Bohrung des Zylinders, h die Hubhöhe und i die Zahl der Zylinder.

Aus dieser Formel ergeben sich folgende Zusammenstellungen:

$$1\ PS_{St} = 261\ \text{ccm (Viertakt)},$$
$$= 174\ \text{ccm (Zweitakt)},$$

oder

$$100\ \text{ccm} = 0{,}3831\ PS_{St}\ \text{(Viertakt)},$$
$$= 0{,}5747\ PS_{St}\ \text{(Zweitakt)}.$$

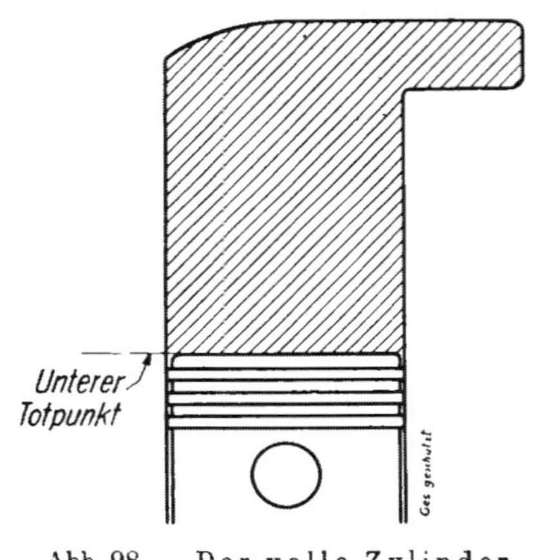

Abb. 98. Der volle Zylinderinhalt, bestehend aus Hubvolumen und Explosionsraum. Im allgemeinen versteht man jedoch unter „Zylinderinhalt" lediglich das Hubvolumen.

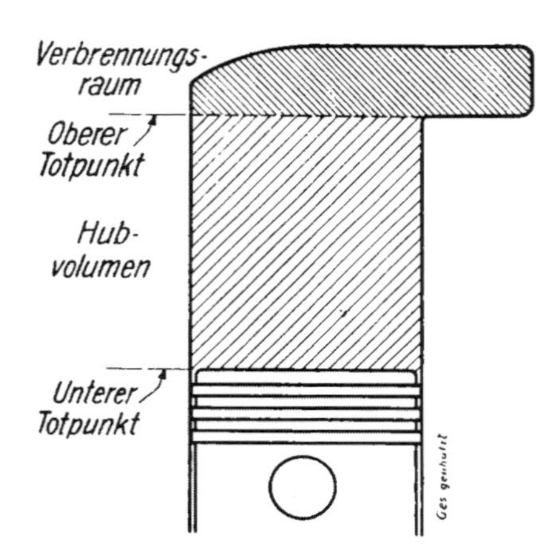

Abb. 99. Das Hubvolumen. Das Hubvolumen errechnet sich aus dem inneren Zylinderquerschnitt $r^2\pi$ multipliziert mit dem Hub.

Um kurzerhand aus dem Zylinderinhalt des Viertaktmotors die Steuer-PS berechnen zu können, ist folgende Formel zu verwenden:

$$\underline{\text{Vol} \times 0{,}003831 = 1\ \text{Steuer-PS},}$$

wobei unter „Vol" in obiger Formel der Zylinderinhalt, ausgedrückt in Kubikzentimeter, zu verstehen ist.

Im Auslande gelten folgende Formeln zur Berechnung der Steuer-PS:

$$\text{England: } \frac{d^2 \cdot i}{1613};$$

$$\text{Frankreich: } k \cdot i \cdot d^2 \cdot h \cdot v,$$

wobei k einen Koeffizienten für Ein- oder Mehrzylinder bedeutet, der zwischen 0·002 und 0·0013 variiert, und v die Tourenzahl pro Sekunde angibt;

$$\text{Italien: } 0{\cdot}08782 \cdot i \cdot d^2 \cdot \frac{\pi}{4} \cdot h \cdot 0{\cdot}6541.$$

Bezüglich der allgemein gebräuchlichen Bezeichnung „Zylinderinhalt" ist nicht der tatsächliche Zylinderinhalt nach Abbildung 98, sondern lediglich nur das „Hubvolumen" nach Abbildung 99 zu verstehen, ohne Berücksichtigung des Explosionsraumes. Das Verhältnis

(Hubvolumen + Explosionsraum): Explosionsraum

ergibt das Verdichtungsverhältnis.

Abschnitt 2.

Der Vergaser, seine Funktion und Einstellung.

Der Vergaser ist sozusagen die Lunge des Motors, durch welche dieser atmet. Er hat die Aufgabe, den flüssigen Betriebsstoff in ein explosibles Gemisch zu verwandeln und die Mischung jeweils in jenem Prozentsatz herzustellen, welcher durch die Drehzahl des Motors, die verlangte Leistung, die Qualität des Betriebsstoffes, die Temperatur und den Feuchtigkeitsgrad der Luft bedingt ist. Aus dieser Aufzählung ersieht man schon, daß die Aufgaben des Vergasers mannigfaltig sind und daß es nicht leicht gewesen sein mag, brauchbare Apparate herauszubringen. Bevor auf die technische Ausführung des Vergasers eingegangen wird und seine Einzelheiten besprochen werden, wird vorerst kurz seine Tätigkeit behandelt.

Der Motorradfahrer sagt im allgemeinen, daß der Vergaser das Benzin, es wird vorerst von anderen Kraftstoffen abgesehen, „vergast". Dieser wenig fachmännischen Ausdrucksweise verdankt auch die Bezeichnung „Vergaser" ihre Entstehung. Man muß jedoch festhalten, daß sich Benzin — wenigstens auf einfache Art — nicht vergasen läßt. Es kommt also nur eine rein mechanische Mischung zwischen Benzin und Luft in Frage, die durch das Zerstäuben des Benzins erreicht wird. Man kann demnach nicht von „Benzingas", sondern nur von einem explosiblen Benzin-Luft-Gemisch sprechen. Benzin als solches ist keine explosible Flüssigkeit.

Während die ersten Vergaser sogenannte „Oberflächenvergaser" waren und daher bei niedriger Temperatur sehr schlecht gearbeitet haben, findet man heute nur mehr „Spritzvergaser". Die Wirkungsweise des Spritzvergasers liegt darin, daß das Benzin durch eine oder mehrere Düsen in den durch die Ansaugleitung streichenden Luftstrom gespritzt und dadurch fein zerstäubt wird. Der Luftstrom entsteht durch die Abwärtsbewegung des Kolbens während des Ansaugtaktes, also bei geöffnetem Einlaßventil. Die Spritzwirkung wird erzielt durch den im Zylinder, in der Ausaugleitung und im Vergaser entstehenden Unterdruck, durch welchen das Benzin aus der Düse „herausgerissen" wird.

Von besonderer Bedeutung ist naturgemäß die Regelung des Benzinstandes in der Düse. Während einerseits bei stillstehendem Motor kein Benzin über die Düse überlaufen und verlorengehen darf, muß andererseits während des Betriebes ständig und gleichmäßig Benzin nachfließen. Diese Regelung erfolgt durch den Schwimmer.

Man kann demnach den Vergaser in zwei Hauptteile unterteilen: in die Schwimmerkammer und in die Zerstäubungskammer. Außerdem muß der Vergaser entsprechende Reguliervorrichtungen aufweisen, welche nicht nur die Menge des Gemisches, welches dem Motor zuströmt, jederzeit genauestens zu regulieren, sondern auch die Zusammensetzung des Gasgemisches nach Bedarf zu verändern gestattet.

Die Mischung von Benzin und Luft soll nach einem genau gegebenen Verhältnis erfolgen, und zwar am besten im Gewichtsverhältnis 1 : 16. Es sind jedoch auch Gemische von 1 : 8 bis 1 : 30 Gewichtsteilen ohne weiteres explosionsfähig, jedoch nicht rationell. Während bei einem benzinarmen Gemisch der Motor unregelmäßig arbeitet und nicht volle Leistung gibt, tritt beim benzinreichen Gemisch, abgesehen von dem unwirtschaftlichen Verbrauch von Betriebsstoff, eine zu starke Erhitzung und Verrußung des Motors ein, welche ebenfalls die Leistungsfähigkeit der Maschine beeinträchtigt.

Vielfach kommen, ganz besonders bei Kraftwagen, Vergaser zur Verwendung, bei welchen der Fahrer, wenn man von der Auswechselbarkeit der Düsen absieht, keinen Einfluß auf die Zusammensetzung des Benzingemisches nehmen kann: sogenannte automatische Vergaser. Solche Vergaser werden sich ganz besonders bei wenig erfahrenen Fahrern einer großen Beliebtheit erfreuen und sind in einzelnen bewährten Ausführungen, z. B. Pallas, tatsächlich von großem Vorteil. Der Sport- und erfahrene Tourenfahrer wird hingegen in den meisten Fällen den Vergaser mit Regulierbarkeit des Mischungsverhältnisses vorziehen. Es wird jedoch diese Betrachtung, zumal über die

Regulierung des Gemisches auch unter dem Abschnitt „Tourenfahren“ eingehende Aufklärung gegeben wird, vorerst abgeschlossen. Zunächst werden die grundsätzlichen Bauarten des Vergasers behandelt.

Der Schwimmer hat, wie bereits festgestellt wurde, die Aufgabe, den Zufluß von Brennstoff zur Düse auf das genaueste zu regeln. Zu diesem Zweck ist der Schwimmer mit einer

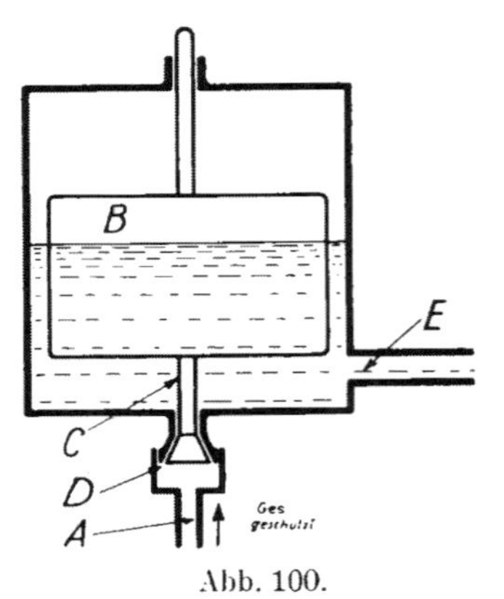

Abb. 100.
Die Schwimmerkammer des Vergasers.
Der Kraftstoff gelangt vom Tank durch die Leitung A in die Schwimmerkammer. Der Schwimmer B hebt die Nadel C und schließt auf diese Weise die Zuflußöffnung bei D. Dieselbe wird wieder freigegeben, sobald der Brennstoff bei E ausfließt und der Schwimmer B sich senkt.

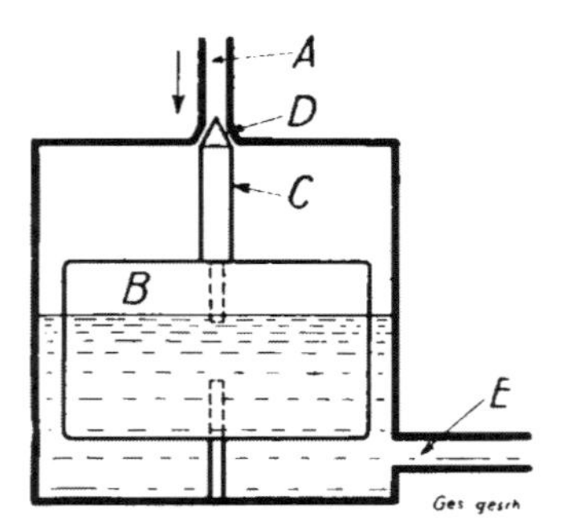

Abb. 101. Schwimmergehäuse mit Zufluß von oben.
Der Kraftstoffzufluß zum Schwimmergehäuse kann auch von oben erfolgen, indem die Kraftstoffleitung am Deckel angeschlossen wird. In diesem Falle befindet sich auch die Schwimmernadel (C) über dem Schwimmer B.

konischen Nadel („Schwimmernadel“) in Verbindung gebracht und gibt durch diese den Eintritt in das Schwimmergehäuse je nach Erfordernis frei.

Die Abbildung 100 zeigt im Schnitt eine Schwimmerkammer. Der Anschluß der Benzinleitung erfolgt von unten, und zwar bei A. Bei Füllung des Schwimmergehäuses mit Brennstoff hebt sich der Schwimmer B und schließt dadurch mittels der Schwimmernadel C die Einlaßöffnung D. Fließt sodann Benzin durch die Verbindungsleitung E ab, so senkt sich der Schwimmer und gibt wieder die Öffnung D frei. Es wird durch diese sehr sinnreiche Einrichtung bewirkt, daß das Benzin im Schwimmergehäuse stets auf der gleichen Höhe steht oder, wie man gebräuchlich mit einem Fremdwort sagt, das „Brennstoffniveau" gleich bleibt.

Die Art des Schwimmerventils ist nicht bei allen Vergasern gleich. Vielfach erfolgt der Anschluß der Kraftstoffleitung am Schwimmergehäuse von oben, wodurch sich die in Abbildung 101 wiedergegebene Konstruktion ergibt. Es sind bei dieser Abbildung die gleichen Bezeichnungen gewählt wie in der vorhergehenden, so daß sich der Leser ohne weiteres zurechtfinden wird.

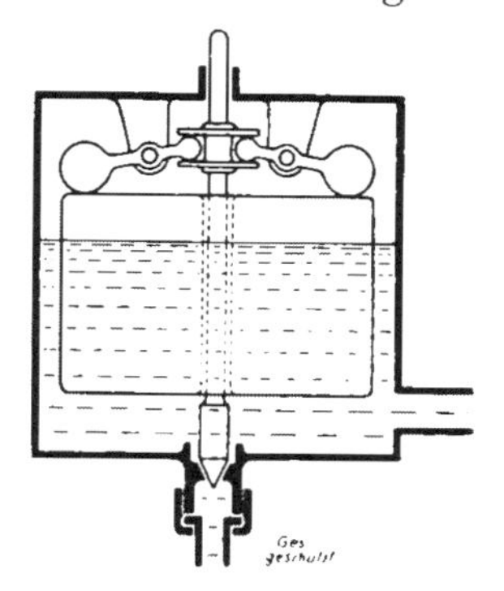

Abb. 102. Schwimmergehäuse, Hebelbetätigung der Schwimmernadel.
Erfolgt der Zufluß des Kraftstoffes von unten, wird gelegentlich auch — bei Kraftradvergasern selten — die Schwimmernadel vom Schwimmer durch Zwischenschaltung von kleinen Hebeln betätigt.

Bei Kraftwagenvergasern erfolgt nicht selten die Übertragung der Bewegung des Schwimmers und der Schwimmernadel durch kleine Hebel, wie dies in Abbildung 102 dargestellt ist. Solche Bauarten finden bei den für Krafträder bestimmten Vergasern nur sehr selten Anwendung, da durch die bei dem Kraftrad auftretenden Stöße die Hebelkonstruktion leicht beschädigt wird.

Die Zerstäuberkammer dient zur Vernebelung des aus der Schwimmerkammer kommenden Kraftstoffes. Die Abbildung 103 zeigt in schematischer Weise die primitivste Anordnung eines Vergasers. Durch die Abwärtsbewegung des Kolbens bei dem Ansaugtakt wird Luft durch die Ansaugleitung und Zerstäubungskammer angesaugt. Durch den beim Ansaugen entstehenden Unterdruck tritt das Benzin aus der Brennstoffdüse und wird infolge des starken Luftstroms zerstäubt und durch die Ansaugleitung in den Zylinder fortgerissen.

Zur Regulierung der Motorleistung befindet sich in der Ansaugleitung eine Drosselklappe oder ein Drosselschieber, auch

„Kolben“ genannt, welche es dem Fahrer ermöglichen, dem Motor mehr oder weniger Kraftstoffgemisch zuzuführen.

Eine Veränderung der Zusammensetzung des Kraftstoffgemisches kann auf folgende Art erfolgen:

1. Die Kraftstoffdüsen werden vergrößert oder verkleinert, wodurch der Kraftstoffgehalt des gleichbleibenden Gemischvolumens erhöht oder verringert wird.

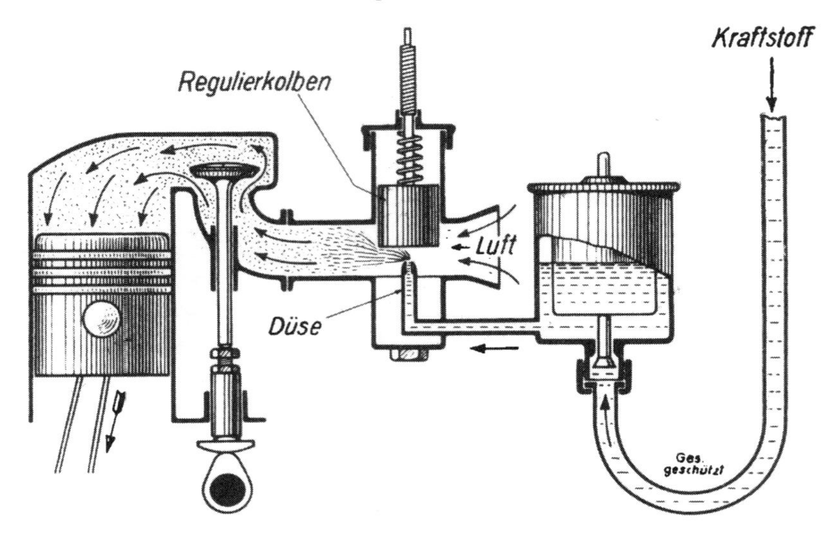

Abb. 103.
Anordnung des Vergasers im Verhältnis zum Motor.
Die Abbildung zeigt die Ansaugwirkung des Motors bei Abwärtsbewegung des Kolbens und geöffnetem Einlaßventil. Düse und Regulierkolben sind deutlich sichtbar.

2. Es wird in die Ansaugleitung eine Zusatzluftregulierung eingebaut, welche es dem Fahrer ermöglicht, dem bereits explosionsfähigen Gemisch mehr oder weniger Zusatzluft zuzusetzen. Nach diesem Prinzip arbeiten die sogenannten Benzinsparer, die häufig als gesonderte Instrumente in den Handel kommen und sich bei jeder Art von Vergasern verwenden lassen.

3. Es wird ein Regulierschieber in die Hauptluftleitung eingeschaltet, welcher es ermöglicht, das Kraftstoffgemisch dadurch kraftstoffreicher zu machen, daß die Luftzufuhr verkleinert und die Geschwindigkeit des Luftstromes bei der Düse vergrößert

wird. Diese Regulierung ist bei den Motorradvergasern am gebräuchlichsten. Sie ermöglicht insbesondere ein leichtes Starten durch Schließen der Luftklappe, wodurch dem Motor ein kraftstoffreiches Gemisch zugeführt wird.

Die Regelung der meisten Kraftradvergaser erfolgt durch Regulierschieber, welche in der Zerstäubungskammer untergebracht sind. Nur wenige Vergaser haben die Drosselklappe beibehalten.

Die folgenden Erörterungen über die Wirkungsweise des Vergasers werden des besseren Verständnisses wegen gleich an der Hand von praktischen Beispielen und unter Erläuterung der Abbildungen vorgenommen. Der Verfasser ist hierbei von seinem allgemeinen Grundsatz abgegangen und wird einzelne Fabrikate im besonderen beschreiben, jedoch nur insoweit, als sie etwas konstruktiv oder prinzipiell Besonderes bieten. An die Spitze wird die Beschreibung des bekannten AMAC-Vergasers gestellt, da sich dieser nicht nur an der Mehrzahl der englischen Maschinen, sondern auch an sehr vielen deutschen Krafträdern befindet. Es ist zum Verständnis des Vergasers dringendst nötig, daß auch jener Leser dieser Beschreibung sein besonderes Augenmerk zuwendet, der an seinem Fahrzeug keinen AMAC besitzt, zumal in den folgenden Ausführungen auch all das zusammengetragen ist, was über den Vergaser, seine Wirkungsweise, seine Behandlung und ganz besonders seine Einstellung zu sagen von Interesse ist — also ganz im allgemeinen. Besonders die Einstellung macht sehr vielen Fahrern und auch Fachleuten zu schaffen, weshalb der Beschreibung dieser an und für sich geringfügigen Arbeiten besonders breiter Raum gewährt wurde. Sicher ist ja auch, daß von dem Beschleunigungsvermögen, der plötzlichen Anzugskraft, dem gleichmäßigen Übergang vom Leerlauf bis zur größten Geschwindigkeit — alles Dinge, welche auf eine gute Einstellung des Vergasers zurückzuführen sind — in ganz wesentlichem Maße die Freude des Fahrers an seiner Maschine abhängig ist. Bei den diesen Abhandlungen folgenden Beschreibungen auch anderer bewährter und interessanter Konstruktionen hat sich der Verfasser darauf beschränkt, nur das zu sagen, was infolge besonderer Bauarten ergänzt oder hervorgehoben zu werden verdiente.

Vom AMAC-Vergaser kommen insbesondere drei Typen in Betracht: der Ultra-Leichtgewichtsvergaser Type 40 YD, die Touren- und Sportvergaser Type PJ und der Rennvergaser Type TT. Im Gegensatz zu den früheren AMAC-Vergasern sind die Typen PJ und TT mit einer gesonderten, von außen verstellbaren Leerlaufdüse ausgerüstet.

Besprechen wir vorerst den in unserer Abbildung 104 dargestellten Vergaser Type PJ. Auch dieser Vergaser besteht aus einem Schwimmergehäuse und einer Mischkammer. Das Schwimmergehäuse wird durch die „Düsenhaltermutter" an der Mischkammer befestigt. Der Kraftstoff gelangt durch den Benzinanschluß in das Schwimmergehäuse, hebt dadurch den Schwimmer, der durch eine „Schwimmerfeder" an der „Schwimmernadel" unverrückbar befestigt ist. Die Schwimmernadel besitzt ein konisches, keilförmiges Ende, durch das der Benzinzufluß geregelt wird. Im Benzinanschluß befindet sich ein Benzinsieb (Filter). Im „Schwimmergehäusedeckel" ist der „Tupfer" angebracht, durch welchen die Schwimmernadel abwärtsgedrückt werden kann, um zum leichteren Starten eine Erhöhung des Kraftstoffniveaus im Vergaser vorzunehmen.

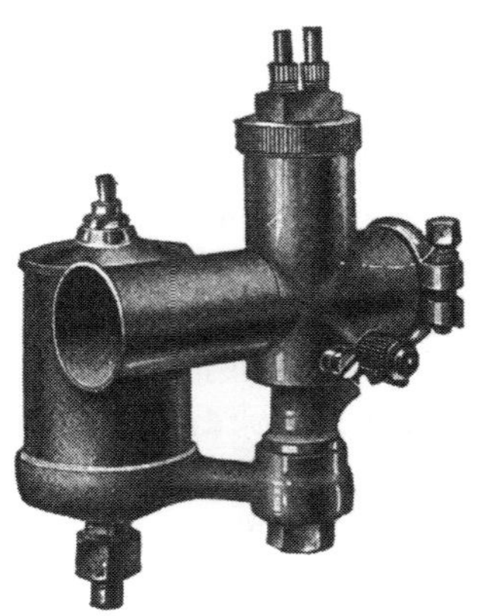

Abb. 104.
Der bekannte Amac-Vergaser mit Leerlaufdüse.

Die Abbildung läßt deutlich die seitlich von außen verstellbare Leerlaufdüse erkennen.

Vom Schwimmergehäuse gelangt durch einen Kanal der Brennstoff in den mit vier Bohrungen versehenen „Düsenhalter" (auch „Düsenstock" genannt). Der Düsenhalter trägt die „Düse", deren kalibrierte Bohrung für die Leistung und den Benzinverbrauch des Vergasers maßgebend ist. Die Düsen tragen entsprechende Nummern, welche die Bohrung der Düse angeben. Über der Düse befindet sich, gehalten von der „Zerstäuberschraube", der „Zerstäuber". Der Brennstoff gelangt von der Düse durch vier Schlitze der Zerstäuberschraube und durch die größer dimensionierte Bohrung im Vergaserkörper zum Zerstäuber.

Der Zerstäuber weist sieben Bohrungen auf, so daß der Brennstoff durch diese in die eigentliche Mischkammer gelangen kann.

Die Regulierung des Vergasers erfolgt durch einen „Gasschieber“ und einen „Luftschieber“. Während der Gasschieber ein vollkommenes Abschließen des Durchtrittes zum Motor er-

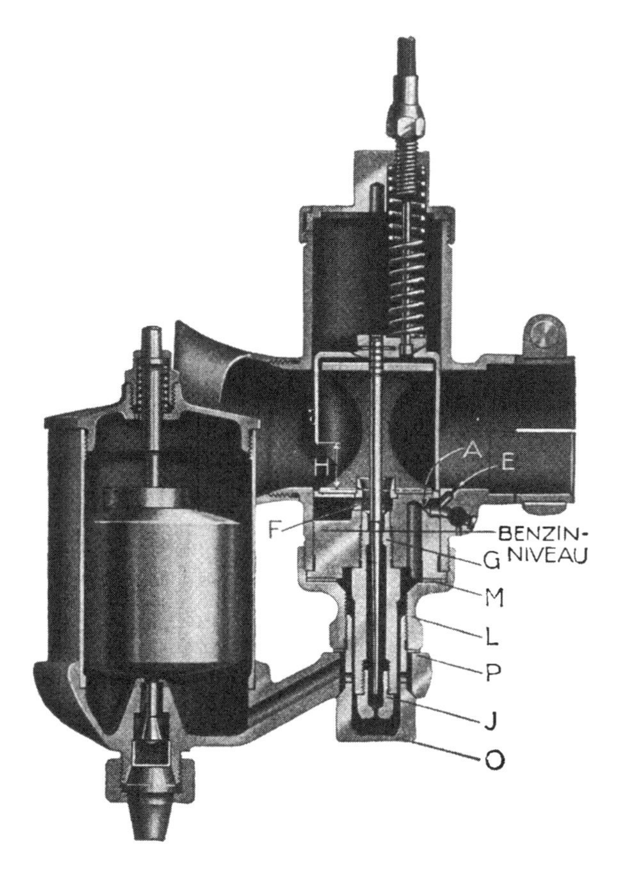

Abb. 105. Querschnitt durch den neuen Amac-Vergaser.

möglicht, läßt sich der Luftschieber nur etwa bis zur Hälfte des Durchtrittsquerschnittes herabsenken. Durch den Gasschieber läßt sich die Quantität des jeweiligen Gemisches von Null bis Vollgas beliebig regeln. Der Luftschieber ermöglicht es, den Luftstrom gegen den Zerstäuber zu konzentrieren, also gegen diesen hin die Durchtrittsöffnung zu verengen, so daß durch das hierdurch entstehende größere Vakuum und die höhere Luftstromgeschwindigkeit auch mehr Kraftstoff aus dem Zerstäuber gesogen wird — das Gemisch also brennstoffreicher wird. Der Lufthebel dient demnach zur beliebigen Veränderung der Zusammensetzung des Gemisches, während der Gasschieber die von diesem Gemisch in den Motor gelangte Menge regelt.

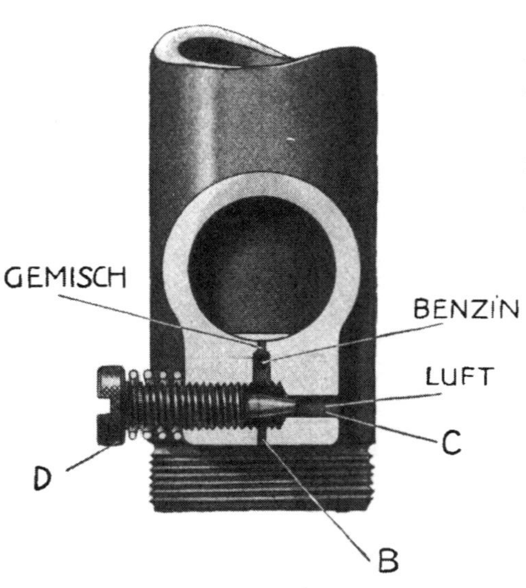

Abb. 106. Querschnitt durch die Leerlaufdüse des Amac-Vergasers.

Es ist zu ersehen, in welcher Weise die Durchtrittsöffnung für die Leerlaufeinstellung des Vergasers eingestellt werden kann.

Das neue Modell des AMAC-Vergasers weicht von dem eben beschriebenen, in vielen tausenden Stücken in Verwendung stehenden Modell beträchtlich ab. Es ist in Abbildung 105 im Schnitt dargestellt.

Eine wesentliche Neuerung gegenüber den alten Modellen stellte die neue, von außen verstellbare Leerlaufdüse dar. Unsere Abbildung 106 zeigt einen Querschnitt durch die Einrichtung. Bei fast ganz geschlossenem Gasschieber wird ein feiner Strahl Kraftstoff durch die Brennstoffleitung C aufgesogen. Dieser Brennstoff mischt sich, bevor er in die Ansaugleitung kommt, bereits mit Luft, welche durch die Bohrung B in die Leerlaufdüse gelangt. Die Zusammensetzung dieses Gemisches läßt sich regeln durch die Schraube A, an welcher eine konische Nadel befestigt ist. Durch diese Leerlaufeinrichtung ist ein vollkommen gleichmäßiger Gang bei fast gänzlich geschlossenem Gashebel sowie ein gleichmäßiges Anziehen des Motors beim Gasgeben gewährleistet — unter der Voraussetzung, daß die Leerdüse richtig einreguliert ist. Springt eine Maschine mit einem solchen Vergaser nicht auf den ersten Tritt an und ist die Zündung (insbesondere der Elekrodenabstand der Zündkerze) in Ordnung. stößt die Maschine ferner beim Gasgeben, insonderheit nach Kurven, so kann man mit Sicherheit auf eine schlechte Einstellung, meist auf eine zu weit geschlossene Leerlaufdüse schließen. Die Düse ist normal dann richtig eingestellt, wenn die Schraube A dreiviertel bis fünfviertel Drehungen gegenüber der vollkommen geschlossenen Stellung aufgedreht ist. Die genaue Einstellung kann nur bei laufendem, bereits erwärmtem Motor erfolgen.

Zum Einregulieren des Vergasers schlägt man folgenden Weg, der im großen und ganzen auch auf die Vergaser anderer Marken anwendbar ist und daher besondere Beachtung verdient. ein.

Vorerst wähle man die passende Düse für die Höchstgeschwindigkeit. Zu diesem Zweck ist es erforderlich, auf einer möglichst geraden und ebenen Strecke von mindestens fünf Kilometer Länge mit der Stoppuhr genau die verschiedenen Geschwindigkeiten festzustellen. Diejenige Düse, welche bei Vollgas und drei Viertel geöffnetem Lufthebel die höchste Geschwindigkeit ergibt, ist die richtige.

Die Einregulierung hat nicht bei „Volluft" zu erfolgen. sondern aus folgenden Gründen bei ein Viertel geschlossenem Lufthebel: unter normalen Bedingungen verlangt der Motor ein bestimmtes Verhältnis von Luft und Kraftstoff. Dieses schwankt (wenn wir von der Qualität des Kraftstoffes ganz absehen) je nach der Luftschwere und der Lufttemperatur, so daß z. B. an einem warmen Tage weniger, an einem kalten Tage mehr Kraftstoff benötigt wird. Wenn man nun beim Einregulieren die Düse so wählt, daß der Lufthebel ein Viertel geschlossen sein kann. besteht die Möglichkeit, unter besonders günstigen Verhältnissen den Lufthebel noch weiter zu öffnen und an Kraftstoff noch weiter zu sparen, so daß den jeweiligen atmosphärischen Verhältnissen das Verhältnis der Mischung tatsächlich angepaßt werden kann. Hingegen wäre es nicht möglich. die Mischung durch weiteres Öffnen des Lufthebels an heißen Tagen noch sparsamer zu gestalten, wenn eine Düse verwendet wird. welche bereits unter normalen Verhältnissen volle Luft verlangt. Vergaser, welche demnach auch an kalten Tagen bei voller Luft volle Leistung geben, vertragen unbedingt eine kleinere Düse und können wesentlich sparsamer eingestellt werden.

Hat man nun für die Höchstleistung die richtige Düse erhalten, sollen Versuche mit anderen Düsen bei anderen Stellungen des Gasschiebers nicht vorgenommen werden. Die Auswahl der Düse hat nur bei Vollgas zu erfolgen.

Nunmehr muß man darangehen, den Vergaser für geringere Öffnung des Gashebels und insbesondere für schnelles Anziehen des Motors und einen gleichmäßigen Übergang abzustimmen.

Wenn die Mischung auch für die geringeren Öffnungen des Gashebels richtig ist, wird sich rasch herausstellen, daß der Motor schnell und gut auf Touren kommt. Die Gemischregelung von geschlossener bis halb geöffneter Stellung des Gashebels erfolgt durch den Gasschieber selbst. An der Luftseite ist dieser nämlich schräg abgeschliffen und arbeitet daher in diesen Stellungen wie ein Luftschieber.

Zu wenig bekannt ist jedoch, daß es für den AMAC-Vergaser wie auch für die meisten anderen Vergaser verschiedene Gasschieber gibt, welche verschieden große Ausschnitte aufweisen, so daß sich durch den Austausch des Gasschiebers die Zusammensetzung des Gemisches (das Mischungsverhältnis zwischen Kraftstoff und Luft) verändern läßt. Die Gasschieber tragen zu ihrer Kennzeichnung Zahlen, welche am Fuße des Federbehälters, nahe am Bowdenzugnippel, angebracht sind. Die normale Größe ist Nr. 3.

Wenn sich herausstellt, daß bei Verwendung des Gasschiebers Nummer 3 das Gemisch bei wenig Gas zu reich ist, muß ein Schieber mit einem größeren Luftausschnitt, also ein Schieber Nummer 4 oder 5 verwendet werden. Bei zu kraftstoffarmem Gemisch wird man am besten den Schieber Nummer 2 verwenden, welcher einen kleineren Ausschnitt aufweist. Es bietet keine Schwierigkeit, durch entsprechende Versuche den richtigen Schieber zu finden.

Da die Zusammensetzung des Gasgemisches in erster Linie für das Beschleunigungsvermögen einer Maschine maßgebend ist, kann das letztere häufig durch die Verwendung eines Gasschiebers mit größerer Nummer wesentlich verbessert werden, eine Tatsache, die leider selbst sonst erfahrenen Mechanikern und Motorradfahrern fremd ist. Tatsächlich gibt es auch viele Maschinen, welche bei Vollgas sehr gut laufen, in den Zwischenstufen jedoch nicht recht leistungsfähig sind und vor allem schlecht „aufholen". Dann wird stets über den Motor und die Marke desselben geschimpft, obwohl sich der Mangel leicht beheben ließe.

Da, wie aus den vorstehenden Ausführungen zu ersehen ist, die Funktion des Gasschiebers jene des Luftschiebers bis zu einem gewissen Grade ergänzt, wird man finden, daß es bei richtig eingestelltem Vergaser durchaus nicht nötig ist, die Stellung des Luftschiebers bei verschiedenen Geschwindigkeitsstufen zu verändern. Selbstredend muß jedoch beim Befahren eines steilen Berges, sobald die Tourenzahl des Motors erheblich nachläßt oder dieser schwer arbeitet, der Lufthebel teilweise oder auch ganz geschlossen werden. Der Fahrer wird die richtige Einstellung bald „im Gefühl haben".

Wenn nun der Motor auch bei fast geschlossenem Gashebel und völlig geöffnetem Lufthebel in einwandfreier Weise läuft, darf hieraus keineswegs der Schluß gezogen werden, daß der Vergaser eine zu große Düse habe, da diese Tatsache auf die sich gegenseitig ergänzende Funktion der beiden Schieber zurückzuführen ist, zumal dem Gasschieber sozusagen eine halbautomatische Funktion auch bezüglich der „Luftregelung" zukommt.

Wenn von den feineren Einstellungen abgesehen wird, kommen für den Lufthebel in erster Linie 3 Stellungen in Betracht:

geschlossen:	zum Starten,
halb geöffnet:	bei kaltem Motor, bei kalter Luft oder bei kurzen Strecken der Hochleistung (Bergfahrten),
ganz oder fast ganz offen:	bei warmem Motor und warmer Witterung.

Mit richtig einreguliertem Vergaser springt einerseits der Motor auf den ersten Tritt an, während andererseits der Verbrauch sich innerhalb der im Abschnitt 19/k angegebenen Grenzen bewegen wird. Um ein leichtes Starten zu erreichen, darf der Gashebel nur ganz wenig geöffnet werden, während der Lufthebel am besten vollkommen geschlossen bleibt. Rückschläge, welche dem Getriebe sehr schädlich sind, vermeidet man, indem man die Zündung auf Mitte stellt.

Um einen gewissen Anhaltspunkt zu besitzen, sei erwähnt, daß folgende Düsengrößen für Tourenfahrten und gewöhnlichen Kraftstoff als normal gelten können:

Zylinderinhalt	1000	ccm	2-Zylinder:	Düse	39
,,	750	,,	2- ,,	,,	36
,,	600	,,	1- ,,	,,	37
,,	500	,,	2- ,,	,,	30
,,	500	,,	1- ,,	,,	36
,,	350	,,	2- ,,	,,	28
,,	350	,,	1- ,,	,,	33
,,	250	,,	1- ,,	,,	31
,,	175	,,	1- ,,	,,	29

Im allgemeinen wird man jedoch auch unter den vorstehenden Angaben um einige Punkte in der Düsengröße zurückbleiben können, wenn man mehr Gewicht auf Wirtschaftlichkeit denn auf besondere Schnelligkeit legt. Auch darf nicht übersehen werden, daß Motoren mit dem genau gleichen Zylinderinhalt, ja selbst Maschinen der gleichen Marke und Type, doch noch so viel Individualität besitzen, daß sie verschiedene Düsengrößen erfordern und besonders einreguliert sein wollen.

Bezüglich der Schieber sei an dieser Stelle ausdrücklich erwähnt, daß sie auf keinen Fall zu ölen sind, da am Öl nur Schmutz und Staub kleben bleiben würde und sich eine feste Schmiere bildet, welche ein leichtes Betätigen des Vergasers ausschließt. Allenfalls läßt sich Graphit zum Einreiben verwenden. Die einzelnen Teile eines Vergasers mit Düsennadel läßt die Abbildung 107 deutlich erkennen.

Nun noch einige Worte über die Rennvergaser, Type TT, welche sich durch die geraden und polierten Strömungskanäle auszeichnen. Das Benzin wird bei diesen Vergasern, bevor es (nach dem Passieren der Düse) in den Zerstäuber gelangt, mit Luft gemischt. Die Luftmenge, welche mit durch den Zerstäuber durchgeht, regelt den Unterdruck in der Brennstoffdüse und damit die Zusammensetzung des ganzen Gemischs.

Diese gesonderte Regulierung wird durch einen kleinen Kolbenschieber vorgenommen, dessen seitlich angebrachtes Gehäuse aus der Abbildung 108 ersehen werden kann. Infolge dieser Regulierung, welche weniger infolge der Regelung der Menge der Vermischungsluft als vielmehr wegen der Erhöhung oder der Verminderung des Unterdruckes in der Kraftstoffdüse — also wegen der Regelung der Saugwirkung an der Hauptdüse — Beachtung verdient, kann auf den üblichen Luftschieber verzichtet werden. Eine verstellbare Leerlaufdüse besitzt in gleicher Weise wie die Type PJ auch der TT-Vergaser. Zur Einregulierung des TT-Vergasers muß zunächst das Gemisch für Höchstleistung bei ganz geöffnetem Luftschieber bestimmt werden. Es wird also wieder bei völlig geöffnetem Gasschieber die Größe der Hauptdüse ausfindig gemacht. Die kleinste Düse, die den schnellsten Lauf ergibt, ist die richtige. Sodann wird der Vergaser auf Unterbrechung und schnelles Auf-Touren - Kommen erprobt. Wenn sich herausstellt, daß das Gemisch zu stark ist, muß man einen Schieber mit größerem Ausschnitt (größerer Nummer) wählen, andernfalls einen solchen mit kleinerem Ausschnitt. Auch hier ist es wichtig, die richtige Düse für die Höchstleistung ausfindig zu machen, bevor mit dem allgemeinen Abstimmen begonnen wird. Da der TT-Vergaser

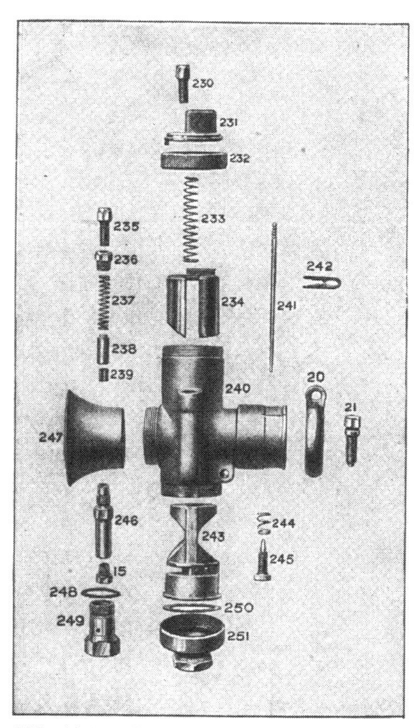

Abb. 107. Die einzelnen Teile eines Vergasers.

Die einzelnen Fabriken bezeichnen meist die verschiedenen Bestandteile ihrer Erzeugnisse mit Bestellnummern. Es ist vorteilhaft, sich stets rechtzeitig „Ersatzteilekataloge" zu beschaffen. In obiger Abbildung: 15 Kraftstoffdüse, 234 Hauptschieber, 241 Düsennadel, durch 242 im Schieber festgehalten, 238 Luftschieber, 245 Regulierschraube für die Leerlaufdüse.

mehr auf Höchstleistung denn auf Sparsamkeit berechnet ist, hat die Höchstleistungseinstellung, wie bereits erwähnt, bei vollkommen offenem Lufthebel zu erfolgen, um zur Erzielung eines plötzlichen Anziehens auf alle Fälle die Möglichkeit zu haben, den Lufthebel etwas zu schließen. Schließlich sei noch erwähnt, daß bei der Einstellung der Höchstleistung — also bei ganz geöffnetem Gasschieber — die Größe des Ausschnittes des Gasschiebers (die Nummer desselben) keinerlei Rolle spielt.

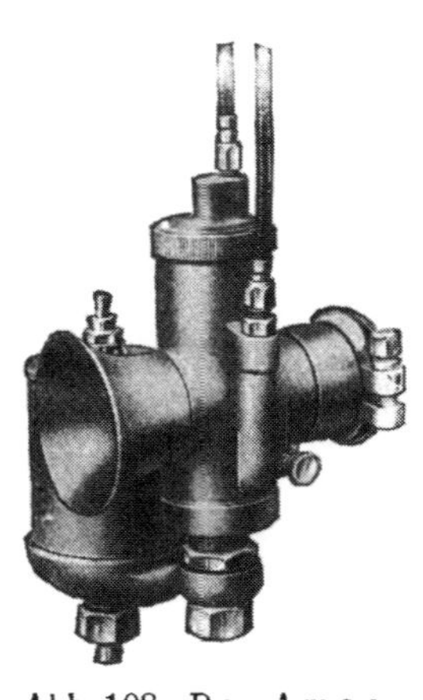

Abb. 108. Der Amac-TT-Vergaser.
Die Luftregelung, durch welche sich eine Vormischung des Kraftstoffes mit Luft — vor dem Passieren der Hauptdüse — ermöglichen läßt, ist deutlich sichtbar, ebenso wie die auch bei dieser Type vorhandene Leerlaufdüse.

Die Wirkungsweise des Einhebel-Zweikolbenvergasers „Variat“, welcher in Abbildung 109 im Schnitt dargestellt ist, läßt sich wie folgt beschreiben:

Der Vergaser besitzt zwei Schieber, c und e, von denen nur der Schieber c durch einen Bowdenzug betätigt wird. Dieser Schieber c beeinflußt die Spardüse a. Außerdem ist an dem Schieber c ein Anschlagstift angebracht, welcher in einer Führungsnute des Schiebers e läuft. Der Schieber e wird durch den Anschlagstift erst dann mit nach oben genommen, wenn der Schieber c schon einen gewissen Öffnungsweg zurückgelegt hat. Nach Mitnahme des Schiebers e arbeiten sodann beide Düsen. Vorher jedoch, d. h. also bei langsamen Fahrten, ist die Hauptbrennstoffdüse b geschlossen, und es kann nur mit der Spardüse a gefahren werden. Der Schieber e regelt somit automatisch Schluß sowie Freigabe der Hauptdüse b. Es folgt aus dieser Wirkungsweise:

Bei voller Tourenzahl arbeiten beide Düsen gemeinsam, während bei halb geschlossenem Gashebel vollkommen automatisch, jedoch trotzdem zwangsläufig mechanisch, die Hauptdüse geschlossen und ausgeschaltet wird und nur die Spardüse arbeiten kann. Durch diese sinnreiche Einrichtung wird eine falsche Einstellung des Vergasers durch unrichtige Handhabung eines eigenen Lufthebels unmöglich gemacht, an Kraftstoff gespart und ein gleichmäßig ansteigender Übergang von Leerlauf bis zur Höchstleistung erzielt.

Ein sehr interessanter Vergaser ist in Abbildung 110 dargestellt. Derselbe wurde hauptsächlich an Zweitaktern verwendet. Aus der Abbildung ist die genaue Konstruktion und die Wirkungsweise dieses Vergasers zu ersehen.

In das Schwimmgehäuse 100 dringt der Brennstoff vom Benzintank her durch die Benzinleitung bei 110 durch den Kanal a ein.

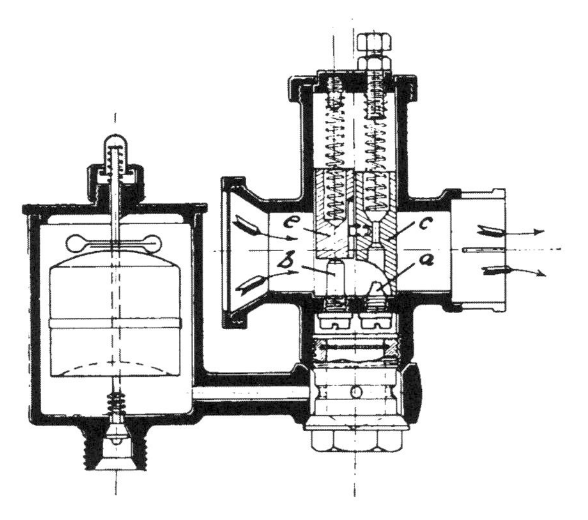

Abb. 109. Der Variat-Vergaser.

Der Kolben e wird durch einen im Hauptkolben c angebrachten Stift, welcher deutlich zu sehen ist, mitgenommen und gibt bei einem weiteren Öffnen des Hauptschiebers die Düse b frei. Der Vergaser ist ein „Einhebelvergaser".

Er füllt das Schwimmergehäuse ungefähr bis zur Hälfte, wodurch der Schwimmer 105 nach oben gehoben wird und die Schwimmernadel 106 mitnimmt. Diese hat ein konisches Ende, welches den Kanal a gegen das Schwimmgehäuse abschließt, sobald genügend Brennstoff eingedrungen ist. Umgekehrt gibt dieser Konus den Kanal frei, wenn das Niveau im Schwimmergehäuse zu weit herabgesunken ist. Vom Schwimmergehäuse dringt der Brennstoff durch den Kanal b am Düsenstock 114 vorbei in den Kanal c. Diese Zufuhr wird durch die Handregulierung 116, welche die Düsennadel 115 mit einem konischen

Ende nach unten oder oben bewegt, reguliert, indem sie die Öffnung bei b vergrößert oder verkleinert. Dieses ist die eigentliche Regulierung der Brennstoffmenge, welche durch den Kanal c in die Spritzdüse d gelangt. Wenn nun durch die Ansaugwirkung

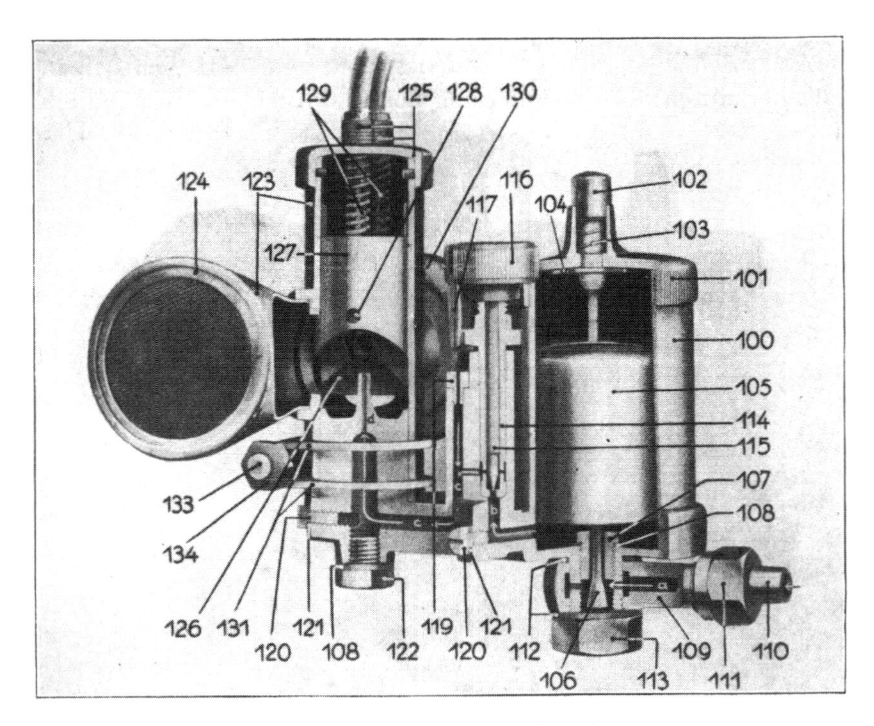

Abb. 110. Ein bei Zweitaktmotoren häufig verwendeter Vergaser.

Die Funktion dieses sehr interessanten Vergasers ist im Text eingehend erläutert.

des Motors die Atmosphäre durch den Ansaugtrichter 124 in das Kurbelgehäuse hineinströmt, streicht sie an dem Ende der Spritzdüse d vorbei und zerstäubt den mitgerissenen Brennstoff zu feinen Teilchen, die mit der Luft zusammen das eigentliche Gasgemisch bilden.

Durch den Gashebel läßt sich vermittels des Bowdenzuges der Schieber 126 auf- und abwärts bewegen, wodurch die zum Kurbelgehäuse führende Kanalöffnung vergrößert bzw. verkleinert wird und somit mehr oder weniger Gas zum Motor gelangt. Durch die Betätigung des Lufthebels wird der Luftschieber 127, der direkt über der Spritzdüse d sitzt, auf- und abwärts bewegt und so die Durchtrittsöffnung, welche zum Ansaugrohr 124 führt, vergrößert oder verkleinert. Eine Verkleinerung des Durchlasses bewirkt eine Konzentrierung des Luftstromes gegen die Düse und dadurch eine größere Förderung der Brennstoffmenge und umgekehrt.

Zur Reinigung des Vergasers schraubt man die Muttern 111 und 113 ab, wodurch der Ringnippel 109 vom Vergaser abgenommen werden kann. Nach Öffnen des Schwimmerdeckels 101 ist es möglich, die in einfacher Weise durch Feder und Kerbe am Schwimmer gehaltene Schwimmernadel 106 nach abwärts herauszudrücken, so daß nach Entfernung des Schwimmers sich das Schwimmergehäuse in leichter Weise reinigen läßt. Zur gründlichen Reinigung werden sämtliche Kanäle nach Lösen der Schrauben 120 und 122 bzw. des Düsenstockes 114 durchgeblasen. Außerdem läßt sich nach Lockern der Mutter 134 das Schwimmergehäuse vom Mischgehäuse abnehmen, während die Kolben (Schieber) durch Rechtsdrehen des mit Bajonettverschluß versehenen Deckels 125 nach oben herausgenommen werden können.

Häufig hört man bei Zweitaktmotoren an Stelle des für Zweitakter typischen Schnurrens ein hartes Knattern, welches das Zeichen dafür ist, daß der Motor im Viertakt arbeitet, also jede zweite Zündung ausläßt, während aus dem Auspuff dichte Rauchwolken strömen. In fast allen Fällen ist ein zu „fettes“ Gasgemisch die Ursache dieser besonders bei niedrigen Tourenzahlen auftretenden Störung. In einem solchen Falle ist beim dargestellten Vergaser der Stellgriff 116 um einige Zähne nach rechts zu drehen, wodurch der Benzindurchlaß verkleinert wird. Dies muß so lange getan werden, bis der Motor bei jeder Drehzahl das typische schnurrende Zweitaktgeräusch von sich gibt.

Knallt hingegen der Vergaser oder — wie man zu sagen pflegt — „schießt“, „pfaucht“ der Motor, so ist dies ein Zeichen dafür, daß das Gemisch zu brennstoffarm ist. In diesem Falle ist das Stellrädchen 116 entsprechend nach links zu drehen, bis der Motor gleichmäßig arbeitet. Zu beachten ist, daß man bei allen

Vergasern durch richtiges Einstellen der Düse, im vorliegenden Falle auch durch Verwenden der richtigen Luftdüse 119, an Kraftstoff außerordentlich sparen kann. Für das Befahren starker Steigungen erzielt man eine Leistungserhöhung dadurch, daß entweder der Lufthebel etwas zurückgenommen oder der Stellgriff 116 ein wenig nach links (zur Vergrößerung der Düse) gedreht wird, so daß in jedem Fall das Gemisch etwas fetter wird.

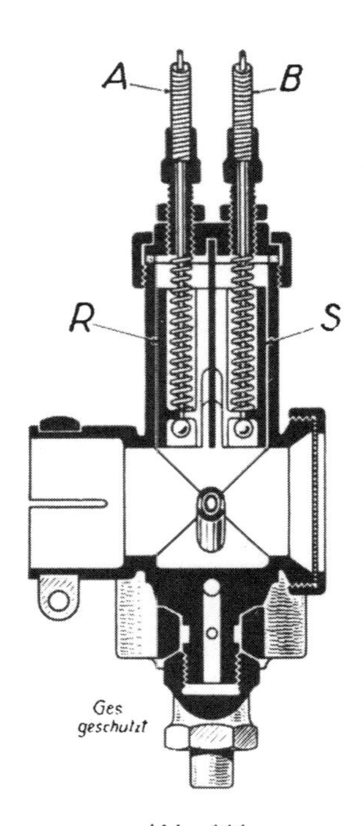

Abb. 111.
Der Avis-Vergaser.

Die im schief angeordneten Düsenstock vorhandenen Bohrungen werden je nach der Stellung des Kolbens freigegeben und geschlossen, so daß nicht nur die durchstreichende Luftmenge, sondern auch die austretende Kraftstoffmenge eine Regelung erfährt. R Gasschieber, S Luftschieber, A Bowdenzug zum Gasschieber, B Bowdenzug zum Luftschieber. Die schief angeordnete Düse ist im Querschnitt zu sehen.

Ein anderer, ebenfalls ohne Werkzeug und während des Laufens des Motors einstellbarer Vergaser ist der „Avis"-Vergaser, dessen Querschnittzeichnungen die Abbildungen 111 und 112 zeigen. Der Brennstoff tritt in der gewohnten Weise bei dem Anschluß J in die Schwimmerkammer. Das Brennstoffniveau ist durch die Schwimmerfeder verstellbar, da die Schwimmernadel mehrere Eindrehungen aufweist. Der Brennstoff gelangt durch den Kanal zur Hauptdüse. Die Durchtrittsöffnung dieser Hauptdüse ist durch die Schraube O, welche eine konische Spitze aufweist, verstellbar. Die Schraube O wird in ihrer jeweils eingestellten Lage durch die Gegenmutter P festgehalten. Von der Düse gelangt der Brennstoff in die schräg angeordnete Registerdüse D, welche mit einem einfachen Handgriff jederzeit, auch bei laufendem Motor, herausgenommen und geputzt werden kann. Die Registerdüse ist mit vier Bohrungen (Leerlauf, zwei Übergänge, Volleistung) versehen. Durch den Unterdruck im Motor wird durch ein Teilöffnen des Gasschiebers R bei geöffnetem Luftschieber S Brennstoff aus der untersten Bohrung der Registerdüse gesaugt, wogegen die übrigen drei Bohrungen vom Gasschieber abgedeckt sind und Luft einziehen, welche als Brems- und Mischluft bei der ersten Bohrung wirkt. Bei weiterem Öffnen des Gasschiebers kommt aus der nächsten Bohrung Brennstoff usw. Durch diese sinn-

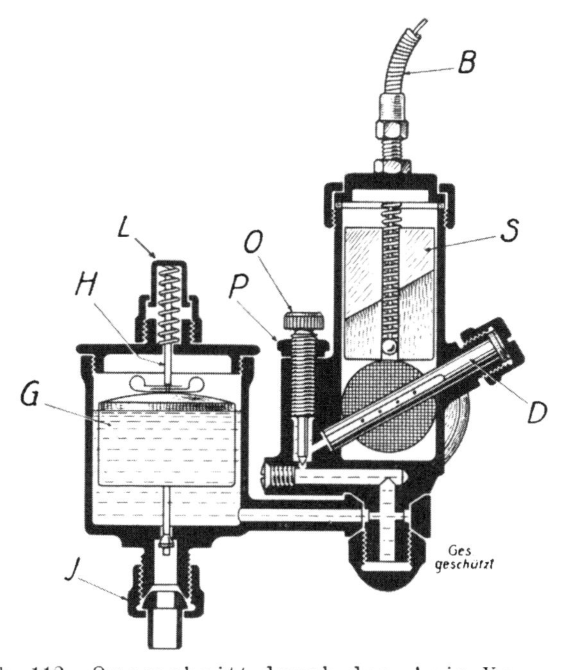

Abb. 112. Querschnitt durch den Avis-Vergaser.
Eine genaue Einstellung ist durch die Düsenschraube O, welche durch die Gegenmutter P festgestellt wird, ermöglicht. J Brennstoffleitungsanschluß, G Schwimmer, H Schwimmernadel, L „Tupfer“, D Düsenstock, S Regulierschieber, B Bowdenzug.

reiche Anordnung wird einerseits eine beliebige Einstellung der Hauptdüse durch die Schraube O erreicht, während sich gleichzeitig mit der Gasregulierung auch der Brennstoffaustritt durch Freigabe einer verschiedenen Anzahl von Bohrungen der Registerdüse ändert.

Schließlich sei noch eine Bauart erwähnt, welche sich in letzter Zeit rasch eingeführt hat. Von der Überzeugung ausgehend, daß man zur Veränderung des Mischungsverhältnisses zwischen Brennstoff und Luft nicht nur — wie durch den normalen Luftschieber — die Durchtrittsöffnung für die Luft verkleinern, sondern bei gleichbleibender Durchtrittsöffnung

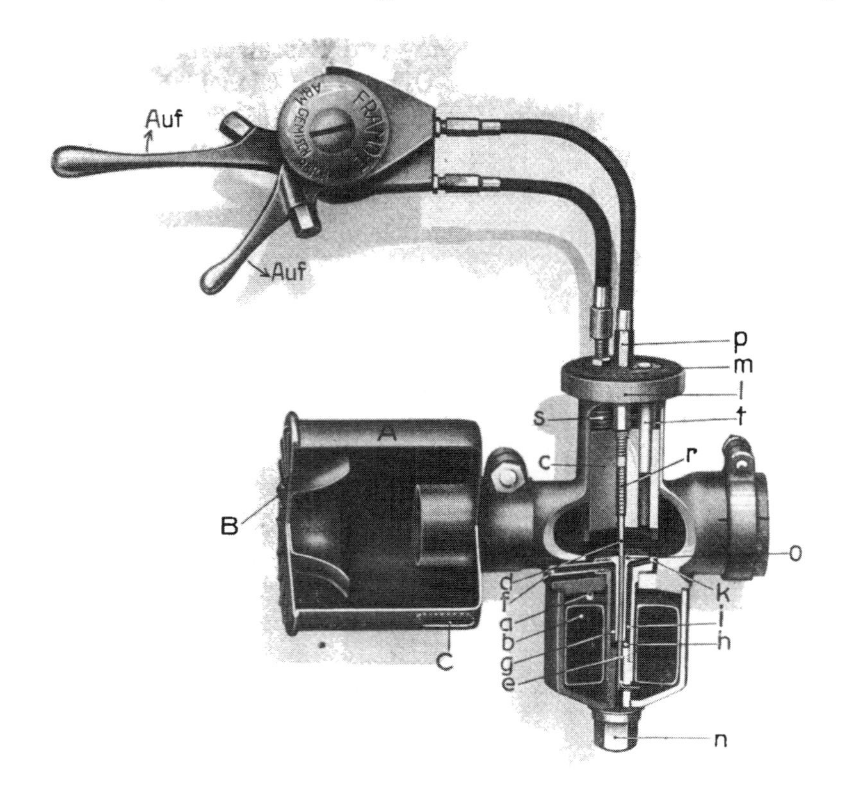

Abb. 113. Querschnitt durch einen Vergaser mit verstellbarer konischer Düsennadel (Framo).

Die Düsennadel d bewegt sich mit dem Schieber c auf und ab, kann aber durch Bowdenzug auch im Schieber auf und ab bewegt werden. a Tupfer, b Schwimmer, e Kraftstoffdüse, f Luftrohr für die Vormischluft, g Luftkanal, h Vormischungskammer, i Kanal, welcher zur Austrittsöffnung k führt, l Überwurfmutter für die Deckscheibe m, n Bodenmutter, o Düsenkörper, p Kabelführung für die Reguliernadel, r Feder für die Düsennadel, s Feder für den Schieber, t Führungsbolzen zur Verhinderung des Verdrehens des Schiebers c; A Luftreiniger, B Schaufelkranz, C Öffnung zum Auswerfen des ausgeschiedenen Staubes.

auch die Austrittsöffnung des Brennstoffes (die Düse) vergrößern kann, um das gleiche zu erreichen, wurden von verschiedenen in- und ausländischen Fabriken Vergaser herausgebracht, welche, wie dies die Abbildung 113 zeigt, nur einen Hauptschieber, den Gasschieber aufweisen, während in der Zerstäuberdüse ein konischer Stift geführt wird. Dieser Stift wird nun einerseits ganz automatisch durch den Gasschieber auf- und

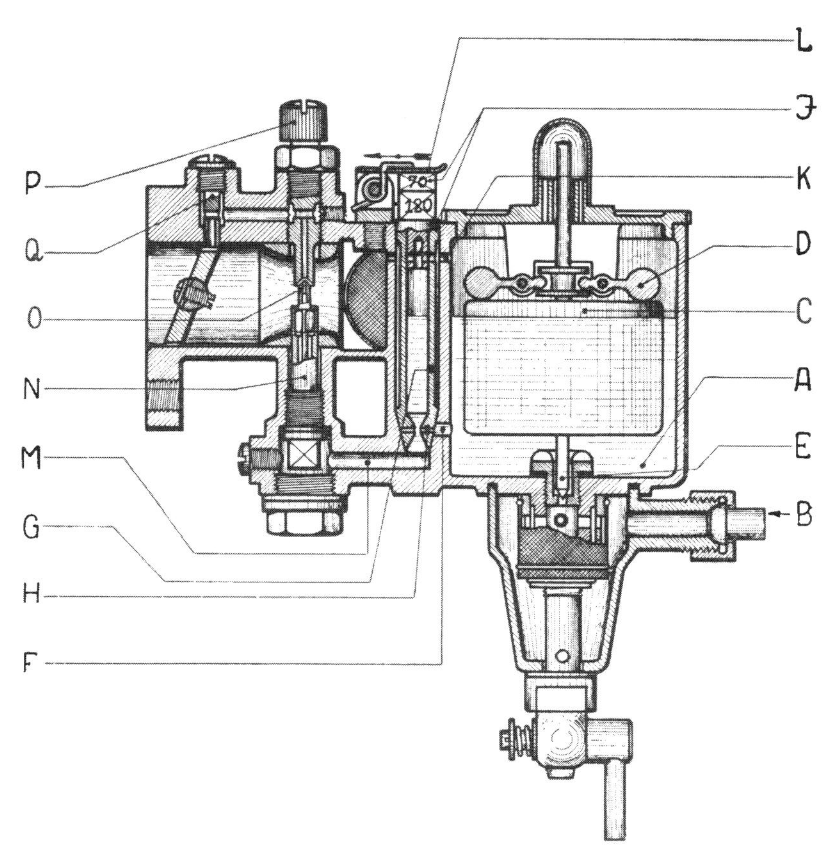

Abb. 114. Sum-Vergaser für Krafträder.
Beachtenswert ist der unter dem Schwimmergehäuse angebrachte Kraftstoffreiniger, an dessen tiefster Stelle sich zum Ablassen des angesammelten Wassers ein Ablaßhahn befindet. O Hauptdüse, P Stellschraube für die Einstellung der Durchtrittsöffnung der Hauptdüse, Q Leerlaufdüse.

abbewegt, so daß bei Vollgas auch die Düse größer ist als bei ganz wenig geöffnetem Gasschieber, andererseits läßt sich der konische Stift auch unabhängig von der Bewegung des Gasschiebers auf- und abziehen, wodurch in sehr wirksamer Weise die Zusammensetzung des Gemisches geändert werden kann. Der außerordentliche Vorteil dieser Anordnung liegt darin, daß sich je nach der Witterung, je nach den Leistungen und je nach der Qualität des Brennstoffes das Mischungsverhältnis durch einen

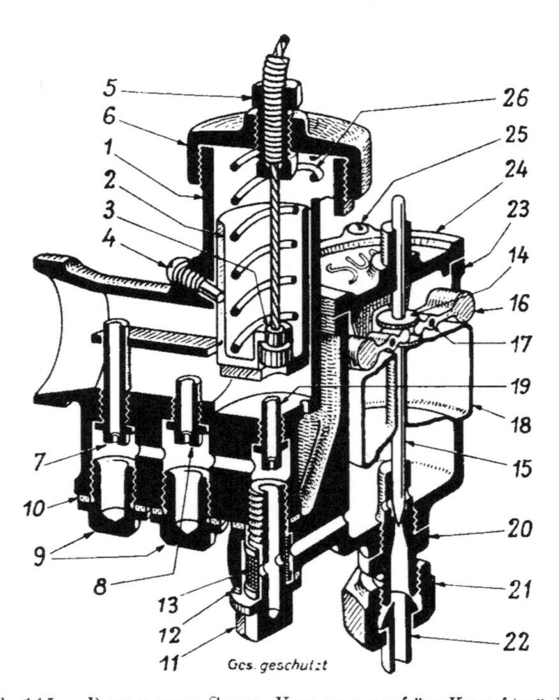

Abb. 115. Der neue Sum-Vergaser für Krafträder.

Der Vergaser weist insgesamt 3 Düsen auf, die Hauptdüse 8, die Zusatzdüse 7 (für Vollgas), die Leerlaufdüse 19. Der Kraftstoff gelangt durch die Leitung und den Lötnippel 22, welcher durch die Überwurfmutter 21 am Ventilstück 20 festgehalten wird, in das Schwimmergehäuse 23; 18 Schwimmer, 16 Schwimmer-Pendelarme, 17 Stifte, um welche sich die Pendelarme bewegen, 14 Nadelführung, 15 Ventilnadel, 24 Schwimmergehäusedeckel, 25 Befestigungsschraube zum Deckel. Das Schwimmergehäuse wird durch die Befestigungsschraube 11 am eigentlichen Vergaserkörper 1 festgehalten; 13 Drahtsieb, 9 Verschlußschrauben, zur Ablagerung von Kondenswasser ausgebildet, 10 und 12 Dichtungsbeilagen, 2 Regulierschieber, 4 Führungsschraube für den Schieber, 3 Lötnippel für den Bowdenzug, 5 Stellschraube, 26 Feder.

einfachen Handgriff einstellen läßt und diese Einstellung dadurch, daß der konische Stift in der gewünschten Einstellung mit dem Gasschieber so lange gleichbleibend auf- und abbewegt wird, bis die Düsennadel eine andere Einstellung erfährt, bestehen bleibt.

Infolge der vielseitigen Einstellmöglichkeiten und der einfachen Handhabung wird in Abbildung 114 eine Schnittzeichnung des SUM-Vergasers gebracht. Besonders zweckmäßig ist der unter der Schwimmerkammer angebrachte Brennstoffreiniger, welcher an der tiefsten Stelle einen Ablaßhahn besitzt, so daß das in den Vergaser gelangte Wasser ohne der geringsten Demontage abgelassen werden kann. Die Wirkungsweise und Einregulierung geht ohne weiteres aus der Abbildung her-

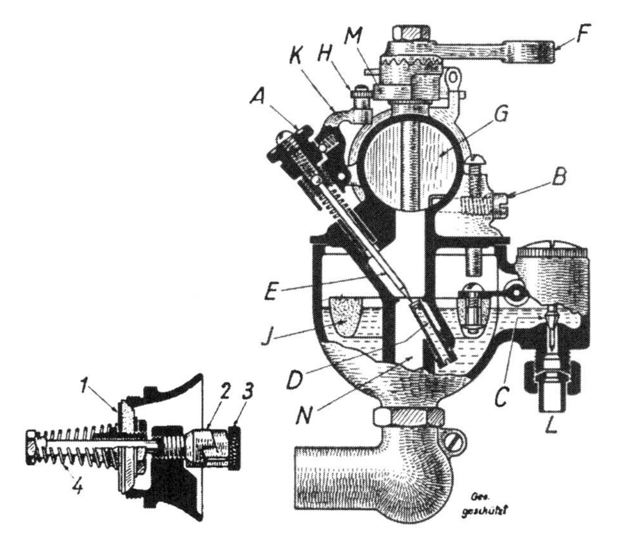

Abb. 116. Der amerikanische Schebler-Vergaser.
Beschreibung der Wirkungsweise im Text.

vor. Der Vergaser ist mit einer einfachen Drosselklappe ausgerüstet, welche bei fast geschlossener Stellung die Leerlaufdüse P und Q in Wirksamkeit treten läßt. Der Brennstoff wird hierbei durch die Hauptdüse N an der Stelle O in den durchbohrten Stift Q gesaugt und an der Stelle O bereits mit Luft vorgemischt. Außerdem kann die Hauptdüse durch Verstellen der durch Gegenmutter festgehaltenen Schraube P nach Belieben eingestellt werden. Des weiteren besitzt der Vergaser auch für Volleistung eine eigene Luftvormischung durch die mit L, J, K, G und H bezeichneten, sinnreich angeordneten Teile. Der neue SUM-Vergaser ist in Abbildung 115 dargestellt.

Von den ausländischen Vergasern verdient der an den amerikanischen und sonstigen schweren Maschinen mit Vorliebe verwendete „Schebler"-Vergaser besondere Erwähnung und kurze

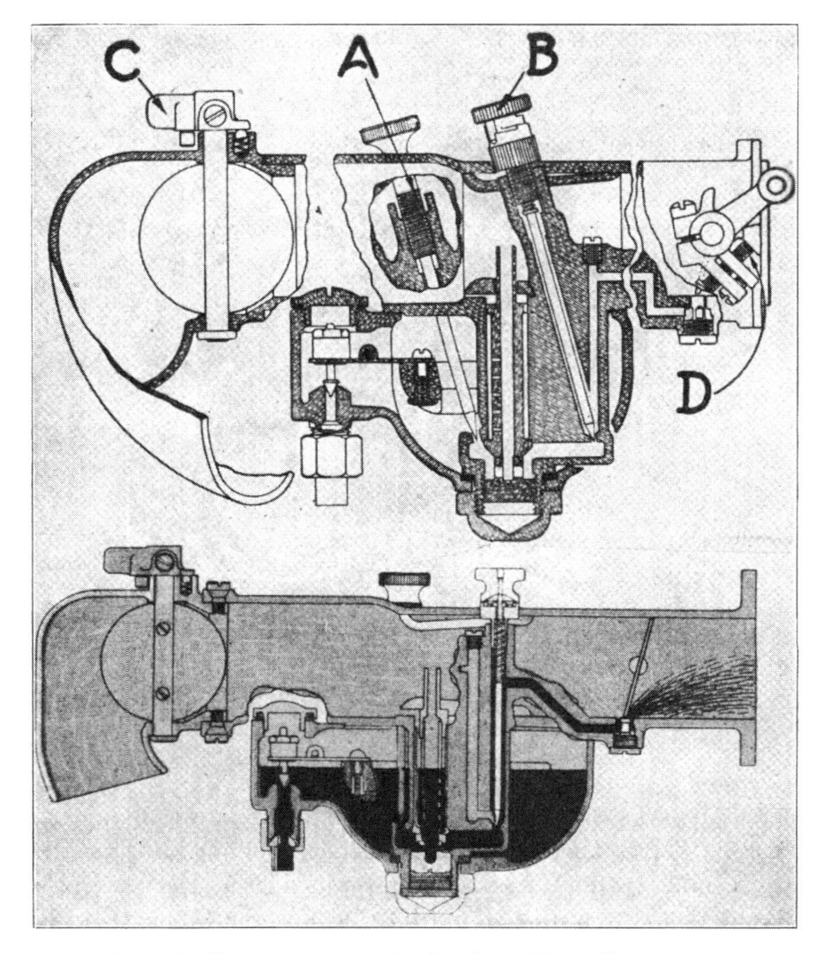

Abb. 117. Der amerikanische Schebler-Vergaser.

Beschreibung, welche durch die Abbildungen 116, 117 leichter verständlich gemacht wird.

Der Scheblervergaser besitzt eine regulierbare Hauptdüse, sowie eine einstellbare Leerlaufdüse, so daß eine gesonderte Luftregulierung von der Lenkstange aus entfällt. Da außerdem

Zündungs- und Gasregulierung bei den amerikanischen Maschinen ausschließlich durch Drehgriffe erfolgt, Bremsen und Kupplung durch Fußhebel bedient werden, entfallen sämtliche Betätigungshebel auf der Lenkstange, was den amerikanischen Maschinen ein ganz besonderes, keineswegs unangenehmes Gepräge gibt. Bemerkenswert ist des weiteren am Scheblervergaser die gesonderte Vorrichtung zum leichten Anstarten des Motors. Es ist eine eigene Drosselklappe in der Luftansaugleitung vorgesehen, welche durch einen außen am Vergaser angebrachten Hebel bedient werden kann. Um an kalten Tagen bloßen Kraftstoff in die Ansaugleitung gelangen zu lassen, wird der Hebel vorerst auf ,,Choke" gestellt und der Kickstarter ein- bis zweimal betätigt. Das Starten erfolgt sodann bei der Stellung ,,Start". Sobald der Motor läuft, wird die Drosselklappe weiter gegen ,,Open" geöffnet, um dann bei heißem Motor durch Weiterbewegung des Hebels den Luftdurchtritt vollkommen freizugeben.

Zur Erläuterung der Abbildung 116 wird noch folgendes im besonderen erwähnt: Der Brennstoff tritt bei L ein, der ringförmige Korkschwimmer J betätigt durch einen Hebelarm das Nadelventil C. Die Durchtrittsöffnung zum Vergaser wird durch die Drosselklappe G mittels des Hebels F geregelt. An dem Hebel F ist die Exzenterscheibe M befestigt, an welcher das Röllchen H läuft. Durch dieses Röllchen H und den Hebel K wird die Düsennadel E auf und ab bewegt, so daß je nach der Stellung der Drosselklappe G die Öffnung der Düse D größer oder kleiner ist. Außerdem läßt sich die Düsennadel E mittels der Schraube A verstellen, um den Vergaser verschiedenen Betriebsstoffen anzupassen. Bei geschlossener Drosselklappe G läuft der Motor mit der Leerlaufdüse B. Während die mit dem Brennstoff sich vermischende Luft durch den Kanal N angesaugt wird, liegt in der geradlinigen Fortsetzung der Ansaugleitung ein automatisches, aber in seiner Wirkung verstellbares Ventil, welches links unten gesondert dargestellt ist. Bei hoher Tourenzahl des Motors wird der Teller 1 von seinem Sitz abgesogen, so daß durch die Öffnung Zusatzluft einströmen kann. Durch Verstellen der Schraube 3 auf der stufenweise abgesetzten Unterlage 2 kann die Spannung der Feder 4 verschieden eingestellt werden, so daß es sich regeln läßt, wann und wie weit dieses automatische Zusatzluftventil öffnet. Zum Starten und zum Fahren mit kalter Maschine in kalter Jahreszeit wird man zum Beispiel die stärkste Federspannung einstellen.

* * *

Ganz allgemein — ohne Rücksicht auf bestimmte Vergasermarken — wird bemerkt: die Kraftstoffdüse ist zu groß, wenn aus dem Auspuffrohr schwarzer Rauch austritt (blauer Rauch hängt mit der Ölung zusammen), die Zündkerzenelektroden schwarz belegt sind, der Motor schlecht beschleunigt und zu heiß wird. Die Düse ist zu klein, wenn der Motor ungenügende Leistung ergibt und knallt. Das zu kraftstoffarme Gemisch verbrennt zu langsam im Zylinder und brennt noch, wenn sich das Einlaßventil bereits öffnet, um neues Gemisch ansaugen zu lassen. Das neue Gemisch entzündet sich am noch brennenden alten und es entsteht das Knallen, das auch zu Vergaserbränden führen kann. Auch bei zu kleinen Düsen wird der Motor zu heiß.

Die Einstellung des Vergasers hat nur bei warmem Motor zu erfolgen.

Abschnitt 3.

Die Zündung.

Viele Kraftradfahrer wissen von der Zündung nicht viel mehr, als daß dieselbe zum Betriebe eines Explosionsmotors erforderlich und daher auch an ihrem Kraftrade vorhanden ist. „Erfahrene“ Kraftradfahrer können auch aussagen, daß zur Zündung der Magnetapparat, die Zündkabel und die Zündkerze gehören, und geben sich vielfach mit diesem Wissen zufrieden.

Tatsächlich kann man auch mit Recht die Zündvorrichtung als die komplizierteste Einrichtung des Explosionsmotors bezeichnen, und es hat lange Jahre gedauert, bis es gelungen ist, Apparate in der heutigen Vollkommenheit herzustellen.

Die Kämpen des Kraftradsportes werden sich noch an die alte „Glührohrzündung“ erinnern können, welche nicht mit elektrischem Strom arbeitete und große Mängel aufwies. Ihr gegenüber war die elektrische Abreißzündung schon ein sehr großer Fortschritt. Bei der Abreißzündung war eine Batterie vorhanden, die in Verbindung mit den Abreißhebeln des Zylinders stand. Zündkerzen gab es damals noch nicht, sie hätten auch keine Verwendung finden können. Nur hochgespannte Ströme sind befähigt, mit eigener Kraft einen Zwischenraum zu überwinden und in Form eines Funkens zu überspringen. Der niedergespannte Strom der Batterie bedarf der Öffnung eines Kontaktes, um einen ganz kleinen „Öffnungsfunken“ zustande zu bringen.

Erst die Hochspannungszündung hat das Kraftfahrzeug zu dem gemacht, was es heute ist: zu einem modernen, bis zu einem gewissen Grade auch zuverlässigen Verkehrsmittel.

Um eine ausreichende Kenntnis des Zündapparates zu vermitteln, ist es notwendig, daß man sich vorerst mit einigen grundsätzlichen Dingen aus der Lehre der Elektrizität befaßt, damit man nicht allzu laienhaft dem Problem der elektrischen Zündung gegenübersteht.

Allerdings: was Elektrizität ist, kann heute der Gelehrte ebensowenig sagen wie der Laie. Es muß also genügen zu wissen, wie man Elektrizität herstellen kann und welche Wirkungen sich mit der Elektrizität erzielen lassen.

Grundsätzlich muß man unterscheiden zwischen Wechselstrom und Gleichstrom. Bekanntlich gibt es einen positiven und einen negativen Pol. Ersterer wird mit „plus", letzterer mit „minus" bezeichnet. Die Ansicht, daß sich die beiden Pole am Orte des Verbrauches „treffen" und dadurch die gewünschte Arbeit leisten, ist nicht richtig. Der Strom kommt in der positiven Leitung von der Erzeugungsquelle, fließt durch die Leitung zur Verbrauchsstelle (sei es nun zur Glühlampe, zum elektrischen Ofen, zur Zündkerze oder was immer) und „strömt als negativer Pol" zur Stromquelle zurück. Der Stromkreis ist also geschlossen und wird mit Recht als Kreislauf bezeichnet. Aus der Abbildung 118, welche eine gewöhnliche Taschenlampenbatterie und eine Glühlampe schematisch darstellt, kann dieser Kreislauf sofort ersehen werden. Der Unterschied zwischen Gleichstrom und Wechselstrom liegt nun allein darin, daß beim Gleichstrom die Richtung des Stromflusses stets die

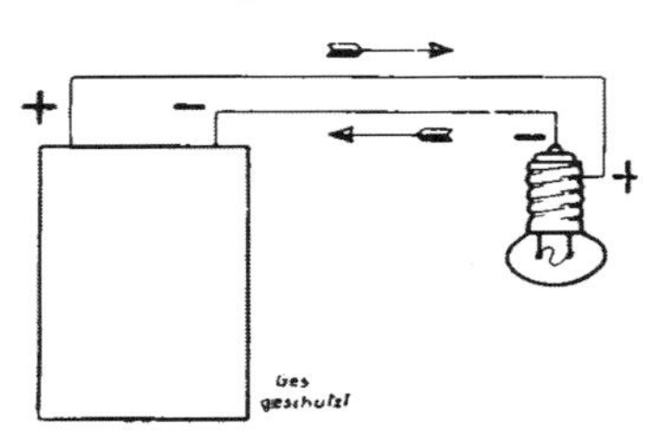

Abb. 118. Der Kreislauf des elektrischen Stromes.

Bei Verbindung einer Taschenlampenbatterie (Stromquelle) mit einer Glühlampe (Stromverbrauchsstelle) entsteht ein Kreislauf, welcher durch die Pfeile gekennzeichnet ist.

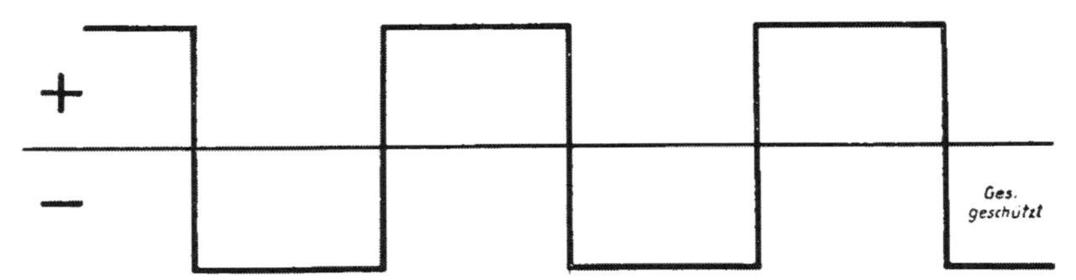

Abb. 119. Wie die Kurve des Wechselstromes nicht aussieht.

Die Umkehrung des Stromflusses erfolgt nicht in der dargestellten plötzlichen Weise vom Maximum in der einen Richtung zum Maximum in der anderen Richtung.

gleiche bleibt, während der Wechselstrom in ununterbrochener Folge seine Richtung ändert. „Die Wechselstromquelle vertauscht somit ständig ihre Pole". Der Wechsel der Stromrichtung erfolgt nicht plötzlich, also nicht in der Weise, daß auf das Maximum der Strombewegung in der einen Richtung sofort ein Maximum der Strombewegung in der anderen Richtung folgt, wie dies in graphischer Form die Abbildung 119 darstellen würde, vielmehr fällt die elektrische Spannung vom Maximum der einen Strombewegung auf Null, um sich im Nullpunkt sozusagen umzudrehen und zum Maximum der anderen Strombewegung gleichmäßig aufzusteigen. Die Darstellung eines Induktionsstromes ist eine Kurve, wie sie die Abbildung 120 wiedergibt. Wenn trotz ständiger Änderung der Stromrichtung kein Flunkern der elektrischen Glühbirnen festzustellen ist, ist dies auf die außerordentlich rasche Aufeinanderfolge dieses Wechsels zurückzuführen. Bei dem für Beleuchtungszwecke, z. B. bei städtischen Licht-

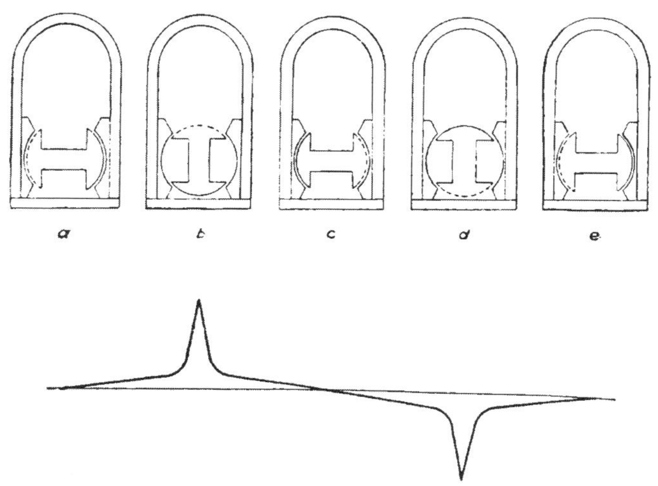

Abb. 120. Die Stromkurve des Wechselstromes.
Die Umkehrung der Stromrichtung ist eine allmähliche.

zentralen, verwendeten Wechselstrom liegt die Wechselzahl (Periodenzahl, Frequenz) meist zwischen 80 und 100 Wechseln in der Sekunde. Es ist begreiflich, daß sich diese rasche Aufeinanderfolge mit dem menschlichen Auge überhaupt nicht mehr oder nur mit rotierenden Hilfsmitteln feststellen läßt.

Über die verschiedenen Verwendungs- und Erzeugungsmöglichkeiten für Gleichstrom und Wechselstrom wird weiter unten gesprochen werden. Vorerst muß sich der Leser noch mit den elektrischen Maßeinheiten vertraut machen.

Der elektrische Strom wird gemessen nach „Spannung“ und „Stromstärke“. Diese zwei Größen haben miteinander nicht das mindeste zu tun und dürfen daher unter keinen Umständen verwechselt werden. Es gibt Ströme mit enorm hoher Spannung und einer Stromstärke von praktisch fast Null, wie es auch Ströme mit großer Stromstärke und verhältnismäßig geringer Spannung gibt.

Die Spannungsdifferenz zwischen den beiden Leitern (dem positiven und dem negativen) wird in „Volt" gemessen, die Stromstärke, welche durch die Leitung fließt und in jedem Punkt eines geschlossenen Stromkreises naturgemäß gleich ist, in „Ampere". Die Elektrizitätsmenge, welche das Produkt aus Spannung und Stromstärke darstellt und welche für die Leistung des elektrischen Stromes maßgebend ist, mißt man in „Watt".

Dem Leser werden diese Begriffe am besten durch einen einfachen Vergleich mit einer Wasserleitung klar, wobei man der Spannung die Geschwindigkeit des Wassers, der Stromstärke den Querschnitt der Röhre, der Elektrizitätsmenge die Wassermenge, welche in der Sekunde durch die Leitung fließt, gleichstellen kann.

Auch beim Wasser stellt die Wassermenge das Produkt aus Stromgeschwindigkeit und Leitungsquerschnitt dar, ebenso wie bei der Elektrizität Watt = Volt × Ampere sind.

Aus dem Vergleich ist des weiteren zu ersehen: bei gleichbleibender Wassermenge wird bei Vergrößerung des Leitungsquerschnittes die Stromgeschwindigkeit reziprok abnehmen, wie auch bei Verkleinerung des Leitungsquerschnittes die Stromgeschwindigkeit zunehmen wird.

Auch bezüglich des Funken, dessen Länge, wie bereits gesagt, lediglich von der Spannung abhängt, läßt sich obiger Vergleich heranziehen: wir vergleichen den Funken mit dem freien Wasserstrahl. Der Wasserstrahl ist nicht von dem Querschnitt der Wasserleitung abhängig, sondern lediglich von der Stromgeschwindigkeit. Wie es aber bei der Elektrizität möglich ist, den Strom auf höhere Spannung zu transformieren, um einen stärkeren Funken zu erzielen, so wird auch bei der Wasserleitung die Stromgeschwindigkeit durch Verkleinerung des Leitungsquerschnittes (beim Mundstück) erhöht und damit auch die Länge des freien Wasserstrahls vergrößert.

Die Leistung des durch die Wasserleitung fließenden Wassers, z. B. in der Turbine, hängt weder allein von der Stromgeschwindigkeit noch von dem Leitungsquerschnitt, vielmehr einzig und allein von der Wassermenge ab. Das gleiche gilt auch bei der Elektrizität, bei welcher die effektive Arbeitsleistung von der Wattzahl (Elektrizitätsmenge) abhängig ist. Es läßt sich daher auch eine Wechselbeziehung zwischen PS und Watt errechnen. Die Pferdestärke, welche mit 75 kg/m/sek festgesetzt ist, ist gleich zu halten 736 Watt.

Nun zu den für den Kraftfahrer in Betracht kommenden Erzeugungsmöglichkeiten des elektrischen Stromes! Für den Kraftfahrer kommen in erster Linie Dynamomaschinen, in selteneren Fällen auch stromerzeugende Elemente (Batterien) in Betracht.

Die Stromerzeugung in der Dynamomaschine beruht auf der Induktionswirkung.

Um die Induktionswirkung und ihre Verwendung für die

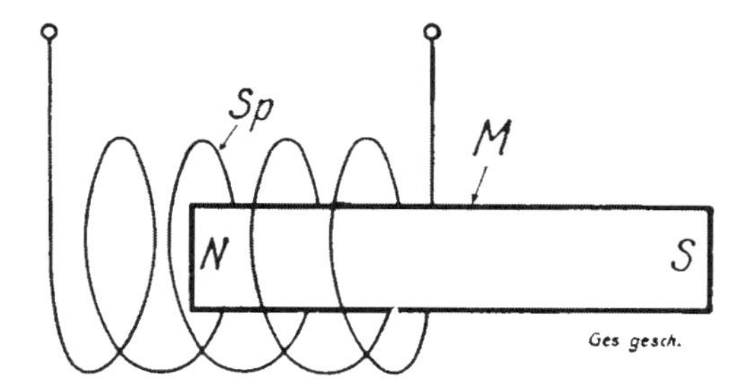

Abb. 121. Die Entstehung des Induktionsstromes.
Wird ein Magnetstab in eine Drahtspule eingeschoben oder herausgezogen, entsteht jedesmal in der Drahtspule ein Induktionsstrom.

Stromerzeugung verständlich machen zu können, muß folgendes vorausgeschickt werden: ein in einem Leiter fließender Strom erzeugt in einem benachbarten Leiter, der mit ersterem in keiner wie immer gearteten Verbindung steht, einen Induktionsstrom, und zwar bei jedesmaligem Öffnen und Schließen des Stromkreises (Kontaktes). Der im ersten Leiter fließende Strom heißt „Primärstrom“, der in letzterem fließende „Induktions-“ oder „Sekundärstrom“.

Der stoßweisen Strombewegung im primären Stromkreis ist gleich zu halten die Bewegung eines gewöhnlichen Magneten. Am stärksten ist diese „magnetische Induktionswirkung“ gegenüber einer Drahtspule, da naturgemäß auf diese Weise die Induktionswirkung, der Windungszahl der Spule entsprechend, vervielfacht wird.

Die Abbildung 121 versinnbildlicht die Anordnung für einen derartigen Versuch. Bei der jedesmaligen Hinein- und Herausbewegung des Stabmagneten M entsteht in der Spule Sp ein kurzer Induktionsstrom. Die Stromrichtung beim Herausziehen des Magneten ist jener, welche beim Hineinbewegen entsteht, entgegengesetzt. Durch rasches Hinein- und Heraus-

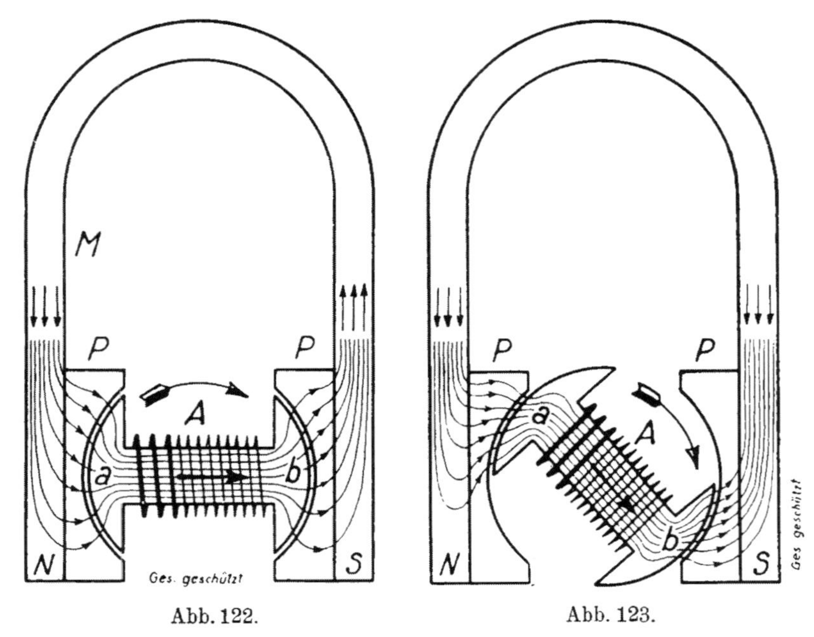

Abb. 122. Abb. 123.

Abb. 122. Die Entstehung eines Induktionsstromes in einer Spule, welche zwischen einem Hufeisenmagnet gedreht wird.

Abb. 123. Der Induktionsapparat.

Die vom Nordpol des Magneten (N) zum Südpol (S) fließenden Kraftlinien durchströmen die Spule A in der Richtung a—b.

bewegen des Magnetstabes würde demnach in der Spule S ein Wechselstrom entstehen.

An Stelle der Ein- und Ausbewegung des Magneten kann ein weicher Eisenkern treten, der in der Spule fix befestigt ist und der durch eine besondere Vorrichtung bald in dieser und bald in jener Richtung magnetisiert wird. Dies hört sich ziemlich kompliziert an, kann aber durch eine ganz einfache Anordnung, unserer Abbildung 122 entsprechend, erreicht werden.

Die Spule A wird von einem Hufeisenmagnet M mittels der an dessen Enden befestigten Polschuhen P umschlossen. Die Spule, „Anker" genannt, wird zwischen den Polschuhen gedreht. Während bei der in unserer Abbildung 123 dargestellten Stellung die magnetischen Kraftlinien in der Richtung a—b verlaufen, tritt in dem in unserer Abbildung 124 dargestellten

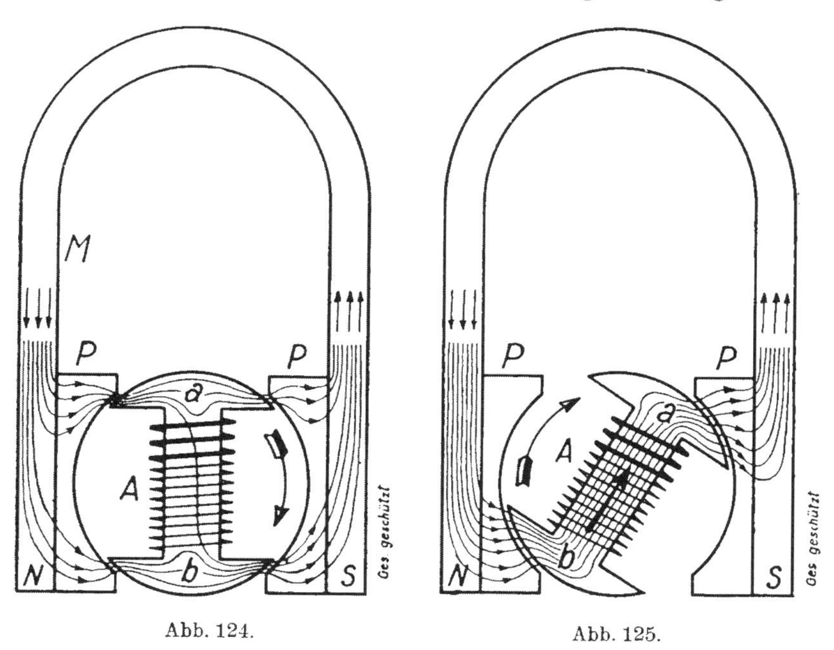

Abb. 124. Abb. 125.

Abb. 124. Umdrehung der Kraftlinien.
In der dargestellten Stellung der Ankerspule fließen in der Richtung a—b keine Kraftlinien durch die Spule bzw. dieselben heben sich auf (Nullpunkt).

Abb. 125. Induktion in der Ankerspule.
Bei der Weiterdrehung des Ankers A (gegenüber der in der Abb. 124 dargestellten Stellung) fließen die Kraftlinien in der Richtung b—a, also der aus Abb. 123 zu ersehenden Richtung entgegengesetzt.

Nullpunkt die Umkehrung ein, so daß bei Weiterbewegung des Ankers, unserer Abbildung 125 entsprechend, die Kraftlinien von b nach a verlaufen. Die jedesmalige Umkehrung der Richtung der magnetischen Kraftlinien entspricht dem Ein- und Ausziehen des Stabmagneten M in unserer Abbildung 121. Es entstehen bei jeder Umdrehung der Ankerspule S zwei Stromstöße in der Drahtwicklung dieser Spule. Wir erhalten sonach bei einer Umdrehungszahl von 1200 in der Minute (20 in der Sekunde) einen Wechselstrom mit der Frequenz 40.

Es handelt sich nun darum, den in der Ankerspule durch Induktionswirkung erzeugten Strom nach außen zu leiten. Am einfachsten geschieht dies in der Weise, daß die beiden Enden der Spulenwicklung mit zwei Metallschleifringen, welche isoliert auf der Ankerwelle befestigt sind, verbunden werden und auf diesen beiden Schleifringen zwei Stromabnehmerbürsten schleifen, welche den Strom in die Leitung weitergeben.

Die vorstehend beschriebene Einrichtung ist die einfachste Brauat einer Wechselstrom-Dynamomaschine.

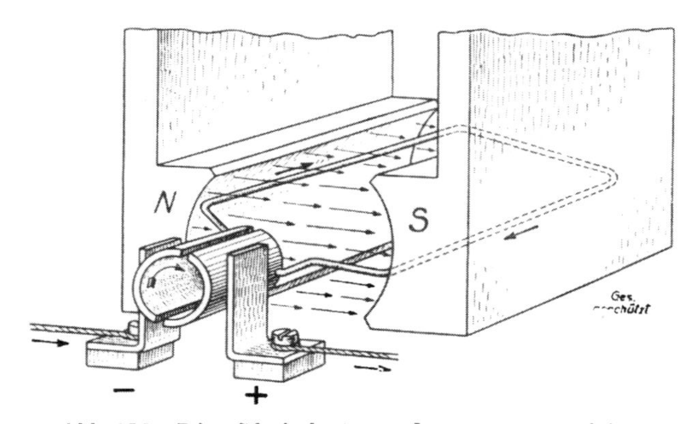

Abb. 126. Die Gleichstromdynamomaschine.

Die Abnahme des in der Ankerspule erzeugten Induktionsstromes, welcher seine Richtung bei jeder halben Umdrehung des Ankers wechselt, erfolgt durch einen „Kommutator" (Kollektor), so daß der von den Schleifbürsten abgenommene Strom stets in gleicher Richtung fließt.

Will man nun an Stelle des Wechselstromes von unserer Dynamomaschine Gleichstrom erhalten, so muß der Strom, der jeweiligen Tourenzahl entprechend, umgekehrt bzw. gleichgerichtet werden. Dies geschieht durch den sogenannten Kommutator, der an Stelle der vorbeschriebenen Schleifringe tritt und eigentlich nichts anderes als ein in zwei voneinander isolierte Segmente unterteilter Schleifring ist. Mit jedem der beiden Segmente, Abbildung 126, ist ein Ende der Ankerwicklung verbunden. Auf dem Kommutator schleifen, genau gegenüberliegend, wie dies die Abbildung wiedergibt, die beiden Stromabnehmerbürsten. Durch den Kommutator bzw. durch die Unterteilung in Segmente werden, wie dies nicht weiter beschrieben werden muß, bei jeder vollen Umdrehung des Ankers die Stromabnehmer zweimal vertauscht, so daß der in die Leitung fließende Strom vollkommen gleichgerichtet ist und durch die Verwendung des Kommutators aus unserer Wechselstrom-Dynamomaschine eine primitive Gleichstromdynamo gemacht wurde.

Der von der Dynamomaschine kommende Gleichstrom kann

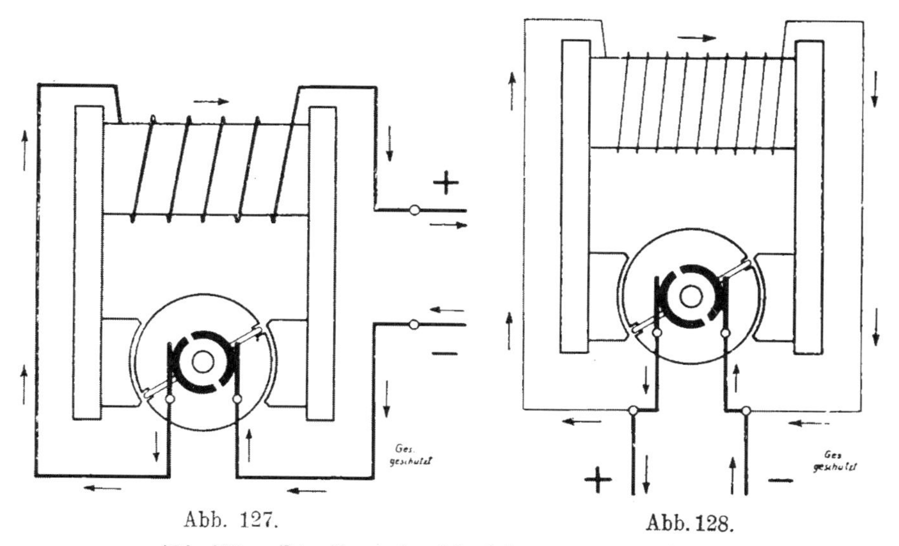

Abb. 127. Die Hauptschlußdynamomaschine.
Die Wicklung des Feldmagneten befindet sich in der Hauptleitung der Dynamo. Anker und Feldmagnet sind „in Serie geschaltet".

Abb. 128. Die Nebenschlußdynamomaschine.
Die Wicklung des Feldmagneten ist als „Nebenschlußleitung" zum Anker „parallelgeschaltet".

nunmehr noch dazu verwendet werden, den Magnetismus des Hufeisenmagnets durch Anwendung von Elektromagneten, sogenannten „Feldmagneten", zu verstärken. Dies kann in der Weise geschehen, daß der vom Anker kommende Strom durch den Feldmagnet geschickt wird, wie dies die Abbildung 127 zeigt (Hauptschlußmaschine), oder aber, daß die Wicklung des Feldmagneten mit dem Anker parallel geschaltet wird (Nebenschlußmaschine), Abbildung 128.

In der Praxis wird naturgemäß die Dynamomaschine nicht mit einer Spule gebaut, sondern mit einer großen Zahl von Spulen, welche strahlenförmig angeordnet sind. Der Zahl der Ankerspulen muß bei Gleichstrommaschinen die Zahl der Kommutator-Segmente entsprechen. Letztere Ausführungsform findet man z. B. auch bei den Lichtdynamos, während der Hochspannungszündapparat nur einen Hufeisenmagnet und eine einzige Ankerspule, wie dies bereits in Abbildung 122 schematisch dargestellt wurde, besitzt.

Die zweite Erzeugungsmöglichkeit für elektrischen Strom, allerdings nur für Gleichstrom, stellen die galvanischen Elemente dar. Diese Elemente, welche z B. auch bei den Taschenlampenbatterien als Trockenelemente Verwendung finden, erzeugen nur ganz geringe Elektrizitätsmengen, so daß sie durch Hintereinanderschaltung zur „Batterie" vereinigt werden müssen. Zum besseren Verständnis sei angeführt, daß eine Taschenlampenbatterie aus drei kleinen Elementen besteht. Die Elemente bedürfen zur Erzeugung des elektrischen Stromes keiner mechanischen Kraftleistung von außen, jedoch werden die Materialien des Elementes infolge des elektro-chemischen Prozesses aufgebraucht (umgewertet) und können allenfalls, je nach der Art des Elementes, ergänzt bzw. erneuert werden.

Die Umbildung des elektrischen Stromes von niederer Spannung auf einen solchen von hoher Spannung erfolgt durch sogenannte Transformatoren, und zwar nach dem Grundsatz „Spannung × Stromstärke = Elektrizitätsmenge". Man kann demnach mittels des Transformators einen Strom von 10 Volt und 10 Ampere in einen solchen von 100 Volt und 1 Ampere oder von 1000 Volt und 0,1 Ampere umwandeln. Da jedoch bei der Transformierung gewisse Verluste auftreten, wird der Sekundärstrom nicht ganz die gleiche Elektrizitätsmenge aufweisen wie der Primärstrom

Auch die Umwandlung des elektrischen Stromes beruht auf der Induktionswirkung. Es werden zwei Spulen um einen gemeinsamen Eisenkern gelegt. Die Voltzahl verhält sich zueinander wie die Zahl der Windungen Um also einen Strom von 100 Volt auf einen solchen von 1000 Volt zu transformieren, muß die Sekundärspule 10 mal soviel Windungen aufweisen wie die Primärspule. Die Abbildung 129 zeigt das Schema eines Transformators. Transformatoren sind nur bei Wechselstrom anwendbar, da der Gleichstrom keine Induktionswirkung auslöst, es sei denn beim Schließen und Öffnen eines Kontaktes.

Nun zur Nutzanwendung dieser theoretischen Betrachtungen auf die Praxis des Kraftradfahrers! Im vorliegenden Kapitel handelt es sich um die elektrische Zündung. Die späteren Abschnitte, insbesondere bezüglich der elektrischen Beleuchtungsanlage stützen sich auf die vorstehenden theoretischen Betrachtungen. Die Leser, die nicht an und für sich mit den

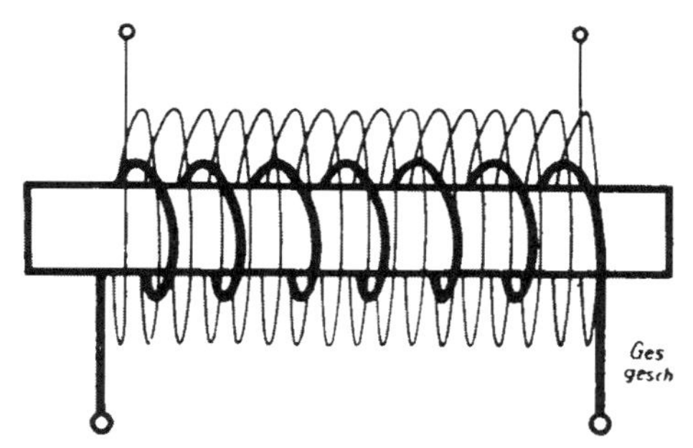

Abb. 129. Das Prinzip des Transformators (Umwandlers).
Der Transformator besteht aus zwei ineinandergelegten Spulenwicklungen. Beim jedesmaligen Unterbrechen des Stromes in der „Primärwicklung" oder bei der Umkehrung der Stromrichtung (Wechselstrom) wird in der „Sekundärwicklung" ein Induktionsstrom induziert. Das Verhältnis der Spannung der Sekundärwicklung zu jener der Primärwicklung ist gleich dem Verhältnis der Windungszahl der beiden Spulen.

Grundsätzen der Elektrizitätslehre vertraut sind, werden daher gut tun, die vorliegenden, allerdings etwas trockenen Abhandlungen aufmerksam und unter genauer Beachtung der Zeichnungen durchzulesen.

Für die Zündung findet in erster Linie der sogenannte Hochspannungszündapparat (Magnetzünder) Verwendung, der, obwohl nur ein kleiner Apparat, hochgespannte Ströme liefert und vermöge einer sinnreichen Einrichtung auch zur jeweils erforderlichen Zeit den Hochspannungsstrom zu den Zündkerzen der einzelnen Zylinder sendet.

Der Magnetapparat besteht im Prinzip aus einer Wechselstromdynamo. Der vom Hufeisenmagnet in der Ankerspule erzeugte Strom reicht jedoch noch nicht dazu aus, einen zündfähigen Funken zu erzeugen. Es ist daher notwendig, den im Anker erzeugten Strom auf eine höhere Spannung zu transformieren. Die überaus sinnreiche Einrichtung des modernen Magnetzünders besteht nun darin, daß die Ankerspule gleichzeitig als Transformator ausgebildet ist und somit eine Kombination zwischen Dynamo und Transformator geschaffen wurde. Um die Wicklung der Ankerspule ist eine Sekundärwicklung gelegt, welche eine vielfache Zahl von Windungen gegenüber der Primärwicklung

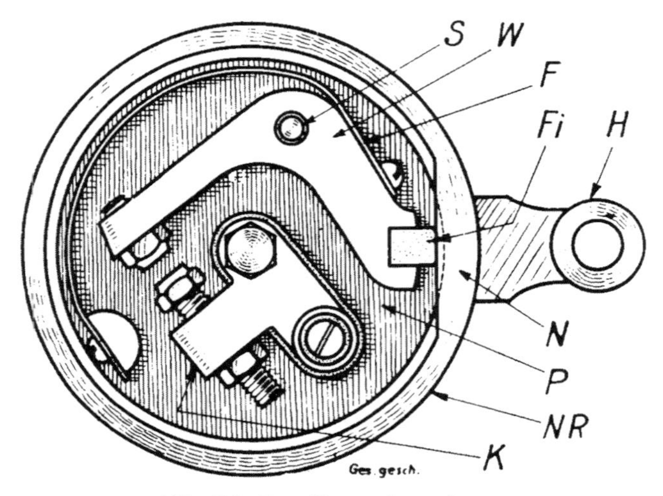

Abb. 130. Der Unterbrecher.

P Unterbrechergrundplatte; S Stift, befestigt in der Platte P; um den Stift S bewegt sich der Unterbrecherwinkel W; der Winkel W trägt ein Fiberstück Fi; der dieses Fiberstück tragende Winkelarm wird durch die Feder F stets gegen den Nockenring NR gedrückt. K Kontaktanordnung, welche durch den Nocken N geöffnet wird. H Hebel zur Verstellung des Nockenringes NR.

aufweist und in welcher durch die im Primärstrom auftretenden Stromstöße hochgespannte Ströme induziert werden.

Die Induktion in der Sekundärleitung wird dadurch in sehr starkem Maße hervorgerufen, daß der Primärstromkreis ständig geöffnet und geschlossen wird. Diese Funktion fällt dem jedem Kraftfahrer sicherlich bekannten „Unterbrecher" zu. Der Unterbrecher liegt demnach im Primärstromkreis und hat mit dem hochgespannten Zündstrom nichts zu tun. Da der Unterbrecher auf der Ankerwelle befestigt ist und mit dem

Anker rotiert, können die Verbindungen der Enden der Primärspule mit dem Unterbrecher fest montiert werden, wodurch sich Schleifringe für den Primärstrom erübrigen.

Der Unterbrecher ist schematisch in Abbildung 130 dargestellt. Auf der Unterbrecherscheibe P, welche, wie bereits erwähnt, sich mit der Ankerwelle dreht, ist der Kontakt K und der Winkel W, letzterer drehbar um den Stift S, angeordnet. Die Feder F drückt den einen Schenkel des Winkels gegen den Kontakt K. Die beiden Enden der Primärwicklung sind mit dem Kontakt K einerseits und dem Winkel W andererseits verbunden. Bei Drehung des Unterbrechers wird die Nocke N das Schleifstück Fi gegen das Zentrum drücken und auf diese Weise den Kontakt öffnen. Bei der Weiterbewegung wird der Kontakt unter dem Druck der Feder F wieder geschlossen.

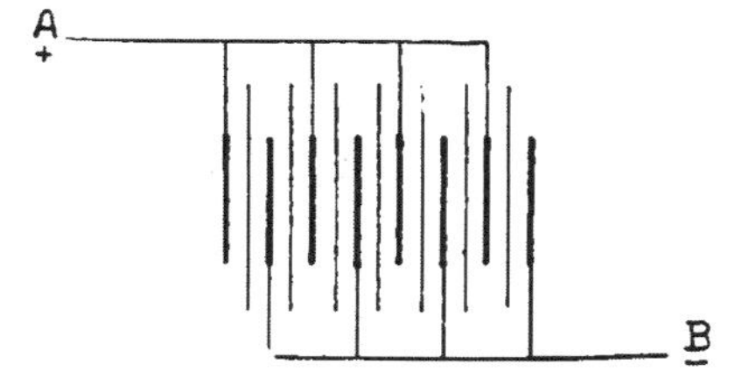

Abb. 131. Die Anordnung des Kondensators.

Zur genauen Einstellung des Unterbrechers ist der Kontakt zwischen K und W durch Schrauben verstellbar. Um ein rasches Abbrennen der Schrauben durch die Funkenbildung zu verhindern, sind dieselben mit Platin belegt. Die Unterbrecherkontakte sollen im geöffneten Zustande einen Abstand von etwa 0,3 mm aufweisen. Zur Überprüfung des Abstandes wird ein jedem Apparat beigegebenes Blättchen, das meist an einem Schraubenschlüssel angebracht ist, verwendet.

Um die Funkenbildung beim Öffnen des Kontaktes auf ein Minimum herabzudrücken, ist ein Kondensator vorgesehen. Dieser dient gleichzeitig zur Erhöhung der Induktionswirkung und besteht aus einer Reihe von Staniolpapierschichten, die durch ein präpariertes Seidenpapier voneinander isoliert sind. Die Staniolpapiere sind nach Abbildung 131 miteinander verbunden. Der Kondensator ist im Anker untergebracht und rotiert daher mit diesem.

Nunmehr handelt es sich noch darum, den in der Sekundärleitung erzeugten Hochspannungsstrom aus dem Apparat heraus und in die Leitung zu führen. Dies erfolgt in der Weise, daß das eine Ende der Wicklung mit der Ankerwelle fest verbunden ist und durch die „Masse" des Motorrades den Zündkerzen zugeführt wird, während das andere Ende in Verbindung mit dem **Schleifring** steht. Von diesem Schleifring wird der Strom durch einen Stromabnehmer abgenommen und der Kabelleitung zugeführt. Bei Zweizylindermaschinen sind zwei Stromabnehmer vorhanden, während der Schleifring nur aus einem Kontaktstück besteht, das bald mit einem Stromabnehmer, bald mit

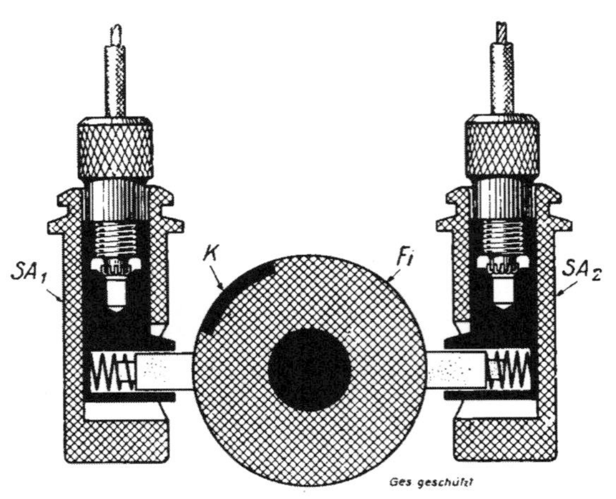

Abb. 132. Der Stromabnehmer des Magnetzünders für einen Zweizylindermotor.

Die Fiberscheibe Fi trägt das Messingkontaktstück K, welches mit dem einen Ende der Sekundärwicklung des Ankers verbunden ist. Der Strom wird durch die Stromabnehmer SA abgenommen, sobald durch die Drehung der Scheibe Fi zwischen K bald mit SA_1 und bald mit SA_2 ein Kontakt hergestellt ist.

dem anderen Stromabnehmer in Verbindung steht; **Abbildung** 132. Bei Vierzylindermotoren sind naturgemäß vier Stromabnehmer vorgesehen.

Bei mehrzylindrigen Maschinen (Motoren mit mehr als einem Zylinder) müssen auch mehr als eine Nocke beim Unterbrecher vorhanden sein, beim Zweizylindermotor also zwei gemäß **Abbildung** 133. Da vier Nocken am Unterbrecher nicht vorteilhaft sind, läßt man bei Vierzylindermotoren die Ankerwelle und damit den Unterbrecher gegenüber dem Verteiler mit doppelter Tourenzahl laufen, so daß man sich mit zwei Nocken begnügen kann.

Die Abbildung 134 zeigt einen kompletten Bosch-Magnetzünder. Durch den Hebel rechts läßt sich der Nockenring etwas drehen, so daß dadurch der Augenblick des Öffnens des Unter-

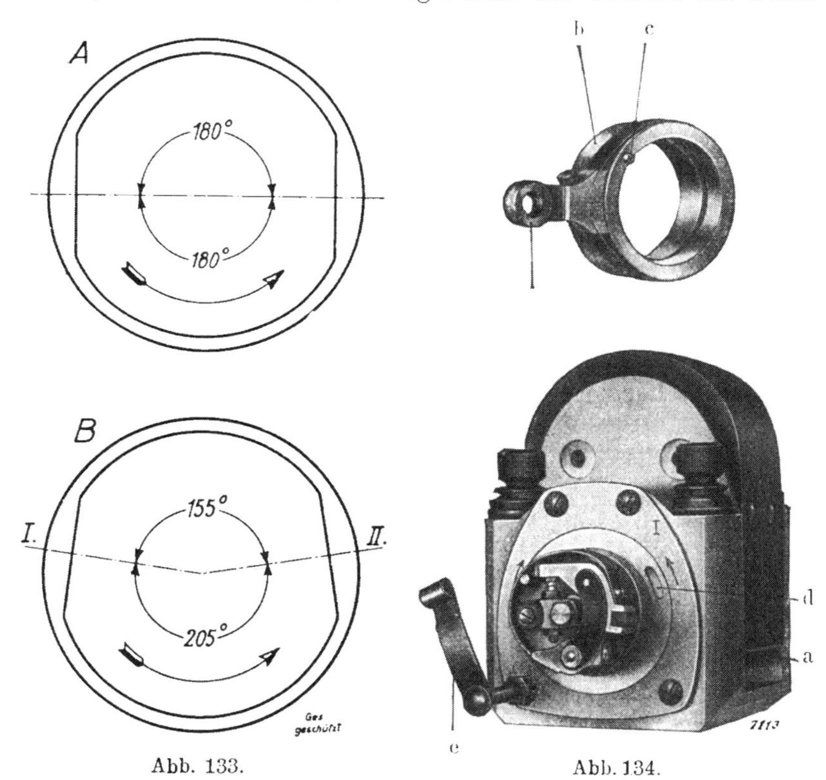

Abb. 133. Abb. 134.

Abb. 133. Die Nockenanordnung bei Zweizylindermotoren.
Die Nocken des Unterbrechers müssen derart angeordnet sein, daß die Betätigung des Unterbrechers in dem Augenblick erfolgt, in welchem in dem betreffenden Zylinder der Kolben am oberen Totpunkt sich befindet. A: Anordnung der Nocken bei gegenüberliegenden Zylindern (180°); B: Anordnung der Nocken, wenn die V-förmig angeordneten Zylinder um 50° gegeneinander versetzt sind. Bei I erfolgt die Explosion im ersten, bei II im zweiten Zylinder.

Abb. 134. Der Bosch-Magnetzünder.
a Hufeisenmagnet, b Nockenring, c Führungsstift, welcher sich in der Nute d bewegt, e Haltefeder für den Unterbrecherdeckel.

brechers und damit der Zündmoment verstellbar ist. Um für die „Zündverstellung" gewisse Grenzen festzulegen, ist ein entsprechender Anschlag vorgesehen. Der Verstellhebel wird in fast allen Fällen von der Lenkstange aus durch Bowdenzug betätigt.

Der im Magnetzünder erzeugte Hochspannungsstrom besitzt infolge der genialen Kombination einer Dynamomaschine mit einem Transformator die außerordentlich hohe Spannung von 10—20000 Volt. Daß dieser Strom nicht tödlich ist, ist darauf zurückzuführen, daß er trotz dieser hohen Spannung nur eine verschwindend kleine Stromstärke besitzt, so daß die Elektrizitätsmenge (nach dem früher erwähnten Satz : Elektrizitätsmenge = Spannung × Stromstärke) nicht groß genug ist, um einen Menschen zu töten.

Der durch die Stromabnehmer vom Schleifring abgenommene Strom wird durch die Zündkabel den Zündkerzen zugeführt.

Die Zündkabel müssen eine entsprechende Gummiisolation aufweisen, um das Durchschlagen zu den Metallteilen des Motorrades zu vermeiden. Die Befestigung der Kabel am Rahmen erfolgt durch sogenannte Kabelbänder (schmale Blechstreifen).

Abb. 135. Kabelband.

Es empfiehlt sich sehr, vor Anbringung der Kabelbänder die betreffenden Stellen mit Isolierband zu umwickeln, um eine Verletzung der Isolation und damit einen oft sehr schwer festzustellenden Fehler zu vermeiden. Abbildung 135 zeigt ein solches Kabelband, wie es auch zur Befestigung der Bowdenzüge Verwendung findet.

Die Zündkerzen dienen dazu, den vom Magnet durch die Zündkabel kommenden Strom im Zylinder zur Bildung eines Zündfunken zu veranlassen. Sie sind daher in den Zylinder eingeschraubt und besitzen an dem einen Ende, das in den Zylinder ragt, die Elektroden, zwischen welchen der Funken überspringt, am anderen Ende eine Klemmschraube zur Befestigung des Zündkabels. Die Elektroden stehen einerseits mit der Masse der Zündkerze in Verbindung, andererseits mit der Kontaktschraube für das Zündkabel. Der Strom kommt durch das Zündkabel, führt durch eine Isolation zu der einen Elektrode, springt von dieser zur anderen, wodurch die Explosion im Zylinder verursacht wird, und fließt durch die Masse des

Motorrades, dem Zylinder und dem Rahmen zum Magnetzünder zurück. Eine Massekohle im Magnetzünder verhindert, daß der Zündstrom durch die Kugellager fließt.

Für die Abstellung des Magnetzünders wird vielfach ein an der Lenkstange angebrachter Kurzschlußknopf verwendet, der den Unterbrecher überbrückt und damit Induktionswirkungen in der Ankerspule ausschließt.

Für die Wahl der Zündkerze ist der Wärmewert entscheidend, der so gewählt werden muß, daß einerseits Verölen der Kerze und andererseits Glühzündung vermieden wird.

In den letzten Jahren wurde die Magnetzündung auch beim Kraftrad immer mehr durch die Batteriezündung verdrängt. Die Batteriezündung verwendet als Primärstrom den der Lichtanlage entnommenen niedergespannten Gleichstrom, so daß nur zusätzliche Geräte für die Zündstromerzeugung erforderlich sind, und zwar ein Unterbrecher und die Zündspule (Induktionsspule). Diese gemeinsame Ausbildung von Zünd- und Lichtanlage stellt eine bedeutende Ermäßigung des Herstellungspreises dar. Über die Erzeugung und Aufspeicherung des Gleichstroms siehe Seite 383 u. ff.

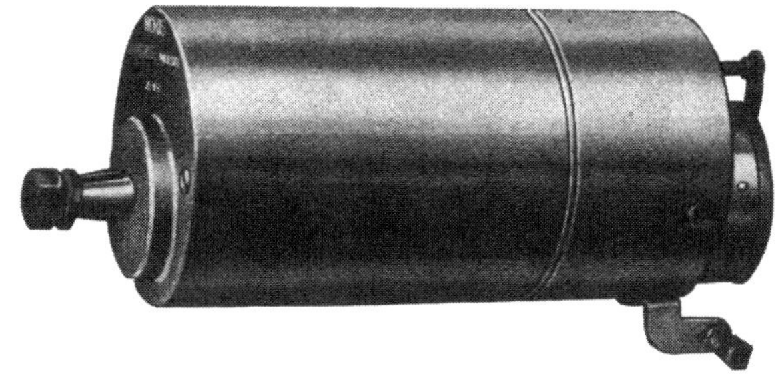

Abb. 136a. Walzenförmige Lichtmaschine mit angebautem Unterbrecher (rechts).

Aus der Vereinigung von Lichtdynamo und Unterbrecher entsteht der „Lichtbatteriezünder".

Der Unterbrecher wird zur Vermeidung eines gesonderten Antriebs entweder an die Lichtmaschine angebaut, wie dies die Abbildungen 136a und 301a zeigen, oder er wird unmittelbar von der Nockenwelle des Motors angetrieben und daher an das Motorgehäuse angebaut; Abbildung 136c. Ist der Lichtbatteriezünder nicht walzenförmig ausgeführt (Abbildung 136a), sondern derart, daß die Lichtmaschine im gemeinsamen Gehäuse, durch einen Zwischenantrieb angetrieben, zusammen mit dem

Selbstschalter und Spannungsregler über dem Unterbrecher liegt (Abbildung 301a), dann weist der Lichtbatteriezünder ein ähnliches Äußere auf, wie der Lichtmagnetzünder. Den Lichtmagnetzünder erkennt man an den eingegossenen Magnetplatten; Abbildung 301b.

Die dargestellten Lichtbatteriezünder stellen eigene Maschinen dar, weisen daher eine gesonderte Lagerung des Ankers auf und erfordern einen eigenen Antrieb durch Kette und Zahnrad. Demgegenüber gibt es Schwungscheiben-Lichtbatteriezünder,

Abb. 136b. Der Schwungscheiben-Lichtbatteriezünder (Noris).
Eine vollwertige Gleichstromdynamo in Scheibenform, gleichzeitig die Schwungscheibe des Motors ersetzend. Der Anker wird ohne Eigenlager frei auf dem Ende der Kurbelwelle befestigt.

deren Anker fliegend auf dem konischen Ende der Kurbelwelle befestigt werden und außer dem Kollektor auch noch die Nocke für die Betätigung des Unterbrecherhebels tragen. Abbildung 136b zeigt, daß ein solcher Schwungscheiben-Lichtbatteriezünder außer dem Unterbrecher auch den Kondensator sowie den Selbstschalter und den Spannungsregler in sich schließt; der Anker dient gleichzeitig als Schwungmasse des Motors.

Auch trommelförmige Ausführungen des fliegend angebauten Lichtbatteriezünders werden benützt, wie dies Abbildung 94 wiedergibt.

Eine sehr sinnreiche Ausführung des Lichtbatteriezünders gibt Abbildung 304 wieder. Hier ist in das Gehäuse des Lichtbatteriezünders, dessen Anker ebenfalls fliegend auf der Motorwelle sitzt, so daß keine Eigenlager erforderlich sind, in das Gehäuse außerdem noch die Zündspule sowie das Zündkontrollicht und das durch einen Steckschlüssel betätigte Zündschloß eingebaut. Durch die Zusammenfassung fast aller Teile der elektrischen Anlage in einem gemeinsamen Gehäuse ergibt sich eine gleich einfache Kabelführung wie bei dem Schwungradmagnetzünder, zu dessen Verdrängung der hier beschriebene Lichtbatteriezünder, der eine vollwertige Gleichstromdynamo in sich schließt, bestimmt ist.

Bei mehrzylindrigen Motorrädern ist neben dem Unterbrecher auch noch ein Zündverteiler erforderlich, der mit dem Unterbrecher in einem gemeinsamen Gehäuse unterge-

Abb. 136c. Direkter Anbau des Unterbrechers an den Motor.
Der Bosch-Unterbrecher oben am italienischen Farina-Motor, unten am französischen Terrot-Motor, in beiden Fällen durch die Nockenwelle angetrieben.

bracht wird. Bei liegenden Zweizylindermotoren besteht jedoch auch die Möglichkeit, von einem Verteiler abzusehen und bei den gleichzeitigen oberen Totpunktstellungen in beiden Zylindern Zündfunken überspringen zu lassen (Abbildung 48a); hierzu werden besondere Zündspulen mit einer Primär- und zwei Sekundärwicklungen verwendet (Zündapp).

Die Batteriezündung hat den Vorteil, daß auch bei langsamster Drehzahl des Motors ein Zündfunke in voller Stärke zur Verfügung steht. Dies erleichtert das Antreten des Motors und ermöglicht ferner eine Drosselung des Motors auf langsamste Drehzahl.

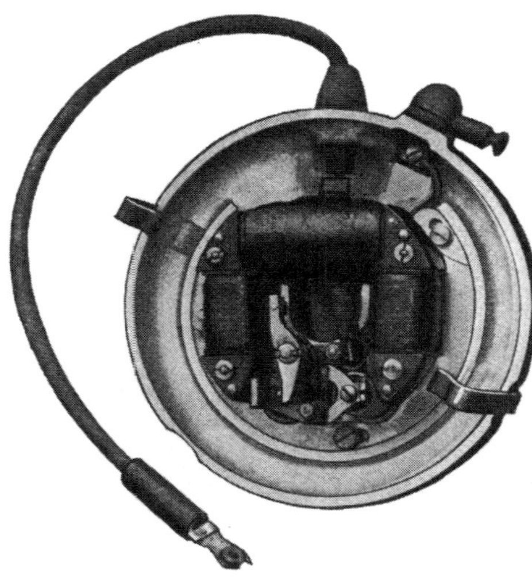

Abb. 137.
Der Schwungradmagnetlichtzünder.
Das Magnetrad dreht sich um den feststehenden Anker, der zwei Zündspulen und eine Lichtspule aufweist und den Unterbrecher umschließt.

Als einfachsten Zündapparat gibt es den Schwungradmagnetzünder. Derselbe wird haupsächlich für leichte Zweitaktmotoren verwendet. Abbildung 137 gibt den Aufbau wieder. Auf der Kurbelwelle sitzt ein Magnetrad mit zwei Polschuhen. Dieses Magnetrad kreist mit seinen Polschuhen um den auf der Gehäuseplatte festmontierten Spulenanker. Derselbe trägt zwei Zündspulen, in denen in der üblichen Weise Strom induziert wird. Ein feststehender Unterbrecher sorgt für die Erhöhung der Induktionswirkung in der Sekundärwicklung. Der Unterbrecher wird durch einen mit dem Polrad zusammenhängenden Nockenring betätigt. —

Abschnitt 4.

Die Kraftübertragung.

Es ist selbstverständlich, daß nach der Erzeugung der Kraft die Übertragung derselben vom Motor zu dem angetriebenen Rad die wichtigste Rolle spielt. Die Urlösung der Kraftübertragung lag in dem direkten Antrieb von der Hauptwelle des Motors zum Hinterrad, jedoch ohne Dazwischenschaltung irgendwelcher Einrichtungen, da man in der Erstlingszeit des Motorrades von einer Kupplung, einem Leerlauf oder einem Getriebe nichts gewußt hat. Das Kraftrad wurde angeschoben, damit auch der Motor angekurbelt, und wenn der Motor einmal lief, lief auch das Kraftrad solange, bis der Motor wieder abgestellt wurde. Lagen Steigungen im Straßenzuge, so mußte man dieselben entweder mit Schwung nehmen, oder — mit Menschenkraft. Wenn man dann noch in Betracht zieht, daß die damaligen Motoren das rasche Anspringen unserer heutigen nicht kannten, so darf es nicht wundernehmen, daß eine große, mehrtägige Motorradfahrt eine Entfettungskur darstellte.

Als Übertragungsorgan wurde in dieser Zeit fast ausschließlich der Flachriemen, wie wir ihn bei Transmissionen in Fabriken finden, angewandt. Dadurch war der Fahrer naturnotwendig von der Witterung außerordentlich abhängig, denn es ist ja bekannt, daß nasse Flachriemen stark gleiten.

Der Flachriemen wurde noch vor dem Weltkriege vom Keilriemen, der einen bedeutend günstigeren Wirkungsgrad aufweist, abgelöst. Wenn zwar auch der Keilriemen bei ungenügender Spannung und gleichzeitiger Feuchtigkeit Neigung zum Schleifen besitzt, so ermöglicht er doch die Übertragung größerer Kräfte. Insbesondere hat der Keilriemen gegenüber dem Flachriemen den Vorteil bedeutend geringerer Breite, so daß man von den ganz unförmigen Gabelkonstruktionen der ersten Zeit Abstand nehmen konnte. Da der Keilriemen nicht unwesentlich billiger ist als die neuzeitliche Kette, hat sich ersterer bei billigen und schwachen Maschinen bis in die letzten Jahre erhalten. Und wenn auch für Sportmaschinen und stärkere Krafträder heute ausschließlich nur die Kette oder der Kardanantrieb Verwendung finden, so besitzt doch der Keilriemen gegenüber der Kette den Vorteil der Elastizität, die besonders für Anfänger nicht unwesentlich ist.

Eine wichtige Verbesserung gegenüber den alten Kraftradtypen stellt die Anbringung eines sogenannten Wechselgetriebes und einer Kupplung dar. In bezug auf das Getriebe muß vor allem gesagt werden, daß die Ansicht vieler Anfänger, das Getriebe sei dazu da, die Geschwindigkeit zu regeln, grundfalsch ist. Hauptzweck des Getriebes ist es, die bei einer bestimmten Tourenzahl wirtschaftlichste und günstigste Leistung des Motors in einer den jeweiligen Steigungsverhältnissen entsprechenden Weise auf das Hinterrad zu übertragen. In dieser Hinsicht muß auf die goldene Regel der Mechanik verwiesen werden, die besagt, daß Kraft und Schnelligkeit umgekehrt proportional sind, d. h., daß bei doppelter Schnelligkeit die Kraftleistung (am Umfange des angetriebenen Rades gemessen) nur halb so groß ist als bei einfacher Geschwindigkeit. Aus dieser Regel geht hervor, daß ein Kraftrad mit einer Übersetzung 1 : 2 doppelt so starke Steigungen befahren kann, als ein solches mit einer Übersetzung 1 : 1, ersteres allerdings nur mit der halben Geschwindigkeit. Um nun dem Fahrer es zu ermöglichen, die Kraftübertragung den jeweiligen Terrainverhältnissen anzupassen, hat man Wechselgetriebe, bestehend aus entsprechenden Zahnradübersetzungen, im Kraftrade eingebaut. Als erste derartige Einrichtung wurde die „Getriebenabe“ eingeführt, bei welcher die Keilfelge des Hinterrades (oder das entsprechende Kettenrad) nicht an den Speichen oder der Nabe des Hinterrades befestigt war, sondern je nach der vom Fahrer gewählten Einstellung das Hinterrad entweder über Zahnräder im Verhältnis 1 : 2, oder durch eine Klauenkupplung mit direktem Eingriff mitgenommen hat. Derartige Getriebenaben finden heute nur mehr bei leichten Krafträdern Anwendung.

Die Getriebenabe fand entsprechende Erweiterung durch den Einbau einer Plattenkupplung. Die Kupplung, und zwar die „Friktionskupplung“ im Gegensatz zur „Klauenkupplung“, ermöglicht das allmähliche In-Gang-Setzen des Kraftrades beziehungsweise den stoßfreien Wechsel von einem Gang zum anderen. Erst die Einführung dieser Kupplung, war sie nun auf der Motorachse oder in der Getriebenabe angebracht, hat es ermöglicht, den Motor am Stand (am Ständer) in Betrieb zu setzen und sodann langsam wegzufahren. Im Zusammenhang mit der Einführung der Kupplung stand daher zwangsläufig auch die Einführung einer Vorrichtung zur Inbetriebsetzung des Motors, die man heute kurz „Starter“ nennt.

a) Das Getriebe.

Da für die Unterbringung des Wechselgetriebes in der Hinterradnabe nur ein sehr beschränkter Raum zur Verfügung steht, ist man dazu übergegangen, das Wechselgetriebe in ein eigenes Gehäuse einzubauen und gesondert unterzubringen. Die Kraftübertragung erfolgt sodann vom Motor zum Wechselgetriebe und vom Wechselgetriebe zum Hinterrad. Diese Lösung hat sich so gut eingeführt und bewährt, daß wir heute selten Abweichungen sehen. Mit gutem Erfolg hat man auch die Kupplung an diesen Getriebeblock angegliedert, wenngleich man dieselbe sachlich ebensogut auch auf die Hauptwelle des Motors setzen kann (z. B. Wanderer). Das Wechselgetriebe bot des weiteren eine günstige Gelegenheit zum Einbau der Startvorrichtung.

Der Wechsel der Gänge wird vom Fahrer mittels des Schalthebels (häufig, aber nicht ganz richtig, auch als „Geschwindigkeitshebel“ bezeichnet) vorgenommen. Der Schalthebel ist mit dem Getriebe mittels eines entsprechenden Gestänges („Schaltgestänge“) verbunden.

Was die Zahl der Gänge anbelangt, ist festzustellen, daß das Dreiganggetriebe vorherrscht. Bei kleinen Maschinen wird jedoch nicht selten ein Zweiganggetriebe verwendet, während verschiedene ausländische Fabriken auch Vierganggetriebe verwenden (Rudge, P. & M. usw.). Die mit Vierganggetriebe ausgestatteten Krafträder eignen sich besonders für den Beiwagenbetrieb im Gebirge. Der erste Gang ist bei diesen Getrieben meist so klein gehalten, daß es möglich ist, jede praktisch vorkommende Steigung zu nehmen, auch dann, wenn sie kurvenreich ist, sowie in der Steigung anzufahren. Für den Betrieb in der Ebene kommt die Benutzung dieses kleinen ersten Ganges selten in Betracht. Gewöhnlich wird auch zum Anfahren der zweite Gang des Vierganggetriebes benutzt. Bei starken Maschinen ist ein Vierganggetriebe meist überflüssig, da es infolge der großen Motorkraft ohne weiteres möglich ist, auch mit Beiwagen die stärksten Steigungen des Gebirges zu befahren, ohne daß deswegen die Übersetzung der Kraftübertragung eine derartige sein müßte, welche die Entwicklung einer großen Schnelligkeit in der Ebene unmöglich macht.

Abb. 138. Hurth-Getriebe mit Rückwärtsgang.

Übrigens gibt es auch Getriebe, welche nicht nur 2 bis 4 Vorwärtsgänge aufweisen, sondern auch einen **Rückwärtsgang**. Die Einschaltung des Rückwärtsganges ist meist besonders gesichert oder erfolgt durch einen gesonderten Hebel, damit nicht irrtümlich während der Fahrt der Rückwärtsgang eingeschaltet werden kann. Die Verwendung eines Getriebes mit Rückwärtsgang kommt natürlich nur für Motorräder in Frage, welche mit Beiwagen benützt werden, da beim Solofahrzeug ein Rückwärtsfahren praktisch nicht in Betracht kommt. Bei einer schweren Beiwagenmaschine kann ein Rückwärtsgang im Stadtverkehr, in engen Gassen oder bei schmalen Ausfahrten aus Garagen recht angenehm sein, wenngleich man infolge der außerordentlichen Wendigkeit des Beiwagengefährtes wohl immer mit den Vorwärtsgängen das Auslangen finden wird. Das amerikanische Vierzylinder-Motorrad „Henderson“ ist serienmäßig mit einem Rückwärtsgang neben 3 Vorwärtsgängen ausgestattet. Von den deutschen Getrieben mit Rückwärtsgang ist das bekannteste das „Hurth-Getriebe“, Abbildung 138.

In konstruktiver Hinsicht unterscheiden sich die Erzeugnisse der letzten Jahre von den früheren insofern sehr vorteilhaft, als für die Lagerung der Getriebewellen, und zwar der Hauptwelle als auch der Gegenwelle, fast durchweg Rollen- und Kugellager Anwendung finden.

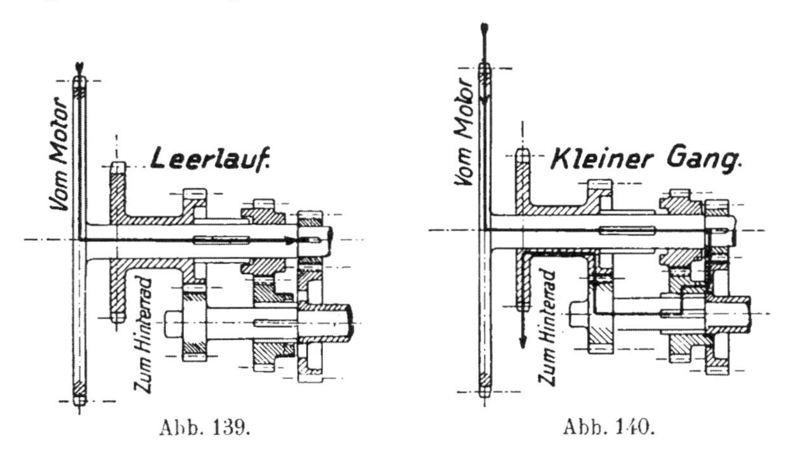

Abb. 139. Abb. 140.

Abb. 139. Schema eines Dreiganggetriebes.

Da sich das Verschiebe-Zahnradpaar weder mit den Klauen rechts auf der Vorgelegewelle noch mit den Klauen links auf der Hauptwelle in Eingriff befindet, ist „Leerlauf“ eingeschaltet.

Abb. 140. Schema eines Dreiganggetriebes.

Das Verschiebe-Zahnradpaar ist nach rechts verschoben, es ist der 1. Gang eingeschaltet.

In erster Linie werden vier schematische Zeichnungen (Abbildung 139, 140, 141 und 142) gebracht, welche deutlich die gesamte Wirkungsweise des Dreiganggetriebes erkennen lassen. Diesen Bildern kann man entnehmen, daß beim dritten Gang die Räder sich im sogenannten „direkten Eingriff“ befinden und die Zahnräder unbelastet mitlaufen. Der direkte Gang wird im Getriebe selbst durch eine sogenannte „Klauenkupplung“ hergestellt (die natürlich die Notwendigkeit der Friktionkupplung nicht ausschließt). Auch für den ersten Gang ist aus praktischen Gründen — wenige Fälle ausgenommen — eine einfache

Klauenkupplung vorgesehen. Das Zahnrad des zweiten Ganges wird in den meisten Getrieben auf der Hauptwelle verschoben und befindet sich beim ersten und dritten Gang außer Eingriff. Dieser Umstand mag es dem Leser wohl sofort klarmachen, daß beim Einschalten des zweiten Ganges ganz besondere Vorsicht am Platze ist, da bei diesem das Zahnrad der Hauptwelle in das Zahnrad der Vorgelegewelle „eingerückt" wird und bei

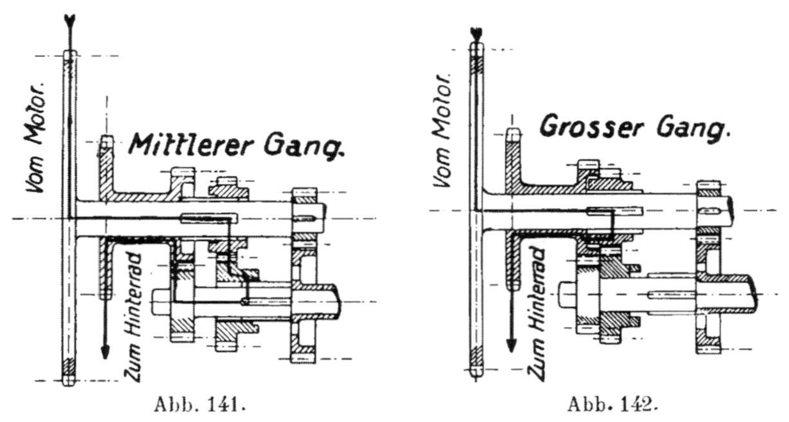

Abb. 141. Abb. 142.

Abb. 141. Schema des Dreiganggetriebes.

Die beiden Zahnräder des Verschiebepaares befinden sich mit den Führungen einerseits auf der Hauptwelle, andererseits der Vorgelegewelle in Eingriff, so daß die Übertragung über das mittlere Zahnradpaar erfolgt: zweiter Gang.

Abb. 142. Schema des Dreiganggetriebes.

Das Verschiebe-Zahnradpaar ist ganz nach links verschoben; das Verschieberad der Hauptwelle steht einerseits mit den Führungen der Hauptwelle, anderseits mit den Klauen des Zahnkranzstückes für die hintere Kette in Eingriff: direkter Gang. Aus der Abbildung ist zu ersehen, daß sich das Zahnradpaar des zweiten Ganges ständig im Eingriff befindet und zum Schalten beide mittleren Räder verschoben werden.

einer schlechten Schalttechnik das Abreißen der Zähne außerordentlich leicht möglich ist. Klauenkupplungen sind hingegen bedeutend robuster und vertragen unter Umständen eine weniger feinfühlige Behandlung, weil sämtliche Klauen, verteilt über den ganzen Kreisbogen, gleichzeitig in Eingriff kommen. Man findet daher bei schweren Maschinen auch das Zahnradpaar des zweiten Ganges in ständigem Eingriff. Die Schaltung des zweiten Ganges erfolgt bei diesen Getrieben ebenfalls vermittels Klauenkupplung, so daß für jeden der drei Gänge eine solche vorzufinden ist. Die Bauweise solcher kräftig gebauten Getriebe bezeichnet man im allgemeinen als „Lastwagen-Typ“. Die Mitnahme der verschiebbaren Zahnräder- bzw. der Klauenscheiben erfolgt meist durch Führungsnuten in der Welle (Abbildung 143), durch Sechskant (Abbildung 144) oder dergleichen. Interessant ist das Getriebe der früheren Modelle der englischen Rudge-Withworth-Motorräder, deren Zahnräder helical verzahnt sind (doppelt-schräg), wie dies aus der Abbildung 145 deutlich zu ersehen ist. Es ist selbstverständlich, daß eine Ver-

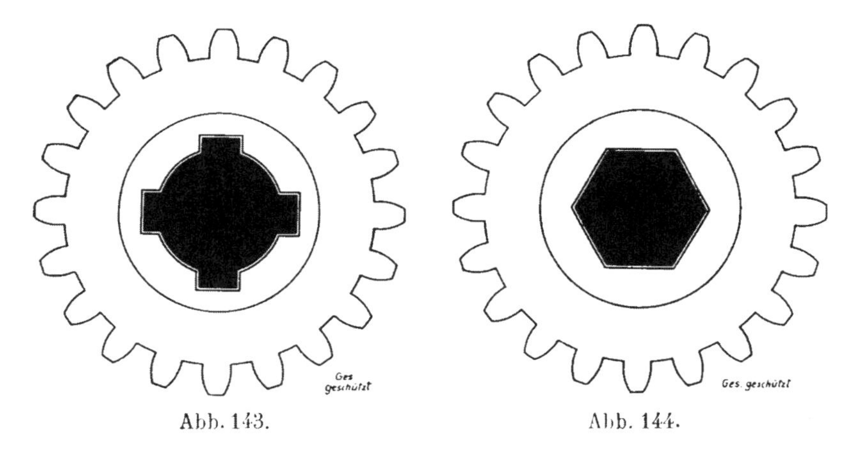

Abb. 143. Abb. 144.

Abb. 143. Führung des verschiebbaren Getriebezahnrades.

Die Führung kann entweder durch Nutenausnehmungen in dem Getriebzahnrad und entsprechende Fortsätze der Welle erfolgen oder durch Sechskantausbildung nach Abb. 144. Die im Schnitt (schwarz) gezeichnete Welle wird „Keilwelle“ genannt.

Abb. 144. Führung des verschiebbaren Getriebezahnrades (Sechskantführung).

schiebung solcher Zahnräder gegeneinander nicht möglich ist und dieselben im ständigen Eingriff sich befinden müssen.

Die Abbildungen 146, 147, 148 und 149 zeigen in photographischer Wiedergabe die Übertragungsorgane eines ausgeführten Getriebes (D-Rad), so daß sich der Leser in Verbindung mit den vorhergehenden schematischen Zeichnungen ein genaues Bild vom Innern eines Getriebes machen kann. Die Abbildung 150 läßt deutlich die Schaltklauen erkennen.

Das Getriebe wird meist hinter dem Motorgehäuse am Rahmen befestigt. Der betreffende Teil des Rahmens wird „Getriebe-

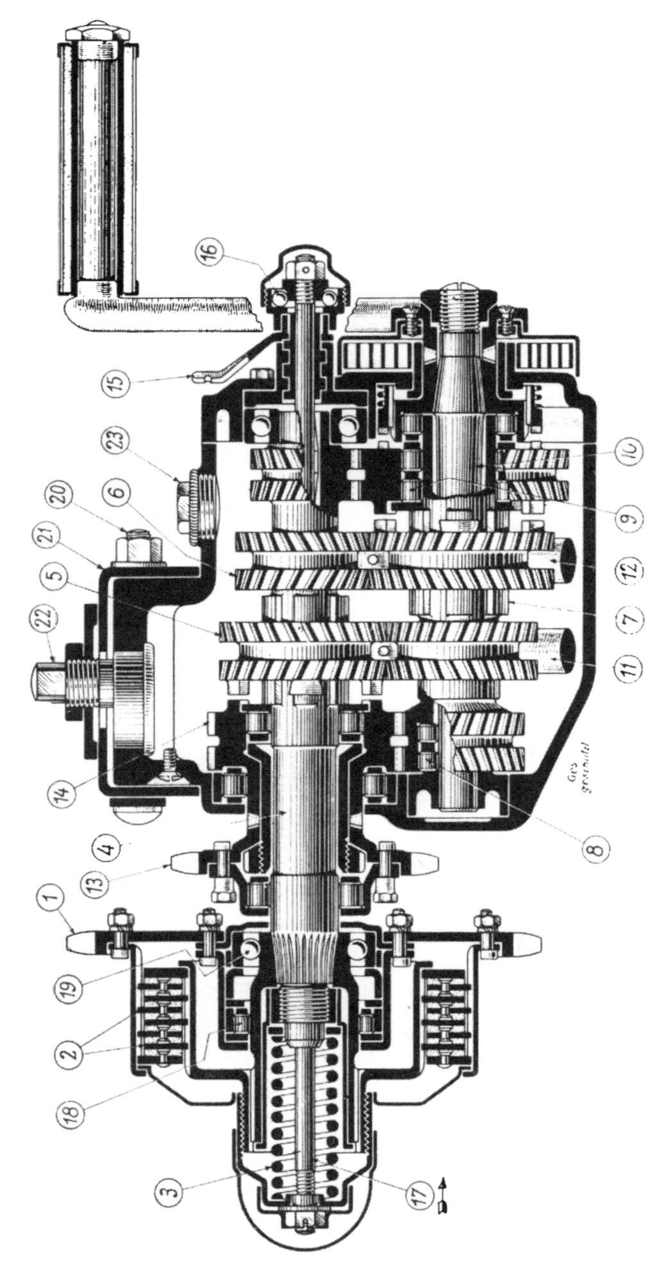

Abb. 145. Schnitt durch ein Vierganggetriebe mit schrägverzahnten Zahnrädern.

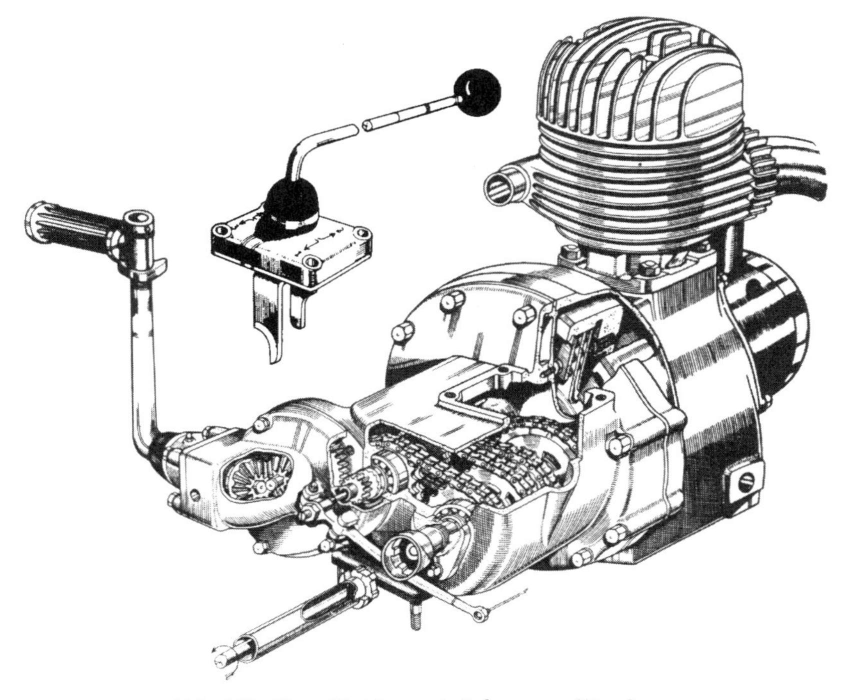

Abb. 146. Das Kettengetriebe von Zündapp.

Um die Elastizität der Kraftübertragung durch Ketten auch einem Kraftrad mit Wellenantrieb des Hinterrades zu geben, wird hier im Getriebe die Kettenübertragung mittels Doppelrollenkette verwendet. Für jeden der vier Gänge ist eine Rollenkette vorhanden.

brücke" genannt. Die Befestigung kann „stehend" oder „hängend" erfolgen. — Die Betätigung des Getriebes zum „Gangwechsel" erfolgt durch einen Hand- oder Fußhebel. Die Fuß-

---

Erklärung zu Abb. 145.

Der Antrieb erfolgt auf das Kettenzahnrad (1), an welchem das Kupplungsgehäuse befestigt ist. In diesem befinden sich die Kupplungsplatten (2), die zum Teil außen, zum Teil innen geführt sind. Die Kupplungsplatten (Lamellen) werden im eingekuppelten Zustande durch die Kupplungsfeder (3) zusammengepreßt und nehmen so die Getriebehauptwelle (4) mit. Auf dieser Hauptwelle und in korrespondierender Weise auf der Vorgelegewelle (7) befinden sich die verschiebbaren Zahnradpaare (5) und (6). Die Vorgelegewelle (7) ist durchbohrt und bewegt sich auf doppelten Rollenlagern (8) und (9) um die Kickstarterwelle (10). Durch das Verschieben der Zahnradpaare (5) und (6) werden vermittels der sichtbaren Klauen und Keile die vier verschiedenen Gänge eingeschaltet. Das Verschieben der Zahnradpaare erfolgt durch die Schaltgabeln (11) und (12). Das Auskuppeln erfolgt mittels des Hebels (15); bei Betätigung dieses Hebels wird durch einen Schneckengang im Wege des Druckkugellagers (16) die Kupplungsstange (17) in der Richtung des Pfeiles bewegt. In gelöstem Zustande läuft das Kupplungsgehäuse auf dem Rollenlager (18) und dem Kugellager (19) um die Getriebewelle. Insgesamt sind im Getriebe und in der Kupplung 9 Rollen- und 3 Kugellager enthalten; auf Gleitlagern bewegt sich nur die wenig beanspruchte Kickstarterwelle. Das Getriebe wird durch 2 Bolzen (20) hängend an der Getriebebrücke (21) befestigt. Die Verstellung des Getriebes zum Nachspannen der vorderen Antriebskette erfolgt nach Lösen der Bolzen (20) durch Drehen des Exzenters (22). Die Öleinfüllschraube ist mit (23) gekennzeichnet.

Abb. 147. Getriebe mit eingeschaltetem 1. Gang.

Der Antrieb erfolgt von der Kupplung vermittels des kleinsten Zahnrades auf die Gegenwelle, von dieser sodann mit einer neuerlichen Zahnradübersetzung ins Kleinere auf das Kettenzahnrad. Die Schaltung ist durch das Verschieben des Schieberades nach links und durch die dadurch bewirkte Klauenkupplung des von der Hauptwelle (Keilwelle) mitgenommenen Schiebezahnrades mit dem links sichtbaren kleinen Zahnrad, welches sich ansonsten lose auf der Hauptwelle drehen läßt, erfolgt.

Abb. 148. Getriebe mit eingeschaltetem 2. Gang.

Der Antrieb erfolgt durch das mittlere Zahnradpaar ohne Übersetzung ins Kleinere oder Größere auf die Gegenwelle, von dieser sodann durch eine Übersetzung ins Kleinere auf das Kettenzahnrad; letzteres läßt sich mit dem zugehörigen Zahnrad des Getriebes auf der Hauptwelle lose drehen.

schaltung hat sich in den letzten Jahren bei Sport- wie auch bei Tourenfahrzeugen weitgehend durchgesetzt. Gelegentlich findet man auch die Doppelschaltung (Abb. 152). — Das Schaltgestänge der Handschaltung weist Einrichtungen zum genauen

Abb. 149. Getriebe mit eingeschaltetem 3. Gang.

Beim größten Gang kommt jede Zahnradübersetzung in Wegfall. Das angetriebene Zahnrad wird mit dem antreibenden Kettenzahnrad direkt gekuppelt (daher: direkter Gang). Die Gegenwelle läuft durch den Antrieb des rechts sichtbaren Zahnradpaares in erhöhter Geschwindigkeit mit, desgleichen das links auf der Hauptwelle sichtbare kleine Zahnrad. Sämtliche Zahnräder sind jedoch unbelastet. Die Schaltung erfolgt durch das Verschieben des Schiebezahnrades ganz nach rechts. Dadurch greifen die in den vorherigen Abbildungen sichtbaren Klauen des Schiebezahnrades in die entsprechenden Ausnehmungen des mit dem Kettenrad verbundenen Zahnrades. Letzteres und dadurch auch das Kettenzahnrad wird durch das auf der Keilwelle geführte Schiebezahnrad mitgenommen.

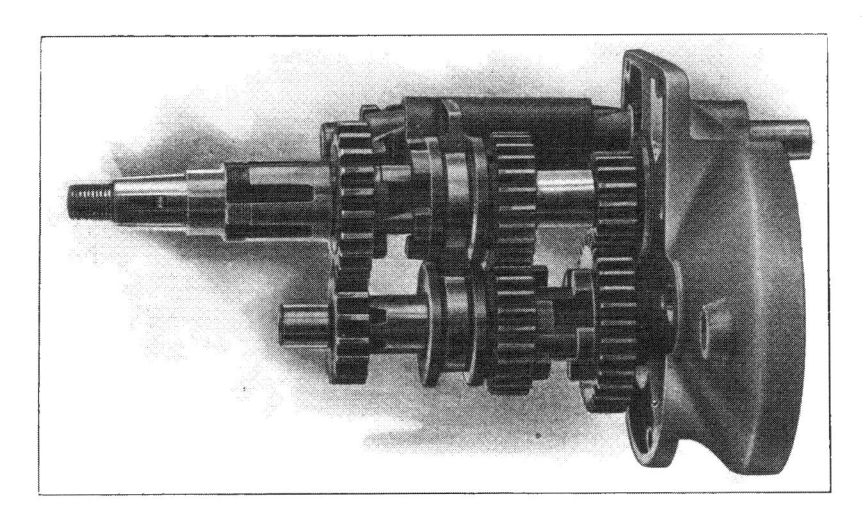

Abb. 150. Das Hurth-Dreiganggetriebe.

Die Nutenführung der beiden gemeinsam verschiebbaren Mittelräder und die Klauen sind deutlich sichtbar, **alle Zahnräder im ständigen Eingriff,** Schaltung nur durch Klauen und die Keile der Haupt- bzw. Gegenwelle.

Abb. 151. Getriebe für hängende Anordnung.

Das Getriebe wird entweder mit 2 oder mit 4 Bolzen — je nach Ausbildung der Getriebebrücke — befestigt. Das abgebildete Getriebe sieht Vierbolzenbefestigung vor.

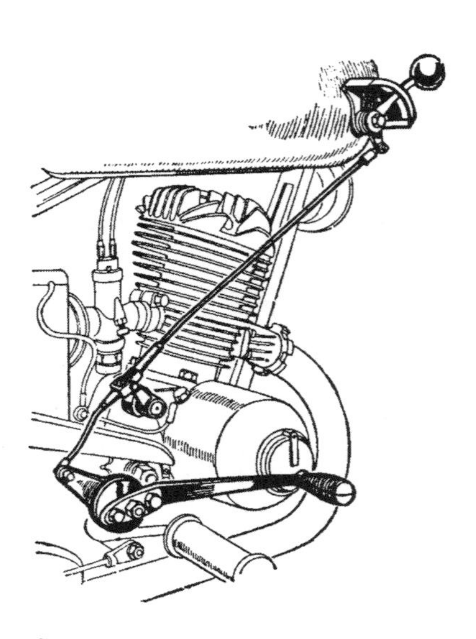

Abb. 152. Gemeinsame Hand- und Fußschaltung.

Wer sich an die außerordentlich bequeme, ein rasches Schalten ohne Loslassen der Lenkstange ermöglichende Fußschaltung nicht sofort gewöhnen kann, wird als Übergang die Doppelschaltung wählen, die allerdings meist eine Sonderanfertigung erheischt.

Einstellen auf. Gelegentlich ist der in diesem Falle besonders lang ausgebildete Schalthebel auch am Getriebe selbst gelagert, so daß jedwedes Schaltgestänge entfällt, wie dies z. B. bei der neuen NSU, bei BMW, Wanderer usw. der Fall ist (Abbildung 153).

Die Führung des Schalthebels im Schaltsegment ist derart gestaltet, daß dieser nicht nur in den einzelnen Stellungen festgehalten wird, sondern daß es auch leicht und ohne besondere Obacht möglich ist, den gewünschten Gang einzuschalten. Der in Abbildung 154 dargestellten Form ist daher auf alle Fälle die der Abbildung 154a oder Abbildung 155 vorzuziehen.

Abb. 153.
Direkte Handschaltung
Die Schaltung der verschiedenen Gänge kann auch durch einen langen Hebel erfolgen, welcher sich direkt am Getriebekasten befindet. In diesem Falle ist auch am Getriebekasten die Schaltführung zur Arretierung der einzelnen Gänge angebracht. Ein gesondertes Schaltgestänge kommt in Fortfall.

Leichte Motorräder weisen häufig recht interessante Zweiganggetriebe auf, die allerdings nicht immer eine Startvorrichtung in sich schließen, da leichte Maschinen ohne weiteres angeschoben werden können. Man verwendet bei derartigen Getrieben nicht ungern im Getriebegehäuse sogenannte Doppelkonuskupplungen, die die Verwendung einer gesonderten Kupplung erübrigen. Je nach Wahl des Fahrers wird dieser Doppelkonus, der auf der Hauptwelle geführt ist, nach rechts oder nach links verschoben, so daß entweder der erste oder der zweite Gang eingekuppelt wird. Bei einigermaßen normalem Gebrauch ist das Abreißen von Zähnen bei derartigen Maschinen ausgeschlossen. Die Abbildung 156 skizziert das Schema eines Zweiganggetriebes mit Doppelkonuskupplung. Eine seltene Abart stellen jene Krafträder dar, bei welchen zwei Ketten für den Antrieb

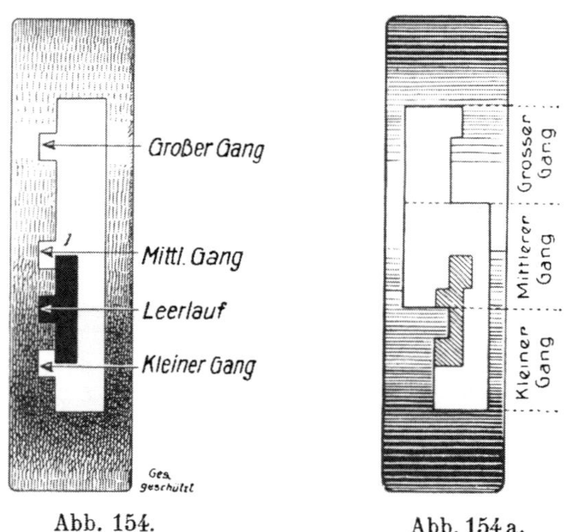

Abb. 154. Abb. 154 a.

Abb. 154. Veraltete Schaltführung.
Bei dieser einfacher Durchzugsschaltung ist es sehr leicht, sich zu verschalten.

Abb. 154 a. Schaltführung.
Die meisten Schaltführungen (Schaltsegmente) sind derart ausgeführt, daß ein „Verschalten" infolge des Absatzes, welcher für den zweiten Gang vorgesehen ist, vermieden wird.

des Hinterrades vorgesehen sind. Die beiden Kettenräderpaare besitzen verschiedene Zahnzahlen, so daß sich, je nachdem die eine oder die andere Kette zum Antrieb des Hinterrades benutzt wird, ein größeres oder kleineres Übersetzungsverhältnis wählen läßt. Wird für das Einschalten der Geschwindigkeiten eine Doppelkonuskupplung verwendet, so stellt die ganze Anordnung eine geradezu verblüffend einfache Lösung dar; Abbildung 157.

Abb. 155. Schaltführung.
Durch die stufenförmige Anordnung ist es leicht, jeden einzelnen Gang einzuschalten, ohne den Blick von der Fahrbahn abwenden zu müssen.

Erwähnung finden muß auch die ganz vorzügliche Getriebenabe der in Graz erzeugten „Puch"-Leichtmotorräder. Beim kleinen Gang

(Übersetzung 1 : 2) erfolgt der Antrieb über in Planetenform angeordnete Kegelräder. Das Widerlager dieser Kegelräder wird durch ein Bremsband festgehalten, so daß ein allmähliches Einkuppeln ermöglicht wird. Beim großen Gang erfolgt der direkte Antrieb vom Kettenrad über eine Lamellenkupplung, welche

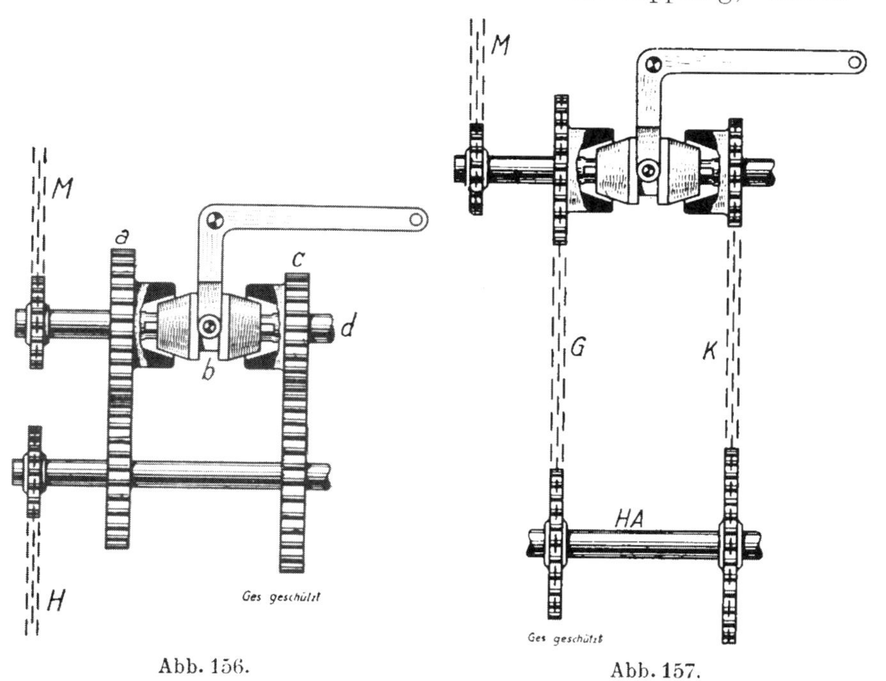

Abb. 156. Abb. 157.

Abb. 156. Zweiganggetriebe mit Doppelkonuskupplung.
Je nach dem Verschieben des Doppelkonusses b wird eine Verbindung mit dem Zahnrad a oder c, welche sich lose auf der Hauptwelle d bewegen, hergestellt und der größere oder kleinere Gang eingeschaltet. M Kette vom Motor, H Kette zum Hinterrad.

Abb. 157. Doppelkonuskupplung mit zwei Hinterradketten.
Je nach der Stellung des Doppelkonusses erfolgt der Antrieb des Hinterrades durch die Kette G (Großer Gang) oder durch die Kette K (Kleiner Gang); M Kette vom Motor, HA Hinterradachse.

ebenfalls in der Nabe untergebracht ist, auf das Hinterrad. Die gesamte Bestätigung der beiden Kupplungen und des Gangwechsels erfolgt durch einen einzigen Hebel, dessen Mittelstellung dem Leerlauf entspricht. Zieht man diesen Hebel nach rückwärts, wird der kleine Gang allmählich eingeschaltet und das Fahrzeug setzt sich rucklos in Bewegung. Aber selbst wenn man den Hebel rasch zurückzieht, kann ein Schaden nicht eintreten, da sämtliche Zahnräder sich in ständigen Eingriff befinden. Das Umschalten auf den großen Gang erfolgt durch einfaches Vorlegen des neben dem Tank angebrachten Schalthebels. Da auch das Einschalten des großen Ganges im Wege einer sehr elastischen Kupplung erfolgt, ist jeder brüske Stoß vermieden. Zur Benützung während der Fahrt, zum Beispiel im Stadtverkehr oder bei Hindernissen, ist außerdem ein Kupplungshebel an der Lenkstange vorgesehen, welcher die Lamellenkupplung betätigt.

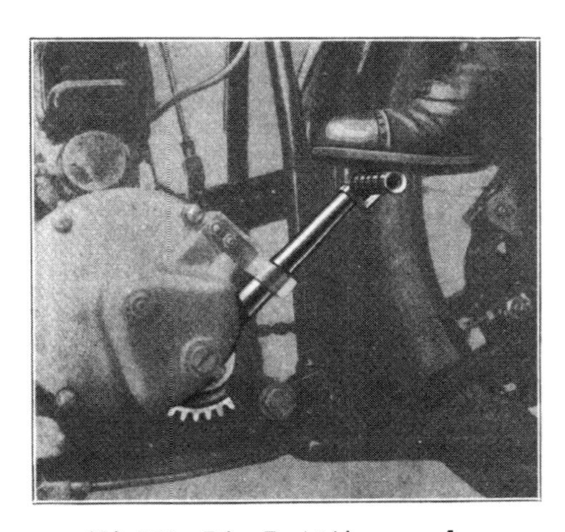

Abb. 158. Die Betätigung des Kickstarters.
Es ist zu vermeiden, mit der Mitte des Fußes auf den Kickstarter zu treten, um die durch Rückschläge eintretenden Prellungen zu verhindern.

Es steht außer jedem Zweifel, daß diese Lösung der Getriebefrage gerade für ein Volksmotorrad, wie es die „Puch" ist, als Ideallösung bezeichnet werden muß. Es kann selbst beim besten Willen nichts ruiniert werden. Es kann jeder Laie bedenkenlos nach Herzenslust den Schalthebel nach vor oder nach rückwärts legen, man kann, wie das ja auf dem Lande so häufig der Fall ist, ohne weiteres das Fahrzeug ausleihen, ohne befürchten zu müssen, daß der andere sich „verschaltet" und das Getriebe beschädigt, und so weiter. Es ist sicher, daß das Puch-Motorrad nicht nur der genialen Lösung des Zweitaktprinzipes durch das Zwei-Kolben-System und das der zweckdienlichen Ölungsanlage, welche mit dem Gashebel kombiniert betätigt wird, die weite Verbreitung verdankt, sondern in erster Linie dieser in der alten Ausführung im übrigen schon als veraltet betrachteten „Getriebenabe".

Die Vorrichtung zum Anstarten des Motors ist, wie bereits erwähnt, meist mit dem Getriebe verbunden. Der Angriff erfolgt auf ein eigenes Zahnrad, häufig der Vorgelegewelle, der Antrieb durch ein Zahnradsegment, das auf der Achse des Kickstarters sitzt. Außerdem muß noch eine entsprechende Freilaufvorrichtung vorhanden sein, damit beim Anspringen des Motors nicht der Kickstarter mitgerissen wird. Nachdem der Antrieb nicht durch ein vollständiges Zahnrad, sondern durch ein Zahnradsegment er-

Abb. 159. Geschlossener Kickstartermechanismus.

In den meisten Fällen wird der Kickstarter mit dem Getriebe kombiniert und der Kickstartermechanismus in sehr zweckmäßiger Weise vollkommen in das Gehäuse eingeschlossen.

folgt, ratscht die Freilaufvorrichtung, wenn sich der Kickstarter in seiner Ruhestellung befindet, nicht mit.

Der Kickstartermechanismus liegt entweder ganz frei oder ist teilweise geschlossen, wie dies unsere Abbildung 158 zeigt, oder vollkommen im Getriebegehäuse eingeschlossen. Letztere Ausführung hat sicherlich die größten Vorteile und läßt sich aus Abbildung 159 erkennen. Der Fußhebel ist entweder starr ausgeführt, oder es läßt sich das Pedal im Ruhezustand aufklappen (Abbildung 160). Da man sich beim Schieben einer Solomaschine nicht selten am Starter verletzt, hat die Möglichkeit des Aufklappens bei genügend kräftiger Dimensionierung aller Teile viel für sich.

Nun zur Kraftübertragung im engeren Sinne! Wie bereits erwähnt, handelt es sich darum, die Motorkraft erstens zum Getriebe zu übertragen, zweitens von diesem zum Hinterrad. In den meisten Fällen wird für beide Übertragungen die gewöhnliche Rollenkette verwendet („Kette-Kette“). Vereinzelt findet man für die Übertragung vom Getriebe zum Hinterrad auch den Keilriemen („Kette-Riemen“). Eine überaus günstige Lösung, die hauptsächlich in Deutschland Verwendung findet, ist die Vereinigung des Getriebes und des Motors zu einem gemeinsamen Block (Wanderer, D-Rad, NSU usw.). Diese Lösung hat den großen Vorteil, daß sich eine offene Übertragung vom Motor zum Getriebe erübrigt und das Getriebe ständig und reichlich durch das Überöl des Motors geschmiert wird. Die Kraftübertragung zum Getriebe erfolgt durch Zahnräder, die im Ölbad laufen. Es ist naheliegend, bei einer solchen Konstruktion auch die Kupplung in den Motorblock zu verlegen, wie dies die Wandererwerke schon seit Jahren tun. Derartige Kupplungen bestehen aus einer großen Zahl von Stahlscheiben und laufen wie alles andere im Ölbad. Sie ermöglichen ein ganz besonders sanftes Anfahren und Schalten.

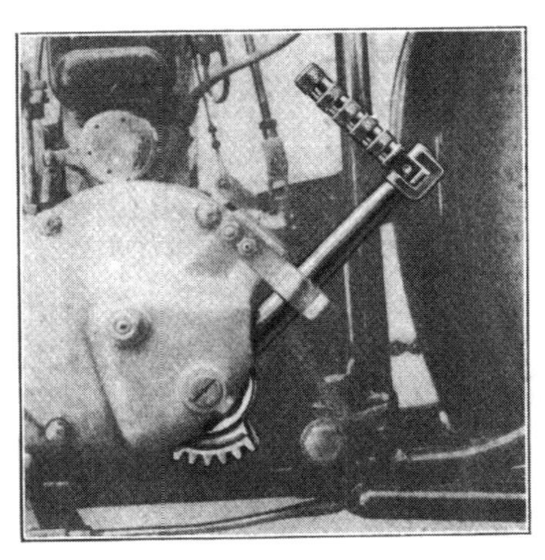

Abb. 160. Umlegbarer Kickstarter.
Besonders beim Schieben eines einspurigen Fahrzeuges wird man es als angenehm empfinden, wenn sich der Kickstarter-Fußhebel, durch den man sich leicht verletzt, umlegen läßt. Der starre Kickstarter ist auch bei Stürzen leicht der Beschädigung ausgesetzt.

b) Die Kupplung.

Die Mehrscheibenkupplung besteht aus Stahllamellen, zwischen denen sich meist Einlagen von Asbestscheiben oder Fiber befinden oder die mit Bremsbelag belegt sind. Bei den sogenannten Korklamellenkupplungen liegen zwischen den Stahllamellen Scheiben, in deren Löchern etwa 6 mm lange Korke (gewöhnliche abgeschnittene Flaschenkorke) stecken.

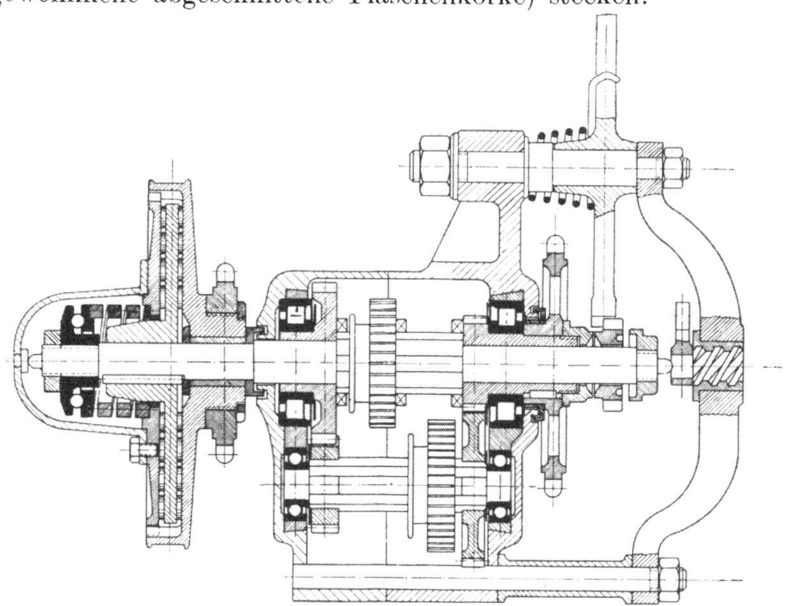

Abb. 160 a. Konzentrische Anordnung einer starken Kupplungsfeder.

Die links am Getriebe angebaute Kupplung ist eine Ein-Platten-Kupplung mit Korkbelag. Man sieht deutlich die mittlere Platte mit den Korken und links davon die starke Feder, welche die beiden Außenplatten zusammenpreßt.

Man unterscheidet in erster Linie zwischen „Einplattenkupplungen" und „Mehrplattenkupplungen". Einplattenkupplungen eignen sich im allgemeinen nur zur Übertragung geringerer Kräfte — also für schwächere bis mittelstarke Maschinen — und zeichnen sich durch eine verblüffende Einfachheit aus: die mit einem Zahnkranz, auf welchem die vordere Kette (Motor-Getriebe) läuft, versehene Mittelplatte befindet sich lose zwischen zwei Platten, welche durch eine starke Feder zusammengepreßt werden. Wird nun der Federdruck aufgehoben, so läßt sich die mittlere, getriebene Platte allein leicht drehen — es ist ausgekuppelt. Werden hingegen die Platten zusammengepreßt, so nimmt die mittlere Platte die anderen beiden Platten und damit das Getriebe mit. Die Mehrplattenkupplung, die durch die außerordentlich große Reibungsfläche auch zur Übertragung größter Kräfte befähigt ist, besteht aus einer großen Anzahl von Lamellen und Zwischenscheiben. Die Pressung der Platten erfolgt entweder durch eine konzentrisch angeordnete starke Feder, wie

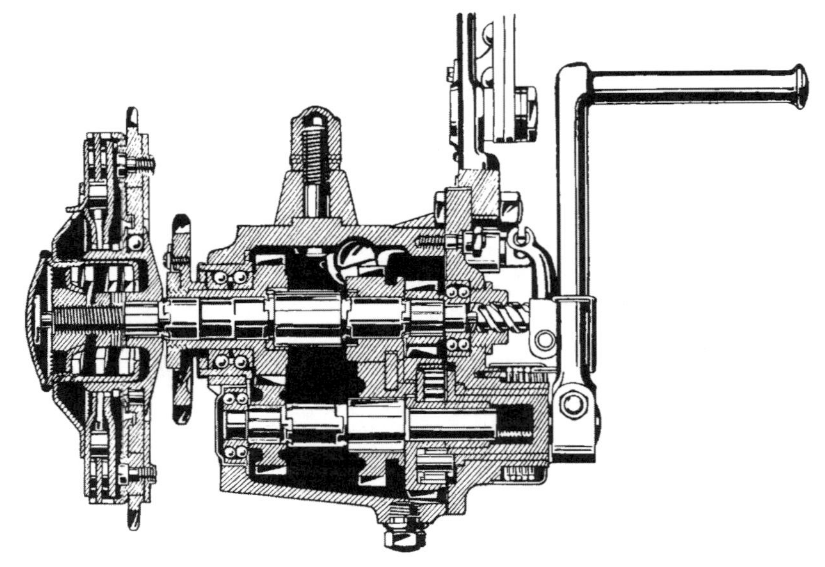

Abb. 161. Der Anbau der Kupplung am Getriebe.
Die Kupplungsvorrichtung befindet sich auf der Antriebsseite der Getriebehauptwelle.

dies aus der Abbildung 160a zu ersehen ist, oder durch eine größere Anzahl kleiner Federn.

Wichtig ist, daß sich jeder Leser einprägt, daß je die Hälfte der Scheiben eine Führung an der Innenseite, die andere Hälfte der Scheiben solche an ihrer Außenseite aufweist. Der Antrieb erfolgt in den meisten Fällen auf das Kupplungsgehäuse, das an seiner Innenseite entsprechende Führungen besitzt, in die jede zweite Lamelle eingreift. Durch die Pressung der Kupplungsfeder (Kupplungsfedern) nehmen diese Scheiben die zwischen ihnen liegenden Scheiben, die auf der Achse Führung besitzen, mit. Das Auskuppeln erfolgt in der Weise, daß der Druck der

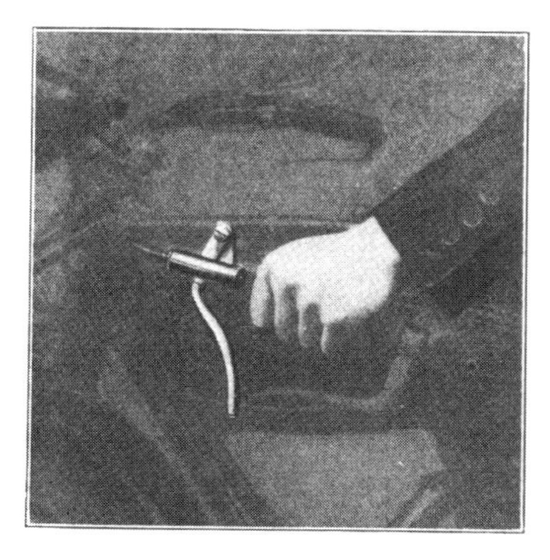

Abb. 162.
Kupplungshandhebel.

Der dargestellte Hebel besitzt eine Vorrichtung zur Parallelführung des Bowdenseiles, so daß die Beschädigung desselben durch das bei gewöhnlichen Hebeln so häufig vorkommende Abknicken vermieden wird.

Kupplungsfeder durch die Betätigung des Kupplungshebels oder Kupplungspedals aufgehoben bzw. von diesem aufgenommen wird. Es gleiten also im ausgekuppelten Zustande die Scheiben lose aneinander vorbei. Beim langsamen Einkuppeln nehmen die im Kupplungsgehäuse geführten Lamellen die auf der Achse sitzenden allmählich mit.

Die Anordnung der Kupplung im Verhältnis zum Getriebe ist am besten aus Abbildung 161 zu erkennen. Die Kupplung sitzt außen auf der Getriebe-Hauptwelle. Für die Betätigung der Kupplung ist entweder auf der Lenkstange ein entsprechender Kupplungshebel (Abbildung 162) vorgesehen, welcher durch Bowdenkabel die Kupplung bedient, oder es ist ein Kupplungspedal vorhanden, das die Kupplung mittels eines Gestänges betätigt (Abbildung 163). An manchen Maschinen finden wir auch Hebel und Pedal kombiniert vor.

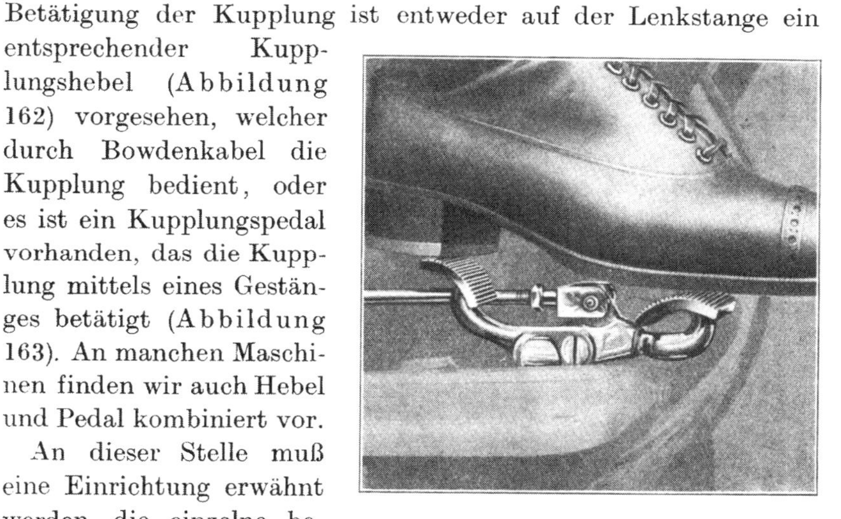

Abb. 163.
Kupplungsfußhebel.

Um beim Kuppeln mit dem Fuß eine genaue und fein abgestufte Betätigung zu ermöglichen, wird der Fußhebel zweckmäßiger Weise nicht als einarmiger, sondern als zweiarmiger Hebel ausgebildet.

An dieser Stelle muß eine Einrichtung erwähnt werden, die einzelne besonders robuste Krafträder vom Automobil übernommen haben: die Schaltarretierung. Dieselbe ist eine verhältnismäßig einfache Vorrichtung, welche den Schalthebel sperrt, sobald und solange eingekuppelt ist, und das Einkuppeln verhindert, wenn sich der Schalthebel auf einer Zwischenstellung befindet. Es ist bei Maschinen mit Schaltarretierung nicht möglich, den Gang zu wechseln, ohne auszukuppeln, es ist ferner nicht möglich, einzukuppeln, bevor der gewünschte Gang sich in vollem Eingriff befindet. Es steht außer Zweifel,

Abb. 164. Die Schaltarretierung.

Der quer über dem Getriebe liegende Hebel ist der Kupplungshebel; das Segment mit dem Ausschnitten steht in Verbindung mit dem Schaltgestänge. Letzteres ist gesperrt, solange der Kupplungshebel sich in der dargestellten Lage befindet und die Nase desselben in einem der Ausschnitte ruht. Auch das Einkuppeln ist nicht möglich, solange das Schaltsegment auf einer Zwischenstellung steht.

daß eine derartige Einrichtung ganz besonders für den Anfänger außerordentliche Vorteile in sich schließt und eine Beschädigung des Getriebes so gut wie unmöglich macht (z. B. Harley-Davidson. Eine solche Vorrichtung ist aus Abbildung 164 deutlich zu sehen.

c) Der Stoßdämpfer.

Eine wichtige Einrichtung neuzeitlicher Krafträder ist der in die Kraftübertragung eingeschaltene „Stoßdämpfer“. Es bedarf keiner besonderen Ausführung, daß durch die einzelnen Explosionen brüske Stöße und plötzliche Beanspruchungen auftreten. Wenn auch die Schwungmasse sozusagen der Akkumulator ist, der die Stöße der einzelnen Explosionen aufnimmt, sammelt, ausgleicht und als eine kontinuierliche Kraftleistung weitergibt, so ist doch bei langsamerem Laufe des Motors jede einzelne Explosion fühlbar. Auch die Unebenheiten der Straße wirken sich höchst ungünstig auf die Kraftübertragung aus. Dazu kommt noch ein Vandalismus verschiedener Fahrer, die durch unrichtiges Schalten und plötzliches Einkuppeln die Übertragungsorgane auf das höchste beanspruchen. Diese Stöße nach Möglichkeit aufzunehmen und auszugleichen, ist Aufgabe des Stoßdämpfers. Wir müssen zweierlei Arten von Stoßdämpfern unterscheiden: die einen beruhen auf Friktionswirkung, die andern auf Federwirkung. Erstere „fressen" den Stoß sozusagen auf, indem sie ihn durch Reibung in Wärme verwandeln, letztere speichern die im Augenblick des Stoßes überschüssige Kraft durch das Zusammenpressen einer oder mehrerer Federn auf, so daß diese Federn in der Lage sind, nach dem Stoß die Kraft wieder abzugeben. Der Friktionsstoßdämpfer wird in einfachster und billigster Weise in der Weise hergestellt, daß die Kettenscheibe des Hinterrades nicht auf die Nabe des Hinterrades festgeschraubt, sondern unter beiderseitiger Beigabe von Fiberscheiben zwischen zwei Platten festgeklemmt wird. Die Dämpferwirkung ist demnach in einfacher Weise regulierbar. Ein derartiger Friktionsstoßdämpfer ist in Abbildung 165 im Schnitt dargestellt.

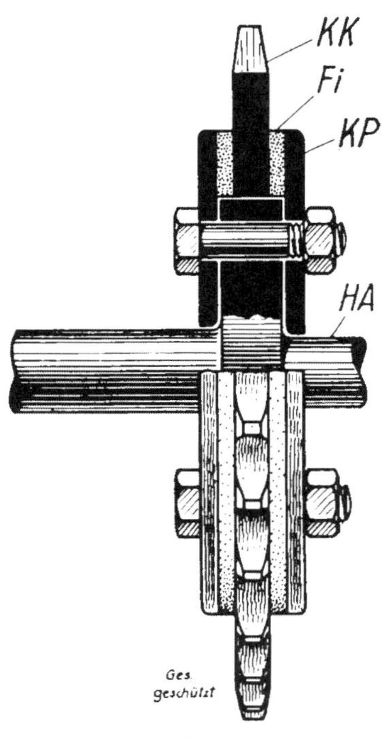

Abb. 165. Der Friktionsstoßdämpfer.
HA Hinterradachse, KK Kettenzahnkranz, Fi Fiberbeilagen (Messingasbestscheiben), KP Klemmplatten.

Der federnde Stoßdämpfer wird am häufigsten an der Hauptwelle des Motors angebracht und zeigt die aus Abbildung 166

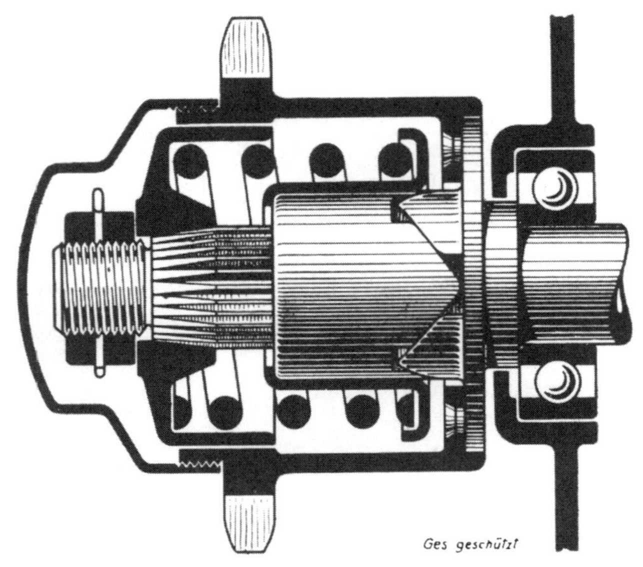

Abb. 166. Der Federstoßdämpfer.

Die Wirkungsweise ist ohne weiteres zu ersehen. Bei festen Stößen hebt sich der mit schiefen Ebenen versehene Mitnehmer, zieht jedoch unter dem Druck der starken Feder das Zahnkranzgehäuse wieder nach, um in die Ruhestellung zurückkehren zu können.

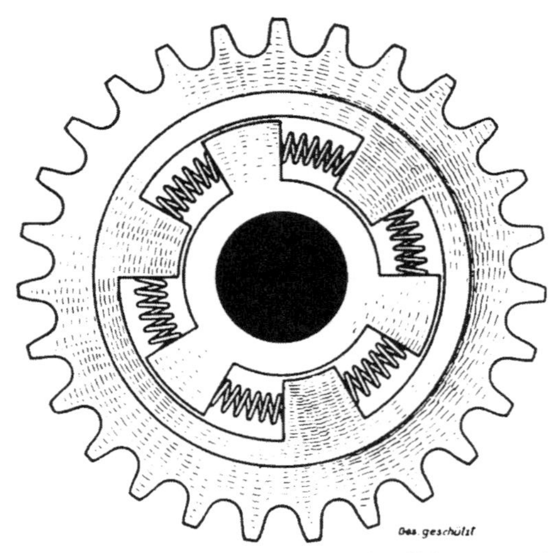

Abb. 167. Federstoßdämpfer im Hinterrad.

Der Antrieb des Hinterrades erfolgt seitens des nicht fest montierten Zahnkranzes unter Zwischenschaltung von starken Spiralfedern. Gelegentlich findet man an Stelle der Federn auch fest eingebaute Gummiklötze.

leicht zu ersehende Ausführung. Nicht selten findet man federnde Stoßdämpfer auch am Zahnrad des Hinterrades. Unsere Abbildung 167 zeigt einen solchen Stoßdämpfer.

d) Der Kardanantrieb.

In diesem Abschnitt wird eine Kraftübertragung behandelt, die von einzelnen deutschen Fabriken verwendet wird: der Kardanantrieb. In dem Streben, die Kette durch eine bessere Einrichtung zu ersetzen, war es naheliegend, zu jener Lösung zu gelangen, die sich im Kraftwagenbau außerordentlich bewährt hat. Außerdem war es aus verschiedenen Gründen verlockend, die Kurbelwelle des Motors nicht quer zur Fahrtrichtung, sondern

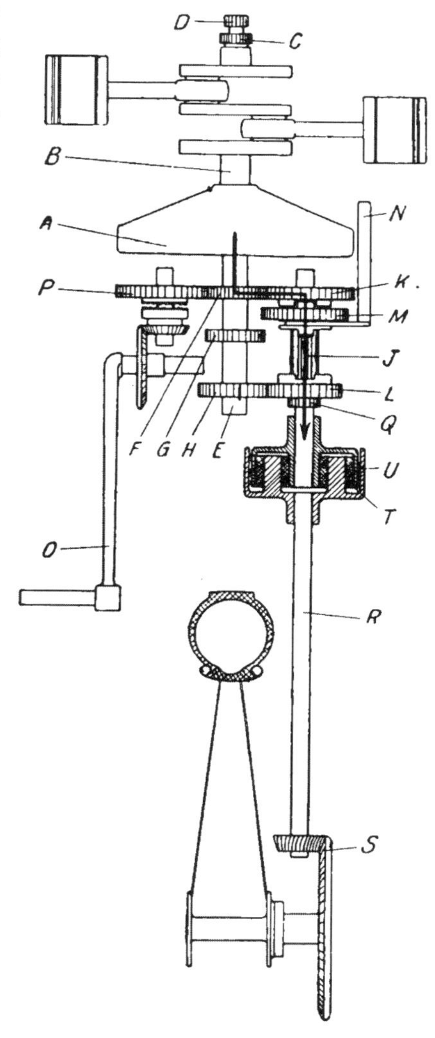

Abb. 168. Die Kraftübertragung des BMW-Motorrades.

Die Kurbelwelle des quergestellten Zweizylindermotors steht in direkter Verbindung mit der Schwungscheibe, in welcher die Kupplung eingebaut ist. Auf der Kurbelwelle befindet sich das Zahnrad C und D zum Antrieb der Ventilsteuerung und der Ölpumpe. Der Antrieb des Getriebes erfolgt durch die Hauptwelle E und deren festsitzende Zahnräder F, G und H. Parallel zur Hauptwelle läuft die Vorgelegewelle J, deren lose Zahnräder K und L sich in ständigem Eingriff mit den Rädern F und H befinden. Weiter befindet sich auf der Vorgelegewelle, durch Keile und Nuten geführt, das Verschiebezahnrad M, welches zu beiden Seiten mit Kupplungsklauen versehen ist. Auch die Räder K und L besitzen entsprechende Klauen. Die Stellung bei den verschiedenen Gängen und die Art der Kraftübertragung in jedem einzelnen Fall ist aus der Zeichnung zu ersehen. Das Anwerfen des Motors erfolgt durch den Kickstarter, der durch eine Kegelradübertragung und das Ritzel P dem Stirnrad F und damit der Hauptwelle einige Drehungen erteilt. Die Kraftübertragung vom Getriebe zum Hinterrad erfolgt direkt von der Vorgelegewelle aus unter Verwendung des Kegelradantriebes S, der Kardanwelle R und der elastischen Scheibe T. Letztere vermeidet ein Klemmen der Lager infolge etwaiger Rahmenverziehungen und gewährleistet stoßfreien Lauf.

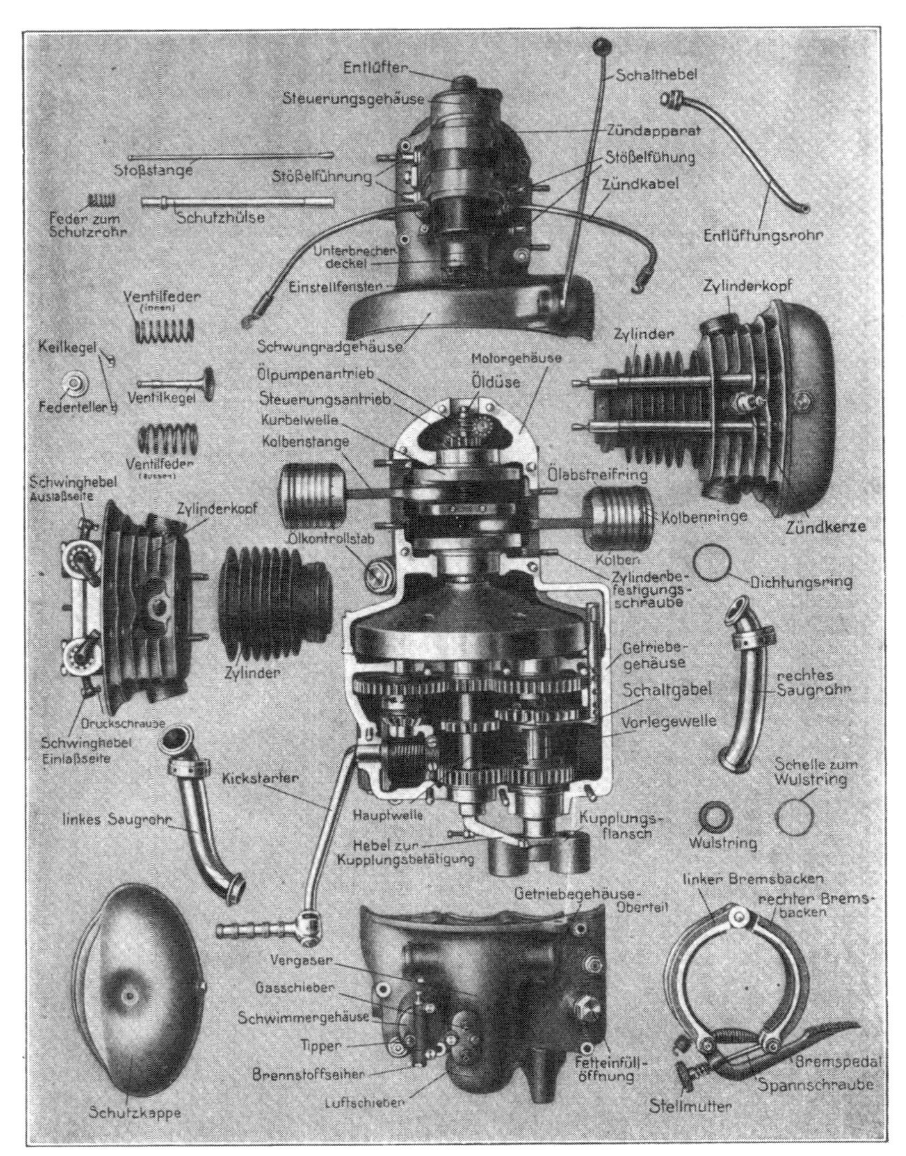

Abb. 169. Bildliche Darstellung des Motors und der gesamten Kraftübertragung des BMW-Motorrades.

Die in der Abb. 168 schematisch dargestellte Anordnung der Kraftübertragung ist in dieser Abbildung bildlich zu sehen, so daß auch das Äußere der einzelnen Teile deutlich erkennbar wird.

parallel mit dieser zu legen. Diese Anordnung ermöglicht es, direkt an die Achse des Motors das Getriebe anzuschließen und die Nebenwelle des Getriebes unter Zwischenschaltung eines Kardangelenkes oder einer Hardyscheibe zu verlängern und zum Hinderrad, das durch zwei Keilräder in verhältnismäßig einfacher Weise angetrieben werden kann, zu führen. Das Kardangelenk oder die Hardyscheibe vermeidet Pressungen in den Lagern, die bei einer längeren Welle durch Verziehung des Rahmens allzuleicht auftreten könnten. Eine schematische Darstellung eines Kraftrades mit Kardanantrieb zeigt die Abbildung 168. In bezug auf praktische Ausführung eines solchen Motorrades wird auf die bekannte BMW verwiesen. Die anfänglichen Schwierigkeiten, die in der Herstellung genügend starker Kegelräder bestanden haben, können wohl als überwunden bezeichnet werden. Der Kardanantrieb hat den großen Vorteil, keiner ständigen Wartung bedürftig zu sein und an Zuverlässigkeit der Kette sicherlich nicht nachzustehen. Daß der Kardantrieb in jenen Fällen besonders bestechend ist, in welchen die Motorachse parallel zur Fahrtrichtung liegt, geht aus Abbildung 168 deutlich hervor. Die Gesamtanordnung des Getriebes der BMW zeigt die Abbildung 169, während die Bauart des Hinterradantriebes aus Abbildung 170 zu ersehen ist. Ein vollkommen in ein Aluminiumgehäuse eingeschlossener Kardanantrieb befindet sich beim „Krieger“-Motorrad, welches unter Abbildung 171 abgebildet ist.

Abb. 170. Der Kegelradantrieb beim Hinterrad.

Das Gehäuse des Kegelradantriebes (BMW) ist teilweise göffnet.

e) Die Kette.

Nun noch einige Worte über die Kette und den Keilriemen. Die für die Kraftübertragung in Betracht kommende Kette wird als „Rollenkette" bezeichnet. Sie besteht aus Innen- und Außen-

Abb. 171. Vollständig gekapselter Kardanantrieb.

gliedern, erstere aus zwei inneren Seitenplatten, die durch zwei Buchsen (Röhrchen) fest verbunden sind. Über den Buchsen befindet sich drehbar die Rolle. Die Außenglieder bestehen aus

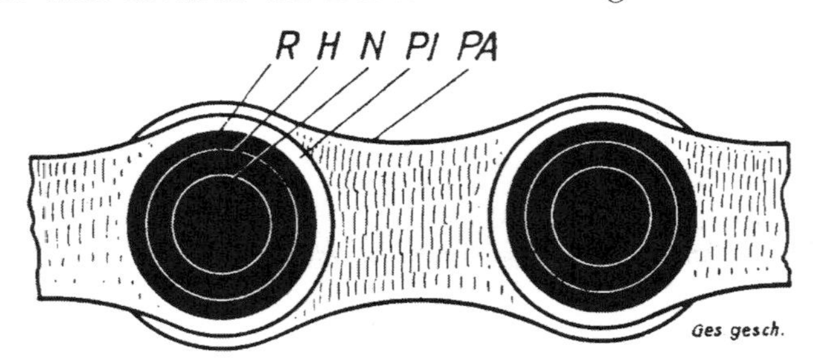

Abb. 172. Querschnitt durch die Rollenkette.
N Niete des Außengliedes, H durchbohrte (hülsenartige) Niete des Innengliedes, R Rolle, PI Seitenplatte des Innengliedes, PA Seitenplatte des Außengliedes.

zwei äußeren Seitenplatten, die durch zwei Nieten fest verbunden sind. Die Nieten sind drehbar in den Buchsen der Innenglieder gelagert. Den Querschnitt einer Kette zeigt die Abbildung 172. Es ist selbstverständlich, daß die Ketten nur aus allerbestem

Material hergestellt werden können, da besonders die Kette vom Getriebe zum Hinterrad ganz ungeahnten Beanspruchungen und Spitzenleistungen entsprechen muß. Die Verbindung der Kette erfolgt durch ein sogenanntes „Kettenschloß“, das aus einem zerlegbaren Außenglied besteht. Bei diesem Außenglied ist eine Seitenplatte abnehmbar, so daß sich die andere, in der die Nieten befestigt sind, leicht entfernen läßt. Der Verschluß erfolgt in der Weise, daß die beiden Nieten entweder verschraubt werden oder aber die lose Seitenplatte durch einen sogenannten „Vorstecker“ am Herausfallen gehindert wird. Dieser Vorstecker kann unter Verwendung eines Schraubenziehers oder eines sonstigen Metallstückes entfernt werden, so daß das Abnehmen der Kette das Werk weniger Sekunden ist (Abbildung 173). Ähnlich ausgebildet sind die Kettenersatzteile, die noch an anderer Stelle dieses Buches eingehend beschrieben werden.

Abb. 173.
Kettenschloß mit Vorstecker.

An Stelle der früher üblichen Verschraubung ist nun allgemein der federnde Vorstecker getreten. Der Vorstecker wird mit einem Schraubenzieher oder einem ähnlichen Instrument entfernt.

Zum Schutz der Ketten sind entsprechende Kettenschutzbleche vorgesehen. Die vordere Kette (vom Motor zum Getriebe) wird meist von diesem Schutzblech vollständig umschlossen. Die hintere Kette (vom Getriebe zum Hinterrad) wird durch einen darüberliegenden Blechwinkel vor jenem Straßenstaub geschützt, der von der Bereifung des Hinterrades nach abwärts geschleudert wird. Einzelne Fabriken verwenden vollkommen geschlossene Kettenkästen, in die das Überöl des Motors fließt, so daß die Kette in einem ständigen Ölbad läuft. Es steht außer jedem Zweifel, daß solche geschlossene Kettenkästen große Vorteile in sich schließen und die Lebensdauer der Kette vervielfachen. Andererseits stellen die Kettenkästen eine wesentliche Verteuerung des Kraftrades dar, da ihre Ausbildung nicht ganz einfach ist und Einrichtungen aufweisen muß, die ein Verschieben des Hinterrades und des Getriebes ermöglichen. Ein Nachteil der Kettenkästen

Abb. 174. Geschlossene Kettenkästen.
Ausführung in Aluminiumguß, vierteilig, auch die rückwärtige Kette vollkommen umschließend.

ist die Möglichkeit der Verölung der Trockenkupplung und die Schwierigkeit der ständigen Überwachung der eingeschlossenen Organe. Die Verölung der Kupplung läßt sich vermeiden, wenn

Abb. 175. Geschlossene Kettenkästen.
Ausführung in gepreßtem, starkem Blech, durch entsprechende Ausbildung auch beim Getriebe vollkommen dicht schließend.

die im Kettenkasten vorgesehene Auslauföffnung stets freigehalten wird. Wichtig ist des weiteren, daß durch die Anbringung geschlossener Kettenkästen das Ausmontieren des Hinterrades

Abb. 176. Die Kraftübertragung des Blockmotors.
Beim Blockmotor kommt die vordere Kette in Wegfall. Der Antrieb vom Motor zum Getriebe erfolgt durch Zahnräder. Motor, Zahnradübertragung und Getriebe befinden sich in einem Gehäuse, so daß sich eine gemeinsame Schmierung ergibt.

nicht allzusehr erschwert werde. Sehr praktisch sind geschlossene Kettenkästen bei auswechselbaren Rädern, da bei diesen die Kette an und für sich nicht berührt werden muß und der Kettenkasten vor Beschmutzung schützt. Die Abbildungen 174 und 175 zeigen vollkommen abschließende Kettenkästen in verschiedener Ausführung.

Abb. 177.
Das Äußere eines Blockmotors.
Motor und Getriebe in einem gemeinsamen Block. Das Gehäuse, in welchem die Übertragungszahnräder zum Getriebe untergebracht sind, läßt sich gesondert öffnen, desgleichen das Steuergehäuse, in welchem die Nockenräder, die Rollenhebel und die Zahnräder zum Magnetantrieb liegen. Man beachte die Ventilverschalung.

f) Der Blockmotor.

Da man bei neuzeitlichen Motoren vielfach die Vereinigung des Getriebes mit dem Motor zu einem gemeinsamen Block vorfindet, ist es erforderlich, auch die in diesem Falle allein in Betracht kommende Übertragung vom Motor zum Getriebe durch Zahnräder kurz zu

Abb. 178. Der alle Teile des Motors in einem Gehäuse vereinigende Blockmotor der BMW-Motorräder.

Sämtliche zum Motor gehörigen Teile sind in einem leicht aus dem Rahmen ausbaufähigen gemeinsamen Block vereinigt, selbst der Vergaser ist nicht gesondert montiert, sondern ist in einem Guß mit dem Motor-Getriebe-Block hergestellt. Die Luft wird zur Vorwärmung durch das Kurbelgehäuse angesaugt. Der Getriebeschalthebel ist am Block selbst gelagert, so daß ein Schaltgestänge in Fortfall kommt. Der untere Teil des Blocks ist als Öltank ausgebildet.

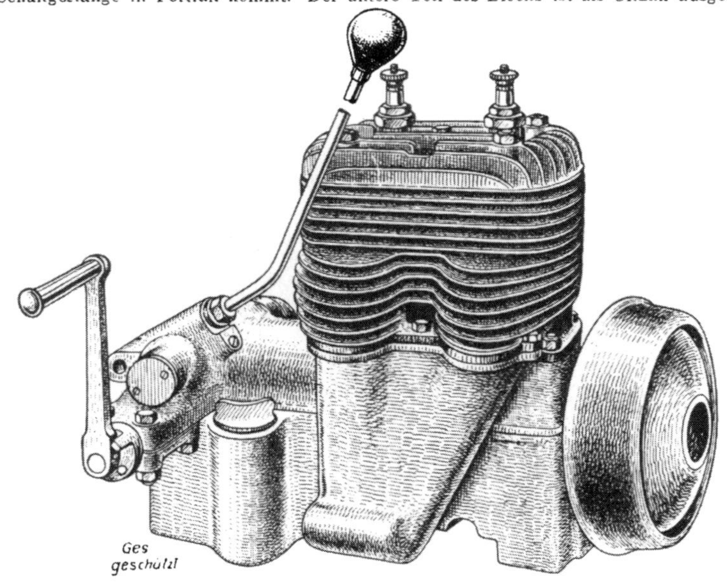

Abb. 179. Zweitakt-Zweizylinder-Blockmotor.

Der 350 ccm Villiersmotor: Motor mit Getriebe, Kickstarter und Kupplung einen Block bildend. Öltank im Kurbelgehäuse (Ölsumpf). Die Getriebeschaltung ist keine Durchzugsschaltung, sondern eine Kugelschaltung.

Abb. 180. Der Gummikeilriemen.

Leinwandeinlagen verhindern eine zu starke Ausdehnung des Gummiriemens.

erwähnen. Führende Beispiele bieten in dieser Hinsicht Wanderer, das D-Rad und NSU. Es ist erfreulich, daß auch auf diesem konstruktiv grundlegenden Gebiete die deutschen Konstrukteure schrittmachend vorangegangen sind. Die Abbildung 176 zeigt die bei den alten „Wanderern" verwendete Übertragung vom Motor zum Getriebe und die Abbildung 177 das Äußere eines Blockmotors (D-Rad).

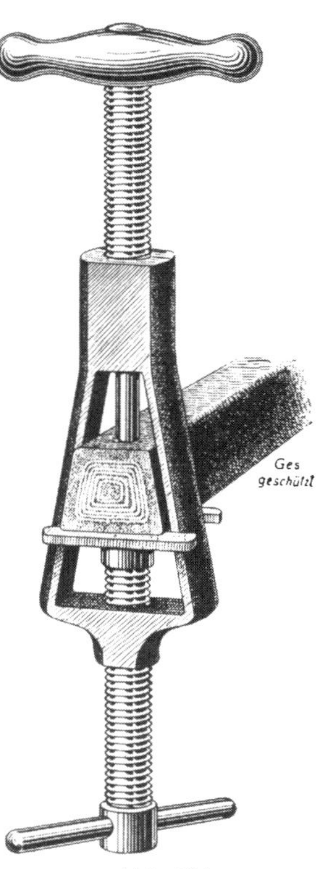

Abb. 181.
Der Riemenlocher.
Durch die Verwendung eines zweckentsprechend gebauten Riemenlochers ist es möglich, den Riemen vollkommen symmetrisch und gerade zu lochen. Schlechte Lochungen verursachen Ausspringen, Schlagen und vorzeitige Abnützung des Riemens.

Bei dem Blockmotor in der Bauart der BMW, welchen die Abbildung 178 darstellt, fehlt eine eigentliche Übertragung vom Motor zum Getriebe vollkommen, da es möglich war, die Motorwelle infolge der quergestellten Lage des Motors direkt zur Kupplung zu führen, wie dies aus der Abbildung 169 bereits ersehen werden konnte. Bemerkenswert in dieser Hinsicht ist übrigens auch der Villiers-Zweitakt-Zweizylinder-Blockmotor (Abbildung 179), bei welchem jedoch im Hinblick auf die gewählte Kettenübertragung zum Hinterrad sich zwischen Motor und Getriebe ein Kegelradantrieb befindet.

g) Der Riemen.

Als Keilriemen findet entweder ein Gummikeilriemen oder ein Lederkeilriemen Verwendung. Ersterer hat den letzteren zweifelsohne aus dem Feld geschlagen. Der Gummikeilriemen besitzt eine entsprechende Leinwandeinlage (Abbildung 180). Der Lederkeilriemen ist aus mehreren Schichten Chromleder, welche mittels Kupferdraht zusammengenäht sind, hergestellt. Die Verbindung des Keilriemens erfolgt durch ein „Riemenschloß“ oder einen „Riemenverbinder“. Es ist wichtig, die beiden Teile des Riemenschlosses vollkommen

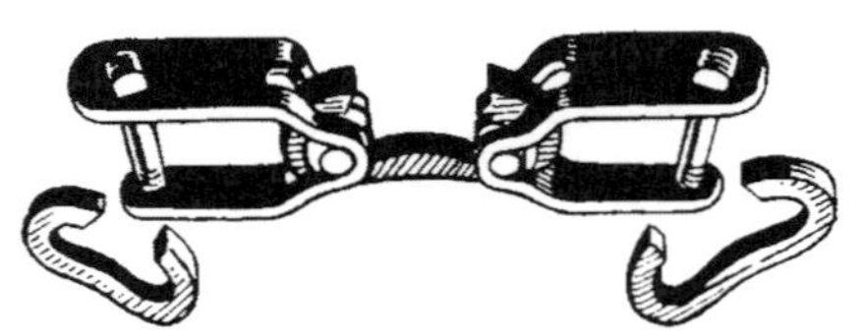

Abb. 182. Das Riemenschloß.
Die beiden beigegebenen Haken ermöglichen ein Verlängern bzw. Verkürzen des Riemens.

symmetrisch an den beiden Riemenenden anzuschrauben, um ein Schlagen oder Ausspringen des Riemens zu vermeiden. Die Lochung erfolgt durch einen „Riemenlocher“, wie einen solchen in bester Ausführung die Abbildung 181 zeigt. Die Verbindung der beiden Teile erfolgt meist durch Haken, die in verschiedener Länge erhältlich sind, um ein Nachspannen des Riemens in gewissen Grenzen zu ermöglichen. Abbildung 182 zeigt ein komplettes Riemenschloß mit 2 Austauschhaken.

Abschnitt 5.

Der Rahmenbau.

Der Rahmen des Kraftrades hat sich, abgesehen von den allerersten Krafträdern, bei welchen vollkommen selbständige Wege gegangen wurden, zweifelsohne aus dem Rahmen des gewöhnlichen Fahrrades entwickelt, wie das Kraftrad ja überhaupt eine Fortbildung des Fahrrades darstellt. Es ist daher selbstverständ-

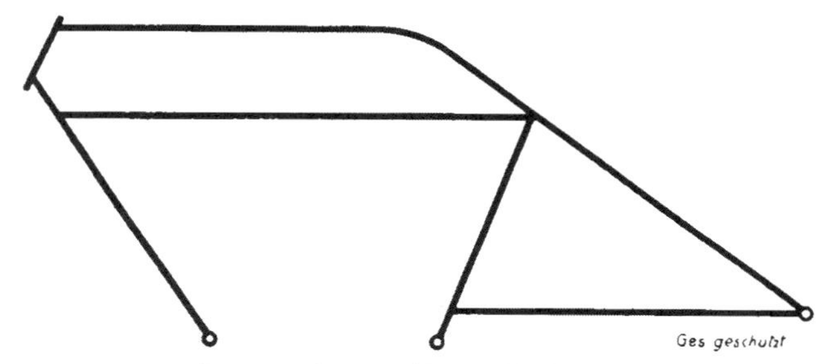

Abb. 183. Der offene Rahmen.

Der Motor bildet einen Teil des Rahmens, indem er die Verbindung der nach unten gehenden Rohre herstellt und erst dem Rahmen ein festes Gefüge verleiht.

lich, daß im allgemeinen die Krafträder bezüglich ihres Rahmenbaues nicht nur in der Formengebung, sondern auch in der grundsätzlichen Gestaltung den Fahrrädern ähnlich sind. Diese Ausführungsform wurde dadurch begünstigt, daß bei den seinerzeitigen Krafträdern Tretkurbeln vorhanden waren, so daß auch in dieser Hinsicht eine Ähnlichkeit mit dem Fahrrade naturgemäß hergestellt werden mußte. Da aber derartige Bauarten heute nicht mehr in Frage kommen, auch bei Leichtmotorrädern nur in verschwindendem Maße, wird von denselben Abstand genommen, und es werden nur die am häufigsten verwendeten Rahmenausführungen behandelt.

Der zweifelsohne verbreitetste Rahmenbau ist der sogenannte „offene Rahmen" aus Stahlrohren. Derselbe ist in Abbildung 183 dargestellt. Bei einer derartigen Ausführung bildet der

Motor sozusagen einen Teil des Rahmens und ermöglicht erst die notwendige Stabilität. Bei leichteren Maschinen kommt auch häufig das unter dem Tank laufende Rahmenrohr in Wegfall, so daß sich ein Rahmen nach Abbildung 184 ergibt.

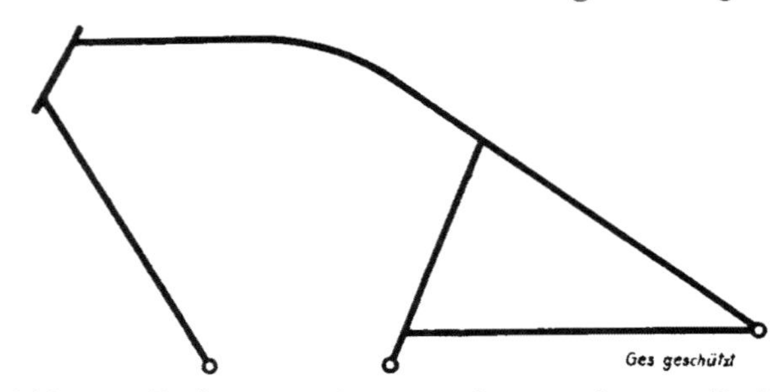

Abb. 184. Offener Rahmen mit nur einem oberen Rahmenrohr.

Bei leichteren Motorrädern wird gelegentlich auch ein Rahmen verwendet, bei welchem unter dem Tank sich kein Rohr befindet.

Während beim Fahrrad das obere Rahmenrohr ungefähr in wagrechter Richtung verläuft, weist der Motorradrahmen einen starken Abfall nach rückwärts auf, um eine möglichst niedrige Sitzhöhe zu erreichen. In dieser Hinsicht kommt sowohl ein

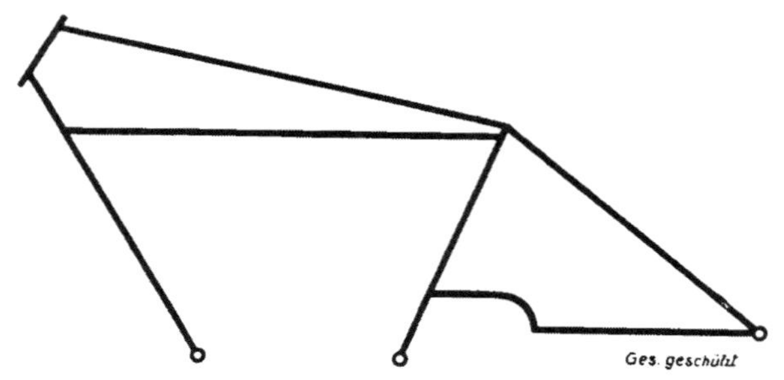

Abb. 185. Rahmen mit schräg nach unten verlaufendem oberem Rahmenrohr.

Durch die Senkung des oberen Rahmenrohres wird eine tiefe Anbringung des Sattels ermöglicht.

schräg nach unten laufendes (Abbildung 185) als auch ein nach unten gebogenes Rahmenrohr (Abbildung 186) in Frage. Von diesen Ausführungen ist die Formengebung des Tanks abhängig, ganz besonders bei der Verwendung eines sogenannten „Satteltanks"; Abbildung 187.

Die untere Hinterradgabel wird in fast allen Fällen derart ausgebildet, daß sie gleichzeitig zum Tragen des Getriebes, sei es nun hängend oder stehend befestigt, dienen kann.

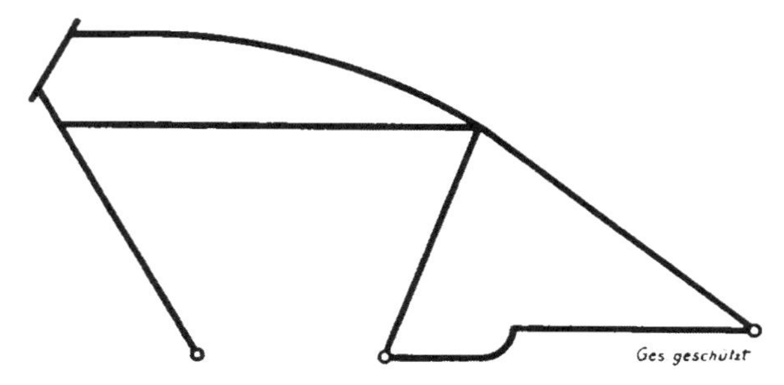

Abb. 186. Rahmen mit nach unten gebogenem oberen Rahmenrohr.

Da, abgesehen von den Vorteilen einer einfachen und billigen Ausführung, der offene Rahmen schwere konstruktive Mängel aufweist, wird von verschiedenen Fabriken der Rahmen geschlossen ausgeführt, wie dies Abbildung 188 zeigt. Eine

Abb. 187. Die Formgebung des Rahmens in Verbindung mit jener des Tanks.

Der dargestellte zweiteilige Satteltank ermöglicht nicht nur eine zweckmäßige Ausbildung des Rahmens, sondern auch eine besonders starke Ausführung des Steuerkopfes.

derartige Ausführung des Rahmens bietet außerdem einen nicht zu verachtenden Schutz des Kurbelgehäuses gegen Verletzungen durch Aufstoßen auf Bodenunebenheiten.

Abb. 188. Der geschlossene Rahmen.

Aus dem Bilde ist zu ersehen, daß der Rahmen unter dem Motor durch ein Verbindungsstück geschlossen ist. Der Motor wird geschützt und der Rahmen vor Verziehungen bewahrt, was ein besonderer Vorteil bei Demontagen des Motors ist.

Um die Festigkeit des Rahmens zu erhöhen, wird in letzter Zeit sehr häufig ein „Doppelrahmen" verwendet, bei welchem insbesondere das vom Steuerkopf nach unten zum Motor laufende Rahmenstück aus zwei Rohren ausgeführt wird; Abbildung 189. Der Rahmen kann entweder, wie gezeigt, nur den Motor umschließen oder auch das Getriebe.

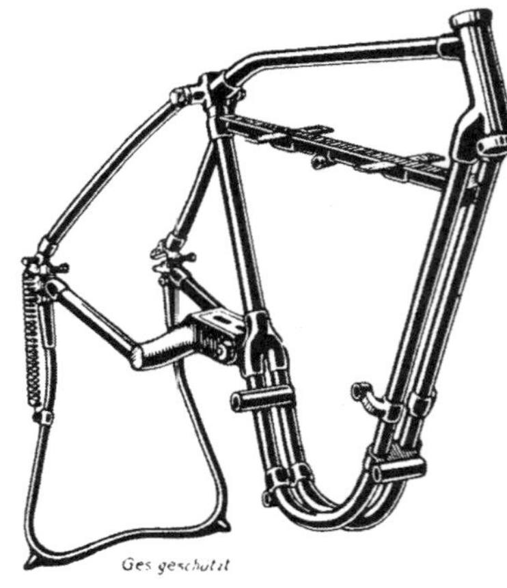

Abb. 189. Geschlossener Rahmen mit Doppelrohren.

Der Konstrukteur dieses englischen Rahmens hat die Hauptgefahr der Rahmenbrüche — das vom Steuerkopf zum Motor verlaufende Rohr — erfaßt und diesen gefährdeten Teil des Rahmens besonders kräftig gehalten.

Die vorstehend erwähnten und beschriebenen Rahmen sind sogenannte „zweidimensionale", also zur Hauptsache in einer Ebene liegende Rahmen. Es ist klar, daß solche Rahmen sich sehr leicht, ganz besonders bei Beiwagenbetrieb, verziehen. Es ist auch naheliegend, daß man diesem schweren Nachteil nur dadurch wirksam begegnen kann, daß der Rahmen auch eine Ausbildung in der dritten Dimension erhält. Der „dreidimensionale“ Rahmen, der allein das für das Motorrad, insbesondere die Beiwagenmaschine, unbrauchbare Prinzip des einfachen Fahrradrahmens verläßt, wird

Abb. 190. Der zum Vorbild gewordene BMW-Rahmen.

sicherlich der Rahmen der Zukunft sein. Wir Deutschen können stolz darauf sein, daß die deutschen Konstrukteure auch in dieser Hinsicht schrittmachend tätig sind.

Eine dreidimensionale Ausführung zeigt der sogenannte „Schleifenrahmen“, bei welchem gesonderte Hinterradgabeln

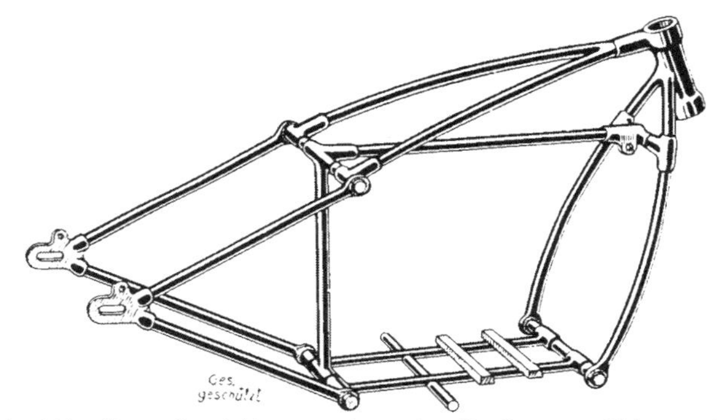

Abb. 191. Der dreidimensionale Rahmen (Victoria).

Seitliche Verziehungen werden durch eine breite Ausbildung des Rahmens wirksam verhindert. Außerdem ermöglicht dieser Rahmen in weitgehender Weise eine Demontage der einzelnen Rahmenteile — ein nicht zu unterschätzender Vorteil bei Reparaturen.

in Wegfall kommen. Die prominenteste Ausführung in dieser Richtung stellt die deutsche BMW (Abbildung 190) dar. Doppelschleifenrahmen sind in den Abbildungen 191, 192 und 193 dargestellt und bestehen im Prinzip aus zwei gleichen Stahlrohrdreiecken. Daß diese Ausführung sehr viel für sich hat, ist selbstverständlich. Auch bezüglich einer schönen Formengebung sind wesentliche Vorteile zu verzeichnen.

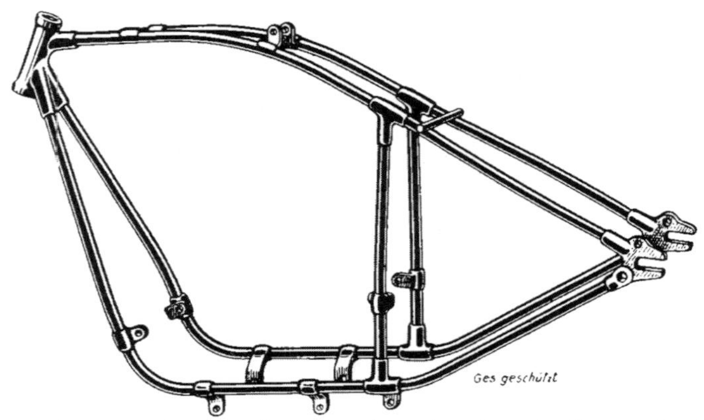

Abb. 192. Der oben und unten durchgehende Doppelrohrrahmen (NSU).

Dieser Rahmen ist nach jeder Richtung hin dreidimensional ausgeführt. Die beiden Rahmenhälften vereinigen sich nur beim Gabelkopf. Der Blockmotor wird in einfachster Weise an den vier unten sichtbaren Fittingstücken durch Bolzen im Rahmen festgehalten.

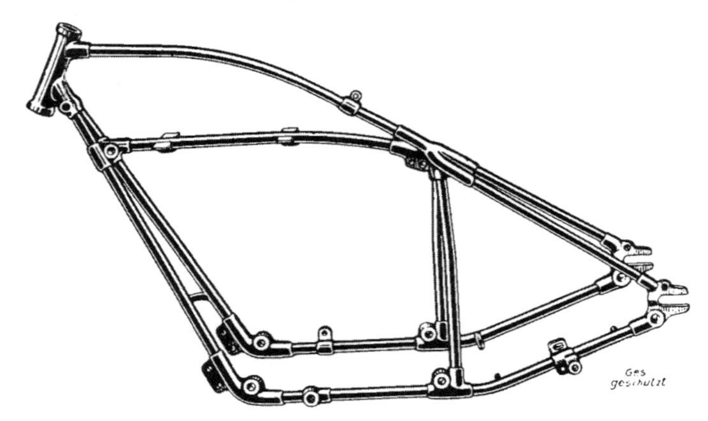

Abb. 193. Der Rahmen des D-Rades.

Der untere, besonders durch den Kettenzug beanspruchte Teil des Rahmens ist dreidimensional ausgeführt. Zur Befestigung des Motors sind entsprechende Augen an den Fittingen vorgesehen.

Erwähnt sei noch, daß verschiedene englische Fabrikanten ihre besonders starken Maschinen mit einem zweiten, sogenannten Hilfsrahmen ausrüsten, wie dies aus Abbildung 194 zu ersehen ist. Dieser Hilfsrahmen erstreckt sich nur auf die unteren Rahmenpartien, da nur diese im Gegensatz zu den oberen, die auf Druck beansprucht werden, einen starken Zug auszuhalten haben.

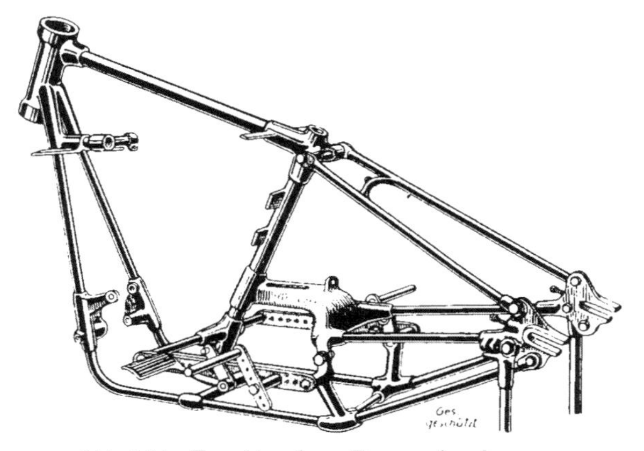

Abb. 194. Englischer Doppelrahmen.

Die Hinterradstreben sind dreifach ausgebildet. Der Rahmen besitzt nur ein oberes Rahmenrohr.

Bemerkenswert ist, daß nach mehrjährigem Betrieb die meisten Motorradrahmen eine leichte Verziehung gegen jene Seite aufweisen, auf welcher sich die Antriebsketten befinden, da der oft stoßweise Kettenzug ein enormer ist. Dreidimensionale Rahmen halten diesen verziehenden Kräften ohne wei-

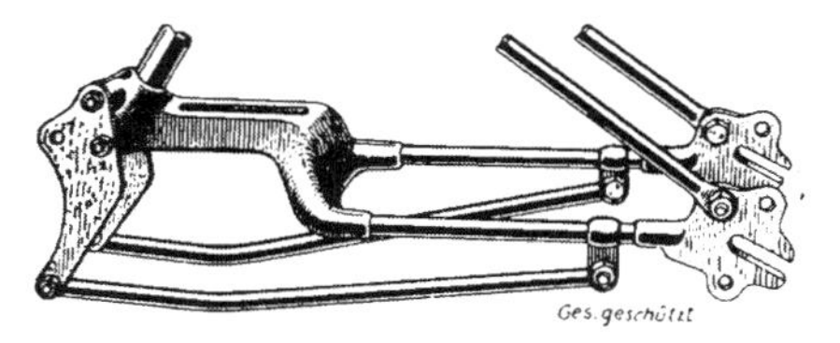

Abb. 194a. Versteifung der Hinterradgabel.

Um eine seitliche Verziehung der Hinterradgabel infolge des starken Kettenzuges zu vermeiden, findet man nicht selten bei zweidimensionalen Rahmen eine Versteifung der Hinterradstreben.

teres Stand. Zweidimensionale Rahmen hat man zum Teil mit Versteifungen versehen, welche sich in möglichst breiter Form gegen das Motorgehäuse stemmen. Eine solche Versteifung zeigen deutlich die Abbildungen 194a und 195, während bei dem in Abbildung 196 dargestellten Rahmen von vornherein auf diese Erwägungen Rücksicht genommen wurde — zumal es sich um eine Spezialmaschine für die englische Tourist-

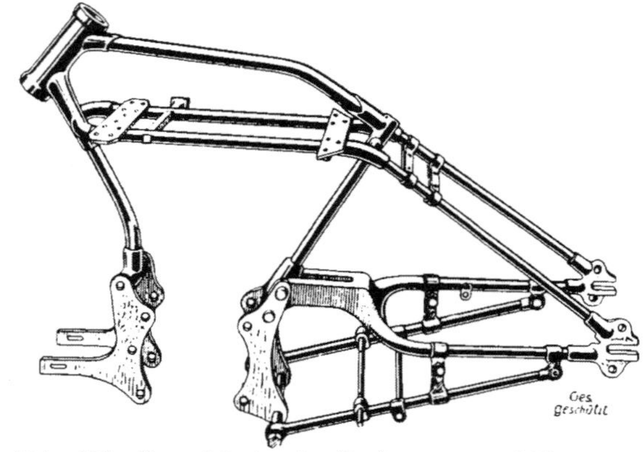

Abb. 195. Kombinierte Rahmenausführung.

Der Rahmen ist im Grunde nach den Prinzipien des zweidimensionalen Rahmens gebaut, die unteren Hinterradstreben und die durchgehende Ausbildung der oberen Gabelstreben geben jedoch dem Rahmen die Festigkeit des dreidimensionalen Rahmens.

Trophy handelt. Auch der Rahmen des in Abbildung 197 dargestellten Fahrzeuges ist geeignet, bezüglich der Hinterradpartie den auftretenden einseitigen Kräften standzuhalten. Die häufig verwendete Befestigung der nach vorn gezogenen Hinter-

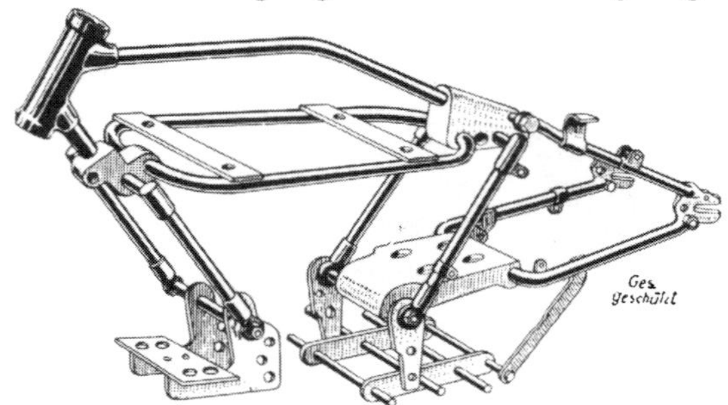

Abb. 196. Englischer TT-Rahmen.

Ein für die schweren Beanspruchungen der englischen Tourist-Trophy eigens hergestellter besonders robuster Rahmen in merkwürdiger Ausführung.

radstreben an den vorderen Befestigungshaltern des Motors zeigt die Abbildung 198. Eine Konstruktion für sich stellt der in Abbildung 199 gezeigte Rahmen der englischen „Cotton“ dar.

Abb. 197. Durchgehende Hinterradstreben.
Der zweidimensionale Rahmen kann teilweise die Festigkeit des dreidimensionalen erhalten, wenn die Hinterradgabelstreben nach vorn bis unter den Motor gezogen werden. Bei dieser Konstruktion ist einer Verziehung des Rahmens durch den einseitigen Kettenzug wirksam vorgebeugt.

Abbildung 200 zeigt einen Rahmen mit dreifacher Hinterradgabel.

Die bis jetzt besprochenen Rahmenausführungen sind sämtlich Stahlrohrrahmen. Es finden bei diesen nahtlos gezogene Stahlrohre Verwendung, die durch entsprechende Muffen zusammengefügt werden. Während bei ganz leichten Krafträdern ebenso wie bei den Fahrrädern diese Muffen, auch „Fittinge“ genannt, eine Preßware aus Stahl darstellen, kommen für schwere Motorräder ausschließlich nur gesenkgeschmiedete Fittinge in Frage.

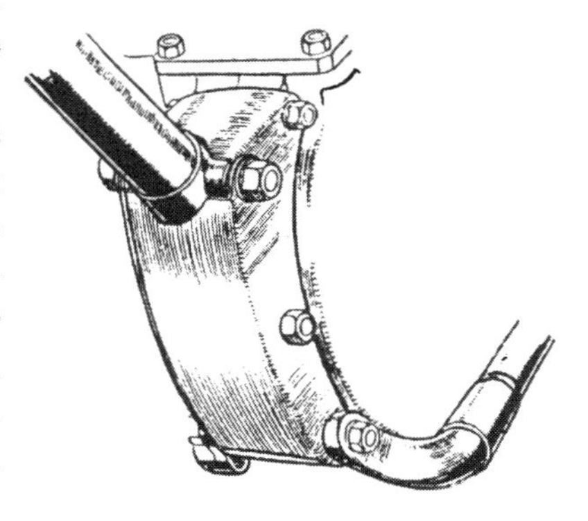

Abb. 198. Die Befestigung der nach vorne gezogenen Hinterradgabelstreben unter dem Motor.

Solche Fittinge werden aus einem massiven Stück im Gesenk — zwei aufeinander passende Formenstücke — in roher Form geschmiedet und sodann auf der Drehbank, der Bohrmaschine und mit der Feile nachbearbeitet. Dieserart hergestellte Fittinge erreichen eine kaum glaubliche Festigkeit. Teils sind sie so ausgebildet, daß sie die Stahlrohre muffenartig umfassen, teils reichen sie mit entsprechenden Fortsätzen in die Stahlrohre hinein, wie dies Abbildung 201 zum besseren Verständnis zeigt.

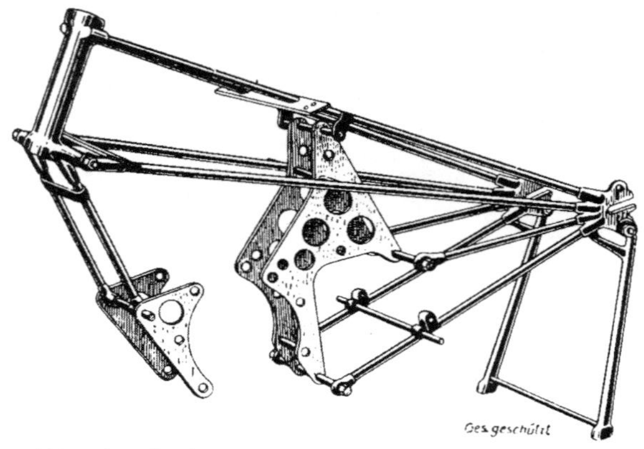

Abb. 199. Rahmen der englischen Cotton.

Der Rahmen besteht der Hauptsache nach aus je vier vollkommen geradlinigen Hinterradstrebenpaaren.

Abb. 200. Motorradrahmen mit dreifacher Hinterradgabel.

Bei Rahmen, welche nach dem englischen Typ erzeugt werden, findet man vielfach dreifache Hinterradgabeln. Die unterste geht unter dem Getriebe zum Motorgehäuse, die mittlere bildet die Getriebebrücke, an welcher das Getriebe hängend befestigt wird. Durch diese Anordnung wird der bei Fahrzeugen mit niedriger Sitzlage und hängender Getriebebefestigung allzu spitz werdende Winkel der Hinterradgabeln vergrößert. Eine einfachere und bessere Lösung stellt jedoch der deutsche Typ des dreidimensionalen Rahmens mit Blockmotor dar.

Die für den Bau eines Kraftrades in erster Linie in Betracht kommenden Fittinge werden nicht nur von den Motorradfabriken, sondern auch von einzelnen Spezialfirmen zum Selbstbau von Krafträdern hergestellt. Ein Motorrad, dessen Rahmen

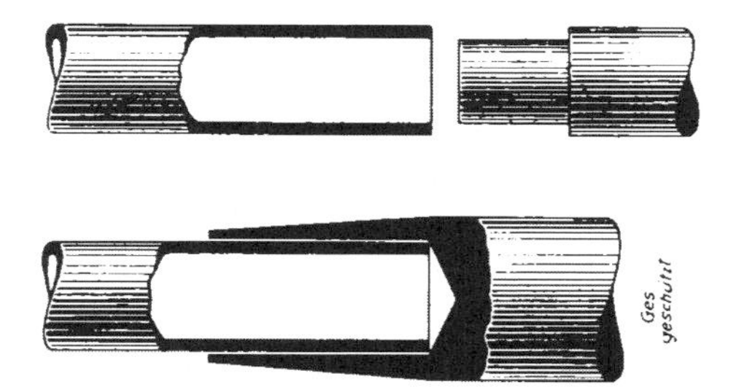

Abb. 201. Die Verlötung der Rahmenrohre mit den Fittingen.

Abb. 202. Verschraubter Doppelrohrrahmen (ohne Lötung).
Bei diesem Rahmen kann jedes einzelne Rohr ohne weiteres ausgewechselt oder zur bequemeren Reparatur abmontiert werden.

aus verschraubten Stahlrohren besteht, zeigt die Abbildung 202.

Die Befestigung der Rohre in den Fittingen erfolgt durch Einlöten derselben mittels Hart- oder Schlaglot. Zum Löten wird übrigens nicht nur Messing, sondern unter Umständen auch Silber verwendet. Eine gute Lötung hält so fest, als würden die beiden Teile ein Stück sein. Ein „Aufgehen“ der gelöteten

Abb. 203. Der Tankrohrrahmen.

Bei der besonders originellen Bauart des seinerzeitigen TX-Motorrades bestand die Verbindung zwischen dem Steuerkopf — also zwischen dem Vorderrad — und dem Hinterrad lediglich in einem kräftig gehaltenen Rohr, welches gleichzeitig als Tank ausgebildet wurde. An diesem Rohr wurden der Motor und die Fußrasten befestigt.

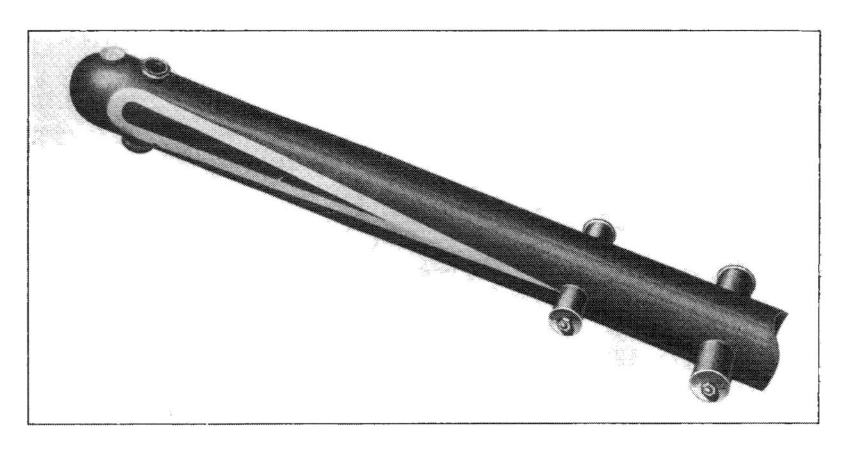

Abb. 204. Das Tankrohr, der Hauptbestandteil des in Abb. 203 dargestellten Rahmens.

Stelle ist ein sicherer Beweis eines mangelhaften Verfahrens beim Löten. Trotz der beim Löten erzielbaren Festigkeit wird die Lötstelle überdies noch durch einen oder mehrere Stahlstifte gesichert. Diese Stahlstifte, die ebenfalls eingelötet werden, dienen auch dazu, ein Verschieben der beiden Teile während des Lötens hintanzuhalten.

Eine für die zukünftige Bauweise der Motorradrahmen sicherlich nicht einflußlose neue Ausführung haben die englischen BSA-Werke bei dem 175-ccm-Modell gewählt. Der Doppelrohrrahmen besteht aus einzelnen Rohren, welche mit Stahlschrauben zu einem festen Ganzen vereinigt werden. Fittinge sind gänzlich vermieden. Die Rohre sind an den Enden flachgedrückt und an diesen Stellen teilweise mit laschenförmigen Einlagen ver-

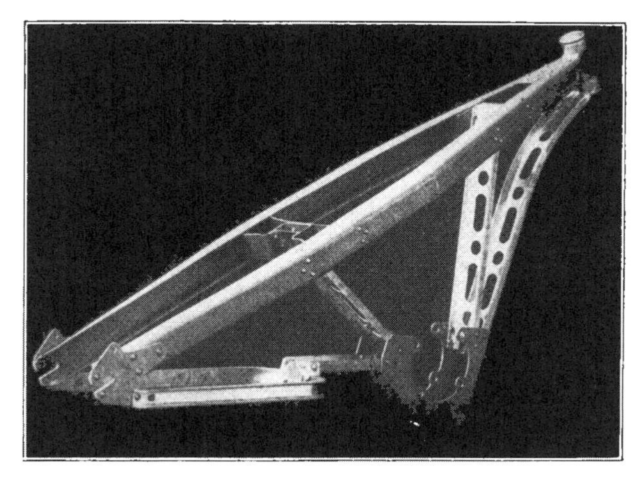

Abb. 205. Der Rahmen aus Leichtmetall-Preßteilen.
An Stelle der bisher meist üblichen Stahlrohre mit gesenk-geschmiedeten Fittingen werden bei diesem bemerkenswerten Fahrzeug (Neander) Façonteile aus Leichtmetall verwendet. Der Vorteil dieser Ausführung liegt nicht nur in der Gewichtsverminderung, sondern insbesondere darin, daß eine Lackierung und alle Nachteile derselben in Wegfall kommen.

sehen. Zur Vermeidung einer zu großen Beanspruchung der Verschraubung sind Hülsen und Fortsätze vorhanden.

Der große Vorteil eines solchen Rahmens liegt darin, daß sich jeder einzelne Rahmenteil auswechseln läßt. Aber auch dann, wenn ein Ersatzteil nicht zur Hand ist, bietet die Möglichkeit, die etwa verbogenen Rohre abzunehmen und gesondert wiederherzustellen, eine ganz besondere Erleichterung, ganz abgesehen davon, daß zur Not einzelne Rohre auch gegen Winkeleisen ausgetauscht werden könnten. Dieser bemerkenswerte Rahmen ist in Abbildung 202 dargestellt.

Es ist selbstverständlich, daß als Bauelement für Motorrad-rahmen nicht allein das Stahlrohr in Betracht kommt, und es

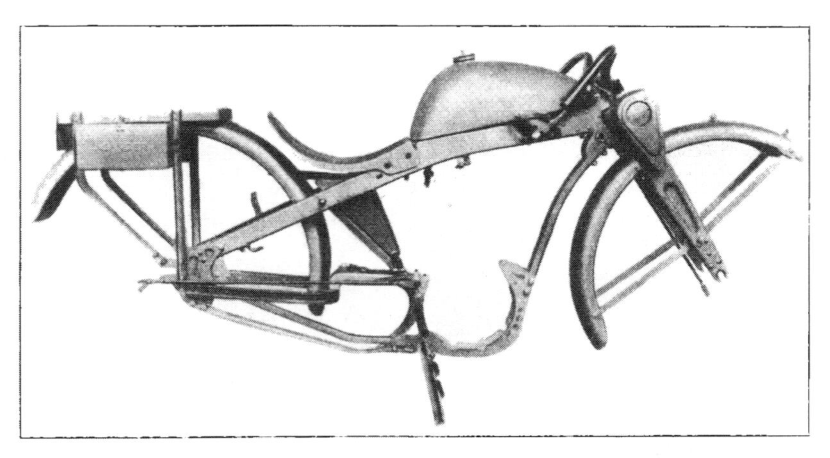

Abb. 206. Motorradrahmen aus Stahlpreßteilen.

Dieser Rahmen (Neander) ist in vieler Hinsicht interessant. Er bedeutet nicht nur eine Fabrikationserleichterung und eine Vereinfachung von Reparaturen, sondern ist auch ein Einheitsrahmen für die Modelle von 250 bis 1000 ccm. Der Rahmen wird nicht lackiert oder emailliert, sondern galvanisch überzogen. Er ist daher vollkommen wetterbeständig.

Abb. 207. Motorrad mit Stahlpreßrahmen.

Dieses Motorrad besitzt den in Abb. 206 dargestellten Einheitsrahmen.

war naheliegend, in dieser Richtung allerlei Versuche anzu-stellen, welche allerdings meist nicht ganz befriedigend ausgefallen sind — mag dies nun auf eine konservative Einstellung des kaufenden Publikums zurückzuführen sein oder mag der Umstand maßgebenden Einfluß ausgeübt haben, daß das Rohr doch immer noch am besten den in einer beliebigen Richtung auftretenden Beanspruchungen standzuhalten vermag.

Ein bekanntes Beispiel für die Abweichung vom normalen Rahmenbau war das Mars-Motorrad. In ähnlicher Weise stellte das „TX"-Motorrad die Verbindung zwischen dem Vorder- und Hinterrad lediglich durch ein starkes Tankrohr und zwei einfache Hinterradgabelscheiden dar, wie dies die Abbildung 203 zeigt. Der Motorblock wurde mit einer starken Schelle unter dem Sattel am Tankrohr befestigt, für die Fußrasten war ein kleines Dreieckgestell vorgesehen. Die Abbildung 204 gibt den Hauptbestandteil dieses Rahmens, das Tankrohr, wieder.

Ganz neue Wege wurden beim „Neander"-Motorrad durch die Verwendung von Leichtmetall (Duralumin) für die Herstellung des Rahmens begangen. Die Abbildung 205 stellt das Duralumin-Motorrad dar. Die Abbildungen 206 und 207 lassen einen Rahmen aus Stahlblechpreßteilen und ein Motorrad mit einem solchen Rahmen erkennen.

Auch bei dem Wanderer-500-ccm-OHV-Motorrad wurde das Prinzip des Stahlrohrrahmens verlassen. Der Rahmen dieses Modells ist aus gepreßtem Stahlblech hergestellt.

Schließlich sei noch darauf verwiesen, daß bei jedem Rahmen darauf zu sehen ist, daß die Gabeln sowohl des Vorder- wie auch des Hinterrades eine genügende Breite besitzen, um die Verwendung überdimensionierter Ballonreifen oder das Auflegen von Schneeketten für Winterfahrten zu ermöglichen. In dieser Richtung wird leider viel von den Konstrukteuren gesündigt. Da man heute bei allen Tourenfahrzeugen nur mehr Niederdruckreifen verwendet, ist man besonders beim Ankauf von gebrauchten Maschinen verhalten, diesem Umstand besonderes Augenmerk zuzuwenden. Die Gabeln müssen so breit gehalten sein, daß auch der stärkste Reifen trotz eines „Achters" der Felge nirgends streift. Der Verfasser verwendete z. B. an seinem schweren Motorrad ohne Anstand Niederdruckreifen der Dimension $29 \times 4{,}40''$. Beispiele für die Verwendung übergroßer Ballonreifen stellen die belgischen FN und die französischen René-Gillet dar. Von letzteren zeigt die Abbildung 208 die Vorderradpartie.

Abb. 208. Breite Ausbildung der Gabeln zur Unterbringung von großen Niederdruckreifen.

Vielfach wird von den Konstrukteuren zu wenig Rücksicht darauf genommen, daß die Verwendung großer Reifen und auch der Schneeketten ermöglicht werden muß. Die meisten Krafträder weisen unzweifelhaft zu schmale Gabeln, ganz besonders des Vorderrades, auf.

Abschnitt 6.

Die Stabilität des Kraftrades ohne Beiwagen.

Wenn man, wie dies gemeiniglich der Fall ist, sagt, daß ein Kraftrad gut „auf der Straße sitzt“ oder gut „in der Kurve liegt“, so will man damit sagen, daß es „stabil“ ist. Wenn es nun zwar auch nicht möglich ist, ein einspuriges Kraftrad herzustellen, welches im „stabilen Gleichgewicht“ sich befindet, und zwar deswegen nicht, weil es nicht möglich ist, den Schwerpunkt unter die Auflagefläche zu verlegen, so gilt es doch, eine Reihe sehr wichtiger Gleichgewichts-Probleme beim Kraftrad zu ösen.

Es ist sicherlich für jeden Kraftradfahrer interessant, sich im folgenden einmal mit allen Fragen zu befassen, die mit der Gleichgewichtsfrage des Kraftrades oder, wie man sagt, mit der „Stabilität“ zusammenhängen.

Die Stabilität des Kraftrades hängt wesentlich davon ab, daß:

1. bei schnurgerader Fahrt die Steuerung und damit das Vorderrad stets in die gerade Linie einspielt;

2. beim Befahren von Kurven und beim Neigen des Rades sich auch die Steuerung in die Richtung der Kurve einstellt;

3. der Schwerpunkt des ganzen Kraftfahrzeuges möglichst tief liegt;

4. der Sattel möglichst niedrig angebracht ist, um damit auch den Schwerpunkt des besetzten Fahrzeuges niedrig zu halten und durch den geringen Bodenabstand dem Fahrer das Gefühl vollkommener Sicherheit zu geben.

Im folgenden seien die einzelnen Punkte kritisch behandelt.

1. Das Einspielen der Steuerung beim Senkrechtstehen des Rades in die gerade Richtung wird dadurch erreicht, daß die Steuerung schief gestellt wird und die Achse des Vorderrades sich nicht mit der Steuerachse kreuzt, sondern etwas vor dieser liegt. Abbildung 209 zeigt diese Bauart. Nachdem beim

Drehen der Steuerung bis zu 180 Grad das Kraftrad gehoben wird, wie dies ganz deutlich aus Abbildung 210 zu ersehen ist, stellt sich unter der Wirkung des eigenen Gewichtes des Fahrzeuges und der Belastung bei senkrechter Stellung des Fahrzeuges die Steuerung stets in die Gerade ein.

2. Sehr wichtig ist, daß beim Neigen des ganzen Fahrzeuges auch die Steuerung auf die gleiche Seite schwenkt, und zwar

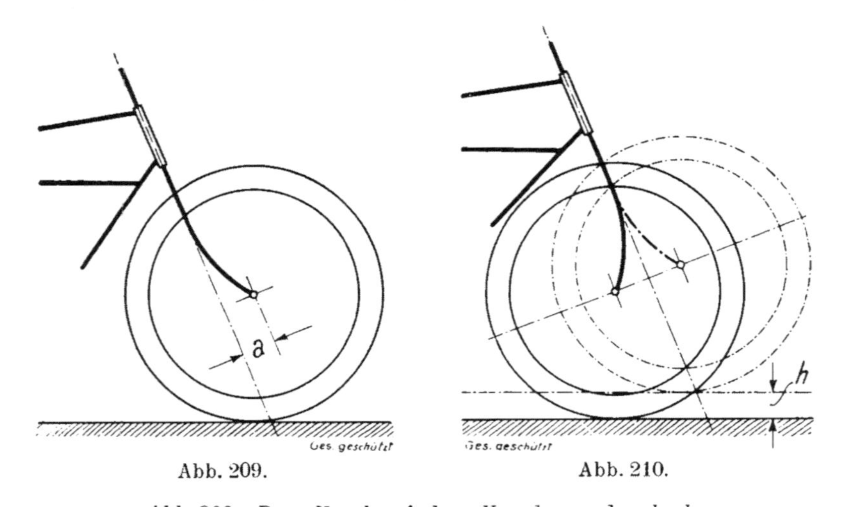

Abb. 209. Abb. 210.

Abb. 209. Der Vorlauf der Vorderradgabel.

Zur Erhaltung des Gleichgewichtes in der Geraden ist es erforderlich, daß die Radachse vor der Steuerungsachse liegt. Der „Verlauf" = a.

Abb. 210. Das Einspielen des Vorderrades in der geraden Strecke.

Durch das Verdrehen der Steuerung um 180° würde das Fahrzeug um das Stück h gehoben werden.

vollkommen selbsttätig. Diese Forderung ist eine der wichtigsten, die an ein richtig konstruiertes Zweirad gestellt werden müssen. Jeder Radfahrer weiß, daß er alle Straßenbiegungen mit freier Lenkstange fahren kann, indem er lediglich sich in die Kurve neigt und dadurch auch die Stellung der Steuerung beeinflußt. Ganz genau dasselbe muß auch beim Kraftrad möglich sein, wenngleich ein freihändiges Fahren der höheren Geschwindigkeit wegen nicht empfehlenswert und vor allem auch nicht notwendig ist. Würde beim Kraftrad im Gegensatz zum

Fahrrad sich die Steuerung nicht in die Kurve einstellen, so wäre es notwendig, die Steuerung mit Gewalt in die Kurve zu ziehen und in dieser Lage festzuhalten. Tatsächlich ist dieser Vorgang auch beim Kraftrad nicht erforderlich. Der Fahrer neigt sich in die Kurve und läßt der Lenkstange freies Spiel. Ganz von selbst stellt sich die Steuerung richtig ein. Auch beim Aufrichten aus der Kurve ist ein Bewegen der Lenkstange von Hand aus nicht notwendig. Wenn der Fahrer trotzdem die Lenkstange stets halten muß, so ist dies nur erforderlich, um ein Verreißen derselben durch Bodenunebenheiten zu ver-

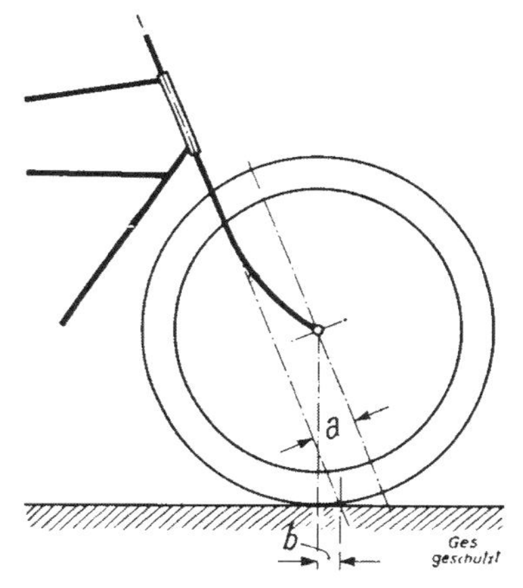

Abb. 211. Einspielen des Vorderrades in der Kurve.

Während die Radachse vor der Steuerungsachse liegen muß (a), muß die Auflagestelle des Rades hinter jener Stelle liegen, in welcher die Steuerungsachse den Boden schneidet (b).

meiden, das eigentliche Lenken erfolgt aber beim einspurigen Fahrzeug nicht durch die Hand, sondern durch die Körperhaltung. Wir werden jedoch in dem Abschnitt „Fahrtechnik" eine Fahrmethode besprechen, bei welcher der Fahrer die Maschine mehr neigt, als dies der Kurve tatsächlich entsprechen würde, so daß ein Entgegenhalten der Lenkstange erforderlich wird (englische Fahrtechnik).

Das Seitwärtsschwenken des Vorderrades und damit der Steuerung beim Schiefliegen des Fahrzeuges ergibt sich daraus, daß die Steuerungsachse nicht durch den Auflagepunkt des Vorderrades läuft, sondern vor diesem den Boden trifft, wie dies aus Abbildung 211 zu ersehen ist. Beim Neigen des Fahrzeuges wird das Vorderrad im Auflagepunkt nach der Außenseite der Neigung (Kurve) gedrückt. Da dieser Angriffspunkt (Auflagepunkt) hinter der Steuerungsmitte liegt, so schlägt das Rad nach innen ein. Dieser Einschlag ist je nach der Stärke der Neigung des Fahrzeuges begrenzt. Unter „1“ wurde gesehen, daß durch ein Einschlagen der Steuerung das ganze Fahrzeug gehoben wird und deshalb die Steuerung das Bestreben hat, in die gerade Richtung einzuspielen. Die Steuerung wird daher bei einer Neigung nur so viel Einschlag haben, als dem Verhältnis der Neigung zur Kraft, welche die Geradestellung be-

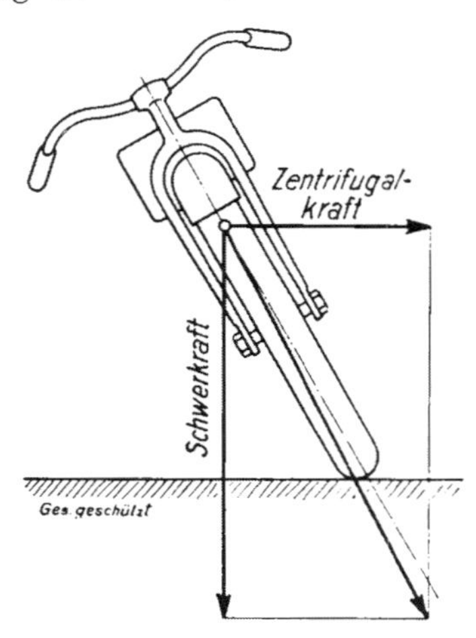

Abb. 212. Das Kräfteparallelogramm in der Kurve.

wirkt, entspricht. Damit tritt für die Steuerung in jeder Lage von selbst ein Gleichgewichtszustand ein, der infolge seiner Abhängigkeit von der Neigung des Fahrzeuges allein das freihändige Befahren der Kurven mit verschiedenen Radien ermöglicht.

Daß es Aufgabe des Konstrukteurs ist, den sogenannten „Vorlauf“ des Vorderrades genau zu bestimmen und im Zusammenhang damit auch der Neigung der Steuerungsachse das volle Augenmerk zuzuwenden, ergibt sich aus folgender Betrachtung: Beim Neigen des Fahrzeuges schlägt die Steuerung nach der Seite der Neigung ein. Das Fahrzeug wird daher aus der bisher geradlinigen Bahn in eine Kurve übergehen. Da jedoch in der Kurve Zentrifugalkräfte auftreten, welche nach außen wirken, wird diese Kraft bestrebt sein, das Fahrzeug wieder aufzurichten. Der Einschlag des Vorderrades darf daher nur so stark sein, daß die durch die Kurve auftretenden Zentrifugalkräfte das Drehmoment, das die Schwerkraft infolge der Neigung auf das Fahrzeug ausübt, aufhebt, oder richtiger gesagt, daß die Resultante dieser beiden Kräfte durch die Auflagelinie des Fahrzeuges geht. Abbildung 212 veranschaulicht dieses Kräfterechteck und zeigt, wie die Resultante verlaufen muß, um ein Umkippen des Fahrzeuges zu verhindern.

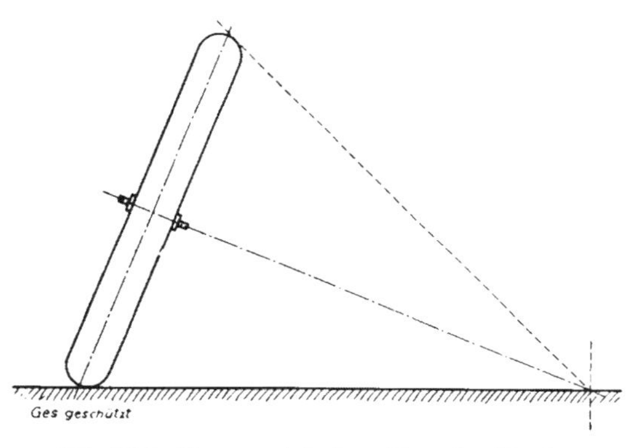

Abb. 213. Das schief rollende Rad.

Ein schief rollendes Rad bildet den Teil eines Kegels und rollt daher im Kreise um jenen Punkt, in welchem sich die Radachse mit dem Boden schneidet. Daher der erforderliche geringe Einschlag in Kurven beim schief liegenden, einspurigen Fahrzeug.

An dieser Stelle muß auch noch der Umstand behandelt werden, daß zur Beschreibung einer bestimmten Krümmung der Einschlag bei geneigtem Fahrzeug bedeutend geringer sein muß als bei einem senkrechten. Diese Tatsache, die jedem aufmerksamen Fahrer bekannt sein wird, ist darauf zurückzuführen, daß ein geneigtes Rad die gleiche Laufbahn beschreibt wie ein Kegel, der sich auf einer ebenen Fläche stets um seine Spitze dreht. Diese Spitze wird beim schieflaufenden Rad durch jenen Punkt ersetzt, in welchem die Achse die Ebene der Fahrbahn schneidet. Die Abbildung 213 wird diese Erwägung sofort verständlich machen. Da sich der Reifen an der Auflagefläche etwas abplattet, stellt das übrigens schief laufende Rad tatsächlich einen Teil eines Kegels dar.

3. Die Lage des Schwerpunktes des gesamten Fahrzeuges möglichst niedrig zu verlegen, ist eine Forderung, die an alle Fahrzeuge gestellt werden muß, wenngleich sie bei mehrspurigen Fahrzeugen nicht von so ausschlaggebender Bedeutung ist wie beim einspurigen, das ja ständig im Gleichgewicht gehalten werden muß. Im Kraftradbau ist man daher bestrebt, alle in das Gewicht fallenden Teile möglichst tief einzubauen. Dies gilt insbesondere vom Motor. Allerdings findet die Tieflage des Motors wie auch des Getriebes eine gewisse Grenze darin, daß ein bestimmter Bodenabstand gewahrt werden muß, um nicht Gefahr zu laufen, bei Unebenheiten der Straße mit dem Kurbelgehäuse oder dem Getriebe aufzustoßen. Tatsächlich ist es keine große Seltenheit, daß bei zu niedrig gebauten Krafträdern gelegentlich der Motor den Boden berührt. Daß in einem solchen Fall naturgemäß das Kurbelgehäuse, das nur aus Aluminiumguß besteht, eingeschlagen oder beschädigt werden kann, ist klar und gewiß keine angenehme Überraschung für den Fahrer. Um jedoch trotzdem eine möglichst gute Tieflage zu erzielen, haben z. B. verschiedene englische Fabriken sich dazu entschlossen, das Kraftrad in zwei verschiedenen Bauarten herzustellen, einer gewöhnlichen mit tiefliegendem Motor, also für gute Straßenverhältnisse, und einer mit höher eingebautem Motor, also für schlechte Straßen und unwegsame Verhältnisse. Diese letzteren Krafträder kommen, da sie insbesondere für den Gebrauch in den Kolonien bestimmt sind, als sogenannte „Kolonialmodelle“ in den Handel.

Nicht nur der Einbau des Motors und des Getriebes ist bestimmend für die Lage des Schwerpunktes eines Kraftrades sondern auch der ganze übrige Rahmenbau. Unter anderem ist es auch besonders der Benzintank, dessen Lage die Schwerpunktsverhältnisse nicht unbeträchtlich beeinflußt. Es wird daher auch das Bestreben sein müssen, von vornherein den Rahmen möglichst niedrig zu halten. Ein ausgezeichnetes Beispiel, wie insbesondere bei Sportmaschinen diesem Bestreben sehr gut entsprochen werden kann, stellt die Abbildung 214 dar, welche einerseits eine NSU-Tourenmaschine und zur Gegenüberstellung andererseits eine Sportmaschine der gleichen Marke und des gleichen Erzeugungsjahres mit tiefer Schwerpunktslage darstellen.

4. Nachdem nun aber das Kraftrad (Ausnahmefälle unberücksichtigt!) nicht unbesetzt fährt, sondern von ein oder zwei, gelegentlich auch von mehreren Personen besetzt ist, ist es für

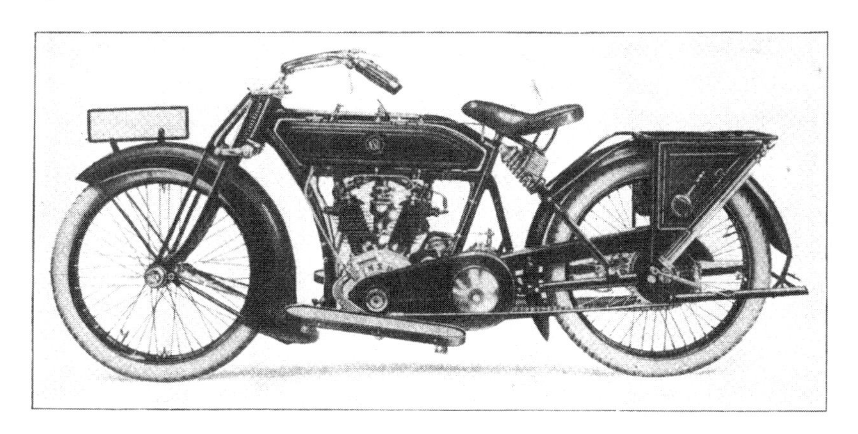

Abb. 214. Verlegung des Schwerpunktes und der Sitzhöhe durch verschiedene Ausbildung des Rahmens und Kraftstoffbehälters.

Bei Sportmaschinen wird durch entsprechende Ausbildung des Rahmens und des Tanks sowie der Lenkstange eine niedrige Sitzhöhe erzielt. Bei Tourenmaschinen herrscht das Bestreben vor, eine bequeme Haltung zu ermöglichen.

die Tieflage des Schwerpunktes des gesamten Fahrzeuges von Bedeutung, daß der Fahrer durch möglichst niedrig angebrachten Sattel tief sitzen kann und durch eine nicht weit nach rückwärts gezogene, sondern eher nach abwärts hängende Lenkstange eine gebückte Stellung einnimmt.

Während sich die ersten brauchbaren Typen des Kraftrades in vielen Richtungen sehr stark an die gewöhnliche Bauart des Fahrrades anlehnten, hat man sich in letzter Zeit von dem Typ des Fahrradrahmens immer mehr und mehr abgewandt. Man hat daher das Bestreben an den Tag gelegt, für den Bau des Kraftradrahmens weniger den Fahrradrahmen als vielmehr die konstruktive Grundidee des Kraftwagens zur Geltung zu bringen.

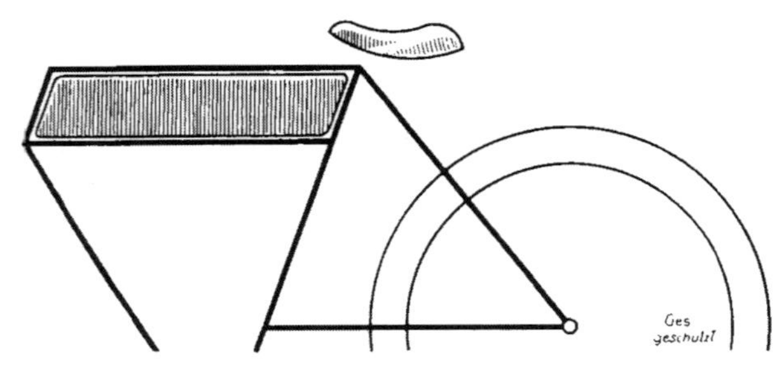

Abb. 215. Die seinerzeitige Tankform.
Die seinerzeit allgemein gebräuchliche Tankform bedingte einen hohen Rahmen und eine dementsprechend hohe Sattelstellung.

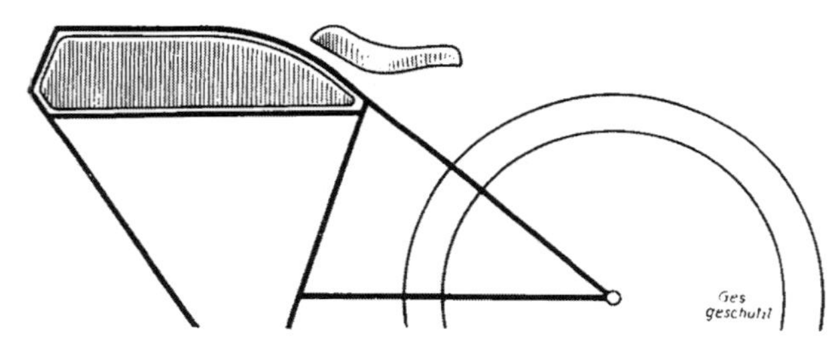

Abb. 216. Tank mit nach abwärts gebogener oberen Fläche.
Durch das Abwärtsziehen des oberen Tankrohres wird eine niedrige Sitzhöhe ermöglicht.

In dieser Richtung waren es deutsche Konstrukteure, die in bahnbrechender Weise den Weg gewiesen und insbesondere durch die Verfechtung des doppelten Rahmens dem Kraftrad vielfach eine neue Form gegeben haben.

Die ursprüngliche Form des Rahmens, wie sie die Abbildung 215 zeigt, hat eine sehr hohe Lagerung des Tanks aufgewiesen und brachte vor allem auch eine hohe Sitzhöhe mit sich. Durch das Abwärtsbiegen des oberen Rahmenrohrs, der Abbildung 216 entsprechend, ist bereits eine tiefere Sitzlage ermöglicht. Diese Form des Rahmens hat sich ganz besonders in England fast ausschließlich erhalten und viele in- und ausländische Fabriken kennen auch heute noch keine andere Bauart. Sehr tiefe Sitzlage ermöglichen Rahmen von der in Abbildung 217 dargestellten Form, die insbesondere in Deutschland durch die Bayrischen Motorenwerke eingeführt wurde und sich infolge der gleichzeitigen Verwendung des Doppelrahmens, der bereits im Abschnitt „Der Rahmen" beschrieben wurde, sehr bewährt hat.

In dem vorliegenden Abschnitt „Stabilität" muß auch noch die Frage des Antriebes behandelt werden. Wenngleich der Antrieb des Hinterrades als das Normale bezeichnet werden kann, so muß doch im Hinblick auf die Stabilität des Fah-

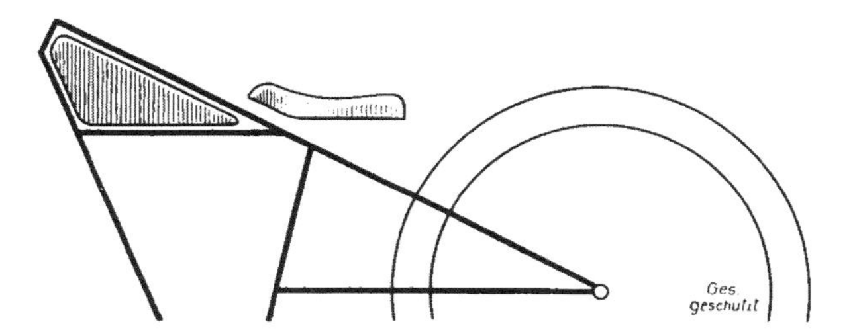

Abb. 217. Schräg abfallender Kraftstoffbehälter.

Durch die gerade Linienführung des oberen Tankrohres in einer Ebene mit der oberen Hinterradgabel wird eine besonders niedrige Sitzlage ermöglicht.

rens der Antrieb des Vorderrades als die glücklichere Lösung genannt werden. Es steht außer jedem Zweifel, daß es vorteilhafter ist, ein Kraftrad ziehen als schieben zu lassen. Ganz besonders gilt dies aber für das einspurige Fahrzeug in der Kurve. Während beim Hinterradantrieb das Kraftrad in der Richtung der Tangente geschoben und nur durch die Steuerung des Vorderrades in die Kurve gedrückt wird, wird es beim Vorderradantrieb selbst in die durch die Steuerung bedingte Richtung gezogen. Insbesondere bei schlechtem Wetter, auf schlüpfrigen Straßen oder im Winter ist der Antrieb des Vorderrades von unstreitbarem Wert.

Wenn trotz dieser bestechenden Vorteile des Vorderradantriebs der Antrieb des Hinterrades weitaus vorherrscht, so liegt es in den verschiedenen konstruktiven Schwierigkeiten, welche sich dem Vorderradantrieb entgegenstellen. Vor allen Dingen gestaltet sich die Kraftübertragung zum Vorderrad keineswegs einfach, da die Kraftquelle, der Motor, im Rahmen untergebracht ist, während das Vorderrad das gesteuerte Rad sein muß und daher stets eine veränderte Stellung zur Kraftquelle einnimmt. Die beste Lösung stellt daher zweifelsohne jene Konstruktion dar, bei welcher die Kraftquelle direkt in das Vorderrad eingebaut wird. Wenn in diesem Falle mit der Steuerung des Vorderrades auch der Motor mitbewegt werden muß, so fallen doch alle Übertragungsorgane weg, welche bisher die Quelle der Schwierigkeiten gebildet haben, so daß dieser kleine Nachteil,

Abb. 218. Kraftrad mit Vorderradantrieb.
Bei dem dargestellten seinerzeitigen Megola-Motorrad wurde ein 5-Zylinder-Sternmotor in das Vorderrad eingebaut, der direkt — ohne Kupplung oder schaltbares Getriebe — das Fahrzeug bewegte. Es steht außer jedem Zweifel, daß ein vom Vorderrad gezogenes Kraftrad bessere Stabilitätsverhältnisse aufweist als ein vom Hinterrad geschobenes.

der in der Praxis nicht übermäßig fühlbar ist, wohl nicht allzusehr in die Wagschale fällt. Nach diesen Prinzipien wurde die bekannte deutsche Megola-Maschine konstruiert, die sich in vielen Wettbewerben ausgezeichnet hat. Die Schwierigkeit des Vorderradantriebs mit dem in das Vorderrad eingebauten Motor liegt in der Unterbringung einer Kupplung und des Wechselgetriebes. Ob es möglich sein wird, in dieser Richtung brauchbare Konstruktionen herauszubringen, muß die Zukunft lehren, jedenfalls konnten sich bis jetzt Krafträder mit Vorderradmotor nicht einführen, auch solche nicht, bei welchen der Motor im Vorderrad selbst eingebaut ist. Die Abbildung 218 zeigt das seinerzeitige Megola-Motorrad mit einem Fünfzylindermotor im Vorderrad.

Abschnitt 7.

Die Federungsvorrichtungen.

Es ist naheliegend, das Kraftrad mit entsprechenden Vorrichtungen zu versehen, die den Fahrer nach Möglichkeit vor Stößen bewahren. Andererseits benötigt auch das Kraftrad als solches derartige Vorrichtungen, da der Rahmen und die Maschinenteile den direkten Auswirkungen der Fahrbahnunebenheiten nicht gewachsen wären. Aus begreiflichen Gründen kommen für die Abfederung nur drei Stellen in Betracht: das Vorderrad, das Hinterrad sowie der Sitz des Fahrers.

Abb. 219. Die Wirkung des Luftreifens.
Der Luftreifen ist durch seine Elastizität befähigt, kleine Bodenunebenheiten zu „schlucken".

In erster Linie ist das Vorderrad dasjenige, welches einer Federung bedarf. Der Laie wird der Meinung sein, daß beim Hinterrad die gleiche Notwendigkeit zur Federung bestünde, wie dies beim Vorderrad der Fall ist. Dies trifft jedoch nicht zu, da das Vorderrad als geschobenes Rad auf die Unebenheiten aufgestoßen wird, während das Hinterrad als angetriebenes Rad befähigt ist, über die Unebenheiten hinwegzusteigen.

An dieser Stelle sei auch noch mit einigen Worten auf die unterschiedliche Wirkung der Federung und der Luftreifen

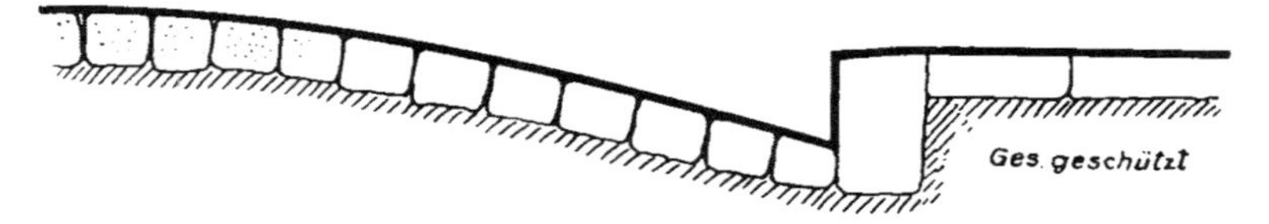

Abb. 220. Straßenrand (Randstein).

hingewiesen. Die Luftreifen ermöglichen auf Grund ihrer Elastizität und der breiten Auflagefläche sozusagen das Schlucken von kleinen Unebenheiten. Selbst die beste Federung kann die Wirkung eines Luftreifens nicht ersetzen. Kleine Unebenheiten wirken sich auf das Fahrzeug, wie dies Abbildung 219 zeigt, überhaupt nicht aus. Aber auch größere, besonders scharfkantige Unebenheiten, wie z. B. Stufen und dergleichen, werden durch die elastische Wirkung der Reifen in flache Unebenheiten verwandelt.

Diese außerordentlich wichtige Tatsache erhellt sofort das folgende einfache Beispiel: Man fährt von der Straße auf den

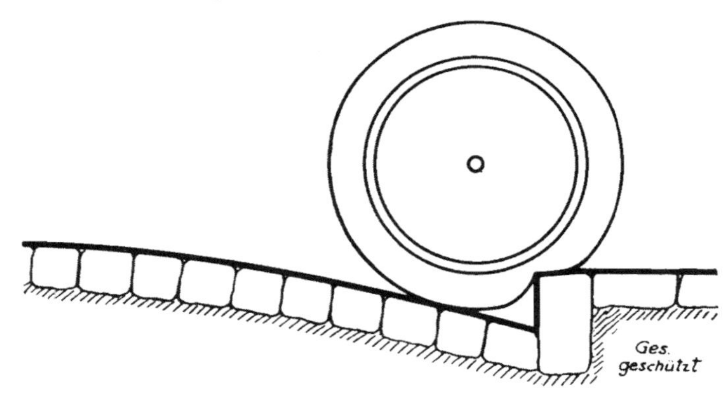

Abb. 221. Das Auftreffen des Rades auf den Straßenrand.
Die Kante des Randsteines drückt sich in den Luftreifen ein, dadurch einen gleichmäßigeren Übergang ermöglichend.

Bürgersteig. Die Bodenunebenheit hat demnach die in Abbildung 220 dargestellte Form. Die beiden Abbildungen 221 und 222 zeigen, wie das Rad über diese Unebenheiten hinwegfährt, während die Abbildung 223 dartut, wie sich diese Unebenheiten auf das Fahrzeug infolge der ausgezeichneten Wirkung der Luftreifen übertragen.

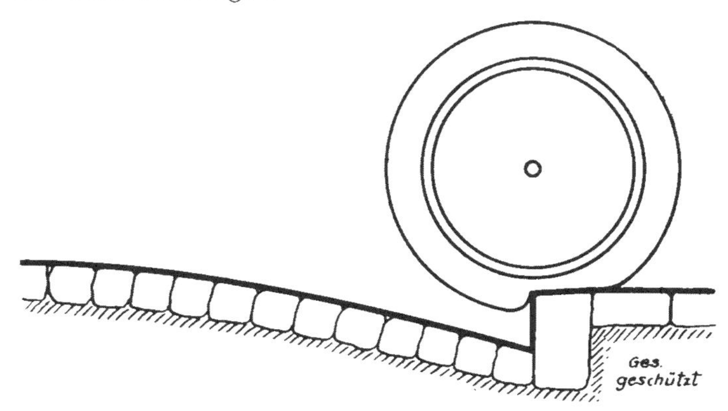

Abb. 222. Das Rad nach Erklimmen der Stufe.

Obwohl demnach, wie bereits festgestellt wurde, die Wirkung des Luftreifens vollkommen unübertroffen ist, kann trotzdem auf die normale Abfederung durch Spiral- oder Blattfedern nicht verzichtet werden, da besonders bei größeren Bodenunebenheiten der Reifen als solcher nicht in der Lage ist, eine harte Auswirkung zu vermeiden. Eher kann jedoch auf die Federung, denn auf die Luftreifenwirkung verzichtet werden.

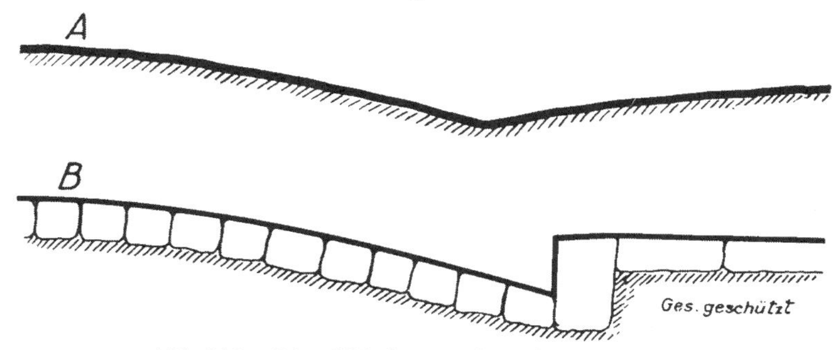

Abb. 223. Die Wirkung des Luftreifens.
A die Bewegungskurve des Fahrzeuges, B der Querschnitt der Bodenunebenheit.

Im folgenden wird in erster Linie die Federung des Vorderrades behandelt:

Vor allem muß man — dies bedingt eine chronologische Behandlung — jene Vorderradfederung besprechen, bei welcher an einer starren Hauptgabel eine gefederte Hilfsgabel durch Gelenke befestigt ist. Diese Gabel, die bis vor kurzem von vielen deutschen Fabriken, insbesondere Wanderer, verwendet wurde und heute noch z. B. bei der amerikanischen Harley-Davidson in Verwendung steht, ist in Abbildung 224 schematisch dargestellt. Diese Ausführung begünstigt die Einkapselung der Feder und die Anbringung von Rückstoßfedern, wie dies die Abbildung 225 deutlich erkennen läßt. Der größte Nachteil dieser Bauart liegt jedoch darin, daß eine dreieckartige Ausbildung, die in erster Linie weitgehendste Stabilität gewährleistet, nicht möglich ist, bzw. sehr plump wirken würde

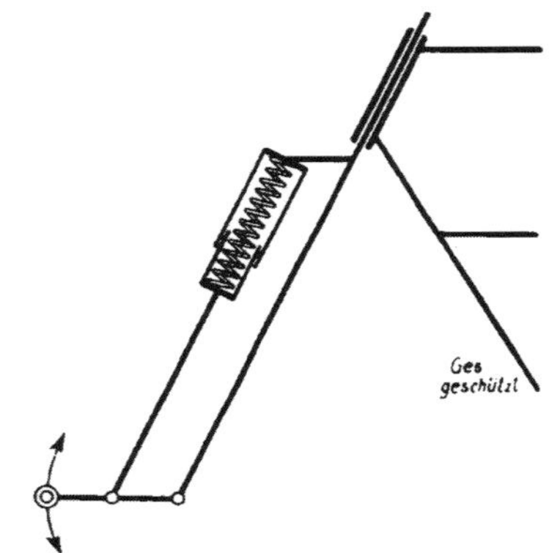

Abb. 224. Starre Hauptgabel, gefederte Hilfsgabel.
Vorteil: das ungefederte Gewicht ist auf ein Minimum beschränkt.

Die heute gebräuchlichste Vorderradfederung ist jene Ausführung, bei welcher eine vollkommen gesonderte Vordergabel, an welcher Schutzblech, Bremse usw. befestigt sind, durch zwei Hebelpaare mit der Steuerung verbunden ist. Diese Ausführung, die von verschiedenen Fabriken als Spezialerzeugnis geliefert wird, wird in Fachkreisen häufig als „Druidgabel" bezeichnet. Die Anbringung der Federn erfolgt entweder an beiden Seiten als Druckfederung oder in der Mitte zwischen den Pendelpaaren als Zug- oder auch als Druckfedern.

Der große Vorteil dieser Federung liegt darin, daß die Gabel, die (Abbildung 226) im Prinzip aus je zwei Dreiecken besteht, die größte Gewähr gegen Verbiegungen gibt und des weiteren auch die Anbringung der Vorderradbremse, des Kotbleches, des Tachometerantriebes usw., dadurch wesentlich erleichtert wird, daß die ganze Gabel mit dem Vorderrad sich gegenüber dem Rahmen auf- und abbewegt. Während die Ab-

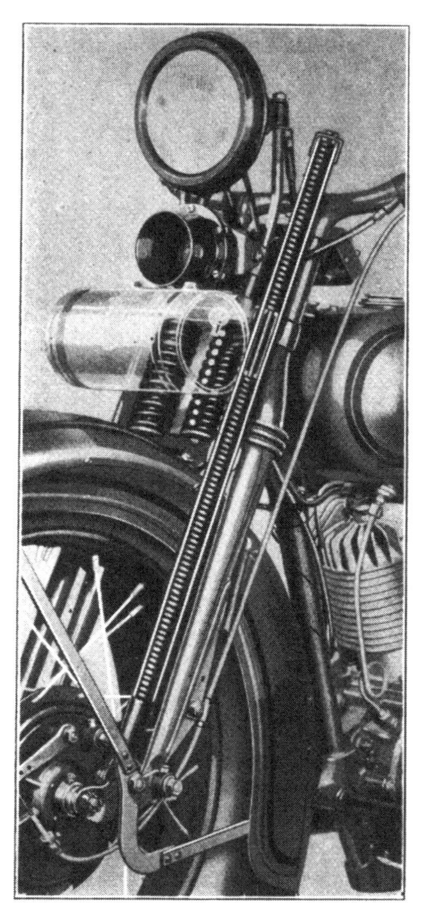

Abb. 225.

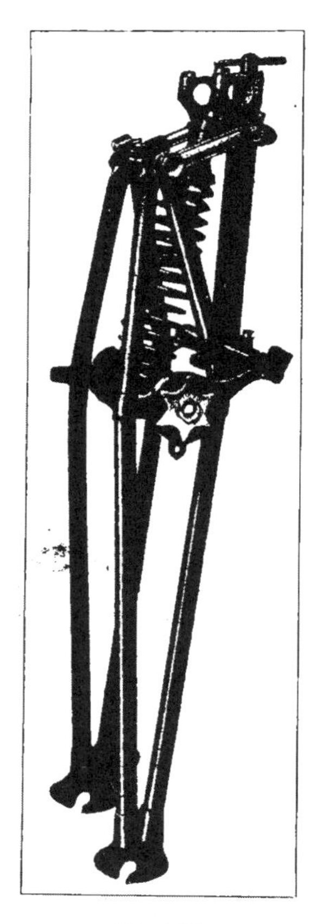

Abb. 226.

Abb. 225. Vorderradfederung.

Anbringung von acht getrennten Federn für Druck-, Stoß- und Rückstoßfederung.

Abb. 226. Federgabel.

Die Federgabel, welche an der Steuerung durch zwei Pendelpaare angelenkt ist, besteht dem Grunde nach aus je zwei Dreiecken, wodurch besondere Festigkeit erzielt wird. Das Bild zeigt eine Druckfeder zwischen den Gabelscheiden.

bildung 226 die Federung mittels einer Druckfeder darstellt, zeigt Abbildung 227 die Verwendung von zwei Zugfedern.

Häufig sieht man auch zu beiden Seiten der Gabel je eine freiliegende Druckfeder. Auch die Verwendung von Blattfedern ist nach Abbildung 228 möglich. Schließlich sei noch erwähnt,

Abb. 227. Federgabel mit zwei Zugfedern zwischen den Gabelscheiden.

Unteres Pendelpaar mit Stoßdämpfereinrichtung.

daß bei der Federgabel auch die Anbringung von Stoßdämpfern leicht möglich ist, da sich solche nicht nur leicht einbauen lassen, sondern auch die Gelenke der Pendeln als Stoßdämpfer zweckdienlich ausgebildet werden können; Abbildung 229. Die „Tiger"-Federgabel, ein deutsches Fabrikat, welches in Abbildung 230 dargestellt ist, verwendet mit gutem Erfolg

Abb. 228. Federgabel unter Verwendung einer Blattfederung.
An Stelle der gebräuchlichen Spiralzug- oder -druckfedern sind hier Blattfedern verwendet.

Abb. 229. Federgabel; Pendel mit Friktions-Stoßdämpfern kombiniert.

kegelförmige Stoßdämpfereinrichtungen, die sich in der Praxis sehr bewährt haben. Die Tiger-Gabel ist ein Musterbeispiel dafür, wie sich mit der normalen Gabelkonstruktion die Stoßdämpfungseinrichtung verbinden läßt. Bei schwereren Maschinen müssen die Pendeln überdies, um eine Beanspruchung der durchgehenden Bolzen auf Abscherung zu vermeiden, mit entsprechenden Fortsätzen, wie dies Abbildung 231 zeigt, ausgestattet sein.

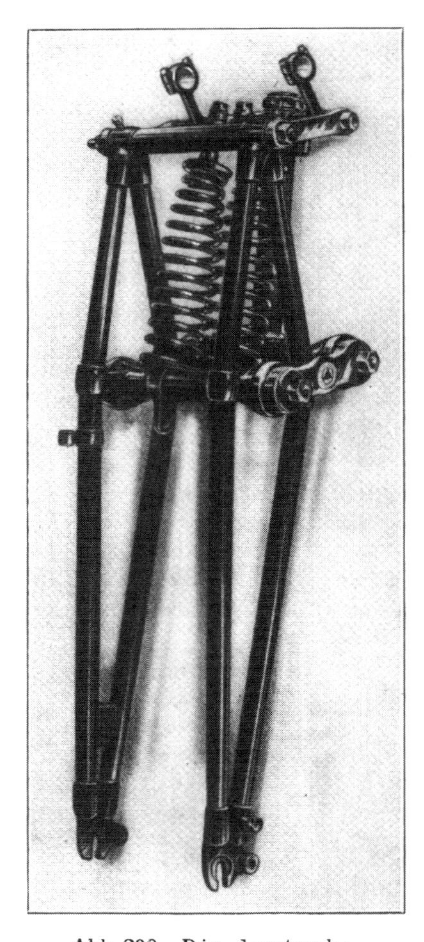

Abb. 230. Die deutsche Tigergabel.
Diese Gabel zeichnet sich durch die bei den unteren Pendeln eingebauten konischen Friktionsstoßdämpfer, welche sich leicht nachstellen lassen, aus.

Neben den erwähnten Federungsausführungen sind Vorderradfederungen zu verzeichnen, bei welchen Blattfedern verwendet werden. Derartige Ausführungen sind von der Mabeco, der BMW, der Indian und verschiedenen anderen Maschinen bekannt. Bei diesen Federungen sind starre Gabeln vorhanden, während die Achse an dieser Gabel durch ein Pendelpaar befestigt ist und die Blattfedern vermittels eines gemeinsamen Bügels diese Pendeln und damit die Vorderachse nach unten drücken. Die Abbildung 232 zeigt das Schema einer solchen Federung, Abbildung 233 eine Ausführung. Sehr vorteilhaft bei diesen Konstruktionen ist die Richtung, in welcher das Vorderrad gefedert ist. Bekanntlich treten ja während der Fahrt die Stöße nicht in vertikaler, nach oben verlaufender Richtung auf, sondern schief von vorne unten, wie dies Abbildung 234 zeigt. Die in diesem Absatz erwähnte Federung ist daher in diesem Punkte besonders günstig, zumal sich nach Abbildung 235 die Gabelscheiden leicht zur Erzielung einer besonderen Lenksicherheit nach oben bis zur Lenkstange ziehen lassen.

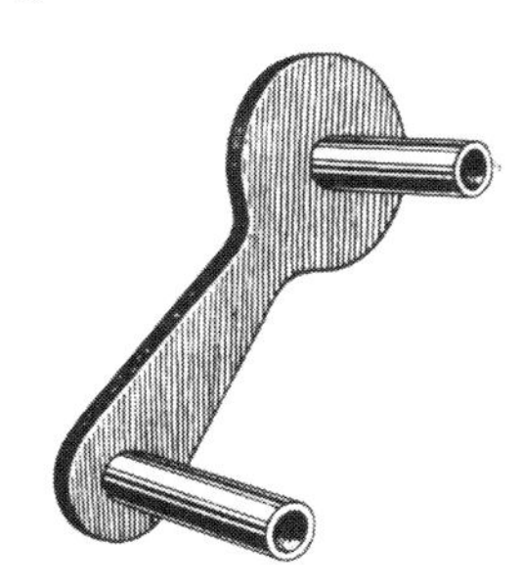

Abb. 231. Gabelpendeln für schwere Maschinen.

Um die Bolzen vor der bei schweren Fahrzeugen zu starken Beanspruchung zu bewahren, sind die Pendeln mit entsprechenden Fortsätzen versehen. Fortsätze und Pendeln werden aus einem Materialstück herausgearbeitet.

Ein schwerer Nachteil der zur Besprechung stehenden Federungsausführung tritt jedoch dann auf, wenn im Vorderrade eine Trommelbremse zur Anwendung gelangt. Bei Betätigung der Trommelbremse entsteht naturgemäß auf dem Bremsanker ein Drehmoment und, da meist unrichtigerweise der Bremsanker an den Pendeln befestigt ist, überträgt sich dieses Drehmoment auch auf diese Pendeln. Hierdurch entsteht das Bestreben, die Hauptgabel nach abwärts zu ziehen, und es neigt sich die Maschine beim kräftigen Bremsen tatsächlich stark nach vorne. Daß dieser Umstand

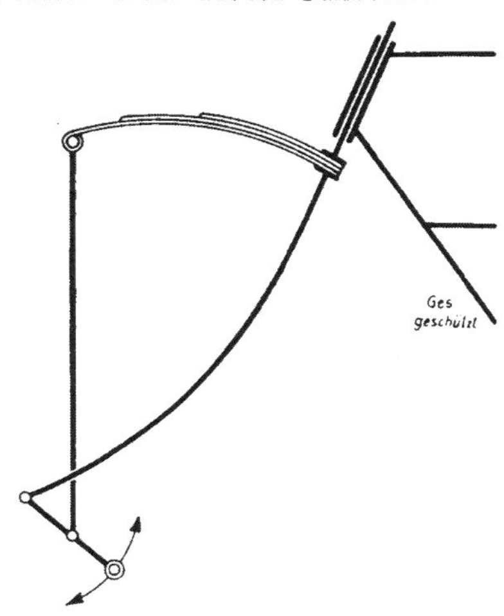

Abb. 232. Schema der Vorderradfederung mit starrer Hauptgabel und Blattfedern.

besonders in kritischen Situationen und beim Solofahren denkbar ungünstig ist, ist selbstverständlich, und es wird Aufgabe

Abb. 233. Ausführung der in Abb. 232 schematisch dargestellten Vorderradfederung.

Starre Hauptgabel mit Hilfsgabel und Blattfedern. Die Gabelscheiden der Hauptgabel sind zur Erreichung einer vollständigen Lenksicherheit bis zum Lenker hinaufgezogen. Das Bild stellt das seinerzeitige 250-ccm-Modell BMW mit gekapseltem Ventilsteuermechanismus (OHV) dar.

der Konstrukteure sein, dieser Wirkung durch eine konstruktiv einwandfreie Lösung zu begegnen, eine Aufgabe, die keineswegs besondere Schwierigkeiten bereitet. Die neue „Mabeco“ und die „Windhoff“ weisen bereits eine diesbezügliche, einwandfreie Lösung auf, indem bei diesen Marken der Bremsanker nicht an den Pendeln, sondern durch einen gelenkigen Hebel an der Hauptgabel befestigt ist. Abbildung 236 zeigt deutlich diese einfache und sinnreiche Anordnung. Ein gewisses Abwärtsdrücken des Vorderrades wird beim Bremsen natürlich immer vorhanden sein, doch ist es nicht so stark, als wenn die Vorderradpendeln durch die Bremstrommeln direkt verdreht werden.

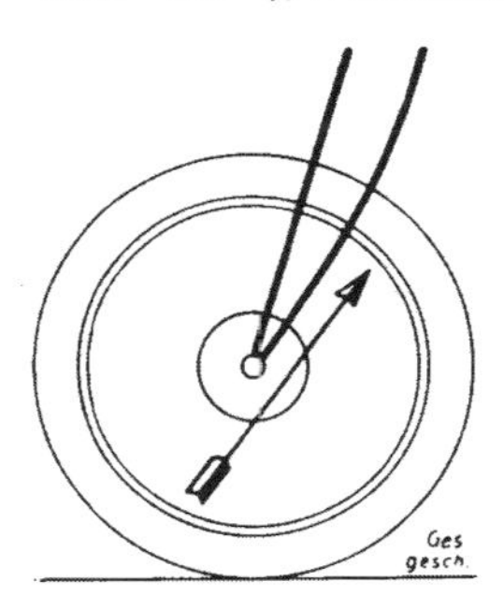

Abb. 234. Richtung des das Vorderrad treffenden Stoßes bei Bodenunebenheiten.

Der Stoß trifft während der Fahrt das Vorderrad nicht in der vertikalen Richtung von unten nach oben, sondern in der durch den Pfeil angedeuteten Richtung.

Eine Gruppe für sich bilden jene Gabeln, bei welchen nicht eine auf- und abgehende Bewegung erzielt wird, sondern welche sich pendelartig um eine am Steuerungskopf befindliche Drehstelle vor- und rückwärts bewegen. Eine derartige Federung, wie eine solche besonders bei leichteren Maschinen in Verwendung steht, ist in Abbildung 237 schematisch dargestellt. Da eine solche Federung jedoch Stöße, die in der in Abbildung 234 dargestellten Richtung auftreten, nicht abfedert, kommt sie für

Abb. 235. Sichere Lenkung.

Die beiden Gabelscheiden der in Abb. 232 dargestellten Vorderradfederung sind bis zur Lenkstange hochgezogen, um eine vollkommen sichere Lenkung zu erzielen.

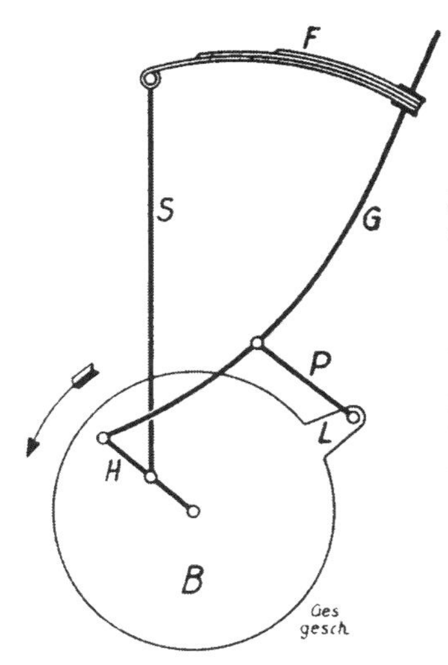

Abb. 236. Verankerung der Bremstrommel.

Ist die Bremstrommel, wie dies leider vielfach gemacht wird, an dem Hebel H befestigt, so entsteht beim Bremsen auf H ein Drehmoment, so daß die Gabel G und damit auch das Kraftrad selbst plötzlich vorne nach unten gezogen wird. Dieser nachteiligen Erscheinung kann man begegnen, wenn an der Bremstrommel, welche lose auf der Achse sitzt, ein Laschen L angebracht ist, welcher durch einen Pendelhebel P an der Gabel G angelenkt ist. F Blattfederung, S Blattfedern.

schwerere Maschinen nicht in Frage. Beim Befahren von schlechten Straßen jedoch ergibt sich trotzdem eine günstige Abfederung.

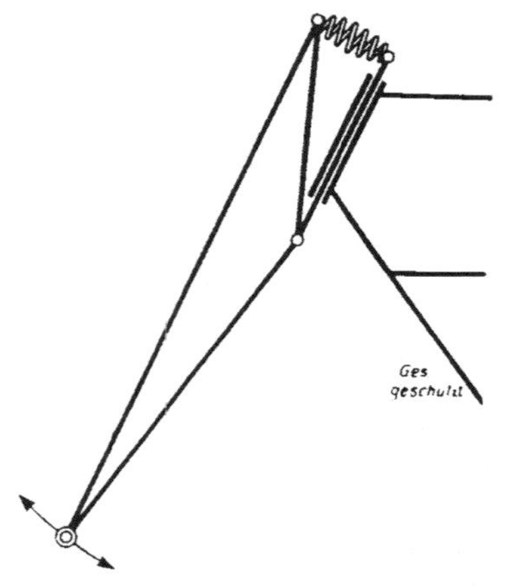

Abb. 237. Pendelgabel.
Die Gabel pendelt bei dieser Ausführung um einen an der Steuersäule befestigten Drehpunkt, welcher jede Auf- und Abbewegung ausschließt.

da das Vorderrad bei Löchern in der Straßendecke eine gewisse Voreilung erhält, deren Aufhebung ein hebelartiges Hinwegheben der Maschine über die Unebenheiten mit sich bringt. Ausführungsarten interessanterer Natur zeigen die Abbildungen 238 und 239.

Bemerkenswert ist die Vereinigung der Pendelgabel mit der Federgabel, wie dies in führender Weise von den englischen Brampton-Werken durchgeführt wurde. Bei dieser Federung, die in Abbil-

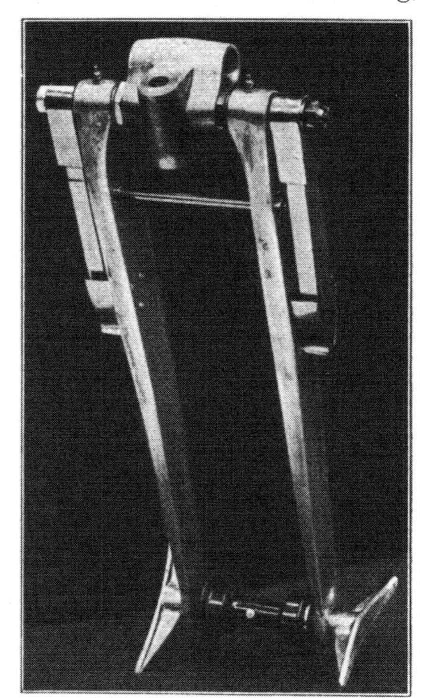

Abb. 238. Pendelgabel mit Blattfedern des Neander-Kraftrades.
Durch die besondere Anordnung der verschieden langen Blattfedern ist eine progressive Wirkung sichergestellt. Beachtenswert ist, daß die Lenkstange (die Bohrung für diese ist sichtbar) direkt die Gabel bewegt.

dung 240 und 241 dargestellt ist, wird eine gewöhnliche Vordergabel auch gleichzeitig zur Pendelgabel, indem das obere Pendelpaar durch entsprechende Federn, und zwar Zug- und Druckfedern, ersetzt ist. Das Vorderrad kann daher zur Überwindung von Unebenheiten sich nicht nur auf- und ab-, sondern auch vor- und rückwärts bewegen. Derartige Federgabeln werden

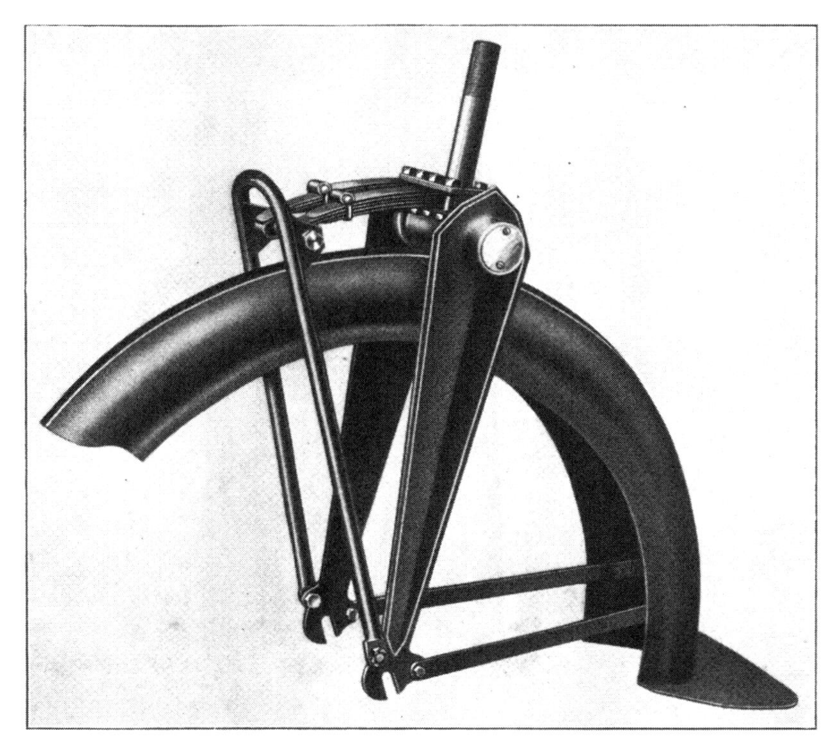

Abb. 239. Pendelgabel mit nach vorne ragenden Blattfedern.

infolge ihrer doppelten Federwirkung als „Biflexgabeln" bezeichnet. Der wesentliche Nachteil dieser geradezu ideal erscheinenden Biflexgabeln liegt darin, daß sich der Abstand zwischen Vorder- und Hinterrad ständig ändert. Während dies auf gerader Strecke belanglos ist, bedeutet es in der Kurve auch ein ständiges Verändern des Kurvenradius. Der feinfühlige Fahrer wird diesen nicht unbedeutenden fahrtechnischen Nachteil sofort bemerken, ein Nachteil, der auch beim Beiwagenfahren zutage tritt.

Neben den erwähnten Federungsarten können selbstverständlich auch verschiedene andere Ausführungen, deren Zahl nicht begrenzt ist, Anwendung finden. Jedenfalls findet der Kon-

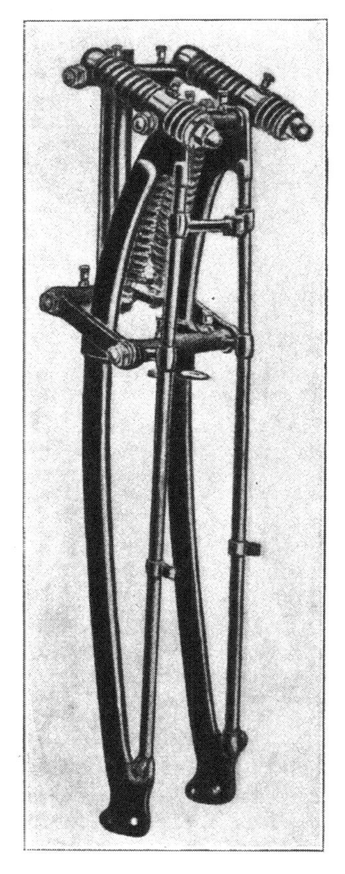

Abb. 240.

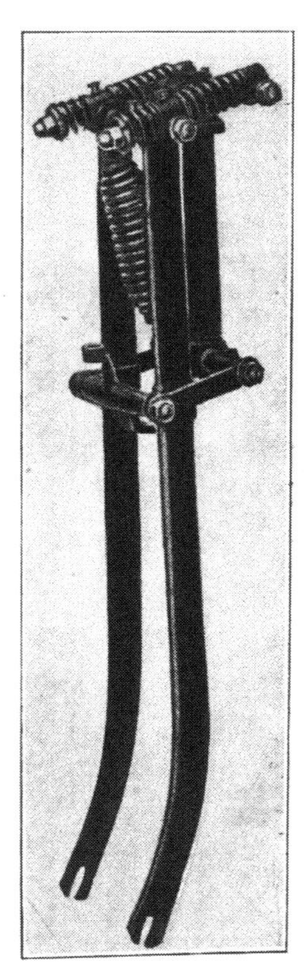

Abb. 241.

Abb. 240. Biflexgabel.
Das obere Pendelpaar ist nicht starr, sondern nach beiden Seiten federnd ausgebildet, so daß diese Gabel eine kombinierte Pendel- und Federgabel darstellt. Die Gabel kann sowohl nach oben und unten als auch vor und zurück sich bewegen.

Abb. 241. Biflexgabel, Ausführung für leichte Krafträder.

strukteur auf dem Gebiete der Vorderradgabelfederung die weitgehendste Bewegungsfreiheit.

Nachdem nun in eingehender Weise die verschiedenen Möglichkeiten der Federung des Vorderrades behandelt wurden, soll das Augenmerk der Federung des Hinterrades zugewendet werden. Die Federung des Hinterrades ist keineswegs irgendeine neuzeitliche Erfindung, war vielmehr in den vergangenen Jahren gebräuchlicher als heute. Die meisten Fabriken, die vor Jahren ihre Erzeugnisse mit Hinterradfederung ausstatteten, sind in

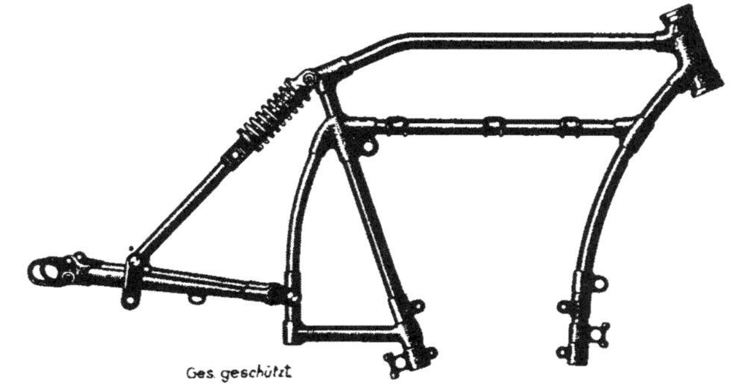

Abb. 242. Hinterradfederung (Ausführung NSU).
Die schon fast vergessene Einrichtung der gesonderten Abfederung des Hinterrades taucht neuerdings bei verschiedenen Fabrikaten auf. Die bei uns bekannteste und bewährteste Ausführung zeigt das obige Bild.

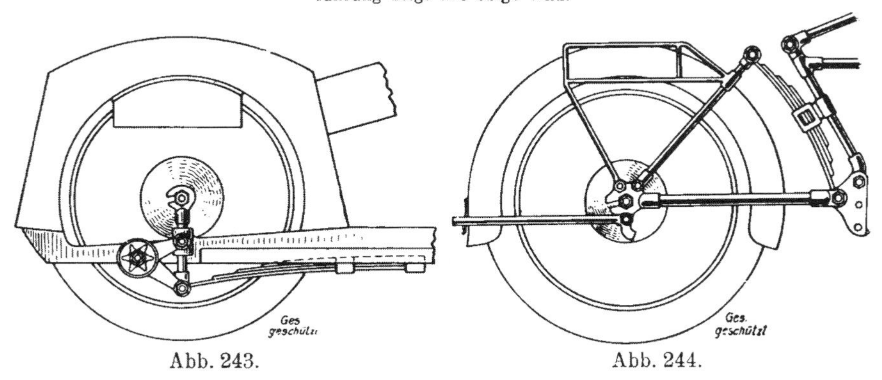

Abb. 243. Abb. 244.

Abb. 243. Hinterradfederung nach der Art der Kraftwagenfederung.

Abb. 244. Originelle Hinterradfederung mit Verwendung einer Blattfeder.

letzter Zeit davon wieder abgegangen. Am bekanntesten ist die Hinterradfederung bei den NSU-Motorrädern, welche auch bei den neuzeitlichen Tourenfahrzeugen dieser Marke festgestellt werden kann, während bei den Sportfahrzeugen von der Verwendung der Hinterradfederung Abstand genommen wurde. Die

Abbildung 242 zeigt besser als lange Ausführungen die Wirkungsweise der Hinterradfederung bei den NSU-Motorrädern, während die Abbildungen 243 und 244 andere Ausführungen der Hinterradfederung zeigen.

Andere Fabriken, wie die amerikanische Indian und die englische Matchleß, haben bei schweren Maschinen ebenfalls eine

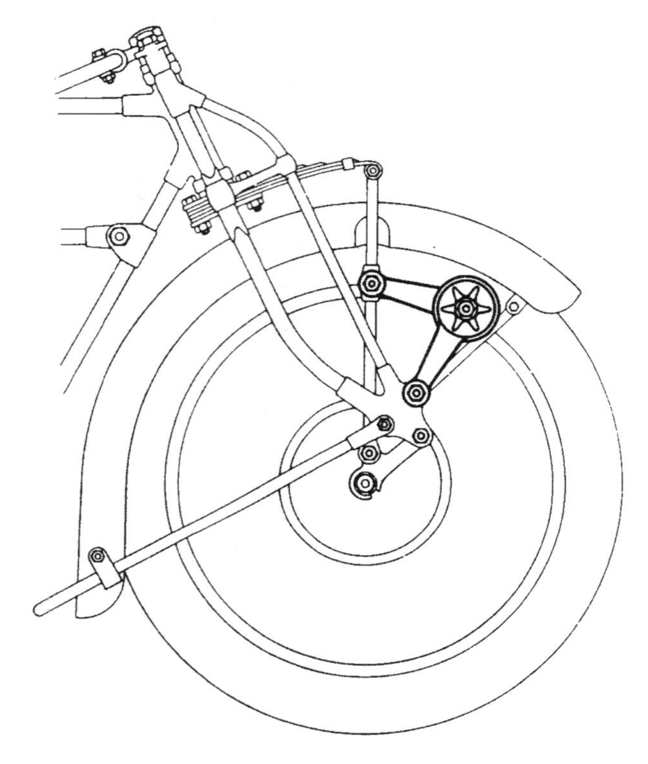

Abb. 245. Die Anbringung eines Stoßdämpfers.

(Der Stoßdämpfer ist mit dem einen Arm an einem gefederten, mit dem andern an einem ungefederten, starren Teil zu befestigen.

Hinterradfederung verwendet, erstere mit zwei Blattfedern. letztere mit zwei Spiralfedern, sind jedoch, soviel dem Verfasser bekannt ist, im Laufe der letzten Jahre von der Hinderradfederung abgekommen.

Die Hinterradfederung hat besonders bei Tourenfahrzeugen zweifelsohne einen besonderen Wert. Die Stabilität des Rahmens leidet jedoch unter der Beweglichkeit der Hinterradgabel, die Ausführung wird kostspielig, und die Defektmöglichkeiten werden größer. Außerdem bieten die neuzeitlichen, groß dimensionierten Reifen, ganz besonders die Niederdruckreifen (Ballonreifen), eine genügend gute Abfederung des Hinterrades, so daß wahrscheinlich in den kommenden Jahren gleichzeitig mit einer fortschreitenden Verbesserung der Straßenverhältnisse und einer allgemeinen Einführung der Niederdruckreifen von der Hinterradfederung gänzlich Abstand genommen werden dürfte.

Nun noch einige Worte über die sogenannten Stoßdämpfer. Dieselben haben sich derart eingeführt, daß es notwendig erscheint, einige grundsätzliche Bemerkungen in dieser Richtung vorauszuschicken.

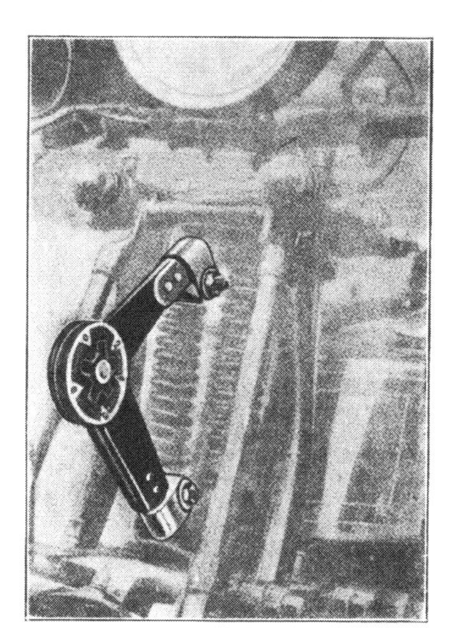

Abb. 246. Stoßdämpfer an einer Biflexgabel.

An eine gute Federung wird die Forderung gestellt, auftretende Stöße sofort und ohne Zeitverlust aufzunehmen, während die Abgabe der durch das Zusammenpressen der Feder in dieser aufgespeicherten Energie in einer größeren Zeitspanne, als sie für die Aufnahme erforderlich ist, erfolgen soll. Würde z. B. die Abgabe der Energie ebenso rasch erfolgen wie die Aufnahme, so würde z. B. zwar beim Überfahren eines Steines der Stoß, der auf das Rad durch die Fahrbahnunebenheit ausgeübt wird, sofort von der Feder absorbiert werden, der Rückstoß der Feder aber würde nun seinerseits auf das Fahrzeug einen Stoß ausüben, der unter Umständen so stark sein kann, daß das Fahrzeug mit dem Vorderrad vom Boden wegspringt. Ist die Federung vollkommen lose eingestellt und erfolgt die gesamte Druckaufnahme unter Vermeidung jeglicher Reibung durch die Feder allein, so würde demnach das Fahrzeug, wie dies ja auch bekannt ist, besonders auf schlechten

Straßenstücken, regelrecht zu springen beginnen und ein sicheres Lenken unmöglich machen.

Diese kurze Überlegung begründet die Forderung, daß sich zwar einerseits die Vordergabel — oder um welche Federung es sich immer handelt — rasch in die Höhe stoßen läßt, die Rückstoßbewegung jedoch verzögert werde und langsam erfolgt. Diese Stoßdämpfung erfolgt vielfach durch Verwendung der sogenannten Rückstoßfedern oder durch Anbringung von einfachen Friktionsstoßdämpfern. Stoßdämpfer, die jeweils zwischen dem feststehenden und dem beweglichen Teil einzubauen sind, müssen derart eingestellt sein, daß sie zwar einerseits unter dem Einfluß der Bodenunebenheiten noch ein rasches Nachgeben ermöglichen, andererseits ihre Reibung groß genug ist, um ein rasches Zurückschnellen der Feder zu verhindern und dieselbe nur langsam in die frühere Lage zurückgehen zu lassen. Die Anbringung solcher Stoßdämpfer zeigen die Abbildungen 245 und 246. Vollkommen sind derartige Friktionsstoßdämpfer jedoch nie, da sie nach beiden Seiten dämpfen, während, genau genommen, die Dämpfung sich nur auf die Rückstoßbewegung der Feder beziehen sollte. Eine derartige Ausführung, wie sie für Autostoßdämpfer verwendet wird, zeigt die Abbildung 247, aus welcher die nur in einer Richtung bestehende Dämpfung ohne weiteres zu ersehen ist.

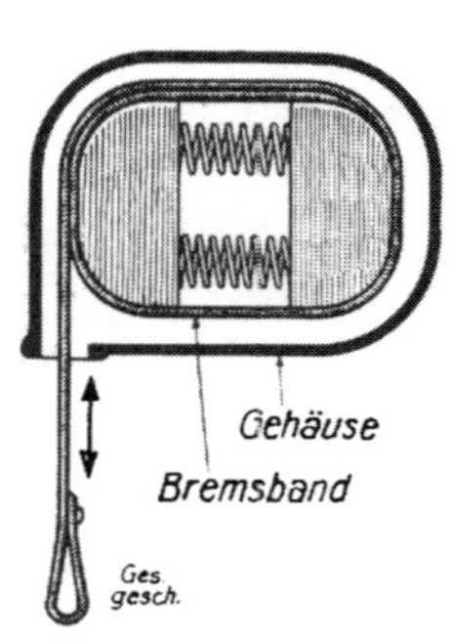

Abb. 247. Einseitig wirkender Stoßdämpfer.

Der Stoßdämpfer soll nur in einer Richtung wirken, um lediglich die Federrückstöße zu mindern. Der gewöhnliche Friktionsstoßdämpfer wirkt jedoch in beiden Richtungen dämpfend. Die Wirkungsweise des obenstehenden nur in einer Richtung wirkenden Dämpfers ist ohne weiteres aus der Abbildung zu ersehen.

Die Stoßdämpfer werden meistenteils, falls sie nicht schon zur normalen Ausstattung der Maschine gehören und mit vorhandenen Bauelementen des Motorrades kombiniert werden — in dieser Hinsicht wird auf die scheibenförmige Ausbildung vieler Vordergabelpendel verwiesen — von eigenen Spezialfabriken hergestellt und mit Einbauteilen geliefert, die ein sofortiges Anbringen ermöglichen.

Die Anbringung von Stoßdämpfern kommt naturgemäß nicht nur für die Vorderradfederung in Betracht, sondern auch für alle übrigen gefederten Teile eines Kraftrades. So bewährt sich z. B. auch bei Sattelkonstruktionen, welche einen großen Federweg aufweisen, die Anbringung eines Stoßdämpfers. Es mag an dieser Stelle auch darauf hingewiesen werden, daß Sättel mit eingebauten Stoßdämpfern im Handel erhältlich sind.

Geradezu notwendig ist die Anbringung von Stoßdämpfern an der Beiwagenkarosserie. Stoßdämpfer schonen im besonderen Maße die Beiwagenfedern, da sie ein zu starkes Zurückfedern vermeiden. Unentbehrlich sind Stoßdämpfer am Beiwagen beim Fahren mit unbesetztem Beiwagen. Es ist eine bekannte Tatsache, daß in derartigen Fällen das Schaukeln des Beiwagens sehr nachteilig ist und häufig zu Federbrüchen führt.

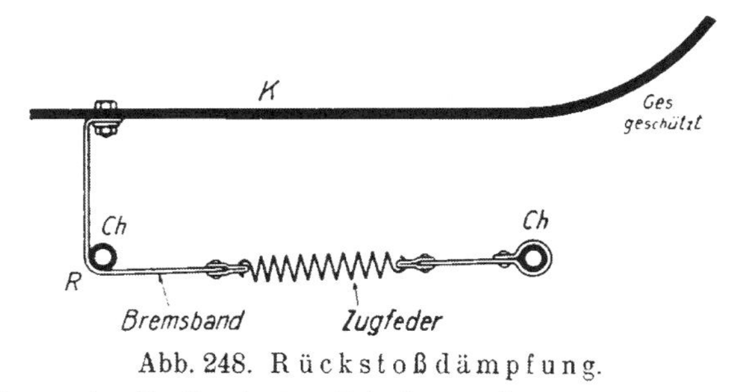

Abb. 248. Rückstoßdämpfung.

K Beiwagenkarosserie, Ch Chassisrohre, R Reibungsstelle. Bei der Abwärtsbewegung der Karosserie erfolgt keine Bremsung, wohl aber bei der Aufwärtsbewegung.

Eine überaus gediegene und einfache Stoßdämpfungseinrichtung verwenden die bekannten amerikanischen Harley-Davidson-Motorräder an ihren Beiwagen, indem sie ein kräftiges Bremsband, das an der Unterseite des Bodens der Karosserie befestigt ist, um ein Rohr des Chassis legen und durch eine Feder in Spannung halten; Abbildung 248. Diese Stoßdämpfung wirkt tatsächlich nur in einer Richtung dämpfend, und zwar, wie gewünscht, in der Richtung nach oben.

Während die bisher beschriebenen Federungsvorrichtungen in erster Linie eine Federung der Maschine und erst dadurch, also mittelbar, auch eine Begünstigung des Fahrers bedeuten, dient ein entsprechend ausgebildeter Sattel ausschließlich nur der Bequemlichkeit des Fahrers. Daß aber der Sattelfederung keineswegs eine geringere Aufmerksamkeit zugewendet werden darf, ist schon deswegen selbstverständlich, weil ja eine Beseitigung der starken Stöße nicht nur im Interesse der Gesundheit des Fahrers notwendig ist sondern auch zur Erhaltung der körperlichen Leistungsfähigkeit angestrebt werden muß. In letzterer Hinsicht ist es klar, daß der Fahrer auf einem schlecht

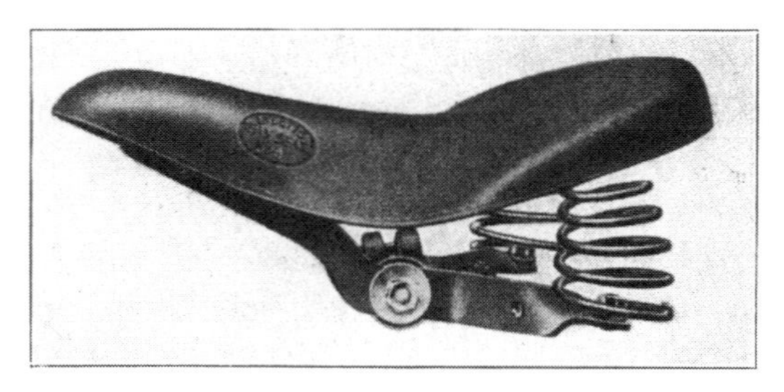

Abb. 249. Sattel mit Druckfedern.

gefederten Sattel weit mehr ermüdet als auf einem möglichst vollkommenen.

Es muß mit Befriedigung festgestellt werden, daß gerade bezüglich der Abfederung des Sattels die einschlägigen Fabriken sich im weitgehendsten Maße bemühen, immer wieder Erfolg versprechende Neuerungen zu versuchen, und ständig daran arbeiten, die Ausbildung des Federsattels zu verbessern.

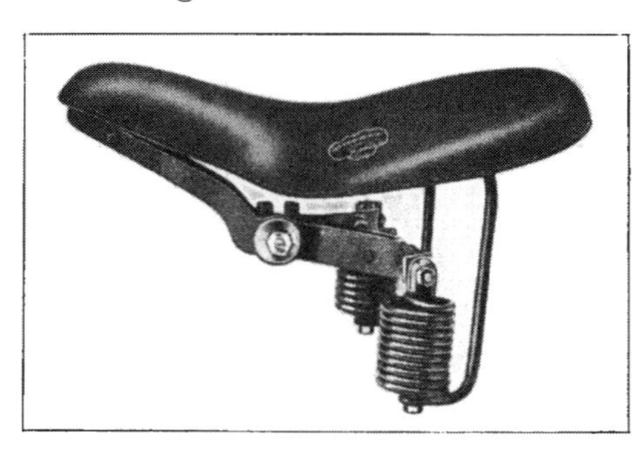

Abb. 250. Sattel mit Zugfedern.
Zugfedern ergeben eine weichere Federung als Druckfedern.

Die gebräuchlichste Ausführung des Sattels ist ein Stahlblech, das, gepolstert und mit Leder überzogen, eine Form aufweist, die einen sicheren Sitz ermöglicht, an ihrem vorderen, nach oben gebogenen Ende drehbar befestigt, an ihrem rückwärtigen, breiten Teile durch Federn aufgehängt ist. Bei diesem Sattel, mit welchen in der Mehrzahl der Fälle das serienmäßige Kraftrad von der Fabrik aus ausgestattet wird, kommt es einerseits auf eine möglichst große und breite Sitzfläche an, andererseits auf eine gute Polsterung derselben, im besonderen Maße aber auf kräftige, elastische Federn. Gegenüber den bei leichteren Ausführungen ausnahmslos gebräuchlichen Druckfedern sind Zugfedern unbedingt vorzuziehen. Die Abbildungen 249 und 250 zeigen beide Arten der Federung.

Der vorstehend beschriebene Sattel erhielt erstmalig im englischen „Terry"-Sattel einen weitverbreiteten und sehr bewährten Konkurrenten. Beim Terry-Sattel besteht die Sitzfläche nicht aus einer gepolsterten Stahlplatte, sondern aus einer größeren Anzahl straff gespannter Spiralfedern. Über diesen liegt ein Filz sowie der gewöhnliche Überzug. Leider kommt es sehr häufig vor, daß die Federn brechen. Ähnlich ist der in Abbildung 251 dargestellte „Brooks"-Sattel.

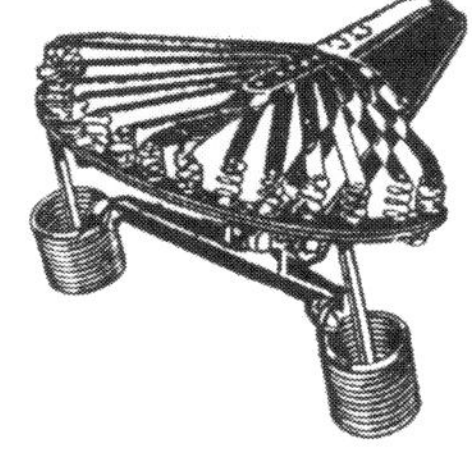

Abb. 251. Sattel mit federnder Sitzfläche.

Sättel mit federnder Sitzfläche ermöglichen das Fahren langer Tagestouren, ganz besonders, wenn sie mit Zugfedern des ganzen Sitzes verbunden sind. Die Sitzfläche besteht entweder aus gespannten Spiralfedern (System Terry) oder aus flachen Stahlfedern, welche auf kleinen Spiralfedern aufruhen (wie abgebildet; System Brooks).

In der Folgezeit sind eine Reihe von Spezialfabrikaten, die sich zum Teil mehr oder weniger an den englischen Terrysattel anlehnen, auf den Markt gekommen und haben sich zum Großteil ganz ausgezeichnet bewährt. Auch einige deutsche Fabriken haben sich dem Bau derartiger hochwertiger Sättel zugewandt und dürften sicherlich mit ihren Erzeugnissen, die die englischen zum Teile wesentlich übertreffen, Anklang gefunden haben.

Bei dieser Gelegenheit sei besonders darauf aufmerksam gemacht, daß Sättel, deren Sitzfläche aus Spiralfedern bestehen, in vollkommen horizontaler Lage montiert werden müssen, nicht wie die gewöhnlichen Motorradsättel schief nach rückwärts abfallend. Außerdem ist es notwendig, sich bei den Spezialsätteln weiter nach vorne zu setzen, um die volle Federwirkung der Sitzfläche auszunützen.

Es ist selbstverständlich, daß die Spezialsättel wesentlich teurer als die gewöhnlichen Motorradsättel sind und unter Umständen sogar ein Vielfaches derselben kosten können. Trotzdem möchte der Verfasser jedem Kraftradfahrer, der nicht nur kleine Sonntagsfahrten unternimmt, sondern gelegentlich auch größere Touren-

Abb. 252. Sattelfederung der Harley-Davidson.

Der Sattel ist mit einem entsprechenden Gelenk an der Sattelstütze befestigt, welche im Rahmenrohr gefedert ist. Es sind verschiedene Federn, auch zur Rückstoßdämpfung, vorgesehen. Die Federspannung ist einstellbar. Der große Vorteil einer derartigen Einrichtung liegt darin, daß einerseits ein Bruch der in Fett gelagerten Federn fast unmöglich ist, andererseits trotz bester Federwirkung das für den Solofahrer sehr nachteilige seitliche Nachgeben der meisten Sättel vermieden wird.

fahrten, dringend empfehlen, bezüglich der Anschaffung eines ausgezeichneten Sattels nicht zu sparen. Man glaubt gar nicht, wieviel ein hervorragender Sattel ausmachen kann. Während man z. B. bei einem schlecht gefederten Sattel mit zu kleiner Sitzfläche schon nach 2—300 km stark ermüdet ist, tritt, wie der

Abb. 253. Anbringung des Sattels am Rahmen.

Es ist zweckmäßig, die vom Fahrrad her bekannte Winkelsattelstütze zu vermeiden, den Sattel am oberen Rahmenrohr anzugelenken und die Federn an den oberen Hinterradstreben zu befestigen.

Verfasser dies selbst erprobt hat, bei erstklassigen Sätteln eine Ermüdungserscheinung auch bei täglicher Leistung von 400 km und noch mehr nur in geringem Maße auf. Daß dieser Umstand auch ganz besonders in gesundheitlicher Hinsicht einer Berücksichtigung wert ist, bedarf wohl keiner weiteren Ausführung.

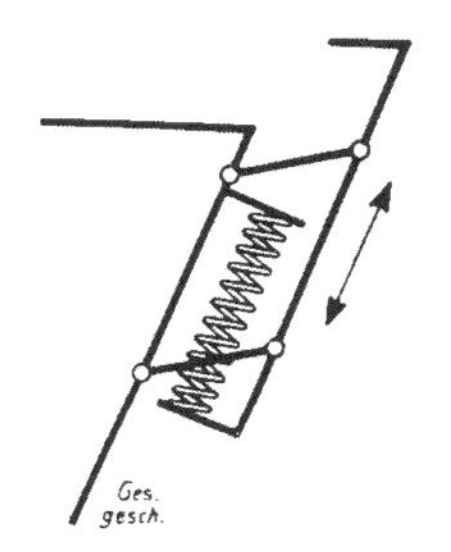

Abb. 254. Gefederte Sattelstütze.

Um die Federwirkung des Sattels noch zu erhöhen, kann auch die Sattelstütze federnd durch Parallelogrammpendeln am Rahmen befestigt werden.

Interessant sind die ursprünglich nur von amerikanischen Motorradfabriken an den schweren Maschinen verwendeten sogenannten „Pfannensättel". Diese Maschinen sind mit einem Sattel ausgerüstet, dessen Sitzfläche bei besonders großer Dimension rückwärts einen Schwung nach oben aufweist und der noch durch eine gepolsterte und besonders breite Rücklehne zu einer wirklichen Klubsesselform vergrößert werden kann. Die Federn dieses ausgezeichneten Sattels sind bei der Harley-Davidson in das rückwärtige Rahmenrohr verlegt, wie dies unsere Abbildung 252 zeigt. Eine derartige Anordnung ermöglicht auch die leichte Anbringung von Rückstoßfedern.

Der Pfannensattel hat sich verhältnismäßig sehr rasch eingebürgert und wird heute bereits auch an leichteren Krafträdern von deutschen Fabriken vielfach serienmäßig verwendet.

Im allgemeinen muß gesagt werden, daß Konstruktionen, wie sie verschiedene englische und deutsche Konstrukteure verwenden und bei welchen der Sattel, wie beim Fahrrad, auf einer Sattelstütze, die im rückwärtigen Rahmenrohr festgeklemmt und verstellt werden kann, befestigt ist, durchaus unvorteilhaft sind. Nicht nur, daß der Sattel bei solcher Anordnung höher zu liegen kommt, als dies durch die Bauart des Rahmens nötig wäre, schließt auch die Verwendung einer eigenen Sattelstütze Defektmöglichkeiten in sich, die sich dadurch vermeiden lassen, daß der vordere Teil des Sattels direkt an den Rahmen angelenkt wird, während die Sattelfedern unter Ausschaltung aller besonderen Zwischenorgane am Rahmen bzw. am Gepäckträger befestigt werden. Eine solche Ausführung zeigt Abbildung 253. Die auf einer Sattelstütze montierten Sättel lassen sich zwar leicht austauschen, häufig aber nicht wirklich einwandfrei fest montieren.

Eine besondere Stellung nimmt die bekannte Federung der Wandererwerke ein, die in Abbildung 254 dargestellt ist.

Eingangs der Ausführungen über die Motorradsättel wurde auf die Notwendigkeit einer guten Federung hingewiesen. Der Vollständigkeit halber muß aber auch gesagt werden, daß es Fälle gibt, in welchen mit Überlegung von einer besonderen Sattelfederung Abstand genommen wird. Dies ist insbesondere bei den für Schnelligkeitswettbewerben bestimmten Maschinen der Fall, da durch die Ausschaltung einer besonderen Sattelfederung für hohe Geschwindigkeiten eine größere Stabilität erzielt wird. Die Weglassung einer besonderen Sattelfederung bei Rennmaschinen wird dadurch ermöglicht, daß Rennveranstaltungen, wenigstens im allgemeinen, nur auf erstklassigen Straßen und Fahrbahnen ausgetragen werden.

Eine Neuigkeit auf dem Gebiete der Federungsvorrichtungen bildet die Federlenkstange des bekannten Kraftfahrzeugkonstrukteurs Ing. Gaszda, Wien. Diese Federlenkstange, die an Stelle der normalen Lenkstange sich an jedem Kraftrad verwenden läßt, besteht im wesentlichen aus großen, übereinander gelegten Blattfedern und wird sowohl in Touren- als auch in

Sportausführung geliefert. Während nach Erscheinen dieser Neuigkeit begreiflicherweise große Bedenken gegen die Verwendung von nicht-starren Lenkstangen bestanden haben, hat die Praxis ganz andere, und zwar sehr günstige Ergebnisse gezeitigt. Es hat sich gezeigt, daß die Fahrsicherheit bei Verwendung

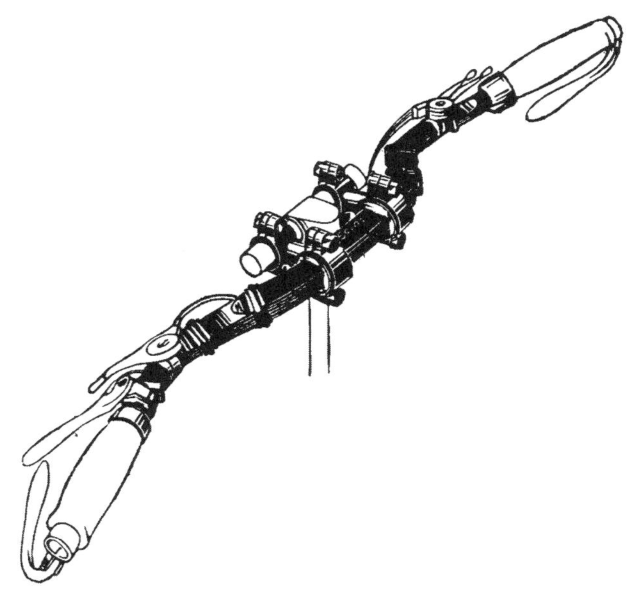

Abb. 255. Die Gaszda-Federlenkstange.

Es ist sicher, daß die die Hände und Arme treffenden Stöße und Fibrationen sehr zur Ermüdung des Fahrers beitragen. Eine vertikale Federung — unter Ausschluß einer horizontalen Beweglichkeit — der Lenkstange ist daher sehr erstrebenswert. Die dargestellte Federlenkstange hat sich in der Praxis außerordentlich bewährt.

einer Federlenkstange nicht nur nicht beeinträchtigt sondern durch Ausschaltung der Erschütterungen eher erhöht wird. Durch entsprechende Armaturen, die als Zubehör mit der Federlenkstange geliefert werden, ist die Anbringung sämtlicher Hebel sowie auch von Drehgriffen in der gewohnten Art ermöglicht. Die Abbildung 255 zeigt eine solche Federlenkstange.

Abschnitt 8.

Die Bremsvorrichtungen.

Gute, sicher wirkende und in Ordnung gehaltene Bremsen sind unerläßliche Voraussetzungen für jede Fahrt mit einem Kraftrade. Es ist daher besonders wichtig, daß sich der Kraftfahrer mit der Wirkungsweise der verschiedenen Bremsen vertraut macht, um auf diese Weise in die Lage zu kommen, die Tätigkeit seiner Bremsen zu überprüfen, beim Ankauf eines Kraftrades jene Ausführung zu wählen, welche eine Gewähr für ein einwandfreies Funktionieren bietet, sowie im Bedarfsfalle eine Wiederinstandsetzung vorzunehmen.

Die für das Kraftrad in Betracht kommenden Bremsen können eingeteilt werden in: Klotzbremsen (Keilfelgenbremsen), Innenbackenbremsen, Innenbandbremsen (Expansionsbremsen), Außenbandbremsen sowie Außenbackenbremsen. Die auf die gewöhnliche Radfelge wirkende Felgenbremse kommt, wenn von Leichtkrafträdern abgesehen wird, nicht in Betracht.

Die Keilfelgenbremsen waren bis vor kurzer Zeit an Verbreitung zweifelsohne allen anderen Bremsen weit überlegen. Sie weisen neben dem Vorteil einfacher und billiger Ausführung eine leichte Überprüfbarkeit der Bremsorgane auf, ein Umstand, der für den weniger erfahrenen Kraftradfahrer nicht unwesentlich ist. Die Keilfelge dieser Bremsen soll mit eigenen kurzen Speichen aufgespeicht sein und nicht, wie dies hie und da zu sehen ist, an den gewöhnlichen Radspeichen befestigt werden. Diese letztere Befestigung bringt bei längeren Gebirgsfahrten fast unzweifelhaft eine Verziehung des Rades mit sich.

Der Bremsklotz, insbesondere jener der Hinterradbremse, soll möglichst kräftig gehalten sein und eine Parallelführung aufweisen. Das Schema einer derartigen Parallelführung ist in Abbildung 256 wiedergegeben. Ist eine Parallelführung nicht vorhanden, muß der Bremshebel nach abwärts gerichtet sein, da sich anderenfalls die Bremse durch die Drehung des Rades selbst festkeilt und schwer lösbar wird. Dieser Umstand wird beim Betrachten der Abbildung 257 sofort klar.

Keilfelgenbremsen am Vorderrad, die in fast allen Fällen mit Bowdenkabeln betätigt werden, müssen ein entsprechendes Über-

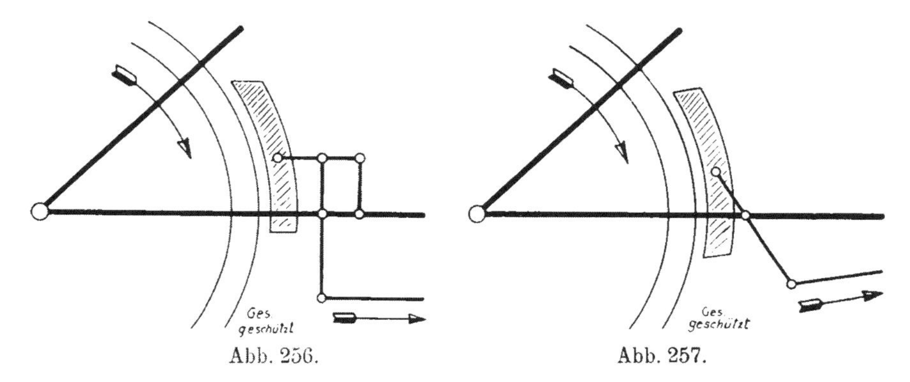

Abb. 256. Abb. 257.

Abb. 256. Parallelführung der Klotzbremse.

Durch die parallelogrammartige Ausbildung des Bremsgestänges wird eine gleichmäßige Abnützung des Klotzes gewährleistet und eine Verklemmung vermieden.

Abb. 257. Falsche Anordnung der Klotzbremse.

Die gegen die Drehrichtung der Bremsfelge stehende Bremse führt zu Verklemmungen und hindert die leichte und sofortige Lösbarkeit der Bremse.

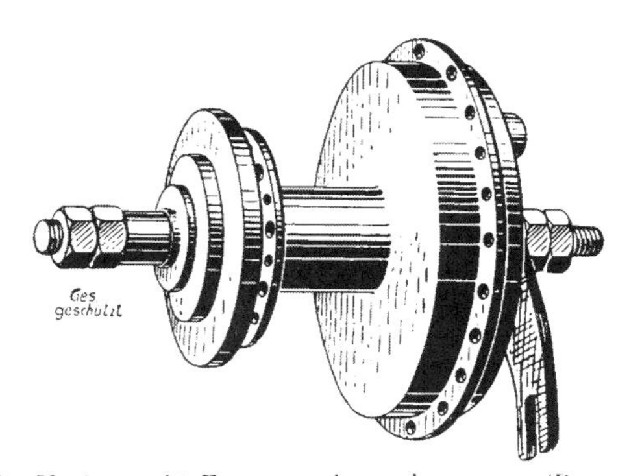

Abb. 258. Nabe mit Expansionsbremse (Bremsnabe).

setzungsverhältnis aufweisen, um genügend wirksam zu sein. In dieser Hinsicht sind meist mangelhafte Fabrikate auf den Markt gebracht worden, so daß man besonders beim Vorderrad frühzeitig zu anderen Bremsgattungen übergegangen ist.

Ein Nachteil der Keilfelgenbremse ist die Abhängigkeit von der Witterung. Es ist bekannt, daß die Bremswirkung bei nassem Wetter wesentlich vermindert ist, bzw. zur Erreichung der gleichen Bremswirkung größere Kräfte angewandt werden müssen. Bei der Fußbremse, betätigt mittels Gestänge, ist eine große Kraftentfaltung ohne weiteres möglich, bei der

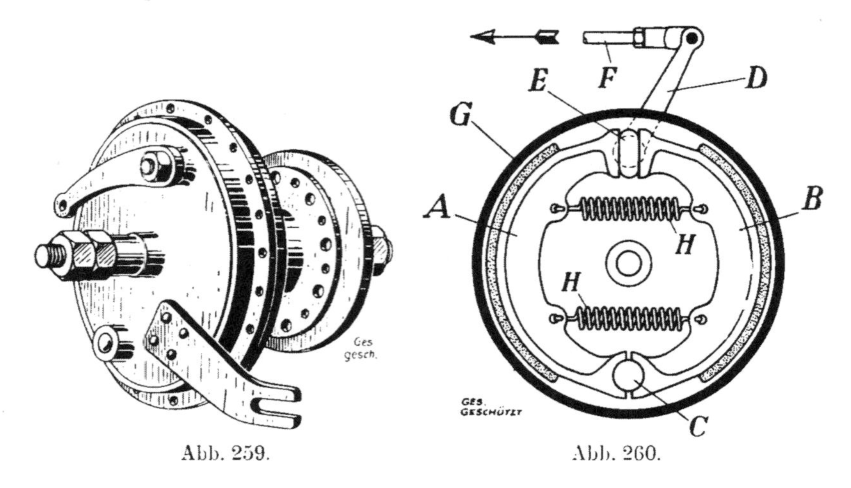

Abb. 259. Abb. 260.

Abb. 259. Bremsnabe.

Der obere Hebel ist der Bremshebel, welcher durch das Bremsgestänge oder durch einen Bowdenzug betätigt wird. Der untere dient zur Verankerung der eigentlichen Bremseinrichtung am Rahmen. Die Bremstrommel rotiert mit der Nabe (dem Rad) um die feststehenden Bremsbacken.

Abb. 260. Das System der Innenbackenbremse.

A und B Bremsbacken, C gemeinsamer Drehpunkt der beiden Backen, H Zugfedern zum Lösen der Bremse, G Bremstrommel (mit dem Rade sich drehend), E Bremsnocken, durch dessen Drehung die beiden Backen gegen die Bremstrommel gepreßt werden. Die Drehung des Nockens erfolgt durch den Bremshebel D und das Gestänge F.

Vorderbremse hingegen nimmt die Wirksamkeit bei schlechtem Wetter fast bis zum Nullpunkt ab. Der bei schlechter Witterung auf die Keilfelge gelangende Sand bringt auch eine außerordentlich starke Abnützung des Bremsklotzes mit sich.

Ein besonderer Vorteil der Keilbremse gegenüber den meisten anderen Bremsgattungen ist die günstige Verwendbarkeit bei auswechselbaren Rädern. Da auswechselbare Räder hauptsächlich bei schweren Beiwagenmaschinen Verwendung finden, ist es naheliegend, daß sich die Keilfelgenbremse insbesondere bei den schweren Maschinen lange erhalten hat.

Die Innenbackenbremse, eine Bremsgattung, die von Tag zu Tag an Verbreitung zunimmt, wird häufig auch als „Trommelbremse“ bezeichnet. Sie hat sich im Hinblick auf ihre außerordentlichen Vorteile rasch eingeführt; in den letzten Jahren sind alle namhaften Fabriken dazu übergegangen, ihre gesamten Fahrzeuge mit Innenbackenbremsen auszustatten.

Während im Vorderrad meistens „Bremsnaben“ Verwendung finden, die ein Ganzes für sich darstellen, wird beim Hinterrad die Innenbackenbremse häufig in dem als Gehäuse ausgebildeten Innenteil des Kettenrades untergebracht.

Die Ausführung einer Bremsnabe, wie solche in Deutschland von verschiedenen Spezialfabriken in erstklassiger Qualität hergestellt werden, zeigen die Abbildungen 258 und 259, während das System der Innenbackenbremse in Abbildung 260 dargestellt ist. Die beiden Bremsbacken A und B sind um den Punkt C beweglich und werden durch die Federn H zusammengehalten, um an der Bremstrommel G, welche sich mit dem Rade dreht, im Ruhezustand nicht zu schleifen. Zur Betätigung der Bremse wird das flache Stahlstück E, das als „Bremsnocken“ bezeichnet wird, derart gedreht, daß es die beiden Bremsbacken auseinander und damit an die Innenwand der Bremstrommel preßt. Die Bremsbacken sind mit einem Bremsbelag versehen. Derselbe ist unverbrennbar und besteht meist aus einem imprägnierten Geflecht aus Asbestfäden und Messingdraht. Der Bremsbelag ist mit Kupfernieten auf die Bremsbacken aufgenietet und daher leicht auswechselbar.

Es geht aus der Konstruktion der Innenbackenbremse (Expansionsbremse) hervor, daß sie trocken, d. h. ohne Öl läuft und, da sie in einem Gehäuse eingeschlossen ist, auch vor Schmutz und Feuchtigkeit gut geschützt ist.

Bei den neuzeitlichen Maschinen finden auch für die Hinterräder Bremsnaben Verwendung. Das Kettenrad wird in diesen Fällen eigens aufgeschraubt. Die Abbildung 261 zeigt eine Konstruktion, die sich sowohl für Vorder- als auch für Hinterräder eignet und eine leichte Abnehmbarkeit des Kettenrades gewährleistet. Es wird durch diese Ausführung das gelegentliche Austauschen des Vorder- und Hinterrades wesentlich erleichtert.

Abb. 261. Zerlegte Hinterradbremsnabe.

Bremsbacken, Bremsnocken, Bremshebel und Bremstrommel sind deutlich sichtbar; die links liegende Scheibe ist der noch nicht ausgefräßte Kettenkranz. Man kann leicht die Abflachungen erkennen, durch welche der Kettenkranz die Nabe mitnimmt. Das Kettenrad ist zur Veränderung des Übersetzungsverhältnisses und zum Einziehen des Speichen mit einigen Handgriffen abzunehmen.

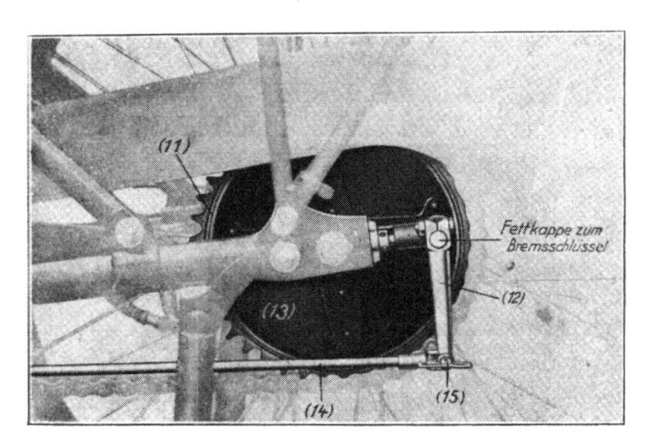

Abb. 262. Unterbringung der Innenbackenbremse im Kettenzahnrad des Hinterrades.

14 Bremsgestänge, 15 Bolzen mit Vorstecksicherung, 12 Bremshebel, 11 Zahnkranz, 13 Bremstrommel.

Wie bereits erwähnt, wird jedoch in den meisten Fällen an dem Hinterrad die Bremse im Kettenrade untergebracht, so daß dieses eigentlich selbst das Trommelgehäuse bildet. Eine solche Ausführung ist in Abbildung 262 dargestellt. Bei gesonderten Bremstrommeln findet man gelegentlich auch Kühlrippen; Abbildung 263.

In neuerer Zeit wird bei modernen Tourenmaschinen auch für das Vorderrad die Bremstrommel nicht in einem Stück mit dem Nabenkörper hergestellt, sondern sitzt vielmehr die Bremstrommel, ein getrenntes Ganzes bildend, eigens auf der Achse, mit dem Rade nur durch Klauen oder mehrere Bolzen verbunden. Durch diese Ausführung, die allerdings nicht billig ist, wird eine leichte Auswechselbarkeit der Räder erreicht, da sich die Klauen für das vordere und hintere Rad kongruierend ausbilden lassen und im Hinterrade durch die Klauen auch gleichzeitig der Antrieb erfolgt. Es scheint außer Zweifel zu stehen, daß diese Lösung jedenfalls die Lösung der Zukunft sein wird, zumal sie eine geeignete Verbindung zwischen der für das Kraftrad bestgeeignetsten Expansionsbremse und den so zweckmäßigen auswechselbaren Rädern darstellt. Und wenn einmal richtig der ungeheuere Vorteil der auswechselbaren Räder in Verbindung mit einem Reserverad allen Kraftfahrern bekannt geworden sein wird, werden auswechselbare Räder nicht als ein Komfort bezeichnet, sondern von jedem Fahrer verlangt werden. Tatsächlich sind auch einzelne Fabriken dazu übergegangen, ihre gesamten Fabrikate mit separaten Bremsen und auswechselbaren Rädern auszustatten. Beim Demontieren des Vorderrades bleibt nach dem Ausziehen der Achse die Bremse an der Gabel, während das Rad ausfällt, ebenfalls bleibt bei der Demontage des Hinterrades das Kettenrad samt der Bremse fest, so daß ein Berühren der stets schmutzigen Kette sich erübrigt, und nur eine Mutter oder ein Bolzen gelöst werden muß. Es steht zu hoffen, daß sich die deutsche Industrie diese Errungenschaft bald zunutze macht, denn unsere derzeitigen Kraft-

Abb. 263. Kühlrippen in der Bremstrommel. Gelegentlich sieht man auch Kühlrippen, welche eine zu starke Erhitzung der Bremstrommel verhindern sollen. Bei den Kraftwagenbremsen sind Kühlrippen in der dargestellten Form an den Bremstrommeln allgemein üblich. Deutlich sichtbar ist auch die Flügelschraube zum leichten Nachstellen des Bremsgestänges.

räder, die alle mit hervorragenden Motoren ausgestattet sind, bedürfen weniger einer Verbesserung hinsichtlich der Motorleistung, als vielmehr einer solchen der Ausstattung und einer Erhöhung der Bequemlichkeit. Es ist nicht jedermanns Sache, auf freier Strecke, vielleicht gar in der Nacht oder bei Regen, das Bremsgestänge zu demontieren und hernach wieder richtig einzustellen. Es ist auch nicht jedermanns Sache, vor dem Einbau des Rades vielleicht den Konus von Neuem einstellen zu müssen und die richtige Einstellung zu erzielen. Das, was beim Auto längst angestrebt und erreicht wurde, die Ausschal-

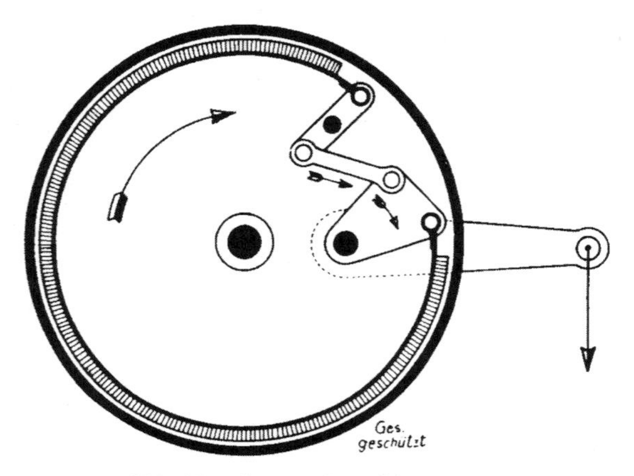

Abb. 264. Innenbandbremse.

An Stelle der Bremsbacken findet ein Stahlband Verwendung; die Innenbandbremse und die Innenbackenbremse bilden die Kategorie der Expansionsbremsen (Ausdehnungsbremsen).

tung des Erfordernisses komplizierter technischer Kenntnisse, muß auch beim Kraftrade angestrebt werden, damit dieses von weiteren Kreisen als Verkehrsmittel in Verwendung genommen werden kann. Es wird letzten Endes auch der Motorradindustrie zugute kommen, wenn sie bestrebt ist, alle jene Errungenschaften, die eine große Verbreitung des Kraftrades mit sich bringen, zu verwerten und auszuüben. Die deutschen NSU-Werke bringen bereits bei ihren schweren Tourenmaschinen eine außerordentlich zweckmäßige Konstruktion von auswechselbaren Rädern zur Ausführung. Eine andere Expansionsbremse ist die „Innenbandbremse“, bei welcher an Stelle der beiden

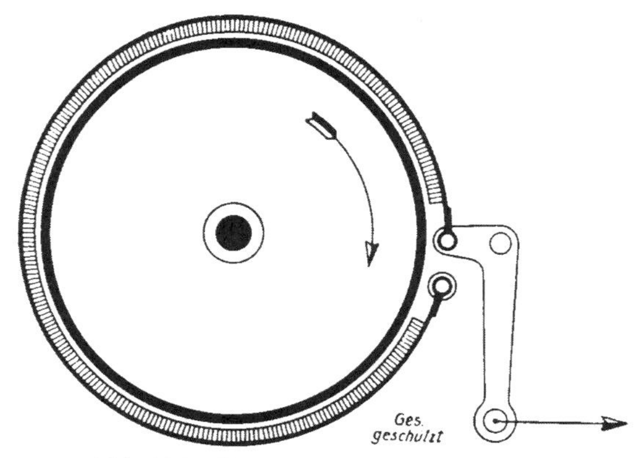

Abb. 265. Die Außenbandbremse.

(Gemeiniglich kurz als „Bandbremse" bezeichnet).

Bremsbacken ein Bremsband an die Bremstrommel gepreßt wird, wie dies die Abbildung 264 erkennen läßt. Der Vorteil dieser Bremse liegt darin, daß sich die Bremswirkung über den ganzen Kreisbogen verteilt.

An weiteren Bremsgattungen ist die „Außenbandbremse" und die „Außenbackenbremse" zu erwähnen. Bei beiden erfolgt die Bremswirkung von außen her auf eine Bremstrommel. Bei der Außenbandbremse wird ein Stahlband, das mit Bremsbelag ausgefüttert ist, um die Bremstrommel gespannt, während bei der Außenbackenbremse die Bremsbacken an die Bremstrommel von außen in ähnlicher Weise angepreßt werden, wie dies bei der Expansionsbremse von innen der Fall ist. Die Abbildungen 265 und 266 zeigen eine einfache Bandbremse, während Abbildung 267 eine Außenbackenbremse zeigt.

Abb. 266. Die Ausführung einer Bandbremse.

1 Bremshebel, 2 Bolzen mit Splintsicherung, 3 Gestängegabel, 4 Gegenmutter, 5 Bremsgestänge.

Außenbandbremsen finden nicht selten gemeinsame Verwendung mit Innenbackenbremsen, eine kombinierte Anordnung, die besonders von amerikanischen Fabriken bevorzugt wird. Beide

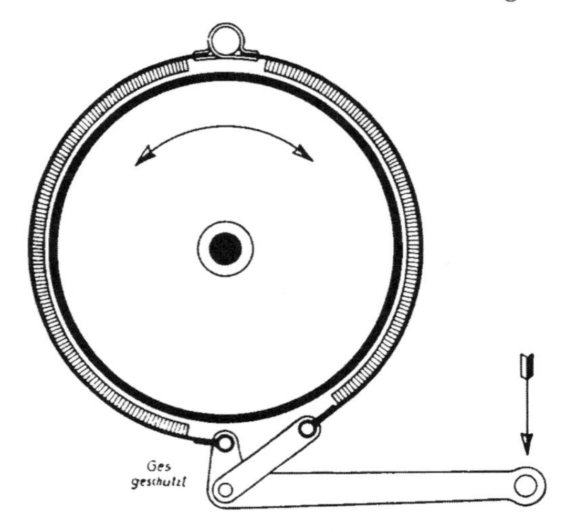

Abb. 267. Außenbackenbremse.

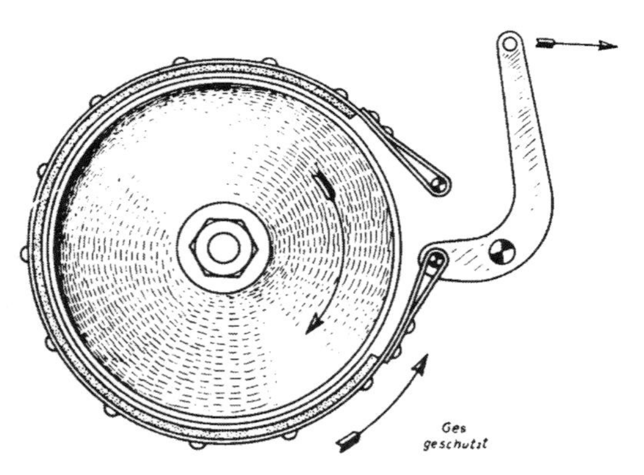

Abb. 268. Falsche Anordnung einer Außenbandbremse.

Das Bremsband darf nicht gegen die Drehrichtung des Rades, sondern muß mit derselben gespannt werden.

Bremsen wirken auf eine gemeinsame Bremstrommel, die eine von innen, die andere von außen, während die Betätigung der beiden Bremsen von zwei getrennten Hebeln aus erfolgt.

Außenbackenbremsen finden hauptsächlich bei Krafträdern mit Kardanantrieb Verwendung, in vollkommen gleicher Anordnung wie beim Automobil, bei welchem sich ebenfalls vielfach die Bremsscheibe auf der Kardanstange zwischen dem Getriebe und dem Kegelradantrieb befindet. Diese Bremsgattung, bei der sich in sehr vorteilhafter Weise jegliches Bremsgestänge vermeiden läßt, setzt allerdings eine außerordentlich kräftige Ausführung des Kegelradantriebes voraus, da die Kegelräder bei der plötzlichen Bremsung der Kardanwelle durch die Wucht der Bewegung der Massen auf das äußerste beansprucht werden.

Eine außerordentlich schöne Ausführung der Außenbackenbremse weisen die BMW-Krafträder auf.

Nach Besprechung der verschiedenen Bremsgattungen muß noch ein Bremssystem behandelt werden, das durch seine einfache und einleuchtende Art einen Einfluß auf die Ausführung der Bremsvorrichtungen der nächsten Jahre sicher nicht verfehlen wird.

Bisher erfolgte die Betätigung der Bremsen ausschließlich durch die Kraft des Fahrers. Es war nun naheliegend, die bei der Bremsung zu absorbierende Energie selbst zur Betätigung der Bremse zu verwenden und so den Fahrer zu entlasten. Bei einer einzelnen Bremse allerdings wird diese Erwägung nur in sehr beschränktem Maße Anwendung finden können, während beim Vorhandensein von zwei Bremsen die in der einen Bremse zu absorbierende Energie ohne weiteres zur Betätigung der zweiten Bremse verwendet werden kann. Die Ausführung einer solchen Bremse wird als „Servobremse“ bezeichnet.

Das einfachste System einer Servobremse für Einzelbremsen ist in der gewöhnlichen Bandbremse gegeben. Man kann aus der Abbildung 265 deutlich ersehen, daß das Bremsband, das durch die Betätigung der Bremse an die Bremstrommel angepreßt wird, durch hierbei auftretende Reibung von der Bremstrommel selbst fester gespannt wird, wodurch sich die Bremswirkung erhöht, bzw. nur eine geringe Kraft für die Betätigung der Bremse aufgewandt werden muß. Die Servowirkung der Bandbremse wird ausgeschaltet, wenn dieselbe fälschlicherweise nach Abbildung 268 ausgeführt wird. In diesem Falle bewirkt die Reibung zwischen dem Bremsband und der Bremstrommel nicht ein Festerspannen des Bremsbandes, sondern trachtet durch den auf das Bremsband geübten Zug die Bremse wieder zu lösen. Den Fahrer würde bei einer derart verkonstruierten Bremse die Servowirkung nicht unterstützen, er müßte vielmehr erhöhte Kraft einsetzen.

Bei zwei Bremsen wird nach dem Servosystem in vorteilhafter Weise die zweite Bremse automatisch von der ersten betätigt, so daß der Fahrer nur genötigt ist, die erste Bremse, und zwar

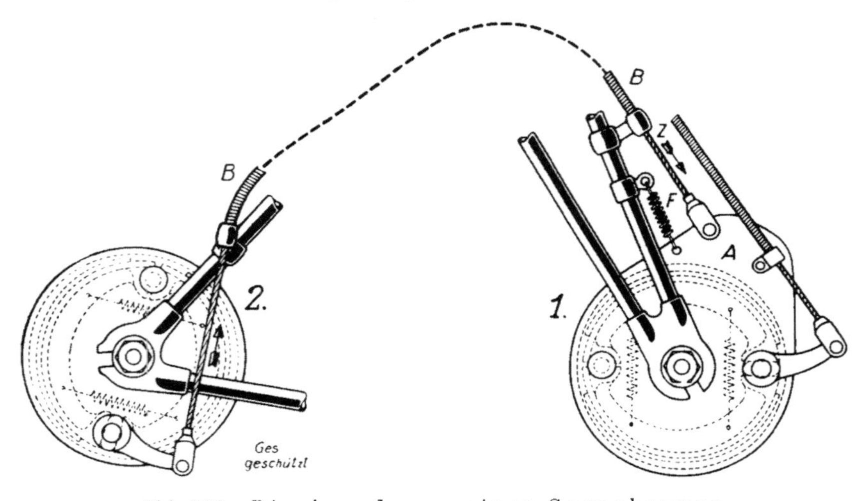

Abb. 269. Die Anordnung einer Servobremse.

1. Vorderradbremse, 2. Hinterradbremse; A Bremsanker, auf welchem bei Betätigung der Vorderradbremse ein Drehmoment entsteht, durch das der Bowdenzug Z (B) angezogen und durch diesen die Bremse des Hinterrades betätigt wird. Nach Lösen der Vorderradbremse wird durch die Feder F der Bremsanker A in die Ruhestellung zurückgezogen, so daß auch die Bremse 2 gelöst wird.

die Vorderradbremse leicht anzuziehen. Dem Verständnis einer solchen Anlage mag die Abbildung 269 sowie die nachfolgende Erläuterung dienen.

Durch die Betätigung der Bremse 1 (einer Expansionsbremse) legen sich die Bremsbacken an die Bremstrommel an. Durch die hierbei auftretende Reibung entsteht das Bestreben, auch die normalerweise feststehenden Bremsbacken in Drehung zu versetzen: es entsteht also beim sogenannten Bremsanker ein Drehmoment, das um so größer wird, je mehr die Bremse angezogen, je fester die Bremsbacken an die rotierende Bremstrommel gepresst werden. Während nun normalerweise das auf den Bremsanker wirkende Drehmoment durch eine entsprechend dimensionierte laschenförmige Befestigung des Bremsankers an der Gabel aufgenommen wird, ist es ohne weiteres möglich, den Bremsanker nicht zu befestigen und das auf diesen wirkende Drehmoment zur Betätigung einer zweiten Bremse auszunützen.

Abb. 270.

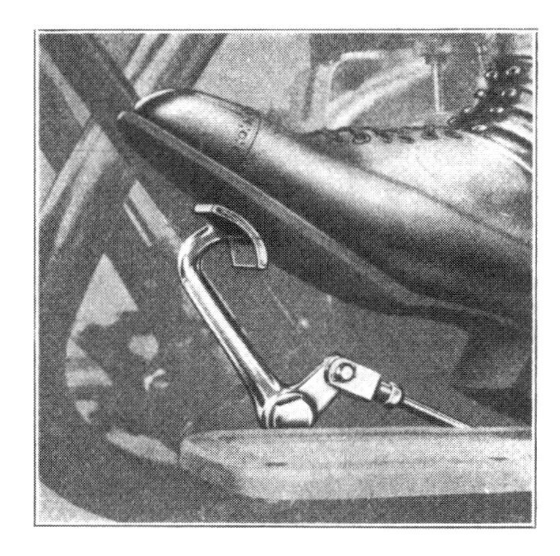

Abb. 271.

Abb. 270. Fußbremshebel.

Stellung des Fußes während der Fahrt, wenn keine Gefahr droht.

Abb. 271. Fußbremshebel während der Betätigung.

Es ist zweckmäßig und aus Sicherheitsgründen geboten, an unübersichtlichen Stellen und in kurvenreichen Gebieten den Fuß stets auf den Bremshebel leicht aufzusetzen, jedoch nicht derart, daß die Bremse betätigt wird. Es muß daher die Feder des Bremshebels so stark sein, daß sie den Fuß zu tragen vermag und es einer Muskelanstrengung bedarf, die Bremse zu betätigen. Wäre die Feder zu schwach, müßte der Fuß mit Muskelkraft hochgehalten werden, was überaus ermüdend wirkt.

Der in Abbildung 269 mit A bezeichnete Bremsanker hängt also an Stelle einer starren Befestigung an dem Zugseil Z zu einer zweiten Bremse.

Beim Vorhandensein einer derartigen Servobremse betätigt der Fahrer lediglich einen einzigen Hebel und damit die Bremse 1. Durch die Bremsung wird der Anker bestrebt, sich zu drehen und übt daher auf das Seil Z einen Zug aus, der sich bezüglich seiner Stärke zu dem vom Fahrer und der Bremse 1 ausgeübten Zug in direkt proportionalem Verhältnis befinden wird. Der Zug wird durch Verwendung eines Bowdenkabels B auf die Bremse 2 übertragen, so daß auch beim zweiten Rad eine entsprechende Bremswirkung auftritt. Läßt nun der Fahrer den Bremshebel nach, so hört auch das auf den Anker ausgeübte Drehmoment auf, damit auch der auf das Seil Z ausgeübte Zug. Durch die Feder F bewegt sich der Anker A in seine Normalstellung zurück, wodurch auch die Bremse 2 in ihre Ruhestellung gelangt.

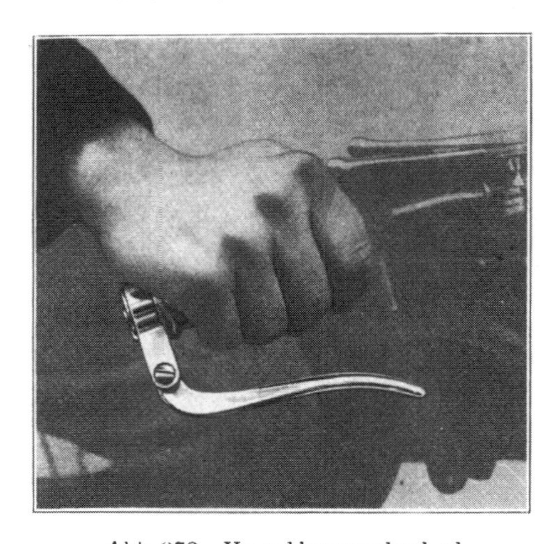

Abb. 272. Handbremshebel.

Der Betätigungshebel für die Vorderradbremse befindet sich meist auf der rechten Lenkstangenseite in der aus der Abbildung hervorgehenden Art.

Wenn auch noch keines der bei uns laufenden Krafträder von der Fabrik her mit Servobremsen ausgestattet ist, so ist doch zu hoffen, daß die führenden Motorradfabriken an entsprechende Ausbildungen schreiten werden. Die Servobremse bedeutet ganz besonders in Augenblicken der Gefahr für den Fahrer eine wesentliche Entlastung, da er zur Bremsung beider Räder nur einen einzigen Hebel zu betätigen hat und seine ganze Aufmerksamkeit der Steuerung des Kraftrades zuwenden kann. Nicht minder als in Augenblicken der Gefahr wird auch bei Gebirgsfahrten mit oftmaligen und lange anhaltenden Gefällen die Servobremse für den Fahrer deshalb eine bedeutende Erleichterung schaffen, weil die ständige Betätigung von zwei Bremsen eine wesentliche Ermüdung mit sich bringt. Um aber nicht unter allen Umständen von der automatischen Wirkung der Servobremse abhängig zu sein, wird auch noch ein zweiter Bremshebel für die getrennte Betätigung der Bremse 2 vorgesehen werden müssen.

Bei einzelnen Maschinen findet man auch eine Bremskombination: es werden zwei Bremsen von einem Hebel betätigt. Diese Ausführung setzt eine ständige, genaue Einstellung der Bremsen voraus, falls nicht in die Betätigungsvorrichtung einer der beiden Bremsen (meist der Hinterradbremse) eine starke Feder eingeschaltet wird. In einem solchen Falle (engl. Rudge-Motorräder) wirkt bei leichter Betätigung vorerst nur die Hinterradbremse, wenn man den Hebel noch weiter nach unten tritt, wird sodann auch die Vorderradbremse — welche von der Lenkstange auch gesondert betätigt werden kann — wirksam.

Es ist zu hoffen, daß insbesondere auf dem Gebiete der Bremsen die Kraftradfabriken ständig Verbesserungen anstreben werden, die zur Erhöhung der Fahrsicherheit beitragen.

Über die Handhabung der Bremsen wird noch Näheres in dem dritten Hauptstück, über die Instandhaltung der Bremsen im zweiten Hauptstück mitgeteilt werden.

Die Betätigung der Bremsen erfolgt zum Teil durch Fußhebel, zum Teil von der Lenkstange aus. Meist ist die Hinterradbremse die ,,Fußbremse", die Vorderradbremse die ,,Handbremse". Betätigungshebel zeigen die Abbildungen 270, 271 und 272. Jedenfalls soll eine Bremse eine Handbremse sein, um ein bequemes Anfahren in der Steigung oder im Gefälle zu ermöglichen. Sehr zweckmäßig ist es, wenn eine der beiden Bremsen feststellbar ist — besonders für das Beiwagengefährt.

Abschnitt 9.

Die Bereifung.

Innig verbunden mit der Entwicklung des Kraftfahrzeuges ist die Entwicklung der pneumatischen Bereifung. Ja man geht nicht fehl, wenn man behauptet, daß die heutige Verbreitung des Kraftfahrzeuges erst durch die Erfindung und Herstellung brauchbarer Luftreifen ermöglicht wurde.

Es wurde schon früh erkannt, daß auch die beste Federung nicht in der Lage ist, alle Bodenunebenheiten möglichst auszugleichen und eine stoßfreie Fahrt zu erzielen, daß es vielmehr notwendig ist, den Umfang der Räder selbst derart elastisch zu gestalten, daß die kleineren Unebenheiten nicht von den Federn, sondern von den Rädern aufgenommen werden. Es steht auch außer Zweifel, daß es gerade die kleinen Unebenheiten sind, die für Fahrer und Fahrzeug so schädlich sind und ein Zittern und Vibrieren mit sich bringen, das Mensch und Maschine auf die Dauer nicht aushalten.

Die Verwendung von Luftkissen am Umfange der Räder war daher naheliegend und fand im Luftreifen die Verwirklichung.

Der Luftreifen hat allerdings dem Fahrer der früheren Jahrzehnte wenig Freude bereitet. Die Dauerhaftigkeit war eine sehr zweifelhafte und das gelegentliche Platzen auch ganz neuer Reifen keine Seltenheit. Ein scharfer Stein konnte dem Reifen einen Riß zufügen, der eine Wiederbenutzung unmöglich machte. Dazu kam noch, daß man das Vulkanisieren in der heutigen Vollkommenheit noch nicht kannte.

Außerdem verstand man es damals noch nicht, einen derart elastischen und weichen Gummi herzustellen, wie dies heute möglich ist, die Seitenwände wurden bald rissig, Wasser und Straßenstaub sorgten für das Verfaulen und Durchscheuern des freiliegenden Gewebes.

Der ärgste Feind der Reifen war jedoch in der starken Erhitzung gelegen, der sie unterworfen waren und durch welche nicht selten das Platzen hervorgerufen wurde. Diese Erhitzung wurde durch die Reibung der Gewebefäden an den Kreuzungsstellen, an welchen sich die Fäden außerdem sehr rasch durchscheuerten, verursacht. Die Ursache dieses Übelstandes lag darin, daß man früher ausschließlich nur das sogenannte „Vollgewebe" (Kreuzgewebe) verwendet hat, das eine kreuzweise Bindung von Kette und Schuß nach der Art der gewöhnlichen Leinwand aufweist.

In der richtigen Erkenntnis dieses Übelstandes wurde auch hier die Verbesserung angesetzt, die zu der heutigen vervollkommneten Ausführung der Reifen geführt hat: es findet heute ausschließlich nur mehr das sogenannte „Kordgewebe" Verwendung, dessen Fäden in den verschiedenen Lagen nur in einer Richtung liegen. Die einzelnen Lagen sind um 90 Grad gegeneinander verdreht und durch Gummischichten voneinander getrennt. Es sind also Kreuzungsstellen der einzelnen Fäden vermieden, so daß ein Erwärmen an denselben oder ein Durchscheuern ausgeschlossen ist.

Abb. 273. Schnitt durch einen Wulstreifen.

Der seitliche Gleitschutz und die Reifenwülste sind deutlich sichtbar.

Hand in Hand mit diesen umwälzenden Neuerungen, die in der Tat einfach und naheliegend waren, ging die Hebung der Qualität des Gummis und die Verstärkungder Lauffläche, die in allen Fällen ein gegen Gleitschutz sicherndes Dessin erhielt. So entstand zur Freude aller Kraftfahrer der neuzeitliche „Kordreifen", der eine hohe Vervollkommnung aufweist. Heutzutage verläßt kein Kraftrad mehr die Fabrik, ohne mit Kordreifen ausgestattet zu sein.

Die Kordreifen weisen gegenüber den alten Vollgewebereifen, wie aus dem früher Gesagten zu entnehmen ist, zwei hauptsächliche Vorteile auf: einerseits vertragen Kordreifen einen bedeutend höheren Druck, bis zu 5 und 7 Atmosphären, andererseits besitzen sie besonders in den Seitenwänden eine Beweglichkeit, die ein Rissigwerden oder ein Platzen so gut wie ausschließt. Tatsächlich zählt es fast zu einer Unmöglichkeit, daß ein richtig montierter Kordreifen, dessen normale Lebensdauer noch nicht überschritten ist, platzt. Erst dieser Sicherheitsfaktor ermöglicht die bei heutigen Fahrzeugen übliche Geschwindigkeit, die zu fahren bei der alten Bereifung eine schwere Lebensgefahr dargestellt hätte.

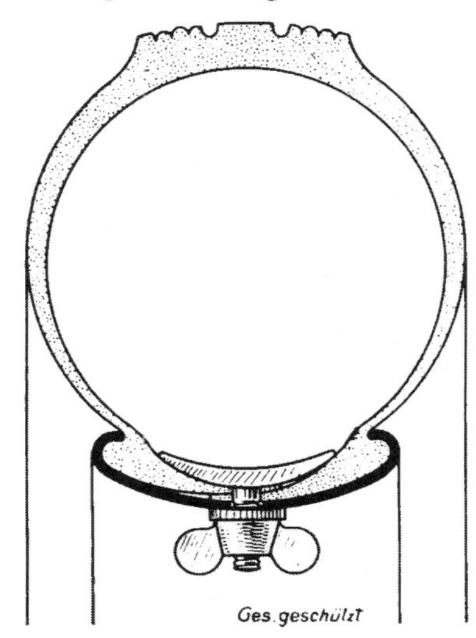

Abb. 274. Mantelsicherung.
Die Mantelsicherung, an zwei oder drei Stellen der Felge angebracht, verhindert das Ausspringen des Wulstreifens.

Von der Konstruktion der Reifen ist zu sagen, daß der „Wulstreifen“ beim Kraftrad bis vor kurzem bedeutend vorgeherrscht hat, während „Drahtreifen“ bis zum Jahre 1927 an Krafträdern selten zu sehen waren. Bei Wulstreifen legt sich die beiderseitige Wulst des Reifens in die entsprechenden Nuten der Felge, in die sie durch das Aufpumpen des Schlauches noch fester eingepreßt werden. Die beiden Ränder des Reifens bilden keilförmige Laschen, die sich übereinanderlegen und die Nippel der Speichen verdecken, um eine Beschädigung des Schlauches zu vermeiden. Die Abbildung 273 zeigt den Querschnitt durch einen gewöhnlichen Wulstreifen.

Um ein Ausspringen des Reifens, besonders in der Kurve, unmöglich zu machen, werden bei Wulstreifen und schweren Maschinen sogenannte Sicherungsplatten in Verwendung gebracht, welche, meist an zwei oder drei Stellen, den Reifen mit seinen Wulsten fest in die Felge pressen. Des weiteren ist das Ventil derart ausgebildet, daß es ebenfalls eine Art Sicherungsplatte darstellt und das Ausspringen des Mantels in der Nähe des Ventils unmöglich macht. Die Abbildung 274 zeigt einen Durchschnitt durch eine montierte Sicherungsplatte. Voraussetzung für die sichernde Wirkung dieser Sicherungsplatten ist selbstverständlich die richtige Montage derselben. Hierüber Näheres zu sagen, wird noch im Abschnitt 21 Gelegenheit genommen.

Überflüssig sind Mantelsicherungen bei den sogenannten „Drahtreifen", welche die Wulstreifen immer mehr und mehr verdrängen. Die Engländer z. B. versehen schon seit etwa zwei Jahren alle Krafträder mit Drahtreifen. Es wird daher in dem vorliegenden Abschnitt ein eigenes Kapitel dem Drahtreifen gewidmet werden.

a) Die Dimensionierung.

Es ist erforderlich, daß sich der Kraftfahrer über die Dimension der verschiedenen Reifengrößen unterrichtet und zwar nicht nur aus allgemeinem Interesse für die mit dem Kraftrad zusammenhängenden Fragen, sondern insbesondere für die Auswahl der für das eigene Kraftrad passenden Reifen.

Leider besteht gerade in dieser Hinsicht einerseits unter den Kraftfahrern die größtmögliche Unkenntnis, andererseits aber in den unterschiedlichen Angaben verschiedener Fabriken und den Gebräuchen der einzelnen Länder ein derart verwirrendes Durcheinander, daß es für den einzelnen Fahrer tatsächlich nicht leicht ist, sich einen richtigen Überblick zu verschaffen. Bedauerlich ist auch, daß vielfach die Angaben erzeugender Firmen selbst nicht richtig oder nur sehr ungenau sind. Die nachstehenden Ausführungen sind daher als allgemeine Richtlinien zu werten.

Zu der vorerwähnten Unklarheit kommt noch die Verwendung zweier Maßeinheiten, nämlich des Zolles und des Millimeters. Der gewöhnliche Umrechnungsschlüssel von 1 : 26,3 (Zoll zu Millimeter) kann bei den angeschriebenen Reifendimensionen nicht bedingungslos Anwendung finden, da es in den meisten Fällen mit der Umrechnung nicht sehr genau genommen wird und nur annähernde Zahlen von den Fabriken gewählt werden. So finden wir z. B. sehr häufig auf Reifen die Bezeichnung $26 \times 3 = 700 \times 80$ während es richtig heißen müßte 685×79.

An Maßen kommen in Betracht:

a) bei der Felge: der Felgendurchmesser, der Felgenumfang (beides gemessen auf dem Felgengrund) und die Maulweite. Aus der Abbildung 275 kann ersehen werden, wie diese Maße genommen werden.

b) beim Reifen: Durchmesser des Reifens und Durchmesser des Querschnittes des Reifens: diese beiden Maße können aus der Abbildung unter D und B entnommen werden und gelten für den normal aufgepumpten Reifen. Im besonderen sind die Maße bezüglich der Felge aus Abbildung 276 zu entnehmen.

Für den Fahrer entsteht die Frage: welche Reifengrößen können auf den Felgen meines Kraftrades Verwendung finden? Diese Frage findet durch die Tabelle auf Seite 255 Beantwortung. Es ist klar, daß auf den meisten Felgen mehrere Reifengrößen passen.

So können z. B. auf der Felge eines leichteren Motorrades mit 39 mm Maulweite und 1635 Felgenumfang folgende Reifen verwendet werden: $26 \times 2^1/_4$, $26 \times 2^1/_2$ und allenfalls, wenn die Gabelweite und der Abstand des Kotbleches es zuläßt, auch noch Reifen mit 26×3, wenngleich für den letzteren Reifen normalerweise Felgen mit größerer Maulweite Verwendung finden sollen. Daß die Maße der Reifen keine genauen sein können, geht schon aus dieser kurzen Betrachtung hervor. Es ist selbstverständlich, daß der Reifen $26 \times 2^1/_2$, der stärker ist als der Reifen $26 \times 2^1/_4$, nicht den gleichen Außendurchmesser besitzen kann wie der letztere. Trotzdem tragen beide Reifen der Einfachheit halber und zur Vermeidung von Bruchteilen die Bezeichnung 26 Zoll. Des weiteren ist es klar, daß der Reifen 26×3 bei der Verwendung auf der vorerwähnten Felge mit 39 mm Maulweite nicht einen Querschnitt von 3 Zoll aufweisen kann, da er ja eigentlich auf eine Felge mit 42 mm Maulweite berechnet ist.

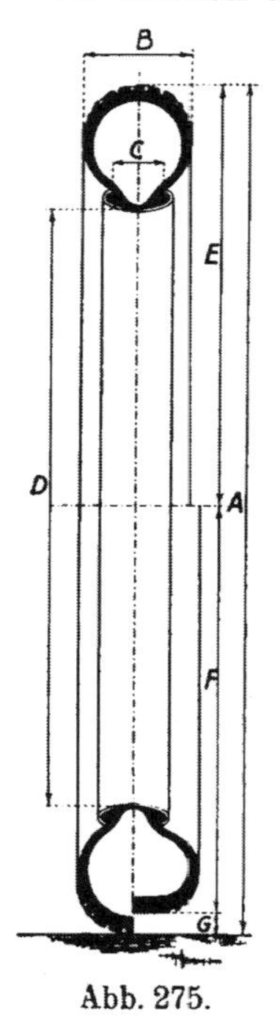

Abb. 275.

Abb. 275. Die Masse der Bereifung und der Felge.

A Gesamthöhe des Reifens, aufgepumpt und unbelastet, B die Breite des aufgepumpten Reifens, C Maulweite der Wulstfelge, D Felgenbodendurchmesser (auf dem Felgenboden wird der Felgenumfang gemessen), E Radius des Reifens, F der für die Übersetzung wirksame Radhalbmesser, gemessen bei voll belastetem Fahrzeug vom Boden bis zur Radachse, G Höhendifferenz durch die Abplattung.

Tatsächlich ist auch die genaue Einhaltung der Maße bei den neuzeitlichen Reifen deswegen nicht ein unbedingtes Erfordernis, weil sie sich infolge ihrer Elastizität der Felge anpassen, wenngleich die Verwendung des richtig dimensionierten Reifens unter allen Umständen anzustreben ist.

Im nachstehenden werden die bezüglich der Bereifung in Betracht kommenden Dimensionen behandelt, und zwar vorerst die Maße der Felgen.

Als Maulweite der Felge kommen hauptsächlich drei Maße in Verwendung:

35 mm
39 mm
42 mm

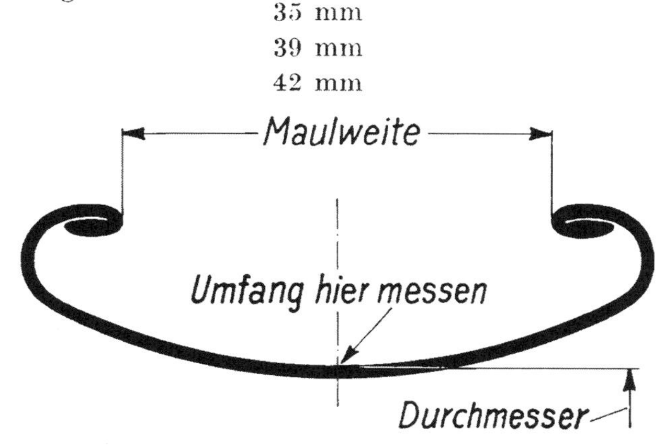

Abb. 276. Die Felgenmasse.

Die Maulweite 35 mm findet Anwendung bei leichten Maschinen bis etwa 175 ccm Zylinderinhalt. Sie paßt für Reifen mit 2 und $2^1/_4$ Zoll sowie für die bei leichten englischen Krafträdern häufig gebrauchte Zwischengröße $2^1/_2 \times 2^1/_4$ Zoll. Die Maulweite 39 mm konnte bis vor kurzem als die normale angesprochen werden. Sie findet Anwendung bei mittelschweren Maschinen und paßt insbesondere für Reifen mit $2^1/_2$ und 3 Zoll, zur Not auch für die Übergröße $3^1/_2$ und die Niederdruckreifen 2,5, 2,85, 3,5 und 3,85 Zoll. Die Maulweite 42 mm stellt die normale Dimension für schwere Maschinen und für Niederdruckreifen aller Größen dar, also für die Maße 2,5, 2,85, 3,5 und 3,85 Zoll Niederdruck und 26×3 und $27 \times 3^1/_2$ Zoll Hochdruck.

Die Felge $26 \times 3''$ mit 42 mm Maulweite („Einheitsfelge“) weist einen um 39 mm kleineren Umfang auf als die Felge mit 39 mm

Maulweite, welche eigentlich für den Reifen $26 \times 2^1/_2''$ bestimmt ist, in vielen Fällen jedoch mit $26 \times 3''$ Reifen gefahren wird. Aus letzterem Grunde werden auch die Reifen $26 \times 3''$ für zweierlei Felgengrößen hergestellt.

Bezüglich des Felgenumfanges gibt folgende Tabelle Aufschluß:

Felgenumfang:	Normal für Reifen:
1565	$24 \times 2^1/_4''$
1720	$26 \times 2''$, $26 \times 2^1/_4''$ und $26 \times 2^1/_2 \times 2^1/_4''$
1635	$26 \times 2^1/_2''$ und $26 \times 3''$
1596 (CC 1)	$26 \times 2^1/_2''$ $26 \times 3''$ (CC 1) und $27 \times 3^1/_2''$.
1755 u. 1790	$28 \times 2^1/_2''$, $28 \times 3''$ (in zweierlei Ausführung) und $29 \times 3^1/_2''$.
1596 (CC 1)	Ballon $26 \times 2{,}5''$ $26 \times 2{,}85''$ $27 \times 3{,}5''$ $27 \times 3{,}85''$.

Die Felge mit 1596 Felgenumfang und 42 mm Maulweite wird als „Internationale Einheitsfelge CC 1" bezeichnet. Sie soll — insofern nicht Drahtreifen verwendet werden — bei allen Krafträdern, abgesehen von den ganz leichten, Anwendung finden. Die alte, leider bei einzelnen Maschinen noch verwendete Felge weist den in vorstehender Tabelle angeführten Umfang von 1635 mm auf. Da die meisten Reifen $26 \times 3''$ für die „CC 1 Felge" berechnet sind, ebenso wie die Niederdruckreifen $26 \times 2{,}5''$. $26 \times 2{,}85''$, $27 \times 3{,}5''$ und $27 \times 3{,}85''$, lassen sich diese Reifen auf der um 39 mm an Umfang zu großen, gewöhnlichen Felge nur sehr schwer montieren, wenngleich sie immerhin zur Not auch auf dieser Felge verwendet werden können. Allerdings hat die Felge mit 1635 mm Umfang noch den weiteren Nachteil, daß sie nur 39 mm Maulweite besitzt gegenüber 42 mm der CC-1-Einheitsfelge und dadurch dem Reifen, insbesondere dem Niederdruckreifen, nicht jene breite Auflage gibt, die wünschenswert ist.

Wer ein neues Kraftrad ankauft, wird auf Grund dieser Umstände gut tun, für Wulstreifen ausdrücklich die CC-1-Einheitsfelge (1596/42) vorzuschreiben.

Man darf sich jedoch nicht verhehlen, daß diesen Normalisierungsbestrebungen keine allzu große Bedeutung mehr zukommt, da aus der Praxis immer wieder die Forderung nach restloser Einführung der Drahtreifen erhoben werden und bei diesen dann endlich die Bezeichnung ausschließlich nach Felgenumfang und Reifenbreite sich durchsetzen muß, um dem bestehenden Wirrwarr ein Ende zu bereiten.

Die untenstehende vergleichende Aufstellung läßt erkennen, welche Reifengrößen auf den Felgen verwendet werden können:

Felgenumfang: mm	Maulweite: mm	Normaler Reifen: Zoll	Es kann auch Verwendung finden: Hochdruck:	Niederdruck:
1565	35	$24 \times 2^1/_4$	—	—
1635	35	$26 \times 2^1/_2$	26×3″	26×2,5″
		26×3	(CC 1)	26×2,85″
			$27 \times 3^1/_2$″	27×3,5″
			(CC 1)	27×3,85″
1720	35	26×2	—	—
		$26 \times 2^1/_4$	—	—
		$26 \times 2^1/_2 \times 2^1/_4$		
1790	35	$28 \times 2^1/_2$	28×3″	—
		28×3	175 Felge	—
1755	42	28×3	$28 \times 2^1/_2$″	—
		$29 \times 3^1/_2$		
1596	42	$26 \times 2^1/_2$		
Einheitsfelge	CC 1	26×3		
		$27 \times 3^1/_2$		
		26×2,5 Ballon		
		26×2,85 Ballon		
		27×3,5 Ballon		
		27×3,85 Ballon		

Diese genaue Aufstellung ergibt demnach, daß auf einer Felge auch verwendet werden kann

an Stelle		$26 \times 2^1/_4''$	ein	Reifen	$26 \times 2^1/_2 \times 2^1/_4$,	
,,	,,	$26 \times 2^1/_2''$	,,	,,	$26 \times 3''$	
		oder	,,	,,	$27 \times 3^1/_2''$	(Übergröße),
		oder	,,	,,	$27 \times 3{,}5''$	Niederdruck,
		oder	,,	,,	$27 \times 3{,}85''$	Niederdruck,
,,	,,	$26 \times 3''$	,,	,,	wie an Stelle $26 \times 2^1/_2''$.	

Vorstehende Zusammenstellung hat besonders für den Tourenfahrer Wert, welcher genötigt ist, in einer fremden Stadt einen Reifen zu kaufen und hier die gewünschte Dimension nicht erhält. Es empfiehlt sich, an Hand der Angaben dieses Buches beizeiten festzustellen, welche Dimensionen im Bedarfsfalle verwendet werden können.

Es ist vorteilhaft, nicht zu kleine Dimensionen zu wählen. Als Regel kann gelten, nicht unter folgende Maße zu gehen:

bis 175 ccm Zylinderinhalt:	$2^1/_4''$;
bis 350 ccm Zylinderinhalt:	$2^1/_2''$;
bis 500 ccm Zylinderinhalt:	$3''$;
über 500 ccm Zylinderinhalt:	$3—3^1/_2''$.

Bezüglich der Niederdruckreifen werden weiter unten noch gesonderte Aufstellungen den Leser beraten.

An Beiwagenmaschinen soll man keineswegs eine geringere Dimension als 3,5 Zoll wählen. Desgleichen ist bei Fahrten zu zweit zu beachten, daß wenigstens am Hinterrad ein 3,5-Zoll-Reifen Verwendung findet, da schwächere Reifen der Belastung mit 2 Personen auf die Dauer nicht gewachsen sind.

28-Zoll-Räder haben für sehr schlechte Straßen gewisse Vorteile, wurden daher am meisten in Amerika gefahren. Bei uns sind sie zu vermeiden: die Reifen für diese Größe sind schwer erhältlich, häufig auch abgelegen. Auf der 28-Zoll-Felge kann der Reifen $28 \times 2^1/_2''$, $28 \times 3''$ und $29 \times 3^1/_2''$ verwendet werden.

Bezüglich des Aufpumpens ist zu sagen, daß die Hochdruckreifen aller Dimensionen am Vorderrad einen Luftdruck zwischen 2,4 und 2,8 Atm. aufweisen sollen, am Hinterrad zwischen 3 und 3,2 Atm., bei Fahrten mit Sozius oder mit Beiwagen zwischen 3,2 und 3,5 Atm.

Da die meisten an den Pumpen angebrachten Manometer untauglich sind und falsch zeigen, ist es vorteilhaft, mittels eines Präzisionsluftdruckmessers (Abbildung 278) den Luftdruck nachzumessen. Das gelegentliche Kontrollieren des Luftdruckes erfolgt durch Einpressen der Daumen in die Seitenwand des Reifens, nicht durch Erprobung an der Lauffläche, deren Nachgiebigkeit davon abhängig ist, ob der Reifen neu oder schon abgefahren ist.

Nun noch einige Worte über die Millimetermaße, welche allerdings bei Kraftradreifen ziemlich selten sind. Der Reifen 26×3″ wird als 700×80 mm, der Reifen 27×3½″ (Autoreifen) als 710×90 mm bezeichnet. Kraftrad-Niederdruckreifen werden derzeit hauptsächlich in Zoll angegeben.

Wichtig ist für die Besitzer von schweren Maschinen zu wissen, daß sich auf der „Einheitsfelge CC-1“ — zur Not, allerdings mit Schwierigkeiten, auch auf der Felge 1635/39 mm — der Autoreifen 710×90 mm verwenden läßt. Da dieser Reifen wesentlich stärker ist als der gewöhnliche Kraftradreifen, wird er bei großer Beanspruchung, insbesondere am Beiwagengefährt, mit Vorteil zu wählen sein.

b) Der Niederdruckreifen.

Die Entwicklung der Kraftradbereifung stand in den letzten Jahren zweifelsohne im Zeichen des Niederdruckreifens (Ballonreifens). Der Niederdruckreifen, der nicht verwechselt werden darf mit dem sogenannten überdimensionierten Reifen, hat den Zweck, durch Verringerung des Luftdruckes im Reifen ein weiches, stoßfreies Fahren zu ermöglichen. Die Verringerung des Luftdruckes erfordert eine Vergrößerung des Reifens, um ein Durchschlagen auf die Felge zu vermeiden, sowie eine besondere Ausbildung der seitlichen Reifenwände, die beim Niederdruckreifen stark gewalkt werden. Den Reifenfabriken ist es gelungen, das auch beim Hochdruckreifen zur Anwendung gelangende Kordgewebe so weit zu vervollkommnen, daß Niederdruckreifen praktisch mindestens die gleiche Lebensdauer aufweisen wie Hochdruckreifen. Da man an Stelle des aus Amerika übernommenen Ausdruckes „Ballonreifen“ richtiger und treffender die Bezeichnung „Niederdruckreifen“ setzt, unterscheidet man nicht zwischen „Kordreifen“ (auch die Ballonreifen sind Kordreifen!) und „Ballonreifen“, sondern zwischen „Niederdruckreifen“ und „Hochdruckreifen“.

Die Meinung vieler Kraftradfahrer, man könne einen genügend groß dimensionierten Hochdruckreifen einfach dadurch als Niederdruckreifen verwenden, daß man ihn mit geringerem Luftdruck fährt, ist irrig, da, wie bereits oben erwähnt, der Niederdruckreifen besonders konstruiert ist, um den Anforderungen, die an ihn gestellt werden, entsprechen zu können. In erster Linie handelt es sich um geschmeidigere Seitenwände und eine wesentlich breitere Lauffläche, da der Niederdruckreifen infolge der großen Abplattung auch eine größere Auflagefläche aufweist als der Hochdruckreifen.

Die Geschmeidigkeit der Seitenwände des Niederdruckreifens geht zu Lasten der Festigkeit gegenüber einem hohen Luftdruck im Reifen. Niederdruckreifen sind daher gegen zu starkes Aufpumpen sehr empfindlich, der Luftdruck soll 2 Atmosphären nie übersteigen.

In den ersten Jahren der Verwendung von Niederdruckreifen an Krafträdern wurden eine Reihe von Bedenken gegen den Niederdruckreifen geltend gemacht. Es ist daher für den Leser sicherlich interessant, wenn der Verfasser in kurzen Worten die Erfahrungen festhält, welche sich sowohl beim Solofahren als auch beim Beiwagenfahren mit Niederdruckreifen ergeben haben.

Die erzielte Durchschnittsgeschwindigkeit hat in allen Fällen wesentlich zugenommen, da es der Niederdruckreifen ermöglicht, auch auf sehr schlechten Straßen eine beträchtliche Geschwindigkeit zu fahren. Die Tagesleistung konnte ebenfalls eine Vergrößerung erfahren, da bei der Verwendung von Niederdruckreifen eine vorzeitige Ermüdung vermieden wird.

Die Behauptung, daß Niederdruckreifen einen erhöhten Kraft- und damit einen erhöhten Brennstoffverbrauch mit sich bringen, ist zutreffend und naheliegend. Dem ist jedoch entgegenzuhalten, daß durch die Verwendung der weichen Ballonreifen die Erschütterung des Fahrzeuges wesentlich vermindert wird, wodurch viele Defekte hintangehalten und die Bruchsicherheit erhöht werden. Diese Gegenüberstellung läßt ebenfalls den Niederdruckreifen als vorteilhaft erscheinen.

Eine Erhöhung der Zahl der Reifendefekte bei Niederdruckreifen konnte nicht festgestellt werden. Es wirkt derselbe zwar wohl infolge seiner breiten Auflagefläche wie ein Nagelfänger, infolge des geringen Luftdruckes jedoch werden wieder andererseits manche Nageldefekte und Schnitte vermieden.

Beträchtlich ist der Einfluß des Niederdruckreifens auf die Fahrtechnik, sowohl beim Solo- als auch beim Beiwagenfahren. Besonders in den Kurven ergibt sich ein seitliches Walken des Niederdruckreifens, das im Anfange sehr ungewohnt ist und daher unangenehm vermerkt wird. Bei scharfer Beiwagenfahrt wird der hintere Teil des Fahrzeuges infolge des Walkens des Hinterrades so stark gegen außen gedrückt, daß der Fahrer die Lenkstange unter Umständen nach der anderen Seite einschlagen muß, als dies die Kurve selbst bedingen würde, um die Kurve in der gewünschten Weise nehmen zu können. Dieser anfänglich etwas nachteilige Einfluß des Niederdruckreifens schreckt viele Fahrer ab, Niederdruckreifen zu verwenden. In der Tat jedoch handelt es sich nur um eine Gewöhnung an diese Eigenschaft des Niederdruckreifens, und der geübte Fahrer wird auch bezüglich seiner Fahrtechnik keine in die Wagschale fallenden Nachteile des Niederdruckreifens gegenüber dem Hochdruckreifen finden. Jedenfalls wiegt der große Vorteil der erhöhten Bequemlichkeit und insbesondere die Beseitigung der gesundheitsschädlichen harten Stöße, die bei der Verwendung von Hochdruckreifen so gut wie unvermeidbar sind, alle kleinen Nachteile des Niederdruckreifens reichlich auf.

Auch das, was von einer erhöhten Gleitgefahr des Niederdruckreifens auf regendurchweichter Straße gesagt wird, ist nicht zutreffend, da die große Auflagefläche des Niederdruckreifens wieder eine bessere Adhäsion auf dem Boden mit sich bringt. Schließlich sei auch darauf hingewiesen, daß in jenen Fällen, in welchen die besonderen Eigenschaften des Niederdruckreifens lästig sind, z. B. beim Befahren der engen Serpentinen der Alpenpässe, der Ballonreifen für kurze Strecken auch fester aufgepumpt werden kann, als dies normalerweise vorgeschrieben ist. Durch das feste Aufpumpen wird das unangenehme seitliche Walken in Haarnadelkurven vermieden.

Jedenfalls haben diese erwähnten Erfahrungen eine weite Verbreitung des Niederdruckreifens beim Kraftrade mit sich gebracht. Es ist erfreulich, feststellen zu können, daß besonders die deutsche Industrie es war, die den Ballonreifen auch bei den schwächeren Maschinen zu der heutigen Volkstümlichkeit gebracht hat. In dieser Hinsicht wird darauf verwiesen, daß z. B. seit längerem von den Continentalwerken Niederdruckreifen in der Größe 26 × 2,5″ hergestellt werden, welche von einer Reihe deutscher Kraftradfabriken auch an den ganz leichten Krafträdern verwendet werden, während andere deutsche Reifenfabriken, z. B. Peters-Union, Frankfurt a. M., ebenfalls Kraftrad-Niederdruckreifen in den vier einheitlichen Dimensionen von 2,5 bis 3,85 herstellen. An dieser Stelle sei auch darauf verwiesen, daß die 500 ccm Zweizylinder-Zweitaktmaschine der DKW-Werke, eine typische Gebrauchsmaschine, mit den mächtigen Niederdruckreifen 27 × 3,85″ ausgestattet ist, die gleiche Dimension, wie sie von amerikanischen Fabriken an den schwersten Beiwagenmaschinen Verwendung findet.

Die Meinung, daß Niederdruckreifen in erster Linie nur für schwerere Maschinen, etwa von 500 ccm aufwärts, in Betracht kommen, ist durchaus irrig. Die Erfahrung hat gezeigt, daß sich Ballonreifen auch bei schwachen Maschinen, auch solchen von 175 ccm Zylinderinhalt und weniger, sehr gut bewährt haben und die Überlegung stimmt mit dieser Erfahrungstatsache überein: die Leichtmotorräder haben bekanntlich den Nachteil, auf der Straße sehr zu springen, bei schlechten Straßen auch unter Umständen in Brüche zu gehen. Durch den Niederdruckreifen werden derartige „Mängel“ möglichst vermieden. Die Continental-Werke sagen daher in ihrer Druckschrift „Kraftradreifen“ mit vollem Recht:

„Das Leichtmotorrad wird durch den Niederdruckreifen überhaupt erst zum vollwertigen Kraftfahrzeug.“

Die Verwendung des Niederdruckreifens wurde auch dadurch begünstigt, daß im Laufe der letzten Jahre die Fahrzeugfabriken dazu übergegangen sind, die Gabel des Vorder- wie auch des Hinterrades wesentlich zu verbreitern und dadurch einem langbestehenden Übelstande abzuhelfen. Die Fahrzeuge neueren Datums weisen vielfach so breite Konstruktionen auf, daß sogar über den Niederdruckreifen noch erforderlichenfalls Schneeketten Verwendung finden können.

Niederdruckreifen können in den meisten Fällen an Stelle der gewöhnlichen Reifen, also auf den bereits vorhandenen Felgen verwendet werden. Lediglich an Stelle der Felgen 26 × 2″ und 26 × $2^1/_4$″, welche 1720 mm Umfang aufweisen, hat eine Auswechslung gegen die Einheitsfelge mit 1596 mm Umfang zu erfolgen, während für die Hochdruckreifen 26 × $2^1/_2$″, 26 × 3″ ohne weiteres der Niederdruckreifen 26 × 2,85″, 27 × 3,5″ und 27 × 3,85″ Verwendung finden kann.

Bezüglich der Verwendung der in der Hauptsache in vier Dimensionen hergestellten Niederdruckreifen für die verschiedenen Maschinenstärken empfiehlt sich,

bis 175 ccm	Zylinderinhalt den Reifen	26 × 2,5″,
bis 250 ccm	,, ,, ,,	26 × 2,85″,
bis 500 ccm	,, ,, ,,	27 × 3,5″,
über 500 ccm	,, ,, ,,	27 × 3,85″

zu wählen und in allen Fällen den Niederdruckreifen — insofern nicht, wie dies dringend zu empfehlen ist, Drahtreifen verwendet werden — auf die Einheitsfelge zu montieren, da diese nicht nur den genau passenden Felgenumfang aufweist, sondern auch infolge der Maulweite von 42 mm dem Niederdruckreifen eine genügend breite Auflagefläche gewährt.

Wichtig ist, daß man sich vor Ankauf des Niederdruckreifens bzw. vor Montage der Einheitsfelge (wie bereits erwähnt, ist diese Umänderung nur dann unbedingt erforderlich, wenn bisher Hochdruckreifen der Größe 26 × 2″, 26 × $2^1/_4$″ oder 26 × $2^1/_2$ × $2^1/_4$″ gefahren wurden) vergewissert, ob der etwas breitere Niederdruckreifen zwischen den Gabelstreben genügend Platz findet. Die Breite der Niederdruckreifen beträgt:

26 × 2,5″	65 mm,
26 × 2,85″	75 mm,
27 × 3,5″	90 mm,
27 × 3,85″	103 mm.

Mit geringen Abweichungen ist stets zu rechnen. Schlechte Fabrikate werden mit der Zeit etwas breiter, besonders wenn sie anstatt auf der Einheitsfelge auf der Felge 26 × $2^1/_2$″/26 × 3″ (1635/39 mm) montiert sind.

Um die erforderlichen Messungen an den vorhandenen Hochdruckreifen zu ermöglichen, wird angeführt, daß Niederdruckreifen um folgende Maße breiter sind:

26 × 2.5"	beiderseits um je	8 mm	gegenüber 26 × 2".
26 × 2.85"	,, ,,	8 ,,	26 × $2^1/_4$.
	,,	5 ,,	,, 26 × $2^1/_2$".
27 × 3.5"	,, ,,	13 ,,	,, 26 × $2^1/_2$".
	,, ,,	8 ,,	26 × 3".
27 × 3.85"	,, ,,	14 ,,	26 × 3".
	,, ,, ,,	7 ,,	,, 26 × $3^1/_2$".

Besonders bei Niederdruckreifen ist die Verwendung der Einheitsfelge anzustreben, da sämtliche vier Ballonreifen-Dimensionen für diese berechnet sind, überdies aber auch jederzeit der Hochdruckreifen 26 × 3" und 27 × $3^1/_2$" aufgezogen werden kann.

Erwähnt sei an dieser Stelle auch, daß man üblicherweise bei Hochdruckreifen Brüche, bei den Niederdruckreifen Dezimalzahlen schreibt, also 27 × $3^1/_2$" (Hochdruck) und 27 × 3,5" (Niederdruck).

Für Beiwagenmaschinen verwendet man Ballonreifen 27 × 3,5", bei schweren Maschinen mit genügender Gabelbreite 27 × 3,85". Die Verwendung von verschiedenen Reifengrößen an einem Gefährt wirkt unschön und wird nur dann in Betracht zu ziehen sein, wenn sich z. B. am Hinterrad der Reifen 27 × 3,85" verwenden läßt, die zu geringe Breite der Vordergabel aber am Vorderrad nur einen Reifen mit höchstens 27 × 3,5" zuläßt.

Manche Fahrzeuge sind schon von vornherein für die Verwendung von großen Niederdruckreifen gebaut, so die belgischen FN-Motorräder, an welchen man auch auf der Felge 18 × 3" (24 × 3) Reifen der Dimension 675 × 100/26 × 4" sehen kann. Gerade bei Reifen solch kleinen Durchmessers ist die große Dimensionierung der Niederdruckreifen (4"!) besonders anschaulich und augenfälliger, als z. B. bei der vom Verfasser auf der Felge 21 × 3,5" (28 × 3,5) verwendeten Bereifung 29 × 4,4". Bei den französischen René-Gillet-Motorrädern werden serienmäßig Autoreifen der Größe 27 × 4,40" (= 715 × 115 mm) verwendet.

Auch deutsche Fabriken verwenden an ihren schweren Modellen Auto-Ballonreifen; so zeigt die Abbildung 277 ein Motorrad, welches mit Auto-Normal-Felgen 715 × 115 versehen ist, auf welchen die normalen Autoreifen 720 × 120 verwendet werden.

Wichtig ist, daß beim Niederdruckreifen genau der vorgeschriebene Luftdruck eingehalten wird. Schon kleine Abwei-

Abb. 277. Auto-Ballonreifen bei Krafträdern.
Bei dem dargestellten Kraftrad sind auf Auto-Felgen 715 × 115 Niederdruckreifen der Größe 720 × 120 montiert.

chungen nach oben oder unten beeinträchtigen die Lebensdauer sehr. Bei zu geringem Druck werden die Seitenwände zu Tode gewalkt, bei zu hohem — der jedoch leichter ertragen werden kann — leiden die Gewebe.

Der Luftdruck im Niederdruckreifen ist so oft wie möglich mittels eines Präzisionsluftdruckmessers, Abbildung 278, nachzuprüfen. Schon kleine Abweichungen vom vorgeschriebenen Druck sind auszugleichen.

Abb. 278. Der Luftdruckmesser.
Dieses Instrument wird auf das Ventil aufgesetzt, wodurch mittels eines im Luftdruckmesser angebrachten Stiftes das Ventil gelöst wird.

c) Der Stahlseilreifen.

In den letzten Jahren hat sich der Stahlseilreifen, auch Drahtreifen und Geradseitreifen genannt, so durchgesetzt, daß bei neuen Krafträdern Wulstreifen nicht mehr verwendet werden. Wenn ich trotzdem in den vorhergehenden Abschnitten den Wulstreifen noch behandelt habe, so ist dies einerseits darauf zurückzuführen, daß der Wulstreifen der Vorfahre des Stahlseilreifens ist und daß andererseits bei älteren Krafträdern immer noch der Wulstreifen zu finden ist, da die Kosten der Anschaffung neuer Felgen gescheut werden. Dies ist auch der Grund, weshalb die Reifenfabriken zur Zeit noch Wulstreifen für das Kraftrad erzeugen.

Der Stahlseilreifen trägt im Englischen die Bezeichnung „straight side“, so daß die Bezeichnung „SS-Reifen“ internationale Bedeutung besitzt; ihr entspricht auch unser deutscher Ausdruck Stahlseilreifen, während die wörtliche Übersetzung Geradseitreifen heißen würde.

Der außerordentliche Vorteil des Stahlseilreifens liegt darin, daß der innere Reifenrand durch das eingearbeitete endlose Stahlseil ein ganz genau festgelegtes Maß besitzt und sich auf keinen Fall ausweiten kann. Es ist daher ausgeschlossen, daß der richtig montierte Stahlseilreifen aus der Felge ausspringt, wie dies bei hoher Seitenbeanspruchung beim Wulstreifen immerhin möglich ist. Um trotzdem den Reifen über den erhöhten Felgenrand schieben zu können, muß eine eigene Felge verwendet werden. In der sogenannten Tiefbettfelge wurde eine für Krafträder außerordentlich geeignete Felge gefunden. Der besondere Sinn dieser Felge liegt darin, daß der mittlere Teil der Felge einen kleineren Durchmesser besitzt, so daß also ein „tiefes Bett“ entsteht, während der äußere Teil hohe Schultern aufweist, die dem Durchmesser des inneren Reifenrandes entsprechen.

Es muß daher zum Auflegen und Abnehmen des Stahlseilreifens zuerst die eine Hälfte der Reifenwulst in das tiefe Bett der Felge eingelegt werden, wodurch es erst möglich wird, den anderen Teil des Umfangs ohne Anwendung von Gewalt über den erhöhten Felgenrand zu schieben. Dieser Vorgang wird durch die Abbildung 575 auf Seite 623 deutlich gemacht. Jedenfalls sei auch hier darauf hingewiesen, daß für das richtige Montieren und Demontieren des Stahlseilreifens entscheidend ist, daß immer mindestens die Hälfte des Umfangs vollkommen in das tiefe Bett gedrückt wird, bevor man den anderen Teil über den Felgenrand zieht oder schiebt. Würde man mittels großer Montiereisen Gewalt anwenden, so könnten das Stahlseil und der Rahmen beschädigt werden, so daß der Reifen während der Fahrt ausspringen kann.

Ferner ist es für die Erzielung der vollen Sicherheitswirkung des Stahlseilreifens entscheidend, daß der Reifen rundum richtig auf der Felgenschulter sitzt, was man an der am Reifen seitlich angebrachten Kennlinie nachprüfen kann. Ein richtig montierter Stahlseilreifen kann, wenn er mit dem richtigen Luftdruck gefahren wird, niemals aus der Felge ausspringen.

Gleichzeitig mit der Einführung des Stahlseilreifens hat sich auch das Einheitsventil durchgesetzt. Dieses ist in Abbildung 279 wiedergegeben. Es besteht aus dem Ventilrohr, das mittels der Beilagscheibe u und b durch die Mutter m am Schlauch befestigt wird. Die Mutter r hält das Ventil in der Felge fest. Der eigentliche Ventilkörper besteht aus dem Einsatz E, dessen Dichtung k durch die Feder e gegen den Ventilsitz gedrückt wird. Die Dichtung r dichtet den Einsatz gegen das Ventilrohr ab. Der Einsatz wird unter Benutzung der umgekehrten Verschlußkappe k ein- und ausgeschraubt. Die Verschlußkappe besitzt einen Dichtungsring g, der einen zusätzlichen Schutz gegen Luftverlust darstellt. Durch das Niederdrücken der Spitze f wird das Entweichen von Luft ermöglicht.

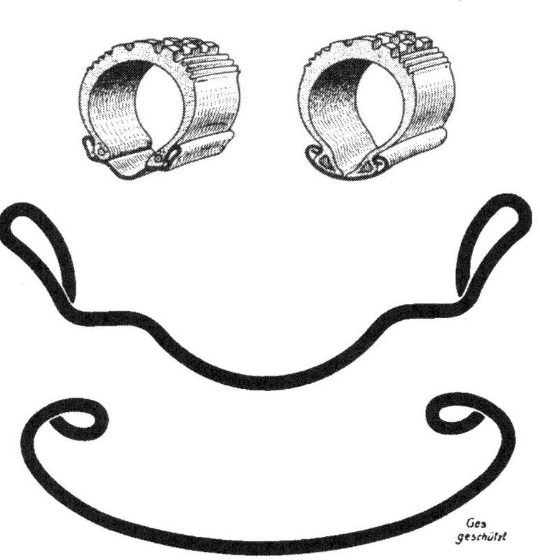

Drahtreifen und Wulstreifen sowie die dazugehörigen Felgen.

d) Die verschiedenen Reifenmaße.

Für die Reifen sind in der letzten Zeit neue Bezeichnungen festgesetzt worden. Von der ursprünglichen Angabe des Außenumfangs des Reifens wird abgesehen, vielmehr gibt man heute allgemein den Umfang der Felge an, wobei dem Felgenmaß die Breite des Reifens vorangesetzt wird. So wurde beispielsweise früher der auf die Felge 1521 mm oder 19 Zoll passende Reifen mit der Bezeichnung 25 × 2,75″ versehen. Heute versieht man diese Reifen einheitlich mit der Bezeichnung 2,75 — 19″.

Die Felge von 19″ hat sich als Einheitsfelge durchgesetzt. Sie wird mit verschiedenen Maulbreiten hergestellt, und zwar mit 40,5 mm, 47 mm und 55 mm. Diese Vereinheitlichung ist sehr erfreulich, weil sie die frühere Vielzahl von fast einem Dutzend verschiedener Dimensionen beseitigt hat. Die zusammengehörigen Reifen- und Felgenmaße sind folgende:

Reifengröße	Felgenumfang mm	Maulweite der Felge mm
2,75 — 19″	1521	40,5
3,00 — 19″	1521	47
3,50 — 19″ } 4,00 — 19″ }	1521	55

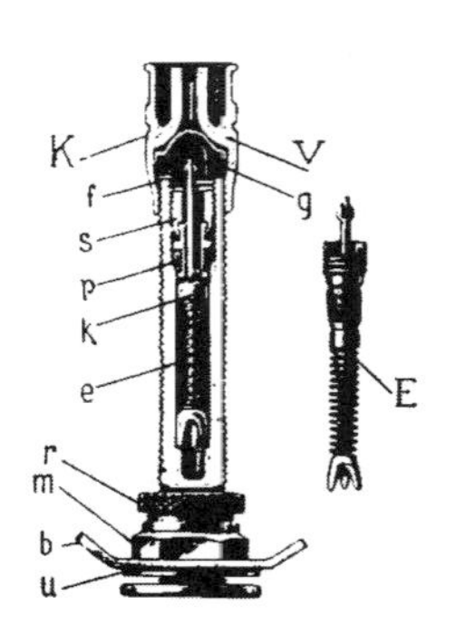

Abb. 279. Das Kraftrad - Einheitsventil. Der auswechselbare Ventileinsatz E enthält den eigentlichen Ventilkörper k. Nähere Angaben im Text.

Aus dieser Zusammenstellung geht hervor, daß die Reifen mit den Breiten 3,50″ und 4,00″ auf gleicher Felge montiert werden. Es besteht jedoch die Möglichkeit, auch bei den Felgen mit Maulweiten von 40,5 mm und 47 mm zur Not den nächststärkeren Reifen aufzulegen, allerdings wird hierdurch infolge des etwas zu schmalen Tiefbettes das Montieren erschwert. Die obenstehenden Felgen wurden früher mit $2\frac{1}{4} \times 19''$, $2\frac{1}{2} \times 19''$ und $3 \times 19''$ bezeichnet.

Für die SS-Felge mit 47 mm Maulweite kommt auch der Hochdruckreifen $3\frac{1}{4}$ — 19″ in Betracht; derselbe trug früher die Bezeichnung $26 \times 3\frac{1}{4}''$.

Bei den Wulstreifen muß darauf gesehen werden, ob sie für die internationale Einheitsfelge C. C. 1 bestimmt sind oder für die Felgen mit Zollbezeichnung. Bei den Hochdruckreifen für die Wulstfelge wird ebenfalls die genaue Reifenbreite in Bruchform angegeben, also beispielsweise $26 \times 2\frac{1}{4}$, während bei den Niederdruckreifen für die Wulstfelge die Reifenbreite in Dezimalzahlen angegeben wird. Die üblichen Niederdruckreifen für die Einheitsfelge C. C. 1 sind die Reifen $26 \times 2{,}85$, $27 \times 3{,}50$ und $27 \times 3{,}85$.

International besteht allerdings noch bezüglich der Reifenmaße ein geradezu chaotischer Zustand, da eine Normung noch nicht Platz gegriffen hat. So ist es zum Beispiel in England zwischen einer führenden Motorradfabrik und einer Reifenfabrik zu einer Vereinbarung ganz ausgefallener Dimensionen gekommen, so daß diese Reifenfabrik längere Zeit eine Art Monopol haben wird, insoweit es sich um solche englische Krafträder handelt.

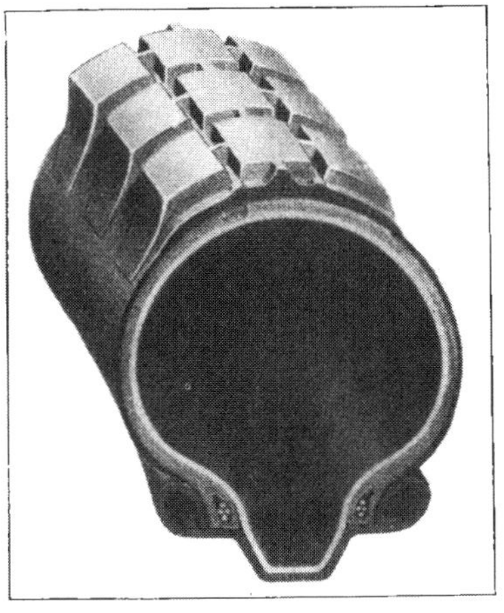

Abb. 280. Querschnitt durch einen Drahtreifen und eine Tiefbettfelge.

Die Drahtseile in den Enden des Reifens sind deutlich sichtbar. Die Drahtwülste werden durch den Schlauch gegen den Felgenrand gedrückt. Das Bild ermöglicht auch die Vorstellung darüber, daß bei luftleerem Schlauch die Drahtwulst in das Tiefbett der Felge gedrückt werden kann, um die Montage oder Demontage auf der gegenüberliegenden Seite des Rades vornehmen zu können.

Bemerkt sei des weiteren, daß man aus den Reifenmaßen auch rein rechnerisch auf den Felgenumfang schließen kann, da die Reifenbreite ungefähr der Reifenhöhe entspricht, so daß der Reifendurchmesser abzüglich zweier Reifenbreiten ungefähr den Felgendurchmesser ergibt; z. B.: Reifen $26 \times 3.5''$ Felgendurchmesser $= 26'' - (2 \times 3.5) = 19''$, oder bei $28 \times 3.5''$: $28'' - (2 \times 3,5'') =$ Felgendurchmesser $21''$. Leider sind die Angaben stets nur beiläufig, da ja beispielsweise die Reifen $26 \times 3,25''$ und $26 \times 3.5''$ auf eine Felge passen.

Die einzig mögliche und wirklich übersichtliche Größenangabe ist die Angabe von Innendurchmesser (also Felgendurchmesser) und Reifenbreite unter Weglassung der stets ungenauen Angabe des äußeren Reifendurchmessers, also z. B.: $19 \times 3,5''$, $19 \times 3,25''$, $21 \times 3,5''$, $21 \times 4,4''$ usw. Man könnte diesen Angaben ohne weiteres entnehmen, welche Reifen auf ein und dieselbe Felge passen (nämlich die mit gleicher erster Ziffer), während aus der zweiten Ziffer sich die Reifen breite ergibt.

Es muß an alle Fabriken dringendst appelliert werden, sich baldmöglichst auf diese neue Bezeichnung umzustellen, was gerade beim Übergang auf Drahtreifen besonders leicht ist. Michelin benutzt bereits die vorerwähnte neue Dimensionsangabe.

Die derzeit gebräuchlichsten Maße der Drahtreifen sind folgende:

Reifengröße:	Felgengröße: (Tiefbettfelge)
$24 \times 2{,}375''$	$19 \times 2^1/_4$
$25 \times 2{,}75''$	$19 \times 2^1/_2$
$25 \times 3''$ — Ballon	$19 \times 2^1/_2$
$26 \times 3{,}25''$	19×3
$26 \times 2{,}375''$	$21 \times 2^1/_4$
$27 \times 2{,}75''$	$21 \times 2^1/_2$
$28 \times 3{,}5''$	21×3
$26 \times 3{,}5''$ — Ballon	19×3
$27 \times 4''$ — Ballon	19×3.

Die meisten mittelschweren und schweren Fahrzeuge werden mit der Felge $19 \times 3''$ ausgestattet. Auf dieser Felge können folgende Reifen verwendet werden:

als Hochdruckreifen: $26 \times 3{,}25''$,
als Niederdruckreifen: $26 \times 3{,}5''$ — Ballon und
$27 \times 4''$ — Ballon.

Letzterer Reifen ist selbstverständlich nur bei entsprechender Gabelbreite zu verwenden.

Die bei den Wulstreifen übliche Dimension $26 \times 3''$ existiert bei den Drahtreifen nicht und ist durch die etwas breitere Dimension $26 \times 3{,}25''$ ersetzt.

Die leichteren Fahrzeuge sind mit Felgen der Größe $19 \times 2^1/_4''$ und $19 \times 2^1/_2''$ ausgestattet. Auf beiden Felgen können die Reifen der Größen $24 \times 2{,}375''$ (nur für ganz leichte Fahrzeuge), $25 \times 2{,}75''$ und als Niederdruckreifen $25 \times 3''$ — Ballon verwendet werden.

Für besondere Zwecke werden Felgen mit 21″ Durchmesser verwendet. Bei schweren Fahrzeugen wird die Felge $21 \times 3''$ zur Erreichung eines großen Bodenabstandes (Kolonialmodell) montiert. Auf dieser Felge kann der Hochdruckreifen $28 \times 3{,}5''$ und bei genügender Gabelbreite der Autoballonreifen $29 \times 4{,}40''$ gefahren werden.

e) Der Gleitschutz.

Sowohl Hochdruck- als auch Niederdruckreifen müssen mit einem entsprechenden Gleitschutz ausgestattet sein. Beim Kraftradreifen ist derselbe von viel größerer Bedeutung als beim Autoreifen. Während der Gleitschutz des Autoreifens sich lediglich auf die Lauffläche selbst erstreckt, muß der Gleitschutz des Kraftradreifens auch in der Kurve, also bei schief liegender Maschine, einen genügenden Schutz gegen das seitliche Gleiten

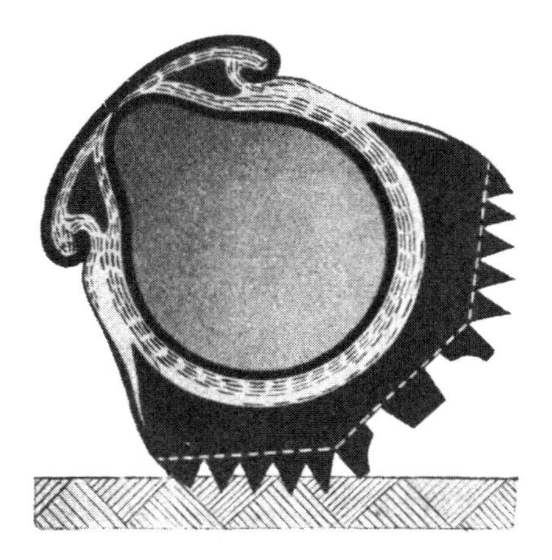

Abb. 281. Querschnitt durch den Prismatorreifen.

Es ist wichtig, daß die Kraftradreifen zum sicheren Befahren der Kurven, in welchen das Fahrzeug schräg liegt, auch seitlich einen entsprechenden Gleitschutz besitzen.

bieten. Der Kraftradreifen besitzt daher an den Seitenwänden entsprechend ausgebildete Rillen. Besonders erwähnt sei in dieser Hinsicht der in Rennen erprobte Metzeler-Prismatorreifen, der sich als Drei-Laufflächen-Reifen darstellt und dessen Aufbau die Abbildung 281 zeigt; es muß jedoch festgestellt werden, daß auch die anderen Fabrikate sich durch einen rillenartigen seitlichen Gleitschutz ausgezeichnet bewährt haben und jedenfalls den gewöhnlichen Sport- und Tourenfahrern vollauf genügen.

Wichtig ist, daß der Reifen selbst bei höchster Geschwindigkeit eine gute Führung auf der Straße hält und nicht, wie mangelhafte Reifen, bei Geschwindigkeiten über 70 oder 80

Abb. 282. Zweckmäßiges Gleitschutzprofil.

Um das „Schwänzeln“ zu vermeiden, ist ein ununterbrochener Mittelstollen sehr zweckmäßig.

Stundenkilometern zu „schwänzeln“ beginnt. Am besten wird diese unangenehme Erscheinung durch einen zusammenhängenden,

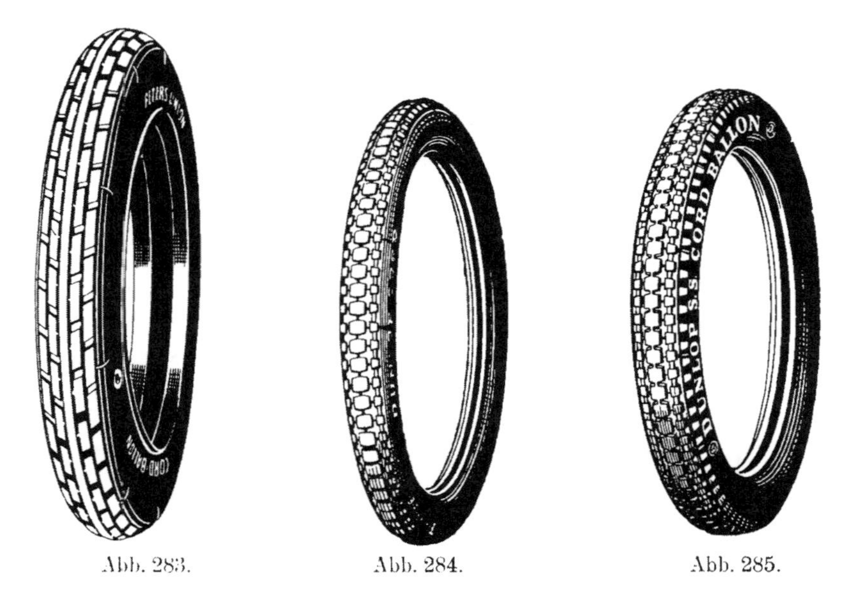

Abb. 283. Abb. 284. Abb. 285.

Abb. 283. Gleitschutz (Peters Union).

Abb. 284. Gleitschutz Gürtelpanzer).

Abb. 285. Gleitschutz eines Niederdruckreifens.

ununterbrochenen Streifen in der Mitte der Lauffläche vermieden. Die Abbildung 282 zeigt die bewährte Lauffläche des bei deutschen Fahrzeugen viel verbreiteten Continentalreifens, Abbildung 283 den Reifen der Peters-Union a. G. in Frankfurt a. M., während unsere Abbildungen 284 und 285 die Dessins des an englischen Krafträdern fast ausschließlich verwendeten Dunlop-Reifen zeigen.

Erwähnt sei noch, daß besonders am Vorderrad stets ein Reifen mit gutem Gleitschutz zu verwenden ist, da sich das Schleudern des Hinterrades leichter in Kauf nehmen läßt als das des Vorderrades. Das Austauschen des Hinterradreifens gegen jenen des Vorderrades hat daher zu einem Zeitpunkt zu erfolgen, da ersterer noch einen einigermaßen brauchbaren Gleitschutz besitzt.

f) Der Luftschlauch.

Es wurden bereits in den entsprechenden Kapiteln dieses Abschnittes die verschiedenen Dimensionen der Bereifung behandelt, so daß man sich an dieser Stelle auf die Empfehlung beschränken kann, nach Möglichkeit nur genau passende Schläuche in den Mänteln zu verwenden, das heißt z. B. im Reifen 26 × 3″ nur einen Schlauch 26 × 3″ usw. In Fällen, in welchen man die gewünschte Dimension nicht erhalten kann, ist es jedoch ohne weiteres möglich, auch die nächst höhere oder die nächst niedrige Dimension zu verwenden, also z. B. im Reifen 26 × 3″ einen Schlauch 26 × 2½″ oder 26 × 3,5″ oder im Reifen 710 × 90 einen Schlauch 27 × 3,5″ oder 27 × 3,85″.

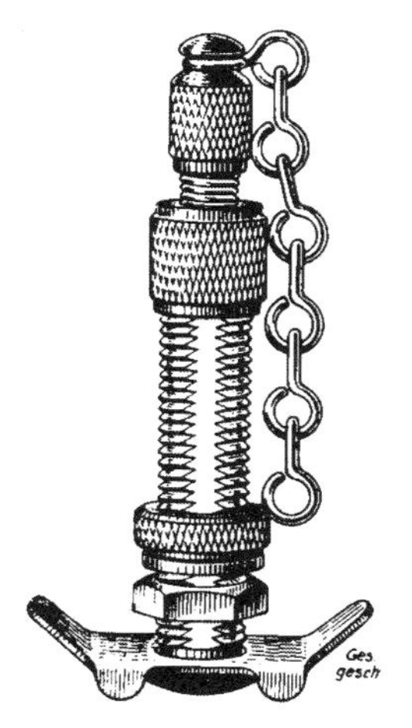

Abb. 286. Das gewöhnliche Fahrradventil.
Diese Einrichtung ist trotz verschiedener Vorteile für das mittlere und schwere Kraftrad vollkommen unbrauchbar.

Zu vermeiden ist es im allgemeinen, die für Hochdruckreifen bestimmten Schläuche in Niederdruckreifen zu verwenden und umgekehrt. Die für Niederdruckreifen bestimmten Schläuche sind ausdrücklich mit der Bezeichnung „Ballon“ versehen.

In diesem Abschnitt ist des weiteren die

Frage der Wahl des Ventils zu behandeln, da — abgesehen von den für Niederdruckreifen bestimmten Schläuchen — die meisten der für das Kraftrad in Betracht kommenden Schläuche mit verschiedenen Ventilen erhältlich sind.

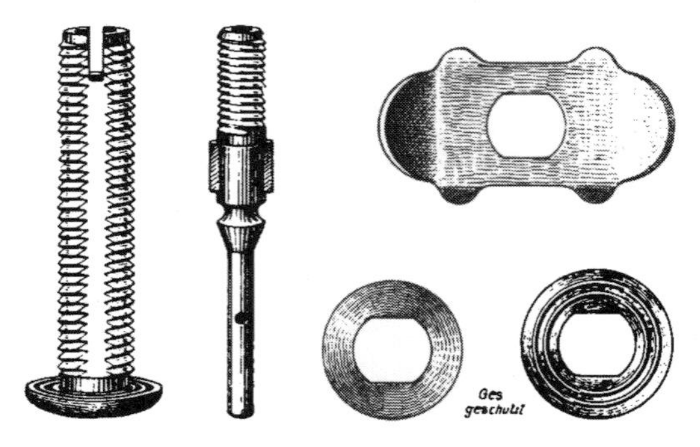

Abb. 287. Die hauptsächlichsten Teile des Fahrradventils.

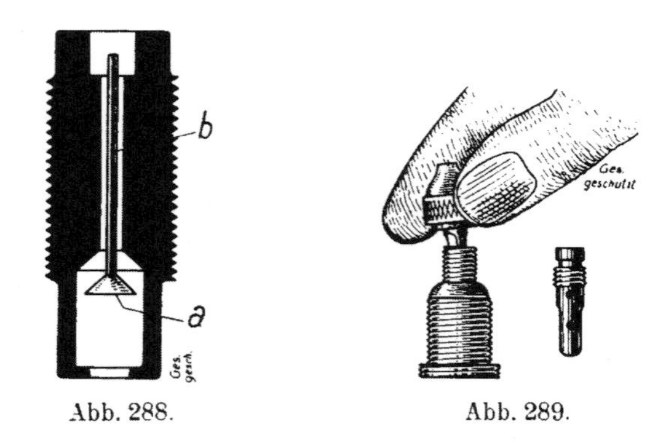

Abb. 288. Abb. 289.

Abb. 288. Schnitt durch das Kegelventil.

a Ventilkegel aus Gummi, b Ventilstift. Drückt man von außen auf den Ventilstift, wird der Ventilkegel vom Sitz gehoben und das Ventil geöffnet.

Abb. 289. Michelin-Ventil.

Auf der Staubkappe befindet sich ein Vierkant, mit welchem der Ventileinsatz ein- und ausgeschraubt werden kann.

Besonders die Schläuche der kleinen Dimensionen, bis zu $26 \times 2^1/_4''$ und auch $26 \times 2^1/_2''$, sind mit dem als „Fahrradventil“ bekannten „Dunlop-Ventil“ ausgestattet. Eine genaue Beschreibung desselben erübrigt sich im Hinblick auf die Abbildung 286 und 287. Der Ventileinsatz wird „Ventilkegel“ genannt und trägt das Ventilschläuchchen, welches gleichzeitig auch die Abdichtung zwischen Ventilkegel und Ventilstock besorgt. Dieses Ventil, das besonders in Deutschland stark bevorzugt wird, hat den Vorteil, daß bei Defekten bei jedem Fahrradmechaniker Ersatzteile (Ventilschlauch, Ventilkegel) erhältlich sind und zum Aufpumpen der Nippel der gewöhnlichen Fahrradpumpe verwendet werden kann. Im Grunde genommen ist es jedoch nicht so praktisch wie das sogenannte „Michelin-Ventil", welches besonders für schwerere Maschinen allein in Betracht kommt. Es ist notwendig, für das Michelin-Ventil ein bis zwei Ersatzventileinsätze mitzuführen. Abbildung 288 zeigt ein derartiges Ventil im Schnitt, wobei jedoch, um das System dieses Ventiles, das ein gewöhnliches Kegelventil ist, genau erkennen zu können, jedwedes Detail weggelassen ist. Abbildung 289 läßt das Äußere des Ventils erkennen. Die Wirkungsweise dieses Ventils ist sehr einfach. Sobald der Luftdruck in der Pumpe beim Niederpressen des Pumpenkolbens die gleiche Höhe erreicht wie der Luftdruck im Reifen, fällt das Kegelventil a nach unten und ermöglicht ein freies Durchtreten der Luft. Beim Rückziehen des Pumpenkolbens bzw. bei Einstellung des Pumpvorganges wird das Kegelventil gehoben und an den Ventilsitz gepreßt. Um Luft aus dem Schlauch auszulassen, ist es nicht erforderlich, den Ventileinsatz herauszuschrauben (man bedient sich zum Herausschrauben des auf der Verschlußschraube angebrachten Vierkantes), sondern es ist lediglich der Stift b in das Ventil hineinzudrücken, wodurch der Kegel von seinem Sitz gehoben wird. Diese Möglichkeit läßt das Kegel-Ventil als das für Niederdruckreifen bestgeeignete Ventil erscheinen, da es bei Niederdruckreifen erforderlich ist, den im Reifen vorhandenen Luftdruck zu messen, was durch das Aufsetzen

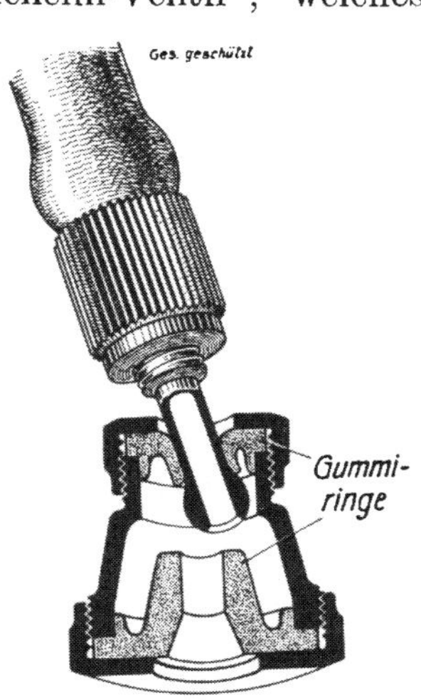

Abb. 290. Expreß-Nippel. Zur raschen Handhabung verwendet man vielfach sogenannte Expreßnippel, welche auf das Ventil lediglich aufgesetzt werden. Der Gummieinsatz ist von Zeit zu Zeit zu erneuern. Der dargestellte Nippel ist am Pumpenschlauch beweglich angebracht.

Abb. 291. Pumpenarmatur.

Sehr zweckmäßige Kombination zwischen Expreßnippel, Druckmesser und Zweiwegehahn. Zur Betätigung des letzteren wird der Druckmesser entsprechend gedreht. Der Anschluß der Armatur an den Pumpenschlauch erfolgt durch einen Expreßnippel, so daß gegebenenfalls der Schlauch auch direkt auf das Ventil gesetzt werden kann.

eines Druckmessers auf das Ventil erfolgt. Durch das Aufsetzen dieses Druckmessers wird gleichzeitig der Stift b in das Ventil gedrückt, so daß die Verbindung zwischen dem Luftdruckmesser und dem Reifeninneren hergestellt ist. Neben den beiden erwähnten Ventilen kommen auch andere Konstruktionen, die sich an das eine oder andere Grundprinzip anlehnen, zur Verwendung.

Neuerdings werden vielfach Ventile verwendet („Schrader-Ventil"), bei welchen der Ventilkegel durch eine kleine Feder geschlossen wird. Da bei diesem Ventil beim Pumpen, und zwar bei jedem Kolbenstoß, außer der Überwindung des inneren Luftdruckes auch die des Federdruckes erforderlich ist, sind Kegelventile mit einer Feder von Kraftradfahrern entschieden abzulehnen, da der Kraftradfahrer in den meisten Fällen mit der Handpumpe pumpen und eine Erschwerung dieser ohnedies unliebsamen Funktion vermieden werden muß. Es ist daher rücksichtslos, wenn Fabriken für Kraftradschläuche zur Verwendung solcher Ventile übergehen.

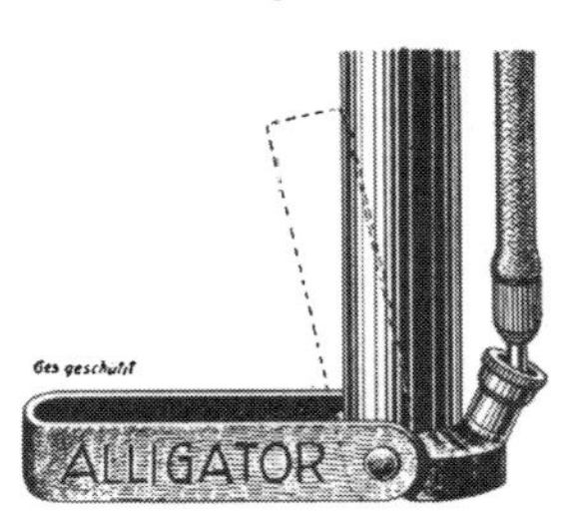

Abb. 292. Schlauchnippel.

Es ist zweckmäßig, wenn der Pumpenschlauch an der Pumpe beweglich angebracht ist, um ein Abknicken des Schlauches zu verhindern. Die Einrichtung muß jedoch in Stand gehalten werden, um nicht eine ärgerliche Störungsstelle darzustellen.

Das Aufpumpen des Kraftradreifens erfolgt durch eine kräftige Handpumpe unter Verwendung eines nicht allzulangen Pumpenschläuchchens. Bei Autoventilen verwendet man ebenso wie beim Kraftwagen stets die sogenannten Expreßnippel, die auf das Ventil nur aufgesetzt werden, ohne erst ein Anschrauben zu erfordern. Abbildung 290 zeigt eine besonders praktische Ausführung. Unbedingt erforderlich ist die Mitnahme eines Druckmessers. Bei den Tankstellen ist derselbe häufig mit dem Nippel verbunden (Abbildung 291), doch hat es sich gezeigt, daß dieses Gerät bei einfacher Ausführung nicht sehr zuverlässig ist.

Zusammenfassend darf man demnach heute bezüglich der Bereifung folgendes feststellen:

Der Niederdruckreifen beherrscht das Feld. Neue Krafträder werden ausnahmslos mit Niederdruckreifen ausgestattet. Nur für Sonderzwecke benutzt man noch den Hochdruckreifen.

Ebenso hat der Stahlseilreifen (Drahtreifen, Geradseitreifen) sich restlos durchgesetzt. Wulstreifen findet man nur mehr an alten Krafträdern, deren Erzeugung schon mehrere Jahre zurückliegt.

Als Ventil wird heute das als „Einheitsventil“ eingeführte Kraftradventil verwendet, wie es in Abbildung 279 wiedergegeben ist; das früher besonders bei den kleineren Dimensionen viel verwendete Fahrradventil wurde durch das Einheitsventil ebenso verdrängt wie das alte Michelin-Ventil.

Neben den gewöhnlichen Reifen hat sich immer mehr der Geländereifen durchgesetzt. Dieser wird einerseits für geländesportliche Veranstaltungen verwendet, andererseits dient er als Winterreifen, so daß man sich, von schwerem Beiwagenbetrieb im Winter abgesehen, das Auflegen von Schneeketten ersparen kann. Der Geländereifen muß im allgemeinen stets als Niederdruckreifen (Ballonreifen) gefahren werden; nur bei jenen Geländereifen, die ausdrücklich als Hochdruckreifen bezeichnet sind, ist das Aufpumpen auf hohen Druck zulässig.

Abschnitt 10.

Die Beleuchtung des Kraftrades.

In früheren Jahren stellte die Beleuchtungsanlage eine zusätzliche Einrichtung dar, die man meist erst nachträglich mit hohen Kosten anschaffen mußte. Das Öllicht wurde durch den Azetylenscheinwerfer verdrängt und dieser wieder durch die elektrische Lichtanlage.

Heute ist es eine Selbstverständlichkeit, daß jedes neue Kraftrad mit einer ausreichenden elektrischen Lichtanlage versehen wird, ebenso, wie man sich nicht vorstellen könnte, daß heute noch wie in früheren Jahren ein Kraftwagen ohne Lichtanlage geliefert wird. Die Entwicklung der letzten Jahre wurde sehr maßgeblich durch die Reichsstraßenverkehrsordnung vom 28. Mai 1934 gefördert. Diese bestimmt in § 20, daß Kraftfahrzeuge mit einer Höchstgeschwindigkeit von mehr als 30 km je Stunde eine Beleuchtungsvorrichtung haben müssen, die bei Dunkelheit die Fahrbahn auf mindestens 100 m ausreichend beleuchtet. Kann das Licht Entgegenkommende blenden, so muß vom Führersitz die Blendung behoben werden können; die Fahrbahn muß dann aber noch auf mindestens 25 m ausreichend beleuchtet sein. Bezüglich der rückwärtigen Beleuchtung sagt die Reichsstraßenverkehrsordnung, daß Krafträder bis zu 200 cm^3 Hubraum mit Rückstrahler ausgestattet werden können, während die übrigen Kraftfahrzeuge an der Rückseite zwischen der Fahrzeugmitte und der linken Außenkante ein Schlußlicht führen müssen.

Es sind also für das Ausmaß der Beleuchtung ganz konkrete praktische Vorschriften im Gesetz selbst enthalten; außerdem setzt die Ausführungsanweisung noch einige Einzelheiten fest. An sich ist jede Art von Beleuchtung zugelassen und die elektrische Beleuchtung keineswegs als zwingend vorgeschrieben. Es ist nach dem derzeitigen Stand der Entwicklung jedoch sehr schwer, mit einer anderen Beleuchtung den Vorschriften der Reichsstraßenverkehrsordnung zu genügen, das heißt, die Fahr-

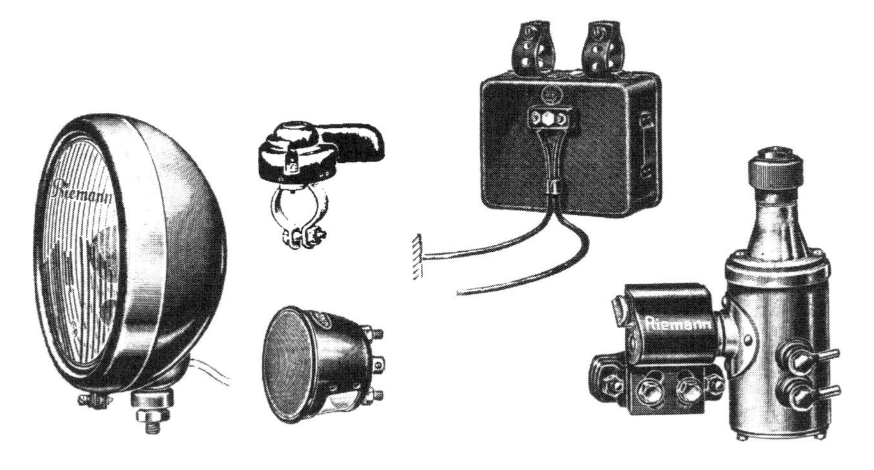

Abb. 293. Die einfachste elektrische Lichtanlage.
Ein Wechselstrom-Radlaufgenerator sorgt während der Fahrt für Strom, eine Trockenbatterie für das Standlicht.

bahn auf mindestens 100 m ausreichend zu beleuchten, was gemäß der Ausführungsanweisung bei Krafträdern bis 200 cm^3 auf 100 m Entfernung in einer Höhe von 15 cm über der Fahrbahn eine Beleuchtungsstärke von 0,25 Lux, bei Krafträdern über 200 ccm von 0,5 Lux und bei anderen Kraftfahrzeugen von 1 Lux erfordert. Immerhin ist es möglich, durch optisch hervorragend ausgeführte Azetylenscheinwerfer diese Beleuchtungsstärke zu erreichen und man trifft in der Tat auch verschiedentlich noch Krafträder mit Karbidbeleuchtung an; dies ist der Grund, weshalb im folgenden diese Beleuchtungsanlagen nicht gänzlich vernachlässigt wurden.

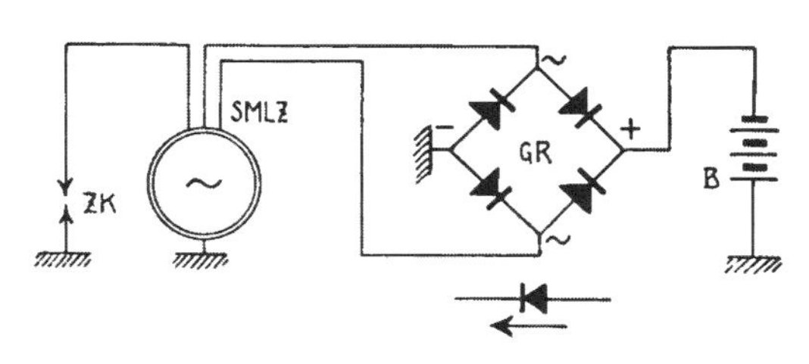

Abb. 294.
Die Schaltung des Trockengleichrichters.
Der Strom vermag die Gleichrichterelemente nur in der Pfeilrichtung zu durchfließen. Der aus dem Schwungradmagnetlichtzünder SMLZ kommende Wechselstrom wird daher in Gleichstrom umgewandelt, der zum Aufladen der Batterie B benützt werden kann. ZK — Zündkerze. Die schraffierten Stellen bedeuten den Masseanschluß.

Andererseits ist es gelungen, außerordentlich billige elektrische Kraftradbeleuchtungen zu schaffen. Schon der einfache Schwungradmagnetzünder gibt auch einen Wechselstrom für die Beleuchtung. Bei diesen Anlagen ist für langsame Fahrt und für Stillstand eine Trockenbatterie, meist in Stabform, vorhanden. Außerdem ist es nun gelungen, durch Trockengleichrichter den Wechselstromerzeuger mit einer Akkumulatorenbatterie zu verbinden. Abbildung 293 zeigt die einfachste elektrische Lichtanlage mit einer Trockenbatterie, Abbildung 294 die Schaltung des Trockengleichrichters und die Abbildung 295 eine derartige Gesamtanlage. Die größeren Lichtanlagen sind im folgenden gesondert behandelt.

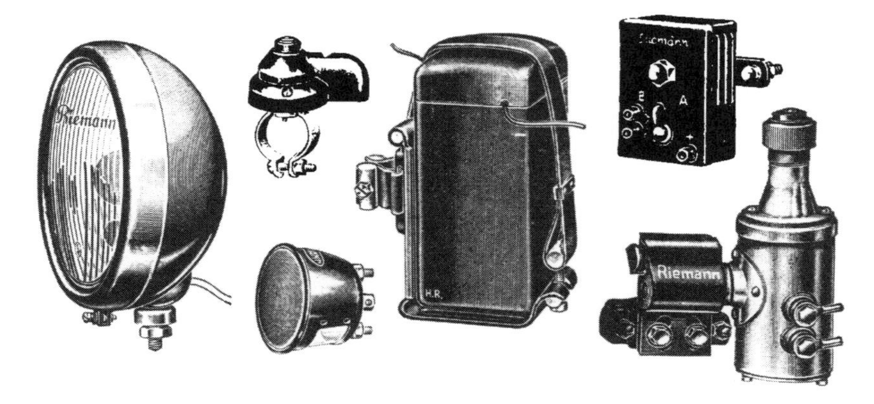

Abb. 295. Verbesserte Kleinkraftrad-Lichtanlage.
Durch Verwendung eines Trockengleichrichters kann auch die einfache Radlaufdynamo (oder der Schwungradmagnetlichtzünder) zum Aufladen eines Akkumulators benützt werden.

a) Die Karbidbeleuchtung.

Diese fast gänzlich verdrängte Beleuchtungsart zeichnet sich durch Billigkeit der Anschaffung, nicht aber des Betriebes aus. Außerdem ist sie nur bei ständiger sorgfältiger Wartung wirklich betriebsbereit. Die Anlage besteht aus einem Scheinwerfer und einem Generator sowie der dazwischenliegenden Verbindungsleitung. Im Generator läßt man Wasser auf die immer wieder nachzufüllende Karbidmasse tropfen, so daß Azetylengas entsteht. Für die Verbindungsleitung soll man nur an den beweglichen Stellen Gummischläuche, sonst aber Kupferrohre verwenden. Diese werden vor dem Biegen erhitzt und dann in kaltem Wasser **rasch** abgekühlt. Würde man das Rohr langsam abkühlen lassen, so würde das Kupfer, da es in diesem Punkte die entgegengesetzten Eigenschaften besitzt wie das Eisen, spröde und brüchig werden.

Größere Beleuchtungsanlagen weisen eine beträchtliche Blendwirkung auf. Es ist daher notwendig, auch bei der Karbidbeleuchtung, ebenso wie bei der elektrischen Lichtanlage, eine Abblendvorrichtung vorzusehen. Dieselbe besteht am einfachsten in einer Schwenkvorrichtung, mittels welcher der Scheinwerfer nach unten geneigt werden kann. Diese Anordnung, welche aus Abbildung 296 zu ersehen ist, hat auch den Vorteil, daß bei schlechten Straßen der Lichtkegel sich nahe einstellen

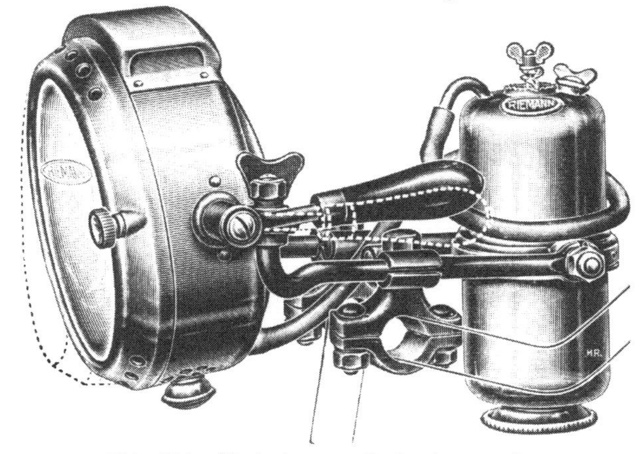

Abb. 296. Neigbarer Scheinwerfer.
Zum Abblenden beim Begegnen mit anderen Fahrzeugen sowie zur besseren Beleuchtung der Fahrbahn bei schlechtem Straßenzustand kann der Scheinwerfer mittels eines seitlichen Griffes nach unten gedreht werden.

läßt. Manche Fabriken versehen ihre Fabrikate mit einem Mattglas, das mittels einer eigenen Vorrichtung, die leicht zu betätigen ist, zwischen Flamme und Reflektor eingeschwenkt wird, um so die direkte Blendwirkung aufzuheben. Eine Abblendvorrichtung zeigt auch die Abbildung 297 und 298.

Damit man stets ein gutes Licht besitzt, ist es notwendig, der gesamten Anlage eine sorgsame Wartung angedeihen zu lassen, insbesondere das Karbidgehäuse und die Zubehörteile in demselben des öfteren gründlich zu reinigen. Um eine lange Lebensdauer des Brenners zu erzielen und nach Möglichkeit ein Einseitigwerden zu vermeiden, tut man gut daran, nach Beendigung der Fahrt die Flamme auszulöschen und nicht ausbrennen zu lassen. Allerdings setzt dieser Vorgang, bei welchem das noch

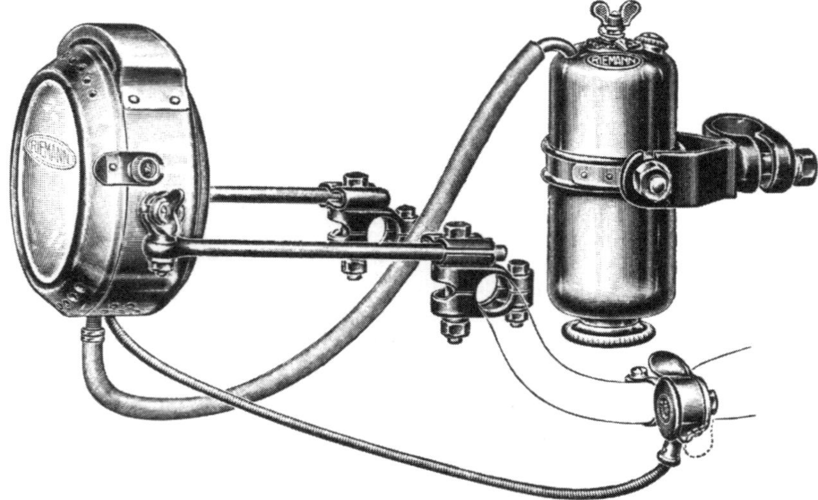

Abb. 297. Azetylenscheinwerfer mit Abblendvorrichtung.

Auch bei den im Preise sehr niedrig gehaltenen Azetylenanlagen gibt es sehr zweckmäßige Abblendvorrichtungen, die erst eine weitgehende optische Ausnützung der Lichtquelle zulassen. Der Betätigungshebel der dargestellten Anlage befindet sich auf der Lenkstange in unmittelbarer Nähe des Handgriffes, so daß beim Abblenden der Lenkstangengriff nicht losgelassen werden muß.

Abb. 298. Azetylenscheinwerfer mit Abblendvorrichtung.

Der Betätigungshebel für die Abblendvorrichtung wird am oberen Rahmenrohr oder auf der Lenkstange angebracht.

im Generator befindliche Gas unverbraucht ausströmt, voraus, daß das Fahrzeug nicht in einem geschlossenen Raum steht.

Um mit Hilfe der Karbidbeleuchtung auch Reparaturen vornehmen zu können, wird von Riemann-Chemnitz und einigen anderen Fabrikanten der Scheinwerfer ausschwenkbar angeordnet, wie dies Abbildung 299 erkennen läßt. Zur Feststellung dient eine Flügelmutter.

Zur Beleuchtung auch des Beiwagens und der Decknummer wird entweder ein großer Generator verwendet und eine entsprechende Gasleitung zu diesen Lampen gelegt oder es wird am Beiwagen ein zweiter Generator angebracht. Bei größeren Fahrten ist letztere Anordnung trotz der etwas größeren Arbeit für die

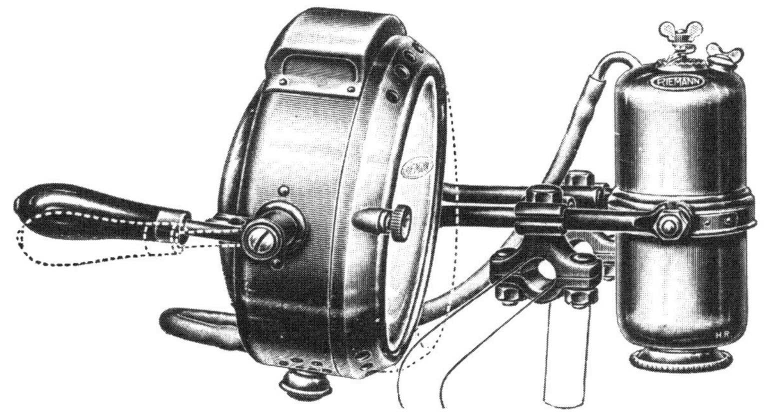

Abb. 299. Schwenkbarer Scheinwerfer.

Zur Ermöglichung von Reparaturen an dem Fahrzeug sind verschiedene Scheinwerfer ausschwenkbar. Außerdem läßt sich der abgebildete Scheinwerfer infolge der in Abb. 296 dargestellten Vorrichtung in der ausgeschwenkten Lage noch neigen.

Wartung der zwei Generatoren unbedingt vorzuziehen, da es bei Schadhaftwerden des am Motorrad befindlichen Generators möglich ist, denselben kurzerhand durch den am Beiwagen befindlichen zu ersetzen und so wenigstens das Hauptlicht des Motorrades in Tätigkeit zu erhalten.

b) Die elektrische Beleuchtung.

Bestand noch vor einigen Jahren gegen die elektrische Kraftradbeleuchtung eine ausgesprochene Abneigung und war die Meinung verbreitet, dieselbe sei unzuverlässig, so hat sich im Laufe der letzten Jahre die elektrische Beleuchtung in dem Maße durchzusetzen vermocht, daß heute eine größere Zahl von Fabriken ihre Fahrzeuge katalogmäßig mit elektrischem Licht ausrüsten. Tatsächlich muß man auch sagen, daß die elektrische Beleuchtung längst über die ersten Kinderkrankheiten hinausgekommen ist und, wenn eine entsprechende Qualitätsmarke Verwendung findet, auch volle Gewähr für Zuverlässigkeit bietet. Nachdem durch neue Erfindungen der Metallfaden stoßsicher gemacht worden war, insbesondere aber durch die gasgefüllten Lampen, die durch die spiralige Form des Leuchtfadens eine hohe Temperatur, beste Lichtausbeute und konzentrische Lichtquelle ermöglichten, waren der praktischen Verwendung des elektrischen Lichtes keine Schranken mehr gesetzt. Dazu kommt die geradezu unübertreffliche Leuchtkraft des elektrischen Scheinwerfers. Die elektrischen Glühlampen haben gegenüber der Azetylengasflamme den großen Vorteil, einerseits eine möglichst punktförmige Konzentration zu ermöglichen, andererseits nicht nur ein luft- und wasserdichtes Abschließen des Scheinwerfers zu gestatten, sondern auch ihrerseits keine Verrußung des Reflektors mit sich zu bringen.

Die elektrische Beleuchtung des Kraftfahrzeuges kann sowohl durch kleinere als auch durch größere Anlagen erfolgen, Anlagen, die Zwischenglieder zwischen dem gewöhnlichen Fahrradlicht und der regulären Autobeleuchtung darstellen.

Die primitivste elektrische Beleuchtung ist zweifelsohne die gewöhnliche Wechselstrom-Dynamomaschine, deren Radlaufrädchen auf einem der Luftreifen des Motorrades läuft und dadurch den Antrieb der Lichtmaschine besorgt. Es ist klar, daß bei einer solchen Einrichtung das Licht in dem Augenblick erlischt, da das Fahrzeug zum Stillstand kommt, wie es auch schwächer wird, wenn sich die Geschwindigkeit des Fahrzeuges verringert. Für Besitzer leichterer Maschinen sowie für jene Fahrer, welche nur eine Gelegenheitsbeleuchtung wünschen, genügt diese einfachste elektrische Anlage ohne weiteres. Bei der Wahl einer derartigen Anlage ist auf eine solide Konstruktion des Halters der Lichtmaschine großes Gewicht zu legen, da es infolge der auftretenden starken Stöße bei mangelhafter Konstruktion nicht selten vorkommt, daß die Lichtmaschine, die bei Tag vom Reifen weggeschwenkt wird, verloren geht.

Diese Radlaufdynamos erzeugen Wechselstrom; in letzter Zeit hat sich die Verbindung eines solchen Wechselstromgenerators wie auch des Schwungradmagnetzünders über einen Trockengleichrichter mit einem Akkumulator erfolgreich eingeführt (Abbildung 294 und 295), so daß auch bei diesen einfachen Beleuchtungen ein stets gleichbleibendes Licht erzielt wird. Selbstverständlich dürfen nur Glühlampen mit geringer Wattaufnahme verwendet werden, weil nur ein sehr schwacher Ladestrom zum Wiederaufladen der Batterie zur Verfügung steht.

Abb. 300.
Riemenantrieb der Lichtdynamo.
Von einer Riemenscheibe auf der Motorwelle aus wird mittels eines Gummikeilriemens die Lichtmaschine angetrieben.

Gelegentlich werden kleine Dynamos vom Motor direkt angetrieben, und zwar unter Verwendung eines endlosen Gummikeilriemens, wie dies Abbildung 300 zeigt. Dieser Antrieb wurde übrigens auch bei einer Type von BMW. verwendet, weil der Gummikeilriemen sich durch Geräuschlosigkeit und Wartungsfreiheit auszeichnet.

Bei allen mittleren und stärkeren Krafträdern werden Gleichstromdynamos verwendet, die von vorneherein einen zur unmittelbaren Aufladung des Akkumulators geeigneten Gleichstrom erzeugen. Diese Dynamos werden in den verschiedensten Ausführungen hergestellt. Ursprünglich verwendete man die getrennte Lichtmaschine, die irgendwo im Kraftrad eingebaut und gesondert angetrieben wurde. Selbstverständlich stellt der gesonderte Antrieb der Lichtdynamos einen unzweckmäßigen konstruktiven und finanziellen Aufwand dar. Man ist daher schon früh dazu übergegangen, die Dynamomaschine mit dem für die Zündung erforder-

Abb. 301a. Lichtbatteriezünder (Bosch).
Unten auf der Antriebswelle der Unterbrecher, darüber, durch Zwischenzahnräder angetrieben, die Gleichstromdynamo mit dem Spannungsregler und Selbstschalter (im Gehäuse ganz rechts).

lichen Gerät zu verbinden. Aus der Vereinigung von Dynamo und Magnetzünder entstand der „Lichtmagnetzünder“ (Abbildung 301b). Es muß besonders darauf hingewiesen werden, daß es sich hierbei lediglich in mechanischer Hinsicht um ein einheitliches Ganzes handelt, das einen gemeinsamen Antrieb vom Motor her besitzt, während in elektrischer Hinsicht vollkommene Trennung besteht. Vielfach kann man aus dem gemeinsamen Gehäuse die Dynamomaschine herausnehmen, ohne daß dadurch der Magnetzünder berührt wird.

In neuerer Zeit hat sich auch beim Kraftrad die Batteriezündung erfolgreich durchgesetzt. Durch diese erlangen die Teile der Lichtanlage erhöhte Bedeutung, da der Lichtstrom — ein Gleichstrom von 6 Volt Spannung — gleichzeitig auch für die Erzeugung des Zündstroms verwendet wird, wie dies des näheren im Abschnitt über die Zündung auf Seite **145** u. ff. dargelegt wurde.

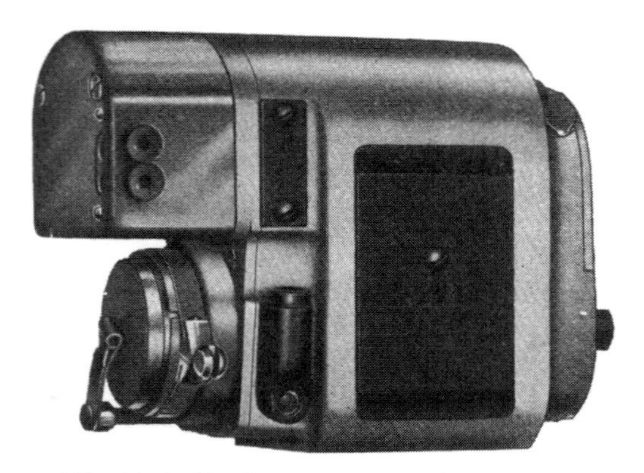

Abb. 301b. Lichtmagnetzünder (Bosch).
Äußerlich vom Lichtbatteriezünder durch die eingegossenen Magnetplatten zu unterscheiden. Eine mechanische Vereinigung eines Magnetzünders und einer darüberliegenden Dynamo.

Die Lichtmaschine besteht aus dem Anker mit seinen zahlreichen Spulenwicklungen und aus dem Kollektor, dessen Segmente mit den Enden der einzelnen Spulen verbunden sind. Vom Kollektor wird der im Anker erzeugte Strom durch Schleifkohlen, die von Zeit zu Zeit erneuert werden müssen, abgenommen. Der Anker dreht sich in einem Magnetfeld. Das Feld wird nicht durch einen permanenten Magnet erzeugt, wie dies bei einem gewöhnlichen Generator der Fall ist, sondern es wird der im Anker erzeugte Strom gleichzeitig auch durch feststehende Wicklungen der Feldmagnete geleitet, so daß sich also die Stromerzeugung nach Beginn derselben rasch steigert.

Abb. 302. Die Zündlichtmaschine am Motor.
Im Gegensatz zu der folgenden Abbildung ist hier ein gesonderter Antrieb erforderlich. Man beachte gleichzeitig die robuste Blockausführung dieses Motors (NSU.).

Die Dynamo kann stromregelnd sein, wobei eine dritte Kollektorbürste verwendet wird, wodurch unter Ausnützung der Verschiebung des Magnetfeldes bei höheren Drehzahlen und höherer Belastung (Ankerrückwirkung) eine Übersteigerung der Maschinenleistung verhindert wird, oder es findet ein gesonderter Spannungsregler für die Begrenzung der Klemmenspannung bei geringer Belastung der Lichtmaschine Verwendung. Der Spannungsregler ist auf Seite 296 noch näher besprochen.

Durch die Vereinigung der Lichtdynamo mit dem Unter-

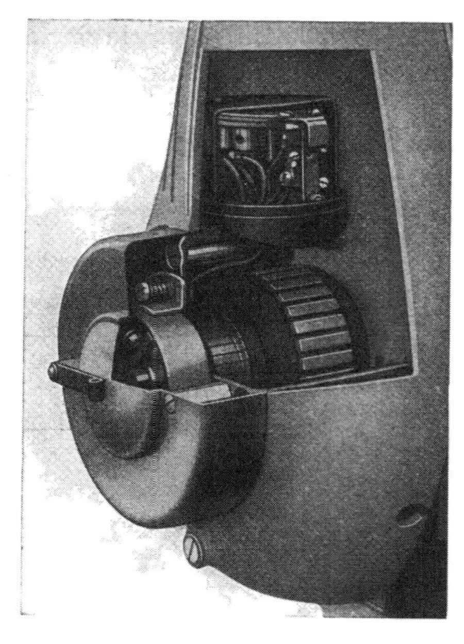

Abb. 303. Fliegend montierter Lichtbatteriezünder (Noris).
Der Dynamoanker sitzt ohne Eigenlager direkt auf der Motorwelle, ebenso der Unterbrechernocken. Darüber im Gehäuse der Reglerschalter.

brecher der Batteriezündung entsteht der „Lichtbatteriezünder“. Derselbe kann walzenförmig ausgebildet sein (Abb. 136a) oder dem Lichtmagnetzünder ähneln (Abb. 301a); in letzter Zeit haben sich jedoch auch Ausführungen durchgesetzt, bei welchen der Dynamoanker scheibenförmig (Abb. 136b) oder trommelförmig (Abb. 94, 303 und 304) ausgeführt ist. Bei dem Schwungscheibendynamo ist ebenso wie beim Schwungradmagnet-Lichtzünder der Anker „fliegend“ auf dem Ende der Kurbelwelle aufgebaut. — Beim Lichtmagnetzünder ist aus Gründen der Zuverlässigkeit der Zünd-

Abb. 304. Schwungscheiben-Lichtbatteriezünder (Noris).
Schwungscheibe und Anker fliegend auf der Motorwelle montiert. Zündspule, Kontrollicht sowie Zündschloß im Gehäuse untergebracht, daher ebenso einfache Leitungsführung wie beim Schwungradmagnetzünder.

apparat direkt und nur die Lichtdynamo durch Vorgelege angetrieben, zumal letztere durch eine entsprechende Übersetzung eine wesentlich höhere Tourenzahl erhält.

Abb. 305.

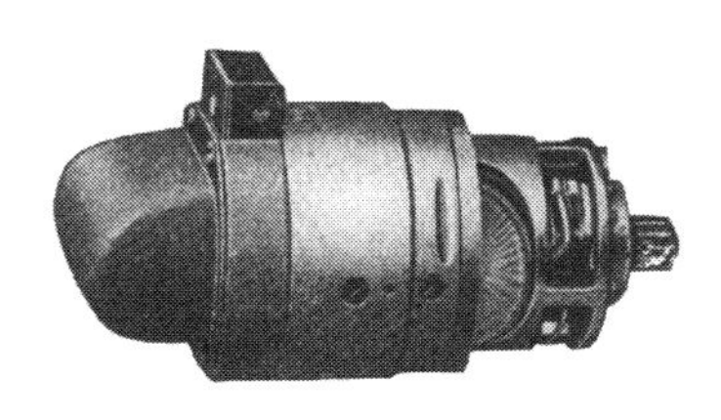

Abb. 306.

Abb. 305. Noris-Zündlichtmaschine.

Magnetzünder und Lichtmaschine sind in einem gemeinsamen Gehäuse untergebracht. Die Lichtmaschine läßt sich nach Lösen einer Klemmschraube aus dem Gehäuse ziehen.

Abb. 306. Noris-Lichtmaschine,

aus dem gemeinsamen Gehäuse des Lichtmagnetzünders (Abb. 305) herausgenommen. Der Magnetzünder wird durch die Entfernung der Lichtmaschine nicht beeinträchtigt.

Abb. 307. Akkumulator auf der Lenkstange angebracht.

Diese Befestigung kann nur dann in Betracht kommen, wenn die Lenkstange sehr hoch befestigt ist, was bei neuzeitlichen Maschinen mit Recht vermieden wird.

Der Akkumulator, der nicht zu klein gehalten sein darf, um bei längerem Stillstand und nächtlichen Reparaturen genügend Strom abgeben zu können, wird in einem entsprechenden Gehäuse untergebracht am besten an jener Stelle des Motorrades befestigt, die den größten Schutz gegen Beschädigung gewährt. In dieser Hinsicht ist zweifelsohne die Unterbringung unterhalb des Sattels, bei Befestigung an dem entsprechenden Rahmenrohr, als die günstigste zu bezeichnen. Abgesehen von Schönheitsrücksichten ist auch die Befestigung auf der Lenkstange zweckmäßig. Diese Befestigungsart, die sich bei entsprechender Ausbildung der Scheinwerferstützen als einfach gestaltet, Abbildung 307, ermöglicht infolge der bequemen Zugänglichkeit eine leichte Kontrolle des Akkumulators, setzt aber eine hohe Lenkstange und einen vollkommenen Verschluß der Batterie voraus, da die anderenfalls austretende Schwefelsäure während der Fahrt auf die Kleider des Fahrers tropft und dieselben erbarmungslos ruiniert. Bei Maschinen mit tiefliegender Lenkstange kann die Batterie an der Lenkstange nicht befestigt werden. Die Befestigung der Batterie am Gepäckträger ist unbedingt zu vermeiden, da an dieser Stelle der Akkumulator nicht nur der Beschädigung bei Stürzen, sondern auch am stärksten den brüsken Stößen des Hinterrades ausgesetzt ist.

Bei Beiwagenmaschinen gibt es nur eine wirklich gute Unterbringung des Akkumulators: die im Beiwagen selbst. Da die Beiwagenkarosserie infolge der entsprechenden Federungsvorrichtungen bei weitem nicht solchen Stößen ausgesetzt ist wie das Motorrad, wird der im Beiwagen untergebrachte Akkumulator eine wesentlich höhere Lebensdauer aufweisen als der am Motorradrahmen befestigte.

Für die Lebensdauer der Akkumulatorenbatterie ist eine gute Behandlung von besonderer Wichtigkeit. Daß in dieser Hinsicht aus Unkenntnis besonders viel gesündigt wird, ist eine bekannte Tatsache. So wissen z. B. selbst Automechaniker nicht, daß es in den meisten Fällen den Ruin der Batterie bedeutet, gelegentlich einer Generalreparatur die Säure aus der Batterie auszuleeren und durch neue zu ersetzen, wissen viele Fahrer nicht, daß beim Nachfüllen der Säure dieselbe dem jeweiligen Ladezustand angepaßt werden muß u. dgl. m. Es ist daher zweckmäßig, an dieser Stelle einiges über die Behandlung der Batterie einzufügen.

Das Eindringen von Schmutz und Staub in die Zellen muß sorgsam verhindert werden. Die Verschlußstopfen sind daher stets in Ordnung zu halten. Um das Entweichen der beim Laden und Entladen entstehenden Dämpfe zu ermöglichen, sind diese Verschraubungen mit kleinen Luftlöchern versehen, weshalb sie bei Verlust nicht ohne weiteres durch Korke ersetzt werden können. Die Akkumulatorensäure (Schwefelsäure) greift alle Metalle — mit Ausnahme von Blei — an und „frißt sie auf". Übergeflossene Säure muß daher stets sofort abgewischt werden, zumal die Schwefelsäure sonst zwischen den Metallteilen eine leitende Verbindung herstellt, welche eine beschleunigte Selbstentladung zur Folge hat. Die Metallteile der Batterie, insbesondere die Verbindungsstege und Kontaktklemmen, müssen daher öfters mit dickem Maschinenfett eingefettet werden, um eine Oxydation und einen raschen Verfall zu vermeiden. Hat sich trotzdem irgendwo Oxyd gebildet, so läßt sich dies mit einem in Sodalösung getauchten Lappen leicht entfernen, wobei jedoch darauf zu achten ist, daß keine Sodalösung in die Zellen gelangt. Zum Anstrich des Blechkastens und sonstiger Metallteile (Haltebügel u. dgl.) verwendet man säurebeständigen Asphaltlack.

Das Ableuchten der Zellen darf nur mit einer elektrischen Suchlampe erfolgen, da die aus der Batterie austretenden Gase im hohen Grade explosionsfähig sind.

Im besonderen ist darauf zu achten, daß die Säure stets die Platten in jeder einzelnen Zelle reichlich überdeckt. Höher als 5 mm über dem oberen Plattenrand soll die Säure jedoch nicht stehen, da sie sonst leicht durch die Luftöffnungen der Verschraubungen herausgeschüttelt wird. Die Akkumulatorensäure selbst verdunstet nicht, lediglich das zur Verdünnung verwendete destillierte Wasser. Es ist daher im allgemeinen auch nur destilliertes Wasser nachzugießen. Nur der durch Ausgießen und Überfließen verlorengegangene Säureteil ist durch Akkumulatorensäure zu ersetzen. Bevor Säure nachgegossen wird, ist die Dichte der im Akkumulator vorhandenen Säure zu messen und die nachzugießende Säure unbedingt auf die gleiche Dichte zu verdünnen. Ganz besonders gegen diese wichtige Regel wird am meisten verstoßen, indem in den meisten Werkstätten die Säure wahllos, ohne Rücksicht darauf, ob die Batterie voll geladen oder entladen ist, nachgegossen wird. Zur Prüfung der Dichte (des spezifischen Gewichtes) der Säure verwendet man sogenannte Säuremesser, die für die Prüfung der Akkumulatoren in besonderer Ausführung, mit eigener Skala und zu billigen Preisen geliefert werden. Als Regel kann gelten, nur in die voll geladene Batterie Säure nachzugießen.

Die zu verwendende Säure ist chemisch reine Schwefelsäure und wird als „Akkumulatorensäure" in den Handel gebracht. Zum Mischen mit Wasser ist es zur Vermeidung einer starken Erhitzung und der schädlichen Säurespritzer zweckmäßig und ratsam, nicht zur Säure Wasser zu gießen, sondern umgekehrt die Säure zum Wasser.

Im Winter ist darauf zu achten, daß nach dem Auffüllen mit destilliertem Wasser die Batterie Neigung zum „Einfrieren" besitzt, eine Gefahr, welche bei vollkommen geladener Batterie nicht besteht. Es empfiehlt sich daher, nach dem Auffüllen mit Wasser die Batterie vollkommen aufzuladen. Eine mit guter Säure gefüllte Batterie ist im aufgeladenen Zustande gegen Frost vollkommen unempfindlich.

Von der richtigen Säuredichte überzeugt man sich nach vollständiger Ladung der Batterie. Die Säure soll hierbei eine Dichte von 28 Bé (Beaumé) oder ein spezifisches Gewicht von 1,24 aufweisen. Ist das spezifische Gewicht zu groß, so ist destilliertes Wasser nachzugießen und nach neuerlicher Ladung eine neuerliche Messung vorzunehmen. Ist die Dichte zu gering, so ist so lange eine Säure von 28 Bé unter gleichzeitiger Entnahme von einem Teil der in den Zellen vorhandenen Säure nachzufüllen und wieder aufzuladen, bis jede einzelne Zelle im geladenen Zustand eine Säuredichte von 28 Bé aufweist. Es ist schädlich, die zu geringe Säuredichte einfach dadurch auszugleichen, daß eine Säure von größerer Dichte als 28 Bé zugesetzt wird.

Bei richtiger Säure läßt sich der jeweilige Ladezustand der Batterie in einwandfreier Weise mit dem Säuremesser feststellen. Die Entladung soll nicht weiter fortgesetzt werden, wenn die Säuredichte auf 21 bis 20 Bé gesunken ist. Die vollkommen entladene Batterie weist eine Säuredichte von 18 Bé auf, was einem spezifischen Gewicht von nur 1,14 entspricht. Bei voller Ladung (Dichte 28 Bé) besitzt jede einzelne Zelle eine Spannung von 2,6 bis 2,7 Volt. Da bei zunehmender Entladung die Spannung bis auf 1,8 Volt sinkt — weiter darf auf keinen Fall entladen werden — ist die Leuchtkraft der Scheinwerfer in besonderer Weise von dem Ladezustand der Batterie abhängig.

Wichtig ist des weiteren, die Batterie nicht zu überladen. Meist fehlt es jedoch dem Fahrer an Möglichkeiten, festzustellen, wann die Batterie vollkommen aufgeladen ist. Es ist daher in den meisten Fällen einfach das „Gefühl" maßgebend — das vielfach trügt! Wenn man sich jedoch vor Augen hält, daß auch ohne besonderer Entladung alle 4 Wochen die Batterie vollkommen neu aufzuladen ist (dies gilt im besonderen auch für die Wintermonate), ferner, daß durch das Horn und gelegentliches Stehenlassen des Fahrzeuges mit eingeschaltetem Licht nicht unwesentlich Strom verbraucht wird, wird man in Verbindung mit gelegentlichen Nachmessungen mit dem Säuremesser, den jeder Fahrer zu Hause haben sollte, unschwer das Richtige treffen.

Ein wesentlicher Fehler, den viele Besitzer von Maschinen mit elektrischen Beleuchtungsanlagen machen, ist der, daß sie bei jeder Gelegenheit Strom sparen und die Beleuchtung, auch das Stadtlicht, bei Stillstand ausschalten, in der Meinung, so die Batterie zu schonen. In Wirklichkeit wird jene Batterie am längsten halten, welche am meisten gleichmäßig entladen und geladen wurde. Der ständige Umsatz an Energie erhält die Batterie frisch — allerdings muß sich sowohl die Ladung als auch die Entladung in gewissen Grenzen bewegen. Im allgemeinen soll über einen Entladestrom von 1—1,5 Ampere nicht hinausgegangen werden. Dies entspricht bei einer 6-Volt-Anlage ungefähr einem Stromverbrauch von 5—10 Watt oder dem Verbrauch bei eingeschaltetem Standlicht mit Decklicht. Das Brennenlassen des Hauptscheinwerfers, der meist 20 Watt verbraucht, ist bei Stillstand des Motors — also wenn die Dynamomaschine keinen Strom erzeugt — nicht zweckmäßig, da dieser Entladestrom für die Batterie auf die Dauer zu groß wäre.

Bei Beleuchtungsanlagen, bei welchen zweierlei Ladestellungen des Schalters vorgesehen sind (für starke und für schwache

Ladung), wie dies z. B. bei der englischen Lucas-Anlage der Fall ist, schalte man tunlichst nur die schwache Ladung (etwa 2—4 Ampere) ein, da die starke Ladung mit etwa 4—6 Ampere

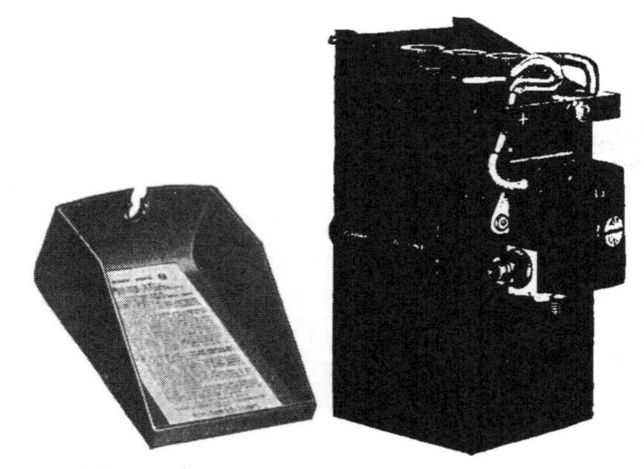

Abb. 308. Akkumulatorenbatterie, Deckel abgehoben.

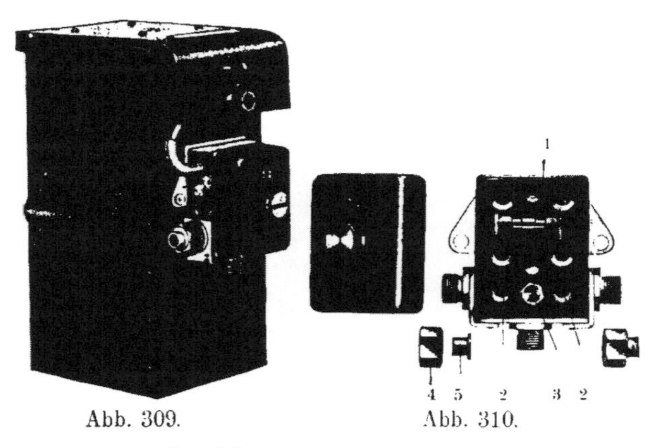

Abb. 309. Abb. 310.

Abb. 309. Akkumulatorenbatterie.
Gehäuse geschlossen; am Gehäuse ist eine Abzweigdose montiert.

Abb. 310. Abzweigdose mit Sicherung.
1 Sicherung, 2 Klemmschrauben, 3 Rastenschraube für Steckeranschluß, 4 Überwurfmutter, 5 Tülle, in welche allenfalls der Panzerschlauch einzulöten ist.

unbedingt zu stark ist. Diese starke Stromabgabe der Dynamomaschine kommt hauptsächlich für Nachtfahrten in Betracht, wenn der erzeugte Strom nicht allein in die Batterie fließt, sondern zum Großteil von den Beleuchtungskörpern verbraucht wird. Die in längerer Zeit mit schwachem Strome aufgeladene Batterie weist stets eine viel größere Kapazität auf als die mit starkem Strome in kürzerer Zeit geladene, wenn auch das Produkt von Zeit und Amperezahl das gleiche ist.

Bezüglich des Äußeren der Batterie ist festzustellen, daß dieselbe für den Gebrauch am Motorrad in den meisten Fällen fix in einen Blechkasten eingegossen ist, welch letzterer gleich die zur Befestigung erforderlichen Schellen aufweist. Eine solche Batterie ist in Abbildung 308 in geöffnetem und in Abbildung 309 in geschlossenem Zustande zu sehen. An der Batterie befindet sich bei Bosch und einigen anderen Fabrikaten eine Abzweigdose, welche in Abbildung 310 gesondert dargestellt ist.

Nach diesen eingehenden Besprechungen des einer Wartung am meisten bedürftigen Akkumulators kehren wir zu den übrigen Teilen der elektrischen Fahrzeugbeleuchtung zurück.

Eine der wichtigsten und wohl auch kompliziertesten Einrichtungen ist der bei einer Kombination von Dynamomaschine und Akkumulator unerläßlich notwendige Regler.

Wenn man annimmt, daß die Dynamomaschine einfach mit dem Akkumulator verbunden wäre, würde zwar bei in Betrieb befindlichem Motorrad der in der Dynamomaschine erzeugte Strom in den Akkumulator fließen und diesen aufladen. Sobald jedoch bei Stillstand der Dynamomaschine die Stromerzeugung in derselben ein Ende findet, wird bei einer feststehenden Verbindungsleitung der im Akkumulator aufgespeicherte Strom in die Dynamomaschine zurückfließen. Daß dieser Umstand ein wesentlicher Nachteil wäre, wird wohl auch dem Laien ohne weiteres klar sein, dies ganz besonders dann, wenn man bedenkt, daß durch ein solches Rückfließen des Stromes nicht nur der im Akkumulator aufgespeicherte Strom verbraucht wird, sondern auch die Dynamomaschine schwer Schaden leidet, allenfalls auch verbrennen könnte.

Der Regler kann in zweierlei Weise ausgeführt sein: entweder als einfacher automatischer Ein- und Ausschalter oder kombiniert als Spannungsregler. Die Bezeichnung „Regler" ist eigentlich der letzteren Ausführung vorzubehalten.

Beim automatischen Ein- und Ausschalter wird durch einen Elektromagnet, der an die Dynamo — meist parallel zur Ankerwicklung — geschaltet ist, in einfacher Weise ein Schalter betätigt, der die Verbindung zwischen Dynamomaschine und Akkumulator herstellt, bzw. löst. Sobald die Umdrehungszahl der Dynamomaschine eine genügend große ist und ein Strom erzeugt wird, dessen Spannung mindestens der des Akkumulators entspricht, zieht der Magnet ein Kontaktstück an und stellt so die erwähnte Verbindung her. Sinkt die Stromerzeugung unter das erforderliche Maß, läßt der Magnet den angezogenen Anker wieder los, wodurch die Kontaktstelle geöffnet wird. Eine Regelung des von der Dynamomaschine erzeugten Stromes bei eingeschalteter Verbindung erfolgt nicht. Man nennt bei einer derartigen Schaltung den Akkumulator „Pufferbatterie", da der bei sehr hoher Drehzahl auftretende Stromstoß pufferartig von der Akkumulatorenbatterie aufgenommen wird, ohne daß den gleichzeitig eingeschalteten Birnen ein Schaden zugefügt werden könnte. Die Notwendigkeit einer solchen Pufferbatterie bei mangelndem Spannungsregler dürfte dem Leser klar sein. Wäre bei der beschriebenen Anlage der Akkumulator ausgeschaltet und bei laufendem Motor das Licht eingeschaltet, so würden bei größerer Tourenzahl sämtliche eingeschaltete Glühbirnen durchbrennen. Dies ist darauf zurückzuführen, daß bei hoher Drehzahl die Dynamomaschine meist mehr Strom abgibt, als durch die Beleuchtung verbraucht wird, so daß also z. B. bei schneller Fahrt und trotz eingeschalteten Lichtes noch ein Aufladen des Akkumulators erfolgt. Wenn nun in einem solchen Falle durch einen mangelhaften Kontakt oder aus sonst irgendeinem Grunde der Akkumulator nicht eingeschaltet ist, fließt der gesamte von der Dynamomaschine erzeugte Strom in die Glühlampen, übersteigt um ein beträchtliches die für die Beleuchtung erforderliche Strommenge und bewirkt dadurch das „Durchbrennen" der Glühlampen. Aus den vorerwähnten Umständen ist zu ersehen, daß das Durchbrennen der Glühlampen um so früher erfolgt, um so weniger Glühlampen eingeschaltet sind. Wenn demnach bei einer Anlage ohne Spannungsregler schon einmal bei dem Akkumulator oder der Leitung zu diesem ein Defekt eintreten sollte und trotzdem noch gefahren werden muß, so kann man nur dadurch die Beleuchtung noch einigermaßen intakt halten, daß sämtliche vorhandenen Glühbirnen eingeschaltet werden und bei höherer Tourenzahl, z. B. beim Befahren einer Steigung mit dem ersten Gang, wenn man sieht, daß das Licht des Scheinwerfers übermäßig grell wird, noch das elektrische Horn betätigt wird, um durch diesen Stromverbrauch die zu hohe Spannung herabzudrücken. Diese Ausführungen werden dem Leser den Ausdruck „Pufferbatterie" verständlich machen. Der Akkumulator dient demnach bei Vorhandensein eines gewöhnlichen Ein- und Ausschalters nicht nur als Stromspeicher für den Stillstand, sondern vielmehr dazu, die Spannung des

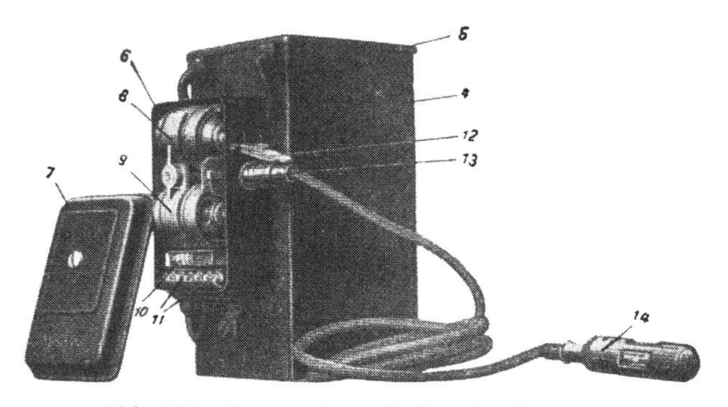

Abb. 311. Batterie mit Reglerkasten.

In dem angebauten Reglerkasten (6) befindet sich der Rückstromausschalter (8) sowie der Spannungsregler (9). Ferner ist oberhalb der Anschlußklemmen (11) eine Sicherung (10) und ein Steckkontakt (13) für die Handlampe (14) vorgesehen. 4 Batteriekasten, 5 Deckel zur Batterie, 7 Deckel zum Reglergehäuse.

für die Beleuchtung erforderlichen Stromes stets auf gleicher Höhe zu halten.

Zur Unterbringung des Reglers steht dem Konstrukteur eine Reihe von Möglichkeiten zur Verfügung. Man findet den automatischen Schalter sowohl in der Dynamomaschine untergebracht als auch mit dem Schalter kombiniert oder am Batteriekasten befestigt. Letztere Ausführung zeigt die Abbildung 311.

Von den automatischen Rückstromausschaltern unterscheidet sich grundsätzlich der Spannungsregler. Die Regelung der Spannung ist sehr kompliziert. Eine genaue Beschreibung würde den Rahmen dieses Werkes überschreiten. Es sei jedoch darauf hingewiesen, daß die Regelung sowohl auf elektrischem Wege als auch mit mechanischen Mitteln (Zentrifugalregulator) erreicht werden kann. Bei einer Dynamomaschine mit Spannungsregler bleibt die Spannung des Stromes stets gleich, ohne Rücksicht auf die Zahl der eingeschalteten Lampen und ohne Rücksicht auf die Drehzahl des Motors und zwar von einer gewissen Tourenzahl aufwärts. Die Akkumulatorenbatterie stellt demnach keine Pufferbatterie, sondern lediglich einen Speicher dar, um für den Fall des Stillstandes des Motors oder bei zu geringer Drehzahl des Motors genügend Strom für den Betrieb der Beleuchtung und Signalapparate abzugeben. Wenn man bei einer derartigen Anlage die Akkumulatorenbatterie entfernt, so hat man trotzdem kein Durchbrennen der elektrischen Lampen zu befürchten und bei allen in Betracht kommenden Tourenzahlen eine gleichstarke Spannung und dadurch ein stets gleichbleibendes Licht.

Als Motorradbeleuchtung mit Spannungsregler erfreut sich die Bosch-Motorradanlage zu 15 und zu 30 Watt allgemeiner Beliebtheit.

Als großer Vorteil einer derartigen Anlage kommt für den Solofahrer die Unabhängigkeit von dem Akkumulator in Frage. Besonders bei Solomaschinen, bei welchen der Akkumulator den unglaublichsten Beanspruchungen ausgesetzt ist, treten sehr häufig Störungen in der elektrischen Beleuchtung auf. Besitzt man nun eine Lichtanlage mit Spannungsregler, so ist ein Defekt am Akkumulator keineswegs von großem Nachteil, da man trotzdem, wie eingehend ausgeführt wurde, ein ziemlich gleichbleibendes Licht besitzt. Solofahrer, die von der Anschaffung eines Akkumulators aus irgendeinem Grunde Abstand nehmen wollen oder häufig auf derart schlechten Straßen fahren, daß sie der Meinung sind, daß der Akkumulator dieser Beanspruchung auf die Dauer nicht standhalten wird, können ohne weiteres von vornherein für den Betrieb ihrer Beleuchtung lediglich eine Lichtmaschine mit Spannungsregler vorsehen und werden mit einer solchen, verhältnismäßig einfachen Anlage auch sicherlich zufrieden sein. Der einzige praktische Mangel beim Fehlen des Akkumulators liegt wohl darin, daß ein Standlicht nicht vorhanden ist, somit Reparaturen bei Nachtfahrten allenfalls im Dunkeln ausgeführt werden müssen, sowie, daß in jenen Fällen, in welchen es bei eingeschaltetem 3. Gang notwendig ist, die Geschwindigkeit zu vermindern, ein Schalten auf den kleineren Gang notwendig wird.

Abb. 312. Bosch-Lichtmagnetzünder.

30-Watt-Anlage: Spannungsregler und Rückstromausschalter sind an der Lichtmaschine in dem oben rechts sichtbaren schwarzen Gehäuse untergebracht.

Abb. 313. Bosch-Lichtmagnetzünder, Kollektorschutzkapsel geöffnet.

1 Stahlmagnet, 2 Polgehäuse, 3 Getriebedeckel, 4 Kollektorschutzkapsel, 5 Kabeleinführung, 6 Kabelanschlußschraube, 7 Kollektorlager, 8 selbsttätiger Schalter (Rückstromausschalter), 9 Spannungsregler, 10 Nockenring, 12 Verstellhebel, 13 Spannschraube, 14 Unterbrecherverschlußdeckel, 15 Feder zum Halten des Unterbrecherverschlußdeckels, 16 Stromabnehmer, 17 Befestigungsschraube für den Stromabnehmer.

Der Bosch-Lichtmagnetzünder der 30-Watt-Anlage ist in den Abbildungen 312 und 313 dargestellt. Bei dieser Anlage ist der Regler und Rückstromausschalter an der Dynamomaschine untergebracht, während sich diese beiden hervorragend konstruierten Einrichtungen bei der ebenfalls sehr beliebten 15-Watt-Anlage am Batteriekasten befinden, wie dies die Abbildungen 314 und 315 deutlich erkennen lassen. Die Antriebsvorrichtung von der Magnetachse zur Dynamomaschine zeigt die Abbildung 316. Die Verbindung von Dynamomaschine und Regler-

Abb. 314. Schaltkasten an der Batterie, geöffnet.
Bei der Bosch-15-Watt-Anlage ist der Spannungsregler, Rückstromausschalter und Handschalter nicht an der Dynamo und am Scheinwerfer, sondern am Batteriegehäuse angebracht.

vorrichtung am Batteriekasten erfolgt durch unverwechselbare Stecker, welche durch Überwurfmutter festgehalten werden; Abbildung 317. Die Montage einer solchen Anlage ist aus Abbildung 318 zu ersehen.

Nach diesen allgemeinen Ausführungen über die elektrische Beleuchtungsanlage sei noch auf einige Einzelheiten hingewiesen.

In erster Linie ist dies die Anbringung von Meßinstrumenten zur ständigen Überprüfung der regelmäßigen Tätigkeit und des ordnungsgemäßen Zustandes der einzelnen Teile der Beleuch-

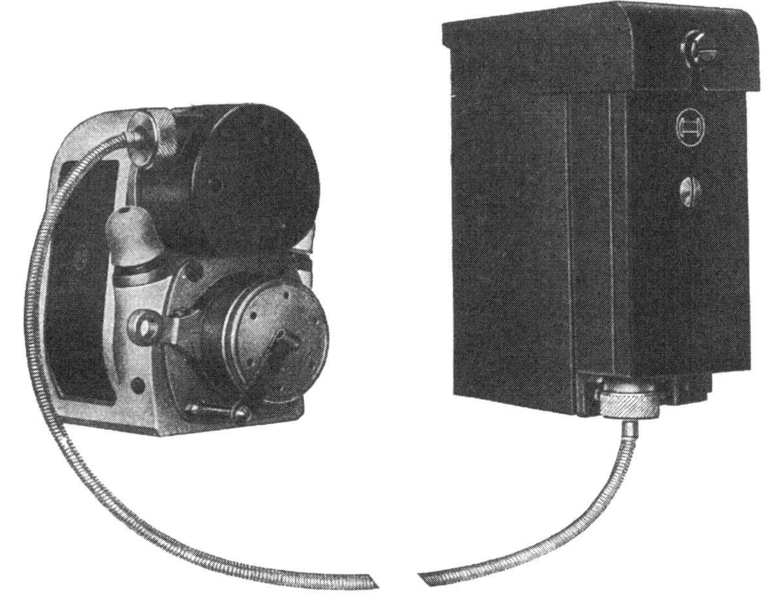

Abb. 315. Lichtmagnetzünder mit Batterie, Schaltkasten und Verbindungskabel.
(Bosch-15-Watt-Anlage.)

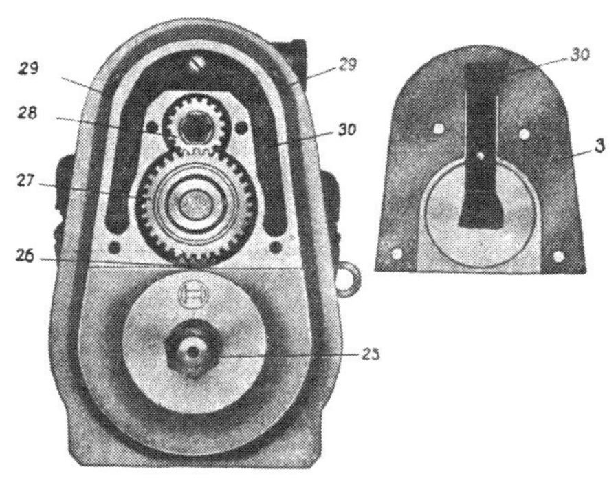

Abb. 316. Das Zahnradgetriebe des Lichtmagnetzünders.
Antrieb von der Magnetachse zur Dynamoachse. 3 Getriebedeckel (Innenseite), 25 Ankerachse des Zündapparates, 26 Zahnrad, auf der Ankerachse festsitzend, 27 Zwischenzahnrad, kugelgelagert, 28 Zahnrad der Dynamomaschine, 29 Öleinfüllöffnungen, 30 Schmierdocht zur Schmierung des Kugellagers des Zwischenzahnrades 27.

tungsanlage. Bei der Messung des Stromes kommt es weniger auf die Überprüfung der Spannung (Volt) an, als vielmehr auf die Feststellung der Lade- und Entladestromstärke (Ampere).

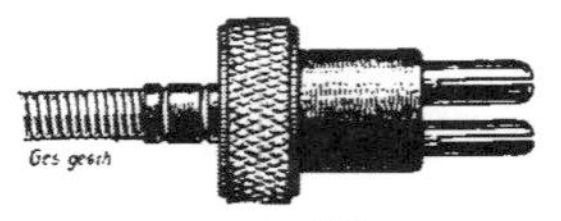

Abb. 317. Zweipoliger unverwechselbarer Stecker.

Bei der Bosch-15-Watt-Anlage erfolgt die Verbindung zwischen Dynamo und Schaltgehäuse an der Batterie durch eine Panzerkabelleitung, an deren beiden Enden sich je ein unverwechselbarer Stecker befindet (die beiden Kontaktstifte sind verschieden stark). Die Steckkontakte werden durch eine Überwurfmutter gesichert.

Tatsächlich findet man bei einer Reihe von Beleuchtungsanlagen, merkwürdigerweise hauptsächlich bei ausländischen Anlagen, zweckmäßig in das Stromsystem eingeschaltete Amperemeter. Ein solches Amperemeter kann entweder, wie dies Abbildung 319 zeigt, in die Batterieleitung eingeschaltet werden, oder nach Abbildung 320 in die Dynamoleitung oder schließlich auch in jene Leitung, welche zu den einzelnen Verbrauchsstellen führt.

Im ersteren Falle, also bei der Verbindung des Apparates mit dem Batteriestromkreis, wird ein Amperemeter zu verwenden sein, das sowohl den Verbrauchsstrom als auch den Ladestrom, welche in entgegengesetzter Richtung fließen, mißt. Es hat demnach ein Apparat Verwendung zu finden, dessen Skala, Abbildung 321, in der Mitte die Nullstellung auf-

Abb. 318. 15-Watt-Anlage, montiert.

weist und dessen Zeigerausschlag nach der einen Seite das Laden, nach der anderen Seite das Entladen anzeigt.

Im zweiten Fall wird uns das Amperemeter lediglich die Messung des von der Dynamomaschine erzeugten Stromes ermöglichen. Messungen bei Stillstand des Motors oder bei kleiner Tourenzahl werden daher die Nullstellung des Zeigers ergeben.

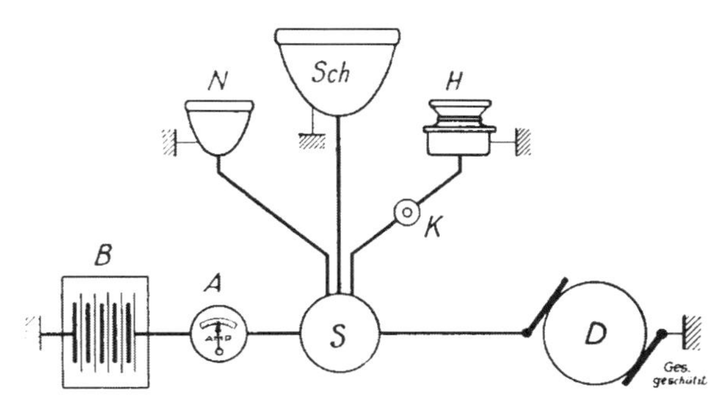

Abb. 319. Amperemeter in der Batterieleitung.
B Batterie, S Schalter, D Dynamomaschine, N Nummernbeleuchtung, Sch Scheinwerfer, H Horn, K Kontaktknopf zum Horn. Das Amperemeter zeigt den Lade- und Entladestrom der Batterie an.

Im dritten Falle wird der Stromverbrauch, gleichgültig, ob bei im Betrieb befindlichem Motor oder nicht, also ohne Rücksicht auf Ladung oder Entladung gemessen werden.

Wenn man von der Verwendung mehrerer Amperemeter absieht — und besonders bei einem Motorrad kann des beschränk-

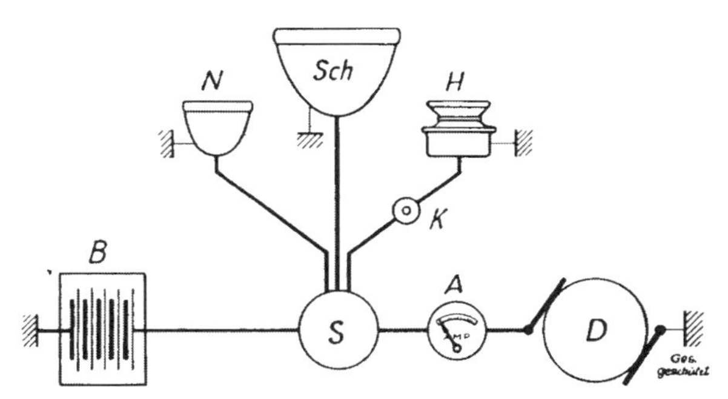

Abb. 320. Amperemeter in der Dynamoleitung.
Bezeichnungen wie in Abb. 319. Das Amperemeter zeigt die Stromabgabe der Dynamomaschine an ohne Rücksicht darauf, ob dieser Strom als Ladestrom in die Batterie B fließt oder infolge der Stellung des Schalters S bei N, Sch oder H verbraucht wird.

ten Raumes wegen und zur Vermeidung überflüssiger Kosten wohl nur e i n Amperemeter in Frage kommen —, wird die Schaltung nach der ersten Art auszuführen und das Amperemeter demnach in den Batteriestromkreis nach A b b i l d u n g 319 zu schalten sein. Diese Schaltung ermöglicht nicht nur eine ständige Kontrolle der Stromabgabe der Dynamomaschine, sondern auch eine Überprüfung des Stromverbrauches.

Bei stillstehendem Motor und ausgeschalteter Beleuchtung wird der Amperemeterzeiger auf Null stehen. Es läßt sich der Stromverbrauch sämtlicher Teile der Beleuchtung, der elektrischen Signale usw. überprüfen, da das Amperemeter direkt den Stromverbrauch der jeweils eingeschalteten Verbrauchsstellen in Ampere als Entladung der Batterie anzeigt.

Diese Messung ist z. B. dann von großem Vorteil, wenn der Stromverbrauch des elektrischen Signalinstrumentes festgestellt werden soll. Derselbe hängt in erster Linie von der Einstellung dieses Instrumentes ab und ist so zu wählen, daß er bei einer gewöhnlichen Motorradbatterie 3—4 Ampere nicht übersteigt.

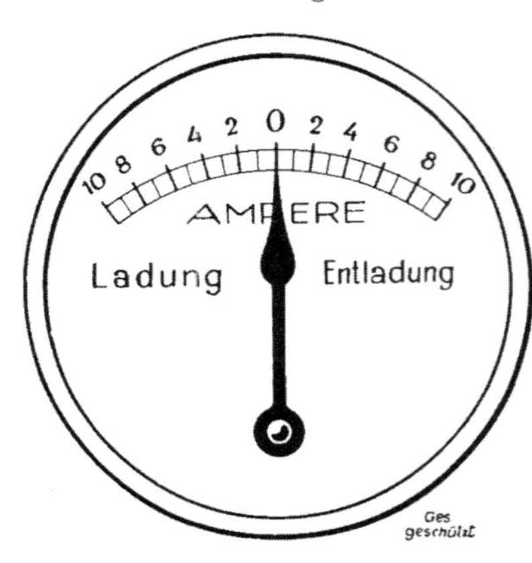

Abb. 321. Amperemeter. Der Zeiger steht in der Mittelstellung auf Null und zeigt durch einen Ausschlag nach links den Ladestrom, bei einem Ausschlag nach rechts den Entladestrom an.

Des weiteren wird das Amperemeter jeden irgendwo auftretenden Kurzschluß sofort anzeigen. Tritt z. B., wie dies ja keineswegs selten vorkommt, beim Decklicht oder beim Beiwagenlicht durch Abklemmen der Leitung ein Kurzschluß ein, so wird, sobald die elektrische Beleuchtung eingeschaltet wird, der Zeiger des Amperemeters ans Ende der Skala bis zum vorgesehenen Anschlagstift ausschlagen. Ist hingegen die Beleuchtungsanlage nicht mit einem Amperemeter ausgestattet, so wird man häufig die Beleuchtung eingeschaltet lassen und sich daran machen, den „Kontaktfehler" irgendwo zu suchen. Das Amperemeter wird jedoch durch die vorerwähnte Zeigerbewegung den Fahrer veranlassen, sofort die Beleuchtung wieder auszuschalten. Aber auch die Feststellung der Fehlerquelle, des Kurzschlusses, wird durch das Vorhandensein eines Amperemeters wesentlich erleichtert. Nachdem die Beleuchtung wieder ausgeschaltet ist, wird man daran gehen, aus dem Verteilerkästchen oder beim Schalter eine Leitung nach der anderen durch Losmachen der dazugehörigen Klemmschraube zu entfernen, also zuerst die Leitung zum Beiwagen, dann die Leitung zum Decklicht, zum Hauptlicht, zum Stadtlicht usw. Nach jedesmaligem Ausschalten einer Leitung wird wieder versucht, die Beleuchtung einzuschalten. Sobald der Zeiger des Amperemeters wieder den normalen Ausschlag ergibt, ist festgestellt, daß die zuletzt gelöste Leitung die Fehlerquelle in sich schließt. Das weitere Aufsuchen des Fehlers selbst kann in analoger Weise, wie dies eben beschrieben, durchgeführt werden.

Am wertvollsten ist jedoch das Vorhandensein des Amperemeters zur ständigen Überprüfung der Ladetätigkeit der Dynamo. Wir kehren zurück zum Ausgangspunkt der Betrachtungen: der Motor steht still, sämtliche Stromverbrauchsquellen sind ausgeschaltet. Man startet den Motor an. Sobald nun eine entsprechende Tourenzahl erreicht ist, gibt die Dynamomaschine Strom in der vorgesehenen Mindestspannung ab, und der automatische Ein- und Ausschalter stellt die Verbindung zwischen Dynamomaschine und Batterie her. In diesem Augenblick wird der Amperemeterzeiger einen entsprechenden Ausschlag ergeben, und zwar nach jener Seite, welche mit „Laden“ bezeichnet ist. Die Stromstärke des jeweiligen Ladens kann in Ampere abgelesen werden. Sinkt nun die Tourenzahl des Motors unter das vorgesehene Maß herunter, so wird der Regler bzw. Ausschalter den Stromkreis unterbrechen, und der Zeiger kehrt in seine Nullstellung zurück. Bei schlecht funktionierenden Reglern kann man am Amperemeter ohne weiteres das Zurückfließen des Stromes von der Akkumulatorenbatterie in die Dynamo durch entgegengesetzten Ausschlag des Zeigers feststellen. In einem solchen Falle muß die Einstellung des Reglers nachreguliert werden, falls der Rückfluß nicht nur einen ganz kurzen Augenblick währt.

Am interessantesten ist die Kontrolle des guten Funktionierens der Beleuchtung bei laufendem Motor und gleichzeitiger Stromentnahme, z. B. für den Hauptscheinwerfer. Wenn man annimmt, daß die Beleuchtungsanlage, Hauptlicht und Decklicht, 5 A verbrauchen, so wird bei stillstehendem Motor der Zeiger auf 5 A „Entladung“ stehen. Sobald nun der Motor in Betrieb gesetzt wird, gibt die Dynamomaschine in das Leitungsnetz Strom ab, so daß sich die Entnahme aus der Batterie dementsprechend verringert. Sobald die Stromerzeugung eine Stromstärke von 5 A ergibt, wird der Amperemeterzeiger die Nullstellung erreichen und dadurch anzeigen, daß der von der Dynamomaschine erzeugte Strom gerade dazu ausreicht, den Stromverbrauch zu decken. Bei Steigerung der Tourenzahl wird in der Dynamomaschine auch mehr Strom erzeugt und dadurch mehr Strom in die Leitung abgegeben als verbraucht wird. Bei einer Stromerzeugung von 7A und dem angenommenen Stromverbrauch von 5A wird daher das Amperemeter 2A „Ladung“ anzeigen. Sinkt bei einer Verringerung der Tourenzahl die Stromerzeugung auf z. B. 4A, so wird, bei gleichbleibendem Stromverbrauch von 5A, 1A Entladung angezeigt.

Diese Ausführungen zeigen zur Genüge, wie außerordentlich wichtig es ist, daß die Beleuchtungsanlage mit einem Amperemeter ausgerüstet ist. Ja man kann ruhig behaupten, daß für den wirklichen Tourenfahrer, der über die entsprechenden Fachkenntnisse verfügt, eine Beleuchtungsanlage ohne Amperemeter eine halbe Beleuchtungsanlage ist. Wenn trotzdem die meisten deutschen Fabriken, insbesondere die führenden, von der Verwendung eines Amperemeters Abstand nehmen, so kann der Verfasser dies nur darauf zurückführen, daß die heutigen wirtschaftlichen Verhältnisse es den Erzeugerfirmen zur Pflicht machen, ihre Artikel zu möglichst niedrigen Preisen auf den Markt zu bringen. Schließlich läßt sich auch in jeder vorhandenen Beleuchtungsanlage nachträglich noch ein Amperemeter anbringen. Am besten eignet sich wohl zur Anbringung an Motorrädern das in den Vereinigten Staaten hergestellte „Weston-Instrument“. Ein solches wird am leichtesten bei dem Vertreter einer amerikanischen Motorradmarke (z. B. Harley Davidson) zu erhalten sein.

Bemerkenswert ist es übrigens auch, daß einzelne Fabriken das Amperemeter mit dem Scheinwerfer kombinieren und an der Rückseite des letzteren anbringen; Abbildung 322.

Schließlich sei noch ganz kurz auf die Verwendung von Sicherungen bei elektrischen Beleuchtungsanlagen hingewiesen. Manche Fabriken statten ihre elektrischen Motorradbeleuchtungsanlagen mit kleinen Sicherungen für die einzelnen Leitungen aus. Diese Ausrüstung ist überaus zweckmäßig, da bei gelegentlich auftretenden Kurzschlüssen nicht nur der Akkumulator oder die Dynamo keinen Schaden leiden kann, sondern auch ein Erlöschen sämtlicher Lichter vermieden wird. Die Sicherung selbst besteht aus einer kleinen Sicherungspatrone, einem Röllchen, für das ohne weiteres in der Werkzeugtasche Ersatz mitgeführt werden kann und welches sich ohne Fachkenntnisse mit einem einzigen Handgriff austauschen läßt.

Weiter erübrigt es sich noch, auch die einzelnen Beleuchtungskörper, den Scheinwerfer, die Beiwagen- und Decklampe, den Sucher usw. zu besprechen.

In erster Linie ist es der sogenannte Hauptscheinwerfer, der für den Kraftradfahrer in Betracht kommt. Demselben fällt auch beim Beiwagengefährt die Aufgabe zu, die Fahrbahn derart zu beleuchten, daß selbst bei vollständiger Dunkelheit und höheren Fahrgeschwindigkeiten die beleuchtete Strecke die Bremsstrecke um ein Vielfaches übersteigt. Um eine derartige Lichtausbeute zu erreichen, muß ein optisch auf das genaueste gearbeiteter Parabolspiegel verwendet werden. Dieser Spiegel, Reflektor genannt, wird entweder aus versilbertem und hochglanzpoliertem Messingblech hergestellt oder aus Glas mit entsprechendem Spiegelbelag. Bei Reflektoren aus versilbertem Blech ist darauf zu achten, daß jede Berührung mit der stets unreinen Hand vermieden werde, da sonst trübe Stellen auftreten und der Scheinwerfer „blind“ wird. Ebenso ist das gewöhnliche Auswischen derartiger silberner Reflektoren sehr schädlich und geht nie ohne Zurücklassen von Kratzern ab. Sollte tatsächlich einmal ein Putzen des Reflektors notwendig sein, so erfolgt dies am besten mittels eines mit reinem Alkohol getränkten Wattebausches. Im übrigen empfiehlt es sich, zur Entfernung von

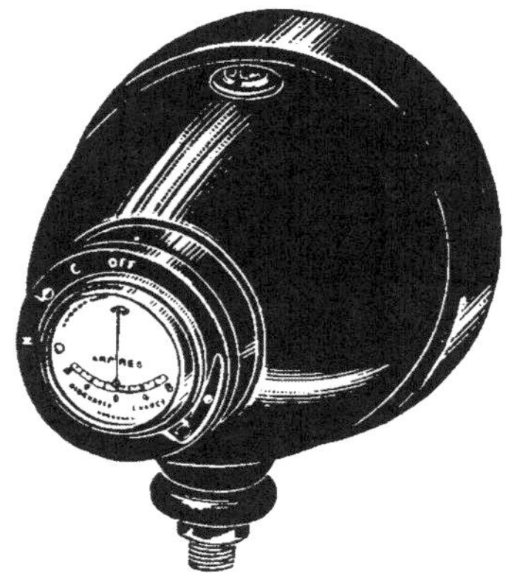

Abb. 322. Anbringung des Amperemeters auf der Rückseite des Scheinwerfers.

Englische Lucas-Anlage. Die Schaltung der Anlage erfolgt durch einen um das Amperemeter angeordneten Ringschalter.

größeren Flecken den Reflektor in einer Spezialwerkstätte aufpolieren zu lassen, wenngleich in den seltensten Fällen jene Reflexionskraft wiedererlangt wird, die ein fabrikneuer Scheinwerfer besitzt.

Bewährte Marken verwenden daher im Hinblick auf die außerordentliche Empfindlichkeit des Silberreflektors eine Bauart, die das Antasten und Beschmutzen des Reflektors, z. B. beim Birnenwechseln, völlig ausschließt. In dieser Hinsicht sei auf die bewährte Konstruktion des in Abbildung 323 und 333 dargestellten Bosch-Scheinwerfers verwiesen, bei welchem aus dem erwähnten Grunde der Reflektor an dem das Scheinwerferglas umschließenden Ring staub- und wasserdicht befestigt ist und beim Öffnen des Scheinwerfers mit dem Glas aus dem Scheinwerfergehäuse ausgeschwenkt wird. Das Auswechseln der Birne erfolgt von rückwärts. Auch beim neuen „Bosch" wurde an diesem Grundsatz festgehalten.

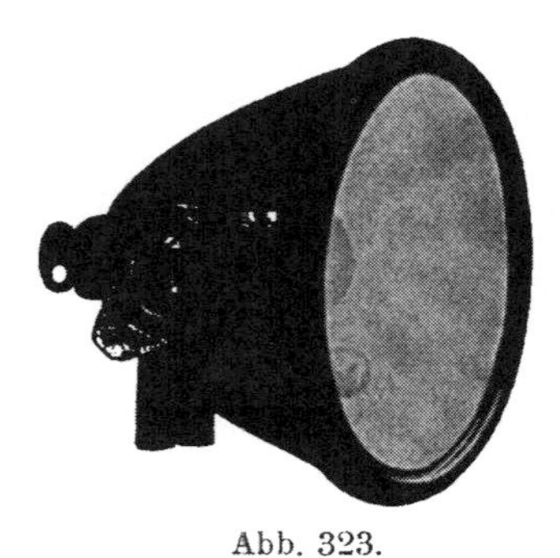

Abb. 323.
Der bekannte Bosch-Scheinwerfer mit Schalter an der Rückseite.

Die andere erwähnte Ausführungsform als Spiegelglasreflektor wird von der bekannten Firma Carl Zeiß, Jena, verwendet. Da der Spiegelbelag sich bei diesen Scheinwerfern auf der Rückseite des Glases befindet, kann der Reflektor ohne weiteres angetastet und mit gewöhnlichen weichen Tüchern auch jederzeit geputzt werden. Bei dieser Ausführung ist der Glasreflektor nicht an dem Scheinwerferdeckel befestigt, sondern, um den Spiegelbelag vor Beschädigungen zu schützen, an dem Scheinwerfergehäuse. Zum Auswechseln der Glühlampe wird lediglich der Deckelring mit dem Scheinwerferglas geöffnet.

Trotz der Notwendigkeit eines möglichst weitreichenden Lichtes benötigt der Kraftfahrer auch eine genügend breite Streuung, um insbesondere in den Kurven die Fahrbahn in der notwendigen Weise beleuchtet zu haben. Daß in dieser Richtung an den Motorradscheinwerfer viel geringere Ansprüche gestellt werden als an den Autoscheinwerfer, geht daraus hervor, daß der Kraftradscheinwerfer an den Organen der Lenkung befestigt ist, somit beim Befahren einer Kurve gleichzeitig mit der Lenkung geschwenkt wird, während beim Kraftwagen der Scheinwerfer am Chassis selbst angebracht ist und die Schwenkung der Vorderräder nicht mitmacht. Der außerordentliche Unterschied, der in dieser Hinsicht zwischen der Auto- und Motorradbeleuchtung besteht, ist jedem Motorradfahrer, der auch gelegentlich Automobil fährt, bekannt und geht aus der Gegenüberstellung unserer Abbildung 324 deutlich hervor.

Abb. 324. Die Beleuchtungsverhältnisse in der Kurve.

Während die am Rahmen des Kraftwagens angebrachten Scheinwerfer in der Richtung der Sehne aus der Kurve hinausleuchten, wirft der mit der Steuerung des Vorderrades geschwenkte Scheinwerfer des Kraftrades immerhin noch in der Richtung der Tangente sein Licht wenigstens teilweise auf die Straße.

Aus dieser Abbildung ist zu ersehen, daß immerhin auch beim Motorrad eine seitliche Streuung unbedingt notwendig ist, da der Lichtkegel zwar nicht wie beim Auto in der Richtung der Sehne über den Kreisbogen herausscheint, wohl aber in der Richtung einer Tangente. Die seitliche Streuung wird bei den meisten Scheinwerfern durch die Mattierung der Glühlampe erreicht. Zeiß hingegen und seit 1927 auch Bosch erzeugen die seitliche Streuung durch zweckmäßig und sinnreich angebrachte Rillen auf dem Abschlußglas des Scheinwerfers. Da diese Rillengläser bereits für eine genügende seitliche Streuung sorgen, finden bei den Zeißscheinwerfern sogenannte ringversilberte Lampen Verwendung, bei welchen das sonst von der Glühlampe direkt nach vorne ausgestrahlte Licht nach hinten gegen den Parabolspiegel reflektiert wird und so die Leuchtkraft des Licht-

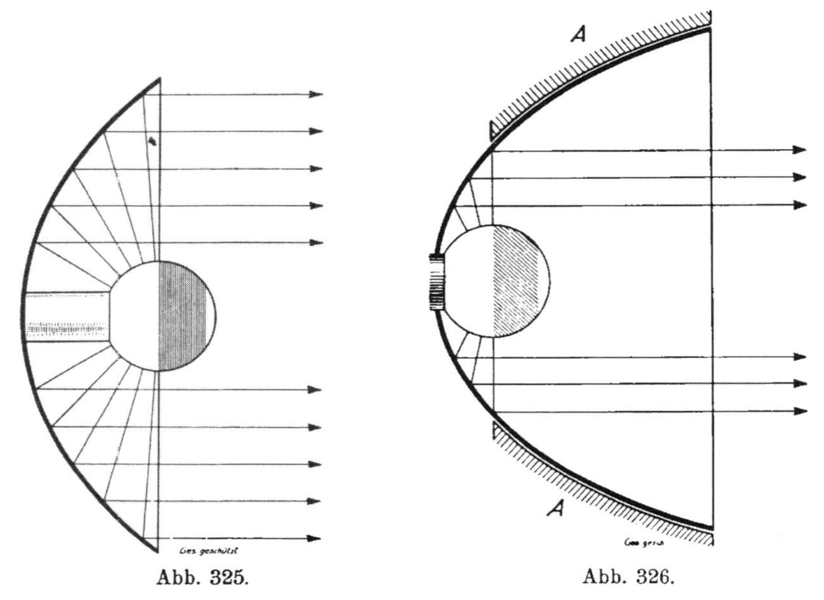

Abb. 325. Abb. 326.

Abb. 325. Zeiß-Scheinwerfer mit ringversilberter Glühbirne

Der Kristallglasspiegel des Zeiß-Scheinwerfers ist außerordentlich flach gehalten.

Abb. 326. Die ringversilberte Lampe im tiefen Parabolspiegel ist unzweckmäßig.

Würde man ringversilberte Lampen in den gebräuchlichen tiefen Scheinwerferspiegeln verwenden, so würde ein Großteil des Spiegels nicht bestrahlt und daher unwirksam sein. Ringversilberte Lampen sind ausschließlich nur in Scheinwerfern mit flachen Spiegeln (Zeiß, Currus; s. Abbildung 325) zu verwenden. Diese erfordern die Verwendung von ringversilberten Lampen und ergeben mit solchen eine um etwa 30 v. H. erhöhte Leuchtstärke gegenüber der Verwendung von gewöhnlichen Lampen.

kegels nicht unwesentlich erhöht. Diese Ringversilberung der Glühlampen hat demnach optisch die gleiche Aufgabe wie der Hilfsreflektor bei der Azetylenbeleuchtung. Man darf jedoch nicht die Meinung hegen, daß man zweckmäßigerweise in jedem Scheinwerfer einfach eine ringversilberte Glühlampe verwenden könne. Der Spiegel der Zeißscheinwerfer ist ausnehmend flach, die vordere Abschlußebene des Spiegels geht durch den Leuchtfaden. Würde eine gewöhnliche Lampe im Zeißscheinwerfer verwendet werden, würde demnach, wie die Abbildung 325 zeigt, nur etwa 50 % des vom Glühfaden ausgestrahlten Lichtes den Spiegel treffen. Durch die Ringversilberung werden ungefähr weitere 30 % der Lichtstrahlen auf den Spiegel geworfen. Die übrigen Scheinwerfer mit tiefem Parabolspiegel (z. B. Bosch) umfassen förmlich die Glühlampe. Würde bei solchen Scheinwerfern aus Unkenntnis eine ringversilberte Lampe verwendet werden, würde nach Abbildung 326 ein Teil des Reflektors unwirksam werden, so daß die Leuchtkraft des Scheinwerfers um 25—30 % leidet.

Abb. 327. Glühlampenfassung mit mehreren Rasten.
Die Lampe kann verstellt werden, so daß die Wahl verschiedener Lichtkegel ermöglicht ist.

Neben diesem „Hauptlicht“ weisen fast sämtliche Motorradscheinwerfer ein sogenanntes Standlicht, das auch häufig, aber fälschlich, als Stadtlicht bezeichnet wird, auf. Da verschiedene Polizeidirektionen vorschreiben, daß während der Dauer der Dunkelheit auch die stillstehenden Fahrzeuge beleuchtet sein müssen und der bei Stillstand des Motors den Beleuchtungskörpern zugeführte Strom als Entladestrom dem Akkumulator entnommen werden muß, ist es selbstverständlich, daß man neben der viel Strom verbrauchenden Hauptlampe auch eine Lampe, welche möglichst wenig Strom verbraucht und doch den polizeilichen Vorschriften Genüge leistet, vorsieht.

Sehr zweckmäßig ist für den Fall, daß mit Glühbirnen zu rechnen ist, deren Leuchtdraht sich nicht genau im Zentrum befindet, zur Einstellung des Lichtes die in Abbildung 327 dargestellte Ausführung, bei welcher in der Fassung mehrere Rasten für die Stifte des Glühlampensockels vorhanden sind. Unsere deutschen Fabriken fabrizieren jedoch mit solcher Präzision, daß bei den hiesigen Erzeugnissen die dargestellte Einrichtung nicht zu finden ist.

Verschiedene Fabriken verwenden statt einer zweiten Glühlampe im Hauptscheinwerfer eine Glühlampe mit zwei getrennten Glühfäden, einen mit hohem Stromverbrauch für das „Landlicht", einen als sogenanntes Stadtlicht. Am bekanntesten in dieser Hinsicht ist die englische Lucas-Lichtanlage.

Übrigens kommt auch für den Kraftradfahrer jene Ausführung der Zweifadenlampen in Frage, bei welcher beide Glühfäden ungefähr den gleichen Stromverbrauch aufweisen. Der eine Faden liegt im Brennpunkt, der andere außerhalb desselben und ist derart mit einem winzig kleinen Reflektor in der

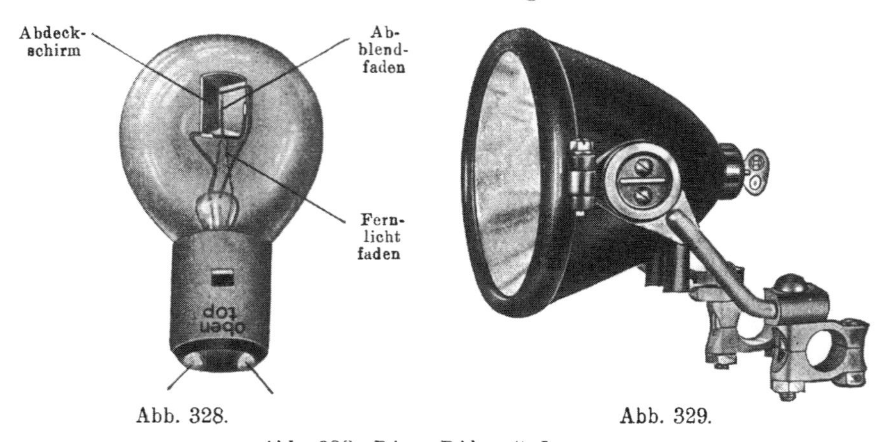

Abb. 328. Abb. 329.

Abb. 328. Die „Bilux"-Lampe.

Neben dem im Brennpunkte befindlichen Fernlichtfaden ist ein exzentrisch angebrachter Abblendfaden vorgesehen, der an Leuchtkraft dem Fernlichtfaden nicht viel nachsteht. Durch einen Abdeckschirm wird jedoch nur der obere Teil des Scheinwerferreflektors bestrahlt, der das Licht auf das kurz vor dem Fahrzeug befindliche Straßenstück wirft. Der Abdeckschirm ist gegen vorne geschlossen. Der Lampensockel ist durch Aufdruck gekennzeichnet, um ein verkehrtes Einsetzen der Lampe zu verhindern.

Abb. 329. Scheinwerfer, durch zwei seitliche Stützen befestigt.

Die sicherste Befestigung des Scheinwerfers ist jene mit zwei seitlichen Stützen. Die Befestigungslinie geht durch den Schwerpunkt, so daß auch bei schlechter Straße ein Verschlagen des Scheinwerfers unmöglich ist. Die dargestellte Befestigung ist nicht starr, sondern ermöglicht ein Neigen des Scheinwerfers zur Abblendung.

Glühlampe selbst versehen, daß eine Streuung des gesamten Lichtes breit nach unten erfolgt. Je nachdem, welcher Leuchtfaden eingeschaltet ist, hat man sodann „Fernlicht" oder „Nahlicht". Letzteres wird beim Begegnen mit anderen Fahrzeugen, bei Nebel und in Ortschaften verwendet. Die Abbildung 328 stellt eine Osram „Bilux"-Lampe dar. Eine eigene Standlampe zur vorschriftsmäßigen Beleuchtung bei Stillstand muß gesondert vorhanden sein, da das Nahlicht ungefähr gleich viel Strom verbraucht wie das Fernlicht, demnach eine zu große Belastung für die Batterie darstellt, wenn die Dynamomaschine infolge Stillstand des Motors nicht ladet.

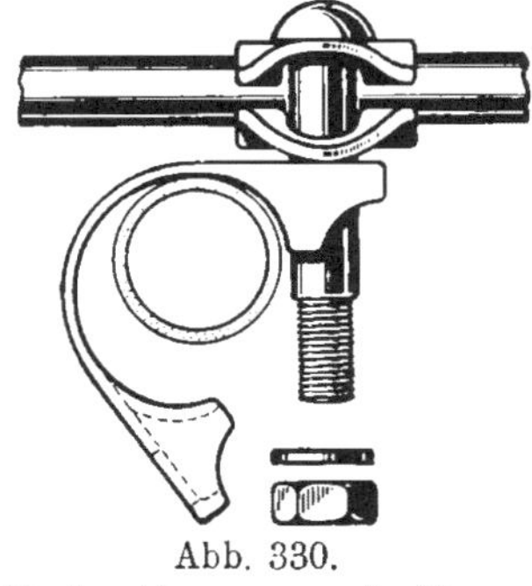

Abb. 330. Befestigungsschellen für die Scheinwerferstützen.

Die Befestigung des Scheinwerfers erfolgt am besten durch zwei seitliche Stützen, wie solche in Abbildung 329 dargestellt sind. Diese Stützen werden mit entsprechenden Schellen (Abbildung 330) an der Lenkstange angeklemmt.

Unzweckmäßig ist eine starre Befestigung des Scheinwerfers an den Stützen, da der Fahrer die Möglichkeit haben soll, während der Fahrt durch einen einfachen Handgriff die Einstellung des Lichtkegels zu verändern. Dies spielt

Abb. 331. Der Zeiß-Scheinwerfer.

Schaltung durch Ringschalter an der Rückseite des Scheinwerfers. Durch den ebenfalls sichtbaren Griff läßt sich die Glühlampe verschieben, einerseits zur Einstellung des Lichtkegels, seiner Reichweite und seines Winkels, andererseits zur Abblendung. Außerdem läßt sich der Scheinwerfer infolge der Verwendung von Bosch-Stützen neigen. Abschlußglas mit Rillen für die seitliche Streuung.

besonders beim „Abblenden“ eine große Rolle, wenn uicht neuzeitliche Biluxlampen Verwendung finden. An Stelle des Umschaltens auf das Stadtlicht stellt man den Hauptscheinwerfer

Abb. 332. Zeiß-Kraftwagenscheinwerfer auf einem schweren Kraftrad.

Bei schweren Krafträdern läßt sich der Zeiß-Kraftwagenscheinwerfer, der mit gelbem Nebellicht und Abblendung versehen ist, ohne weiteres anbringen.

etwas schräg abwärts, so daß die Strecke kurz vor dem Fahrzeug intensiv hell beleuchtet, der entgegenkommende Fahrer aber doch nicht geblendet ist.

Dieser Frage des Abblendens ist das größte Augenmerk zuzuwenden. Zeiß sieht die Abblendung dadurch vor, daß sich die

Glühlampe durch einen einfachen Handgriff aus dem Brennpunkt nach hinten ziehen läßt. Die Einrichtung ermöglicht auch eine beliebige Einstellung der Wirkungsweise des Schein-

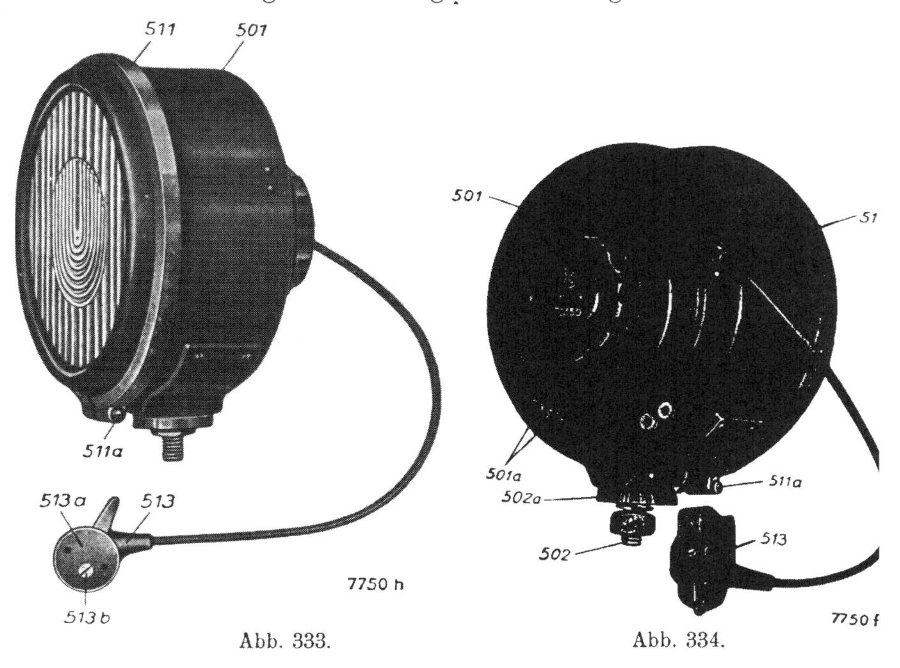

Abb. 333. Abb. 334.

Abb. 333. Der neue Bosch-Kraftradscheinwerfer.

Trommelform, Griffschalter auf der Rückseite, besonders geriffeltes Abschlußglas zur Erzielung einer breiten Streuung, insbesondere für die Kurven, Standlampe, Hauptscheinwerfer und Abblendung des Hauptscheinwerfers von der Lenkstange aus. 501 Scheinwerfergehäuse, 511 Spannring, 511a Spannschraube, 513 Bowdenzug-Schalter für die Abblendung, 513a Deckel des Abblendschalters, 513b Schraube zum Befestigen des Deckels 513a.

Abb. 334. Der neue Bosch-Kraftradscheinwerfer.

Rückseite; es sind deutlich der Umschalter sowie der Bowdenzug-Abblendschalter sichtbar. Auf dem Abblendschalter, welcher ohne Loslassen des Lenkstangengriffes mit dem Daumen betätigt wird, kann der Kontaktknopf für das elektrische Horn aufgeschraubt werden. 501 Scheinwerfergehäuse, 501a Kabeltüllen, 502 Bolzen zum Befestigen des Scheinwerfers, 502a Kugelkalotte zur Ermöglichung der richtigen Einstellung des Scheinwerfers, 511 Spannring, 511a Spannschraube, 513 Bowdenzug-Abblendschalter.

werfers; Abbildung 331. Bei den Zeiß-Autoscheinwerfern erfolgt bekanntlich die Abblendung in der Weise, daß von rückwärts über die Glühbirne eine Kalotte aus gelbem Glas gestülpt wird. Das Licht verliert seine Blendwirkung, ohne an Reichweite wesentlich einzubüßen. Diese Einrichtung ist besonders auch für Fahrten bei Regen und Nebel überaus zweckmäßig, da die gelben Strahlen den Nebel besser durchdringen. Die kleine Ausführung eines solchen Zeiß-Autoscheinwerfers läßt sich an einer schweren Maschine, wie dies die Abbildung 332 zeigt, ohne weiteres anbringen.

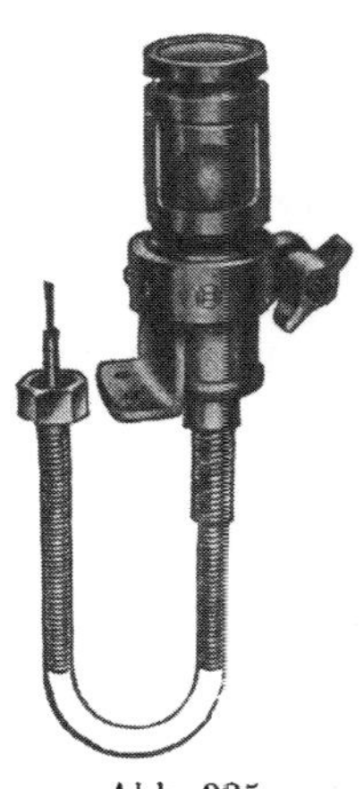

Abb. 335. Nummernbeleuchtung und Schlußlicht.

Durch Lösen der Flügelmutter läßt sich die Lampe aus dem Haltering ziehen und als Absuchlampe benützen. Die Masseverbindung ist durch den Panzerschlauch hergestellt.

Eine völlige Ideallösung stellt der Ende 1927 herausgekommene neue Bosch-Motorradscheinwerfer dar, von welchem die Abbildungen 333 und 334 Einzelheiten zeigen. Die Form ist aus Rationalisierungsgründen der amerikanischen Trommelform angeglichen worden. Wenn auch aus Rücksichten der Preisbildung auf verschiedene Feinheiten der Ausführung verzichtet werden mußte, besitzt dieser neue Scheinwerfer doch große Vorteile: Hauptlicht und niederwattiges Standlicht, zu schalten durch einen Griff an der flachen Rückwand des Scheinwerfers. Das Hauptlicht läßt sich durch einen kleinen Hebel, welcher sich neben dem Lenkstangengriff befindet und durch den Daumen betätigt wird, mittels Bowdenzugs abblenden, ohne daß der Fahrer eine Hand von den Griffen wegbewegen muß. Durch den Bowdenzug wird ein kleiner Schalter betätigt, welcher die Biluxlampe umschaltet. Nachteilig dürfte es sich erweisen, daß der Scheinwerfer nicht mehr mittels seitlicher Streben, sondern an der Unterseite mit Bolzen und Mutter befestigt wird, also nicht mehr geneigt werden kann, wie auch die Befestigung des schweren Scheinwerfers an nur einer Stelle trotz der vorzüglichen Ausführungen Abprellungen nicht ausschließt.

Die meisten Fahrzeuge besitzen auch ein sogenanntes Decklicht. Dasselbe dient, insbesondere beim Beiwagengefährt, zur Beleuchtung des rückwärtigen Erkennungszeichens sowie zum Schutz gegen nachkommende und überholende Fahrzeuge. Üblich ist es, gegen rückwärts ein rotes Abschlußglas zu verwenden. In dieser Hinsicht muß jedoch bemerkt werden, daß in einer

Reihe von europäischen Staaten das rote Decklicht, wenngleich es allgemein gebräuchlich ist, verboten wurde, und zwar in Rücksichtnahme auf die vielfach neben Straßenzügen führenden Eisenbahnlinien, bei welchen wiederholt infolge des roten Decklichtes von Kraftfahrzeugen Lokomotivführer zum Anhalten des Zuges veranlaßt wurden. Zulässig ist hellrotes Licht.

Das Decklicht wird vielfach so ausgeführt, daß es mit wenigen Handgriffen aus einem einfachen Klemmhalter entnommen werden und sodann zum Absuchen von Störungen und zur Beleuchtung bei nächtlichen Reparaturen verwendet werden kann; Abbildung 335. Zu diesem Zweck wird das zum Decklicht führende Kabel in federnden Klemmhaltern, Abbildung 336, verlegt. Um das Decklicht als Suchlicht verwenden zu können, ist es notwendig, ein zweipoliges Zuleitungskabel vorzusehen. Eine einpolige Zuleitung bedingt einen Masseschluß, so daß das Decklicht nur so lange brennen würde, wie es in dem Klemmhalter befestigt ist oder einen sonstigen Massekontakt besitzt.

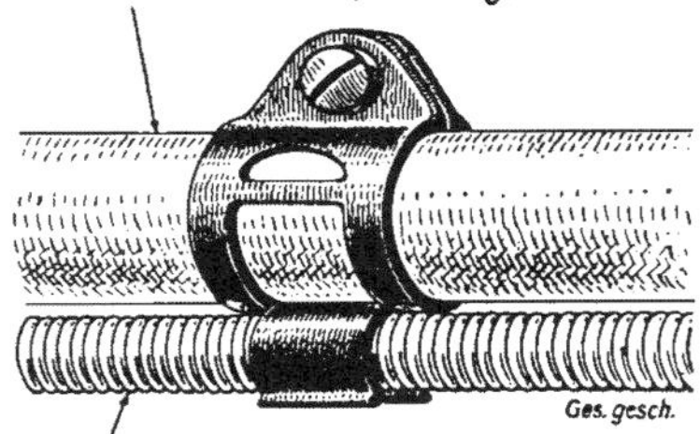

Abb. 336. Klemmhalter für das Decklicht.
Um das Decklicht leicht als Absuchlampe benützen zu können, wird das Kabel nicht fest verlegt, sondern in Klemmhalter eingeklemmt.

Für Fahrer, die des öfteren größere Tourenfahrten unternehmen und unter Umständen auch größere Strecken in der Nacht zurücklegen, ist die Anbringung eines Suchscheinwerfers sehr zu empfehlen. Der Suchscheinwerfer hat den großen Vorteil, nach allen Richtungen beweglich zu sein und so das Ableuchten der Strecke zu ermöglichen. Wer einmal unter Verwendung eines Suchscheinwerfers Nachtfahrten unternommen hat, wird kaum mehr einen solchen vermissen wollen. Es steht auch außer Zweifel, daß durch Verwendung eines Suchscheinwerfers wesentlich höhere Durchschnittszeiten erreicht werden können, als ohne einen solchen. Ganz besonders ist dies in gebirgigen Gegenden, in welchen lange, gerade Strecken außerordentlich selten sind, der Fall. Über die besondere Verwendung des Suchscheinwerfers wird in dem Abschnitt 19 des III. Hauptstückes gesprochen werden.

Die Anbringung des Suchscheinwerfers erfolgt entweder bei Solomaschinen auf der Lenkstange oder bei Beiwagenmaschinen auf dem Beiwagen und zwar in der Weise, daß die Betätigung des Suchscheinwerfers sowohl, und zwar in erster Linie, dem Fahrer, des weiteren aber auch dem Beiwagenfahrer ermöglicht ist.

Bemerkenswert sind jene Suchscheinwerfer, welche durch Lösen einer Überwurfmutter vom Halter abgenommen werden

Abb. 337.

Abb. 338.

Abb. 337. Suchscheinwerfer zur Befestigung auf der Lenkstange.
Der dargestellte Scheinwerfer läßt sich mittels Schelle in einfachster Weise auf der Lenkstange montieren, so daß er jederzeit leicht erreicht werden kann.

Abb. 338. Suchscheinwerfer auf der Lenkstange.
Es ist nicht unzweckmäßig, bei einspurigen Fahrzeugen an Stelle des Hauptscheinwerfers einen Suchscheinwerfer zu montieren.

können und entweder im Scheinwerfergehäuse selbst oder in einem eigenen Behälter eine Kabeltrommel besitzen, um eine mehrere Meter weite Aufstellung des Scheinwerfers zu ermöglichen. Daß derartig abnehmbare Suchscheinwerfer besonders bei nächtlichen Reparaturarbeiten von Vorteil sind, versteht sich von selbst.

Schließlich wird noch darauf hingewiesen, daß es zur Ersparnis übermäßiger Kosten und zur Vermeidung einer unschönen Überladung des Kraftrades ohne weiteres möglich ist, an Stelle des Hauptscheinwerfers einen Suchscheinwerfer zu montieren, was sich in der Praxis sehr gut bewährt hat.

Bezüglich der Beweglichkeit hat sich jener Suchscheinwerfer am besten bewährt, bei dem beide Achsen, um welche der Scheinwerfer gedreht werden kann, also die horizontale und die vertikale, durch den Schwerpunkt gehen, wodurch nicht nur die Betätigung des Scheinwerfers erleichtert wird, sondern auch das bei vielen anderen Fabrikaten so lästige Verwackeln unmöglich gemacht ist. Andere, ebenfalls sehr wirksame Sucher, bei welchen jedoch der Drehpunkt sich unter dem Schwerpunkt befindet, zeigen die Abbildungen 337 und 338.

Bei Beiwagenmaschinen ist es für den Tourenfahrer von großem Vorteil, eine eigene Handlampe mitzuführen, welche mittels Steckkontaktes an die Leitung angeschaltet wird. Die Steckdose wird am besten unter dem Sitz des Beiwagenfahrers angebracht. Die Leitungsschnur dieser Handlampe muß mindestens 3 m lang sein. Die Handlampe kann auch dazu dienen, daß sich der Beiwagenfahrer während der Fahrt mit Kartenlesen beschäftigt. In diesem Fall ist dafür zu sorgen, daß der Fahrer nicht geblendet wird. Außerdem muß die Handlampe abschaltbar sein.

Abb. 339. Panzerkabelarmaturen.

Nichts ist gefährlicher als das Versagen der Beleuchtung während einer Nachtfahrt in kurvenreichem Gebiet. Um ein Durchscheuern der Leitungen zu vermeiden, verlegt man dieselben zweckmäßig in Panzerschläuchen.

Schließlich sei noch die vorgeschriebene Beleuchtung des Beiwagens erwähnt. Wenn auch das Beiwagenlicht nicht dazu bestimmt ist, eine Leuchtkraft auf weitere Strecken zu besitzen, ist es doch vorteilhaft, wenn man von der Verwendung ganz primitiver Beiwagenbeleuchtungen Abstand nimmt und eine Ausführung wählt, die vor dem Beiwagen ein stark gestreutes Licht gibt. Ein solches wird das nächtliche Befahren von Beiwagenkurven in besonderem Maße erleichtern. Wichtig ist, daß das Beiwagenlicht möglichst die äußere Begrenzung des Fahrzeuges angibt und den Fahrer — auch beim Seitwärtssehen — in keiner Weise blendet, also genügend weit vorn angebracht ist.

Die Verbindungsleitungen vom Motorrad zum Beiwagen werden, um ein Wundscheuern zu vermeiden, am besten durch einen in jedem einschlägigen Geschäft erhältlichen Panzerschlauch geführt. Zur Verbindung der einzelnen Schlauchstücke verwendet man die entsprechenden Tüllen, von welchen eine in Abbildung 339 dargestellt ist.

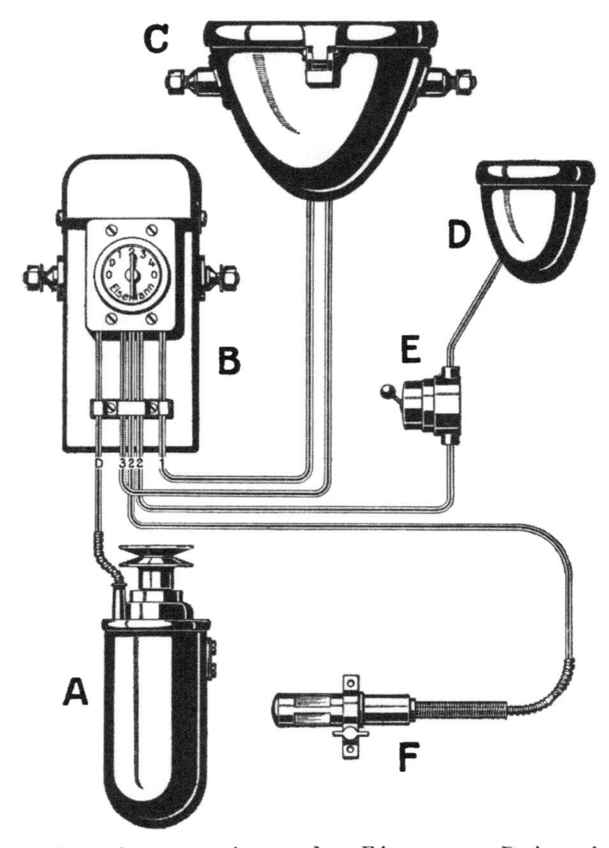

Abb. 340. Schaltungsschema der Eisemann-Beleuchtung.
A Lichtmaschine, B Batterie mit Schaltkasten, C Hauptscheinwerfer mit zwei Glühlampen, D Beiwagenlicht, E Schalter zum Beiwagenlicht, F Decklicht, als Handlampe (Absuchlampe) verwendbar.

Nun noch einige Worte über die Instandhaltung der elektrischen Beleuchtung.

Während der Scheinwerfer und die Beleuchtungskörper keine besondere Wartung erfordern, ist es notwendig, daß sowohl dem Akkumulator als auch der Dynamomaschine eine entsprechende

Aufmerksamkeit zugewendet wird. Bezüglich der Behandlung des Akkumulators wurde bereits alles Erforderliche im vorstehenden ausgeführt.

Die Wartung der Dynamomaschine liegt in der zweckentsprechenden Versorgung der Lager mit Schmierstoff. Da die verschiedenen Marken in dieser Hinsicht eine verschiedene Behandlung erfordern, wird von allgemeinen Anweisungen Abstand genommen und lediglich empfohlen, auch in diesem Punkte die besondere Gebrauchsanweisung genauestens zu befolgen. Allzu reichliche Schmierung ist jedoch unbedingt zu vermeiden, da sehr leicht der Kollektor verschmiert wird, wodurch die Wirksamkeit der Dynamomaschine in Frage gestellt werden kann.

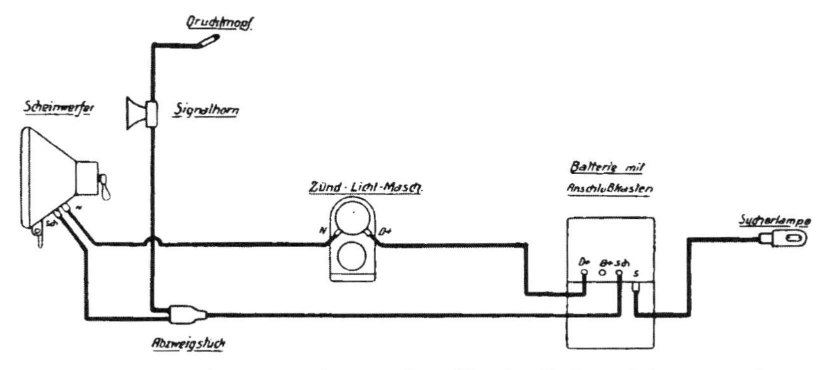

Abb. 341. Schaltungsschema der Noris-Beleuchtungsanlage.
Regler im Scheinwerfer.

Gelegentlich muß auch der Kollektor von Kohleteilen, welche einen Schluß zwischen den Segmenten herstellen, gereinigt werden, wie auch nach Bedarf die Schleifkohlen zu erneuern sind.

Zum Schlusse werden noch einige Schaltungsskizzen von Motorradbeleuchtungen gebracht; Abbildung 340 und 341.

Sehr interessant ist die in Abbildung 342 dargestellte Schaltung der englischen Lucas-Beleuchtung, welche im nachstehenden deswegen kurz besprochen wird, weil sie auch für Besitzer anderer Beleuchtungsanlagen sehr lehrreich ist.

Die in der Abbildung verwendeten Bezeichnungen bedeuten: + die positive Bürstenklemme des Kollektors bzw. die positive Hauptklemme der Dynamomaschine, E die mit der „Masse“

verbundene Hauptklemme der Dynamomaschine, S die Nebenschlußklemme, K den Kollektor, an welchem zwei gegenüberliegende Hauptbürsten und eine mit der negativen Bürste (Masse-Bürste) verbundene Ausgleichsbürste schleifen, U der Unterbrecherkontakt, durch welchen das automatische Ein- und Ausschalten der Verbindung zwischen Dynamo und Batterie — je nach der Tourenzahl — erfolgt; a ist die Verbindungsleitung zwischen der Nebenschlußklemme und einem Widerstand, b

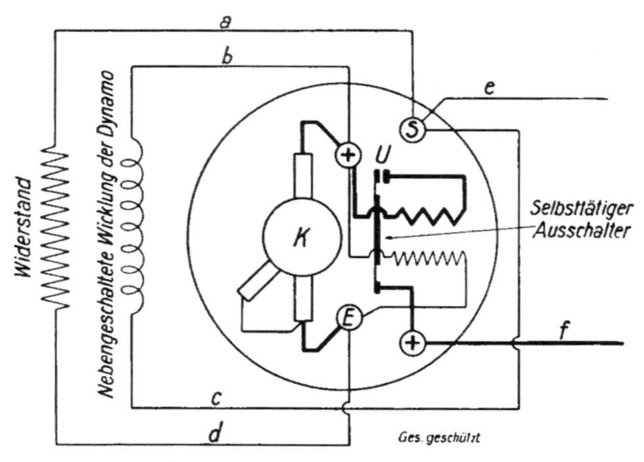

Abb. 342. Schaltung der englischen Lucas-Lichtmaschine.
K Kollektor, U Unterbrecherkontakt des Rückstromausschalters, + positive Bürstenklemme bzw. positive Dynamoklemme, E mit Masse verbundene Bürstenklemme und negative Dynamoklemme, S Nebenschlußklemme, a, b, c und d Verbindungsleitungen, e Verbindungsleitung von der Nebenschlußklemme zum Schalter, f Verbindungsleitung von der positiven Dynamoklemme zum Schalter. Die Verbindung von der negativen Dynamoklemme E zum Schalter erfolgt durch die „Masse".

die Verbindung zwischen der positiven Bürstenklemme und der Nebenschlußwicklung (Feldmagnetwicklung), c die Verbindung zwischen der Nebenschlußwicklung und der Nebenschlußklemme, d die Verbindung zwischen dem Widerstand und der negativen Dynamoklemme, e und f die Leitungen von der positiven Hauptklemme und der Nebenschlußklemme zum Schalter.

Die eigentlichen Hauptklemmen der Dynamomaschine sind die mit + bezeichnete Hauptklemme und die mit E bezeichnete Masseklemme. Von letzterer führt kein Verbindungsdraht zum Schalter, da die Verbindung durch die Metallteile des Fahrzeuges hergestellt ist.

Nun zur Wirkungsweise der gesamten Anlage: sobald die Umlaufzahl der Maschine eine gewisse Höhe erreicht hat, wird in dem Anker ein entsprechender Strom erzeugt, welcher durch die Bürsten bei + und E abgenommen wird. An diese Bürstenklemmen ist nun die dünne Wicklung des Elektromagneten, welcher den Unterbrecherkontakt betätigt, angeschlossen. Hat nun der im Anker erzeugte Strom eine gewisse Stärke erreicht — und dies hängt von der Umlaufzahl ab —, so wird er den Unterbrecher betätigen und den Kontakt U schließen. Durch das Schließen dieses Kontaktes U wird nun die positive Bürstenklemme + über eine aus starkem Draht hergestellte zweite Wicklung des Unterbrecher-Elektromagneten und über den Kontaktbügel des Unterbrechers mit der positiven Hauptklemme verbunden. Von diesem Augenblick an gibt die Dynamomaschine Strom in die Leitung f ab.

Bemerkenswert ist nun der Zweck, welcher mit der doppelten Wicklung des Elektromagneten des Unterbrechers verfolgt wird. Man kann annehmen, daß die richtige Einstellung des Unterbrechers (der Unterbrecherfeder) dann gegeben ist, wenn der Unterbrecher sich einschaltet, sobald die Dynamomaschine einen Strom von etwa 12 Watt, also eine Stromstärke von 2 A bei 6 V, abzugeben bzw. zu leisten vermag. Würde nun nur eine Wicklung (und zwar jene, welche in der Abbildung mit dünnen Linien eingezeichnet ist) vorhanden sein, so würde der Unterbrecher den Stromkreis wieder öffnen, sobald die Stromerzeugung unter 12 Watt sinkt. Würde nun die Umlaufzahl des Motors gerade eine solche sein, daß 12 Watt dauernd, mit kleinen Schwankungen, erzeugt werden, würde der Unterbrecher ständig den Stromkreis öffnen und schließen. Um nun dies zu vermeiden, besitzt der Elektromagnet eine zweite Wicklung, durch die der Hauptstrom fließt. Dieser Hauptstrom fließt aber erst von dem Augenblick an, in welchem durch die andere Wicklung der Unterbrecher betätigt und der Kontakt geschlossen wird. Von diesem Augenblick an hält nun auch die durch den Hauptstrom erzeugte elektromagnetische Kraft den Unterbrecher geschlossen, so daß der Unterbrecher erst dann wieder unter der Wirkung der Unterbrecherfeder geöffnet werden kann, wenn der Hauptstrom zu fließen aufhört. Der Unterbrecher schließt demnach den Kontakt erst etwa bei 2 A, während das Öffnen nicht dann erfolgt, wenn die Stromstärke unter 2 A, sondern wenn sie nahezu auf Null fällt. Diese Einrichtung ist von der größten Bedeutung und kann auch nach der Abbildung verfolgt werden.

Nun zu dem Zweck der Nebenschlußklemme! Bei der in Abbildung 342 dargestellten Schaltung ist es möglich, die Dynamomaschine durch eine einfache Schalterstellung auf zweierlei Ladestromstärken einzustellen. Man wird demnach bei langen Tagfahrten nur auf schwache Ladung schalten, hingegen, wenn die Batterie stark entladen oder in der Nacht gefahren werden soll, den Schalter derart einstellen, daß die Dynamomaschine möglichst viel Strom abgibt. Die Grundlage für diese Möglichkeit liegt in folgendem: die Stromerzeugung im rotierenden Anker wird erhöht, wenn das Magnetfeld, in welchem der Anker rotiert, verstärkt wird. Diese Verstärkung wird nun in der Weise erreicht, daß der permanente Feldmagnet mit einer Drahtspule umgeben wird, durch welche Strom fließt, und zwar ein Teil jenes Stromes, welcher im Anker erzeugt wird. Die Schaltung dieses Elektromagneten, der „Feldmagnetwicklung“, kann entweder nach Abbildung 128 als Nebenschlußschaltung oder nach Abbildung 127 als Hauptschlußschaltung erfolgen. Es ergibt sich aus den Abbildungen ohne weiteres, daß bei einer Nebenschlußschaltung die Wicklung aus sehr vielen Windungen eines dünnen Drahtes, bei einer Hauptschlußwicklung aus weniger Windungen eines dicken Drahtes bestehen muß.

Ist nun die Nebenschlußklemme der Dynamo (S in Abbildung 342) mit nichts anderem verbunden, so wird u. a. der Strom von der positiven Bürstenklemme + durch die Leitung B über die Feldmagnetentwicklung und durch die Leitung c zur Klemme S und von dieser mangels einer anderen, kürzeren Verbindung durch die Leitung a über den Widerstand und die Leitung d zur negativen Bürstenklemme E fließen, oder, kurz ausgedrückt, es ist in den Nebenstromkreis ein Widerstand eingeschaltet, so daß der elektrische Feldmagnet nur ein schwaches Kraftlinienfeld erzeugt, und demnach auch im Anker nur ein schwacher Strom erregt wird.

Um nun die volle Leistung der Dynamomaschine zu erzielen, wird die Nebenschlußklemme S mit der negativen Bürstenklemme

E, das heißt im Schalter die Leitung e mit der Masse, verbunden. Durch diesen Schaltvorgang wird, wie sich bei einem aufmerksamen Verfolg der Leitungen in Abbildung 342 sofort ergibt, der Widerstand kurz geschlossen, so daß die Feldmagnetwicklung direkt an die Klemmen der Kollektorbürsten (+ und E) geschaltet ist, demnach der Feldmagnet ein kräftiges Magnetfeld erzeugt und der Ankerstrom voll erregt wird.

Diese Ausführungen, welche weniger als die Beschreibung einer speziellen Anlage zu werten sind, vielmehr in gleicher Weise oder doch mit nur wenigen Abänderungen auch auf andere Anlagen bezogen werden können, zeigen, in welch geistvoller Weise die nicht leichten Fragen einer auf kleinsten Raum zusammengedrängten elektrischen Motorradbeleuchtung gelöst werden können und gelöst worden sind.

Abschnitt 11.

Verschiedene Einzelheiten des modernen Kraftrades.

In den vorstehenden Abschnitten wurden die wichtigsten Teile des Motorrades behandelt, und es erübrigt sich noch, nunmehr die verschiedenen sonstigen Einzelheiten eines modernen Kraftrades einer kurzen Behandlung zuzuführen. Es empfiehlt sich, besonders diesem Abschnitte ein Augenmerk zuzuwenden, da gerade in den Ausstattungs- und Zubehörteilen in den letzten Jahren ganz besondere Fortschritte zu verzeichnen sind, Fortschritte, deren Ergebnis vielfach in erster Linie zur Charakterisierung des modernen Kraftrades beiträgt. Die verschiedenen Kleinigkeiten werden in kurzen Abschnitten einer gesonderten Behandlung zugeführt werden.

Der Tank.

Während man bei den ersten Motorrädern viereckige und scharfkantige Benzin- und Ölbehälter vorfindet, hat man sie

Abb. 343. Der gebräuchliche Kraftstoffbehälter, zwischen den beiden oberen Rahmenrohren auf Stegen, welche das untere Rohr trägt, befestigt.

gar bald, einem dringenden Bedürfnis und den fortschreitenden Fabrikationsmöglichkeiten entsprechend, abgerundet und in einer gefälligeren Form hergestellt. Meist enthält der zwischen den beiden oberen Rahmenrohren untergebrachte Tank sowohl den Brennstoff als auch den Ölvorrat. Praktischer ist es jedoch, den Ölbehälter unter dem Sattel unterzubringen. Durch diese Anordnung wird einerseits der Benzintank vergrößert und andererseits das Öl während der Fahrt durch die Hitze des Motors erwärmt, ein Umstand, der ganz besonders zur kalten Jahreszeit von großem Vorteil ist und die Verwendung von dickerem Öl ermöglicht. Leider findet sich die Anbringung eines gesonderten Öltanks nur in den seltensten Fällen, meist bei Sportmaschinen, vor. Tatsächlich ergibt sich ja eine gewisse Verteuerung in der Fabrikation.

Abb. 344.
Der gesonderte Ölbehälter.
Es ist sehr zweckmäßig, einen gesonderten Ölbehälter, welcher unter dem Sattel zu befestigen ist, vorzusehen. Dadurch wird der Kraftstoffbehälter vergrößert und das Öl durch die vom Motor abströmende heiße Luft vorgewärmt, was an kalten Tagen großen Wert hat.

Die Abbildung 343 zeigt die gebräuchliche Form des Benzintanks zwischen den beiden oberen Rahmenrohren, während Abbildung 344 die vorteilhafte Anbringung eines gesonderten Öltanks wiedergibt.

Bei der Verbesserung der Tankformen muß in erster Linie darauf gesehen werden, den Kraftstoffbehälter zu vergrößern, um dem Kraftrad einen möglichst großen Aktionsradius zu geben und doch die Form so gefällig und praktisch zu gestalten, daß Schmutz und Staubansammlungen vermieden werden und das Putzen tunlichst leicht ist. Diesen Ansprüchen entspricht in erster Linie der sich immer mehr einführende „Satteltank“, der in vielen Fällen

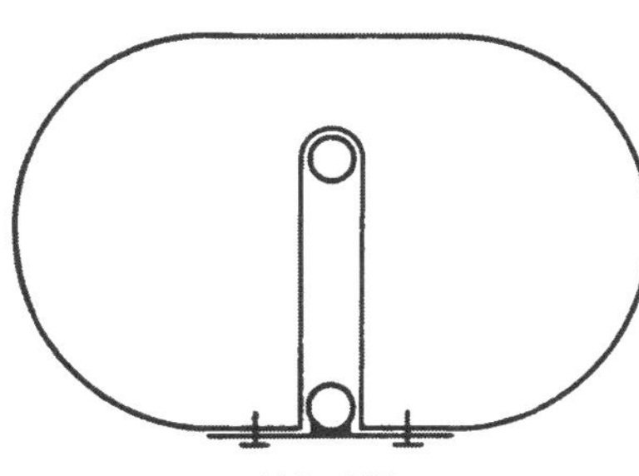

Abb. 345.
Querschnitt durch einen ungeteilten Satteltank.

aus zwei gleichen Hälften besteht und die beiden oberen Rahmenrohre umschließt. Während die Abbildung 345 den Schnitt durch einen Satteltank darstellt, zeigt die Abbildung 346 eine Ausführung des Satteltanks. Wenn der

Abb. 346. Kraftrad mit Satteltank.
Ölbehälter an das Kurbelgehäuse angegossen.

Satteltank aus zwei Hälften besteht, müssen auch zwei getrennte Einfüll- und Ablaßöffnungen vorgesehen werden. In sehr vorteilhafter Weise läßt sich durch den Satteltank das Problem des Reservebenzinbehälters lösen, indem jeweils nur ein Benzinbehälter mit dem Vergaser in Verbindung steht und nach Ver-

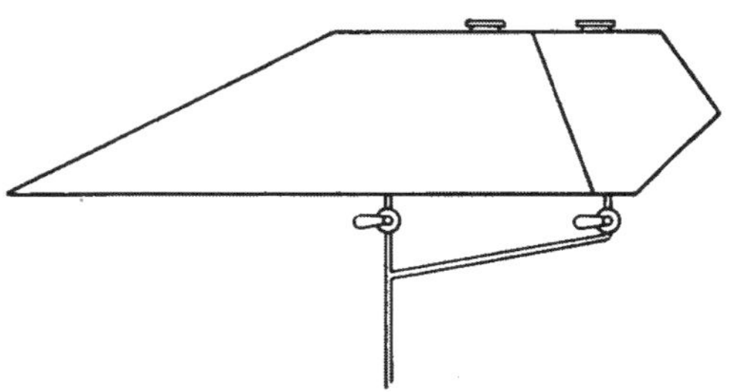

Abb. 347. Der Ölbehälter als Hilfs-Kraftstoffbehälter.
Wenn man nachträglich einen gesonderten Öltank montiert, läßt sich der bisherige Ölteil des Betriebsstoffbehälters als Reserve-Benzintank verwenden.

brauch des Inhaltes der einen Hälfte der Abflußhahn der anderen Tankhälfte geöffnet werden muß, wodurch der Fahrer an das Tanken von Brennstoff gemahnt wird. Sehr zweckmäßig ist die Einteilung, wie sie das amerikanische Motorrad Harley-

Davidson bezüglich des von diesen gebauten Satteltanks vorsieht: die eine Hälfte des Satteltanks, etwa 10 Liter fassend, bildet den Hauptbenzinbehälter, die andere Hälfte enthält 4 Liter Öl und etwa 6 Liter Reservebenzin.

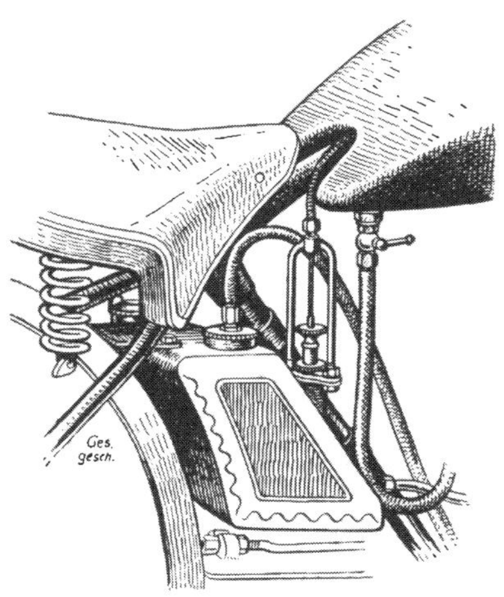

Abb. 348. Betätigung der Hilfsölpumpe durch Bowdenzug. Ist ein gesonderter Ölbehälter vorgesehen, wird die Hilfsölpumpe meist nicht direkt von Hand, sondern durch Bowdenzug mittels Handhebels an der Lenkstange oder durch Fußhebel betätigt.

Kraftradfahrer, die mehr Benzin mitführen möchten, als dies der Tank ermöglicht, kann empfohlen werden, unter dem Sattel einen eigenen Ölbehälter anzubringen. Auf diese Weise wird nicht nur der bereits vorher erwähnte Vorteil erzielt, vielmehr kann auch der bisherige Ölbehälter als Reservebenzinbehälter verwendet werden. In diesem Falle ist eine Verbindungsleitung herzustellen, wie sie aus Abbildung 347 hervorgeht. Die in den Ölteil des Tankes

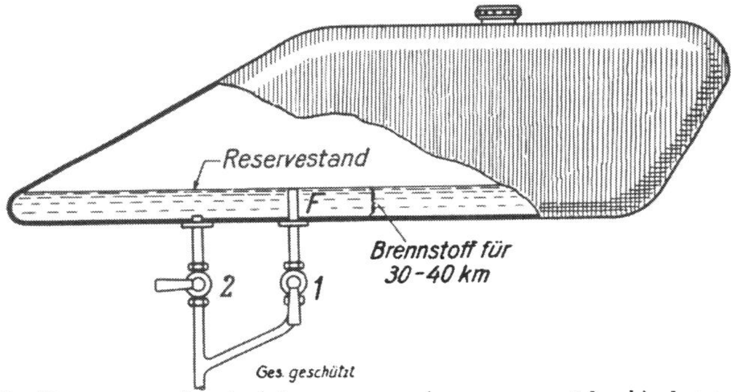

Abb. 349. Reserveeinrichtung an einem gewöhnlichen Kraftstoffbehälter. Ist eine andere Möglichkeit, sich einen Hilfsbenzintank zu schaffen, nicht gegeben, kann man einen zweiten Ablaßhahn im Tank vorsehen, an welchem sich ein kleiner Fortsatz befindet, so daß die beiden Leitungen ein verschiedenes Niveau haben.

ragende Handpumpe ist auf den neuen Ölbehälter zu überlegen. Die alte Öffnung wird zugelötet. Vorteilhaft ist es, die Betätigung der Zusatzölpumpe mittels eines Bowdenzuges von der Lenkstange aus durch einen Handhebel oder durch einen der Fußbremse ähnlichen Fußhebel vorzusehen. Die Anbringung eines Bowdenzuges an der Pumpe des gesonderten Öltanks zeigt die Abbildung 348.

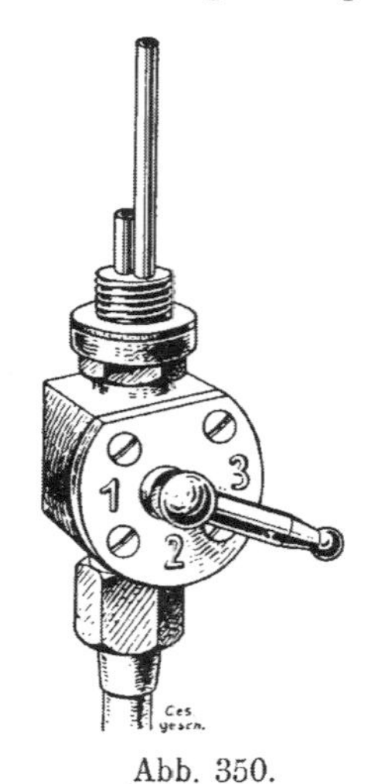

Abb. 350.
Benzinhahn mit Reserveschaltung.

Eine überaus praktische Einrichtung, welche auf dem in 349 dargestellten Prinzip beruht. Der Hahn besitzt drei Stellungen: bei der ersten fließt das Benzin aus dem längeren Röhrchen (Hauptstellung), bei der zweiten sind beide Öffnungen geschlossen, bei der dritten ist das kurze Röhrchen in Verbindung mit der Benzinleitung stehend (Reservestellung). Kein Kraftrad sollte diese einfache und praktische Vorrichtung vermissen lassen, zumal sich der gewöhnliche Hahn gegen den dargestellten jederzeit vertauschen läßt.

Sehr zweckmäßig ist ein gesonderter Reservebenzintank. Ist ein solcher nicht vorhanden, so kann man sich dadurch sehr leicht und fast kostenlos helfen, daß man am Benzintank eine zweite Auslauföffnung anbringt und diese innen mit einem entsprechenden Fortsatz versieht, so daß ein zweites Benzinniveau geschaffen wird. Die Abbildung 349 ersetzt diesbezügliche Erklärungen. Man wird den Fortsatz F so hoch wählen, daß man mit dem durch den Hahn 2 zu entnehmenden Brennstoff noch etwa 30—40 km fahren kann — eine Strecke, auf welcher man heutzutage wohl stets Benzin erhält. Bei vollem Tank läßt man den Hahn 2 geschlossen und öffnet nur den Hahn 1. Diese einfache und überaus praktische Vorrichtung kann jeder Mechaniker herstellen und anbringen.

Noch bestechender als diese Einrichtung sind die seit kurzem in Handel kommenden Hähne, welche bereits zwei Auslaufstellungen mit verschiedenem Brennstoffniveau vorsehen. Aus der Abbildung 350 kann die Einrichtung eines solchen Hahns ohne weiteres erkannt werden. Da dieser Hahn zu beiden Seiten das übliche Gewinde trägt, kann er mit wenigen Handgriffen gegen den vorhandenen ausgetauscht werden, so daß der Fahrer sich mit einer Auslage von 2 bis 3 Mark leicht eine Reservebenzineinrichtung schafft.

Wesentliche Verbesserungen haben in den letzten Jahren auch die Tankverschlüsse erfahren. Die alten Schraubverschlüsse, die sich als nicht praktisch erwiesen haben, sind fast gänzlich verschwunden und durch Patentverschlüsse, welche nach einer viertel oder halben Drehung geöffnet sind, verdrängt. Sehr praktisch sind auch Verschlußdeckel mit eingesetztem Glas, da dieselben dem Fahrer eine jederzeitige Kontrolle über den noch vorhandenen Betriebsstoff ermöglichen. Besonders vorteilhaft sind die sogenannten „T.T.-Verschlüsse“, welche einen eigenen Handgriff aufweisen und dadurch auch von der behandschuhten Hand leicht geöffnet werden können.

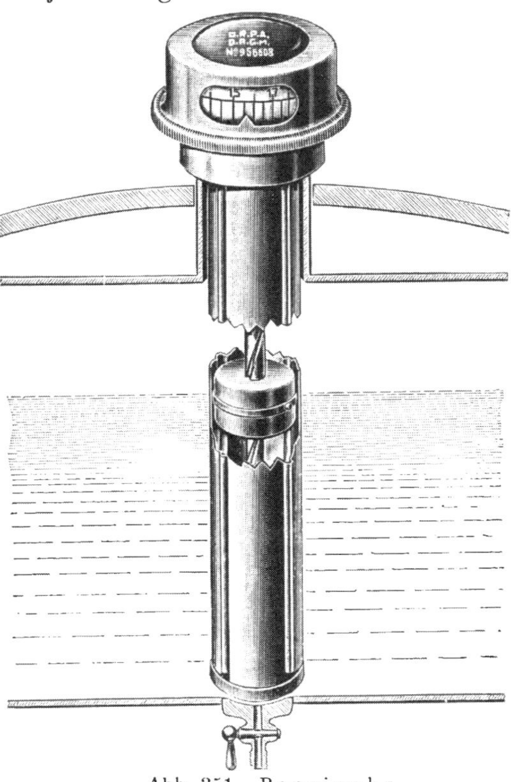

Abb. 351. Benzinuhr.

Dieses Instrument wird in der oberen Tankwandung, allenfalls in der Tankverschraubung, befestigt und ermöglicht ein jederzeitiges Ablesen des Benzinvorrates. Das Instrument wird durch literweises Eingießen von Kraftstoff in den Behälter geeicht.

Das Wichtigste ist jedoch, daß die Einfüllöffnungen entsprechend groß sind, damit von der Verwendung eines Trichters Abstand genommen werden kann. Die Benzineinfüllöffnung soll außerdem mit einem Filter versehen sein, der so engmaschig ist, daß er dem im Brennstoff häufig enthaltenen Wasser den Durchtritt verwehrt. Ein feiner Filter hält auch den Vergaser rein und bewahrt den Fahrer vor viel Verdruß. Wenn trotz des Filters manchmal im Vergaser Wasser erscheint, so handelt es sich um Kondenswasser, das sich an den Wänden des Benzintanks infolge der Temperaturunterschiede abschlägt.

Bezüglich des Äußeren kann der lackierte Tank als vorherrschend bezeichnet werden, trotzdem die gewöhnliche Lackierung keineswegs besonders haltbar ist. Schon bei normalem Gebrauch schabt sich der Lack verhältnismäßig rasch ab, während z. B. bei Verwendung von Discol oder einem anderen in hohem Maße Alkohol enthaltenden Brennstoff der Lack sich häufig in großen Flächen abblättert. Einige englische Fabriken, Sunbeam in erster Linie, unterziehen daher den Tank der Feueremaillierung, was allerdings voraussetzt, daß er hart gelötet ist. Recht praktisch, nicht aber für jede Maschine passend sind vernickelte Tanks unter der Voraussetzung, daß die Vernickelung durchaus einwandfrei ist. Es wird sich nicht schlecht bewähren, einen schon abgenützten Tank statt lackieren vernickeln, zu lassen. Verbeulte Brennstoffbehälter zu vernickeln, ist jedoch unvorteilhaft, da durch die Spiegelwirkung des Nickels die Beulen noch stärker sichtbar werden.

Außerordentlich zweckmäßig ist die Anbringung von Vorrichtungen am Tank, welche ein genaues Ablesen des Brennstoffvorrates ermöglichen. Die Abbildung 351 gibt beispielsweise eine solche „Benzinuhr“ wieder.

Fußrasten — Fußbretter.

Die Frage, ob das Fahrzeug mit Fußbrettern oder mit Fußrasten ausgestattet sein soll, kann nicht allgemein beantwortet werden. Im allgemeinen wird das Tourenfahrzeug Fußbretter, das Sportfahrzeug Fußrasten aufweisen.

Die Fußbretter ermöglichen dem Fahrer zweifelsohne ein bequemeres Fahren als die Fußrasten, welch letztere andererseits wieder den Füßen einen wesentlich besseren Halt gewähren. Der Belag der Fußbretter wie auch der Fußrasten soll unbedingt aus Gummi bestehen. Man glaubt nicht, wie viel ein Gummibelag, besonders der Fußbretter, für die Bequemlichkeit des Fahrers beiträgt, indem eine Übertragung des unvermeidlichen, ständigen Vibrierens des Motors auf die Füße vermieden wird.

Da die Fußrasten und Fußbretter auch die Aufgabe haben, bei Stürzen die Beschädigung wichtiger Maschinenteile zu verhindern, ist eine möglichst robuste Ausführung unbedingt erforderlich, wie auch die Ausführung in der Weise gewählt sein soll, daß jeder Dorfschmied in der Lage ist, verbogene

Fußrasten wieder auszubiegen, bzw. die Eisenstange durch eine neue zu ersetzen.

Bei Maschinen mit querliegendem Motor und seitlich herausragenden Zylindern sind, wie dies z. B. die BMW zeigt, die Fußrasten bzw. Fußbretter besonders stark ausgeführt, um wenigstens den ersten Aufprall bei schweren Stürzen aufzunehmen.

Die Fußrasten werden verstellbar ausgeführt, um eine Anpassung an die Größe des Fahrers und an die von ihm bevorzugte Haltung zu ermöglichen.

Bei Fahrzeugen des ausgesprochenen Sportsmannes oder gar des Rennfahrers werden die Fußrasten ungefähr unter dem Sattel, meist sogar noch etwas weiter rückwärts, angebracht.

Die Werkzeugtaschen.

Zur Mitnahme des erforderlichen Werkzeuges und Ersatzmaterials sind entweder unter dem Sitz, häufig aber in den Gepäckträger, zu beiden Seiten des Hinterrades eingebaut, manchmal auch auf dem Tank, entsprechende Werkzeugtaschen vorgesehen. Es ist darauf zu achten, daß dieselben mit Leder ausgeschlagen sind, um das so unangenehme Klappern des Werkzeuges nach Möglichkeit zu vermeiden. Die Anbringung des Werkzeugbehälters auf dem Tank ist zwar nicht sehr schön, zweifelsohne aber am praktischesten; Abbildung 352.

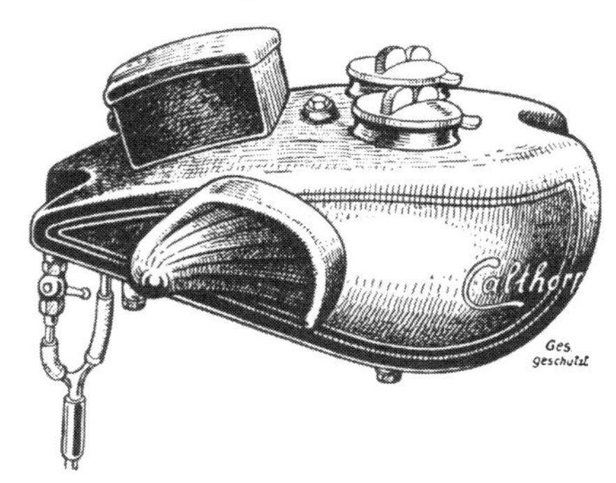

Abb. 352.
Werkzeugkasten auf dem Kraftstoffbehälter.
Zwar nicht schön, zweifelsohne aber sehr praktisch. Man beachte auch die Ausbildung der Kniegriffe.

Der Platz unter dem Sattel sollte für den gesonderten Öltank reserviert bleiben, so daß am besten, wenn man von einem Werkzeugbehälter am Tank absieht, die Anbringung zweier Taschen im Gepäckträgergestell zu wählen sein wird. Als Verschluß sollen zwei Riemen und ein Schloß dienen. Letzteres ist stets anzubringen — mindestens ein Ring zum Einhängen eines kleinen Vorhänge-Fixierschlößchens —, um bei Einstellung in fremden Garagen oder bei Schiffs- und Bahntransporten ein Absperren zu ermöglichen.

In der einen Tasche wird man sodann das Werkzeug, in der der anderen das Reifenreparaturzeug, ein Abwischtuch, etwas Draht, eine Schachtel mit Muttern und Bolzen u. dgl. verwahren. Um ein Klappern des Werkzeugs zuverlässig zu verhindern, kann man in die Werkzeugtasche einen breiten Leder-

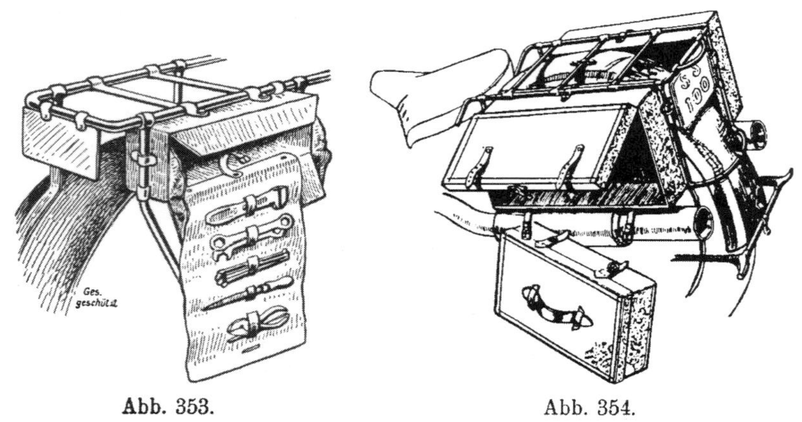

Abb. 353. Abb. 354.

Abb. 353. Werkzeugverwahrung.

Um eine rasche Abnützung und das Klappern des Werkzeuges zu verhindern, wird dasselbe in eine Lederrolle eingerollt. Es ist zweckmäßig, diese Lederrolle im Werkzeugbehälter festzunieten.

Abb. 354. Die Lösung der Gepäcksfrage beim Solofahrzeug.

Serienausrüstung bei der schweren englischen Brough-Superior.

streifen einnieten, in dessen Schlitzen man das Werkzeug einsteckt und welchen man gerollt verwahrt; Abbildung 353. An Stelle der Werkzeugtaschen lassen sich auch sehr vorteilhaft zu beiden Seiten des Hinterrades kleine Koffer vorsehen, Abbildung 354. Einer der beiden wird für die persönliche Ausrüstung bestimmt sein, im anderen kann man neben der Werkzeugrolle den Ersatzschlauch, Zündkerzen, ein kleines Geschirr mit Reserveöl usw. unterbringen.

Die Kniegriffe.

Die Verwendung von aus weichem Gummi hergestellten Kniepuffern, welche am Brennstoffbehälter befestigt werden, ist sehr

Abb. 355. Kniegriffe.

Besonders beim einspurigen Fahrzeug sind Kniegriffe kaum zu entbehren, da sie eine feste Verbundenheit des Fahrers mit dem Fahrzeug erleichtern.

Abb. 356. Die einzelnen Teile eines Kniegriffes.

Es gibt Kniegriffe zur Befestigung mittels Gurten wie auch solche zum Auflöten auf den Tank. Letztere Befestigung ist nicht nur aus Schönheitsgründen vorzuziehen, sondern auch deswegen, weil sich an den Gurten stets Schmutz ansammelt. Aufgelötet wird die runde Scheibe mit den 4 Lötlöchern. Auf diese wird die rechtsliegende Platte aufgeschraubt, über die sodann der Gummiteil gestülpt wird.

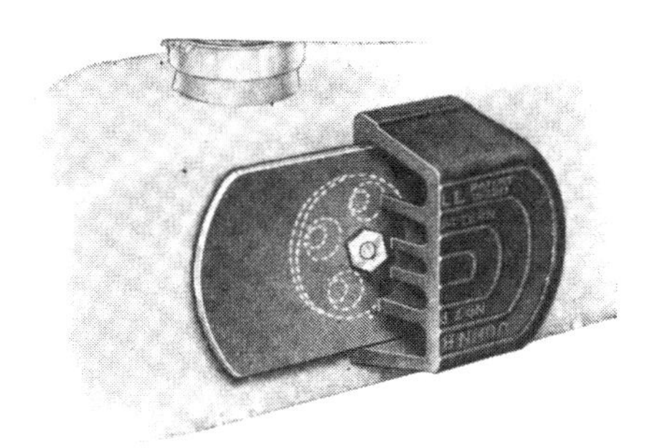

Abb. 357. Kniegriff im Schnitt.

Dieses Bild läßt die bei Abbildung 356 erläuterte Befestigung der Kniegriffe erkennen.

zu empfehlen. Sie verhindern nicht nur ein hartes Anstoßen der Beine an dem Tank oder der Schaltführung und schonen ersteren nicht nur, sondern ermöglichen auch in den Kurven und in kritischen Situationen einen festeren Sitz. Man nennt daher die Kniepuffer sehr zweckmäßig auch „Kniegriffe". Die Befestigung erfolgt sowohl mittels Riemen oder Gummibändern, als auch durch aufgelötete Blechscheiben, über welche der Gummiteil gestülpt wird. Da sich letztere Befestigung sehr leicht auch nachträglich anbringen läßt, ist sie ersterer unbedingt vorzuziehen. Unter den Bändern sammelt sich stets der Schmutz, so daß durch die Band- oder Gurtbefestigung das Aussehen der Maschine beeinträchtigt wird.

Die Abbildungen 355, 356 und 357 zeigen einen Kniegriff zur Montage mit anzulötenden Befestigungsteilen.

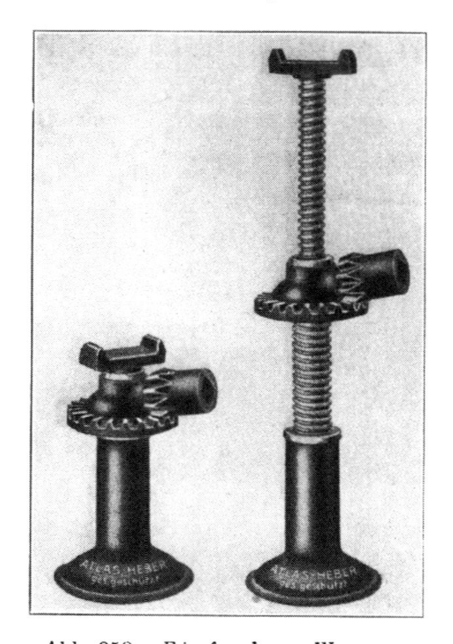

Abb. 358. Einfacher Wagenheber mit großem Hub.
Für große Touren mit Beiwagengefährten sehr empfehlenswert.

Der Wagenheber.

Bei größeren Tourenfahrten wird sich für den Beiwagenfahrer die Mitnahme eines kleinen Wagenhebers empfehlen, da es bei schwererund bepackter Maschine keine Kleinigkeit ist, das Fahrzeug anläßlich einer Reifenreparatur auf den Ständer zu stellen, wie auch bei sonstigen Reparaturen ein solcher gute Dienste leisten kann. Ein besonders für den Kraftradfahrer sehr brauchbarer Wagenheber ist in Abbildung 358 dargestellt. Derselbe zeichnet sich durch eine beträchtliche Arbeitshöhe und geringes Gewicht aus.

Die Einspritzhähne.

Um ein leichtes Anspringen des Motors zu erzielen, wird bekanntlich, ganz besonders in der kalten Jahreszeit, in den Zylinder durch den Einspritzhahn (auch Zischhahn genannt) etwas Benzin eingespritzt. Zur kalten Jahreszeit ist diese Einspritzung zur Lösung des im Zylinder befindlichen, erstarrten Öles unbedingt notwendig, um ein bequemes und rasches Durchtreten des Motors zu erzielen. Bei den meisten Maschinen ist eine eigene

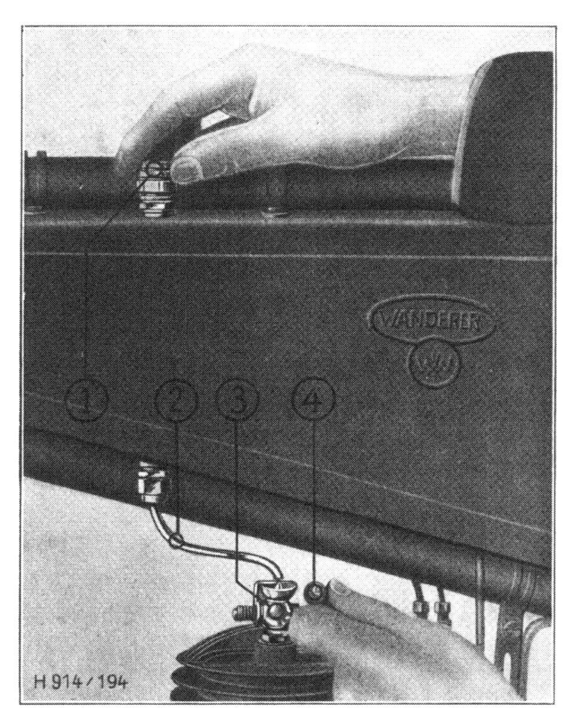

Abb. 359. Einspritzvorrichtung.

Von einem besonderen Benzinhahn führt eine eigene Rohrleitung zum Einspritzhahn. 1 Schraube zum Benzinhahn, 2 Einspritzleitung, 3 Einspritzhahn, 4 Hebel zum Einspritzhahn.

Rohrleitung zum Einspritzhahn vorgesehen, so daß die Verwendung von besonderen Einspritzkännchen in Wegfall kommt. Die Abbildung 359 zeigt eine diesbezügliche Vorrichtung. Da einzelne Fahrzeuge, insbesondere solche mit obengesteuerten Ventilen, keine gesonderten Einspritzhähne aufweisen, stellt das Rawa-Werk in Stuttgart Zündkerzenzwischenstücke, mit dem Einspritzventil kombiniert, her; Abbildung 360. An Stelle dieses den Kompressionsraum etwas vergrößernden Zwischenstückes, welches schnellaufenden Motoren auch dadurch nachteilig ist, daß die Zündkerzenelektroden zu hoch sitzen, werden mit Vorteil die vom gleichen Werk hergestellten „Einspritzzündkerzen“ verwendet; Abbildung 361.

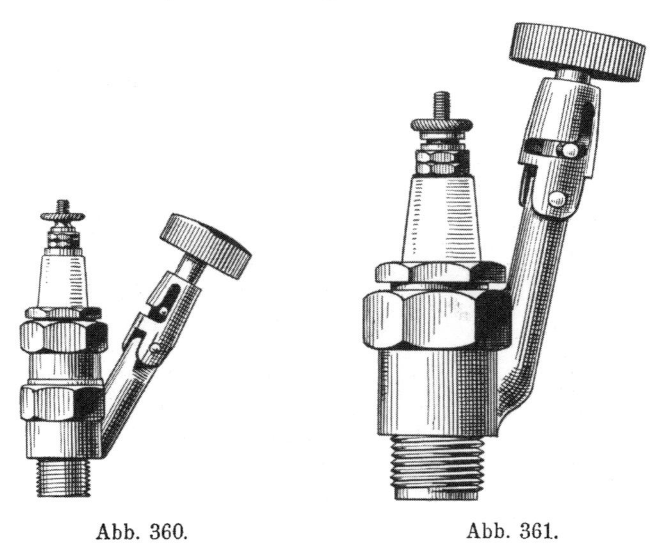

Abb. 360. Abb. 361.

Abb. 360. Zwischenstück mit Einspritzventil.

Bei Krafträdern, welche keine eigenen Einspritzventile aufweisen, empfiehlt sich, besonders während der kalten Jahreszeit, die Verwendung von Zündkerzen-Zwischenstücken, welche mit einem Einspritzventil kombiniert sind.

Abb. 361. Einspritzzündkerze.

Besonders während der kalten Jahreszeit für Maschinen ohne Einspritzventil sehr geeignet. Ein rasches Anspringen wird begünstigt, da die Einspritzung von Benzin direkt bei der Zündkerze erfolgt.

Der Schalldämpfer (Auspufftopf).

Die Frage der Herstellung guter Schalldämpfer für Krafträder ist lange Zeit sehr vernachlässigt worden. Die Folge davon war die Unbeliebtheit des Kraftrades bei nicht-automobilistischen Kreisen. Schon im Jahre 1926 hat man in England dadurch die Fabriken und Konstrukteure gezwungen, der Herstellung von guten Schalldämpfern ihr Augenmerk zuzuwenden, daß man vorgeschrieben hat, daß auch bei den Rennen auf der Brooklandbahn die Fahrzeuge mit Schalldämpfern ausgerüstet sein müssen.

Auch die deutsche Reichsverordnung vom März 1926, mit welcher die Anbringung von Auspuffklappen verboten wurde,

Abb. 362. Auspufftopf mit Fischschwanz.

Die dargestellte englische New-Hudson besitzt eine besonders gute Schalldämpfung durch je zwei Auspufftöpfe für beide Auspuffrohre und je einen Fischschwanz, welch letzterer ein gleichmäßiges Ausströmen der ausgestoßenen Gase gewährleistet.

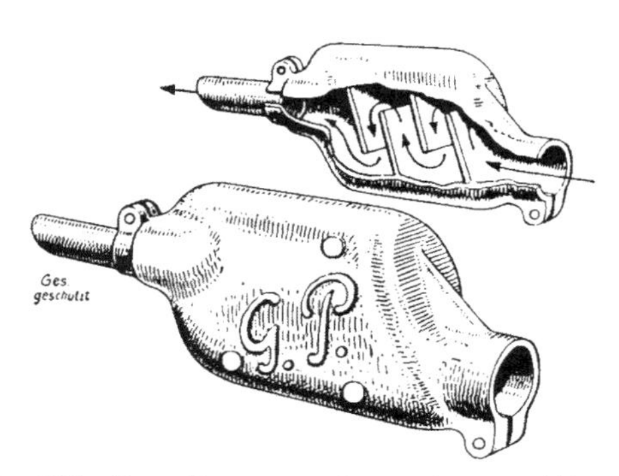

Abb. 363. Das Innere eines Auspufftopfes.

Durch verschiedene Querstege wird das stoßweise Strömen der Auspuffgase in ein gleichmäßiges Ausströmen verwandelt.

hat dazu geführt, daß Auspufftöpfe hergestellt wurden, welche nicht nur schalldämpfend wirken, sondern auch die Leistung des Motors so wenig wie möglich beeinträchtigen. Gerade die letztere Forderung ist keineswegs einfach, da durch die Hemmung eines raschen Austritts der Auspuffgase dieselben in den Explosionsraum zurückgestaut werden, wodurch einerseits der Wirkungsgrad der Maschine sinkt, andererseits dieselbe überhitzt wird. Als sehr vorteilhaft hat sich der „Schalldämpfer mit Fischschwanz“ bewährt, wie ein solcher in Abbildung 362 dargestellt ist.

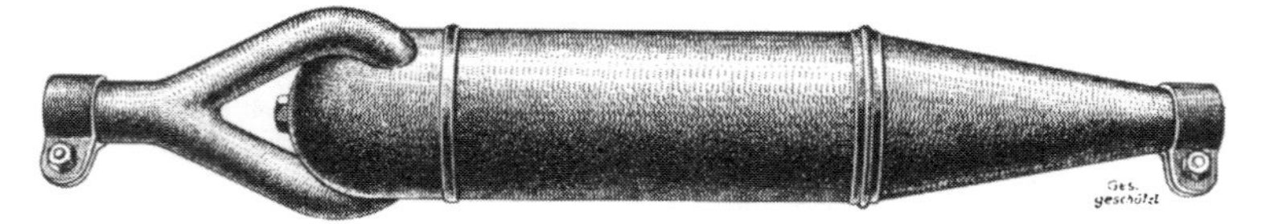

Abb. 364. Der Vacuum-Auspufftopf.

Durch eine gegenseitige saugende Wirkung der beiden Zuleitungen zum Topf wird die sonst hemmende Wirkung der Auspufftöpfe verhindert.

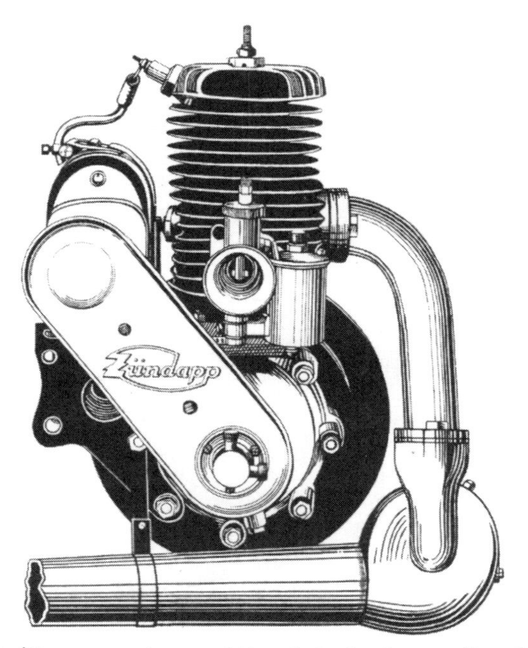

Abb. 365. Vacuum-Auspufftopf bei einem Zweitakter.

Den gebräuchlichen schalldämpfenden Auspufftopf zeigt die Abbildung 363.

Recht interessant sind die unter dem Namen „Vakuumauspufftopf“ bekannt gewordenen Fabrikate der Steigboy-Apparatebaugesellschaft in Leipzig, bei welchen durch eine doppelte Anordnung des in den Auspufftopf führenden Rohres eine Unterdruckwirkung angestrebt wird, durch die der Lauf des Motors eher beschleunigt, denn gehemmt wird. Einen solchen Auspuff-

Abb. 366. Auspuffrohr mit Kühlrippenzwischenstück.
Um eine rasche Abkühlung der ausströmenden Auspuffgase zu erzielen und eine Ableitung der Wärme von der Auspuffleitung zum Zylinder zu verhindern, werden gelegentlich Zwischenstücke oder Verschraubungen mit Kühlrippen verwendet.

Abb. 367. Birnenförmige Auspuffrohr-Ausbildung.
Besonders für Zweitaktmotore sehr zweckmäßig und gut schalldämpfend.

topf zeigt Abbildung 364. Auch der in Abbildung 365 dargestellte Auspufftopf beruht auf dem gleichen Prinzip. Bei Sportmaschinen sieht man häufig von einem eigentlichen Schall-

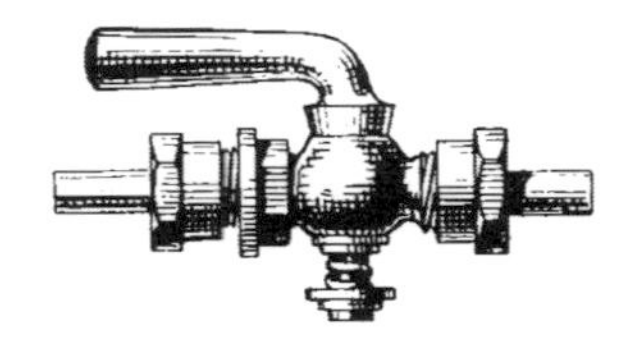

Abb. 368. Der gewöhnliche Absperrhahn.

dämpfer ab und versieht die Enden der möglichst geradlinigen Auspuffrohre mit durchlöcherten und zu einer Fischschwanzform zusammengebogenen Abschlußstücke: Abbildung 366. Für Zweitaktmotoren hat sich hervorragend die in Abbildung 367 dargestellte birnenförmige Ausbildung des Auspuffrohres bewährt. Die Gase erhalten die Möglichkeit, rasch zu expandieren und streichen sodann in einem gleichmäßigen Zug ins Freie. Ganz besonders beim Zweitakter müssen Auspufftöpfe vorgesehen werden, welche die austretenden Gase nicht zurückstauen, da sich sonst die Frischgase mit den verbrannten Gasen mischen, wodurch der Wirkungsgrad des Motors sinkt.

Die Brennstoffhähne.

Dort, wo die Brennstoffleitung in den Tank eingesetzt ist, ist ein Brennstoffhahn vorgesehen. Derselbe ist in den meisten

Abb. 369. Praktischer Schiebehahn.

Fällen nach der in Abbildung 368 dargestellten Form hergestellt. In letzter Zeit haben jedoch der englische Schubhahn, wie er in Abbildung 369 dargestellt ist, oder ähnliche Ausführungen wegen ihrer einfachen und soliden Ausführung Anklang und rasche Verbreitung gefunden.

Vielfach wird der Kraftstoffhahn mit einem Kraftstoffreiniger in Verbindung gebracht, was sich sehr bewährt.

Der Kraftstoffreiniger.

Nicht selten gelangt beim Tanken in den Brennstoffbehälter auch Schmutz und Wasser, so daß es notwendig ist, in die Brennstoffleitung einen Filter einzusetzen. Ein solcher Filter, der auch Wasser abscheidet, ist in Abbildung 370 dargestellt, während die Abbildung 371 einen mit dem Brennstoffhahn kombinierten Brennstoffilter wiedergibt.

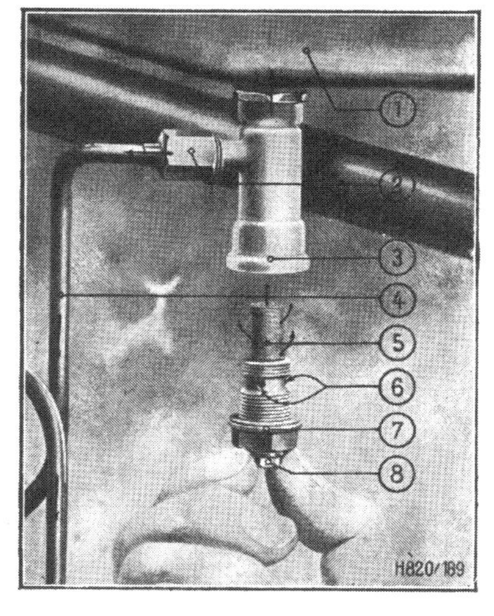

Abb. 370. Kraftstoffreiniger, geöffnet.

1 Kraftstoffbehälter, 2 Überwurfmutter der Benzinleitung, 3 Filtergehäuse, 4 Kraftstoffleitung, 5 feines Drahtsieb, welches auch den Durchtritt von Wasser verhindert, 6 Durchtrittsöffnungen, 7 Einsatzstück, 8 Ablaßschraube, durch welche das im Kraftstoffreiniger enthaltene Wasser ausgelassen werden kann, ohne daß es erforderlich wird, den ganzen Filter abzunehmen.

Diese beiden dargestellten Kraftstoffreiniger und ähnlich konstruierte muß man von Zeit zu Zeit reinigen. Diese Arbeit erspart man sich natürlich, wenn der Filter in den Kraftstoffbehälter hineinragt, wie dies die Abbildung 372 zeigt.

Der Luftreiniger.

Der vom Motor eingeatmete Staub trägt viel zur frühzeitigen Abnützung der Zylinderwände, des Kolbens, der Lagerstellen, sowie der Ventile und der Ventilführungen bei. Man vermeide daher, allzulange im Staub eines anderen Fahrzeuges zu fahren, wenn man auf eine lange Lebensdauer des Motors Wert legt. Ganz besonders in Gegenden, welche sehr staubreich sind, wird man mit Vorteil bei der Ansaugöffnung des Vergasers einen Luftreiniger verwenden. Ein solcher beruht meist auf dem Zentrifugalprinzip. Die

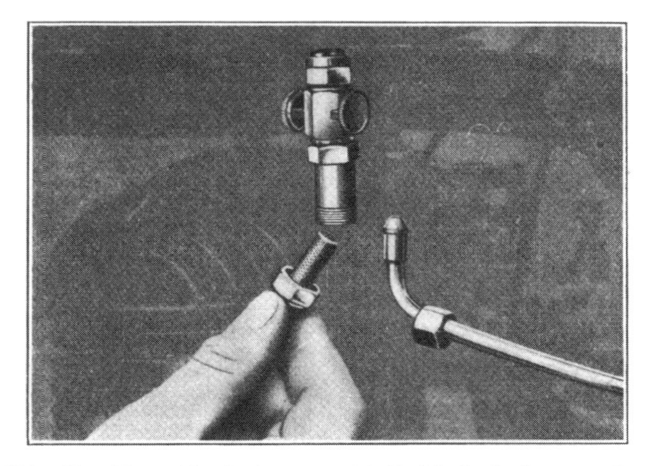

Abb. 371. Kraftstoffreiniger, mit Schiebehahn verbunden.

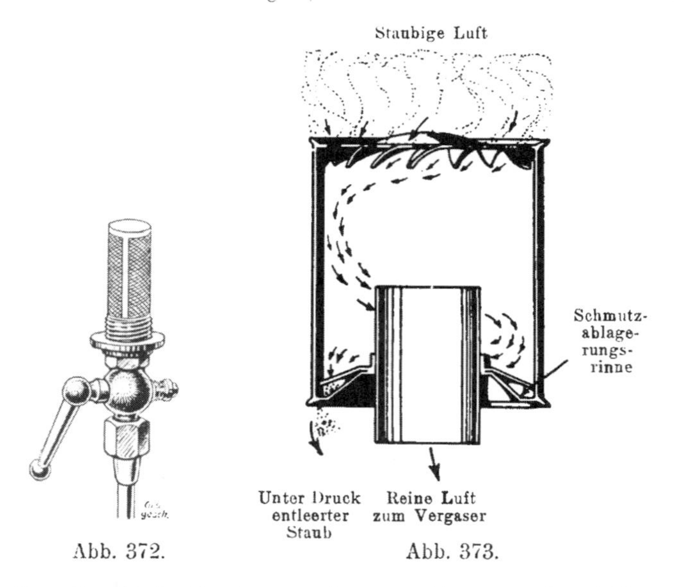

Abb. 372. Abb. 373.

Abb. 372. Kraftstoffreiniger in praktischer Ausführung.
Bei der abgebildeten Armatur ragt das feine Drahtsieb in den Kraftstoffbehälter, so daß Verunreinigungen überhaupt nicht in die Leitung gelangen können. Es erübrigt sich demnach ein gelegentliches Reinigen des Filters.

Abb. 373. Die Wirkungsweise des Luftreinigers.
Die angesaugte Luft wird durch die schiefstehenden Flügel in rasche Rotation versetzt, wodurch die Staubteile infolge der Zentrifugalkraft ausgeschieden und durch eine entsprechende Öffnung ausgeworfen werden. Der Luftreiniger wird am Vergaser angebracht und erhöht nicht unwesentlich die Lebensdauer des Motors.

staubige Luft wird, wie dies Abbildung 373 erkennen läßt, durch feststehende Schaufeln in Rotation gesetzt, so daß der Schmutz durch die Schleuderwirkung in einer Rinne abgesetzt und aus derselben entleert wird. Die Abbildung 374 zeigt einen an einem D-Rade angebrachten Luftreiniger. Die Abnahme der Motorleistung durch die Verwendung des Luftreinigers ist verhältnismäßig geringfügig und wird sicherlich durch die Schonung des Motors aufgewogen. Bemerkt sei, daß alle besseren amerikanischen Tourenautomobile schon seit längerem mit derartigen Staubreinigern ausgerüstet sind und auch die englischen B.S.A.-Werke ihr 500 ccm

Abb. 374.
Luftreiniger, an einem Kraftrad montiert.

Abb. 375. Vergaser mit Staubfilter.
Bei Zweizylindermotoren in V-Form muß zwischen Vergaser und Filter ein Winkelstück verwendet werden, damit der Filter in der Fahrtrichtung liegt. Die Klappe im Kniestück dient zur Ermöglichung des direkten Eintrittes der angesaugten Luft.

OHV-Modell serienmäßig mit einem Luftreiniger ausstatten, desgleichen ab 1928 auch Harley-Davidson.

Richtig wirksam und für die Motorleistung ohne Nachteil sind die Luftreinige rnur dann, wenn die Achse des Apparates in der Fahrtrichtung des Fahrzeuges liegt, so daß bei der gewöhnlichen Zweizylindermaschine eine Verwendung nur bei Anbringung eines Kniestückes möglich wird.

Eine solche Anbringung zeigt die Abbildung 375. Sehr zweckmäßig ist es, zur Erzielung einer besonderen Höchstleistung in

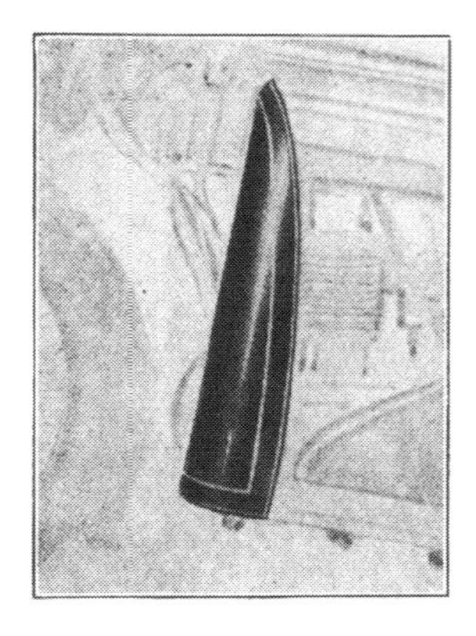

Abb. 376.

Abb. 377.

Abb. 376. Knieschild.

Kleine Ausführung, besonders für Solofahrzeuge. Es ist ohne weiteres möglich, nach wie vor rasch die Beine auf den Boden zu stellen.

Abb. 377. Knieschilder für Beiwagenmaschinen.

Derartige, auch seitlich abgeschlossene Knieschilder an Solofahrzeugen zu verwenden, wäre gefährlich, da es nicht möglich ist, die Füße rasch auf den Boden zu stellen.

dem Kniestück eine Klappe anzubringen, welche es gestattet, das direkte geradlinige Ansaugen der Frischluft zu ermöglichen.

Um dem durch den erhöhten Unterdruck, welcher immerhin infolge des Luftreinigers entsteht, auftretenden Mehrverbrauch an Kraftstoff entgegenzutreten, empfiehlt sich die Verwendung einer etwas kleineren Düse als normal.

Die Knieschilder.

Die Verwendung des Kraftrades als Tourenfahrzeug und insbesondere auch als Geschäfts- und Gebrauchsfahrzeug hat dazu geführt, einen weitgehenden Wetterschutz und einen allgemeinen

Komfort anzustreben. In erster Linie ist es bei schlechtem Wetter für den Kraftradfahrer von Nachteil, daß seine Füße und Beine von oben bis unten angespritzt werden. Um dies zu vermeiden, stellen verschiedene Fabriken „Knieschilder" her, die auch nachträglich vom Kraftradfahrer angebracht werden können und einen vollkommenen Schutz gegen Beschmutzung der Schuhe und der Hosen gewähren. Die Form derartiger Knieschilder, wie sie am gebräuchlichsten und zweckmäßigsten sind, ist in Abbildung 376 dargestellt. Die in Abbildung 377 gezeigten, auch seitlich geschlossenen Knieschützer sind in

Abb. 378. Knieschilder in besonderer Ausbildung.
Beide Beine sind durch einen einzigen Schild geschützt, der auch den Motor vor übermäßiger Verschmutzung bewahrt. Zur Kühlung der Zylinder ist eine entsprechende Ausnehmung vorgesehen.

erster Linie für den Beiwagenfahrer geeignet, während der Solofahrer aus Sicherheitsgründen besser einen Schutz nach Abbildung 376 benutzt, um erforderlichenfalls unbehindert die Füße gegen den Boden stemmen zu können. Auch Abbildung 378 gibt einen nach diesen Gesichtspunkten, überdies in einem Stück hergestellten Schutz wieder. Für die Kühlung der Zylinder ist eine entsprechende Öffnung vorgesehen. Im allgemeinen empfiehlt es sich, die Knieschilder gegen den Motor hin trichterförmig auszubilden, um die Luftkühlung nicht nur nicht zu beeinträchtigen, sondern eher zu verbessern.

Die Kugellager, Rollenlager, Tonnenlager.

Die bestmöglichste Ausnützung der durch die Motorleistung zur Verfügung stehenden Energie bedingt die weitgehendste Verminderung der Reibung in den verschiedenen Lagerstellen. Es war daher naheliegend, nach Möglichkeit die gleitende Reibung in eine rollende zu verwandeln. In erster Linie hat man die schon vom Fahrrade her bekannten Kugellager verwendet. Dieselben werden auch Konuslager genannt und haben den Vorteil, sowohl einen achsialen, als auch einen radialen Druck aufnehmen zu können; Abbildung 379. Diese Kugellager kommen vor allem für die Radnaben in Frage. Hier werden sie, abgesehen von den neuzeitlichen Schrägrollenlagern, fast ausschließlich verwendet. Der innere Teil wird „Konus“ genannt, der äußere „Lagerschale“. Die einzelnen Kugeln liegen lose zwischen diesen beiden Teilen, nur selten werden sogenannte Kugelkäfige vorgesehen. Eine komplette Nabe mit einem solchem Kugellager zeigt unsere Abbildung 380 im Schnitt.

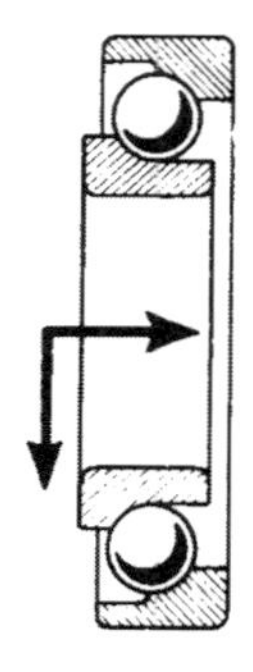

Abb. 379. Das Schrägkugellager.

Vom Fahrrad her allgemein bekannt, auch als Konuslager bezeichnet, besonders in den Naben in Verwendung stehend.

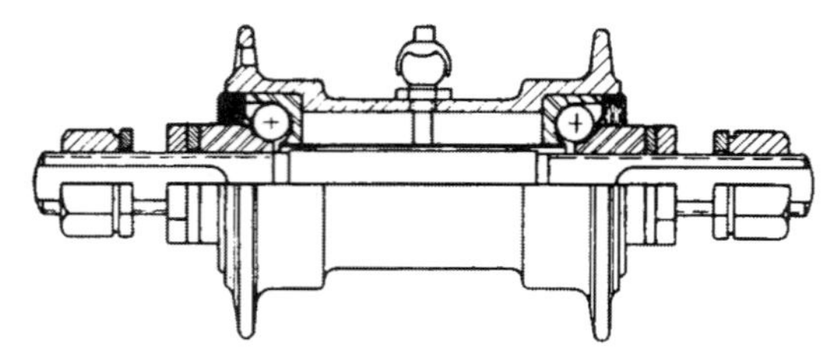

Abb. 380. Vorderachse mit Schrägkugellagern.

Die Kugellager lassen sich durch die Konusse nachstellen; diese werden durch schmale Gegenmuttern gesichert. Zwischen Konus und Gegenmutter befindet sich eine Beilagsscheibe, welche durch eine Nase in einer Nute der Achse geführt und dadurch gegen Verdrehungen gesichert ist.

während die Abbildung 381 eine Beiwagennabe mit Konuslagern im Halbschnitt wiedergibt.

Für die im Motor sowie im Getriebe in Betracht kommenden Lagerstellen werden sogenannte Ringkugellager verwendet.

Ein solches Ringkugellager ist schematisch in Abbildung 382 und photographisch in Abbildung 383 dargestellt. Die tat-

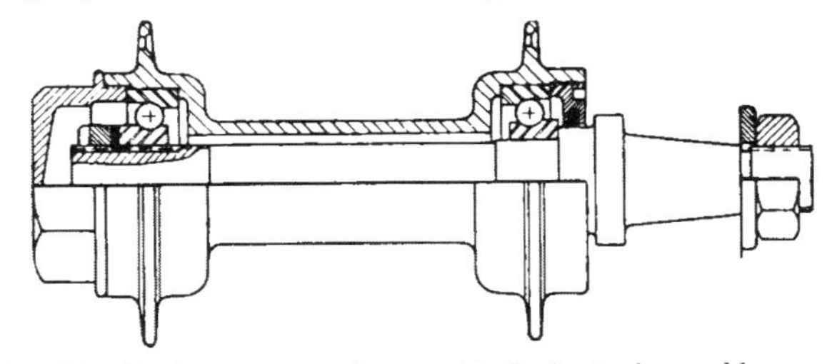

Abb. 381. Beiwagenachse mit Schrägkugellagern.

Nach Abnehmen der ganz links sichtbaren Staubkappe wird die Mutter zugänglich, durch welche der Innenring des einen Lagers verschoben und dadurch das Lager nachgestellt werden kann.

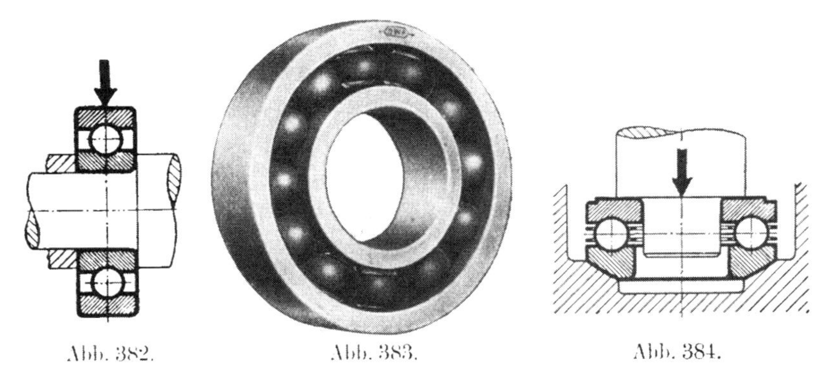

Abb. 382. Abb. 383. Abb. 384.

Abb. 382. Querlager.

Ringkugellager, zur Aufnahme eines radialen Druckes befähigt, daher auch „Radiallager" genannt.

Abb. 383. Das Ringkugellager.

Im Motor, im Getriebe, teilweise auch in den Naben, werden „Ring"kugellager verwendet. Abgesehen von dem Unterschied in der Verwendung unterscheiden sich diese Kugellager von den sogenannten Konuslagern dadurch, daß das gesamte Lager ein einheitliches Ganzes darstellt und bei der Demontage nicht in seine Teile zerfällt. Das Ringkugellager, das zur Aufnahme radialen Druckes bestimmt ist, gewährt eine Führung in axialer Richtung nach beiden Seiten, kann daher auch einzeln verwendet werden, während sich das Konuslager nur paarweise verwenden läßt.

Abb. 384. Längslager.

Kugellager, zur Aufnahme eines axialen Druckes befähigt, daher auch „Axiallager" genannt.

sächliche Ausführung eines solchen Kugellagers weicht von der Abbildung 382 insofern ab, als die Laufrinnen einen größeren Radius aufweisen als die Kugeln, um einen möglichst reibungslosen Lauf des Lagers zu erzielen. Da diese Lager lediglich einen radialen Druck auszuhalten vermögen und bei einem achsialen Druck klemmen und vorzeitig beschädigt werden, werden sie als „Radiallager" im Gegensatz zu dem in Abbildung 384 gezeigten „Axiallager" bezeichnet. Vielfach verwendet man auch an Stelle der Bezeichnung Radiallager das

Abb. 385. Verwendung von Ringkugellagern.
Lagerung der Übertragungsräder auf Querlagern.

treffende deutsche Wort „Querlager", Axiallager die Bezeichnung „Längslager". Die Abbildungen 385 und 386 lassen die Verwendung der Ringkugellager im Kraftradmotor erkennen.

Die Ringkugellager (Querlager) werden von einzelnen Fabriken der Einfachheit halber auch für die Räder verwendet, woselbst sie den Vorteil leichtester Auswechselbarkeit besitzen. Dies zeigt die Abb. 402. Trotzdem empfiehlt sich diese Ausführung nicht, weil die Lager nicht in der Lage sind, dem seitlichen Druck, wie er ganz besonders beim Beiwagenfahren auftritt, auf die Dauer standzuhalten, und eine Nachstellbarkeit dieser Lager nicht möglich ist. Schrägrollenlager sind vorzuziehen, jedoch kostspieliger.

Abb. 386. Verwendung von Ringkugellagern im Motor.
Hauptlager und Getriebewelle eines liegenden Einzylinder-Blockmotors auf Ringkugellagern.

In letzter Zeit haben die sogenannten „Rollenlager“ stark an Verbreitung zugenommen, da sie infolge der breiteren Auflage der Rollen befähigt sind, wesentlich stärkere radiale Kräfte zu ertragen als Kugellager. Die Abbildung 387 zeigt ein derartiges Rollenlager im Schnitt, während die Abbildung 388 die einzelnen Teile eines Rollenlagers erkennen läßt. Bei

Krafträdern wird man in den meisten Fällen, um möglichst viel Rollen im Lager unterbringen zu können, von der Verwendung eines besonderen Rollenkorbes Abstand nehmen. Rollenlager finden ganz besonders bei den Pleuellagern Verwendung.

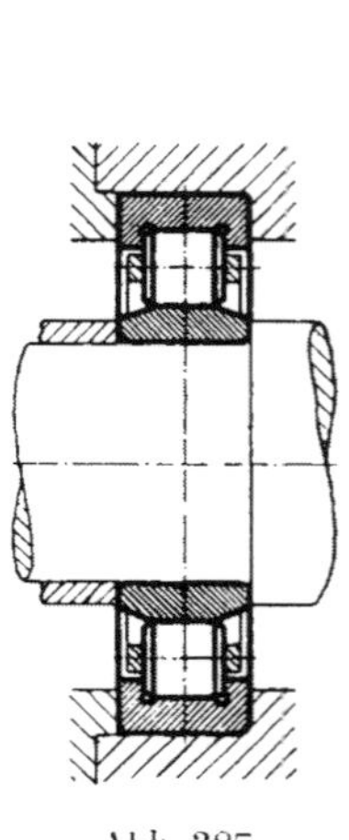

Abb. 387.

Abb. 388.

Abb. 387. Rollenlager.

Das dargestellte Rollenlager ermöglicht eine axiale Verschiebung der Welle, wie dies z. B. auf der einen Seite der Kurbelwelle erforderlich ist. Ist das Lager durch entsprechende Fortsätze der Lagerringe als „Schulterlager" ausgebildet, ist eine seitliche Verschiebung nach einer oder nach beiden Seiten nicht möglich.

Abb. 388. Die Teile eines Rollenlagers.

Innenring mit seitlichen Schultern, Rollen mit Rollenkorb, Außenring ohne Schultern. Ein Rollenlager, dessen beide Ringe nicht „Schultern" (seitliche, nach innen übergreifende Absätze) besitzt, gewährt keine Führung der Achse in axialer Richtung. Bei Kurbelwellen wird daher meist auf der einen Seite ein Schulterlager, auf der anderen Seite ein gewöhnliches Lager verwendet, falls nicht Kugellager vorgesehen sind.

Werden die Rollen lang und dünn gehalten, so spricht man meist von „Walzenlagern".

Die in den zwei letzten Abbildungen gezeigten Rollenlager sind solche mit zylindrischen Rollen. Neben diesen kommen ganz besonders beim Kraftrade auch die sogenannten „Schrägrollenlager" in Verwendung. Die Abbildung 389 zeigt ein solches Schrägrollenlager im Schnitt, während die Abbildung

390 die einzelnen Teile eines Schrägrollenlagers deutlich erkennen läßt. Der überragende Vorteil des Schrägrollenlagers

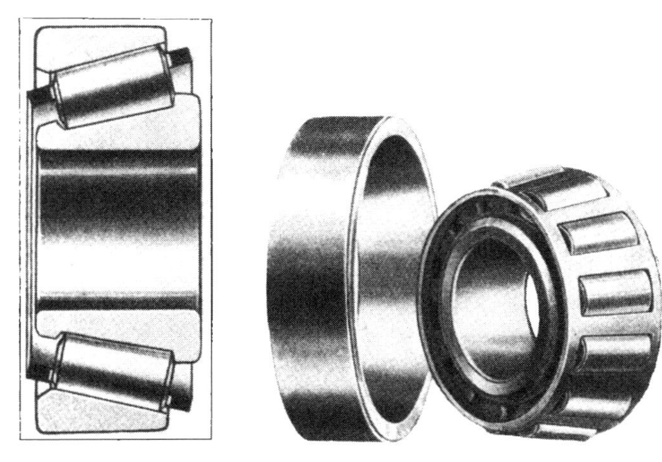

Abb. 389. Abb. 390.

Abb. 389. Schrägrollenlager.

In erster Linie zur Aufnahme eines radialen Druckes, in beschränktem Maße aber auch eines einseitigen axialen Druckes befähigt. Der große Vorteil der Schrägrollenlager gegenüber den gewöhnlichen Rollenlagern mit zylindrischen Rollen liegt darin, daß erstere ebenso wie Schrägkugellager nachstellbar sind.

Abb. 390. Die Teile eines Schrägrollenlagers.

Außenring, Innenring, konische Rollen und Rollenkäfig. Schrägrollenlager werden bei Krafträdern hauptsächlich in den Radnaben — meist ohne Rollenkäfig — verwendet.

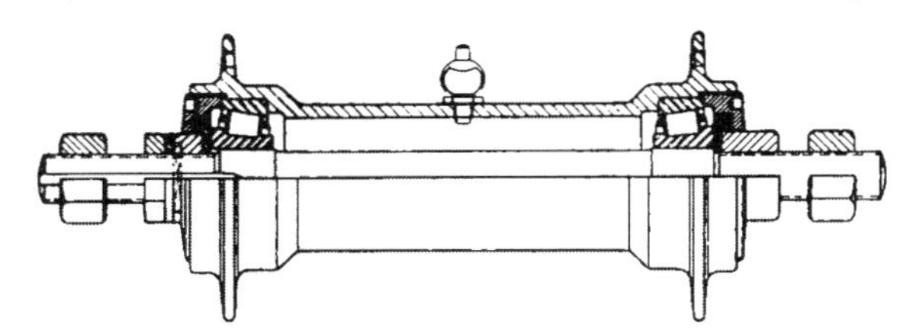

Abb. 391. Vorderachse mit Schrägrollenlagern.

Die Innenringe beider Lager sind ebenso verstellbar wie die Konusse der Schrägrollenlager. Dadurch lassen sich die stets paarweise verwendeten Schrägrollenwager im Gegensatz zu den gewöhnlichen Rollenlagern mit zylindrischen Rollen jederzeit genauestens einstellen.

liegt darin, daß dasselbe befähigt ist, nicht nur einen radialen Druck auszuhalten, sondern in gewissen Grenzen auch einen axialen Druck, des weiteren, daß das Schrägrollenlager ebenso wie das Konuskugellager nachstellbar ist. Die Rollen des Schrägrollenlagers sind konisch.

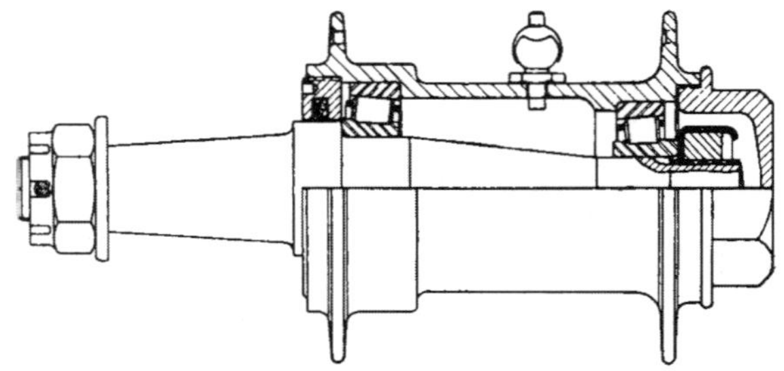

Abb. 392. Beiwagenachse mit Schrägrollenlagern.
Nimmt man die ganz rechts sichtbare Schutzkappe ab, wird die Mutter zugänglich, durch welche die Einstellung der Lager erfolgt. Zwischen dieser Mutter und dem Innenring des äußeren Lagers liegt eine Sicherungsscheibe aus Blech, welche durch eine Nase in einer Nut der Achse geführt und dadurch am Verdrehen verhindert wird. Ein Fortsatz dieser Scheibe wird über eine Fläche der Sechskantmutter gebogen (siehe Abbildung), um diese festzuhalten, sobald das Lager richtig eingestellt ist.

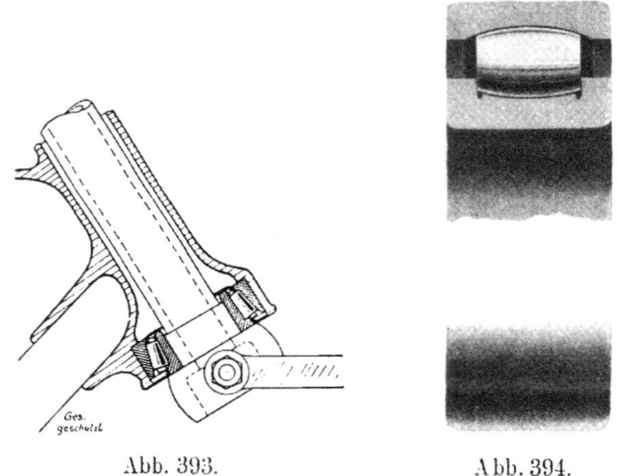

Abb. 393. Abb. 394.

Abb. 393. Schrägrollenlager für die Steuerung.
Erfahrungsgemäß schlagen sich die Lagerschalen der Kugellagerung bei Fahrten auf schlechten Straßen verhältnismäßig rasch, oft schon nach 10—15 000 km, aus. Rollenlager sind dauerhafter.

Abb. 394. Tonnenlager.
Ein Mittelding zwischen Rollen- und Kugellager, eine Verwindung der Welle zulassend, ohne daß das Lager klemmt.

Schrägrollenlager werden in erster Linie bei schwereren Fahrzeugen in den Rädern verwendet, wo sie bei genügender Schmierung geradezu unverwüstlich sind. Die Abbildung 391 zeigt eine Radnabe mit Schrägrollenlagern, Abbildung 392 eine solche

Abb. 395. Die Teile eines Tonnenlagers.

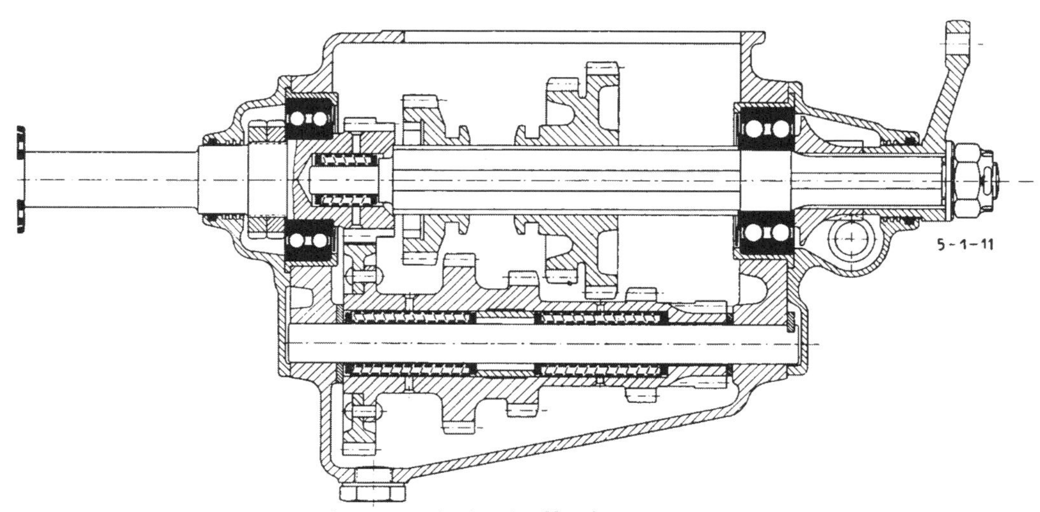

Abb. 396. Spiralrollenlager.

An Stelle der Rollen oder Walzen finden auch geschliffene Spiralen aus flachem Stahl Verwendung. Die Schmierung dieser Lager ist besonders begünstigt. Innen- und Außenring lassen sich wegen der großen Auflagefläche vermeiden.

Nabe für den Beiwagen. Aus Abbildung 393 kann man erkennen, daß Schrägrollenlager auch für die Lagerung der Steuerung verwendet werden können.

Eine Abart der Rollenlager stellt das sogenannte „Tonnenlager“, Abbildungen 394 und 395, dar. Das Tonnenlager hat den Vorteil, auch bei sogenannten „schlagenden“ Wellen nicht zu klemmen und sich jederzeit von selbst den Verziehungen der Welle oder des Lagers anzupassen.

Eine weitere Abart des Rollenlagers wird von der Weltfirma „Fichtel und Sachs“ in der Form des sogenannten „Spiralrollenlagers“ hergestellt. Die Verwendung eines solchen Spiralrollenlagers, das bezüglich der Schmierung große Vorteile aufweist, ferner infolge der breiten Auflagefläche eines besonderen Innen- und Außenringes nicht bedarf, zeigt die Abbildung 396 an einem Kraftwagengetriebe. Die Verwendung von Spiralrollenlagern bei Krafträdern ist, soweit dem Verfasser bekannt ist, bis jetzt noch nicht erfolgt.

Abb. 397.
Der Steuerungsdämpfer.
Nur mit dieser Einrichtung ergeben sich günstige Fahreigenschaften des Kraftrades mit oder ohne Beiwagen. Die Stärke der Friktion ist durch Hebel oder Handrad einstellbar.

Der Steuerungsdämpfer.

In dem Abschnitte „Federungsvorrichtungen“ haben wir bereits auf die vorteilhafte Wirkung des Friktionsdämpfers hingewiesen. In den letzten Jahren hat man derartige Dämpfer auch für die Dämpfung der Steuerung eingeführt. Diese Dämpfer sind derart ausgebildet, daß während der Fahrt jederzeit die dämpfende Wirkung verändert werden kann. Besonders bei hohen Geschwindigkeiten tritt leicht ein „Flattern“ der Steuerung ein. Durch die Verwendung des Steuerungsdämpfers wird bei einer entsprechenden Einstellung der dämpfenden Wirkung die Lenksicherheit wesentlich erhöht.

Von besonderem Vorteil sind die Steuerungsdämpfer bei Beiwagenmaschinen, da bei diesen durch die Einseitigkeit des Beiwagenzuges besonders leicht das Flattern der Steuerung eintritt.

Bei Maschinen, bei welchen nicht schon von der Fabrik aus ein Steuerungsdämpfer vorgesehen ist, läßt sich ein solcher nach Abbildung 397 jederzeit ohne Schwierigkeit einbauen.

Eine moderne Maschine ohne Steuerungsdämpfer ist vollkommen undenkbar. Wer noch nie eine Maschine mit Steuerungsdämpfer fuhr, kann die außerordentlichen Vorteile des Steuerungsdämpfers gar nicht ermessen. Am besten erkennt man die Wirkung, wenn man den Dämpfer vollkommen löst — man kann kaum mehr fahren. Für den Beiwagenfahrer wird erst durch den Steuerungsdämpfer das Fahren zum Vergnügen: das ist nicht übertrieben.

Der Dämpfer soll nicht durch einen Hebel sondern durch ein Handrad betätigt werden.

Bei Rennmaschinen findet man gelegentlich auch den Steuerungsdämpfer mit der Kupplung kombiniert, so daß sich beim Schalten der Dämpfer von selbst festzieht, oder die Betätigung erfolgt nach Abbildung 398 gesondert mittels Bowdenzug.

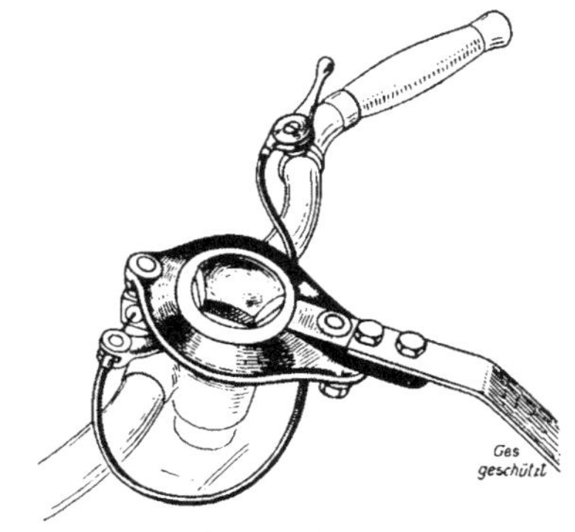

Abb. 398.
Steuerungsdämpfer mit Bowdenzugbetätigung.

Bei Rennmaschinen kann unter Umständen die abgebildete Einrichtung zweckmäßig sein, bei welcher der Steuerungsdämpfer durch einen neben dem Lenkstangengriff befestigten Hebel eingestellt wird. Übrigens gibt es auch Kombinationen mit dem Kupplungshebel, um ein Verreißen während des Schaltens zu vermeiden.

Die auswechselbaren Räder.

Eines der unangenehmsten Vorkommnisse sind Reifenreparaturen, ganz besonders bei Nachtfahrten oder bei schlechtem Wetter. Beim Auto hat man sich schon vor vielen Jahren dadurch zu helfen gewußt, daß man die Räder leicht demontierbar und vor allem auswechselbar hergestellt hat, so daß die Möglichkeit gegeben ist, komplette Ersatzräder mitzuführen. Die gleiche Einrichtung stößt beim Kraftrad im allgemeinen deswegen auf Schwierigkeiten, weil der Raum, welchen solche Einrichtungen beanspruchen, nicht oder nicht in genügendem Maße zur Verfügung steht. Trotzdem sind verschiedene Fabriken, auch deutsche, daran gegangen, ihre Fahrzeuge mit auswechselbaren Rädern zu versehen.

Diese Einrichtung ermöglicht auch beim Hinterrad die Herausnahme desselben nach Lösen einer einzigen Mutter und Her-

Abb. 399. Die Lagerung der rotierenden Achse in der Gabel.
Im Zusammenhang mit auswechselbaren Rädern haben verschiedene Konstrukteure die Kugellager aus der Nabe heraus und in die Gabelenden verlegt, so daß der Achsbolzen mit dem Rade rotiert. Das Bild läßt diese Anordnung mit zwei doppelreihigen, nachstellbaren Kugellagern erkennen. B Achsbolzen, M Mutter für den Achsbolzen, K Mitnehmerklauen

Abb. 400. Abnehmbarer Gepäckträger.
Zum leichten Montieren des Hinterrades läßt sich bei der „Wanderer" der Gepäckträger gemeinsam mit einem großen Teile des Kotbleches leicht abnehmen.

ausziehen des Achsbolzens, ohne daß der Fahrer genötigt wird, die Kette und das Bremsgestänge zu demontieren. Das Kettenrad wird separat gelagert und nimmt mittels Klauen das Hinterrad mit. Die Kugellager werden entweder in der Radnabe selbst untergebracht, so daß auch das Ersatzrad einen kompletten Kugellagersatz enthält, oder aber es werden, wie z. B. bei den seinerzeitigen NSU-Krafträdern, die Kugellager zu beiden Seiten in den Gabelenden eingebaut, so daß die Steckachse selbst mitrotiert; Abbildung 399.

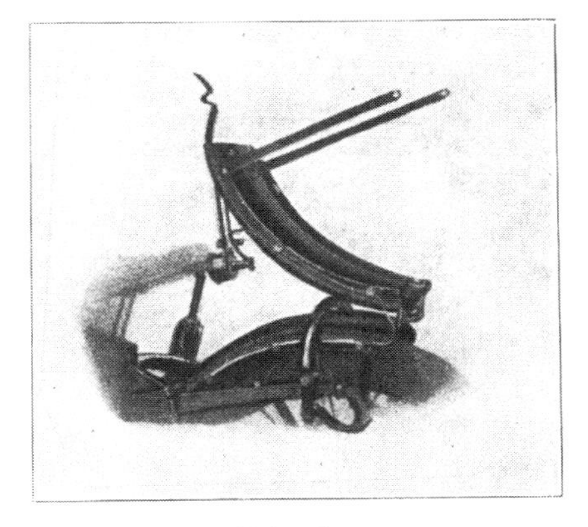

Abb. 401.
Aufklappbarer hinterer Kotflügel.

Diese Einrichtung ist ganz besonders an Maschinen erforderlich, welche mit auswechselbaren Rädern ausgerüstet sind, um auch das mit großen Niederdruckreifen ausgestattete Rad nach Lösen der Ausfallachse leicht herausrollen zu können. Ist das Kotblech starr, muß häufig das reparierte Rad oder Ersatzrad ohne Luft eingeschoben und erst später aufgepumpt werden.

Besonders bei Beiwagengefährten sind auswechselbare Räder außerordentlich bequem, da die Mitnahme eines Reserverades ohne weiteres möglich ist. Im allgemeinen kann das Auswechseln eines defekten Rades gegen das Ersatzrad in 2—3 Minuten und unter Verwendung lediglich eines Mutternschlüssels durchgeführt werden. Die Reparatur der beschädigten Bereifung wird man sodann in der nächsten Rast- oder Nächtigungsstation vornehmen. Um ein bequemes Herausnehmen, besonders des Hinterrades erzielen zu können, wird vielfach das rückwärtige Kotblech geteilt hergestellt, so daß ein Teil desselben nach Lösen von Flügelschrauben entweder abgenommen oder aufgeklappt werden kann; Abbildung 400 und 401.

Wenn trotz der außerordentlichen Bequemlichkeit der auswechselbaren Räder zur Zeit nur wenige Fabriken ihre Fahrzeuge mit solchen ausrüsten, so dürfte dies einerseits darauf zurückzuführen sein, daß auswechselbare Räder eine nicht unwesentliche Verteuerung mit sich bringen, während andererseits nur wirklich sehr gute Konstruktionen der Mitnehmerklauen befriedigende Ergebnisse zeitigen. Infolge der unglaublich großen Beanspruchung der Mitnehmerklauen bekommen dieselben leicht Luft und bei einem Spiel in dem Lager tritt eine fräsende Wirkung auf, die verhältnismäßig rasch den Verfall der Einrichtung bringt. Nicht möglich ist eine solche fräsende Wirkung bei der von den BMW-Werken und anderen verwendeten Einrichtung, da bei dem Einbau der Kugellager an den beiden Gabelenden eine gesonderte Lagerung des Antriebes entfällt und somit auch eine desaxiierte Bewegung des Antriebsrades gegenüber dem Hinterrade unmöglich wird.

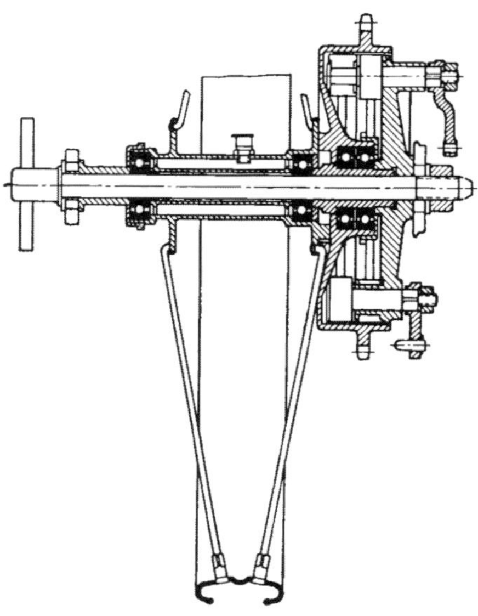

Abb. 402. Hinterradnabe mit Ringkugellager.

Die Radnabe und die Bremstrommel, an deren Umfang sich der Zahnkranz befindet, sind gesondert auf Querkugellagern gelagert. Das Rad wird durch Klauen von der angetriebenen Bremstrommel mitgenommen. Ausfallachse mit auswechselbaren Rädern.

Die Abbildung 402 zeigt einen Schnitt durch eine Konstruktion des auswechselbaren Hinterrades und zwar unter Verwendung von je zwei Ringkugellagern für die Radnabe und für die Bremstrommel bzw. das Kettenzahnrad, dessen Lagerung den Kettenzug auszuhalten hat. Wie auch beim einspurigen Fahrzeug in zweckmäßiger und einfacher Weise ein Ersatzrad mitgeführt werden kann, zeigt die Abbildung 403.

Die Ausfallachse.

Sollte aus Gründen der Preisbildung von auswechselbaren Rädern Abstand genommen werden, so sollte der Konstrukteur doch auf alle Fälle eine Lösung wählen, die es ermöglicht, das Hinterrad ohne Demontage der Kette und der Bremsen herauszunehmen, wie dies die Abbildungen 404, 405 und 406 zeigen. Es ist durchaus unzeitgemäß, dem Fahrer zuzumuten,

Abb. 403. Mitnahme eines Ersatzrades an einem Solofahrzeug.

Die Unannehmlichkeiten der Reifenreparaturen, besonders bei schlechtem Wetter und in der Nacht, haben dazu geführt, daß bei Beiwagengefährten, gelegentlich auch bei Solofahrzeugen, mit auswechselbaren Rädern ein komplettes Ersatzrad mitgeführt wird. An die Einseitigkeit der Belastung hat man sich rasch gewöhnt. Außerdem läßt sich durch eine Packtasche ein Ausgleich schaffen.

Abb. 404. Leichtes Herausnehmen des Hinterrades.

Auch dann, wenn die Räder nicht gegeneinander vertauschbar sind, soll beim Hinterrad eine Ausfallachse vorgesehen sein, um Reparaturen zu erleichtern und Ketten- und Bremsmontagen zu vermeiden. Hierbei muß die Hinterradgabel und der Gepäckträger entsprechend weit gehalten sein, um auch das aufgepumpte Rad leicht einschieben zu können.

bei Reifenreparaturen am Hinterrad sich der mühseligen und schmutzigen Arbeit der Ketten- und Bremsenmontage zu unterziehen und womöglich jedesmal den Konus neu einzustellen.

Wenn aber all diesen Erwägungen nicht entsprochen wird — bei schnellen Sportmaschinen hat die starre Befestigung des Kettenzahnrades und der Bremsen am Hinterrad sicher etwas für sich — sollte wenigstens die Achse geteilt ausgeführt werden, um ein leichtes Einziehen eines neuen Schlauches zu ermöglichen; Abbildung 407.

Abb. 405. Die Ausfallachse des BMW-Motorrades.
Steckachse, Zwischenstücke, Mitnehmerklauen des Tellerrades im Kegelradantrieb. Bei dieser Konstruktion rotiert die Steckachse mit dem Rad.

Die Signalvorrichtungen.

Die einfachste und zur Zeit wohl auch noch verbreitetste Signalvorrichtung ist die gewöhnliche Hupe mit dem Gummiball. Vor dem Ankauf billiger Erzeugnisse wird gewarnt. Besonders zu achten ist auf eine gute Befestigung, am besten durch zwei getrennte Schellen nach Abb. 408.

Seit Einführung der elektrischen Beleuchtung am Kraftrade hat sich auch das elektrische Signal, das sogenannte „Horn“ ganz außerordentlich rasch eingeführt. Das Horn wird direkt

Abb. 406. Ausfallachse am Hinterrad.

Der hintere Teil des Kotbleches des abgebildeten Fahrzeuges ist nach Lockern von drei Flügelschrauben abnehmbar, um auch das ballonbereifte Rad leicht einschieben zu können. Im Gegensatze zu der in Abbildung 405 dargestellten Konstruktion steht hier die Achse fest. Die Lager sind in der Radnabe untergebracht. Die Nabe dieser Maschine weist daher auch einen wesentlich größeren Durchmesser auf als jene am vorhergehenden Bild.

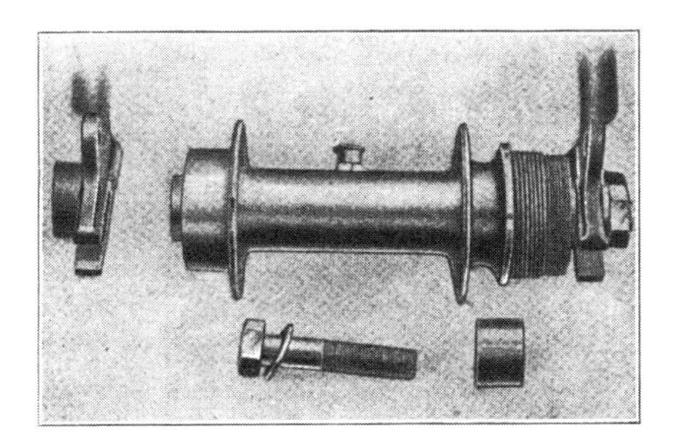

Abb. 407. Geteilte Hinterradachse.

Bei Fahrzeugen, bei welchen weder auswechselbare Räder noch Ausfallachsen vorgesehen sind, ist es zweckmäßig, die Hinterradachse geteilt auszuführen, um nach Entfernung eines Zwischenstückes den Schlauch wechseln zu können, ohne das Hinterrad und damit auch Kette und Bremse demontieren zu müssen. Das rechts auf der Nabe sichtbare Gewinde dient zur Befestigung der Kettenscheibe.

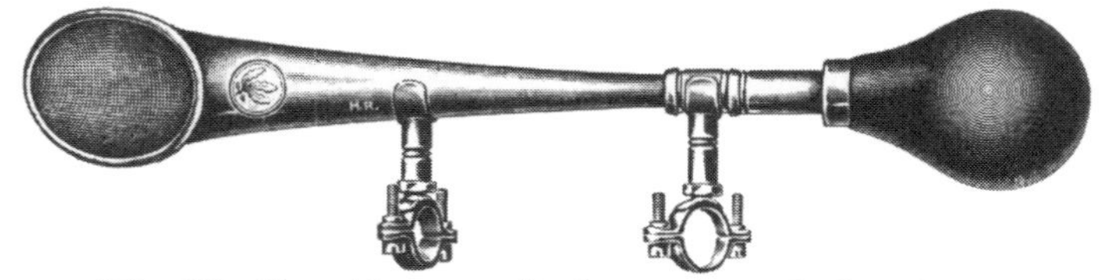

Abb. 408. Handhupe mit doppelter Befestigung.

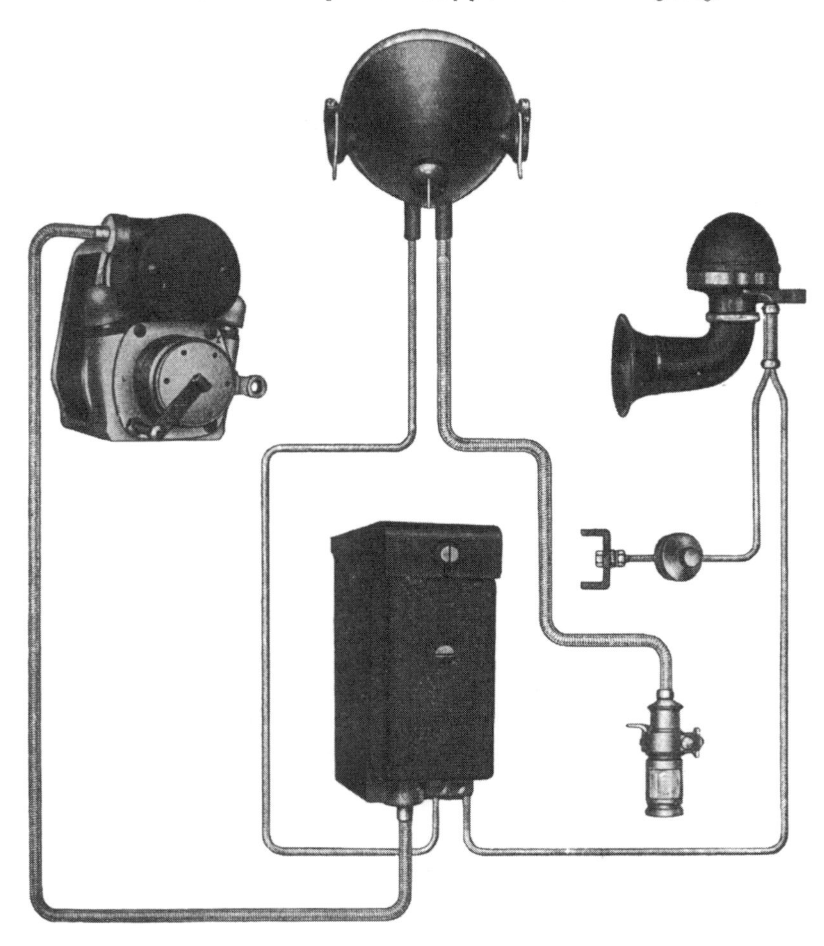

Abb. 409. Die Schaltung des elektrischen Signalhorns.

an die Batterie (den Akkumulator) angeschlossen und durch einen an der Lenkstange in bequemer Lage angebrachten Kontaktknopf betätigt. Dieser Kontaktknopf wird auf der linken

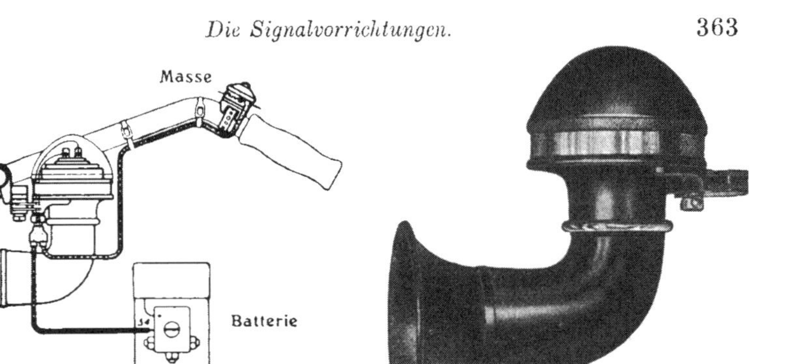

Abb. 410. Abb. 411.

Abb. 410. Die Schaltung des Kontaktknopfes zum Horn.
Die beiden Klemmen des Horns sind isoliert angebracht; die Verbindung der positiven Leitung (Batterie — Horn) ist eine ständige; die Verbindung der negativen Leitung wird durch den Kontaktknopf hergestellt, dessen eine Klemme mit dem Horn, dessen andere mit „Masse" verbunden ist.

Abb. 411. Bosch-Horn, große Ausführung.

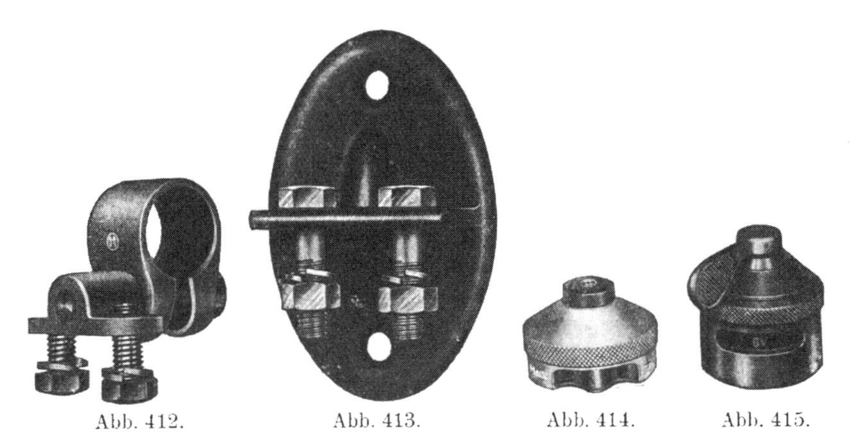

Abb. 412. Abb. 413. Abb. 414. Abb. 415.

Abb. 412. Befestigungsschelle zur Befestigung des Signalhornes auf der Lenkstange.

Abb. 413. Befestigungsteil für das Horn bei Befestigung am Beiwagen.

Abb. 414. Der gebräuchliche Bosch-Kontaktknopf.
In kleiner und größerer Ausführung erhältlich. Man wählt im allgemeinen zur Befestigung auf der Lenkstange die kleine Ausführung.

Abb. 415. Bosch-Tondrossel.
Einzuschalten in die Zuleitung zum Horn, enthält einen Widerstand, der entweder in die Leitung geschaltet oder — je nach Hebelstellung — kurz geschlossen ist.

Seite anzubringen sein, um erforderlichenfalls die meist auf der rechten Seite angebrachte Schaltung betätigen zu können. Vorteilhaft ist auch die Anbringung von je einem Kontaktknopf auf jeder der beiden Seiten der Lenkstange.

Das Schaltschema einer elektrischen Signaleinrichtung zeigt Abbildung 409 und 410, während in den Abbildungen 411, 412, 413 und 414 ein solches Horn, verschiedene Befestigungsschellen, sowie der am meisten gebräuchliche Bosch-Kontaktknopf dargestellt sind.

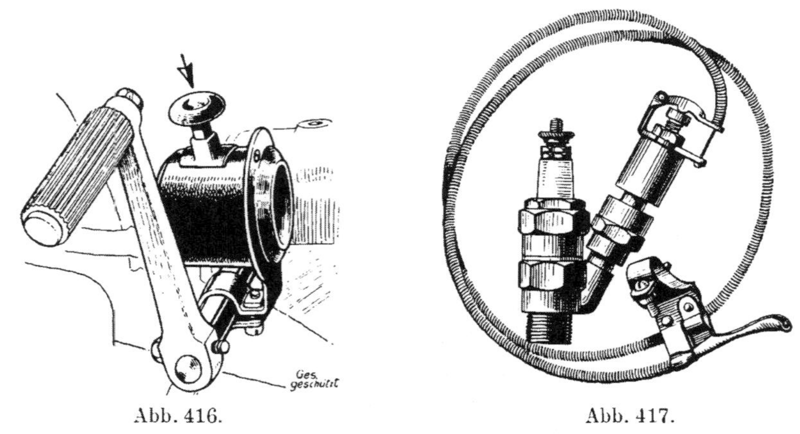

Abb. 416. Abb. 417.

Abb. 416. Mechanisches Klaxon, durch den Fuß zu betätigen.

Abb. 417. Auspuffpfeife.
Mittels eines Zwischenstückes bei der Zündkerze befestigt, wenn sich keine bessere Möglichkeit ergibt. Im allgemeinen für moderne Kraftfahrzeuge nicht mehr in Betracht kommend.

Für Beiwagenmaschinen wird man unter Verwendung der in Abbildung 413 dargestellten Armatur mit Vorteil die größte Ausführung des 6-Volt-Hornes wählen, um ein genügend lautes Signal zu erzielen. Da in den Städten die Verwendung eines lauten Signals verboten ist und meist beanstandet wird, tut man bei der Verwendung eines großen Hornes gut, die in Abbildung 415 dargestellte Tondrossel, welche in die zum Horn führende elektrische Leitung eingeschaltet wird, zu verwenden, sodaß man die Lautstärke des Signals auf „stark“ oder „schwach“, das heißt auf „Land“ und „Stadt“, einstellen kann.

Amerikanische Fahrzeuge verwenden vielfach das sogenannte „Klaxon“, das einen außerordentlich durchdringenden, keineswegs aber wohltuenden Laut von sich gibt. Die Verwendung des Klaxon in geschlossenen Siedlungen ist verboten, so daß neben demselben entweder eine gewöhnliche Hupe oder ein elektrisches Horn Verwendung finden muß. Solche Klaxons gibt es auch mit mechanischem Antrieb, wie dies Abbildung 416 zeigt.

Schließlich seien noch die auch an Krafträdern gelegentlich verwendeten Explosionspfeifen erwähnt, welche am Zylinder befestigt und durch die expandierenden Gase betrieben werden. Eine solche Pfeife ist in Abbildung 417 dargestellt. Ist eine Möglichkeit zur Anbringung einer solchen Pfeife, die stets mit dem normalen Zündkerzengewinde versehen ist, nicht vorhanden, so kann man bei der Zündkerzenöffnung ein in Abbildung 418 dargestelltes Zwischenstück verwenden. Es darf jedoch nicht übersehen werden, daß durch die Anbringung eines solchen Zwischenstückes der Explosionsraum vergrößert wird.

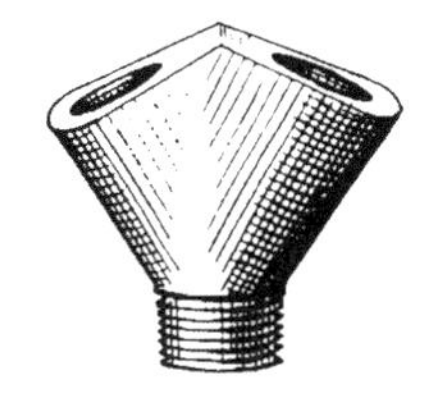

Abb. 418. Zündkerzen-Zwischenstück.

Zur Anbringung einer Auspuffpfeife oder eines Einspritzhahnes geeignet. Die Explosionsgeschwindigkeit leidet jedoch, da die Zündkerze nicht direkt im Zylinder sitzt.

Der Drehgriff.

Mit den amerikanischen Maschinen, welche in Europa in letzter Zeit starke Verbreitung gefunden haben, sind auch die sogenannten „Drehgriffe“ zu uns gekommen. Bei denselben wird der Vergaser, häufig auch die Zündung, an Stelle der Betätigung durch die auf der Lenkstange angebrachten Hebel mittels eines drehbaren Lenkstangengriffes reguliert. Diese Drehgriffregulierung hat sich ganz außerordentlich bewährt, da sie eine Betätigung ermöglicht, bei welcher nicht ein teilweises Loslassen der Lenkstangengriffe erforderlich wird. Die anfängliche Meinung, daß die Drehgriffregulierung die Steuersicherheit beeinträchtige, hat sich nicht bewahrheitet, vielmehr hat dieselbe durch die Verwendung des Drehgriffes eine ganz bedeutende Erhöhung erfahren.

Beim Ankauf neuer Maschinen tut man gut daran, schon von

der Fabrik die Montage des Drehgriffes zu fordern. Empfohlen wird des weiteren, falls man auf beiden Seiten einen Drehgriff montieren lassen will, den rechtsseitigen — wie dies allgemein üblich ist — für die Gasregulierung zu verwenden, den linksseitigen jedoch gegen die allgemeine Gewohnheit nicht für die

Abb. 419. Der AMAC-Drehgriff.
Der in einer geraden Nute geführte Nippel wird durch eine spiralige Nute in die Griffhülse gezogen; um die Griffhülse liegt der gewöhnliche Gummigriff. Befestigung des Drehgriffes auf der Lenkstange durch die Klemmschraube links.

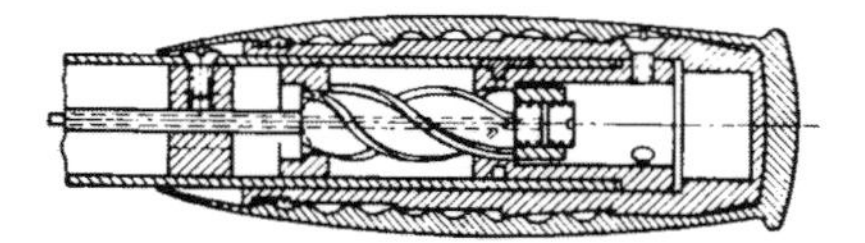

Abb. 420. Der Drehgriff der René-Gillet.
Bowdenseil geklemmt und parallel geführt.

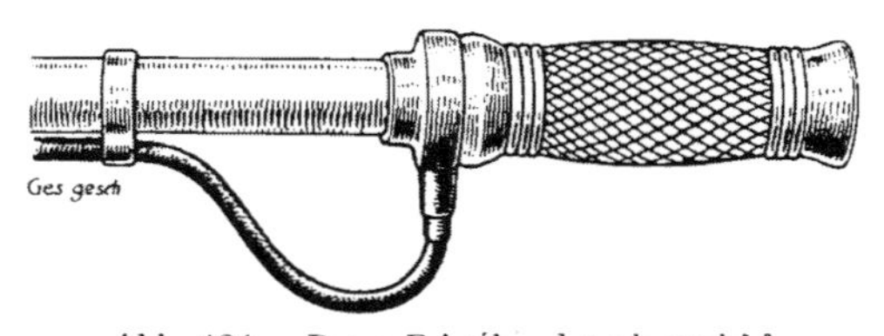

Abb. 421. Der Binksdrehgriff.
Bei diesem Drehgriff wird das Bowdenseil um eine Rolle gewickelt, weshalb das Bowdenkabel in einem rechten Winkel zum Lenkstangengriff führen muß. Die dargestellte Schleife erweist sich in der Praxis als etwas zu eng.

Zündmomentverstellung sondern für die Luftregulierung vorzusehen, so daß man in der kalten Jahreszeit, am frühen Morgen, oder bei sparsamer Vergasereinstellung zur Erzielung eines besonderen Anzugsmomentes — nach Kurven oder im Augenblick der Gefahr — den Luftschieber rasch etwas schließen kann.

Der Drehgriff muß sich leicht drehen lassen — gerade noch so leicht, daß er unter dem Zug der Schuberfeder im Vergaser sich nicht von selbst dreht. Schwer drehbare Griffe lassen das

Handgelenk rasch ermüden und die Meinung aufkommen, der Motor arbeite träge.

Sowohl für den Sport- als auch den Tourenfahrer ist der Drehgriff von großem Nutzen. Für größere Tourenfahrten kommt wohl nur der Drehgriff in Frage — wer einmal größere Strecken mit dem Drehgriff fuhr, möchte ihn sicherlich nicht mehr missen. Zur vollkommenen Öffnung der Gasdrossel soll eine Vierteldrehung genügen, so daß man zum vollkommenen Öffnen bzw. Schließen nicht „Umgreifen“ muß. Im Anfang wird man mit dem Drehgriff etwas mehr Benzin verbrauchen als bei Hebelregulierung. Hat man sich jedoch einmal daran gewöhnt, mit dem Griff soviel wie möglich das Gas zu drosseln, so wird man kaum einen Unterschied feststellen können.

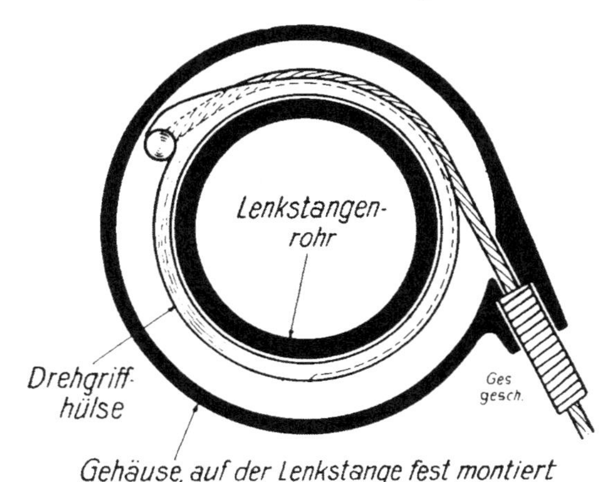

Abb. 422. Die Wirkungsweise des Binksdrehgriffes.
Der Vorteil dieser Einrichtung liegt darin, daß niemals ein toter Gang eintreten kann und eine Hemmung durch mechanische Teile unmöglich ist.

Wichtig ist, darauf zu sehen, daß die Drehgriffe so montiert sind, daß bei der Auswärtsdrehung das Gas abgestellt, bei der Einwärtsdrehung Gas gegeben wird.

Aus den Abbildungen 419, 420, 421 und 422 kann die Funktion der verschiedenen Drehgriffkonstruktionen ersehen werden.

Der Lenker.

Im allgemeinen kann man unterscheiden zwischen dem gewöhnlichen Tourenlenker, der hoch und weit zurückgezogen ist, sowie dem mehr geradlinigen Sportlenker. Natürlich ist die Wahl der einen oder der anderen Ausführung in erster Linie Geschmacksache, doch steht fest, daß man beim Tourenlenker

Abb. 423. Klemmbefestigung der Lenkstange.
Innerhalb weniger Minuten hoch und tief zu verstellen, so daß eine bequeme, individuelle Körperhaltung erzielt wird. Für größere Fahrten ist eine hohe Einstellung am wenigsten ermüdend.

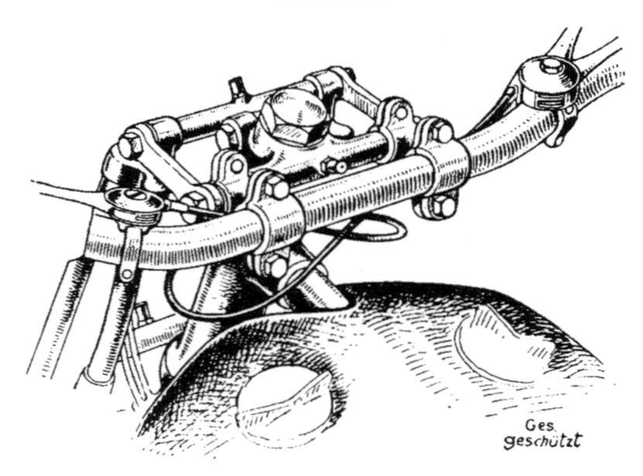

Abb. 424. Verstellbare Lenkstange.
Mehrfache Verstellmöglichkeiten durch die Verwendung von doppelten Klemmschellen.

infolge der mehr aufrechten Körperhaltung weniger rasch ermüdet, während man mit dem Sportlenker das Fahrzeug wesentlich besser in der Hand hat.

Sehr vorteilhaft ist die verstellbare Befestigung des Lenkers, und zwar nicht jene, bei welcher der Lenker gleich wie eine Fahrradlenkstange in dem Steuerkopf mit einem angelöteten Schaft auf- und abgezogen werden kann und durch einen Sprengkonus festgehalten ist, sondern jene, bei welcher der Lenker, lediglich aus einem festen Rohr bestehend, in einer mit dem Steuerkopf ein Stück bildenden Schelle gedreht und mittels Klemmschrauben zuverlässig festgestellt werden kann. Abbildung 423 zeigt eine solche Ausführung. Häufig findet man auch die zweckmäßige Befestigung mittels zweier gesonderter Schellen nach Abbildung 424.

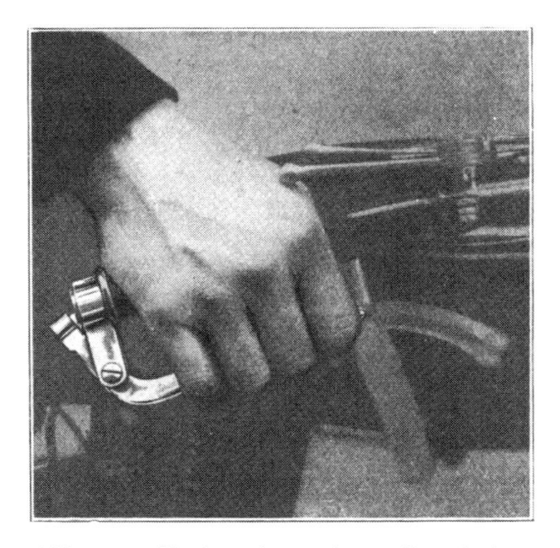

Abb. 425. Hakenförmiger Betätigungshebel.

Das Bowdenkabel läuft im Inneren des Lenkstangenrohres.

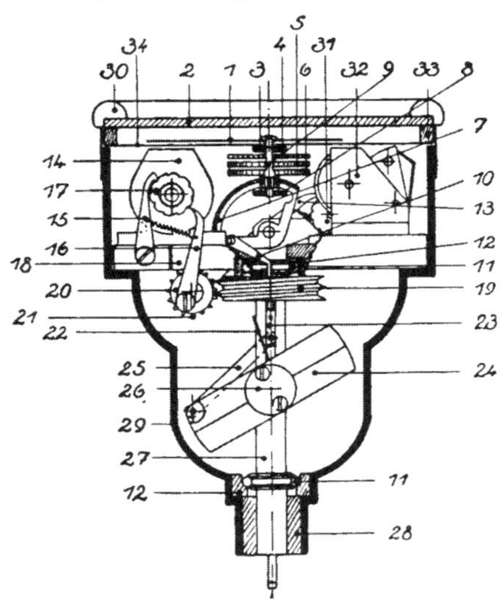

Abb. 426. Der Glashütte-Tachometer.

Genaue Beschreibung der Wirkungsweise im Text.

Auf jedem der beiden Enden des Lenkers werden mit Vorteil hakenförmige Hebelgriffe, auf der linken Seite meist für den Dekompressor, auf der rechten Seite für die Vorderradbremse, befestigt. Solch ein Hebel ist in Abbildung 425 dargestellt.

Auch an dieser Stelle sei auf die Gazda-Federlenkstange, welche bereits in dem Abschnitt „Federungsvorrichtungen“ Erwähnung gefunden hat, hingewiesen. Ihre Konstruktionseinzelheiten sind aus der Abbildung 255 ohne weiteres zu ersehen. Die Federlenkstange kann leicht befestigt werden und hat sich bei Tourenfahrten und Rennen glänzend bewährt. Es ist die Montage der normalen Hebel (für Kupplung, Gas usw.) unter Beigabe der Zwischenstücke möglich.

Der Geschwindigkeitsmesser und Kilometerzähler.

Ein Kilometerzähler ist ein beinahe unentbehrlicher Behelf des Tourenfahrers, wie auch ein Geschwindigkeitsmesser nicht nur für den Sport-, sondern auch für den Tourenfahrer von großem Vorteil ist. In den meisten Fällen werden Geschwindigkeitsmesser und Kilometerzähler in kombinierter Ausführung hergestellt, so daß nur ein gemeinsamer Antrieb vom Vorder- oder vom Hinterrade notwendig ist. Derartig kombinierte Apparate werden gewöhnlich kurz als „Tachometer“ bezeichnet.

Während der Kilometerzähler ein ganz einfaches Zählwerk darstellt, kann der Geschwindigkeitsmesser nach verschiedenen Grundprinzipien hergestellt sein. Am häufigsten findet man wohl Tachometer mit Zentrifugaleinstellung oder solche nach dem Wirbelstromprinzip. In Abbildung 426 ist ein Tachometer mit Zentrifugalregulator und zwar das Glashütte-Mühle-Tachometer dargestellt.

Der gesamte Mechanismus ist in das Gehäuse 29 eingebaut. In demselben ist eine Kugellagerschale 12 und ein Kugellager 11, die Pendelwelle 27 zentrisch gelagert. Auf dieser ist der Pendelring 24 um den Zapfen 26 drehbar angeordnet. Der Pendelring wird durch die Pendelfeder 22 in seiner Ruhelage gehalten. Sobald die Pendelwelle durch den Antrieb in Rotation versetzt wird, kommt der Pendelring aus seiner Ruhelage und versucht unter der Einwirkung der Zentrifugalkraft den Druck der Pendelfeder zu überwinden und sich der horizontalen Lage zu nähern. Jede Lage des Pendelringes entspricht einer ganz bestimmten Drehzahl der Pendelwelle und durch entsprechende Umrechnung einer bestimmten Geschwindigkeit des Fahrzeuges.

Es kommt also im wesentlichen darauf an, den Ausschlag des Pendels auf ein Zeigerwerk zu übertragen, um auf einer Skala die jeweilige Geschwindigkeit ablesen zu können. Zu diesem Zweck ist an dem Pendelring die Zugstange 25 angelenkt, die die Bewegung des ersteren auf den Kolben 23 überträgt. Dieser geht in einer zentrischen Bohrung der Pendelwelle auf und ab und ist durch die Kolbenstange 10 mit dem Zahnsegment 7 verbunden. Zwischen den Platten 3 und 8, sowie der Werkplatte 18, die auch das obere Kugellager 11 und 12 der Pendelwelle trägt, ist das Zeigerwerk angeordnet. Das Zahnsegment 7 greift in den Zeigerantrieb 9, der an seinem oberen Ende den Zeiger 1 trägt. Das Zeigerrad 6 steht durch einen auf der Zeichnung nicht sichtbaren Trieb mit dem Zwischenrad 5, welches auf eine kleine Schwungscheibe wirkt, in Verbindung. Durch dieses wird ein ruhiges Ausschlagen des Zeigers bewirkt, so daß jedes Pendeln des Zeigers in Wegfall kommt.

Um ferner den zurückgelegten Weg ablesen und registrieren zu können, ist der Kilometerzähler 14 auf der Zählerbrücke 18 angebracht. Ersterer wird durch eine auf der Pendelwelle angebrachte Schnecke 19 angetrieben, die ihre Bewegung durch das Schneckenrad 20 und die Transportklinke 16 auf das auf der Zählerwelle sitzende Transportrad 17 überträgt. Die Klinke 15 dient dazu, das Transportrad 17 gegen rückläufige Bewegung zu sichern. Dem Kilometerzähler 14 gegenüber ist der Tageszähler 32 angeordnet, der durch einen aus dem Gehäuse herausragenden Knopf jederzeit auf Null zurückgestellt werden kann, wogegen der Kilometerzähler 14 dauernd weiter zählt. Der vorliegende Tachometer hat den großen Vorteil, ohne Rücksicht auf die Drehrichtung montiert werden zu können, da es infolge der Zentrifugalwirkung vollkommen gleichgültig ist, ob sich der Antrieb nach der einen oder der anderen Richtung dreht, wie auch die Ausbildung des Kilometerzählers sowohl die Vorwärts- als auch die Rückwärtsbewegung in einer Richtung weiter zählt.

Die auf dem Wirbelprinzip beruhenden Tachometer sind wesentlich einfacher. Durch eine in Rotation gesetzte kleine Aluminiumscheibe entstehen Wirbelströme, durch welche Magnete in Ablenkung gebracht werden. Diese Wirkung überträgt sich, meist unter Ausschluß besonderer mechanischer Übertragungsorgane auf den Zeiger. Die Betätigung kann natürlich auch umgekehrt erfolgen, indem ein Magnet rotiert und ein Aluminiumteil abgelenkt wird.

Abb. 427.

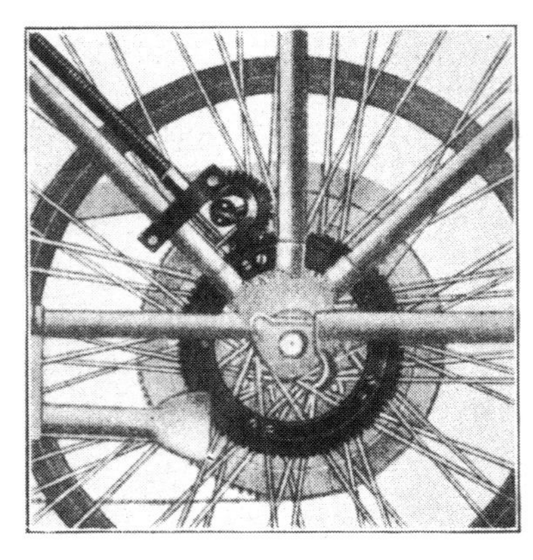

Abb. 428.

Abb. 427. Antrieb des Tachometers mit Spirale.
Besonders bei Krafträdern mit ungefederter Haupt- und gefederter Hilfsgabel zu verwenden.

Abb. 428. Antrieb vom Hinterrad durch ein gesondertes Zahnrad.

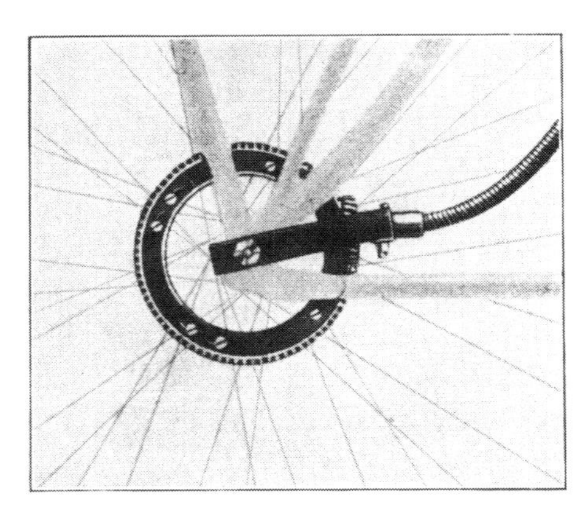

Abb. 429. Antrieb mittels Tellerrad und Ritzel.

In letzter Zeit sind die Tachometer auch mit eingebauter elektrischer Beleuchtung erhältlich. Eine mustergültige Ausführung hat die Firma Andreas Veigel, Cannstatt, herausgebracht. Besitzer von Maschinen, welche mit elektrischer Beleuchtung ausgerüstet sind, tun daher gut daran, von vornherein sich Tachometer anzuschaffen, welche eine elektrische Beleuchtung aufweisen, da besonders bei Nachtfahrten in fremden Gebieten eine deutliche Ablesbarkeit des Kilometerzählers von unschätzbarem Werte ist. Die vielfach in den Handel gebrachten Tachometer mit leuchtenden Zifferblättern können in dieser Hinsicht

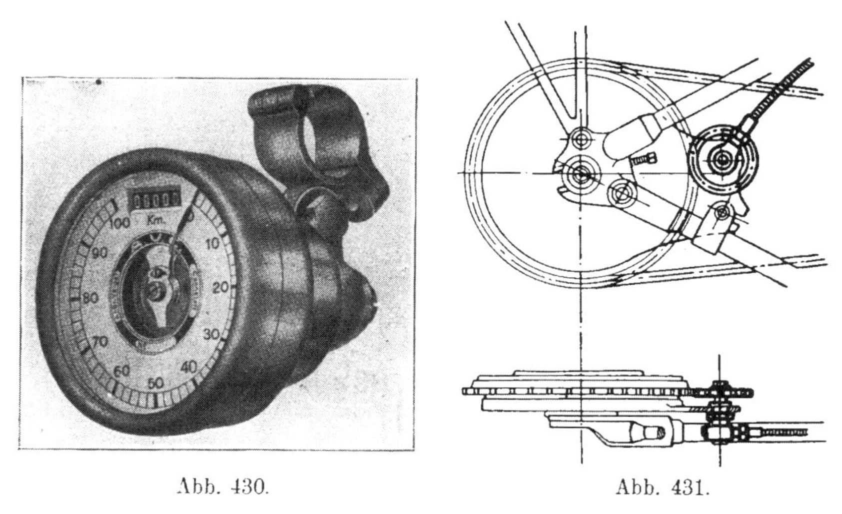

Abb. 430. Abb. 431.

Abb. 430. Tachometer zur Befestigung auf der Lenkstange.

Die vom Vorderrad angetriebenen Tachometer werden auf der Lenkstange, die vom Hinterrad angetriebenen auf dem oberen Rahmenrohr befestigt. Technisch ist der Antrieb vom Hinterrad, fahrtechnisch jedoch die Befestigung auf der Lenkstange, welche näher dem gewöhnlichen Blickfeld des Fahrers liegt, vorzuziehen.

Abb. 431. Tachometerantrieb vom hinteren Kettenzahnrad.

Bei dieser praktischen Einrichtung entfällt die Anbringung eines besonderen Zahnrades oder einer Nutenscheibe. Bei Bestellung Reifendimension und Zahnzahl des rückwärtigen Kettenzahnkranzes angeben!

keinen Ersatz bieten, da es sich in der Nacht weniger darum handelt, die Geschwindigkeit, sondern den Kilometerstand abzulesen.

Einige Tachometer werden auch mit einem sogenannten „Maximalzeiger“ ausgerüstet, so daß ein einfaches Ablesen der erzielten Höchstgeschwindigkeit möglich ist.

Das besondere Augenmerk ist bei der Anschaffung eines Tachometers auf die Wahl eines zweckmäßigen Antriebes zu legen.

In dieser Hinsicht kann sich der Leser an der Hand der Abbildungen 427, 428 und 429 über die verschiedenen Möglichkeiten unterrichten. Tachometer, welche vom Vorderrad angetrieben werden, werden meist auf der Lenkstange (Abbildung 430), die vom Hinterrad angetriebenen auf dem oberen Rahmenrohr befestigt.

Sehr vorteilhaft ist der von Veigel-Cannstatt hergestellte Antrieb, bei welchem das rückwärtige Kettenrad zum Antrieb des Tachometers Verwendung findet, Abbildung 431. Dieser Antrieb wird besonders bei Maschinen Verwendung finden können,

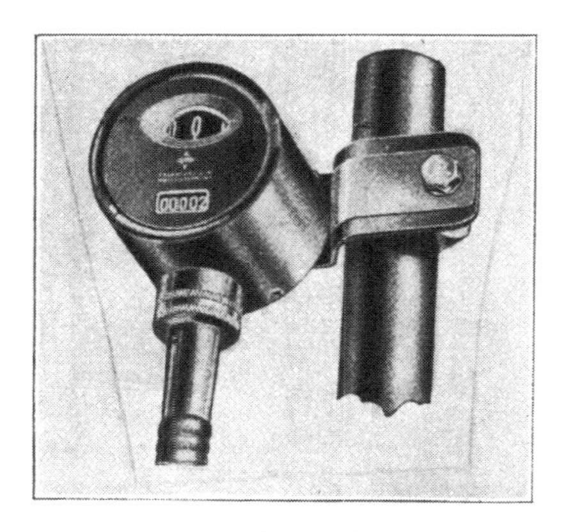

Abb. 432.

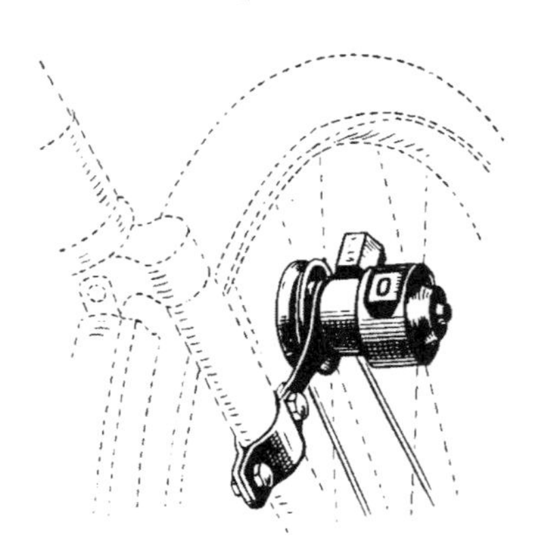

Abb. 433.

Abb. 432. Kleintachometer.
Auch dieses Instrument zeigt sowohl die Fahrgeschwindigkeit (es dreht sich das trommelförmige Zifferblatt) als auch die zurückgelegte Strecke; Antrieb vom Hinterrad; Tankrohrbefestigung.

Abb. 433. Kleinkraftrad-Tachometer.
Direkter Antrieb mittels Spirale oder Gummirundriemen (letzterer endlos) vom Vorderrad. Tachometer und Kilometerzähler.

welche mit auswechselbaren Rädern ausgestattet sind, da gesonderte Antriebsscheiben entfallen.

Des weiteren soll man die geringen Mehrkosten nicht scheuen und sich einen Tachometer mit Tageszähler anschaffen, da derselbe besonders bei Fahrten in fremden Gebieten dadurch große Vorteile in sich schließt, daß man in den größeren Städten den Tageszähler zurückstellen kann und ohne besonderes Addieren und Subtrahieren jederzeit weiß, wieviel Kilometer man noch bis zur nächsten größeren Stadt zu fahren hat.

Als billiges Instrument für Geschwindigkeitsmessung und Kilometerzählen kommt das am oberen Rahmenrohr zu befestigende Kleintachometer nach Abbildung 432 in Betracht, für leichte Fahrzeuge das in Abbildung 433 dargestellte Veigel-Leichtkraftradtachometer. Daß es schließlich auch beim Kraftrad möglich

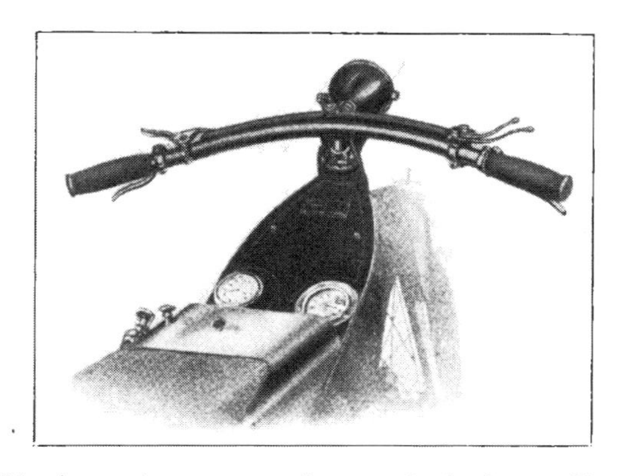

Abb. 434. Armaturenanordnung bei einem Kraftrad.
Verschiedentlich werden Versuche gemacht, die Armaturen (Uhr, Tachometer, Amperemeter usw.) auch beim Kraftrad in Form eines Armaturenbrettes anzuordnen.

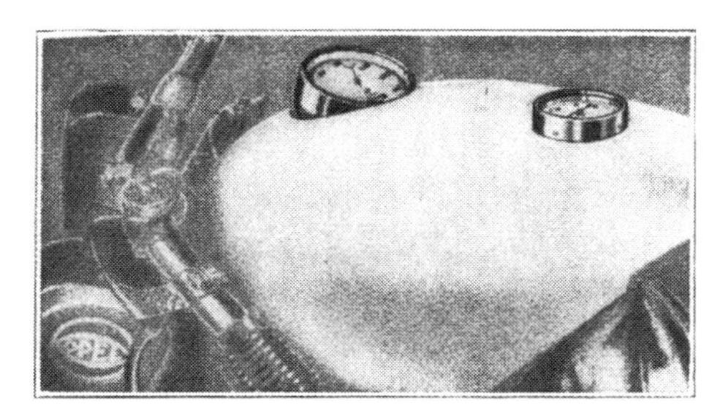

Abb. 435. Instrumentenanbringung.
In letzter Zeit findet man es nicht selten, daß die Instrumente in den Kraftstoffbehälter eingelassen werden. Der Antrieb des Tachometers erfolgt in diesem Falle von unten durch den Tank gehend.

ist, die Instrumente auf einem „Armaturenbrett“ zu vereinen, zeigt die Abbildung 434. Auch die Unterbringung im Tank ist möglich (Abb. 435).

Die Schaltlenkstange.

Von der Überzeugung ausgehend, daß es unvorteilhaft ist, den Fahrer zu zwingen, beim Umschalten, das heißt bei der

Betätigung des Schalthebels, eine Hand von der Lenkstange zu nehmen, wurden verschiedene Konstruktionen versucht, die diesem Übelstande begegnen. Als naheliegendste Konstruktion hat sich die Fußschaltung gezeigt, die jedoch nicht praktisch Eingang finden konnte. Nunmehr ist neuerdings eine Konstruktion aufgetaucht, bei welcher die Lenkstange selbst als Schalt-

Abb. 436. Gummiüberzug über die Schalthebelkugel.

Besonders für den Winter, wenn man dicke Handschuhe oder Fäustlinge trägt, ist dieser kleine Zubehörartikel sehr angenehm.

Abb. 437. Gummiüberzug für den Fußbremshebel.

Es gibt sehr zweckmäßige Überzüge für die Fußhebel. Sie verhindern das Abrutschen des Fußes und ermöglichen daher eine größere Kraftentfaltung.

hebel ausgebildet ist. Die Lenkstange besteht aus zwei Hälften, welche um ein Gelenk, das ungefähr mit der Steuerachse in einer Linie liegt, drehbar ist. In den einzelnen Stellungen wird die Lenkstange durch eine mit der Kupplung in Verbindung stehende Verriegelung festgehalten. Der erste Gang ist eingeschaltet, wenn die beiden Lenkstangenhälften zurückgezogen werden, während der größte Gang durch die Vorbewegung der Lenkstange eingeschaltet wird. Ob sich diese Neuerung einführen wird, vor allem ob es möglich ist, diese Konstruktion mit den verschiedenen beweglichen Teilen so solid auszuführen, daß die Steuersicherheit nicht leidet, ist mindestens fraglich.

Die Gummiüberzüge für Armaturen.

Als sehr praktische Zubehörartikel seien die in den verschiedensten Ausführungen erhältlichen Gummiüberzüge für alle möglichen Arten von Hebeln erwähnt. In erster Linie ist ihre Verwendung auf den Hebel der Lenkstange sehr empfehlenswert, da die Betätigung der Hebel eine angenehmere wird. Weiterhin gibt es auch solche Überzüge für die Kugel des Schalthebels (Abbildung 436) und für die verschiedenen Fußhebel (Abbildung 437).

Abb. 438. Schutzkappe für Zündkerzen.

Besonders bei jenen Motoren, bei welchen die Zündkerze seitlich herausragt, sind Schutzkappen sehr zweckmäßig, um es zu verhindern, daß sich der Fahrer mit den Knien oder beim Schalten mit den Händen elektrisiert. Außerdem verhindern gut konstruierte Schutzkappen auch die durch das Naßwerden der Isolation eintretenden Zündaussetzer.

Um ein festes Sitzen dieser Überzüge zu erzielen, werden die Hebel vorerst mit Isolierband überzogen. Das Isolierband wird mit Benzin oder dünner Gummilösung außen überstrichen, sodaß sich der Überzug leicht aufziehen läßt.

Die Schutzkappen für Zündkerzen.

Sehr zweckmäßig ist es, über der Zündkerze eine Schutzkappe zu verwenden, welche einerseits es verhindert, daß sich der Fahrer an der Kerze elektrisiert, andererseits die durch die Nässe entstehenden Störungen vermeidet. Eine solche Kappe ist in Abbildung 438 dargestellt. Übrigens bringt auch das Haus Bosch ähnliche Kappen in den Handel.

II. Hauptstück.

Abschnitt 12.

Die Schmierung des Kraftrades.

Man behauptet gewiß nicht viel, wenn man sagt, daß es für den Kraftradfahrer bezüglich der Wartung des Fahrzeuges nichts wichtigeres gibt, als für eine gute Schmierung des Motors und der sonstigen Schmierstellen Sorge zu tragen. Das alte Sprichwort: „Wer gut schmiert, fährt gut", bezieht sich auch im besonderem Maße auf das Kraftrad, denn dieses besitzt wohl, im Gewichtsverhältnis zu den übrigen Fahrzeugen genommen, die meisten Reibungsstellen.

In erster Linie handelt es sich um die einwandfreie, ausreichende und zweckentsprechende Schmierung des Motors selbst, von dem wir ja eine ausdauernde, nie versagende Kraftleistung verlangen. Während man in den ersten Jahren des Automobilismus der Schmierung des Motors keine allzugroße Bedeutung beigemessen hat, ist man sich im Laufe der letzten Jahre immer mehr und mehr klar darüber geworden, daß die meisten Defekte am Motor und damit ein ganz bedeutender Teil der Reparaturkosten auf eine unsachgemäße Schmierung zurückzuführen sind. Anderseits wieder steht außer Zweifel, daß gerade in den letzten Jahren die Ölfabriken alle Anstrengungen darein setzten, ein Öl herzustellen, das den enormen Beanspruchungen im Motor gewachsen ist.

Man wird sich über die Aufgaben der Schmierung sofort klar, wenn man sich vor Augen hält, daß die Schmierung die Aufgabe hat, die gleitende Reibung in eine rollende Reibung zu verwandeln, indem sie die metallische Berührung der sich bewegenden Teile verhindern soll. Ein gutes Öl bildet infolge der hohen Viskosität sozusagen eine feine Ölhaut und die gleitende Reibung wird dadurch vermieden, daß sich die feinen Ölteilchen wie Walzen zwischen den Metallteilen abrollen. Ein qualitativ hochstehendes Öl hat die Eigenschaft, daß sich die zwischen den Metallteilen bestehende Ölhaut auch bei starkem Druck nicht durchtrennen läßt und das Öl seine Schmierfähigkeit auch bei hohen Temperaturen beibehält.

Nachdem es des weiteren praktisch nicht zu vermeiden ist, daß das Motoröl, wenn auch nur in geringen Mengen, über den Kolben in den Explosionsraum gelangt und dort verbrennt, muß an ein gutes Öl ferner auch die Forderung gestellt werden. beim Verbrennen möglichst wenig Rückstände zu hinterlassen. da naturgemäß größere Ölrückstände ein einwandfreies Arbeiten des Motors behindern.

Der Anfänger begeht in den meisten Fällen den Fehler, im Geschäft einfach ein „Motoröl" zu verlangen oder sich ein solches aus einem in der Garage stehendem Faß in seinen Tank einfüllen zu lassen. Vor einem derartigen Verhalten muß in nachdrücklichster Weise gewarnt werden. Es gibt Dutzende ausgezeichnete Ölmarken und doch entsprechen nur sehr wenige davon den konstruktiven Eigenheiten des einzelnen Motorrades. Schließlich werden auch bei der Wahl des Öles nicht nur die Marke des Motorrades sondern auch die Jahreszeit, das Klima sowie die Anforderungen, die an den Motor gestellt werden, zu berücksichtigen sein. Die für das betreffende Fahrzeug am besten geeignete Ölmarke erfährt man am zuverlässigsten bei der Motorradfabrik, beziehungsweise deren Vertreter. Vor weitschweifenden Erprobungen muß gewarnt werden. Das ständige Wechseln des Öles ist keineswegs vorteilhaft. Auch ist es sehr schwer, bei einer nur kurzen Erprobung den Wert oder Unwert eines Öles festzustellen. Eine Beurteilung der Schmierfähigkeit einer bestimmten Marke ist nur nach einigen Tausend Kilometern ununterbrochener Benützung möglich. Zur Feststellung des Ergebnisses ist nicht nur die Motorleistung und der Ölverbrauch heranzuziehen, sondern auch, und dies wohl in erster Linie, der Zustand des Motors. Um denselben feststellen zu können, ist die Demontage der Zylinder erforderlich. Diese Ausführungen dürften wohl jeden Kraftradfahrer veranlassen. bei der einmal als qualitativ hochstehend erkannten Ölmarke, ungeachtet der sonstigen Empfehlungen aus dem Kreise der Sportkameraden, zu verbleiben. Der Einkauf des Öles soll unter allen Umständen nur in plombierten Originalkannen erfolgen. Die führenden Fabriken liefern heutzutage Öl in derart praktischen und vorteilhaften Gefäßen, daß auch den Ansprüchen des Motorradfahrers vollauf Genüge geleistet ist. Lediglich beim gutbekannten heimischen Werkstätten- oder Garagenbesitzer kann es als zulässig bezeichnet werden, das Öl aus dem Originalfaß zu beziehen, um den Kannenpreis zu ersparen. Aber auch dieses Moment der Ersparnis kann heute gegen den Ölkauf in Kannen nicht mehr ins Treffen geführt werden, da eine führende Ölfabrik, deren Öl zweifelsohne in jeder Hinsicht einwandfrei ist, in allen Teilen Deutschlands im Laufe der letzten Jahre eine Verkaufsorganisation eingeleitet hat, die die Rückgabe der leeren Kannen ermöglicht, trotzdem der Verkauf des Öles in plombierten Kannen erfolgt. Schließlich muß auch erwähnt werden, daß die leeren Ölkannen in einer gewissen Zahl sicherlich für jeden Kraftradfahrer von Vorteil sind. Sie können nicht nur zum Aufheben und Mitführen von Öl, Benzin, Petroleum, usw. Verwendung finden, sondern eignen sich auch, wenn man sie in horizontaler Richtung auseinanderschneidet, sehr gut zur Aufbewahrung von Muttern, Schrauben, usw.

Die normalen Schmieröle sind Mineralöle. Eine besondere Stellung in bezug auf die Schmierung von Motoren nehmen die Pflanzenfette ein, von denen das Rizinusöl zweifelsohne das bekannteste ist. Tatsächlich besitzt dasselbe eine von keinem anderen Öl erreichte Schmierfähigkeit, wovon sich jeder Kraftradfahrer sicherlich schon mit Staunen überzeugt haben wird. Benützt man zur Schmierung des Motors Rizinusöl, so wird man nicht nur eine um etwa 10 km erhöhte Stundengeschwindigkeit erzielen, sondern auch Steigungen, bei welchen man bisher umschalten mußte, vielfach mit dem großen Gang befahren können. In etwas primitiver Art läßt sich diese große Schmierfähigkeit auch schon dadurch feststellen, daß sich ein auf den Daumen gelegter Tropfen Rizinusöl vom Zeigefinger nicht gänzlich, also bis zur direkten Berührung der beiden Finger, verreiben läßt. Diese ganz außerordentliche Schmierfähigkeit des Rizinusöles hat es mit sich gebracht, daß es bei Rennfahrten und sonstigen Konkurrenzen fast ausschließlich verwendet wird. Das Rizinusöl ist zähflüssig und glasklar mit einem leichten gelblichen Stich. Es ist in jeder Drogerie erhältlich und kommt beim Einkauf in der Drogerie nicht viel teuerer als das sonstige, in Originalkannen gekaufte Qualitätsmotorenöl. Von der Verwendung eines in der Drogerie gekauften Rizinusöls soll jedoch, zumindest bei längeren Fahrten, Abstand genommen werden, da das gewöhnliche Rizinusöl säurehaltig und dadurch für den Motor schädlich ist. Verschiedene große Fabriken raffinieren jedoch das Rizinusöl eigens für die Verwendung in Explosionsmotoren. So ist z. B. das bekannte und von den meisten Rennfahrern benützte „Castrol-R-Öl" (Rennöl) nichts anderes als ein entsprechend präpariertes Rizinusöl.

Da, wie bereits erwähnt, das Rizinusöl ein Pflanzenfett ist, läßt es sich mit einem anderen Öl, das ein mineralisches Produkt darstellt, nicht mischen. Das spezifische Gewicht des Rizinusöles ist größer als jenes des Mineralöles, so daß es sich sofort auf den Boden des Behälters setzt, auch dann, wenn andere Öle im Behälter vorhanden waren. Viele Fahrer, die einmal Rizinusöl zur Schmierung des Motors probeweise verwendet und sich hierbei nicht nur von der außerordentlichen Schmierfähigkeit, sondern auch von der besonderen Sparsamkeit dieses Öles überzeugen konnten, gehen dazu über, das Rizinusöl für den dauernden Gebrauch zu verwenden. Von einer dauernden Verwendung des Rizinusöles muß jedoch nachdrücklichst abgeraten werden. Es ist eine bekannte Tatsache, daß die Verwendung von Rizinusöl außerordentliche Verharzungserscheinungen im Innern des Motors und bei den Ventilen zu Tage treten läßt und daß die Bildung von teerartigen Ölrückständen bei Rizinusöl größer ist als bei irgend einem anderen für den Motor in Betracht kommenden Schmiermittel. Durch diese Verharzungs- und Verkrustungserscheinungen kommt es des öfteren vor, daß sich die Kolbenringe mit dem Kolben zu einem festen Ganzen verbinden, wodurch die Dichtung zwischen dem Kolben und den Zylinderwänden stark beeinträchtigt wird, die Explosionsgase in das Kurbelgehäuse gelangen, die Kraftleistung des Motors stark nachläßt und letzten Endes auch im Kurbelgehäuse, ja sogar im Innern des Kolbens, Krusten von Ölrückständen, teilweise in schlammartiger Form, sich bilden. Da diese Krusten die Schmierlöcher verstopfen, ist es schon sehr vielen Fahrern, die bei Motoren mit Leichtmetallkolben dauernd Rizinusöl verwendeten, vorgekommen, daß die Kolben in Brüche gingen. Dies ist dem Verfasser z. B. auf seiner Balkanexpedition 1926, bei welcher er infolge der großen Ansprüche, die an die Maschine gestellt wurden, zum Teile Rizinusöl verwendete, passiert, so daß er gezwungen war, die vollkommen zerbrochenen Kolben gegen die mitgeführten Graugußkolben zwischen Belgrad und Sofia auszutauschen.

Die vorerwähnten nachteiligen Wirkungen treten jedoch lediglich nur dann auf, wenn die Maschine viele hundert Kilometer mit Rizinusöl gefahren wird. Ein gelegentliches Fahren mit Rizinusöl schadet hingegen der Maschine keineswegs. Man kann daher, wenn es gelegentlich von Gebirgsfahrten darauf ankommt, die durch Verwendung von Rizinusöl erzielbare Mehrleistung zu erreichen, stets etwas Rizinusöl in einem Reservegefäß mit sich führen, um es bei Beginn von größeren Bergfahrten einfach in den Öltank einzugießen. Da das Rizinusöl, wie bereits erwähnt, schwerer als das Mineralöl ist, senkt es sich sofort auf den Boden des Gefäßes, so daß schon nach einer ganz kurzen Fahrtstrecke die Ölpumpe Rizinusöl dem Behälter entnimmt. Sobald die im Behälter vorhandene Menge von Rizinusöl verbraucht ist, wird automatisch wieder das gewöhnliche Motorenöl dem Motor zugeführt. Diese Methode hat sich, wenngleich sonst ein öfteres Wechseln des Schmiermittels nicht angezeigt ist, besonders bei Gebirgsfahrten sehr gut bewährt.

An dieser Stelle muß erwähnt werden, daß sich die Rückstände von Rizinusöl, auch um die Einfüllöffnung des Tanks, nicht, wie man dies gewohnt ist, mittels Benzin und Petroleum entfernen lassen, sondern daß sich dieses Pflanzenfett lediglich in Alkohol (Spiritus) auflösen läßt. Die Meinung vieler Kraftradfahrer, daß die Maschinen, die mit Rizinusöl gefahren werden, sich sehr schwer reinigen lassen, ist demnach nicht richtig. Vielmehr ist es lediglich notwendig, zur Reinigung das entsprechende Mittel zu verwenden. Diesen Ausführungen gemäß muß, wenn gelegentlich eine Reinigung des Kurbelgehäuses beabsichtigt wird, in dasselbe ebenso wie in den Zylinder, nicht, wie bei der Verwendung von Mineralöl, Benzin und Petroleum eingespritzt werden, sondern Brennspiritus. Erst nach dem Auswaschen mittels Alkohol wird, um die Explosionsgefahr zu vermindern, mit Petroleum nachgespült.

Nachdem nun in eingehender Weise die Schmiermittel behandelt wurden, werden wir die technischen Einrichtungen der Schmierung des Motorrades besprochen werden.

Während sich an den ersten Motorrädern lediglich eine Ölpumpe befand, die vom Fahrer in gewissen Zeiträumen betätigt werden mußte, war es ein berechtigtes Streben der Konstrukteure, die Schmierung des Motorrades möglichst von der Aufmerksamkeit der Fahrer unabhängig zu machen, so daß dadurch einerseits nicht nur bei einer Vergeßlichkeit des Fahrers ein sonst auftretender Schaden vermieden werde, sondern auch der Fahrer nicht durch irgendwelche Betätigungen von Ölpumpen in Anspruch genommen und abgelenkt wird.

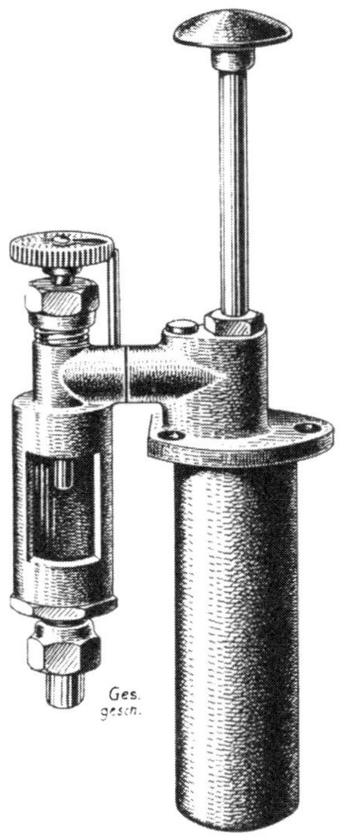

Abb. 439.
Halbautomatische Ölpumpe.
Die durch die Handpumpe geförderte Ölmenge muß das Schauglas passieren. Die Ölmenge läßt sich durch die Stellschraube regulieren.

In erster Linie entstanden die sogenannten „halbautomatischen" Ölpumpen, die aus einer kleinen Oelpumpe, einem Regulierhahn und einem Schauglas bestehen; Abbildung 439. Der Regulierhahn wird vom Fahrer ein für allemal eingestellt und höchstens bei Gebirgsfahrten oder an besonders kalten Tagen, wenn das Öl infolge der Dickflüssigkeit nur langsam durch die Öffnung strömt, in seiner Stellung verändert. Das Schauglas ermöglicht eine ständige Kontrolle über das dem Motor zugeführte Öl. Die Pumpe muß bei der halbautomatischen Ölung vom Fahrer von Zeit zu Zeit betätigt werden und preßt sodann infolge einer eingebauten Feder das Öl langsam durch den Regulierhahn und das Schauglas in den Motor. Sobald die Pumpe in ihrer höchsten Stellung angelangt ist, muß sie vom Fahrer mit einem kräftigen Druck wieder niedergedrückt werden.

Die Pumpe, die eine gleichmäßige und regulierbare Ölzufuhr gewährleistet, nimmt den Fahrer etwa alle 8—12 Kilometer in Anspruch. Diese halbautomatische Schmiervorrichtung bedeutete einen großen Fortschritt gegenüber der früheren einfachen Ölpumpe, bei welcher jeweils bei Betätigung der Pumpe dem Motor ein größeres Quantum Öl zugeführt wurde, jedoch jede Gleichmäßigkeit fehlte und der Fahrer durch nichts aufmerksam gemacht wurde, wann eine neuerliche Betätigung der Pumpe erforderlich war. Die erwähnten, nicht unwesentlichen Vorzüge der halbautomatischen Schmierung haben derselben sehr rasch zum Durchbruch verholfen und wenn sie heute auch in den meisten Fällen beim modernen Kraftrad durch die vollkommen automatische Ölung abgelöst wurde, hat sich erstere doch bei leichteren und billigeren Maschinen bis heute erhalten.

Bei modernen Maschinen, insbesondere in schwererer Ausführung, kommt heutzutage nur die vollkommen automatische Ölpumpe zur Anwendung. Dieselbe saugt aus dem Öltank das Öl an und preßt es in den Motor. Die Ölpumpe wird vom Motor aus direkt angetrieben. Zur Kontrolle der einwandfreien Tätigkeit der Ölpumpe ist entweder an der Ölpumpe selbst ein sogenannter Kontrollstift angebracht, der sich bei der Förderung von Öl ständig hin- und herbewegt oder aber das Öl muß ebenso wie bei der vorbeschriebenen halbautomatischen Ölpumpe ein Schauglas passieren. Letzteres ist jedenfalls dem Kontrollstift vorzuziehen, da es eine genauere Kontrolle des Ölquantums ermöglicht.

Die Anordnung einer gewöhnlichen automatischen Ölpumpe mit Schauglas zeigt die Abbildung 440. Aus derselben ist zu ersehen, daß zwischen Tank beziehungsweise Schauglas einerseits und der im Motorgehäuse angebrachten Ölpumpe andererseits drei Rohrleitungen erforderlich sind. Da diese Rohrleitungen nicht selten Anlaß zu Störungen geben und zweifelsohne auch das Aussehen der Maschine beeinträchtigen, schließlich auch vom Standpunkte der Reinigung des Motorrades keineswegs vorteilhaft sind, hat man in letzter Zeit nicht selten Schmieranlagen geschaffen, bei welchen das Öl durch die Ölpumpe aus dem Ölbehälter angesaugt wird und in dieser Ansaugleitung bereits das Schauglas eingeschaltet ist. Von der Ölpumpe gelangt sodann das Öl direkt in den Motor. Diese Anordnung ist in Abbildung 441 dargestellt und setzt einen vollkommen luftdichten Abschluß beim Schauglas voraus. Im Fall eines Bruches des Schauglases ist demnach dasselbe zu ersetzen, allenfalls vorübergehend ein entsprechend zugeschnittenes Blechstück zu verwenden.

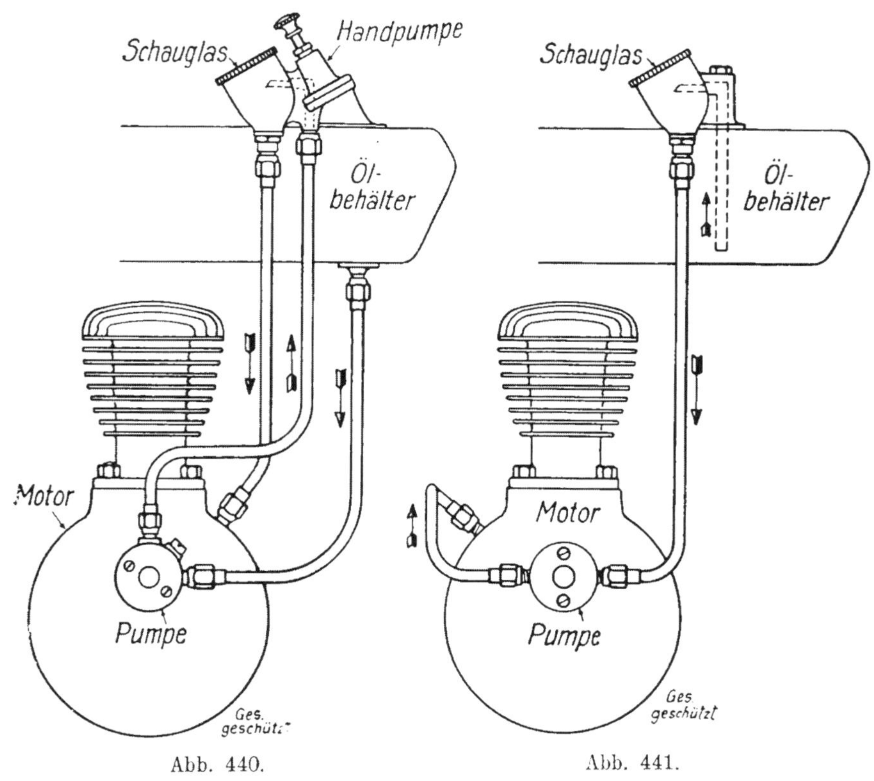

Abb. 440. Abb. 441.

Abb. 440. Das Leitungssystem der gewöhnlichen automatischen Ölpumpe.

Schauglas am Tank; der Nachteil: drei Ölrohre zwischen Tank und Motor.

Abb. 441. Saugschmierung.

Die Ölpumpe saugt das Öl durch die Leitungen an, und zwar durch das Schauglas. Bei sehr dickem Öl kann die Pumpe im Vakuum, bei Undichtigkeiten am Schauglasabschuß im Leeren arbeiten. Der große Vorteil jedoch: nur ein Ölrohr zwischen Motor und Tank; eine allenfalls vorhandene Handpumpe vollkommen unabhängig mit gesondertem Rohr zum Kurbelgehäuse.

In letzter Zeit ist man vielfach dazu übergegangen, zur Verringerung der Zahl der Ölrohre das Ölschauglas nicht auf dem

Ölbehälter anzubringen, sondern direkt mit der Ölpumpe zu verbinden. Das Schauglas befindet sich demnach bei einer solchen Ausführung seitlich des Motorgehäuses. Wenn auch diese Anordnung hinsichtlich der Ölrohre wesentliche Vorteile in sich schließt — es lassen sich 2 Leitungen ersparen —, so ist es doch äußerst nachteilig, da das Schauglas neben dem Motorgehäuse sehr rasch verschmutzt, außerdem während der Fahrt eine genaue Ölkontrolle nur sehr schwer möglich, insbesondere aber unter Umständen gefahrbringend sein kann, da sich das Öl in dem tief angebrachten Schauglas nur sehr schwer erkennen läßt. Einer solchen, merkwürdigerweise auch von führenden Fabriken angewandten Anordnung des Schauglases wäre zweifelsohne der sich bewegende Ölkontrollstift vorzuziehen.

Die Regulierung der Tätigkeit der Ölpumpe mit Bezug auf die geförderte Ölmenge erfolgt entweder — je nach dem Fabrikat — bei der Ölpumpe selbst, in diesem Falle meist unter Verwendung von Werkzeugen oder aber durch eine Regulierschraube am Schauglas. Diese Ausführung ist weitaus die empfehlenswertere, weil sie es dem Fahrer ermöglicht, auch während der Fahrt die Ölung zu regulieren und den Geländeverhältnissen anzupassen. Diese letztere Reguliermöglichkeit ist aber nicht nur beim Befahren von gebirgigem Gelände von unschätzbarem Wert, — man wird z. B. beim Befahren eines Berges die zugeführte Ölmenge verdoppeln, beim Abwärtsfahren jedoch den Ölhahn vollkommen schließen können — sondern auch zur Berücksichtigung der Qualität des Öles sowie der Temperaturzustände. Besonders in den kühlen Morgenstunden ist es notwendig, den Regulierhahn um ein beträchtliches zu öffnen. Die überaus gebräuchliche kombinierte Anordnung des Schauglases und Regulierventiles ist in Abbildung 442 im Schnitt dargestellt.

Sehr interessant sind die verschiedenen Ausführungen der Ölpumpe, die meist eine überaus einfache Bauart aufweist. Abbildung 443 zeigt eine einfache Schneckenpumpe, Abbildung 444 eine Kolbenpumpe, die sich besonderer Verläßlichkeit erfreut, und Abbildung 445 eine Exzenterpumpe. Letztere ist in den meisten Fällen die wirksamste und am besten befähigt, auch dicke Öle durch die Leitungen zu pressen. Manche Kolbenpumpen weisen auch eine regulierbare Kolbentätigkeit auf

(Wanderer), so daß unter Wegfall eines gesonderten Nadelventiles die Förderleistung der Pumpe selbst geregelt werden kann. Diese Ausführung findet man auch bei einzelnen englischen Ölpumpen, die meist von Spezialfabriken hergestellt werden.

Motorräder mit automatischer Ölung besitzen neben der vom Motor angetriebenen Ölpumpe stets — mit einigen keineswegs zweckmäßigen Ausnahmen — noch eine Zusatzölpumpe, die es dem Fahrer ermöglicht, bei starkem Ölbedürfnis des Motor von Hand aus Öl zuzuführen sowie beim Versagen der Ölpumpe durch Betätigung der Handpumpe dem Motor das erforderliche Öl zukommen zu lassen. Leider ist diese Zusatzölpumpe bei sehr vielen Fabrikaten, auch den führenden englischen Ölpumpenerzeugnissen, bis zu einem gewissen Grad mit der automatischen Ölpumpe kombiniert und zwar in der Weise, daß das von der Handölpumpe geförderte Öl ebenfalls durch das Schauglas und durch die auch für die automatische Ölung verwendete Ölleitung fließen muß. Vorteilhafter in dieser Hinsicht sind jene Ausführungen, bei welchen die Handölpumpe mit der automatischen nicht das mindeste gemein hat; Abbildung 446.

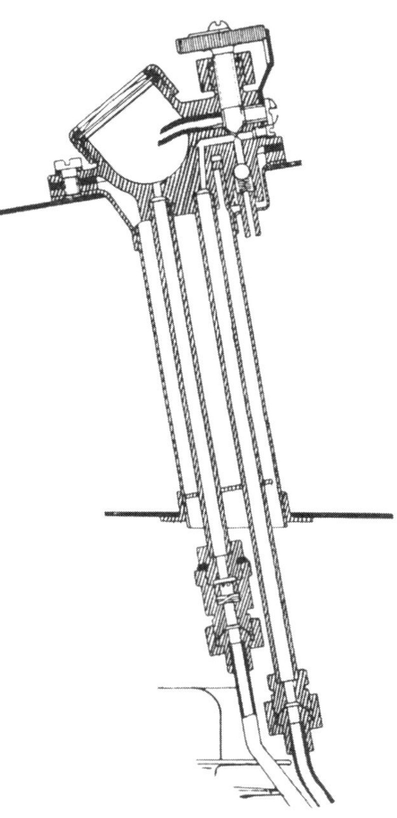

Abb. 442. Die technische Ausführung von Schauglas und Regulierungsschraube.

Bei der abgebildeten Ausführung gehen die Rohrleitungen durch den Tank, was wesentlich schöner ist als die neben dem Tank führenden Rohrleitungen. Sichtbar ist auch das Kugelventil, welches das Zurückfließen des zu viel von der Pumpe geförderten Öles in den Tank ermöglicht.

Schön und praktisch sind jene Ausführungsformen, bei welchen die Zusatzölpumpe vermittels eines Bowdenzuges von der Lenkstange aus oder durch einen Fußhebel betätigt werden kann.

Derartige Anordnungen sind besonders bei Sportmaschinen nicht selten anzutreffen und sehr empfehlenswert.

Abb. 443.

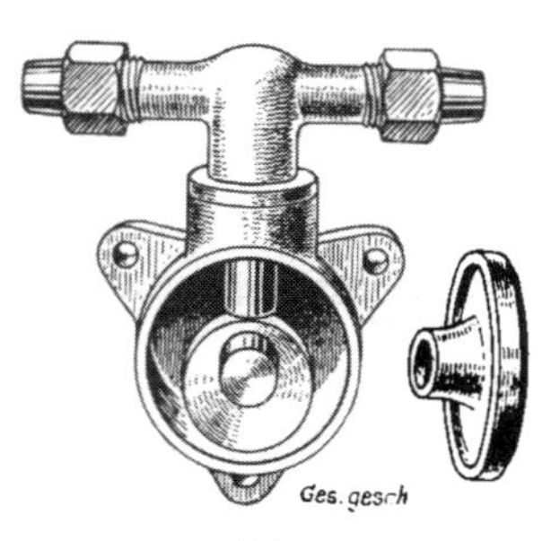

Abb. 444.

Abb. 443. Ölpumpe mit Schneckenantrieb.

Da die Ölpumpe im Verhältnis zur hohen Drehzahl moderner Motoren nur sehr langsam zu laufen hat, erfolgt der Antrieb meist mittels Schnecke.

Abb. 444. Kolbenpumpe mit Exzenterantrieb.

Durch den vom Motor angetriebenen Exzenter wird ein mittels Feder zurückbewegter kleiner Kolben auf und ab bewegt. Zu- und Abfluß werden meist durch einfache Kugelventile geregelt.

Um ein gleichmäßiges Durchfließen des Öles in den Motor zu ermöglichen und Rückschläge in den Ölleitungen, die durch die Ansaug- und Druckwirkung der auf und abgehenden Kolben entstehen, zu vermeiden, befinden sich in Rohrleitungen meistens sogenannte „Rückschlagventile“, die vielfach, allerdings nicht ganz richtig „Reduzierventile“ genannt werden. Diese Rückschlagventile bestehen aus einem Nippel und einem Stahlblättchen von nur einigen Millimetern Durchmesser, welch letzteres bei einer Ölbewegung in entgegenlaufender Richtung sich gegen die Öffnung legt und dieselbe verschließt. Es ist darauf zu achten, bei der Reinigung der Ölleitung diese Blättchen nicht zu verlieren. Des weiteren ist es wichtig, die Dichtungsringe beim Schauglas in Ordnung zu halten und

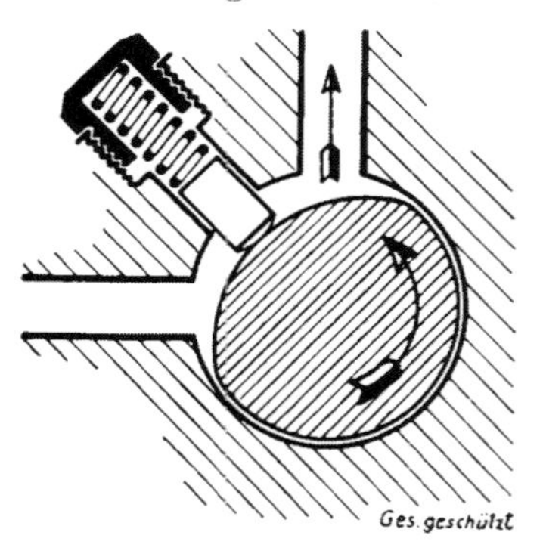

Abb. 445. Eine einfache, besonders kräftige Exzenterpumpe.

den Deckelring stets fest anzuziehen. Die im Schauglas vorhandene Luftmenge verhindert ein Anfüllen des Schauglases durch Öl.

An dieser Stelle sei auch noch darauf hingewiesen, daß viele Zweitaktmotoren durch Beimengung des Öles zum Betriebsstoff geschmiert werden. Dieses Schmiersystem, das als „Gemischschmierung“ bezeichnet wird, hat den Vorteil, daß der Fahrer der Ölung während der Fahrt sein Augenmerk nicht zuzuwenden braucht und die Ölung tatsächlich den jeweiligen Beanspruchungen entspre-

Abb. 446. Die Zusatzöl-Handpumpe.

Auch neben der besten und zuverlässigsten automatischen Ölpumpe soll eine Zusatzpumpe vorhanden sein. Die Ölleitung dieser Zusatzpumpe soll unabhängig von jener der automatischen Pumpe direkt in das Kurbelgehäuse führen, wie dies die Abbildung erkennen läßt. Die Ölpumpe ist bei der abgebildeten Maschine an dem gesonderten Ölbehälter montiert.

chend ist. Trotzdem sprechen gewichtige Gründe gegen die Gemischschmierung, so daß die meisten Fabriken von Zweitaktmotoren bereits zur gesonderten Ölung übergegangen sind. Vor allem ist es für den Fahrer etwas umständlich, stets in einem eigenem Gefäße vor dem Einfüllen des Benzins in den Tank sich die richtige Mischung zwischen Öl und Benzin, am besten im Verhältnis 1 : 15, herzustellen. Des weiteren ist es eine bekannte Tatsache, daß das Öl, das ja schwerer ist als das Benzin, sich beim langen Stehen des Motorrades am Boden des Tanks absetzt und dadurch beim Inbetriebsetzen des Fahrzeuges der Vergaser verölt ist und der Motor schwer angeht.

Diesem Übelstand kann dadurch abgeholfen werden, daß man vor dem Stehenlassen des Motors den Benzinhahn schließt und den Motor so lange laufen läßt, als im Vergaser Benzin vorhanden ist. Bei der Inbetriebnahme des Fahrzeuges ist es sodann notwendig, das Fahrzeug zur Vermischung der Betriebsstoffe vor Öffnung des Benzinhahnes etwas zu schütteln.

Rizinusöl ist zur Verwendung bei der Gemischschmierung nicht zu gebrauchen.

Um dem Leser klar zu machen, warum es nur beim Zweitaktmotor möglich ist, die Gemischschmierung vorzusehen, wird darauf hingewiesen, daß der Zweitaktmotor bekanntlich das Benzingemisch in das Kurbelgehäuse ansaugt, während beim Viertaktmotor in den Zylinderraum angesaugt wird. Würde demnach beim Viertaktmotor eine Gemischschmierung erfolgen, so würden zwar die Gleitflächen im Zylinder und die Ventile geölt werden, nicht aber die Lager. Es ist daher klar, daß für den Viertaktmotor als Hauptölung nur die Zufuhr von Öl in das Kurbelgehäuse in Frage kommen kann. Durch das ständige Hineinschlagen der Kurbelwelle in das Öl entsteht im Kurbelgehäuse ein Öldunst und ein Herumspritzen des Öles, so daß alle Schmierstellen ausreichend mit Öl versorgt werden.

Trotzdem gelangt auch bei Viertaktmotoren gelegentlich eine Zusatzschmierung zur Anwendung, indem dem Brennstoff eine geringe Menge Öl, etwa 1 : 40, zugesetzt wird. Dieser Ölzusatz kann bei besonderen Beanspruchungen unter Umständen von Vorteil sein, wenngleich er infolge der starken Rückstandbildung im allgemeinen zu vermeiden ist.

In letzter Zeit gelangen übrigens Spezialöle in den Handel, welche nur zur Beimischung zum Kraftstoff bestimmt sind, eine Ersparung des Schmieröls mit sich bringen und insbesondere die im Explosionsraum angesetzten Ölrückstände entfernen sollen. Die Erfahrungen, welche mit solchen Beimengungen gemacht wurden, sind gute.

Zu erwähnen ist des weiteren, daß bei Zweitaktmotoren gelegentlich die sogenannte „Saugschmierung" Verwendung findet, bei welcher die im Kurbelgehäuse auftretende Saugwirkung direkt zum Ansaugen des Öles aus dem Tank verwendet wird, so daß eine eigene Ölpumpe entfällt, wie dies Abbildung 447 zeigt. Zu bemerken ist, daß die Saugwirkung bei „Vollgas“, also bei geöffneter Gasdrossel, am geringsten ist, so daß bei längeren Fahrten mit Vollgas der Regulierhahn zu öffnen ist. Sehr zweckmäßig ist es daher, bei dieser Anlage das Regulierventil mit der Gasregulierung zu kombinieren und zwar derart, daß bei mehr Gas das Ventil geöffnet wird. Übrigens findet man die Kombinierung der Gas- und Ölregulierung auch bei Viertaktmotoren. Eine solche Anlage zeigt Abbildung 448, bei welcher der zur Ölpumpe führende Bowdenzug deutlich sichtbar ist.

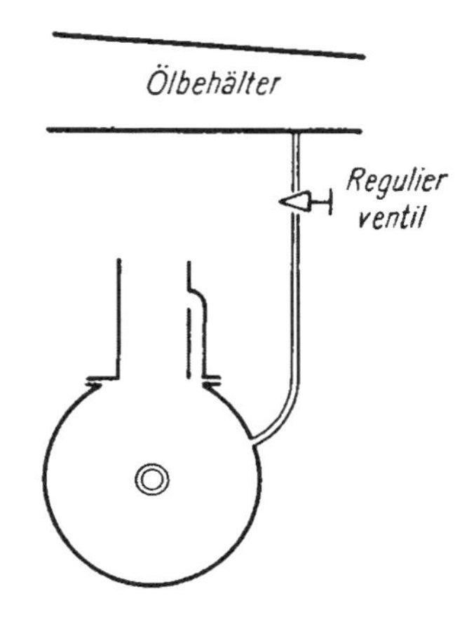

Abb. 447. Saugschmierung bei Zweitaktmotoren.

Bei Zweitaktmotoren kann man sich eine eigene Ölpumpe ersparen, wenn man die Saugwirkung im Kurbelgehäuse zum Ansaugen des Öles verwendet. Ein Nadelventil regelt die Ölmenge.

Die bisher beschriebenen Schmierungsarten, und zwar die Gemischschmierung, die halbautomatische Ölung und die automatische Ölung werden als „Frischölschmierungen“ zusammengefaßt, da bei denselben im Motor stets vollkommen frisches Öl zum Verbrauch gelangt. Die Entwick-

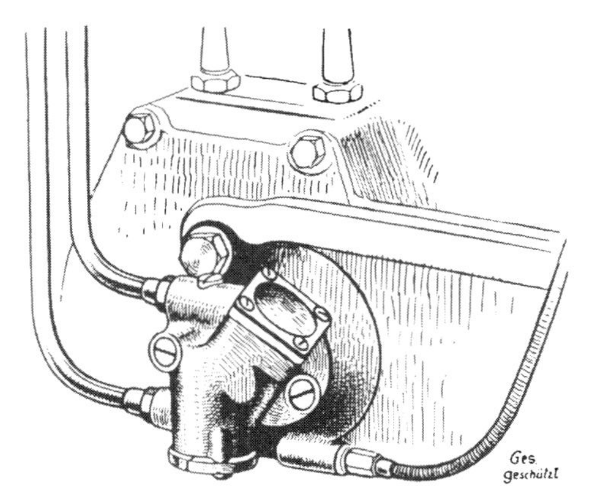

Abb. 448. Ölpumpe mit Bowdenzugeinstellung.

In letzter Zeit werden vielfach automatische Ölpumpen verwendet, deren Regulierung mit der Gasregulierung in Zusammenhang gebracht wird.

lung läßt jedoch erkennen, daß diese Schmierungsart in nicht allzuferner Zeit der Vergangenheit angehören dürfte und daß der „Umlaufschmierung“ die Zukunft gehört.

Bei der Umlaufschmierung wird dem Motor (Kurbelgehäuse) durch eine automatische Pumpe ein größeres Ölquantum zugeführt, als der Motor, auch bei stärkster Beanspruchung, verbraucht. Eine zweite Ölpumpe, ebenfalls automatisch angetrieben und meist in kombinierter Ausführung mit der ersten Ölpumpe, saugt das ein bestimmtes Niveau übersteigende Öl aus dem Kurbelgehäuse und führt es wieder dem Ölbehälter zu. Diese Schmierungseinrichtung ist in Abbildung 449 schematisch dargestellt.

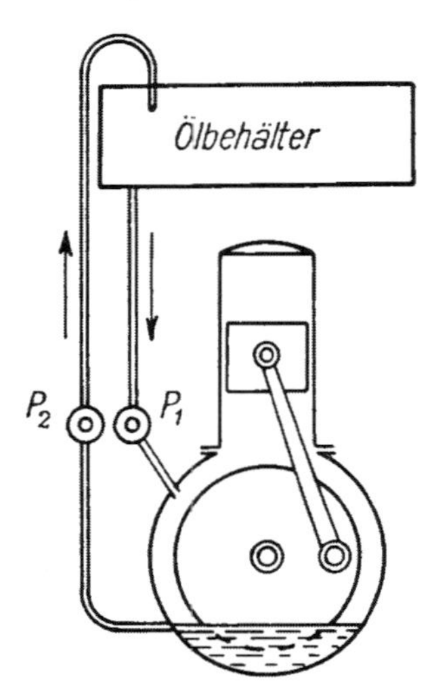

Abb. 449. Die Umlaufschmierung.

Pumpe P_1 pumpt dem Motor ständig Öl zu. Die Pumpe P_2, welche die doppelte Förderleistung besitzt wie die Pumpe P_1, saugt die ein bestimmtes Niveau übersteigende Ölmenge ständig ab und pumpt sie wieder in den Tank zurück. Der Motor hat in jedem Falle, also ohne Rücksicht auf seinen jeweiligen Verbrauch, gleich viel Öl im Kurbelgehäuse, so daß eine stets gleichmäßige und ausreichende Schmierung gewährleistet ist.

Es ist klar, daß die Umlaufschmierung, die sich im Automobilbau als die beste bewährt hat, die größten Vorteile in sich schließt, ganz besonders den großen Vorteil, auch bei wechselnden Ansprüchen, die an den Motor gestellt werden, keiner Regulierung zu bedürfen. Die Umlaufschmierung macht ja, wie es eine einfache Überlegung sofort dartut, auch jede Zugabe von Öl, selbst in den stärksten Steigungen, überflüssig. Das dem Motor zugeführte Ölquantum ist von vornherein derart bemessen, daß es allen Ansprüchen genügt. Steigt nun in einer ganz besonders starken Steigung der Ölverbrauch auf ein Vielfaches der normalen Menge, so wird die einzige Folge dieses Mehrverbrauchs die sein, daß die zweite Ölpumpe weniger Öl aus dem Kurbelgehäuse zurücksaugen wird, als dies bei geringer Inanspruchnahme des Motors der Fall ist. Wer demnach ein Motorrad mit Umlaufschmierung fährt, wird sich lediglich davon zu überzeugen haben, ob der

Ölumlauf tatsächlich stattfindet, das heißt, ob die Ölpumpe funktioniert, während ein Regulieren der Pumpen erspart bleibt.

Ein weiterer großer Vorteil, der mit der Umlaufschmierung meist in Zusammenhang gebracht wird, ist die Unterbringung des Öltanks im Kurbelgehäuse und die Ausbildung der Anlage nach Abbildung 450. Diese Ausführungsform läßt sämtliche Ölrohre gänzlich in Wegfall kommen, vermindert daher die an den Rohrleitungen nicht selten auftretenden Störungen, gibt der Maschine ein schöneres Aussehen und ermöglicht die Mitnahme eines großen Ölvorrates. Die Unterbringung des Ölvorrates im Kurbelgehäuse ist jedoch nicht immer mit der Umlaufschmierung verbunden.

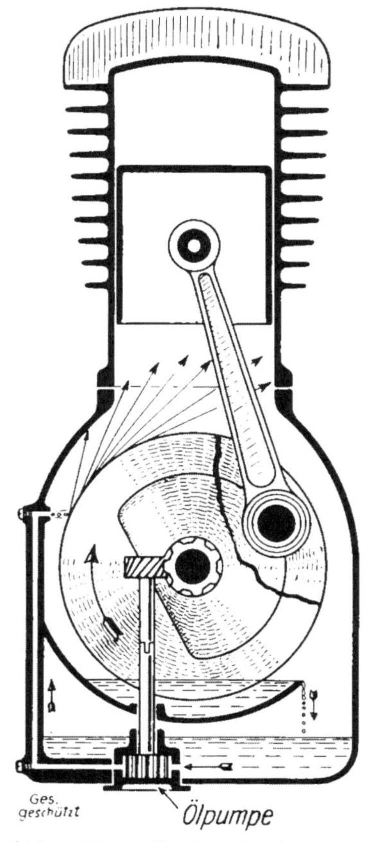

Abb. 450. Umlaufschmierung mit Ölbehälter im Motorgehäuse.

Dieses in die Kategorie der Umlaufschmierung fallende System wird auch als „Ölsumpfschmierung" bezeichnet. Vorteilhaft ist der Wegfall aller Ölrohre.

Als ein Schulbeispiel einer in dieser Hinsicht konstruktiv vollendeten Ausführung muß die deutsche BMW hingestellt werden. Von den ausländischen Maschinen sei in erster Linie die englische Zweitakt-Velocette genannt, die schon seit Jahren ihren Ölbehälter mit dem Kurbelgehäuse vereinigt hat, sowie die 500 ccm obengesteuerte BSA-Maschine. Eine Selbstverständlichkeit ist die Umlaufschmierung bei Krafträdern mit Vierzylindermotoren.

Das jeweils verbrauchte Ölquantum wird bei der Umlaufschmierung je nach der Größe des Ölbehälters etwa alle 500 Kilometer ergänzt, während nach einer größeren Strecke das verbrauchte Öl ganz auszulassen und durch neues zu ersetzen ist.

Zur Kontrolle über das im Tank befindliche Öl wird, wenn

der Öltank mit dem Kurbelgehäuse vereinigt ist, meist ein Kontrollstab (Abbildung 451) vorgesehen, welcher 2 Marken, die den höchsten und tiefsten Stand kennzeichnen, aufweist.

Im Zusammenhang mit vorstehenden Ausführungen sei noch auf jene Ausführungen hingewiesen, bei welchen das Schmieröl gleichzeitig zur Kühlung des Motors verwendet wird, wie dies beim englischen Bradshaw-Motor der Fall ist. Bei dieser Ausführung wird auf Kühlrippen am Zylinder verzichtet. Das von einer Pumpe geförderte Öl wird aus

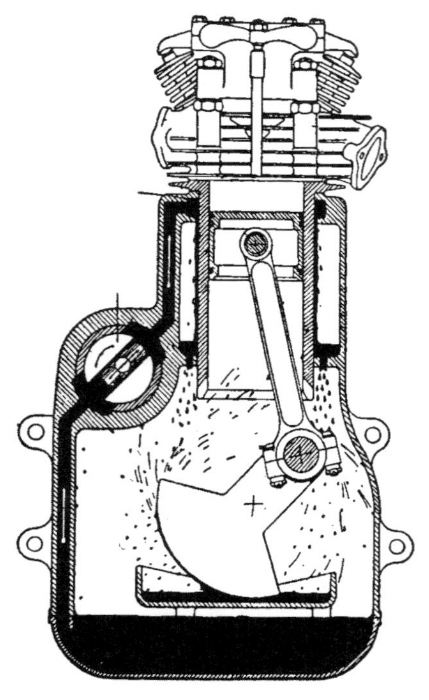

Abb. 452. Der Ölumlauf in einem ölgekühlten Motor.

Das gleiche Öl, welches zur Schmierung dient, wird auch zur Kühlung der Zylinderwandungen verwendet. Die Pumpe entnimmt das Öl dem „Ölsumpf" (unterster Teil des Gehäuses) und preßt dasselbe in den um den oberen Rand des Zylinders verlaufenden Ring. Von diesem rieselt das Öl längs der Zylinderwandungen im „Zylindermantel" nach unten.

Abb. 451. Ölkontrollstab.

Bei jenen Konstruktionen, bei welchen der Ölbehälter im Motorgehäuse untergebracht ist, sind meist Ölkontrollstäbe vorgesehen, um die Feststellung zu ermöglichen, wieviel Öl im Behälter ist. Der Stab weist eine untere und eine obere Ölmarke auf.

dem als Ölbehälter ausgebildeten Kurbelgehäuse in den Zylindermantel gepumpt und fließt von demselben wieder in den Karter zurück, um sich in demselben abzukühlen. Eine schematische Abbildung dieser Ausführung zeigt Abbildung 452. Diese sogenannten „ölgekühlten" Motoren zeichnen sich durch eine ganz ungewöhnliche Spitzenleistung aus, während sie sich auch bei anstrengenden Tourenfahrten gut bewährt haben sollen. So ist z. B. die 3000 km lange Non-stop-Fahrt bekannt, die ein mit einem Bradshaw-Motor ausgerüstetes Motorrad in England unternahm.

Sehr hübsch ist die Kombinierung des Ölhahnes mit einem Kurzschlußkontakt der Zündung (Abbildung 453), so daß das Inbetriebsetzen des Motors bei geschlossenem Ölhahn und

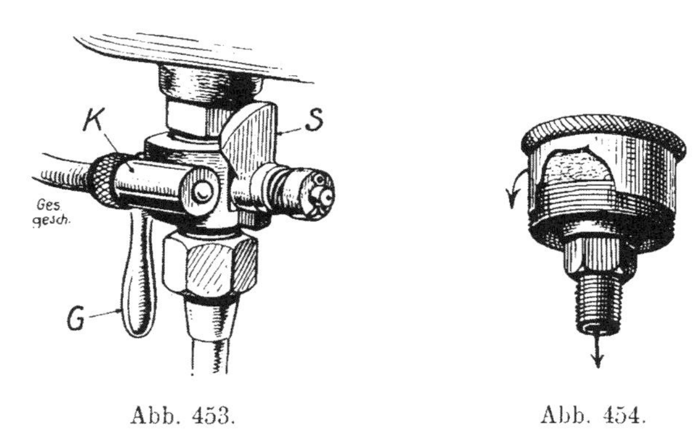

Abb. 453. Abb. 454.

Abb. 453. Ölhahn mit Kurzschlußkontakt.

Um ein Fahren mit geschlossenem Ölhahn unmöglich zu machen, werden Hähne hergestellt, welche mit einem Kurzschlußkontakt verbunden sind, so daß bei geschlossenem Ölhahn die Zündung abgestellt ist. G = Griff zum Hahn, K = isoliert angebrachter Kontakt, S = Scheibe, welche beim Umlegen des Hebels G den Kontakt mit K schließt.

Abb. 454. Die Staufferbüchse.

Durch das Drehen des mit Fett gefüllten Deckels wird dieses in das Lager gepreßt.

die sich daraus ergebenden Folgen verhindert bzw. vermieden werden.

Nachdem nun im vorstehenden die grundlegenden konstruktiven Verschiedenheiten auf dem Gebiete des Schmierwesens des Motors selbst behandelt wurden, kommen wir noch auf die Schmierung im allgemeinen zu sprechen.

Bei obengesteuerten Motoren sind es in erster Linie die Schwinghebel, deren Schmierung den Konstrukteuren auch heute noch gewisse Schwierigkeiten bereitet. Helmöler und Staufferbüchsen, die ursprünglich bei der Schwinghebellagerung Verwendung fanden, sind vollkommen ungeeignet, da sie eine ständige Wartung erfordern. Eine Staufferbüchse ist in Abbildung 454 dargestellt. Besser schon ist die Schmierung mittels Fettpresse, da dieselbe das Einpressen eines genügend großen Fettquantums ermöglicht. Interessant in dieser Hinsicht ist eine von den englischen Douglas-Werken gewählte Konstruktion, bei welcher eine eigene, mit Kühlrippen versehene Fettkammer für die Schmierung der Schwinghebellager vorgesehen ist. Andere Konstruktionen wieder führen zum Schwinghebelmechanismus eine eigene Ölleitung, um eine ständige und gleichmäßige Schmierung zu erzielen, und sehen allenfalls hierfür eine eigene Ölpumpe vor.

Die schönste Lösung in dieser Hinsicht ist jene, bei welcher der gesamte Ventilbetätigungsmechanismus vollkommen eingekapselt ist und in einem ständigen Ölbad oder im Öldunst läuft. Solche Ausführungen kennt man vom BMW-Motorrad und dem bekannten „K-Motor". Diese vollkommene Einkapselung, die sicherlich die längste Lebensdauer des stark beanspruchten Ventilmechanismus gewährleistet, mag jedoch bei der Behebung von Defekten — z. B. bei einem Ventilfederbruch — einige Umständlichkeiten mit sich bringen. Sehr zweckmäßig ist eine Zwischenlösung, bei welcher die Hebel teilweise, die Lager jedoch vollständig gekapselt und durch eine eigene Ölleitung — etwa so wie der Mechanismus der Königswelle — mit Schmierstoff versehen werden.

Neben den Schmierstellen im Motor weist das Kraftrad selbstverständlich auch eine große Zahl von sonstigen Schmierstellen auf. Wenn man von den Übertragungsorganen, die einschließlich ihrer Schmierung bereits gesondert beschrieben wurden, absieht, sind es in erster Linie die Naben, die Gelenke der Vorderradfederung und die Steuerungslager, welche zweckentsprechend geschmiert werden müssen.

Während besonders die Radnaben früher mit gewöhnlichen Helmölern ausgerüstet waren und nur mit einem mehr oder weniger dickem Öl geschmiert wurden, ist man bei den Radnaben ebenso wie bei den Gelenken der Vorderradfederung in letzter Zeit fast ausschließlich zur Schmierung mittels Fett übergegangen. Die Schmierung mittels Fett wurde in dem Augenblick möglich, als sich die Anwendung der Fettpresse durch geeignete Konstruktionen einführen konnte. Tatsächlich muß auch die Fettpreßschmierung heute als die modernste, zweckentsprechendste und — was den wenigsten bekannt, letzten Endes aber doch ausschlaggebend ist — im Gebrauch billigste bezeichnet werden. Die einzelnen Schmierstellen werden mit Fettpreßnippeln versehen, welche das Ansetzen der Fettpresse

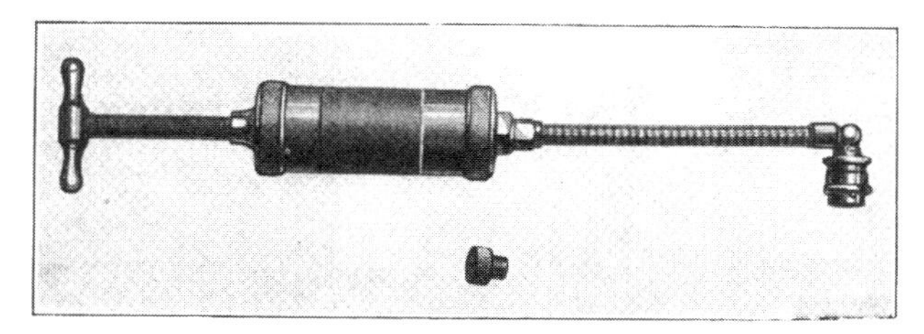

Abb. 455. Die Fettpresse.

ermöglichen. Die Fettpresse wird mit einem größeren Quantum Fett gefüllt und bei den einzelnen Schmierstellen an die korrespondierenden Nippel gesetzt. Durch ein mehrmaliges Um-

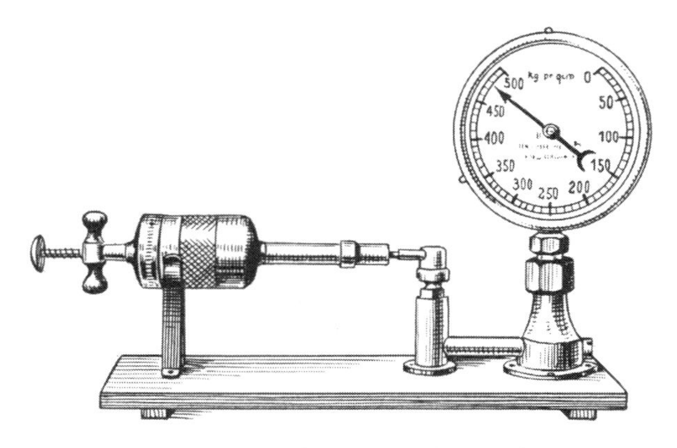

Abb. 456. Die ungeheure Druckwirkung der Fettpresse.

drehen des Griffes wird sodann Fett zu den Lagern gepreßt und zwar unter hohem Druck. Dieser durch die Fettpresse allein erreichbare hohe Druck ermöglicht nicht nur eine restlose Füllung aller Hohlräume mit Fett, sondern auch das Herauspressen des alten, verbrauchten und verschmutzten Fettes. Vor größeren Touren wird man demnach, falls man es nicht vorzieht, die Lagerstellen auseinanderzunehmen, zu reinigen und auf diese Weise mit neuem Fett zu versehen, die Fettpresse bei jeder einzelnen Lagerstelle so lange betätigen, bis das alte Fett bei den Schlitzen herausgedrückt ist und das neue Fett erscheint. Bei Radnaben, welche in einem Stück mit der Innenbackenbremse hergestellt sind, muß darauf gesehen werden, daß kein

Abb. 457. Die Fettpreßschmierung im Gebrauch.

Nach Ansetzen der Fettpresse an den Schmiernippel wird die Pumpe durch Drehen des Griffes so lange betätigt, bis das alte Fett zum Vorschein kommt. Die Naben der Laufräder sind mit Vorsicht zu schmieren, um ein Verölen der Innenbackenbremsen zu vermeiden.

Fett in die Bremstrommel gelangt. Eine Ausführungsform einer solchen Fettpresse zeigt unsere Abbildung 455, die Wirkungsweise Abbildung 456. Die Anwendung der Fettpresse ist aus Abbildung 457 zu ersehen. Bei größeren Fahrten dient die Fettpresse gleichzeitig als Behälter für das Fett.

Wenn in der Praxis die Fettpreßschmierung bei den serienmäßig erzeugten Maschinen noch nicht überall anzutreffen ist, so ist dies auf das Streben nach Billigkeit, das der heutige scharfe Konkurrenzkampf mit sich bringt, zurückzuführen, in Wirklichkeit aber nicht gerechtfertigt. Da nicht nur die Fettpresse, sondern auch die mit einem Normalgewinde versehenen Nippel in jedem besseren Geschäft der Motorradbranche erhältlich sind, ist auch die nachträgliche Einführung der Fettpreßschmierung bei jedem Kraftrade möglich und auf Grund der angeführten großen Vorteile sehr zu empfehlen.

Neben den bisher angeführten Schmierstellen sind es des weiteren besonders der Hebelmechanismus der Bremsen und des Schaltgestänges sowie der verschiedenen Bowdenzüge für Kupplung, Dekompressor, Vergaser usw., welche einer gelegentlichen Schmierung und zwar mit dickem Öl bedürfen. Zu dieser Schmierung, die etwa jede Woche vorgenommen werden soll, wird ein gewöhnliches Schmierkännchen benutzt.

Zur Vollständigkeit sei, trotz eingehender Behandlung an einem anderen Platze, auf die Schmierung der Kette sowie des Getriebes hingewiesen.

Zur Schmierung der Kette wird dickes Motorenöl oder Spezialfett verwendet. Neuzeitliche Maschinen weisen nicht selten eine eigene langsam arbeitende Ölpumpe zur Schmierung der Kette auf. Zur Schmierung der vorderen Kette wird auch das sogenannte Überöl des Motors bzw. der aus dem Motor kommende Öldunst verwendet. Bei vollkommen geschlossenen Kettenkästen wird infolge des Schutzes der Kette wesentlich an Schmiermitteln für die Kette gespart. Ob jedoch dieser Vorteil die Nachteile bei gelegentlichen Kettenreparaturen aufwiegt, sei dahingestellt.

Zur Schmierung des Getriebes wird dickes Öl — nicht Fett — verwendet. Das Nachfüllen des Öles darf besonders bei Gebirgsfahrten, bei welchen mit dem direkten Gang, der das Zahnradgetriebe entlastet, nur selten gefahren wird, keineswegs übersehen werden. Praktisch sind jene Vorrichtungen, die, wie z. B. der Zweiwegehahn bei der „Sunbeam“-Maschine, das Nachpumpen von Öl in das Getriebe durch das Umstellen eines gewöhnlichen Hahnes, der die Handölpumpe entweder mit dem Motor oder mit dem Getriebe verbindet, ermöglicht. Auch hier sei erwähnt, daß das Motorradgetriebe nicht mit Fett zu schmieren ist.

Abschnitt 13.

Das Dichtungsmaterial.

Wenn die Dichtungen im Anschluß an die Schmierung des Motors behandelt werden, so hat dies seinen guten Grund: nur zu häufig kann man Krafträder sehen, bei welchen das Öl aus allen Ritzen und Fugen tropft und unter der Maschine große Lachen entstehen. Ganz abgesehen davon, daß sich dieser Verlust an Schmiermitteln auch in finanzieller Hinsicht für den Besitzer nicht gerade günstig auswirkt, wird auch das Aussehen der Maschine durch das austretende Öl und den dadurch entstehenden Schmutz ganz bedeutend beeinträchtigt.

Im besonderen müssen gut gedichtet werden: das Kurbelgehäuse, das Getriebegehäuse, die Lager jener Achsen, welche aus dem Kurbelgehäuse oder Getriebe heraustreten, sowie die Ölleitungen. Schließlich wird auch derjenige Kraftradfahrer den Dichtungen sein Augenmerk zuwenden, der einen wassergekühlten Motor fährt, denn nichts ist lästiger und für den Motor schädlicher als ein ständiges Nachfüllen des Kühlwassers.

Es wird sich also im Grunde darum handeln, einerseits Öl (und auch dünnflüssig gewordenes Fett), andererseits Wasser vor einem ungewollten Austritt zu bewahren. Hierbei muß man zum Teile zwischen Dichtungsmittel unterscheiden, die nur gegen Wasser oder nur gegen Öl abdichten.

Nicht selten sieht man Motorräder, welche durch das beim Motor austretende Öl über und über verschmutzt sind. Ganz besonders bei den Ventilstößelführungen tritt nicht selten sehr viel Öl aus, das sich sodann mit Staub und Straßenkot zu einer den ganzen Motor überziehenden, unschönen Kruste verbindet. Dieses besonders starke Austreten von Öl ist meist darauf zurückzuführen, daß im Kurbelgehäuse ein Überdruck herrscht, durch welchen das Öl durch alle Schlitze und Öffnungen gepreßt wird. Zur Beseitigung dieses Zustandes ist es lediglich erforderlich, die „Überölleitung", welche, wie bereits erwähnt wurde, meist zur vorderen Kette führt, stets rein zu halten. Ganz besonders ist auch auf eine ordentliche Funktion des Rückschlagventiles in dieser Leitung zu sehen. Das Ventil muß sich bei der Aufwärtsbewegung des Kolbens schließen, damit nicht nur der oben erwähnte Mangel vermieden, sondern durch den Unterdruck ein stets zuverlässiges Zufließen des Öles aus der Ölleitung gewährleistet wird.

Sehr zu begrüßen ist es, daß verschiedene deutsche Motorfabriken dazu übergegangen sind, einen zwangsläufig betätigten „Entlüfter" für das Kurbelgehäuse vorzusehen, welcher nur während der Abwärtsbewegung des Kolbens die Überölleitung freigibt. Eine solche Einrichtung verhindert zuverlässig das Austreten von Öl bei undichten Stellen und bei den Ventilstößeln, sichert demnach ein stets einwandfreies Äußere des Motors.

Im folgenden werden nunmehr die einzelnen, für den Kraftfahrer in Betracht kommenden Dichtungen behandelt:

Syndetikon: Ein viel zu wenig bekanntes Universalmittel ist dieser Klebestoff, der in jedem Papiergeschäft in sehr praktischen Tuben erhältlich ist und sowohl gegen Wasser als auch gegen Öl dicht hält. Um Syndetikon, der in kaltem Zustande oft sehr dickflüssig ist, zu verdünnen, wird es nicht mit einer Flüssigkeit vermengt, sondern in der Hand oder durch Einlegen der Tube in heißes Wasser erwärmt. Syndetikon eignet sich ausgezeichnet zur Abdichtung der beiden Teile des Kurbelgehäuses, des Zylinders auf dem Kurbelgehäuse, des Getriebedeckels, des Deckels der Stirnräder, usw. Es wird mit einem Pinsel auf die beiden aufeinanderpassenden Hälften aufgetragen. Vor dem Einfüllen des Öles in das zusammengebaute Gehäuse sollen tunlichst einige Stunden gewartet werden. Vorteilhaft ist es, Syndetikon in Verbindung mit Papierdichtungen zu verwenden.

Papier: Ein sehr gebräuchliches, ja fast unentbehrliches Dichtungsmittel ist das gewöhnliche, starke Pergamentpapier. Es kann jedoch in gleicher Weise auch Zeichenpapier, Schreibmaschinenpapier usw. verwendet werden. Es wird besonders für das Abdichten zwischen Zylinder und Kurbelgehäuse, dann auch für die Teile des Kurbelgehäuses und Getriebegehäuses verwendet. Das Papier wird, um die genaue Form zu erhalten, ausgehämmert, das heißt, es wird das Papier auf die eine Schnittfläche der zusammenpassenden Gehäuseteile gelegt und die Konturen werden durch einen Hammer mit raschen leichten Schlägen abgeklopft. Um ein Verrücken zu vermeiden, ist es vorteilhaft, den Gehäuseteil mit Fett oder dickem Öl zu bestreichen, so daß das Papier haften bleibt. Das Papier wird, falls nicht ein besonderes Dichtungsmittel verwendet wird, mit dickem Öl getränkt. Bei der Anwendung von Dichtungsmitteln empfiehlt es sich, nur eine der beiden Seiten mit dem Dichtungsmittel zu bestreichen, so daß bei der Demontage die Papierdichtung nicht zerreißt und daher mehrmals verwendet werden kann. Sollte jedoch diese Dichtung nicht genügen, so müssen beide Seiten mit dem Dichtungsmittel bestrichen werden. Bei Stellen, welche sehr schwer dicht zu bekommen sind, wird man mit Erfolg, falls man nichts Besseres zur Hand hat, ein in der vorerwähnten Art ausgehämmertes und mit Syndetikon getränktes Löschpapier verwenden.

Moorit, Klingerit usw.: Diese kartonartigen Dichtungsmittel kommen unter sehr verschiedenen Namen in den Handel. Man kaufe in einem Spezialgeschäft und wähle die beste Qualität. Die wichtigsten Eigenschaften dieser Dichtungsmittel sind, daß sie einerseits sehr schmiegsam und andererseits vollkommen hitzebeständig sind. Besonders eignen sie sich daher für das Abdichten der Zylinderauflagefläche sowie der Flanschen des Auspuffrohres, falls dasselbe nicht durch Überwurfmuttern befestigt ist.

Da diese Dichtungsmittel in verschiedenen Stärken bis zu einer Dicke von mehreren Millimetern erhältlich sind, hat man in ihnen auch ein gutes Mittel, den Kompressionsgrad des Motors durch Verwendung einer mehr oder weniger starken Unterlagplatte zu verändern. Bei Tourenfahrzeugen ist es im Interesse der Lebensdauer der Maschine jedenfalls angebracht, unter dem Zylinder eine möglichst starke Unterlagplatte zu verwenden. Der nicht besonders fühlbare Kraftverlust, der durch die Verringerung des Verdichtungsgrades bedingt ist, ist in der Praxis leicht in Kauf zu nehmen.

An Stelle der erwähnten Dichtungen kann im Notfalle auch ein starker Karton oder besser ein „Preßspan" verwendet werden. Die Dichtung wird, um bei der Demontage ein Zerreißen zu verhindern, auf der einen Seite mit einem Dichtungsmittel, auf der anderen Seite mit Öl bestrichen.

Wasserglas: Dieses Dichtungsmittel wird vielfach zur Abdichtung des Kurbelgehäuses verwendet und ist in jeder Drogerie für billiges Geld erhältlich. Es hat den Vorteil, sehr schnell zu trocknen und ist daher in gut schließbaren Gefäßen aufzubewahren.

Der Verwendung von Wasserglas steht entgegen, daß es einerseits von heißem Wasser aufgelöst wird, andererseits in der Hitze sehr spröde wird und dadurch leicht abbröckelt.

Bleiweiß: Für Abdichtungen von Wasseranschlüssen, also bei wassergekühlten Motoren, wird fast ausschließlich das ebenfalls in der Drogerie erhältliche Bleiweiß verwendet. Vor allem sei jedoch bezüglich dieses Dichtungsmittels darauf hingewiesen, daß es ein sehr gefährlicher Giftstoff ist; besonders bei offenen Wunden ist größte Sorgfalt am Platze, da schwere Blutvergiftungen eintreten können, in deren Gefolge nicht selten Lähmungen auftreten.

Bleiweiß ist entweder gebrauchsfertig als Dichtungsmittel erhältlich oder kommt in Pulverform in den Handel, um mit Sikkativ und Firnis angerührt zu werden. Auch das Bleiweiß in Tuben, wie es von jedem Kunstmaler verwendet wird, kann als Dichtungsmittel ohne weiteres Verwendung finden, hat jedoch den Nachteil, nur sehr langsam zu trocknen.

Bei Wasseranschlüssen werden mit Vorteil auch die zu verwendenden Dichtungsmittel, wie Klingerit, Moorit usw. ebenso wie das Gewinde einzelner Anschlüsse und Verschraubungen mit Bleiweiß bestrichen.

Um das Austrocknen des Bleiweißes in der Vorratsflasche oder Dose zu vermeiden, wird auf das Bleiweiß etwas Wasser geschüttet.

In letzter Zeit sind verschiedene Dichtungsmittel in den Handel gekommen, welche einerseits nicht giftig sind, andererseits die gleichen Eigenschaften besitzen sollen wie das Bleiweiß.

Mennige: Da auch Mennige aus Blei gewonnen wird, ist es nicht viel weniger gefährlich als Bleiweiß, hat jedoch gegenüber diesem noch den Nachteil, daß es sehr leicht spröde wird. Mennige wird daher nur dann zu verwenden sein, wenn ein anderes brauchbareres Mittel nicht zur Verfügung steht.

Hermétic. Das bekannteste aller Spezialdichtungsmittel für Motorfahrzeuge ist das in einschlägigen Geschäften in Dosen erhältliche ,,Hermétic". Dieses hervorragende Dichtungsmittel läßt sich für alle Teile des Motors, des Getriebegehäuses, der Kettenkästen usw. verwenden. Hermétic wird auf beiden Teilen mit einem Pinsel dünn aufgetragen und kann sowohl allein als auch in Verbindung mit einer Papier- oder sonstigen Dichtung Anwendung finden.

Kupferasbestdichtungen: Diese Dichtungen sind, aus Kupferblech und dazwischengeklemmtem Asbest bestehend, in allen Formen und Dimensionen, ganz besonders in Form von Ringen erhältlich. Allein gebräuchlich ist die Verwendung von Kupferasbestdichtungen zur Abdichtung des Zündkerzensitzes, der Zischhähne, der Zylinderverschraubungen bei untengesteuerten Motoren, des Auspuffrohres, usw. Bei abnehmbaren Zylinderköpfen werden zwischen Zylinder und Zylinderkopf ebenfalls Asbestdichtungen verwendet.

Da Kupferasbestdichtungen nach kurzer Zeit ziemlich stark nachgeben, ist ein Nachziehen der entsprechenden Muttern bzw. der Zündkerze, des Zischhahnes, usw. erforderlich. Dichtungen, welche ihre elastische Geschmeidigkeit verloren haben, sind im Interesse einer guten Kompression auszutauschen.

Leder wird fast ausschließlich nur bei den Verschraubungen der Benzin- und Öleinfüllöffnungen verwendet, da es nicht hitzebeständig ist und auch sonstige unvorteilhafte Eigenschaften an den Tag legt. Beim Verlieren von Filzdichtungen wird man jedoch aus einem Stück Riemen wenigstens provisorisch eine Lederdichtung herstellen und verwenden können.

Filz: Besondere Schwierigkeit bringt eine zweckentsprechende Abdichtung an den verschiedenen Lagerstellen mit sich. Eine solche Dichtung soll sowohl das Auslaufen des im Lager enthaltenen Schmierstoffes verhindern, als auch das Eindringen des äußeren Schmutzes hintenanhalten. Besonders bei der Kurbelwelle, der Getriebewelle und den Achsen der Räder ist eine derartige Abdichtung nicht zu entbehren. An diesen Stellen wird beim modernen Kraftrad mit gutem Erfolg eine in einer besonderen Nut befindliche Filzringdichtung verwendet. Diese Dichtungsringe saugen sich mit Öl und Fett an und verhindern so auch das Eindringen von Wasser. Am besten werden diese Filzdichtungen von der Fabrik selbst bezogen, so daß jedes besondere Zuschneiden entfällt. Muß trotzdem gelegentlich eine neue Filzdichtung hergestellt werden, so darf nur ein vollkommen fester, dichter Filz Verwendung finden, da der z. B. für Hausschuhe gebräuchliche Filz sich zu sehr zerfasert und dadurch das Lager unter Umständen Schaden leiden kann.

Blei: Schließlich kommt als Dichtungsmittel Blei und zwar weiches Walzblei in Betracht. Es wird verwendet, wenn Teile des Kurbelgehäuses oder Teile des Getriebegehäuses oder sonstige Gehäuse, insbesondere Aluminiumgußstücke, undicht werden, indem es in die undichte Stelle eingehämmert wird. Eine derartige Dichtung kann jedoch nur als Notbehelf angesehen werden und erübrigt keineswegs eine gründliche Reparatur — auch Aluminium läßt sich autogen schweißen — bei nächster sich ergebender Gelegenheit.

Behelfsweise Dichtungen, wie sie z. B. bei defekten Rohrleitungen notwendig werden, zu welchem Zwecke insbesondere Isolierband und Gummistücke verwendet werden können, werden unter dem entsprechendem Abschnitt: „Kleinere Reparaturen“ beschrieben, so daß sich eine Behandlung in diesem Abschnitt erübrigt.

Abschnitt 14.

Die Instandhaltung des Kraftradmotors.

a) Allgemeine Vorschriften.

Von Zeit zu Zeit ist es notwendig, den Motor einer gründlichen Durchsicht zu unterziehen. Diese Arbeit wird zwar meist von einem Mechaniker vorgenommen, kann aber auch ohne weiteres vom Fahrer selbst besorgt werden. Viel Geld kann man sich auf diese Weise ersparen, und man hat außerdem den Vorteil, wahrscheinlich in kürzerer Zeit die Maschine wieder fahrbereit zu haben. Schließlich ist es auch notwendig, daß sich der Fahrer mit einer gründlichen Überprüfung des Motors vertraut macht, um gegebenenfalls auf einer großen Tour auch selbst den Motor zerlegen und wieder zusammensetzen zu können. Aber selbst dann, wenn der Fahrer keineswegs die Absicht hat, „Generalreparaturen" des Motors und gründliche Überprüfungen selbst vorzunehmen, sind diesbezügliche Kenntnisse doch notwendig, um dann, wenn solche Arbeiten z. B. auf einer Tour von einem weniger fachkundigen Mechaniker vorgenommen werden müssen, eine entsprechende Überwachung ausüben zu können. Abgesehen von jenen Arbeiten die in der heimischen Garage gemacht werden, soll man grundsätzlich bei fremden Mechanikern, auch dann, wenn sie den besten Eindruck machen, am Motor nichts arbeiten lassen, ohne nicht selbst anwesend zu sein. Und gar oft wird es notwendig sein, dem Mechaniker Anweisungen zu geben, weil jede Maschine gewisse Feinheiten besitzt, welche nur dem Fahrer selbst bekannt sind.

Zur gründlichen Instandsetzung des Motors gehört die Reinigung, jedenfalls Bearbeitung nachstehender Teile:

Zylinder,
Ventile,
Kolben,
Kolbenbolzen,

Pleuellager,
Hauptlager und
Zylinderverschraubung.

Im weiteren Sinne gehören zur Instandsetzung des Motors die genaue Überprüfung der Nockenräder und zugehörigen Zahnräder, des Magnetantriebes und des Vergasers.

Vorerst wird die Instandsetzung eines untengesteuerten Motorrades besprochen, um erst später die verschiedenartigen Arbeiten zu behandeln, welche bei obengesteuerten Motoren sowie bei Zweitaktmotoren erforderlich sind.

Bevor wir an die Demontage des Zylinders schreiten, ist eine gründliche Reinigung des gesamten Motorrades eine unbedingte Notwendigkeit. Man vergesse hierbei nicht, auch den unteren Teil des Benzintanks mit Petroleum zu bürsten, da von demselben bei abmontiertem Zylinder nicht selten Schmutzstücke in das Kurbelgehäuse fallen.

Zur Abnahme des Zylinders wird in erster Linie der Vergaser und das Auspuffrohr demontiert. Um den Vergaser abnehmen zu können, ist das Benzinleitungsrohr abzunehmen, sodann der Zerstäubungskammerdeckel zu öffnen, so daß an dem Bowdenkabel nur der Deckel des Zerstäubungsgehäuses und die Drosselschieber hängen bleiben. Nach Lockerung der Schrauben der Klemmschelle oder des Flansches läßt sich der Vergaser ohne weiteres vom Ansaugstutzen abziehen und zur gesonderten Reinigung zur Seite legen.

Das Auspuffrohr wird durch Lösen der Überwurfmutter oder der Halteschrauben demontiert.

Nach diesen Vorarbeiten sind die Zylindermuttern aufzuschrauben und abzunehmen. Diese Befestigungsmuttern, meist 4 an der Zahl, sind aus der Abbildung 458 zu erkennen. Es sei hier bereits bemerkt, daß derartige Verschraubungen mit einem Hammerschlag auf den Schraubenschlüssel festgezogen werden und daher auch mit einem Hammerschlag auf den genau passenden Schlüssel gelöst werden müssen. Dies gilt im allgemeinen für alle Schrauben, welche der Vibration ausgesetzt sind. Manche Konstrukteure befestigen den Zylinder nicht durch vier Muttern am Fuß des Zylinders, sondern durch einen Bügel, welcher über dem Kopf des Zylinders liegt. In diesem Falle sind die entsprechenden Schrauben zur Entfernung des Bügels abzunehmen.

Bevor der Zylinder abgenommen wird, ist es des weiteren notwendig, die Zündkerzen, den Zischhahn, allenfalls auch die Ventilverschraubungen aus dem Zylinder zu schrauben.

Abb. 458. Die Befestigungsmuttern des Zylinders.
Bei den meisten Motorrädern befinden sich im Kurbelgehäuse Stehbolzen. Diese ermöglichen eine Befestigung des Zylinderflansches durch gewöhnliche Muttern.

Nunmehr wird der Zylinder abgenommen. In den meisten Fällen wird er durch das festgebrannte Öl sich nicht ohne weiteres abheben lassen, so daß es notwendig ist, mit einem Holzhammer auf beiden Seiten des Zylinders mehr oder minder fest zu klopfen. Steht ein Holzhammer nicht zur Verfügung, so benutzt man einen gewöhnlichen Hammer und legt ein Holzstück auf den Zylinder und schlägt auf ersteres. Nach wenigen Schlägen wird sich der Zylinder an der Auflagefläche vom Kurbelgehäuse gelöst haben, so daß er sich abheben läßt. Hierbei ist es notwendig, durch Drehen der Kurbelwelle den Kolben auf den unteren Totpunkt zu stellen. Dies geschieht am einfachsten in der Weise, daß man den Zylinder nach Lockerung ein klein wenig hebt und sodann, da man die Pleuelstange durch den entstandenen Schlitz genau beobachten kann, die Kurbel bis zur erwähnten Stellung dreht. Das Abheben des Zylinders erfolgt sodann in der sich aus Abbildung 459 ergebenden Art.

Nach dem Abheben des Zylinders wird der Kolben von der

Pleuelstange abgenommen. Bei dem heute fast ausschließlich zur Verwendung kommenden Leichtmetallkolben ist der Kolbenbolzen in keiner Weise am Kolben befestigt, sondern lediglich zu beiden Seiten mit Messingpilzen versehen. Der Bolzen läßt sich daher ohne weiteres aus dem Kolben drücken bzw. ziehen. Geht dies nicht ganz leicht, so nimmt man nach Abbildung 460 Durchschlag und Hammer zu Hilfe. Hierbei ist von einer anderen Person mit einem Hammer (Hammerstiel auflegen!)

Abb. 459.

Abb. 460.

Abb. 459. Das Abheben des Zylinders.

Abb. 460. Entfernung des Kolbens durch Herausschlagen des Kolbenbolzens.

Während der Bolzen mit Hammer und Durchschlag herausgeschlagen wird, muß mit einem zweiten Hammer, und zwar mit dessen Stiel, „angehalten" werden, um ein Verklemmen der Pleuelstange und der Lager zu verhindern.

am Kolben „anzuhalten", was ebenfalls die Abbildung deutlich zeigt.

Bei manchen Motorrädern, insbesondere bei jenen mit großem Zylinderinhalt, bei welchen das Kurbelgehäuse und die Zylinder größere Dimensionen aufweisen, läßt sich der Zylinder nicht ohne weiteres abheben, da hierfür nicht genügend Platz vorhanden ist. In solchen Fällen muß folgender Weg beschritten werden: der Zylinder wird soweit als möglich gehoben, also bis zum Anstoßen am oberen Rahmenrohr. In dieser Stellung muß der Zylinder, am besten von einer zweiten Person, festgehalten werden. Nunmehr dreht man die Kurbelwelle derart, daß der Kolben aus dem Zylinder herausgezogen wird und zwar dies nur so weit, bis der Kolbenbolzen beiderseits sichtbar wird. Letzterer wird hierauf seitlich ausgestoßen und herausgezogen. Nunmehr schiebt man den Kolben wieder in den Zylinder hinein, der Zylinder wird etwas gesenkt und seitlich in schiefer Stellung abgenommen. Die Abbildung 461 läßt den Vorgang einer Demontage in der beschriebenen Weise deutlich erkennen.

Abb. 461. Demontage des Zylinders.
Bei vielen neuzeitlichen, niedrig gebauten Krafträdern ist es nicht möglich, den Zylinder vom Kolben abzuziehen. In diesen Fällen wird der Zylinder etwas gehoben, der Kolbenbolzen aus dem auf den unteren Tiefpunkt gestellten Kolben entfernt, der Kolben sodann in den Zylinder geschoben und letzterer mit dem Kolben abgehoben. — Das Bild zeigt die Entfernung des Kolbenbolzens mittels Hammer und Durchschlag.

Nach Abnehmen des Zylinders ist es notwendig, vorerst den Zustand der Lager zu überprüfen.

Das Pleuellager, also die Lagerung der Pleuelstange um den Kurbelzapfen, heutzutage meist als Rollenlager ausgebildet, untersucht man in der Weise, daß das seitliche Kettenrad der Hauptwelle festgehalten wird und man die Pleuelstange auf und ab, also in ihrer Längsrichtung, zu bewegen versucht. Eine diesbezügliche Beweglichkeit soll, wenn das Lager in Ordnung ist, nicht im mindesten vorhanden sein, kann aber, wenn es sich nur um ein wenig handelt, geduldet werden. Diese Überprüfung des Pleuellagers hat in 4—6 verschiedenen Stellungen der Kurbelwelle zu erfolgen, da sich sowohl der Lagerring in der Pleuelstange als auch der Kurbelzapfen oval ausgelaufen haben können.

Um die beiden Hauptlager, in der rechten und linken Kurbelgehäusehälfte, auf ihren Zustand zu prüfen, versucht man die beiden aus dem Gehäuse herausragenden Enden radial, also auf-

und abzubewegen. Wenn ein Spiel vorhanden ist, so wird dies wohl in den meisten Fällen auf der Seite des Antriebes, wo naturgemäß die stärkere Beanspruchung vorhanden ist, liegen.

Auch hier kann ein geringes Spiel geduldet werden, dies insbesondere dann, wenn man innerhalb eines halben Jahres eine neuerliche Überprüfung ins Auge gefaßt hat und bei dieser sodann die Lager zu erneuern beabsichtigt. Eine geringfügige seitliche Beweglichkeit der Kurbelwelle ist in den meisten Fällen schon bei neuen Maschinen vorhanden und daher nicht zu beanstanden, wenngleich bei richtiger Konstruktion die Kurbelwelle sich nur in einem der beiden seitlichen Lager verschieben lassen soll, um bei Verziehungen oder Temperaturverschiedenheiten Pressungen zu vermeiden, während ein seitliches Verschieben der ganzen Welle schon wegen des Kettentriebes nicht möglich sein sollte.

Ergibt sich bei der Überprüfung der Lager irgend ein größerer Mangel, so ist das Lager, nach der Art, wie dies weiter unten beschrieben werden wird, zu ersetzen.

Ergibt sich aber — zum Glück ist dies meistenteils der Fall — daß die Lager einwandfrei sind, so kann man an die gründliche „innerliche“ Reinigung des Motors herangehen. Hierzu füllt man das Kurbelgehäuse bis etwa zur Hälfte mit Petroleum und dreht die Schwungmasse mehrmals mit ziemlicher Geschwindigkeit durch Betätigung der Pleuelstange um. Bei Zweizylindermotoren müssen hierbei die zwei Pleuelstangen mit beiden Händen gehalten bzw. geführt werden, um ein Aufschlagen auf das Gehäuse, das diesem, unter Umständen aber auch der Pleuelstange, das Leben kosten kann, zu vermeiden. Das Petroleum läßt man im Gehäuse stehen, verdeckt die Öffnung am Gehäuse mit Tüchern und wendet seine Aufmerksamkeit vorerst den Zylindern zu.

Aus dem Zylinder hat man noch die Ventile zu entfernen. Zu diesem Zweck faßt man die Ventilkeile, auch Vorstecker genannt, mit einer Zange, preßt gleichzeitig die Ventilfedern auf einen Augenblick zusammen und zieht den Ventilkeil aus dem Ventilschaft. Um ein Heben des Federtellers zu ermöglichen, muß das Ventil niedergehalten werden. Zu diesem Zweck verwendet man am besten ein Montiereisen, das durch die Zylinderverschraubungsöffnung des nebenliegenden Ventiles eingeschoben wird; Abbildung 462. Zum Zusammenpressen der Ventilfeder findet mit Vorteil eine Ventilfederzange oder ein entsprechendes

Abb. 462. Das Herausnehmen des Ventilkeiles.
Um den Ventilkeil entfernen zu können, muß die Ventilfeder zusammengepreßt werden. Damit sich nicht das Ventil mithebt, muß es in der dargestellten Art, am einfachsten mit einem Montiereisen, niedergehalten werden.

Hebelwerkzeug Verwendung. Ist ein solches, wie dies meistenteils der Fall sein wird, nicht zur Hand, so kann man auch mit

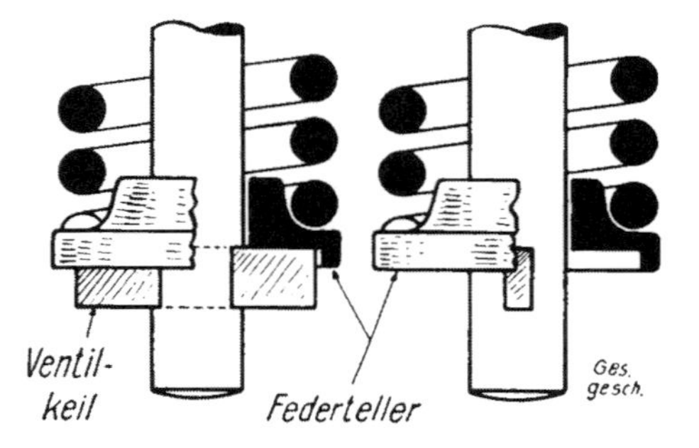

Abb. 463. Ansatz des Ventilfedertellers.
Der Federteller besitzt meist eine entsprechende Überlappung, um ein Herausfallen des Ventilkeiles zu verhindern.

zwei Schraubenziehern den Ventilteller heben, indem man dieselben gegen eine Kühlrippe stemmt. Um ein Abbrechen der Letzteren zu vermeiden, ist es notwendig, den Schraubenzieher nicht am Rand der Kühlrippe anzusetzen, sondern dort, wo die Kühlrippe an der Zylinderwand sitzt. Das Heben des Ventiltellers ist notwendig, um den Ventilkeil herausziehen zu können, da entweder der Federteller, Abbildung 463, oder der Vorstecker, Abbildung 464, entsprechende Ansätze aufweist, um ein Herausfallen oder Verschieben des Vorsteckers im Betriebszustand zuverlässig zu vermeiden. Läßt sich der Ventilkeil nicht herausnehmen, so ist es am besten, Ventilteller, Keil und Ventilschaft über Nacht im Petroleum „einzuweichen".

Nach Entfernung des Vorsteckers wird das Ventil aus dem Zylinder gehoben. Sollte dies nicht ohne weiteres möglich sein, so ist der Ventilschaft durch Verwendung von Petroleum und einer Stahlbürste von dem festgebrannten Öl zu reinigen.

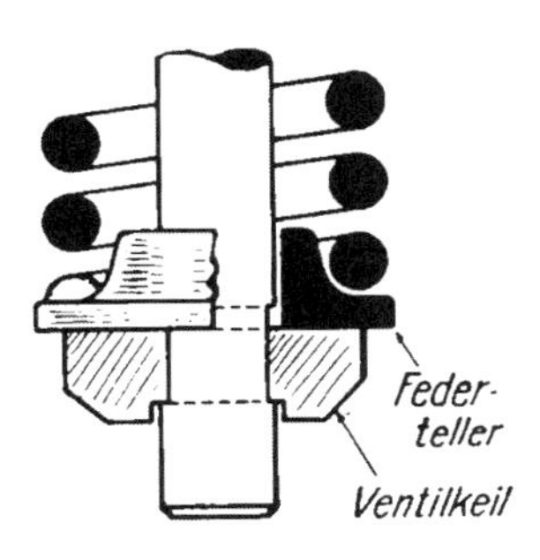

Abb. 464. Ansatz am Ventilkeil.

Der Ventilkeil kann auch durch die dargestellte Art gegen das Herausfallen gesichert werden.

Nach Entfernung beider Ventile werden diese, die Ventilfedern, Teller und Vorstecker, ferner die Ventilverschraubungen, die Zischhähne und die Kolben in Petroleum gelegt. Gleichzeitig geht man daran, auch den Kolben und zwar innen und außen, gründlich mit Petroleum, an der Außenseite unter Zuhilfenahme einer kräftigen Bürste, zu reinigen. Der im Zylinderkopf festgebrannte Ruß wird mit Verwendung eines Schraubenziehers oder leichter Stemmeisen, erforderlichenfalls unter Zuhilfenahme eines leichten Holz- oder Lederhammers, restlos entfernt. Die peinlich genaue Reinigung der Außenseite des Zylinders, insbesonders auch der Kühlrippen, ist im Interesse einer guten Kühlung eine besondere Notwendigkeit.

Nach gründlicher Reinigung des Zylinders überprüft man die Kolbenlaufbahn, also die Zylinderbohrung. Dieselbe muß spiegelblank sein und darf keine wie immer gearteten Furchen aufweisen, da dieselben einen Kompressions-, Öl- und Brennstoffverlust mit sich bringen und die Leistungsfähigkeit und Wirtschaftlichkeit des Motors außerordentlich ungünstig beeinflussen würden. Derart beschädigte Zylinder übergibt man einer gut eingerichteten Werkstätte zum Ausschleifen. Da durch das Ausschleifen die Bohrung um einige Zehntel Millimeter größer wird, sind auch die Kolbenringe durch entsprechend größere, neue Ringe zu ersetzen. Besonders tiefe Furchen, wie z. B. solche durch eine seitliche Verschiebung des Kolbenbolzens oft bis zu 2 mm entstehen können, werden ebenfalls ausgeschliffen, doch sind diesfalls nicht nur die Kolbenringe, sondern auch der Kolben durch einen solchen mit größerem Durchmesser zu ersetzen. Da durch eine derartige Reparatur beträchtliche Kosten erwachsen und schließlich der so stark ausgeschliffene Zylinder doch bedeutend geschwächt ist, ist zu erwägen, ob es nicht vorteilhafter ist, einen neuen Zylinder von der Fabrik kommen zu lassen. Es mag dem Fahrer jedoch zum Troste gereichen, daß Längsrinnen im Zylinder sehr selten sind und auch nur dann vorkommen können, wenn der Montage des Kolbens beziehungsweise Kolbenbolzens nicht genügend Aufmerksamkeit zugewandt wurde oder sich ein Teil eines Kolbenringes verrieben hat. Also Sorgfalt in dieser Hinsicht!

Neben den Längsrinnen, welche, wie erwähnt, meist auf eine mangelhafte Montage zurückzuführen sind, kann man gelegentlich bei älteren Maschinen, besonders dann, wenn häufig schlechtes Öl benutzt wurde, Absätze im Zylinder feststellen, die darauf zurückzuführen sind, daß der Zylinder, und zwar in seinem ganzen Umfange, dort, wo sich der Kolben bewegt, gleichmäßig abgenutzt wird, so daß naturgemäß beim oberen und unteren Totpunkt ein kleiner Absatz entsteht. Dieser kleine Mangel kann in der Praxis wohl unberücksichtigt bleiben, da er bei einigermaßen gutem Zylindermaterial wohl nie so groß werden kann, daß irgend ein wesentlicher Nachteil auftreten könnte.

Hat man sich davon überzeugt, daß der Zylinder eine vollkommen einwandfreie Kolbenlaufbahn aufweist, wendet man sich den Ventilen zu.

Die Ventile werden vorerst gründlich gereinigt, wobei die Stahlbürste in Verwendung treten soll. Der Ventilschaft ist mit Schmirgelpapier zu reinigen, so daß sich das Ventil in der Ventilführung des Zylinders leicht auf- und abbewegen und der Ventilteller auf dem Ventilschaft ohne weiteres aufschieben läßt.

Die wichtigste Arbeit bei der Instandsetzung des Motors ist das „Einschleifen" der Ventile. Naturgemäß wird die „Sitzfläche" der Ventile mit der Zeit undicht. Es setzt sich Ölkruste an, und es entstehen auch kleine Vertiefungen an den Ventilen, sowie am Ventilsitz im Zylinder. Ganz besonders das Auslaßventil ist gegenüber dem durch die Frischgase gut gekühlten Einlaßventil stets in einem schlechteren Zustand. Die Verkrustung des Ventilsitzes tritt in hervorragendem Maße dann auf, wenn die Ventilstössel zu wenig Spiel aufweisen oder gar so ungenau eingestellt sind, daß das Ventil nicht immer vollkommen schließt. Tritt dies beim Einlaßventil auf, so wird man den Fehler sehr bald am „Schießen" des Vergasers bemerken, während beim Auslaßventil, abgesehen von dem in jedem Falle eintretenden Kraftverlust, keine besonderen Symptome festgestellt werden können. Auch ein schlecht eingestellter Dekompressor kann ein richtiges Schließen des Auslaßventiles verhindern.

Ventile mit sehr stark beschädigtem Ventilsitz sind auf der Drehbank zu bearbeiten. Das Ventil wird eingespannt und vor Bearbeitung genau zentriert. Die Sitzfläche wird mit einer guten Feile, allenfalls auch mit dem Drehstahl, so lange bearbeitet, bis alle Unebenheiten verschwunden sind. Ist der Ventilsitz im Zylinder schon sehr schlecht, so ist die Sitzfläche mit einem Spezialfräser zu bearbeiten. Unter keinen Umständen lasse man jedoch den Zylinder mit einem Fräser bearbeiten, welcher nicht einen Fortsatz aufweist, der genau in die Ventilführung paßt. Nur dieser Fortsatz gewährleistet eine konzentrische Bearbeitung des Ventilsitzes.

Manche Ventile verziehen sich nach mehreren zehntausend Kilometern derart, daß Ventil und Ventilsitz oval ausgelaufen sind. Da sich nun das Ventil während des Betriebes auch drehen kann, kommt es vor, daß der Motor plötzlich nicht mehr ordentlich zieht, nach einigen Dutzend Kilometern oder einer mehr oder weniger langen Strecke unversehens aber seine alte Leistungsfähigkeit wiedererhält. In einem solchen Falle ist fast mit Sicherheit auf ovale Ventile zu schließen. Die Bearbeitung kann nur durch einen Mechaniker auf der Drehbank erfolgen; ein Austausch der Ventile ist nicht unbedingt erforderlich. Werden neue Ventile verwendet, so ist es selbstverständlich, daß der ebenfalls ausgelaufene Ventilsitz im Zylinder trotzdem mit einem Fräser bearbeitet werden muß.

Die Bearbeitung stark beschädigter Ventile und des Ventilsitzes auf der Drehbank und mit dem Fräser sowie der Austausch der Ventile gegen neue schließt die Notwendigkeit des „Einschleifens“ der Ventile keineswegs aus.

Zum Einschleifen der Ventile wird entweder die im Handel befindliche, fertige Ventileinschleifpaste verwendet, oder man macht sich dieselbe durch Mischen von Schmirgelpulver mit Fett oder dickem Öl selbst an. Vorerst ist grobes Schmirgelpulver

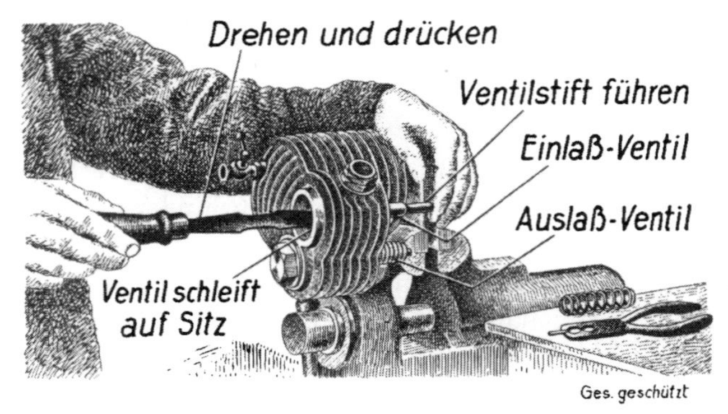

Abb. 465. Das Ventileinschleifen.

Nach jeder Viertel- oder halben Drehung ist das Ventil mit den Fingern der linken Hand etwas zu heben, damit neue Schleifpaste zwischen die Flächen gelangen kann.

zu verwenden, um dann mit feinem Pulver nachzuschleifen. Die Einschleifpaste wird auf die Sitzfläche des Ventiles gestrichen, das Ventil in den Zylinder eingeführt und mittels eines Schraubenziehers unter gleichzeitiger Ausübung eines mittelmäßigen Druckes um etwa eine Vierteldrehung hin- und herbewegt. Es ist wichtig, während des Drehens das Ventil in kürzeren Abständen immer wieder etwas zu heben, um ein Herauspressen der Schmirgelpaste zu vermeiden; Abbildung 465 und 466. Der Arbeitsvorgang wird beschleunigt, das Heben mittels Hand erspart, wenn man eine einfache Feder, die man sich aus einem Stückchen Messingdraht ohne weiteres herstellen kann, verwendet. Diese Feder wird über den Ventilschaft geschoben und hierauf erst das Ventil in den Zylinder eingeführt. Die Federspannung hebt sodann das Ventil ständig in dem gewünschten Maße in die Höhe, während letzteres vermittels des Schraubenziehers beim Einschleifen auf die Sitzfläche gepreßt wird. Die Einschleifpaste ist in kürzeren Abständen zu erneuern. An Stelle eines Schraubenziehers kann auch zur Erleichterung eine Brustleier verwendet werden, in welche das Eisen eines Schraubenziehers eingespannt wird. Diese Brustleier wird nicht rundum gedreht, sondern ebenso wie der Schraubenzieher nur hin- und herbewegt. Um ein gleichmäßiges Einschleifen zu gewährleisten, ist es wichtig, die Stellung der Brustleier ständig zu verändern, bzw. dieselbe am Ventil umzusetzen. Das Einschleifen hat so lange zu erfolgen, bis die Sitzfläche vollkommen gleichmäßig

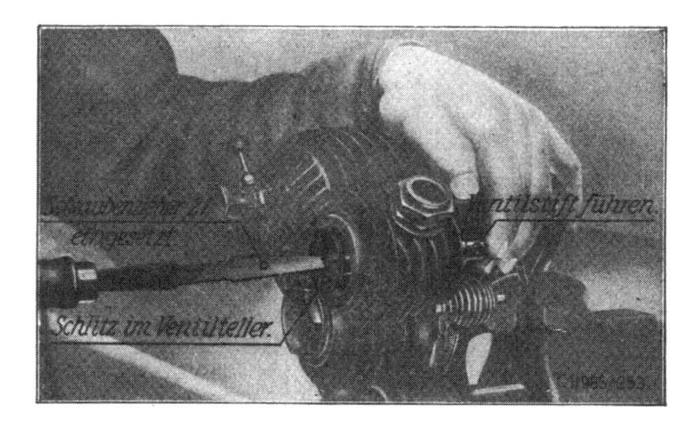

Abb. 466. Das Ventileinschleifen.

Ventil in gehobener Stellung. Hat man mehrere Ventile einzuschleifen, so benutzt man eine Feder, welche man vor dem Einführen des Ventiles auf den Ventilschaft schiebt. Die Feder hebt von selbst das Ventil vom Sitz, so daß es sich erübrigt, den Ventilschaft mit der linken Hand zu führen.

mattgrau erscheint. Stellen, welche noch glänzend oder gar noch dunkel erscheinen, zeigen, daß das Ventil noch nicht richtig sitzt. Nach Benutzung des groben Schmirgels wird mit feinem Schmirgel nachgearbeitet.

Gereinigt uud überprüft müssen auch die Ventilführungen werden. Bekanntlich bewegt sich der Ventilschaft nicht in Bohrungen des Zylinders, sondern in gesondert eingesetzten Ventilführungen. Diese lassen sich erforderlichenfalls aus dem Zylinder wieder herausnehmen. Es ist zu überprüfen, ob der Ventilschaft in der Führung Spiel hat. Ist dies der Fall, so ist eine neue Ventilführung einzusetzen.

Eine zu große Beweglichkeit des Ventilschaftes in der Ventilführung ist deswegen besonders schädlich, weil sich ständig die Lage der Ventilachse verändern kann, wodurch ein gleichmäßiger Sitz des Ventils und demgemäß ein vollkommenes Schließen desselben unmöglich gemacht wird. Beim Einlaßventil kommt außerdem noch hinzu, daß bei dem Spiel zwischen Ventilschaft und Ventilführung „falsche Luft“ eintreten kann, wodurch die einwandfreie Funktion des Motors, ganz besonders bei langsamen Lauf, wesentlich beeinträchtigt wird.

Abb. 467. Das Entfernen der Ölkohle vom Kolbenboden.

Man muß das Instrument möglichst flach ansetzen, damit im Kolbenboden des Leichtmetallkolbens keine Furchen und Kratzer entstehen. Alle Unebenheiten am Kolbenboden begünstigen das Ansetzen von Ölkohle.

Der vorstehende Hinweis gilt für unten- wie auch für obengesteuerte Motoren in gleicher Weise.

Nach der Instandsetzung der Ventile wendet man sich dem Kolben zu, welchen man zum Aufweichen der Krusten in eine Benzin-Benzol-Petroleum-Mischung gelegt hat.

Der Kolben muß in jeder Richtung einwandfrei gereinigt werden, was nicht immer leicht ist. Die Ölkruste am Kolbenboden ist oft mehrere Millimeter stark und läßt sich nur mit einem Schaber nach Abbildung 467 entfernen. Bereits die Entfernung dieser den thermischen Wirkungsgrad äußerst nachteilig beeinflussenden Ölkruste ergibt eine wesentliche Steigerung der Motorleistung. Um diese Entrußung leicht und rasch vornehmen zu können, werden gelegentlich auch bei untengesteuerten Motoren abnehmbare Zylinderköpfe, „Zylinderdeckel“, verwendet, wie dies Abbildung 468 zeigt. Abgesehen von der Schwierigkeit einer verläßlichen Abdichtung zwischen Zylinder und Kopf ist diese Lösung für gelegentliche Entrußungen geradezu ideal. Übrigens gibt es auch Ausführungen, bei welchen der abnehmbare Teil nicht nur als Deckel ausgebildet ist, sondern nach Abbildung 469 auch die Ventilkam-

Abb. 468. Auch beim untengesteuerten Motor gibt es mitunter geteilte Zylinder.

Nach Abnahme des Zylinder„deckels“ lassen sich die Ventile sehr leicht einschleifen, desgleichen ist die Entfernung von Ölkohle, das „Entrußen“, sehr erleichtert. Beachtenswert ist die deutlich zu sehende Ricardo-Konstruktion des Zylinderkopfes.

mern umfaßt. Wenn auch bei dieser Ausführung zum Entrußen des Motors der Vergaser und das Auspuffrohr demontiert werden müssen, so steht dem doch der Vorteil gegenüber, daß sich gleichzeitig sehr leicht die Ventile einschleifen lassen. Bezüglich der Abdichtung ist bei dieser Ausführung sehr nachteilig, daß die Ventilfedern den Zylinderkopf stoßweise und einseitig zu heben trachten.

Kehren wir jedoch zur Reinigung des demontierten Kolbens

zurück! Nach der Beseitigung der dicken Kruste von Ölkohle wird man die übrigen Ansätze am besten mit einer kräftigen Stahlbürste entfernen. In sehr hartnäckigen Fällen, besonders wenn Rizinusöl verwendet worden war, ist es am zweckmäßigsten, den Kolben auf der Drehbank zu reinigen. Auch das Innere des Kolbens ist gut zu reinigen und der sich infolge Verwendung von schlechtem Öl oder zu reichlicher Schmierung bildende Ölschlamm zu entfernen.

Besonderes Augenmerk ist den Kolbenringen zuzuwenden, welche sich nicht selten in den Ringnuten festsetzen, jede Feder-

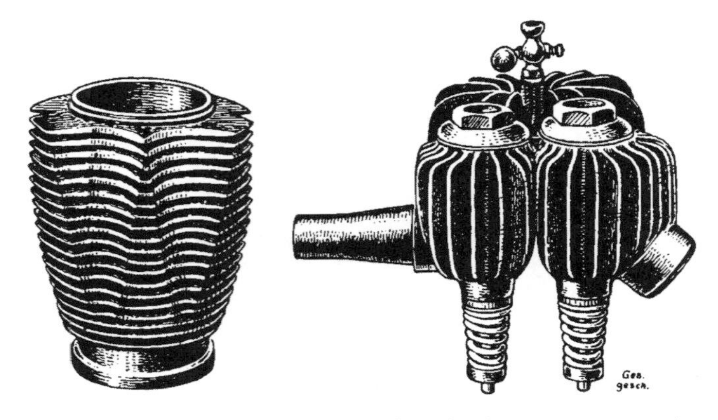

Abb. 469. Abnehmbarer Zylinderkopf eines untengesteuerten Motors.

Die Abbildung zeigt, im Vergleich zu Abb. 468, daß man bei geteilter Ausführung des Zylinders eines untengesteuerten Motors zwischen „abnehmbarem Zylinderkopf" und „abnehmbarem Zylinderdeckel" zu unterscheiden hat.

wirkung einbüßen und so das lästige „Klingeln“ des Motors begünstigen.

Die Kolbenringe sind so lange in Ordnung, als sie genau in die Nuten des Kolbens passen und, in den Zylinder eingeführt, vollkommen geschlossen sind. Die Kolbenringe sind zur restlosen Reinigung des Kolbens unbedingt vom Kolben abzunehmen. Steht eine Kolbenringzange nicht zur Verfügung, so verwendet man zum Abnehmen der Kolbenringe, wie auch jedenfalls zum Wiederaufsetzen der Ringe nach den Abbildungen 470 und 471 schmale Streifen aus dünnem Blech oder Karton (Besuchskarte, Ansichtskarte usw.). Die Ringnuten im

Kolben sind gründlich zu reinigen. Am vorteilhaftesten bedient man sich hierzu eines gebrochenen Kolbenringes, der besser als jedes andere Instrument Verwendung findet. Auch die Kolbenringe müssen von jeder Ölkruste gründlich gereinigt werden. Um festzustellen, ob der Kolbenring noch zum Kolben und in den Zylinder paßt, wird er, vorerst ohne über den Kolben geschoben zu werden, in eine Nut des Kolbens gehalten. Es soll hierbei gar kein seitliches Spiel festgestellt werden. Ist ein solches vorhanden, so ist der Kolbenring, um ein Ausleiern der Nuten im Kolben zu verhindern, zu erneuern. Des weiteren ist der Kolbenring in den Zylinder einzuführen und bei genau senkrechter Lage desselben zur Achse der Zylinderbohrung zu überprüfen, ob er vollkommen geschlossen ist. Bei einem überlappten Stoß ist diese Feststellung nicht in dem Maße notwendig wie bei dem von einzelnen Fabriken gewählten schiefen Schnitt. Neue Kolbenringe sind nach Möglichkeit im Zylinder einzuschleifen. Man verwendet einen aus gewöhnlichem Holz her-

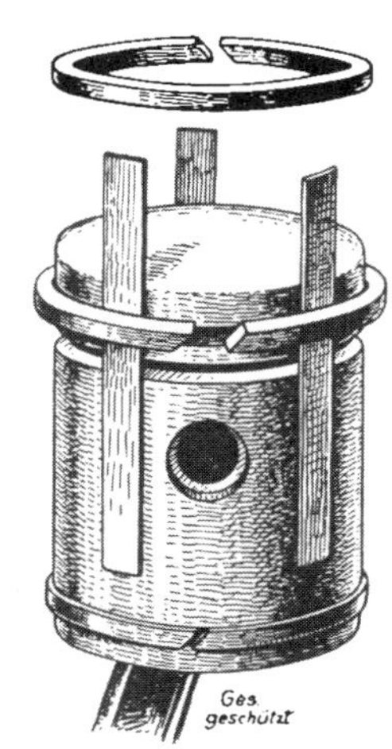

Abb. 470. Die Kolbenringe sind vorsichtig abzunehmen.

Karton- oder Blechstreifen leisten wertvolle Hilfe.

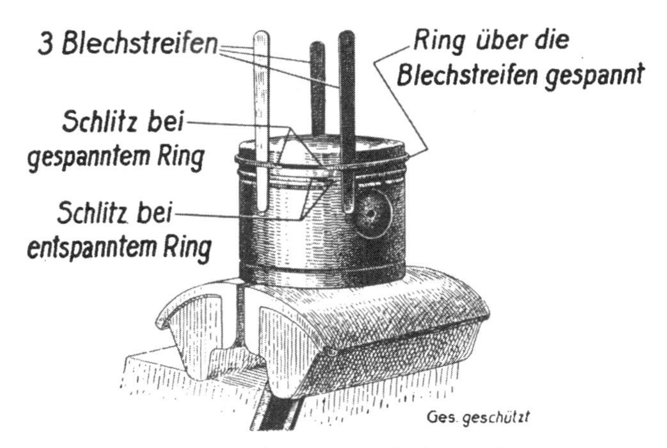

Abb. 471. Auch beim Aufsetzen der Kolbenringe müssen Blechstreifen zu Hilfe genommen werden.

gestellten Kolben, der für die Kolbenringe entsprechende Nuten, ebenso wie der Originalkolben, aufweist. Die Kolbenringe werden auf diesen Holzkolben aufgezogen, mit Schmiergelpaste bestrichen und in dem in einem Schraubstock eingespannten Zylinder hin- und herbewegt. Der Kolben ist hierbei mehrmals herauszunehmen und neue Einschleifpaste aufzustreichen. Dieser Vorgang ist so lange zu wiederholen, bis der Kolbenring in seinem ganzen äußeren Umfang gleichmäßig matt ist. Der Zylinder ist nach dem Einschleifen der Kolbenringe ebenso wie nach dem Einschleifen der Ventile mit Petroleum und Putzwolle gründlich nachzuputzen.

In dringenden Fällen kann von einem Einschleifen der Kolbenringe Abstand genommen werden. Ein wesentlicher Kraftverlust wird hierdurch nicht verursacht.

Nicht selten kommt es nach einer größeren Laufzeit bei Leichtmetallkolben vor, daß die Kolbenringnuten ausgeleiert und seitlich erweitert sind. Wenn die zwischen den einzelnen Kolbenringen bestehenden „Kolbenstege“ nicht bereits zu sehr geschwächt oder gar durchbrochen sind, ist es nicht nötig, den Kolben gegen einen neuen auszutauschen. Es werden einfach die Kolbenringnuten auf der Drehbank derart ausgedreht, daß breitere Kolbenringe verwendet werden können. Da die Kolbenringe heutzutage in allen Größen und in fein abgestuften Breiten erhältlich sind, steht dieser Wiederinstandsetzung eines beschädigten Kolbens nichts im Wege. Vor dem Einsetzen des Kolbens ist zu überprüfen, ob sich die Kolbenringe leicht in den Kolbenringnuten drehen lassen, ohne zu klemmen, aber auch ohne ein Spiel zu besitzen.

Bevor der Motor nunmehr wieder zusammengebaut wird, muß man auch die Ventilstössel einer gewissen Regulierung unterziehen. Bei abgenommenem Zylinder lassen sich die Ventilstössel ohne weiteres aus den ,,Stösselführungen“ herausnehmen. Die Reinigung erfolgt mit Petroleum oder Benzin, die Stößelmuttern sind abzunehmen, das Gewinde zu putzen. Die oberste Mutter, also jene, auf welcher der Ventilschaft aufruht, wird meist einige Vertiefungen aufweisen. Dieselben müssen unbedingt ausgeschliffen werden. Gerade dieser Arbeit wenden viele Mechaniker kein Augenmerk zu, trotzdem diese Vertiefungen Anlaß dazu geben können, daß die Ventile seitlich klemmen, die

Ventilführungen oval ausgelaufen werden. Dadurch wiederum wird ein guter Ventilsitz verhindert, die Ventile unterliegen einer übermäßigen Abnutzung und die Leistungsfähigkeit des Motors nimmt ab. Die Vertiefungen in den Stößelmuttern werden am Schleifstein entfernt.

Der seitliche Deckel des Motorgehäuses (Steuergehäuses) ist, um zu den Übertragungszahnrädern zu gelangen, abzunehmen. Meist wird der Deckel auch nach Abnahme der seitlichen Schrauben sich nicht ohne weiteres entfernen lassen. Einige Schläge

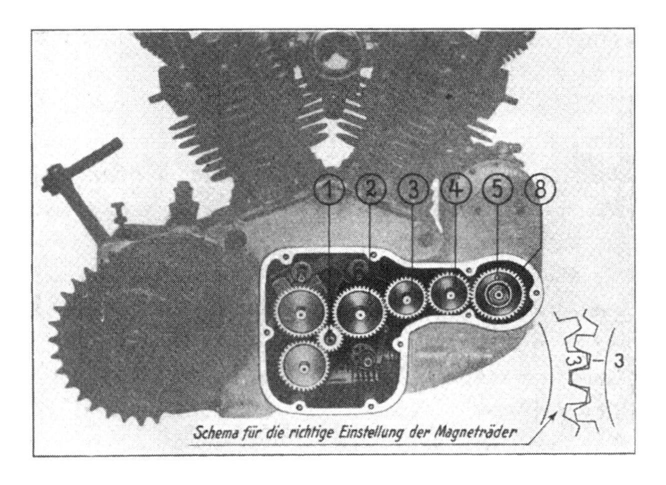

Abb. 472. Das Zusammenpassen der Stirnräder zum Nocken- und Magnetantrieb.

Wenn man die Zahnräder sauber putzt, findet man meistens Striche oder Ziffern, welche die richtige Einstellung erkennen lassen.

mit einem Holz- oder Lederhammer werden jedoch den Erfolg bringen. Das seitliche Hineinstemmen eines Schraubenziehers soll unbedingt unterlassen werden, da hierdurch der gleichmäßige Sitz des Deckels ruiniert wird.

Wer mit der Einstellung der Ventile und der Zündung nicht vertraut ist, tut gut daran, nach Abnehmen des Deckels die Zahnräder zur Vermeidung einer späteren falschen Einstellung mittels eines Tintenstiftes genau zu bezeichnen, falls nicht von der Fabrik aus entsprechende Zeichen angebracht sind. Die Bezeichnung erfolgt am besten nach der in Abbildung 472 dargestellten

Art. Wer jedoch die weiter unten erfolgende genaue Anleitung zum Einstellen der Zündung und der Nocken aufmerksam studiert, dem wird es nicht schwer fallen, auch selbst die richtige Einstellung des Motors vornehmen zu können. Übrigens ist es sehr lehrreich, die Einstellung selbst vorzunehmen und sodann an Hand der gemachten Zeichen hinsichtlich der Richtigkeit zu überprüfen.

Die Zahnräder und das Zahnradgehäuse werden wieder bestens gereinigt und getrocknet. Die Nockenräder sind wohl in den meisten Fällen im Hinblick auf das verwendete erstklassige Material in keiner Weise beschädigt, dies umsomehr, als heutzutage stets Rollenhebel zwischen Nocke und Ventilstössel gelegt werden. Da die Rollenhebel an jenen Stellen, an welchen der Ventilstössel aufliegt, meist ebensolche Vertiefungen erhalten wie die Ventilstössel durch den Ventilschaft und die gleichen nachteiligen Folgen eintreten können, müssen die Rollenhebel entsprechend bearbeitet und reguliert werden. Am wichtigsten dürfte wohl die Überprüfung der Lagerung der verschiedenen Zahnräder sein. Leider werden in den seltensten Fällen Kugellager angewendet, meistens findet man Messing- oder Bronzebüchsen vor. Weisen dieselben ein Spiel auf, so müssen sie durch neue ersetzt werden.

Ein Defekt an den Zahnrädern selbst zählt zu Seltenheiten, da einerseits die Zahnräder genügend Schmierung vom Motor her erhalten — es sind entsprechende Schmierlöcher vorhanden — andererseits die zu übertragenden Kräfte verhältnismäßig geringe sind.

Zur gänzlichen Demontage und Reinigung des Motors gehört in den meisten Fällen auch die Abnahme des Magnetapparates, dessen Antriebsrad fast ausnahmslos auf einem Konus der Magnetwelle sitzt. Gewissenhafte Konstrukteure sehen ein eigenes Gewinde für einen jeder Maschine beigegebenen Radabzieher vor. Eine solche Vorrichtuug zeigt die Abbildung 473.

Ist ein Radabziehen nicht vorgesehen und sitzt das Rad fest am Konus, muß man es mit leichten Hammerschlägen lösen. Hierbei muß zur Vermeidung von Beschädigungen des Magnetlagers oder des Gehäuses das Zahnrad unterkeilt werden (z. B. mit zwei Schraubenziehern), wie auch eine Verkeilung zwischen Antriebsgehäuserückwand und Magnetgehäuse zur Entlastung des Antriebsgehäuses erforderlich ist. Um ein Verklopfen des Gewindes der Magnetwelle zu vermeiden, schraubt man die Mutter nicht ab, sondern löst sie nur wenig. Geschlagen wird in kurzen einzelnen Schlägen und zwar unter Verwendung eines Messinghammers oder mit einem gewöhnlichen Hammer unter Zwischenlegung eines Messingstückes, so lange, bis das Rad losgeprellt ist. Der Magnetapparat wird sodann abgenommen und gesondert gründlich gereinigt.

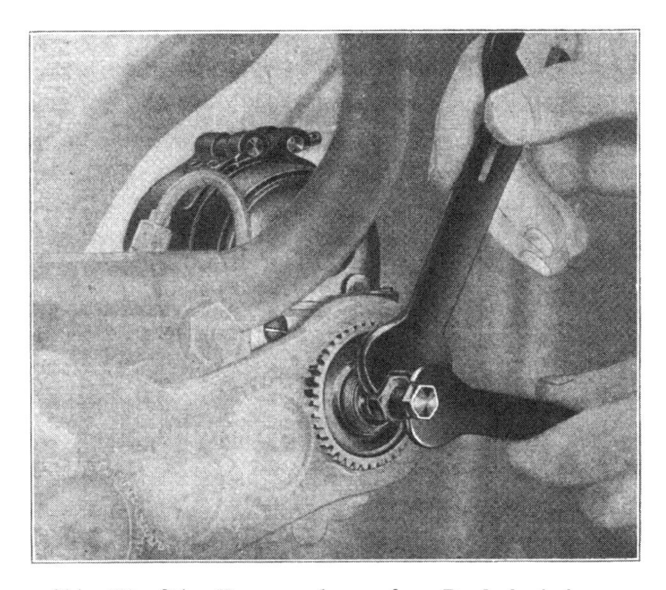

Abb. 473. Die Verwendung des Radabziehers.

Während der Radabzieher mit dem einen Schlüssel festgehalten wird, dreht man mit dem anderen Schlüssel die Schraube, so daß das Zahnrad, an welchem der Radabzieher aufgeschraubt ist, vom Konus abgezogen wird. Nur durch einen Radabzieher läßt sich das sonst unvermeidliche Verschlagen der Magnetachse und der Magnetlager vermeiden.

Nunmehr kommt man zum Wiedereinbauen der Nockenräder, somit zur Einstellung des Motors. Um sich vor Irrtümern zu bewahren, halte man sich nochmals vor Augen: der Kolben bewegt sich vom oberen Totpunkt nach unten, das Einlaßventil muß hierbei geöffnet sein, der Motor saugt an. Am unteren Totpunkt schließt sich das Ventil. Der Kolben bewegt sich nach oben, beide Ventile sind hierbei geschlossen, das angesaugte Gas wird komprimiert. Am oberen Totpunkt erfolgt die Explosion, der Kolben wird nach unten geschleudert, während beide Ventile noch immer geschlossen sind. Während der nun folgenden Aufwärtsbewegung des Kolbens erfolgt das Ausstoßen der verbrannten Gase, das Auslaßventil muß sich sonach im unteren Totpunkte öffnen und, sobald der Kolben den oberen Totpunkt erreicht hat, wieder schließen, in demselben Augenblick öffnet sich das Ansaugventil, um von neuem das Ansaugen des Gases zu ermöglichen.

Man stellt demnach die Kurbelwelle auf den oberen Totpunkt und bringt das für das Einlaßventil vorhandene Nockenrad mit dem auf der Kurbelwelle vorhandenen Zahnrad derart in Eingriff, daß die Nocke eben das Ventil zu heben beginnt. Das Einlaßventil muß beim Öffnen eine gewisse Voreilung haben, es beginnt also die Nocke mit dem Öffnen des Ventiles bereits in einem Augenblick, in welchem der Kolben den oberen Totpunkt noch nicht erreicht hat. Man bewegt nunmehr den Kolben — die Kurbelwelle in der normalen Richtung drehend — nach unten. Bei richtiger Einstellung des Ansaugventils kann man feststellen, daß im unteren Totpunkt das Einlaßventil vollkommen oder fast vollkommen geschlossen ist; es bleibt bei der Aufwärtsbewegung des Kolbens sowie bei der folgenden Abwärtsbewegung geschlossen. Nachdem der Kolben seinen tiefsten Punkt erreicht hat, wird das Nockenrad für die Betätigung des Auslaßventiles eingebaut und mit dem Hauptzahnrad derart in Eingriff gebracht, daß das Auslaßventil kurz vor dem unteren Totpunkte mit dem Öffnen beginnt. Auch das Auslaßventil beziehungsweise die dazu gehörige Nocke muß also eine geringe Voreilung erhalten. Während der gesamten folgenden Aufwärtsbewegung des Kolbens, der Auspuffperiode, bleibt das Auslaßventil geöffnet. Während sich nunmehr bei Erreichung des oberen Totpunktes das Auslaßpuffventil schließt, muß sich gleichzeitig das Einlaßventil öffnen. Die Richtigkeit der Einstellung überprüft man an der Hand dieser Beschreibung mehrmals durch entsprechende Bewegung der Kurbelwelle. Hat man die Nocken genau nach der eben gegebenen Erklärung eingestellt, so kann man sicher sein, daß der Motor nach vollständigem Zusammensetzen einwandfrei arbeitet. Die Einstellung der Nocken ist demnach gewiß kein Kunststück und kann von jedem Fahrer, der sich die Wirkungsweise der Nocken und des Motors genau vor Augen führt, ohne weiteres durchgeführt werden.

Da der Magnet in den meisten Fällen durch Ketten angetrieben wird und der Einbau des Antriebes erst nach vollständigem Zusammensetzen des Motors erfolgt, wird erst am Schluss dieser Ausführungen die genaue Einstellung der Zündung behandelt.

Man schreitet sonach an die Montage des seitlichen Gehäusedeckels. Hierbei ist es wichtig, eine so vollkommene Abdichtung zu erzielen, daß das Öl nicht ausfließen kann. Vor allem wird zwischen die beiden Metallteile eine Dichtung aus Papier gelegt. Am vorteilhaftesten verwendet man Pergamentpapier, es erfüllt jedoch auch Schreibmaschinenpapier vollauf seinen Zweck. Das Papier wird nicht ausgeschnitten, sondern mit einem leichtem Hammer ausgeklopft. Zu diesem Behufe wird die Schnittfläche am Gehäuse mit dickem Öl bestrichen und das Papier vollkommen flach aufgelegt. Mit einem Messing- oder einem leichten gewöhnlichen Hammer werden nun mit raschen, leichten Schlägen die gesamten Konturen durchgeklopft, so daß die Papierdichtung allein auf dem Gehäuse verbleibt. Stehen keine anderen Mittel zur Verfügung, so wird nun auf die Papierdichtung neuerdings dickes Öl aufgetragen und der Deckel fest zugeschraubt. Solange die beiden Gehäuseteile noch neu sind, wird diese Dichtung ohne weiteres genügen. Bei älteren Motoren allerdings weist das Gehäuse meist schon leichte Verbeulungen und Verziehungen auf. Sind dieselben stark, so müssen unter Verwendung von Schmirgelpaste die beiden Teile vor der Montage auf einer Richtplatte ausgerichtet werden. Außerdem verwendet man zur Abdichtung mit großem Vorteil die vielfach in den Handel kommenden Abdichtungsmittel, die zwischen den beiden Gehäuseteilen oder bei gleichzeitiger Verwendung einer Papierdichtung beiderseits dieser letzteren aufgestrichen werden. Als das bekannteste Dichtungsmittel sei das ,,Hermétic“ genannt. An Stelle dieser besonderen Abdichtungsmittel kann zum Abdichten des Gehäuses auch das in allen Papierhandlungen erhältliche Syndetikon Verwendung finden. Nebenbei sei an dieser Stelle erwähnt, daß die Abdichtung des Getriebegehäuses in gleicher Weise zu erfolgen hat.

Das Festziehen der Schrauben des Deckels erfolgt derart, daß vorerst sämtliche Schrauben leicht eingedreht werden. Unter Verwendung eines gut passenden kräftigen Schraubenziehers — falls es sich um eine Mutternverschraubung oder um Bolzen mit Sechskant handelt, eines passenden Schraubenschlüssel — werden nun die einander gegenüberliegenden Schrauben paarweise gleichmäßig angezogen. Es ist falsch, die Schrauben in der gewöhnlichen Reihenfolge, also immer die nächste, anzuziehen.

Nunmehr schreitet man an die Montage des Zylinders. Bei jenen Motoren, bei welchen sich der Zylinder ohne weiteres abnehmen ließ, wird vor allem der Kolben mittels des Kolbenbolzens an der aus dem Gehäuse herausragenden Pleuelstange befestigt. Hierbei ist die weitgehendste Sorgfalt der Sicherung des Kolbenbolzens gegen seitliches Verschieben zuzuwenden. Eine Mangelhaftigkeit in diesem Punkte kann ein Fressen des Kolbenbolzens im Zylinder mit sich bringen. Die Folge davon ist häufig ein unbrauchbarer Zylinder, so daß die mangelnde Sorgfalt mit einem beträchtlichen Reparaturbetrag gebüßt werden muß. In dem I. Hauptstück, Seite 23 u. 96, wurde bereits auf die verschiedenen Möglichkeiten der Sicherung des Kolbenbolzens hingewiesen. Am häufigsten werden bei den jetzt fast ausschließlich zur Verwendung kommenden Leichtmetallkolben Messingbeilagen auf beiden Seiten des Kolbens angewendet. Es muß also beim Montieren des Kolbenbolzens darauf geachtet werden, daß die beiden seitlichen, pilzförmigen Beilagen mit eingebaut werden und nicht etwa, wenn sie im Bolzen nicht festsitzen, in das Kurbelgehäuse fallen.

Vor Aufsetzen des Zylinders sind die Kolbenringe so zu drehen, daß die Schlitze nicht übereinander zu liegen kommen, sondern gegeneinander entsprechend versetzt sind. Sodann wird der Zylinder über den Kolben geschoben, zu welchem Behufe die Kurbelwelle auf den unteren Totpunkt gedreht wird. Um den Zylinder über die Kolbenringe schieben zu können, ist es notwendig, die Kolbenringe der Reihe nach zusammenzupressen und den Kolben Stück für Stück in die Zylinderbohrung einzuführen. Das Aufsetzen des Zylinders wird dadurch erleichtert, daß die untere Öffnung des Zylinders meist konisch erweitert ist.

Bei jenen Motoren, bei welchen sich der Zylinder infolge seiner Größe nicht ohne weiteres abnehmen ließ, ist bei der Montage der umgekehrte Weg als bei der Demontage einzuschlagen. Der

Kolben wird nicht zuerst mit dem Bolzen auf der Pleuelstange montiert, sondern, mit sämtlichen Kolbenringen versehen, in den Zylinder eingeführt. Hierbei muß der Kolben noch soweit herausragen, daß sich der Kolbenbolzen in den Kolben einschieben läßt. Die Kurbelwelle wird auf den unteren Totpunkt gestellt, der Zylinder samt dem Kolben über den herausragenden Teil der Pleuelstange gestülpt, der Zylinder jedoch so hoch gehalten, als dies nur möglich ist. Die folgenden Handgriffe, die bei einer gewissen Übung und Geschicklichkeit genau so rasch vor sich gehen können, wie dies beschrieben wird, können aber unter Umständen auch eine Geduldprobe darstellen. Während der Zylinder mit dem herausragendem Kolben festgehalten wird, am besten von einer zweiten Person, wird die Kurbelwelle derart gedreht, daß die Pleuelstange in jene Stellung kommt, welche das Durchstecken des Kolbenbolzens durch die Bohrung des Kolbens und des Pleuelauges ermöglicht. Bei diesem Arbeitsvorgang kommt es sehr häufig vor, daß der Kolben verschoben wird und man wieder von neuem beginnen muß. Am besten hilft man sich dadurch, daß man, sobald die Pleuelstange die erforderliche Lage annähernd erreicht hat, irgend einen Stift, einen Schraubenzieher oder einen Durchschlag von vorne durch die für den Kolbenbolzen bestimmte Öffnung schiebt. Während man nun von der rückwärtigen Seite den Kolbenbolzen in dem Augenblick, in welchem sich die Bohrungen der Pleuelstange und des Kolbens decken, einschiebt, zieht man von der anderen Seite das Hilfsinstrument langsam heraus damit gleichzeitig die Übereinstimmung der Bohrung des Kolbens und des Pleuels sicherstellend. Sobald der Kolbenbolzen vollkommen eingeschoben ist, überprüft man nochmals das Vorhandensein der seitlichen Beilagen und schiebt sodann den Zylinder vollkommen über den Kolben, bis er am Kurbelgehäuse aufsitzt.

Selbstverständlich mußte auch zwischen Zylinder und Motorgehäuse eine entsprechende Dichtung beigelegt werden. Solche Dichtungen sind für manche Maschinen fix und fertig, aus dünnen Preßspahn gestanzt, erhältlich. Hat man eine solche Dichtung nicht bei der Hand, so stellt man sie vor der Montage des Zylinders in der bereits beschriebenen Weise aus starken Papier oder feinem Karton her. Falls nicht größere Undichtigkeiten vorhanden sind, kann von der Verwendung besonderer Dichtungsmassen an dieser Stelle Abstand genommen werden. Die beigelegte Dichtung ist jedoch beiderseits mit Fett oder dickem Öl zu bestreichen. Das Befestigen des Zylinders erfolgt in der Weise,

Abb. 474. Einstellen der Ventilstößel.

Nur bei gleichzeitiger Verwendung von zwei Mutternschlüsseln läßt sich eine gewissenhafte Einstellung der Ventilstößel, von welcher eine gute Motorleistung wesentlich abhängt, erzielen.

daß die gegenüberliegenden Zylinderschrauben paarweise gleichmäßig festgezogen werden.

Das Montieren des Auspuffrohres, des Ansaugstutzens, der Ventilverschraubungen, der Zündkerze und des Zischhahnes bedarf keiner besonderen Beschreibung. Unter Zündkerze, Zischhahn und Ventilverschraubungen werden neue Dichtungen, sogenannte

Kupfer-Asbestdichtungen, beigelegt, welche nach dem ersten Warmwerden des Motors sich zusammenziehen, weshalb ein Nachziehen der Verschraubungen in heißem Zustand erforderlich wird. Vor der Montage ist besonders die Ansaugleitung bestens zu putzen, da selbst durch kleine Unebenheiten in der Ansaugleitung die Leistungsfähigkeit des Motors durch Verminderung des Füllungsgrades des Zylinders wesentlich beeinträchtigt wird.

Die letzte Arbeit, welche nun noch mit der Instandsetzung im Zusammenhang steht, ist die genaue Ventilstößeleinstellung.

Abb. 475. Die Überprüfung der Ventilstößeleinstellung.

Die Überprüfung hat dann zu erfolgen, wenn das andere Ventil gehoben ist. Beim Auslaßventil ist überdies darauf zu sehen, daß der Dekompressor den Ventilstößel vollkommen losgelassen hat. Der normale Abstand zwischen Ventil und Ventilstößel beträgt etwa 0,3 mm. Das Einlaßventil ist etwas knapper einzustellen als das Auslaßventil.

Dieselbe ist dann vorzunehmen, wenn das andere Ventil des Zylinders gehoben ist. Die Stößelmuttern werden unter Verwendung zweier Schraubenschlüssel nach Abbildung 474 in der Weise eingestellt, daß, wie dies die Abbildung 475 zeigt, zwischen Ventilstössel und dem Ende des Ventilschaftes ein Zwischenraum von 0,3 bis 0,5 mm verbleibt. Die Kontrolle dieses Zwischenraumes kann auch durch Verwendung einer starken Post- oder Besuchskarte erfolgen. Bei älteren Motoren kommt es vor, daß die Nocke nicht mehr vollkommen egal ist, das heißt, daß auch während jener Periode, während welcher das Ventil geschlossen bleiben sollte, die Unebenheiten der Nocke den Ventilstössel um eine Kleinigkeit auf oder abbewegen. Es ist daher bei älteren Motoren durch eine entsprechende Bewegung der Kurbelwelle zu überprüfen, ob während voller drei Takte ein Zwischenraum zwischen Ventil und Ventilstössel besteht. Bei ausgelaufenen Nocken hat die Einstellung des Ventilstössels in der Weise zu geschehen, daß der Abstand stets mindestens 0,3 mm beträgt und die Unebenheiten der Nocke nicht ein Heben des Ventiles, sondern ein Vergrößern des Zwischenraumes zwischen Ventil und Stössel verursachen.

Keineswegs darf die Einstellung der Ventile so knapp erfolgen, daß das Ventil auf dem Stössel aufsitzt.

Der Stössel muß sich demnach stets, sowohl bei kaltem als auch bei heißem Motor, ein klein wenig auf- und abbewegen lassen. Lediglich bei jener Periode, bei welcher das Ventil gerade gehoben ist, ist eine Beweglichkeit des Stößels, der den Druck der Ventilfeder aufzunehmen hat, nicht möglich. Ist demnach ein Ventilstößel nicht zu bewegen, so wird zur Einstellung oder Überprüfung des Ventilstößels die Kurbelwelle durch leichte Betätigung des Kickstarters eine halbe Drehung weitergedreht.

Nocken, die den vorerwähnten Mangel der Ungleichmäßigkeit aufweisen, können in einer Spezialwerkstätte nachgeschliffen werden. Im allgemeinen unterlasse man jedoch diese Arbeit, falls nicht eine erstklassig eingerichtete Werkstätte und ein tüchtiger Arbeiter zur Verfügung stehen.

Da bei einem Viertaktmotor der Dekompressorhebel das Heben des Auslaßventils bewirkt, steht selbstverständlich die Einstellung des Dekompressorhebels in einem Zusammenhang mit der Einstellung der Ventile. Die Einstellung der Ventile kann nicht erfolgen, wenn durch den Dekompressorhebel bereits das Ventil gehoben ist. Um in dieser Richtung vollkommen sicher zu gehen und auch andererseits eine gute Wirkung des Dekompressorhebels zu erzielen, empfiehlt es sich, entweder den Bowdenzug am Dekompressorhebel auszuhängen oder durch Verschrauben der Verstellschraube die Spirale nachzulassen. Nach vollkommener Einstellung der Ventile wird der Bowdenzug des Dekompressors derart eingestellt, daß nur ein geringes Spiel bei der Betätigung des Dekompressors vorhanden ist, also schon bei geringfügigem Anziehen des Dekompressorhebels das Ventil gehoben wird.

Die Einstellung der Ventile ist nach einer längeren Strecke zu überprüfen und allenfalls nachzuregulieren, um Ungenauigkeiten zu vermeiden.

b) Besondere Instandsetzungsarbeiten bei Motoren mit obengesteuerten Ventilen.

Obengesteuerte Motoren haben den Vorteil der Möglichkeit einer gesonderten Abnahme des Zylinderkopfes, so daß sich die gesamte Demontage und Montage wesentlich erleichtert. Es haben zwar in letzter Zeit auch bei untengesteuerten Motoren wie bei Zweitaktmotoren einzelne Konstrukteure abnehmbare Zylinderdeckel vorgesehen und auf diese Weise die Instandhaltungsarbeiten, das Entrußen und das Einschleifen der Ventile wesentlich erleichtert, immerhin zählen aber diese Bauarten doch noch zu den Seltenheiten, während der obengesteuerte Motor die geteilte Ausführung des Zylinders unbedingt erfordert. Es wird daher bei einer Instandsetzung und Entrußung des obengesteuerten Motors vorerst der Zylinderkopf abzunehmen sein, während das Abnehmen des Zylinders selbst nur bei den selteneren Überprüfungen des Kolbens, der Kolbenringe, des Kolbenbolzens, der Zylinderwände sowie der verschiedenen Lager erforderlich ist. Das Einschleifen der Ventile erfolgt wie beim untengesteuerten Motor. Hierzu kommt jedoch noch bei den obengesteuerten Motoren die Überprüfung des Betätigungsmechanismus der hängenden Ventile. Auch der obengesteuerte Motor weist Ventilstößel auf, dieselben sind jedoch an ihren oberen Enden meist pfannenartig ausgebildet und betätigen die Ventile nicht direkt, sondern vermittels Stoßstangen und Schwinghebel. In erster Linie sind die Schwinghebel bezüglich ihrer Lagerung einer genauen Überprüfung zu unterziehen. Ausgelaufene Lagerbüchsen sind zu ersetzen. Bei Rollen- oder Kugellagern, die nunmehr fast ausschließlich zur Verwendung gelangen, wird ein Defekt nur in den seltensten Fällen feststellbar sein, wenn der Fahrer die sehr wichtigen Schwinghebellager stets ausreichend mit Schmiermaterial versorgt hat.

Die Einstellung der obengesteuerten Ventile erfolgt in gleicher

Weise wie bei untengesteuerten Ventilen durch Verstellung der Muttern an den Ventilstößeln. Bei der richtigen Einstellung läßt sich die Stoßstange etwa um 0,5 mm auf- und abbewegen. Bei manchen Motoren sind zur Vermeidung des Klapperns und zur Begünstigung eines raschen Schließens der Ventile die Stoßstangen mit gesonderten Federn, sogenannten „Rückholfedern", versehen.

Bei vierventiligen Motoren, bei welchen je zwei Ventile, die beiden Einlaß- und die beiden Auslaßventile, paarweise gleichzeitig betätigt werden, ist, um eine bestmögliche Leistung zu erzielen, auf ein vollkommen gleichmäßiges Öffnen und Schließen der Ventilpaare Wert zu legen. Der gemeinsame Schwinghebel besitzt daher in den meisten Fällen für eines der beiden Ventile eine gesonderte Stellschraube, die nach dem feststehendem Kipphebelarm genau einzustellen ist. Ist eine solche Stellschraube nicht vorhanden — ein Umstand, der unbedingt als Konstruktionsfehler angesprochen werden muß — so muß nach jedem Einschleifen der Ventile die Kongruenz der Ventilbetätigung durch entsprechendes Abschleifen des zu langen Ventilschaftes hergestellt werden.

Im übrigen sind obengesteuerte Motoren bezüglich ihrer Instandhaltung untengesteuerten gleichzuhalten, mit dem Unterschied jedoch, daß beim obengesteuerten Motor die Schwinghebellager stets ausreichend geschmiert sein müssen, um nicht Anlaß zu Störungen zu bieten. Besonderes Augenmerk ist auch bei obengesteuerten Motoren der vollkommenen Abdichtung zwischen Zylinder und Zylinderkopf zuzuwenden. Die Dichtung ist allenfalls zu erneuern. In diesem Fall wird ein Nachziehen der Befestigungsmuttern bei heißem Motor notwendig.

Zur Unterstützung bei Arbeiten an Motoren mit gemischtgesteuerten Ventilen zeigt die Abbildung 476 einen solchen Motor teilweise aufgeschnitten.

c) Die Instandhaltung von Zweitaktmotoren.

Die Instandhaltung von Zweitaktmotoren ist wesentlich einfacher als die der Viertaktmotoren, da bei Zweitaktmotoren nicht nur das Einschleifen der Ventile, sondern auch die genaue Einstellung derselben fortfällt. Die gründliche Instandsetzung des

Zweitaktmotors beschränkt sich demnach auf die Demontage des Zylinders, das Entrußen und Reinigen des Zylinders, Kolbens und Kurbelgehäuses sowie die Überprüfung der Kolbenringe und der Lager. Von besonderem Wert ist bei Zweitaktmotoren eine gründliche Reinigung der Ein- und Auslaßschlitze, welche

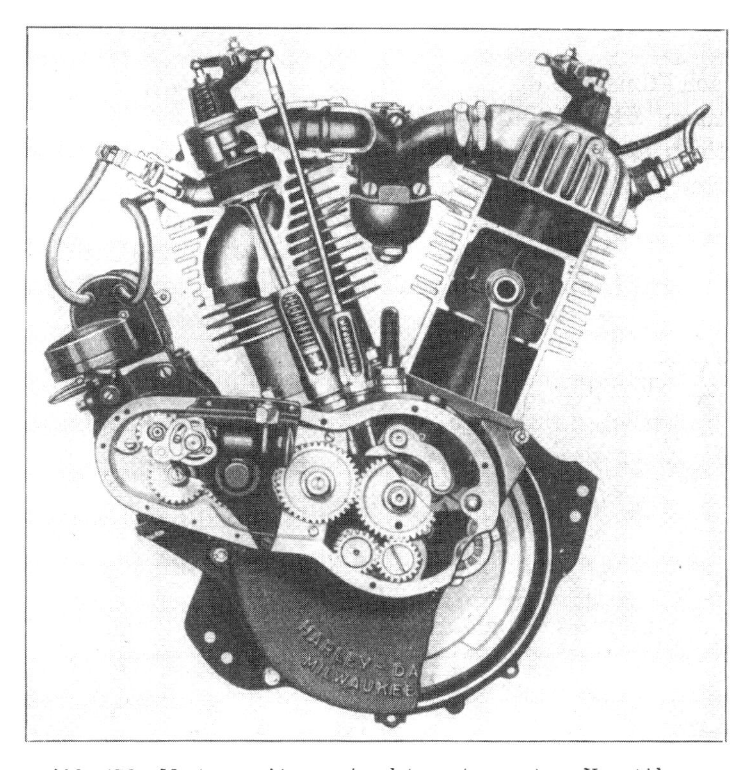

Abb. 476. Motor mit gemischtgesteuerten Ventilen.

Kurbelgehäuse, darinnen Schwungmasse, Rollenlager für die Pleuelstange sichtbar; Zahnräder zum Zündmaschinenantrieb, Nockenrad mit Rollenhebel; beim linken Zylinder das stehende und das hängende Ventil sichtbar; für letzteres Ventilkorb, Schwinghebel und Stoßstange; im rechten Zylinder ist der Kolben mit zwei Kolbenringen sichtbar; Kolben mit Verstärkung für den Kolbenboden und Bohrungen im „Kolbenhemd" zum Durchtritt von Öl.

mit der Zeit verkrusten, dadurch kleiner werden und die Leistung des Motors wesentlich herabmindern.

Beim Montieren des Zylinders ist je nach der Konstruktion des Zweitaktmotors darauf zu achten, daß die Kolbenringe genau in der vorgeschriebenen Lage sich befinden und ein seitliches

Verdrehen derselben unmöglich ist. Diesbezüglich wird auf die Ausführungen im Abschnitt 1, g des I. Hauptstückes, Seite 89, verwiesen.

d) Die Instandsetzung der Lager.

Hat es sich bei der Überprüfung der Lager herausgestellt, daß ein mangelhafter Zustand eines oder mehrerer Lager vorliegt, so ist (nach Abnahme des Zylinders) das Kurbelgehäuse auseinanderzunehmen. Bei diesen Arbeiten spielt es keine Rolle, ob es sich um einen Viertaktmotor, einen untengesteuerten oder obengesteuerten Motor oder um einen Zweitakter handelt.

Um das Kurbelgehäuse auseinandernehmen zu können, ist es in fast allen Fällen erforderlich, den Motor aus dem Rahmen auszubauen. Zu diesem Zweck sind die erforderlichen Muttern und Bolzen sowie Befestigungsplatten zu lösen. Das Kurbelgehäuse selbst wird man sodann auf der Werkbank auseinandernehmen. Vor der Inangriffnahme weiterer Arbeiten sind alle Teile gründlich zu reinigen. Im allgemeinen verwendet man, wie bereits mehrmals erwähnt, zur Reinigung Petroleum und Benzin, wenn Rizinusöl gefahren wurde, außerdem noch Spiritus und Benzol.

Die beiden Kurbelwellenlager (Kugel- oder Rollenlager) werden aus dem Gehäuse vorsichtig herausgenommen. Das Lager soll nicht das mindeste Spiel aufweisen und zwar das Ringkugellager nach keiner Richtung, das Rollenlager zwar in der achsialen, keineswegs aber in der radialen Richtung. Wenn man das gereinigte Lager am Innen- oder Außenring festhält und kräftig schüttelt, darf sich kein Geräusch ergeben.

Ist eines der beiden Kurbelwellenlager beschädigt oder zu stark ausgelaufen, so ist es durch ein neues zu ersetzen. Man achte darauf, daß das neue Lager nicht nur die gleichen Innen- und Außenmaße, sondern auch die gleiche Breite wie das alte Lager aufweist!

Bezüglich des Pleuellagers ist zu bemerken, daß die Rollen meist direkt auf dem Kurbelzapfen laufen, so daß ein eigener Innenring wegfällt. In der Pleuelstange hingegen ist meist ein eigener Laufring eingezogen. Hat nun dieses Lager Spiel, so kann man entweder neue, etwas stärkere Rollen verwenden oder in die Pleuelstange einen neuen Außenring mit einem etwas kleineren Innendurchmesser einziehen. Ist ein gesonderter Ring in der Pleuelstange nicht vorhanden, hilft man sich durch die Verwendung neuer Rollen.

Beim Zusammenbau des Kurbelgehäuses ist auf gute Dichtung der beiden Hälften zu sehen. Beim Einbau des Motors in den Rahmen sind die betreffenden Muttern besonders fest anzuziehen. Handelt es sich um einen „offenen“ Rahmen, kann man beim Einbau des Motors feststellen, ob eine Rahmenverziehung vorliegt oder nicht. Bei starken Verziehungen tut man gut, den Rahmen vor dem Einbau des Motors auszurichten und zwar in kaltem Zustande unter Verwendung von Hebelstangen.

e) Die Instandhaltung des Motors im allgemeinen.

Neben der in den vorhergehenden Abschnitten besprochenen gründlichen Instandsetzung des Kraftradmotors ist es notwendig, die Kraftquelle des Motorrades laufend in ordentlichem Zustand zu halten. Hierzu gehört in allererster Linie die Verwendung von nur bestem Öl in dem erforderlichen Maße. Dem Motor schadet nicht nur der Mangel an Öl, sondern ebensosehr auch ein Ölüberfluß, da letzterer starke Verkrustungen mit sich bringt und dadurch eine mangelnde Schmierung insbesondere der oberen Kolbenlaufbahn häufig im Gefolge hat.

Um den Motor von Ölrückständen zu befreien, ist es von Vorteil, des öfteren, etwa alle 3000 km, bei Stadtfahrten auch in kürzeren Abständen, den Motor von verbrauchtem Öl und von Ölrückständen zu reinigen. Die einfachste Methode dieser Reinigung besteht darin, daß, sobald der Öltank einmal leergefahren ist, derselbe mit etwa $^1/_2$—1 Liter Petroleum aufgefüllt wird und mit der Handölpumpe aus dem Öltank in das Kurbelgehäuse Petroleum gepumpt wird. Bei diesem Vorgang werden gleichzeitig auch die Ölleitungen gereinigt. Der Motor wird mehrmals unter Verwendung des Kickstarters „durchgetreten“, so daß das Petroleum zu sämtlichen Lagerstellen gelangt. Um jede Gefahr einer Entzündung zu vermeiden, ist bei diesem Reinigungsvorgang die Zündkerze zu entfernen, wodurch auch ein leichtes Durchtreten des Kickstarters ermöglicht wird.

Das Petroleum ist nach diesem Verfahren durch Öffnen der

Ablaßschraube aus dem Kurbelgehäuse abzulassen und immer wieder durch neues Petroleum aus dem Öltank zu ersetzen, bis schließlich aus dem Kurbelgehäuse nur mehr reines Petroleum abfließt.

Gleichzeitig ist auch der Explosionsraum durch Verwendung von Benzin, Petroleum und Spiritus, welches durch die Zündkerzenöffnung eingegossen wird, möglichst zu reinigen.

Wurde im Motor Rennöl (Rizinusöl) verwendet, so hat die Reinigung nicht mit Petroleum, sondern in erster Linie mit Spiritus und Benzol zu erfolgen. Rückstände von Rizinusöl sind, da es sich um ein Pflanzenfett und nicht um ein Mineralöl handelt, in Petroleum und Benzin nicht lösbar, ein Umstand, auf welchen die Fahrer auch an dieser Stelle ausdrücklich aufmerksam gemacht werden.

Vor der Wiederinbetriebsetzung des Motors ist der Öltank von jedem Rest an Petroleum zu befreien. Die im Kurbelgehäuse befindlichen Rückstände sind bei der Ablauföffnung auslaufen zu lassen. Sodann wird die Ablaufschraube geschlossen, der Öltank mit gutem Motorenöl gefüllt. Durch mehrmalige Betätigung der Zusatzpumpe erhält der Motor eine genügende Menge Öl. Der Fahrer wird nach dieser nur wenig Zeit und Mühe in Anspruch nehmenden Reinigung des Motors eine nicht unwesentliche Leistungserhöhung und Verbesserung der Elastizität feststellen können. Wichtig ist zu wissen, daß die vorbeschriebene Reinigung das beste Vorbeugungsmittel gegen Motordefekte darstellt.

Die äußerliche Reinigung des Motors geschieht mittels Stahlbürsten und sonstiger geeigneter Instrumente, Schraubenzieher usw. Eine solche äußere Reinigung ist besonders dann notwendig, wenn Öl und Schmutz einzelne Teile des Zylinders überkrusten, was die Kühlung beeinträchtigt und dadurch die Erhitzung des Motors begünstigt.

Bei der Vornahme dieser „kleinen Reinigung“ des Motors ist auch die Einstellung der Ventile zu überprüfen, allenfalls sind die Ventilstößelmuttern nachzustellen. Des weiteren werden mit Vorteil die Dichtungsringe unter den Ventilverschraubungen, der Zündkerze und den Zischhähnen erneuert.

Abschnitt 15.

Die Instandhaltung der Kraftübertragungsorgane

Wie alle übrigen Teile des Motorrades müssen auch die Teile der Kraftübertragung ständig gepflegt werden, um Störungen zu vermeiden und die Lebensdauer zu verlängern. Da die Kraftübertragungsorgane außerordentlich starke Kräfte zu übertragen haben und infolge der besonders beim Kraftrad auftretenden Stöße und gelegentlichen Höchstleistungen den größten Beanspruchungen ausgesetzt sind, ist in erster Linie der Schmierung dieser Teile stets das Augenmerk zuzuwenden.

Vorerst wird das Getriebe behandelt. Die meisten Motorradgetriebe sind mit Öl und keinesfalls mit Fett zu schmieren. Viele Mechaniker, besonders jene, welche mehr mit Kraftwagen denn mit Krafträdern zu tun haben, glauben, das Getriebe des Kraftrades ebenso wie jenes vieler Kraftwagen mit Fett füllen zu können. Die Folge dieser unrichtigen Behandlung ist nicht selten ein schwerer Getriebedefekt. Die Ursache dafür liegt, wie auch an anderer Stelle dieses Buches bereits gesagt wurde, darin, daß das Kraftradgetriebe auf einen außerordentlich kleinen Raum zusammengedrängt ist, so daß das Fett in die Zwischenräume nicht eindringen kann. Nur dickes Öl ist befähigt, alle Teile des Getriebes im erforderlichen Maße zu schmieren. Am besten eignet sich für die Schmierung des Getriebes ein dickes Motorenöl bester Qualität. Recht gut bewährt hat sich auch die Mischung des Öls mit sogenanntem Flockengraphit, doch soll man im allgemeinen von allen Versuchen Abstand nehmen und bei den gebräuchlichen Methoden verbleiben.

Für die Einfüllung des Öles ist meist seitlich am Getriebe eine Einfüllöffnung vorgesehen. Wird das Öl etwa bei einem vorhandenen Deckel des Getriebes, der eine große Einfüllöffnung ermöglicht, eingegossen, so soll das Öl doch nicht im Getriebe höher stehen als bis zur seitlichen Einfüllöffnung. Im allgemeinen kann man als Grundsatz annehmen, daß das Getriebe solange genügend geschmiert ist, als sämtliche Zahnräder noch in das Ölbad tauchen. Eine übermäßige Ölfüllung ist zu vermeiden.

Sehr zweckmäßig ist eine Vorrichtung, welche man an einzelnen Motorrädern findet, welche es ermöglicht, nach Umstellung eines Zweiwegehahnes mittels der gewöhnlichen Handpumpe an Stelle des Motors dem Getriebe Öl zuzuführen. Das Schema dieser Anlage zeigt die Abbildung 477.

Die Abnutzung des Getriebes erstreckt sich in erster Linie auf die Zahnräder, dann auf die Lager und die Schaltvorrichtung.

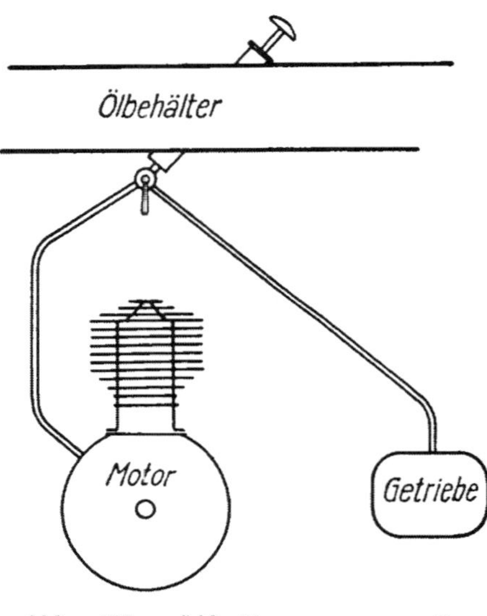

Abb. 477. Ölleitung zum Getriebe.

Durch einen Zweiwegehahn läßt sich auf das Getriebe umschalten, so daß diesem mit der Handölpumpe Öl zugeführt werden kann.

Die Zahnräder werden ganz besonders durch schlechtes Schalten beansprucht, weshalb eine gute Schalttechnik in erster Linie auch ein finanzielles Problem ist. Bei den meisten Getrieben wird, wie dies bereits in dem entsprechenden Abschnitt besprochen wurde, ein Zahnrad verschoben und mit den dazugehörigen Zahnrädern der Vorgelegewelle bzw. den Klauen, der Stellung des Schalthebels entsprechend, in Eingriff gebracht. Um ein leichtes Eingreifen dieser Zahnräder beim seitlichen Verschieben zu ermöglichen, sind bei dieser Konstruktion die einzelnen Zähne schon von der Fabrik aus seitlich stark abgerundet. Der Fahrer darf daher bei gelegentlicher Öffnung des Getriebes diesen normalen Zustand nicht für eine übermäßige Abnutzung halten. Die ständig im Eingriff bleibenden Zahnräder weisen die seitliche Abrundung nicht auf.

Defekte Zahnräder müssen unbedingt ausgewechselt werden, da sie eine Gefahr für das ganze Getriebe darstellen. Es ist nicht selten vorgekommen, daß sich ein beschädigtes Zahnrad verklemmt hat und dadurch das ganze Getriebegehäuse während der Fahrt in Trümmer ging. Ist man auf der Tour und stellt den Defekt eines Zahnrades, z. B. das Fehlen einiger Zähne, fest, so ist das entsprechende Zahnrad aus dem Getriebe zu entfernen, falls es nicht auf der Welle festsitzt. Ist letzteres der Fall, so ist das mit dem defekten Zahnrad in Eingriff befindliche Zahnrad aus dem Getriebe zu entfernen. Die Fahrt kann, falls es sich nicht um das Hauptzahnrad, welches einerseits mit dem Kettenzahnrad, andererseits mit der Vorlegewelle in Verbindung steht, handelt, ohne weiteres fortgesetzt werden, wenngleich einer der Gänge fehlt. Fehlt bei einem Zahnrad nur ein einzelner Zahn, so kann die Fahrt unbesorgt fortgesetzt werden. Es wird jedoch festzustellen sein, bei welchem Gang das beschädigte Zahnrad belastet ist, um bei diesem Gang mit besonderer Vorsicht zu fahren. Der ausgebrochene Zahn soll wenn möglich aus dem Getriebe entfernt werden, um weiteres Unheil zu vermeiden.

Die Lagerung der Getriebewelle, Vorgelegewelle und Starterwelle erfolgt teils auf Kugel- oder Rollenlagern, teils in Messing- oder Bronzebuchsen. Sämtliche Lager sollen nicht das mindeste Spiel aufweisen. Ist dies trotzdem der Fall, muß man in einer geeigneten Werkstätte die Erneuerung vornehmen lassen. Die im Getriebe vorhandenen Kugellager, sogenannte Ringlager, welche keine Konusse aufweisen, sind nicht nachstellbar, ebensowenig wie die zylindrischen Rollenlager. Die Messingbuchsen sind, falls sie sich ausgelaufen haben, aus dem Gehäuse herauszunehmen und durch neue zu ersetzen. In den seltensten Fällen wird man passende Buchsen vorfinden. Man läßt sie einfach von einem guten Metalldreher drehen, wobei darauf zu sehen ist, daß sie im Gehäuse unbedingt festsitzen. Sie werden am besten in die für die Buchse bestimmte Bohrung mittels des Schraubstocks eingepreßt. Es ist zu beachten, daß sich hierbei die Innenbohrung der Buchse um ein geringes verkleinert, so daß sich, falls auf diesen Umstand nicht Rücksicht genommen wurde, die Welle nicht mehr einschieben läßt. In einem solchen Fall muß mit einer Präzisionsreibahle nachgearbeitet werden. Die Messing- und Bronzebuchsen sollen im allgemeinen eine spiralig verlaufende Ölnut aufweisen.

Genau passen müssen stets die Schaltgabeln, welche die Zahnräder oder Klauenräder verschieben. Wird die Schaltgabel abgenutzt, so erhalten die Zahnräder oder Klauen seitliches Spiel und die Folge davon ist, daß die Klauen bzw. Zähne aneinander ratschen und sich beschädigen können. Bei starker Abnutzung der Schaltgabel kann es infolge des gedrängten Baues des Kraftradgetriebes unter Umständen vorkommen, daß bei irgendeiner starken Erschütterung (Stoß durch Unebenheiten) noch ein zweiter Gang einspringt und das Getriebe dadurch buchstäblich in Brüche geht. Bei älteren Maschinen ist diesem Umstande das besondere Augenmerk zuzuwenden. Erforderlichenfalls sind die Schaltgabeln auszuwechseln oder nachzubearbeiten.

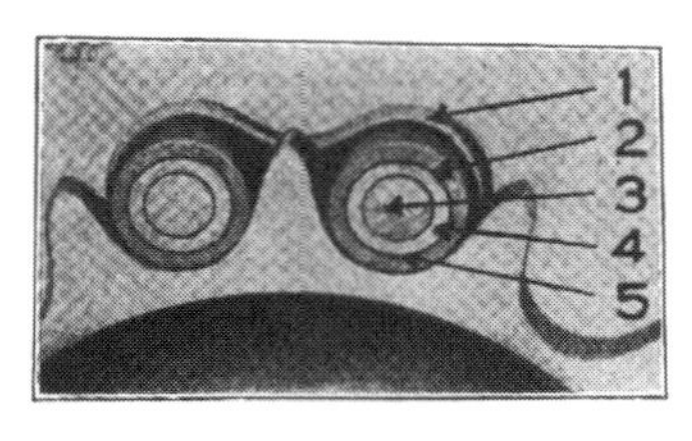

Abb. 478. Querschnitt durch eine Kette.

1 Seitenplatte des Innengliedes, 2 Rolle, 3 Niete des Außengliedes, 4 hohle Niete des Innengliedes, 5 Schmierbedarfsstelle.

In Verbindung mit dem Getriebe ist auch die Kupplung gelegentlich nachzusehen. Die Kupplungslamellen unterliegen naturgemäß einer Abnutzung und müssen daher von Zeit zu Zeit erneuert oder aufgerauht werden. Bei den Korklamellen sind neue Korke einzusetzen. Stahllamellen, zwischen welchen Ferrodoscheiben liegen, können, wenn die Kupplung Neigung zum Rutschen zeigt, an der Schmirgelscheibe radial aufgerauht werden.

Als nächster Teil der Übertragungsorgane kommen die Ketten in Frage. Gute Ketten haben eine Lebensdauer von etwa 20000 km. Die rückwärtige Kette muß früher erneuert werden als die vordere. Die Ketten werden dadurch unbrauchbar, daß sie sich, wie man sagt, „ausziehen“. In Wirklichkeit kann natürlich von einem „Dehnen“ der Kette keine Rede sein. Vielmehr leiern sich die einzelnen Gelenke aus, so daß die Kette länger wird und die Teilung der Kette nicht mehr mit jener der Zahnräder übereinstimmt. Um zum Verständnis dieses Sachverhaltes beizutragen, wird in Abbildung 478 der Schnitt durch eine gewöhnliche Kette („Rollenkette“) gebracht. Die Seitenplatten (1) des Innengliedes werden durch eine Hülse, d. i. durch eine durchbohrte Niete (4), zusammengehalten. Zwischen diesen

Seitenplatten befindet sich, drehbar um den durchbohrten Nietstift, die Rolle (2). Durch die durchbohrte Niete des Innengliedes geht die Niete (3) des Außengliedes, welches in der Abbildung nicht gezeichnet ist. Ein Längsschnitt durch die Kette ist in Abbildung 479 dargestellt. Bei stark abgenutzten Ketten scheuert sich die durchbohrte Niete des Innengliedes, ein Stahlröhrchen, vollkommen durch oder zerbricht, so daß die

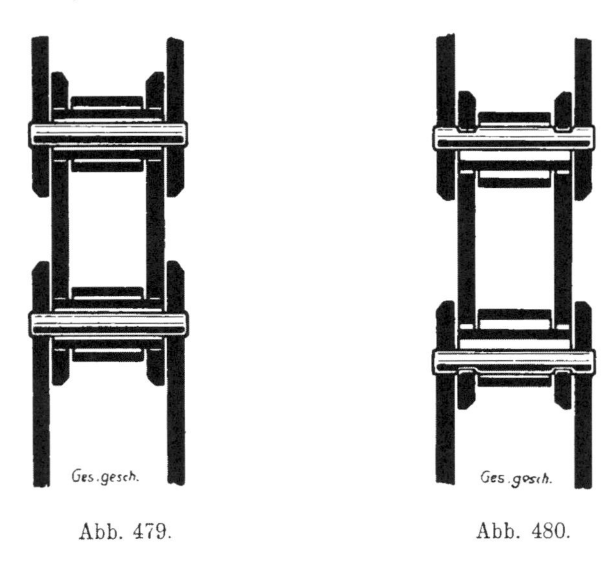

Abb. 479. Abb. 480.

Abb. 479. Längsschnitt durch die Kette.

Die Nieten des Außengliedes, die Buchsen (hülsenartige Nieten) des Innengliedes sowie die losen Rollen sind deutlich sichtbar.

Abb. 480. Längsschnitt durch eine unbrauchbare Kette.

Die durchbohrte Niete des Innengliedes ist gebrochen, die Seitenplatten des Innengliedes hängen direkt an der Niete des Außengliedes, diese ist daher bereits entsprechend ausgefurcht. „Die Kette ist ausgezogen."

seitliche Platte des Innengliedes direkt an der Niete des Außengliedes hängt. In diesem Falle wird auch noch die Niete des Außengliedes an den beiden Stellen, an welchen die Platte des Innengliedes hängen, Abbildung 480, stark abgenutzt. Ein derart ausgewetztes Gelenk weist häufig ein Spiel von 2—3 mm auf. In einem solchen Falle steigt die Kette an dem Zahnrad, besonders dem großen, in die Höhe und neigt zum Überspringen.

Diesem Übelstand kann auch durch ein Spannen der Kette nicht mehr begegnet werden. Hat man eine Ersatzkette nicht zur Hand, so ist das betreffende Glied, bzw. die beiden benachbarten Außenglieder mittels eines Nietauspressers zu entfernen und durch Ersatzglieder zu ersetzen. Die Kette wird sodann wieder einwandfrei Dienst tun.

Das beste Mittel, die Kette vor vorzeitiger Abnutzung und frühem Verderben zu bewahren, ist eine ständige gute Schmierung und ein ausreichender Schutz gegen den Straßenschmutz und Staub. Ganz besonders bei Fahrten im gebirgigen Gelände, bei welchen Sand und Staub des Granitgesteins die Kettengelenke abnutzen, ist ein guter Kettenschutz erforderlich. Manche Fabriken versehen daher ihre Maschinen mit einem vollkommen geschlossenen oder doch genügend abschließenden Kettenschutz. Vollkommen geschlossene Kettenkästen schonen zwar die Kette außerordentlich, können aber, wenn die Kette älter ist und des öfteren Defekte auftreten, durch die Schwierigkeit der Demontage und Montage den Fahrer fast zur Verzweiflung treiben. Wie wichtig das Kettenschutzblech ist, geht daraus hervor, daß dem Verfasser in einem einzigen Winter, in welchem er, um die breite Schneekette über den Ballonreifen anbringen zu können, den Kettenschutz entfernen mußte, die Kette bereits nach etwa 4000 km zugrunde gegangen war.

Bei Tourenfahrten darf es, falls nicht geschlossene Kettenkästen vorhanden sind, nicht vergessen werden, täglich die Kette mit dickem Öl zu schmieren. Auch bei geschlossenen Kettenkästen, die meist mit der Überölleitung des Motors in Verbindung stehen, empfiehlt es sich, die Kette gelegentlich mit frischem Öl zu schmieren.

Um den Fahrern das Schmieren der Kette zu erleichtern, sind neuerdings verschiedene Fabriken dazu übergegangen, kleine Öltanks und eigene Ölleitungen zu den beiden Ketten für die Kettenschmierungen vorzusehen. Der Fahrer braucht beim Vorhandensein einer solchen einfachen Einrichtung nur, am einfachsten während der Fahrt, auf wenige Augenblicke den Ölhahn zu öffnen und hat die Gewähr, daß die Ketten genügend und gleichmäßig geschmiert sind. Eine sehr schöne Lösung zeigen verschiedene Modelle, welche mit einer eigenen, langsam arbeitenden, regulierbaren Ölpumpe für die Kettenschmierung ausgestattet sind.

Neuerdings wird auch in Tuben oder Dosen ein mit Graphit gemischtes Spezialfett für die Kettenschmierung in den Handel gebracht, welches sich sehr bewährt.

Der gute Zustand der Kette und die Dauerhaftigkeit derselben hängen auch davon ab, daß die Kette stets richtig gespannt ist. Wenn sich 3 freie Rollen an das größere Kettenzahnrad drücken lassen, wie dies die Abbildung 481 zeigt, muß die Kette gespannt werden, und zwar so weit, daß sie nur eine geringe Bewegungsmöglichkeit besitzt.

Abb. 481. Nachspannen der Kette.

Sobald die Kette derart locker ist, wie dies die Abbildung erkennen läßt, ergibt sich die Notwendigkeit, die Kette nachzuspannen.

Um die Kette in gutem Zustand zu erhalten, ist es notwendig, sie von Zeit zu Zeit über Nacht in Petroleum zu legen und in der Frühe mit Bürsten und Tüchern gründlich zu reinigen. Ein gutes Durchschmieren aller Gelenke nach dieser Reinigung erzielt man bestens dadurch, daß man die abgetrocknete Kette auf eine heiße Herdplatte legt und sie mit Vaseline oder Stauferfett einfettet, sobald sie sich tüchtig erwärmt hat. Eine mehrmalige derartige Behandlung im Jahr verlängert die Lebensdauer einer Kette mindestens um 50 %. Auch das Durchziehen der abgenommenen Kette durch heißes, dünnflüssig gewordenes Fett ist sehr zweckmäßig; Abbildung 482.

Der noch bei einzelnen Maschinen erhaltene Riemenantrieb bedarf im allgemeinen geringerer Wartung als die Kette, ist jedoch unvergleichlich weniger lang haltbar. Abgerissene Riemen werden mit einem Reserveriemenschloß verbunden, mehrmals geflickte Riemen durch neue ersetzt. Eine besondere Instandhaltung des Riemens erübrigt sich. Um ein Ausziehen zu

Abb. 482. Schmieren der Kette in heißem Vaselin oder Fett.

vermeiden, wird der Riemen vorteilhaft bei längerem Stillstand von der Riemenscheibe abgeworfen.

Bei Kardanantrieb bedürfen lediglich die Kugel- oder Rollenlager einer Wartung, die in erster Linie in einer guten Schmierung und gelegentlichen Reinigung durch Auswaschen mit Petroleum gelegen ist. Ausgelaufene Kegelräderpaare werden nach besonderer Anweisung entsprechend nachgestellt. Das Gehäuse des Kegelradantriebes ist mit Öl und nicht mit Fett zu füllen. Abbildung 483.

Der bei allen neuzeitlichen Maschinen in Verwendung stehende Stoßdämpfer in der Kraftübertragung, meist auf der Motorwelle befestigt, ist, falls nicht, wie bei einzelnen Ausführungen, Gummi-

Abb. 483. Kegelradantrieb im Ölbad.

Der Kegelradantrieb der Kardanmaschinen befindet sich in einem öldicht schließenden Gehäuse (3); dieses besitzt einen Einfüllstutzen (2), der mittels Verschlußschraube (1) abgeschlossen wird. Die Schmierung erfolgt nicht durch Fett, sondern durch dickes Öl, welches bis zur Höhe des Einfüllstutzens eingefüllt wird.

scheiben Verwendung finden, gelegentlich, am besten gleichzeitig mit der Kette, zu schmieren. Die Federn des Stoßdämpfers ermüden mit der Zeit und sind daher nachzuspannen oder auszutauschen.

Abschnitt 16.

Die Instandhaltung der Bremsen.

Daß das besondere Augenmerk des Fahrers der Instandhaltung jener Organe, welche dazu dienen, das in Schwung befindliche Kraftfahrzeug zum Stehen zu bringen, zugewendet sein muß, ist selbstverständlich. Ganz besonders dann, wenn Straßen mit öfterem Gefälle oder mit vielen Kurven, z. B. die Serpentinen eines Passes, bevorstehen, ist eine kurze Überprüfung der Bremsen eine Frage der persönlichen Sicherheit. Und wenn ein Fahrer auch sonst auf dem Standpunkt stehen mag, sich um den Zustand des Fahrzeuges so wenig wie möglich zu kümmern, die Bremsen muß er doch in Ordnung halten, will er sich nicht Situationen aussetzen, die ihn und den Mitmenschen das Leben kosten können.

Die Instandhaltungsarbeiten bezüglich der Bremsen hängen in erster Linie von der Konstruktion der Bremsen ab und teilen sich einerseits in eine ständige, genaue Einstellung der Bremse, andererseits in eine Erneuerung der der Abnützung unterworfenen Teile ein. Da die verschiedenen Bremsgattungen bereits in dem Abschnitt 8 unseres I. Hauptstückes beschrieben wurden, kann die Kenntnis derselben vorausgesetzt werden.

Bei den Expansions- und Bandbremsen ist in erster Linie der sogenannte Bremsbelag einer normalen Abnutzung unterworfen und muß von Zeit zu Zeit erneuert werden. Zur Erneuerung ist das betreffende Rad aus der Gabel zu nehmen. Die Bremsen müssen demontiert werden. Bei Außenbandbremsen genügt die Abnahme des Bremsbandes. Der alte Belag, meist aus Ferrodoasbestbändern bestehend, ist zu entfernen und ein neuer Bremsbelag mittels Kupfernieten aufzunieten. Die Kupfernieten müssen möglichst verklopft und versenkt werden, damit die ganze Fläche des Bremsbelages an der Bremstrommel bremst. Ein guter Bremsbelag muß im allgemeinen etwa 30 000 km verwendbar sein. Als den besten Bremsbelag für Gebirgsfahrten habe ich das „Jurid“

erprobt. Dieser Belag ist hart und saugt sich nicht mit Öl an. Es ist daher nur selten ein Nachstellen der Bremsen nötig, während gelegentliche Verölungen der Bremswirkung kaum Abbruch tun.

Ist in die Bremstrommel Schmutz oder Öl gekommen, so wird sie, ohne daß deswegen eine Demontage notwendig wird, mittels Benzins ausgewaschen.

Bei den Keilbremsen (Klotzbremsen) ist des öfteren der Bremsklotz zu erneuern. Vom zuständigen Vertreter sind solche Bremsklötze meist schon in der passenden Größe und mit den erforderlichen Bohrungen erhältlich. Im Bedarfsfalle kann statt dieser Bremsklötze ein passend zugeschnittenes Hartholzstück verwendet werden.

Ist die Bremsfelge stark verrostet, sei es nach langem Aufenthalt oder bei Verwendung des Reserverades, so tut man gut, auf die Bremsfelge einige Tropfen Petroleum oder Öl zu geben, um ein rasches Glattscheuern zu erzielen und eine allzu starke Abnützung des Bremsklotzes an dem aufgerauhten Metall zu vermeiden.

Bei den Klotzbremsen ist besonders darauf zu achten, daß die Bremsfelgen stets gut und gleichmäßig befestigt sind. In den meisten Fällen sind die Bremsfelgen durch eigene kleine Speichen aufgespeicht, und es ist notwendig, dieselben öfters zu überprüfen, lockere Speichen nachzuziehen und abgebrochene zu ersetzen. Gerade in diesem Punkt hatte der Verfasser bei einer im Sommer des Jahres 1926 unternommenen Motorradexpedition durch die Balkanländer ein außerordentlich unangenehmes Erlebnis. Ein kurzes Stück besserer Straße ermöglichte — es war in Makedonien — ein 40- oder 50-km-Tempo. Wir kamen zu einer Brücke, und ich konnte infolge der Böschung erst im letzten Augenblick bemerken, daß die Brücke selbst fehlte. Ich betätigte sofort die Hinterradbremse, dies hatte jedoch nur einen großen Krach und einen starken Ruck, aber keine Bremswirkung zur Folge. Im letzten Augenblick noch ist es mir gelungen, das Fahrzeug über den Straßenrand zu reißen und wir kamen im Bache zum Stillstand. Die Ursache dieses Zwischenfalls geht aus der Abbildung 484 deutlich hervor. Bremsfelgen sind eben nur so lange wirksam, als sie am Rade befestigt sind. Es war eine große Arbeit, die Bremsfelge mit den aus dem bereits unbrauchbar gewordenen Reserverad entnommenen kleinen Speichen neu aufzuspeichen. Der Zwischenfall hätte sich vermeiden lassen, wenn Gelegenheit gewesen wäre, vorher bereits einzelne gerissene Speichen zu erneuern.

Wichtig ist es, die Bremsbetätigungsorgane, also das Bremsgestänge oder die Bowdenzüge, in Ordnung zu halten. Während

Abb. 484. Eine Keilbremse ist nur dann wirksam, wenn die Bremsfelge an dem Rad befestigt ist.

Ein Bild aus der Balkanexpedition 1926 des Verfassers, aufgenommen an der griechisch-albanischen Grenze.

über die Instandhaltung der Bowdenzüge in einem eigenen Abschnitt gesprochen werden wird und die Nachstellung der durch Bowdenzug betätigten Bremse durch die Nachstellschrauben (Abbildung 485) äußerst einfach ist, sei der Leser bezüglich des Bremsgestänges darauf aufmerksam gemacht, daß in erster Linie die Gegenmuttern bei der Nachstellvorrichtung fest gezogen sein müssen. Die Nachstellung erfolgt, ähnlich wie beim Schaltgestänge für das Getriebe, entweder durch ein Rohrstück mit beiderseitigem, entgegenlaufendem Gewinde, wie dies die Abbildung 486 darstellt, oder durch die Verschraubbarkeit der Gestängegabel selbst, Abbildung 487. In beiden Fällen sind

Abb. 485. Nachstellen des Bowdenzuges.

Die Bowdenzüge sind stets mit Nachstellschrauben versehen, um eine genaue Einstellung der Bremse (oder Kupplung usw.) zu ermöglichen. Die Stellschraube wird durch eine Gegenmutter gesichert.

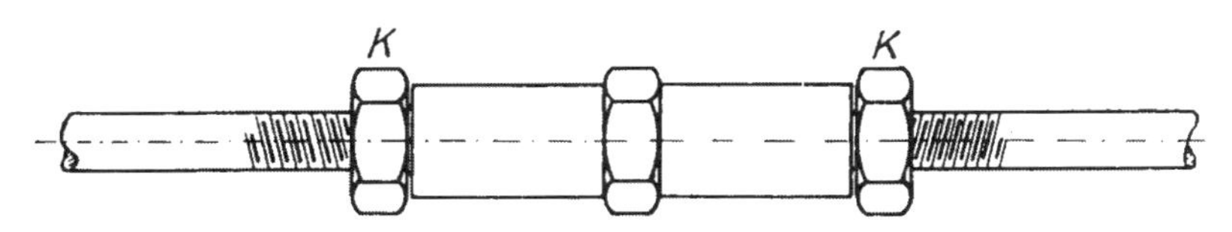

Abb. 486. Nachstellvorrichtung für das Brems- und Schaltgestänge.

Die beiderseitigen Gegenmuttern K sind stets fest anzuziehen, damit nicht ein schädliches Spiel im Gewinde auftritt.

die mit „K" bezeichneten Gegenmuttern vorhanden, die jede schädliche Beweglichkeit des Gewindes verhindern. Ist die eine oder andere Gegenmutter locker, so tritt im Gewinde ein Spiel auf, das auf dasselbe zerstörend wirkt und das plötzliche Ausreißen des Gewindes im Ernstfalle als möglich erscheinen läßt.

Gelegentlich findet man auch Ausführungen, die eine leichte Nachstellung des Bremsgestänges ohne Verwendung von Werkzeug, einfach durch eine randrierte Mutter ermöglichen. Bei genügend kräftiger Dimensionierung ist diese Ausführung für leichtere und mittelschwere Maschinen recht zweckmäßig. —

Die Einstellung der Bremsen hat so zu erfolgen, daß bei Ruhestellung des Hebels die Bremse gerade gut und vollständig ge-

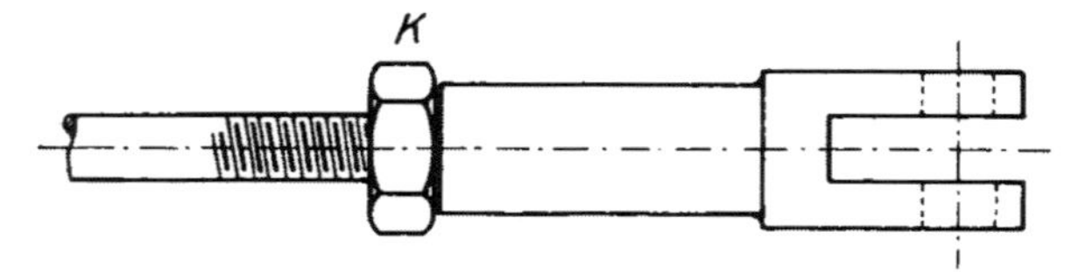

Abb. 487. Nachstellung des Gestänges.

Zur Erlangung der Nachstellbarkeit des Brems- und Schaltgestänges ist vielfach an Stelle der in Abbildung 486 dargestellten Vorrichtung eine Verstellbarkeit der Gestängegabeln vorgesehen. Die Gegenmutter K stets fest anziehen!

löst ist, während auch eine geringe Betätigung des Hebels schon eine Bremswirkung ergeben muß. Ein unnötiges Spiel bringt nicht nur Zeitverlust mit sich, sondern verhindert auch häufig ein starkes Anziehen der Bremsen.

Im übrigen ist es von Vorteil, das Bremspedal, das Bremsgestänge und die etwa in dasselbe eingeschalteten Winkelhebel von Zeit zu Zeit zu demontieren und mit Petroleum gut zu reinigen. Durch einen solchen Vorgang wird nicht nur eine leichte Betätigung, sondern auch eine rasche Lösbarkeit der Bremse gewährleistet.

Abschnitt 17.

Die Reinigung und Instandhaltung des Kraftrades.

Wurde in den vorhergehenden Abschnitten die Instandhaltung des Motors, der Übertragungsorgane sowie der Bremsvorrichtungen besprochen, so muß noch in aller Kürze die Instandhaltung und Reinigung des Kraftrades als solchen behandelt werden. Es liegt in der Natur der Sache, daß beim Kraftrad fast sämtliche Teile, auch die mehr oder minder schonungsbedürftigen, wie Vergaser und Magnetapparat, einer starken Verschmutzung ausgesetzt sind.

Es ist eine Erfahrungstatsache, daß eine gute Instandhaltung des Kraftrades die Lebensdauer desselben um ein beträchtliches Stück, oft um das Doppelte oder mehr, verlängert. Der Straßenstaub wirkt, vermischt mit Öl und Fett, in allen Gelenken und Lagern wie Schmirgel. Nur eine wiederholte, gründliche Reinigung sowie das Ergänzen der Schmiermittel kann in dieser Hinsicht ein rasches Zugrundegehen des Motorrades verhindern.

Zur Reinigung des Motorrades ist vor allem der Straßenschmutz abzuwaschen. In einfachster Weise geschieht dies, wie hierzu in jeder Garage die Möglichkeit besteht, durch das Abspritzen des Fahrzeuges. Hierbei ist es zweckmäßig, den Vergaser und Magnetapparat vor dem direkten Einfluß des Wasserstrahles durch Umwickeln mit alten Tüchern zu schützen. Falls der Motor heiß ist, sind auch die Zylinder zu schützen. Nach dem Abspritzen des Motorrades, das heißt, des Rahmens, des Benzintanks, der Kotflügel, der Kettenschutzkästen usw., wird mit einem Schwamm, der immer wieder in einem Kübel mit Wasser gereinigt wird, nachgewaschen. Sehr vorteilhaft zu dieser Arbeit ist ein Schwamm, der an das Ende einer Schlauchleitung befestigt ist, so daß aus dem Schwamm selbständig Wasser hervorquillt.

Um ein Rosten zu vermeiden, sollen die blanken Eisenteile und die vernickelten Teile mit Petroleum, dem etwas Öl beigegefügt wird, abgepinselt und hierauf mit einem Tuche abgetrocknet werden.

Die maschinellen Teile des Motorrades werden nach dem Abwaschen des ärgsten Schmutzes mit Petroleum unter Verwendung eines festen, ziemlich großen Pinsels gereinigt. Im besonderen hat sich diese Reinigung auf das Kurbelgehäuse, den Zylinder, das Getriebegehäuse sowie alle sonstigen mit einer Ölkruste überzogenen Teile zu erstrecken. Wurde im Motor Rizinusöl verwendet, hat die Reinigung desselben mit Spiritus, allenfalls mit Benzol zu erfolgen.

Abb. 488. Überprüfen der Speichen.

Es ist notwendig, mangelhafte Speichen stets gleich in Ordnung zu bringen, um eine Überlastung der benachbarten Speichen zu vermeiden.

Bei Stellen, bei welchen die Ölkruste auch unter Verwendung von Petroleum und eines Pinsels oder einer Borstenbürste nicht entfernt werden kann — das kann z. B. am Kurbelgehäuse der Fall sein, an welchem sich das ausgetretene Öl mit dem Straßenkot vollkommen festbrennt — muß mit einem Schaber oder sonstigen Instrumenten (Schraubenzieher) nachgeholfen werden.

Besonders sorgfältig zu reinigen ist der Magnetapparat, der mit Petroleum abgepinselt wird, wobei jedoch darauf zu achten ist, daß dasselbe weder bei den Stromabnehmern in das Innere des Apparates, noch bei dem Deckel des Unterbrechers zu diesem gelangt. Man tut gut daran, nach der Reinigung des Magnetapparates denselben äußerlich mit etwas Staufferfett einzureiben, um das Eindringen von Wasser durch die immerhin möglichen feinen Schlitze zu vermeiden.

Etwas langweilig ist die Reinigung der Räder, insbesondere der Speichen und der Felgen. Jedenfalls ist dabei aufzupassen, daß nicht zu viel Petroleum oder Öl auf die Bereifung gelangt, die insbesondere durch das Öl schwer schaden nehmen kann. Daß gleichzeitig mit der Reinigung der Räder auch die Speichen überprüft werden, ist selbstverständlich (Abbildung 488).

Um den emaillierten Teilen, also besonders dem Rahmen, den Kotflügeln und dem Benzintank, einen entsprechenden Hochglanz zu verleihen, werden dieselben mit einem Rehledertuch behandelt. Übrigens gibt es auch verschiedene Politurwässer, „Autodoktor“ und verschiedene andere mehr, welche dem matt gewordenen Lack und Email wieder Hochglanz verleihen sollen. Legt man auf ein schönes Aussehen der Maschine wert, so muß man es möglichst vermeiden, daß Öl oder Petroleum auf den Emailflächen verbleibt, da hierdurch das Email leicht trübe, blind werden würde. Wer jedoch auf diese Äußerlichkeit keinen Wert legt oder sich lieber der Mühe unterzieht, die Emailflächen mit Politurwasser zu behandeln, wenn einmal das Kraftrad „in Parade“ erscheinen soll, dem kann empfohlen werden, das gesamte Kraftrad einschließlich des Rahmens, des Benzintanks, der Kotflügel usw. mit einer Öl-Petroleumlösung einzupinseln. Eine derartige Einpinselung verhindert nicht nur die Rostbildung, sondern läßt auch den angesetzten Straßenschmutz im trockenen Zustande fast vollständig abfallen, erleichtert jedenfalls die Reinigung.

Die Erhaltung der blankvernickelten Teile in schönem Zustande ist für das Aussehen der Maschine wichtig, jedoch besonders im Winter sehr schwierig, da unter dem Einflusse der Kälte und der auf der Nickelfläche zu einer Kruste frierenden Feuchtigkeit die Nickelflächen in der kürzesten Zeit ganz trübe werden. In dieser Hinsicht kann nur ein feiner Wachsüberzug helfen. Einen solchen Überzug stellt man dadurch her, daß man gewöhnliches reines Wachs in Benzin auflöst und mit dieser Lösung alle Nickelteile einpinselt. Die so entstandene äußerst feine Wachsschicht ist von außerordentlicher Dauerhaftigkeit und hält wohl den ganzen Winter an.

Daß vor durchgeführter Reinigung des gesamten Kraftrades naturgemäß alle Schmierstellen mit neuem Schmierstoff versehen werden müssen, ist selbstverständlich. In dieser Hinsicht wird auf die Ausführungen des Kapitels 12 verwiesen. Die Fettpresse ist so lange zu verwenden, bis aus den Lagern alles verschmutzte Fett ausgepreßt ist. Das ausgepreßte Fett wird im Laufe der folgenden Reinigung abgewaschen. Lediglich bei den Naben, die in einem Stück mit den Innenbackenbremsen hergestellt sind, darf die Fettpresse nur mäßig verwendet werden, da sonst leicht das Fett in die Bremstrommel gepreßt wird, wodurch die Funktion der Bremse in Frage gestellt wird. In dieser Hinsicht haben die Konstrukteure noch manches zu verbessern.

Häufig werden die mit Wasser gewaschenen Teile nach dem Trocknen trübe und grau, wenn man nicht den Schwamm ständig auswäscht oder während des Waschens mit einem Schlauch Wasser über die zu waschenden Teile fließen läßt. Letztere Methode bewährt sich übrigens am besten. An Stelle der Reinigung mit Wasser kann man auch eines der Reinigungsmittel verwenden. Dieselben werden meist mit einer Zerstäuberspritze gegen die zu reinigende Stelle gespritzt, worauf mit einem Tuch nachgewischt wird. Der Vorteil dieser Putzmittel liegt darin, daß sowohl der Straßenschmutz als auch die Ölflecke sich leicht abwischen lassen, durch das Abwischen der Lack nicht zerkratzt wird und ein Grauwerden unmöglich ist. Derartige Reinigungsmethoden kommen natürlich in erster Linie für größere Flächen wie Kotflügel und Tank, insbesondere aber auch für die Beiwagenkarosserie in Frage. —

Abschnitt 18.

Die Aufbewahrung des Kraftrades.

Besonders den in größeren Städten wohnenden Kraftfahrern wird es gewisse Schwierigkeiten bereiten, das Kraftrad, ganz besonders wenn es mit einem Beiwagen versehen ist, zweckentsprechend unterzubringen. Natürlich ist die Möglichkeit der Einstellung in einer Garage jederzeit gegeben, doch dürfte diese Lösung nicht immer die günstigste sein. Einerseits kostet die Einstellung in eine Garage gerade nicht wenig, andererseits verliert das Motorrad an Wert, wenn man es zu jeder Ausfahrt, besonders auch zu Stadtfahrten, erst aus der Garage holen muß. Es steht außer Zweifel, daß man von seinem Fahrzeug doppelt so viel hat, wenn es jederzeit im eigenem Hause zur Verfügung steht, ganz abgesehen von der außerordentlichen Verminderung der Betriebskosten.

Gegen die Aufbewahrung in der Garage spricht auch, daß selbst in den bestgeleitetsten Garagen es mitunter vorkommen kann, daß sich Unberufene, Lehrlinge oder dergleichen, an dem Fahrzeug zu schaffen machen und dasselbe dadurch Schaden leidet.

Nicht übersehen darf man jedoch, daß bei der Aufbewahrung des Fahrzeuges in der Garage der Garagenbesitzer für alle auftretenden Schäden, insbesondere für solche infolge Feuer, Diebstahl, usw. zu haften hat und sich daher der Fahrzeuginhaber unter Umständen eine Versicherung ersparen kann.

Die schönste Lösung der Aufbewahrung hat selbstverständlich derjenige in der Hand, der in der Lage ist, sich zu Hause eine Einstellmöglichkeit einzurichten und in dem betreffenden Raum auch alle Zubehörteile, Reservereifen, Ausrüstungsgegenstände, Putzzeug, etwas Benzin, Öl und Petroleum aufzubewahren sowie eine Reparaturgelegenheit durch Anbringung eines Schraubstockes oder wenigstens durch das Vorhandensein einer festen Werkbank zu schaffen.

Bei der Einrichtung einer derartigen kleinen Garage wird besonders die Verringerung der Feuergefährlichkeit durch entsprechende Aufbewahrung des Reservebenzins, der Putz- und Schmiermittel sowie eine entsprechende Lichtanlage anzustreben sein.

Beachtenswert sind die in letzter Zeit auf den Markt gekommenen sogenannten Kleingaragen, welche sich in jedem Hofe aufstellen lassen und meist aus starkem Wellblech hergestellt sind.

Abb. 489. Eine Kleingarage.

Die Möglichkeit — und sei sie noch so einfach — das Fahrzeug selbst zu verwahren, vermindert außerordentlich die Betriebskosten und hebt den Wert des Fahrzeuges durch die ständige Betriebsbereitschaft.

Derartige Kleingaragen, deren Preis sich in erschwinglicher Höhe hält, dürften ganz besonders für den Großstädter von Vorteil sein. Abbildung 489.

Nun noch einige Worte über das sogenannte „Einwintern" des Motorrades. Es ist selbstverständlich, daß das Kraftrad auf die Dauer von einigen Monaten — falls nicht den ganzen Winter hindurch gefahren werden soll — nicht in gleicher Weise eingestellt wird, wie etwa für eine Nacht. Durch entsprechende Konservierungsmittel läßt sich sehr viel zur Erhaltung eines guten Zustandes beitragen.

Nach einer gründlichen Reinigung des ganzen Motorrades werden sämtliche Teile, insbesondere alle vernickelten, gut eingefettet. Besondere Aufmerksamkeit ist der Bereifung zuzuwenden. In dieser Hinsicht sind die Meinungen geteilt. Während die einen behaupten, daß es für die Reifen am besten sei, wenn sie auf den Felgen bleiben und straff aufgepumpt werden, sind andere der Meinung, daß sie besser abmontiert und gesondert aufbewahrt werden. Werden sie auf den Felgen belassen, so ist es von Vorteil, sie vorerst abzumontieren, die Felgen auch von der Innenseite gut zu reinigen, rostige Stellen mit der Stahlbürste zu behandeln und mit Emaillack nachzulackieren. Die Reifen werden sodann wieder aufgezogen und aufgepumpt. Jedenfalls wird sowohl das Vorder- als auch das Hinterrad, beim Beiwagen auch das Beiwagenrad, auf den Ständer gestellt beziehungsweise aufgebockt, so daß der Reifen nicht mit dem Boden in Berührung kommt.

Werden die Reifen gesondert aufgehoben, was sich bei älteren Wulstreifen zur Erhaltung der für einen festen Sitz erforderlichen Spannung empfehlen kann, bei Drahtreifen aber nicht in Frage kommt, so ist, um ein seitliches Zusammenpressen des Reifens zu vermeiden, der Luftschlauch im Reifen zu belassen und derselbe aufzupumpen. Desgleichen sind Reserveschläuche aus der sonst verwendeten Packung zu nehmen und ebenfalls im aufgepumpten Zustand aufzuheben.

Ist das Fahrzeug mit einer elektrischen Beleuchtungsanlage versehen, so muß auch dem Akkumulator entsprechendes Augenmerk zugewendet werden. Am vorteilhaftesten ist es, denselben auszumontieren und gesondert aufzuheben. Er muß auch während der Winterzeit alle 4—6 Wochen nachgeladen werden.

Dolomitenstraße (Südtirol).

III. Hauptstück.

Abschnitt 19.

Das Tourenfahren.

Ist es schon schön, mit dem Motorrade kleine Sonntagstouren zu fahren, so ist es doch für den Kraftradfahrer die größte Freude, eine größere Urlaubstour zu unternehmen. Eine solche will aber auch, um einen wirklichen Genuß zu bieten, entsprechend vorbereitet sein. Es gibt ja Fahrer, die ohne Zielsetzung von ihrem Wohnorte losfahren und Tagesetappen zurücklegen, wie es ihnen gerade paßt. Es mag sein, daß man auch diesem ungebundenen zigeunerartigen Wandern einen Reiz abgewinnen kann, man sagt jedoch andererseits nicht zuviel, wenn man behauptet, daß mindestens die Hälfte der Freude der Urlaubsreise in dem Studium der Pläne und Karten, in der Ausarbeitung genauer Wanderrouten mit verschiedenen Alternativen liegt. Schließlich und endlich soll auch die Urlaubstour oder große Fahrt überhaupt nicht Selbstzweck sein, sondern die Kenntnis von Land und Leuten, die Kenntnis eines Teiles unserer deutschen Heimat oder eines fremden Gebietes vermitteln. Diese Kenntnis wird man sich nur dann aneignen, wenn man sich schon vor Antritt der Fahrt an Hand von Büchern, Reiseführern, allgemeinen sowie automobilistischen Karten über die zu befahrende Gegend genau unterrichtet hat. Wenn sich einzelne Fahrer, die einer planmäßigen Vorbereitung der Fahrt abhold sind, äußern, daß sie während der Fahrt bzw. in den einzelnen Tagesetappen sich an der Hand von Reiseführern über alles Wissenswerte informieren würden, so muß dem die Erfahrungstatsache gegenübergehalten werden, daß der Kraftradfahrer auf der Reise wohl in den seltensten Fällen dem Studium der einschlägigen Literatur oder der Karte, insofern sie nicht gerade zur Erkundung der richtigen Fahrstrecke in Betracht kommt, sich widmen wird. Schließlich nimmt auch die Wartung der Maschine, die Beschaffung geeigneten Betriebsstoffes, insbesondere der Schmiermittel, genügend Zeit in Anspruch.

Die Vorbereitung einer großen Tour und die Festlegung eines Fahrtenplans darf jedoch niemals so weit gehen, daß sich der Fahrer bei Antritt der Fahrt in eine Schablone gepreßt fühlt und seine Freizügigkeit während der Fahrt diesem System opfert. Vielmehr ist es notwendig, in den einzelnen Tagesetappen sich bei Fachleuten, Garagenbesitzern, Automobilisten, Berufskraftfahrern (die meistens am besten unterrichtet sind) oder Hoteliers über die für den nächsten Tag geplante Fahrtstrecke zu erkundigen. Oftmals wird man wertvolle Winke über eine in besserem Zustande befindliche Nebenstraße erhalten oder auf landschaftliche Reize aufmerksam gemacht werden, die zu sehen es nur eines geringfügigen Umweges bedarf.

Die Festlegung eines Fahrtenplanes ist jedoch schon aus dem

Grunde notwendig, um die erforderliche Tagesdurchschnittsleistung, die durch die Festsetzung des beabsichtigten Wanderzieles der Reise bedingt ist, zu errechnen. Und wenn es auch Fälle geben kann, wo man sich nicht ein bestimmtes Endziel vor Augen hält, so wird man doch bei der Mehrzahl der Touren irgendeinem Ziele zustreben. Aber auch die Festlegung innerhalb der einzelnen Tagesetappen ist erforderlich, um auf diese Weise einen genauen Überblick zu erhalten, wann man in der Nächtigungsstation aufzubrechen hat, wie lange man sich bei Rasten oder kürzeren Städtebesichtigungen aufhalten darf, schließlich auch, um sich über das einzuschlagende Durchschnittstempo im klaren zu sein, damit man das gesteckte Ziel auch tatsächlich erreicht.

Die erste Vorbereitung für eine große Fahrt wird daher die Anschaffung geeigneter Karten und das Studium derselben sein. Diese Vorbereitung wird bezüglich der Sommerfahrt schon im Frühjahr beginnen müssen.

Dolomitenstraße; Falzäregopaß (2117 m).

a) Das Kartenmaterial und die Projektierung.

An Karten kommen für den Kraftfahrer insbesondere in Betracht: die Freytagsche Automobilkarte, von welcher bisher insgesamt 51 Blätter erschienen sind, der Continental-Atlas, die Continental-Straßenkarte in 50 Blättern, das Baschaga-Permanent-Kartenbuch, die Karten des Verlages Ravenstein, des „Iro-Verlages", die von einzelnen Klubs für ihre Bezirke herausgegebenen Karten und schließlich allgemeine Kartenwerke. Um dem Fahrer bezüglich der Auswahl des Kartenmaterials an die Hand zu gehen, sei folgendes gesagt:

Die Freytagsche Automobilkarte weist neben allen Hauptstraßen auch die in Betracht kommenden Verbindungswege auf und ist ein außerordentlich vielseitiges Werk. Sie ist im Maßstabe 1 : 300 000 gehalten. Das einzelne Blatt umfaßt daher ein für den Kraftfahrer verhältnismäßig sehr kleines Gebiet im Ausmaß von rund 200 × 160 Kilometern. Aus diesen Ausführungen geht hervor, daß die Freytagsche Automobilkarte, ebenso wie die Continental-Straßenkarte, welche sich durch große Übersichtlichkeit und praktische Aufmachung auszeichnet, weniger für die Projektierung einer Fahrt als vielmehr für die Fahrt selbst in Betracht kommt. Besonders dann, wenn der Weg abseits von den großen Durchgangsstraßen führt, wird eine der vorstehenden Karten ganz hervorragende Dienste leisten.

Der Continental-Atlas, Ausgabe „Mitteleuropa", der sich mit 46 Hauptkarten über Deutschland, Österreich, die Schweiz, die Tschechoslowakei, Oberitalien, Westungarn, Polen, Dänemark (südl. Teil), Holland, Belgien sowie den östlichen Teil von Frankreich erstreckt, ist für den Kraftradfahrer besonders wegen seiner ausnehmenden Handlichkeit sehr geeignet. Er wird dann zu verwenden sein, wenn man sich hauptsächlich auf den Chausseen und Hauptstraßen bewegt, sowie dann, wenn sich die Tour nicht innerhalb der Grenzen des Deutschen Reiches hält. Der Continental-Atlas ist leicht erhältlich und derart strapazierfähig gebunden, daß er auch den Beanspruchungen einer Motorradtour bei einer einigermaßen entsprechenden Behandlung gewachsen ist.

Die Hauptkarten des Continental-Atlasses sind im Maßstab 1 : 1 000 000 gezeichnet. Außerdem weist der Atlas 19 Sonderkarten 1 : 300 000 auf.

Neben dem Continental-Atlas „Mitteleuropa" gibt es noch eine gesonderte Ausgabe „Deutschland“, welche von jenen Fahrern, welche die Reichsgrenzen nicht zu überschreiten gedenken, vorzuziehen sein wird. Maßstab 1 : 500 000 und zahlreiche Stadtpläne mit Durchfahrtsstraßen.

Sehr übersichtlich sind auch die Karten des Verlages Ludwig Ravenstein A. G. in Frankfurt a. M. Zur Projektierung der Fahrten eignen sich ganz besonders die Karten „Nr. 75, Hauptstraßenkarte von Deutschland, 1 : 2 200 000“, „Nr. 2, Bayern, 1 : 600 000“, „Nr. 72, Schweiz, 1 : 500 000“ und die beiden Blätter Nr. 73 und 74 „Oberitalien“ im Maßstabe 1 : 500 000. Diese Karten sind außerordentlich übersichtlich und können teilweise auch, da sie alle notwendigen Einzelheiten enthalten, zum Fahren benützt werden.

Außerdem sind im Ravenstein-Verlage erschienen: die Autokarten von Mitteleuropa, 164 Blätter im Maßstabe 1 : 300 000 („Sektionskarten“) und großen Autokarten im Maßstabe von 1 : 300 000 und 1 : 500 000.

Die Karten des Ravenstein-Verlages sind die offiziellen Karten des A. v. D. (Automobilklubs von Deutschland) und seiner Kartell-Klubs sowie des A. D. A. C. (Allgemeinen deutschen Automobilklubs).

Als hervorragendes textliches Werk kommt das „Continental-Handbuch“ in Betracht, welches neben Stadtplänen und Angaben über Unterkunfts-, Garagierungs- und Reparaturmöglichkeiten genaue Kilometerangaben über die wichtigsten deutschen Automobilstraßen sowie Anschlußtouren in den Grenzländern samt Übersichtsskizzen und 450 ausgearbeiteten Touren enthält.

Als textliches Werk bemerkenswert ist auch der Offizielle Führer des Automobilklubs von Deutschland („Ravensteins Autoführer durch Deutschland und die Nachbarländer“), welcher in äußerst übersichtlicher und anregender Weise, mit Angabe aller Ortschaften, Straßenkreuzungen und -abzweigungen, Bahnkreuzungen usw. 228 Strecken mit insgesamt 54 496 km beschreibt. Dieses Werk kommt besonders für den Beiwagenfahrer in Betracht, da der Beiwagenpassagier die Fahrt im Führer ständig verfolgen und den Fahrer rechtzeitig auf Abzweigungen und dergleichen aufmerksam machen kann. Im übrigen eignet sich dieses Werk aber auch sehr gut dazu, sich über die zu befahrende Strecke schon im voraus genau zu unterrichten, da auch die landschaftliche Seite der verschiedenen Strecken eine entsprechende Berücksichtigung gefunden hat.

Ein außerordentlich praktisches Kartenwerk stellt auch der Baschaga-Atlas dar, dessen einziger Nachteil wohl der ist, daß er sich ausschließlich nur auf die Gebiete des Deutschen Reiches erstreckt und nicht einmal mehr Deutschösterreich berücksichtigt. Bei diesem Atlas werden einzelne Kartenblätter durch einen Klemmrückeneinband zu einem gemeinsamen Werk vereint. Diese Ausführung ermöglicht es, das Gesamtwerk zu Hause zu lassen oder beim Gepäck zu verstauen und nur die jeweils in Betracht kommende Karte, dem Atlas entnommen, in einer Zelluloidhülle bereit zu halten. Die Möglichkeit der Entnahme der einzelnen Blätter begünstigt des weiteren außerordentlich die Projektierung der Tour, da die einzelnen Blätter ihren Anschlüssen entsprechend aufgelegt werden können, wodurch erst ein richtiger Überblick über die Tour sowie über die einzelnen Tagesetappen geschaffen wird. Das bei einem in Buchform gehaltenen Kartenwerk erforderliche Umblättern und Aufsuchen der Anschlußkarte verwischt den Gesamteindruck außerordentlich, läßt die kürzeste Strecke nicht immer klar in den Vordergrund treten und erschwert daher die Projektierung. Der Atlas umschließt 78 Karten im Maßstabe 1 : 500000 und 53 Spezialkarten 1 : 100000. Der Baschagaatlas hat des weiteren den Vorteil, daß bei seinen Karten durch Verwendung mehrerer Farben die Gebirgszüge und Erhebungen außerordentlich klar und deutlich hervortreten.

Sehr gut und übersichtlich sind auch die Karten des Iro-Verlages München, Carl Kremling, insbesondere sind folgende Karten dieses Verlages zu erwähnen: Iro-Straßenkarte 1 : 1200000, Blatt Deutschland, Blatt Alpen, Iro-Straßenkarte 1 : 500000, Blatt Bayern, Blatt Süddeutschland, Iro-Straßenkarte 1 : 250000, 12 Blätter von Deutschland sowie 12 Sonderblätter.

In dem Iro-Verlag erschien des weiteren der „Iro-Straßenatlas von Mitteleuropa“. Er enthält 30 fünffarbige Hauptkarten im Maßstabe 1 : 1200000, 18 vierfarbige Spezialkarten der wichtigeren Gebiete im Maßstab 1 : 500000 sowie 160 zweifarbige Durchfahrtspläne der bedeutendsten Städte. Schließlich müssen noch die drei Textwerke des Iro-Verlages, der Straßenführer „Östliche Alpen“, „Westliche Alpen“ und „Dalmatien“ Erwähnung finden.

Bei Fahrten durch Österreich empfiehlt sich am besten die vom Altpräsidenten des Tiroler Automobilklubs, Adolf Bier, herausgegebene Karte, welche in zwei Blättern bei einem Maßstab 1 : 350000 ganz Österreich und die angrenzenden Teile der Nachbarstaaten behandelt. Diese Karte von Bier ist deswegen ganz besonders für den Kraftfahrer von Deutschland unentbehrlich, weil sie, von erfahrenen, erprobten und ortskundigen Automobilisten hergestellt, in jedem einzelnen Fall das genaue Steigungsverhältnis in Prozentsätzen angibt. Die bei verschiedenen Karten stufenweise angegebene Steigung durch Verwendung von Zeichen, z. B. „bis 4 %“, „bis 10 %“ und „über 10 %“ ist für den aus der Ebene in das Gebirge kommenden Fahrer absolut ungenügend. Die Kenntlichmachung z. B. des Zirlerberges bei Innsbruck oder des Katschberges in den Tauern mit dem Zeichen „über 10 %“ ist ungenügend, denn diese beiden Berge weisen lange Steigungen von 20 und 23 % auf. Die Besitzer einer leichteren Maschine, insbesondere einer solchen Maschine mit Beiwagen, werden daher durch die genaue Angabe der Steigung veranlaßt, eine Umgehungsstraße zu wählen.

Der westliche Teil der Bier'schen Karte betrifft Tirol, Südtirol, die Dolomitenpässe sowie sonstige österreichische und italienische Alpenpässe, Oberitalien, den westlichen Teil von Salzburg, ebenso von Kärnten, Vorarlberg sowie Oberbayern mit München als nördlichste Grenze. Der östliche Teil betrifft Salzburg, Kärnten, Steiermark, Oberösterreich, Niederösterreich, Wien, Burgenland, sowie die entsprechenden Teile der Tschechoslowakei, Ungarns und Jugoslawiens.

Die Karte zeichnet sich durch besondere Übersichtlichkeit aus und wird am besten durch den Universitätsverlag Wagner, Innsbruck, Maria-Theresien-Straße, bezogen.

Als maßgebendes Karten- und Führerwerk für die Schweiz ist der „Offizielle Automobilführer der Schweiz“ zu nennen. Dieser ist von dem Sportpräsidenten Professor M. Delessert im Auftrage des Schweizer Automobilklubs herausgegeben worden und als einzigdastehendes automobilistisches Werk zu bezeichnen. Der Verfasser hält es für eine dringende Notwendigkeit, daß sich jeder Kraftfahrer, der eine Reise durch die Schweiz plant oder sich überhaupt nur für die Schweiz interessiert, dieses mit wundervollen Lichtdrucken versehene Werk beschafft. In 12 Hauptkarten ist die Schweiz dargestellt. Die Karten tragen Spezialkartencharakter, da dieser für die Darstellung der Schweiz wegen des gebirgigen Charakters zu bevorzugen ist, weisen jedoch alle für den Automobilisten in Betracht kommenden Angaben als Aufdruck auf. So sind nicht nur die verschiedenen Straßenqualitäten klar herausgearbeitet, die gefährlichen Stellen und Bahnkreuzungen mit eigenen Zeichen angegeben, sondern auch die Postkurse und Straßen mit speziellen Vorschriften eigens bezeichnet. Daneben sind in 35 Plänen alle Städte und wichtigen Ortschaften derart dargestellt, daß die Durchfahrtstraßen klar hervortreten sowie die Garagen, Werkstätten, Hotels und Gasthöfe und besondere Sehenswürdigkeiten erkenntlich sind. Neben tabellarischen Zusammenstellungen der einzelnen Straßenrouten und statistischen Angaben über sämtliche Orte sind dem Buche Beschreibungen aller Sehenswürdigkeiten der Städte und der Landschaft sowie ein Verzeichnis der in Betracht kommenden Unterkünfte, Gasthöfe und Hotels beigegeben. Das Buch kann durch den „Automobilklub der Schweiz“ in Genf, rue du Mont Blanc 3, bezogen werden.

Zu Fahrten in das übrige Ausland empfiehlt es sich, sich an seinen Klub zur Beschaffung des entsprechenden Karten- und Führermaterials zu wenden. Diesen wird es durch die Verbindung mit den ausländischen Automobilklubs leicht sein, das Gewünschte in kurzer Zeit zu besorgen.

Zur Projektierung einer Wanderfahrt ist es erforderlich, nicht nur ein bestimmtes Ziel ins Auge zu fassen, sondern auch verschiedene größere Zwischenstationen festzulegen, die zwar bei dem folgenden Studium der Karten meist eine gründliche Berichtigung erfahren, aber doch entsprechende Anhaltspunkte geben. Die nächste Aufgabe ist es, eine geeignete Tagesetappeneinteilung, bei gleichzeitiger Festlegung der Nächtigungsstation, zu treffen. Bei dieser Einteilung sind neben der Kilometeraufstellung zu berücksichtigen: größere Steigungen, größere Städte, letztere auch dann, wenn sie nicht besichtigt werden sollen, da erfahrungsgemäß das Durchfahren von Städten eine wesentliche Beeinträchtigung des Tempos mit sich bringt, weiter Grenzübertritte mit den sonstigen Formalitäten, nicht zuletzt auch Strecken, welche durch besonders kurvenreichen Charakter oder hervorragende landschaftliche Schönheit ein geringes Durchschnittstempo mit sich bringen.

Man tut gut daran, für die einzelnen Tage etwa folgende Aufstellung herzustellen:

1. Tag:

Ort	Distanz km	Tages-km	Gesamt-km	Zeit	Anmerkungen
Magdeburg .	—	—	—	8	Abfahrt
Halle . .	83	83	83	10	
Weißenfels .	30	113	113	11	
Zeitz .	20	133	133	11^{40}	
Gera .	23	156	156	12^{20}	
Plauen	54	210	210	1^{30}—2^{30}	Mittagsstation
Hof . .	27	280	280	3^{30}	
Bayreuth .	53	333	333	4^{50}	Nächtigung

2. Tag:

Ort	Distanz km	Tages-km	Gesamt-km	Zeit	Anmerkungen
Bayreuth .	—	—	333	8	Abfahrt
Nürnberg. .	68	68	401	10	
Weißenburg .	52	120	453	11^{20}	
Donauwörth .	42	162	495	12^{30}—2	Mittagsstation
Augsburg.	43	207	538	3	
Landsberg	38	245	576	4	
Schongau . . .	28	273	604	5	
Hohenschwangau	37	310	641	6	Nächtigung

3. Tag:

Ort	Distanz km	Tages-km	Gesamt-km	Zeit	Anmerkungen
Hohenschwangau	—	—	641	10	Abfahrt nach Besichtigung der Königsschlösser
Füßen . . .	3	3	644	10^{10}	
Reichsgrenze	4	7	648	10^{20}—10^{40}	
Reutte.	18	25	666	11^{10}	
Fernpaß .	30	55	696	12^{20}	
Innsbruck	58	113	754	2	Besichtigung der Stadt u. Umgebung Nächtigung
			4. Tag:		
Innsbruck .	—	—	754	8	Abfahrt
Brennerpaß .	40	40	794	9^{30}—11	Grenzkontrolle
Franzensfeste	35	75	829	12^{15}	
Brixen. . . .	6	81	835	12^{25}—1^{30}	Mittagsstation
Kardaun b. Bozen	49	130	884	3	
Karerseepaß .	26	156	910	5	Eggental (Schlucht!) Nächtigung

Diese Aufstellung gibt schon ein genügend klares Bild, ob sich die in Aussicht genommenen Tagesetappen tatsächlich fahren lassen oder nicht.

Der Zeitaufstellung ist ein angemessenes Durchschnittstempo zugrunde zu legen. Als ein solches kann bei mittelschweren und schweren Maschinen in Aussicht genommen werden: in der Ebene, auf Hauptstraßen mit wenig Kurven 45 km, im Mittelgebirge mit häufigen Kurven 30—35 km, im Hochgebirge mit Steigungen, Haarnadelkurven usw. 15—25 km. Größere Rasten, Mittagpausen, Städtebesichtigungen sind getrennt zu berücksichtigen. Kleinere Rasten, Aufenthalte zum Photographieren, Tanken usw. sind in den vorstehenden Durchschnittsgeschwindigkeiten bereits enthalten.

Ist zur Bewältigung der Tagesstrecke auch eine teilweise Nachtfahrt erforderlich, so kann dieselbe ungefähr mit denselben Durchschnittsgeschwindigkeiten ins Auge gefaßt werden wie die Tagesfahrten. Handelt es sich um eine Fahrt auf einer Hauptstraße, so wird in der Nacht das Durchschnittstempo sogar ein größeres sein, fährt man jedoch auf einer Nebenstraße, so ist ein niedrigeres Durchschnittstempo zu veranschlagen, da das Aufsuchen der Straßentafeln zur Einhaltung der richtigen Straße naturgemäß einen gewissen Zeitaufwand bedingt.

Die Hauptfrage, welche Tagesleistung bei einer größeren Tour vorgesehen werden kann, möchte der Verfasser folgendermaßen beantworten:

Eine einmalige Tagesleistung von 500 km bei vorhergegangenem und nachfolgendem Rasttag stellt keine besondere Leistung dar, darf jedoch bei Tourenfahrten keineswegs Grundlage der Berechnung darstellen, wenngleich der Verfasser anläßlich einer großen Motorradfahrt nach Afrika mit einer schwer bepackten und von 3 Personen besetzten Beiwagenmaschine in einem Tage (Nacht und Tag) die Strecke Innsbruck-Rom (= 900 km) und am folgenden Vormittag bei 300 km zurückgelegt hat. Eine Durchschnittsleistung von 150—200 km im Tag, einschließlich der Rasttage gerechnet, entspricht bei Fahrten bis zu 14 Tagen, 3 Wochen, der Fahrleistung des Fahrers, der mit der Fahrt gleichzeitig eine Erholung verbinden will. Dabei spielt es keine Rolle, an manchen Tagen bis zu 400 km und vielleicht ein weniges darüber zu fahren, wenn dadurch andererseits entsprechende Rasttage ermöglicht werden.

Außer Zweifel steht, daß man das Motorradfahren sehr gut trainieren kann und dadurch überaus leistungsfähig wird. Der Verfasser hat z. B. im Zuge der erwähnten Afrikafahrt die rund 3200 km lange Strecke Gibraltar-Innsbruck ohne Rasttag, aber auch ohne besondere Ermüdung in einer zusammenhängenden Fahrt, also ohne eingeschaltete Rastaufenthalte, in 9 Tagen mit einer gleichbleibenden Tagesleistung von etwa 360 km zurückgelegt.

Empfehlenswert ist es, die Rasttage nicht in große Städte zu legen, da die Besichtigung von Städten bekanntlich sehr ermüdet. Die beste Erholung dürfte wohl darin gelegen sein, für den Rasttag eine Fahrt von nur etwa 50 km vorzusehen, so daß ein gemütliches Besichtigen von Gegenden, ein gelegentliches Baden in einem See usw. ermöglicht wird.

Die größten Tagestouren sollen an den Anfang verlegt werden. Die psychischen Vorteile dieser Einteilung liegen darin, daß die folgenden Etappen sodann nicht mehr allzu groß erscheinen.

Für „Besonderes" pro Tag eine entsprechende Zeit einzusetzen, dürfte nicht erforderlich sein, da die Durchschnittsgeschwindigkeiten so gewählt sein müssen, daß sich kleinere Angelegenheiten im Rahmen des aufgestellten Fahrtenplanes erledigen lassen, während größere Zwischenfälle ohnedies meist den Fahrtenplan teilweise über den Haufen werfen.

Bezüglich der Tageseinteilung hat es sich als das Praktischste erprobt, die eigentliche Hauptmahlzeit auf den Abend zu verlegen und von einer größeren Mittagspause Abstand zu nehmen. Das Motorradfahren bringt eine derartige Verschmutzung mit sich, daß das Einnehmen einer Hauptmahlzeit zu Mittag eine gründliche Reinigung, damit häufig auch ein Abpacken der Maschine erfordern würde. Der dadurch bedingte Zeitverlust läßt sich ersparen, wenn man tagsüber möglichst aus dem Brotbeutel oder Rucksack ißt. Man kommt auch auf diese Art und Weise beträchtlich früher in der Nächtigungsstation an, so daß mehr Zeit für die Wartung der Maschine, zu kleineren Spaziergängen, einem Bad o. dgl. bleibt.

Das Fahren der Tagestour in zwei getrennten Teilen am Vor- und am Nachmittag ist auf Grund der vorangeführten Erfahrungen nicht vorteilhaft. Die Fahrt wird möglichst früh, im Sommer schon um sechs Uhr oder früher angetreten, so daß bereits am Vormittag der Hauptteil der Tagesstrecke hinter sich gebracht wird. Ein tüchtiges Gabelfrühstück um neun oder zehn Uhr läßt leicht ohne das sonst übliche, häufige Einkehren das Tagesziel erreichen.

Bei größeren Fahrten wird es des weiteren angezeigt sein, auf brieflichem Wege genauere Auskünfte einzuholen. Als ich im Frühjahr 1926 eine achttägige 3500 km-Fahrt durch Deutschland unternahm, wandte ich mich rechtzeitig vorher an über 20 Automobilklubs und sonstige kraftfahrsportliche Verbände. Die äußerst prompt zurückgekommenen Briefe enthielten wertvolle Fingerzeige, insbesondere bezüglich günstigerer Parallelstraßen usw.

Bezüglich der Abreise ergibt sich die Erfahrung, daß der Aufbruch zu einer großen Fahrt immer mit einer Reihe von Verzögerungen verbunden ist, mit Verzögerungen, die geeignet sind, den Zeitpunkt des Antrittes der Reise wesentlich zu verschieben und damit auch den für die erste Tagesetappe vorgesehenen Plan umzustoßen. Es hat sich daher für vorteilhaft erwiesen, jede größere Tour abends anzutreten und abends noch etwa 50 km zu fahren. Der Aufbruch von dieser ersten Nächtigungsstation ist sodann ohne weiteres fahrplanmäßig möglich. Dieses System gibt auch bei der Abfahrt vom Heimatsort vollkommene Ruhe, da es zur Abfahrtstunde meist ohnedies schon finster ist und es auf eine Stunde früher oder später nicht mehr ankommt.

b) Die Überprüfung des Zustandes der Maschine.

Einen breiten Raum in der Vorbereitung einer großen Tour nimmt naturgemäß die Überprüfung des Zustandes der Maschine, die Zusammenstellung der erforderlichen Ersatzteile und Ausrüstungsgegenstände sowie schließlich der persönlichen Ausrüstung des Fahrers in Anspruch.

Die Maschine muß in allen ihren Teilen genau untersucht werden. Nicht einwandfreie Lager sind durch neue zu ersetzen. Sowohl Kugel-, Rollen- als auch Gleitlager dürfen nicht das mindeste Spiel aufweisen. Mangelhafte Kugellager im Getriebe können zu Zahnraddefekten und Gehäusebrüchen führen. Schlechte Kugellager im Motor bringen ein Klopfen und Schlagen mit sich, das den raschen Verfall der Kugellager und sonstigen Organe bedingt.

Besonderes Augenmerk muß dem Rollenlager der Pleuelstange (Pleuellager) zugewendet werden. Man überprüft es, indem man den Zylinder abnimmt und die Pleuelstange bei festgehaltener Kurbelwelle auf- und abzuheben versucht. Bei geölten Lagern dürfen wir nicht das mindeste Spiel in achsialer Richtung feststellen können. Die Überprüfung hat in verschiedenen Stellungen der Kurbelwelle zu erfolgen. Eine seitliche Beweglichkeit, auch wenn sie keine parallele, sondern eine pendelartige

Dolomitenstraße.

ist, kann man belassen. Eine solche muß sogar bis zu einem gewissen Grade vorhanden sein.

Die Ventile sind nachzuschleifen und vor allem genau einzustellen.

Die Zylinder werden, um eine gute Kühlung zu gewährleisten, von Schmutz und Rost befreit. Vorteilhaft ist es, sie mit einer Mischung von Petroleum und gepulvertem Graphit fest einzupinseln.

Die Kolben und Kolbenringe sowie Kolbenbolzen sind zu überprüfen. Die Kolbenringe müssen, in den Zylinder eingesetzt, vollkommen geschlossen sein. Ist dies nicht der Fall, so ist die Dichtung mangelhaft und ein neuer Ring zu verwenden. Wichtig ist, daß der Kolbenbolzen weder im Pleuelauge noch im Kolben das geringste radiale Spiel besitzt. Stellt man in dieser Hinsicht eine Beweglichkeit fest, so muß die Bronzebuchse erneuert werden. Bei einer Beweglichkeit des Kolbenbolzens in Leichtmetallkolben muß man, wenn man nicht eine Erneuerung des Kolbens vorzieht, in die Bohrungen des Kolbens gut sitzende Bronzebüchsen einziehen. Ein seitliches Spiel der Pleuelstange im Kolben ist erforderlich.

Auch an dieser Stelle wird empfohlen, das besondere Augenmerk auf die Sicherung des Kolbenbolzens gegen ein seitliches Verschieben zu richten. Diesbezüglich wird auf die Ausführungen auf Seite 23 verwiesen.

Sämtliche Lagerstellen müssen gut durchgeschmiert werden. etwa beschädigte Kugeln und Rollen sind zu ersetzen. Wichtig ist auch vor Antritt der Fahrt die Überprüfung der Kugel- und Rollenlager der Laufräder und ein etwa notwendiges Nachstellen der Konusse.

Der Zustand der Kette ist zu überprüfen und dieselbe erforderlichenfalls nachzuspannen.

Nicht vergessen werden darf auch eine gründliche Instandsetzung der Bremsen, die nachgestellt oder mit einem neuen Belag (neuen Bremsklötzen) versehen werden.

Der Vergaser wird vollkommen zerlegt und gereinigt, die Benzinleitung ebenso wie die Ölleitung durchgespritzt. Schadhafte Stellen, insbesondere bei den Verbindungsmuffen, werden neu verlötet.

Der Magnet ist äußerlich zu reinigen und, insofern er nicht von einer ledernen Schutzhülle überzogen ist, stark einzufetten. um ein Eindringen von Wasser nach Möglichkeit zu vermeiden.

Der Unterbrecher wird auf einwandfreie Funktion und tadellosen Zustand der Platinkontakte nachgesehen. Sollten letztere schon stark abgenützt sein, so können sie leicht durch neue ersetzt werden. Jenen Fahrern, welche nicht über volle Fachkenntnis verfügen, muß empfohlen werden, diese Arbeit von einem erfahrenen Mechaniker durchführen zu lassen.

Die Bowdenzüge sind tüchtig durchzuschmieren. Kabel, die an ihren Enden zum Teile ausgerissen sind, müssen auf alle Fälle durch neue ersetzt werden, um nicht auf der Fahrt unliebsame Aufenthalte zu verursachen.

Daß man neben all diesen Arbeiten der Fahrer sämtliche Schrauben und Muttern nachsieht, insbesondere der Radachsen, der Steuerung und der Vorderradgabel und die Einstellung der Kupplung und des Schaltgestänges überprüft, ist selbstverständlich und ein Gebot der Vorsicht.

Ist eine Beleuchtungsanlage vorhanden, so wird man, wenn es sich um ein Gaslicht handelt, eine gründliche Reinigung des Brenners, der Gasleitung und des Generators vornehmen, allenfalls die Dichtungsringe und den Verbindungsschlauch erneuern, wenn es sich um eine elektrische Beleuchtung handelt, den Akkumulator durch eine Fachwerkstätte nachsehen und aufladen lassen. In letzterer Hinsicht wird auf das im Abschnitt „Beleuchtung" Gesagte verwiesen.

Führt man auf der Tour einen Beiwagen mit, ist auch dieser von einer gründlichen Überprüfung nicht auszuschließen. In dieser Hinsicht erfordern in erster Linie Aufmerksamkeit: das Beiwagengestell, die Beiwagenanschlüsse und die Gelenke, die Federung wie auch die Beiwagenkarosserie als solche.

Nach all diesen Arbeiten, die man, um etwa auftretende Mängel in Ruhe beheben zu können, mindestens 14 Tage vor Antritt der großen Reise in Angriff nehmen muß, werden wir uns die Ausrüstungsgegenstände und Ersatzteile zusammenrichten.

c) Das Werkzeug und die Ersatzteile.

Um bei auftretenden Defekten möglichst unabhängig zu sein, empfiehlt es sich, folgende Ersatzteile und Werkzeuge mitzuführen:

In der Werkzeugtasche des Motorrades zwei Franzosen, zwei Schraubenzieher, mehrere Spezialschlüssel, darunter ein Zündkerzenschlüssel, eine Kombinationszange, Steckschlüssel für die wichtigsten Muttern und Bolzen, insbesondere für die Achsmuttern des Vorder- und Hinterrades sowie etwas Draht, eine Ersatzkerze, Montiereisen für Reifenmontagen.

In einer ledernen Packtasche, am Gepäckträger befestigt oder im Beiwagen mitgeführt: einen großen Franzosen, einen großen Schraubenzieher, einen Hammer, (allenfalls eine kleine Handbohrmaschine mit mehreren Bohrern verschiedener Dimension),

Hochstraße im Dolomitengebiet (Südtirol).

eine Zange, eine Feile, einen Feilkolben, einen Kreuzmeißel, verschiedene Bandeisenstücke, starker Draht.

Sämtliche Werkzeuge sind mit Fetzen und Putzwolle zu umwickeln, um das so überaus lästige „Scheppern" zu vermeiden. Besonders die Feile bedarf eines besonderen Schutzes, um nicht schon nach einer Tagesfahrt unbrauchbar zu werden. Am vorteilhaftesten läßt man sich für dieselbe von einem Sattler einen Lederschutz nähen oder bewahrt sie getrennt vom übrigen Werkzeug auf.

In einer zweiten Packtasche wird eine Blechschachtel mit verschiedenen Muttern, Schrauben, Bolzen, Belagscheiben, Nieten und Sprengringen, die wiederholt sehr wichtige Dienste leisten, mitgenommen. Ein Stück Kette sowie eine Reihe von Kettenersatzteilen und zwar sowohl Innen- als auch Außenglieder und gekröpfte Glieder, der Nietauspresser für Kettenreparaturen, das Pickzeug für Luftdefekte, eine Fettpresse zum Schmieren der mit Nippel versehenen Lagerstellen, mehrere Speichen, ein Ersatzventil, ein Ölkännchen, eine Rolle Isolierband, ein Stück Gummischlauch und mehrere verschieden lange Riemen bilden den weiteren Inhalt der zweiten Packtasche. Besonders die Mitnahme von Riemen soll nie vergessen werden.

Anzuerkennen ist in diesem Zusammenhang, daß die deutschen Fabriken den Fahrzeugen stets ein erstklassiges und überaus reichhaltiges Spezialwerkzeug beigeben. In Abbildung 490 ist ein solches Originalwerkzeug abgebildet.

Wichtig ist es des weiteren, sowohl bei Beiwagen- als auch bei Solofahrten unter allen Umständen eine ausreichende Apotheke mitzuführen. Bewährt hat es sich, eine Aluminium-Proviantdose als Apotheke einzurichten, welche nicht nur das

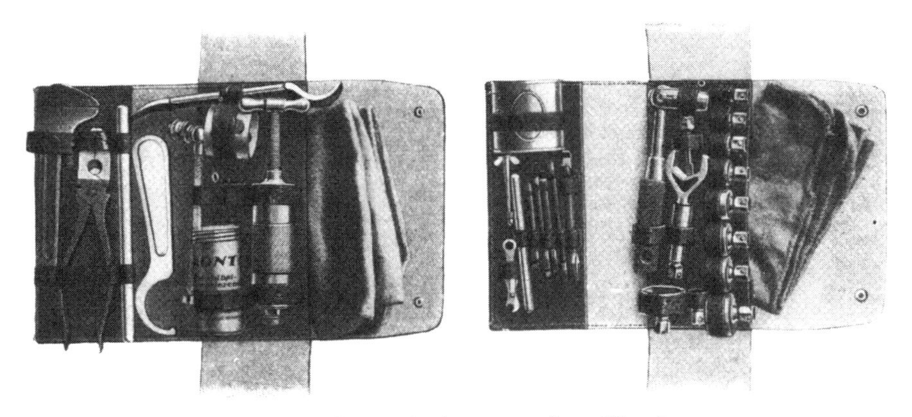

Abb. 490. Die Unterbringung des Werkzeuges.

Die deutschen Kraftradfabriken geben ihren Erzeugnissen stets ein einwandfreies, umfassendes Werkzeug bei. Dasselbe ist am besten nach der abgebildeten Art zu verwahren.

erforderliche Verbandzeug, sondern auch verschiedene Medikamente enthält. Die Aluminiumdose ist innen mit Packpapier auszukleben, um das Schwärzen des Verbandzeuges durch das Aluminium zu verhindern. Wenn auch der Solofahrer bezüglich des Mitführens von Gepäck sehr beschränkt ist, so ist es doch unbedingt notwendig, daß er wenigstens eine kleine Taschenapotheke oder ein Verbandspäckchen mit sich führt. Hält er diese Maßnahme nicht schon in seinem eigenen Interesse für erforderlich, so muß er sie mindestens als eine Kameradschaftspflicht gegen etwa auf der Straße verunglückte Sportkollegen ansehen.

Zur weiteren Ausrüstung für größere Touren mit Beiwagenge-

Abb. 491. Wie der Solofahrer sein Gepäck mitführt.
Zwei seitliche Koffer, in Wachstuch eingeschlagen, von einem starken Bandeisengestell getragen. Die Koffer lassen sich nach Lösen von je zwei Flügelschrauben abnehmen.

Abb. 492. Die Mitnahme von Koffern am Solofahrzeug.
Ein Koffer abgenommen.

fährten gehört auch noch ein entsprechend langes Seil, das mitgeführt wird, um „hängengebliebene" Sportkollegen zur nächsten Werkstatt mitschleppen zu können und — um es erforderlichen Falles für die eigene Fortbewegung verwenden zu können.

Während der Solofahrer sein Gepäck am besten in Packtaschen, angebracht zu beiden Seiten des Hinterrades, mitführt, muß dem Beiwagenfahrer empfohlen werden, dasselbe nach Möglichkeit im Beiwagen zu verstauen.

Die für das Motorrad in Betracht kommenden Packtaschen müssen Spezialfabrikate sein, um den kolossalen Anforderungen, welche an sie gestellt werden, entsprechen zu können. Die gewöhnlichen ledernen Packtaschen mit Riemenbefestigung halten bei schlechten Straßen kaum das erste Tausend an Kilometern aus und können unter Umständen samt ihrem Inhalt während der Fahrt verloren gehen. Es empfiehlt sich daher, von vornherein solche Packtaschen anzuschaffen, welche eine entsprechende Metalleinlage besitzen und möglichst auch mit Eisenschellen an den Verstrebungen des Gepäckträgers festgeschraubt werden. Mindestens müssen aber die Tragriemen der Packtasche am Eisengestell angenietet und nicht am Leder angenäht sein.

In jeder Hinsicht erstklassig ist die aus den Abbildungen 491, 492 und 493 sich ergebende Lösung der Gepäckfrage. Die seitlichen Koffer, welche durch einen Wachstuchüberzug geschützt sind, können nach Lösen von 2 Flügelschrauben abgehoben und in die Unterkunft mitgenommen werden, während die Überzüge in der Garage bleiben. Einer der

Abb. 493. Der Mitfahrer wird durch zwei seitliche Koffer in keiner Weise beeinträchtigt.

Es hat sich gezeigt, daß die seitlich fest angebrachten Koffer dem Sozius sehr guten Halt geben.

wesentlichsten Vorteile dieser von einem passionierten Kraftradfahrer selbst konstruierten Einrichtung ist, daß der Mitfahrer nicht beeinträchtigt wird, im Gegenteil den Füßen ein erhöhter Halt gewährt wird.

Das übrige Gepäck wird der Solofahrer am besten in einem Rucksack oder Tornister mit sich führen. Den Rucksack auf den Gepäckträger aufzuschallen, bedeutet auf die Dauer nicht nur einen Ruin des Rucksackes, sondern auch seines gesamten Inhaltes. Fährt ein Sozius mit, so kommt es diesem zu, den

Rucksack zu tragen. Jedenfalls ist es beim Soziusfahren zu vermeiden, daß der Fahrer selbst einen Rucksack trägt, da der Sozius möglichst knapp am Fahrer sitzen soll, um eine günstige Gewichtsverteilung zu erzielen und ein Schleudern in den Kurven möglichst hintanzuhalten. Auch die Galanterie gegenüber einer „Sozia“ soll nicht Ursache für eine Ausnahme von der vorstehenden Regel sein.

Der Solofahrer wird naturgemäß auch viel weniger Werkzeug mit sich führen, als der Beiwagenfahrer, da ihm nicht nur der Platzmangel Einschränkungen auferlegt, sondern erfahrungsgemäß auch die Beiwagenmaschinen mehr Defekte aufweisen als Solomaschinen. Dieser Umstand ist nicht nur durch die am Beiwagen auftretenden Reparaturen begreiflich, sondern vielmehr durch die überaus starke und einseitige Beanspruchung des Kraftrades durch den Beiwagen bedingt.

Der Solofahrer wird sich mit ein oder zwei Franzosen, zwei Schraubenziehern, mehreren Spezial- und Steckschlüsseln, einer Zange, zwei Montiereisen, etwas Draht, mehreren Muttern und Schrauben, sowie Belagscheiben und Sprengringen, ein oder zwei Ersatzkerzen, Kettenreparaturteilen, Isolierband sowie dem Flickzeug zufrieden geben und an Reserveteilen lediglich ein Ersatzventil mit Feder, Teller und Keil mitführen.

Zur Ausrüstung sowohl des Beiwagenfahrers wie auch des Solofahrers gehören ferner mindestens ein einwandfreier Ersatzschlauch sowie Reserveteile für das Schlauchventil. Bei größeren Touren empfiehlt es sich auch, zwei Ersatzschläuche mitzuführen. Ein Ersatzschlauch wird zweckmäßiger Weise um die Lenkstange gerollt und durch 2 Gummibänder festgehalten. Um den Schlauch vor den auf die Dauer schädlichen Einflüssen der Sonnenstrahlen zu bewahren, ist eine Schlauchtrommel, wie eine solche in Abbildung 494 dargestellt ist, zu verwenden. Jedenfalls empfiehlt es sich auch, den Ersatzschlauch des öfteren umzurollen, um ein Brüchigwerden zu vermeiden. Falls die Maschine nicht die Wohltat der auswechselbaren Räder bietet und ein komplettes Ersatzrad mitgeführt wird, nimmt man unter Umständen auch einen Reservemantel mit, dies besonders bei Beiwagenfahrten. Dieser Reservemantel ist fest aufzuschnallen, um ein Scheuern zu verhindern.

Zur Ausrüstung des Beiwagenfahrers gehört eine gewöhnliche Decke zum Unterlegen bei Rasten und Arbeiten an der Maschine, allenfalls auch zum Zudecken der Beiwagenfahrerin bei Nachtfahrten, ferner genügend Vorrat an Öl und Benzin.

Ist es zwar für den Solofahrer mit Schwierigkeiten verbunden, Reservebenzin mitzunehmen, so muß es doch für den Beiwagenfahrer unbedingter Grundsatz sein, wenigstens ein bis zwei Liter Benzin stets mit sich zu führen, wenn nicht der Tank mit einer Reserveleitung eingerichtet ist.

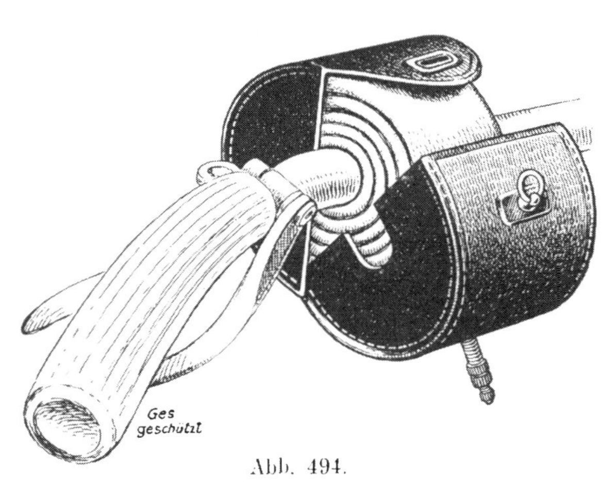

Abb. 494.
Die Mitnahme eines Ersatzschlauches.

Für Tourenfahrten ist es am zweckmäßigsten, einen Ersatzschlauch auf der Lenkstange zu befestigen. Er wird derart aufgerollt, daß das Ventil an das Ende kommt, und durch ein oder zwei Gummibänder festgehalten. Eine Lederhülle schützt den Schlauch vor den nachteiligen Einflüssen der Sonne. Öfteres Umrollen des Schlauches verhindert das Brüchigwerden.

Was das Reserveöl anbelangt, so muß es sich jeder Kraftfahrer zur Selbstverständlichkeit werden lassen, wenigstens einen Liter Öl in gesondertem Gefäß mitzunehmen. Gerade bezüglich des Ölkaufs ist man in Deutschland noch nicht so weit, wie in anderen Ländern. Viele Kraftfahrer haben bisher nicht einsehen wollen, daß ihre Maschine nicht jedes Öl frißt und wissen nicht, daß sehr viele Defekte auf mangelhaftes Öl zurückzuführen sind. Unter gar keinen Umständen darf man bei fremden Händlern aus dem Faß oder aus offenen Gefäßen kaufen. Dieses Vertrauen gebührt nur dem heimischen Händler, dessen Geschäftsgebaren man genau kennt. Es empfiehlt sich dringend, zum Prinzip zu machen, nur plombierte Kannen, stets der gleichen Marke und in der gleichen Qualität, der Jahreszeit angepaßt, zu kaufen.

Sellajochstraße (2218 m) mit dem Langkofel (3178 m), Südtirol.

d) Die Bekleidung des Fahrers.

Nicht zuletzt gehört zu den Fahrtvorbereitungen die Zusammenstellung einer zweckentsprechenden persönlichen Ausrüstung.

Es wird das Streben des Fahrers sein, eine komplette zweite Kleidung samt mehrfacher Unterwäsche mitzuführen, um nach Regengüssen und Erreichung der Tagesstation sich umkleiden zu können. Zweckentsprechend hergestellte Gummianzüge oder Lederbekleidungen können jedoch unter Umständen bei kurzen Fahrten einen zweiten Anzug entbehrlich erscheinen lassen.

Leider ist es sehr schwer, wirklich praktische Überanzüge zu erhalten. Die meisten Anzüge sind von Laien konstruiert und hergestellt. Sie sind eigentlich als Staubanzüge anzusprechen und schützen nicht vor Nässe. Der für Zelte geeignete Stoff ist nur für Staubanzüge brauchbar. Er ist nur dann wasserdicht, wenn er freigespannt ist und nirgends aufliegt. Ein wirklich wetterfester Überanzug darf auch nicht den Schnitt einer gewöhnlichen Windjacke und Staubhose aufweisen, da beim vorderen Schluß und beim Schlitz der Hose das Wasser in Strömen eindringt. Jeder Besitzer eines derart mangelhaften Anzuges wird schon wiederholt festgestellt haben, daß er nach längeren Fahrten im Regen in einer innerhalb der Über-

Hose befindlichen Wasserlache sitzt. Jedenfalls muß der Überrock entsprechend weit übereinandergehen und ist am besten auf der Seite geschlossen, so daß ein aus einem Stück bestehendes Vorderteil vorhanden ist. Das Eindringen des Wassers von oben her wird durch eine überknöpfbare Klappe verhindert. Die Abbildung 495 zeigt eine Windjacke der Firma Italiaander, Leipzig, die in jeder Hinsicht mustergültig ist.

Abb. 495. Abb. 496.

Abb. 495. Praktische Motorfahrerjacke.
Seitlicher Verschluß, übereinanderreichende Vorderteile, schief übergeknöpfelte Klappe.

Abb. 496. Motorrad-Kombination.
Bei entsprechendem vorderen Verschluß vollkommen staubdichte Bekleidung.

Die Frage, ob eine Kombination nach Abbildung 496 oder eine getrennte Hose und Jacke vorzuziehen ist, ist wohl nicht allgemein zu entscheiden und stellt hauptsächlich eine Sache des persönlichen Geschmacks dar. Die Kombination schützt zweifelsohne besser vor dem Eindringen von Staub und wird von vielen Leuten als kleidsamer bezeichnet. Die getrennte Ausführung hat den Vorteil, daß bei Montierarbeiten, Reifendefekten, usw. Windjacke und Rock ausgezogen werden können, um in Hemdärmeln zu arbeiten. Für kurze Sonntagsfahrten wird sich eine Bekleidung nach Abbildung 497 bewähren. Sehr kleidsam sind Überanzüge, deren Hosen als Pumphosen ausgebildet sind; Abbildung 498.

Wasserdicht sind ausschließlich nur Gummistoffe. Die-

Abb. 497. Abb. 498.

Abb. 497. Motorfahrerbekleidung für kurze Fahrten.
Schnürschuhe mit Ledergamaschen sind bei großen Überlandfahrten nicht sehr praktisch, da sich der Schmutz stark ablegt und schwer zu entfernen ist.

Abb. 498. Überanzugkombination in Verbindung mit hohen Schnürstiefeln.
Die dargestellten Kombinationen wären noch praktischer, wenn sie in ihrem oberen Teil nicht in der Mitte, sondern seitlich schließen würden.

selben bieten gegen Eindringen der Nässe einen vollkommenen Schutz, sind aber bei schönem Wetter überaus heiß und ungesund.

Ganz hervorragend bewähren sich die Continental-Überanzüge, die absolut wasserdicht sind und sich einer langen Lebensdauer erfreuen. Die von der Continental-Comp. in Hannover hergestellten Anzüge sind in Abbildung 499 dargestellt.

Für den Beiwagenfahrer ist es praktisch, einen Staubanzug und einen Gummianzug mitzuführen.

Jene Gummianzüge und Gummijacken, die die Gummischicht außen tragen, sind für den Kraftfahrer unvorteilhaft. Das Gewebe ist zu schwach, um den Anforderungen zu genügen, der Gummi wird rasch brüchig und blättert sich ab.

In letzter Zeit haben sich Lederjacken und auch Leder-

Abb. 499. Wasserdichte Gummibekleidung in verschiedenen Ausführungen.

Besonders die Jacke der linksstehenden Person ist wegen des seitlichen Verschlusses und der Mufftaschen sehr praktisch.

hosen sehr gut eingeführt. Sie haben den Vorteil lang haltender Wasserdichtigkeit und, bei zweckdienlicher Behandlung, fast unbegrenzter Lebensdauer. Das Durchblasen der Luft bei hohen Geschwindigkeiten ist bei der Lederbekleidung ebenso wirksam verhindert wie bei Gummianzügen. Die eng anschließende, in keiner Weise die Bewegungsfreiheit des Fahrers hemmende Lederbekleidung ist hauptsächlich durch die Rennfahrer eingeführt worden.

Jedenfalls muß jedoch über der Lederjacke und der Lederhose bei längeren Tourenfahrten in der kalten Jahreszeit und bei schlechtem Wetter eine Jacke und Hose aus Zeltblatt- oder Gummistoff getragen werden.

Lederhosen kommen sowohl als Breecheshosen als auch als Überhosen in Betracht. Sehr vorteilhaft ist es, zur Lederhose, lange Röhrenstiefel zu tragen, wodurch jedwede Feuchtigkeit wirksam ferngehalten wird.

Die Überhose ist, um den Rock vor Staub zu schützen, über diesem, jedoch unter der Windjoppe zu tragen. Die Überhosen werden mit hosenträgerartigen Gurten versehen. Bei schlechtem Wetter wird die Hose über der Wind- oder Lederjacke getragen und fest zugebunden.

Die Überanzüge jeder Art sind mit einer genügenden Anzahl von großen Taschen zu versehen, um Kartenmaterial, kleinere Werkzeuge usw. in denselben verwahren zu können. Sehr bewährt hat es sich, die Hosen unterhalb der Knie mit Taschen zu versehen.

Zur Komplettierung der Ausrüstung gehören noch das Schuhwerk, die Kopfbedeckung, die Brillen, die Handschuhe, sowie allenfalls ein Schal oder Halsschutz.

Als Schuhe sind kräftige Schuhe ohne Flügel- oder Rundkopfnägel am besten geeignet. Dieselben werden, um auch schlechtem Wetter trotzen zu können, nicht mit Creme behandelt, sondern mit Lederfett oder Tran. Auch die Sohle ist mit Öl oder Firnis einzulassen. Sehr vorteilhaft sind Röhrenstiefel oder bis zum Knie reichende Schnürstiefel nach Abbildung 500. Bemerkt muß jedoch werden, daß sich bei Schnürstiefeln viel Schmutz ansetzt, weshalb im allgemeinen Röhrenstiefel vorzuziehen sind. Bei gewöhnlichen Schuhen ist es schwer, eine den Wetterunbilden trotzende Verbindung zwischen der Überhose und den Schuhen herzustellen. Die an den Hosenenden angebrachten Laschen treten sich, wenn sie nicht aus Leder hergestellt sind, sehr rasch durch. Häufig wird an Stelle von Druckknöpfen zum unteren Abschluß der Hose der bekannte „Zipp“-Verschluß gewählt (Abbildung 501), der jedoch den Nachteil hat, sich nicht öffnen noch schließen zu lassen, wenn er stark verschmutzt ist.

Bezüglich der Kopfbedeckung ist zu empfehlen, tunlichst nur solche mit einem weit überragenden, steifen Schild zu wählen. Besonders dann, wenn der Fahrer gezwungen ist, gegen die Sonne zu fahren, ist zum Schutze der Augen ein

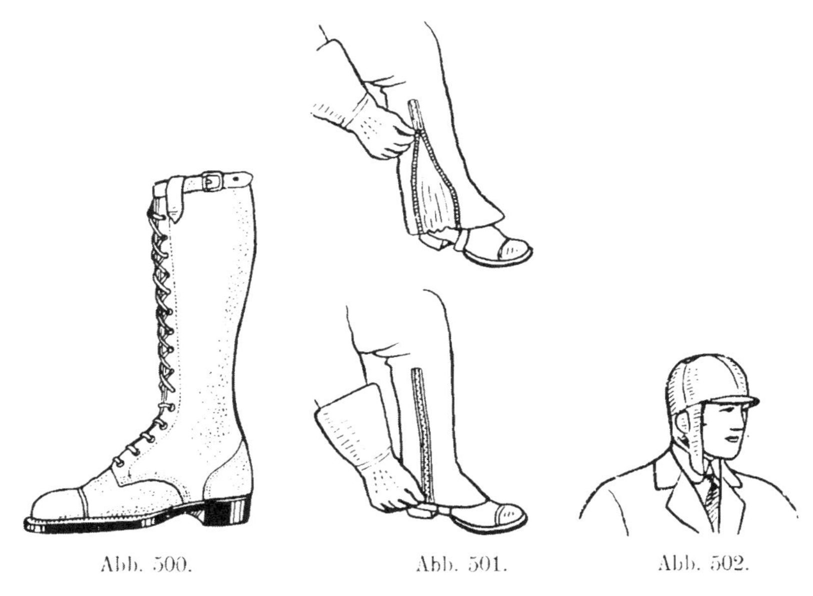

Abb. 500. Abb. 501. Abb. 502.

Abb. 500. Schnürstiefel.

Der Nachteil dieses ansprechenden Kleidungsstückes liegt darin, daß sich der Schmutz in dem vorne liegenden Verschluß festsetzt und nur schwer entfernt werden kann. In dieser Hinsicht sind Röhrenstiefel praktischer, zumal dieselben auch zuverlässiger wasserdicht sind.

Abb. 501. Der Blitzverschluß an der Überhose.

Läßt sich auch mit der behandschuhten und vor Kälte steifen Hand leicht öffnen und schließen.

Abb. 502. Motorfahrerkappe, wasserdicht, mit Ohrenschutz und Augenschild.

Auch die Kappen dieser Art sollten alle mit Schild versehen sein.

Schild geradezu unerläßlich. Letzteres ist aber nicht nur zum Schutze der Augen erforderlich, sondern auch zur Sicherheit des Fahrers, der durch das Sonnenlicht geblendet nur allzuleicht eine Gefahr übersehen könnte. Auch die die Ohren bedeckenden Hauben sollen, wie dies Abbildung 502 zeigt, einen Schild aufweisen. Trotzdem haben sich in letzter Zeit einfache

Hauben und Kappen stark eingebürgert, insbesondere die sogenannten Pullmankappen.

In diesem Fall soll der Fahrer stets wenigstens einen losen Schild mitführen, der bei Gegenlichtfahrten getragen wird. Solche Schilde sind aus grünem oder undurchsichtigem Zelluloid hergestellt und in Zubehörgeschäften erhältlich.

Da es außer Zweifel steht, daß für den Fahrer bei warmem Wetter eine leichte Stoffhaube eine wesentliche Erleichterung darstellt und ein vorzeitiges Ermüden wirksam verhindert, ist es für den Fahrer wohl am besten, nicht nur eine feste Kappe (Lederkappe mit Schild) mit sich zu führen, sondern auch eine leichte Stoffmütze. Letztere kann an schönen Tagen oder dann Verwendung finden, wenn man die Sonne im Rücken hat. Das Fahren ohne Kopfbedeckung ist vom gesundheitlichen Standpunkt aus zu verwerfen.

Unerläßlich ist es, bei größeren Fahrten Brillen zu tragen. Die Auswahl wirklich brauchbarer Brillen bedarf größter Sorgfalt, und es gibt wohl wenig Artikel, bei denen man so oft wechselt, wie bei der Ausführung der Brillen.

Grundsätzlich ist zu unterscheiden zwischen Glas- und Zelluloidbrillen. Erstere haben den Vorteil, daß sie sich leicht reinigen lassen und auf die Dauer ihrer Lebenszeit unbedingt klar bleiben. Nachteilig ist selbstverständlich die Möglichkeit des Zerbrechens in der Tasche oder bei der Benutzung selbst. In letzterer Hinsicht ist festzustellen, daß Verletzungen durch Brillengläser selbst bei schweren Stürzen außerordentlich selten vorkommen. Die Splitterwirkung ist vermieden bei den sogenannten „Triplexgläsern“, welche aus zwei zusammengeklebten Glasschichten mit dazwischenliegender Zelluloidschicht bestehen und besonders für Rennen und Wettbewerbe empfohlen werden können. Der Solofahrer sollte nur Triplexgläser oder Zelluloidbrillen verwenden.

Die Zelluloidbrillen haben den großen Vorteil, sich den Formen des Gesichtes sehr gut anzupassen. Die Lebensdauer der Zelluloidbrille ist jedoch im allgemeinen kürzer als die der Glasbrille, da beim Putzen Staub verrieben wird und mit der Zeit eine starke Trübung der Brillen eintritt. Wer sich jedoch einen öfteren Wechsel der Brillen leisten und vor jeder Verletzung durch zersprungene Glasbrillen schützen will, kauft mit Vorteil Zelluloidbrillen. Für Nachtfahrten kommen jedoch nur klare Glasbrillen in Frage.

Abgesehen von der Frage, ob man Glas- oder Zelluloidbrillen wählt, ist auch die übrige Ausführung der Brille von wesentlicher Bedeutung. Bedauerlicherweise kommen sehr viele Brillen in den Handel, welche sich in keiner Weise der Gesichtsform anpassen und zwischen Brillenrand und Gesicht große Öffnungen lassen. Dadurch tritt nicht nur innerhalb der Brille eine die Augen in schwerstem Maße schädigende Zugluft auf, sondern es ist auch die Möglichkeit gegeben, daß sich Insekten hinter der Brille verfangen, welcher Umstand für den Fahrer sehr lästig ist, in der Tat aber sehr häufig vorkommt.

Außerordentlich vorteilhaft sind jene Brillen, welche an sich schon kleine Schutzschilder tragen. Derartige Brillen ersetzen eine Schildkappe und ermöglichen, insbesondere in der warmen Jahreszeit, das Tragen einer leichten Mütze. Hervorragend geeignet sind Brillen mit Schutzschildern für Nachtfahrten, da sie durch ein geringes Senken des Kopfes das Abdecken der Scheinwerfer von entgegenkommenden Fahrzeugen ermöglichen.

Für die kalte Jahreszeit wird man mit Vorteil Brillen wählen, welche entsprechende Fortsätze aus Leder für die Nase und allenfalls für die Wangen tragen. Über eine derartige, zweckmäßige Ausrüstung ist eingehender unter dem Absatz „Fahrten im Winter“ gesprochen.

Bezüglich der Auswahl der Farbe der Brillen muß empfohlen werden, für größere Touren sowohl eine farbige, gelbgrüne, wie auch eine farblose Brille mitzuführen. Das Tragen einer farbigen Schutzbrille ist für die Gesundheit der Augen im Sommer sowie bei Schnee im Winter geradezu unerläßlich. Für längere Nachtfahrten eignen sich jedoch farbige Brillen keinesfalls, man wird in solchen Fällen eine farblose Reservebrille benutzen.

Bei Dämmerung, sowohl des Abends als auch des Morgens, wird man wohl am besten ohne Brillen fahren, da gerade die Lichtverhältnisse dieser Tageszeit eine ganz besondere Aufmerksamkeit des Fahrers erheischen.

Bezüglich der Handschuhe sind zu jeder Jahreszeit Stulphandschuhe anderen unbedingt vorzuziehen. Wenn auch ein richtiger Motorfahreranzug beim Handgelenk mit einem Gummizug versehen ist und dadurch bis zu einem gewissen Grade abdichtet, ist dieser Abschluß doch nicht so vollkommen, um das Eindringen der kalten Luft sowie des Staubes in den Ärmel zu verhindern. Lediglich Stulphandschuhe bieten in dieser Hinsicht einen genügenden Schutz. Beim Tragen der Stulphandschuhe kann man auch von dem nicht ganz angenehmen Gummizug an den Ärmeln absehen. Als Material für die Stulphandschuhe kommt wohl ausschließlich nur Leder oder Gummi in Frage. Die Continentalwerke verwenden z. B. für die Innenseite Leder, während die Außenseite der Hand durch Gummi vor jeder Feuchtigkeit geschützt ist. Handschuhe, welche nur aus Leder hergestellt sind, lassen sich durch öfteres Einschmieren mit Lebertran oder einem guten Lederfett wasserdicht machen.

Verschiedener Meinung kann man bezüglich der Auswahl der Handschuhe als Fäustlinge oder Handschuhe mit einzelnen Fingern sein. Viele Kraftradfahrer sind ausgesprochene Gegner der Fäustlinge und vertreten die Ansicht, daß Fäustlinge im Gegensatz zu Handschuhen nicht die erforderliche Feinfühligkeit in der Lenkung bieten. Auf Grund langjähriger Erfahrung muß man jedoch sagen, daß es sich in der Praxis lediglich um die Gewohnheit handelt. Gewiß wird es im Anfange denjenigen, die bisher nur Handschuhe mit einzelnen Fingern verwendet haben, mehr als ungewohnt sein, Fäustlinge zu verwenden, dies ganz besonders dann, wenn die Maschine nicht Drehgriffregulierung, sondern Hebelregulierung besitzt. Mit der Zeit gewöhnt man sich jedoch auch an diese Eigenart, und es ist ein Vorurteil gegen die Fäustlinge gewiß nicht angebracht.

Im Sommer wird die Wahl zwischen Fäustlingen und Handschuhen wohl reine Ansichts- und Geschmackssache sein. Im Winter jedoch bieten die Fäustlinge bedeutend besseren Kälteschutz als die Handschuhe. Fäustlinge ermöglichen auch das Tragen von Kamelhaarunterziehhandschuhen, ohne daß durch das Tragen solcher die für die Lenkung erforderliche Beweglichkeit verlorengehen würde. Wer sich jedoch mit Fäustlingen gar nicht zurechtfinden kann, der wählt am besten solche

Handschuhe, bei welchen zwar Daumen und Zeigefinger getrennt, die übrigen drei Finger jedoch beisammen sind.

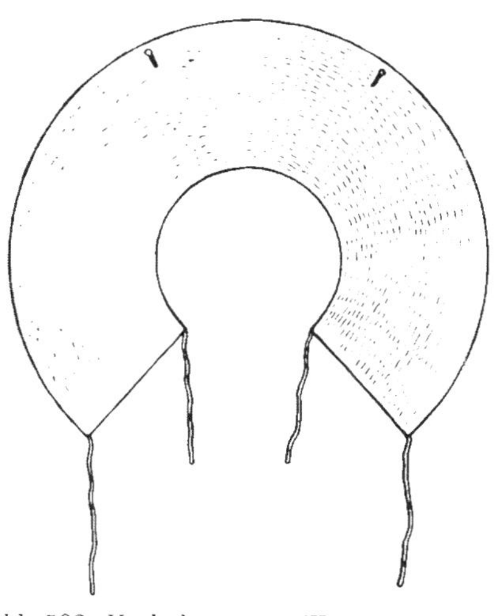

Abb. 503. Halskrause (Kragenschutz). Um ein Eindringen von Wasser beim Hals zu verhindern, wird diese aus Gummistoff geschnittene Halskrause, mit dem Schlitz auf dem Rücken, um den Hals gebunden und vorne an der Überjacke festgeknöpfelt.

Zur Ausrüstung des Fahrers gehört für den Fall schlechten Wetters auch noch ein genügender Halsschutz. Auch der beste Kraftradfahreranzug schützt bei längerem, strömendem Regen nicht vor dem Eindringen der Nässe, und es ist sicher schon jedem Sportkollegen so ergangen, daß das Wasser beim Hals hinein und aus der Hose herausgeronnen ist. Gewöhnliche Halsschals bilden zwar für kürzere Dauer eine genügende Abdichtung, sind jedoch außerordentlich unangenehm, da sie sich mit Wasser vollsaugen. Als einzig Richtiges hat der Verfasser eine Krause aus Gummistoff erprobt. Dieselbe hat die in Abbildung 503 dargestellte Form und wird nur bei schlechtem Wetter getragen. Der Gummistoff ist so dünn, daß die Krause in der Brusttasche der Windjacke getragen werden kann. Dieser einfache Regenschutz wird mit einem Band um den Hals gebunden und, um ein Flattern zu verhindern, auf die Windjacke an mehreren Stellen aufgeknöpft. Der Schlitz befindet sich hinten. Vorteilhaft ist es, die Krause so groß herzustellen, daß sie auch noch die Schultern bedeckt.

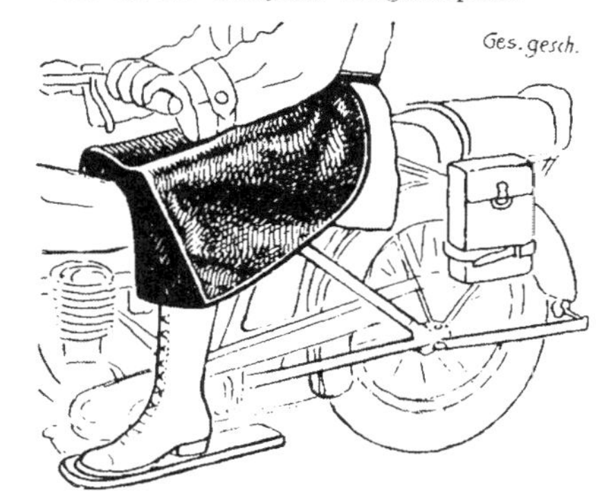

Abb. 504. Lederne Knieschutzdecke. Besonders die Knie sind bei schlechtem Wetter schwer zu schützen. Die abgebildete Knieschutzdecke aus Leder ist in dieser Richtung eine sehr zweckmäßige Lösung, da sie insbesondere auch die Bewegungsfreiheit in keiner Weise beeinträchtigt.

Schließlich sei noch empfohlen, über den Motorfahreranzug ein Koppel (Leibriemen, Überschwung) zu tragen, das sich in vielen Fällen als sehr praktisch erweist: einerseits ermöglicht es das Hineinstecken der Handschuhe, andererseits hält es warm und erschwert das Eindringen von Staub, schließlich ist es für einen begleitenden Soziusfahrer unerläßlich und auch in vielen anderen Fällen als Riemen außerordentlich brauchbar.

Überaus zweckmäßig ist für Fahrten bei schlechtem Wetter ein Lederschutz nach Abbildung 504. Es ist eine bekannte Tatsache, daß besonders die Knie eines Schutzes bedürfen und die Überhosen im Schritt häufig undicht werden. Daß in diesen Richtungen die abgebildete Lederschürze einen vollkommenen Schutz gewährt, ist leicht zu ersehen. Übrigens sei in diesem Zusammenhang darauf verwiesen, daß wettersichere Überhosen am besten gar keinen Schlitz — weder vorn noch seitlich — aufweisen, sondern, genügend weit gehalten, einfach um die Hüften abgebunden werden. Die häufig seitlich vorgesehenen Schlitze sind ganz besonders für den Beiwagenfahrer gänzlich unbrauchbar.

Nachdem nach den vorstehend ausgeführten Richtlinien die Ausrüstung und Ersatzteile der Maschine, sowie die persönliche Ausrüstung vorbereitet wurden, geht man an die letzten Vorbereitungen der Reise selbst. Das Kartenmaterial wird sortiert und geordnet, die allenfalls erforderlichen Ausweise für den Grenzübertritt und sonstige Legitimationen in die eigens dazu mitgeführte kleine Ledertasche verpackt. Das Motorrad sowie der Beiwagen werden vor der großen Tour mit Vorteil mit einer Mischung von Petroleum und Rizinusöl abgepinselt. Diese Methode bietet einen ausgezeichneten Rostschutz und verhindert das Ansetzen von Schmutz oder erleichtert wenigstens das Reinigen der Maschine durch einfaches Abspritzen. Allerdings muß gesagt werden, daß der Lack unter einer derartigen Prozedur leidet und mit der Zeit trüb wird. Schließlich hat das aber nicht viel zu sagen, da es ja genügend wirksame Mittel zum Auffrischen des Lackes gibt.

Pordoijochstraße (2250 m) mit Marmolata (3360 m), Südtirol.
Rechts unten die Paßhöhe.

e) Die Fahrtechnik.

Im vorliegenden Abschnitt sollen einige allgemeine Richtlinien für das Solofahren gegeben werden. Es darf jedoch nicht übersehen werden, daß es sich für den Fahrer in erster Linie darum handelt, sich ein entsprechendes Gefühl für die richtige Steuerung des einspurigen Fahrzeuges zu verschaffen, andererseits eine Gewandheit, Ruhe und Geistesgegenwart, die es dem Fahrer ermöglicht, in jeder Situation das Richtige zu treffen. Nicht zuletzt ist auch von großer Bedeutung, daß der Fahrer mit der Handhabung der maschinellen Einrichtungen des Fahrzeuges so vortraut ist, daß er geradezu unbewußt in jedem Fall die entsprechenden Handgriffe vornimmt, ohne daß hierdurch seine Aufmerksamkeit von seiner wichtigsten Aufgabe, nämlich der genauen Beobachtung der Sachlage und der Betätigung der Steuerung, abgelenkt wird.

Es ist klar, daß alle diese Fertigkeiten niemals durch eine Lektüre, sondern fast ausschließlich nur durch langjährige Erfahrung vermittelt werden können. Auf Grund dieser Erwägungen wird sich auch der Verfasser im folgenden lediglich auf die Vermittlung von einzelnen Tips beschränken.

Da die Kenntnis der einwandfreien Betätigung der maschinellen Einrichtungen der Maschine, wie bereits festgestellt wurde, die Voraussetzung für ein gutes Fahren darstellt, werden vorerst die diesbezüglichen Angelegenheiten behandelt. Hierbei werden die in Betracht kommenden Fragen in der Reihenfolge ihres Auftretens beim gewöhnlichen Tourenfahren besprochen.

Zum Inbetriebsetzen des Fahrzeuges bedient man sich des sogenannten Kickstarters, durch dessen Herabdrücken der Motor in Umdrehung versetzt wird. Um ein rasches Anspringen zu erreichen, ist es in erster Linie notwendig, Zündung, Gasmenge und Gemisch (Luft) entsprechend einzuregulieren. Die meisten Maschinen springen am leichtesten dann an, wenn der Lufthebel vollkommen geschlossen, der Gashebel etwa ein Viertel geöffnet wird, während die Zündung etwa auf Mittel einzustellen ist. Es muß davor gewarnt werden, Vorzündung einzustellen, da in diesem Falle unbedingt Rückschläge entstehen, welche unter Umständen Vergaserbrände, Getriebedefekte, aber auch Verletzungen des Fahrers herbeiführen können. Um ein leichteres Antreten zu erzielen, wird der Dekompressor betätigt. Derselbe ist jedoch nach dem ersten Drittel der Startbewegung wieder loszulassen, um ein Ansaugen und Verdichten des Gasgemenges zn ermöglichen. Diese Handhabung des Dekompressors ist mit Überlegung zu üben. Sobald der Motor läuft, wird mehr Luft gegeben und zwar stets so viel, wie der Motor verträgt. Auch der Zündungshebel ist etwas nach vorn zu verschieben.

Ist der Vergaser mit einer Leerlaufdüse versehen, so hängt es von der richtigen Einstellung dieser ab, ob der Motor sofort anspringt. Beim Vorhandensein einer Leerlaufdüse ist der Gashebel nur ganz wenig zu öffnen. Auf alle Fälle ist der Kickstarter möglichst rasch durchzutreten, damit der Magnetzünder einen kräftigen Funken erzeugen kann.

Ob das Antreten mit dem dem Fahrzeug zugekehrten Fuß oder mit dem anderen erfolgt, ist lediglich Gewohnheitssache. Die Abbildung 505 zeigt die beim Antreten der Maschine im allgemeinen übliche Haltung.

Zum Start wird man das Fahrzeug besteigen und beide Füße breitspurig auf den Boden stellen. Hierauf wird der Kupplungshebel so weit wie irgend möglich angezogen und der erste Gang mit einem kräftigen Ruck eingeschaltet. Dieses Einschalten des ersten Ganges soll mit einem raschen Griff, jedoch ohne Anwendung von Gewalt erfolgen. Das langsame Einrücken des Ganges ist infolge des Ratschens der Zähne oder Klauen schädlich und daher zu vermeiden.

Die Kupplung wird langsam wieder eingerückt, gleichzeitig

Abb. 505. Das Antreten des Kraftradmotors.
Will die Maschine nicht anspringen, wird es meist leichter sein, wenn man sich breit aufstellt und die Maschine zwischen die Beine nimmt. Man kann dann bei dem mehrmaligen Ankicken leichter das Gleichgewicht halten.

mehr Gas gegeben, um die für die Fortbewegung des Fahrzeuges erforderliche Motorkraft zur Verfügung zu halten. Die Füße werden vom Boden gehoben und auf die Fußrasten gestellt, das Fahrzeug befindet sich in Gang.

Sobald das Fahrzeug eine Geschwindigkeit von 6—8 km erreicht hat, wird auf den zweiten Gang und später auf den dritten Gang umgeschaltet. Es ist außerordentlich wichtig, daß sich jeder Kraftradfahrer eine gute Schalttechnik aneignet, da von derselben im wesentlichen Maße die Lebensdauer des gesamten Fahrzeuges, insbesondere des Motors, der Kette, des Getriebes, sowie des Hinterrades abhängig ist. Es ist anzustreben, daß beim Schalten weder das geringste Geräusch zu hören ist, noch irgend ein Ruck oder Stoß, sei er nun hemmend oder die Geschwindigkeit des Fahrzeuges beschleunigend, spürbar wird. Zur Erlangung dieser Gewandheit im Schalten ist es erforderlich, sich den Vorgang, welcher beim Wechseln des Übersetzungsverhältnis im Getriebe stattfindet, genauestens vor Augen zu halten, um auf diese Weise sich vorerst rein verstandesmäßig jene Handgriffe anzueignen, welche später dem Fahrer zur selbstverständlichen Gewohnheit werden sollen. Hierbei ist zu unterscheiden zwischen dem Schalten von einem kleineren Gang auf einen größeren, dem sogenannten „Hinaufschalten“, sowie dem Schalten von einem größeren Gang auf einen kleineren, dem sogenannten „Hinunterschalten“.

Den folgenden Betrachtungen ist ein Übersetzungsverhältnis von 5 : 10 : 15 zugrunde gelegt, um eine einfache Ausdrucksweise zu ermöglichen, das heißt bei dem Fahren mit dem kleinen Gang entfallen auf eine Umdrehung des Hinterrades 15 Umdrehungen der Motorwelle, beim Fahren mit dem zweitem Gang 10 Umdrehungen der Motorwelle, beim Fahren mit dem dritten Gang 5 Umdrehungen.

Im folgenden ist angenommen, daß man in einer Geschwindigkeit von 15 km mit dem ersten Gang fährt (z. B. nach dem Anstarten) und man auf den zweiten Gang umschalten will. Der äußerliche Vorgang beim Umschalten ist wohl jedem Leser bekannt: es wird:

1. der Kupplungshebel betätigt,
2. der Geschwindigkeitsschalthebel vom ersten auf den zweiten Gang gestellt und
3. die Kupplung sodann wieder eingerückt.

Während des Schaltens selbst bewegt sich das Fahrzeug infolge der Schwungkraft in ungefähr dem gleichen Tempo weiter, also, wie der Einfachheit halber angenommen wurde, in einer Geschwindigkeit von 15 km. Da nun aber beim zweiten Gang bei gleichbleibender Umdrehungsgeschwindigkeit des Hinterrades die Motordrehzahl lediglich zwei Drittel jener des ersten

Ganges zu machen hat, ist es selbstverständlich, daß beim Umschalten vom ersten auf den zweiten Gang, wenn man nicht während des Schaltens die Tourenzahl des Motors erniedrigt, beim Einkuppeln des zweiten Ganges ein starker Stoß entstehen wird. Einerseits wird die Kraft der Schwungmasse des Motors, welcher noch mit der für den ersten Gang in Betracht kommenden Geschwindigkeit umläuft, eine plötzliche Beschleunigung des ganzen Fahrzeuges anstreben und zwar theoretisch auf die anderthalbfache Geschwindigkeit, andererseits wird infolge der Trägheit des im 15-km-Tempo rollenden Fahrzeuges plötzlich der Motor zur Verringerung seiner Drehzahl auf beinahe die Hälfte gezwungen sein. Es ist klar, daß ein solcher Schaltvorgang in jeder Hinsicht schlecht und schädlich ist.

In Wirklichkeit wird der geschilderte Übelstand noch dadurch wesentlich größer sein, daß während des Auskuppelns und Schaltens der nunmehr unbelastet laufende Motor an Tourenzahl noch zunimmt, während die Geschwindigkeit des Fahrzeuges sich vermindert, so daß der beim Einschalten des zweiten Ganges bzw. beim Einkuppeln auftretende Stoß noch brüsker sein wird, als dies der Unterschied des Übersetzungsverhältnisses des ersten und zweiten Ganges an und für sich begründen würde.

Es handelt sich demnach beim „Hinaufschalten" in erster Linie darum, während des Schaltens die Tourenzahl des Motors zu verringern und unter Berücksichtigung des Übersetzungsverhältnisses des höheren Ganges der Geschwindigkeit des Fahrzeuges anzupassen.

Diese Herabminderung der Umdrehungszahl des Motors während des Hinaufschaltens selbst kann in erster Linie, wie dies auch am meisten gebräuchlich ist, durch Zurückstellung des Gashebels vor dem Umschalten erfolgen. Das Einrücken des größeren Ganges und das Einkuppeln erfolgt sodann möglichst in dem Augenblick, in welchem die beiden in Eingriff zu bringenden Teile des Getriebes in der gleichen Drehzahl laufen, bzw. die Zahnräder die gleiche Umfanggeschwindigkeit besitzen. In diesem Fall wird man auch von einem langsamen Einkuppeln Abstand nehmen können, so daß der gesamte Schaltvorgang eine nicht unwesentliche Kürzung erfährt. Sobald der größere Gang eingeschaltet und die Kupplung wieder eingerückt ist, wird der Gashebel weiter geöffnet, um die gewünschte Geschwindigkeit einzuschlagen. Zur Verminderung der Motordrehzahl während des Hinaufschaltens kann an Stelle des Zurückstellens des Gashebels auch die Betätigung des Dekompressors (Auspuffventilhebers) oder des Kurzschließers der Zündung Verwendung finden. Besonders die Verwendung des an der Maschine etwa vorhandenen Kurzschließers ist bei Fahrten, bei welchen es auf Schnelligkeit ankommt, sehr vorteilhaft. Beim Tourenfahren soll dieser Vorgang jedoch im allgemeinen vermieden werden, da beim Loslassen des Kurzschließers der Motor plötzlich mit voller Kraft anzieht und daher die Übertragungsorgane, Kette und Getriebe wie auch die Lager des Motors außerordentlich beansprucht werden. Die Betätigung des Dekompressors kann praktisch wohl nur dort Verwendung finden, wo die Kupplung durch Fuß betätigt wird.

Es ist wichtig, sich die Grundprinzipien der erwähnten richtigen Schalttechnik genauestens einzuprägen und den Schaltvorgang oftmals auf freier Strecke zu üben. Es ist anzustreben, schon mit dem Gehör zu erkennen, wann die Tourenzahl des Motors eine solche ist, daß sie entsprechend der jeweiligen Fahrgeschwindigkeit ein lautloses Einrücken des größeren Ganges ermöglicht. Wer sich mit diesen Feinheiten des Schaltens vollkommen vertraut macht, wird unter Umständen auch von der Verwendung der Kupplung Abstand nehmen können und, während er mit dem Schalthebel einen Augenblick auf dem Leerlauf zwischen den beiden Gängen verbleibt, durch den Gashebel oder den Dekompressor die Geschwindigkeit des Motors so zu regeln wissen, daß ein vollkommen stoßfreies Einrücken des größeren Ganges möglich ist. Um das Ausrücken des jeweils eingeschalteten Ganges ohne Betätigung der Kupplung zu ermöglichen, ist es notwendig, einen Augenblick den Dekompressor oder die Kurzschlußtaste zu betätigen, um auf diese Weise den auf den Übertragungsorganen lastenden Zug aufzuheben.

Der Verfasser erwähnt die Möglichkeit, ohne Betätigung des Kupplungshebels zu schalten, nicht deswegen, um sie dem Fahrer zu empfehlen, sondern vielmehr nur in der Absicht, dem Fahrer zu zeigen, daß auch bei einem Kupplungsdefekt mit einiger Übung noch in einwandfreier Weise die Übersetzung gewechselt werden kann.

Nachdem nun das „Hinaufschalten" behandelt wurde, soll auch noch kurz der Vorgang des „Hinunterschaltens" besprochen werden. Es ist selbstverständlich, daß beim Umschalten auf den niedrigeren Gang, sei es nun vom dritten auf den zweiten oder vom zweiten auf den ersten Gang, die Umdrehungszahl des Motors während des Schaltens zunehmen muß, um bei möglichst gleichbleibender Geschwindigkeit des gesamten Fahrzeuges auf Grund der höheren Umdrehungszahl eine größere Anzugskraft, insbesondere beim Befahren von Steigungen, zu ermöglichen. Im allgemeinen wird der Vorgang der sein, daß man mit dem größeren Gang noch solange zu fahren versucht, als dies, ohne den Motor klopfen zu lassen, möglich ist, und sodann auf den kleineren Gang umschaltet. Bei diesem Hinunterschalten hat nun der Fahrer zu trachten, daß die Umdrehungsgeschwindigkeit der Motorachse nicht abnimmt, vielmehr im Verhältnis der Übersetzung des größeren Ganges zu dem des kleineren Ganges zunimmt. Um diese Geschwindigkeitszunahme der Motorachse zu ermöglichen, läßt man beim Hinunterschalten den Gashebel auf der jeweiligen Stellung stehen, wodurch beim Auskuppeln infolge des unbelasteten Laufens des Motors die Umdrehungszahl sich steigert. Es ist nun eine Frage der Praxis und der Übung, gerade in dem Augenblick den Geschwindigkeitshebel bzw. den niedrigeren Gang einzurücken und einzukuppeln, in welchem die Motordrehzahl unter Berücksichtigung des Übersetzungsverhältnisses des niedrigeren Ganges der Geschwindigkeit des Fahrzeuges entspricht. Die Übung der Schalttechnik beim Hinunterschalten ist sehr wichtig, und der Fahrer muß sich nicht nur ein stoßfreies Schalten, sondern auch ein rasches Schalten anzueignen suchen, da besonders im Gebirge und in stärkeren Steigungen bei einer langen Dauer des Schaltvorganges das Fahrzeug allzu leicht zum Stillstand kommt oder doch so sehr an Geschwindigkeit verliert, daß nicht mehr das Umschalten auf den zweiten Gang genügt, sondern vielmehr auf den ersten Gang geschaltet oder überhaupt neu angefahren werden muß.

In innigem Zusammenhang mit dem Wechseln der Geschwindigkeiten steht die genaue Einstellung des Zündmomentes. Während beim Automobil in den meisten Fällen eine gesonderte Zündmomentverstellung nicht vorhanden ist, sondern vielmehr durch einen Zentrifugalregulator die Einstellung automatisch erfolgt, weisen fast sämtliche Krafträder eine gesonderte Zündmomentverstellung auf und zwar nicht etwa nur aus Ersparungsrücksichten zur Vermeidung des automatischen Reglers, sondern auch deswegen, weil es beim Kraftrad von besonderem Vorteil ist, die Zündmomenteinstellung zur Anpassung an die jeweiligen Anforderungen dem Fahrer selbst zu überlassen.

Es ist einleuchtend, daß die Zündung grundsätzlich so erfolgen soll, daß genau im oberen Totpunkte des Kolbens die Explosion des im Explosionsraum des Zylinders enthaltenen Gasgemisches erfolgt. Es scheint daher vorerst, daß wohl auch der Zündfunke im Augenblick des oberen Totpunktes überspringen soll. In der Tat ist jedoch dadurch ein gewisser Unterschied gegeben, daß vom Augenblick des Überspringens des Zündfunkens an eine gewisse Zeit verstreicht, bis das gesamte Gemisch zur Explosion gelangt. Bei sehr hoher Tourenzahl wird demnach der Fall eintreten, daß zwar der Zündfunke im Augenblick des oberen Totpunktes überspringt, die Explosion des gesamten Gemisches jedoch erst stattfindet, wenn sich der Kolben bereits in Abwärtsbewegung befindet, wodurch ein Teil des Arbeitstaktes für die faktische Arbeitsleistung verloren geht. Diese Tatsache läßt klar die Notwendigkeit erkennen, bei hoher Tourenzahl den Funken an der Zündkerze bereits überspringen zu lassen, bevor noch der Kolben den Totpunkt erreicht hat, so daß die Explosion des Gasgemisches sodann tatsächlich mit der oberen Totpunktlage des Kolbens zusammenfällt, das heißt also, es ist bei hoher Tourenzahl des Motors Frühzündung einzustellen.

Sobald nun die Geschwindigkeit des Motors sinkt, wird es notwendig sein, mit der Zündung zurückzufahren, da bei langsamer Drehzahl des Motors und voller Vorzündung die Explosion des Gemisches zu einem Zeitpunkt erfolgen würde, in welchem sich der Kolben noch in Aufwärtsbewegung befindet, so daß der Lauf des Motors gehemmt und die Lagerstellen überansprucht werden würden.

Diese Erwägungen lassen sofort erkennen, in welcher Weise der Fahrer die Zündung zu regulieren hat: bei geringer Drehzahl des Motors wird Nachzündung einzustellen sein, je schneller der Motor läuft, desto mehr Vorzündung ist zu geben. Leider verwechseln die meisten Fahrer die Drehzahl des Motors mit der Tourenzahl des Hinterrades, also mit der Geschwindigkeit des Fahrzeuges, und sagen ganz einfach, beim Schnellfahren Vorzündung, beim Langsamfahren Nachzündung. Daß eine derartige Ansicht durchaus unrichtig ist, erhellt schon daraus, daß es z. B. beim Befahren einer Steigung häufig notwendig sein wird, mit dem ersten Gang zu fahren, daß das Fahrzeug also ganz langsam fährt, während der Motor mit höchster Tourenzahl läuft und die Zündung, um eine volle Motorleistung zu erhalten, auf volle Vorzündung eingestellt werden muß.

Wie groß der Dilettantismus auf dem Gebiete der Zündeinstellung bei vielen Fahrern ist, geht z. B. daraus hervor, daß dem Verfasser ein Herrenfahrer, der in verschiedenen Rennen dank seiner erstklassigen Maschine und seines tollkühnen Fahrens sehr gut abgeschnitten hat, erzählte, er ließe sich die Zündung vor dem Rennen einstellen und lasse sie sodann unberücksichtigt, obwohl der Wechsel der Steigungen ein wiederholtes Wechseln der Übersetzung erforderte.

An zwei kurzen Beispielen sei noch die richtige Regulierung des Zündmomentes erläutert und in Abbildung 506 dargestellt!

Man fährt auf einer ebenen Chaussee mit voller Geschwindigkeit und eingeschaltetem drittem Gang, demnach auch mit voller Vorzündung. Eine leichte Steigung vermindert die Fahrgeschwindigkeit, kann jedoch noch mit dem dritten Gang bewältigt werden: es wird mit der Zündung zurückgefahren, da die Drehzahl des Motors infolge der Verringerung der Fahrgeschwindigkeit stark abnimmt und besonders in Steigungen bei eingeschaltetem großem Gang ein Klopfen des Motors unbedingt vermieden werden muß. Nachdem die Höhe des

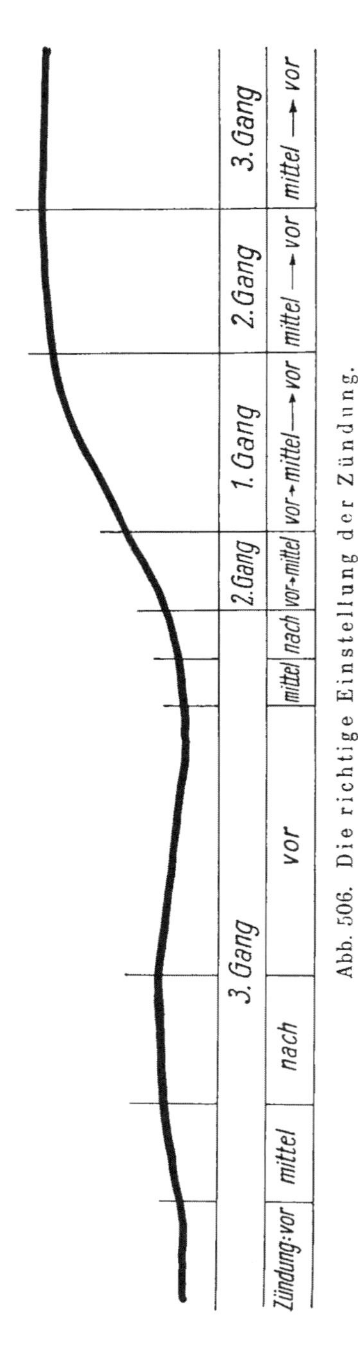

Abb. 506. Die richtige Einstellung der Zündung.

Grundsatz: bei hoher Tourenzahl des Motors Vorzündung, bei geringer Drehzahl Nachzündung, die Tourenzahl des Motors nicht mit der Geschwindigkeit des Fahrzeuges verwechseln!

Hügels erreicht ist, geht es in flotter Fahrt wieder abwärts: der Zündhebel wird auf volle Vorzündung geschoben.

Eine neue, langanhaltende und stärkere Steigung läßt wieder eine Verminderung der Fahrgeschwindigkeit eintreten, mit dem Zündhebel wird zurückgefahren. Da die Steigung jedoch nicht mit dem dritten Gang bewältigt werden kann, wird ein Umschalten notwendig. Durch das Umschalten erhält trotz der gleichzeitigen Verringerung der Fahrgeschwindigkeit der Motor wieder größere Drehzahl, so daß sofort nach dem Umschalten wieder mehr Vorzündung gegeben werden muß. Verringert sich nun neuerdings infolge der starken Steigung die Fahrgeschwindigkeit, so muß man neuerdings mit der Zündung zurückfahren. Nach einem etwa erforderlichen Umschalten auf den ersten Gang geht man wieder auf volle Zündung über.

Genau der umgekehrte Vorgang tritt beim Umschalten auf einen größeren Gang ein. Sobald die Steigung etwas nachläßt, wird man versuchen, auf einen größeren

Gang umzuschalten und zu diesem Zweck vorerst mit dem eingeschalteten kleinen Gang ein entsprechendes Tempo anstreben: hierbei ist volle Vorzündung zu geben. Durch das Umschalten auf den größeren Gang verringert sich die Umdrehungszahl des Motors, und es ist daher gleichzeitig mit dem Umschalten der Zündhebel zurückzuziehen.

Im großen und ganzen wird es möglich sein, die richtige Zündeinstellung auch nach dem Gefühl, insbesondere nach dem Gehör zu finden. Man wird einerseits stets versuchen, mit dem Zündhebel so weit wie möglich gegen Vorzündung zu fahren, um auf diese Weise nicht nur eine hohe Motorleistung zu erzielen, sondern auch durch eine bessere Ausnützung des Kraftstoffes an diesem zu sparen, andererseits ist es notwendig, das für den Motor so schädliche Klopfen, das bei zu starker Vorzündung auftritt, zu vermeiden.

Besonders wichtig ist eine genaue Einstellung des Zündaugenblickes bei Einzylindermotoren, da diese im allgemeinen nicht die gleiche Schmiegsamkeit aufweisen, wie Mehrzylindermotoren.

Wichtig ist des weiteren auch zu wissen, daß zur Erlangung einer plötzlichen und starken Anzugskraft, z. B. nach Kurven und in kritischen Momenten, es notwendig ist, mit dem Zündhebel etwas zurückzufahren.

Schließlich sei auch noch erwähnt, daß bei schlechter Zündeinstellung, sei es nun zu großer Vor- oder Nachzündung, der Motor übermäßig heiß wird und der Benzinverbrauch auf ein Vielfaches des Normalen steigt. —

Nunmehr zur eigentlichen Fahrtechnik! Da das Fahren auf der geraden Strecke — abgesehen von sehr hohen Geschwindigkeiten — keineswegs eine Kunst ist, handelt es sich in erster Linie um eine richtige Kurventechnik. Man unterscheidet gemeiniglich, bezüglich der Bezeichnung allerdings nicht mit Recht, eine sogenannte englische und eine französische Kurventechnik. Bei der französischen Kurventechnik bleibt der Fahrer auf dem Fahrzeug vollkommen senkrecht sitzen, neigt sich daher mit der Maschine derart, daß er mit derselben stets in einer gleichen Ebene liegt. Der Fahrer, der die Kurven nach der englischen Fahrtechnik nimmt, neigt sich bei der Kurve nach außen und drückt das Fahrzeug stark in die Kurve. Fahrer und Maschine liegen demnach nicht in einer Ebene, sondern bilden einen stumpfen Winkel, wie dies aus Abbildung 507 deutlich zu ersehen ist. Der große Vorteil dieser englischen Fahrtechnik besteht darin, daß infolge der starken Schräglage der Maschine der Einschlag des gesteuerten Vorderrades wesentlich geringer zu sein braucht als beim Befahren der Kurve im französischen Stil, und demnach besonders das Vorderrad eine viel geringere Neigung zum seitlichen Gleiten an den Tag legt, als dies beim gewöhnlichen Befahren der Kurve der Fall ist. Naturgemäß ermöglicht dieser Vorzug der englischen Fahrtechnik das Durchhalten einer höheren Geschwindigkeit in der Kurve, so daß insbesondere alle Sport- und Rennfahrer sich der englischen Fahrtechnik bedienen.

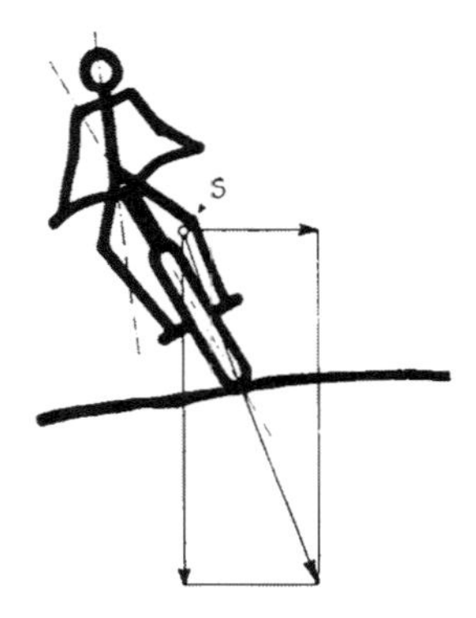

Abb. 507. Die Gleichgewichtsverhältnisse bei der englischen Fahrtechnik.

Während sich der Fahrer aus der Kurve herausneigt, wird die Maschine in die Kurve gegen den Boden gedrückt. Die Steuerung muß nur ganz wenig eingeschlagen werden, das Vorderrad zeigt wenig Neigung zum Schleudern.

Als allgemeine Regel kann dienen, die Kurve so weit wie möglich innen zu nehmen, insofern dies die örtlichen Verhältnisse und die Fahrvorschriften zulassen. Auch dann, wenn die Kurve vollkommen übersichtlich ist, soll man in rechtsfahrenden Ländern die Linkskurven, in linksfahrenden Ländern die Rechtskurven nicht mehr als bis zur Straßenmitte schneiden, da es nicht selten vorkommt, daß trotz des aus der Praxis sich ergebenden Verbotes, in der Kurve ein anderes Fahrzeug zu überholen, doch ein nachkommendes Fahrzeug in der Kurve vorzufahren trachtet und dann, wenn das zu überholende Fahrzeug plötzlich auf die falsche Seite der Straße fährt, allzu leicht ein Unglück entstehen kann. Ganz abgesehen von diesem Umstand soll sich der Kraftradfahrer auch gewöhnen, unter allen Umständen die Fahrvorschriften einzuhalten, gleichgültig, ob es in einzelnen Fällen ungefährlich erscheint, von der Einhaltung Abstand zu nehmen. Lediglich im Hochgebirge wird man beim Befahren der Serpentinen, auf welchen man alle nachkommenden, vorherfahrenden und entgegenkommenden Fahrzeuge meist schon von weitem sehen kann, ohne Gefahr bei der Abwärtsfahrt stets die Innenseite der Haarnadelkurven einhalten können, während bei der Bergfahrt mit Vorteil die Außenseite benutzt wird, um auf diese Weise durch die Verlängerung der Strecke die prozentuale Steigung zu vermindern.

Wichtig scheint es des weiteren zu sein, einige Worte über die Verwendung der Bremsen zu sprechen. Neuzeitliche Maschinen sind sowohl mit Vorder- als auch mit Hinterradbremsen ausgestattet. In den meisten Fällen wird man sich der auf das Hinterrad wirkenden Fußbremse bedienen und nur in besonderen Fällen die Vorderradbremse zu Hilfe nehmen. Vorteilhaft erweist sich die Benutzung der Vorderradbremse in Kurven und bei starkem Straßenschmutz, da in beiden Fällen ein leichtes Anziehen der Vorderradbremse wirkungsvoller ist als die Betätigung der Hinterradbremse. Dies ergibt sich aus der Praxis, obwohl die Theorie diese Regel nicht ergeben würde.

Beim Ausgleiten, Schleudern und in sonstigen kritischen Situationen wird es sich jedoch im allgemeinen besser bewähren, Gas zu geben, statt die Bremsen zu ziehen, da die Schleuderwirkung durch das plötzliche Abbremsen der Räder nur noch wesentlich erhöht wird. In der Praxis wird es sich demnach nur darum handeln, ob der Fahrer den Mut besitzt, in derartigen Situationen noch Gas zu geben, oder ob er unwillkürlich und angstvoll plötzlich die Bremsen betätigt.

Um in außerordentlich gefahrvollen Momenten einen raschen Stillstand des Fahrzeuges auf kürzeste Strecke herbeizuführen, ist es zweckmäßig, das Fahrzeug quer zur Fahrtrichtung zu stellen. Dies geschieht am besten dadurch, daß man plötzlich die Hinterradbremse so stark betätigt, daß das Hinterrad blockiert ist, schleift, und sodann durch eine kurze Lenkbewegung und einen seitlichen Ruck mit dem Körper ein Seitwärtsgleiten des Hinterrades herbeiführt. Hierbei wird sich das Fahrzeug durch das Ausgleiten des Hinterrades schief stellen, was den Fahrer veranlaßt, einen Fuß auf den Boden zu stellen. Schlimmstenfalls kommt man mit dem

Fahrzeug auf dem Boden zu liegen, entgeht aber jedenfalls dem gefährlichen Anprall an ein etwa vorhandenes Hindernis. Um bis zum letzten Augenblick das Hinterrad blockiert zu halten, ist es notwendig, die Maschine auf jene Seite schleudern zu lassen, auf welcher die Fußbremse angebracht ist, so daß der andere Fuß frei bleibt, um gegen den Boden gestemmt zu werden.

An dieser Stelle muß auch die Frage untersucht werden, ob beim Bremsen die Kupplung zu betätigen ist oder nicht. Da der Motor mittels der Kette mit dem Hinterrad im Zusammenhang steht (bei Kardanmaschinen durch die Kardanwelle), ist es klar, daß eine Abbremsung des Hinterrades einer Abbremsung des Motors gleichkommt. Erfolgt nun diese Abbremsung sehr plötzlich, so werden die Übertragungsorgane, insbesondere das Getriebe und die Ketten, dann aber auch der Motor, Schaden leiden, da der Motor infolge der Schwungkraft der Schwungmasse bestrebt ist, sich noch weiterzudrehen. Erfolgt die Abbremsung nur allmählich und in geringem Maße, so wird es keine Schwierigkeit haben, auch die Umlaufzahl des Motors im gleichen Maße zu verringern.

Aus diesem Sachverhalt ist die Regel abzuleiten, bei geringfügiger Verminderung der Fahrgeschwindigkeit und dementsprechender Verwendung der Bremsen die Kupplung nicht zu betätigen, dies jedoch auf alle Fälle dann zu tun, wenn es sich um ein plötzliches Bremsen handelt. Viele Schäden an dem Getriebe, an den Ketten, an der Kupplung und an den Lagern des Motors sind darauf zurückzuführen, daß beim starken Ziehen der Hinterradbremse nicht gleichzeitig die Kupplung betätigt wird.

In die Fahrpraxis übertragen, kann demnach folgendes gelten: wenn man unter Zuhilfenahme der Bremse vor einer Kurve oder einer unübersichtlichen Stelle oder im Stadtverkehr die Geschwindigkeit verringert, wird man nicht auskuppeln. Ist man jedoch genötigt, stehen zu bleiben oder die Geschwindigkeit sehr rasch zu vermindern, muß man auskuppeln und Gas drosseln.

Daß man beim Anhalten des Fahrzeuges stets auskuppelt, allenfalls auch schon vorher den Schalthebel in die Leerlaufstellung rückt, ist ja bekannt. Das Ziehen des Dekompressors zum Stehenbleiben ist unzweckmäßig.

Besonders viel Erfahrung ist zum Fahren bei schlechtem Straßenzustand, insbesondere auf aufgeweichten Straßen, erforderlich. Als erster Grundsatz muß bei derartigen Fahrten gelten: langsames, gleichmäßiges Gasgeben, langsames keineswegs brüskes Bremsen.

Bei Straßen, welche zahlreiche Löcher, meist in einer zweireihigen Kette gelegen, aufweisen, ist es nicht immer von Vorteil, auf dem in der Mitte oder auf den beiden seitlich vorhandenen Höhenzügen zu fahren, da man mit dem Vorderrad oder mit dem Hinterrad häufig in die Löcher abgleitet und dadurch ins Schleudern kommt. Auf solchen Straßen ist es vorteilhafter, das kleinere Übel zu wählen und kurzerhand mitten durch die Löcher zu fahren. Die Räder erhalten dadurch eine natürliche Führung und ein seitliches Ausgleiten wird vollkommen vermieden. In der Tat läßt sich auf diese Weise trotz der durch die Löcher entstehenden Stöße eine bessere Durchschnittsleistung erzielen als beim Befahren des zwischen den Löchern bestehenden Rückens, wenn man nur ein entsprechendes Tempo durchhält, sodaß man nicht in jedes einzelne Loch hineinfällt.

Bei Fahrten über sehr steiles Gefälle und bei rutschigem Straßenzustand wird man ebenso wie bei Fahrten im Winter zum Bremsen des Hinterrades nicht auskuppeln, um ein Blockieren des Hinterrades und das dadurch bedingte Ausgleiten zu vermeiden. Man schaltet einen kleinen Gang ein, läßt den Motor mit ganz wenig Gas regelmäßig arbeiten und benutzt gleichzeitig die Bremse. Durch diesen Vorgang wird man ein Ausgleiten mit vollkommener Sicherheit vermeiden können. Zur Entlastung der Bremse wird man zeitweise den Dekompressor betätigen. In solchen Fällen kommt jedoch schon beim leichtesten Bremsen das Hinterrad zum Stehen, so daß das Fahrzeug schlittenartig gleitet.

Hier muß auch einiges über die praktische Verwendung des „Dekompressors“ gesagt werden. Es gibt Fahrer, welche auch während der Fahrt ständig den Dekompressor benützen, z. B. zur Verminderung der Geschwindigkeit, während der Gashebel in seiner Stellung belassen wird. Es ist ja richtig, daß man auch mit dem Dekompressor die Geschwindigkeit des Fahrzeugs beliebig regeln kann, ohne den Gashebel benützen zu müssen. Diese Methode ist jedoch grundfalsch und außerordentlich unwirtschaftlich. Handelt es sich um einen Viertakter und wird der Dekompressor ein wenig gehoben, um die Geschwindigkeit etwas zu verringern, so werden die Explosionen vollkommen normal erfolgen, während das brennende Gas zum Teil durch die Öffnung des nicht ganz geschlossenen Auspuffventiles entweicht. Durch diesen Vorgang wird das Auspuffventil regelrecht verbrannt und der gute Sitz des Ventiles planmäßig verdorben. Das Ventil muß nach kurzer Zeit erneuert oder wenigstens neu eingeschliffen werden — oder die Motorleistung nimmt rasch ab. Handelt es sich um einen Zweitakter, so wird zwar hinsichtlich des Motors keine besonders nachteilige Wirkung auftreten, doch wird das Fahren außerordentlich unwirtschaftlich, da der Zweitakter in das Kurbelgehäuse ansaugt, also auch dann Benzin verbraucht, wenn das Gemisch durch das geöffnete Dekompressionsventil nutzlos verstreicht. Dazu kommt, daß das Zischen des Zweitaktmotors bei geöffnetem Dekompressor keineswegs besonders angenehm ist, außerdem nicht ungern Öl auf die Kleider des Fahrenden gespritzt wird. Letzterer Nachteil ist nur dann behoben, wenn die Öffnung des Dekompressionsventiles des Zweitakters in das Auspuffrohr führt, wie dies sorgsame Konstrukteure vorsehen.

Aus den vorstehenden Ausführungen folgt zwingend, daß der Dekompressionshebel zur Benutzung als Geschwindigkeitsregler vollkommen ungeeignet ist, und daß zur Regelung der Geschwindigkeit lediglich der Gashebel zu benützen ist.

Wichtig ist, bei Tourenfahrten die aufgestellten Warnungstafeln zu beobachten. Den bisher üblich gewesenen vier Warnungszeichen haben sich im Jahre 1926 durch internationale Abmachung noch zwei Zeichen zugesellt, und zwar ein solches für den ungeschützten Bahnübergang sowie ein allgemeines Gefahrzeichen. Diese beiden letzteren Zeichen sind in Deutschland und Österreich sowie den meisten anderen Staaten noch nicht durchgreifend zur Einführung gelangt. Nach der internationalen Abmachung sollen die Warnungszeichen 150—250 m vor dem bezeichneten Hindernis und zwar in rechtsfahrenden

Ländern auf der rechten, in linksfahrenden Ländern auf der linken Seite der Straße aufgestellt werden. Die Distanz von 150—250 m ist so groß, daß man sich zur Verminderung der Geschwindigkeit nicht der Bremsen zu bedienen braucht, sondern lediglich das Gas abstellt. Sind die Warnungszeichen aus irgendeinem zwingenden Grund in einer kürzeren Distanz aufgestellt, so ist die Entfernung ausdrücklich auf einer gesonderten, unter dem Zeichen befindlichen Tafel angegeben. Nach den neuesten Bestimmungen aus dem Jahre 1927 haben die Warnungstafeln die Form eines gleichseitigen Dreiecks mit etwa 105 cm Seitenlänge aufzuweisen. Das Dreieck ist in einer Breite von 12 cm signalrot zu umranden und trägt in der Mitte auf weißem Grunde das schwarze Warnungszeichen. Im Interesse einer weitgehenden Verkehrssicherheit ist in Anbetracht des großen internationalen Kraftfahrzeugverkehrs zu hoffen, daß möglichst bald sich alle Staaten auf die neuen Zeichen umstellen.

Die zur Zeit geltenden Warnungszeichen sind in der beigefügten Tafel dargestellt.

Ein besonderes Kapitel bilden die Nachtfahrten. Es wurde bereits in dem Abschnitt „Beleuchtung" darauf hingewiesen, daß für Tourenfahrten eine gute und zuverlässige Beleuchtung eine unbedingte Notwendigkeit bedeutet, und von verschiedenen Möglichkeiten gesprochen, so daß an dieser Stelle von allgemeinen, technischen Ratschlägen über die zweckmäßige Beleuchtung Abstand genommen werden kann. Wichtig ist, bei Nachtfahrten die Geschwindigkeit stets so zu regeln, daß innerhalb der vollkommen beleuchteten Strecke der Fahrer jederzeit die Möglichkeit besitzt, das Fahrzeug zum Stehen zu bringen.

Beim Begegnen mit anderen Fahrzeugen ist es notwendig, den Scheinwerfer abzublenden, da die Blendwirkung der Scheinwerfer, abgesehen von sehr breiten Chausseen, beiden Fahrern ein Weiterfahren unmöglich machen würde. Leider zeigen viele Automobilisten gegen den meist mit schlechterem Licht ausgestatteten Kraftradfahrer kein entsprechendes Entgegenkommen, so daß nicht selten der Kraftradfahrer genötigt ist, sein Fahrzeug anzuhalten oder aber die Straße zu verlassen und in den Graben zu fahren, wodurch bereits wiederholt Unglücksfälle herbeigeführt wurden.

Unschätzbaren Wert in dieser Hinsicht besitzen die besonders an Beiwagenmaschinen in letzter Zeit sehr stark in Verwendung gekommenen Suchscheinwerfer, durch welche der Kraftradfahrer auch seinerseits die Möglichkeit erhält, dem entgegenkommenden Fahrer, falls er nicht freiwillig abblendet, einen starken Lichtkegel in das Gesicht zu werfen, um ihn so zu zwingen, ebenfalls sofort abzublenden. Es ist bedauerlich, daß der Kraftradfahrer infolge des geringen Verständnisses, das von Seiten der Automobilisten den Notwendigkeiten des einspurigen Fahrzeuges vielfach entgegengebracht wird, häufig zu dieser Maßnahme gezwungen ist. Der Suchscheinwerfer ist demnach nicht nur ein gutes Hilfsinstrument, sondern auch eine zuverlässige Waffe des Kraftradfahrers.

Nun noch einige Worte über die technischen Einrichtungen zur Abblendung der Scheinwerfer. Die bisherigen Bosch-Motorradscheinwerfer wurden dadurch abgeblendet, daß sie gegen den Boden geneigt wurden, wodurch der Lichtkegel nicht das Auge des entgegenkommenden Fahrers trifft und besonders das vor dem Fahrzeug liegende Gebiet stark erhellt. Durch eine einfache Vorrichtung wird der Scheinwerfer sowohl in gesenkter als auch in der normalen Stellung festgehalten. Andere Scheinwerfer wieder, insbesondere englischer Herkunft, werden durch Umschalten auf eine schwächere Lampe abgeblendet. Diese Einrichtung ist in den meisten Fällen so gut wie unbrauchbar, weil diese zweite Birne eigentlich nur als Standlampe gedacht ist und nicht im mindesten eine entsprechende Beleuchtung, wie sie besonders durch das Seitwärtsfahren erforderlich wird, gewährt. Eine in der Praxis ebenso unbrauchbare Einrichtung sind jene „Zweifadenlampen“, bei welchen der eine Leuchtfaden (z. B. 15 Watt) das Fernlicht ergibt, der andere hingegen nur die Standlampe ersetzt und dementsprechend auch nur einen Stromverbrauch von etwa 3—5 Watt aufweist. Ist ein solcher Scheinwerfer nicht neigbar montiert, so ist man genötigt, bei Begegnungen auf die Standlampe umzuschalten. Da diese Standlampe ein nur sehr geringes und nach allen Seiten verteiltes Licht gibt, sieht man plötzlich überhaupt nichts mehr, wodurch schon wiederholt Unfälle entstanden sind.

In letzter Zeit hat sich hingegen eine ähnliche Einrichtung sehr gut eingeführt, bei welcher in ein und derselben Glühlampe zwei fast gleichstarke Leuchtfäden angeordnet sind. Der eine liegt im Zentrum der Birne, somit auch im Brennpunkt des Spiegels, der andere etwas außerhalb desselben. Während die beiden Fäden die fast gleiche Leuchtkraft besitzen, wird durch Umschalten auf den außerhalb des Brennpunktes liegenden Leuchtfaden die blendende Scheinwerferwirkung vermieden und ein breites Licht, besonders kurz vor dem Fahrzeug, erzielt. Gesondert von dieser Einrichtung muß noch die Stand-(Positions-)lampe vorhanden sein, welche beim Stehenlassen des Fahrzeuges in der Stadt eingeschaltet wird und nur einen geringen Stromverbrauch aufweist.

Das Prinzip der Bilux-Lampe wird auch beim neuen Bosch-Motorradscheinwerfer (in Trommelform) verwendet. An der Rückseite des Scheinwerfers ist ein Schaltrad angebracht, dessen drei Stellungen die Schaltungen „aus“, „Standlampe“ und „Hauptlicht“ ermöglichen. Die hervorragende Einrichtung dieser neuen Anlage besteht darin, daß die Umschaltung der Biluxlampe, also die Abblendung des weitreichenden Fernlichtes wie auch der Übergang von dem breiten und ausreichend abgeblendeten Licht zum Fernlicht, von dem Lenkstangengriff aus erfolgt. Es wird knapp neben dem rechten Lenkstangengriff ein kleiner Hebel angebracht, der bei jedesmaliger Betätigung mittels eines Bowdenzuges den in der Scheinwerfertrommel untergebrachten Umschalter betätigt. Während es früher tatsächlich oft vorgekommen ist, daß man in kritischen Situationen, in einer Kurve oder während des Schaltens, einfach außerstande war, den Scheinwerfer abzublenden, erfolgt jetzt die Umschaltung mit dem Daumen, ohne daß es notwendig wird, die Lenkstange loszulassen. Es ist sicher, daß der neue Bosch-Motorrad-Scheinwerfer eine Ideallösung darstellt, welche für die Zukunft richtunggebend sein wird.

Die Abblendung der Zeiß-Motorradscheinwerfer erfolgt in der Weise, daß mittels eines eigens angebrachten Griffes die Birne aus dem Brennpunkte nach hinten gezogen wird, wodurch eine ähnliche Wirkung erzielt wird wie durch das Umschalten einer „Biluxlampe". Bei den Zeiß-Autoscheinwerfern sind Abblendvorrichtungen vorhanden, welche das Darüberstülpen einer gelben Glaskalotte über die Glühlampe ermöglichen. Diese Einrichtung hat den Vorteil, daß der Scheinwerfer auch in abgeblendetem Zustande beinahe die volle Reichweite besitzt, während andererseits bei Nebelfahrten das gelbe Licht wesentlich bessere Resultate zeitigt als das weiße, das vor dem Fahrer geradezu eine Wand erstehen läßt und bei Nebel das Umschalten auf die Stadtlampen erfordert.

Die Abbildung 332 zeigte übrigens, daß sich der kleine Zeiß-Autoscheinwerfer auch an Krafträdern ohne weiteres verwenden läßt.

Ein etwa am Fahrzeug vorhandener Suchscheinwerfer wird bei Begegnungen mit anderen Fahrzeugen eingeschaltet und gegen den Straßenrand gerichtet. Ist die Lichtanlage stark genug, so wird man den Suchscheinwerfer die ganze Zeit eingeschaltet lassen. Der Verfasser besitzt auf seinem Beiwagen, wie in Abbildung 508 gezeigt ist, einen normalen Bosch-Autosuchscheinwerfer, mit dem bei längeren Nachtfahrten allein gefahren wird, während im Hauptscheinwerfer lediglich die Standlampe brennt. Nur in schwierigen Gebieten wird auch das „Landlicht" eingeschaltet. Es hat sich ergeben, daß sich bei Nachtfahrten durch Verwendung des Suchscheinwerfers eine um etwa 30 % erhöhte Durchschnittsleistung erzielen läßt. In Flachlandgebieten, in welchen lange, gerade Straßen vorhanden sind, ist allerdings der Vorteil des Suchscheinwerfers wesentlich geringer.

Bei Fahrten in der Dämmerung sind schon frühzeitig die Lichter einzuschalten und zwar verwendet man vorerst nur die Standbeleuchtung, da das durch den Hauptscheinwerfer entstehende Zwielicht die Sichtigkeit beeinträchtigen würde. Das frühzeitige Einschalten der Stadt- oder Standbeleuchtung ist — auch wenn es noch verhältnismäßig hell ist — erforderlich, damit man rechtzeitig von entgegenkommenden Fahrzeugen bemerkt wird. Leider wird seitens der Kraftfahrer von dieser sehr wichtigen Sicherheitsvorkehrung nur sehr wenig Gebrauch gemacht, so daß während der Dämmerung verhältnismäßig viel Unfälle sich ereignen.

Abb. 508. Suchscheinwerfer, an einem Beiwagen angebracht.
Die Handhabung ist sowohl für den Fahrer als auch für den Beiwagenfahrer eine sehr leichte. Die Montage am Beiwagen hat gegenüber der Anbringung auf dem Lenker den Vorteil der Milderung der Erschütterung. Unangenehm ist nur eine schlingernde Bewegung der Beiwagenkarosserie, da dann der Lichtkegel auf und ab schwankt. Meist helfen Stoßdämpfer am Beiwagen.

Das bezüglich des Fahrens in der Dämmerung Gesagte gilt auch in gleicher Weise bezüglich des am Tage gelegentlich auftretenden Nebels, in welchem man stets mit beleuchtetem Fahrzeug fahren soll.

Balkanexpedition 1926 des Verfassers. Schwierige Durchquerung Makedoniens und Albaniens.

f) Verkehrsregeln.

Das außerordentliche Anwachsen des Verkehrs hat im gleichen Maße eine Zunahme der den Verkehr regelnden gesetzlichen und polizeilichen Bestimmungen zur Folge gehabt. Tatsächlich ist die Frage der Verkehrsregelung beinahe zu einer Wissenschaft geworden, so daß es kaum möglich ist, alle die Verkehrsregelung betreffenden Fragen im Rahmen dieses Werkes zu behandeln oder auch nur zu erwähnen. Dazu kommt, daß in sehr vielen Städten polizeiliche Verfügungen im Rahmen der allgemein Geltung habenden Bestimmungen erlassen wurden, so daß schon aus diesem Grunde eine eingehende Behandlung dieser Angelegenheit auch nicht erforderlich erscheint. Tatsache ist, daß man in fremden Städten, deren Verkehrsvorschriften ganz besondere Bestimmungen aufweisen, bei Übertretungen dieser Bestimmungen wohl in allen Fällen mit einem Verweis des Verkehrspolizisten davonkommen wird.

Die primitivste Regelung des Verkehrs liegt in der Festsetzung, auf welcher Straßenseite der Fahrer zu fahren hat. Leider ist jedoch diese Regelung zur Zeit noch nicht international durchgeführt, so daß man bei einzelnen Ländern erst „umlernen“ muß. Es sei jedoch ausdrücklich darauf hingewiesen, daß dies verhältnismäßig sehr leicht ist, wenn man sich angewöhnt, in diesen Ländern immer und auch auf freier Strecke scharf links zu fahren, so daß man bei Begegnungen keinen Augenblick irgendeinem Zweifel unterworfen ist.

Im Deutschen Reich und in den meisten europäischen Ländern ist das Rechtsfahren eingeführt. Im einzelnen bestehen folgende Fahrvorschriften in den übrigen Ländern Europas:

Albanien	rechts
Belgien	rechts
Bulgarien	rechts
Dänemark	rechts
Estland	rechts
Frankreich	rechts
Finnland	rechts
Griechenland	rechts
Großbritannien	links
Italien	rechts
Jugoslawien	rechts
Lettland	rechts
Litauen	rechts
Luxemburg	links
Niederlande	rechts
Österreich (westlicher Teil)	rechts
Österreich (östlicher Teil)	links
Polen	rechts
Portugal	links
Rußland	rechts
Schweiz	rechts
Spanien	rechts
Tschechoslowakei	links
Türkei	rechts
Ungarn	links

Aus dieser Aufstellung ergibt sich als Kuriosität, daß in Österreich eine geteilte Fahrvorschrift besteht. Dies ist darauf zurückzuführen, daß der westliche schmale Teil Österreichs von rechtsfahrenden Ländern eingekeilt ist und daher im Interesse der Verkehrssicherheit unbedingt die Rechtsfahrordnung benötigte. Aus diesem Grunde wurde anläßlich der Eröffnung der Großglocknerstraße auch dieser Straßenzug und das Bundesland Kärnten in die Rechtsfahrordnung einbezogen. Es besteht schon seit längerem der Beschluß, in ganz Österreich die Rechtsfahrordnung einzuführen, doch stehen der Durchführung zur Zeit noch die außerordentlich hohen Kosten für die Verlegung der Straßenbahngeleise in Wien entgegen. Die Grenzen zwischen den rechts- und linksfahrenden Gebieten sind durch zahlreiche mehrsprachige Schilder gekennzeichnet, so daß die Unfälle auf ein erstaunlich kleines Mindestmaß herabgedrückt werden konnten und jedenfalls geringer sind, als zu jener Zeit, in der in Tirol noch die Linksfahrordnung bestand.

Im Nachfolgenden seien, ohne besonderen Zusammenhang, die für den Verkehr wichtigsten Regeln kurz angeführt, wobei als Grundlagen die Reichsstraßenverkehrsordnung vom 28. Mai 1934, die Ausführungsbestimmungen dazu sowie das aus der Gewohnheit entstandene Verkehrsrecht dienen.

Bei Kreuzungen hat der von rechts kommende Fahrer den Vortritt; in den linksfahrenden Ländern kommt das Vortrittsrecht dem von links kommenden Fahrer zu. Kraftfahrzeuge haben in Deutschland gegenüber nicht maschinenangetriebenen Verkehrsteilnehmern den Vortritt. Außerdem hat der auf der Hauptverkehrsstraße Fahrende den Vortritt auch gegenüber den von rechts kommenden Fahrzeugen, wenn diese Ausnahmeregelung durch die amtlichen Verkehrszeichen eigens gekennzeichnet ist. Die Einmündungen in solche Straßen, deren Benützer Vorfahrtsrecht besitzen, sind durch ein auf die Spitze gestelltes weißes Dreieck mit rotem Rand gekennzeichnet.

Das Überholen führt vielfach zu schweren Unfällen. Für ein gefahrfreies Überholen ist es erforderlich, schon frühzeitig und in großem Abstand von dem zu überholenden Fahrzeug nach links auszubiegen, um freie Sicht zu haben und um in dem Falle, daß ein anderes Fahrzeug entgegenkommt, noch genügend Raum zum

Einbiegen zu erhalten. Jedenfalls muß man sich vor Augen halten, daß die entgegenkommenden Fahrzeuge vor den überholenden stets das Vorrecht haben. In unübersichtlichen Kurven darf unter

Abb. 509. Das Haltezeichen.

Der Fahrer ist nach den gesetzlichen Bestimmungen verpflichtet, seine Absicht anzuhalten rechtzeitig durch das dargestellte Zeichen bekanntzugeben, ganz besonders im Stadtverkehr.

keinen Umständen vorgefahren werden; erforderlichenfalls muß man sich auch an ein langsam fahrendes Fahrzeug anschließen, bis man freie Sicht auf die folgende Geradstrecke erhält.

Dem schnelleren Verkehrsteilnehmer hat der Eingeholte das

Überholen durch Einhalten der äußersten rechten Seite zu ermöglichen; außerdem muß man dem Überholenden zu erkennen geben, daß man bereit ist, sich überholen zu lassen. Es besteht demnach eine ausdrückliche gesetzliche Verpflichtung, sich von schnelleren Verkehrsteilnehmern überholen zu lassen und diesen Vorgang entsprechend zu erleichtern. Es liegt im Interesse des Überholten selbst, den etwas gefährlichen Vorgang des Überholens dadurch abzukürzen, daß er seine Geschwindigkeit etwas herabsetzt oder zum mindesten nicht während des Überholungsvorganges durch plötzliches Gasgeben steigert. Dieses letztere Verhalten muß als ausgesprochen gefährlich und unfair bezeichnet werden.

Wichtig ist es, daß man nach dem Überholen erst nach einer ausreichenden Strecke wieder nach rechts einbiegt.

Wer seine Richtung ändern oder anhalten will, hat dies anderen Verkehrsteilnehmern anzuzeigen.

Schienenfahrzeugen darf links ausgewichen werden, wenn aus Raummangel rechts nicht ausgewichen werden kann. Im allgemeinen sind Schienenfahrzeuge rechts zu überholen; wenn dies jedoch aus Raummangel nicht möglich ist, dürfen sie auch links überholt werden. In Einbahnstraßen darf ein Schienenfahrzeug rechts und links überholt werden.

Haltenden Straßenbahnen darf, wenn dadurch das Ein- und Aussteigen der Fahrgäste nicht behindert wird und eine Gefährdung nicht eintritt, in ausreichendem Abstand von der Straßenbahn langsam vorgefahren werden. Im allgemeinen wird man während des Ein- und Aussteigens unbedingt anhalten und erst dann weiterfahren, wenn die Straßenbahn aus anderen Gründen noch länger an der Haltestelle stehen bleibt.

Das Stehenbleiben darf nur auf der Seite der Fahrtrichtung erfolgen. Es muß daher an geeigneter Stelle gewendet werden, um auf die andere Straßenseite zu gelangen.

Einbahnstraßen sind durch Pfeile gekennzeichnet, sie können in ihrer ganzen Fahrbahnbreite ausgenützt werden, jedoch sollen langsamere Fahrzeuge möglichst rechts fahren, um Überholen zu ermöglichen und es soll nur dann rechts überholt werden, wenn der Überholte das allmählich vorfahrende Fahrzeug bemerkt hat.

Bezüglich des Parkens beachte man die Park- und Parkverbots-Zeichen.

Die Fahrzeuge sind bei Stillstand knapp an den Randstein der Straße zu stellen.

Interessant ist die Lösung, die die Pariser Polizei getroffen hat: in schmalen Straßen haben die Fahrzeuge an Tagen mit geradem Datum nur vor Häuser mit geraden Hausnummern anzuhalten — also nur auf der einen Seite — an Tagen mit ungeradem Datum nur vor Häusern mit ungeraden Nummern — also auf der anderen Seite.

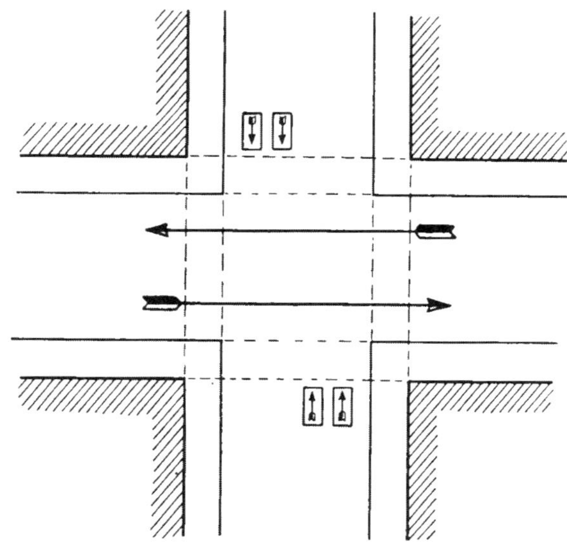

Abb. 510. Die Sicherheitslinie im Städtischen Verkehr.

Die Fahrzeuge müssen bei Straßenkreuzungen derart stehenbleiben, daß die Fußgänger vor den Fahrzeugen in der Verlängerung der Bürgersteige die Straße überschreiten können.

Dem an Kreuzungen postierten Verkehrsschutzmann ist rechtzeitig das Zeichen zu geben, in welcher Richtung gefahren wird. Dieses Zeichen wird in Deutschland und Österreich wie auch in den meisten anderen Staaten allgemein mit der Hand oder mit einem entsprechenden Fahrtrichtungsanzeiger gegeben. Der Kraftradfahrer gibt kein Zeichen, wenn er gradaus zu fahren beabsichtigt. In Paris zum Beispiel wird die Fahrtrichtung durch ein, zwei oder drei Hupensignale angezeigt.

Stoppt der Verkehrsschutzmann den Verkehr in einer bestimmten Richtung, so haben die Fahrzeuge hinter der sogenannten Sicherheitslinie, Abbildung 510, stehen zu bleiben, so daß die Fußgänger ungehindert von einem Bürgersteig zum anderen vor den Fahrzeugen die Straße überqueren können. Dies gilt ohne Rücksicht darauf, ob die Sicherheitslinie gekennzeichnet ist oder nicht.

Abb. 511. Zeichengebung beim Abbiegen aus der Geraden.

An verkehrsreichen Straßenplätzen werden die Verkehrszeichen durch Lichtsignale von einem Verkehrsturm oder einer über der Straßenkreuzung aufgehängten Signaleinrichtung gegeben. Es bedeutet:

Rotes Licht: Halt (hinter der Schutzlinie);
Gelbes Licht: Räumen des Platzes;

Grünes Licht: Freie Fahrt;
Blinklicht: Langsam fahren.

Die Regelung, ob ein Fahrzeug, das an einer Straßenkreuzung seine Fahrtrichtung zu ändern beabsichtigt, in die andere Straße einbiegen darf oder am Platz zu halten hat, bis sich in der gewünschten Richtung der Verkehr bewegt, ist in verschiedenen Städten verschieden und hängt von der Größe des Platzes ab.

Beim Ausbiegen aus der Fahrtrichtung, also beim Einbiegen in eine Nebenstraße, ist ein entsprechendes Zeichen, Abbildung 511, zu geben. Dies ist besonders dann notwendig, wenn in einem rechtsfahrenden Lande nach links, in einem linksfahrenden Lande nach rechts abgebogen werden soll, da bei einer ungenügenden Zeichengebung sehr leicht ein Zusammenstoß mit einem vorfahrenden, anderen Fahrzeug erfolgen kann. Bemerkenswert ist der (in rechtsfahrenden Ländern auf der linken Hand anzubringende) rote Reflektor, der für die nachkommenden Fahrzeuge die Zeichen besonders auffallend erscheinen läßt; Abbildung 512.

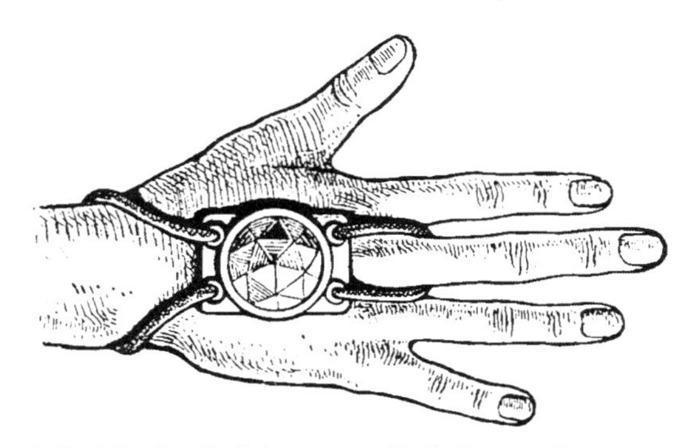

Abb. 512. Reflektor zur Zeichengebung.
Ein englisches Erzeugnis, das wohl kaum eine besondere Notwendigkeit darstellt.

Auf Landstraßen umzudrehen setzt eine freie Sicht nach beiden Seiten voraus.

Auf Brücken, bei Bahnüberquerungen und Bahnunterführungen, sowie in sonstigen engen Straßen, in welchen das Vorfahren untersagt ist, ist das Stehenbleiben verboten, ebenso das Wenden.

Der Feuerwehr, der Polizei, sowie den Rettungsautos ist unter allen Umständen, auch unter Verlassen der richtigen Straßenseite, Platz zu machen. Das eigene Fahrzeug ist nötigenfalls sofort anzuhalten bzw. auf die Seite zu lenken, um diesen bevorzugten Fahrzeugen freie Fahrt zu geben.

Geschlossene Truppenabteilungen, Leichenzüge, Prozessionen und sonstige Aufzüge zu durchbrechen, ist verboten. Eine Durchquerung derartiger geschlossener Züge ist nur dort gestattet, wo ein Schutzmann die Durchfahrt freigibt.

Bei Tieren, bei welchen ein Scheuwerden zu befürchten ist, ist langsam vorbeizufahren, allenfalls der Motor abzustellen. Das Geben von Signalen ist in der Nähe solcher Tiere zu vermeiden.

Neben den vorstehenden Regeln muß sich der Fahrer ganz allgemein mit einer fairen Fahrweise vertraut machen. Abgesehen von seiner persönlichen Sicherheit — sich zu erschlagen ist ja jedermanns Privatvergnügen! — erfordert die Rücksicht auf die anderen Benutzer der Straße, seien es nun Fahrzeuge oder Fußgänger, die unbedingte Einhaltung der geltenden Fahrvorschriften. Diese Rücksichtnahme, deren Nichtbeachtung unter Umständen schwere finanzielle Belastungen, Strafen und Schadenersatzansprüche mit sich bringen kann, ist auch im Interesse der Popularität des Kraftfahrsportes erforderlich, um tunlichst wenig Ärgernis zu geben. In dieser Hinsicht sei darauf hingewiesen, daß es für den einzelnen Fahrer, wenn er einmal unverschuldeterweise das Unglück hat, jemanden zu überfahren, von ausschlaggebender Bedeutung ist, ob die vorhandenen Zeugen, die sich ja fast ausschließlich aus den Fußgängern rekrutieren, als Feinde des Kraftfahrverkehrs zeugen oder nicht, da die Aussage auch des rechtlich denkenden Menschen unter allen Umständen eine subjektive ist und genügend Beispiele vorhanden sind, daß von den Zeugen infolge der durch vielfache Übergriffe von Kraftfahrern entstandenen Gehässigkeit ohne Rücksicht auf den tatsächlichen Sachverhalt belastende Aussagen gemacht wurden.

In erster Linie handelt es sich natürlich um die Einhaltung der primitivsten Fahrvorschrift, das ist das Rechtsfahren (bzw. Linksfahren in den entsprechenden Ländern). Gegen diese Vorschrift wird ganz besonders in den Kurven am häufigsten verstoßen. Das Schneiden der Kurven, wie es Abbildung 513 zeigt, hat schon viele Unfälle schwerster Art herbeigeführt und gar manches Menschenleben gefordert. Ganz besonders in der Stadt, in der ja eigentliche Kurven nicht vorhanden sind, son-

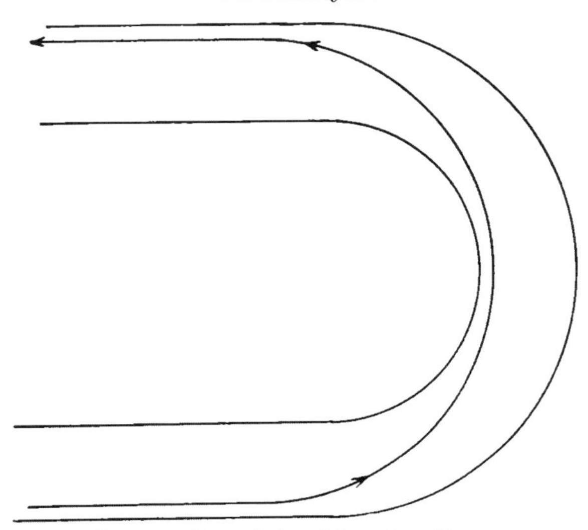

Abb. 513. Das Schneiden der Kurve.

Selbst an den übersichtlichsten Stellen soll man die Kurve richtig ausfahren, um sich nicht das gefährliche Schneiden der Kurve anzugewöhnen.

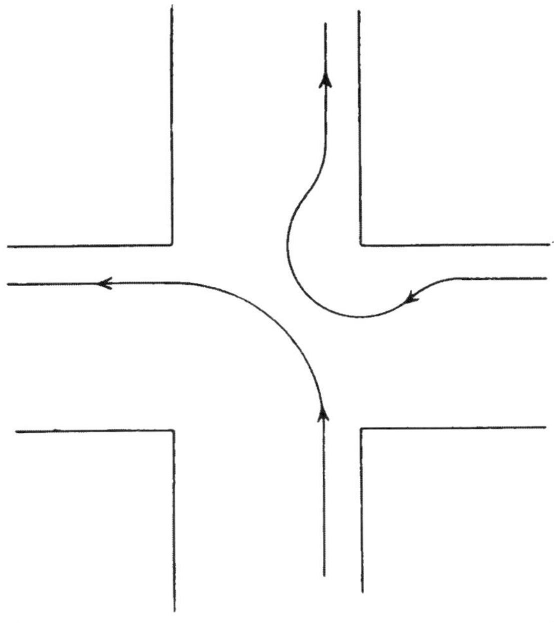

Abb. 514. Das Befahren der Kurven in der Stadt.

Man darf nie über die Mittellinie hinauskommen! Das Nehmen der Innenkurve in der Art rechts oben ist jedoch nicht zweckmäßig, da man zu weit in die Mitte der Fahrbahn der neuen Richtung hineinkommt.

dern die Straßen meist in einem rechten Winkel aufeinanderstoßen, ist das Kurvenschneiden gewiß verlockend, wenngleich besonders gefährlich. Die Abbildungen 514 und 515 zeigen, wie man sich beim Ein- und Abbiegen in der Stadt richtig verhält. Auch im Gelände ist es notwendig, sich in Kurven stets auf der richtigen Seite zu halten. Man mache es sich zur Gewohnheit, nicht einmal übersichtliche Kurven zu schneiden, und es empfiehlt sich, geradezu mit Fanatismus immer streng auf der richtigen Seite zu fahren. Nur durch diese Gewohnheit gelangt man dazu, daß es im Augen-

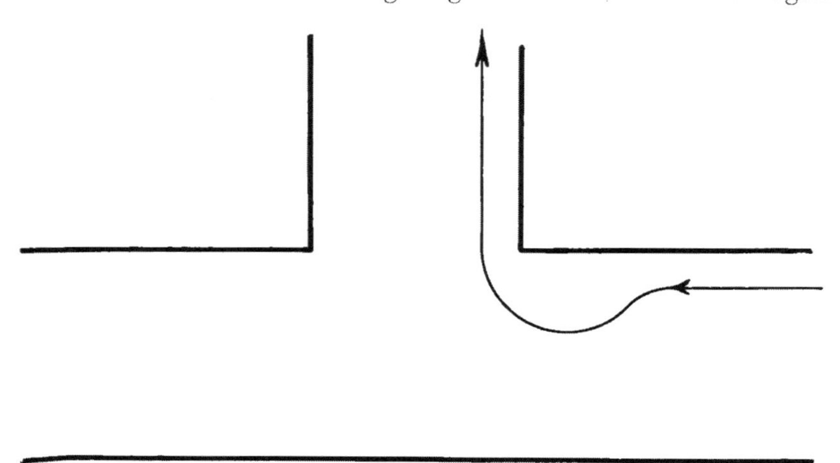

Abb. 515. Das Fahren der Innenkurven in der Stadt.

Man darf, wie auch in Abb. 514 schon gezeigt, nicht durch Herausschwenken sich den Platz schaffen, da man damit andere Fahrzeuge gefährden kann. Durch Abrunden der bisher scharfen Gehwegecken wird künftig ein besseres Einbiegen ermöglicht werden.

blick der Gefahr geradezu eine Reflexbewegung ist, noch weiter nach rechts und nicht etwa gegen die Mitte oder nach links zu lenken.

Wichtig ist, daß die neue Reichsstraßenverkehrsordnung ausdrücklich den Kraftfahrzeugen und den durch Maschinenkraft angetriebenen Schienenfahrzeugen bei Kreuzungen und Einmündungen ein Vortrittsrecht gegenüber allen anderen Verkehrsteilnehmern gewährt (soweit nicht eine besondere Regelung, zum Beispiel durch einen Verkehrsschutzmann, getroffen ist).

Für das Fahren in Norddeutschland sei besonders bemerkt, daß der neben der befestigten Fahrbahn vielfach vorhandene Sommerweg als selbständige Straße gilt, so daß auf beiden Fahrbahnen rechts gefahren und links überholt werden muß, wie man auch ein auf dem Sommerweg rechts entgegenkommendes Fuhrwerk auf der linken Seite, nämlich auf der befestigten Straße, kreuzen darf.

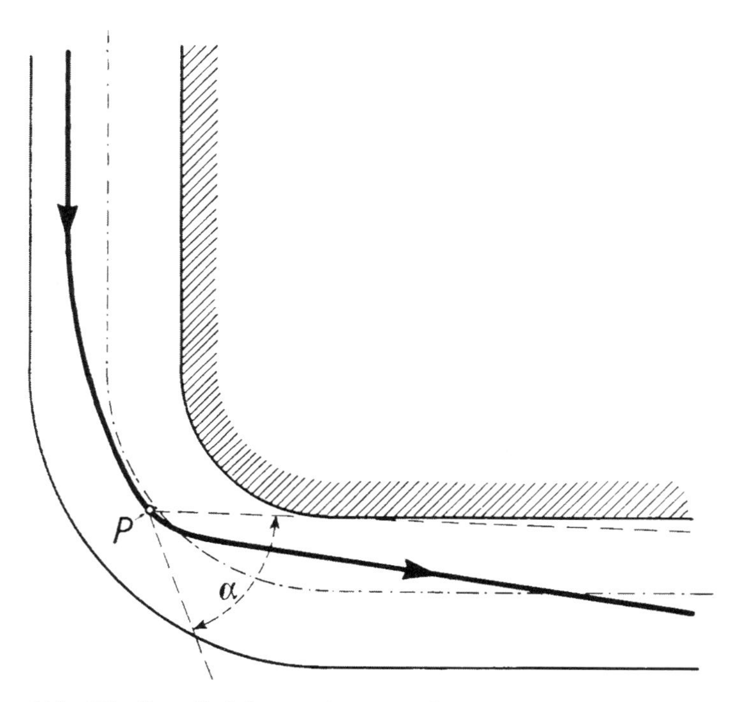

Abb. 516. Das Befahren einer unübersichtlichen Kurve.
Wenn man schon aus fahrtechnischen Gründen veranlaßt ist, die Straßenwölbung der Innenseite auszunützen, so darf man doch die Mittellinie erst von dem Augenblick an überschreiten, in welchem man vollkommen freien Blick auf die der Kurve nachfolgende Geradstrecke besitzt. Grundsätzlich soll man jedoch die Geschwindigkeit stets so verringern, daß man auch auf der abfallenden Außenseite der Kurve die Straße befahren kann. P = Punkt, von welchem durch den Gesichtswinkel α volle Aussicht auf die Straße ermöglicht ist.

Ist bei Begegnungen ein Ausweichen unmöglich, so hat derjenige umzukehren, dem dies nach den Umständen am ehesten zuzumuten ist; dies ist mit Rücksicht auf die besondere Wendigkeit des Kraftrades meist der Kraftradfahrer.

Will jemand die Richtung eines ihm auf derselben Straße Entgegenkommenden kreuzen, so ist dieser letztere bevorrechtigt.

Man hat also beim Abbiegen nach links nicht nur auf etwa gerade Überholende, sondern insbesondere auch auf Entgegenkommende zu achten.

Es ist von größter Wichtigkeit, daß jeder Verkehrsteilnehmer sich so verhält, wie es der § 25 der Reichsstraßenverkehrsordnung vorschreibt:

> „Jeder Teilnehmer am öffentlichen Verkehr hat sich so zu verhalten, daß er keinen anderen schädigt oder mehr, als nach den Umständen unvermeidbar, behindert oder belästigt."

Der Einzelne darf sich überhaupt nicht als Beherrscher der Straße betrachten und demnach einfach rücksichtslos darauf losfahren. Durch die außerordentliche Wucht, die der in Bewegung befindlichen Maschine innewohnt, ergibt sich meist für andere Verkehrsteilnehmer eine größere Gefährdung als für den Kraftfahrer selbst. Es ist notwendig, daß sich jeder als Glied der Verkehrsgemeinschaft betrachtet und dementsprechend auf andere Verkehrsteilnehmer weitgehend Rücksicht nimmt. Hierbei darf man auch nicht die Geduld verlieren, wenn sich andere Verkehrsteilnehmer ungeschickt oder unrichtig benehmen, denn schließlich hat man auch selbst das richtige Verhalten im Verkehr erst erlernen müssen. —

Ein von den meisten Neulingen — leider aber nicht nur von Neulingen — gemachter Fehler, der für die übrigen Verkehrsteilnehmer eine starke Behinderung darstellt, ist das falsche Anfahren von Kreuzungen auf breiten Straßen. Wer geradeaus fahren will, muß unbedingt ganz rechts zur Kreuzung kommen und sich bei gestopptem Verkehr auch ganz rechts aufstellen. Dadurch erhalten jene Verkehrsteilnehmer, die nach links abbiegen wollen, hierzu die Möglichkeit, ohne die Fahrbahn der Weiterfahrenden zu schneiden. Umgekehrt muß derjenige Fahrer, der nach links abbiegen will, von vornherein sich in der Straßenmitte halten und auch links aufstellen. —

Da nur solche Kraftfahrzeuge eine feststellbare Bremse besitzen müssen, die ein Gewicht von mehr als 350 kg besitzen, kommt diese Vorschrift für Krafträder praktisch nicht in Betracht; das gleiche gilt von Vorrichtungen zur Verhinderung der unbeabsichtigten Rückwärtsbewegung und der Inbetriebsetzung durch Unbefugte. Es genügt eine hellbrennende Laterne mit farblosem oder schwach gelblichem Glas auch für das Beiwagengefährt, ausgenommen, wenn der Beiwagen auf der linken Seite befestigt ist. Eine auf das Wagenrad des Beiwagens einwirkende Bremse ist nicht erforderlich.

Stark wirkende Scheinwerfer müssen innerhalb beleuchteter Ortsteile, ausgenommen bei starkem Nebel, abgeblendet werden, ferner da, wo die Sicherheit des Verkehrs es erfordert, insbesondere beim Begegnen mit anderen Fahrzeugen.

Die Fahrgeschwindigkeit ist so einzurichten, daß der Führer in der Lage bleibt, seinen Verpflichtungen Genüge zu leisten. Ist der Überblick über die Fahrbahn behindert, die Sicherheit des Fahrens durch die Beschaffenheit des Weges beeinträchtigt oder herrscht lebhafter Verkehr, muß so langsam gefahren werden, daß das Fahrzeug auf kürzeste Entfernung zum Stehen gebracht werden kann.

Die höchstzulässige Fahrgeschwindigkeit beträgt bei Kraftfahrzeugen bis zu 5,5 Tonnen Gesamtgewicht innerhalb geschlossener Ortsteile 30 Kilometer in der Stunde. Die höhere Verwaltungsbehörde kann Geschwindigkeiten bis zu 40 Kilometer zulassen.

Der Führer hat überall dort, wo es die Sicherheit des Verkehrs erfordert, durch deutlich hörbare Warnungszeichen rechtzeitig auf das Nahen des Kraftfahrzeuges aufmerksam zu machen.

Das Abgeben von Warnungszeichen ist sofort einzustellen, wenn Pferde oder andere Tiere dadurch unruhig oder scheu werden.

Merkt der Führer, daß ein Pferd oder ein anderes Tier vor dem Kraftfahrzeug scheut oder daß sonst durch das Vorbeifahren mit dem Kraftfahrzeug Menschen oder Tiere in Gefahr gebracht werden, so hat er langsam zu fahren sowie erforderlichenfalls anzuhalten und den Motor außer Tätigkeit zu setzen.

Wenn neben der befestigten eine unbefestigte Fahrbahn (Sommerweg, Sandweg) vorhanden ist, so gilt jede der beiden Fahrbahnen für die Anwendung der Fahrordnung — Beurteilung der rechten und der linken Seite — als selbständiger Weg. Beim Ausweichen und Überholen darf auch erforderlichenfalls vom Sommerweg auf die befestigte Fahrbahn und umgekehrt übergegangen werden.

Den Weisungen und Zeichen der Polizeibeamten ist Folge zu leisten. Insbesondere hat der Führer auf den Haltruf oder das Haltzeichen eines als solcher kenntlichen Polizeibeamten sofort anzuhalten. Zur Kenntlichmachung eines Polizeibeamten ist das Tragen einer Dienstmütze ausreichend. Den zur Regelung des Verkehrs aufgestellten Polizeibeamten hat der Führer auszuweichen. Die von diesem Beamten gegebenen Zeichen bedeuten:

1. Winken in der Fahrtrichtung „Freie Fahrt";
2. Hochheben eines Armes „Achtung, Halten";
3. Seitliches Ausstrecken eines oder beider Arme „Halt".

Der Führer eines zum Stillstand gelangenden Kraftfahrzeuges hat dieses so aufzustellen, daß es den Verkehr nicht behindert. Insbesondere ist die Aufstellung an engen Stellen, Wegekreuzungen und scharfen Wegekrümmungen sowie an Haltestellen der Straßenbahnen und Kraftomnibusse verboten.

Der Führer darf von dem Fahrzeug nicht absteigen, solange es in Bewegung ist, und darf sich von ihm nicht entfernen, solange die Maschine oder der Motor läuft. Er darf das Fahrzeug nur verlassen, nachdem er die erforderlichen Maßnahmen getroffen hat, um Unfälle und Verkehrsstörungen zu vermeiden.

Die Abführung der Verbrennungsgase hat unter Anwendung ausreichender schalldämpfender Mittel zu geschehen. Das Ende des Auspuffrohres darf nicht nach unten gerichtet sein. Die Anbringung von Auspuffklappen und anderen Maßnahmen, die es ermöglichen, die Schalldämpfer in ihrer Wirkung abzuschwächen oder auszuschalten, sind verboten.

Kraftzweiräder sind von der Führung eines hinteren Kennzeichens befreit. Bei ihnen genügt ein beiderseitig beschriebenes Kennzeichen, das an der Vorderseite in der Fahrtrichtung an leicht sichtbarer Stelle anzubringen ist. Das Kennzeichen ist in schwarzer Balkenschrift auf weißem, schwarzgerandetem Grunde auf eine rechteckige, an den Vorderecken leicht abgerundete Tafel aufzumalen, die mit dem

Fahrzeug durch Schrauben, Nieten oder Nägel fest zu verbinden ist. Die Buchstaben (oder die römischen Ziffern) und die Nummer müssen in einer Reihe stehen und durch einen wagrechten Strich voneinander getrennt sein. Die Abmessungen betragen: Randbreite mindestens 8 Millimeter, Schrifthöhe 60 Millimeter bei einer Strichstärke von 10 Millimeter, Abstand zwischen den einzelnen Zeichen und vom Rande 12 Millimeter, Stärke des Trennungsstriches 10 Millimeter, Länge des Trennungsstriches 18 Millimeter, Höhe der Tafel ausschließlich des Randes 84 Millimeter.

Bei Kraftzweirädern ist das an der Vorderseite angebrachte Kennzeichen während der Dunkelheit und bei starkem Nebel so zu beleuchten, daß es von beiden Seiten deutlich erkennbar ist.

Wer auf öffentlichen Wegen und Plätzen ein Kraftfahrzeug führen will, bedarf der Erlaubnis der zuständigen höheren Verwaltungsbehörde. Die Erlaubnis gilt für das ganze Reich. Sie ist zu erteilen, wenn der Nachsuchende seine Befähigung durch eine Prüfung dargetan hat und nicht Tatsachen vorliegen, die die Annahme rechtfertigen, daß er zum Führen von Kraftfahrzeugen ungeeignet ist.

Personen unter 18 Jahren ist das Führen von Kraftfahrzeugen, insbesondere auch von Krafträdern, nicht gestattet. Ausnahmen können von der höheren Verwaltungsbehörde mit Zustimmung des gesetzlichen Vertreters zugelassen werden.

Die Erlaubnis zum Führen eines Kraftfahrzeuges erteilt die für den Wohnort der betreffenden Person oder für den Ort, wo sie den Fahrdienst erlernt hat, zuständige höhere Verwaltungsbehörde. Der Antrag auf Erteilung der Erlaubnis ist an die zuständige Ortspolizeibehörde zu richten. Dem Antrag ist beizufügen:

1. ein Geburtsschein;

2. ein Zeugnis eines beamteten Arztes darüber, daß der Antragsteller keine körperlichen Mängel hat, die seine Fähigkeit, ein Kraftfahrzeug sicher zu führen, beeinträchtigen können, insbesondere keine Mängel hinsichtlich des Seh- und Hörvermögens. Dieses Zeugnis fällt bei Anträgen auf Erteilung der Erlaubnis zum Führen eines Kraftrades fort;

3. ein Lichtbild (Brustbild 6 × 8 Zentimeter groß, unaufgezogen), das auf der Rückseite mit der eigenhändigen Unterschrift des Antragstellers versehen sein muß;

4. ein Nachweis darüber, daß er den Fahrdienst bei einer durch die zuständige höhere Verwaltungsbehörde zur Ausbildung von Führern ermächtigten Person oder Stelle (Fahrschule, Kraftfahrzeugfabrik) erlernt hat. Aus dem Nachweis muß die Dauer der praktischen Ausbildung im Fahren ersichtlich sein.

Wenn ein Kraftfahrzeug in Betrieb genommen werden soll, hat der Eigentümer bei der für seinen Wohnort zuständigen höheren Verwaltungsbehörde die Zulassung des Fahrzeuges schriftlich zu beantragen. Der Antrag muß hinsichtlich der Krafträder enthalten:

1. Namen, Beruf (Gewerbe) und Wohnort des Eigentümers,
2. die Firma, die das Fahrgestell hergestellt hat, sowie die Fabriknummer des Fahrgestells,
3. die Bestimmung des Fahrzeuges (Personen- oder Lastfahrzeug),
4. die Art der Kraftquelle (Verbrennungsmaschine, Dampfmaschine, Elektromotor),
5. die Anzahl der Pferdestärken der Maschine oder des Motors,
6. das Eigengewicht des betriebsfertigen Fahrzeuges,
7. die zulässige Belastung (Personen einschließlich Führer),
8. die Angabe der gewerblichen oder landwirtschaftlichen Berufsgenossenschaft, falls der Eigentümer einer solchen angehört.

Geht ein zum Verkehr auf öffentlichen Wegen bereits zugelassenes Kraftfahrzeug auf einen anderen Eigentümer über, so hat dieser bei der für seinen Wohnort zuständigen höheren Verwaltungsbehörde die erneute Zulassung des Fahrzeuges zu beantragen. Der sonst geforderten Beifügung des Gutachtens eines Sachverständigen bedarf es in diesem Falle nicht, wenn die bisherige Zulassungsbescheinigung vorgelegt wird. Bei Ausfertigung der neuen Zulassungsbescheinigung wird die bisherige eingezogen.

Verlegt der Eigentümer eines Kraftfahrzeuges seinen Wohnort in den Bezirk einer anderen höheren Verwaltungsbehörde, so hat er bei dieser unverzüglich die Erteilung einer neuen Zulassungsbescheinigung unter Beifügung der bisherigen oder einer beglaubigten Abschrift davon zu beantragen. Eines Sachverständigengutachtens bedarf es in diesem Falle nicht. Dem Fahrzeug wird ein neues Erkennungszeichen zugeteilt. Bei Aushändigung der neuen Zulassungsbescheinigung ist die bisherige der höheren Verwaltungsbehörde zurückzugeben und von dieser der vordem zuständigen höheren Verwaltungsbehörde unter Angabe des neuen Kennzeichens zu übersenden. Das Kraftfahrzeug ist in die Liste einzutragen.

Geht ein zum Verkehr auf öffentlichen Wegen zugelassenes Kraftfahrzeug auf einen anderen Eigentümer über, der das Fahrzeug weiterbenutzen will, so hat der *bisherige* Eigentümer den Eigentumsübergang unverzüglich der für seinen Wohnsitz zuständigen höheren Verwaltungsbehörde unter Angabe von Namen, Wohnort und Wohnung des neuen Eigentümers anzuzeigen. Er hat ferner dem neuen Eigentümer die Zulassungsbescheinigung gegen Empfangsbestätigung auszuhändigen und diese seiner Anzeige beizufügen. Mit Eingang der Anzeige und der Empfangsbestätigung bei der höheren Verwaltungsbehörde gilt das Fahrzeug in der Person des bisherigen Eigentümers als abgemeldet. Der neue Eigentümer hat unverzüglich bei der für seinen Wohnort zuständigen höheren Verwaltungsbehörde die Erteilung einer neuen Zulassungsbescheinigung unter Beifügung der bisherigen oder einer beglaubigten Abschrift davon zu beantragen. Eines Sachverständigengutachtens bedarf es nicht. War das Fahrzeug bisher von derselben höheren Verwaltungsbehörde zugelassen, so behält es sein Kennzeichen. Die Liste ist zu berichtigen. War das Fahrzeug bisher von einer anderen höheren Verwaltungsbehörde zugelassen, so wird es in die Liste eingetragen und ihm ein neues Kennzeichen zugeteilt. War dem Antrag nur eine beglaubigte Abschrift der bisherigen Zulassungsbescheinigung beigefügt, so ist gegen Aushändigung der neuen Zulassungsbescheinigung die bisherige zurückzugeben. Diese ist der etwa vordem zuständigen höheren Verwaltungsbehörde unter Angabe des neuen Kennzeichens zu übersenden. Die neue Zulassungsbescheinigung darf erst ausgehändigt werden, wenn den Vorschriften über die Entrichtung der Kraftfahrzeugsteuer genügt ist.

Afrikaexpedition 1927 des Verfassers; Durchquerung einer Oase in der Sahara.

g) Die Auslandsfahrten.

Die Schnelligkeit des heutigen Kraftrades und seine ausgezeichnete Konstruktion, die größere Reisen ermöglicht, sowie der jedem Deutschen angeborene Wandertrieb lassen dem Kraftradfahrer gar bald die Grenzen des eigenen Reiches als zu eng erscheinen. Tatsächlich haben auch im Laufe der letzten Jahre die Auslandsfahrten in ganz besonderem Maße zugenommen. Schließlich ist es auch begreiflich, daß der Kraftradfahrer, dessen Streben es ist, Land und Leute kennenzulernen, auch fremdnationale Gebiete aufsucht, wenngleich naturgemäß wohl jeder in erster Linie seine eigene Heimat bereisen und kennenlernen soll.

Bevor über die auf Auslandsfahrten bezughabenden Einrichtungen und Vorschriften, insbesondere hinsichtlich des Grenzverkehrs, gesprochen wird, möchte der Verfasser in erster Linie darauf hinweisen, daß der im Auslande reisende Deutsche wichtige nationale Aufgaben zu erfüllen hat. Er darf nicht vergessen, daß er, was immer er tut, als Repräsentant des deutschen Volkes aufgefaßt und dieses nach seinen persönlichen Handlungen beurteilt wird. Es ist eine bekannte Tatsache, daß die vielen Bettelfahrten, die die deutsche Jugend ganz besonders nach Italien unternommen hat und bei welchen sie sich von vornherein auf das Almosen anderer stützte, dem Ansehen des deutschen Volkes außerordentlich abträglich waren. Es ist daher eine unbedingte Notwendigkeit, daß sich derjenige, der eine Auslandsfahrt unternehmen will, über die Geld- und Wertverhältnisse entsprechend unterrichtet und einen Betrag mitnimmt, der — wenn auch bei bescheidenster Lebensweise — noch immer eine Reserve für besondere Fälle überläßt, um es zu vermeiden, daß man anderen zur Last fällt.

Den Sitten und Gebräuchen des anderen Volkes wird man sich fügen und anpassen müssen, wenngleich es von wenig Charakter zeugen würde, dieselben sich selbst zu eigen zu machen. Jedes Aufsehen ist unvorteilhaft und kann auch dem Einzelnen zum Schaden gereichen. Ganz besonders in jenen Staaten, welche während des großen Krieges im Kampfe gegen das deutsche Volk gestanden haben und infolge der Besetzung deutschen Gebietes in nationaler Hinsicht keine Ruhe finden konnten, ist äußerste Zurückhaltung nicht nur empfehlenswert, sondern vielmehr Pflicht der Selbsterhaltung.

All dies hindert naturgemäß nicht, sich im Ausland unter allen Umständen als Deutscher zu bekennen. Dieses Bekenntnis wird allenfalls durch das Führen des Wimpels eines deutschen Klubs äußerlich einen Ausdruck finden. In Ländern, in welchen es gefährlich ist, sich offen als Deutscher zu bekennen, hat man mindestens auf die Dauer dieser feindseligen Einstellung im allgemeinen nichts zu suchen.

Notwendig ist es des weiteren, sich schon vor der Fahrt über die Lebensgewohnheiten und nationalen Eigenheiten des anderen Volkes zu unterrichten und überhaupt jene Kenntnisse schon vor der Reise sich anzueignen, die das Reisen erst zum wahren Genuß werden lassen. Die Kenntnisse der fremden Sprache sind zwar nicht unbedingt erforderlich, erleichtern aber das Reisen außerordentlich. Ganz besonders bei irgendwelchen Zwischenfällen oder Unfällen kann man infolge der Unkenntnis der Sprache arg ins Hintertreffen geraten.

Vor größeren Reisen in das Ausland wird man sich nicht nur bei den zuständigen eigenen Klubs erkundigen, sondern auch eingehende Auskünfte bei den zuständigen Auslandsvertretungen des deutschen Reiches einholen.

Um in das Ausland reisen zu können, sind eine Reihe von Ausweisen erforderlich sowie verschiedene Formalitäten zu erfüllen. In erster Linie ist natürlich ein entsprechender Paß notwendig, der für das betreffende Land gültig sein und mit dem Visum der Auslandsvertretung — Konsulat, Gesandtschaft — versehen sein muß. Letzteres entfällt, wenn — wie z. B. bei Reisen nach Österreich, Dänemark, England, Holland, Italien, Luxemburg, Norwegen, Portugal, Schweden, Schweiz, Jugoslawien und Tschechoslowakei — ein Visum nicht erforderlich ist.

Der Fahrer muß des weiteren einen internationalen Fahrausweis besitzen, der auf Grund des inländischen Fahrprüfungszeugnisses von der Behörde, bzw. von dem von dieser beauftragten Klub ausgefertigt wird. Im Fahrausweis befindet sich auch — allerdings gegen jede Logik, da sich der Fahrausweis als ein persönliches Dokument des Fahrers darstellen sollte — eine genaue Beschreibung des Fahrzeuges, mit welchem der Fahrer ins Ausland zu fahren beabsichtigt. Der Fahrausweis gilt ein Jahr und ist nach Ablauf dieser Frist neu auszustellen. Er wird mit je einer Einlage für das zu befahrende Land versehen. Es darf nicht übersehen werden, sich die entsprechenden Einlagen zu beschaffen bzw. einheften zu lassen.

Am wichtigsten ist die Beschaffung der Dokumente für den zollfreien Übertritt über die Grenze, da beim Fehlen dieser Dokumente ein Zolldepot in ganz beträchtlicher Höhe beim fremden Grenzposten erlegt werden muß. Das Dokument für den zollfreien Übertritt wird Triptyque (Passierschein) genannt und ist seit 1926 für alle beteiligten Staaten — mit unbeträchtlichen Ausnahmen — 12 Monate gültig.

Das Triptyque (der Passierschein) besteht aus fünf Abschnitten. Die Abschnitte 4 und 5 werden sofort nach Ausfertigung dem ausstellenden Klub zurückgestellt, während die

Abschnitte 1, 2 und 3 dem Reisenden ausgehändigt werden. Der Abschnitt 1 des Passierscheines verbleibt bei jenem Auslandszollamt, bei welchem der erstmalige Übertritt in das Auslandsgebiet erfolgt. Der Abschnitt 2, auf dessen Rückseite jedesmal von den Auslandzollämtern der einstweilige Aus- und Eintritt bestätigt wird, sowie der mit dem Abschnitte 2 zusammenhängende Abschnitt 3 dient als Begleitpapier zum öfteren Übertritt über die Grenze und ist vor Ablauf der Gültigkeit des Passierscheines oder beim endgültigen Austritt aus dem betreffenden Lande von jenem Auslandszollamt, bei welchem der letztmalige Übertritt aus dem Auslande zurück in das Heimatsland bewerkstelligt wird, mit der endgültigen Austrittsbestätigung versehen zu lassen. Hierbei wird der Abschnitt 2 abgetrennt und verbleibt bei dem betreffenden Auslandszollamt, während der mit der endgültigen Austrittsklausel bestätigte Abschnitt 3 zur Entlastung des Passierscheininhabers an den ausstellenden Klub zurückgestellt wird.

Durch Ausfertigung des Passierscheines übernimmt der ausfertigende Klub, welcher die Ausfertigung auf Grund von Gegenseitigkeitsverträgen für den führenden Klub des betreffenden Auslandes durchführt, die Haftung dafür, daß das betreffende Fahrzeug wieder über die Grenze zurückkommt, bzw. die Haftung für den Erlag des entfallenden Einfuhrzolles. Um dem Klub die Übernahme dieser Haftung zu ermöglichen, wird in den meisten Fällen entweder eine schriftliche Bankgarantie oder eine Zollhaftungsversicherung gefordert.

Durch Unterfertigung der Abschnitte 4 und 5 übernimmt der Passierscheininhaber seinerseits die gleiche Haftung und verpflichtet sich gegenüber dem Klub. Diese Haftung endet erst mit der Beibringung des bestätigten Abschnittes 3 (Stammblatt).

Beim Grenzverkehr ist daher sehr darauf zu achten, daß der Fahrer stets den Abschnitt 3 wieder zurückerhält und, wenn ein mehrmaliges Betreten des betreffenden Landes beabsichtigt ist, vom Austrittszollamt die Austrittsbestätigung nicht als definitive Austrittsbestätigung auf Abschnitt 3 erfolgt, wodurch der Passierschein für die weitere Benutzung ungültig gemacht wird, sondern als provisorische Austrittsbestätigung auf der Rückseite des Abschnittes 2, wobei Abschnitt 2 und 3 voneinander nicht zu trennen sind.

Der vom Zollamt, bei welchem der erstmalige Eintritt erfolgte, abgetrennte Abschnitt 1 verbleibt nach Bestätigung auf Abschnitt 2 und 3 bei diesem Zollamt in Evidenz und zwar so lange, bis der bei einem beliebigen Austrittszollamt abgetrennte Abschnitt 2 an das Eintrittszollamt gesandt wird, worauf beide Abschnitte an die vorgesetzte Behörde bzw. an den betreffenden Klub weitergegeben werden.

Erfolgte nur ein provisorischer Übertritt und eine dementsprechende Vidierung des Abschnittes 2 und findet der Passierscheininhaber innerhalb der Gültigkeitsdauer des Passierscheines nicht mehr Gelegenheit, in das betreffende Land zu fahren, so ist der Abschnitt 2 mit der provisorischen Austrittsbestätigung gemeinsam mit dem Abschnitt 3, der die endgültige Austrittsbestätigung noch nicht besitzt, an den ausfertigenden eigenen Klub zurückzustellen, der dann seinerseits durch Einholung der endgültigen Bestätigung von Abschnitt 3 die Angelegenheit einer Erledigung zuführt. Um Schwierigkeiten zu vermeiden, ist es in solchen Fällen wichtig, die beiden Abschnitte noch vor Ablauf der Gültigkeit des Passierscheines dem Klub zur Verfügung zu stellen.

In gleicher Weise sind auch die nicht zur Benutzung gelangten Passierscheine an den ausfertigenden Klub zurückzustellen.

Beim Rücktransport des Fahrzeuges mit der Bahn darf nicht vergessen werden, beim betreffenden Auslandszollamt auf der Rückseite des Abschnittes 2 den einstweiligen Austritt, allenfalls auf Abschnitt 3 bei gleichzeitiger Abtrennung des Abschnittes 2 den endgültigen Austritt bescheinigen zu lassen. Um diese Bestätigung zu erhalten, empfiehlt es sich unter Umständen, den Passierschein dem Frachtbrief beizugeben und dies am Frachtbrief gesondert anzumerken.

Gerät ein bereits benutzter Passierschein in Verlust, so ist das Fahrzeug sofort der Behörde vorzuführen, um eine Bescheinigung über den Aufenthalt des Fahrzeuges zu erhalten. Diese Bescheinigung ist nach Beglaubigung durch das nächste Konsulat des betreffenden Staates dem ausfertigenden Klub zu übermitteln.

An Stelle der Triptyques der verschiedenen Länder kann auch ein „Carnet de Passage" Verwendung finden. Dies ist ein Heft, welches abtrennbare Scheine enthält, die beim Ein- bzw. Austritt in die dem diesbezüglichen Übereinkommen beigetretenen Staaten (fast alle europäischen Staaten) ausgefertigt werden. Das Carnet de Passage gilt an und für sich schon für sämtliche Vertragsstaaten, so daß gesonderte Dokumente für die einzelnen Staaten in Fortfall kommen. Ein solches Carnet wird dann zu bevorzugen sein, wenn man sich die Möglichkeit des gelegentlichen Übertrittes in mehrere Staaten offenhalten will, z. B. wenn man bei einer großen Fahrt mit Programmänderungen zu rechnen hat.

Handelt es sich hingegen um den häufigen Grenzverkehr mit nur ein oder zwei Nachbarstaaten, so sind die normalen Triptyques im allgemeinen vorzuziehen.

Schließlich ist auch bei Reisen ins Ausland eine Bescheinigung erforderlich, welche das Wiedereintreten in das eigene Heimatsland ohne Zollzahlung ermöglicht. Dieses Dokument wird im allgemeinen als „Zwischenschein" bezeichnet, gelangt beim erstmaligen Übertritt beim heimischen Zollamt zur Ausfertigung und kann mehrmals benutzt werden.

Für Auslandsfahrten haben die Fahrzeuge — auch einspurige — rückwärts das Nationalitätskennzeichen, Deutschland „D", Österreich „A", zu tragen. Dasselbe ist auf einem weißfarbigen, ovalen Schild von 12 cm Höhe und 18 cm Breite mit schwarzer Farbe in Lateinschrift zu malen, wobei die Buchstaben eine Höhe von 8 cm und eine Strichbreite von 2 cm aufzuweisen haben. Bei Nacht ist das Erkennungszeichen zu beleuchten.

Karerpaßstraße mit Latemar (2864 m); Südtirol.

h) Fahrten im Hochgebirge

Mancher Fahrer, der bisher nur in der Ebene oder im hügeligen Gelände zu fahren Gelegenheit hatte, wird sich wundern, daß den Fahrten im Hochgebirge ein besonderer Absatz gewidmet wurde. Derjenige jedoch, der selbst schon größere Fahrten im Gebirge unternommen hat, wird die Behandlung der diesbezüglichen Erfahrungen sicherlich für richtig halten. Die Fahrtechnik in der Ebene erstreckt sich wohl in erster Linie auf die Steuerung der Maschine, während es bei Fahrten im Gebirge in besonderem Maße auf die Erhaltung der Motorkraft sowie auf die richtige Ausnutzung derselben ankommt. Nicht selten hat man Gelegenheit, bei Gebirgsfahrten Fahrer aus der Ebene mit Maschinen „hängen" zu sehen, deren Kraftleistung zweifelsohne eine derartige war, daß ein glattes Durchfahren des Passes möglich gewesen wäre. Der Fahrer hatte jedoch die Motorleistung nicht entsprechend ausgenutzt.

Es ist klar, daß der Motor bei einer bestimmten Drehzahl die wirtschaftlich beste Leistung gibt und diese Leistung relativ sinkt, wenn die Drehzahl erhöht oder erniedrigt wird. Es handelt sich also darum, die erwähnte Drehzahl nach Möglichkeit stets zu halten, nicht zu überschreiten, aber auch den Motor nicht unter die kritische Drehzahl sinken zu lassen. Um dieses Erfordernis erfüllen zu können, muß sich der Fahrer bei Gebirgsfahrten in ganz besonderem Maße eine gute Schalttechnik aneignen, das heißt, er muß lernen, im richtigen Augenblick zu schalten.

Abgesehen von diesem Erfordernis ist es des weiteren notwendig, den Lauf des Motors derart zu regeln, daß eine Überhitzung der Maschine vermieden wird. In dieser Hinsicht begehen die Fahrer, die aus der Ebene kommen und das erste Mal die langanhaltende Steigung eines Gebirgspasses befahren, die größten Ungeschicklichkeiten. Während man es im hügeligen Gelände gewöhnt ist, die auftretenden Steigungen nach Möglichkeit mit dem großen Gang und mit Vollgas — „im Schuß" — zu nehmen und in diesem Falle es nicht berücksichtigen muß, daß sich der Motor hierbei außerordentlich überhitzt — er wird ja bei der folgenden Abwärtsfahrt wieder genügend abgekühlt —, kann diese Taktik bei Gebirgsfahrten nicht angewendet werden, da sie, auch bei der stärksten Maschine, unfehlbar ein „Absterben" des Motors noch vor Erreichen der Paßhöhe mit sich bringen würde.

Es wird sich also darum handeln, bei dem Befahren von langanhaltenden Steigungen bereits frühzeitig zu schalten, auch dann, wenn man die Überzeugung hat, daß die Maschine mit dem größeren Gang noch längere Zeit gefahren werden könnte. Würde man jedoch mit dem größeren Gang fahren, so würde die vorerwähnte Erhitzung eintreten und zwar deswegen, weil einerseits mehr Gas gegeben werden muß, wodurch naturgemäß mehr Hitze erzeugt und an den Zylinder abgegeben wird, während andererseits infolge der geringen Drehzahl bei der größeren Übersetzung die vorerwähnten heißen Gase länger im Motor verbleiben und dadurch wiederum die Überhitzung gefördert wird. Um langanhaltende Steigungen ohne jeden Anstand zu nehmen, muß sich jeder Kraftradfahrer, ganz besonders dann, wenn er eine leichtere Maschine führt, es zur Selbstverständlichkeit machen, nie mehr als das halbe

Gas zu geben und, wenn der Motor mit dieser Gasmenge nicht mehr genügend zieht, nicht die Gasdrossel zu öffnen, sondern vielmehr auf den niedrigeren Gang umzuschalten. Nur in einzelnen Fällen, z. B. beim Befahren einer ganz kurzen, steilen Stelle oder in einer Kurve, wird es zweckmäßig sein, vom Umschalten Abstand zu nehmen und die Überwindung des betreffenden Straßenstückes durch mehr Gas zu erzielen.

Ganz besonders dann, wenn die Steigung der Straße eine derartige ist, daß mit dem ersten Gang gefahren werden muß, ist es notwendig, mit dem Gashebel jeweils so weit zurückzufahren, wie es irgend möglich ist. Auf diese Notwendigkeit beim Gebirgsfahren sei besonders hingewiesen. Während man beim Schalten auf den niedrigeren Gang naturgemäß das Gas nicht wegnimmt, sondern stehen läßt, damit der Motor während des Schaltens eine höhere Drehzahl erhält und sich dadurch der kleinere Gang leichter einrücken läßt, ist sofort nach dem Schalten mit dem Gashebel so weit wie irgend möglich zurückzufahren. Die meisten Kraftradfahrer machen in dieser Hinsicht den größten Fehler, indem sie sich bemühen, den Berg mit möglichster Geschwindigkeit hinaufzufahren.

Die vorstehend angeführten grundsätzlichen Regeln für das Befahren der Gebirgspässe sind allein geeignet, schwere Enttäuschungen und eine falsche Einschätzung des Motors zu vermeiden. Es ist daher angezeigt, daß sich der Kraftradfahrer, der beabsichtigt, größere Gebirgspässe zu befahren oder überhaupt eine Tour in das Hochgebirge zu unternehmen — der Verfasser verweist in dieser Hinsicht auf die herrlichen Pässe Südtirols, insbesondere auf die Dolomitenpässe, sowie jene der Schweiz — mit dieser Fahrtechnik, vorerst wenigstens theoretisch, vertraut macht, damit die praktische Anwendung dieser Grundsätze keine Schwierigkeiten bereitet.

Beim Befahren des Hochgebirges ist des weiteren ein ganz besonderes Augenmerk auf eine richtige und zweckentsprechende Ölung des Motors zu legen. Es genügt nicht nur, die Ölregulierung aufzudrehen und dem Motor viel Öl zuzuführen, es ist vielmehr in erster Linie erforderlich, nur das beste, erstklassigste und für die betreffende Motorradmarke auch passendste Öl zu verwenden. Zum Glück ist gerade in gebirgigen Gegenden, in welchen der Auto- und Motorradverkehr meistens sehr rege ist und in erster Linie erfahrene Sportsleute fahren, fast in jeder auch kleineren Ortschaft ein erstklassiges Öl erhältlich. In dieser Hinsicht sei auch auf die Ausführungen in einem der früheren Abschnitte hingewiesen, welche den Fahrer ermahnen, unter allen Umständen nur Markenöl in plombierten Originalkannen zu kaufen und das Öl aus offenen Gefäßen unbedingt zurückzuweisen.

Die meisten Fahrer werden sich über den Ölverbrauch im Gebirge kein richtiges Bild machen und daher teils zu wenig Öl geben, teils erstaunt sein, wenn plötzlich, vielleicht gar auf der halben Paßhöhe, der Öltank vollkommen leer ist. Jedenfalls ist es für derartige Gebirgsfahrten eine unerläßliche Notwendigkeit, eine kleine Ölreserve in einem praktischen, flachen Gefäß mitzuführen. Niemals darf man jedoch auch zu viel Öl geben, da sonst durch die entstehenden Ölrückstände die Motorleistung stark abnimmt.

Schließlich sei auch noch darauf hingewiesen, daß für die Vergasung des Benzins im Hochgebirge wesentlich andere Voraussetzungen gegeben sind als in der Ebene. Es wird jedem Leser klar sein, daß die Luft auf einem höheren Passe, z. B. auf dem Stilfserjoch in einer Höhe von 2760 m infolge der geringen Dichte eine andere Einstellung des Vergasers erfordert als eine solche für die Luft im Tal angezeigt ist. Eine Auswechslung der Düse — so paradox es erscheinen mag, wird es sich meist um das Einsetzen einer größeren Düse handeln — wird in den seltensten Fällen notwendig sein, da fast sämtliche Kraftradvergaser eine gesonderte Gemischregelung (Luftregelung) besitzen, wodurch der Fahrer in die Lage kommt, die Zusammensetzung seines Gemisches den jeweiligen Luftverhältnissen nach Möglichkeit anzupassen. Wenn also die Maschine im Hochgebirge verschiedene Mucken zeigt und nicht mehr die gewöhnte Leistung gibt, so wird dies, wenn eine Überhitzung oder die Verwendung eines schlechten Öls nicht die Ursache ist, in den meisten Fällen auf Schwierigkeiten des Vergasers zurückzuführen sein, die in der vorerwähnten Art leicht und während der Fahrt behoben werden können.

Bis jetzt wurde ausschließlich die Bergaufwärtsfahrt behandelt, während es wohl auch angezeigt ist, über das Abwärtsfahren einiges zu sagen, weil gerade in dieser Hinsicht die Unerfahrenheit der Fahrer aus der Ebene schon manchem das Leben oder die Gesundheit gekostet hat.

Während der Fahrer im hügeligen Gebiete seine Maschine bei Gefällen teils mit Leerlauf, meistens jedoch mit dem großen Gang bei abgestelltem Gas abwärtsrollen läßt und die Geschwindigkeit mit den vorhandenen Bremsen regelt, ist diese Technik bei Gebirgsfahrten vollkommen unbrauchbar, da die am Kraftrad vorhandenen Bremsen nicht dazu ausreichen, die Geschwindigkeit des Fahrzeuges bei Gefällstrecken von oft 20 km Länge oder auch mehr in dem gewünschten Maße zu halten, ohne Schaden zu leiden. Im Gebirge hat die Einhaltung der Geschwindigkeit bei Abwärtsfahrten ausschließlich nur durch den Motor und die Verwendung eines entsprechenden Ganges zu erfolgen. Im allgemeinen kann der Grundsatz gelten, daß zum Abwärtsfahren der gleiche Gang eingeschaltet werden soll, wie er zum Berganfahren verwendet werden muß. Ist auch dann noch die Geschwindigkeit zu groß, so wird auf einen kleineren Gang heruntergegangen werden müssen, da bei langen Abwärtsfahrten die Bremsen ausschließlich nur dazu Verwendung finden sollten, um bei Kurven, an unübersichtlichen oder besonders steilen Stellen die Geschwindigkeit des Fahrzeuges noch mehr zu vermindern.

Während des Abwärtsschaltens wird gleichzeitig mit dem Auskuppeln gebremst, damit sich die Geschwindigkeit des Fahrzeuges nicht vergrößert, überdies kurz Gas gegeben, um ein glattes Einrücken des Ganges zu ermöglichen. Sobald wieder eingekuppelt ist, wird Gas abgestellt.

Zur Vermeidung des Verölens des Motors wird zur Abwärtsfahrt der Ölhahn geschlossen, wobei allerdings nicht vergessen werden darf, in der Ebene denselben wieder zu öffnen. Den meisten Fahrern wird beim Abwärtsfahren die Zündkerze verölen, so daß sie genötigt sind, am Ende eines langen Gefälles dieselbe herauszunehmen und zu putzen. Dieser Nachteil kann dadurch vermieden werden, daß während der

Abwärtsfahrt, was auch bezüglich der Bremswirkung von Vorteil ist, der Dekompressor verwendet wird. Da jedoch der Dekompressor, bzw. jener Hebel, der das Schließen des Auspuffventils verhindert, durch das vieltausendfache Aufschlagen des Ventilstößels leicht Schaden leidet, ist der Betätigung des Dekompressorhebels bei zusammenhängenden, langanhaltenden Gefällen folgender Vorgang vorzuziehen: der Benzinhahn wird geschlossen, so daß dem Vergaser kein Benzin mehr aus dem Tank zufließt. Durch Öffnen des Gashebels und Lösen der Kupplung wird der Motor kurz auf Tourenzahl getrieben, um das im Schwimmergehäuse des Vergasers befindliche Benzin zu verbrauchen, sodann wird der für die Abwärtsfahrt erforderliche Gang eingeschaltet und die Kupplung eingerückt, wobei der Gashebel ebenso wie der Lufthebel vollkommen geöffnet bleiben. Durch diesen Vorgang wird nunmehr der Motor durch den Vergaser frische, reine Luft ansaugen und dieselbe durch den Auspuff wieder ausstoßen. Der Erfolg ist einerseits eine ausgezeichnete Abkühlung des Motors bei der Abwärtsfahrt, andererseits die unbedingte Vermeidung des Verölens der Zündkerze. Kurz vor Beendigung des Gefälles wird man den Gashebel schließen und den Benzinhahn öffnen, um sodann in der gewohnten Art wieder weiterzufahren, ohne anhalten zu müssen.

Häufig kommen an steilen Stellen, welche man, angenommen, mit dem zweiten Gang, abwärtsfährt, kurze, weniger steile Stücke vor. In solchen Fällen wird man auskuppeln, um das Fahrzeug über das betreffende Stück rollen zu lassen. Vor Übergang in das steilere Gefälle ist sodann besonders langsam einzukuppeln und gleichzeitig der Dekompressor zu betätigen.

Gefälle mit wenigen Prozenten, im allgemeinen bis zu 2 %, kann man auch mit Leerlauf abwärtsfahren, indem man den Getriebeschalthebel auf Leerlaufstellung gibt und die Geschwindigkeit bei so geringfügigem Gefälle nur mit den Bremsen, die selbstverständlich vor jeder Gebirgsfahrt bestens eingestellt und überprüft werden müssen, regelt. Derartige Leerlauffahrten sind infolge ihrer Geräuschlosigkeit sehr angenehm, zumal man anläßlich derselben alle lockeren Teile klappern hört und dadurch in die Lage kommt, dieselben ausfindig zu machen und in Ordnung zu bringen. Um am Ende des Gefälles nach einer derartigen Leerlauffahrt ein gesondertes Anstarten zu vermeiden, kann der Motor durch Ausnutzung des Schwunges des Fahrzeuges in Drehung versetzt werden. Zu diesem Zweck wird noch im Gefälle selbst die Kupplung ausgerückt und der dritte Gang mit einem kräftigen Ruck eingeschaltet, worauf ganz langsam eingekuppelt wird. Ein leichtes Inbetriebkommen des Motors wird durch eine Betätigung des Dekompressorhebels vor dem Einkuppeln erzielt. Ist die Geschwindigkeit, in der das Fahrzeug abwärts rollt, nur mehr eine geringe, so wird nicht der dritte Gang, sondern der zweite Gang eingeschaltet werden müssen, während der erste Gang in derartigen Fällen wohl nicht in Frage kommt.

Der gleiche Vorgang des Einschaltens des Motors wird auch dann Platz zu greifen haben, wenn das mit Leerlauf gefahrene Gefälle plötzlich steiler wird, so daß es geboten erscheint, mit dem Motor zu bremsen. In diesem Fall ist es angezeigt, gleichzeitig die Bremse kräftig zu betätigen, um ein In-Schwung-kommen des Fahrzeuges zu vermeiden. Jedenfalls darf das Fahrzeug bei der Abwärtsfahrt nie eine größere Geschwindigkeit erreichen, vielmehr ist rechtzeitig auf den kleineren Gang umzuschalten. Diese Regel stellt ein Gebot der Sicherheit des Lebens dar. Gerade von Tirol aus muß man die Notwendigkeit dieses Vorganges aus eigener Anschauung unterstreichen, da sich nur 15 km von der deutsch-österreichischen Grenze ein langanhaltendes Gefälle von 23 % auf einer Durchgangsstraße befindet (Zirlerberg) und viele aus Deutschland, also aus flacheren Gebieten, kommende Fahrer der Meinung sind, dieses Gefälle mit dem dritten Gang oder gar mit Leerlauf befahren zu können, wodurch jeden Sommer trotz der angeschlagenen Warnungstafeln, die zum rechtzeitigen Einschalten des ersten Ganges mahnen, schwere Unfälle, häufig mit tötlichem Ausgang, sich ereignen.

Die Meinung, daß es nicht mehr möglich sei, den ersten Gang einzuschalten, wenn das Fahrzeug bereits eine größere Geschwindigkeit erreicht hat, ist bezüglich des Kraftrades irrig, allerdings erfordert das Einschalten des kleineren Ganges bei größerer Geschwindigkeit Geistesgegenwart und Gewandtheit. Der Vorgang hierbei ist folgender: das Fahrzeug erreicht bei der Abwärtsfahrt und eingeschaltetem drittem Gang oder Leerlauf eine Geschwindigkeit von, sagen wir, 40 km. Das Umschalten auf den ersten Gang ist also nicht ohne weiteres möglich. Um es zu bewirken, wird, wenn die Hinterradbremse derart eingestellt ist, daß ein momentanes Blockieren des Hinterrades möglich ist, diese Bremse mit aller Kraft angezogen, so daß das Hinterrad einen Augenblick schleift. In diesem Augenblick wird ausgekuppelt und der erste Gang eingeschaltet, wieder eingekuppelt und die Hinterradbremse losgelassen: der erste Gang ist drinnen! Ist die Hinterradbremse nicht in diesem Maße wirksam, so gibt es noch einen zweiten Weg, der das Umschalten auf den ersten Gang ermöglicht: es werden sämtliche Bremsen des Fahrzeuges gezogen, um die Geschwindigkeit nach Möglichkeit zu verringern und ein Auskuppeln des gerade eingeschalteten Ganges zu ermöglichen. Gleichzeitig mit dem Auskuppeln wird Vollgas gegeben, um den Motor auf hohe Drehzahl zu jagen, sofort auf den ersten Gang geschaltet, Gas weggenommen, eingekuppelt und der Dekompressorhebel betätigt. Auch bei diesem Vorgange ist also das Einschalten des ersten Ganges noch möglich, wenngleich dieser etwas komplizierte Vorgang in kritischen Fällen außerordentliche Kaltblütigkeit erfordert. Der weniger erfahrene Fahrer tut auf alle Fälle gut, den beschriebenen Vorgang einige Male vor Gebirgsfahrten zu üben.

Die vorstehenden Ausführungen, die nur die wichtigsten Winke für das Befahren von Hochgebirgsstraßen gegeben haben, zeigen zur Genüge, daß sich der Kraftradfahrer, der bisher nur in der Ebene oder im hügeligen Gelände gefahren ist, nicht an Fahrten im Hochgebirge heranmachen soll, ohne sich mit der für diese Fahrt erforderlichen Fahrtechnik wirklich vertraut zu machen. Die erteilten Winke, insbesondere über die Abwärtsfahrt, mögen dazu beitragen, die Fahrsicherheit zu heben. Jedenfalls ist das Fahren im Hochgebirge eines der schönsten Vergnügen, die überhaupt existieren. Der stets wechselnde Blick auf mächtige Bergriesen, die kunstvollen, in Serpentinen angelegten Straßen, wundervollen Brücken, Felstunnel, enge Pässe und Schluchten, romantische Seitentäler, nahe an die Straße heranreichende Gletscher und die mit ewigem Schnee und Eis bedeckten Höhenzüge lassen im Verein mit den in bestem Zustande befindlichen Gebirgsstraßen derartige Fahrten zu unvergeßlichen Erlebnissen werden. Die im vorliegenden Buche gebrachten Abbildungen derartiger Gebirgsstrecken, die sämtlich aus Südtirol stammen, dürften so manchen Leser veranlassen, eine Fahrt in die herrliche Gegend des Hochgebirges zu unternehmen.

An dieser Stelle muß auch der Fahrer aus der Ebene darauf aufmerksam gemacht werden, daß die Gebirgsstraßen voll von unübersichtlichen Kurven mit kleinen Radien sind. Es ist daher erforderlich, gerade in diesen Gebieten stets auf der äußersten rechten (bzw. linken) Straßenseite zu fahren und die Geschwindigkeit entsprechend zu verringern. Die vielen Unglücksfälle sind meist darauf zurückzuführen, daß viele Fahrer die Straßenmitte halten oder gar die Kurven schneiden. Eine Fahrt auf den engen, kurvenreichen Gebirgsstraßen erfordert eine weit höhere Disziplin und Selbstzucht des Fahrers als Fahrten auf den geraden, breiten Straßen der Ebene.

i) Winterliche Fahrten bei Schnee und Eis.

Die meisten Kraftradfahrer werden während der Wintermonate ihr Fahrzeug außer Betrieb setzen und diese Zeit dazu benützen, alle Mängel und kleinen Schäden zu beheben. Immerhin werden jedoch die besonders sportbegeisterten Fahrer auch während der Winterzeit ihr Fahrzeug nicht in den Ruhestand versetzen, vielmehr sich bemühen, die im Winter auftretenden besonderen Schwierigkeiten zu überwinden. Es scheint daher dem Verfasser angezeigt zu sein, einige Winke bezüglich der Fahrten bei Schnee und Eis zu geben.

In erster Linie muß festgestellt werden, daß das Fahren im Schnee leichter ist, als man sich dies gemeiniglich vorstellt. Ganz besonders in der Ebene und dort, wo durch den Fuhrwerksverkehr ein Teil der Fahrbahn glattgefahren ist, treten keine besonderen Schwierigkeiten auf. Auch Fahrten bei Neuschnee sind so lange nicht besonders schwierig, als nicht durch einzelne wenige Fahrzeuge die Schneemassen durchwühlt sind.

In letzteren Fällen ist es meist am angezeigtesten, nicht in der Spur zu fahren, sondern, falls dies möglich ist, seitlich im neugefallenen Schnee.

Das Wichtigste beim Befahren der überaus schlüpfrigen Schnee- und Eisflächen ist, weder plötzlich Gas zu geben, noch brüsk zu bremsen. Da ohnedies die durchschnittliche Geschwindigkeit eine verhältnismäßig niedrige ist, wird von einer Betätigung der Bremsen fast immer Abstand genommen und mit dem Dekompressor das Auslangen gefunden werden können.

Schwieriger gestaltet sich das Fahren im Winter dann, wenn es auch gilt, ansehnliche Steigungen zu überwinden, da in diesen Fällen das angetriebene Hinterrad meistens gleitet. Man wird daher zur Verwendung von besonderen Gleitschutzmitteln greifen müssen, da auch der beste Gleitschutzreifen im Winter, wenigstens für das Hinterrad und bei angestrengter Fahrt, nicht genügt.

Der einfachste Gleitschutz, der besonders dann, wenn man auf einer größeren Tour von einem Schneefall überrascht wird, in Frage kommt, sind Seile und Riemen, die zusammenhängend oder in einzelnen kurzen Stücken um Reifen und Felge gelegt werden. Ein Verschieben dieses Gleitschutzmittels wird dadurch vermieden, daß vor dem Auflegen derselben ein wenig Luft aus dem Reifen ausgelassen und derselbe nachher wieder aufgepumpt wird.

Nicht selten sind für die Verwendung derartiger Gleitschutzmittel die Gabeln zu eng, so daß es angezeigt ist, im Winter mit schmäleren Reifen zu fahren — wenn am Vorderrad ein kleiner dimensionierter Reifen verwendet wird, so wird man diesen auf das Hinterrad auflegen können —, oder man wird für den Gleitschutz dadurch Platz machen, daß man den Kotschutz der rückwärtigen Kette abnimmt, da derselbe in den meisten Fällen ganz beträchtlich den für den Reifen verfügbaren Platz einengt. Immerhin wird man jedoch trachten müssen, von diesem Hilfsmittel Abstand zu nehmen, da durch das Weglassen des rückwärtigen Kettenschutzes die Kette arg in Mitleidenschaft gezogen wird.

Derjenige, der mit Vorbedacht Winterfahrten unternimmt und

sich daher auch eine entsprechende Ausrüstung beilegen will, — insbesondere der Beiwagenfahrer — wird am besten tun, Schneeketten zu verwenden. Solche Schneeketten sind in einschlägigen Geschäften in den erforderlichen Dimensionen erhältlich und können mit wenigen Handgriffen aufgelegt und wieder abgenommen werden. Die Schneeketten haben beim Kraftrad, im Gegensatz zu den Schneeketten des Autos, vollkommen straff aufgelegt zu werden, und es empfiehlt sich daher, ebenso wie bei Riemen und Seilen zum Auflegen des Gleitschutzes ein wenig Luft aus dem Reifen auszulassen. Die Schneeketten werden in zweierlei Ausführungen auf den Markt gebracht: als „Leiterkette" und als „Zickzackkette"; beiden Arten sind gemeinsam die seitlichen Längsketten, die zu beiden Seiten des Reifens zu je einem Ring verbunden werden und zwischen welchen die Querketten, welche den eigentlichen Gleitschutz bilden, entweder parallel oder zickzack verspannt sind. Aus der vergleichenden Abbildung 517 ergibt sich, daß die Leiterkette lediglich in der Längsrichtung einen Gleitschutz darstellt, während ein solcher in der Querrichtung nur in geringem Maße vorhanden ist. Es wird daher die Leiterkette ausschließlich am Hinterrad zu verwenden sein, während am Vorderrad — falls an demselben überhaupt eine Schneekette verwendet werden muß — unter allen Umständen nur eine Zickzackkette in Frage kommt. Bei Fahrten mit Schneeketten tut man gut, einen starken Eisendraht mitzuführen, um die nicht selten reißenden Kettenglieder wieder zusammenhängen zu können.

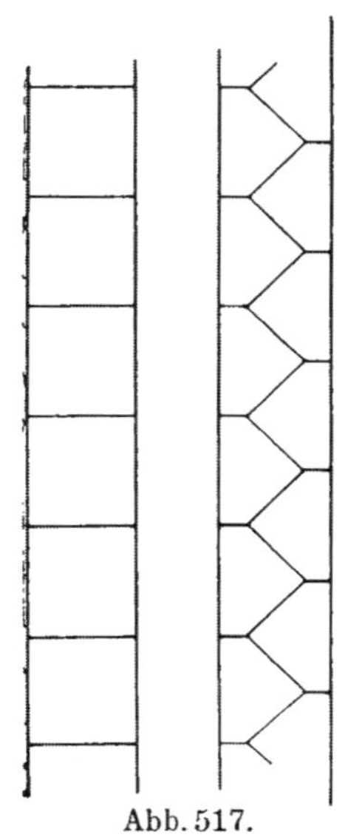

Abb. 517. Gleitschutzketten. Links Leiterkette (für das Hinterrad geeignet, für das Vorderrad nicht zweckmäßig), rechts Zickzack-Kette, für das Vorderrad zu verwenden.

Bei Abwärtsfahrten, besonders ohne Gleitschutz, ist es wichtig, dafür zu sorgen, daß das Hinterrad nicht ins Schleifen kommt. Dies erreicht man am besten dadurch, daß man nicht den Dekompressor verwendet, sondern bei eingeschaltetem kleineren Gang ganz wenig Gas gibt und die Geschwindigkeit mit der Hinterradbremse regelt. Leerlauffahrten sind gefährlich, da beim geringsten Bremsen das Hinterrad schleift.

In besonderem Maße ist bei Fahrten im Winter der richtigen, zweckentsprechenden Schmierung die Aufmerksamkeit zuzuwenden, da besonders bei großer Kälte das Öl stockt, fest wird und die Ölleitungen verstopft, so daß unter Umständen auch die beste Ölpumpe ihre Wirksamkeit verliert. Es ist notwendig, im Winter nur dünnflüssiges Öl, das auch bei grimmigster Kälte nicht konsistent wird, zu verwenden. Jeder Kraftfahrer, der hierbei sicher gehen will, tut gut daran, sich nach der auf den Seiten 739—745 dieses Buches befindlichen Schmierungstabelle zu richten.

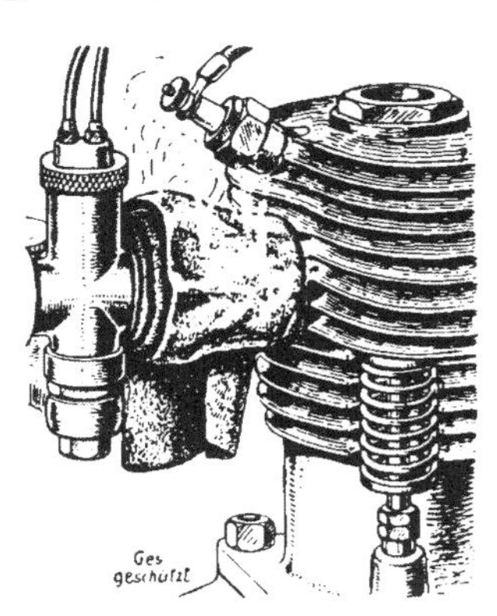

Abb. 518. „Warme Halsumschläge."
Durch Umwickeln des Vergasers und der Ansaugleitung mit heißen Tüchern kann man im Winter auch Motoren zum Anlaufen bewegen, die nicht anspringen wollen.

Ein nicht unwesentlicher Nachteil bei Winterfahrten ist es des weiteren, daß das im Brennstoff befindliche Wasser zu Eisklumpen friert und dadurch unter Umständen die Benzinleitung verlegt. Besonders dann, wenn das Fahrzeug irgendwo einige Stunden steht, wird das aus dem Tank in den Vergaser gelangte Wasser zu einem Eisklumpen frieren und, wenn es sich auch nur um einen einzigen Tropfen handelt, die Funktion des Vergasers unterbinden. In diesem Falle wird man den Vergaser mit Tüchern, die mit heißem Wasser getränkt sind, umwickeln müssen. Um aber überhaupt den erwähnten Mangel zu vermeiden, ist es am besten, an die tiefste Stelle des Schwimmergehäuses einen kleinen Ablaßhahn einzulöten, durch welchen man bei Beginn des Stillstandes oder auch während der Fahrt, wenn man bemerkt, daß infolge des im Vergaser befindlichen Wassers der Motor nicht mehr regelmäßig arbeitet, das sich am Boden des Schwimmergehäuses ansammelnde Wasser ablaufen lassen kann. Einen Vergaser mit Ablaßhahn am Schwimmergehäuse zeigte Abbildung 114.

Will die Maschine gar nicht anspringen, so taucht man die herausgeschraubte Zündkerze in Benzin und zündet dieses an. Die vorgewärmte Zündkerze wird wieder in den Motor geschraubt und meist ein leichtes Anspringen bewirken. Übrigens sind auch „warme Halsumschläge“ nach Abbildung 518 ein gutes Mittel gegen hartnäckige „Nonstartitis“.

Weiter wird es sich für den Kraftradfahrer, der winterliche

Abb. 519. Lenkstangenstulpen.

Um ein Verschieben der Stulpen zu vermeiden, umwickelt man die Lenkstange mit Isolierband. Einsätze aus Kaninchenfell sind sehr zweckmäßig.

Fahrten unternehmen will, darum handeln, seine persönliche Ausrüstung entsprechend zu vervollständigen, um den Wetterunbilden trotzen zu können. In dieser Hinsicht wird eine warme Wollunterkleidung und ein kompletter Lederanzug, der das Eindringen der kalten Luft zuverlässig verhindert, zu empfehlen sein. Für die Füße empfehlen sich Kamelhaarsocken und Skischuhe, allenfalls auch Überschuhe, wie sie beim Militär zum Postenstehen verwendet werden. Die Knie werden besonders warm eingepackt werden müssen, während man die

Hände durch große Fäustlinge schützen wird. Unter den Fäustlingen aus Leder oder Wachstuch wird man Wollfäustlinge und wahrscheinlich noch Kamelhaar-Unterziehhandschuhe verwenden müssen. Die obersten Handschuhe aus Leder oder Wachstuch müssen Stulpen aufweisen, die etwa eine Spanne über das Ärmelende reichen. Als ganz ausgezeichnet haben sich die an der Lenkstange selbst befestigten, rohrförmigen Stulpen erwiesen. Dieselben halten von der Hand jedweden Luftzug ab, lassen von einer größeren Anzahl Hand-

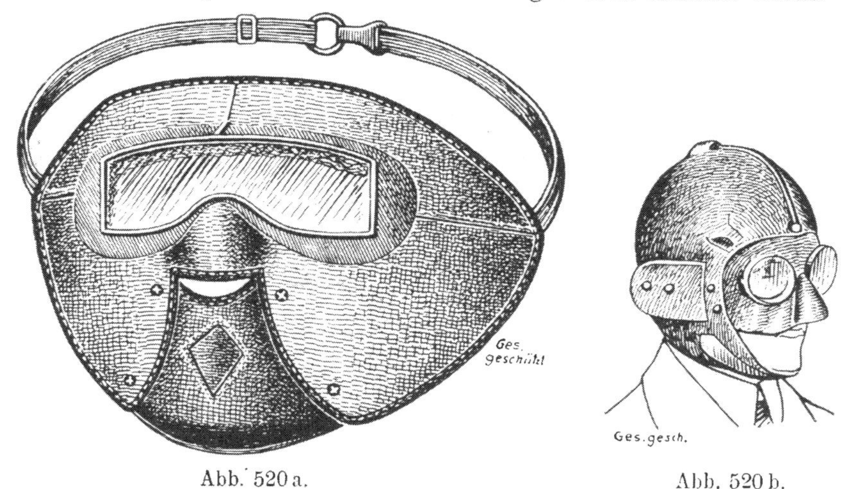

Abb. 520 a. Abb. 520 b.

Abb. 520 a. Brille mit Wangen- und Nasenschutz.
Auch die Lippen sind durch einen abnehmbaren Teil geschützt.

Abb. 520 b. Vollkommener Kopfschutz.
Die Lederhaube soll für den Winter mit Pelz oder Flanell gefüttert sein.

schuhen Abstand nehmen und erhöhen dadurch die Bewegungsfreiheit und die Fahrsicherheit. Derartige Stulpen sind in Abbildung 519 gezeigt und können auch mit Kaninchenfell gefüttert werden.

Nicht zu unterschätzen ist die Notwendigkeit, unter Umständen auch das Gesicht vor dem direkten Luftzug zu schützen. Wenn man auch auf jeden Fall einen Wollschal, der auch das Kinn mitbedeckt, um den Hals wickeln wird und den Kragen aufstellt, ebenso wie die pelzgefütterte Haube auch Ohren und Nacken bedeckt, während die Brillen den Augen Schutz gewähren, wird es bei grimmiger Kälte doch notwendig sein, auch für die Nase, die Wangen und die Lippen einen Schutz vorzusehen. Als der Verfasser am 22. Dezember des Jahres 1924 eine Fahrt durch die Dolomiten unternahm, hat er zu diesem Zweck eine wattegefütterte Gasmaske benutzt. Im allgemeinen wird es jedoch möglich sein, durch eine entsprechende Ausbildung der Brillen, welche einen mit Flanell gefütterten Lederfortsatz tragen sollen, einen genügenden Schutz zu erzielen; solche Brillen sind übrigens auch, Abbildungen 520a und b, im Handel erhältlich.

In diesem Abschnitt muß auch erwähnt werden, daß man während der kalten Jahreszeit der Akkumulatorenbatterie besonderes Augenmerk zuwenden muß, damit dieselbe unter dem Frost nicht Schaden nehme. Diese Vorsicht ist während des Winters besonders notwendig, da die Kürze der Tage häufig zu einer Verwendung des elektrischen Lichtes zwingt. Man muß mehrmals die Richtigkeit der Säuredichte prüfen und die Batterie stets gut geladen halten. Nur wenn die Säure zu dünn oder die Batterie nicht genügend geladen ist, besteht die Gefahr des Einfrierens der Batterie.

Bei Beiwagenfahrten wird man im Winter gut tun, einen Spaten, am besten einen Militärspaten mit Lederfutteral, mitzunehmen.

Mögen auch Winterfahrten nicht jedermanns Sache sein, so kann nicht geleugnet werden, daß dieselben im Hinblick auf die landschaftlichen Schönheiten ganz besondere Reize in sich schließen. Die vorstehenden Ausführungen mögen dem Fahrer einige Andeutungen geben, wie die mit Winterfahrten verbundenen Schwierigkeiten am leichtesten überwunden werden können.

Bezüglich der Winterfahrten mit Beiwagengefährten wolle auch das unter „Beiwagen-Fahrtechnik" Gesagte nachgelesen werden.

In den Korkeichenwaldungen von Tunis.

k) Benzinverbrauch und Benzinersparnis, Wahl des Kraftstoffes.

Bei der Wahl der Maschine spielt eine nicht unwesentliche Rolle der voraussichtliche Verbrauch an Brennstoff. Dieser hängt selbstverständlich in erster Linie von dem Zylinderinhalt der Maschine, in zweiter Linie von deren Konstruktion ab. Nicht zuletzt hat auch die Fahrtechnik einen wesentlichen Einfluß auf die Höhe des Benzinverbrauchs.

Im allgemeinen kann gesagt werden, daß Fahrzeuge folgenden Benzinverbrauch auf 100 km aufweisen:

175	ccm	$1^3/_4$	l
250	„	2	l
350	„	$2^1/_2$	l
500	„	3	l
700	„	4	l
1000	„	5	l
1200	„	6	l

Bei Zweitaktmotoren erhöht sich der Benzinverbrauch, desgleichen bei Beiwagenmaschinen. Zwischen Fahrten in der Ebene und im Gebirge besteht nach den langjährigen Erfahrungen des Verfassers kein wesentlicher Unterschied, da man in der Ebene viel mehr mit Vollgas fährt, während die im gebirgigen Gelände vorhandenen Kurven zu einem sparsamen Fahren zwingen. Überdies wird der durch Steigungen bedingte Mehrverbrauch größtenteils durch den Wegfall des Verbrauches bei der Abwärtsfahrt wieder wettgemacht.

Als Kraftstoff kommt in erster Linie Benzin in Betracht. Dasselbe wird nach dem spezifischen Gewicht unterschieden in Schwerbenzin (760), Mittelbenzin (740) und Leichtbenzin (720), wobei die in Klammer beigefügte Zahl das Gewicht in Gramm auf 1 Liter bedeutet. Die hauptsächlich gehandelten Benzinsorten bewegen sich nach dem spezifischen Gewichte zwischen Mittelbenzin und Leichtbenzin. Ausdrücklich muß festgestellt werden, daß die Qualität des Benzins bezüglich der Kraftleistung im Motor jedoch nicht allein von dem spezifischen Gewichte, sondern vielmehr von der Qualität der Grube, aus welcher es gewonnen wird, abhängig ist.

Sehr gut eingeführt hat sich im Laufe der letzten Jahre das Benzol, das dem Benzin gegenüber den Vorteil hat, ein inländisches Produkt zu sein und durch dessen Verbrauch nicht nur die inländische Produktion gefördert, sondern auch die Handelsbilanz günstig beeinflußt wird. Abgesehen von diesen handelspolitischen Vorteilen des Benzols weist dieser Betriebsstoff wesentliche technische Vorteile auf. In erster Linie ist für den Kraftradfahrer wesentlich, daß mit der gleichen Tankfüllung Benzol das Kraftrad einen gegenüber dem Betrieb mit Benzin um etwa 25% erhöhten Aktionsradius besitzt. Sodann kommt dem Kraftradfahrer, der ja meistenteils einen leicht zum Klopfen neigenden Einzylindermotor verwendet, die Eigenschaft des Benzols zugute, daß es ein Klopfen des Motors so gut wie gänzlich vermeidet. Diese Eigenschaft ist besonders bei Gebirgsfahrten mit verhältnismäßig schwachen Maschinen von großem Vorteile, dies umsomehr, als beim Benzol die sogenannten „Glühzündnngen“, die bei überhitztem Motor sehr häufig auftreten und welche naturgemäß die Leistung des Motors wesentlich beeinträchtigen, ausgeschlossen sind. Diese Glühzündungen bestehen darin, daß irgend ein Stück der im Zylinder oder an der Zündkerze vorhandenen Ölkohle in glühenden Zustand kommt nnd sich an diesen glühenden Kohleteilen die eintretenden Gase entzünden. Naturgemäß erfolgt diese Selbstzündung nicht so präzise in dem erforderlichen Augenblick, als dies bei der genau einregulierten elektrischen Zündung der Fall ist. Wie wirksam diese Glühzündung sein kann, hat der Verfasser an seiner Maschine feststellen können, als bei einer forcierten Bergfahrt das Zündkabel sich von der Zündkerze löste und, obwohl also die elektrische Zündung unterblieb, der Motor ohne „Aussetzer" weiterlief.

Für den Kraftradfahrer dürfte die beste Brennstoffmischung sein: ein Teil Benzol und zwei Teile Benzin bis Benzol und Benzin zu gleichen Teilen.

Wichtig ist, den Vergaser für den Kraftstoff entsprechend einzuregulieren bzw. den für den Vergaser am besten geeigneten Kraftstoff zu verwenden. Es empfiehlt sich, den Vergaser ein für allemal für einen überall erhältlichen Brennstoff bzw. für ein leicht herstellbares Brennstoffgemisch einzuregulieren, sodann in dieser Stellung zu belassen und tunlichst stets den gleichen Kraftstoff zu verwenden. Die Einregulierung des Vergasers hat nach zwei Richtungen zu erfolgen, einerseits nach möglichst geringem Kraftstoffverbrauch, andererseits nach möglichst großer Kraftleistung des Motors.

Der Kraftstoffverbrauch wird herabgedrückt durch Verwendung einer möglichst kleinen Hauptdüse. Die Düse darf aber nicht so klein gewählt werden, daß zwischen der kleinen Tourenzahl und der großen Tourenzahl ein sogenanntes „Loch" entsteht, vielmehr muß ein vollkommen gleichmäßiger Übergang von der niedrigsten zur höchsten Tourenzahl ermöglicht werden. Ist der Vergaser, wie dies bei den meisten Kraftradvergasern der Fall ist, mit einer getrennten Luftregulierung und Gasregulierung ausgestattet, so ist die Düse jedenfalls so groß zu wählen, daß bei warmem Motor es im Sommer möglich ist, den Lufthebel vollkommen zu öffnen. Nur zur Höchstleistung bei ganz geöffnetem Gashebel wird man immer den Lufthebel etwas schließen müssen. damit genügend Brennstoff aus der Düse gesogen wird.

Die richtige Einregulierung eines Vergasers kann man wohl nur aus der Praxis lernen. Es empfiehlt sich, von einem erfahrenen Mechaniker den Vergaser einregulieren zu lassen und hierbei selbst seine Beobachtungen anzustellen. Das Einregulieren erfolgt durch Auswechseln der Düsen und nicht durch Aufbohren oder Zuklopfen der Düsenöffnung; die Düsen sind verhältnismäßig sehr billig, so daß stets einige der verschiedenen

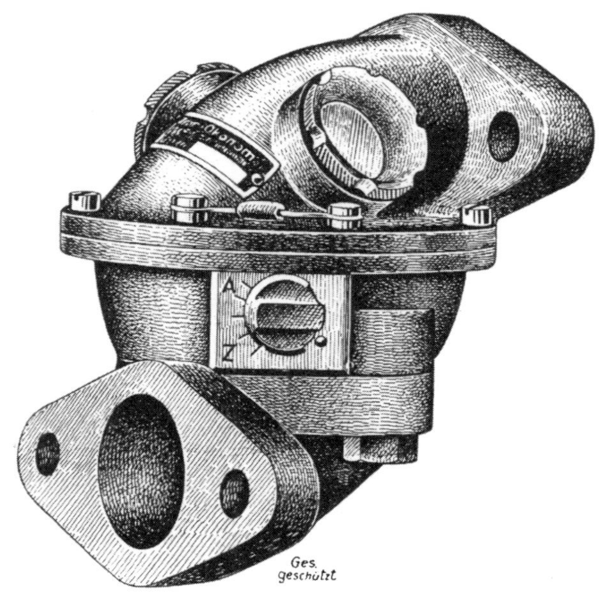

Abb. 521. Kraftstoffvernebler.
In die Ansaugleitung einzubauen.

Größen beim Werkzeuge mitgeführt werden können. Eine genaue Beschreibung des Einregulierens des Vergasers wurde im Abschnitt 2 gegeben; auf die dortigen Ausführungen wird verwiesen.

Bei der Besprechung des Vergasers wurde hervorgehoben, daß der Vergaser den Kraftstoff in dem durch die Abwärtsbewegung des Kolbens entstehenden Luftzuge lediglich zerstäubt und so eine grobe Mischung von Brennstoff und Luft herstellt. Verschiedene Konstrukteure haben, um eine bessere Vergasung zu erzielen, sogenannte „Vernebler" hergestellt, welche in die

Ansaugleitung zwischen Motor und Vergaser eingeschaltet werden und die Aufgabe besitzen, das in Tröpfchenform im Gemisch enthaltene Benzin aus demselben auszuscheiden und neuerdings zu „vergasen". Diese Vernebler, von welchen das bekannteste Fabrikat in Deutschland der „Ökonom" ist, erfüllen ihre Aufgabe dadurch, daß sie, sei es durch ein rotierendes Flügelrad, sei es durch feststehende Schaufeln, das Gemisch in rotierende Bewegung versetzen, so daß die Kraftstofftröpfchen ausgeschieden werden. Durch diese Vernebler wird tatsächlich eine Verminderung des Brennstoffverbrauches um etwa 15—20 % (es läßt sich eine kleinere Düse im Vergaser verwenden), eine geringere Erhitzung des Motors, dadurch ein geringerer Verbrauch an Öl, eine Mehrleistung des Motors, dadurch eine Erhöhung der Stundengeschwindigkeit um etwa 10 % und ein besseres Steigungsvermögen, schließlich auch eine größere Elastizität des Motors erzielt. Wichtig ist, den Vernebler genauestens einzustellen, da nur ein genau einregulierter Vernebler tatsächlich die gewünschten Vorteile bieten kann, zumal dieselben häufig auch mit einem einstellbaren, automatischen Frischluftventil verbunden sind. Die Abbildungen 521 und 522 stellen den „Ökonom" dar.

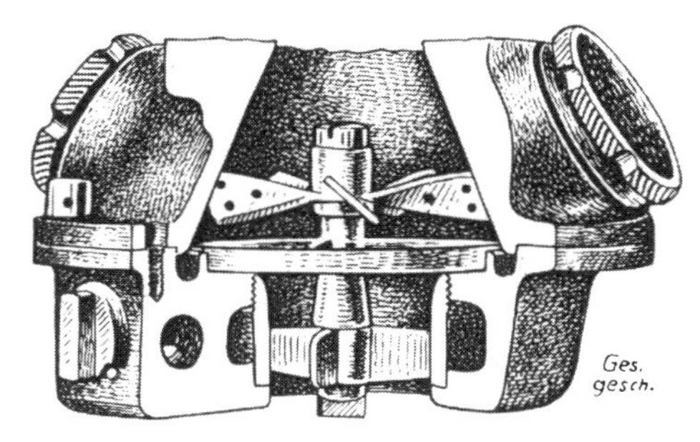

Abb. 522. Das Innere eines Kraftstoffverneblers.

Deutlich sichtbar ist das Ventilatorrädchen, durch welches die tröpfchenförmigen Teile des Gemisches ausgeschieden und neu zur Vergasung gebracht werden. Seitliche Schaugläser zur Kontrolle der Funktion.

Schließlich seien noch die sogenannten Benzinsparer erwähnt, die in die Ansaugleitung, welche angebohrt wird, eingesetzt werden. Diese Benzinsparer haben die Aufgabe, dem Gemisch mehr Frischluft zuzusetzen und werden durch einen eigenen Hebel von der Lenkstange aus betätigt. Der Vergaser ist vollkommen normal einzuregulieren und zwar bei geschlossenem Benzinsparer. Der Benzinsparer wird geöffnet, sobald der Motor genügend heiß ist, und wird hauptsächlich in der heißen Jahreszeit Verwendung finden. Zur Ermöglichung eines plötzlichen Anziehens des Motors wird man in den meisten Fällen den Benzinsparer schließen müssen, desgleichen bei geringer Tourenzahl.

Ausschlaggebend ist für den Benzinverbrauch die Fahrtechnik. Zur Ersparung an Brennstoff kann gelten: langsam Gas geben, so fahren, daß die Bremsen nicht benützt werden müssen, rechtzeitig Gas drosseln — derjenige Fahrer ist der beste und sparsamste, der am wenigsten die Bremsen benötigt —, den Lufthebel so weit wie möglich öffnen, die Zündung stets richtig einstellen, weder zuviel Vorzündung noch zuviel Nachzündung geben. Es ist sicher, daß man durch ein entsprechendes Fahren mindestens 15—20% Betriebsstoff ersparen kann. Das Urteil des Anfängers ist daher bezüglich des Betriebsstoffverbrauches nicht maßgebend. Auch in dieser Hinsicht ist Übung und Sachkenntnis erforderlich.

Zeltlager am See.

l) Kampieren in Zelten.

In Verbindung mit dem Kraftradsport hat sich in Amerika sehr stark der „Camping-Sport" eingebürgert. Da die Mitnahme eines Zeltes und das Übernachten im Zelt den Reiz einer Motorradtour wesentlich erhöhen und ganz bedeutende finanzielle Ersparnisse mit sich bringen, die letzten Endes für jeden Motorradfahrer ausschlaggebend sind, sei einiges in dieser Hinsicht hier angeführt.

Für den Solofahrer wird in erster Linie ein möglichst kleines und leichtes Zelt in Frage kommen, etwa jenes, welches in Abbildung 523 dargestellt ist. Ein solches Zelt wiegt nur ein bis zwei Kilogramm und kann leicht in der Packtasche oder im Brotbeutel untergebracht werden. Da der Luftraum dieses Zeltes außerordentlich gering ist, erwärmt sich die Innenluft durch die Wärmeausstrahlung des Körpers sehr rasch, so daß die Mitnahme von schweren Decken keineswegs erforderlich ist.

Für den Beiwagenfahrer, der in den meisten Fällen nicht unwesentliches Gepäck mitführt, dürfte wohl das in Deutschland in

Abb. 523. Leichtes 1—2-Mann-Zelt für Solofahrer.

Festgenähte Bodenfläche, geringes Gewicht (1—2 kg), in einer etwas größeren Ausführung auch für 2—3 Personen passend.

letzter Zeit sehr stark in den Handel gebrachte „Hauszelt" von Vorteil sein. Der Verfasser hat auf seinen größeren Reisen stets ein nach eigenen Angaben hergestelltes Hauszelt verwendet und ist dabei sehr gut gefahren. Wichtig ist, daß man eine wasserdichte Bodenfläche fest an die Seitenwände annäht und dadurch ein Eindringen von Insekten und Reptilien verhindert. Vorteilhaft ist es, an diese Bodenfläche auf der Öffnungsseite einen

Abb. 524. Das Hauszelt des Beiwagenfahrers.

Grundfläche etwa 2 × 2 m, Höhe etwa 1,80 m, senkrechte Seitenwände, überragendes Dach. Für größere Touren ausgezeichnet geeignet.

starken Fortsatz anzunähen, der tagsüber das Daraufsitzen ermöglicht und, wenn man sich zur Rast in das Zelt legen will, hereingeklappt wird, um eine Beschädigung des zarten Bodens durch die Schuhe zu verhindern, während der Fortsatz in der Nacht hochgeklappt wird, um auch auf dieser Seite einen vollkommenen Abschluß zu erzielen. Ein solches Zelt hatte der Verfasser auch auf seiner Balkanexpedition 1926 und Afrikaexpedition 1927 in Verwendung, so daß er sich besonders in Albanien, Makedonien, Bulgarien, Algier und Tunis vollkommener Unabhängigkeit erfreute und trotz des Übernachtens im Freien von Moskitos, Skorpionen, Schlangen und anderem Getier nie belästigt werden konnte; Abbildung 524.

Der große Vorteil des Übernachtens in Zelten ist die vollkommene Unabhängigkeit, die Möglichkeit, dort, wo man eben übernachten will, sein Quartier aufzuschlagen und vor allen Dingen die Fahrt schon sehr früh fortsetzen zu können, während es eine bekannte Tatsache ist, daß man in Gasthöfen morgens sehr viel Zeit verliert, bis man tatsächlich in Schwung kommt. Erwähnt sei des weiteren, daß man bei Zeltübernachtungen naturgemäß früher schlafen geht, als dies bei Gasthofübernachtungen der Fall ist, wodurch man immer wieder in die Lage kommt, früher aufzubrechen und entweder größere Tagesetappen zu erzielen oder aber mehr Zeit für die Besichtigung von Städten oder landschaftlichen Schönheiten freizuhalten. Neben der finanziellen Ersparnis durch den Wegfall der Übernachtungskosten ergibt sich auch eine solche infolge der bei Zeltübernachtungen sich ergebenden Selbstzubereitung der Speisen auf dem Spirituskocher oder am offenen Feuer. Zur Erleichterung der Herstellung der Mahlzeiten empfiehlt sich jedenfalls die Mitnahme von Konserven verschiedenster Art.

Am Anfang wird man naturgemäß die Zeltübernachtung nicht gewohnt sein und daher dieselbe unbequem finden. Wer sie jedoch einige Male mitgemacht hat, wird sich so an das Übernachten in Zelten gewöhnen, daß er im Zelt fast ebenso gut schläft wie im Bett und von der Herrlichkeit der Übernachtung in der freien Natur begeistert ist. Es empfiehlt sich, statt der gewöhnlichen Decken Schlafsäcke aus Flanell, wenn möglich mit einem Überzug aus feinem Zeltstoff, zu verwenden. Jedenfalls ist eine starke Decke unterzubreiten.

Besitzt das Fahrzeug elektrische Beleuchtung, so wird man einen Steckkontakt vorsehen, an welchen eine im Zelte aufgehängte Handlampe angeschlossen wird.

Als Kopfkissen dient am besten ein Luftkissen, allenfalls auch irgend ein Teil der Ausrüstung. Neuerdings sind sogenannte Luftmatratzen in den Handel gekommen, welche mit der Pumpe aufgepumpt werden und eine gewöhnliche Matratze so gut wie gänzlich ersetzen. Allerdings kommen diese Bequemlichkeitseinrichtungen derart teuer, daß nur wenige Kraftradfahrer sich dazu entschließen dürften, derartige Dinge anzukaufen.

Während der Übernachtung wird man das Motorrad vor dem Zelt stehen lassen. Die beste Diebstahlsicherung besteht in einer Schnur, die am Fahrzeuge befestigt wird, unter einigen Grasbüscheln ins Zelt führt und die sich der Fahrer um das Fußgelenk bindet. Im übrigen wird man Belästigungen dadurch aus dem Wege gehen, daß man abseits der Straße, wenn möglich in Waldungen, sein Lager aufschlägt. Gegen Wetterunbilden kann das Fahrzeug allenfalls durch eine darüber gelegte Zeltbahn, die am Boden angepflockt wird, geschützt werden.

Bezüglich der Anschaffung geeigneter Zelte läßt man sich am besten den Katalog eines großen Sportgeschäftes oder einer Spezialfabrik geben. Die Kosten eines kleinen Zeltes, wie ein solches besonders für den Solofahrer in Betracht kommt, betragen etwa 30—40 Mark, eines größeren Hauszeltes, in welchem ohne weiteres drei bis vier Personen nächtigen können, etwa 40—60 Mark samt allem Zubehör.

m) Fahrten zu zweit.

Es steht außer jedem Zweifel, daß es bei großen Fahrten vorteilhafter, praktischer und reizvoller ist, zu zweit zu fahren, wenngleich natürlich auch in dieser Hinsicht in erster Linie der persönliche Geschmack zu entscheiden hat. Es gibt viele Fahrer, welche größere Touren nicht gern mit Sportkameraden, die selbst auf einer Maschine fahren, unternehmen, weil dies stets eine gegenseitige Abhängigkeit, welche unter Umständen sehr verzögernd wirken kann, bedingt. Andererseits ist es natürlich leichtfertig und, wenn man nicht gerade den Charakter eines Einsiedlers besitzt, gerade nicht unterhaltend, eine große Tour vollkommen allein zu unternehmen. Die Mitnahme eines männlichen oder weiblichen Begleiters auf einem am Gepäckträger angebrachten zweiten Sitz ist daher die naheliegendste Lösung. Tatsächlich hat das sogenannte „Soziusfahren" in letzter Zeit ganz wesentlich zugenommen. Das Soziusfahren ist, genau betrachtet, eine Folgerung aus finanziellen Erwägungen und dem Bestreben, nicht allein zu sein, bzw. dem Wunsch, eine bestimmte Person mitzuführen. Einerseits empfindet man es als eine Erleichterung, in allen Fällen einen Helfer bei der Hand zu haben, oder man entschließt sich aus anderen Rücksichten für Fahrten zu zweit, andererseits scheut man die wesentliche finanzielle Mehrbelastung durch die Anschaffung und die Mitnahme eines Beiwagens. Schließlich dürfte auch der Umstand für die Verbreitung des Soziusfahrens sprechen, daß viele Kraftradfahrer das Beiwagenfahren als unsportlich empfinden und lieber beim einspurigen Fahrzeug bleiben. Die Frage, ob letztere Einstellung richtig ist oder nicht, wird unter dem Abschnitt „Beiwagen" näher behandelt werden.

Naturgemäß sind für Fahrten zu zweit gewisse Vorkehrungen erforderlich, die im folgenden ebenso wie die notwendigen Fertigkeiten besprochen werden sollen. In erster Linie ist dies die Handhabung der Maschine, dann die Fahrtechnik für das Soziusfahren und schließlich die Ausrüstung des Mitfahrers.

1. Die Ausrüstung des Kraftrades für Fahrten zu zweit.

Die erste Voraussetzung für das Tourenfahren zu zweit ist die Anschaffung eines erstklassigen Soziussattels. Gerade auf dem Gebiete der Soziussättel sind im Laufe der letzten Jahre ganz durchgreifende Neuerungen auf den Markt gebracht worden, die für den Mitfahrer eine wesentliche Erleichterung darstellen. Die Zumutung, auf einem aufgeschnallten Polster oder auf einem schlechten Sattel mitzufahren, ist nicht nur aus sanitären Rücksichten, sondern auch in Rücksichtnahme der eigenen Sicherheit zu verwerfen, da bei einem schlechten Sattel der Mitfahrer wiederholt seine Sitzlage verändern wird und dadurch unter Umständen ein Unglück herbeiführen kann. Es ist auch eine

Tatsache, daß der Mitfahrer wesentlich stärkeren Stößen ausgesetzt ist als der Fahrer, und zwar dies deswegen, weil er fast senkrecht über dem Hinterrade sitzt und nicht in der Lage ist, sich einen derart festen Halt zu verschaffen, wie ihn die Lenkstange dem Fahrer selbst bietet. Dazu kommt, daß häufig auch die Sitzlage des Mitfahrers weit ungünstiger ist, als jene des Fahrers, da die Soziusfußrasten wesentlich höher angebracht sind, als die für den Fahrer bestimmten.

Alle diese Umstände sprechen dafür, beim Ankauf eines Soziussattels nur das Beste vom Besten zu wählen und langjährige Sportleute zu Rate zu ziehen. Die meisten Fahrer, die größere Reisen zu zweit gefahren sind, werden sich mehrere Soziussättel angeschafft haben, bis sie zu einem Erzeugnis kamen, das ihnen bzw. ihren Mitfahrern wenigstens einigermaßen entsprochen hat.

Ganz besonders bei der Mitnahme von weiblichen Mitfahrern ist die Verwendung eines erstklassigen Soziussattels notwendig, da an und für sich das Soziusfahren zweifelsohne vom gesundheitlichen Standpunkt aus keineswegs einen günstigen Einfluß auf den zart gebauten weiblichen Organismus ausübt.

Bezüglich der Ausführung der Soziussättel kann man drei verschiedene Arten feststellen: Luftkissen, Polstersitze und Federsättel.

Die Luftkissen bestehen aus einem vollkommen dichten Gummibeutel, der mit einem entsprechenden Ventil versehen ist, mit der gewöhnlichen Pumpe sich aufpumpen läßt und vermöge einer gutausgeführten Lederhülle mit Wulstrand einen entsprechenden Sitz gewährt. Das Luftkissen hat den großen Vorteil eines vollkommen verteilten Druckes beim Sitzen und dadurch einer gleichmäßigen Inanspruchnahme der menschlichen Sitzfläche. Ermüdungserscheinungen werden auf diese Weise zum größten Teile vermieden. Nachteilig ist bei pneumatischen Sitzen, daß dieselben nicht befähigt sind, schwere Stöße aufzunehmen und daß bei den meisten Konstruktionen eine seitliche Beweglichkeit ermöglicht ist. Für leichte bis mittelschwere Personen und bei nicht allzuschlechten Straßen wird sich jedoch das Luftkissen nicht schlecht bewähren.

Die gewöhnlichen Polstersitze sind nach der Art einer guten

Stuhlpolsterung unter Verwendung von Spiralfedern hergestellt. Meistens erhalten sie die Form eines Sattels und bieten dadurch eine bequeme Sitzmöglichkeit. Bei einer guten Abdichtung der Lederhülle besitzen Polstersitze auch eine Art pneumatische Wirkung, welche in stoßdämpfender Hinsicht sehr vorteilhaft ist.

Weitaus die verbreitetsten Sättel sind die Federsättel, von welchen es eine Unzahl von verschiedenen Ausführungen gibt

Abb. 525. Flacher Soziussattel mit Flachfedern.
Als recht zweckmäßig haben sich jene Soziussättel erwiesen, deren Sitzfläche aus einer dünnen, flachen, gepolsterten Stahlplatte besteht. Selbst wenn diese an den vier Eckpunkten starr befestigt wäre, ergibt sich noch immer eine sehr gute Abfederung. Bei der obenstehenden Ausführung ist vorne ein Gelenk vorgesehen, der rückwärtige Teil kann sich, durch lange, flache Stahlbänder unterstützt, auf und ab bewegen.

Während es Sättel gibt, deren Sitzfläche viereckig und vollkommen eben ist (Abbildung 525), lehnen sich andere Sättel bezüglich ihrer Ausführung und Formengebung an den gewöhnlichen Motorradsattel vollkommen an. Letztere Ausführung ist meines Erachtens deswegen vorzuziehen, weil sie dem Fahrer einen besseren Halt gibt als die vollkommen flachen Sitze. Ein Sattel, der eine ähnliche Form aufweist wie der Sattel des Kraftradfahrers selbst, ist in Abbildung 526 dargestellt. Wichtig ist bei all diesen Sitzen, daß die Sitzfläche bestens gepolstert und

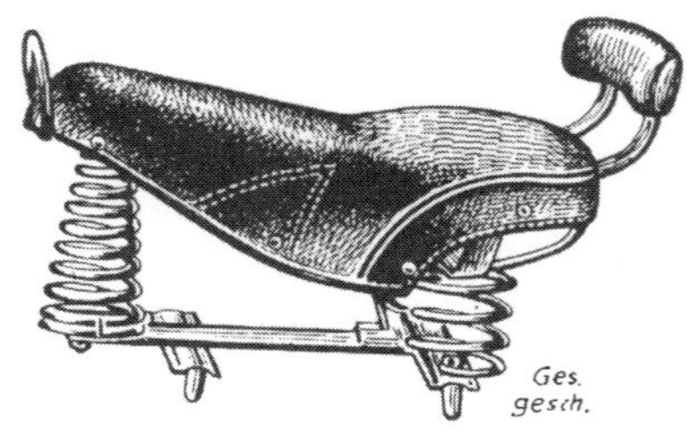

Abb. 526. Soziussattel nach der Art des Motorradsattels.

Diese Sättel haben naturgemäß den Nachteil, daß das seitliche „Schwimmen" nicht ganz vermieden ist und daß sich die Spiralfedern seitlich ausbiegen, dies besonders dann, wenn nicht wenigstens vorne eine Befestigung mit einfachem Bolzengelenk an einem starren Bügel erfolgt.

dadurch befähigt ist, sich den Körperformen nach Möglichkeit anzupassen. Auch bei diesen Sätteln sind Hängefedern den leider meistenteils verwendeten Druckfedern unbedingt vorzuziehen. Die Hängefedern (Zugfedern) sind am besten geeignet, die schweren Stöße der so gefürchteten „Schlaglöcher" abzudämpfen. Ebenso wie für den Kraftradfahrer gibt es auch für den Mitfahrer Sättel, deren Sitzflächen völlig aus straff ge-

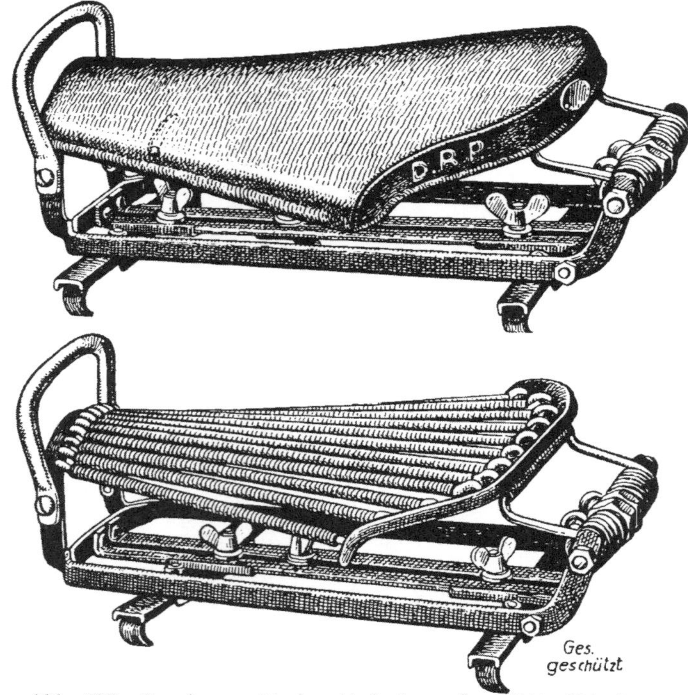

Abb. 527. Soziussattel mit federnder Sitzfläche.

Die federnde Sitzfläche schmiegt sich den Körperformen an, vermeidet dadurch einen auf kleine Flächen konzentrierten Druck und schaltet frühzeitiges Ermüden vollkommen aus.

spannten Spiralfedern bestehen und die überdies noch gesondert abgefedert sind. Ein solcher Sattel ist in Abbildung 527 dargestellt.

Neben diesen den Kraftradsätteln ähnlichen Sitzen sind auch solche, welche den gewöhnlichen Reitsätteln nachgebildet sind, erhältlich. Diese werden sowohl mit längsgespannten Spiralfedern als auch mit quergelegten Blattfedern hergestellt. Blattfedern haben sich jedoch in der Praxis und auf schlechten Straßen nicht sehr bewährt, da sie einerseits zu rasch ermüden, andererseits große Neigung zum Brechen zeigen.

Man sollte grundsätzlich sowohl für den Fahrer als auch für den Mitfahrer nur Sättel wählen, deren Sitzfläche aus gespannten Spiralfedern besteht. In einigen Jahren dürfte es wohl nur mehr solche Sitze oder die bequemen Pfannensättel mit langen Zugfedern geben.

Die Sättel sollen mit einem entsprechenden Haltebügel ausgestattet sein, um den Mitfahrer, besonders bei auftretenden schweren Stößen, ein Festhalten zu ermöglichen. Diese Haltebügel haben nur dann einen Zweck, wenn sie in besonders robuster Ausführung hergestellt sind, um nicht, wie dies leider bei vielen Erzeugnissen vorkommt, in Fällen der Gefahr und stärksten Beanspruchung nachzugeben oder gar zu brechen. Außerdem sei darauf aufmerksam gemacht, daß das Streben der Konstrukteure, dem Mitfahrer dadurch die Bequemlichkeit zu erhöhen, daß der Haltebügel an einem gefederten Teil des Sattels befestigt wird und so dessen Bewegungen mitmacht, in diesem Punkte keineswęgs zweckentsprechend ist, da der Mitfahrer nur dann einen wirklich festen und zuverlässigen Halt besitzt, wenn er sich an einem starr befestigten Bügel festhalten und sich auf den Sattel niederpressen kann. Es sei daher auf die Notwendigkeit eines am Gepäckträger oder Rahmen montierten Bügels aufmerksam gemacht, falls es nicht vorgezogen wird, daß sich der Mitfahrer direkt am Leibriemen des Fahrers festhält.

Nach dem Sattel ist für den Mitfahrer am wichtigsten die Anschaffung von wirklich guten Fußrasten. Die meisten Fußrasten haben die Eigenschaft, sich nicht genügend fest an die meist runde Gabelstrebe festklemmen zu lassen, so daß sie sich nach abwärts verdrehen. Gerade in kritischen Augenblicken, beim Schleudern der Maschine, kann unter Umständen ein plötzliches Nachgeben der Fußrasten des Mitfahrers eine lebensgefährliche Situation mit sich bringen. Es ist daher gewiß angebracht, auch bezüglich der Fußrasten, die ja, wenn eine entsprechende Ausführung gewählt wird, nur eine einmalige Ausgabe darstellen, nur das Beste anzuschaffen, wobei auf die jederzeitige Auswechselbarkeit des Gummibelages, auf welchen wohl nicht verzichtet werden kann, Bedacht genommen werden soll. Außerordentlich bewährt haben sich in der Praxis die von den Wandererwerken hergestellten Fußrasten, die sich durch eine robuste Ausführung auszeichnen und in jeder Richtung verstellbar sind. Von Vorteil sind auch jene Fußrasten, welche, wie dies Abbildung 528 zeigt, an der oberen Hinterradgabel befestigt sind und sich, um dadurch ein Verdrehen unmöglich zu machen, an das untere Rohr anlegen. Die Anbringung von aufklappbaren Fußrasten ist im allgemeinen zu empfehlen, da besonders beim Anstarten oder Schieben des Fahrzeuges bei starren Fußrasten leicht Verletzungen auftreten können.

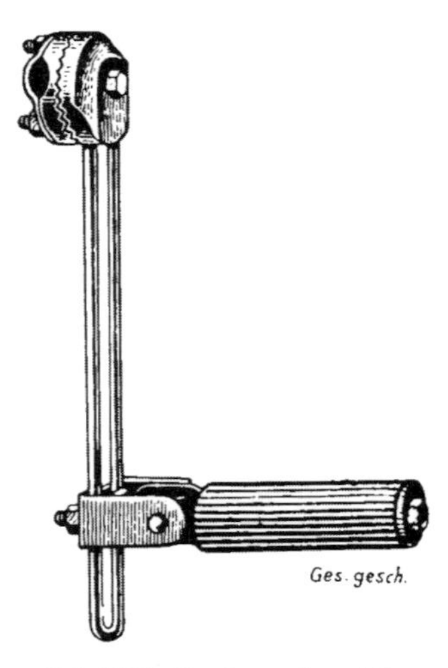

Abb. 528. Fußraster für den Sozius.

Die Befestigung erfolgt an der oberen Hinterradstrebe. Der lange Bügel legt sich gegen die untere Hinterradstrebe und verhindert so ein Verdrehen. Der eigentliche Fußraster läßt sich am Bügel in verschiedenen Höhen festklemmen und aufklappen.

Manche Fabriken sind der Ansicht, die beste Lösung dadurch gefunden zu haben, daß sie die Fußrasten mittels eines Gestänges mit dem Sattel verbinden und abfedern. In dieser Hinsicht gilt jedoch das bezüglich des Haltebügels Gesagte. Die Fahrsicherheit erfordert unbedingt starre Fußrasten. Außerdem scheuern sich die Gelenke der stark beanspruchten Fußrasten rasch aus und diese verlieren auch dadurch die erforderliche Festigkeit. Letzten Endes schließen die beweglichen Fußrasten, schon infolge des Verbindungsgestänges zwischen Sattel und Fußrasten, die Möglichkeit in sich, daß während des Fahrens ein Scheppern entsteht, das für jeden Kraftfahrer ein Greuel ist.

Neuerdings konnte man auch statt der sonst üblichen Fußrasten Fußbretter für den Mitfahrer sehen, sei es, daß dieselben gesondert angebracht, sei es, daß die Fußbretter des Fahrers nach hinten entsprechend verlängert wurden. Diese Ausführung kommt jedoch nach Ansicht des Verfassers nur für den Beiwagenbetrieb in Betracht, da beim Solofahren ganz besonders für den Mitfahrer eine unbedingte Sitzfestigkeit anzustreben ist, die durch Fußbretter niemals erreicht werden kann.

Grundsätzlich wäre von den Fahrzeugwerken zu verlangen, daß von vornherein am Rahmen entsprechende Fußrasten für den Sozius vorgesehen werden. Es ist erfreulich, daß in dieser Hinsicht die Konstrukteure verschiedener deutscher Fabriken mustergültig vorangegangen sind.

An sonstigen Vorteilen für das Fahren zu zweit ist die Verwendung eines stärkeren Hinterradreifens und, bei leichteren Maschinen, der Ersatz der Speichen des Hinterrades gegen stärkere zu erwähnen.

Abgesehen von kleinen Gelegenheitsfahrten kommt für das Tourenfahren zu zweit, wenigstens für das Hinterrad, nur ein Reifen mit $3^1/_2$ Zoll Durchmesser, also z. B. in der Größe $26 \times 3^1/_2''$, in Frage. Anzustreben ist zum Soziusfahren auf alle Fälle die Verwendung von Ballonreifen, besonders dann, wenn nicht ein Sozius, sondern eine Sozia mitgenommen wird.

Bei vielen Maschinen der leichteren Klassen sind die Speichen des Hinterrades so leicht gehalten, daß ständig Defekte auftreten. Wenngleich das Reißen einer oder zweier Speichen an sich durchaus belanglos ist, trägt es doch schon den Keim des Reißens der Nachbarspeichen in sich und führt daher, falls nicht beachtet, unbedingt einen Defekt herbei, dessen Behebung häufig vom Fahrer selbst nicht besorgt werden kann und einen wesentlichen Zeitaufwand erfordert. Man tut daher vor Mitnahme eines Sozius gut daran, von vornherein die etwas zu schwachen Speichen gegen stärkere austauschen zu lassen.

Schließlich sei noch erwähnt, daß bei sehr leichten Maschinen und bei Gebirgsfahrten allenfalls die Maschine niedriger zu übersetzen ist, um das Nehmen jeder in Betracht kommenden Steigung zu ermöglichen.

2. Die Ausrüstung des Soziusfahrers.

Der Soziusfahrer ist durch den vor ihm sitzenden Fahrer nicht unwesentlich vor Wetterunbilden geschützt. Insbesondere ist der Soziusfahrer nicht genötigt, die Arme stets in der gleichen Weise zu halten, er kann sie vielmehr in den Windschatten des Fahrers legen. Die Ausrüstung des Soziusfahrers wird daher bezüglich der Wetterunbilden einfacher gehalten sein können als jene des Fahrers. Fest steht jedoch, daß der Soziusfahrer mehr dem Staub ausgesetzt ist als der Fahrer selbst, da durch das hinter dem Fahrzeug während der Fahrt entstehende Vacuum der Staub von der Straße sozusagen in die Höhe gesaugt wird. Jedenfalls empfiehlt sich, auch für den Mitfahrer eine entsprechende Ausrüstung, für welche im allgemeinen die gleichen Grundsätze gelten wie für jene, welche bereits bezüglich des Fahrers selbst erörtert wurden, anzuschaffen.

Eine am Rücksitz mitfahrende Dame wird für größere Fahrten gut tun, nicht im Rock, sondern in einer entsprechenden Breeches- oder Pumphose zu fahren. Das Fahren mit kurzem, kniefreien Rock mag „anziehend" sein, ist aber durchaus unpraktisch und außerordentlich gesundheitsschädlich. Eine schicke, zweckmäßige Ausrüstung der „Sozia" zeigt Abbildung 529.

3. Die Fahrtechnik für das Soziusfahren.

Die Meinung, daß das Fahren zu zweit gefährlicher sei als das Solofahren, ist irrig, dies jedoch nur unter der Voraussetzung, daß der Soziusfahrer sich entsprechend zu verhalten weiß und die beiden Fahrer gut aneinander gewöhnt sind.

Die Bremsstrecke eines von zwei Personen besetzten Fahrzeuges ist trotz der größeren Masse, deren Schwung abzubremsen ist, infolge der doppelten Belastung des Hinterrades wesentlich kürzer als beim Solofahrzeug. Ein von zwei Personen besetztes Fahrzeug schleudert in der Kurve aus dem gleichen Grunde weniger leicht, ebenso wie auch beim Soziusfahren auf regendurchweichter Straße eine weit größere Stabilität vorhanden ist als beim Einzelfahren.

Das Wichtigste ist, daß der Soziusfahrer die ihm zufallenden Obliegenheiten richtig durchführt. In erster Linie obliegt ihm ein unbedingtes und auch in Gefahrsmomenten durch nichts

Abb. 529. Abb. 530.

Abb. 529. Zweckmäßige Bekleidung der Sozia.
Die Mitfahrerin soll nicht nur schick, sondern muß auch zweckmäßig gekleidet sein. Kräftiger Beinschutz erforderlich. Florstrümpfe und Schuhe mit hohem Absatz wirken am Kraftrad höchst lächerlich.

Abb. 530. Grundfalscher Sitz der Mitfahrerin.
In gefährlichen Situationen wird das Gleichgewicht, wie dies das Bild zeigt, stets schwerfallen, wenn es auch sonst ganz gut gehen mag, im Damensitz zu fahren.

zu erschütterndes Stillhalten. Gerade der Anfänger, der furchtsam ist, begeht in dieser Hinsicht vielfach Fehler, indem er sich in der Kurve entweder mitneigt oder versucht, auch in der Kurve lotrecht zu sitzen, beides Umstände, deren Auswirkungen vom Fahrer nur mit Mühe hintangehalten werden können.

Der Soziusfahrer muß unter allen Umständen kerzengerade auf der Maschine sitzen, auch dann, wenn sich die Maschine neigt. In diesem Fall, also in Kurven, hat sich seine Haltung gegenüber dem Fahrzeuge nicht zu ändern, so daß Maschine und Mitfahrer stets eine Ebene bilden. Das Sitzen im Damen-Reitsitz ist gefährlich und kann in kritischen Fällen zu der in Abbildung 530 dargestellten Situation führen.

Um einen festen Sitz zu haben und nicht bei plötzlichen Bodenunebenheiten ins Wackeln zu kommen oder gar abgeschleudert zu werden, hat sich der Soziusfahrer stets wenigstens mit einer Hand festzuhalten. Am vorteilhaftesten ist es, wenn sich der Soziusfahrer an einem Leibriemen des Fahrers oder um dessen Hüften festhält. Um dies zu erleichtern, sind im Handel auch Riemen mit eigenen Halteschlingen erhältlich. Das Auflegen der Hände auf die Schultern des Fahrers ist meines Erachtens nicht von Vorteil und hemmt zweifelsohne unter Umständen die freie Beweglichkeit. Um eine größtmögliche Stabilität des ganzen Fahrzeuges zu erhalten, ist es notwendig, daß der Soziusfahrer möglichst weit vorn, also möglichst knapp am Fahrer selbst sitzt. In gefährlichen Situationen, insbesondere beim Schleudern der Maschine wird sich der Mitfahrer ganz an den Fahrer anschmiegen und sich an demselben um die Hüften anhalten müssen.

Dem Soziusfahrer werden mit Vorteil für die Fahrt gewisse Obliegenheiten aufgelastet. So insbesondere wird es seine Sache sein, den Fahrer auf nachkommende und überholende Fahrzeuge aufmerksam zu machen, wobei jedoch, wie überhaupt, alle plötzlichen Zurufe unbedingt zu vermeiden sind, da sie begreiflicherweise den Fahrer stark beeinflußen.

Die Verkehrszeichen gibt der Fahrer selbst und überläßt dies nicht dem Mitfahrer, da nicht allzuselten im letzteren Falle widersprechende Zeichen gegeben werden, die, wenn es der Zufall will, zu Unfällen führen können.

Eine der Obliegenheiten des Soziusfahrers wird es auch sein, die Auspuffklappe auf und zu zu machen, da dieselbe meist für den Soziusfahrer leichter erreichbar angebracht ist als für den Fahrer. In Deutschland kommt jedoch diese Tätigkeit zur Zeit infolge des Verbotes der Auspuffklappen nicht in Frage.

Schließlich wird es auch Sache des Soziusfahrers sein, die Karten und Pläne bei der Hand zu halten und den Fahrer rechtzeitig auf Abzweigungen und Kreuzungen aufmerksam zu machen.

Falls das Gepäck nicht in seitlichen Packtaschen untergegebracht ist und ein Rucksack mitgenommen wird, ist dieser Rucksack vom Mitfahrer zu tragen, auch wenn es sich um eine Sozia handelt. Eine Galanterie des Fahrers, den Rucksack der Sozia abzunehmen und denselben auch während der Fahrt selbst zu tragen, ist abzulehnen, da ein zwischen Fahrer und Mitfahrer befindlicher Rucksack unter Umständen gefährlich werden kann. Bei dieser Gelegenheit sei auch auf die Mittätigkeit des Mitfahrers bei der Durchführung der gesamten Fahrt, so insbesondere auf die Mithilfe bei Reparaturen und sonstigen Arbeiten hingewiesen. Besonders die Damen glauben allzugern, bei auftretenden Reparaturen oder Arbeiten zusehen oder sich mit anderen Dingen, Blumenpflücken oder dergleichen, beschäftigen zu können. In dieser Hinsicht will der Verfasser dem Kraftradfahrer zu Hilfe kommen und seiner Mitfahrerin sagen, daß ein derartiges Verhalten der Sozia wirklich unkameradschaftlich und danach angetan ist, dem Kraftradfahrer die Fahrt zu verleiden. Das Kraftradfahren ist eine sportliche Sache, und da geht es nicht an, nur das Vergnügen mitzumachen und bei auftretenden Schwierigkeiten die Überwindung derselben lediglich dem männlichen Partner zu überlassen. Es gibt keinen Fall, in welchem die Sozia nicht behilflich sein kann. Sie wird sich rechtzeitig über die Unterbringung des Werkzeuges, des Pneumatikreparaturzeuges sowie der sonstigen Ausrüstungsgegenstände unterrichten müssen, um den Fahrer durch Auspacken des Werkzeuges und Reichen der verlangten Werkzeuge (Bezeichnung der Werkzeuge lernen!) unterstützen zu können. Schließlich wird schon die bloße Anteilnahme an den notwendig gewordenen Arbeiten die manchmal wirklich nicht mögliche Unterstützung des Fahrers bei der Durchführung derselben ersetzen und eine Verstimmung über die Interesselosigkeit des Mitfahrers vermeiden. Es wird für eine Sozia, die öfters mitfährt, nicht allzu schwierig sein, sich leichtere Arbeiten, wie Zündkerzen auswechseln, Schlauch flicken usw., so genau anzusehen, daß sie im Bedarfsfalle dieselben auch selbst durchführen kann.

Abgesehen von der Unterstützung bei erforderlichen Arbeiten und Reparaturen ist es auch Sache der Mitfahrerin — bei einem männlichen Begleiter sind alle diese Dinge von vornherein selbstverständlich —, wo immer es gilt, zuzupacken und den Fahrer, dessen Hauptarbeit ja das Fahren selbst ist, zu unterstützen. In dieser Hinsicht wird das Aufpacken des Gepäcks bzw. die Unterstützung hierbei, das Führen von entsprechenden Aufzeichnungen über zürückgelegte Strecken, Benzin- und Ölverbrauch, usw. erwähnt.

Schließlich sei noch auf einen Umstand hingewiesen, der an sich geringfügig ist, in seiner Auswirkung aber für den Fahrer — meistens ohne daß es der Mitfahrer weiß — recht verdrießlich ist: das Sitzenbleiben auf dem Soziussitz beim Anhalten des Gefährtes. Wird stehengeblieben, so hat der Mitfahrer oder die Mitfahrerin rasch abzusteigen, um so auch dem Fahrer selbst das Absteigen zu ermöglichen. Weiter soll die Mitfahrerin behilflich sein, das Fahrzeug auf den Ständer zu heben.

Wenn alle diese, dem unerfahrenen Leser vielleicht nebensächlich erscheinenden Dinge so eingehend behandelt wurden, so ist dies auf die erfahrungsgemäße Tatsache zurückzuführen, daß von dem beschriebenen Verhalten des Soziusfahrers ein gut Teil der erforderlichen Harmonie zwischen Fahrer und Mitfahrer abhängt. Derjenige, der schon öfters Fahrten zu zweit unternommen hat, wird mir in diesem Punkte sicherlich recht geben.

Eine Dame, welche als Sozia mitfährt, muß eine Sportlerin sein (oder werden), und von einer solchen ist füglich zu erwarten, daß sie nicht nur die herrlichen Schönheiten des Kraftradsportes mit dem Fahrer teilt, sondern auch die gelegentlich auftretenden Widerwärtigkeiten.

Daß mondäne Artikel, wie Puderquaste und Lippenstift, beim Kraftradsport nichts zu suchen haben, bedarf wohl keiner besonderen Ausführung.

Abschnitt 20.

Winke für Reparaturen aller Art.

a) Störungen und deren Beseitigung, sowie kleinere Reparaturen und Arbeiten.

Im nachfolgenden werden die am häufigsten auftretenden Störungen angeführt und die vorzunehmenden Arbeiten schlagwortartig angegeben. Es ist sehr wichtig, daß bei der Jagd nach der Störung vollkommen systematisch vorgegangen wird und der Fahrer nicht bald dies und bald jenes versucht. Die vorzunehmenden Arbeiten sind daher auch in den nachstehenden Abschnitten systematisch geordnet.

I. Behebung von Störungen am Motor.

1) Der Motor springt nicht an.

Nachsehen, ob Benzinhahn geöffnet; falls ja, nachsehen, ob im Vergaser Brennstoff vorhanden ist, Antippen des Vergasers; falls Brennstoff im Tank vorhanden, Brennstoffhahn geöffnet und trotzdem kein Brennstoff im Vergaser vorhanden ist, Brennstoffleitung abnehmen und reinigen; Filter putzen!

Zündkerze herausschrauben und von Ruß befreien; Elektrodenabstand 0,3—0,5 mm. Zündkerzen vor dem Wiedereinschrauben auf den Zylinder legen und den Motor einige Male fest durchtreten; überprüfen, ob Zündfunken vorhanden. Wenn kein Zündfunke auftritt, versuchsweise Elektrodenabstand verkleinern oder Kerze austauschen; wenn auch dann noch keine Zündung erfolgt, Zündkabel überprüfen, ob nirgends Verletzung und Masseschluß vorhanden ist. Wenn auch das nicht der Fall ist, liegt der Defekt im Magnetapparat, meist am Unterbrecher oder Stromabnehmer. Diesbezügliches siehe unter „7“.

Wenn die Zündung in Ordnung befunden wurde, nachsehen, ob die Düse im Vergaser verstopft ist oder am Grunde des Vergasers Wasser liegt. Düse herausnehmen und durchblasen, Flüssigkeit aus dem Vergaser ablassen. Besonders wichtig für das Anspringen des Motors ist die gute Einstellung einer etwa vorhandenen Leerlaufdüse.

Nachsehen, ob die Bowdenzüge zur Betätigung der Vergaserregulierung funktionieren.

Ist der Motor trotz der erwähnten Arbeiten nicht in Gang zu bringen, dürfte die Ursache an einem Ventil liegen. Nachsehen, ob die Ventile einwandfrei arbeiten, insbesondere, ob sie rechtzeitig und genügend weit gehoben werden, sowie, ob sie vollkommen schließen. Bei verklemmten Ventilen Ventilverschraubung öffnen, Benzin oder Petroleum einspritzen und Ventile drehen.

2) Der Motor arbeitet unregelmäßig.

Zündkerzen untersuchen; Elektrodenabstand zu groß oder zu klein; Isolation gebrochen. Zündkerzen auswechseln. Ist die Zündkerze zerlegbar, kann sie auseinander genommen und gründlich geputzt werden.

Zündkabel untersuchen.

Nachsehen, ob der Unterbrecher richtig eingestellt ist; Unterbrecherdeckel abnehmen, Motor langsam durchdrehen (Dekompressor betätigen) und nachsehen, ob der Unterbrecherkontakt richtig öffnet und schließt. Im geöffneten Zustand soll ein Abstand von 0,4—0,6 mm zwischen den Kontakten vorhanden sein. Nachsehen, ob der Unterbrecher auf der Magnetachse festsitzt.

Vergaser überprüfen; Düse reinigen, etwa vorhandenes Wasser ablassen. Brennstoffleitung reinigen. Luftloch im Tankverschluß putzen.

Funktion der Ventile überprüfen und nachsehen, ob eine Ventilfeder gebrochen ist. Bei einem Bruch der Einlaßventilfeder wird aus der Ansaugöffnung des Vergasers infolge des langsamen Schließens des Einlaßventils zerstäubtes Benzin ausgestoßen. Häufig tritt ein Vergaserbrand ein. Bei gebrochener Ventilfeder diese auswechseln; falls eine Ersatzfeder nicht vorhanden ist, kann man sich bei zylindrischen Federn dadurch helfen, daß man die beiden Teile umdreht, so daß sie mit den gebrochenen

Enden auf den beiden Tellern aufliegen und sich nicht spiralig ineinander schrauben können. Bei konischen Federn legt man zwischen die beiden Federhälften eine durchbohrte Blechscheibe.

3) Der Motor zieht schlecht.

In den meisten Fällen ist eine mangelhafte Kompression die Ursache des Leistungsabfalles. Zur Behebung sind die Ventile einzuschleifen, die Kolbenringe zu erneuern, desgleichen die Dichtungen unter den Zündkerzen und Ventilverschraubungen. Bereits die Erneuerung der erwähnten Dichtungen ergibt eine Leistungssteigerung. Auch der Bruch einer Ventilfeder bringt einen Nachlaß der Motorleistung mit sich.

Nachsehen, ob genügend Öl vorhanden und die Ölleitung in Ordnung ist; nur bestes Öl verwenden!

Bei stark verrußten Motoren wird man die ursprüngliche Leistung durch das Entrußen des Zylinders und des Kolbens erlangen.

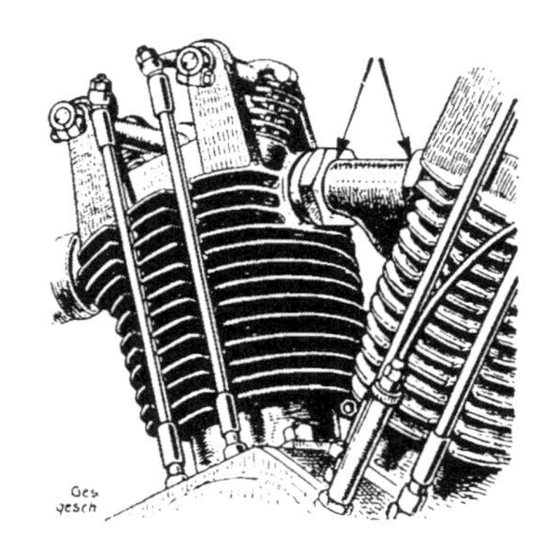

Abb. 531.
Häufige Fehlerquelle bei Zweizylindermotoren.
Es ist sehr wichtig, nach jeder Montage der Zylinder die Ansaugleitung neu einzustellen und einzupassen, um das Eintreten der „falschen Luft" zu verhindern.

Auspuffrohr und Auspufftopf gründlich reinigen. Verengungen im Auspuffrohr bringen einen starken Leistungsabfall sowie eine übermäßige Erhitzung des Motors mit sich.

Vergaser untersuchen, anderen Brennstoff probieren.

Es ist wenig bekannt, daß neben einer unrichtigen Zündeinstellung desgleichen auch eine ungenügende Intensität des Zündfunkens die Ursache einer schlechten Motorleistung sein kann, da es für den raschen Verlauf der Explosion nicht gleichgültig ist, ob ein starker oder ein schwacher Zündfunke auftritt. Häufig ist eine schlechte Einstellung des Unterbrechers mit zu wenig oder zu viel Abstand zwischen den geöffneten Kontakten die Ursache eines schwachen Zündfunkens und somit einer schlechten Motorleistung.

Bei Mehrzylindermotoren ist es nicht selten die Ansaugleitung, welche durch undichte Stellen (Abbildung 531) die Motorleistung beeinträchtigt. Mit Isolierband läßt sich rasch und einfach Abhilfe schaffen.

Bei Maschinen mit 4-ventiligen Motoren kommt es unter Umständen vor, daß die beiden Einlaß- bzw. die beiden Auslaßventile nicht vollkommen gleichzeitig öffnen und schließen. Sind an dem für je zwei Ventile gemeinsamen Schwinghebel keine Ein-

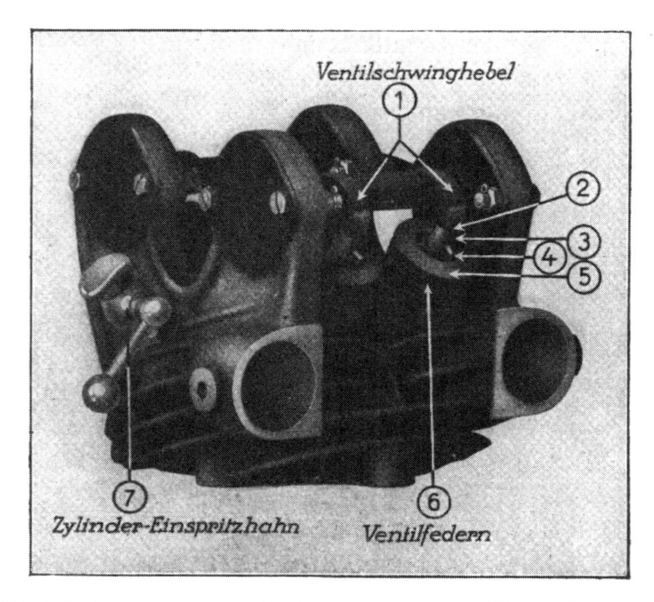

Abb. 532. Zylinderkopf eines vierventiligen Motors.
Die Ventilschäfte sind erforderlichenfalls derart zuzuschleifen, daß die zusammengehörigen Ventile vollkommen gleichzeitig öffnen, also gleich viel Luft zwischen Ventilschwinghebel und Ventilschaft im Ruhezustand vorhanden ist.

stellschrauben vorhanden (Abbildung 532), so ist der entsprechende Ventilschaft durch Abschleifen in der erforderlichen Weise zu verkürzen. Nur eine genaueste Einstellung der Ventile kann eine Höchstleistung ergeben.

Um eine gute Motorleistung zu erzielen, ist es des weiteren erforderlich, nur erstklassige Schmieröle zu verwenden.

Schließlich sei noch darauf verwiesen, daß schlechte Lagerstellen oder klemmende Bremsen ebenfalls den Anschein einer mangelhaften Motorleistung erwecken können.

Weiter überprüfe man auch die Ventilführungen, ob zwischen diesen und dem Ventilschaft zu viel Spiel besteht. Ist dies der Fall, schließen die Ventile nicht gleichmäßig. Außerdem erhält der Motor durch das Spiel beim Einlaßventil falsche Luft.

4) Der Motor klopft.

Kennzeichen: unangenehmes, klopfendes Geräusch im Motor, Nachlassen der Motorleistung, besonders in der Steigung; Folgen: rascher Verfall der Lager im Motor.

Meistens ist zu starke Frühzündung (Vorzündung) Ursache des Klopfens des Motors; Zündung zurückstellen, allenfalls Antrieb des Magnetapparates neu einstellen. Bei überhitzten Motoren treten häufig sogenannte Glühzündungen ein, welche ebenfalls ein Klopfen des Motors mit sich bringen.

Auch schlechter Brennstoff kann zum Klopfen des Motors Veranlassung geben. Mischen des Benzins mit Benzol im Verhältnis 1 : 2 oder 1 : 1 beseitigt zuverlässig das Klopfen. Bei Benzol allenfalls etwas größere Düse verwenden oder nach Bedarf die „Luft“ drosseln.

Weitere Ursachen: Kolben zu viel Spiel und Kolbenringe gebrochen. Kolbenringe erneuern; allenfalls eine etwas größere Dimension wählen.

Das Klopfen des Motors wird durch Verwendung schlechter Öle begünstigt.

5) Der Motor klingelt.

Kennzeichen: hohes, klingelndes Geräusch im Motor, das beim Drosseln des Gases sofort verschwindet.

Ursachen ähnlich wie beim Klopfen. Entrußen notwendig. Weniger Vorzündung. Häufig sind ausgeweitete Kolbennuten, in welchen die Kolbenringe seitliches Spiel besitzen, am „Klingeln“ mit schuld. Etwas breitere Kolbenringe verwenden und die Ringnuten auf der Drehbank entsprechend aufdrehen. Ventile, auf deren Sitz sich Ölkohle befindet, sind ebenfalls Ursache des Klingelns. Schlechte oder alte Zündkerzen, bei welchen ein Teil zum Glühen kommt, sind auszutauschen. Ventilführungen überprüfen.

6) Der Vergaser läuft über.

Undicht gewordene Schwimmer füllen sich mit Brennstoff und schließen nicht mehr das Ventil. Der Schwimmer wird herausgenommen und gegen einen neuen ausgetauscht. Falls ein Ersatz nicht vorhanden ist, treibt man durch leichtes Erwärmen des Schwimmers den in demselben enthaltenen Brennstoff heraus und verlötet die Öffnung. Provisorisch kann man die Öffnung mit etwas Seife, die unter dem Einfluß des Benzins fest wird, verstreichen.

Auch defekte oder verschmutzte Nadelventile geben Anlaß zum Überlaufen des Brennstoffs. Vergaser reinigen, Nadelventil neu einschleifen.

7) Der Motor bleibt stehen.

Brennstoff ausgegangen. Brennstoffleitung verstopft. Brenn-

Abb. 533. Das Abnehmen einer Brennstoffleitung.

Beim Abnehmen der Leitungen muß man darauf achten, daß nicht die Überwurfmutter am Rohrnippel festsitzt und diesen mitdreht, wodurch die Lötung aufgerissen werden würde. Man muß erforderlichenfalls den Nippel mit einer kleinen Rohrzange (Kombinationszange) festhalten, während man die Überwurfmutter löst.

stoffleitung abnehmen (Abbildung 533) und durchblasen; Filterputzen. Wasser im Vergaser.

Kein Zündfunken. Kerzen auswechseln bzw. reinigen. Zündkabel untersuchen. Unterbrecher nachsehen; Kontakte genau einstellen. Nachsehen, ob der Magnetantrieb in Ordnung und die Unterbrecherschraube festgezogen ist. Wenn noch immer kein Zündfunke, Stromabnehmer abnehmen und Verteilerscheibe mittels eines in Benzin getränkten Tuches bei gleichzeitiger langsamer Umdrehnng des Motors reinigen.

Bowdenzug für den Vergaser defekt; nachsehen, ob die Vergaserschieber tatsächlich durch die Betätigung des Hebels oder des Drehgriffes verschoben werden. Bei gebrochenem Bowdenzug kann man allenfalls die Bowdenzüge für Gas und Luft vertauschen und den Luftschieber auf Volluft feststellen.

Ventilbruch. Ventilverschraubung abnehmen und Ventil auswechseln. Bei Mehrzylindermotoren kann man auch dann, wenn ein Ersatzventil nicht vorhanden ist, die Fahrt vorsichtig fortsetzen, muß jedoch den im Zylinder befindlichen abgebrochenen Teil des Ventils entfernen. Bei gebrochenem Einlaßventil sind die Reste des Ventils zu entfernen und auf der Einlaßseite das noch ganze Auslaßventil einzubauen, wobei der Stößel für das Einlaßventil zu entfernen ist, so daß ein einwandfreies Ansaugen der noch in Tätigkeit befindlichen Zylinder gewahrt bleibt.

Den Stillstand des Motors kann auch eine lose gewordene Stößelschraube herbeiführen; die Stößelschraube ist neu einzustellen und mittels der Gegenmutter festzustellen. Die Einstellung hat dann zu erfolgen, wenn das andere Ventil geöffnet ist.

Dekompressor festgeklemmt; nachsehen, ob das Auspuffventil vollkommen schließt. Falls die Behebung des Defektes zu langwierig ist, den Bowdenzug zur Betätigung des Dekompressors aushängen.

Der Stillstand des Motors tritt auch — meist sehr plötzlich — bei Ölmangel ein: der Kolben ist „festgefressen“. Motor vollkommen auskühlen lassen, reichlich Öl geben, auch Öl in den Zylinder einspritzen. Vorerst vorsichtig fahren. Das Festklemmen des Kolbens tritt bei Aluminiumkolben infolge der größeren Ausdehnungskoeffizienten sehr leicht ein. Es ist stets sofort auszukuppeln, um die Übertragungsorgane (Getriebe und Kette) zu schonen und eine Zertrümmerung des Kolbens zu vermeiden.

Eine sehr originelle, schwer auffindbare Fehlerquelle ist auch ein zu dicht schließender Tankverschluß, der einen Zulauf von Brennstoff zum Vergaser unmöglich macht. Da man beim

Stehenbleiben des Motors meist den Tankverschluß öffnen wird, um sich von dem Vorhandensein von Brennstoff zu überzeugen, wird der Unterdruck im Tank aufgehoben, der Motor läuft wieder — wird jedoch nach einigen Kilometern wieder stehen bleiben. Behebung der Störung: Putzen des im Tankverschluß vorhandenen Luftloches. Übrigens kann ein zu gut schließender Benzintankverschluß auch das Brennstoffniveau im Vergaser derart beeinflussen, daß der Motor schlecht anzieht und „schießt".

8) Vergaserbrand.

Ein Vergaserbrand tritt häufig bei Bruch des Einlaßventils, bei Verwendung von sehr schlechtem Brennstoff oder bei einem übermäßig verrußten Motor ein. Der Vergaserbrand ist durchaus ungefährlich, wenn der Fahrer sofort den Brennstoffhahn schließt und den Motor auf volle Tourenzahl laufen läßt. Dadurch werden nicht nur die noch im Vergaser befindlichen Brennstoffreste sofort verbraucht, sondern auch die Flammen zum Teil in den Motor gesaugt. Bei Einhaltung dieser Maßregel ist eine Explosion oder ein Ausbreiten des Brandes nicht zu befürchten.

9) Defekte am Zweitaktmotor.

Die in den vorstehenden Punkten erwähnten Defektmöglichkeiten und erforderlichen Abhilfemaßnahmen beziehen sich auf den Motor im allgemeinen, nur hinsichtlich des über die Ventile Gesagten allein auf den Viertakter.

Während beim Viertakter eine nicht unwesentliche Fehlerquelle in den Ventilen und dem Steuermechanismus (der Ventile) liegt, stammen viele Mängel des Zweitaktmotors von einer schlechten Abdichtung des Kurbelgehäuses.

Der Zweitakter saugt Gasgemisch in das Kurbelgehäuse und komprimiert in demselben vor. Es ist daher erforderlich, eine einwandfreie Dichtung sicherzustellen.

Sind das Kurbelgehäuse oder die Kolbenringe undicht, so wird schon das Ansaugen nur sehr mangelhaft erfolgen, während bei der Vorkompression das angesaugte Gemisch durch die undichte Stelle ausgeblasen wird. Die Folge davon ist, daß der Motor entweder überhaupt nicht läuft, also nicht angeht bzw. stehenbleibt, oder daß die Leistung eine durchaus ungenügende ist.

Während des Fahrens können Undichtigkeiten dadurch entstehen, daß sich zum Beispiel die Bolzen lockern, welche die beiden Gehäusehälften zusammenhalten, oder daß die Dichtung

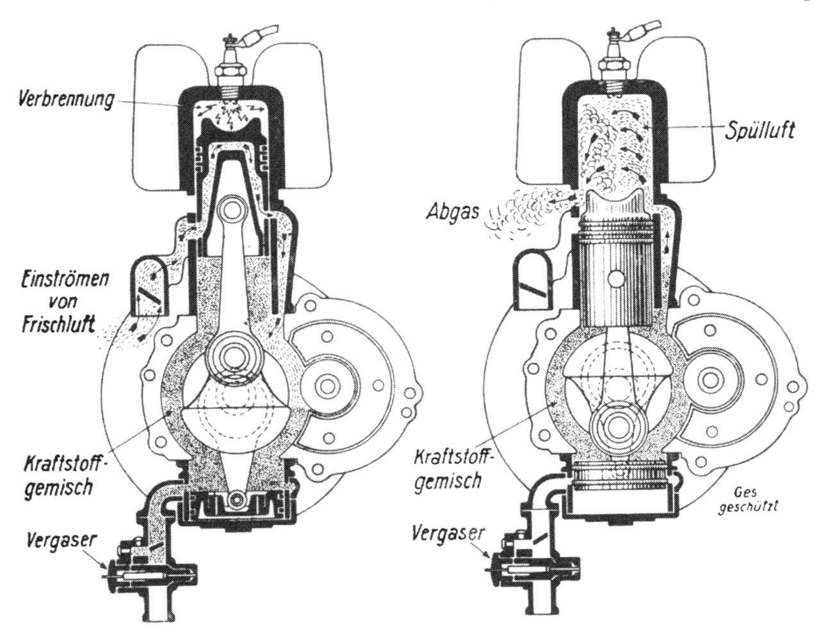

Abb. 534. Defektmöglichkeiten beim Zweitaktmotor.
Die häufigsten Funktionsfehler beim Zweitaktmotor sind auf ein schlechtes Abdichten des Kurbelgehäuses und der Kolben zurückzuführen. Der abgebildete Motor ist ein Zweitakter mit gesonderter Füllungspumpe, welche nach dem Prinzip eines Kompressors arbeitet. Außerdem besitzt der Motor eine Frischluftspülung. Die Frischluft tritt durch einen Kanal im Kolben ein und dient in Verbindung mit der Füllungspumpe dazu, die verbrannten Gase restlos auszustoßen und den Zylinderraum zu „spülen". Die Abbildung läßt deutlich erkennen, daß bei derartigen Zweitaktern eine größere Anzahl von Stellen in Betracht kommt, bei welchen eine gute Abdichtung zur Vermeidung von Störungen erzielt werden muß.

zwischen Zylinder und Gehäuse mangelhaft wird, oder daß die Dichtung bei den Lagern der Motorwelle sich löst. Ganz besonders der letzteren Dichtung, meist einem in einer entsprechenden Nute liegenden Filzring, muß man besonderes Augenmerk zuwenden.

Eine schlechte Leistung des Zweitakters kann auch auf undichte Kolbenringe zurückzuführen sein, und es genügt in dieser

Hinsicht schon ein kleiner Mangel, der vielleicht beim Viertakter gar keine Rolle spielen würde. Da dem Kolben beim Zweitakter bekanntlich eine doppelte Rolle zukommt, sind auch kleine Fehler schon von großer Auswirkung. Welche Fehlerquellen weiter bei Zweitaktern auftreten können, zeigt die Abbildung 534.

II. Behebung von Störungen im Getriebe.

Über die Instandhaltung der Übertragungsorgane und die allenfalls vorzunehmenden kleineren Reparaturen wurde bereits im Abschnitt 15 das Erforderliche gesagt. An dieser Stelle sei daher nur darauf hingewiesen, daß eine nicht selten auftretende Störung das Schleifen der Kupplung ist. Diese Störung ist ganz besonders in der Steigung leicht festzustellen, wenn das Fahrzeug trotz zunehmender Umdrehungszahl des Motors, ohne daß umgeschaltet wird, seine Fortbewegung verlangsamt. Das Schleifen der Kupplung kann unter Umständen so stark sein, daß auch in der Ebene das Fahren mit dem dritten Gang unmöglich wird, und der zweite, allenfalls auch der erste Gang eingeschaltet werden muß.

In erster Linie wird man die Kupplung mit Benzin ausspritzen, um das zwischen den Kupplungsscheiben liegende Öl, das meist das Schleifen der Kupplung herbeiführt, zu entfernen. Bei Kupplungen, welche an und für sich im Ölbad laufen, entfällt selbstverständlich das Ausspritzen. In zweiter Linie wird man die Kupplung durch das Spannen der Kupplungsfedern zu einem besseren Eingriff verhalten. Ist auch diese Maßnahme nicht von genügendem Erfolg begleitet, so muß man die Kupplung ausbauen und den Belag erneuern, allenfalls die Stahllamellen auf der Schmirgelscheibe aufrauhen oder um eine vermehren.

Unter Umständen kann das Schleifen der Kupplung auch auf eine schlechte Einstellung des Kupplungshebels bzw. des Bowdenzuges zurückzuführen sein. Man tut daher gut daran, vor allem festzustellen, ob im Ruhezustand auf dem Kupplungshebel ein Zug vorhanden ist. Ist dies der Fall, so ist das Gestänge bzw. der Bowdenzug entsprechend zurückzustellen. Geknickte Bowdenkabel, welche das Seil nicht zurückgleiten lassen, können auch die Ursache des Schleifens der Kupplung sein; darum Ausrichten des Kabels, gelegentliches Erneuern.

III. Sonstige Störungen.

1. Kraftstoff- und Ölleitungsbruch.

Die ständigen Erschütterungen, welchen der gesamte Mechanismus des Kraftrades, besonders eines solchen, das mit Hochdruckreifen ausgestattet ist, ausgesetzt ist, lassen häufig einen Bruch der Brennstoff- und Ölleitungen auftreten. Auf Fahrten kann man sich durch Umwickeln der defekten Stelle mit einem Gummifleck und Darüberbinden eines Drahtes helfen. Isolierband ist im allgemeinen nicht sehr brauchbar, da es von Benzin und Öl aufgelöst wird. Hingegen kann zum Flicken der Brennstoffleitung ein Stück Seife, das, entsprechend geformt, über die Bruchstelle gebunden wird, gute Dienste leisten.

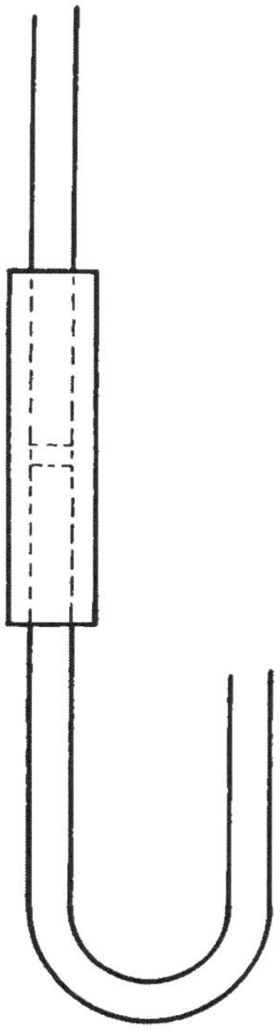

Sehr empfehlenswert ist es, passende Gummischläuche mitzuführen, welche kurzerhand über die Bruchstelle geschoben werden. Am vorteilhaftesten ist es jedoch, von vornherein allen diesen Übelständen dadurch zu begegnen, daß man sowohl aus der Brennstoff- als auch aus der Ölleitung ein entsprechendes Rohrstück herausschneidet und die Verbindung durch ein Stück Gummischlauch herstellt. Bei der Wahl einer passenden Dimension dieses Gummischlauches (es ist nur solcher mit Leinwandeinlage zu verwenden) ist ein Abbinden des Schlauches an den beiden Enden nicht erforderlich. Abbildung 535.

Abb. 535. Verbindung der Leitungsrohre mit einem Gummischlauch

Man verwende keinen gewöhnlichen Schlauch, sondern einen mit Gewebeeinlagen versehenen Hochdruckschlauch

Vielfach sind die Ölleitungen so gelegt, daß sie Beschädigungen durch Steinschlag oder dergleichen ausgesetzt sind. Zur Vermeidung solcher Beschädigungen soll man das Ölrohr stets über dem Gehäuse der Magnetantriebskette führen, wie dies die Abbildung 536 erkennen läßt. Diese Ausführung ist vielleicht weniger schön, jedoch in jeder Richtung praktischer.

2) Bowdenzüge.

Zur Betätigung verschiedener Einrichtungen des Motorrades bzw. zur Übertragung der an den Hebeln ausgeübten Kraft verwendet man bei Motorrädern fast ausschließlich sogenannte Bowdenzüge, ganz besonders dann, wenn die Hebel auf der Lenkstange montiert sind. Diese Bowdenzüge bestehen aus einer Drahtspirale und einem Stahldrahtseil. Bowdenzüge finden Verwendung insbesondere zur Regulierung des Vergasers, zur Betätigung der Kupplung, des Dekompressors, der Handbremse, manchmal auch der Fußbremse u. v. a. m.

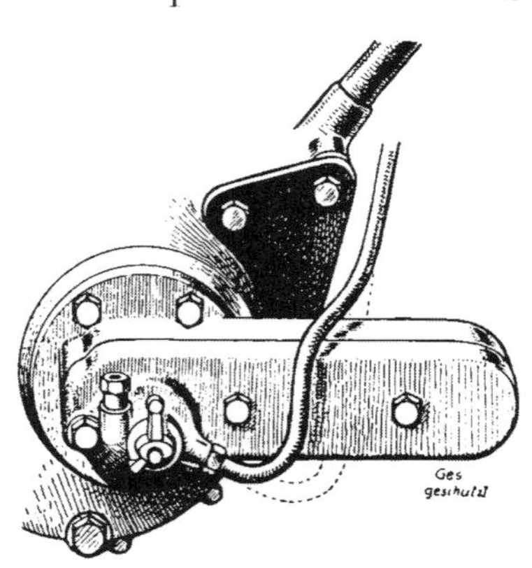

Abb. 536. Die Ölleitung soll über dem Gehäuse geführt werden, damit nicht Verletzungen durch Steinschlag auftreten können.

Die Führung der Ölleitung unter dem Gehäuse ist auch deswegen meist sehr ungünstig, weil sich die Rohre nur sehr schwer und nach mehrfachem Verbiegen abnehmen lassen. Bei neuzeitlichen Maschinen kommen allerdings lange Ölleitungen überhaupt nicht mehr in Frage.

Wenn dem Bowdenzug ein eigener Absatz gewidmet wurde, so ist dies darauf zurückzuführen, daß dieselben dem Tourenfahrer vielfach zu Klagen Anlaß geben. und daß es daher notwendig ist, daß sich der Kraftradfahrer mit eventuellen Behelfsmöglichkeiten vertraut macht.

Vor allem sind es jene Stellen, bei welchen das Zugkabel befestigt ist, die häufig Störungen mit sich bringen. Das Drahtseil bedarf einer sehr guten Lötung, um an den Enden nicht zersplissen und unbrauchbar zu werden. Während in früheren Zeiten das Drahtseil an den Betätigungshebel, z. B. am Gashebel, einfach eingelötet wurde, wird jetzt das Ende des Drahtseiles meist mit einer kleinen Scheibe, welche aufgelötet ist, versehen und mittels derselben in einer entsprechenden Öffnung des Hebels eingehängt. Um das vollkommene Entfernen des Bowdenzuges auch ohne Ablöten dieses Röllchens zu ermöglichen, sind die Hebel beziehungsweise die Bohrungen, durch welche das Bowdenseil führt, seitlich geschlitzt, wie dies die Abbildungen 537 und 538 erkennen lassen. Es läßt sich demnach bei diesen einzig brauchbaren Hebeln die Bowdenspirale aus der entsprechenden Vertiefung herausnehmen, das Zugseil durch den Schlitz seitlich herausbewegen und das Röllchen aus der entsprechenden Öffnung aushängen: das Bowdenkabel ist vom Betätigungshebel entfernt. Diese Einrichtung ist deswegen so überaus praktisch, weil einerseits eine leichte Reparatur defekt gewordener Bowdenzüge ermöglicht wird — man muß z. B. mit dem Lötkolben

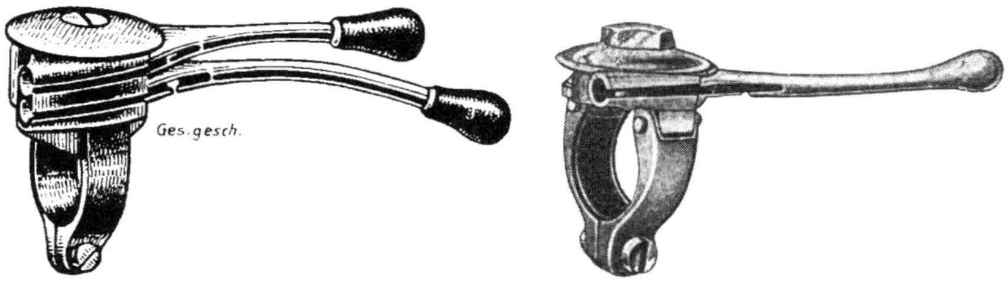

Abb. 537 und 538.
Bowdenzughebel zum Einhängen des Bowdenseiles.
Die meisten Hebel weisen seitlich einen Schlitz auf, um ein leichtes Einhängen des Bowdenzuges zu ermöglichen. Bei geschlossener Ausführung müßte das Drahtseil vor dem Anlöten des Nippels im Hebel eingezogen werden.

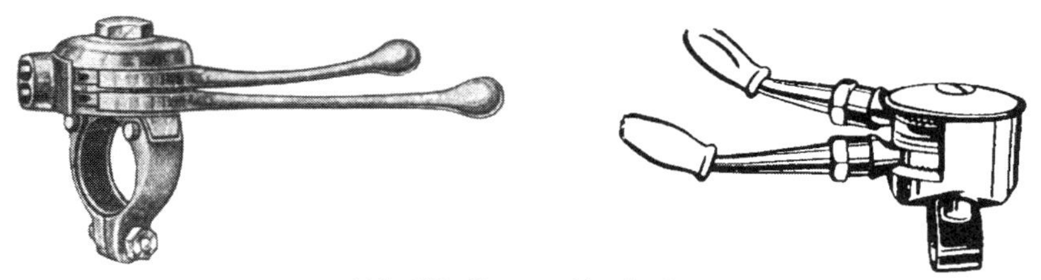

Abb. 539. Doppelhebel.
Meist auf der rechten Lenkstangenseite zur Gas- und Luftregelung verwendet. Bei Drehgriffregelung des Gases wird zweckmäßig ein Doppelhebel auf der linken Seite für Zündung und Luft verwendet.

nicht ins Freie kommen, sondern kann den losen Bowdenzug auf die Werkbank legen —, andererseits ein defekt gewordener Bowdenzug am Rad durch einen weniger wichtigen ersetzt werden kann. So ist es z. B. jedem erfahrenen Kraftfahrer bekannt, daß bei einem Defekt des „Gaskabels“ dieses durch das „Luftkabel“ in der Weise ersetzt wird, daß im Vergaser die beiden Bowdenkabel gegeneinander vertauscht werden und das aus dem Vergaser kommende defekte Luftkabel einfach auf volle Luft durch gewöhnliches Verknüpfen festgestellt wird. Das gleiche gilt z. B. bezüglich der Kupplung, für die unter Umständen durch eine einfache Manipulation der Bowdenzug des Dekompressors Verwendung finden kann.

Da es des öfteren notwendig sein wird, daß sich der Fahrer, vielleicht aus dem selbstmitgeführten Reservedrahtseil, auf der Tour einen neuen Bowdenzug herstellt, sei diese Arbeit im folgenden kurz beschrieben. In erster Linie wird die erforderliche Länge des Drahtseiles festgestellt, sodann an jenen Stellen, an welchen das Seil abgeschnitten werden muß, dieses in einer Länge von etwa 5—6 cm bestens abgelötet, wobei das Seil selbst genügend heiß gemacht werden muß, um ein gutes Fließen des Lotes zu ermöglichen. An Stelle des zersetzenden Lötwassers wird eine säurefreie Lötpaste verwendet. Das Abzwicken erfolgt in der Mitte der abgelöteten Stelle mittels einer guten Zange oder eines scharfen Meisels. Hierauf wird an dem anderen Ende des Seiles das erforderliche Röllchen angelötet und das noch freie Ende durch die Bowdenspirale geführt, der Bowdenzug eingehängt und an der Maschine selbst genau angezeichnet, an welcher Stelle des Seiles am anderen Ende das Röllchen oder die Hülse, die am Vergaserschieber, am Dekompressor oder Kupplungshebel oder dergleichen angreift, anzubringen ist. Diese Stelle wird am Drahtseil durch einen Feilstrich gekennzeichnet. Zur genauen Feststellung der richtigen Länge des Seiles ist es hierbei notwendig, die Nachstellschrauben vollkommen einzuschrauben, um ein späteres Nachspannen des Bowdenzuges zu ermöglichen.

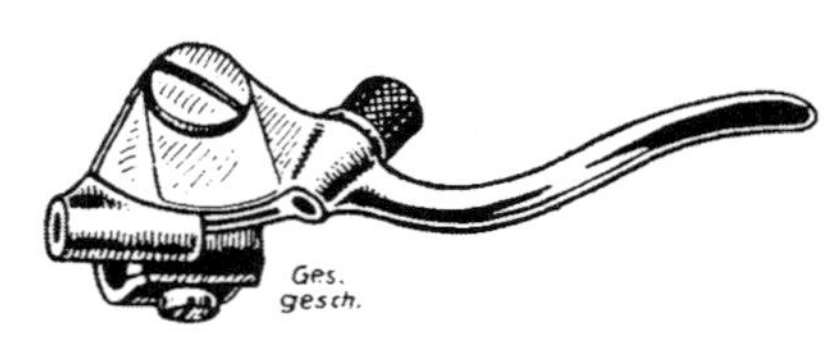

Abb. 540. Kupplungshebel.
Das Drahtseil wird bei diesem Hebel nicht eingelötet, auch nicht mit einem Nippel versehen, vielmehr einfach mit einer Schraube festgeklemmt.

Sehr zweckmäßig sind auch die von der Firma Max Erler, Freiberg (Sachsen), herausgebrachten Armaturen, bei welchen das Ende des Bowdenseiles durch eine Schraube festgeklemmt wird. Die Abbildungen 540, 541, 542, 543 und 544 zeigen derartige Betätigungshebel für verschiedene Zwecke. Bei diesen Armaturen entfällt das Einlöten des Seiles, überdies ist eine Auswechslung und gelegentliche Nachstellung sehr vereinfacht.

Für eine lange Lebensdauer der Bowdenzüge und für eine

leichte Betätigung der verschiedenen Einrichtungen ist es in erster Linie notwendig, das Zugseil stets reichlich zu schmieren.

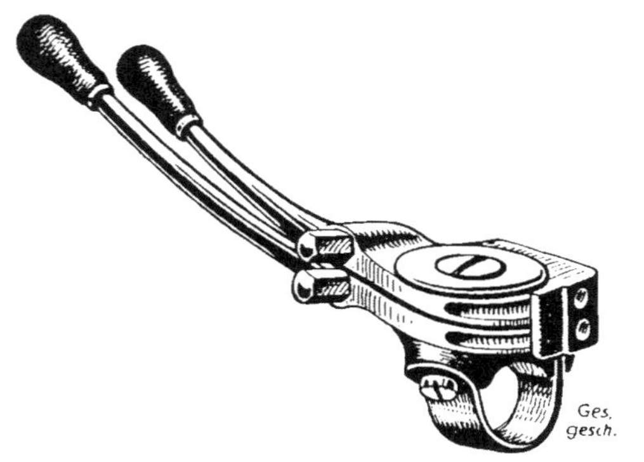

Abb. 541. Doppelhebel mit Klemmschrauben für das Zugseil.

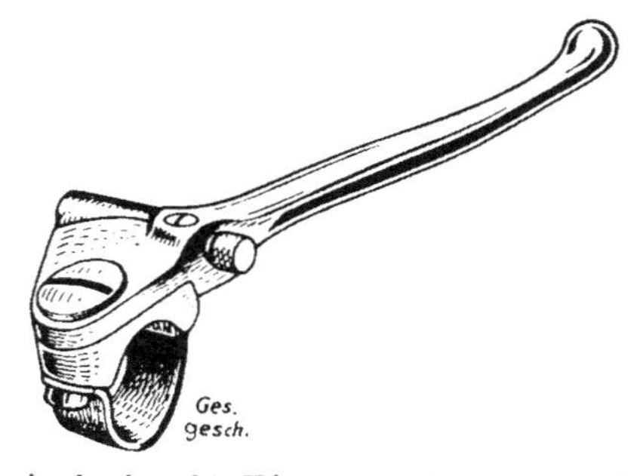

Abb. 542. Bremshebel mit Klemmschraube für das Zugseil.

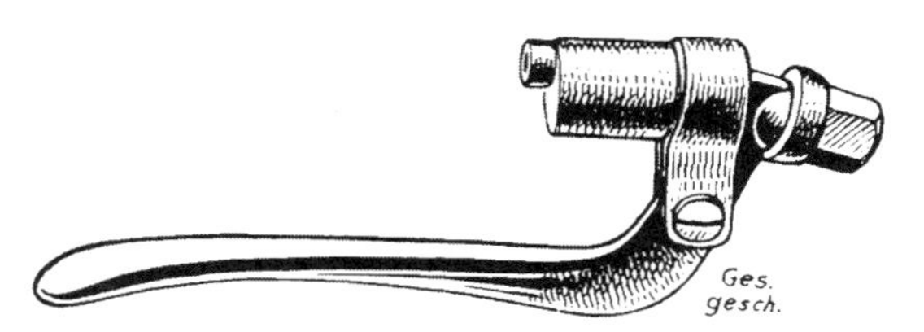

Abb. 543. Dekompressor- und Vorderradbremshebel mit Klemmschraube für das Zugseil.

Aus diesem Grunde soll man auch vor Einführen des Zugseiles in die Spirale letztere frei hängend halten und Öl aus einem Schmierkännchen in die Spirale laufen lassen. Überdies ist das Seil mit dickem Öl oder Fett tüchtig einzuschmieren. Weiterhin sollen die beiden Enden des Drahtseiles des öfteren geschmiert werden.

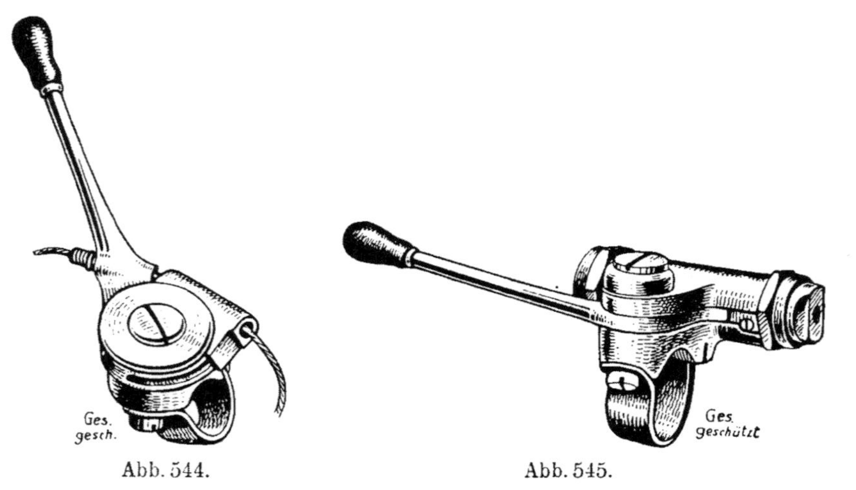

Abb. 544. Abb. 545.

Abb. 544. Das Einziehen des Bowdenseiles bei Hebeln mit Klemmbefestigung.

Im allgemeinen wird an den Enden des Seiles je ein Röllchen angelötet, welches sich im Hebel einhängen läßt. Es gibt jedoch auch sehr praktische Hebel, bei welchen das Auflöten eines Röllchens nicht erforderlich ist und das Seil nur festgeklemmt wird. Bei diesen Hebeln ist auch die Nachstellung des sich mit der Zeit ausziehenden Seiles sehr einfach. Das Seilende muß jedoch auf alle Fälle vor dem Abschneiden bzw. Einziehen in die Bowdenspirale verlötet werden, um ein Auseinandergehen der einzelnen Stahldrähte zu verhindern.

Abb. 545. Einfacher Hebel mit Parallelführung.

(Siehe die Bemerkungen bei Abb. 546.)

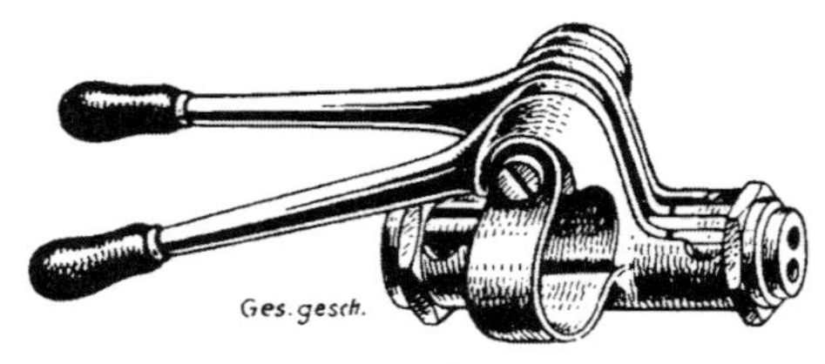

Abb. 546. Doppelter Hebel mit Parallelführung.

Durch die Parallelführung des Bowdenzuges ist einer vorzeitigen Abnützung wirksam vorgebeugt. Überdies besitzt die abgebildete Armatur Klemmvorrichtungen zur Vermeidung des Lötens.

Die meisten Defektmöglichkeiten am Drahtseil treten bei den Betätigungshebeln auf, da dieselben die Seile meist in enger Krümmung knicken. In dieser Hinsicht sind allein die Hebel mit Parallelführung zweckdienlich, wie solche in Abbildung 545 und 546 dargestellt sind, während Abbildung 547 einen Drehgriff mit Parallelführung zeigt. Der beim D-Rad für die Hand-

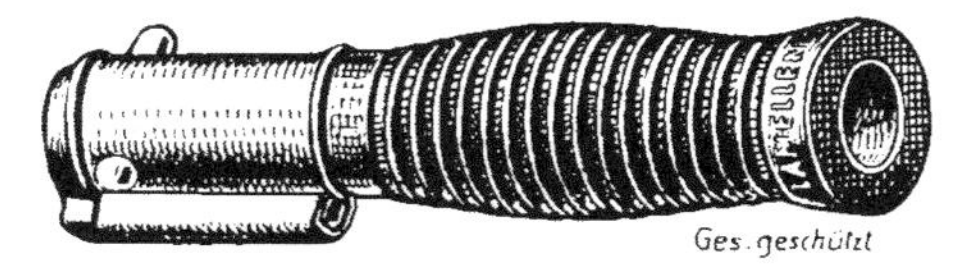

Abb. 547. Drehgriff mit Parallelführung.
Bei dieser Ausführung wird allerdings der Griff verhältnismäßig lang, so daß er sich nicht an allen Lenkstangenformen ohne weiteres verwenden läßt. Durch die Parallelführung des Bowdenseiles wird jedoch das Abreißen der einzelnen dünnen Drähte verhindert, so daß bei diesen Hebeln nur sehr selten Defekte auftreten.

kupplung verwendete Hebel zweckmäßigster Ausführung wurde bereits in Abbildung 162 wiedergegeben. —

Um die freiliegenden Enden des Kupplungs- und Vorderradbremskabels vor schädlichen Einflüssen zu bewahren, ist es zweckmäßig, nach Abbildung 548 je ein Stückchen Gummischlauch aufzuschieben.

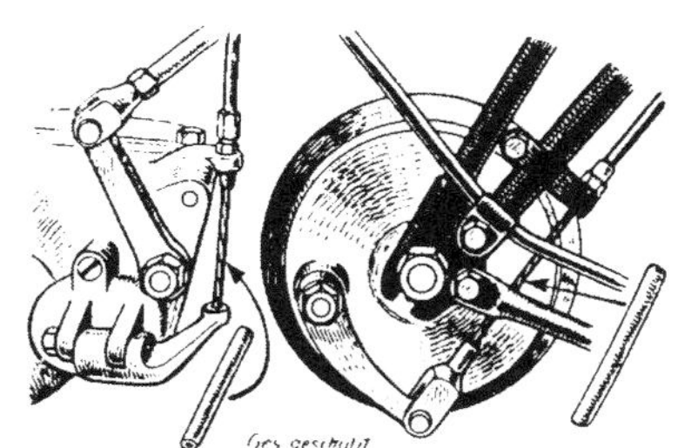

Abb. 548. Schutz der bloßliegenden Bowdenseile.
Um das Eindringen von Staub und Schmutz zu verhindern, ist es zweckmäßig, bei der Vorderradbremse und Kupplung das freie Ende des Seiles mit einem Gummischlauch zu umgeben.

Neben den Defektmöglichkeiten des Drahtseiles, die meist den Ersatz desselben erfordern, ist auch eine Beschädigung der Spirale keineswegs selten, wenn auch letztere der normalen Abnützung so gut wie gar nicht unterworfen ist. In erster Linie kommt das Abklemmen der Spirale häufig vor. In einem solchen Fall kann der Schaden unter Verwendung einer Flachzange wieder behoben werden, zum mindesten insofern, als die weitere Betätigung des betreffenden Hebels bis zur Vollendung der Fahrt ermöglicht wird. Abgesehen von dieser besonders bei der Vorderradgabel sehr häufig auftretenden Erscheinung des Abklemmens ist auch bei minder guten Fabrikaten ein Verrosten der Spirale festzustellen. Man tut daher gut, nicht gewöhnliche Drahtspiralen zu verwenden, sondern nur die mit Gewebe umsponnenen Bowdenkabel. Manche Fabriken verwenden auch, insbesondere für Kupplung und Bremszüge, umsponnene Bowdenspiralen, welche überdies mit einer armierenden Drahtspirale umgeben sind. Jedenfalls haben die umsponnenen Bowdenzüge, ganz abgesehen davon, daß sie das äußere Bild der Maschine im Gegensatz zu den wenig schönen blanken Drahtspiralen nicht unbeträchtlich verschönern, den beträchtlichen Vorteil, daß auch das Eindringen von Feuchtigkeit und das Ausfließen des Schmiermaterials unmöglich ist, so daß dadurch wieder eine längere Haltbarkeit des Zugseiles und, was wohl mehr in das Gewicht fällt, ein selteneres Auftreten von Defekten und eine leichtere Betätigung der Hebel erzielt wird.

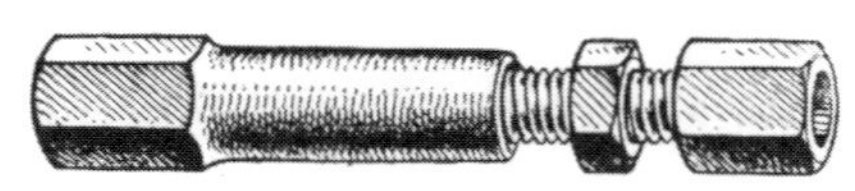

Abb. 549. Stellschraube für das Bowdenkabel.

Besonders für das Dekompressorkabel und bei Vergasern, welche am Deckel keine Stellschrauben aufweisen, vielfach angewandt. Die lose Mutter dient als Gegenmutter.

Abb. 550. Das Kabelband.

Reißt auf einer Fahrt das Seil aus dem aufgelöteten Röllchen, so kann man sich unter Umständen dadurch helfen, daß man durch eine Nadel oder einen Nagel das Seil im Röllchen — allenfalls direkt im Hebel oder dem zu betätigendem Teil (Vergaserschieber o. dgl.) — festkeilt, bis man bei einem Spengler oder Mechaniker die Möglichkeit des Lötens erhält. —

Zur besseren Nachstellung der Bowdenzüge ist es sehr zweckmäßig in die Spirale an geeigneten Stellen die in Abbildung 549 dargestellte Stellschraube einzufügen. Da sich die Seile meist sehr stark ausziehen, findet man mit den z. B. am Vergaser angebrachten Stellschrauben nicht immer das Auslangen. Unerläßlich ist die abgebildete Stellschraube dann, wenn weder am Vergaser noch am Betätigungshebel Stellschrauben vorgesehen sind. —

Zur Befestigung der Bowdenzüge an den Rahmenrohren und an der Lenkstange finden „Kabelbänder“ nach Abbildung 550 Verwendung.

3) Defekte an Kraftstoff- und Ölbehältern.

Defekte an den Behältern können im allgemeinen nur durch eine Lötung behoben werden. Behelfsweise wird man über den Riß oder das Loch einen Gummi- oder Lederfleck mittels eines Riemens festbinden. Besondere Vorsicht ist beim Löten des Kraftstoffbehälters geboten. Bei kleinen Defekten wird man den Kraftstoffbehälter mit einem genügend ausgekühlten Lötkolben auch löten können, ohne den Brennstoff abzulassen. Gefährlich ist es, den Brennstoff auszulassen und sodann zu löten, da die im Tank zurückbleibenden Brennstoffreste verdampfen und so gut wie sicher eine Explosion eintritt. Dieses große Gefahrenmoment kann dadurch ausgeschaltet werden, daß während des Lötens in den Tank Wasser gefüllt wird und der Tank bzw. das Fahrzeug so gehalten wird, daß die zu lötende Öffnung nach oben zu liegen kommt.

Weist der Tank Verbeulungen auf, welche von der Einfüllöffnung aus nicht ausgedrückt werden können, schneidet man in den Boden des Tanks eine entsprechende Öffnung, welche nach der Reparatur wieder verlötet wird.

4) Vorderradfederbruch.

Beim Befahren von besonders schlechten Straßen tritt unter Umständen ein Bruch der Vorderradfeder ein, so daß der Rahmen ohne Federung auf der Vorderradgabel ruht. Da diese direkte metallische Auflage zu Brüchen der Achse, der Vorderradgabel oder des Rahmens führen kann, wird man bis zum Ersatz der Feder eine elastische Aufhängung durch geeignete Verwendung von Lederriemen herstellen. Da die Lederriemen sich ausdehnen, sind dieselben von Zeit zu Zeit nachzuziehen.

5) Defekte an Speichen und Felgen.

Defekte einzelner Speichen sind im allgemeinen belanglos. Man wird gebrochene Speichen bei sich ergebender bequemer Gelegenheit ersetzen lassen. Anders ist es, wenn mehrere Speichen nebeneinander gebrochen sind. In diesem Fall tritt nicht nur ein ganz beträchtlicher „Achter“ auf, sondern es wird auch das Reißen der weiteren Speichen zu gewärtigen sein. Sind Ersatzspeichen nicht vorhanden oder erhältlich, so nimmt man aus dem anderen Rad, natürlich auch wieder von verschiedenen, gegenüberliegenden Stellen, zwei oder drei Speichen heraus, um die nebeneinander liegenden defekten Speichen durch neue zu ersetzen. Es empfiehlt sich, das Speichengewinde vor dem Aufschrauben des Nippels einzufetten, um ein späteres Einrosten zu vermeiden.

Bei schwachen Felgen und besonders bei Fahrten zu zweit kommt es unter Umständen vor, daß die Nippel aus den Felgen ausreißen. In diesem Fall tut man gut daran, eine stärkere Felge montieren zu lassen oder unter die Nippel entsprechende Belagscheiben zu legen und zwar der Reihe nach bei sämtlichen Speichen, um nicht erst das Ausreißen der Felge abzuwarten.

6) Kugellagerdefekte.

Bei einer plötzlichen, stoßweisen Beanspruchung eines Lagers kann es vorkommen, daß eine Kugel oder eine Rolle in Brüche geht. Meist wird sich dieser Umstand sofort durch eine hemmende Wirkung in dem betreffenden Lager sowie durch ein Krächzen bemerkbar machen. Es ist notwendig, sofort das betreffende Lager zu öffnen und die Bruchstücke, die schon nach kurzer Fahrt die Lagerschalen ausreiben würden, zu entfernen. Das Fehlen einer Kugel oder Rolle in einem Lager ist im allgemeinen nicht von Belang. Man wird jedoch trachten, sie bei Gelegenheit zu ersetzen.

7) Kettendefekte.

Verwendet man gute Ketten und schmiert man vor allem dieselben regelmäßig, so wird man die ersten 20—30 000 km sicherlich von Kettendefekten verschont bleiben. Nach dieser Strecke tut man meist gut, sich neue Ketten zuzulegen, um den sodann des öfteren auftretenden, lästigen Kettendefekten auszuweichen und um eine Beschädigung der Zahnkränze durch die ausgezogene Kette zu vermeiden. Zur Reparatur der gelegentlich — meist infolge eines brüsken Schaltens oder einer starken Bodenunebenheit — auftretenden Kettenbrüche führt man entsprechende Kettenersatzglieder beim Werkzeug mit. Es ist in dieser Hinsicht notwendig: ein Innenglied mit je einem Außenglied zu

Abb. 551. Die Verwendung des Nietauspressers.

Der Nietauspresser ermöglicht die Entfernung der Nieten und dadurch die Zerlegung des Außengliedes. An Stelle des zerlegten (oder gebrochenen) Außengliedes wird sodann ein Kettenschloß mit Vorstecker verwendet.

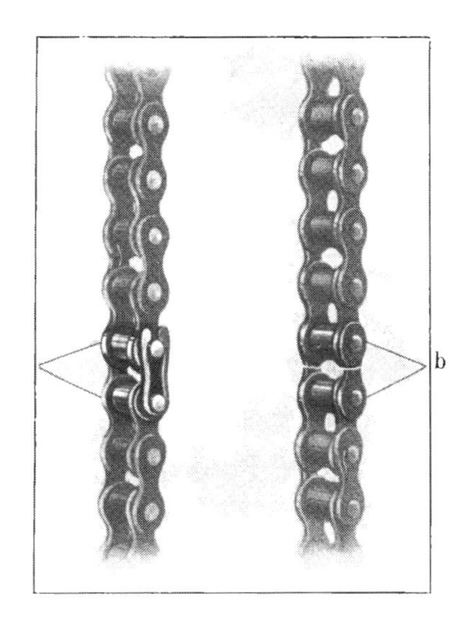

Abb. 552.

Abb. 553.

Abb. 552. Der Ersatz eines gebrochenen Außengliedes.

Mittels des Nietauspressers werden die beiden Stifte des gebrochenen Gliedes (b) entfernt. An Stelle des gebrochenen Gliedes wird ein neues Kettenschloß (a) eingesetzt.

Abb. 553. Das Verbinden der Kette mit dem Kettenschloß.

Wenn sich das Kettenschloß schwer einschieben läßt, kann man sich dadurch helfen, daß man die beiden Kettenenden mit einer Schnur oder einem dünnen Draht nach Flaschenzugart zusammenzieht.

beiden Seiten, ein gesondertes Außenglied, ein gekröpftes Glied. Die Außenglieder sind mit loser Seitenplatte und einem Vorstecker versehen.

Reißt ein Außenglied, so entfernt man mit einem Nietauspresser (Abbildung 551) die Nieten des gebrochenen Gliedes und setzt nach Abbildung 552 ein neues Außenglied ein. Das neue Glied wird zur Verbindung der aufgelegten Kette in der aus der Abbildung 553 sich ergebenden Weise eingeschoben und nach Auflegen der losen Seitenplatte durch den Vorstecker gesichert. Es ist darauf zu achten, daß sich der Vorstecker mit dem geschlossenen Teil beim Fahren nach vorne bewegt, wie dies die Abbildung 554 zeigt. Steckt man den Vorstecker anders auf, so kann er unter Umständen sich während der Fahrt lösen.

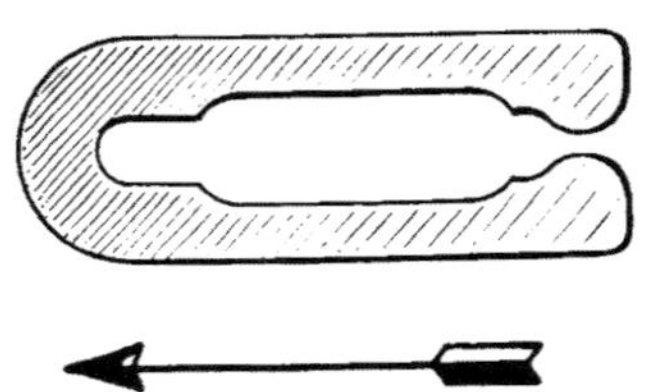

Abb. 554. Richtiges Aufsetzen des Vorsteckers des Kettenschlosses.

Der Vorstecker ist zur Vermeidung eines selbständigen Öffnens der Kette während der Fahrt stets so aufzustecken, daß der geschlossene Teil bei der Bewegung der Kette nach vorne sieht.

Beim Brechen eines Innengliedes müssen die beiden anschliessenden Außenglieder mit dem Nietauspresser entfernt werden. Es wird ein neues Innenglied mit zwei neuen Außengliedern, welche beide mit Vorstecker versehen sind, eingesetzt. Eines der beiden Außenglieder wird zum Schließen der Kette benutzt.

Bricht das gekröpfte Glied, so ist einfach dieses durch ein neues gekröpftes Glied zu ersetzen.

In diesem Zusammenhang sei auch das Kürzen der Kette besprochen. Jede Kette, auch die beste, wird mit der Zeit etwas länger. Da es sehr beschwerlich ist, die Ketten schlecht gespannt zu fahren, ist häufigeres Nachspannen der Ketten erforderlich. Dies erfolgt in der Weise, daß man das Getriebe etwas nach hinten versetzt, desgleichen das Hinterrad unter Zuhilfenahme der Kettenspanner. Bei letzterer Arbeit ist darauf zu sehen, daß die Kettenspanner zu beiden Seiten der Hinterradachse vollkommen gleichmäßig angezogen werden, da sonst das Hinterrad aus der Spur kommt. Kürzen wird man stets die hintere Kette (die Kette vom Getriebe zum Hinterrad). Ist die Kette sehr stark ausgezogen und genügend

Raum vorhanden, um mit dem Hinterrad ein beträchtliches Stück nach vorne zu fahren, wird man ein Doppelglied entfernen können. Hierzu öffnet man die Kette durch das Lösen des Gliedes mit Vorstecker und entfernt auf einer der beiden Seiten ein

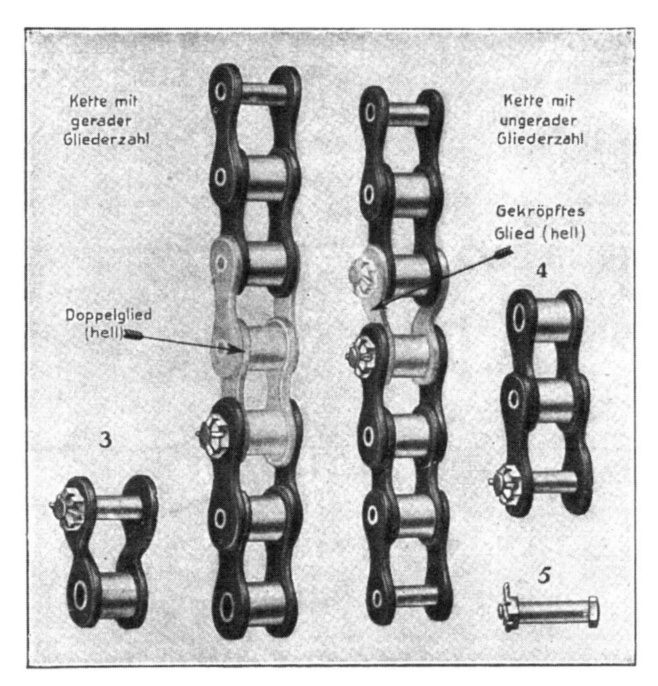

Abb. 555. Das Kürzen der Kette bei gerader und ungerader Gliederzahl.

Bei gerader Gliederzahl (Kette ohne gekröpftem Glied) wird nächst dem Kettenschloß ein Innenglied und mittels des Nietauspressers ein Außenglied entfernt. Die Kette wird sodann mit einem gekröpften Glied verbunden. Bei ungerader Gliederzahl (Kette mit gekröpftem Glied) wird das gekröpfte Glied entfernt und die Kette in gewohnter Art mit dem Kettenschloß zum nächstfolgenden Innenglied geschlossen. An Stelle der im Bilde gezeigten Verschraubung des Kettenschlosses tritt heute allgemein der federnde Vorstecker.

Innen- und ein Außenglied, worauf die Kette wieder aufgelegt, geschlossen und mit den Kettenspannern neu eingestellt wird.

Ist es nicht möglich, ein Doppelglied zu entfernen, so kann man die Kette auch um ein einfaches Glied kürzen. Hierbei hat man zu beachten, ob es sich um eine Kette mit gerader Gliederzahl oder mit ungerader Gliederzahl (mit einem gekröpften Glied) handelt. Aus der Kette mit gerader Gliederzahl wird man ein Innen- und ein Außenglied entfernen und an Stelle dieser beiden Glieder ein gekröpftes Glied einsetzen, wie dies aus der Abbildung 555 deutlich hervorgeht. Aus der Kette mit ungerader Gliederzahl entfernt man einfach das gekröpfte Glied, worauf das anschließende Außenglied mit dem ebenfalls anschließenden Innenglied verbunden wird. Der in der Abbildung mit „4" gekennzeichnete Teil kommt beim Verkürzen der Kette nicht zur Verwendung.

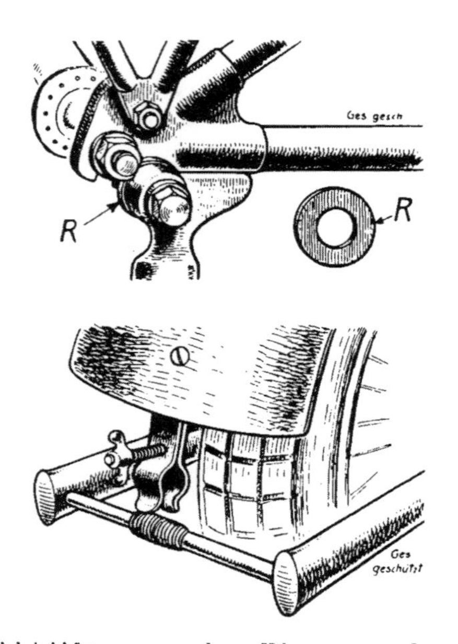

Abb. 556. Abhilfe gegen das Klappern des Ständers.
Beigabe eines Gummiringes (R) beim Gelenkbolzen und Umwickeln des Verbindungssteges mit einer ölgetränkten Rebschnur.

Schließlich sei nochmals darauf verwiesen, daß sich durch eine ständige Schmierung der Kette deren Lebensdauer leicht verdoppeln läßt. — Bei Maschinen mit Kardanantrieb bzw. mit Blockmotor kommen die vorstehenden Beschreibungen nicht bzw. nur bezüglich der einen vorhandenen Kette in Betracht.

8) Verschiedene Kleinigkeiten.

Sehr unangenehm ist ein scheppernder Hinterradständer. Man kann sich durch Beilegen einer Gummischeibe an den Drehpunkten und durch Umwickeln der Verbindungsstrebe mit einer Rebschnur helfen (Abbildung 556). Letztere mit Firnis zu tränken, ist vorteilhaft.

Auch das Scheppern des Schalt- und Bremsgestänges läßt sich leicht durch Beilegen eines kleinen Sprengringes, einer Gummischeibe oder eines kleinen Gummiklotzes verhindern.

Muttern, welche sich gerne lockern oder welche verloren gehen können, kann man, wenn das Unterlegen eines Sprengringes nicht möglich ist oder nichts hilft, leicht dadurch sichern,

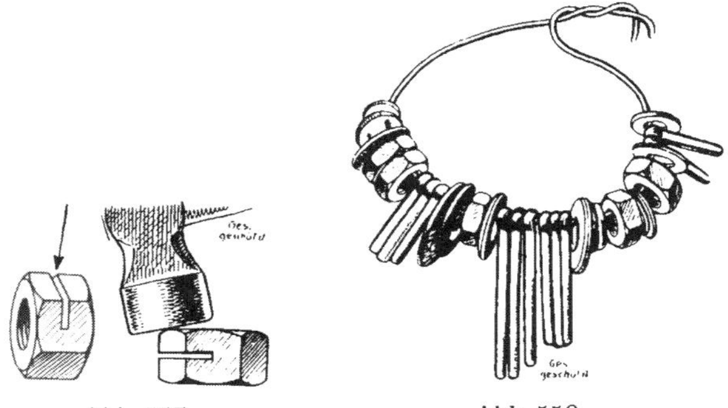

Abb. 557. Abb. 558.

Abb. 557. Improvisieren einer Sicherungsmutter.
Die Mutter wird mit einer schmalen Säge teilweise eingeschnitten. Mit einem Hammer klopft man die Schnittöffnung zusammen.

Abb. 558. Die Verwahrung von Muttern, Belagscheiben, Splinten und dergleichen.
Der gewissenhafte Kraftfahrer wird derartige Ersatzteile in einer reichhaltigen Auswahl stets mitführen.

daß man sie von außen bis zum Gewinde mit einer Metallsäge ansägt und den Schlitz nach Abbildung 557 mit einem Hammer zusammenklopft, so daß die Mutter im Gewinde klemmt.

Daß der Fahrer stets eine entsprechende Anzahl von Muttern, Belagscheiben, Sprengringen, Splinten usw. mitführt, ist selbstverständlich. Um diese kleinen Teile nicht zu verlieren oder beim ganzen Werkzeug verstreut zu haben, ist es zweckmäßig, sie auf einen Draht aufzureihen (Abbildung 558).

b) Das „Frisieren" der Maschine.

Der Sportsmann wird zu verschiedenen Zeiten mehr aus seinem Fahrzeug „herausholen" wollen, als dies normaler Weise möglich ist. Insbesondere wird dies bei Rennveranstaltungen oder zu sonstigen Wettbewerben der Fall sein. Tatsächlich ist es auch verhältnismäßig leicht, einen Motor derart anzustrengen, daß seine Leistung um 10—20 v. H. gesteigert wird.

In erster Linie wird man trachten, das Verdichtungsverhältnis, das im allgemeinen um 1:5 liegt, zu erhöhen. Hierzu kann man den Zylinder tiefer setzen, indem man eine allenfalls vorhandene Unterlagsplatte entfernt oder den Zylinderflansch abdreht, während auf der anderen Seite der gleiche Effekt mit einem Kolben erreicht werden kann, welcher weiter in den Explosionsraum hineinragt. Geht man über ein effektives Verdichtungsverhältnis von etwa 1 : 6 hinaus, kann man den gewöhnlichen Kraftstoff (Benzin, Benzin-Benzol) nicht mehr verwenden, da Selbstzündung eintritt. Man muß eine Spiritus-Benzol-Mischung oder ein ähnliches Präparat („Discol") verwenden. Voraussetzung für derart hohe Verdichtungen ist, daß die Lager entsprechend stark ausgebildet sind. Bei Fahrten über Bergstrecken empfiehlt sich wegen der erhöhten Erhitzung ein hohes Verdichtungsverhältnis nicht. Da der Zylinder am Ende des Ansaugtaktes nicht voll gefüllt ist (wenn kein Gebläse verwendet wird), ergibt das Verhältnis 1 : 6 des Explosionsraumes zum Zylinderinhalt noch keine Verdichtung von 6 Atmosphären, sondern von nur etwa 4—5 atm. Man kann demnach auch bei Verwendung von Benzin über ein Raumverhältnis von 1 : 6 hinausgehen.

Weiter muß das Gewicht aller hin- und hergehenden Teile nach Möglichkeit verringert werden. Die Pleuelstange kann man durch mehrfache Bohrungen erleichtern, der Kolbenbolzen kann dünnwandiger ausgeführt werden, die Ventile erhalten entsprechende Ausnehmungen, die Schwinghebel aus Stahl können gegen solche aus Duralumin ausgetauscht werden, Stoßstangen aus Stahl wechselt man gegen dünnwandige Leichtmetallrohre aus, welche an den beiden Enden entsprechende Stahleinsätze aufweisen. Der Kolben erhält zur Verringerung seines Gewichtes entsprechende Ausnehmungen und wird geschlitzt, um eine gute Schmierung zu erzielen und Klemmungen bei starker Erhitzung zu vermeiden.

Um ein rasches und exaktes Schließen der Ventile auch bei hoher Drehzahl zu gewährleisten, wird man stärkere Ventilfedern einsetzen oder zur Erlangung einer größeren Zuverlässigkeit für jedes Ventil je zwei Federn verwenden.

Zur Erreichung einer großen Anzugskraft nach Kurven u. dgl. ist es zweckmäßig, die Schwungmasse des Motors zu verkleinern. Eine schwere Schwungmasse trägt zwar sehr für einen ruhigen gleichmäßigen Gang des Motors bei, verhindert aber naturgemäß auch, daß der Motor rasch auf hohe Tourenzahl kommt. Man kann daher mit Vorteil die Schwungmassen auf der Drehbank seitlich abdrehen und auf etwa 70 bis 80 v. H. verringern.

Abb. 559. Sportmotor mit zwei Vergasern.
Je zwei Einlaß- und zwei Auslaßventile. Ventilsteuerung System Küchen (alte Ausführung). Zwei Zündkerzen.

Sehr wichtig ist es auch, die Schwungmasse zu polieren, um die Reibung in dem im Kurbelgehäuse befindlichen Öl möglichst zu verkleinern. Bei der hohen Tourenzahl des Sportmotors spielt auch dieser Verlustposten eine nicht unwesentliche Rolle.

Alle Lager sind peinlichst genau und zwar in jeder Drehstellung zu überprüfen, allenfalls auch zu erneuern. Gleitlager bedürfen einer längeren Laufzeit, um die anfänglich hemmende Wirkung zu verlieren.

Des weiteren ist für eine rasche Explosion ein richtiger Sitz der Zündkerze im Zylinder, also weder zu hoch noch zu tief, von Wichtigkeit. Man kann Zündkerzen mit verschieden langem Gewinde erproben.

Ein heißer Funke ist für eine rasche Entzündung Voraussetzung. Der Magnetapparat, insbesondere der Verteiler, sind daher zu reinigen, der Unterbrecher genau einzustellen, die Kabel und die Anschlüsse zu überprüfen.

Schließlich sei auch noch darauf verwiesen, daß eine Erhöhung der Motorleistung durch ein Polieren der Ansaugleitung erzielt werden kann, um den Frischgasen ein reibungsloses Strömen zu ermöglichen.

Auf eine rasche und wirbellose Füllung des Zylinderraumes kommt sehr viel an. Wie weit die Konstrukteure in dieser Richtung gehen, zeigt die Abbildung 559.

Daß die richtige Einstellung des Vergasers die primitivste Voraussetzung für eine gute Leistung des Motors ist, ist

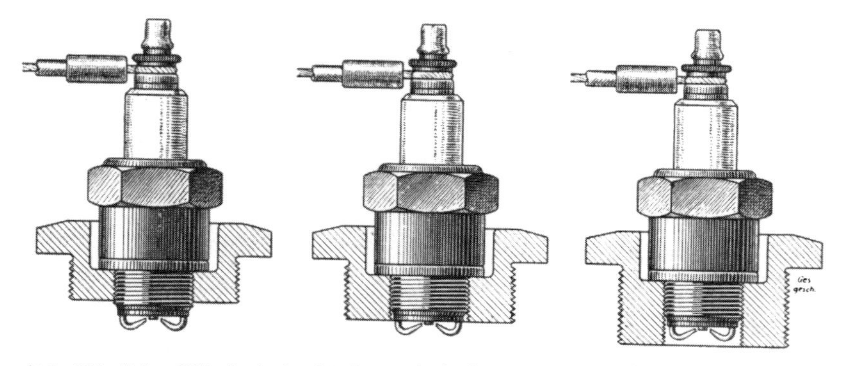

Abb. 560. Die Wichtigkeit des richtigen Sitzes der Zündkerze. Ragen die Elektroden nicht in den Explosionsraum, so können bei hoher Tourenzahl einzelne Explosionen ausbleiben oder Verzögerungen in der Explosion des gesamten Gemisches eintreten. Ragen die Elektroden zu weit in den Explosionsraum, wird die Kerze zur Verölung neigen.

zu bekannt, als daß an dieser Stelle noch nähere Anweisungen erteilt werden müßten. Zur Einstellung des Vergasers auf Höchstleistung — im Zusammenhang mit dem gewählten Betriebsstoff — wird man mehrere Tage benötigen.

Geht die Fahrt über hügeliges Gebiet oder gar über eine steile Gebirgsstrecke, so wird man auch dem richtigen Übersetzungsverhältnis des Getriebes und der Kettenzahnräder das größte Augenmerk zuwenden müssen. Das richtige Übersetzungsverhältnis kann man nur durch praktische Erprobungen herausbekommen. Man muß demnach mehrere Zahnkränze mitführen und die gleiche Strecke mit verschiedenen Übersetzungen befahren. Bei Gebirgsstrecken wird man unter Umständen die

Maschine höher übersetzen müssen, wenn man mit dem direkten Gang nicht fahren kann und der zweite eine zu hohe Tourenzahl ergibt. Oder man wählt eine kleinere Übersetzung, um auch Steigungen mit dem größeren Gang befahren zu können, wenn in der Strecke keine Flachstücke liegen.

Zur Erzielung einer einwandfreien Zündung auch bei höchster Tourenzahl muß nicht nur der Unterbrecher genau eingestellt, sondern nach Abbildung 560 auch der Zündkerzensitz überprüft werden.

c) Größere Reparaturen.

Schwere Stürze und Zusammenstöße haben meistens auch schwere Beschädigungen des Fahrers und des Fahrzeuges im Gefolge. Hinsichtlich der Behandlung des Verletzten wird Näheres im Abschnitt „Erste Hilfe“, Seite 715, gesagt. Hier handelt es sich darum, die erste Hilfe, welche das Fahrzeug erfordert, zu behandeln.

1) Verziehungen des Rahmens und der Gabel.

Besonders der einfache, zweidimensionale Rahmen (im Gegensatz zum dreidimensionalen Doppelschleifenrahmen) sowie die einfache Gabel mit Hilfsgabel, Abbildung 224 u. 236 (im Gegensatz zu der Gabel nach Abbildung 226) weisen nach Unfällen sehr leicht Verziehungen auf, welche häufig nicht ohne weiteres zu erkennen sind. Man betrachte daher das Fahrzeug vor der Fortsetzung der Fahrt genauestens sowohl von vorne (Rahmen und Gabel müssen in einer Ebene liegen!) als auch hinsichtlich der Gabel von der Seite (die Gabel darf nicht nach hinten verbogen sein).

Durch Verwendung von Verlängerungsstangen wird man bis zu einem gewissen Grad sofort eine Verbesserung erzielen. Zur endgültigen Instandsetzung muß man den verbogenen Teil vollkommen ausbauen und auf der Richtplatte, die Gabel unter Umständen auf der Zentrierbank (Drehbank), genauestens ausrichten. Als allgemeine Richtlinie kann gelten, kleine Rohrverbiegungen nach Möglichkeit kalt auszubiegen. Mit Verlängerungs- und Hebelstangen sowie mit einem schweren Hammer (Holzklotz dazwischenlegen!) wird man meist das Ziel erreichen. Das Erwärmen sollte nur dort angewandt werden, wo starke

Biegungen vorliegen oder wo eine Knickung des Rohres zu befürchten ist. Um das Aufgehen der Lötungen in den Fittingen zu vermeiden und die Emaillierung möglichst zu schonen, werden die Nachbarteile stets mit nassen Tüchern umwickelt. Rohre mit einer Knickung muß man unbedingt auswechseln (siehe unter 2).

Interessant ist, daß zum Beispiel die amerikanischen Harley-Davidson-Werke für die Vorderradgabel einen zähen Spezialstahl verwenden. Man kann die Gabeln dieser Marke, selbst wenn das untere Ende um 20 cm zurückgebogen ist, noch ohne Gefahr kalt ausbiegen.

Eine Verbiegung der gebräuchlichen Gabeln nach Abbildung 226 ist sehr selten. Es ist jedoch zu beachten, daß bei einem starken Anprall die Pendel sehr leiden, so daß man diese und auch die Pendelbolzen auswechseln soll. Ein plötzlicher Bruch des Pendels oder Bolzens kann die schwersten Folgen nach sich ziehen.

Mit einer gewissen Sicherheit kann man feststellen, ob im Rahmen oder in der Gabel ein versteckter Bruch ist, wenn man prüft, ob der vollständig ausgebaute und an einem Drahte frei schwebende Teil beim Anschlagen mit einem Metall einen schönen, reinen Ton gibt oder nicht.

Ist bei einem Sturz der Kickstarter unbrauchbar geworden, so hindert dies nicht an der Fortsetzung der Fahrt. Man läßt das Fahrzeug anlaufen und verwendet hierzu am besten den zweiten Gang und nimmt den Dekompressor, um leichter in Schwung zu kommen. Sobald der Motor läuft, zieht man die Kupplung und schaltet auf Leerlauf. Das Aufsteigen und Anfahren vollzieht sich sodann in der gewohnten Weise.

2) Rahmenbrüche.

Die gefürchtetsten Defekte sind wohl Rahmen- und Gabelbrüche, obwohl die Reparatur derartiger Beschädigungen im allgemeinen einfacher ist, als der Laie dies annimmt. Zu fürchten sind Rahmen- und Gabelbrüche hauptsächlich nur deswegen, weil sie unter Umständen eine Gefährdung mit sich bringen können. Meistens wird jedoch irgend ein besonderes Ereignis die Ursache des Bruches sein, so daß man rechtzeitig den Defekt feststellen kann. Wenn nicht das Fahrzeug vollkommen entzweigebrochen ist, wird man immer noch in vorsichtiger Fahrt und nach entsprechenden Vorkehrungen die nächste Werkstätte erreichen können. In den meisten Fällen wird es genügen, mittels Riemen, die nachgespannt werden müssen, die Bruchstellen zusammenzuhalten. Bei Gabelbrüchen allerdings ist eine provisorische Reparatur äußerst schwierig. Am besten ist es, irgend ein langes Werkzeug mittels eines starken Drahtes über die Bruchstelle zu binden oder mittels zweier Franzosen festzuklemmen, außerdem aber die beiden auseinandergebrochenen Teile durch einen festgespannten Riemen zusammenzuhalten.

Abb. 561. Ein gefährlicher Rahmenbruch.

Rohrbruch knapp unter der Steuerungsmuffe; diese Stelle ist die meistbeanspruchte des ganzen Rahmens.
Man vergleiche die Abb. 563.

Zur endgültigen Reparatur werden, falls man es nicht vorzieht, den gebrochenen Teil durch einen neuen zu ersetzen, die beiden gebrochenen Rohrstücke durch ein hart eingelötetes, massives Stahlstück verbunden. Diese Reparatur ist so zuverlässig, daß der reparierte Teil sicher besser hält als ein neuer. Auch ist die Vornahme der erforderlichen Arbeit so einfach, daß sie unter entsprechenden Anleitungen von jedem Dorfschmied vorgenommen werden kann. Ist es nicht möglich, die beiden gebrochenen Teile auseinanderzunehmen, um das massive Verbindungsstück einzuschieben, so braucht man sich nicht zu scheuen, an einer anderen Stelle ein Rohr durchzuschneiden und an beiden Stellen zugleich ein Verbindungsstück einzusetzen. Das Hartlöten eines eingesetzten Stückes kann dann entfallen, wenn es auf stramme Passung gearbeitet und an den Enden etwas konisch zugefeilt ist, und die zu verbindenden Rohrstücke glühend gemacht werden. Nach dem Abkühlen der beiden gebrochenen Rohrstücke ziehen sich dieselben so fest um das Verbindungsstück, daß an eine spätere Lockerung nicht mehr gedacht werden kann. Sicherheitshalber wird man jedoch noch ein übriges tun und auf beiden Seiten das Rohrstück und Verbindungsstück mittels konischer Stahlbolzen vernieten.

Diese außerordentlich zuverlässige Art, Rahmenbrüche zu beheben, ermöglicht es, wie bereits erwähnt, auch bei einfachen Dorfschmieden innerhalb weniger Stunden den so gefürchteten Defekt beheben zu lassen. Man hüte sich jedoch, über Rotglut zu erhitzen, um ein „Verbrennen" der Rohre zu vermeiden.

Neben der erwähnten Schilderung, Rahmenbrüche zu beheben, kommt noch in Betracht, das gebrochene Rohrstück durch ein

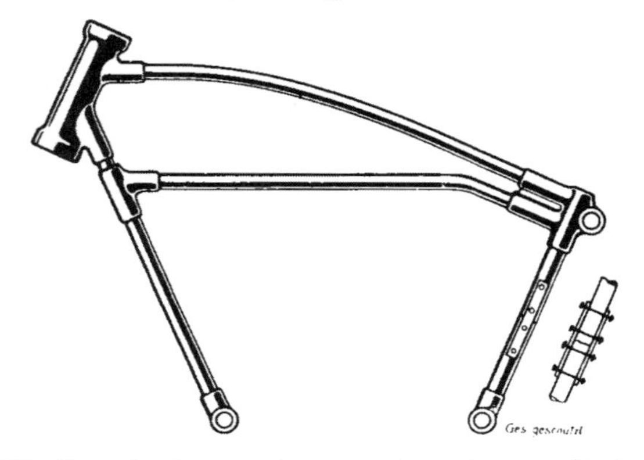

Abb. 562. Versteifung eines gebrochenen Rahmens.
Ist man genötigt, mit einem gebrochenen Rahmen noch weiterzufahren, so wird man eine Versteifung nach der dargestellten Art anbringen und äußerst vorsichtig fahren.

neues Rohrstück zu ersetzen. Zu diesem Zweck werden die beiden Muffen, in welche das gebrochene Rohrstück eingelötet ist, auf Rotglut erhitzt, die Verstiftungen entfernt und die gebrochenen Rohrstücke vorsichtig „ausgelötet". Hierauf wird ein auf die gleiche Länge zugeschnittenes Rohrstück unter reichlicher Verwendung von Borax und Schlaglot wieder eingelötet. Um irgendwelche Differenzen an den Rahmenmaßen und sich dadurch ergebende Verziehungen zu vermeiden, ist es notwendig, vorher mittels einer aus Bandeisen hergestellten Schablone (Distanzmaß) den Abstand der beiden Muffen genauestens festzustellen und, solange das Arbeitsstück noch glühend ist und bevor die Muffen verstiftet wurden, den Abstand der Muffen zu überprüfen. Die Abbildung 561 zeigt einen der am häufigsten auftretenden Brüche.

Bei sonstigen Brüchen, insbesondere bei Brüchen der Verbindungsmuffen, sind größere Reparaturen zur endgültigen Wiederherstellung erforderlich, und man wird sich daher zur Fortsetzung der Fahrt mit einem zuverlässigen Behelf begnügen müssen. Zu diesem Zweck werden die gebrochenen Teile mittels eines, wenn irgend möglich glühend aufgezogenen Ringes zusammengehalten, oder, nach Abbildung 562, geschient, während man andererseits auch die Möglichkeit hat, wie dies Abbildung 563 zeigt, einen kleinen Hilfsrahmen herzustellen. Jedenfalls wird es auf die Findigkeit des Fahrers bzw. des Mechanikers ankommen, nicht nur einen einfachen, sondern vor allem einen zuverlässigen Behelf herzustellen.

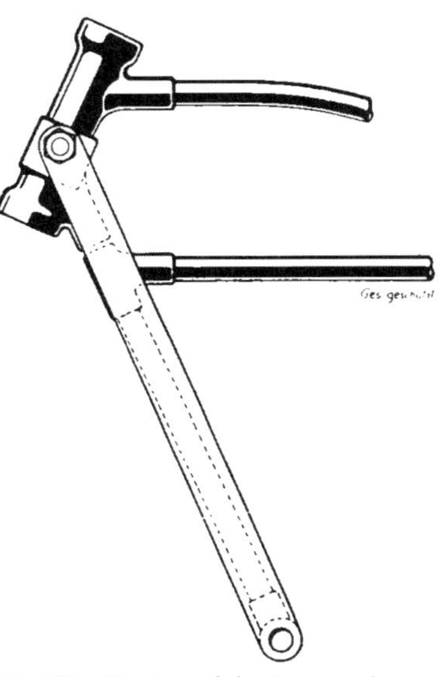

Abb. 563. Notverbindung eines gebrochenen Rahmens.

Bei Brüchen des vorderen Rahmenrohres ist die beiderseitige Anbringung von Bandeisen in entsprechender Stärke einer Manschette oder kurzen Verschraubung entschieden vorzuziehen. Der untere Teil der Bandeisen wird nicht am Rohr befestigt, sondern an den Motorbefestigungsplatten selbst festgeschraubt. Allenfalls muß man hierzu einen Bolzen gegen einen längeren austauschen. Oben legt man eine Schelle um die Steuermuffe. In diese Schelle schweißt man zweckmäßigerweise zwei Bolzen ein. Man kann jedoch auch eine gute Nietverbindung herstellen.

3) Bruch des Zylinders.

Der Bruch eines Zylinders kommt nur äußerst selten vor. Er kann z. B. zurückzuführen sein auf eine plötzliche Abkühlung des heißen Zylinders durch einen Wasserstrahl oder dergleichen. Während Sprünge in den Zylindern sehr gut mittels elektrischer Punktschweißung und unter Zuhilfenahme einer Silberlegierung repariert werden können, kommt bei einem vollständigen Bruch des Zylinders wohl nur der Ersatz durch einen neuen in Frage. Befindet man sich auf der Tour, so wird man sich unter Umständen dadurch helfen können, daß man die auseinandergebrochenen Teile mittels glühend aufgezogener Eisenbänder zusammenhält. Ein auf diese Weise reparierter Motor wird naturgemäß die weitgehendste Schonung erfordern.

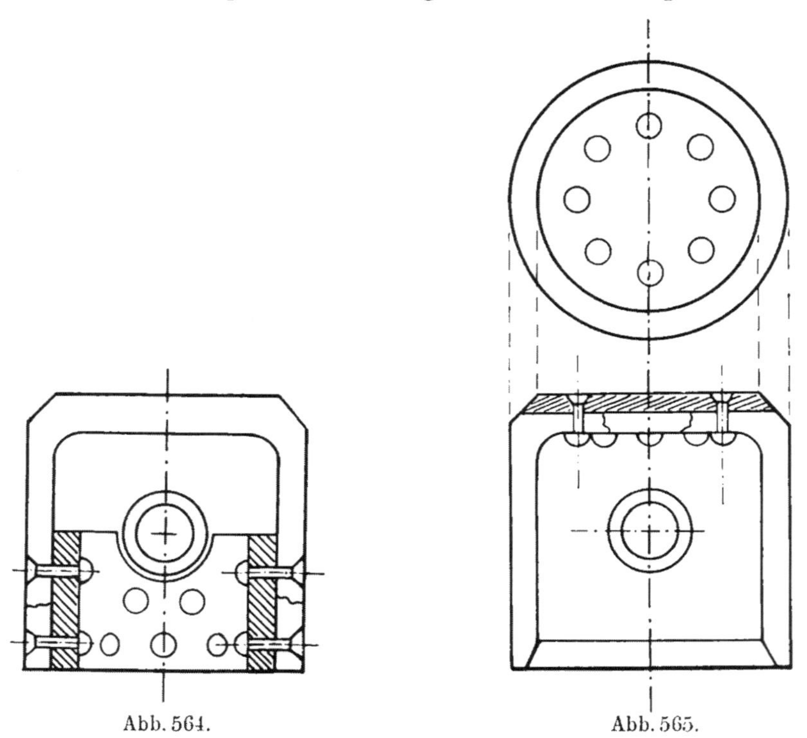

Abb. 564. Abb. 565.

Abb. 564. Reparatur beim Bruch des unteren Teiles des Kolbens.

Es wird ein genau passendes, zylindrisches Stück in den Kolben geschoben. Die einzelnen, abgebrochenen Kolbenstücke sind mit versenkten Kupfernieten anzunieten.

Abb. 565. Bruch des Kolbenbodens.

Bei obengesteuerten Motoren kann bei einem Ventilbruch das Ventil in den Zylinder fallen und dort ein Einschlagen des Kolbenbodens verursachen. Damit nur der Kolben hierbei Schaden nimmt und nicht auch andere Teile des Motors, soll man bei obengesteuerten Motoren nur Leichtmetallkolben verwenden. Eine Reparatur ist in der abgebildeten Weise möglich.

4) Kolbenbrüche.

Der Bruch des Kolbens kann auf eine übermäßige Beanspruchung des Motors, auf die Verwendung schlechter Schmiermittel sowie auf einen Materialfehler zurückzuführen sein. Eine provisorische Reparatur ist, insoweit noch einige größere Stücke des Kolbens vorhanden sind, mittels eines in den Kolben geschobenen und vernieteten Hohlzylinders nach Abbildung 564 möglich. Die Leistung des Motors wird nach einer derartigen Reparatur beträchtlich vermindert sein.

Bei Motoren mit obengesteuerten Ventilen kommt es bei einem Ventilbruch häufig vor, daß der Ventilteller in den Explosionsraum fällt und bei der Aufwärtsbewegung des Kolbens den Kolbenboden durchschlägt. Grundsätzlich sollte daher der Besitzer eines obengesteuerten Motors bei großen Fahrten einen Reservekolben mitführen. Ist dies jedoch nicht der Fall, ein Ersatzkolben nicht aufzutreiben, auch ein „Rohling" nicht, aus welchem man auf der Drehbank einen neuen Kolben drehen könnte, so kann man behelfsweise auf den Kolbenboden ein etwa 2—3 mm starkes Eisenblech aufnieten (Abbildung 565). Nicht übersehen darf man es in einem solchen Fall, eine mindestens gleich starke Platte (mehrere Preßspanbeilagen o. dgl.) auch unter den Zylinder zu legen, um das gleiche Kompressionsverhältnis aufrechtzuerhalten. Daß die Ventile neu einzustellen sind, ist selbstverständlich.

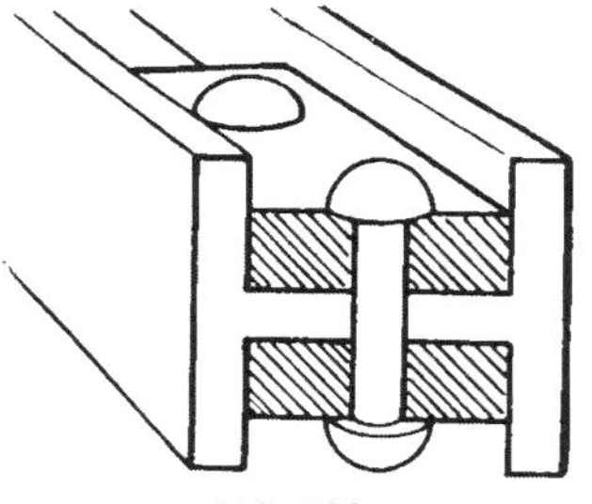

Abb. 566.
Notreparatur einer gebrochenen Pleuelstange. Zu beiden Seiten des Doppel-T-Profiles wird ein Stahlstück eingenietet. Man muß beim Nieten sehr darauf achten, daß die Pleuelstange nicht an einer weiteren Stelle bricht oder springt.

5) Bruch der Pleuelstange.

Bei neuzeitlichen Kraftradmotoren sind Brüche der Pleuelstange eine äußerste Seltenheit. Bricht aber einmal eine Pleuelstange, ist an eine aussichtsreiche Reparatur in den häufigsten Fällen nicht mehr zu denken, da durch die gebrochene Pleuelstange häufig das Kurbelgehäuse durchstoßen oder sonstige Verwüstungen im Motor angerichtet werden. Hat man das „Glück", mit einer gebrochenen Pleuelstange davonzukommen, so wird man, falls nicht der Bruch an einem der beiden Enden erfolgte, die fast ausschließlich in Doppel-T-Form hergestellte Pleuelstange nach Abbildung 566 mittels zweier Schienen verbinden können. Bis zum Austausch der so reparierten Pleuelstange gegen eine neue ist äußerst vorsichtiges Fahren und die Vermeidung hoher Tourenzahlen erforderlich.

6) Achsbrüche.

Eine böse Sache sind die bei Zusammenstößen oder auf besonders schlechten Straßen unter Umständen vorkommenden Achsbrüche. In den meisten Fällen wird man an eine Fortsetzung einer größeren Fahrt ohne Ersatz der Achse nicht denken können. Auch von einem Fahren bis zur nächsten Ortschaft muß in Rücksicht auf die Nabe und die Bereifung abgeraten werden. Wenn man unbedingt weiterfahren muß, wird bei einer kräftig durchgebildeten Achse unter Umständen eine Reparatur nach Abbildung 567 möglich sein. Mit einer derart

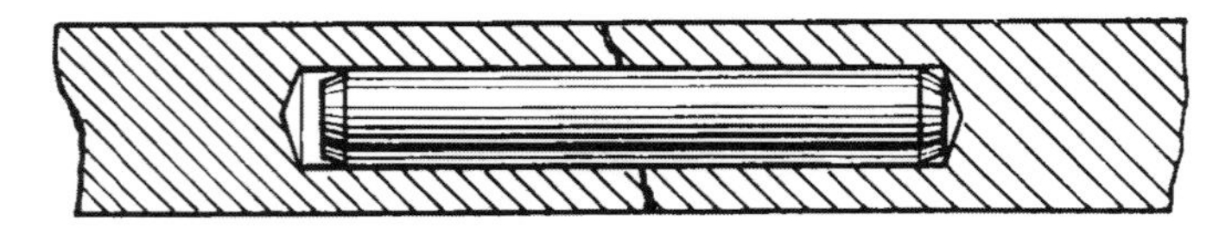

Abb. 567. Notdürftige Reparatur einer gebrochenen Achse.
Die Möglichkeit dieser Reparatur besteht nur dann, wenn die Achse einen verhältnismäßig starken Durchmesser aufweist.

reparierten Achse muß natürlich überaus vorsichtig gefahren werden.

Ist das Fahrzeug mit Ausfallachsen ausgestattet, wird man nach Möglichkeit beim Bruch der Hinterradachse die Vorderradachse einsetzen und im Vorderrad ebenso wie beim Brechen der Vorderradachse eine behelfsmäßig hergestellte Achse einsetzen. Bei Beiwagenmaschinen wird bei einem Bruch einer der beiden Achsen des Kraftrades der Ersatz durch das Einsetzen der Beiwagenachse vorgenommen, während man am Beiwagen, der bei der Weiterfahrt möglichst zu entlasten ist, eine behelfsmäßige Achse verwendet. Bei Fahrzeugen, welche Reserveräder mitführen, wird unter Umständen der zur Befestigung des Ersatzrades verwendete Bolzen zum Ersatz einer gebrochenen Achse gute Dienste leisten. Man sieht, daß auch in dieser Richtung die auswechselbaren Räder infolge der hierbei Verwendung findenden Ausfallachsen unter Umständen sehr zweckmäßig sein können. Als dem Verfasser bei seiner Balkanexpedition 1926 die Hinterradachse brach, konnte ohne weiteres die Beiwagenachse verwendet werden, während im Beiwagen der Haltebolzen des Reserverades paßte. Letzteres wurde sodann einfach mit einem gewöhnlichen Bolzen befestigt.

Abschnitt 21.

Reparaturen an der Bereifung.

Wenn auch die Luftbereifung als solche viel zur raschen Entwicklung des Kraftfahrzeuges beigetragen und die heutige Bereifung eine außerordentliche Vollkommenheit im Rahmen des Möglichen erreicht hat, muß man doch die zur Zeit nur aus leicht verletzbaren Materialien hergestellte Luftbereifung als einen der noch unvollkommensten Teile des Kraftfahrzeuges bezeichnen. Allerdings lassen sich durch eine zweckentsprechende und wohl überlegte Behandlung der Bereifung die Mängel, die ihr zur Zeit naturgemäß anhaften müssen, zum größten Teil in den Hintergrund drängen. Hierbei handelt es sich in erster Linie um die Wahl des Erzeugnisses und der richtigen Dimension, um das genau vorschriftsmäßige Aufpumpen und eine rechtzeitige Reparatur etwa auftretender Schäden.

Bezüglich der Wahl des Erzeugnisses wird man am besten, falls man nicht selbst über entsprechende Erfahrungen verfügt, einen langjährigen Kraftradfahrer befragen und, wenn irgend möglich, inländische Erzeugnisse bevorzugen. Bei der Bestimmung der Dimension des Reifens ist vor allem der Verwendungszweck maßgebend. So soll z. B. zum Soziusfahren keineswegs ein Reifen mit einer geringeren Dimension als $26 \times 3^1/_2''$ Verwendung finden. Das gleiche gilt naturgemäß auch für den Beiwagenbetrieb, für welchen Dimensionen wie $26 \times 3{,}5''$ und größere zu empfehlen sind.

Wichtig ist, den Reifen stets richtig aufgepumpt zu halten. In dieser Hinsicht hält man sich genauestens an die von den Fabriken herausgegebenen Vorschriften. Wenn auch der moderne Hochdruck-Kordreifen ein zeitweiliges Fahren mit geringerem Luftdruck verträgt — man wird z. B. unter Umständen zum Befahren eines besonders schlechten Straßenstückes sowohl aus dem rückwärtigen, als auch insbesondere dem vorderen Reifen etwas Luft auslassen —, so muß doch festgehalten werden, daß der Hochdruckreifen normalerweise sehr fest aufgepumpt werden muß, da die stark gehaltenen Seitenwände ein ständiges Knicken nicht vertragen und brüchig werden würden. Für die Niederdruckreifen wiederum muß als Regel gelten, niemals mit mehr als 2 Atm. Druck zu fahren, da die Seitenwände, um eine entsprechende Flexibilität zu erzielen, nicht so stark gehalten sind, daß sie auf die Dauer den hohen Druck aushalten könnten. Natürlich ist auch beim Ballonreifen zu beachten, daß niemals mit zu wenig Luft gefahren werde. Man verwende nach Möglichkeit Druckmesser, um in objektiver Weise den Luftdruck festzustellen.

Im besonderen wird es sich darum handeln, daß sich der Kraftradfahrer mit einer zweckentsprechenden Reparatur sowohl des Mantels als auch des Luftschlauches vertraut macht.

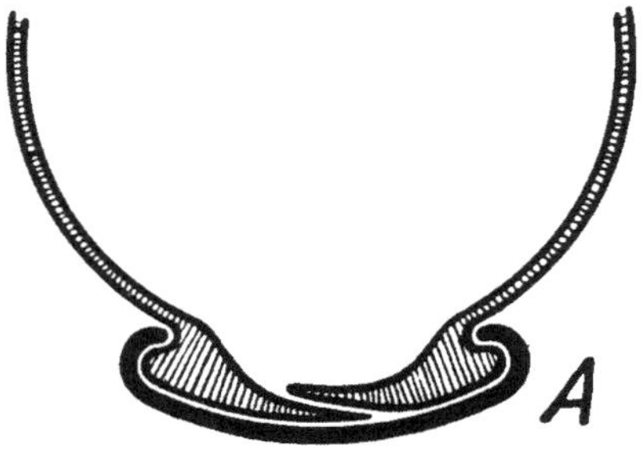

Bei einem in gutem Zustande befindlichen Reifen kommen wohl nur Nageldefekte und kleine Schnitte, welche durch spitze Steine und Glasscherben verursacht werden, in Betracht. Wichtig ist, daß beim Ausgehen der Luft sofort gehalten wird und zwar wenn möglich ohne Bremsung des Rades mit dem defekten Reifen.

Abb. 568.
Die Demontage des Reifens.
Besonders, wenn nur ein Teil des Reifens abgehoben wird, ist es notwendig, stets auf der gleichen Seite den Wulst aus der Felge zu heben, damit die übereinandergehenden Lappen gleichmäßig zu liegen kommen. Man demontiert auf der mit A bezeichneten Seite.

Der Nagel wird herausgezogen und durch Tintenstift die Stelle der Beschädigung angezeichnet. Zum Abheben des Reifens werden die sogenannten Montiereisen verwendet, welche besonders dann praktisch sind, wenn sie durch eine hakenförmige Ausbildung das Einhängen bei den Speichen ermöglichen, so daß der Reifen während des Montierens nicht wieder in die Felge zurückspringen kann. Zum bequemen Demontieren werden insgesamt drei derartige Montiereisen benötigt. Die Demontage hat immer auf derselben Seite zu erfolgen und zwar auf jener, welche in Abbildung 568 als A bezeichnet ist. Sind die Räder mit Bremsfelgen ausgestattet, so ist der Reifen derart zu montieren, daß der Wulstfortsatz jener Seite, auf welcher sich keine Bremsfelge befindet, über dem Wulstfortsatz der anderen Seite zu liegen kommt, um nicht am Einhängen der Montiereisen durch die Bremsfelge behindert zu sein.

Abb. 569. Die Demontage des Wulstreifens.
Es ist im allgemeinen zweckmäßig, auf jener Seite zu demontieren, auf welcher keine Bremsfelge montiert ist. Bei den neueren Rädern, bei welchen Innenbackenbremsen montiert sind, muß man sich merken, auf welcher Seite man zuerst demontieren muß, damit bei teilweisem Abheben des Mantels die Wülste sich nicht kreuzen. Diesbezüglich siehe die Abbildung 568.

Der Wulst wird im allgemeinen nur auf ein so großes Stück aus der Felge gehoben, wie es zum bequemen Herausziehen des Schlauches erforderlich ist. Die verschiedenen Phasen der Demontage bzw. Montage zeigen die Abbildungen 569, 570 und 571. Zum Flicken des Luftschlauches wird am besten ein sogenanntes Kaltvulkanisierflickzeug verwendet. Der Schlauch wird straff gespannt über die geballte Faust gelegt und um die beschädigte Stelle herum gründlich gereinigt und aufgerauht. Das Reinigen und das Aufrauhen erfolgt am besten durch eine kleine Stahlbürste oder eine Raspel und muß derart

Abb. 570. Die Demontage des Wulstreifens.

Das Herausheben des Wulstes aus der Felge erfolgt durch vorsichtige Anwendung zweier Montiereisen; mit einem der beiden hindert man den Reifen daran, wieder in die Felge zurückzuspringen. Zu diesem Zwecke sind Montiereisen praktisch, welche sich mit einem hakenförmigen Ende in einer Speiche einhängen lassen.

gründlich besorgt werden, daß die glatte Oberfläche verschwindet. Es ist wichtig, das Antasten der gereinigten Stelle mit den Fingern zu vermeiden sowie jedwede Feuchtigkeit fernzuhalten. Auf die gereinigte und aufgerauhte Fläche wird die Gummilösung aufgetragen und verstrichen. Während nun die

Gummilösung trocknet, wird die Schutzleinwand von dem Gummifleck entfernt. Der Gummifleck wird mit der selbst vulkanisierenden Emulsion auf die zu reparierende Stelle des Schlauches, von welcher die überflüssige Gummilösung mittels eines Messers vollkommen weggeschabt wurde, aufgelegt und einige Sekunden flach aufgepreßt. Die Reparatur ist beendet. Wäh-

Abb. 571. Das Auflegen des Reifens.
Vorsicht mit dem Montiereisen, daß der Schlauch nicht verletzt wird!

rend man das Flickzeug wieder einpackt, wird der Fleck genügend fest, so daß sofort mit dem Einmontieren des Schlauches begonnen werden kann. Wichtig ist, denselben vorerst leicht aufzupumpen, um eine Faltenbildung und ein Einklemmen zu verhindern. Das Auflegen des Mantels kann in den meisten Fällen ohne Zuhilfenahme von Werkzeugen erfolgen. Gelingt dies jedoch nicht, so ist besonders darauf zu sehen, daß durch das Montiereisen der Schlauch nicht beschädigt werde. Schließlich sei noch darauf verwiesen, daß ein Nagel häufig mehrere Löcher verursacht, worauf vor dem endgültigen Einmontieren des Schlauches zu achten ist.

Schlauchdefekte können auch durch Heißvulkanisieren behoben werden. Dieses Verfahren, das die Mitnahme eines kleinen Apparates erfordert, kommt wohl in erster Linie nur für Beiwagenfahrer in Betracht, es sei jedoch darauf verwiesen, daß die Gummifabriken Kaltvulkanisierreparaturzeuge in den Handel bringen, welche den Anforderungen durchaus genügen. Dazu kommt, daß das Heißvulkanisieren wesentlich mehr Zeit in Anspruch nimmt, als das vorstehend beschriebene Verfahren. Immerhin wird man in Fällen, in welchen man mit dem gewöhnlichen Verfahren nicht das Auslangen findet — z. B. bei Reparaturen knapp am Ventil — mit Erfolg die Vulkanisiermaschine benutzen können.

Auch beim Vulkanisieren ist der Schlauch in erster Linie bestens zu reinigen und aufzurauhen. Sodann wird mittels einer kleinen Presse das den Gummifleck tragende Blechtäfelchen auf den Schlauch gepreßt, auf das Blechtäfelchen der Brennkörper gelegt und angezündet. Man muß nun warten, bis der Brennkörper vollkommen ausgeglüht ist, was etwa 10 Minuten dauert. Nach dem endgültigen Erlöschen des Brennkörpers wird die Presse geöffnet und der Schlauch mit dem Blechtäfelchen herausgenommen. Erst nach dem vollkommenen Erkalten des Schlauches darf das Blechtäfelchen sorgfältig abgenommen werden. Die Abkühlung kann auch durch den Einfluß von kaltem Wasser rasch herbeigeführt werden.

Bei größeren Rissen, wie sie z. B. beim Ausspringen des Mantels oft in einer Länge von 2 und mehr Dezimeter entstehen, kann der Schlauch sowohl mit dem gewöhnlichen Motorradflickzeug als auch mittels der Vulkanisiermaschine repariert werden. Beim Flicken mit der Vulkanisiermaschine wird man sorgfältig und von dem Ende des Schlitzes beginnend, staffelweise Fleck auf Fleck aufvulkanisieren, bis schließlich der ganze Schlitz überklebt ist. Bei der Verwendung eines kaltvulkanisierenden Flickzeuges wird man nach Abbildung 572 vorerst durch zwei oder drei ganz kleine Flecke die beiden Seiten des klaffenden Schlitzes leicht zusammenheften und sodann einen langen Streifen des Flickzeuges darüberkleben. Um derartige größere Reparaturen, die wohl in erster Linie nur in den Nächtigungsstationen durchgeführt werden, ausführen zu können, empfiehlt es sich, nicht nur die bereits in verschiedenen Größen erhältlichen runden Flecke mitzunehmen, sondern auch einen größeren Streifen Flickzeug.

Wird der Schlauch in der Nähe des Ventiles undicht oder am Ventilsitz selbst, so ist das Ventil herauszunehmen, die beschädigte Stelle sowie das Ventilloch durch einen Fleck zu schließen und das Ventil an einer anderen Seite neu einzusetzen. Zu letzterem Zweck empfiehlt es sich, vorerst an jener Stelle, an welcher das Ventil eingesetzt werden soll, einen ziemlich

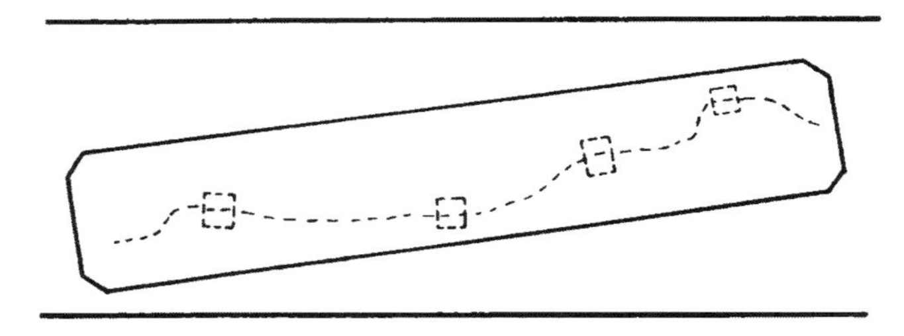

Abb. 572. Das Flicken eines größeren Risses im Schlauch.
Die beiden Teile werden vorerst durch kleine Fleckchen zusammengeheftet. Darüber klebt man dann erst den großen Fleck.

großen Fleck aufzukleben, sodann durch diesen Fleck und den Schlauch mittels eines scharfen Messers oder einer spitzen Schere die erforderliche runde Öffnung (eher zu klein als zu groß) zu schneiden, sodann das Ventil einzuführen und mit der Schraube unter Beigabe der gerillten Belagscheibe zu befestigen.

Um den häufigen Nageldefekten bzw. den durch diese Defekte entstehenden Reparaturen zu entgehen, werden nicht selten Schlauchfüllungen verschiedenster Art verwendet. Die bekanntesten Fabrikate auf diesem Gebiete sind: Armourite, Invulner und Impervo. Das Einfüllen dieser Mittel erfolgt entweder beim Ventil — hierzu ist der Einsatz selbstverständlich zu entfernen —, oder es wird in den Schlauch ein kleines Loch geschnitten, durch das die Füllung eingegossen und welches sodann zuvulkanisiert wird. Diese Füllungsmittel haben die Eigenschaft, kleine Löcher im Schlauch zu verkleben, so daß es lediglich erforderlich ist, die eingefahrenen Nägel gelegentlich herauszuziehen. Um ein Verkleben des Loches zuverlässig zu erreichen, stellt man das Rad auf den Ständer und dreht es mehrmals herum, falls man die Fahrt nicht an und für sich fortsetzt. In manchen Fällen tritt ein geringer Luftverlust ein, der jedoch durch ein einfaches Aufpumpen wieder behoben wird. Trotz der erwähnten Vorteile dieser Schlauchfüllungs- und Dichtungsmittel kann man über die Zweckmäßigkeit derselben verschiedener Meinung sein, da die bei alten Reifen nicht selten auftretenden Schlauchdefekte infolge der aus dem Schlauche austretenden Flüssigkeit nur sehr schwer, in den meisten Fällen überhaupt nicht mehr zu reparieren sind. Jedenfalls empfiehlt es sich in einem solchen Fall, den Schlauch herauszunehmen, an der Wasserleitung oder in einem Bach vollkommen auszuwaschen, gut zu trocknen und sodann erst zu flicken. Bezüglich der ungünstigen Einwirkung der Dichtungsmittel auf die Qualität des Gummis besagen Untersuchungsergebnisse, daß eine solche nicht vorhanden sei. Feststellen konnte der Verfasser jedoch, daß einige der in den Handel gebrachten Dichtungsmittel im Winter zu Eisklumpen frieren und auf diese Weise unwirksam werden.

Außer Frage steht der besondere Vorteil der Schlauchfüllungsmittel bei der Verwendung von neuen Reifen und ungeflickten Schläuchen, wenigstens in den Sommermonaten.

Neuerdings gelangen auch Gewebe in den Handel, welche zwischen Mantel und Schlauch einzulegen sind und welche Nägel absolut nicht durchlassen sollen. Der Nachteil ist eine etwas verminderte Elastizität des Reifens und eine nicht unbeträchtliche Schwierigkeit beim Montieren.

Nunmehr zur Reparatur der am Mantel auftretenden Defekte!

Bei gewöhnlichen Nageldefekten ist die Angelegenheit bezüglich des Reifens mit dem Herausziehen des Nagels erledigt. Bei Rissen und Schnitten, die von spitzen Steinen oder Glasscherben herrühren, wird man auf der Fahrt selbst ein Weiterreißen und ein Eindringen von Feuchtigkeit durch das Unterlegen bzw. Einkleben einer geeigneten Unterlage vermeiden. Trotzdem soll man es nicht verabsäumen, auch solch kleine Reifendefekte in einer Vulkanisieranstalt reparieren zu lassen, da infolge des Eindringens der Feuchtigkeit das Gewebe verfault und der Sand die noch ganzen Gewebelagen durchscheuert. Um Reifendefekte selbst größerer Natur tunlichst auf der Fahrt beheben zu können, ist es bei größeren Fahrten erforderlich, genügend Unterlagsmaterial mitzuführen. Es kommen Unterlagsplatten in den Handel, welche mit Zacken ausgestattet sind, die eine feste Verbindung mit dem Reifen herstellen, so daß ein Klaffen der Wunde vermieden wird. Durch diese Hilfseinrichtung kann man auch auf der Strecke größere Reifendefekte recht gut beheben. Bemerkt sei an dieser Stelle, daß beim Fehlen anderer Mittel ein schwer verletzter Reifen auch durch Umwickeln mit Riemen zur Not wieder in brauchbaren Zustand versetzt werden kann.

Bei größeren Reparaturen oder dann, wenn man die Ursache des Defektes nicht finden kann, wird man das Rad ausmontieren, da es an dem ausmontierten Rade selbstverständlich viel leichter ist, Reparaturen vorzunehmen. Ist das Fahrzeug mit auswechselbaren Rädern oder mit Ausfallachsen ausgerüstet, so wird man meist gut tun, auch zu gewöhnlichen Reparaturen von Nagellöchern das Rad herauszunehmen. Ist die Maschine nicht mit Ausfallachsen versehen, so wird meist die Reparatur des Hinterrades, wenn eine Demontage notwendig wird, eine große und schmutzige Angelegenheit, die selten unter 2 Stunden abgeht. Auch in diesem Zusammenhang muß man den Konstrukteuren nachdrücklichst sagen, daß alle diese Konstruktionen, bei welchen zum Herausnehmen des Hinterrades die Kette abgenommen und die Bremsen demontiert, womöglich auch noch der Kettenschutz losgeschraubt werden muß, durchaus veraltet und unzeitgemäß sind. Die Motorradfahrer sollten sich derartige Konstruktionen, über die man in einigen Jahren nur mehr lächeln wird, keineswegs gefallen lassen, zumal führende deutsche Fabriken bereits sehr zweckdienliche gute Konstruktionen herausbringen. Würden alle Konstrukteure auch tatsächliche Motorrad-Touristen sein, so könnte es z. B. auch nicht vorkommen, daß bei einer führenden englischen Marke (Modell 1927) beim Einmontieren des Hinterrades jedesmal der Konus neu eingestellt werden muß — was wahrlich einer Geduldprobe gleichkommt —, trotzdem sich doch durch eine einfache Kontramutter leicht Abhilfe schaffen ließe.

Ein weiterer konstruktiver Mangel sehr vieler Maschinen ist, daß sich das aufgepumpte Hinterrad nicht in die Gabeln einschieben läßt oder nur dann, wenn zwei andere Personen das Fahrzeug heben. Das Aus- und Einführen des fertig montierten Rades muß sich sowohl zwischen den Vorderrad- als auch

Abb. 573. Das Montieren des Vorderrades.

den Hinterradgabeln in der in den Abbildungen 573 und 574 dargestellten leichten Art bewerkstelligen lassen.

Ein Kapitel für sich bildet die Montage und Demontage der Stahlseilreifen (SS-Reifen) auf der Tiefbettfelge. Vorweg sei genommen, daß die Montage der Stahlseilreifen viel leichter zu bewerkstelligen ist, als jene der Wulstreifen — vorausgesetzt, daß man den erforderlichen Kniff kennt. Man muß wissen:

1. In den Rändern des Reifens, die wulstlos sind, befindet sich ein endloses Stahldrahtseil.

2. Die Ränder des Reifens lassen sich infolge des Drahtseils nicht dehnen.

3. Das Drahtseil ist kürzer als der Umfang des Felgenrandes, so daß sich der Reifen nicht einfach über den Felgenrand stülpen läßt, wie dies beim gewöhnlichen Wulstreifen der Fall ist. Gerade dieser Umstand ergibt die große Sicherheit des Drahtreifens gegenüber dem Wulstreifen.

Abb. 574. Das Montieren des Hinterrades.

Gabel, Kotschützer und Gepäckträger sollen, wenn ein geteiltes Kotblech nicht vorgesehen ist, so breit gehalten sein, daß auch das aufgepumpte Rad leicht ein- und ausgeschoben werden kann, ohne daß es notwendig wird, das Fahrzeug zu heben oder umzulegen.

4. Die Felge ist eine sogenannte „Tiefbettfelge“, das heißt, sie besitzt in der Mitte eine starke Vertiefung.

5. Die Montage und Demontage erfolgt in der Weise, daß man etwa $^3/_4$ des Umfanges des Reifens in die tiefste Stelle der Felge drückt und gleichzeitig den restlichen Reifenrand unter Zuhilfenahme eines Montiereisens über den Felgenrand hebt, wie dies die Abbildung 575 deutlich zeigt. Drückt man den Reifen an der der Montagestelle gegenüberliegenden Seite nicht in das tiefe Felgenbett, so ist eine Montage oder Demontage des

Reifens durchaus unmöglich, wendet man jedoch trotzdem große Kräfte mit langen Hebeln an, so kann das Seil reißen oder den Gummi durchschneiden, so daß der Reifen unbrauchbar wird.

6. Um den Schlauch vor Beschädigungen durch die Nippel der Speichen zu bewahren, wird um die Felge ein den Drahtseilreifen meist beigegebenes Felgenband gelegt. Reißt dasselbe, so ist es zu kleben oder zusammenzunähen.

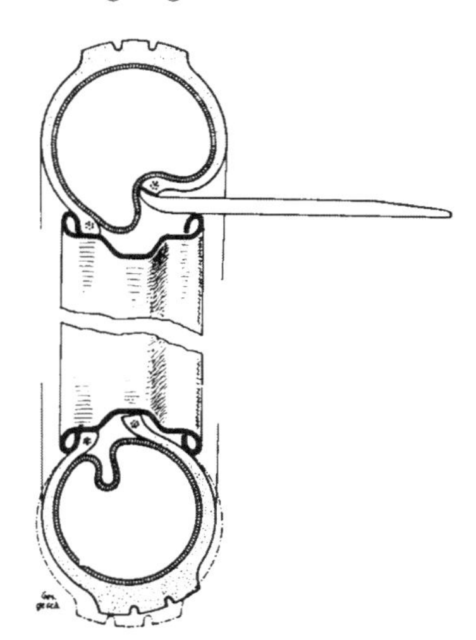

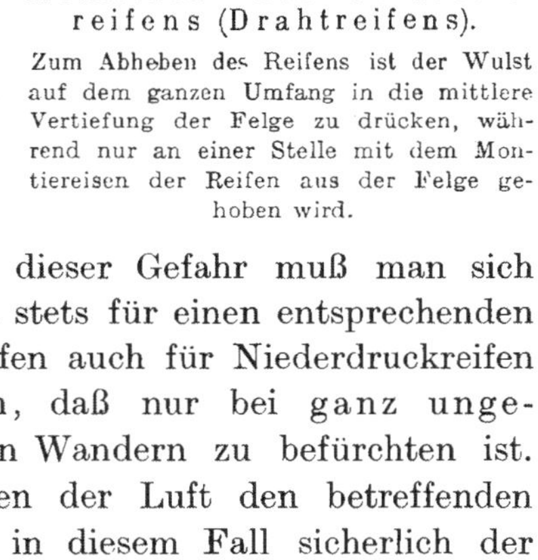

Abb. 575. Das Demontieren und Montieren des Geradseitreifens (Drahtreifens).

Zum Abheben des Reifens ist der Wulst auf dem ganzen Umfang in die mittlere Vertiefung der Felge zu drücken, während nur an einer Stelle mit dem Montiereisen der Reifen aus der Felge gehoben wird.

Werden die vorstehenden Hinweise einer genauen Beachtung zugeführt, wird man bald die großen Vorteile des Drahtseilreifens (Geradseitreifens) gegenüber dem Wulstreifen erkennen. In dieser Hinsicht hat man bei uns einiges nachzuholen: die englischen Motorräder sind seit 1926/1927 so gut wie ausnahmslos mit Drahtreifen und Tiefbettfelgen ausgerüstet. Letztere haben auch den nicht unwesentlichen Vorteil, daß sie stabiler sind und sich leichter ausbiegen lassen. Die Stahlseilreifen müssen stets gut aufgepumpt werden, da sie sonst leicht auf der Felge wandern, wodurch unter Umständen das Ventil aus dem Schlauch ausgerissen werden kann. Vor dieser Gefahr muß man sich jedoch nicht fürchten, wenn man stets für einen entsprechenden Luftdruck sorgt. Da Geradseitreifen auch für Niederdruckreifen Verwendung finden, ist erwiesen, daß nur bei ganz ungewöhnlich niedrigem Druck ein Wandern zu befürchten ist. Wichtig ist jedoch, beim Ausgehen der Luft den betreffenden Reifen nicht zu bremsen, da in diesem Fall sicherlich der Schlauch abgerissen werden würde. Nur die aus dem inneren Luftdruck sich ergebende Spannung der Reifenränder gegen den konischen Felgenrand hält den Reifen in seiner Lage fest.

Bezüglich der Montage — sowohl der Wulst- wie auch der Geradseitreifen — sei noch bemerkt, daß stets vor dem Einlegen des Schlauches derselbe mäßig aufzupumpen ist, um das Einzwicken zu vermeiden. Die bei Wulstreifen vorhandenen (zum Reifenmontieren sehr lästigen) Reifensicherungen sind bei der Montage des Reifens zu heben, indem die Flügelschrauben gegen die Felge gedrückt werden. Durch den Luftdruck im Schlauch müssen nach dem Auflegen des Mantels die Sicherungen selbst leicht nach außen springen. Das Festziehen erfolgt erst nach vollständigem Aufpumpen.

Schließlich sei noch darauf hingewiesen, daß Reifen mit stark abgefahrener Lauffläche durch das sogenannte „Neuprotektieren" wieder verwendbar gemacht werden können. Bei diesem Verfahren wird eine neue Lauffläche mit einer Leinwandeinlage aufvulkanisiert, so daß der Reifen wie neu aussieht und auch die Dienste eines neuen tut, vorausgesetzt allerdings, daß das Neuprotektieren noch vor dem Durchfahren der äußeren Gewebeschicht erfolgt ist, die Seitenwände nicht rissig waren und ein guter Gummi für die neue Lauffläche verwendet wurde.

Was das Austauschen der Reifen gegeneinander betrifft, sei darauf hingewiesen, daß man am Vorderrad in erster Linie einen Reifen verwenden wird, welcher durch seinen Zustand eine Gewähr gegen das unter Umständen lebensgefährliche Platzen bietet. Da naturgemäß am Hinterrad die Abnutzung des Reifens viel schneller vor sich geht als am Vorderrad, wird man daher die beiden Reifen zu einem Zeitpunkt vertauschen müssen, in welchem der am Hinterrade benutzte Reifen in keiner Richtung Verfallserscheinungen zeigt. Beim Beiwagenbetrieb wird man den schlechtesten Reifen am Beiwagenrad verwenden, da ein Platzen dieses Reifens im allgemeinen die geringsten Folgen nach sich zieht, wenngleich in Kurven, in welchen sich der Beiwagen außen befindet, immerhin kritische Situationen eintreten können. Übrigens sei in diesem Zusammenhang festgestellt, daß der Beiwagenreifen einer bedeutend größeren Abnutzung unterliegt als der des Vorderrades, da in Kurven, in welchen sich das Motorrad innen befindet, das Beiwagenrad stark belastet wird und auch ein seitliches Schieben auftritt.

Abschnitt 22.

Die Sportkameradschaftlichkeit.

Man kann mit Befriedigung feststellen, daß wohl kaum in einem anderen Sportzweig eine so weitgehende Kameradschaftlichkeit herrscht, wie dies unter Kraftradfahrern der Fall ist. Dieser Umstand ist wohl auch darauf zurückzuführen, daß bei keinem anderen Sport die einzelnen Sporttreibenden so aufeinander angewiesen und in einem solchen Maße in der Lage sind, einander zu schädigen oder zu helfen, wie gerade beim Kraftradfahren. Leider erstreckt sich diese Kameradschaftlichkeit nicht immer auf alle Kraftfahrzeugfahrer, sondern beschränkt sich in erster Linie auf die Kraftradfahrer und bei den Automobilisten auf einzelne Herren- und Sportfahrer.

Auch ist die Kameradschaftlichkeit in ihrer praktischen Auswirkung dort geringer, wo verhältnismäßig mehr Kraftradfahrer und mehr Reparaturwerkstätten vorhanden sind, das heißt also in besonderem Maße in den dichter besiedelten Ebenen.

Eine schöne Gewohnheit ist es, daß sich Kraftradfahrer beim Begegnen auf der Straße durch Erheben der Hand begrüßen und so ihre Kollegialität zum Ausdruck bringen. Es gibt natürlich leider auch sehr viele Fahrer, die sich diese Höflichkeit der Straße nicht zu eigen machen, wenngleich sie sich im Bedarfsfalle sicherlich auch sehr gern von anderen helfen lassen. Bezüglich der vorerwähnten Behauptung ist es interessant anzuführen, daß im westlichen Österreich, einem ausgesprochenen Gebirgsland, in welchem es verhältnismäßig weniger Krafträder gibt als in den flachen Gebieten Deutschlands, die Sportkameradschaftlichkeit unter den Kraftradfahrern derzeit noch auf einer höheren Stufe steht als in den vorerwähnten Gebieten.

Dieser Umstand mag allerdings auch darauf zurückzuführen sein, daß das Kraftrad in Deutschland in größerem Maße als Geschäftsfahrzeug Verwendung findet, als dies in Österreich der Fall ist, daß die Geschäftsfahrer das Kraftradfahren vielfach als eine Last und nicht als Sport betrachten und daher auch kein Interesse haben, mit anderen Kraftradfahrern im Verhältnis der sportlichen Kameradschaftlichkeit zu stehen. Es steht auch außer Zweifel, daß mit fortschreitender technischer Vervollkommnung und weiterer Verwendung des Kraftfahrzeuges in gleichem Maße die sportliche Kameradschaftlichkeit sich verringern wird.

Trotz der vorstehend aufgezeigten Umstände und gerade im Hinblick auf dieselben hält der Verfasser es als eine besondere Pflicht jedes Sportfahrers, die Kameradschaftlichkeit unter den Kraftradfahrern hochzuhalten und zu pflegen. Diese Erwägung hat den Verfasser auch veranlaßt, der „Sportkameradschaftlichkeit" einen eigenen Abschnitt in diesem Buch zu widmen.

Die Kameradschaftlichkeit unter den Kraftradfahrern muß sich in erster Linie in der steten Bereitschaft zu Unterstützung und Hilfeleistung auswirken. Es darf nicht vorkommen, daß ein Kraftradfahrer an einem im Straßengraben reparierenden Sportkameraden vorbeifährt, ohne sein Tempo zu verlangsamen und durch einen Zuruf seine Unterstützung anzubieten. Es darf sich aber auch der mit der Reparatur beschäftigte Kraftradfahrer nicht scheuen, durch Aufheben der Hand einen anderen Kraftradfahrer anzuhalten und um Unterstützung zu bitten, ebenso wie er dann, wenn er die Unterstützung nicht benötigt, die Verpflichtung hat, rechtzeitig dem anderen Fahrer durch eine Handbewegung erkennen zu geben, daß er auf eine Unterstützung Verzicht leistet.

Diese Unterstützung bei Reparaturen auf der Straße ist deshalb notwendig, weil nicht nur jedermann in eine derartige Lage kommen kann, sondern vielfach die Reparaturen in Arbeiten bestehen, die nur durch das Zupacken von vier Händen oder Verwendung von besonderen Spezialwerkzeugen durchgeführt werden können.

Das gleiche, was bezüglich der Unterstützung bei der Durchführung von Reparaturen gesagt wurde, gilt selbstverständlich auch jedem Kameraden gegenüber, dem auf der Landstraße das Benzin ausgegangen ist. Da in solchen Fällen lediglich so viel Benzin gegeben werden muß, daß der andere Fahrer zuverlässig zur nächsten Tankstelle gelangt, entfällt auch naturgemäß jedwede Vergütung. Hingegen wird es bei der Überlassung von anderen Materialien z. B. einer Zündkerze wohl von der finanziellen Lage des Unterstützungsgebers abhängen, ob er eine Vergütung entgegennimmt oder nicht. Grundsätzlich ist sie zu bieten.

Daß die gegenseitige Unterstützung sich auch auf Auskunftserteilung bezüglich der Wegeverhältnisse, Garagen und Unterkünfte und alle sonstigen Belange erstreckt, ist selbstverständlich.

In den Bereich der Kameradschaftlichkeit fällt es auch, daß jeder einzelne Fahrer so fährt, daß eine Gefährdung anderer Straßenbenutzer ausgeschlossen ist. In dieser Hinsicht wird wohl am häufigsten gegen die vielleicht auch sonst in anderen Belangen geübte Kameradschaftlichkeit gesündigt. Es mag dutzendemal gelingen, eine Kurve auf der falschen Seite zu schneiden, es bleibt doch jeder einzelne Fall eine schwere Unkameradschaftlichkeit gegen einen etwa entgegenkommenden Fahrer. Auch das schnelle Abwärtsfahren im Gebirge oder das Halten einer zu geringen Fahrdistanz kann Sportkollegen zu Schaden bringen und muß daher schon von diesem Standpunkte aus verpönt werden. Wenn es schon das Privatvergnügen jedes einzelnen ist, sich unter Umständen den Schädel einzuschlagen, so muß er immerhin seine Leichtsinnigkeit so einrichten, daß er nicht andere in Gefahr bringt.

Pflicht der Sportkameradschaftlichkeit in weiterem Sinne ist es ferner, daß man jene Fahrer, die durch ihre Fahrtechnik oder vielleicht gar durch ihren angeheiterten Zustand andere in schwere Gefahr bringen, an der weiteren Fahrt hindert, sei es nun durch persönliches Eingreifen oder durch die Anzeige bei der nächsten zuständigen Stelle. Ein persönliches Eingreifen ist bei solchen Gelegenheiten unter Umständen auch dann zulässig, wenn es sich um Schritte handelt, die sonst einem Privatmann nicht zustehen, da die Wahrnehmung berechtigter Interessen (die Sicherung des Lebens) geltend gemacht werden kann. Im allgemeinen wird es jedoch auf diesem Gebiet für den einzelnen Fahrer nur darauf ankommen, die behördlichen Sicherheitsorgane sowie die in vielen Gebieten Deutschlands mit großem Erfolg tätige Verkehrswacht durch Mitteilung und Anzeige zu unterstützen.

Bei Unfällen wird es Sache des Kraftradfahrers sein, sich auf keinen Fall vor den Unbequemlichkeiten der gerichtlichen Vernehmung zu scheuen und weiterzufahren, sondern vielmehr dem Beteiligten sich sofort zur Verfügung zu stellen. Diese Kameradschaftlichkeit ist notwendig, weil bei Unfällen vielfach von Seite der Fußgänger gegen den Kraftradfahrer Stellung genommen wird und eine Zeugenaussage zustande kommt, die infolge der tendenziösen Einstellung des Zeugen mit dem wahren Sachverhalt nichts zu tun hat.

Bei Nachtfahrten ist es eine Pflicht der Kameradschaftlichkeit, beim Entgegenkommen von anderen Fahrzeugen abzublenden bzw. seinen Scheinwerfer so einzustellen, daß Unfälle, die nicht selten durch die starke Blendwirkung entstehen, vermieden werden.

Die Pflege der Kameradschaftlichkeit ist in besonderem Maße Aufgabe der die kraftfahrsportlichen Kreise zusammenschließenden Klubs. Da die Leistungen der führenden Klubs zweifelsohne zu Gunsten der Gesamtheit der Kraftfahrer ganz außerordentliche sind und dadurch jedem einzelnen, wenn auch meistens unbewußt, zugute kommen, muß man es auch als eine kameradschaftliche Pflicht jedes Kraftfahrers bezeichnen, dem zuständigen Klub anzugehören und an dessen Tätigkeit teilzunehmen.

IV. Hauptstück.

Abschnitt 23.

Der Beiwagen.

Wenn auch von vielen Kraftradfahrern das Beiwagenfahren als unsportlich bezeichnet und daher auch nicht ausgeübt wird, so muß doch, ohne daß vorerst diese Behauptung selbst behandelt wird, hervorgehoben werden, daß der Beiwagen außerordentlich viel zur Verbreitung des Kraftrades beigetragen hat. Es steht außer jedem Zweifel, daß es weniger beschwerlich ist, größere Touren mit, denn ohne Beiwagen zu fahren. Schließlich wird darauf verwiesen, daß infolge der gesundheitlichen Beeinträchtigung des Soziusfahrers, ganz besonders der weiblichen Begleiterin, schließlich auch im Hinblick auf den Umstand, daß sich beim Soziusfahren nur sehr wenig Gepäck mitnehmen läßt und die Möglichkeit, entsprechendes Gepäck mitzuführen, innig verknüpft ist mit der Möglichkeit, größere Touren zu unternehmen, die meisten Kraftradfahrer nach höchstens ein oder zwei Jahren, während welcher sie den Sozius oder die Sozia auf dem Rücksitz mitgenommen haben, von dem Fahren zu zweit auf einem einspurigen Fahrzeug abkommen. Nichts ist in einem solchen Falle naheliegender als die Anschaffung eines passenden Beiwagens.

Abgesehen von den vorerwähnten Erwägungen, gesundheitliche Verhältnisse und die Mitnahme des Gepäcks betreffend, spricht auch für die Verwendung des Beiwagens die weitgehende Unabhängigkeit der Beiwagenmaschine von der Witterung bzw. von dem Zustand der Straßen. Wer darauf ausgeht, größere Fahrten zu unternehmen, muß auch damit rechnen, größere Strecken bei schlechtem Wetter und auf durchweichten Straßen zu fahren. Einerseits nun ist dies beim einspurigen Fahrzeug ziemlich anstrengend, andererseits wieder ist man durch die

Beschränkung in der Mitnahme von Gepäck nicht in der Lage, des öfteren die Kleider zu wechseln. Während nun das Motorrad bei regendurchweichter Straße stark schleudert, ein flottes Vorwärtskommen erschwert ist und der Fahrer selbst überaus angestrengt wird, gestattet der Beiwagen auch auf grundlosen Straßen noch ein verhältnismäßig rasches Vorwärtskommen. Es ist eine bekannte Erfahrungstatsache, daß ein Motorrad mit Beiwagen bedeutend besser auf der Straße „sitzt" als ein kleiner Kraftwagen. Schließlich gestattet der Beiwagen auch die Mitnahme einer größeren Anzahl von Ersatzteilen und sonstiger Ausrüstungsgegenstände, die auch die Voraussetzung für größere Touren darstellen. Während bei einem Motorrad ohne Beiwagen alles niet- und nagelfest befestigt werden muß und z. B. schon die Mitnahme eines Photoapparates gewisse Schwierigkeiten bereitet, genügt es beim Beiwagen, alle diese Gegenstände einfach in den Gepäckteil zu legen.

Schließlich soll auch noch die Frage der Sportlichkeit des Beiwagenfahrens besprochen werden. Das Urteil, daß das Beiwagenfahren unsportlich sei, kann nur von einem Fahrer ausgesprochen werden, der ausschließlich Solofahrer ist oder doch nur sehr selten mit einer Beiwagenmaschine gefahren ist. In Wirklichkeit wird derjenige, der sowohl mit als auch ohne Beiwagen fährt, das Beiwagenfahren keineswegs als unsportlich bezeichnen können, da es mindestens die gleiche Geschicklichkeit, Gewandtheit und persönliche Tüchtigkeit erfordert wie das Solofahren. Ein sportliches Vergnügen allerdings ist dem Beiwagenfahrer versagt: das bei einspurigen Fahrzeugen mögliche Kurvenfahren durch einfache, stilgerechte Gewichtsverlegung. In dieser Hinsicht ist der Beiwagenfahrer im Nachteil, da infolge der Unmöglichkeit, eine Kurve durch Neigung der Maschine zu nehmen, das Kurvenfahren lediglich auf eine Kraftleistung an der Lenkstange zurückzuführen ist. Dieser Umstand ist auch dafür maßgebend, daß das Beiwagenfahren zweifelsohne viel stärkere Kräfte erfordert als das Solofahren und im Anfang wesentlich mehr ermüdet. Weiter sei noch darauf hingewiesen, daß beim Beiwagenfahren an den Insassen des Beiwagens bei flotter Fahrt weit größere sportliche Anforderungen gestellt werden als an den Soziusfahrer, der genau betrachtet nichts anderes zu tun hat und auch nichts anderes tun darf, als vollkommen ruhig zu sitzen. Der Beiwagenfahrer hingegen muß bei einigermaßen schneidiger Fahrt durch ständige Gewichtsverlegung in den Kurven den Fahrer unterstützen. Besonders in kritischen Momenten, beim raschen Ausweichen, bei einem Hindernis oder sonstigen durch die Not sich ergebenden Extravaganzen hängt eine glückliche Überwindung der Gefahr zum Großteil von der geistesgegenwärtigen Mitwirkung des Beiwagenfahrers ab.

Schließlich sei noch erwähnt, daß dem Beiwagenfahrer in besonderem Maße ein Sport zugänglich gemacht ist, der für den Solofahrer nicht so leicht möglich ist: das Übernachten in selbst mitgeführten Zelten.

Zu all diesen wesentlichen Vorteilen des Beiwagens kommt noch, daß die Beiwagenmaschine in hohem Grad die Sympathie der Weiblichkeit errungen und dadurch indirekt zur Verbreitung des Motorradsportes beigetragen hat. Es ist ja auch einer Ehegattin, die auf das Soziusfahren aus verschiedenen Gründen gern verzichtet, nicht zu verdenken, daß sie ihren Mann vom Motorradfahren abzubringen versucht, insofern er sich nicht entschießt, einen Beiwagen, der ein immerhin bequemeres Mitfahren ermöglicht, anzuschaffen.

Befriedigen kann selbstverständlich das Beiwagenfahren nur dann, wenn ein entsprechend starkes Motorrad zur Verfügung steht und der Beiwagen richtig montiert ist. Es gibt nichts Ermüdenderes als das Fahren mit einem schlechten Beiwagengefährt, dessen Motorrad gegen den Seitenwagen hängt, dessen Lenkung gegen diesen zieht und außerdem infolge Fehlens eines Steuerungsdämpfers flattert. Bezüglich der Stärke des Motors muß gesagt werden, daß für den Beiwagenbetrieb nur Maschinen von 500 ccm aufwärts in Frage kommen können. An dieser Erfahrungstatsache ändert auch nichts, daß gelegentlich Fabrikanten sogar ihre 175- oder 250-ccm-Maschinen für das Beiwagenfahren empfehlen, ändert auch nichts der Umstand, daß man in England, jenem Lande, in welchem am meisten der Beiwagensport blüht, vielfach Maschinen von 350 ccm Stärke mit einem Beiwagen sehen kann. Da der Beiwagen nicht nur besondere Anforderungen an die Leistungsfähigkeit des Motors stellt, sondern auch an die Stabilität des Rahmens, kommen auch von diesem Gesichtspunkte nur Fahrzeuge mit Motoren von 500 und mehr ccm Zylinderinhalt in Frage. Nur solche Motorräder weisen einen genügend starken Rahmen auf. Besonders auf schlechten Straßen werden leichtere Maschinen gar bald ein Opfer der Überbeanspruchungen werden, sei es durch Rahmen- oder Gabelbrüche oder durch die starken Verziehungen des Rahmens, welche ein vergnügliches Fahren vollkommen ausschließen und so gut wie gar nicht zu beheben sind.

Aber selbst bezüglich der 500 ccm-Maschinen muß festgestellt werden, daß die meisten Fahrer schon nach kurzer Zeit des Seitenwagenfahrens zu noch stärkeren Maschinen mit größerem Kubikinhalt übergehen. Es ist stets notwendig, eine entsprechende Kraftreserve in der Maschine zu haben, um ungewöhnliche Steigungs-, Straßen- oder Witterungsverhältnisse ohne Schwierigkeit bewältigen zu können. Eine solche Kraftreserve ist bei einer 500 ccm-Maschine zwar beim Sozius-, nicht aber beim Beiwagenfahren vorhanden. Wenn man jedoch aus verschiedenen Gründen über 500 ccm Zylinderinhalt nicht hinausgehen will, so verwende man für den Beiwagenbetrieb auf alle Fälle einen Zweizylindermotor, der infolge seiner Elastizität und seines stoßfreien Laufes im besonderen für den Beiwagenbetrieb geschaffen und geeignet ist. Obengesteuerte 500 ccm-Maschinen geben in Verbindung mit leichten Beiwagen sehr schöne Sportfahrzeuge, kommen aber trotzdem für anstrengende Überlandfahrten, bei welchen gelegentlich auch recht schlechte Straßenstücke befahren werden müssen, kaum in Frage — höchstens in Verwendung mit einem Vierganggetriebe, das eine bessere Ausnutzung der hohen Tourenzahlen und eine günstigere Anpassung an die jeweiligen Steigungsverhältnisse ermöglicht. Jedenfalls ist bei Anschluß eines Beiwagens die Maschine anders zu übersetzen, sei es durch Verwendung eines größeren Kettenrades am Hinterrad oder eines kleineren auf der Motorachse.

Die Richtigkeit der vorstehenden Ausführungen geht daraus hervor, daß einerseits die bekannten englischen Sunbeamwerke ihre Spezialbeiwagenmaschine (Einzylinder) mit einem Vierganggetriebe ausrüsten, während andererseits verschiedene deutsche Fabriken gerade im Hinblick auf die Zunahme des Beiwagenfahrens Maschinen von 600 und 750 ccm als Fahrzeuge für den Beiwagenbetrieb in letzter Zeit herausgebracht haben.

Für ein schwer beanspruchtes Touren- und Reisefahrzeug ist zweifelsohne die 1000 ccm-Maschine oder eine noch stärkere die geeignetste. Man darf hierbei nicht allein die effektive Dauerleistung des Motors in Betracht ziehen als vielmehr die Dimensionierung aller Teile des Fahrzeuges, insbesondere des Getriebes, der Achsen, des Rahmens, der Gabel, der Speichen und Felgen, der Bereifung usw. Der meist niedertourige Motor solch schwerer Maschinen leistet zwar nicht mehr als obengesteuerte Sportmaschinen von 500 ccm (etwa 22—25 PS), bietet jedoch die unbedingte Gewähr für eine lange Lebensdauer. Die geringfügigen Mehrverbrauchskosten für den Brennstoff spielen in der Praxis keine Rolle, da ein zu schwaches Beiwagengefährt, dessen Motor stets bis zur Grenze der Leistungsfähigkeit ausgefahren wird und dessen Einzelteile der einseitigen Beanspruchung auf die Dauer nicht standzuhalten vermögen, unausgesetzt Reparaturen beansprucht, dem Fahrer wenig Freude bereitet und nur einen Bruchteil der Lebenszeit des schweren Fahrzeuges besitzt. Wer demnach an eine zu schwache Maschine einen Beiwagen anhängt, hat nur eine Gewähr: den raschen Verfall des im Fahrzeuge investierten Vermögens — meist des wichtigsten und größten Vermögenswertes des Motorradsportsmannes.

Die immerhin jetzt schon starke Verbreitung des Beiwagengefährtes und insbesondere die stets zunehmende Volkstümlichkeit dieser Fahrzeugkategorie haben den Verfasser veranlaßt, den mit dem Beiwagen zusammenhängenden zahlreichen Sonderfragen ein eigenes Hauptstück zu widmen.

a) Die Konstruktion des Beiwagens.

Der Beiwagen besteht aus dem Beiwagenchassis (dem „Gestell“) und der Beiwagenkarosserie (dem „Kasten“). Zum Chassis gehört das gesamte Gestänge mit den Anschlüssen für die Montage am Motorrad, das Rad, das Kotblech sowie die Federung. Die Karosserie ist der Kasten zur Aufnahme des Beiwagenfahrers und des Gepäcks, ausgestattet allenfalls mit Windschutz und Dach, Gepäckträger, Reservebenzinbehälter, Reserverad-halter und dergleichen mehr.

Vorerst wird das Beiwagenchassis behandelt.

Fast ebenso viele Versuche, wie bezüglich des Kraftrades selbst gemacht wurden, wurden auch bezüglich der zweckentsprechenden Ausbildung des Beiwagenchassis unternommen. Die Zahl der mißlungenen, aber trotzdem zur Ausführung gebrachten Versuche scheint jedoch bezüglich des Beiwagens unvergleichlich größer zu sein. In der Tat ist es keineswegs einfach, ein Beiwagenchassis zu konstruieren, das allen Ansprüchen, die mit Fug und Recht an das Beiwagenchassis gestellt werden, Genüge leistet. Natürlich spielt auch in erster Linie die Frage, zu welchem Zwecke der Beiwagen verwendet werden soll, eine wesentliche Rolle. In dieser Hinsicht kommen die Verwendung an einer schweren, mittelschweren oder leichten Maschine, die Verwendung als Sport- oder Tourenbeiwagen oder zu Rennzwecken, schließlich auch als Lieferungsbeiwagen in Frage.

Die Beanspruchungen, welchen das Beiwagenchassis ausgesetzt ist, sind ganz ungeheuerlich. Wenn man erwägt, daß beim scharfen Durchfahren einer Kurve nicht selten der besetzte Beiwagen aufsteigt und, wenn die Maschine an der Innenseite der Straße läuft, sich unter Umständen auch die Maschine, wie dies besonders in Rennen vorgekommen ist, über den Beiwagen hinaushebt, wird man sich einigermaßen über die auftretenden Kräfte klar.

Auf der anderen Seite wieder muß die Befestigung des Beiwagens am Kraftrad nicht nur derart ausgebildet sein, daß den stärksten Beanspruchungen Genüge geleistet wird, sondern auch die bei schlechten Beiwagenkonstruktionen auf den Kraftradrahmen ausgeübten Drehmomente, welche eine Verziehung und Verwindung des Rahmens zur Folge haben, restlos ausgeschaltet werden. Gerade in dieser Hinsicht wird von den Konstrukteuren der Beiwagenmaschinen in ganz unglaublicher Weise gesündigt. Beiwagen, bei welchen der Kraftradrahmen Verwindungen in einem Maße erfährt, daß Vorder- und Hinterrad nicht mehr in der gleichen Ebene liegen, sondern um mehrere Grade gegeneinander verdreht werden, wenn der Beiwagenpassa-

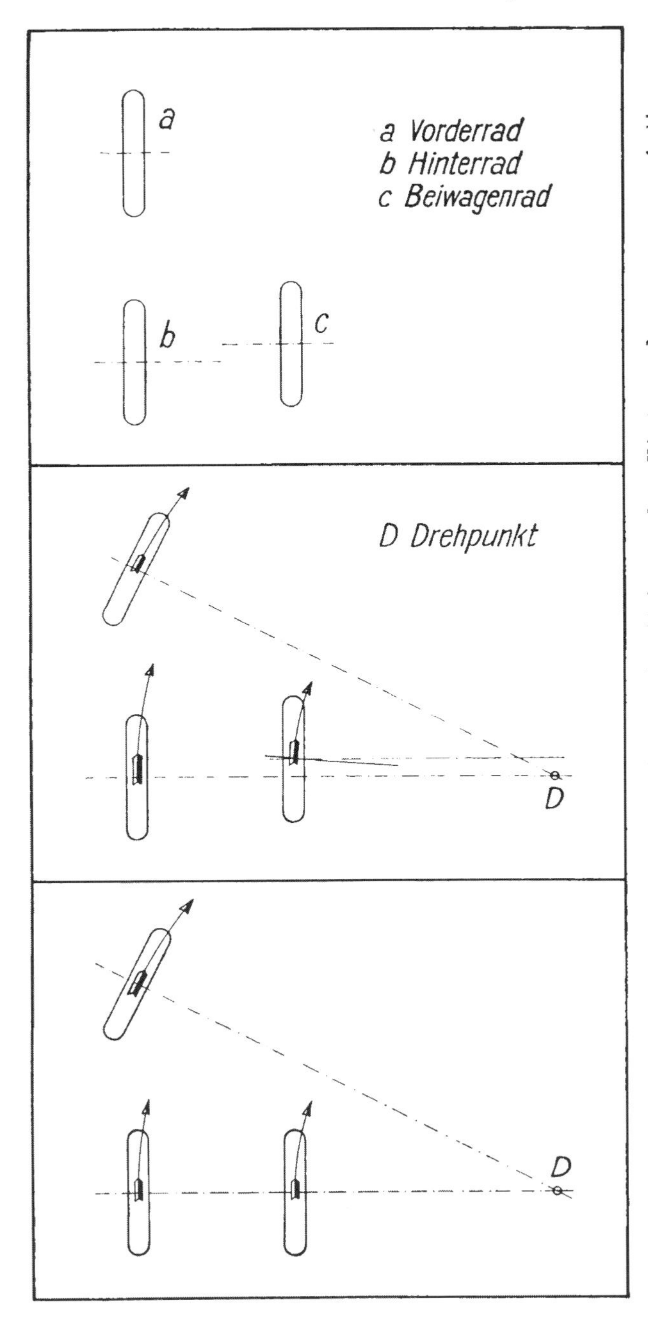

Abb. 576. Die Achse des Beiwagenrades muß mit jener des Hinterrades zusammenfallen. Befindet sich, wie dies meistens zu sehen ist, das Beiwagenrad etwas weiter vorne, so ist es unmöglich, daß sich in der Kurve die Achsen aller Räder schneiden.

gier den Beiwagen besteigt, werden auch zum Teil von führenden Marken auf den Markt gebracht. Es ist ja immerhin richtig, daß die Befestigung eines seitlichen Beiwagens die technisch geradezu haarsträubendste Lösung darstellt, doch lassen sich auch Lösungen finden, die im Rahmen des Möglichen der auftretenden Schwierigkeiten Herr werden. Eine ganz ausgezeichnete Lösung in dieser Hinsicht stellt der deutsche Royalbeiwagen dar, auf welchen noch weiter unten zurückgekommen wird.

Vorstehende Ausführungen lassen es angezeigt erscheinen, sich vor allem über die beim Beiwagenchassis auftretenden Zug- und Druckmomente zu unterrichten, um dadurch in die Lage zu kommen zu beurteilen, ob der in Aussicht genommene Beiwagen den tatsächlichen Anforderungen entsprechen kann oder nicht.

Der zweifelsohne am meisten beanspruchte Teil des Chassis ist die Chassisbrücke zwischen dem Hinterrad des Kraftrades und dem Beiwagenrad sowie jene Verstrebung, welche das Kraftrad jeweils in der senkrechten Lage hält und bei den meisten Beiwagen vom Sattelbolzen schief nach unten zur Chassisbrücke führt. Zur Beanspruchung der Chassisbrücke kommt noch, daß auf derselben das Hauptgewicht des eigentlichen Beiwagens ruht.

Daß das Beiwagenrad vollkommen parallel zum Hinterrad des Motorrades laufen muß, ist wohl selbstverständlich und bedarf keiner besonderen Erläuterung. Was jedoch vielfach übersehen wird, ist die Notwendigkeit, daß die Achse des Beiwagenrades zusammenfällt mit der Achse des Hinterrades. In den meisten Fällen, auch bei bekannten Fabrikaten, steht das Beiwagenrad etwas weiter nach vorne. Der Nachteil dieses Fehlers wird beim Betrachten der Abbildung 576 sofort klar, da man aus derselben erkennen kann, daß bei Kurven, bei welchen sich die Achsen sämtlicher Räder in einem Punkte schneiden sollen, das Beiwagenrad stark seitlich schleift, das heißt, wie man fachmännisch sagt, „radiert“. Dieses Radieren wirkt sich nicht nur auf das Reifenkonto sehr unvorteilhaft aus, sondern erschwert auch das Fahren.

Zur Überprüfung der „Spur“ der Räder verwendet man am besten zwei vollkommen gerade Latten, welche man seitlich an die Räder anlegt. Die Latten müssen parallel verlaufen. Man

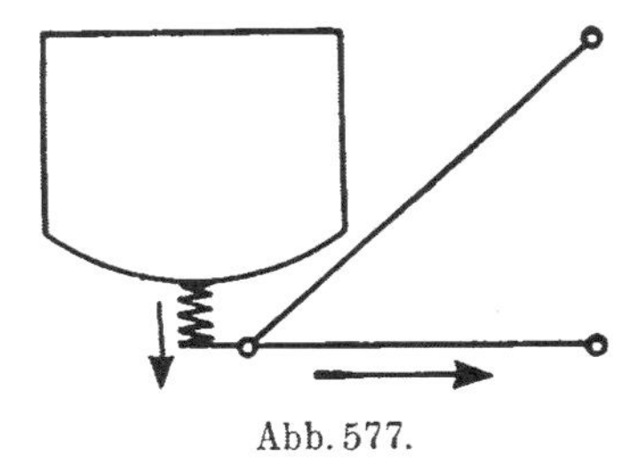

Abb. 577.

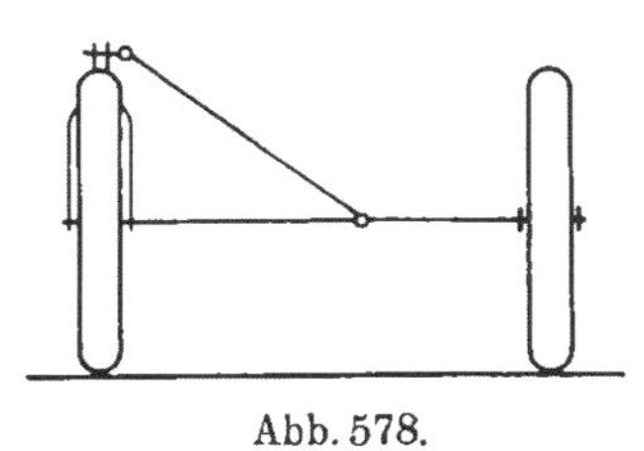

Abb. 578.

Abb. 577. Die doppelte Befestigung des vorderen Teiles des Beiwagenrahmens führt zu Verziehungen des Motorradrahmens.

Jeder Druck auf den Beiwagen, insbesondere jeder Stoß, bringt eine Verziehung des Kraftradrahmens nach sich. Es wird, wie durch den Pfeil angedeutet ist, der untere Teil des Rahmens, insbesondere der Motor, nach außen gedrückt. Dadurch kommt auch die Steuermuffe und die Vordergabel in eine schiefe Lage, welche das Steuern sehr erschwert.

Abb. 578. Die Rahmenverbindung zwischen Hinterrad und Beiwagenrad.

Das Kraftrad ist von der Sattelmuffe des Rahmens gegen die Hinterradbrücke des Chassis abgestützt. Die Einstellung hat derart zu geschehen, daß das Kraftrad vollkommen senkrecht und das Hinterrad und Beiwagenrad vollkommen parallel stehen.

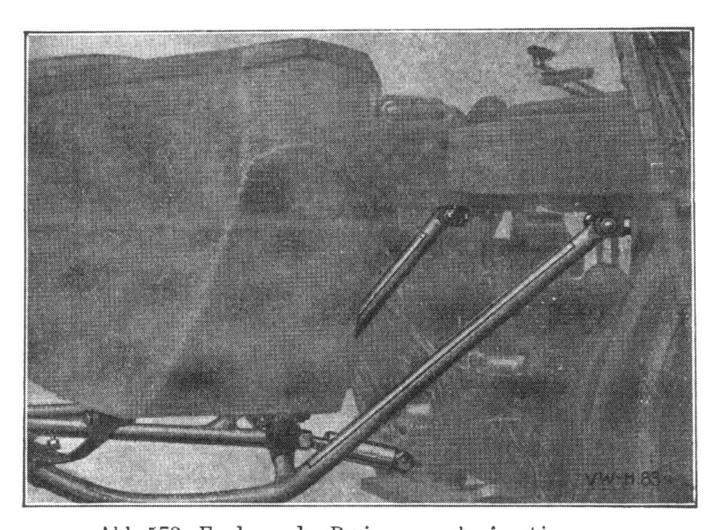

Abb. 579. Federnde Beiwagenbefestigung.

Bei dem dargestellten Beiwagen erfolgt die gelenkige Befestigung am oberen Teil des Kraftradrahmens, während die federnde Befestigung in Form einer federnden Hülse unten angebracht ist. Diese Art der Beiwagenbefestigung bringt eine ständige, geringfügige Veränderung der Spurweite des Fahrzeuges mit sich.

hat darauf zu sehen, daß diese Prüfung nicht durch „Achter“ in in den Rädern beeinflußt wird.

Der in zweiter Linie am stärksten beanspruchte Teil des Beiwagenchassis ist der vordere Teil desselben, beziehungsweise dessen Befestigung am Kraftradrahmen. Gerade diese Stelle kann als die größte Fehlerquelle bei den heutigen Fabrikaten bezeichnet werden. Bei der besonders bei Vierpunkt-Befestigungen sich ergebenden Dreiecksausbildung wirkt sich jeder auf das Vorderrad des Kraftrades oder den vorderen Teil des Beiwagens ausgeübte Stoß als Verziehung auf den Kraftradrahmen aus. Dieser Umstand wird ohne weiteres aus Abbildung 577 klar. Während das Hinterrad durch die starke Versteifung, wie sie Abbildung 578 zeigt, unbedingt in der vertikalen Lage festgehalten wird, muß bei einem in der Richtung des ersichtlichen Pfeiles (Abbildung 577) ausgeübten Druck, z. B. beim Einsteigen des Passagiers in den Beiwagen, unbedingt der Rahmen verzogen werden. Tatsächlich läßt sich dieser Umstand bei fast sämtlichen Beiwagen durch eine ganz einfache Probe, bei welchen man das Kraftrad, wenn möglich mit abmontierten Kotflügeln, genau von vorne betrachtet, feststellen. Bei der Verwendung eines starren Beiwagens ist daher die Vierpunktbefestigung unbedingt zu verwerfen und die gewöhnliche Dreipunktbefestigung, bei welcher der vordere Teil durch ein doppelwinkelig gebogenes Rohrstück lediglich vor dem Herabsinken bewahrt und der Beiwagen in der richtigen Spur gehalten wird, unbedingt vorzuziehen. Eine Dreipunktbefestigung ist in Abbildung 579 dargestellt.

Bei der Konstruktion des Royalbeiwagens wird, als Teil des Beiwagenchassis, parallel zum Motorradrahmen ein ganz außerordentlich stark dimensioniertes Rohr geführt, das alle sonst auf den Motorradrahmen ausgeübten Verziehungen aufnimmt, während es an dem Motorradrahmen einfach durch entsprechende Streben befestigt ist.

Die beste Lösung in der Beiwagenchassisfrage stellt zweifelsohne der flexible Beiwagen oder doch wenigstens der mit gesondert gefederten Beiwagenrad ausgestattete starre Beiwagen dar. In beiden Fällen ist das Bestreben maßgebend, eine

Übertragung der das Beiwagenrad treffenden Stöße auf den Rahmen des Kraftrades auszuschalten.

Die Musterausführung des flexiblen Beiwagen stellt der amerikanische Harley-Davidson-Beiwagen dar. Der Rahmen des Beiwagens stellt ein außerordentlich robustes, selbständiges Ganzes dar. Er wird mittels zweier Kugelgelenke, einerseits am vorderen Ende an dem schräg von der Steuerung zum Motor nach unten verlaufenden Rahmenrohr, andererseits mit dem rückwärtigen Ende ungefähr bei der Hinterradachse befestigt. Die Verstrebung, die die Maschine in der richtigen Lage festhält, ist in Form eines federnden, bogenförmigen Stahlstückes, das mit-

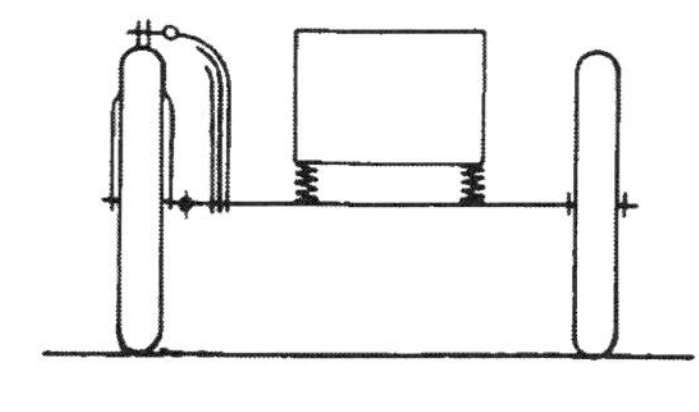

Abb. 580.

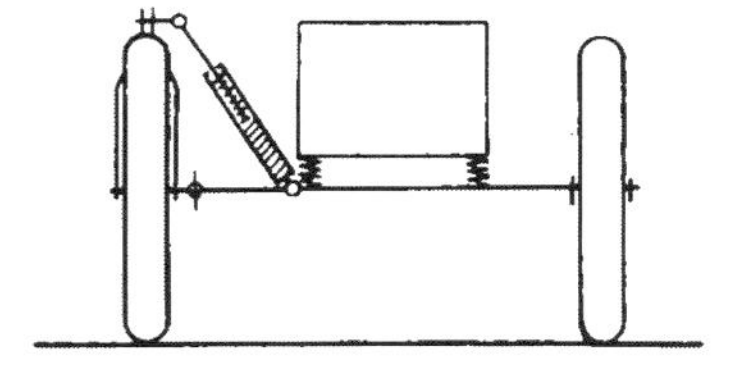

Abb. 581.

Abb. 580. Flexible Befestigung durch Blattfedern.
An Stelle der starren Befestigung durch eine vom Sattel des Kraftrades zum Beiwagenchassis führenden Stange sind Blattfedern vorgesehen. Die übrigen Befestigungspunkte sind gelenkig.

Abb. 581. Flexible Befestigung durch Spiralfedern.
Die Verbindung des Kraftrades mit dem Beiwagenchassis ist federnd ausgebildet. Die unteren Befestigungen müssen daher als Gelenke hergestellt werden.

tels zweier Gelenke einerseits am Beiwagenchassis, andererseits am Kraftradrahmen unterhalb des Sattels befestigt ist, hergestellt. Um eine Belastung des vorderen Teiles des Beiwagens zu vermeiden und dadurch auch Verziehungen des Beiwagenchassis hintanzuhalten, sind zwei Halbelliptikfedern (mehrfache Blattfedern) vorgesehen, welche die gesamten Beanspruchungen lediglich auf die außerordentlich robust gehaltene Chassisbrücke übertragen.

Eine Bauart wie die vorbeschriebene schließt natürlich jede direkte Verwindung des Kraftradrahmens aus, wenngleich eine solche infolge der einseitigen Beanspruchung der Steuerung beim Beiwagenfahren sich nie gänzlich vermeiden lassen wird.

Abgesehen von der flexiblen Befestigung des Beiwagens nach den Abbildungen 580 und 581 kommt noch die starre Befesti-

Abb. 582. Beiwagengestell mit Pendelachse.
Das Beiwagenrad kann unabhängig vom Beiwagenrahmen gesondert auf- und abfedern.

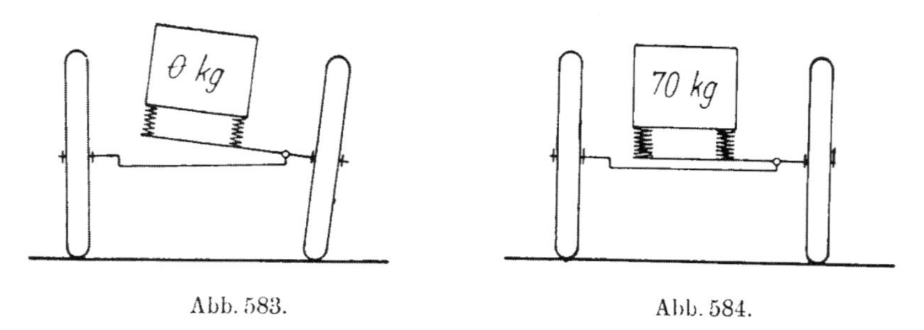

Abb. 583. Abb. 584.

Abb. 583. Beiwagengefährt mit Pendelachse, unbelastet.
Die Einstellung darf nicht bei unbelastetem Beiwagen geschehen, da sonst das Kraftrad schon bei normaler Belastung gegen den Beiwagen hängen würde. Man muß es daher in Kauf nehmen, daß bei unbelastetem Beiwagen das Kraftrad etwas nach außen hängt. Die Abbildung ist der Deutlichkeit halber sehr übertrieben.

Abb. 584. Beiwagengefährt mit Pendelachse, normal belastet.
Die Einstellung des Beiwagengefährtes mit Pendelachse hat derart zu geschehen, daß das Kraftrad bei normal belastetem Beiwagen genau senkrecht steht. Dies bringt allerdings mit sich, daß bei Überlastung des Beiwagens das Kraftrad gegen den Beiwagen, sonst nach außen hängt.

gung desselben mit einer gesonderten Federung des Beiwagenrades in Betracht. Diese Federung hat den großen Vorteil, daß auch der Beiwagenfahrer Nutznießer dieser Vorrichtung ist und dieselbe dem Beiwagenchassis dadurch zugute kommt, daß es auch dieses vor brüsken Stößen bewahrt. Als nicht unbeträchtlicher Nachteil steht diesem Federungssystem entgegen, daß durch die größere oder geringere Belastung des Beiwagens die Stellung des Kraftrades beeinflußt wird. Während in Abbildung 582 im allgemeinen eine Ausführungsmöglichkeit der Beiwagenradfederung durch die sogenannte Pendelachse dargestellt ist, zeigen die Abbildungen 583, 584 und 585, daß bei einer größeren Belastung des Beiwagens die Federn des Beiwagenrades (Achspendels) stärker zusammengedrückt werden, als dies bei geringer Belastung der Fall ist, und daß dadurch das Kraftrad im Fall der stärkeren Belastung des Beiwagens sich gegen diesen neigt. Andererseits wird das Kraftrad, wenn der Beiwagen unbesetzt ist und das Fahrzeug durch diesen Umstand ohnedies schon im besonderen Maße zum Kippen in den Beiwagenkurven neigt, noch nach außen hängen, so daß dadurch dieses Umkippen erleichtert, beziehungsweise das Fahren erschwert wird.

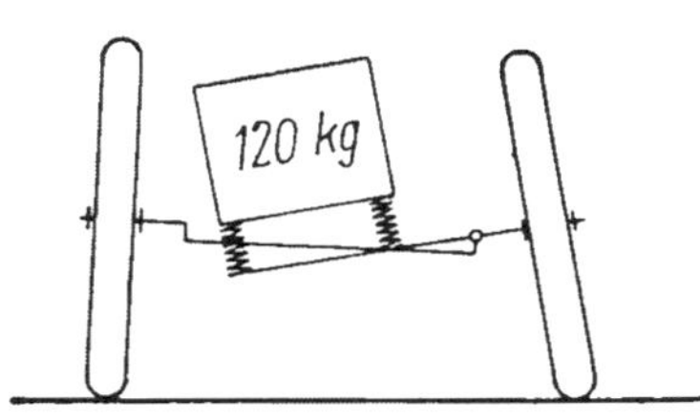

Abb. 585. Beiwagengefährt mit Pendelachse, überlastet.

Bei Überbelastung des Beiwagengefährtes mit Pendelachse neigt sich das Kraftrad stark gegen den Beiwagen. Dadurch wird das Fahren zur Qual gemacht. Die Neigung ist der Deutlichkeit halber übertrieben gezeichnet.

Vorteilhafter bezüglich einer stabilen Ausgestaltung und dadurch hinsichtlich der Verwendungsmöglichkeit an schweren Maschinen ist die Verwendung eines gesonderten Rahmens für das Beiwagenrad, wie dies die Abbildung 586 deutlich zeigt. Diese Ausführung wurde von den englischen B.S.A.-Werken und in ähnlicher Form auch von den französischen René-Gillet-Werken gewählt. Der große Vorteil dieser Konstruktion gegenüber der besonders in Deutschland verbreiteten Pendelachse liegt darin, daß das Beiwagenrad und das Hinterrad unter allen Umständen parallel bleiben.

Der Wettstreit zwischen der flexiblen Beiwagenbefestigung und dem starren Beiwagen mit gesondert gefedertem Beiwagenrad wird kaum eine Entscheidung zu Gunsten der einen oder anderen Ausführung bringen. Sicher aber ist, daß für das Tourenfahren und für schwerere Maschinen der starre Beiwagen mit ungefedertem Beiwagenrad so gut wie **unbrauchbar** ist, und daß kritische Konstrukteure, die auf die Bequemlichkeit des Fahrers und die Schonung des Materials Rücksicht nehmen, entweder die flexible Beiwagenbefestigung oder die gesonderte Federung des Beiwagenrades vorsehen werden. Die flexible Beiwagenbefestigung ist hierbei trotz ihrer sonstigen Vorteile insofern im Hintertreffen, als sie naturgemäß infolge der auftretenden Zentrifugalkräfte beim Kurvenfahren ein starkes Neigen des Kraftrades nach außen zuläßt, das vom Fahrer nicht verhindert werden kann, wenngleich dieser Umstand, der jedem, der das

Abb. 586. Pendelnde Beiwagenradgabel.

Bei schweren Gefährten ist eine gesonderte Federung des Beiwagenrahmens außerordentlich zweckmäßig. Dieselbe schont nicht nur den Beiwagenrahmen, sondern auch das Kraftrad als solches.

erste Mal mit einem flexiblen Beiwagen fährt, als ganz ungewöhnlich und nicht gerade angenehm erscheint, mit der Zeit gewöhnt wird.

In diesem Zusammenhang sei auch noch die Frage behandelt, auf **welcher Seite des Kraftrades der Beiwagen** zu befestigen ist. Zur Beurteilung dieser Frage muß man eine Reihe von Erwägungen in Betracht ziehen. In erster Linie ist zu erörtern, ob der Beiwagen so zu befestigen ist, daß die Maschine am Rand oder in der Mitte der Straße läuft. Manche Fahrer behaupten, daß es vorteilhaft sei, bei Begegnungen mit entgegenkommenden Fahrzeugen am Straßenrand zu fahren, um genau zu sehen, wie weit auszuweichen noch Platz vorhanden ist, andere wieder sind der Ansicht, daß es richtiger sei, in der Mitte der Straße zu fahren, um zu sehen, ob man noch am entgegenkommenden Fahrzeug vorbeikommt. Die Erwägung dieser Fragen muß als grundfalsch bezeichnet werden, da jeder Beiwagenfahrer, der über einige Übung verfügt, soviel Augenmaß besitzen muß, um auf den Zentimeter genau ermessen zu können, ob er noch mit dem Beiwagen irgendwo vorbeikommt oder nicht. Nach meiner Überzeugung kommen einzig und allein fahrtechnische Erwägungen, insbesondere bezüglich des Kurvenfahrens, für die Entscheidung, ob Rechts- oder Linksbeiwagen, in Frage.

Wie in einem der folgenden Abschnitte dargelegt werden wird, hat das Gefährt in der Kurve immer das Bestreben, nach außen umzukippen und zwar auf Grund der Zentrifugalkraft. Bei einem nicht allzu großen Tempo und einer nicht allzu engen Kurve ist diese Zentrifugalkraft jedoch nicht so groß, um tatsächlich ein Kippen zu ermöglichen, ganz besonders dann, wenn der Beiwagen außen und die Maschine innen läuft, so daß die schwere Maschine über den Beiwagen kippen müßte, während, wenn die Maschine außen läuft und der Beiwagen innen, in der sogenannten „Beiwagenkurve", die Zentrifugalkraft immerhin so stark sein kann, daß sich der Beiwagen leicht vom Boden hebt. Da in Deutschland wie in den meisten anderen europäischen Staaten das Rechtsfahren eingeführt ist, wird man bei Rechtskurven den Vorteil einer normalen Überhöhung durch die Sattelung der Straße haben, während bei Linkskurven, die an der Außenseite der Straßenkurve zu befahren sind, die für die Fahrtrichtung bestimmte Hälfte der Fahrbahn gegen die Außenseite der Kurve hängt. Da es nun aber, wie oben erwähnt, von dem Standpunkt des Ausgleiches der Zentrifugalkraft schwerer ist, eine Kurve zu fahren, in welcher der Beiwagen innen läuft — also eine Beiwagenkurve —, so ist es ohne weiteres verständlich, daß man den Beiwagen am besten an jener Seite anbringt, welche die Ausnützung der natürlichen Überhöhung der inneren Straßenhälfte in den Kurven ermöglicht. Es ergibt sich demnach zwangsläufig von diesem Gesichtspunkt aus eine rechtsseitige Befestigung des Beiwagens für die Länder, in welchen das Rechtsfahren eingeführt ist. Die vorstehenden Erwägungen werden durch die Abbildungen 587 und 588 zeichnerisch veranschaulicht.

Aber auch noch eine andere, sehr wichtige Erwägung muß zu dem Schlusse führen, daß in „rechtsfahrenden" Ländern der rechtsseitige Beiwagen, in „linksfahrenden" Ländern der linksseitige Beiwagen am Platz ist. Will man ein Fahrzeug überholen, so ist es selbstverständlich vorher erforderlich, sich davon zu überzeugen, daß die Fahrbahn frei ist und während des Überholens, also während man sich mehr oder minder auf der

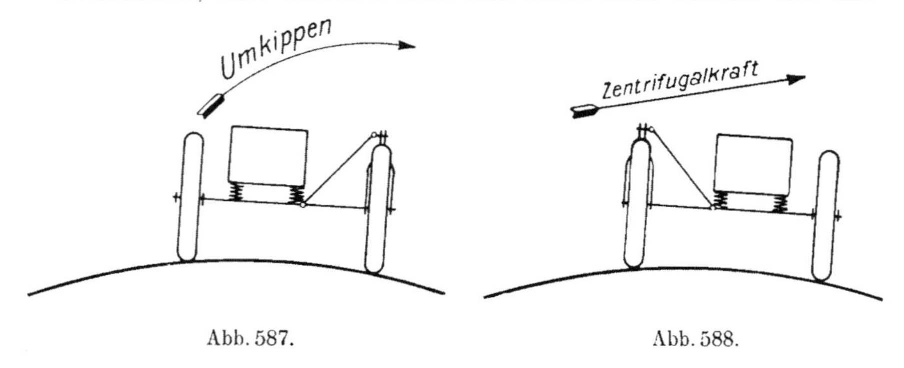

Abb. 587. Abb. 588.

Abb. 587. Der Linksbeiwagen in der Linkskurve.

Das Umkippen wird durch die Sattelung der Straße und den Umstand, daß die Maschine außen läuft, wesentlich gefördert.

Abb. 588. Der Rechtsbeiwagen in der Linkskurve.

Das Fahrzeug kippt schwerer um als in der in Abbildung 587 dargestellten Lage, da die Maschine innen und der Beiwagen außen läuft.

falschen Straßenseite befindet, kein Fahrzeug entgegenkommt. Hat man nun (auf ein rechtsfahrendes Land bezogen) einen linksseitigen Beiwagen, so muß man mit dem gesamten Gefährt die richtige Fahrbahn verlassen, um erst einen Ausblick auf die vor dem zu überholenden Fahrzeug gelegene Fahrbahn zu erhalten. Kommt nun in einem solchen Augenblick ein Fahrzeug entgegen, so ist es nicht mehr leicht, rechtzeitig auf die richtige Straßenseite zurückzukehren. Besser als durch lange Ausführungen wird dieses Verhältnis durch die Abbildung 589 dargetan. Besitzt man hingegen einen rechtsseitigen Beiwagen, so genügt es, nur wenige Dezimeter gegen die Mitte der Straße

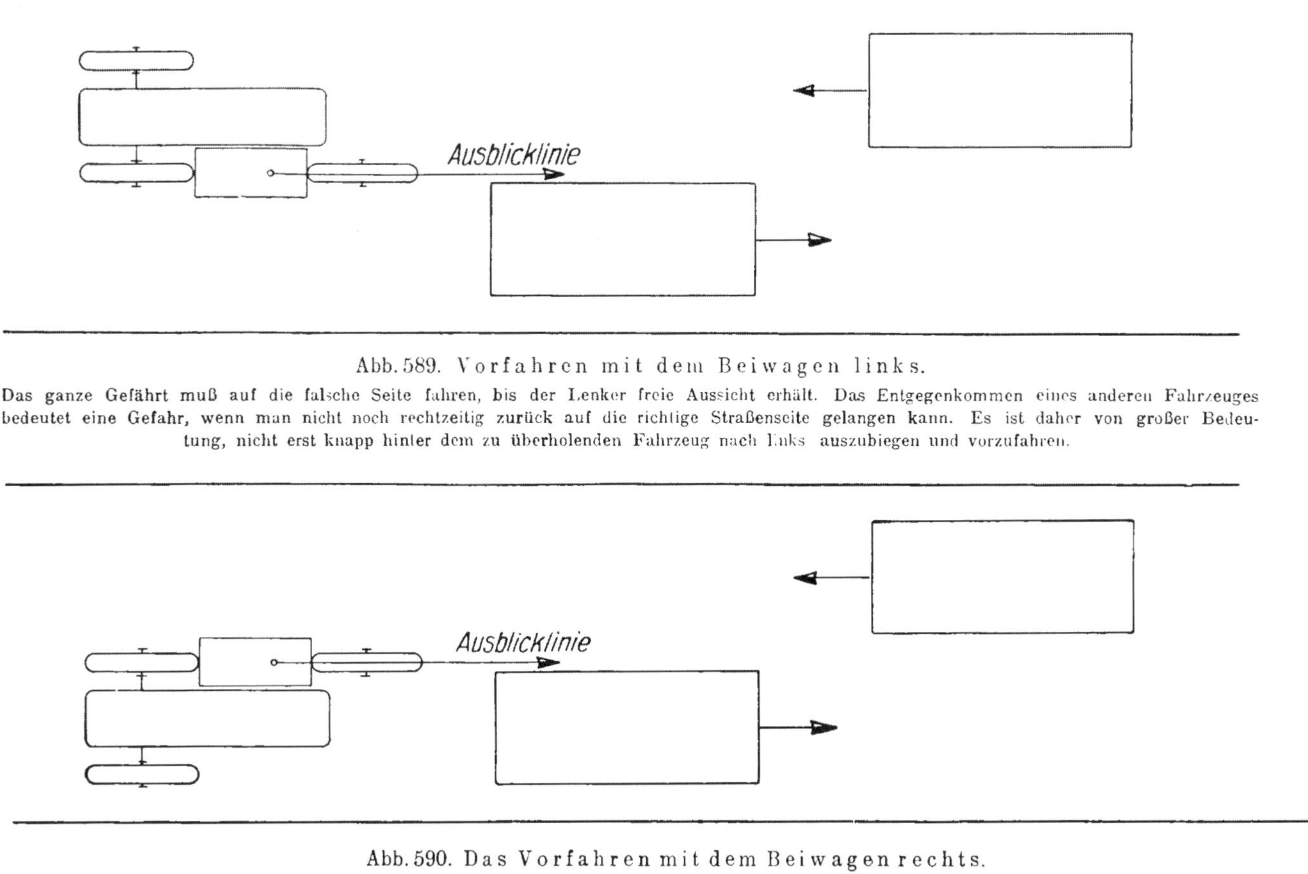

Abb. 589. Vorfahren mit dem Beiwagen links.

Das ganze Gefährt muß auf die falsche Seite fahren, bis der Lenker freie Aussicht erhält. Das Entgegenkommen eines anderen Fahrzeuges bedeutet eine Gefahr, wenn man nicht noch rechtzeitig zurück auf die richtige Straßenseite gelangen kann. Es ist daher von großer Bedeutung, nicht erst knapp hinter dem zu überholenden Fahrzeug nach links auszubiegen und vorzufahren.

Abb. 590. Das Vorfahren mit dem Beiwagen rechts.

Es genügt ein geringes Seitwärtsfahren, um freie Aussicht dem Lenker zu gewähren, ohne daß deswegen das ganze Fahrzeug auf die falsche Straßenseite gelenkt werden muß. Dies ist von besonderer Bedeutung, da ein entgegenkommendes Fahrzeug gefahrlos passieren kann.

zu fahren, um freien Ausblick nach vorn zu erhalten; Abbildung 590.

Des weiteren sei noch erwähnt, daß es bei schmalen Straßen und in kritischen Situationen zweifelsohne leichter ist, das Beiwagenrad auf einer Böschung oder im Straßengraben laufen zu lassen, als mit der Maschine selbst die eigentliche Fahrbahn zu verlassen.

Schließlich soll noch die Frage behandelt werden, ob das Motorrad bei Benutzung eines Beiwagens vollkommen lotrecht zu stellen ist oder besser nach „innen" oder „außen" hängen soll.

Die meisten Monteure und viele Beiwagenfahrer selbst werden sagen: die Maschine soll etwas gegen den Beiwagen hängen. Die kritische Überlegung und vor allem auch die Sammlung von Erfahrungen ergeben jedoch, daß das Motorrad vollkommen senkrecht zu stehen hat. Das Lenken des Fahrzeuges erfordert in jenen Kurven die größte Anstrengung, in welchen bei verhältnismäßig engem Radius der Beiwagen außen läuft, da in diesen Kurven, in welchen das treibende Hinterrad den kleinsten Weg und der Beiwagen den größten Weg zurückzulegen hat, die Lenkstange mit verhältnismäßig großer Anstrengung in die gewünschte einzuschlagende Richtung gezogen werden muß. Hängt nun die Maschine überdies noch gegen den Beiwagen, so wird diese Neigung dem Befahren der Kurve entgegenwirken und dadurch das Krafterfordernis zum Steuern des Vorderrades erhöhen. In anderer Hinsicht sind die sogenannten Beiwagenkurven, wenn man von der Möglichkeit des Umkippens bei rascher Fahrt absieht, bezüglich der Handhabung der Lenkstange leichter zu fahren, da durch das den größten Weg zurücklegende treibende Hinterrad das ganze Gefährt sozusagen um die Kurve herumgedrückt wird. In diesem Fall allerdings würde der Umstand, daß die Maschine gegen den Beiwagen hängt, das Steuern noch um ein weiteres erleichtern, doch ist diese Erleichterung keineswegs notwendig und wiegt bei weitem nicht jene Nachteile auf, die, wie oben gesagt, durch das Hängen der Maschine gegen den Beiwagen beim Befahren jener Kurven entstehen, bei welchen der Beiwagen außen läuft. Bei einer solchen Kurve hat die Maschine naturgemäß das Bestreben, das Vorderrad in tangentialer Richtung hinauszuschieben, so daß es sich nicht immer in der vom Fahrer gewünschten Richtung bewegt. Beim Solofahren hat man die Möglichkeit, die Maschine stark nach innen zu neigen und so die Kurve zu befahren, ohne daß ein seitlicher Zug auf die Gabel auftritt. Wenn man nun schon in solchen Kurven beim Beiwagenfahren nicht die Möglichkeit hat, die Maschine in die Kurve zu neigen, so muß sie mindestens vollkommen gerade sein, darf

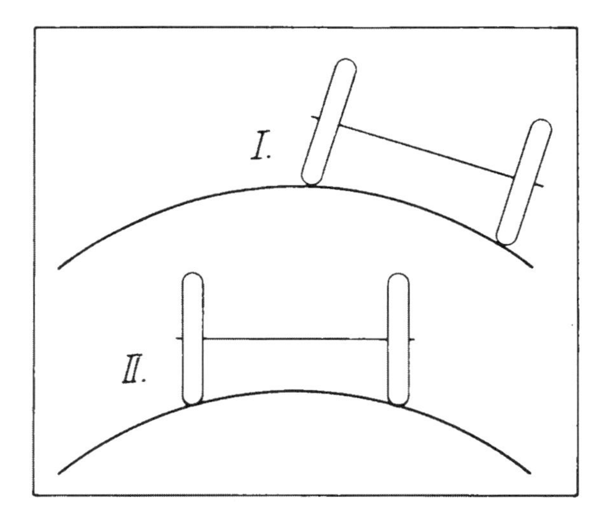

Abb. 591. Richtige Einstellung des Beiwagengefährtes.
In der Mitte der Straßenwölbung (II) muß das Fahrzeug auch freihändig vollkommen geradeaus fahren, bei lose angezogenem Steuerungsdämpfer. Bei Fahrt auf dem seitlichen Straßenabfall (I) wird die Steuerung immer gegen den Straßenrand ziehen.

also nicht gegen die Außenseite der Kurve hängen, indem sie gegen den Beiwagen geneigt ist.

Abgesehen vom Befahren der Kurven und der in diesen auftretenden Vor- und Nachteile ist es auch notwendig, daß beim Befahren von geraden Strecken nicht der geringste seitliche Zug an der Steuerung auftritt, vorausgesetzt, daß nicht auf der abfallenden Seite der Straße, sondern auf der Höhe der Sattelung (Abbildung 591) gefahren wird. Ein seitlicher Zug würde nicht nur eine bedeutende einseitige Ermüdung der Arme und des ganzen Körpers des Fahrers mit sich bringen, sondern infolge der einseitigen Beanspruchung eine Verziehung der Vordergabel und des Rahmens bewirken.

Diese Ausführungen haben daher die Irrigkeit der weit verbreiteten, oben angeführten Ansicht dargetan. Das Kraftrad muß jedenfalls auf ebenem Boden vollkommen lotrecht stehen und in dieser Lage am Beiwagen befestigt sein. Zur Montage ein Lot zu Rate zu ziehen, ist demnach keineswegs übertrieben,

Abb. 592.
Beiwagen mit „C-Federn" und Windschutz mit Seitenteilen.

Für leichte und mittelschwere Beiwagen haben sich die C-Federn am besten bewährt. Sie haben insbesondere auch den Vorteil, bei gelegentlichen Brüchen leicht angefertigt und ersetzbar zu sein. Außerdem vermeiden sie eine seitliche Schwingung, wie dieselbe bei Spiralfedern häufig auftritt.

sondern nur angezeigt. Die richtig montierte Maschine wird auf ebenem Boden auch bei losgelassener Lenkstange vollkommen gerade weiterfahren.

Ist das Fahrzeug mit einer gesonderten Federung des Beiwagenrades (z. B. einer Pendelachse) ausgestattet, so hat die Einstellung der Maschine bei normal belastetem Beiwagen zu erfolgen. Bei unbelastetem Beiwagen wird allerdings die Maschine, wie die Abbildungen bereits früher gezeigt haben, etwas nach außen hängen, was jedoch im Hinblick darauf, daß wohl hauptsächlich mit besetztem Beiwagen gefahren wird, nicht besonders in die Wagschale fällt.

Nunmehr zur Federung der Beiwagenkarosserie! Es ist selbstverständlich, daß trotz aller sonstigen Einrichtungen, welche die

Abb. 593. Die Federung des Beiwagens mit hinterer querliegender Blattfeder.

harten Stöße vermindern sollen — Luftreifen, Pendelachse usw. — eine gesonderte Federung der Beiwagenkarosserie notwendig ist, das heißt, daß sie nicht starr auf das Beiwagenchassis aufgebaut, sondern vermittels Federn aufgehängt wird.

Am gebräuchlichsten sind die sogenannten C-Federn, die, aus einer flachen Stahlfeder hergestellt, an vier Stellen die Beiwagenkarosserie tragen, wie dies Abbildung 592 zeigt. Bei leichteren Beiwagen werden häufig vorn gewöhnliche Spiralfedern entweder zu beiden Seiten oder, wie dies allerdings weniger günstig ist, in der Mitte verwendet.

Neuerdings ist man stark zur Verwendung von Halbelliptik- und Viertelelliptikfedern übergegangen. Die Verwendung einer Halbelliptikfeder zur rückwärtigen Unterstützung der Beiwagenkarosserie ist in Abbildung 593 nach der Bauart der englischen BSA-Werke dargestellt, während man die Verwendung von langen Halbelliptikfedern zu beiden Seiten des Beiwagens in Abbildung 594 sehen kann.

Abb. 594. Die Federung des Beiwagens mit Längsfedern.
Diese Art der Federung ist zweifelsohne für schwere Maschinen die zweckmäßigste. Die Auflage der Federn auf dem Rahmen erfolgt nur an zwei Stellen, welche sich stark genug ausbilden lassen. Alle Verziehungen sind vermieden. Der Beiwagenrahmen läßt sich bequem mit der 3-Punkt-Befestigung am Kraftradrahmen anbringen.

Viertelelliptikfedern werden nicht ungern an Stelle der vorderen Federn verwendet, da sie den großen Vorteil haben, der Beiwagenkarosserie eine wesentlich höhere Stabilität gegen seitliches Schwanken zu geben, als eine solche bei vorderen Spiral- oder C-Federn vorhanden ist.

Sehr nachteilig sind bei allen Federungsarten die Rückschwingungen, welche besonders bei unbesetztem Beiwagen auftreten. Diese Schwingungen sind es auch, welche gelegentlich zu Federbrüchen führen. Sehr zweckmäßig und für den Beiwagenpassagier überaus wohltuend ist es daher, am Beiwagen Stoßdämpfer nach Abbildung 595 zu montieren. Auch die in

Abbildung 596 gezeigte Anbringung von Rückzugfedern leistet gute Dienste. Im übrigen sei auf die Ausführungen des Abschnittes 7 verwiesen.

Abb. 595.
Die Verwendung des Stoßdämpfers am Beiwagen.

Bezüglich des Beiwagenchassis erübrigt es sich, nun noch einiges über die Befestigung des Beiwagens am Kraftrad sowie die konstruktiven Möglichkeiten der Beiwagenradachse zu besprechen.

Die Befestigung des Beiwagens am Kraftrade geschieht, falls nicht der Rahmen desselben schon entsprechende Fittinge von vornherein aufweist, durch kräftige Schellen, welche um die entsprechenden Rohre des Kraftradrahmens verschraubt werden. In den meisten Fällen ist eine starre Befestigung vorgesehen, während andererseits bei verschiedenen Fabrikaten Kugelgelenke,

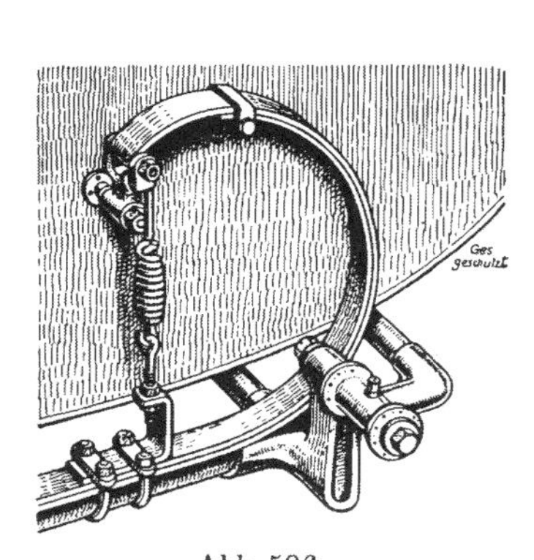

Abb. 596.

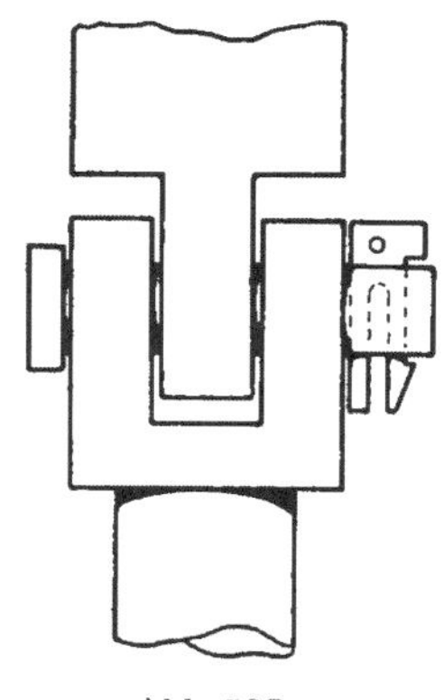

Abb. 597.

Abb. 596. Stoßdämpfung durch Rückhohlfeder.
Die Spiralfeder verhindert ein zu starkes Ausschwingen der C-Feder.

Abb. 597. Die Beiwagenbefestigung mit durch Vorsteckerfeder gesichertem Bolzen.
Bei Verwendung dieser durchaus sicheren Befestigung ist der Beiwagen in wenigen Minuten montiert und demontiert. Die Vorsteckerfedern werden durch kleine Kettchen vor dem Verlieren gesichert.

häufig auch Bolzengelenke, Verwendung finden. Die Anschlüsse werden in den meisten Fällen von den Fabriken so ausgeführt, daß eine rasche Demontage des Beiwagens durch Lösen von 3 oder 4 Muttern und Bolzen möglich ist. Verschiedene deutsche Fabriken verwenden übrigens Anschlüsse, bei welchen die Gelenksbolzen nicht mit Muttern versehen und verschraubt sind, sondern durch einfache Vorstecker gesichert werden. Ein so montierter Beiwagen läßt sich natürlich bequem in einer Minute auf- und abmontieren, ohne daß ein Werkzeug hierbei Verwendung finden muß. Daß ein solcher Anschluß auch volle Garantie für Zuverlässigkeit gibt, ist bei einer entsprechenden Aus-

Abb. 598. Sportbeiwagen.
Stromlinienform und besonders niedere Bauart kennzeichnen das Sportgefährt.

führung, Abbildung 597, selbstverständlich. Der Verschluß selbst darf in keiner Weise belastet sein.

Die Achse des Beiwagenrades wird in den meisten Fällen frei schwebend, also einseitig montiert sein, und zwar durch konische Ausbildung des Achsstummels und entsprechende Verschraubung im Beiwagenchassis, Abbildung 598. Diese Ausführung setzt natürlich eine starke Dimensionierung der Achse voraus, da die starken, auftretenden Stöße bestrebt sind, die Achse zu verbiegen bzw. abzubrechen. Tatsächlich ist dem Verfasser auch ein Fall bekannt, bei welchem einem Beiwagenfahrer in voller Fahrt die Achse des Beiwagens gebrochen und das Beiwagenrad viele Meter seitlich in die Höhe gesprungen ist. Wenn sich in einem solchen Falle ein Rohr des Beiwagenchassis in den Boden einrennt, ist eine Katastrophe unvermeidlich. Da die einseitig montierte Achse auch Schaden leiden kann, wenn man mit dem Beiwagen gelegentlich zu knapp an ein Hindernis fährt, so ist bei schweren Beiwagen vielfach ein Rahmen vorgesehen, in welchem das Beiwagenrad läuft, so daß die Achse des Beiwagenrades zu beiden Seiten des Rades gehalten und dadurch vor Beschädigungen zuverlässig geschützt

Abb. 599. Rennbeiwagen.
Das gebogene Rohr um die Beiwagenkarosserie ermöglicht das Festhalten und „Klettern" des Beiwageninsassen, die Polster auf dem Kotblech erleichtern das Herausneigen bei Beiwagenkurven.

wird. Eine solche Ausführung hat den großen Vorteil, daß sie auch die Verwendung einer sogenannten Ausfallachse ermöglicht, welche ein rasches Herausnehmen und Wiedereinmontieren des Beiwagenrades zuläßt. Bei Maschinen mit auswechselbaren Rädern ist diese Ausführung fast unerläßlich und wird daher von den Fabriken derartiger Erzeugnisse in erster Linie gewählt (NSU, BSA, Spezialbeiwagen Sunbeam, usw.).

Nunmehr zur Karosserie! Die Karosserie ist in ihrer Formengestaltung hauptsächlich von dem Verwendungszweck abhängig. Sie kann eine Rennkarosserie, eine Sportkarosserie und eine Tourenkarosserie sein, sie kann ein- oder mehrsitzig aus-

Abb. 600. Sportbeiwagen.
Leichte Ausführung. Keine Einstiegtür.

Abb. 601.
Reisebeiwagen mit bequemem, versperrbarem Gepäckteil.
Beachtenswert der Doppelrahmen, der bequeme Pfannensattel mit großen Zugfedern, die tiefe Befestigung des Beiwagens, der Beiwagenständer. Das Fahrzeug ist mit der neuen Bosch-Beleuchtung ausgerüstet. Neben dem rechten Lenkstangengriff ist unterhalb des Kontaktknopfes für das Horn der Hebel für die Abblendung des Scheinwerfers zu sehen.

geführt werden und sie kann auch eine kastenförmige Lieferungskarosserie sein.

Die Rennkarosserie wird denkbar niedrig sein, keine Tür besitzen, wohl aber einen starken, seitlichen Ausschnitt, um ein weites Hinauslegen zu ermöglichen. Entsprechende Griffe sind vorhanden, um dem Beiwagenfahrer ein Festhalten zu ermöglichen. Auf jeden Komfort ist beim Rennbeiwagen Verzicht geleistet. Die Polsterung ist hart und niedrig, die Lehne nur klein. Abbildung 599 zeigt einen ausgezeichneten Rennbeiwagen.

Bei der Sportkarosserie ist vor allem auf ein schnittiges Äußere Wert gelegt. Auch die Sportkarosserie weist nur in den seltensten Fällen Einstiegtüren auf, besitzt vielmehr sehr häufig außen einen entsprechenden Aufstieg, um das Übersteigen der Bordwand zu erleichtern. Die Sportkarosserie gestattet nur die Mitnahme von wenig Gepäck, soll jedoch bezüglich Polsterung und Dimensionierung so ausgestattet sein, daß auch das Fahren von Touren, abgesehen von ganz großen Reisen, ohne weiteres möglich ist. Solch eine schnittige Sportkarosserie zeigt die Abbildung 600.

Abb. 602. Beiwagen mit Gepäckteil und Kofferplatte.

Hinter dem Sitz befindet sich ein großer Gepäckraum, dessen Deckel vollkommen aufklappbar ist, so daß das Einpacken sehr erleichtert wird. Kommt man mit diesem Raum nicht aus, so wird auf den Gepäcksteil ein Koffer aufgeschnallt.

Für das Fahren von größeren Touren kommt ausschließlich nur eine Karosserie in Frage, die genügend Platz zur Mitnahme von Gepäck besitzt sowie vermöge ihrer Bauart dem Beiwagenfahrer ein angenehmes Sitzen gewährleistet, also eine entsprechende Länge zum vollkommenen Ausstrecken der Füße, einen weich gepolsterten, nicht allzu niedrigen Sitz sowie eine breite und ziemlich hohe Lehne mit Armauflagen aufweist und bestens gefedert ist.

In den meisten Fällen ist hinter der Lehne ein Gepäckteil vorgesehen, der entweder durch eine kleine Tür von außen oder durch Nachvorklappen der Lehne zugänglich ist. In diesem Gepäckteil wird insbesondere das größere Werkzeug und die sonstige Ausrüstung, der Proviant u. a. m. zu verstauen sein. Überdies muß der Tourenbeiwagen eine Möglichkeit aufweisen, einen Koffer in wirklich zweckentsprechender Weise mitzuführen. Eine vorbildliche Lösung dieser Frage stellt der englische BSA-Beiwagen, Abbildung 602, dar. Bei den meisten Beiwagen ist leider nicht genügend Rücksicht auf die Notwendigkeit, bei größeren Reisen einen Koffer mitzuführen, genommen.

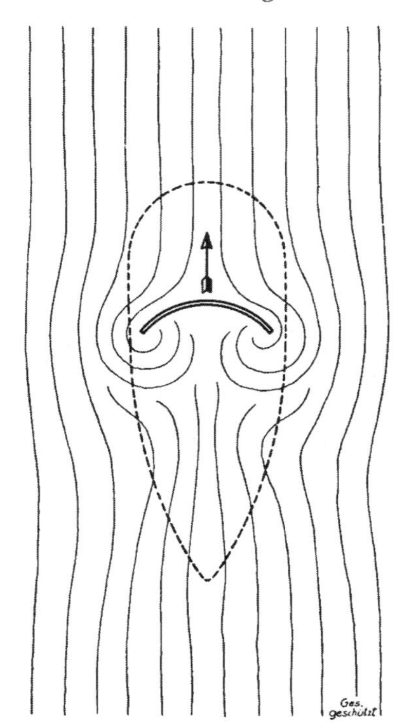

Abb. 603. Luftwirbel bei Verwendung eines Windschutzes.

Bei Verwendung eines Windschutzes am Beiwagen gelangt ganz besonders viel Staub in diesen. Der Windschutz ist jedoch ein gutes Mittel gegen den direkten Luftzug und bei Witterungsunbilden.

Die Abbildung 601 stellt den NSU-Beiwagen dar, bei welchem sich hinter dem Sitz der Gepäcksteil befindet und der trotzdem ein sehr gefälliges Äußere aufweist.

Vielfach wird der Beiwagen mit einem Windschutz ausgestattet, um für den Beiwagenfahrer einen besonderen Schutz vor Wetterunbilden und gegen den starken Luftzug zu erzielen. Hierbei sei an dieser Stelle darauf hingewiesen, daß man womöglich von einer Windschutzscheibe aus Glas Abstand nehmen soll, da dieselbe nicht unbeträchtliche Gefahrenmomente in sich schließt. Die Windschutzscheibe aus Cellon hat jedoch wieder den Nachteil, daß sie verhältnismäßig rasch trübe wird und dadurch das Vergnügen an einer schönen Landschaft wesentlich beeinträchtigt. Am vorteilhaftesten ist es zweifelsohne, wenn die Cellonwindschutzscheibe verstellbar angebracht ist, so daß sie normalerweise so niedrig eingestellt werden kann, daß der Beiwagenfahrer einen ungehinderten Ausblick genießt. Bei Wetterunbilden genügen sodann wenige Handgriffe, um den Windschutz aufzustellen und dadurch einen weitgehenden Schutz zu erlangen.

Einen Staubschutz allerdings bietet der Windschutz nicht. Es entstehen Wirbel (Abbildung 603), welche den Staub seitlich und von rückwärts zum Beiwagenpassagier eindringen lassen. Dieser Luftwirbel wird noch wesentlich begünstigt, wenn die Cellonscheibe, wie dies bei Sportbeiwagen sehr häufig zu sehen ist, weit vorn montiert ist. Auf einen solchen „Schutz" kann man verzichten. Wirklich zweckmäßig ist nur ein Windschutz,

Abb. 604. Aufklappbarer Windschutz, der bei Regen als Dach verwendet wird.

In der vorderen Stoffbespannung, welche in normaler Lage des Windschutzes in Falten liegt, ist ein kleines Fenster eingesetzt, um dem Beiwagenfahrer eine gewisse, wenn auch beschränkte Aussicht zu ermöglichen.

der zu beiden Seiten weit zurückreicht, etwa in der Art, wie dies Abbildung 592 zeigt.

Ein schwerer Tourenbeiwagen wird heutzutage nicht selten mit einem regelrechten Verdeck, also einem aufklappbaren Dach, versehen, so daß tatsächlich der Komfort eines Reisebeiwagens in keiner Weise hinter jenem eines Autos zurücksteht. Immerhin ist jedoch die Verwendung derartiger Einrichtungen eine Angelegenheit des persönlichen Geschmackes. In den meisten Fällen wird es wohl sportlicher sein, wenn sich auch der Beiwagenfahrer eine entsprechende Ausrüstung, Lederbekleidung oder dergleichen zulegt, um sich vor Wetterunbilden zu schützen, so daß es sich dadurch erübrigt, aus dem Beiwagen einen wettersicheren Verschlag herzustellen, der neben dem allen Wetterunbilden ausgesetzten Fahrer läuft. Schließlich ist aber eine derartige sportliche Einstellung nicht Sache jeder Dame, so daß die Bedeutung einer komfortablen Beiwagenausstattung nicht unterschätzt werden darf. Sehr originell ist die von den Viktoriawerken herausgebrachte Lösung, bei welcher sich der Windschutz hochklappen läßt uud sodann eine Art Dach ergibt; Abbildung 604.

Abb. 605. Schwerer Reisebeiwagen älterer Type.
A Aufstieg; D Dach; G gesondert gefederte Beiwagenradgabel, um den Punkt P drehbar; K Kofferträger, an dessen Unterseite das Ersatzrad befestigt ist; St Beiwagenständer; W Windschutz, verstellbar.

Einen schweren Reisebeiwagen zeigt die Abbildung 605. Derselbe ist versehen mit: 1. einer verstellbaren Windschutzscheibe aus Glas; 2. einem aufklappbaren Dach mit Cellonseitenteilen; 3. einem zusammenklappbaren Kofferträger „K“; 4. einem Reserverad montiert am Kofferträger; 5. einem gesondert gefedertem Beiwagenrad, dessen Gabel sich um den Drehpunkt „P“ bewegen kann; 6. einem Aufstieg „A“; 7. einem Beiwagenständer „St“.

In diesem Zusammenhang sei auch erwähnt, daß es leicht ist, unter Ausnutzung der heißen Auspuffgase im Beiwagen einen Heizkörper anzubringen. Man befestigt am Boden des Beiwagens ein flaches Blechgefäß, von welchem zwei Rohre mit einem Durchmesser von je etwa einem Zoll durch den Boden nach außen führen. Auf das eine Rohr wird ein Metallschlauch, wie er z. B. bei Staubsaugern Verwendung findet, aufgesteckt und zu einer Öffnung im Auspufftopf geführt, auf dem anderen Rohr befestigt man ein Winkelstück, welches nach hinten gekehrt ist, um ein glattes Ausströmen der Gase zu ermöglichen. Das Abkühlen der Gase in der Zuleitung kann man verhindern, wenn man den Metallschlauch mit einer Asbestschnur umwickelt. Der Erfolg der Anlage wird ein hervorragender

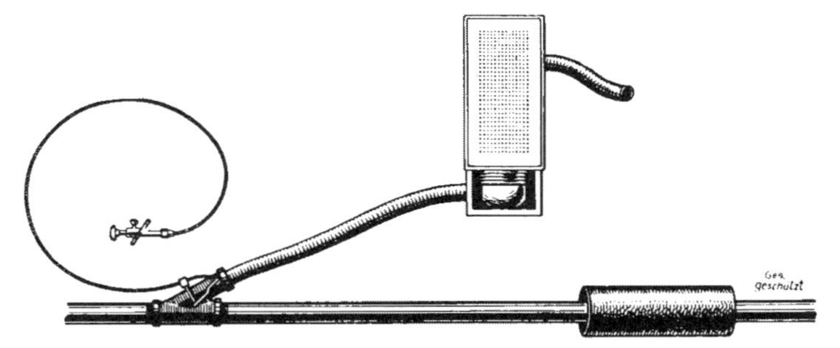

Abb. 606. Einbauzeichnung für die Beiwagenheizung.

Im Beiwagenboden wird eine Heizschlange eingebaut, welche mittels eines Metallschlauches mit einer Abzweigung der Auspuffleitung in Verbindung steht. Eine Klappe regelt die Heizwirkung. Die Klappe wird vom Beiwagen aus mittels Bowdenzug betätigt.

sein. Die Anlage gleicht vollkommen der in Abbildung 606 dargestellten Heizvorrichtung für Autos.

Bei auswechselbaren Rädern wird das Reserverad in den meisten Fällen rückwärts am Beiwagen befestigt, wie eine vorstehende Abbildung zeigte. Manche Werke jedoch befestigen den Reserveradhalter an dem Kraftrad selbst, um auf diese Weise auch dem Solofahrer die Wohltätigkeit des Ersatzrades zuteil werden zu lassen; Abbildung 403. Ist das Fahrzeug nicht mit auswechselbaren Rädern versehen, so kommt natürlich die Mitnahme eines kompletten Rades nicht in Frage, wohl aber wird bei größeren Touren ein Ersatzreifen mitgenommen werden müssen. Eine gute Lösung in dieser Hinsicht hat die amerikanische Harley-Davidson gefunden, bei welcher auf Wunsch an der Rückseite des Beiwagens eine gewöhnliche Felge ohne Speichen montiert wird. Die Felge ist etwas kleiner gehalten als die Felge der Räder, so daß ein leichtes Auf- und Abmontieren ermöglicht ist, während andererseits der Reservereifen dadurch, daß er auf einer Felge montiert ist und der Ersatzschlauch aufgepumpt wird, nach Möglichkeit vor Beschädigung geschützt wird. Durch eine um Felge und Mantel gelegte Kette mit Schloß wird vollkommene Sicherheit gegen Diebstahl des Ersatzreifens erreicht.

Die Ausführung der Beiwagenkarosserie an und für sich ist in Holz oder Blech sowie auch mit einem Holzrahmen und überspanntem Blech möglich. Für ganz leichte Beiwagen kommt an Stelle des Blechs eine lackierte Stoffbespannung in Frage.

Die seinerzeitigen Karosserien, die ganz aus Holz hergestellt waren, sind selten geworden, da sich das Holz bei schlechter Witterung allzu leicht wirft. Am häufigsten findet wohl die Ausführung, bei welcher ein entsprechendes Holzgestell mit Blech überzogen ist, Anwendung. Den gewöhnlichen Ansprüchen genügt auch diese Ausführung vollkommen, und sie hat zudem den Vorteil, nicht allzu großes Gewicht aufzuweisen. Auf sehr schlechten Straßen und bei der Mitnahme von besonders viel Gepäck wird jedoch häufig der verwendete Holzrahmen, der meist fabriksmäßig und sehr primitiv hergestellt ist, auf die Dauer nicht standhalten. Es ist daher von Vorteil, Beiwagen, an welche besondere Ansprüche gestellt werden, schon von vornherein zu versteifen. Zu diesem Zweck werden die seitliche Blechwand abgenommen, der Holzrahmen durch sinngemäß angebrachte Bandeisen versteift und die Blechwände wieder aufgenagelt.

Am strapazierfähigsten sind zweifelsohne die besonders von den amerikanischen Fabriken bevorzugten Stahlkarosserien, bei welchen Holz so gut wie gar nicht Verwendung findet. Die einzelnen Flächen aus dickem Stahlblech werden nicht auf einen Holzrahmen aufgenagelt, sondern an den Kanten direkt verschweißt. Ein Defekt derartiger, allerdings überaus schweren Karosserien ist so gut wie ausgeschlossen. Auch bei Karambolagen sind sie standfester als Karosserien mit Holzrahmen. Die Beschädigung an der Stahlkarosserie wird einfach durch Ausklopfen nach Möglichkeit wieder behoben. Amerikanische stahlkarossierte Beiwagen für schwere Maschinen wiegen an 180 kg.

An der Karosserie ist in vielen Fällen auch das Kotblech für das Beiwagenrad angebracht, insofern es nicht durch entsprechende Versteifungen an dem Beiwagenchassis montiert ist. In dieser Hinsicht gehen die Meinungen der Konstrukteure und Beiwagenfahrer auseinander. Es mag schöner und auch konstruktiv richtiger sein, das Kotblech am Chassis zu montieren. Durch eine sehr einfache Ausführung läßt sich auch vorsehen, daß nach Lockern einer einzigen Mutter das Kotblech abge-

Abb. 607. Beiwagen mit großem Notsitz.
Der zweite Sitz kann nach Entfernung der Polsterung auch als Gepäckteil verwendet werden.

nommen werden kann und dadurch Reifenreparaturen am Beiwagen eine wesentliche Erleichterung erfahren. Es ist auch zweifelsohne schöner, wenn die Beiwagenkarosserie allein auf und ab federt, als wenn das Kotblech sich mitbewegt. In der Praxis jedoch ergeben sich noch andere Gesichtspunkte: der Beiwagenfahrer ist beim scharfen Kurvenfahren genötigt, sich über die Bordwand gegen das Innere der Kurve zu neigen. Ist nun das Kotblech am Beiwagenchassis befestigt, so wird es bei jeder Unebenheit dem Fahrer auf die Arme und auf den Ellbogen schlagen. Ist hingegen das Kotblech an der Karosserie befestigt, so bietet es dem Beifahrer bei entsprechend kräftiger Ausführung eine gleichmäßige Auflage.

Eine weitere Besprechung technischer Einzelheiten kommt im

Hinblick auf die zahlreichen Abbildungen, die in diesem Abschnitt gebracht wurden, und unter Hinweis auf die bei den Abbildungen enthaltenen kurzen Beschreibungen nicht in Frage.

Erwähnt sei noch, daß Beiwagen vielfach auch für 2 Personen gebaut werden. Amerika setzt die beiden Passagiere meist nebeneinander, wodurch das Gefährt unförmig breit wird, England hintereinander. Einen solchen englischen Zweisitzer zeigt

Abb. 608. Der Geschäftsbeiwagen.
In den meisten Fällen läßt sich die Geschäftskarosserie mit wenigen Handgriffen gegen eine gewöhnliche Personenkarosserie austauschen, so daß ein solches Gefährt für den Geschäftsmann mitunter sehr zweckmäßig — da sparsam und wendig — ist.

die Abbildung 607. Außerordentlich große Verbreitung haben die Beiwagen mit Geschäftskarosserie gefunden (Abbildung 608). Da diese Karosserien mit wenigen Handgriffen gegen gewöhnliche Karosserien vertauscht und so die Fahrzeuge Sonntags zu Ausfahrten benutzt werden können, ist die Maschine und das Beiwagenchassis sehr gut ausgenützt. Große Verbreitung hat das wendige Beiwagengefährt auch bei der Polizei, der Reichspost und bei anderen Behörden gefunden (Abbildung 609).

b) Die Fahrtechnik mit dem Beiwagen.

1. Des Kraftradfahrers.

So leicht es dem Solofahrer scheinen mag, eine Beiwagenmaschine zu steuern, so schwer und ungewohnt wird es ihm in Wirklichkeit fallen. Während man der Auffassung ist, daß beim Beiwagenfahren einfach die Steuerung in jene Richtung gestellt wird, in welcher man zu fahren gedenkt, so sieht der Solofahrer, auch der geübteste, wenn er das erste Mal auf einer Beiwagenmaschine sitzt, daß dies in Wirklichkeit nicht so einfach ist.

Abb. 609. Das Beiwagengefährt im Dienste der Reichspost.

Beim Solofahren ist man gewohnt, eigentlich nicht mit der Lenkstange zu steuern, sondern durch eine sinngemäße Gewichtsverlegung, das heißt durch das Neigen der Maschine in der Kurve. Außerdem ist man vom Solofahren her gewohnt, die Steuerung, um das Gleichgewicht zu erhalten, nach jener Seite zu bewegen, nach welcher das Fahrzeug geneigt ist. Beim Beiwagenfahren ist natürlich jedwede Neigung ausgeschlossen, so daß die Steuerungstechnik eine grundsätzlich andere ist. Es muß davor gewarnt werden, sich einfach auf eine Beiwagenmaschine zu setzen und der Meinung zu sein, dieselbe ohne weiteres steuern zu können. Versucht ein Solofahrer, mit einer Beiwagenmaschine zu fahren, so wird es ihm ganz gut möglich sein, in gerader Richtung zu fahren. Er wird jedoch sehr schwer in eine Kurve kommen und allzu gern geradeaus weiter fahren, wenn er sich unwillkürlich in dem Streben, das Gleichgewicht des einspurigen Fahrzeuges zu erhalten und erst dann in die Kurve zu steuern, wenn das Fahrzeug in die Kurve geneigt ist, mangels einer Neigung des Fahrzeuges in die Kurve die Steuerung einzuschlagen gehindert sieht. Ist er glücklich in der Kurve, so wird es ihm in den meisten Fällen schwer möglich sein, wieder in die Gerade zu kommen, oder er steuert in der Furcht, das Fahrzeug würde nach außen umkippen, nach außen und fährt in einen Graben oder an einen Zaun.

Angehende Beiwagenfahrer, die weder Motorrad fahren noch Rad fahren können, werden das Beiwagenfahren, abgesehen von der Bedienung des Motors, leichter erlernen als bisherige Rad- oder Kraftradfahrer.

Die beste Methode, das Beiwagenfahren zu erlernen, ist folgende: das Fahrzeug wird von einem anderen Fahrer auf eine Anhöhe gefahren, auf welcher der angehende Beiwagenfahrer die Steuerung übernimmt. Mit Leerlauf läßt man nun die Maschine abwärts rollen. Der Lernende hat den Fuß auf der Bremse und die beiden Hände auf der Lenkstange. Sein ganzes Augenmerk wird ausschließlich nur der Steuerung zugewendet und durch keine sonstigen Handgriffe abgelenkt sein. Während des Abwärtsrollens kann die Geschwindigkeit in einfacher Weise durch die Bremse geregelt werden. Der Fahrer wird sich allmählich mit der Steuerung der Beiwagenmaschine vertraut machen und das Ungewohnte überwinden. Zudem hat der im Beiwagen sitzende, geübte Fahrer die Möglichkeit der Unterweisung und kann auch im Bedarfsfalle die Steuerung des Fahrzeuges vom Beiwagen aus übernehmen. Nachdem durch ein mehrmaliges Wiederholen des erwähnten Vorganges der angehende Beiwagenfahrer sich mit der Steuerung des Fahrzeuges genügend vertraut gemacht hat, wird ein bescheidener Fahrversuch in der Ebene und bei ganz geringer Geschwindigkeit am Platz sein. Ein geübter Solofahrer wird das Beiwagenfahren auf diese Weise bequem an einem Nachmittag erlernen, wenigstens in einem solchen Maße, daß er vorerst kleinere Ausfahrten unternehmen kann. Die eigentlichen Feinheiten der Beiwagenfahrtechnik wird man sich natürlich erst nach einigen tausend Kilometern erringen. Im folgenden seien einige Hinweise auf die besondere Fahrtechnik des Beiwagenfahrens gegeben.

Während ein jugendlich-gewandter Solofahrer meist gewohnt ist, auch an unübersichtlichen Stellen verhältnismäßig rasch zu fahren in dem Bewußtsein, daß es für ein einspuriges Fahrzeug so gut wie immer möglich ist, noch „durchzukommen", muß der Beiwagenfahrer stets in Erwägung ziehen, daß sein Fahrzeug fast ebensoviel Platz benötigt wie ein kleines Auto. Der Beiwagenfahrer hat hingegen gegenüber den Solofahrern wieder den Vorteil, daß er wenig auf die Straßenbeschaffenheit Rücksicht zu nehmen hat und dadurch kaltblütiger auftretende Hindernisse überwinden kann. In dieser Hinsicht sei nur darauf hingewiesen, daß bei einer stark gewölbten, regendurchweichten Straße für den Solofahrer ein entgegenkommendes Auto infolge der Möglichkeit des seitlichen Rutschens eine Gefahr bedeutet, während der Beiwagenfahrer in solchen Fällen so gut wie nichts zu fürchten hat. Dasselbe gilt auch bezüglich der geschotterten Straße.

Das einspurige Fahrzeug kann des weiteren nicht so plötzlich in eine scharfe Kurve übergehen, ohne zu schleudern, als es dem Beiwagenfahrer meist möglich ist.

Das wichtigste ist natürlich für den Beiwagenfahrer, sich eine gute Kurventechnik anzueignen. Es empfiehlt sich, zu erproben, in welchem Tempo eine Beiwagenkurve gefahren werden kann, ohne daß der Beiwagen gehoben wird. Diese Erprobung wird bei jedem Fahrzeug und bei den verschiedenen Beiwagen verschiedene Ergebnisse zeitigen, die unter anderen auch vom Gewicht des Fahrers und des Beiwagenfahrers abhängig sind. Das Gefährt mit unbesetztem Beiwagen wird natürlich leichter umkippen als bei besetztem Beiwagen (Abbildung 610). Hebt sich das Beiwagenrad vom Boden, so darf unter gar keinen Umständen plötzlich die Bremse gezogen werden. Das Ziehen der Bremse in einer Beiwagenkurve ist gleichbedeutend mit einem Garantieschein für das Überschlagen, lediglich sofort Gas weg!

Der Fahrer selbst muß sich mit einem Ruck gegen den Beiwagen werfen — natürlich ohne die Lenkstange loszulassen — und so den Beiwagen wieder auf den Boden pressen. Ist die Straße breit genug und durchaus übersichtlich, so bringt man

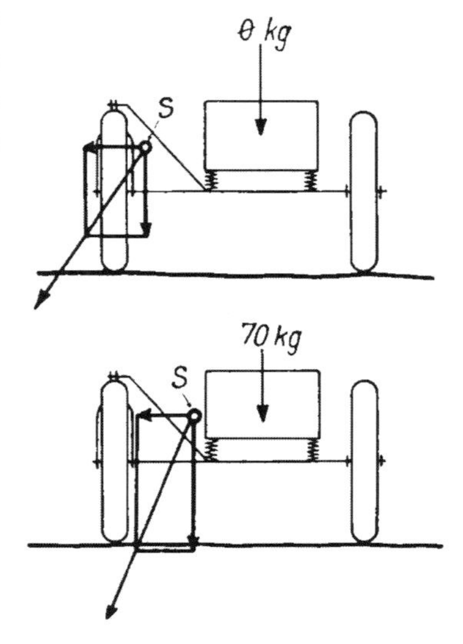

Abb. 610. Die Kräfte, die das Umkippen des Beiwagengefährtes bewirken.

Aus dem Kräfteparallelogramm ist deutlich zu erkennen, daß sich beim belasteten Beiwagen der Schwerpunkt des ganzen Fahrzeuges gegen den Beiwagen zu verschiebt. Dadurch, sowie durch das höhere Gewicht des Fahrzeuges überhaupt ist die Gefahr des Umkippens des besetzten Beiwagens geringer als bei einem unbesetzten Beiwagen. Bei der im obigen Bilde angenommenen Zentrifugalkraft kippt das Fahrzeug bei unbesetztem, jedoch nicht bei besetztem Beiwagen.

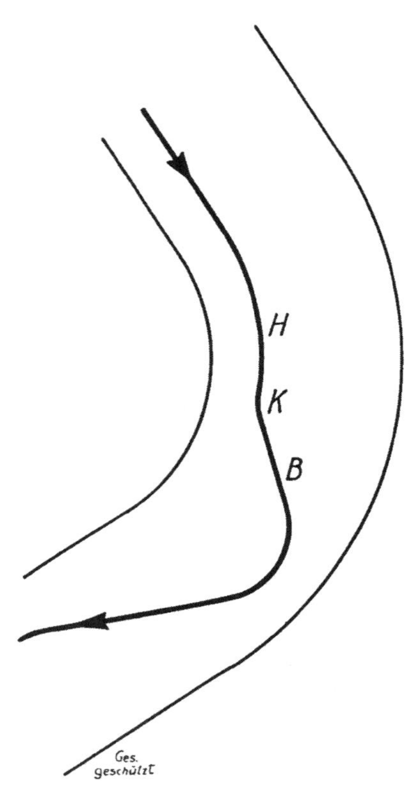

Abb. 611. Wie man sich beim Hochgehen des Beiwagens helfen kann.

H Strecke, in welcher der Beiwagen aufsteigt; B Strecke, auf welcher scharf gebremst wird. Durch das scharfe Nach-auswärts-Lenken bei der Stelle K wird der Beiwagen rasch wieder zu Boden gebracht. Nach dem Abbremsen ist es sodann wieder möglich, in die Beiwagenkurve überzugehen. Voraussetzung: eine freie Straße!

den Beiwagen schon meist dadurch wieder auf den Boden, daß der Kurvenradius vergrößert, also der Steuerungseinschlag verringert wird. Unter Umständen kann es auch möglich sein, einen Moment, bei genügend breiter Straße, in die Gerade zu lenken, dieses Stück zum schärfsten Bremsen zu benützen, die Bremsen lozulassen und die Kurve fortzusetzen; Abbildung 611. Der neuerliche Übergang in die Kurve wird durch Gasgeben erleichtert. Es ist notwendig, derartige Versuche systematisch anzustellen, um in kritischen Fällen vollkommen Herr der Situation zu sein und das zu tun, was vorteilhaft und möglich ist. Es sei an dieser Stelle auch darauf hingewiesen, daß es für den geübten Beiwagenfahrer ohne weiteres möglich ist, eine Kurve mit gehobenem Beiwagen zu durchfahren, ohne daß darin irgend ein Gefahrenmoment liegt. Es kommt eben lediglich darauf an, das richtige Tempo zu halten. Die Betätigung des Gashebels und der Lenkstange muß genügen, um den Beiwagen weiter zu heben oder auf den Boden zu stellen.

Das Fahren von Kurven wird im Anfange den Beiwagenfahrer außerordentlich ermüden, da er noch nicht über eine Fahrtechnik verfügt, bei welcher der maschinelle Vorgang die Steuertätigkeit erleichtert. Die Grundregeln für das Kurvenfahren mit dem Beiwagen kann man wie folgt niederlegen: bei Beiwagenkurven am Beginn der Kurve Gas geben, in Kurven, in welchen der Beiwagen außen läuft, bremsen. In ersteren Kurven wird das treibende Hinterrad, welches außen läuft, das Fahrzeug ohne angestrengte Betätigung der Steuerung im Bogen führen, im zweiten Fall wird der in Schwung befindliche Beiwagen seinerseits das Fahrzeug um die Kurve drücken, wobei das gebremste Hinterrad sozusagen als Stütz- und Drehpunkt dient.

In der Praxis wird man in Verwertung dieses wohl jedem Leser einleuchtenden Grundsatzes die Geschwindigkeit des Fahrzeuges vor der Beiwagenkurve stark vermindern, allenfalls Bremsen ziehen, sodann am Beginn der Kurve sofort Gas geben. Bei größeren Kurven darf man natürlich nicht so viel Gas geben, daß das Fahrzeug am Ende der Kurve schon eine derartige Geschwindigkeit erhält, daß der Beiwagen hochgeht. Bei den anderen Kurven wird man mit ziemlich unverminderter Geschwindigkeit in die Kurve fahren und erst am Beginn der Kurve das Gas vollständig wegnehmen und allenfalls die Hinterradbremse betätigen. Am Ende der Kurve wird wieder Gas gegeben, um den Übergang in die Gerade zu erleichtern.

Anfänglich wird man diese Ratschläge mit voller Absicht und rein verstandesmäßig durchführen müssen, um sich in dieser Technik zu üben. Mit der Zeit wird jedoch dem Beiwagenfahrer dieses Verhalten zur Selbstverständlichkeit, wodurch ihm ein großer Teil der Anstrengungen des Beiwagenfahrens erspart bleibt.

Im Zusammenhang mit der eben beschriebenen Fahrtechnik steht auch, daß beim plötzlichen Ausweichen entweder Gas gegeben oder gebremst werden muß, je nachdem auf die Seite des Beiwagens oder auf die andere Seite ausgewichen wird. Es ist selbstverständlich, daß es unzulässig ist, dann, wenn bei einem Rechtsbeiwagen plötzlich scharf nach rechts ausgewichen werden soll, gleichzeitig die Hinterradbremse zu betätigen, da der Schwung des Beiwagens ein rasches Ausweichen unmöglich macht, während ein Gasgeben dasselbe naturgemäß begünstigt.

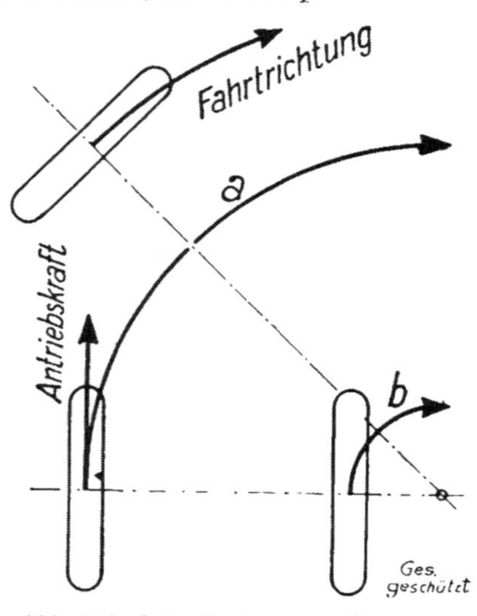

Abb. 612. Die Beiwagenkurve.

Das Fahrzeug wird durch das außen laufende antreibende Hinterrad um die Kurve geschoben. a Weg des treibenden Rades, b Weg des Beiwagenrades.

Das Fahren bei schlechtem Wetter, also bei aufgeweichter Straße, oder bei sehr starkem Staub ist unter Umständen einfacher als bei fester Straßendecke, da ein Umkippen des Fahrzeuges im Hinblick auf das seitliche Gleiten weniger leicht eintritt. Aus diesem Umstande ergibt sich auch, daß bei schlechtem Wetter die Kurven mit dem Beiwagengefährt eher rascher durchfahren werden können als bei trockener Straße, ein wesentlicher Vorteil gegenüber den einspurigen Fahrzeugen. Als Gefahr bei rutschiger oder sandiger Straßenoberfläche kommt für den Beiwagenfahrer eigentlich nur das Schieben des Vorderrades in Betracht. Die diesbezüglichen Tendenzen gehen aus dem Vergleich der Abbildung 612 und Abbildung 613 hervor. Befindet sich der Beiwagen außen, so wird man das Hinterrad unter gleichzeitigem Auskuppeln leicht bremsen, um in die Richtung zu kommen. Schiebt, wie dies häufiger der Fall ist, das Vorderrad in der Beiwagenkurve, so hilft meist ein plötzliches Gasgeben. Hat man eine Beiwagenbremse, so wird man diese schroff betätigen und sich auch so aus kritischen Situationen retten können. Niemals darf man in der Beiwagenkurve bei Schmutz die Hinterradbremse betätigen!

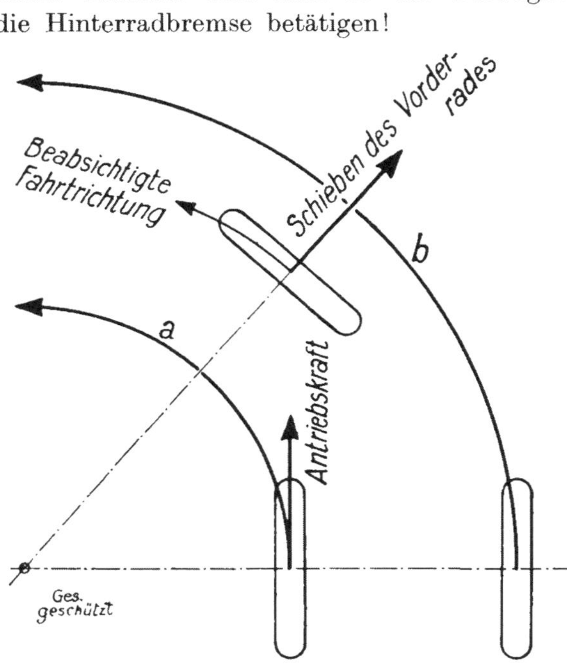

Abb. 613. Die Kurve mit dem Beiwagen außen.
Das Hinterrad hat den kleinsten Weg zurückzulegen (a), während sowohl das Vorderrad als insbesondere das Beiwagenrad in größerer Geschwindigkeit mitgezogen werden müssen; Weg des Beiwagenrades b.

Große Ansprüche werden an die Maschine des Beiwagengefährts bei Gebirgsfahrten in scharfen Kurven gestellt. In dieser Hinsicht sind ebenfalls die rechtsseitigen Beiwagen in rechtsfahrenden Ländern wesentlich im Vorteil, da die Maschine ungefähr in der Mitte der Straße läuft und dadurch bei steilen Rechtskurven nicht einen derart kurzen Weg zurückzulegen hat, daß unter Umständen das Nehmen der scharfen Kehren Schwierigkeiten bereitet. Um in solchen Kurven sowie überhaupt in starken Steigungen den seitlichen Zug des Beiwagens nicht allzu groß werden zu lassen und die Adhäsion des Hinterrades zu vergrößern, wird der Beiwagenpassagier am besten auf dem Gepäckträger Platz nehmen oder sich mindestens aus dem Beiwagen heraus auf den Gepäckträger legen. Das gleiche gilt auch für das Abwärtsfahren dann, wenn nur die Hinterradbremse des Fahrzeuges wirklich wirksam ist, was leider bei vielen Krafträdern zutrifft.

Das „Kraxeln" des Beiwagenpassagiers kann vermieden werden, wenn auch der Beiwagen, wie dies bei modernen Beiwagen keinesfalls mehr eine Seltenheit darstellt, ebenfalls mit einer Bremse ausgestattet ist, die natürlich nicht vom Beiwagenfahrer, sondern vom Fahrer selbst betätigt wird. Eine Bremse des Beiwagenrades kann nicht nur in Augenblicken der Gefahr ausschlaggebend sein, sondern erleichtert auch ganz wesentlich das Fahren von Beiwagenkurven, in welchen vorteilhaft das Beiwagenrad leicht gebremst wird.

Die Frage der Zweckmäßigkeit der Beiwagenbremse verdient eine etwas eingehendere Behandlung. Viele Leute, auch Beiwagenfahrer, halten die Beiwagenbremse für gefährlich. Ganz besonders Vertreter jener Fahrzeugmarken, welche ihre Maschinen auch auf Bestellung nicht mit Beiwagenbremsen ausrüsten, nehmen in dieser Weise Stellung, überdies meist in der vollkommen irrigen Meinung, die Beiwagenbremse würde vom Beiwagenfahrer betätigt werden. Dieser Eingriff in die Hoheitsrechte des Fahrers wäre allerdings höchst gefährlich. Die vom Fahrer betätigte Beiwagenbremse ist jedoch weit weniger gefährlich als z. B. die Vorderradbremse des Solofahrzeuges und doch ist sich jedermann über die Notwendigkeit und Zweckmäßigkeit der Vorderradbremse im klaren. Selbst die Amerikaner, welche geradezu mit Leidenschaft die Meinung vertreten haben, die Hinterradbremse allein ist für ein Fahrzeug genügend, versehen ihre neuen Modelle mit Vorderradbremsen und vielfach auch mit Beiwagenbremsen.

Die Beiwagenbremse nun hat vor allem den großen Vorteil, den Bremsweg des ganzen Fahrzeuges ganz beträchtlich, bei besetztem Beiwagen um etwa 30%, abzukürzen. Das bedeutet bereits ganz im allgemeinen eine Erhöhung der Fahrsicherheit. Damit im Zusammenhang wird auch eine Erhöhung der Durchschnittsfahrgeschwindigkeit ohne Überschreitung der Sicherheitsgrenze ermöglicht: ein nicht unwesentlicher Vorteil!

Hervorragend sind die fahrtechnischen Vorteile der Beiwagenbremse. Die praktische Wirkung der Beiwagenbremse läßt sich auf breiter, gerader Chaussee leicht erproben: bestätigt man plötzlich allein die Beiwagenbremse, fällt es schwer, die gerade Richtung beizubehalten. Das Fahrzeug wird gegen den Beiwagen gerissen und beschreibt gegen diesen eine scharfe Kurve. Und nun kommt der große Vorteil der Beiwagenbremse: diese Kurve kann noch so eng sein, niemals kann sie den Anlaß dazu bieten, daß der Beiwagen in die Höhe steigt, denn sobald derselbe hierzu das Bestreben hat, hört auch in gleichem Maße die Bremswirkung des Beiwagenrades auf, so daß sich ein selbsttätiges Einregulieren ergibt. Dieser Vorteil kann nicht hoch genug eingeschätzt werden. Jedem Beiwagenfahrer ist es sicherlich schon des öfteren passiert, daß er eine (Beiwagen-) Kurve unterschätzte und sie, ohne sich der Gefahr auszusetzen umzukippen, nicht auf der richtigen Fahrseite nehmen konnte. Meist ging das Abenteuer dadurch glücklich aus, daß gerade kein Fahrzeug entgegenkam und es so möglich war, die Kurve mit einem größeren Radius zu nehmen. In solchen Fällen wird man bei Vorhandensein einer Beiwagenbremse einfach einen Augenblick diese kräftig anziehen und sich in der neuen Richtung befinden, ohne seine Straßenhälfte verlassen zu haben.

Abb. 614. Die Beiwagenbremse.

Sicher ist, daß das Beiwagenfahren erst dann ein wahrer Genuß wird und erst dann eine genügende Sicherheit zu bieten vermag, wenn das Fahrzeug mit einer wirksamen Beiwagenbremse ausgerüstet ist. Es ist dringend geboten, daß auch auf diesem Gebiete die deutschen Konstrukteure beispielgebend vorangehen und gar bald ihre Fahrzeuge serienmäßig mit Beiwagenbremsen versehen. Die vorstehenden Ausführungen stützen sich auf Erfahrungen, die der Verfasser aus dem Vergleich von

Fahrten ohne Beiwagenbremse (etwa 75000 km) und Fahrten mit Beiwagenbremse (etwa 15000 km) schöpfte, welche also sicherlich aus der Praxis gewonnen sind. — Eine Beiwagenbremse ist aus Abbildung 614 zu ersehen. Die Betätigung soll tunlichst durch Gestänge und nicht durch Bowdenzug erfolgen.

Abb. 615. Der Imperia-Pendelseitenwagen.
Man kann deutlich das Parallelogrammgestänge erkennen, welches das Mittelrohr des Chassis bei Neigungen des Motorrades dreht. Vom Mittelrohr wieder geht ein Gestänge zum Beiwagenrad, so daß dieses stets mit dem Motorrad parallel liegt. Da die Beiwagenfedern am Mittelrohr befestigt sind, neigt sich auch die Karosserie.

Interessant sind des weiteren jene Beiwagen, bei welchen es durch Betätigung entsprechender Hebel möglich ist, die Lage der Maschine zum Beiwagen zu verändern, d. h. den Beiwagen zu senken und zu heben. Die diesbezügliche Betätigung fällt dem Beiwagenfahrer zu, der selbstverständlich mit dem Fahrer sehr gut eingefahren sein muß. Die Hebel weisen entsprechende Arretierungen auf, so daß das Gestänge in der normalen Lage festgehalten und verriegelt werden kann.

Eine ganz neue „Fakultät" im Beiwagenfahren wird sicherlich der von den Imperia-Fahrzeugwerken herausgebrachte, in jeder Richtung flexible Beiwagen mit sich bringen. Bei diesem interessanten Gefährt läßt sich das Motorrad nach beiden Seiten legen, etwa wie eine Solomaschine. Gleichzeitig legt sich aber auch durch ein Parallelogrammgestänge das Beiwagenrad und die Beiwagenkarosserie in die gleiche Richtung. Die Abbildung 615 zeigt einen solchen Beiwagen und seine Ausführung, während sich aus der Abbildung 616 die in jeder Hinsicht eigen-

Abb. 616. Die Fahrtechnik mit dem Pendelseitenwagen.

Etwas merkwürdig mutet dieses Gefährt in der Kurve an, das ist sicher; daß es aber für den Sportfahrer die Stabilitätsverhältnisse des dreirädrigen, unsymmetrischen Fahrzeuges in ausgezeichneter Weise löst, kann nicht bestritten werden. Die linksseitige Bildhälfte zeigt einen gewöhnlichen, starren Beiwagen.

artige Fahrtechnik ersehen läßt. Das ganz besonders in den Kurven klar zutage tretende technisch Widersinnige des gewöhnlichen Beiwagengefährtes, bei welchem — gegen alle Gesetze der Stabilität und Symmetrie — an das in typischer Weise als Solofahrzeug gebaute Kraftrad auf einer der beiden Seiten, und zwar nur auf einer Seite, starr ein Beiwagen befestigt wird, wurde bei diesem Gefährt fast vollkommen vermieden. Die Maschine neigt sich in die Kurve wie jedes Solofahrzeug, dem sich aus Schwerkraft und Zentrifugalkraft ergebenden Kräfteparallelogramm ist Genüge geleistet, die Resultante geht durch die Reifenauflagefläche. Ein „Aufstellen" des Beiwagens ist vollkommen unmöglich, eine diesbezügliche Bestrebung kann gar nicht auftreten, außerdem fehlt das starre Gestänge, welches befähigt wäre, den Beiwagen zu heben. Ein Verziehen des Motorradrahmens durch das Kurvenfahren ist restlos unmöglich. Auch das Kraxeln des Beiwagenpassagiers kann nicht mehr in Frage kommen, da seine Gewichtsverteilung keine Rolle mehr spielt und sich die Karosserie in gleicher Weise seitlich legt wie das Kraftrad.

Daß dieses Fahrzeug einen ganz neuen Sport hervorruft, der mit dem gewöhnlichen „Beiwagenfahren" nichts, aber schon gar nichts zu tun hat, ist klar. Daß dieser Sport aber besonders demjenigen zusagen wird, der sich bisher nicht vom Solofahren trennen wollte, aber doch seiner Mitfahrerin ein besseres Dasein denn auf dem auf die Dauer sicherlich gesundheitsschädlichen Soziussitz verschaffen und insbesondere auf die Touren auch mehr Gepäck und eine bessere Ausrüstung mitnehmen möchte, ist klar. Das von den Imperiawerken herausgebrachte Fahrzeug eröffnet demnach sicherlich in dieser Richtung vollkommen neue Ausblicke.

Die hervorragenden Fahreigenschaften hat der neue Beiwagen im Klausenpaßrennen 1927 bewiesen. Das mit einem solchen Beiwagen versehene Motorrad mit untengesteuertem Motor konnte Rennmaschinen schlagen, trotzdem es in den Geradstrecken stets hinter diesen zurückblieb. In den Kurven war das Fahrzeug aber dank der Möglichkeit, die Maschine schief zu legen, allen anderen Fahrzeugen gegenüber weit im Vorteil.

Nach dieser Abschweifung zu den mit der Fahrtechnik innigst verknüpften technischen Fragen der Beiwagenkonstruktion wollen wir wieder zu unserem eigentlichen Gegenstand zurückkehren.

Etwa auftretende Hindernisse, wie z. B. tiefe Löcher, denen ganz auszuweichen nicht möglich ist, werden zwischen die Spur des Beiwagenrades und des Kraftrades genommen. Das gleiche gilt auch von Hunden und sonstigem Getier, das in das Fahrzeug läuft.

Wichtig ist, daß sich der Beiwagenfahrer auch mit jenen Handlungen vertraut macht, welche in Fällen der Gefahr eine Beseitigung oder Verminderung derselben ermöglichen. Es kann vorkommen, daß an unübersichtlichen Stellen plötzlich in der Mitte der Fahrbahn ein schweres Auto in voller Fahrt entgegenkommt und man zermalmt werden würde, wenn man nicht rechtzeitig das Weite suchte. Ist ein Gehsteig vorhanden, so wird man mit einem scharfen Ruck den Beiwagen gegen diesen lenken und das Beiwagenrad auf demselben laufen lassen. Eine an die Straße anschließende Wiese ist natürlich in der gleichen Weise zum Ausweichen geeignet. Ist man genötigt, derart weit herauszufahren, daß der Beiwagen schon am Abhang oder im Straßengraben läuft, so muß man die Lenkstange besonders fest in die Hand nehmen und die Maschine so lenken, daß wenigstens das Vorder- und das Hinterrad noch einen vollkommenen Halt auf der Straße haben, allenfalls unter Ausnutzung des meist vorhandenen seitlichen Randes. Alle diese Experimente setzen natürlich voraus, daß nicht gerade Wehrsteine vorhanden sind, die ein Verlassen der Fahrbahn unmöglich machen. Immerhin mag es aber noch vorteilhafter sein, mit dem feststehenden Wehrstein zusammenzustoßen als mit dem entgegenkommenden Fahrzeug, zumal im ersteren Falle nur der Beiwagen erfaßt wird und das Gefährt seitlich in den Graben geschleudert werden wird, während in letzterem Fall das entgegenkommende Fahrzeug den Kraftradfahrer erfaßt und das ganze Beiwagengefährt durch den Anprall an der Lenkstange in das Auto hineinreißt.

Muß man einem entgegenkommenden Fahrzeug ausweichen, ohne daß genügend Platz hierzu vorhanden ist, und sind seitlich der Straße Steinhaufen aufgeschüttet, so ist es notwendig, so weit nach außen zu lenken, daß der Steinhaufen zwischen Kraftrad und Beiwagenrad kommt, auch dann, wenn er, wie dies fast immer zutrifft, höher ist, als daß man über ihn hinwegfahren könnte. Es wird einen furchtbaren Anprall geben, das Beiwagenchassis wird verbogen sein und Fahrer und Beiwagenpassagier werden unter Umständen auch eine Luftreise in der Fahrtrichtung unternehmen. Dies ist aber immer noch besser, als bei rascher Fahrt nur so weit nach außen zu fahren, daß das Beiwagenrad allein auf den Schotterhaufen hinauffährt. Dieses Hinauffahren des Beiwagens auf den Schotterhaufen bewirkt unvermeidlich ein sofortiges Umkippen des gesamten Fahrzeuges gegen die Straße zu, so daß man meist mitten auf der Straße, also vor dem entgegenkommenden Fahrzeug, unter sein eigenes Gefährt zu liegen kommt.

Als eine für den sportlichen Beiwagenfahrer notwendige Fahrtechnik muß es auch angesehen werden, das Fahrzeug im Bedarfsfalle seitlich schleudern lassen zu können. Ist es schon für den Solofahrer möglich, ähnlich dem Skifahrer, durch Querstellen des Fahrzeuges zum Stillstand zu kommen — ich möchte direkt von einer Telemarktechnik sprechen —, so ist die gleiche Fähigkeit auch für den Beiwagenfahrer unter Umständen erfolgbringend. Bei einem rechtsseitigen Beiwagen wird man z. B. eine Linkskurve dadurch in fast eckiger Form leicht nehmen können, daß man einen Augenblick das Hinterrad blockiert und den hinteren Teil des Fahrzeuges durch einen raschen Ruck nach rechts schleudern läßt. Diese Technik kann bei einiger Übung so weit führen, daß man imstande ist, sich aus einer mittelmäßig raschen Geschwindigkeit durch Blockierung des Hinterrades, rasche Gewichtsverteilung und geringe Betätigung der Steuerung direkt an Ort und Stelle umzudrehen und dadurch sofort zum Stillstand zu kommen. Dieses Kunststückchen kann besonders im Stadtverkehr gelegentlich aus einer kritischen Situation heraushelfen, endet aber nicht selten mit dem Ausspringen eines Reifens aus der Felge und dem Platzen des Schlauches, wenn das Fahrzeug nicht mit Geradseitreifen ausgerüstet ist. Daß naturgemäß in all diesen Fällen auch die gesamte Maschine, wie das Beiwagenchassis, insbesondere die Felgen und Speichen sowie Reifen auf das äußerste beansprucht werden, ist selbstverständlich. Es ergibt sich daraus, daß diese Fertigkeiten, einmal erworben, nicht zu wiederholten Demonstrationsstücken, sondern lediglich zur Abwehr von Gefahren verwendet werden sollen.

Bei Fahrten im Winter treten wesentliche Schwierigkeiten dann auf, wenn der freie Weg schmäler ist, als es die Breite des Fahrzeuges erfordern würde, und zu beiden Seiten des freigemachten Weges die üblichen, nicht unbeträchtlichen Schneewälle liegen. Man wird der Meinung sein, daß man in einem solchen Fall mit dem Kraftrad selbst auf der freien Fahrbahn fährt und das Beiwagenrad im Schnee laufen läßt. In der Praxis ergibt es sich jedoch, daß man es umgekehrt machen muß. Der Schnee stellt dem Rad einen ganz außerordentlichen Widerstand entgegen, so daß das im tiefen Schnee laufende Beiwagenrad geradezu zu einem festen Drehpunkte wird, um welchen sich das ganze Fahrzeug dreht, so daß es plötzlich quer zur Fahrtrichtung und mitten im Schnee steht. Dieser Umstand ist darauf zurückzuführen, daß auch das kräftigste Nach-außen-Steuern nichts hilft, wenn das Vorderrad einfach seitlich abgleitet. Die Anbringung von Schneeketten am Vorderrad ist leider bei den meisten Maschinen infolge der viel zu engen Bauart der Vorderradgabeln nicht möglich. Kann am Vorderrad ausnahmsweise doch eine Schneekette Verwendung finden, so ist nicht wie am Hinterrad eine sogenannte Leiterkette, sondern vielmehr eine Zick-Zack-Kette (siehe Seite 548) zu verwenden. Bei Verwendung einer Zick-Zack-Kette am Vorderrad wird man das Kraftfahrzeug auf der freien Fahrbahn führen und den Beiwagenpassagier auf dem Gepäckträger Platz nehmen lassen, während das Beiwagenrad im Schnee läuft. Sobald das Fahrzeug zum Querstellen Neigung zeigt, wird ausgekuppelt und einen Augenblick die Hinterradbremse kräftig angezogen. Durch dieses Verhalten wird man ein Querstellen des Fahrzeuges unter allen Umständen vermeiden können.

Ist die Verwendung einer Schneekette am Vorderrad nicht möglich, so ist man genötigt, mit dem Kraftrad im Schnee zu fahren und das Beiwagenrad auf der freien Fahrbahn laufen zu lassen. Daß man bei einer derartigen Fahrt nicht allzu rasch vorwärts kommt, ist selbstverständlich. Man wird auch des öfteren genötigt sein, den vom vorderen Kotblech und vom Kurbelgehäuse geschobenen Schnee zu entfernen und die Kotbleche vom Schnee zu reinigen.

Die vorstehenden Ausführungen über die Kunst des Beiwagenfahrens dürften gezeigt haben, daß der Fahrer einer Beiwagenmaschine eine ebensolche Fahrtechnik, Gewandtheit und sportliche Geschicklichkeit besitzen muß, wie auch eine solche für den Solofahrer erforderlich ist, daß also gewiß nicht das Beiwagenfahren in sportlicher Hinsicht gegenüber dem Solofahren zurücksteht.

2. Die Fahrtechnik des Mitfahrers im Beiwagen.

Es wurde bereits in den vorangegangenen Abschnitten darauf hingewiesen, daß dem Beiwagenpassagier eine nicht unwesentliche Mitwirkung beim Beiwagenfahren zukommt, die einer indirekten Unterstützung des Fahrers, besonders in den Kurven, gleichkommt.

In erster Linie ist es die Gewichtsverteilung, die bei flotter Fahrt für ein gutes Durchfahren der Kurven unbedingt erforderlich ist. Das Gewicht ist in das Innere der Kurve zu verlegen, bei Beiwagenkurven also gegen das Beiwagenrad, in den anderen Kurven gegen die Maschine zu. Während beim gewöhnlichen Tourenfahren so gefahren wird, daß diese Gewichtsverteilung gänzlich unterbleiben kann oder doch nur in einer leichten Veränderung der Sitzlage besteht, ist beim gelegentlichen, schnelleren Fahren — in ganz besonderem Maße natürlich bei Schnelligkeitswettbewerben — die Gewichtsverteilung so weitgehend durchzuführen, daß der Beiwagenfahrer in den Beiwagenkurven sich über die Bordwand hängt und zwar derart, daß er möglichst tief, also nahe dem Boden, zu liegen kommt, während er in den anderen Kurven auf den Gepäckträger des Kraftrades zu „kraxeln" hat. In beiden Fällen ist es notwendig, entsprechende Handhaben zum Festhalten vorzusehen.

Die Gewichtsverteilung hat bereits vor Beginn der Kurve vollzogen zu sein, während es andererseits auch bereits in dem letzten Stück der Kurve zulässig ist, in die normale Stellung zurückzukehren.

Derjenige, der beabsichtigt, sich ein Beiwagengefährt anzuschaffen, und insbesondere derjenige, der ausersehen ist, im Beiwagen zu fahren, darf sich durch Rennbilder nicht abschrecken lassen! Man kann so fahren, man muß aber nicht solche Akrobatenstückchen machen, da man es wohl selten so eilig haben wird wie der Rennfahrer, dem es auf hundertstel Sekunden ankommt. Das Beiwagengefährt ist auch durchaus zum gemütlichen Fahren befähigt.

Am wichtigsten ist die geistesgegenwärtige Mithilfe des Beiwageninsassen bei der Überwindung von plötzlich auftretenden Hindernissen. In dieser Hinsicht kann unter Umständen das Verhalten des Beiwagenpassagiers ausschlaggebend sein. Ein schlechter Beiwagenfahrer wird auch die beste Fahrtechnik des Kraftradfahrers zunichte machen. Nehmen wir nur folgenden, praktisch keineswegs seltenen Fall an: das Beiwagengefährt befindet sich in einer Beiwagenkurve einen Meter vom Rand der Straße entfernt. Plötzlich kommt in der Mitte der Straße ein schwerer Wagen entgegen. Der Kraftradfahrer ist genötigt, mit einem Ruck sein Fahrzeug in das Innere der Kurve zu reißen, also den Radius der Kurve plötzlich außerordentlich zu verringern. Die Geschwindigkeit des Fahrzeuges muß nicht allzu groß sein, so daß in einem solchen Fall des plötzlichen Überganges in eine scharfe Kurve der Beiwagen in die Höhe steigt. Das Aufsteigen des Beiwagens und das im Gefolge stehende Überschlagen des Fahrzeuges hindert also den Fahrer der Beiwagenmaschine, so rasch und so scharf nach innen einzubiegen, wie dies unter Umständen die Situation erfordert: der Zusammenprall mit dem Auto ist unvermeidlich und zwar dann, wenn nicht ebenso plötzlich, wie das Einlenken in die Kurve erfolgt, Kräfte auftreten, welche einem Aufsteigen des Beiwagens entgegenwirken. Derartige Kräfte werden auftreten, wenn sich in der beschriebenen Situation der Beiwageninsasse geradezu blitzartig auf die äußere Bordwand wirft und so einerseits durch die Verlegung des Schwerpunktes, andererseits durch das Auffallenlassen des Körpers auf die Beiwagenwand der Beiwagen am Aufsteigen gehindert wird.

Dieses kleine Beispiel wird bereits genügend erwiesen haben, daß der Beiwagenfahrer ebenfalls eine Fahrtechnik besitzen, sowie über Gewandtheit und Geistesgegenwart verfügen muß, wenn nicht die Ausfahrt den Charakter einer gewöhnlichen Bummelfahrt tragen soll.

Der Fahrer tut gut daran, bei größeren Fahrten nicht das eine Mal mit diesem, das andere Mal mit jenem zu fahren, sondern vielmehr seinen ständigen Mitfahrer eingehend über die ihm zukommenden Obliegenheiten zu unterrichten und praktisch zu unterweisen.

Natürlich dürfen die vorstehenden Ausführungen, die die Frage immer vom sportlichen Gesichtspunkte aus behandeln, nicht jene vom Fahren im Beiwagen abschrecken, welche eine sportliche Betätigung ausschalten wollen. Es ist selbstverständlich auch sehr wohl das Fahren von älteren Personen im Beiwagen möglich, nur wird es in diesem Falle Sache des Fahrers sein, jenes Maß der Vorsicht walten zu lassen, das die Notwendigkeit einer Unterstützung durch den Beiwagenfahrer nicht zutage treten läßt.

Im übrigen gelten für den Beiwagenmitfahrer die gleichen Ausführungen, die bezüglich der Soziusfahrer niedergelegt wurden, und welche die Grundlage für die Harmonie gemeinsamer Ausfahrten darstellen.

c) Die Ausrüstung des Beiwagenfahrers.

In einem der früheren Abschnitte wurde die Möglichkeit behandelt, durch Anbringung eines entsprechenden Windschutzes sowie auch eines aufklappbaren Daches den Insassen des Beiwagens vor Wetterunbilden zu schützen. Im allgemeinen wird man es jedoch vorziehen, den Wetterunbilden weniger durch den großen Aufbau des Beiwagens zu begegnen als vielmehr durch eine zweckdienliche Ausrüstung des Beiwagenfahrers.

Der männliche Beiwagenfahrer wird sich im allgemeinen für größere Reisen in gleicher Weise kleiden, wie dies bezüglich des Kraftradfahrers selbst bereits beschrieben wurde. In Wegfall kommen lediglich die schweren Schuhe und der wasserdichte Verschluß an den Beinen, da die Karosserie die unteren Teile des Körpers im ganzen vor der Einwirkung des Regens bewahrt.

Weibliche Beiwagenfahrer werden im allgemeinen, im Gegensatz zu der Sozia, im Beiwagen mit Rock fahren. Es dürfte wohl in einem solchen Fall als das beste Ausrüstungsstück ein vollkommen wasserdichter, am Halse gut schließender Mantel in Betracht kommen. Für die Kopfbedeckung wird ein einfacher Lederhut zu wählen sein. Sehr vorteilhaft ist auch die Lederbekleidung, insbesondere die Lederjacke, da dieselbe schick aussieht und sich auch bei schlechtem Wetter gut trägt, schließlich den Beiwagenfahrer oder die Beiwagenfahrerin nicht nur gegen Regen, sondern auch gegen die so gefährliche Zugluft schützt.

Die Ausrüstung des Beiwagenfahrers wird wesentlich ergänzt

und erleichtert durch eine entsprechende Beiwagenplache, die aus wasserdichtem Stoff hergestellt sein muß und die ganze Karosserie bedeckt. Eine solche Plache ist schon deswegen notwendig, weil man in den meisten Fällen während des Aufenthaltes vor Gasthöfen usw., sowie bei Nächtigungen die verschiedenen kleinen Ausrüstungsgegenstände einfach in den Beiwagen legt, die Plache vollkommen über den Beiwagen zieht und an den vorgesehenen Verschlüssen befestigt. Während der Fahrt wird diese Plache, soweit eben erforderlich, zurückgeschlagen und in den meisten Fällen von dem Insassen des Beiwagens auf den Schoß genommen. Bei einer wasserdichten Ausführung dieser Plache erübrigt sich ein besonderer Schutz der Knie des Beiwagenfahrers. Allerdings darf man nicht vergessen, daß es nie möglich sein wird, das Eindringen von Wasser in den Beiwagen zu verhindern, wenigstens wird das den Oberkörper treffende Wasser längs der Überkleider in den Beiwagen laufen. Die Folge davon ist, daß sich auf dem Sitz Wasser ansammelt und der Beiwagenfahrer so von unten her naß wird, während er oben infolge der Lederjacke und des Gummimantels trocken bleibt. Die Schlußfolgerung aus dieser Tatsache ist, daß in jedem Fall ein Gummimantel von großem Vorteil ist.

An dieser Stelle seien auch jene Beiwagenplachen erwähnt, welche, wie sie an den amerikanischen Harley-Davidson Verwendung finden, gleichzeitig mantelartig ausgebildet sind und zwar in der Weise, daß der Fahrer durch einen Schlitz, der um den Hals herum vollkommen abschließt, seinen Kopf durchsteckt und die Plache rundherum an der Bordwand befestigt wird. Diese Sache sieht sich an und für sich sehr nett an, da man meinen könnte, daß sich durch eine derartige Plache alle sonstigen Ausrüstungsgegenstände erübrigen. In Wirklichkeit ist das jedoch nicht der Fall, da die vom Vorderrad aufgespritzten Wassermengen zwischen Bordwand und Plache eindringen und an der Innenseite des Beiwagens herniederlaufen, andererseits aber auch, selbst bei der vorsichtigsten Fahrt, es doch immerhin als gefährlich bezeichnet werden muß, zumindest dem Beiwagenfahrer jedwedes Gefühl der eigenen Beweglichkeit nimmt, wenn derselbe sozusagen in den Beiwagen hineingesperrt und der Hals fest eingeknöpft ist, sowie daß er sich weder bewegen noch herausspringen kann, noch es ihm möglich ist, im Falle der Gefahr den Kopf einzuziehen.

Es bleibt also dabei, daß es am besten ist, den Beiwagenfahrer nach den für den Fahrer selbst maßgebenden Grundsätzen wetterfest auszurüsten. Ist genügend Platz vorhanden, so wird man mit Vorteil die wettersichere Kleidung beim Gepäck verstauen und bei schönem Wetter nur einen leichten Staubanzug tragen. An dieser Stelle sei wiederholend auch darauf hingewiesen, daß man sich bezüglich der Wirkung eines Windschutzes keinen Illusionen hingeben darf, vielmehr jeder, der sich für den Beiwagen einen gewöhnlichen Windschutz anschafft, um tunlichst vor Staub geschützt zu sein, zu seiner Enttäuschung feststellen wird, daß durch den Windschutz gerade erst recht viel Staub in den Beiwagen gewirbelt wird. Dieser Sachverhalt wurde im Abschnitt 23/a eingehend erörtert und illustriert.

V. Hauptstück.

Abschnitt 24.

Einheitliche Fachausdrücke.

Um eine leichte, klare und auf alle Fälle eindeutige Verständigung in fachlichen Angelegenheiten zu ermöglichen, haben sich verschiedene berufene Kreise, insbesondere die Normenausschüsse der Industrie, bemüht, alle Fachausdrücke zu vereinheitlichen. Wenn auch in einzelnen Fällen diese Fachausdrücke noch nicht als vollkommen feststehend betrachtet werden können — sollen doch diese einheitlichen Fachausdrücke auch für Österreich und die Schweiz Geltung finden —, so können immerhin die unten angeführten Fachausdrücke als die derzeitigen, einheitlichen Bezeichnungen angesehen werden.

Es wird dringend empfohlen, in allen Fällen nur diese leichtverständlichen Ausdrücke zu verwenden, um dadurch einerseits zur Vereinheitlichung beizutragen und um andererseits im eigenen Interesse für die Eindeutigkeit der Ausführung zu sorgen.

Rechte Fahrzeugseite, linke Fahrzeugseite: die in der Fahrtrichtung rechts- oder linksliegende.

Radstand: der wagrechte Abstand von der Vorder- zur Hinterachse (Nabenmitte).

Spurweite (bei Beiwagenmaschinen): Abstand zwischen Hinterrad und Beiwagenrad, am Boden gemessen, von Reifenmitte zu Reifenmitte.

Zylinder: als erster Zylinder gilt bei Motorrad-Zweizylindermotoren in V-Form der rückwärtige, bei Vierzylindern und Zweizylindermotoren mit hintereinander stehenden Zylindern (Kurbelwelle in der Fahrtrichtung liegend) der vorderste; bei Zweizylindermotoren mit querliegenden oder nebeneinander stehenden Zylindern: linker, rechter Zylinder.

Zylinderblock: mehrere in einem Gußstück gegossene Zylinder.

Zylinderbüchse: Einsatz im Zylinder (Kolbenlaufbahn), beim Kraftrad selten vorkommend. Statt des Wortes „Büchse" wird häufig die früher allein gebrauchte Form „Buchse" verwendet.

Zylinderkopf: abnehmbarer, oberster Teil des Zylinders.

Zylinderdeckel: Schutzdeckel für den gekapselten Mechanismus obengesteuerter Ventile.

Saugrohr: Verbindung zwischen Vergaser und Motor (nicht: Einlaßrohr, Ansaugrohr, Saugstutzen).

Auspuffrohr: Rohrleitung vom Zylinder zum Auspufftopf.

Auspuffkrümmer: das zwischen Zylinder und Auspuffrohr allenfalls eingesetzte Zwischenstück (nicht Auspuffstutzen).

Ventilverschraubung: die Verschraubung über den stehenden Ventilen; zu unterscheiden zwischen Ventilverschraubung oder dem Einlaß- oder Auslaßventil (nicht: Zylinderverschraubung).

Ventilverkleidung: Abdeckung der Ventilstößel und Ventilfedern.

Ventilkorb: der Einsatz für hängende Ventile, verwendet bei Motoren mit einem stehenden und einem hängenden Ventil.

Kurbelgehäuse (nicht: Motorgehäuse).

Steuergehäuse: Gehäuse, in welchem sich die Zahnräder zum Antriebe der Nockenräder und diese selbst befinden (nur bei Viertaktmotoren).

Steuergehäusedeckel.

Ölablaßschraube.

Entlüfter: zur Entlüftung des Kurbelgehäuses dienend.

Zischhahn (nicht: Kompressionshahn, Einspritzhahn).

Kolben.

Kolbenbolzen (nicht: Pleuelbolzen).

Kolbenring.

Ölabstreifring.

Kolbenbüchse: gelegentlich in Leichtmetallkolben für den Kolbenbolzen.

Pleuelstange (nicht: Kolbenstange).

Kolbenbolzenbüchse (nicht: Büchse im Pleuelstangenkopf, oberes Pleuellager).

Pleuelstangenlager (nicht: unteres Pleuellager).

Kurbelwelle; zu unterscheiden: aus einem Stück oder geteilt ausgeführt.

Kurbelwellenlager; nicht zu verwechseln mit dem Pleuelstangenlager; zu unterscheiden zwischen Kurbelwellenlager auf der „Antriebseite" und auf der „Steuerseite".

Schwungscheibe: außerhalb des Kurbelgehäuses.

Schwungmasse: im Kurbelgehäuse befindlich, als Teil der geteilt ausgeführten Kurbelwelle, aus zwei Hälften bestehend, mit Gewichtsausgleich (Gegengewicht für Pleuelstange) und Gewichtsausgleichsbohrungen.

Kurbelwellenrad: im Steuergehäuse befindlich, zum Antrieb der Nockenräder, meist auch des Zündapparates und der Ölpumpe.

Antriebskettenzahnrad.

Nockenrad: im Steuergehäuse untergebracht (nicht: Steuerrad).

Nockenwelle: falls über dem Zylinder liegend (nicht: Steuerwelle).

Königswelle: stehende Antriebswelle für die Nockenwelle.

Einlaßventil (nicht: Saugventil).

Auslaßventil (nicht: Auspuffventil).

Ventilfeder: zu unterscheiden zwischen Einlaßventilfeder und Auslaßventilfeder, allenfalls auch zwischen äußerer und innerer.

Ventilfederteller; kurz auch: Federteller.

Stößel, Stößelführung.

Stößeleinstellschraube mit Gegenmutter (nicht: Stößelschraube und Kontramutter).

Rollenhebel und Rolle: zwischen Nocke und Ventilstößel liegend.

Stoßstange: bei hängenden Ventilen mit untenliegendem Steuermechanismus.

Schwinghebel (nicht: Kipphebel).

Schwinghebelbock, Schwinghebelständer, Schwinghebellager.

Stehendes Ventil: auch „Seitenventil", „untengesteuertes Ventil"; Kürzung: „S V"

Hängendes Ventil: englische Kürzung: „OHV", Königswellenmotoren: „OHC". Das „hängende" Ventil kann „untengesteuert" (Stoßstangen, Nockenrad im Steuergehäuse) und „obengesteuert" (über dem Zylinderkopf befindliche Nockenwelle, meist Königswellenantrieb) sein. Gemeinhin versteht man jedoch unter einem „obengesteuerten" Ventil ein „hängendes" Ventil.

Kühlrippen.

Ventilkammer: der über den stehenden Ventilen befindliche Teil des Explosionsraums.

Explosionsraum: der über dem Kolben im oberen Totpunkte befindliche Raum des Zylinders.

Vergaser: unterscheiden zwischen Ein- und Mehrdüsenvergaser, zwischen Schwimmervergaser und schwimmerlosem Vergaser; zwischen Vergaser mit Gemisch-(Luft-)Regelung oder automatischer Einstellung, Ein- oder Zweihebelvergaser.

Schwimmergehäuse.

Schwimmer.

Schwimmernadel (nicht: Schwimmerstift).

Zerstäubungskammer.

Hauptdüse.

Ausgleichdüse (nicht: Korrekturdüse).

Leerlaufdüse.

Kraftstoffreiniger (Wasserabscheider, Schlammsack, Filter).

Drosselschieber („Gasschieber", „Luftschieber"), auch „Kolben" genannt.

Drosselklappe, bei einzelnen Fabrikaten an Stelle der Schieber verwendet.

Bowdenzüge: Kabelzüge.

Ölpumpe: mechanische, automatische, Handölpumpe.
Ölleitungen (auch: Ölrohre).
Ölschauglas (nicht: Ölkontrollglas).
Ölhahn: in der Rohrleitung.
Ölablaßhahn, Ölablaßschraube.

Hochspannungszündung (System).
Batteriezündung (auch die Batteriezündung ist eine Hochspannungszündung; man hat daher zu unterscheiden zwischen Magnetzündung und Batteriezündung).
Magnetzünder (nicht mehr: Zündapparat, Zündmagnet, Magnetapparat, Zündmaschine o. dgl.!): zu unterscheiden zwischen rechts- und linkslaufendem, für Ein-, Zwei- oder Vierzylindermotoren; bei Zweizylindermotoren die Lage der Zylinder in Grad angeben (z. B. Zweizylinder 50°).
Lichtmaschine (gesonderte Dynamomaschine zur Erzeugung des Lichtstromes).
Lichtmagnetzünder: kombinierte Maschine zur Erzeugung von Gleichstrom für die Beleuchtung und Hochspannungsstrom für die Zündung (nicht mehr: „Zündlichtmaschine" o. dgl.!).
Lichtbatteriezünder: kombinierte Anlage für Licht und Zündung, für letztere als „Batteriezündung", so daß ein Magnetzünder nicht vorhanden ist. Anlage besteht aus: Dynamomaschine, Batterie, Unterbrecher, Induktor, Verteiler.
Grundplatte.
Spannband.
Zündverteiler (Stromverteiler).
Stromabnehmer.
Zündkabel.
Kabelschuh.
Zündkerze.
Elektroden der Zündkerze.

Starter (Kickstarter); mit offenem Mechanismus, mit gekapseltem Mechanismus.
Auspuffrohr; zwei Auspuffrohre (je Zylinder): Double Port; Kürzung mit „DP" gebräuchlich.

Auspufftopf: Schalldämpfer.

Auspuffklappe (in Deutschland seit 1. März 1926 verboten).

Kraftstoffbehälter (nicht: Tank): zu unterscheiden zwischen Haupt- und Hilfskraftstoffbehälter (nicht: Reservebehälter).

Kupplung: man unterscheide zwischen Einscheiben-, Mehrscheiben- (nicht: Lamellen-) und Kegel- (nicht: Konus-)kupplung, zwischen „Trockenkupplung“ und „Ölkupplung“.

Kupplungsbelag.

Kupplungswelle.

Ausrückhebel.

Getriebe (Wechselgetriebe): zu unterscheiden mit zwei, drei oder vier Gängen, mit oder ohne Rückwärtsgang; Übersetzungsverhältnis der einzelnen Gänge angeben.

Getriebegehäuse: zwischen ein- und mehrteilig zu unterscheiden; Gehäuse und Gehäusedeckel.

Hauptwelle.

Vorgelegewelle.

Schaltgestänge.

Schaltgabel.

Schaltführung (nicht: Schaltsegment).

Schalthebel.

Verschiebeschaltung (nicht: Kulissenschaltung): beim Kraftrad nur bei einzelnen Typen verwendet.

Kugelschaltung: beim Kraftrad äußerst selten.

Durchzugsschaltung: die beim Kraftrad fast ausschließlich vorkommende Schaltform.

Rahmen: zweidimensionaler, dreidimensionaler, offener, geschlossener; ist die Hinterradgabel abnehmbar, so gehört sie nicht zum Rahmen.

Hinterradgabel: obere und untere; mit rechts- und linksseitiger Strebe.

Getriebebrücke: jener Teil der unteren Hinterradgabel, an welchem das Getriebe befestigt ist.

Vorderachse, Hinterachse (nicht: Vorderradachse, Hinterradachse).
Vorderrad, Hinterrad, Beiwagenrad.
Nabe, Speiche, Felge.
Kotschützer (Schutzblech); Kotschützerstreben.
Gepäckträger; Gepäckträgerstreben.

Viertel-, Halb- und Dreiviertel-Federn: besonders am Beiwagen in Betracht kommend; bisher: Viertel-Elliptikfeder usw.
Federlasche, Federbolzen, Federbüchse.
Federklammer: Klammer zum Zusammenhalten einiger Federblätter.
Federbügel (nicht Federbride): Bügel, von welchen je zwei Stück zum Befestigen der Feder dienen.
Federschuh: Befestigungsstück an Stelle zweier Federbügel.
Federstift: zum Zusammenhalten der einzelnen Federblätter in der Mitte der Halb-Feder oder am Ende der Viertel-Feder, als Sicherung gegen das Verschieben der Federblätter; bei Viertel-Federn auch an Stelle eines der beiden Federbügel verwendet.

Lenker: häufig gebrauchter kürzerer Ausdruck für Lenkstange.
Vorderradgabel (hinsichtlich näherer Bezeichnungen s. Abschn. 7!).
Steuerkopf: Verbindung zwischen Lenkstange und der oberen Führung der Gabel.
Steuerungsmuffe: jener Teil des Rahmens, in welchem die Steuerung gelagert ist.

Hand-, Fußbremse: je nach Betätigung.
Backenbremse: Innenbackenbremse, Außenbackenbremse.
Bandbremse (unter „Bandbremse" schlechthin versteht man eine „Außenbandbremse"; es gibt jedoch auch „Innenbremsen", bei welchen an Stelle eines Backenpaares ein Stahlbandbügel verwendet wird; eine solche Bremse ist mit „Innenbandbremse" zu bezeichnen).
Hinterradbremse, Vorderradbremse, Beiwagenradbremse.

Bremsbelag (Bremsbackenbelag, Bremsbandbelag).
Bremstrommel: mit dem Rad sich drehend.
Bremsbacke.
Bremsnocken: preßt die Bremsbacken gegen die Bremstrommel.
Bremsband.
Bremshebel.
Bremsgestänge.
Bremsseil.
Fußbremshebel.
Handbremshebel.

Elektrische Beleuchtung, Gasbeleuchtung.
Scheinwerfer: Hauptlampe, Vorfeldlampe, Standlampe; Zweifadenlampe.
Scheinwerferstützen.
Decklicht: Licht zur Kenntlichmachung gegenüber nachkommenden Fahrzeugen, meist verbunden mit Nummernbeleuchtung.
Nummernbeleuchtung.
Handlampe: Suchlampe zum Absuchen bei Defekten und für Reparaturen.
Suchscheinwerfer.
Beiwagenlampe.
Akkumulator, Akkumulatorenträger, Akkumulatorgehäuse; Spannband.
Lichtmaschine.
Rückstromausschalter: selbsttätiger Ein- und Ausschalter.
Spannungsregler.

Fußraster (nicht: Fußstützen).
Fußbretter (nicht: Trittbretter).

Beiwagen; Seitenwagen.
Beiwagengestell (nicht: Chassis).
Beiwagenkarosserie (die verdeutschte Bezeichnung „Kasten" konnte sich noch nicht einführen).
Pendelachse.

Federgabel.
Beiwagenbefestigung: Befestigung des Beiwagens am Kraftradrahmen; 3-Punkt-, 4-Punktbefestigung.

Geschwindigkeitsmesser (Tachometer): meist verbunden mit
Kilometerzähler; Gesamtkilometerzähler; Tageskilometerzähler.

Bereifung.
Luftbereifung (nicht: Pneumatik).
Hochdruckreifen.
Niederdruckreifen (nicht: Ballonreifen).
Kreuzgewebereifen (nicht mehr in Betracht kommend).
Kordreifen (Cordreifen).
Wulstreifen.
Wulstfelge (für Wulstreifen).
Geradseitreifen (nach dem engl. „straight-side" häufig mit „SS" gekürzt; auch „Drahtreifen" genannt.
Geradseitfelge („SS"-Felge): geteilt und ungeteilt; für das Kraftrad derzeit nur ungeteilt.
Tiefbettfelge: ungeteilte Geradseitfelge.
Regelgröße (für Bereifung, nicht: Normalgröße).
Übergröße (nicht: Überdimension).
Reifen (Mantel, Decke).
Luftschlauch.
Felgenband (für Geradseitfelgen, um den Luftschlauch vor Beschädigung durch die Speichennippel zu schützen).
Schlauchventil (nicht kurzweg: „Ventil"!) mit Verschraubung und Staubkappe.
Schlauchventileinsatz (wirkliches Ventilorgan).
Reifensicherung mit Flügelschraube: nur bei Wulstreifen, als Sicherung gegen das Ausspringen.

Ersatzrad.
Ersatzradhalter.
Nummernschild.
Hupe.
Horn (elektrisch).

Abschnitt 25.

Übersetzung technischer Ausdrücke ins Englische, Französische und Italienische.

Es ist sehr zweckmäßig, wenn der Kraftradfahrer die Übersetzungen der wichtigsten technischen Fachausdrücke kennt. Einerseits kommt man des öfteren in die Lage, einen Prospekt einer ausländischen Fabrik durchzusehen und möchte hierbei gern wenigstens die wichtigsten Angaben verstehen, andererseits ist es bei Auslandreisen von größter Wichtigkeit, sich vorher mit den fremdsprachigen Fachausdrücken vertraut zu machen. Irgendein Defekt oder eine Havarie können den Reisenden zwingen, die Unterstützung einer Garage oder eines Händlers in Anspruch zu nehmen. Man wird in solchen Fällen Schwierigkeiten haben, wenn man sich bezüglich der einzelnen Teile der Maschine und der wichtigsten Werkzeuge nicht ausdrücken kann.

Die nachstehende Zusammenstellung verschiedener technischer Fachausdrücke der englischen, französischen und italienischen Sprache kann, um den Umfang dieses Werkes nicht zu übersteigen, nur eine Auslese sein. Demjenigen, der sich weitergehend interessiert oder auf Reisen ein handliches Nachschlagewerk mitführen will, sei das „Autotechnische Wörterbuch von R. Schmidt", Verlag R. C. Schmidt & Co., Berlin, empfohlen.

Deutsch:	Französich:	Englisch:	Italienisch:
Ablaßhahn	robinet (m) de purge	drain tap	rubinetto (m) di scarico
Achse	essieu (m) axe (m)	axle	assale (m) sala (f)
Akkumulator	accumulateur (m)	accumulator	accumulatore (m)
Ansaugventil	soupape (f) d'aspiration	inlet valve	valvola (f) d'ammissione
Auspuff	échappement (m)	exhaust; escape	scappamento (m)
Auspuffklappe	clapet (m) d'échappement	exhaust cut out	valvola (f) per lo scappamento

Deutsch:	Französisch:	Englisch:	Italienisch:
Auspuffventil	soupape (f) d'échappement	exhaust valve	valvola (f) di scappamento
auswechselbar	interchangeable	interchangeable	intercambiabile
Backenbremse	frein (m) à mâchoires; frein à patins	clasp brake; clip brake	freno (m) a mascella; freno a pattino
Bandbremse	frein (m) à bande	band brake	freno (m) a nastro
Bandkupplung	embrayage (m) à ruban	band clutch	giunto (m) a nastro
Behälter	réservoir (m)	tank; reservoir	serbatoio
Beiwagen	voiturette latérale	sidecar	carrozzetta
Beleuchtung	éclairage (m)	lighting	illuminazione (f)
Benzin	essence (f)	petrol	benzina (f)
Benzinbehälter	réservoir (m) à essence	petrol tank	serbatoio (m) della benzina
Benzinfilter	filtre (m) à essence	petrol strainer	filtro (m) da benzina
Benzinleitungshahn	robinet (m) de tuyauterie à essence	petrol pipe tap	rubinetto (m) della tubazione a benzina
Benzinverbrauch	dépense (f) de pétrole	petrol consumption	consumo (m) di benzina
Blattfeder	ressort (m) plat	plate spring	molla (f) a balestra
Blech	tôle (f)	sheet of metal sheet iron	lamiera (f)
Blockmotor	moteur (m) coulé d'un bloc	bloc engine	motore (m) monoblocco
Bolzen	boulon (m)	bolt; pin	bolzone (m)
Bremse	frein (m)	brake	freno (m)
Direkter Eingriff	prise (f) directe	direct coupling	presa (f) diretta
Drehgriff	poignée (f) tournante	turning handle	manetta (f) girevole
Drosselklappe	clapet (m) d'étranglement	throttle valve	valvola (f) di strozzamento
Druckmesser	manomètre (m)	manometer	manometro (m) di pressione

Deutsch:	Französisch:	Englisch:	Italienisch:
Druckpumpe	pompe (f) de pression	pressure pump	pompa (f) di pressione
Durchmesser	diamètre (m); calibre	diameter	diametro (m) calibro (m)
Durchschnitts-geschwindigkeit	vitesse (f) moyenne	average speed	velocità (f) media
Düse	tuyère (f); buse (f) gicleur (m)	nozzle	ugello (m)
Dynamo-maschine	dynamo (m)	dynamo	dinamo (m)
Einlaßventil	soupape (f) d'admission	inlet valve	valvola (f) d'ammissione
Einschleifen	roder	to grind	smerigliare
Eisenblech	tôle (f) de fer	sheet iron	lamiera (f)
Eisensäge	scie (f) à métaux	metal-saw	sega (f) per metalli
Elektrische Zündung	allumage (m) par étincelle	electric ignition	accensione (f) elettrica
Ersatzstück	pièce (f) de rechange; pièce de réserve	spare part; reserve piece	pezzo (m) di ricambio
Fahrrad	bicyclette (f); vélocipède (m); vélo (m)	cycle	bicicletta (f), velocipede (m)
Feder	ressort (m)	spring	molla (f)
Feile	lime (f)	file	lima (f)
Feilkloben	pince (f) à vis	vice	pinza (f) a vite; morsetto a mano
Felge	jante (f)	rim	cerchione (m)
Felgenbremse	frein sur jante	rim brake	freno (m) sul gavio
Fiber	fibre (f)	fibre	fibra (f)
Flockengraphit	ouate (f) de graphite	hammer graphite	grafite (f) a fiocchi
Flügelmutter	écrou (m) à oreilles	wing nut	dado ad alette

Deutsch:	Französisch:	Englisch:	Italienisch:
Funke	étincelle (f)	spark	scintilla (f)
Fußbremse	frein (m) à pédale	foot brake	freno (m) a pedale
Gabel	fourchette (f)	fork	forcella (f)
Gashebel	manette (f) d'admission de gaz	gas lever	maniglia (f)
Gefälle	chute (f); côte (f)	incline; pitch	caduta (f)
Gegenmutter	contre-écrou (m)	lock-nut; jam-nut; counter	controdado (m)
Gehäuse	carter (m); boîte (f)	carter; gearbox	carter (m); scatola (f)
Gelenk	charnière (f)	turning-joint; knuckle	cerniera (f)
Geschwindigkeit	vitesse (f)	speed	velocità (f)
1. Geschw.	première vitesse	first speed	prima velocità
2. Geschw.	deuxième vitesse	second speed	seconda velocità
3. Geschw.	troisième vitesse	third speed	terza velocità
Direkter Gang	vitesse (f) en prise directe	direct drive	velocità in presa diretta
Getriebe	engrenage (m)	gear	ingranaggio (m)
Getriebegehäuse	carter (m) d'engrenage	gear box	carter (m) d'ingranaggio
Glas	verre (m)	glass	vetro (m)
Gleitschutzkette	chaîne (f) antidérapante	non-skid-chain	catena (f) antiderapante
Gummi	caoutchouc (m)	caoutchouc; rubber	gomma (f)
Gummilösung	solution (f) de caoutchouc	rubber solution	soluzione (f) di gomma
Gußeisen	fonte (f)	cast iron	ghisa (f)
Hahn	robinet (m)	tap; cock	rubinetto (m)
Hahn des Brennstoffbehälters	robinet de réservoir à essence	petrol tank tap	rubinetto del tank

Deutsch:	Französisch:	Englisch:	Italienisch:
Halbrundfeile	lime (f) demi-ronde	half round file	lima (f) mezza-tonda
Hammer	marteau (m); taquet	hammer	martello (m)
Handbohr-maschine	perceuse (f) à main	hand drill	trapano a mano
Handbremse	frein (m) à main; frein (m) à levier	lever brake; hand-brake	freno (m) a mano
Handgriff	poignée (f); manette (f)	handle	manico (m) manetta (f)
Hartlot	brasure (f)	hard solder	saldatura (f)
Hebel	levier (m)	lever	leva (f)
Heiß	chaud	hot; warm	caldo
Hinterachse	essieu (m) arrière	rear axle; back axle	asse (m) posteriore
Hintergabel	fourche (f) d'arrière	back fork	forcella (f) posteriore
Hinterrad	roue (f) arrière	back wheel; rear-wheel	ruota (f) posteriore
Hinterrad-antrieb	transmission (f) à roue d'arrière	rear-wheel drive	trasmissione (f) alla ruota posteriore
Hinterradnabe	moyeu (m) de la roue arrière	rear hub	mozzo (m) posteriore
Hobel	rabot (m)	plane	pialla (f)
Holz	bois (m)	wood	legno (m)
Holzhammer	marteau (m) en bois	wooden hammer	martello (m) di legno
Hub	course (f) de piston	piston-stroke	corsa (f) del pistone
Hupe	trompe (f); cornet (m)	trumpet; horn	cornetta; trombetta (f)
Innenbacken-bremse	frein (m) à expansion	expansion brake	freno ad espansione
Isolierband	ruban (m) d'isolement	insulating band	nastro isolante

Deutsch:	Französisch:	Englisch:	Italienisch:
Kabel	câble (m)	cable	cavo (m)
Kardanwelle	cardan (m)	driving-shaft	albero del cardano
Karosserie	carrosserie (f)	car-body	carrozzeria (f)
Kegelräder	engrenage conique (m)	bevel-gears	ingranaggi (m) conici
Keil	clavette (f); cale (f)	key; cotter	chiavetta (f)
Keilnut	rainure (f) de clavette	key-way	scanalatura (f) di chiavetta
Kette	chaîne (f)	chain	catena (f)
Kettenantrieb	transmission (f) à chaîne	chain drive	trasmissione (f) a catena
Kettenrad	roue (f) de chaîne; pignon de chaîne	chain wheel; sprocket wheel	ruota (f) della catena
Kettenschutz	couvre-chaîne (m); garde-chaîne (m)	chain-guard; chain case	copricatena (m); paracatena (m)
Kilometerzähler	compteur (m) kilométrique	speedometer	contachilometri (m)
Klaue	griffe (f); endenture	dog; jaw	dente (m)
Kohle	charbon (m)	coal	carbone (m)
Kolben	piston (m)	piston	pistone (m)
Kolbenring	segment (m) de piston	piston ring	anello (f) del pistone
Kompression	compression (f)	compression	compressione (f)
Kontakt	contact (m)	contact	contatto (m)
Konus	cône (m)	cone	cono (m)
Kotschützer	garde-boue (m)	mudguard	parafango (m)
Kraft	force (f)	power; force	forza (f); potenza (f)
Pferdekraft (PS)	cheval-vapeur (m) (CV)	horse-power (HP)	forza in cavalli vapore (CV)
Kugel	bille (f)	ball	sfera (f)

Deutsch:	Französisch:	Englisch:	Italienisch:
Kugellager	roulement (m) à billes	ball bearing	cuscinetto (m) a sfere
Kühler	radiateur (m)	radiator	raffreddatore (m)
Kupfer	cuivre (m)	copper	rame (m)
Kupplung	embrayage (m); connexion (f)	clutch	attacco (m); giunto (m)
Kurbelwelle	axe (m) moteur; arbre (m) du moteur	driving shaft; motor shaft	asse (m) motore
Kurzschluß	court circuit (m)	short-circuit	corto circuito (m)
Laden (einen Akkumulator)	charger	to charge	caricare
Ladung	charge (f)	charge	carica (f)
Lenkstange	barre (f) de direction	handle-bar	barra (f) diret- trice
Lufthebel	manette (f) d'admission d'air	air lever	manetta (f) am- missione d'aria
Magnetzündung	allumage (m) par magnéto	magneto- ignition	accensione (f) a magneto
Maximalge- schwindigkeit	vitesse maxi- mum (f); limite (f) de vitesse	maximum speed	velocità massima (f)
Meißel	ciseau (m)	chisel	trancia (f)
Motorrad	motocycle (m)	motor cycle	motociclo (m)
Mutter	écrou (m)	nut	dado (m)
Nocke	came (f)	cam	cama (f)
Öl	huile (f)	oil	olio (m)
Ölhahn	robinet (m) pour alimentation de graisseur	lubricator tap	rubinetto (m) lubrificatore
Pleuelstange	bielle (f) de moteur	rod; connecting rod	biella (f) motore
Pumpe	pompe (f)	pump	pompa (f)
Rad	roue (f)	wheel	ruota (f)
Explosionsraum	chambre (f) d'explosion	explosion- chamber	camera (f) d'esplosione

Deutsch:	Französisch:	Englisch:	Italienisch:
Rennen	course (f)	race	corsa (f)
Riemen	courroie (f)	belt; strap	cinghia (f)
Rohr	tube (m)	pipe; tube	tubo (m)
Rohrzange	tenailles à tuyaux	link spanner	tenaglie (f.pl.) per tubo
Rollenlager	coussinet (m) à rouleaux	roller-bearing	cuscinetto (m) a rulli
Rückwärts	arrière	backwards	indietro
Säge	scie (f)	saw	sega (f)
Sattel	selle (f)	saddle	sella (f)
Scheiben-kupplung	engrenage (m) planétaire	disc clutch	innesto (m) a disco
Schmiermittel	graisse (f); lubrifiant (m)	lubricant; grease	lubrificante (m)
Schrauben-schlüssel	clef (f)	wrench	chiave (f) a vite
Schraubenzieher	tournevis (m)	screw-driver	cacciavite (m)
Schwimmer	flotteur (m)	float	galleggiante (m)
Stahl	acier (m)	steel	acciaio (m)
Steuerung	direction (f)	direction; steering	direzione (f) sterzo (m)
Straße	route (f); chemin (m)	road	strada (f) cammino
Strom elektr.	courant (m) électrique	electric current	corrente (f) elettrica
Takt	cycle (m); phase (f)	cycle; phase	ciclo (m); fase (f)
Unterbrecher	interrupteur (m)	interrupter	interruttore (m)
Ventil	soupape (f)	valve	valvola (f)
Vergaser	carburateur (m)	carburator	carburatore (m)
Vorderachse	essieu (m) avant	front-axle	assale (m) anteriore
Vorderrad	roue (f) d'avant	front-wheel	ruota anteriore (f)
Vorgelegewelle	arbre (m) différentiel	transmission shaft	albero (m) di rinvio

Deutsch:	Französisch:	Englisch:	Italienisch:
Wasser	eau (f)	water	acqua (f)
Wasserkühlung	refroidissement (m) par eau	water-cooling	raffreddamento (m) ad acqua
Welle	arbre (m)	shaft	albero (m)
Werkstatt	atelier (m)	workshop	officina (f)
Werkzeug	outil (m)	tool	utensile (m)
Zahnrad	roue dentée (f)	sprocket	ruota (f) dentata
Zahnradgetriebe	engrenage (m)	gear; gearing	ingranaggio (m)
Zahnradpumpe	pompe (f) à engrenage	gear; pump	pompa (f) ad ingranaggi
Zündapparat	allumage (m)	ignition apparatus	apparato (m) d'accensione
Zündkabel	câble électrique d'allumage (m)	ignition cable	filo (m) del l'accensione
Zündkerze	bougie (f)	spark-plug	candela (f)
Zündung	allumage (m)	ignition	accensione (f)
Zusammenstoß	collision (f)	collision	collisione (f)
Zweitaktmotor	moteur (m) à deux temps	two cycle motor	motore (m) a due tempi
Zweizylindermaschine	machine à deux cylindres (f)	double cylindre engine	macchina (f) a due cilindri
Zylinder	cylindre (m)	cylinder	cilindro (m)
Zylinderkopf	tête (f) du cylindre	cylinder head	testa (f) del cilindro

Abschnitt 26.

Die Kennzeichen der Kraftfahrzeuge.

Sämtliche Kraftfahrzeuge müssen den gesetzlichen Bestimmungen entsprechend mit Kennzeichen versehen sein. Es ist zu unterscheiden zwischen dem Inlandszeichen, das jedes Fahrzeug tragen muß und dem Nationalitätskennzeichen, das beim Betreten eines anderen Staates noch gesondert geführt werden muß. Das Führen des Nationallitätskennzeichens (auch im Inlande) ist ein Vorrecht des Inhabers eines Internationalen Fahrausweises. Die polizeilichen Kennzeichen im Deutschen Reich sind folgende:

1. Preußen: Ziffer I und für die Provinzen die Buchstaben A, C usw. wie folgt:
   - IA Landesbezirk Berlin,
   - IB Grenzmark (Reg.-Bez. Marienwerder und Schneidemühl),
   - IC Provinz Ostpreußen,
   - ID Provinz Westpreußen,
   - IE Provinz Brandenburg,
   - IH Provinz Pommern,
   - IK Provinz Schlesien,
   - IL Sigmaringen,
   - IM Provinz Sachsen,
   - IP Provinz Schleswig-Holstein,
   - IS Provinz Hannover,
   - IT Provinz Hessen-Nassau,
   - IX Provinz Westfalen,
   - IY Reg. Bez. Düsseldorf,
   - IZ Rheinprovinz (Reg.-Bez. Köln, Aachen und Trier).
2. Bayern: Ziffer II und die Buchstaben A, B usw. wie folgt:
   - IIA für den Stadtbezirk München,
   - IIB für das übrige Oberbayern,
   - IIC für Niederbayern,
   - IID für die Pfalz, Rheinpfalz,

II E für die Oberfalz und Regensburg,
II H für Oberfranken,
II N für den Stadtbezirk Nürnberg,
II S für das übrige Mittelfranken,
II U für Unterfranken und Aschaffenburg,
II Z für Schwaben und Neuburg,
II M für die Kraftfahrzeuge der Militärverwaltung,
II P für die Kraftfahrzeuge der Postverwaltung,

3. Sachsen: Die Ziffern I, II, III, IV, V wie folgt:
I für den Regierungsbezirk der Kreishauptmannschaft Bautzen,
II für den Regierungsbezirk der Kreishauptmannschaft Dresden,
III für den Regierungsbezirk der Kreishauptmannschaft Leipzig,
IV für den Regierungsbezirk der Kreishauptmannschaft Chemnitz,
V für den Regierungsbezirk der Kreishauptmannschaft Zwickau.

4. Württemberg: Die Ziffer III und die Buchstaben A, C usw. wie folgt:
III A Stuttgart,
III C, III D, III E übriger Neckarkreis,
III H, III K, III M Schwarzwaldkreis,
III P, III S, III T Jagstkreis,
III X, III Y, III Z Donaukreis.

5. Baden: IV B.

6. Hessen: Die Ziffer V und die Buchstaben O, R, S wie folgt
V O Provinz Oberhessen,
V R Provinz Rheinhessen,
V S Provinz Starkenburg.

7. Mecklenburg-Schwerin: M I.

8. Mecklenburg-Strelitz: M II.

9. Oldenburg: Der Buchstabe O und die Ziffern I, II, III wie folgt:
O I Landesteil Oldenburg,
O II Landesteil Lübeck,
O III Landesteil Birkenfeld.

10. Braunschweig:	B
11. Anhalt:	A
12. Waldeck:	W
13. Schaumburg-Lippe	SL
14. Lippe:	L
15. Lübeck:	HL
16. Bremen:	HB
17. Hamburg:	HH
18. Saargebiet:	Saar
19. Thüringen:	Th

Die Kennzeichen in Österreich sind folgende:

20. Wien:	A
21. Niederösterreich:	B
22. Oberösterreich:	C
23. Salzburg	D
24. Tirol:	E
25. Kärnten:	F
26. Steiermark:	H
27. Burgenland:	M
28. Vorarlberg:	W

Zu den österreichischen Landesbuchstaben treten römische Ziffern als Angabe des Bezirkes und fortlaufende arabische Zahlen für die Bezeichnung der einzelnen Fahrzeuge.

Für Auslandsfahrten ist an der Rückseite des Fahrzeuges, auch des einspurigen Kraftrades, das sogenannte Nationalitätskennzeichen anzubringen.

Hierfür haben folgende Buchstaben internationale Geltung:

Aurigny (Alderney):	GBA
Ägypten	ET
Belgien	B
Brasilien	BR
Britisch Indien	BI
Bulgarien	BG
China	RC
Cuba	C
Danzig	DA
Dänemark	DK
Deutschland	D
Diplomatisches Korps	CD
Estland	EW
Finnland	SF
Frankreich, Algerien, Marokko (franz. Zone)	F
Französische Niederlassungen in Indien	IFF
Gibraltar	GBZ

Griechenland	GR	Österreich	A
Großbritannien, Malta	GB	Panama	PA
Guatemala	G	Peru	PE
Guernesey	GBG	Persien	PR
Irland	SE	Polen	PL
Italien	I	Portugal	P
Jersey	GBJ	Rumänien	RM
Jugoslawien	SHS	Saargebiet	SA
Lettland	LR	Schweden	S
Liechtenstein	FL	Schweiz	CH
Litauen	LT	Siam	SM
Luxemburg	L	Sowjetrußland	SU
Marokko	MA	Spanien	E
Mexiko	MEX	Tschechoslowakei	CS
Monaco	MC	Türkei	TR
Niederl. Indien	IN	Ungarn	H
Niederlande	NL	Vereinigte Staaten von Amerika	US
Norwegen	N		

Das internationale Kennzeichen ist während der Nacht zu beleuchten. Bei den führenden Klubs erhält man die internationalen Kennzeichen bereits in fertigem Zustande als ovale Blechtafel, die lediglich am Kotblech oder Gepäckträger des Kraftrades befestigt wird.

Abschnitt 27.

Der Eisenbahntransport.

Der Kraftfahrer kann des öfteren in Gelegenheit kommen, sein Fahrzeug mit der Bahn weiterbefördern zu müssen, sei es, daß die Fortsetzung der Fahrt per Achse durch eine Beschädigung des Fahrzeuges, durch eine gesundheitliche Beeinträchtigung des Fahrers oder, wie dies bei Hochgebirgspässen unter Umständen der Fall sein kann, durch Unbefahrbarkeit der Paßstraße nicht möglich ist. Es ist daher wichtig, daß der Kraftradfahrer die wesentlichsten Bestimmungen, die von den Eisenbahnverwaltungen für die Beförderung von Fahrzeugen erlassen wurden, kennt.

Im folgenden seien daher in aller Kürze die wichtigsten dieser Bestimmungen angeführt. Dieselben gelten unter Berücksichtigung der angeführten besonderen Angaben den allgemeinen Grundsätzen nach sowohl für Deutschland als auch für Österreich.

Bei dem Transport ist zu unterscheiden zwischen „Frachtgut“, „Eilgut“, „Expreßgut“ und „Reisegepäck“. Eilgut und Frachtgut kommen nur dann in Frage, wenn genügend Zeit für eine länger dauernde Beförderung vorhanden ist, also z. B. bei der Rückreise. Die Aufgabe erfolgt mittels eines Frachtbriefes. Motorräder (mit und ohne Beiwagen) können ohne Verpackung (Verschlag) aufgegeben werden. Der Benzinbehälter ist zu entleeren (sehr wichtig!), das Gepäck abzunehmen. Der Transport erfolgt mittels eines gewöhnlichen Güterzuges, bei Aufgabe als Eilgut mit Eilgüterzügen oder auch mit Personenzügen.

In jenen Fällen, in welchen der Fahrer in der Bestimmungsstation das Fahrzeug sofort übernehmen und mit demselben die Reise fortsetzen will, kommt ausschließlich die Aufgabe als Expreßgut oder als Reisegepäck in Frage. Die Abfertigung des Reisegepäckes zu den verhältnismäßig niedrigen Reisegepäcktarifen kann nur erfolgen, wenn der Aufgeber im gleichen Zug mitfährt und bei der Aufgabe eine gültige Fahrkarte für die gleiche Strecke vorweisen kann. In Deutschland wird Reisegepäck (also gegebenenfalls ein Motorrad) auch ohne Vorzeigung einer Fahrkarte zu den Sätzen des Expreßgutes nach jenen Stationen, nach welchen Expreßgut abgefertigt wird, (auf Gepäckschein) angenommen. Das Verhältnis zwischen den Kosten der Beförderung als Expreßgut gegenüber jenen des Reisegepäcks ist in Deutschland 7 : 6, in Österreich für den Schnellzug 10,80 : 5, für den Personenzug 7,50 : 5, stets zu gunsten der Abfertigung als Reisegepäck.

Das Reisegepäck und Expreßgut muß 15 Minuten vor Abgang des Zuges (in Österreich das Expreßgut bereits 30 Minuten vorher) aufgegeben werden, sonst hat der Aufgeber nicht das Recht, die Beförderung mit einem bestimmten Zug zu verlangen. Auf jeden Fall ist für die Beförderung in erster Linie der im Gepäckraum vorhandene Platz maßgebend, so daß bei Platzmangel die Beförderung abgelehnt werden kann. In Österreich bestehen, wie bereits oben erwähnt, bei der Abfertigung als Expreßgut für Personen- und Schnellzüge getrennte Tarife, die ungefähr im Verhältnis 2 : 3 stehen, während es bei der Aufgabe als Reisegepäck auch in Österreich tariflich gleichgültig ist, ob mit einem Personen- oder mit einem Schnellzug gefahren wird. Des weiteren besteht in Österreich die Bestimmung, daß der Aufgeber des Reisegepäcks beim Ein-, Aus- und Umladen persönlich anwesend zu sein und mitzuhelfen hat.

Auf alle Fälle ist auch bei der Beförderung als Expreßgut oder Reisegepäck der Benzinbehälter zu entleeren. Nichteinhaltung dieser wichtigen Vorschrift hat hohe Frachtzuschläge zur Folge. Dieser Frachtzuschlag beträgt in Deutschland Rm. 4,30 für jedes Kilogramm Gewicht des Fahrzeuges.

Das Gepäck ist mit Ausnahme der Packtaschen abzunehmen, in Österreich des weiteren nach einer veralteten Vorschrift auch die „Laterne". Bezüglich der letzteren kann man sich wohl auf den Standpunkt stellen, daß der Scheinwerfer nicht als „Laterne" anzusprechen ist, weshalb das vorgeschriebene Abmontieren zu entfallen hat.

Sowohl das Reisegepäck als auch das Expreßgut ist mit Anhängezetteln, welche den Namen und den genauen Wohnort des

Aufgebers zu tragen haben, zu versehen. Überdies ist bei der Aufgabe als Expreßgut, um eine Zustellung durch die Bahn zu vermeiden, der Vermerk „bahnlagernd" anzubringen.

Wichtig ist des weiteren zu wissen, daß als „Reisegepäck" nur Kraftzweiräder (in der österreichischen Vorschrift heißt es „einsitzige", soll heißen einspurige Fahrzeuge) aufgegeben werden können, während Motorräder mit Beiwagen, wenn der Aufgeber einen bestimmten Zug vorschreibt, nur als Expreßgut zur Aufgabe gelangen können. Um die höheren Kosten der Expreßgutsendung wenigstens zum Teil zu ersparen, ist es allenfalls empfehlenswert, den Beiwagen abzumontieren und als Expreßgut, das Motorrad selbst aber als Reisegepäck aufzugeben.

Für die Durchfahrung von Tunneln unter Alpenpässen (zum Beispiel Arlbergpaß, Tauernpaß) halten die Österreichischen Bundesbahnen während der Zeit, in welcher die Paßstraßen nicht befahrbar sind, eigene Wagen in den beiden nächstliegenden Stationen zur Verfügung, für deren Benützung besondere, günstige Tarife festgelegt sind. Es empfiehlt sich vorherige Anfrage, am besten bei einem der zuständigen Klubs.

Da an vielen Haltestellen nur Gepäck bis zu 50 kg aufgegeben werden kann, kann die Aufgabe von Krafträdern — die wohl in allen Fällen ein höheres Gewicht aufweisen — nur in Stationen erfolgen.

Die nachstehende Tabelle gibt bei einem angenommenen Bruttogewicht von 100 kg und bei einer Strecke von 100 km die derzeitigen Beförderungskosten an:

	Deutschland:	Österreich:
1. Reisegepäck:	Rm. 6.—	öS. 5.—
2. Expreßgut im Personenzug:	„ 7.—	„ 7.50
3. Expreßgut im Schnellzug:	„ 7.—	„ 10.80
4. Eilgut:	„ 4.10	„ 3.92

Es ist unschwer, sich aus vorstehenden Angaben wenigstens annähernd die Beförderungskosten auch für andere Strecken und für ein anderes Gewicht des Fahrzeuges zu errechnen.

Abschnitt 28.

Das Versicherungswesen.

Naturgemäß bringt das Fahren mit Kraftfahrzeugen eine Reihe von Gefahrsmomenten mit sich, die unter Umständen für den Betroffenen eine derartige wirtschaftliche Schädigung mit sich bringen können, daß die Existenzmöglichkeit untergraben wird. Abgesehen von den Gefahren, die den Kraftfahrer persönlich treffen, Verwundung, Invalidität und auch Todesfall, kann der Fahrer unter Umständen auch zur Gefährdung der Mitmenschen Anlaß geben und, wenn es das Unglück will, schwere Beschädigungen des Mitmenschen verursachen. Ganz abgesehen davon, kann durch den Kraftfahrer auch fremdes Eigentum beschädigt werden, so daß an den Wagenlenker recht beträchtliche Schadenersatzansprüche gestellt werden. Schließlich kommen noch die Gefahren hinzu, die dem eigenen Fahrzeug drohen und z. B. bei Diebstahl, Feuer oder dergleichen Schäden bis zu 100 % möglich erscheinen lassen.

Die fortschreitende Verbreitung des Kraftwagenverkehrs hat es daher mit sich gebracht, daß sich die Versicherungsanstalten mit der Zeit der Versicherung sämtlicher Gefahren, welche mit dem Kraftwagenverkehr zusammenhängen, zugewandt haben. Im folgenden sollen die verschiedenen Versicherungsarten eine Behandlung erfahren und nach Möglichkeit den einzelnen Fahrern Winke zur Wahrung ihrer Interessen gegeben werden. Grundsätzlich ist zu sagen, daß man vor Abschluß einer Versicherung bei zuständigen Stellen über das Geschäftsgebahren der in Betracht gezogenen Versicherungsgesellschaft sich eingehend informieren soll. In dieser Richtung können auch sicherlich die Automobilklubs und sonstigen Verbände des Motorsportlebens zutreffende Auskünfte erteilen. Des weiteren muß besonders auch im Versicherungswesen empfohlen werden, Konkurrenzofferte einzuholen und unter Verwendung derselben zu versuchen, bei der am besten geeigneten Gesellschaft die Berechnung des niedrigsten Tarifes zu erhalten. Wenn auch die Tarife der verschiedenen Versicherungen durch Kartellvereinigungen zum Großteil einheitlich festgelegt sind, so können doch durch verschiedene Begünstigungen, Dauerrabatte, Klubrabatte sowie Zahlungserleichterungen dem Versicherungswerber beträchtliche Vergünstigungen erteilt werden.

In Betracht kommen:

1. Eine Haftpflichtversicherung zur Deckung des vom Kraftfahrer verursachten Personen- oder Sachschadens.

2. Eine Unfallversicherung für den Fahrer selbst und allenfalls seinen Mitfahrer.

3. Eine Versicherung des eigenen Kraftfahrzeuges zur Deckung von Schäden infolge Beschädigung aller Art, Diebstahl, Feuer, Explosion, Raub usw.

1. Die Haftpflichtversicherung.

Die wichtigste aller drei Versicherungsgattungen ist ohne Zweifel die Haftpflichtversicherung. Wenn es auch möglich ist, daß der Fahrer selbst sich verletzt oder sein Fahrzeug beschädigt, letzteres sogar vollkommen demoliert wird und auch durch diese Umstände ein beträchtlicher Schaden entstehen kann, so können diese Schadenfälle niemals in Vergleich gezogen werden mit einem Haftpflichtschadenfall. Es sei nur auf die Möglichkeit hingewiesen, daß dem Fahrer, wie dies schon oft das Unglück will, ein Kind in das Vorderrad läuft und schwer verletzt wird. Bei bleibender Invalidität ist nun der Fahrer verpflichtet, dem Kinde eine Lebensrente zu zahlen, ein Umstand, der den wirtschaftlichen Ruin des Betroffenen mit sich bringen kann.

Auf Grund dieses Umstandes, wie im Hinblick auf die Möglichkeit, daß der Fahrer auch bei größter Vorsicht und Gewandtheit einen Haftpflichtschaden verursachen kann, muß es sich jeder Kraftfahrer zur Selbstverständlichkeit werden lassen, unter keinen Umständen eine Motorradfahrt zu unternehmen, ohne sich vorher gegen Haftpflicht versichert zu haben. Im besonderen Maße muß diese Einstellung den Käufern neuer Maschinen nahegelegt werden, da sie naturgemäß über eine geringere Gewandtheit verfügen oder doch wenigstens mit der neuen Maschine nicht vollkommen vertraut sind, zumindest nicht in dem Maße, daß sie in kritischen Momenten befähigt sind, ein Unheil abzuwenden.

Die Haftpflichtversicherung deckt Schadenfälle sowohl an Personen als auch an Sachen (Sachschaden). So sind z. B. durch eine Haftpflichtversicherung bei einem Zusammenstoß mit einem anderen Motorradfahrer sowohl der dem anderen Fahrer zugefügte persönliche Schaden als auch der Schaden an der Maschine gedeckt.

Die Haftpflichtversicherung kann, ebenso wie jede andere Versicherung, für bestimmte Beträge abgeschlossen werden, und zwar sind in den einzelnen Stufen Höchstbeträge festgesetzt für den Sachschaden, für den Einzel-Personenschaden sowie für den Schaden an mehreren Personen (für das Ereignis). Jedenfalls empfiehlt es sich, die Haftpflichtversicherung keineswegs zu niedrig abzuschließen und eher noch von den anderen beiden Versicherungen Abstand zu nehmen.

2. Die Unfallversicherung.

Die Unfallversicherung deckt Schäden, die dem Fahrer selbst infolge der Unfälle beim Motorradfahren zustoßen. Es sind sonach bei einer Versicherung bzw. bei Bestimmung der Höhe derselben Summen festzulegen für bleibende Invalidität sowie für vorübergehende Arbeitsunfähigkeit und für den Todesfall. Für teilweise Invalidität werden Prozentsätze von der für die dauernde Invalidität vorgesehenen Summe zur Auszahlung gebracht.

Außer der Versicherung des Fahrers selbst kommt auch, falls der Fahrer meist zu zweit fährt, eine Unfallversicherung für seinen Begleiter in Frage.

An Stelle der Unfallversicherung kann auch eine Lebensversicherung in Betracht kommen, da bei dieser, insbesondere beim Todesfall, die volle Versicherungssumme zur Auszahlung gelangt. Allerdings wird in diesem Fall meist die Invalidität nicht berücksichtigt. An eine etwa bestehende Lebensversicherung läßt sich gegen Bezahlung eines verhältnismäßig sehr geringfügigen Zuschlages in günstiger Weise eine Unfallversicherung anschließen. In dieser Hinsicht wendet man sich am besten an einen bekannten Versicherungsfachmann.

3. Die Versicherung des Motorrades.

Bezüglich des Motorrades selbst kommt eine Diebstahlversicherung, eine Feuerversicherung, ein Anhang an die Diebstahlversicherung zur Deckung des Schadens bei Raub und Überfällen sowie die Versicherung des Motorrades gegen Beschädigungen aller Art in Frage. Während früher die Gesellschaften die Feuer- und Diebstahlsversicherungen auch einzeln getätigt haben, sind die meisten Versicherungsunternehmungen davon abgegangen, einzelne Schadenzweige allein zu versichern, so daß in erster Linie Kombinationen dieser verschiedenen Versicherungen in Frage kommen. Eine derartig kombinierte Versicherung wird „Kaskoversicherung" bezeichnet.

Die Kaskoversicherung schließt die Versicherung gegen Feuer, Diebstahl, Explosion, Raub, Überfall und Beschädigungen aller Art in sich. Die Versicherung gegen Feuer erstreckt sich nicht nur auf das Verbrennen des Motorrades aus sich heraus, sondern auch auf das Zugrundegehen des Motorrades z. B. in einer brennenden Garage. Die Versicherung gegen Diebstahl schließt auch Diebstahl von mit dem Rad fest verbundenen Teilen ein. Durch eine Kaskoversicherung ist demnach auch der Schaden aus Diebstahl eines Scheinwerfers, des Magnetapparats oder dergleichen gedeckt. Zur Deckung des Schadens infolge Diebstahls des ganzen Fahrzeuges schreiben die meisten Versicherungen vor, daß das Fahrzeug mit einer Stahlkette und einem Sicherheitsschloß gesperrt sowie daß es während der Nacht in einem abgeschlossenen Raum aufbewahrt war. Gerade in diesem Punkt muß dem Fahrer empfohlen werden, größten Wert auf eine klare Formulierung dieser Bedingungen zu legen. In Schadensfällen tritt die Frage auf, ob das Fahrzeug den Bedingungen entsprechend abgesperrt war. Es ist nun eine Tatsache, daß die meisten Motorradfahrer, wenn sie Fahrzeuge zu Besorgungen in der Stadt verwenden, dieselben bei kurzen Aufenthalten nicht versperren. Es wäre demnach anzustreben, von der Versicherung einen Zusatz zur Police zu erhalten, nach welchem das Absperren nur bei längeren

Aufenthalten erforderlich erscheint. Des weiteren wird auf die gewöhnlich vorhandene Vorschrift des Absperrens mit Stahlkette verwiesen und darauf aufmerksam gemacht, daß unter Umständen die Versicherung mit Erfolg die Bezahlung des Schadens verweigert, wenn die Sperrung des Rades mittels irgend einer anderen Vorrichtung, z. B. mittels des heutzutage sehr verbreiteten Sicherungsschlosses mit Stahlseil erfolgte. Um in dieser Hinsicht nicht im Schadenfall unangenehme Überraschungen zu erleben, wird empfohlen, einen Zusatz zu verlangen, der zur Begründung der Ersatzpflicht der Versicherung lediglich vorschreibt, daß das Fahrzeug gegen „Inbetriebsetzung" oder „gegen Fortbewegung" gesichert war. Diese Vereinbarungen beziehen sich in erster Linie auf Diebstähle bei Tag. Ungünstig liegen die Verhältnisse für den Fall, daß das Motorrad während der Nacht gestohlen wurde, und zwar nicht etwa aus der Garage oder sonstiger versperrter Unterbringung, sondern während der Motorradfahrer bei einer Sitzung, Zusammenkunft oder im Gasthaus weilte und das Motorrad auf der Straße stand. In einem solchen Fall ist die Versicherung nach den von den meisten Versicherungen vorgedruckten Policen und Erläuterungen nicht ersatzpflichtig, da das Fahrzeug nach diesen Bestimmungen „während der Nacht" in einem verschlossenen Raum verwahrt werden muß. Da nun aber die Nacht bereits um 9 Uhr abends beginnt, würde die Diebstahlversicherung für alle jene Fahrer, welche aus was immer für einem Grund häufig über 9 Uhr abends ausbleiben und erst nach dieser Zeit ihr Fahrzeug in einen abgesperrten Aufbewahrungsort geben, nur zum Teile wirksam sein. Um in dieser Hinsicht vor Enttäuschungen bewahrt zu bleiben, muß dem Fahrer empfohlen werden, von der Versicherung eine Zusatzerklärung zu verlangen, die die allgemeinen Bestimmungen insofern ergänzt bzw. abändert, daß die Verpflichtung zur Aufbewahrung in einem geschlossenen Raum nicht statuiert werde für die Zeit „während der Nacht" sondern „während der Nächtigung". Der Unterschied zwischen diesen beiden Textierungen ist wohl ohne weiteres klar.

Die Versicherung des Fahrzeuges gegen Beschädigung, die sogenannte „Havarieversicherung", welche in der „Kaskoversicherung" eingeschlossen ist, erstreckt sich nur auf Beschädigungen, welche auf äußere Einwirkungen zurückzuführen sind. Es ist demnach durch diese Versicherung der Schaden gedeckt, der z. B. dadurch entsteht, daß das Fahrzeug ins Gleiten kommt, an einen Wehrstein prellt und beschädigt wird. Nicht einbegriffen in diese Versicherung sind jene Schäden, welche am Fahrzeug ohne Einfluß von außen entstehen, also alle Defekte am Motor, Getriebe usw., des weiteren Rahmenbrüche insofern, als sie nicht auf einen Zusammenstoß oder auf eine sonstige Karambolage zurückzuführen sind. Für diese Schäden käme nur eine „Maschinenbruchversicherung" in Frage, für welche jedoch sehr hohe Prämien gefordert werden. Die Versicherung des Fahrzeuges gegen Beschädigung kann auf eine gleichzeitige Versicherung der gesamten Bereifung erweitert werden. Es muß jedoch in dieser Hinsicht aufklärend bemerkt werden, daß Beschädigungen an der Bereifung nur dann von der Versicherung gedeckt werden, wenn diese Beschädigungen im Zusammenhang mit einem sonstigen Schadenfall an der Maschine, also z. B. bei einem Zusammenstoß erfolgt sind. Sonstige Beschädigungen der Bereifung, wie z. B. das Zerschneiden derselben beim Überfahren eines Flaschenbodens, sind nicht gedeckt.

Gedeckt sind jedoch des weiteren auch jene Schäden, welche dem Fahrzeug von unbeteiligten Personen zugefügt werden. Beispiel: Ein Motorrad steht vor einem Gasthaus, ein vorbeifahrendes Fuhrwerk beschädigt das versicherte Fahrzeug. Der Schaden ist durch die Versicherung gedeckt. Die Versicherung wird sich jedoch an dem Schuldtragenden schadlos zu halten versuchen. Die diesbezüglichen Schritte sind Sache der Versicherung und nicht Sache des Beschädigten. Letzterer hat jedoch die Verpflichtung, zur Ausfindigmachung des Schuldigen beizutragen bzw. nach Möglichkeit denselben sofort festzustellen. Im übrigen hat sich der Geschädigte ausschließlich an seine Versicherung zu halten. Eine Schadenszahlung tritt nicht ein, wenn der Fahrer den Schaden infolge Nachlässigkeit oder ungenügender Obsorge selbst herbeigeführt hat.

Wichtig ist, daß sich einerseits der Versicherte genauestens über den Geltungsbereich der Versicherung informiert und andererseits im Schadenfall sofort jene Schritte unternimmt, die die Versicherungsbestimmungen vorschreiben.

Die meisten Versicherungspolicen lauten nur auf den eigenen Staat und die angrenzenden Länder. Vor Antritt einer großen Reise muß demnach die Versicherungspolice bezüglich ihrer Gültigkeit für die zu befahrenden Länder überprüft werden. Lautet die Versicherung für ganz Europa, so ist meist in einer gesonderten Klausel der Balkan und Rußland ausgenommen. Ganz besonders gilt dies für die Kaskoversicherung im Hinblick auf die erhöhten Gefahren bezüglich des Diebstahls des Fahrzeuges. Bei einer Fahrt durch die Balkanländer und Rußland wird es jedoch gegen Bezahlung eines gewissen Aufschlages möglich sein, den Geltungsbereich auch auf diese Länder zu erweitern, doch schließen die Versicherungsgesellschaften, soviel dem Verfasser aus eigener Erfahrung bekannt ist, für die Balkanländer die Versicherung gegen Überfall und Raub auf alle Fälle aus.

Tritt ein Schadenfall ein, ist die Versicherungsanstalt auf dem kürzesten Wege, wenn möglich telegraphisch zu benachrichtigen. Überdies ist der Versicherte verpflichtet, all das beizubringen, was eine Vergrößerung des Schadens zu verhindern in der Lage ist. Bei Schadenfällen infolge Diebstahls, Raubes und Überfalls ist die zuständige Sicherheitsbehörde auf dem kürzesten Weg in Kenntnis zu setzen, wobei es vorteilhaft ist, sich über die erfolgte Anzeige eine Bestätigung ausfertigen zu lassen.

Bei Zusammenstößen mit anderen Fahrzeugen ist es notwendig, nicht nur das Polizeierkennungszeichen des anderen Fahrzeuges vorzumerken, sondern auch an Ort und Stelle eine einfache Situationsskizze mit Angabe von Maßen anzufertigen, allenfalls auch photographische Aufnahmen herzustellen. Die infolge Karambolage auftretenden Schäden aller Art können, da dem Fahrer durch ein Abwarten des Bescheides der Versicherung an Ort und Stelle weiterer Schaden erwachsen würde, in der nächsten Reparaturwerkstätte behoben werden. Dabei ist von dem betreffenden Mechaniker nicht nur eine saldierte Rechnung, sondern auch eine schriftliche Erklärung über die Notwendigkeit der vorgenommenen Arbeit für die Fortsetzung der Reise sowie allenfalls auch über die Ursache der Beschädigung zu verlangen. Selbstverständlich sind bei Unfällen aller Art Zuschauer zu ersuchen, Zeugenschaft zu leisten. Besonders bei Haftpflichtschäden ist es empfehlenswert, sich in erster Linie an Kraftfahrer sowie etwa anwesende Amtspersonen zu wenden, da die etwa als Zeugen gebetenen Fußgänger der bestehenden Mentalität entsprechend bedauerlicherweise in den meisten Fällen und häufig in der unsachlichsten Art gegen den Kraftfahrer Stellung nehmen.

Bei größeren Beschädigungen des Fahrzeuges, also wenn größere Beträge für die Reparatur aufgewendet werden müßten, ist die Versicherungsanstalt telegraphisch um eine sofortige Verfügung über das zu Veranlassende zu ersuchen. Jedenfalls soll vor Eintreffen der diesbezüglichen Rückäußerung der Versicherung nichts Kostspieliges unternommen werden.

Ganz allgemein kann bezüglich auftretender Versicherungsschäden gesagt werden, daß es notwendig ist, sich an einen erfahrenen und befreundeten Versicherungsfachmann zu wenden oder in dem zuständigen Klub entsprechende Auskunft, Beratung und allenfalls auch Vertretung zu erbitten. Leider tritt sehr häufig der Fall ein, daß die Versicherungsanstalt die Übernahme des Schadens verweigert, und nicht selten sind es kleine Vernachlässigungen und Unachtsamkeiten des geschädigten Fahrers, die seine Ansprüche an die Versicherung ausschließen.

Grundsätzlich muß gesagt werden, daß bei Karambolage mit anderen Fahrzeugen sich der Geschädigte nur an seine eigene Versicherungsanstalt zu halten hat und erst diese die Regreßansprüche an den schuldtragenden Fahrer stellt oder sich mit dessen Haftpflichtversicherung, welche in diesem Falle einzuspringen hat, direkt zwecks Rückvergütung des an den Geschädigten von Seiten der Havarieversicherung ausbezahlten Betrages wendet.

Ist der infolge eines Zusammenstoßes geschädigte Fahrer nicht havarieversichert, so hat er seine Ansprüche an den schuldtragenden Fahrer auf direktem Weg zu stellen. Ein Verkehr des Geschädigten mit der Haftpflichtversicherung des

Schuldtragenden kann nicht in Frage kommen, da sich der Geschädigte ausschließlich nur an den Schuldtragenden zu halten hat und auch nur an diesen allenfalls auf gerichtlichem Wege Ansprüche stellen kann, während Ansprüche des Schuldtragenden an seine eigene Haftpflichtversicherung nur eine private Angelegenheit zwischen diesen beiden, nicht aber unter Einbeziehung des Geschädigten als Dritten, darstellt.

Abschnitt 29.

Allgemeine Regeln für die Leistung der ersten Hilfe.

Die nachstehenden Anweisungen für Hilfeleistungen sind ausschließlich nur unter dem Gesichtspunkte zusammengestellt, daß es sich darum handelt, einem verunglückten Kraftradfahrer die erste Hilfe zu leisten. Es sind daher von vornherein alle jene Fälle, die sich nicht als direkte Folgen eines Kraftradunfalles kennzeichnen lassen, ausgeschieden worden. Es muß auch besonders betont werden, daß die erste Hilfeleistung sich in keinem Fall als ein Ersatz der ärztlichen Behandlung darstellen darf, vielmehr hat der Samariter nur die einzige Aufgabe, bis zum Eintreffen des Arztes bzw. bis zum Eintreffen beim Arzt eine Verschlimmerung des Zustandes hintanzuhalten. Lediglich bei ganz geringfügigen Verletzungen wird auf eine ärztliche Hilfe verzichtet werden können und der Samariter allein das Erforderliche vorzunehmen haben.

Die bei Unfällen am häufigsten auftretenden Erscheinungen sind äußerliche Verletzungen und Knochenbrüche, Verrenkungen, Verstauchungen, Quetschungen. In erster Linie sei im nachfolgendem die erste Hilfeleistung bei Verletzungen behandelt.

Bevor der Hilfeleistende daran geht, die Wunde des Verletzten zu reinigen und zu verbinden, hat er selbst seine Hände gründlichst zu reinigen. Dieser Hinweis ist naturgemäß bei Kraftradfahrern besonders angebracht. Die Reinigung der Hände erfolgt mangels Wassers und Seife am einfachsten durch festes Abreiben mit einem in Benzin getränkten Tuch.

Lediglich bei Verletzungen der Schlagadern wird der Samariter sich in erster Linie der Unterbindung der Blutung zuzuwenden haben. Handelt es sich um eine Verletzung an einer der Extremitäten, so ist, wenn das Blut pulsierend aus der Verletzung strömt (Verletzung einer Schlagader), auf der dem

Herzen näher gelegenen Seite abzubinden. Fließt das Blut aus der Verletzung in einem gleichmäßigen Strom (Verletzung einer Blutader), so ist auf der dem Ende der Extremitäten zugekehrten Seite abzubinden. Ist dieses Abbinden (Abbildung 617) nicht möglich, so wird man die weitere Blutung durch einen sogenannten Druckverband zu verhindern suchen. Ein solcher Druckverband hat die Aufgabe, auf die Wunde einen derartigen Druck auszuüben, daß ein weiterer Blutaustritt nicht möglich ist. Man wird daher auf die Wunde vorerst sterile Gaze legen, darüber einen runden Gegenstand, um den Druck des Verbandes auf die Wunde zu konzentrieren, also z. B. einen runden Stein, eine Kastanie, eine Zündkerze, und darüber mit einer Binde oder mit Tüchern, allenfalls auch mit Riemen, einem Hosenträger oder dergleichen fest verbinden.

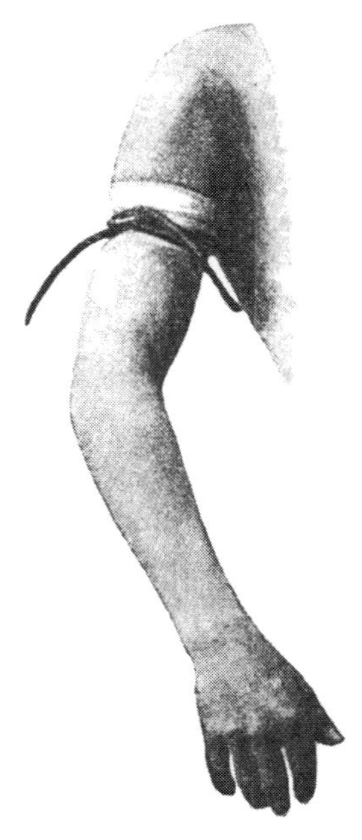

Abb. 617. Abschnüren bei einer arteriellen Blutung.

Durch rasches Abbinden mit einem Strick, Riemen, Hosenträger o. dgl. wird ein großer Blutverlust bei Wunden, die durch eine Arterie (Schlagader) gehen, verhindert.

Bei den Verletzungen, die sich weniger als stark blutend, sondern vielmehr als tiefgehend oder weit ausgedehnt erweisen, bei welchen also eine größere Ader nicht verletzt ist, wird man — nach Reinigung der Hände — daran gehen, die Wunde von dem anhaftenden Schmutz zu befreien und zu reinigen. Die Entfernung des anhaftenden Schmutzes erfolgt am einfachsten mittels eines in Wasser getauchten reinen Tuches, wobei jedoch ein Reiben auf der Wunde selbst unter allen Umständen vermieden werden muß. Falsch ist es auch, die verletzte Stelle direkt unter die Wasserleitung zu halten, da unter dem Einfluß des auftreffenden Wasserstrahles die einzelnen Schmutzteile nicht aus der Wunde entfernt, sondern in dieselbe teilweise noch weiter hineingetrieben werden.

Nach dieser rein mechanischen Reinigung der Wunde wird man durch Verwendung eines antiseptischen Mittels auch die Verhinderung der Eiterkokkenbildung anstreben. Um die bei der folgenden Besprechung verwendeten Fachausdrücke verstehen zu können, seien dieselben vorerst kurz erklärt.

Septisch heißt fäulniserregend. Aseptisch heißt frei von Fäulniserregern. Ein ausgekochtes Verbandszeug, bzw. das aus einem verschlossenen Verbandspäckchen genommene Verbandszeug ist demnach aseptisch. Antiseptisch nennt man jene Mittel, welche die Fäulniserreger töten.

Hydrophil (genau übersetzt: wasserfreundlich) ist jenes Verbandszeug, welches entfettet ist und demnach saugende Wirkung aufweist.

Statt der Bezeichnung aseptisch wird im allgemeinen die Bezeichnung „steril" verwendet, da man das „Aseptischmachen" sterilisieren nennt.

Zum vollständigen Reinigen der Wunde wird man demnach ein antiseptisches Mittel verwenden. Als antiseptische Mittel kommen in erster Linie in Betracht: Wasserstoffsuperoxyd (H_2O_2), Jodtinktur, Lysol, Lysoform, Jodoform (gelbes Pulver) u. a. Für den Kraftradfahrer empfiehlt sich in erster Linie die Mitnahme von Wasserstoffsuperoxyd und zwar in einer Konzentration, welche eine Mischung mit Wasser 1 : 5 erfordert. Wasserstoffsuperoxyd ist zur Reinigung von Wunden deswegen hervorragend, weil es die Blutgerinsel rasch und vollkommen löst, weshalb es sich sehr gut zum Ablösen eines angeklebten Verbandes verwenden läßt. Jod läßt sich nur bei kleinen Wunden verwenden, da bei größeren Wunden der brennende Schmerz für den Betroffenen zu groß wäre. Es darf auch nicht unerwähnt bleiben, daß nicht jedermann Jod verträgt und unter Umständen unliebsame Begleiterscheinungen auftreten können. Dasselbe gilt auch bezüglich des Jodoformpulvers, wenngleich letzteres für den Kraftradfahrer deswegen vorteilhaft ist, weil es eine die Heilung beschleunigende Wirkung besitzt. An Stelle des Lysols, das giftig ist, verwendet man vorteilhafter das stark konzentrierte Lysoform, das zum Gebrauch je nach beigegebener Anweisung mit Wasser, meistens im Verhältnis 1 : 30, vermischt wird. Dieses Mittel ist auch hervorragend zur Reinigung der Hände geeignet.

Zur Reinigung der Wunde mit einer der erwähnten Mittel

werden Tupfer aus Verbandgaze verwendet, keineswegs soll Watte zur Anwendung kommen, da dieselbe Fasern in der Wunde zurückläßt.

Nachdem die Wunde im Sinne der vorstehenden Ausführungen gereinigt wurde, geht man daran, sie zweckmäßig zu verbinden. Auf die Wunde selbst wird reine Verbandgaze aufgelegt. Dieselbe ist in vollständig verklebten Originalkuverten mitzuführen und soll, nachdem das Paket bereits geöffnet wurde, möglichst zur direkten Auflage auf die Wunde nicht mehr verwendet werden. Man tut daher gut daran, mehrere kleine Pakete mitzunehmen. Über die Gaze wird entweder direkt oder unter Zwischenlage einer Watteschicht (welche durch einige Tücher ersetzt werden kann) verbunden. Zum Verbinden verwendet man, je nach der Lage der Verletzung, Binden oder dreieckige Tücher.

Sehr vorteilhaft sind die kompletten Verbandspäckchen, wie sie insbesondere beim Militär Anwendung finden. Dieselben enthalten alles, was zum Verbinden einer gewöhnlichen Wunde erforderlich ist, also eine entsprechende, sterile Wundauflage und eine Verbandbinde, meist auch noch eine Sicherheitsnadel.

Es ist wichtig, den Verband so auszuführen, daß er sich möglichst nicht verschiebt. Es würde den Umfang dieses Buches überschreiten, nähere Anweisungen zu geben, zumal die Abbildungen 618—625 immerhin die Art und Weise, in welcher man zweckmäßig verbindet, erkennen lassen. Beim Verwenden einer Binde beginnt man mit dem Umwinden nicht bei der Verletzung, sondern an einer gesunden Stelle.

Wichtig ist es, den Verband des öfteren zu erneuern und hierbei die Wunde zu öffnen, wenn sich eine Eiterbildung feststellen läßt. Bei einer solchen ist es unbedingt erforderlich, die bereits entstandene Kruste, einschließlich aller losen Hautteile usw. mit Wasserstoffsuperoxyd gründlichst zu entfernen und hierauf wieder die Wunde mittels steriler Gaze zu verbinden. Vor der Verwendung sogenannter Wundsalben muß der Laie gewarnt werden. Das trockene Verbinden ist meistens vorzuziehen. Des weiteren darf das unter dem Namen „Leukoplast“ in den Handel gebrachte Heftpflaster nicht direkt auf die Wunde geklebt werden. Es dient nur dazu, bei kleineren Verletzungen die Verbandsgaze auf der Wunde festzuhalten und einen besonderen Verband zu ersetzen.

Erwähnt sei noch die sogenannte Jodoformgaze, die antiseptische Wirkung aufweist und die Heilung beschleunigen soll,

Abb. 618. Abb. 619.

Abb. 618. Verbinden des gebrochenen Beines bei Zug und Gegenzug.

Unter dem Schienenverband ist stets mit Verbandzeug und Watte zu polstern, um ein Wundscheuern an dem Schienenzeug zu verhindern. Durch Zug und Gegenzug werden die Knochen in die richtige Lage gebracht und das schmerzende Nebeneinanderliegen der gebrochenen Enden vermieden.

Abb. 619. Notverband am gebrochenen Bein.

Bei Verbänden an gebrochenen Gliedmaßen hat stets eine Versteifung gegen Abknickungen und Verdrehungen zu erfolgen. Bretter, Spazierstöcke, die Pumpe u. dgl. leisten hierbei gute Dienste.

sowie die Eisenchloridwatte, durch deren Auflage auf die Wunde die Blutung gestillt wird. Man wird jedoch die Eisenchloridwatte nicht zum Verbinden verwenden, sondern nach Stillung der Blutung einen gewöhnlichen Verband anlegen.

Nicht jeder Unfall wird mit einer Verletzung oder mit einer Verletzung allein abgehen. Häufig treten auch noch andere Erscheinungen auf, so daß auch diese in aller Kürze im nachstehenden behandelt werden sollen.

Bei Ohnmacht, die infolge Schreck, Aufregung, Freude, Schmerz, Anblick von Blut, durch die Auspuffgase oder dergleichen plötzlich auftreten kann, ist das Gesicht leichenblaß,

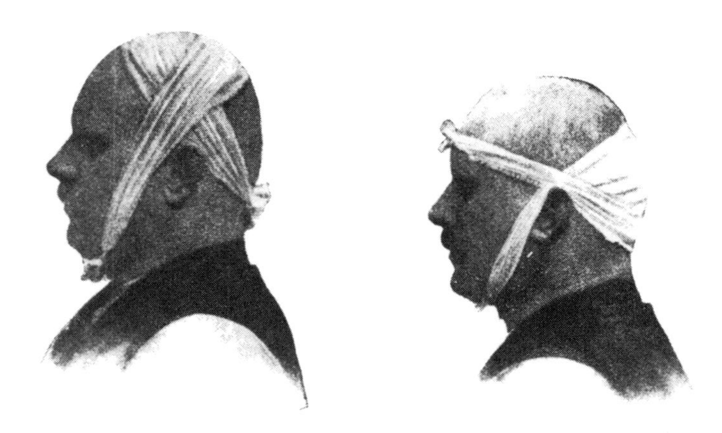

Abb. 620. Schleuderverband am Kopf.

Kopfverbände sind deswegen nicht leicht anzulegen, weil der Verband gern abrutscht. Schleuderverbände halten zuverlässig und können auch über größeren, nicht ganz fachmännisch angelegten Verbänden zur Fixierung angelegt werden.

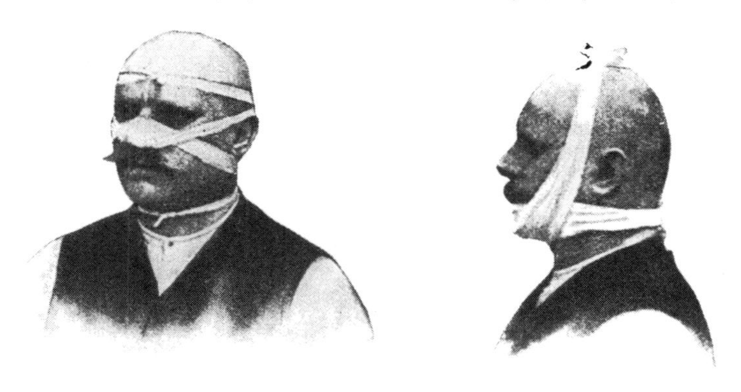

Abb. 621. Abb. 622.

Abb. 621. Die Nasenschleuder.

Bei Nasenverletzungen, bei welchen man mit dem englischen Pflaster oder dem Heftpflaster nicht auslangt, ist der Schleuderverband das einzig mögliche.

Abb. 622. Die Kinnschleuder.

Beim „Schleuderverband" wird eine breite Verbandbinde beiderseits bis auf ein mittleres etwa 10 cm langes Stück eingerissen und die Streifen paarweise überkreuzt.

die Lippen sind grau, die Atmung scheint stillzustehen, man ist kaum in der Lage, das Schlagen des Pulses festzustellen. Vor der Ohnmacht fühlt der Betreffende häufig in der Brust, besonders in der Herzgegend, ein Gefühl von Druck und ängst-

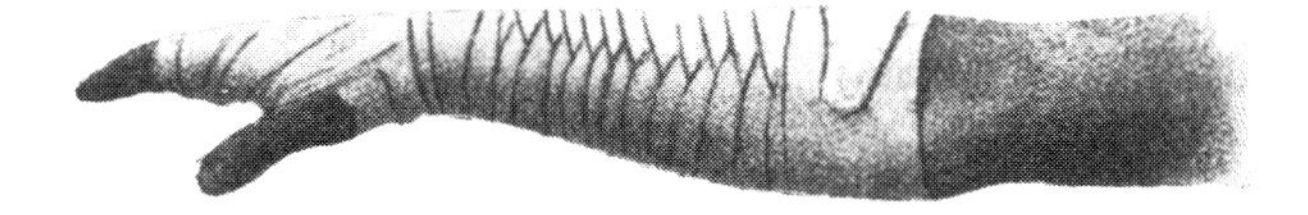

Abb. 623. Kornährenverband an Hand und Arm.

Durch das mehrfache Überschlagen der Verbandbinde wird ein enganliegender Verband erzielt.

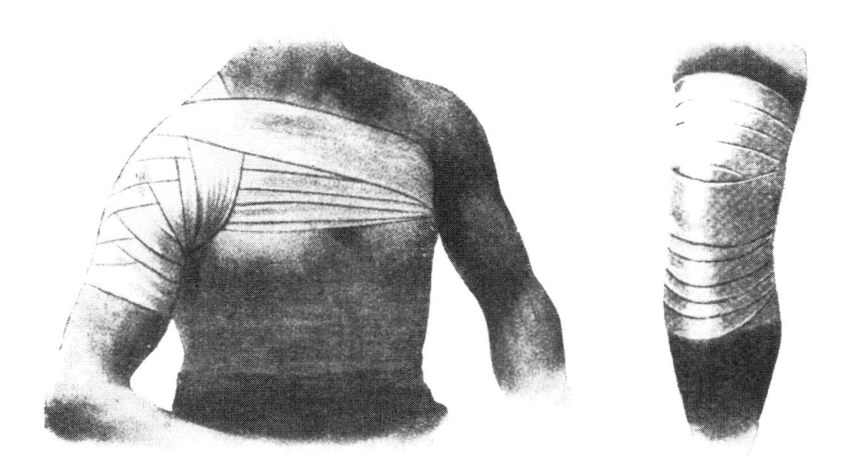

Abb. 624. Abb. 625.

Abb. 624. Kornährenverband der Schulter.

Dieser Verband, teilweise als Kornährenverband, in seinem oberen Teil mit Achterschlingen hergestellt, verhindert jedwedes Verrutschen.

Abb. 625. Schildkrötenverband am Knie.

Der Verband wird in Achterschleifen gelegt, um eine beschränkte Bewegungsmöglichkeit zu belassen.

licher Beklemmung. Er beginnt zu gähnen, hört Sausen, Brausen, Klingen oder Pfeifen, es wird ihm schwarz vor den Augen, die Haut bedeckt sich mit kaltem Schweiß. Als Hilfeleistender darf man den Kopf nicht verlieren und sich vor Augen halten, daß die Ursache der Ohnmacht stets eine Verarmung des Gehirnes an Blut ist. Man hält Leute von dem Ohnmächtigen fern, die ihn mit Wasser, Essig, Wein oder Kognak oder dergleichen behandeln wollen. Wenn der Kranke bei dieser Behandlung doch zu sich kommt, so ist dies nicht durch diese Hilfeleistung, sondern trotz ihr der Fall gewesen. Der Samariter legt den Ohnmächtigen so rasch wie möglich derart auf eine schiefe Bank oder Böschung, daß der Kopf nach unten zu liegen kommt. Durch diese Lage wird dem Gehirn sofort Blut zufließen und meist die plötzliche Erkrankung ein Ende finden. Ist dies nicht der Fall, so öffnet man alle beengenden Kleider des Kranken, den Kragen, den Hosenbund, die Hosenträger usw., um die Blutzirkulation zu fördern. Dem Kranken ist reichlich frische Luft zuzuführen. Das Gesicht und die entblößte Brust des Kranken kann man energisch mit kaltem Wasser, Kölnischwasser oder Franzbranntwein einreiben. Erst wenn der Kranke erwacht und vollkommen zu sich gekommen ist — keineswegs früher! —, verabreicht man Getränke, die die Herztätigkeit fördern (Wein, Kognak, Tee oder schwarzen Kaffee).

Durch große Hitze bei geringer Luftbewegung, durch beengende Kleider, bei schwerer Bepackung und bei geringer Flüssigkeitsaufnahme tritt unter Umständen der sogenannte Hitzschlag (Sonnenstich) ein. Durch reichliche Flüssigkeitsaufnahme, Bedeckung des Kopfes und Tragen von dunkeln Gläsern (Einfluß auf das Nervensystem) kann man der Erkrankung vorbeugen. Der Erkrankte ist an einen schattigen Ort zu schaffen, man öffnet ihm die Kleider, übergießt ihn mit kühlem Wasser und gibt ihm, wenn er noch bei Bewußtsein ist, reichlich zu trinken. Auch das Zufächeln von Luft und kalte Umschläge auf Kopf und Herz sind von Vorteil.

Nicht selten ist ein Kraftradunfall auch mit einer Gehirnerschütterung verbunden. Um an Gehirnerschütterung erkrankt zu sein, ist es keineswegs notwendig, daß der Betreffende auf den Kopf gefallen ist. Der Erkrankte ist bewußtlos oder in seinem Bewußtsein eingeschränkt, sein Gesicht ist blaß, die Augen stehen starr offen, er ist meist unbewegt und ohne Empfindung. Die Atmung ist schwach und oberflächlich, der Puls unregelmäßig und verlangsamt. Meist besteht auch Erbrechen oder Brechreiz. Die Behandlung erfolgt ähnlich wie bei Ohnmacht. Der Kopf ist tief zu lagern, die Kleider sind zu öffnen. Die kühlen Gliedmaßen sind in warme Tücher zu hüllen. Intensive Licht- und Gehörseinwirkungen sind fernzuhalten. Nach Eintreten des Bewußtseins Verabreichung von Kognak, heißem Kaffee oder dergleichen.

Schwere Unfälle lassen unter Umständen einen Nervenschock (Nervenerschütterung) eintreten. Diese schwere Erkrankung führt meist zur Lähmung einzelner Funktionen, unter Umständen auch aller, so daß der Tod eintreten kann. Die hauptsächlichsten Ursachen sind die Quetschung der Magengrube oder des ganzen Unterleibes, ausgedehnte Verbrennungen oder besonders schwere Verletzungen. Die Haut des Verletzten ist blaß, kühl und von kaltem Schweiß bedeckt. Die Augen sind matt und starr, die Atmung schwach und unregelmäßig, der Puls kaum fühlbar. Der Kranke ist vollkommen bei Bewußtsein, teils vollkommen teilnahmslos, teils aufgeregt und sich wie tobsüchtig gebärdend. Die erste Hilfeleistung ist die gleiche wie bei Gehirnerschütterung und Ohnmacht.

Im Gegensatz zu den Wunden, bei denen die Haut durchgetrennt ist, kommen auch Verletzungen vor, die nicht mit einem äußeren Blutaustritt verbunden sind, sondern sich als Quetschungen, Verstauchungen oder Verrenkungen darstellen. Bei Quetschungen stellt man den betreffenden Körperteil ruhig und lagert ihn hoch. Außerdem sind kalte Umschläge sehr zweckmäßig. Die durch stumpfe Gewalteinwirkung herbeigeführten Verletzungen der Gelenke werden Verstauchungen und Verrenkungen genannt. In beiden Fällen wird meist das Gelenk stark anschwellen und ein innerer Blutaustritt eintreten. Wenn es durch die auf das Gelenk einwirkende Gewalt nicht nur zur Verstauchung, sondern zu einer Verschiebung der Knochenstücke gekommen ist, so daß eines der beiden das Gelenk bildenden Knochenstückes durch den Kapselriß hindurch getrieben wurde und dieses daher außerhalb der Gelenkshöhle liegt, dann ist eine Verrenkung zustande gekommen. Die Verrenkung ist dadurch als solche deutlich erkenntlich, daß die äußere Form des Körperteiles sich wesentlich verändert hat und jedwede Bewegung unmöglich wird. Sowohl bei Verstauchungen als auch bei Verrenkungen ist das Glied vollkommen ruhig zu stellen, der betreffende Körperteil hoch zu lagern und mit kalten Umschlägen zu belegen. Niemals den Versuch wagen, die Verrenkung wieder einzurichten. Diese Aufgabe ist oftmals sogar für den Arzt sehr schwierig!

Die plötzlich eintretenden Gewalten können auch zu einem Bruch eines oder mehrerer Knochen führen. Der Knochenbruch kann ein einfacher oder mehrfacher sein, er kann ein Splitterbruch, ein geschlossener (bei unversehrter Haut) oder ein komplizierter (wenn die Haut vom Knochen durchstoßen ist) sein. Wird die erste Hilfe schlecht geleistet, so kann sehr leicht aus dem geschlossenen Bruch ein komplizierter werden. Man spricht dann von einem Durchstechungsbruch. Das wichtigste für den Samariter ist, sofort durch Zug und Gegenzug zu verhindern, daß einer der beiden Knochenteile die Haut durchstößt. Durch das Auseinanderziehen der beiden gebrochenen Teile werden ganz besonders auch die außerordentlichen Schmerzen des Verletzten gelindert, oftmals fast gänzlich beseitigt. Außerdem wird durch Zug und Gegenzug die bestehende Verschiebung der beiden gebrochenen Knochenteile wieder aufgehoben. Dieser Zug und Gegenzug darf auch beim Entkleiden des Patienten nicht nachlassen. Kleider und Schuhe sind allenfalls unter Verwendung des Messers oder einer Schere zu entfernen. Da Zug und Gegenzug nur von einer beschränkten Dauer sein können, ist unverzüglich ein entsprechender Schienenverband anzulegen, der die beiden gebrochenen Teile in ihrer normalen Stellung festhält. Wichtig ist, daß die Schiene niemals direkt auf das Glied gelegt werden darf, sondern dieses vorerst mit weichem Packungsmaterial (Watte, Tücher oder dergleichen) zu umwinden ist. Darüber kommt die Schiene, für deren Wahl dem Samariter die weitgehendsten Erfindungsmöglichkeiten offen stehen. Die Schienen werden sodann durch entsprechendes Binden festgehalten. Ist der Bruch ein komplizierter (offener), so ist vor dem Anlegen des Schienenverbandes die Wunde mit einem entsprechenden Wundverband in der bereits beschriebenen Weise zu verbinden. Auf alle Fälle ist beim weiteren Transport der Verletzte möglichst vor Erschütterung zu bewahren und der nächste Arzt aufzusuchen.

Am Schluß dieses Abschnitts sei nochmals wiederholt, daß sich der Samariter stets vor Augen halten muß:

1. Niemals kopflos werden, immer ruhig denken und Zuschauer und solche Leute, die in aufgeregter Weise helfen wollen, fernhalten!
2. Die erste Hilfeleistung des Samariters hat nicht das Eingreifen des Arztes zu ersetzen, sondern die wichtigsten Vorkehrungen bis zur Ankunft des Arztes oder bis zum Eintreffen beim Arzt zu treffen!

Alphabetisches Sachverzeichnis.

(Die Ziffern weisen auf die Seiten hin.)

Auszug
aus der Schmierungstabelle des SHELL Führers.

Die Abkürzungen in den Spalten „Schmierstoffe" beziehen sich auf folgende Qualitäten der SHELL AUTOOELE:

Shell Autooel x = Single Shell (dünnflüssig).
Shell Autooel 2x = Double Shell (mittelflüssig).
Shell Autooel 3x = Triple Shell (dickflüssig).
Shell Autooel 4x = Golden Shell (stark dickflüssig).
Shell Autooel 5x = Golden Shell Heavy (extra stark dickflüssig).
Shell Voltol Einheitsoel.

Für die Hochdruckschmierung eignet sich überall Shell Hochdruckschmierfett Rot.

Fahrzeug	Schmierstoffe Motor		
	Sommer	Winter	f. Sommer u. Winter
Abako, 130 ccm	4x = Golden	3x = Triple	Voltol
Abingdon	4x = Golden	3x = Triple	Voltol
Adria	4x = Golden	3x = Triple	Voltol
Ajax	3x = Triple	3x = Triple	Voltol
A. J. S.	4x = Golden	3x = Triple	Voltol
Alge	4x = Golden	3x = Triple	Voltol
Allright	4x = Golden	3x = Triple	Voltol
Andrees, Bradshaw 350 ccm	3x = Triple	3x = Triple	Voltol
M. A. G. 500, 600, 750 cm	4x = Golden	3x = Triple	Voltol
Arco	4x = Golden	3x = Triple	Voltol
Ardie, Reichsfahrtmodell TM 25, z. Misch.	4x = Golden	4x = Golden	Voltol
Reichsfahrtmodell TM 25, f. Zusatzoel	4x = Golden	3x = Triple	Voltol
3 PS Zweitakt	4x = Golden	4x = Golden	Voltol
alle Viertakt-Modelle	4x = Golden	3x = Triple	Voltol
Argson	4x = Golden	3x = Triple	Voltol
Ariel	4x = Golden	3x = Triple	Voltol
Atlantis 2 E 350	4x = Golden	4x = Golden	Voltol
M. A. G. 500, 750, 1000 ccm	4x = Golden	3x = Triple	Voltol

Fahrzeug	Schmierstoffe Motor Sommer	Winter	f. Sommer u. Winter
Atlas	3x = Triple	3x = Triple	Voltol
Autinag, Zweitakt	4x = Golden	4x = Golden	Voltol
Avis-Celer 175, 250, 350 ccm	4x = Golden	4x = Golden	Voltol
500 ccm	4x = Golden	3x = Triple	Voltol
Baier, Type 28 475 ccm	4x = Golden	4x = Golden	Voltol
Bat	4x = Golden	3x = Triple	Voltol
Bayern	4x = Golden	3x = Triple	Voltol
Bianchi	4x = Golden	3x = Triple	Voltol
Blackburne	4x = Golden	3x = Triple	Voltol
M. M. W.	4x = Golden	3x = Triple	Voltol
Bovy, Zweitakt	4x = Golden	4x = Golden	Voltol
alle anderen Typen	4x = Golden	3x = Triple	Voltol
Böhme 125, 170, 250 ccm, Zweitakt	2x = Double	2x = Double	Voltol
Bradshaw Einbaumotor	3x = Triple	3x = Triple	Voltol
Brough, 3½ HP	3x = Triple	3x = Triple	Voltol
Brough Superior	4x = Golden	3x = Triple	Voltol
B. S. A., alle Viertakt-Typen	4x = Golden	3x = Triple	Voltol
Zweitakt	3x = Triple	3x = Triple	Voltol
Bücker Columbus 500, 600 ccm	4x = Golden	3x = Triple	Voltol
Calthorpe, Zweitakt	3x = Triple	3x = Triple	Voltol
alle anderen Typen	4x = Golden	3x = Triple	Voltol
Cambra	4x = Golden	3x = Triple	Voltol
Campion	4x = Golden	3x = Triple	Voltol
Chater-Lea, Zweitakt	3x = Triple	3x = Triple	Voltol
alle anderen Typen	4x = Golden	3x = Triple	Voltol
Cleveland 4 Zyl., Viertakt	3x = Triple	3x = Triple	Voltol
Columbus Einbaumotor	4x = Golden	3x = Triple	Voltol
Coventry Eagle	4x = Golden	3x = Triple	Voltol
Zweitakt und Victor	3x = Triple	3x = Triple	Voltol
Cursy, 350 ccm oben gest. und 500 ccm gegen gest.	4x = Golden	3x = Triple	Voltol
D-Rad	4x = Golden	3x = Triple	Voltol
Delta Gnom	4x = Golden	3x = Triple	Voltol
Diag, 175, 350 ccm, Touren und Sport.	4x = Golden	3x = Triple	Voltol
Einbaumotor 100 ccm	4x = Golden	3x = Triple	Voltol
Diamant	4x = Golden	3x = Triple	Voltol

Fahrzeug	Schmierstoffe Motor Sommer	Winter	f. Sommer u. Winter
DKW.	4x = Golden	4x = Golden	Voltol
Einbaumotor	4x = Golden	4x = Golden	Voltol
Dot, J. A. P.	4x = Golden	3x = Triple	Voltol
Villiers & Bradshaw	3x = Triple	3x = Triple	Voltol
Douglas	3x = Triple	3x = Triple	Voltol
Dunelt	3x = Triple	3x = Triple	Voltol
Duzmo	4x = Golden	3x = Triple	Voltol
Eber, Type E und F	4x = Golden	3x = Triple	Voltol
E. B. S., 400 und 500 ccm	5x = Golden heavy	3x = Triple	Voltol
Eca (Carstens)	4x = Golden	4x = Golden	Voltol
Eichler	4x = Golden	4x = Golden	Voltol
Elfa 200 ccm	4x = Golden	4x = Golden	Voltol
Elfa 350 u. 500 ccm	4x = Golden	2x = Double	Voltol
Enfield	4x = Golden	3x = Triple	Voltol
Ermag, 250 u. 500 ccm	4x = Golden	3x = Triple	Voltol
Ernst Mag, 500, 750, 1000 ccm	4x = Golden	3x = Triple	Voltol
350 ccm 1,3/20 PS	5x = Golden heavy	4x = Golden	Voltol
Ewabra, Villiers	3x = Triple	3x = Triple	Voltol
Blackburne	4x = Golden	3x = Triple	Voltol
Excelsior	4x = Golden	3x = Triple	Voltol
Excelsior, Zweitakt und Bradshaw . .	3x = Triple	3x = Triple	Voltol
Excelsior, J. A. P. & Blackburne . . .	4x = Golden	3x = Triple	Voltol
Flottweg	4x = Golden	3x = Triple	Voltol
F. N.	4x = Golden	3x = Triple	Voltol
Francis Barnett	3x = Triple	3x = Triple	Voltol
Franzani, J. A. P., M. A. G. Kühne. .	4x = Golden	3x = Triple	Voltol
Küchen	4x = Golden	2x = Double	Voltol
Freital F. K. W.	4x = Golden	3x = Triple	Voltol
Garelli	4x = Golden	3x = Triple	Voltol
Gillet-Herstal, Zweitakt	3x = Triple	3x = Triple	Voltol
alle anderen Typen	4x = Golden	3x = Triple	Voltol
Gladiator	4x = Golden	3x = Triple	Voltol
Gnome et Rhône	4x = Golden	3x = Triple	Voltol
Göricke	4x = Golden	3x = Triple	Voltol

Fahrzeug	Schmierstoffe Motor Sommer	Winter	f. Sommer u. Winter
Grade	4x = Golden	4x = Golden	Voltol
Grindlay-Peerless, J. A. P.	4x = Golden	3x = Triple	Voltol
B und S	3x = Triple	3x = Triple	Voltol
Gruhn, E 20	4x = Golden	3x = Triple	Voltol
Einbaumotor	4x = Golden	3x = Triple	Voltol
Guzzi	3x = Triple	2x = Double	Voltol
Hack	4x = Golden	3x = Triple	Voltol
Hamor	4x = Golden	4x = Golden	Voltol
Hansa	4x = Golden	3x = Triple	Voltol
Harlett	4x = Golden	3x = Triple	Voltol
Harley Davidson	4x = Golden	3x = Triple	Voltol
Hecker	4x = Golden	3x = Triple	Voltol
Heilo	4x = Golden	3x = Triple	Voltol
Heller M. J.	4x = Golden	2x = Double	Voltol
Henderson	3x = Triple	3x = Triple	Voltol
Herbi	4x = Golden	3x = Triple	Voltol
Hiekel, 350 ccm	4x = Golden	4x = Golden	Voltol
Horex	4x = Golden	3x = Triple	Voltol
H. R. D.	4x = Golden	3x = Triple	Voltol
Huba, 350 ccm	4x = Golden	3x = Triple	Voltol
Hulla, DKW, 200, 250 ccm	4x = Golden	4x = Golden	Voltol
J. A. P. 300 ccm	4x = Golden	3x = Triple	Voltol
Humber	4x = Golden	3x = Triple	Voltol
Husqvarna	4x = Golden	3x = Triple	Voltol
Huy, 175 ccm	4x = Golden	3x = Triple	Voltol
Ilo, Einbaumotor	4x = Golden	4x = Golden	Voltol
Imperia, Godesberg, 500 und 750 ccm.	4x = Golden	3x = Triple	Voltol
Indian, A. C. E., 1265 ccm	4x = Golden	3x = Triple	Voltol
Scout, G, 37 und 45	4x = Golden	3x = Triple	Voltol
Prince, 350 ccm	3x = Triple	3x = Triple	Voltol
Bigh — Chief	4x = Golden	3x = Triple	Voltol
Ivy, Zweitakt	3x = Triple	3x = Triple	Voltol
James	4x = Golden	3x = Triple	Voltol
James, Zweitakt	3x = Triple	3x = Triple	Voltol
J. A. P. Einbaumotor	4x = Golden	3x = Triple	Voltol
Javon	4x = Golden	3x = Triple	Voltol

Fahrzeug	Schmierstoffe Motor Sommer	Winter	f. Sommer u. Winter
K (Küchen)	4x = Golden	2x = Double	Voltol
König Motor	4x = Golden	3x = Triple	Voltol
K. S. B.	4x = Golden	3x = Triple	Voltol
Kühne Motor	4x = Golden	3x = Triple	Voltol
L. A. G.	4x = Golden	3x = Triple	Voltol
Levis	4x = Golden	3x = Triple	Voltol
Lutrau	4x = Golden	3x = Triple	Voltol
MA.	4x = Golden	3x = Triple	Voltol
Mabeco, 600 und 750 ccm	4x = Golden	3x = Triple	Voltol
M. A. G.	4x = Golden	3x = Triple	Voltol
Einbaumotor	4x = Golden	3x = Triple	Voltol
Magnet-Debon	3x = Triple	3x = Triple	Voltol
Mammut, Viertakt, B 350 und B 500	4x = Golden	3x = Triple	Voltol
2/200	4x = Golden	3x = Triple	Voltol
Zweitakt, M 250	4x = Golden	3x = Triple	Voltol
Matchless	4x = Golden	3x = Triple	Voltol
M. F. Z.	4x = Golden	3x = Triple	Voltol
M. G. F. Zweitakt	4x = Golden	4x = Golden	Voltol
Monet & Goyon, Viertakt	4x = Golden	3x = Triple	Voltol
Zweitakt	4x = Golden	4x = Golden	Voltol
Montgomery, 300, 500 und 600 ccm	4x = Golden	3x = Triple	Voltol
Moto Guzzi	4x = Golden	3x = Triple	Voltol
Motosacoche siehe M. A. G.			
M. T.	4x = Golden	3x = Triple	Voltol
M. W.	4x = Golden	3x = Triple	Voltol
Neander Mag- und Japmotor	4x = Golden	3x = Triple	Voltol
Neander K-Motor	4x = Golden	2x = Double	Voltol
Nestoria	4x = Golden	3x = Triple	Voltol
Neve	4x = Golden	3x = Triple	Voltol
New Hudson, 350, 500 und 600 ccm	4x = Golden	3x = Triple	Voltol
New Imperial, 250, 350, 500 und 680 ccm	4x = Golden	3x = Triple	Voltol
Norton, 490, 590 und 630 ccm	4x = Golden	3x = Triple	Voltol
N. S. H., 350 und 500 ccm, J. A. P.	4x = Golden	3x = Triple	Voltol
250 und 350 ccm, Villiers	3x = Triple	3x = Triple	Voltol
N. S. U.	4x = Golden	3x = Triple	Voltol

Fahrzeug	Schmierstoffe Motor Sommer	Winter	f. Sommer u. Winter
O. D.	4x = Golden	3x = Triple	Voltol
Omega J. A. P.	4x = Golden	3x = Triple	Voltol
alle anderen Typen	3x = Triple	3x = Triple	Voltol
Pazicky, 300 und 350 ccm	4x = Golden	3x = Triple	Voltol
Peugeot	3x = Triple	3x = Triple	Voltol
Phantom. 175, 200, 300, 350, 500 u. 550 ccm	4x = Golden	2x = Double	Voltol
P. S. W., 250, 300 und 350 ccm . . .	4x = Golden	3x = Triple	Voltol
Puch	4x = Golden	2x = Double	Voltol
P. & M.	4x = Golden	3x = Triple	Voltol
Raleigh	4x = Golden	3x = Triple	Voltol
Ready	4x = Golden	3x = Triple	Voltol
Renner	4x = Golden	3x = Triple	Voltol
Rennsteig Blackburne, 250, 350 u. 500 ccm	4x = Golden	3x = Triple	Voltol
Rex Acme J. A. P.	4x = Golden	3x = Triple	Voltol
A. Z. A.	3x = Triple	3x = Triple	Voltol
Rinne Motor	5x = Golden	5x = Golden	
R. M. W., Zweitakt und Viertakt . . .	4x = Golden	3x = Triple	Voltol
Roconova	4x = Golden	3x = Triple	Voltol
Royal Enfield, Zweitakt	3x = Triple	3x = Triple	Voltol
alle anderen Typen	4x = Golden	3x = Triple	Voltol
R. S., K-Motor	4x = Golden	2x = Double	Voltol
alle anderen Typen	4x = Golden	3x = Triple	Voltol
Rudge, Whitworth, 500 ccm	4x = Golden	3x = Triple	Voltol
Ruppe, Einbaumotor	4x = Golden	4x = Golden	Voltol
Rush	4x = Golden	3x = Triple	Voltol
Saroléa	4x = Golden	4x = Golden	Voltol
Schliha, J. A. P., 250, 350 und 500 ccm	4x = Golden	3x = Triple	Voltol
Zweitakt, 200, 250 und 300 ccm .	4x = Golden	2x = Double	Voltol
Schüttoff	5x = Golden heavy	4x = Golden	Voltol
Scott	3x = Triple	3x = Triple	Voltol
Smart	4x = Golden	3x = Triple	Voltol
Spiegler	4x = Golden	3x = Triple	Voltol
Standard	4x = Golden	3x = Triple	Voltol
Steidinger, Type B und O	4x = Golden	4x = Golden	Voltol
Stock, Zweitakt, 120 ccm	4x = Golden	4x = Golden	Voltol

Fahrzeug	Schmierstoffe Motor Sommer	Winter	f. Sommer u. Winter
S. & G., Zweitakt, 175 ccm	4x = Golden	4x = Golden	Voltol
350, 500 und 600 ccm	5x = Golden heavy	4x = Golden	Voltol
Sunbeam, 350, 500 und 600 ccm	4x = Golden	3x = Triple	Voltol
T. A. S.	4x = Golden	3x = Triple	Voltol
Titan	4x = Golden	2x = Double	Voltol
Tornax	4x = Golden	3x = Triple	Voltol
Triumph, engl., Zweitakt	4x = Golden	4x = Golden	Voltol
Viertakt	4x = Golden	4x = Golden	Voltol
Triumph, Nürnberg, Zweitakt	3x = Triple	3x = Triple	Voltol
Viertakt	4x = Golden	3x = Triple	Voltol
T X., 175 ccm, Zweitakt	4x = Golden	4x = Golden	Voltol
Universelle, 250 ccm	3x = Triple	3x = Triple	Voltol
U. T.	4x = Golden	3x = Triple	Voltol
Velocette, Viertakt	4x = Golden	3x = Triple	Voltol
Zweitakt	3x = Triple	3x = Triple	Voltol
Velox (siehe S. & G.)			
Victoria, 500 und 600 ccm	4x = Golden	2x = Double	Voltol
200 und 350 ccm	4x = Golden	3x = Triple	Voltol
Villiers Einbaumotor	3x = Triple	3x = Triple	Voltol
Wanderer, 4,2 PS., 2,7/15, 1,9/16	4x = Golden	3x = Triple	Voltol
Weiß	4x = Golden	3x = Triple	Voltol
W. H. B. Einbaumotor	4x = Golden	4x = Golden	Voltol
Wimmer, 500 ccm	4x = Golden	3x = Triple	Voltol
200 ccm	5x = Golden heavy	4x = Golden	Voltol
Windhoff, 4 Zylinder	4x = Golden	4x = Golden	Voltol
Württembergia, 175, 300, 350, 500 ccm	4x = Golden	2x = Double	Voltol
York	4x = Golden	3x = Triple	Voltol
Zenith, Bradshaw	3x = Triple	3x = Triple	Voltol
alle anderen Typen	4x = Golden	3x = Triple	Voltol
Zündapp	3x = Triple	2x = Double	Voltol

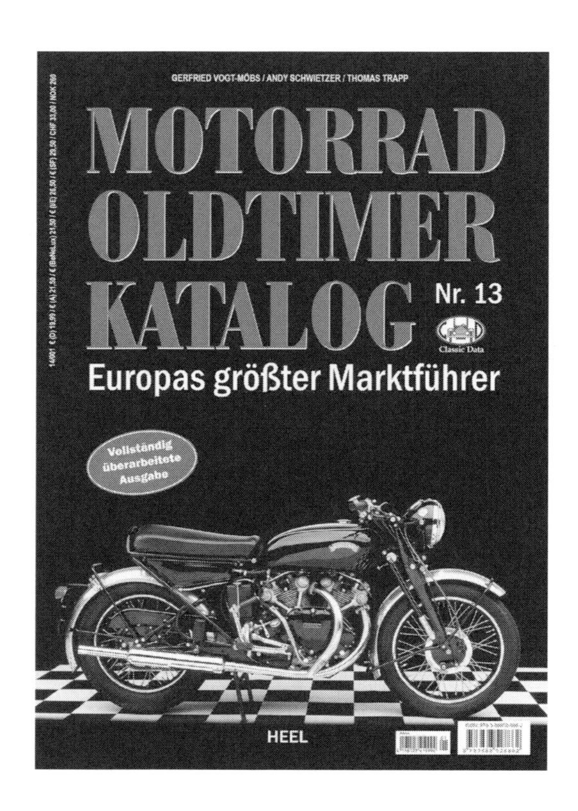
GERFRIED VOGT-MÖBS / ANDY SCHWIETZER / THOMAS TRAPP
MOTORRAD
OLDTIMER
KATALOG
Nr. 13
Classic Data
Europas größter Marktführer
Vollständig überarbeitete Ausgabe
HEEL

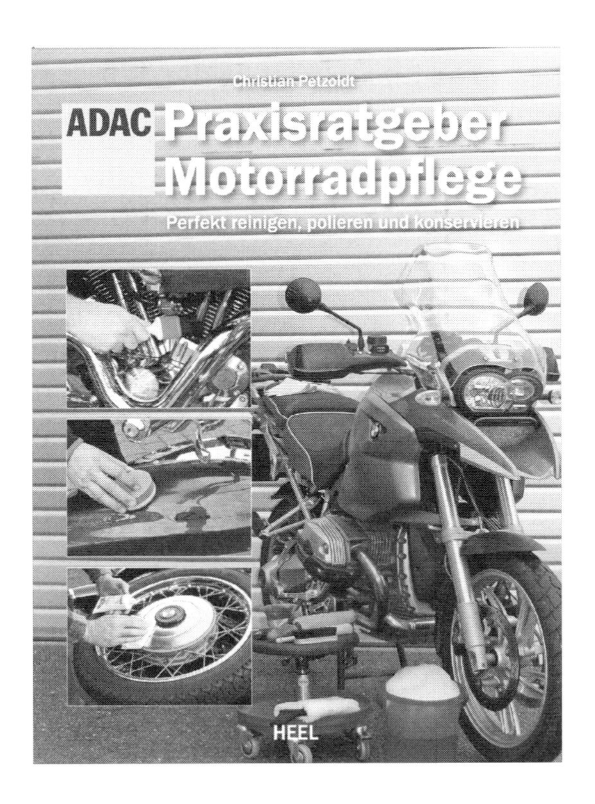

Die neue Pflegefibel von Profi Christian Petzoldt verrät allen Zweiradbesitzern, wie sämtliche Oberflächenund Materialien am Motorrad richtig gepflegt und Wert erhaltend in Form gebracht werden können.

Christian Petzoldt
Praxisratgeber Motorradpflege
Perfekt reinigen, polieren und konservieren
ISBN: 978-3-86852-606-6
112 Seiten, ca. 200 farbige Abbildungen, ca. 148 x 210 mm, Paperback
€ 14,99

Eine nostalgische Tour, reich bebildert und mit vielen Karten und ausführlichen Streckenbeschreibungen inklusive aller Sehenswürdigkeiten. Dazu als Extras der Nachdruck einer historischen Alpen-Straßenkarte aus dem Jahr der Erstauflage und ein Aufkleber der Großglockner-Hochalpenstraße aus der Zeit des Originals dieses Reprints. Bon voyage! Buon viaggio! Gute Reise!

Kurt Mair
Die Hochstraßen der Alpen
ISBN: 978-3-86852-697-4
530 Seiten, ca. 420 Karten und s/w-Abbildungen, gebunden mit Schutzumschlag,
157 x 233 mm
€ 19,99